新版

万学海文考研

考研数学

高等数学高分解码

（题型篇）

主　编：丁勇

副主编：邬丽丽　李彩云

中国政法大学出版社

2025 · 北京

图书在版编目（CIP）数据

高等数学高分解码/丁勇主编. —北京：中国政法大学出版社，2024.1
ISBN 978-7-5764-1313-7

Ⅰ.①高…　Ⅱ.①丁…　Ⅲ.①高等数学—研究生—入学考试—自学参考资料　Ⅳ.①013

中国国家版本馆 CIP 数据核字(2024)第 033379 号

出版者	中国政法大学出版社
地　址	北京市海淀区西土城路 25 号
邮寄地址	北京 100088 信箱 8034 分箱　邮编 100088
网　址	http://www.cuplpress.com (网络实名：中国政法大学出版社)
电　话	010-58908285(总编室) 58908433（编辑部）58908334(邮购部)
承　印	河北鹏远艺兴科技有限公司
开　本	787mm×1092mm　1/16
印　张	30.75
字　数	545 千字
版　次	2024 年 1 月第 1 版
印　次	2025 年 7 月第 2 次印刷
定　价	69.80 元（全两册）

前　言

硕士研究生招生考试是具有选拔性质的较高水平考试，采用的是优胜劣汰的录取方式。为此，考试真题既要有难度又要有区分度，而考研数学试题这种特征尤为明显。本书作者辅导考研数学数十载，同样的辅导，既有大量学员达到140以上，也有少数低于70分，天壤之别缘由何在？是运气不好？是方法不对？为此我们需要探讨考研数学的得分之道，以下内容将为考生揭开考研数学高分的"神秘面纱"。

一、系统复习、夯实基础

研究生招生考试数学试题中，有80%左右的试题是直接考查"基本概念、基本理论和基本方法"，基本概念比如"导数、积分、间断点、渐近线的概念"等，基本理论比如"极限的保号性、""等价无穷小替换定理"等，基本运算比如"求极限、求导、行列式的运算、求概率"等。有些年份甚至直接考查课本上的公式、定理的证明，比如2015年考研考查$(uv)'=u'v+uv'$的证明。

考生只要了解相应的概念，具备基本运算能力，就可以把相应试题做出来。所以在复习的基础阶段，一定要狠抓基础，全面复习。

当然，重视基础，不是说只背诵课本上的基本概念、基本理论，而是要做到知其然并且知其所以然，同时还要掌握在考研试题中如何考查，命题方式有哪些，等等。

考研数学考查非常全面，所以只要是考试大纲要求的内容都要复习到，特别是在基础阶段，不能有所取舍，数学一试卷中每年有大量的低频考点，比如梯度、散度、曲面切平面、法线、傅里叶级数，等等，这些内容经常是五年或十年甚至更多更久才考一次，虽然试题难度不大，但是每年有大量考生在这些考点上失分，主要源于犯了机会主义错误，认为自己运气不会那么差刚好考到，最后悔之晚矣。

二、归纳题型、总结方法

如果把历年考研数学试题进行比较，并作深入细致的分析研究，再对照教育部制定的历年(考研)考试大纲，就会发现，虽说数学试题表述形式千变万化，但万变不离其宗。这个宗就是学科的核心内容，说得具体一点就是诸如高等数学求函数、数列极限、求极值、积分上限函数求导、证明不等式、计算二重积分、幂级数求和等；线性代数的解含参数的线性方程组、向量的线性相关性、矩阵的相似对角化；概率统计的求随机变量函数的分布、数值特征、矩估计、极大似然估计等典型题型。如果你不被试题五光十色的包装所迷惑，而能洞察其实质——题型，就有可能知道该用哪把钥匙去开门。

所以考生在复习的强化阶段，一定要系统总结每个章节有哪些常考的题型，这些题型有哪些解法，比如要证明数列极限存在，要想到用单调有界准则，出现常数不等式，要想到常数变易法，最后做到看到什么题型马上就有固定的解法。

同时，考研试题中有一些条件，有固定的结论，比如：一般出现$f(b)-f(a)$要用拉格朗日中值定理；出现了高阶导数要用泰勒定理；出现$\boldsymbol{A}^*$要用$\boldsymbol{A}^*\boldsymbol{A}=|\boldsymbol{A}|\boldsymbol{E}$；出现了$\mathrm{R}(\boldsymbol{A})=1$要想到特征值的结论；等等。这些都有固定的解题思路，本书正文会给考生进行系统总结。

三、科学规划、戒骄戒躁

考研数学的复习是一个漫长、系统、宏伟的工程，年轻的考生不缺乏激情、不缺乏信心、不缺乏为了未来而奋斗的勇气，但是缺乏约束力，往往复习内容的多少和心情指数成正比，心情好多复习一点，心情不好干脆就不复习了。这种三天打鱼，两天晒网的复习节奏，是不会修成正果的，要想拿下考研数学这座山头，需要考生制定一个合理的复习规划。

本书正是基于以上的考虑，分为认知篇和题型篇。

认知篇注重呈现考研数学的基本概念，基本理论和基本方法。

题型篇重在将考研数学中常见的题型进行归纳、总结，旨在认知篇的基础上帮助考生掌握常考题型，提高解题能力。

下面我根据多年参与考研辅导的经验，给考生制定一个学习计划的框架，具体的可以根据自身的特点自我调整。

一、基础阶段

1.时间:Now—6 月

2.目标:系统复习、夯实基础

通过基础阶段的复习，一方面打好基础，拿到考研数学的基础分，同时为后期强化阶段题型的复习打好基础

3.用书：

(1)《高等数学高分解码》(认知篇)、《线性代数高分解码》(认知篇)、《概率论与数理统计》(认知篇)；

(2)《考研数学基础过关 660 题》；

(3)《考研数学真题大解析》(珍藏版)。

二、强化阶段

1.时间:7—9 月

2.目标:归纳题型、总结方法

在这三个月里，要归纳考研数学常考题型，同时总结解题方法和解题技巧，最后要做到看到题就知道方法是什么。

3.用书：

(1)《高等数学高分解码》(题型篇)、《线性代数高分解码》(题型篇)、《概率论与数理统计》(题型篇)；

(2)《考研数学强化过关 600 题》。

三、冲刺阶段

1.时间:10 月—考前

2.目标:查漏补缺、实战演练

通过上一阶段的复习，考生对重要知识、常见题型的做题方法进行了归纳，接下来要通过真题和模拟题将这些知识和做题方法进行融会贯通的使用，同时通过做模拟题，一方面查漏补缺，看自己还有哪些地方不会，另一方面，要养成良好的做题习惯:限定时间和做题顺序等以培养应试技巧。

3.用书：

(1)《考研数学真题大解析》(标准版)；(2)《考研数学最后成功 8 套题》。

特别提示 本书适合数学一、数学二、数学三及数农考生使用，对于仅针对数学一至三个别卷种适用的章节，书中分别以上标“①”、“②”、“③”表示，数农考生可参考数学三的适用范围。书中收入了部分考研真题，对真题，在题号后以“年份[卷种]”的形式表示，如选自 2011 年数学一的真题表示为“2011[①]”。本书中涉及的符号力求与教育部考试中心发布的最新大纲及使用最广泛的高校教材保持一致，便于读者识别。

数学知识要积累，对数学的理解更要有一个循序渐进的过程，对立志考研的读者要说:凡事预则立，不预则废。

限于水平，撰写中难免出现差错，殷切希望读者不吝赐教，多多指正。

编者

于北京

目　录

第一章 函数、极限、连续

名师解码

重点题型详解

题型一 函数相关问题

解题策略

一般地，求函数的定义域需注意以下几点：

1. 若函数是一个抽象的数学表达式，则其定义域应是使该表达式有意义的一切实数组成的集合，且满足

(1) 分式的分母不能为零；

(2) 偶次方根根号下应大于或等于零；

(3) 对数式的真数应大于零且底数大于零不为1；

(4) $\arcsin\varphi(x)$ 或 $\arccos\varphi(x)$，其中 $|\varphi(x)|\leqslant 1$；

(5) $\tan\varphi(x)$，其中 $k\pi-\frac{\pi}{2}<\varphi(x)<k\pi+\frac{\pi}{2},k\in\mathbf{Z}$；

$\cot\varphi(x)$，其中 $k\pi<\varphi(x)<k\pi+\pi,k\in\mathbf{Z}$.

(6) 若函数的表达式由几项组成，则它的定义域是各项定义域的交集；

(7) 分段函数的定义域是各段定义域的并集.

2. 若函数涉及实际问题，定义域为除了使数学式子有意义之外还应当确保实际有意义的自变量取值全体组成的集合.

3. 对于抽象函数的定义域问题，要依据函数定义及题设条件.

【例1】 设 $f(x)=\dfrac{x}{1+\dfrac{1}{x-2}}$，求 $f(x)$ 的定义域.

【思路】 分式的分母不能为零.

【解】 要使函数式有意义，必须满足 $\begin{cases}1+\dfrac{1}{x-2}\neq 0,\\ x-2\neq 0,\end{cases}$ 即 $\begin{cases}x\neq 1,\\ x\neq 2,\end{cases}$ 故所给函数的定义域为 $\{x\mid x\in\mathbf{R}$ 且 $x\neq 1,x\neq 2\}$.

评注 如果把 $\dfrac{x}{1+\dfrac{1}{x-2}}$ 化简为 $\dfrac{x(x-2)}{x-1}$，那么函数的定义域为 $x\neq 1$ 的一切实数，因此，为避免出错，求函数的定义域应在变形之前.

【例2】 已知 $f(x)=\mathrm{e}^{x^2}$，$f[\varphi(x)]=1-x$ 且 $\varphi(x)\geqslant 0$，求 $\varphi(x)$ 并写出它的定义域.

【思路】 利用复合函数求 $\varphi(x)$ 的表达式.

【解】 由 $\exp\{[\varphi(x)]^2\}=1-x$，得 $\varphi(x)=\sqrt{\ln(1-x)}$，由 $\ln(1-x)\geqslant 0$，得 $1-x\geqslant 1$，即 $x\leqslant 0$，所以 $\varphi(x)=\sqrt{\ln(1-x)},x\leqslant 0$.

【例3】 设 $f(x)$ 在 $(-\infty,+\infty)$ 上有定义，且满足 $f(x-\pi)=f(x)+\cos x$，则(　　).

(A) $f(x)$ 是周期函数，周期为 π

(B) $f(x)$ 是周期函数,周期为 2π,但 π 不是它的周期

(C) $f(x)$ 是周期函数,周期为 3π,但 π 不是它的周期

(D) $f(x)$ 不是周期函数

【思路】 本题考查周期函数的定义,利用定义验证.

【解】 由已知条件,有 $f(x)=f(x-\pi)-\cos x$,于是

$$\begin{aligned}f(x+2\pi)&=f(x+2\pi-\pi)-\cos(x+2\pi),\\&=f(x+\pi)-\cos x\\&=f(x+\pi-\pi)-\cos(x+\pi)-\cos x\\&=f(x)+\cos x-\cos x=f(x).\end{aligned}$$

以下说明 π 不是它的周期.

由 $f(x+\pi)=f(x+\pi-\pi)-\cos(x+\pi)=f(x)+\cos x$. 可见 π 不是它的周期. 所以应选(B).

> **评注** 本题从形式上看是周期函数,利用定义验证的时候,周期可能是 π,2π 等,需逐一验证.

【例 4】 设 $f(x)=\begin{cases}e^x, & x<1,\\ x, & x\geqslant 1,\end{cases}$ $\varphi(x)=\begin{cases}x+2, & x<0,\\ x^2-1, & x\geqslant 0,\end{cases}$ 求 $f[\varphi(x)]$.

【思路】 根据外函数定义的各区间段,结合中间变量的表达式及中间变量的定义域进行分析.

【解】 由 $f(\varphi(x))=\begin{cases}e^{\varphi(x)}, & \varphi(x)<1,\\ \varphi(x), & \varphi(x)\geqslant 1.\end{cases}$

(1) 当 $\varphi(x)<1$ 时,即当 $x<0$,$\varphi(x)=x+2<1$,即 $\begin{cases}x<0,\\ x<-1,\end{cases}$ 得 $x<-1$;

当 $x\geqslant 0$,$\varphi(x)=x^2-1<1$,即 $\begin{cases}x\geqslant 0,\\ -\sqrt{2}<x<\sqrt{2}\end{cases}$,有 $0\leqslant x<\sqrt{2}$.

(2) 当 $\varphi(x)\geqslant 1$ 时,即当 $x<0$,$\varphi(x)=x+2\geqslant 1$,即 $\begin{cases}x<0,\\ x\geqslant -1,\end{cases}$ 得 $-1\leqslant x<0$;

当 $x\geqslant 0$,$\varphi(x)=x^2-1\geqslant 1$,即 $\begin{cases}x\geqslant 0,\\ x\leqslant -\sqrt{2} 或 x\geqslant\sqrt{2}\end{cases}$,得 $x\geqslant\sqrt{2}$.

综上可得 $f(\varphi(x))=\begin{cases}e^{x+2}, & x<-1,\\ x+2, & -1\leqslant x<0,\\ e^{x^2-1}, & 0\leqslant x<\sqrt{2},\\ x^2-1, & x\geqslant\sqrt{2}.\end{cases}$

> **评注** 1. 代入法:一个函数中的自变量用另一个函数的表达式来替代,这种构成复合函数的方法,称为代入法;该方法用于初等函数的复合,关键搞清楚哪个是内函数,哪个是外函数;
>
> 2. 分析法:根据外函数定义的各区间段,结合中间变量的表达式及中间变量的定义域进行分析,从而得到复合函数的方法,称为分析法;该方法用于初等函数与分段函数或分段函数与分段函数的复合.

【例 5】 设 $f(x)$ 在 $(-\infty,+\infty)$ 内是有界连续的偶函数,则 $F(x)=\int_0^x te^{-t^2}f(t)\,dt$ 在 $(-\infty,+\infty)$ 内(   ).

(A) 为有界的奇函数　　　　(B) 为有界的偶函数
(C) 为奇函数但未必有界　　　　(D) 为偶函数但未必有界

【解】　由题设知 $xe^{-x^2}f(x)$ 是奇函数，$F(x)$ 必为偶函数，又 $f(x)$ 有界，因而 $\exists M>0$，使得对 $\forall x\in(-\infty,+\infty)$ 均有 $|f(x)|\leqslant M$，由于 $F(x)$ 为偶函数，不妨考虑 $x\geqslant 0$ 的情况，此时有

$$|F(x)|=\left|\int_0^x te^{-t^2}f(t)\mathrm{d}t\right|\leqslant\int_0^x|te^{-t^2}f(t)|\mathrm{d}t\leqslant M\left|\int_0^x te^{-t^2}\mathrm{d}t\right|=\frac{M}{2}(1-e^{-x^2})\leqslant\frac{M}{2},$$

因此 $F(x)$ 是有界的偶函数.

【例 6】　函数 $f(x)=\dfrac{|x|\sin(x-2)}{x(x-1)(x-2)^2}$ 在下列哪个区间内有界（　　）.

(A)$(-1,0)$　　(B)$(0,1)$　　(C)$(1,2)$　　(D)$(2,3)$

【解】　如果 $f(x)$ 在 (a,b) 内连续，且极限 $\lim\limits_{x\to a^+}f(x)$ 与 $\lim\limits_{x\to b^-}f(x)$ 存在，则函数 $f(x)$ 在 (a,b) 内有界. 当 $x\neq 0,1,2$ 时 $f(x)$ 连续，而

$$\lim_{x\to -1^+}f(x)=\lim_{x\to -1^+}\frac{-x\sin(x-2)}{x(x-1)(x-2)^2}=\frac{-\sin(-1-2)}{(-1-1)(-1-2)^2}=-\frac{\sin 3}{18},$$

$$\lim_{x\to 0^-}f(x)=\lim_{x\to 0^-}\frac{-x\sin(x-2)}{x(x-1)(x-2)^2}=\frac{-\sin(0-2)}{(0-1)(0-2)^2}=-\frac{\sin 2}{4}.$$

故应选(A).

题型二　函数极限

求函数极限的方法：

1. 极限的四则运算；　2. 等价量替换；　3. 变量代换；　4. 洛必达法则；
5. 重要极限；　6. 初等函数的连续性；　7. 导数的定义；
8. 利用带有佩亚诺型余项的麦克劳林公式；　9. 夹逼定理；
10. 利用带有拉格朗日型余项的泰勒公式；　11. 拉格朗日中值定理；
12. 无穷小量乘以有界量仍是无穷小量等.

★ 题型 2.1　若 $\lim\limits_{x\to x_0}f(x)=A$，$\lim\limits_{x\to x_0}g(x)=B$，求 $\lim\limits_{x\to x_0}\dfrac{f(x)}{g(x)}$.

解题策略

$$\lim_{x\to x_0}\frac{f(x)}{g(x)}=\begin{cases}\dfrac{A}{B}, & A\text{ 为常数},B(\text{常数})\neq 0,\\ 0, & A=0,B=\infty,\\ \infty, & A(\text{常数})\neq 0,B=0,\\ \dfrac{0}{0}, & A=0,B=0,\\ \dfrac{\infty}{\infty}, & A=\infty,B=\infty.\end{cases}$$

对于未定式的极限，先用等价量替换（或变量替换，或极限的四则运算）化简，再利用洛必达法则求极限. 很多情况下，常常综合运用几种方法.

【例 7】　求极限 $\lim\limits_{x\to 0^+}\dfrac{(1+x)^x-\cos x}{\sqrt{1-\cos\dfrac{x}{\sqrt{2}}}(\sqrt{1+2x}-1)}$.

【思路】　本题是“$\dfrac{0}{0}$”型未定式极限，先用等价无穷小量替换，其中幂指函数可以转化为指数函数 $(1+x)^x=e^{x\ln(1+x)}$.

【解】 $$\lim_{x\to0^+}\frac{(1+x)^x-\cos x}{\sqrt{1-\cos\frac{x}{\sqrt{2}}}(\sqrt{1+2x}-1)}=\lim_{x\to0^+}\frac{(1+x)^x-\cos x}{\sqrt{\frac{1}{2}\frac{x^2}{2}}\cdot x}$$

$$=\lim_{x\to0^+}\frac{(1+x)^x-\cos x}{\frac{1}{2}x^2}=2\lim_{x\to0^+}\frac{e^{x\ln(1+x)}-\cos x}{x^2}$$

$$=2\lim_{x\to0^+}\frac{e^{x\ln(1+x)}-1+1-\cos x}{x^2}$$

$$=2\left(\lim_{x\to0^+}\frac{e^{x\ln(1+x)}-1}{x^2}+\lim_{x\to0^+}\frac{1-\cos x}{x^2}\right)$$

$$=2\left(\lim_{x\to0^+}\frac{x\ln(1+x)}{x^2}+\lim_{x\to0^+}\frac{\frac{1}{2}x^2}{x^2}\right)$$

$$=2\left(1+\frac{1}{2}\right)=3.$$

【例 8】(2017[2][3]) 求$\lim\limits_{x\to0^+}\dfrac{\int_0^x\sqrt{x-t}e^t dt}{\sqrt{x^3}}$.

【解】 令 $u=x-t$,则$\int_0^x\sqrt{x-t}e^t dt=\int_0^x\sqrt{u}e^{x-u}du=e^x\int_0^x\sqrt{u}e^{-u}du$,

所以,原式 $=\lim\limits_{x\to0^+}\dfrac{e^x\int_0^x\sqrt{u}e^{-u}du}{\sqrt{x^3}}=\lim\limits_{x\to0^+}\dfrac{\int_0^x\sqrt{u}e^{-u}du}{\sqrt{x^3}}=\lim\limits_{x\to0^+}\dfrac{\sqrt{x}e^{-x}}{\frac{3}{2}\sqrt{x}}=\dfrac{2}{3}$.

【例 9】 极限$\lim\limits_{x\to+\infty}\dfrac{x(x^{\frac{1}{x}}-1)}{\ln x}=$________.

【思路】 本题是“$\dfrac{\infty}{\infty}$”型未定式极限,分子中 $x^{\frac{1}{x}}-1=e^{\frac{1}{x}\ln x}-1\sim\dfrac{1}{x}\ln x$.

【解】 $\lim\limits_{x\to+\infty}\dfrac{x(x^{\frac{1}{x}}-1)}{\ln x}=\lim\limits_{x\to+\infty}\dfrac{x(e^{\frac{1}{x}\ln x}-1)}{\ln x}=\lim\limits_{x\to+\infty}\dfrac{x\cdot\frac{1}{x}\ln x}{\ln x}=1$.

【例 10】 求$\lim\limits_{x\to0}\dfrac{2\cos^x x-2}{x\ln\cos x}$.

【解】 $\lim\limits_{x\to0}\dfrac{2\cos^x x-2}{x\ln\cos x}=\lim\limits_{x\to0}\dfrac{2(e^{x\ln\cos x}-1)}{x\ln\cos x}\xlongequal{令t=x\ln\cos x}\lim\limits_{x\to0}\dfrac{2(e^t-1)}{t}=2$.

【例 11】 计算$\lim\limits_{x\to0}\dfrac{\int_0^x[(1+t)^{\frac{1}{t}}-e(2-e^t)]dt}{x^2}$.

【解】 原式$=\lim\limits_{x\to0}\dfrac{(1+x)^{\frac{1}{x}}-e(2-e^x)}{2x}=\lim\limits_{x\to0}\dfrac{e^{\frac{1}{x}\ln(1+x)}-e(1+1-e^x)}{2x}$

$$=\lim_{x\to0}\frac{e^{\frac{1}{x}\ln(1+x)}-e-e(1-e^x)}{2x}=\lim_{x\to0}\frac{e[e^{\frac{1}{x}\ln(1+x)-1}-1]}{2x}-\lim_{x\to0}\frac{e(1-e^x)}{2x}$$

$$=e\lim_{x\to0}\frac{\frac{1}{x}\ln(1+x)-1}{2x}+\frac{e}{2}=e\lim_{x\to0}\frac{\ln(1+x)-x}{2x^2}+\frac{e}{2}$$

$$=e\lim_{x\to0}\frac{x-\frac{1}{2}x^2+o(x^2)-x}{2x^2}+\frac{e}{2}=-\frac{e}{4}+\frac{e}{2}=\frac{e}{4}.$$

【例 12】 求$\lim\limits_{x\to 0}\dfrac{e^2-(1+x)^{\frac{2}{x}}}{x}$.

【思路】 利用等价量替换与洛必达法则或利用洛必达法则、极限的乘积运算法则求解.

【解】 方法一 $\text{原式}=\lim\limits_{x\to 0}\dfrac{e^2-e^{\frac{2\ln(1+x)}{x}}}{x}=-e^2\lim\limits_{x\to 0}\dfrac{e^{\frac{2\ln(1+x)}{x}-2}-1}{x}$,

且当 $x\to 0$ 时,$\dfrac{2\ln(1+x)}{x}-2\to 0$,故 $e^{\frac{2\ln(1+x)}{x}-2}-1\sim\dfrac{2\ln(1+x)}{x}-2$,得

$$\text{原式}=-e^2\lim_{x\to 0}\frac{\dfrac{2\ln(1+x)}{x}-2}{x}=-2e^2\lim_{x\to 0}\frac{\ln(1+x)-x}{x^2}\ \left(\frac{0}{0}\right)$$

$$=-2e^2\lim_{x\to 0}\frac{\dfrac{1}{1+x}-1}{2x}=-e^2\lim_{x\to 0}\frac{-x}{x(1+x)}=e^2\lim_{x\to 0}\frac{1}{1+x}=e^2.$$

方法二 $$\text{原式}=\lim_{x\to 0}\frac{e^2-e^{\frac{2\ln(1+x)}{x}}}{x}\ \left(\frac{0}{0}\right)=-\lim_{x\to 0}e^{\frac{2\ln(1+x)}{x}}\cdot 2\frac{\dfrac{1}{1+x}\cdot x-\ln(1+x)}{x^2}$$

$$=-2e^2\lim_{x\to 0}\frac{x-(1+x)\ln(1+x)}{x^2(1+x)}=-2e^2\lim_{x\to 0}\frac{x-(1+x)\ln(1+x)}{x^2}\ \left(\frac{0}{0}\right)$$

$$=-2e^2\lim_{x\to 0}\frac{1-\ln(1+x)-1}{2x}=e^2\lim_{x\to 0}\frac{\ln(1+x)}{x}=e^2.$$

> 评注 由本题可以看出有时用等价量替换比直接用洛必达法则要简便得多.

【例 13】 求$\lim\limits_{x\to 0}\dfrac{\sqrt{1+\tan x}-\sqrt{1+\sin x}}{x\ln(1+x)-x^2}$.

【思路】 遇到根式,共轭因式极限不是零的情形就有理化,然后用等价量替换求解.

【解】
$$\text{原式}=\lim_{x\to 0}\frac{\tan x-\sin x}{x[\ln(1+x)-x](\sqrt{1+\tan x}+\sqrt{1+\sin x})}$$

$$=\lim_{x\to 0}\frac{\sin x(1-\cos x)}{x[\ln(1+x)-x](\sqrt{1+\tan x}+\sqrt{1+\sin x})\cos x}$$

$$=\lim_{x\to 0}\frac{x\cdot\dfrac{x^2}{2}}{2x[\ln(1+x)-x]}=\frac{1}{4}\lim_{x\to 0}\frac{x^2}{\ln(1+x)-x}\ \left(\frac{0}{0}\right)$$

$$=\frac{1}{4}\lim_{x\to 0}\frac{2x}{\dfrac{1}{1+x}-1}=\frac{1}{2}\lim_{x\to 0}\frac{x(1+x)}{-x}=-\frac{1}{2}.$$

> 评注 当 $x\to 0$ 时,$\sin x\sim x$,$1-\cos x\sim\dfrac{x^2}{2}$,$\sqrt{1+\tan x}+\sqrt{1+\sin x}\sim 2$,$\cos x\sim 1$.

【例 14】 求$\lim\limits_{x\to 1}\dfrac{(1-\sqrt{x})(1-\sqrt[3]{x})\cdots(1-\sqrt[n]{x})}{(1-x)^{n-1}}$.

【思路】 利用极限的乘积运算法则与洛必达法则或利用变量代换与等价量替换求解.

【解】 方法一 由$\lim\limits_{x\to 1}\dfrac{(1-\sqrt[n]{x})}{(1-x)}\ \left(\dfrac{0}{0}\right)=\lim\limits_{x\to 1}\dfrac{-\dfrac{1}{n}x^{\frac{1}{n}-1}}{-1}=\dfrac{1}{n}$,故

$$\text{原式}=\lim_{x\to 1}\frac{1-\sqrt{x}}{1-x}\cdot\frac{1-\sqrt[3]{x}}{1-x}\cdots\frac{1-\sqrt[n]{x}}{1-x}=\frac{1}{2}\cdot\frac{1}{3}\cdot\cdots\cdot\frac{1}{n}=\frac{1}{n!}.$$

方法二　原式$\xlongequal{t=1-x}\lim\limits_{t\to 0}\dfrac{(1-\sqrt{1-t})(1-\sqrt[3]{1-t})\cdots(1-\sqrt[n]{1-t})}{t^{n-1}}$

$$=\lim_{t\to 0}\frac{\frac{t}{2}\cdot\frac{t}{3}\cdot\cdots\cdot\frac{t}{n}}{t^{n-1}}=\frac{1}{n!}.$$

> **评注**　这里的$(1-\sqrt[n]{1-t})=-\{[1+(-t)]^{\frac{1}{n}}-1\}\sim-\frac{1}{n}(-t)=\frac{t}{n}(t\to 0)$，如果不进行观察、分析，直接用洛必达法则计算会很复杂.

【例 15】　$\lim\limits_{x\to 0}\dfrac{a\tan x+b(1-\cos x)}{c\ln(1-2x)+d(1-\mathrm{e}^{-x^2})}=2$，其中$a^2+c^2\neq 0$，则必有(　　).

(A)$b=4d$　　(B)$b=-4d$　　(C)$a=4c$　　(D)$a=-4c$

【思路】　本题是"$\dfrac{0}{0}$"型未定式极限，可以考虑等价无穷小量替换，由于是加减的形式，可以利用高阶无穷小量加低阶无穷小量等价于低阶无穷小量.

【解】　由于$a\tan x+b(1-\cos x)\sim ax(a\neq 0)$，$c\ln(1-2x)+d(1-\mathrm{e}^{-x^2})\sim-2cx(c\neq 0)$

(因为$1-\cos x\sim\dfrac{1}{2}x^2=o(x)$，$1-\mathrm{e}^{-x^2}\sim x^2=o(x)$)，

因此，原式左边$=\lim\limits_{x\to 0}\dfrac{ax}{-2cx}=\dfrac{a}{-2c}=2=$原式右边，可得$a=-4c$.

当$a=0,c\neq 0$时，极限为0；当$a\neq 0,c=0$时，极限为∞，均与题设矛盾，故应选(D).

> **评注**　$x\to x_0$，$\alpha\sim\beta\Leftrightarrow\beta=\alpha+o(\alpha)$，简称为高阶加低阶等价于低阶，例如：
>
> $$x\to 0\text{ 时},\sin x+\mathrm{e}^{x^2}-1\sim x+x^2\sim x.$$

【例 16】　求极限$\lim\limits_{x\to 0}\dfrac{[\sin x-\sin(\sin x)]\sin x}{x^4}$.

【解】　**方法一**　原式$=\lim\limits_{x\to 0}\dfrac{[\sin x-\sin(\sin x)]\sin x}{\sin^4 x}$(令$\sin x=t$)

$$=\lim_{t\to 0}\frac{t-\sin t}{t^3}=\lim_{t\to 0}\frac{t-\left(t-\frac{t^3}{3!}+o(t^3)\right)}{t^3}=\frac{1}{6}.$$

方法二　因为　$\sin x=x-\dfrac{1}{6}x^3+o(x^3)$　，则　$\sin(\sin x)=\sin x-\dfrac{1}{6}\sin^3 x+o(\sin^3 x)$，

所以$\lim\limits_{x\to 0}\dfrac{[\sin x-\sin(\sin x)]\sin x}{x^4}=\lim\limits_{x\to 0}\left[\dfrac{\sin^4 x}{6x^4}+\dfrac{o(\sin^4 x)}{x^4}\right]=\dfrac{1}{6}$.

> **评注**　一般都使用简单的无穷小量替代复杂的无穷小量，而方法一反其道而行之，再结合变量代换化难为易.

【例 17】　求极限$\lim\limits_{x\to 0^+}\dfrac{\sin x[\sin x-\sin\ln(1+x)]}{x^x-(\arctan x)^x}$.

【解】　由$\lim\limits_{x\to 0^+}\dfrac{x^x-(\arctan x)^x}{x^3}=-\lim\limits_{x\to 0^+}x^x\cdot\dfrac{\left(\frac{\arctan x}{x}\right)^x-1}{x^3}=-\lim\limits_{x\to 0^+}\dfrac{e^{x\ln\frac{\arctan x}{x}}-1}{x^3}$

$$=-\lim_{x\to 0^+}\frac{\ln\left(1+\frac{\arctan x-x}{x}\right)}{x^2}=-\lim_{x\to 0^+}\frac{\arctan x-x}{x^3}=\frac{1}{3},$$

得 $x^x-(\arctan x)^x\sim\dfrac{1}{3}x^3\ (x\to0^+)$.

由拉格朗日中值定理得

$$\sin x-\sin\ln(1+x)=\cos\xi\cdot[x-\ln(1+x)],$$

其中 $\ln(1+x)<\xi<x$,

故 $\lim\limits_{x\to0^+}\dfrac{\sin x[\sin x-\sin\ln(1+x)]}{x^x-(\arctan x)^x}=3\lim\limits_{x\to0^+}\dfrac{\sin x}{x}\cdot\cos\xi\cdot\dfrac{x-\ln(1+x)}{x^2}=\dfrac{3}{2}$.

【例 18】 设 $f(x)$ 在 $x=0$ 的某邻域内连续,$f(0)=0$,$f'(0)=2$,求 $\lim\limits_{x\to0}\dfrac{\int_0^1 tf(xt)\mathrm{d}t}{x}$.

【思路】 利用定积分变量代换、变上限求导、洛必达法则与导数定义求解.

【解】 $\int_0^1 tf(xt)\mathrm{d}t\xlongequal{u=xt}\int_0^x\dfrac{u}{x}f(u)\dfrac{1}{x}\mathrm{d}u=\dfrac{1}{x^2}\int_0^x uf(u)\mathrm{d}u$,于是

$$\text{原式}=\lim_{x\to0}\frac{\int_0^x uf(u)\mathrm{d}u}{x^3}\left(\frac{0}{0}\right)=\lim_{x\to0}\frac{xf(x)}{3x^2}=\lim_{x\to0}\frac{f(x)}{3x}=\frac{1}{3}\lim_{x\to0}\frac{f(x)-f(0)}{x}$$

$$=\frac{1}{3}f'(0)=\frac{2}{3}.$$

评注　原式 $=\lim\limits_{x\to0}\dfrac{\int_0^x uf(u)\mathrm{d}u}{x^3}\left(\dfrac{0}{0}\right)=\lim\limits_{x\to0}\dfrac{xf(x)}{3x^2}=\lim\limits_{x\to0}\dfrac{f(x)}{3x}=\lim\limits_{x\to0}\dfrac{f'(x)}{3}=\dfrac{1}{3}f'(0)=\dfrac{2}{3}$.

这种解法的答案是对的,过程是错的.因为不知道 $f(x)$ 在 $x=0$ 的某邻域内是否可导时,不能使用第二次洛必达法则;不知道函数 $f'(x)$ 在 $x=0$ 处是否连续时,不能用 $\lim\limits_{x\to0}f'(x)=f'(0)$.

【例 19】(2014[1][2][3])　求极限 $\lim\limits_{x\to+\infty}\dfrac{\int_1^x\left[t^2(\mathrm{e}^{\frac{1}{t}}-1)-t\right]\mathrm{d}t}{x^2\ln\left(1+\frac{1}{x}\right)}$.

【解】 $\lim\limits_{x\to+\infty}\dfrac{\int_1^x\left[t^2(\mathrm{e}^{\frac{1}{t}}-1)-t\right]\mathrm{d}t}{x^2\ln\left(1+\frac{1}{x}\right)}=\lim\limits_{x\to+\infty}\dfrac{\int_1^x\left[t^2(\mathrm{e}^{\frac{1}{t}}-1)-t\right]\mathrm{d}t}{x^2\cdot\frac{1}{x}}$

$$=\lim_{x\to+\infty}\left[x^2(\mathrm{e}^{\frac{1}{x}}-1)-x\right]\xlongequal{\frac{1}{x}=t}\lim_{t\to0^+}\frac{\mathrm{e}^t-1-t}{t^2}=\lim_{t\to0^+}\frac{\mathrm{e}^t-1}{2t}$$

$$=\lim_{t\to0^+}\frac{t}{2t}=\frac{1}{2}.$$

【例 20】 求极限 $\lim\limits_{x\to0}\dfrac{1+\frac{x^2}{2}-\sqrt{1+x^2}}{(1-\mathrm{e}^{x^2})\sin x^2}$.

【思路】 本题是"$\dfrac{0}{0}$"型未定式极限,可以考虑用泰勒公式.

【解】 $1+\dfrac{x^2}{2}-\sqrt{1+x^2}=1+\dfrac{x^2}{2}-\left(1+\dfrac{x^2}{2}-\dfrac{1}{8}x^4+o(x^4)\right)=\dfrac{1}{8}x^4+o(x^4)$.

$$\lim_{x\to0}\frac{1+\frac{x^2}{2}-\sqrt{1+x^2}}{(1-\mathrm{e}^{x^2})\sin x^2}=\lim_{x\to0}\frac{\frac{1}{8}x^4+o(x^4)}{-x^4}=-\frac{1}{8}.$$

评注 求“$\frac{0}{0}$”型未定式极限时,函数中出现 $e^x,\sin x,\cos x,\ln(1+x),(1+x)^\alpha$ 时可以考虑用泰勒公式.展开的原则为:如果是“$\frac{A}{B}$”型,上下同阶原则,也就是分母如果是 x^k,则分子展开到 x^k;如果是“$A-B$”型,幂次最低原则,也就是展开到第一个系数不为0的幂函数.详见本章疑难点问题点拨.

★ 题型 2.2 若 $\lim\limits_{x\to x_0}f(x)=A,\lim\limits_{x\to x_0}g(x)=B$,求 $\lim\limits_{x\to x_0}f(x)g(x)$.

解题策略

$$\lim_{x\to x_0}f(x)g(x)=\begin{cases}AB, & A,B\text{ 为常数},\\ \infty, & A=\text{常数}\neq 0,B=\infty,\\ 0\cdot\infty, & A=0,B=\infty.\end{cases}$$

当 $A=0,B=\infty$ 时,$\lim\limits_{x\to x_0}f(x)\cdot g(x)(0\cdot\infty)=\lim\limits_{x\to x_0}\dfrac{f(x)}{\frac{1}{g(x)}}\left(\dfrac{0}{0}\right)$或$\lim\limits_{x\to x_0}\dfrac{g(x)}{\frac{1}{f(x)}}\left(\dfrac{\infty}{\infty}\right)$.

对于因式中含有对数函数、反三角函数的情形,尽量用等价量替换的方法.若不能用等价量替换,一般放在分子上,否则利用洛必达法则会很烦琐,或求不出来.

【例 21】 $\lim\limits_{x\to-\infty}x(\sqrt{x^2+100}+x)$.

【解】 原式 $=\lim\limits_{x\to-\infty}\dfrac{100x}{\sqrt{x^2+100}-x}=\lim\limits_{x\to-\infty}\dfrac{100}{-\sqrt{1+\frac{100}{x^2}}-1}=-\dfrac{100}{2}=-50.$

评注 当 $x<0$ 时,$x=-\sqrt{x^2}$.

【例 22】 求 $\lim\limits_{x\to1^-}\ln x\ln(1-x)$.

【思路】 先做变量代换,再进行等价量替换,然后用洛必达法则求解.

【解】 原式 $\xlongequal{t=1-x}\lim\limits_{t\to0^+}\ln(1-t)\ln t=\lim\limits_{t\to0^+}(-t\ln t)=\lim\limits_{t\to0^+}\dfrac{-\ln t}{t^{-1}}\left(\dfrac{\infty}{\infty}\right)=\lim\limits_{t\to0^+}\dfrac{-\frac{1}{t}}{-\frac{1}{t^2}}=\lim\limits_{t\to0^+}t=0.$

评注 如果分子分母中的因式为对数函数且极限为零,该因式一定可以进行等价量替换,简化求极限过程.

★ 题型 2.3 若 $\lim\limits_{x\to x_0}f(x)=A,\lim\limits_{x\to x_0}g(x)=B$,求 $\lim\limits_{x\to x_0}[f(x)-g(x)]$.

解题策略

$$\lim_{x\to x_0}[f(x)-g(x)]=\begin{cases}A-B, & A,B\text{ 为常数},\\ \infty, & A,B\text{ 中有一个是非零常数,另一个是无穷大},\\ \infty, & A,B\text{ 为异号无穷大},\\ \infty-\infty, & A,B\text{ 为同号无穷大}.\end{cases}$$

当 $A=\infty,B=\infty$,且 A 与 B 同号时,要求 $\lim\limits_{x\to x_0}[f(x)-g(x)]$,可以把 $f(x),g(x)$ 直接或通过变量代换化成分式,通分、化简,化成“$\frac{0}{0}$”或“$\frac{\infty}{\infty}$”型未定式,再利用洛必达法则求解.

【例 23】 设 $f(x)$ 可导且 $f(0)=2, f'(0)=\pi$，则 $\lim\limits_{x\to 0}\left[\dfrac{1}{2x}-\dfrac{1}{\int_0^x f(t)\mathrm{d}t}\right]=$ ________.

【解】 由 $\lim\limits_{x\to 0}\dfrac{\int_0^x f(t)\mathrm{d}t}{x}=\lim\limits_{x\to 0}f(x)=f(0)=2$，得 $\int_0^x f(t)\mathrm{d}t\sim 2x(x\to 0)$，则

$$\lim_{x\to 0}\left[\frac{1}{2x}-\frac{1}{\int_0^x f(t)\mathrm{d}t}\right]=\lim_{x\to 0}\frac{\int_0^x f(t)\mathrm{d}t-2x}{2x\int_0^x f(t)\mathrm{d}t}$$

$$=\frac{1}{4}\lim_{x\to 0}\frac{\int_0^x f(t)\mathrm{d}t-2x}{x^2}=\frac{1}{8}\lim_{x\to 0}\frac{f(x)-2}{x}$$

$$=\frac{1}{8}\lim_{x\to 0}\frac{f(x)-f(0)}{x}=\frac{1}{8}f'(0)=\frac{\pi}{8}.$$

【例 24】 求 $\lim\limits_{x\to 0}\left(\dfrac{1}{x^2}-\cot^2 x\right)$.

【思路】 化成"$\dfrac{0}{0}$"型未定式，利用变量代换、极限的乘积运算法则与洛必达法则求解.

【解】 原式 $=\lim\limits_{x\to 0}\left(\dfrac{1}{x^2}-\dfrac{\cos^2 x}{\sin^2 x}\right)(\infty-\infty)=\lim\limits_{x\to 0}\dfrac{\sin^2 x-x^2\cos^2 x}{x^2\sin^2 x}=\lim\limits_{x\to 0}\dfrac{\sin^2 x-x^2\cos^2 x}{x^4}$

$$=\lim_{x\to 0}\frac{\sin x+x\cos x}{x}\cdot\frac{\sin x-x\cos x}{x^3},$$

由 $\lim\limits_{x\to 0}\dfrac{\sin x+x\cos x}{x}=\lim\limits_{x\to 0}\left(\dfrac{\sin x}{x}+\cos x\right)=2$，得

原式 $=2\lim\limits_{x\to 0}\dfrac{\sin x-x\cos x}{x^3}\left(\dfrac{0}{0}\right)=2\lim\limits_{x\to 0}\dfrac{\cos x-\cos x+x\sin x}{3x^2}=\dfrac{2}{3}\lim\limits_{x\to 0}\dfrac{\sin x}{x}=\dfrac{2}{3}$.

评注 如果分子不分解因式，用洛必达法则求解会比较复杂，且易出错.

★ 题型 2.4 若 $\lim\limits_{x\to x_0}f(x)=A, \lim\limits_{x\to x_0}g(x)=B$，求 $\lim\limits_{x\to x_0}f(x)^{g(x)}$.

解题策略

$$\lim_{x\to x_0}f(x)^{g(x)}=\begin{cases}A^B, & A>0\text{ 为常数}, B\text{ 为常数},\\ 1^\infty, & A=1, B=\infty,\\ 0^0, & A=0, B=0,\\ \infty^0, & A=\infty, B=0,\\ 0, & A=0, B=+\infty,\\ +\infty, & A=0, B=-\infty.\end{cases}$$

(1) 当 $A=1, B=\infty$ 时，有两种方法求该未定式的极限，一种方法是利用重要极限 $\lim\limits_{x\to 0}(1+x)^{\frac{1}{x}}$ 计算，另一种方法是化为以 e 为底的指数函数，再利用洛必达法则. 即

方法一 $\lim\limits_{x\to x_0}f(x)^{g(x)}\ (1^\infty)=\lim\limits_{x\to x_0}\left\{[1+(f(x)-1)]^{\frac{1}{f(x)-1}}\right\}^{[f(x)-1]g(x)}=\mathrm{e}^{\lim\limits_{x\to x_0}[f(x)-1]g(x)(0\cdot\infty)}$，

再根据具体情况将指数化成"$\dfrac{0}{0}$"或"$\dfrac{\infty}{\infty}$"型未定式求解.

方法二 $\lim\limits_{x\to x_0}f(x)^{g(x)}\ (1^{\infty})=\lim\limits_{x\to x_0}e^{[\ln f(x)^{g(x)}]}=\lim\limits_{x\to x_0}e^{[g(x)\ln f(x)]}=e^{\lim\limits_{x\to x_0}\frac{\ln f(x)}{\frac{1}{g(x)}}\left(\frac{0}{0}\right)}$.

这两种方法中,通常方法一较为简便.

(2) 当 $A=0,B=0$ 或 $A=\infty,B=0$ 时,只能化成以e为底的指数函数,再利用洛必达法则.即 $\lim\limits_{x\to x_0}f(x)^{g(x)}\ (0^0$ 或 $\infty^0)=\lim\limits_{x\to x_0}e^{[g(x)\ln f(x)]}=e^{\lim\limits_{x\to x_0}g(x)\ln f(x)\ (0\cdot\infty)}=e^{\lim\limits_{x\to x_0}\frac{\ln f(x)}{\frac{1}{g(x)}}\left(\frac{\infty}{\infty}\right)}$.

而 $A=0,B=+\infty$ 或 $A=0,B=-\infty$ 的情形不属于未定式,因为

$$\lim_{x\to x_0}f(x)^{g(x)}\ (0^{+\infty})=\lim_{x\to x_0}e^{[g(x)\ln f(x)]}=e^{\lim\limits_{x\to x_0}g(x)\ln f(x)\ [+\infty\cdot(-\infty)]}=e^{-\infty}=0.$$

$$\lim_{x\to x_0}f(x)^{g(x)}(0^{-\infty})=\lim_{x\to x_0}e^{[g(x)\ln f(x)]}=e^{\lim\limits_{x\to x_0}g(x)\ln f(x)\ [-\infty\cdot(-\infty)]}=e^{+\infty}=+\infty.$$

【例 25】 求 $\lim\limits_{x\to0}\left(\frac{\sin x}{x}\right)^{\frac{1}{x^2}}$.

【思路】 利用重要极限 $\lim\limits_{x\to0}(1+x)^{\frac{1}{x}}$ 或化成 $e^{\lim\limits_{x\to x_0}\frac{\ln f(x)}{\frac{1}{g(x)}}\left(\frac{0}{0}\right)}$,对指数极限用洛必达法则求解.

【解】 **方法一** 原式 $=\lim\limits_{x\to0}\left\{\left[1+\left(\frac{\sin x}{x}-1\right)\right]^{\frac{1}{\frac{\sin x}{x}-1}}\right\}^{\left(\frac{\sin x}{x}-1\right)\frac{1}{x^2}}$

$$=e^{\lim\limits_{x\to0}\frac{\sin x-x}{x^3}\left(\frac{0}{0}\right)}=e^{\lim\limits_{x\to0}\frac{\cos x-1}{3x^2}}=e^{\lim\limits_{x\to0}\frac{-\frac{1}{2}x^2}{3x^2}\left(\frac{0}{0}\right)}=e^{-\frac{1}{6}}.$$

方法二 原式 $=\lim\limits_{x\to0}e^{\frac{\ln\frac{\sin x}{x}}{x^2}\left(\frac{0}{0}\right)}=e^{\lim\limits_{x\to0}\frac{\ln\sin x-\ln x}{x^2}\left(\frac{0}{0}\right)}=e^{\lim\limits_{x\to0}\frac{\frac{\cos x}{\sin x}-\frac{1}{x}}{2x}}=e^{\lim\limits_{x\to0}\frac{x\cos x-\sin x}{2x^2\sin x}}$

$$=e^{\lim\limits_{x\to0}\frac{x\cos x-\sin x}{2x^3}\left(\frac{0}{0}\right)}=e^{\lim\limits_{x\to0}\frac{\cos x-x\sin x-\cos x}{6x^2}}=e^{\lim\limits_{x\to0}\frac{-\sin x}{6x}}=e^{-\frac{1}{6}}.$$

评注 最终本质上都是化成求指数的极限(一般为分式的极限).在求解的过程中,考生可运用四则运算、等价量替换、变量代换、洛必达法则等方法求极限.

【例 26】 求 $\lim\limits_{x\to0^+}\left[\ln\left(\frac{1}{x}\right)\right]^x$.

【解】 $\lim\limits_{x\to0^+}\left[\ln\left(\frac{1}{x}\right)\right]^x(\infty^0)=\lim\limits_{x\to0^+}e^{x\ln[\ln(\frac{1}{x})]}$

$$\xlongequal{t=\frac{1}{x}}\lim_{t\to+\infty}e^{\frac{1}{t}\ln(\ln t)}=e^{\lim\limits_{t\to+\infty}\frac{\ln(\ln t)}{t}\left(\frac{\infty}{\infty}\right)}=e^{\lim\limits_{t\to+\infty}\frac{1}{t\ln t}}=e^0=1.$$

【例 27】 (2010[3]) 求 $\lim\limits_{x\to+\infty}\left(x^{\frac{1}{x}}-1\right)^{\frac{1}{\ln x}}$.

【解】 原式 $=\lim\limits_{x\to+\infty}e^{\frac{\ln(x^{\frac{1}{x}}-1)}{\ln x}}=e^{\lim\limits_{x\to+\infty}\frac{\ln(x^{\frac{1}{x}}-1)}{\ln x}}=e^{\lim\limits_{x\to+\infty}\frac{\ln(e^{\frac{\ln x}{x}}-1)}{\ln x}}$,其中

$$\lim_{x\to+\infty}\frac{\ln(e^{\frac{\ln x}{x}}-1)}{\ln x}=\lim_{x\to+\infty}\frac{(e^{\frac{\ln x}{x}}-1)^{-1}e^{\frac{\ln x}{x}}\cdot\frac{1-\ln x}{x^2}}{\frac{1}{x}}=\lim_{x\to+\infty}\frac{e^{\frac{\ln x}{x}}}{\frac{\ln x}{x}}\cdot\frac{1-\ln x}{x}$$

$$=\lim_{x\to+\infty}e^{\frac{\ln x}{x}}\left(\frac{1}{\ln x}-1\right)=-1,$$

故原式 $=e^{-1}$.

题型三 已知函数极限且函数表达式中含有字母常数，确定字母常数数值

解题策略

运用无穷小量阶的比较、洛必达法则或带有佩亚诺型余项的麦克劳林公式去分析问题、解决问题.这种题型比较经典.

【例 28】 已知$\lim\limits_{x\to+\infty}[(x^5+7x^4+2)^a-x]=b\neq 0$,求常数$a,b$.

【思路】 利用变量代换与无穷小量的阶的比较求解.考生如果知道无穷大量阶的比较,解题会更简捷.

【解】 **方法一** 令$\dfrac{1}{x}=t$,当$x\to+\infty$时,$t\to 0^+$,于是

$$原式=\lim_{t\to0^+}\left[\left(\frac{1}{t^5}+\frac{7}{t^4}+2\right)^a-\frac{1}{t}\right]=\lim_{t\to0^+}\left[\frac{(1+7t+2t^5)^a}{t^{5a}}-\frac{1}{t}\right]$$
$$=\lim_{t\to0^+}\frac{t^{1-5a}(1+7t+2t^5)^a-1}{t}=b\neq0,$$

由$\lim\limits_{t\to0^+}t=0$知当$t\to0$时,分子是分母的同阶无穷小量,所以$\lim\limits_{t\to0^+}[t^{1-5a}(1+7t+2t^5)^a-1]=0$,得$1-5a=0$,即$a=\dfrac{1}{5}$,从而

$$原式=\lim_{t\to0^+}\frac{(1+7t+2t^5)^{\frac{1}{5}}-1}{t}=\lim_{t\to0^+}\frac{[1+(7t+2t^5)]^{\frac{1}{5}}-1}{t}$$
$$=\lim_{t\to0^+}\frac{\frac{1}{5}(7t+2t^5)}{t}=\frac{1}{5}\lim_{t\to0^+}(7+2t^4)=\frac{7}{5}=b.$$

方法二 $\lim\limits_{x\to+\infty}[(x^5+7x^4+2)^a-x]=\lim\limits_{x\to+\infty}\left[x^{5a}\left(1+\dfrac{7}{x}+\dfrac{2}{x^5}\right)^a-x\right]=b\neq0$,知$5a=1$,即$a=\dfrac{1}{5}$,从而$\lim\limits_{x\to+\infty}x\left[\left(1+\dfrac{7}{x}+\dfrac{2}{x^5}\right)^{\frac{1}{5}}-1\right]=\lim\limits_{x\to+\infty}\dfrac{x}{5}\left(\dfrac{7}{x}+\dfrac{2}{x^5}\right)=\dfrac{7}{5}=b$.

评注 在方法二中,用到了当$x\to0$时,$(1+x)^b-1\sim bx$($b\neq0$为常数)的结论.

【例 29】 已知$\lim\limits_{x\to+\infty}\dfrac{\int_0^x t^2e^{x^2-t^2}dt+ae^{x^2}}{x^b}=-\dfrac{1}{2}$,求$a,b$的值.

【解】原式$=\lim\limits_{x\to+\infty}\dfrac{\int_0^x t^2e^{-t^2}dt+a}{x^be^{-x^2}}=-\dfrac{1}{2}$.

此时不论b取何值,都有$\lim\limits_{x\to+\infty}x^be^{-x^2}=0$,即判定为“$\dfrac{0}{0}$”型(事实上,变形前为“$\dfrac{\infty}{\infty}$”型).故

$$\lim_{x\to+\infty}\left(\int_0^x t^2e^{-t^2}dt+a\right)=0,$$

于是

$$a=-\int_0^{+\infty}t^2e^{-t^2}dt=-\frac{1}{4}\Gamma\left(\frac{1}{2}\right)=-\frac{\sqrt{\pi}}{4}.$$

则

$$原式=\lim_{x\to+\infty}\frac{\int_0^x t^2e^{-t^2}dt-\frac{\sqrt{\pi}}{4}}{x^be^{-x^2}}=\lim_{x\to+\infty}\frac{x^2e^{-x^2}}{bx^{b-1}e^{-x^2}+x^be^{-x^2}(-2x)}$$

$$=\lim_{x\to+\infty}\frac{x^2}{bx^{b-1}-2x^{b+1}}=-\frac{1}{2}.$$

评注 伽马函数 $\Gamma(\alpha+1)=\int_0^{+\infty}x^{\alpha}\mathrm{e}^{-x}\mathrm{d}x$,有如下性质

1. $\Gamma(1)=\int_0^{+\infty}\mathrm{e}^{-x}\mathrm{d}x=1,\Gamma\left(\frac{1}{2}\right)=\int_0^{+\infty}x^{-\frac{1}{2}}\mathrm{e}^{-x}\mathrm{d}x=\sqrt{\pi}$;

2. $\Gamma(\alpha+1)=\alpha\Gamma(\alpha),\Gamma(n+1)=n!$.

例如 $\int_0^{+\infty}x^3\mathrm{e}^{-2x}\mathrm{d}x=\frac{1}{16}\int_0^{+\infty}(2x)^3\mathrm{e}^{-2x}\mathrm{d}(2x)=\frac{1}{16}\Gamma(3+1)=\frac{1}{16}3!=\frac{3}{8}$.

【例 30】 已知 $\lim_{x\to0}\frac{\sqrt{1+\frac{1}{x}f(x)}-1}{x^2}=c\neq0$,$c$ 为常数,求常数 a 和 k,使 $x\to0$ 时,$f(x)\sim ax^k$.

【思路】 利用无穷小量的阶的比较与等价量替换求解.

【解】 $\lim_{x\to0}\frac{\sqrt{1+\frac{1}{x}f(x)}-1}{x^2}=c$,由 $\lim_{x\to0}x^2=0$ 知 $\lim_{x\to0}\left[\sqrt{1+\frac{1}{x}f(x)}-1\right]=0$,必有 $\lim_{x\to0}\frac{f(x)}{x}=0$,

从而 $\lim_{x\to0}\frac{\sqrt{1+\frac{1}{x}f(x)}-1}{x^2}=\lim_{x\to0}\frac{\frac{1}{x}f(x)}{x^2\left[\sqrt{1+\frac{1}{x}f(x)}+1\right]}=\lim_{x\to0}\frac{f(x)}{2x^3}=c$ (常数),得 $\lim_{x\to0}\frac{f(x)}{2cx^3}=1$,即

$f(x)\sim2cx^3$,所以 $k=3,a=2c$.

评注 在没有证明 $\lim_{x\to0}\frac{f(x)}{x}=0$ 时,不能用等价量替换的方法.

【例 31】 已知极限 $I=\lim_{x\to0}\left(\frac{a}{x^2}+\frac{b}{x^4}+\frac{c}{x^5}\int_0^x\mathrm{e}^{-t^2}\mathrm{d}t\right)=1$,求常数 a,b,c.

【思路】 本题可以先通分,然后用洛必达法则.

【解】 因为 $\mathrm{e}^x=1+x+\frac{x^2}{2!}+o(x^2)(x\to0)$,所以 $\mathrm{e}^{-t^2}=1-t^2+\frac{t^4}{2!}+o(t^4)(t\to0)$.

于是有 $\int_0^x\mathrm{e}^{-t^2}\mathrm{d}t=\int_0^x\left(1-t^2+\frac{t^4}{2}\right)\mathrm{d}t+o(x^5)=x-\frac{x^3}{3}+\frac{x^5}{10}+o(x^5)(t\to0)$.

故
$$I=\lim_{x\to0}\frac{ax^3+bx+c\left(x-\frac{x^3}{3}+\frac{x^5}{10}\right)+o(x^5)}{x^5}=\lim_{x\to0}\frac{(b+c)+\left(a-\frac{c}{3}\right)x^2+\frac{c}{10}x^4}{x^4}=1,$$

所以
$$b+c=0,a-\frac{c}{3}=0,\frac{c}{10}=1.$$

即
$$a=\frac{10}{3},b=-10,c=10.$$

【例 32】 (2011[2]) 已知函数 $F(x)=\frac{\int_0^x\ln(1+t^2)\mathrm{d}t}{x^a}$,设 $\lim_{x\to+\infty}F(x)=\lim_{x\to0^+}F(x)=0$,试求 a 的取值范围.

【解】 如果 $a\leqslant0$ 时,$\lim_{x\to+\infty}\frac{\int_0^x\ln(1+t^2)\mathrm{d}t}{x^a}=\lim_{x\to+\infty}x^{-a}\cdot\int_0^x\ln(1+t^2)\mathrm{d}t=+\infty$,

显然与已知矛盾,故 $a>0$. 当 $a>0$ 时,又因为

$$\lim_{x\to0^+}\frac{\int_0^x\ln(1+t^2)\,\mathrm{d}t}{x^a}=\lim_{x\to0^+}\frac{\ln(1+x^2)}{ax^{a-1}}=\lim_{x\to0^+}\frac{x^2}{ax^{a-1}}=\lim_{x\to0^+}\frac{1}{a}\cdot x^{3-a}=0.$$

所以 $3-a>0$，即 $a<3$. 又因为

$$\lim_{x\to+\infty}\frac{\int_0^x\ln(1+t^2)\,\mathrm{d}t}{x^a}=\lim_{x\to+\infty}\frac{\ln(1+x^2)}{ax^{a-1}}=\lim_{x\to+\infty}\frac{\frac{2x}{1+x^2}}{a(a-1)x^{a-2}}=\frac{2}{a(a-1)}\lim_{x\to+\infty}\frac{x^{3-a}}{1+x^2}=0,$$

所以 $3-a<2$，即 $a>1$. 综上可得 $1<a<3$.

【例 33】 设 $f(x)$ 在 $x=0$ 处存在二阶导数，且 $\lim\limits_{x\to0}\frac{f(x)}{1-\cos x}=4$，求 $f(0),f'(0),f''(0)$.

【思路】 这里表面上没有字母常数，实际上 $f(0),f'(0),f''(0)$ 就是待求的字母常数.

【解】 **方法一** 由 $\lim\limits_{x\to0}\frac{f(x)}{1-\cos x}=\lim\limits_{x\to0}\frac{f(x)}{\frac{x^2}{2}}=4$，得 $\lim\limits_{x\to0}\frac{f(x)}{x^2}=2$.

由 $\lim\limits_{x\to0}x^2=0$，得 $\lim\limits_{x\to0}f(x)=0=f(0)$（$f(x)$ 在 $x=0$ 处连续）. 于是

$$\lim_{x\to0}\frac{f(x)}{x^2}\left(\frac{0}{0}\right)=\lim_{x\to0}\frac{f'(x)}{2x}=2.$$

由 $\lim\limits_{x\to0}2x=0$，得 $\lim\limits_{x\to0}f'(x)=0=f'(0)$（$f'(x)$ 在 $x=0$ 处连续）. 从而

$$\lim_{x\to0}\frac{f'(x)}{2x}=\frac{1}{2}\lim_{x\to0}\frac{f'(x)-f'(0)}{x}=\frac{1}{2}f''(0)=2,$$

得 $f''(0)=4$.

方法二 由 $\lim\limits_{x\to0}\frac{f(x)}{x^2}=2$，利用 $f(x)$ 在 $x=0$ 处的带有二阶佩亚诺型余项的麦克劳林展开式，得

$$\lim_{x\to0}\frac{f(0)+f'(0)x+\frac{f''(0)}{2!}x^2+o(x^2)}{x^2}=2.$$

由 $\lim\limits_{x\to0}x^2=0$，得 $\lim\limits_{x\to0}\left[f(0)+f'(0)x+\frac{f''(0)}{2!}x^2+o(x^2)\right]=0=f(0)$，

从而有 $\lim\limits_{x\to0}\frac{f'(0)x+\frac{f''(0)}{2!}x^2+o(x^2)}{x^2}=\lim\limits_{x\to0}\frac{f'(0)+\frac{f''(0)}{2!}x+o(x)}{x}=2$，又 $\lim\limits_{x\to0}x=0$，得

$\lim\limits_{x\to0}\left[f'(0)+\frac{f''(0)}{2}x+o(x)\right]=0=f'(0)$. 于是 $\lim\limits_{x\to0}\frac{\frac{f''(0)}{2}x+o(x)}{x}=2=\frac{f''(0)}{2}$，所以 $f''(0)=4$.

评注 1. 求 $f''(0)$ 时不能用下述方法，$\lim\limits_{x\to0}\frac{f'(x)}{2x}\left(\frac{0}{0}\right)=\lim\limits_{x\to0}\frac{f''(x)}{2}=2=\frac{f''(0)}{2}$，所以 $f''(0)=4$. 虽然结论正确，但过程是错的. 因为 $f''(0)$ 存在，推不出在 $x=0$ 的某空心邻域内 $f''(x)$ 存在，不能使用第二次洛必达法则，且不知 $f''(x)$ 在 $x=0$ 是否连续，所以 $\lim\limits_{x\to0}f''(x)\neq f''(0)$.

2. 如果用带有佩亚诺型余项的麦克劳林公式，此题很容易求得结果.

题型四 无穷小量阶的比较

解题策略

$f(x)$ 当 $x\to x_0$ 时是 $x-x_0$ 的 k 阶无穷小量 $\Leftrightarrow\lim\limits_{x\to x_0}\frac{f(x)}{(x-x_0)^k}=c\Leftrightarrow f(x)\sim c(x-x_0)^k$ $(x\to x_0)$，其中 $c\neq0,k>0$ 为常数.

【例 34】 (2009[2][3])当 $x\to 0$ 时,$f(x)=x-\sin ax$ 与 $g(x)=x^2\ln(1-bx)$ 是等价无穷小(　　).

(A) $a=1,b=-\dfrac{1}{6}$　　(B) $a=1,b=\dfrac{1}{6}$

(C) $a=-1,b=-\dfrac{1}{6}$　　(D) $a=-1,b=\dfrac{1}{6}$

【解】 方法一　$f(x)=x-\sin ax$ 与 $g(x)=x^2\ln(1-bx)$ 是 $x\to 0$ 时的等价无穷小,则

$1=\lim\limits_{x\to 0}\dfrac{f(x)}{g(x)}=\lim\limits_{x\to 0}\dfrac{x-\sin ax}{x^2\ln(1-bx)}=\lim\limits_{x\to 0}\dfrac{x-\sin ax}{x^2\cdot(-bx)}=\lim\limits_{x\to 0}\dfrac{x-\sin ax}{-bx^3}\xlongequal[\text{法则}]{\text{洛必达}}\lim\limits_{x\to 0}\dfrac{1-a\cos ax}{-3bx^2}$.

$\lim\limits_{x\to 0}3bx^2=0\Rightarrow\lim\limits_{x\to 0}(1-a\cos ax)=1-a=0$,故 $a=1$.

又 $1=\lim\limits_{x\to 0}\dfrac{1-\cos x}{-3bx^2}=\lim\limits_{x\to 0}\dfrac{\frac{1}{2}x^2}{-3bx^2}=-\dfrac{1}{6b}=1$,故 $b=-\dfrac{1}{6}$,所以应选(A).

方法二　由泰勒公式 $\sin ax=ax-\dfrac{1}{6}a^3x^3+o(x^3)(x\to 0)$,则

$$1=\lim_{x\to 0}\frac{f(x)}{g(x)}=\lim_{x\to 0}\frac{(1-a)x+\frac{1}{6}a^3x^3+o(x^3)}{-bx^3}=\frac{1}{-6b}a^3+\lim_{x\to 0}\frac{(1-a)x}{-bx^3}=1,$$

所以 $1-a=0,-\dfrac{1}{6b}=1$,即 $a=1,b=-\dfrac{1}{6}$,因此应选(A).

【例 35】 设数列 $a_0=\dfrac{1}{2},a_{n+1}=a_n^2,n=0,1,2,\cdots;b_{n+1}=\tan b_n,0<b_n<\dfrac{\pi}{4},n=0,1,2,\cdots$,则(　　).

(A)a_n 是比 b_n 高阶的无穷小　　(B)a_n 是比 b_n 低阶的无穷小

(C)a_n 与 b_n 是等价无穷小　　(D)a_n 与 b_n 是同阶但不等价无穷小

【解】 $a_{n+1}=a_n^2=a_n\cdot a_n\leqslant\dfrac{1}{2}a_n,b_{n+1}=\tan b_n>b_n$,故

$$\frac{a_{n+1}}{b_{n+1}}=\frac{a_n\cdot a_n}{\tan b_n}<\frac{\frac{1}{2}a_n}{b_n}=\frac{1}{2}\cdot\frac{a_n}{b_n},$$

于是有

$$0<\frac{a_{n+1}}{b_{n+1}}<\frac{1}{2}\cdot\frac{a_n}{b_n}<\left(\frac{1}{2}\right)^2\cdot\frac{a_{n-1}}{b_{n-1}}<\cdots<\left(\frac{1}{2}\right)^{n+1}\cdot\frac{a_0}{b_0},$$

又 $\lim\limits_{n\to\infty}\left(\dfrac{1}{2}\right)^{n+1}\cdot\dfrac{a_0}{b_0}=0$,由夹逼准则,故 $\lim\limits_{n\to\infty}\dfrac{a_{n+1}}{b_{n+1}}=0$,即 $\lim\limits_{n\to\infty}\dfrac{a_n}{b_n}=0$,

故 a_n 是比 b_n 高阶的无穷小,故选(A).

【例 36】 (2015[1][2][3]) 设函数 $f(x)=x+a\ln(1+x)+bx\sin x,g(x)=kx^3$,若 $f(x)$ 与 $g(x)$ 当 $x\to 0$ 时是等价无穷小,求 a,b,k 的值.

【思路】 利用泰勒公式或者洛必达法则.

【解】 方法一　原式 $=\lim\limits_{x\to 0}\dfrac{x+a\ln(1+x)+bx\sin x}{kx^3}$

$$=\lim_{x\to 0}\frac{x+a\left[x-\frac{x^2}{2}+\frac{x^3}{3}+o(x^3)\right]+bx\left[x-\frac{x^3}{6}+o(x^3)\right]}{kx^3}$$

$$=\lim_{x\to 0}\frac{(1+a)x+\left(b-\frac{a}{2}\right)x^2+\frac{a}{3}x^3-\frac{b}{6}x^4+o(x^3)}{kx^3}=1,$$

得 $1+a=0, b-\frac{a}{2}=0, \frac{a}{3k}=1$,

所以 $a=-1, b=-\frac{1}{2}, k=-\frac{1}{3}$.

方法二　$\lim\limits_{x\to 0}\frac{x+a\ln(1+x)+bx\sin x}{kx^3}$

$$=\lim_{x\to 0}\frac{1+\frac{a}{1+x}+b\sin x+bx\cos x}{3kx^2}(\Rightarrow \text{因为分子的极限为}0,\text{则 } a=-1)$$

$$=\lim_{x\to 0}\frac{-\frac{-1}{(1+x)^2}+2b\cos x-bx\sin x}{6kx}\left(\Rightarrow \text{分子的极限为}0, b=-\frac{1}{2}\right)$$

$$=\lim_{x\to 0}\frac{-\frac{2}{(1+x)^3}-2b\sin x-b\sin x-bx\cos x}{6k}=1\left(\Rightarrow k=-\frac{1}{3}\right)$$

所以 $a=-1, b=-\frac{1}{2}, k=-\frac{1}{3}$.

【例 37】　把 $x\to 0^+$ 时的无穷小量 $\alpha=\int_0^x \cos t^2\,\mathrm{d}t, \beta=\int_0^{x^2}\tan\sqrt{t}\,\mathrm{d}t, \gamma=\int_0^{\sqrt{x}}\sin t^3\,\mathrm{d}t$ 排列起来,使排在后面的是前一个的高阶无穷小,则正确的排列次序是(　　).

(A)α,β,γ　　(B) α,γ,β　　(C) β,α,γ　　(D)β,γ,α

【解】　**方法一**　利用定义.

$$\lim_{x\to 0^+}\frac{\alpha}{\beta}=\lim_{x\to 0^+}\frac{\int_0^x\cos t^2\,\mathrm{d}t}{\int_0^{x^2}\tan\sqrt{t}\,\mathrm{d}t}=\lim_{x\to 0^+}\frac{\cos x^2}{2x\cdot\tan\sqrt{x^2}}=\lim_{x\to 0^+}\frac{1}{2x^2}=\infty,$$

$$\lim_{x\to 0^+}\frac{\beta}{\gamma}=\lim_{x\to 0^+}\frac{\int_0^{x^2}\tan\sqrt{t}\,\mathrm{d}t}{\int_0^{\sqrt{x}}\sin t^3\,\mathrm{d}t}=\lim_{x\to 0^+}\frac{2x\cdot\tan x}{\frac{1}{2}\cdot\frac{1}{\sqrt{x}}\cdot\sin(\sqrt{x})^3}=\lim_{x\to 0^+}4x=0,$$

$$\lim_{x\to 0^+}\frac{\alpha}{\gamma}=\lim_{x\to 0^+}\frac{\int_0^x\cos t^2\,\mathrm{d}t}{\int_0^{\sqrt{x}}\sin t^3\,\mathrm{d}t}=\lim_{x\to 0^+}\frac{\cos x^2}{\frac{1}{2}\cdot\frac{1}{\sqrt{x}}\cdot\sin(\sqrt{x})^3}=\infty,$$

所以正确的排列次序是 α,γ,β. 故应选(B).

方法二　导数定阶法.

$x\to 0^+$ 时,$\alpha'=\cos x^2\to 1, \beta'=2x\cdot\tan x\sim 2x^2, \gamma'=\frac{1}{2\sqrt{x}}\cdot\sin(\sqrt{x})^3\sim\frac{1}{2}x$.

故应选(B).

题型五　函数的连续与间断点的讨论

解题策略

1.研究是否连续一般用定义. 2.研究间断点:(1)如果 $f(x)$ 是初等函数,若 $f(x)$ 在 $x=x_0$ 处没有定义,但在 x_0 一侧或两侧有定义,则 $x=x_0$ 是间断点,再根据在 $x=x_0$ 处的左右极限来确定是第几类间断点;(2)如果 $f(x)$ 是分段函数,分界点是间断点的怀疑点,所给范围表达式没有定义的点是间断点.

【例 38】　$f(x)=\frac{x\ln|x|}{|x-1|}\mathrm{e}^{\frac{1}{(x-1)(x-2)}}$ 的无穷间断点的个数为(　　).

(A)0 (B)1 (C)2 (D)3

【解】$f(x)$ 有 3 个间断点:$x=0,x=1,x=2$.

当 $x\to 0$ 时, $$\frac{1}{|x-1|}\cdot e^{\frac{1}{(x-1)(x-2)}}\to e^{\frac{1}{2}},$$

$$\lim_{x\to 0}x\ln|x|=\lim_{x\to 0}\frac{\ln|x|}{\frac{1}{x}}=\lim_{x\to 0}\frac{\frac{1}{x}}{-\frac{1}{x^2}}=\lim_{x\to 0}(-x)=0,$$

故$\lim\limits_{x\to 0}f(x)=0$,即 $x=0$ 为可去间断点.又由于

$$\lim_{x\to 1^-}e^{\frac{1}{(x-1)(x-2)}}=+\infty,\lim_{x\to 1^-}\frac{x\ln|x|}{|x-1|}=\lim_{x\to 1^-}\frac{\ln|x|}{1-x}=\lim_{x\to 1^-}\frac{\frac{1}{x}}{-1}=-1,$$

故$\lim\limits_{x\to 1^-}f(x)=\infty$,即 $x=1$ 为无穷间断点.

当 $x\to 2^+$ 时,由于$\frac{x\ln|x|}{|x-1|}\to 2\ln 2,\lim\limits_{x\to 2^+}e^{\frac{1}{(x-1)(x-2)}}=+\infty$,

故$\lim\limits_{x\to 2^+}f(x)=\infty$,即 $x=2$ 为无穷间断点.

(C) 正确.

【例 39】 设函数 $f(x)=\begin{cases}-1, & x<0,\\ 1, & x\geqslant 0,\end{cases}$ $g(x)=\begin{cases}2-ax, & x\leqslant -1,\\ x, & -1<x<0,\\ x-b, & x\geqslant 0,\end{cases}$ 若 $f(x)+g(x)$ 在 $\mathbf{R}$ 上连续,则(   ).

(A)$a=3,b=1$ (B)$a=3,b=2$

(C)$a=-3,b=1$ (D)$a=-3,b=2$

【思路】 先求出 $f(x)+g(x)$,再利用连续性的定义.

【解】 令 $F(x)=f(x)+g(x)=\begin{cases}-1+2-ax, & x\leqslant -1,\\ -1+x, & -1<x<0,\\ x-b+1, & x\geqslant 0,\end{cases}$

$$F(-1)=1+a,F(0)=1-b,$$
$$\lim_{x\to -1^+}F(x)=-2,\lim_{x\to 0^-}F(x)=-1.$$

因为函数连续,故极限值等于函数值,故有

$$1+a=-2,1-b=-1,\quad 得\ a=-3,b=2.$$

故应选(D).

【例 40】 (2001[2]) 求极限$\lim\limits_{t\to x}\left(\frac{\sin t}{\sin x}\right)^{\frac{x}{\sin t-\sin x}}$,记此极限为 $f(x)$,求函数 $f(x)$ 的间断点并指出其类型.

【思路】 先求出函数表达式,再讨论.

【解】 $f(x)=\lim\limits_{t\to x}\left\{\left[1+\left(\frac{\sin t}{\sin x}-1\right)\right]^{\frac{\sin x}{\sin t-\sin x}}\right\}^{\frac{x}{\sin x}}=e^{\frac{x}{\sin x}}$,由于 $f(x)$ 在 $x=k\pi$ 处无定义,而在 $k\pi$ 两侧有定义,故 $x=k\pi$ 是间断点,且又$\lim\limits_{x\to 0}f(x)=\lim\limits_{x\to 0}e^{\frac{x}{\sin x}}=e$,所以 $x=0$ 是函数 $f(x)$ 的第一类(可去)间断点.$x=k\pi(k=\pm 1,\pm 2,\cdots)$ 是 $f(x)$ 的第二类(无穷)间断点.

【例 41】 讨论 $f(x)=\lim\limits_{t\to +\infty}\frac{x+e^{tx}}{1+e^{tx}}$ 的间断点,并指出其类型.

【思路】 先求出函数表达式,再进行讨论.

【解】　由 $f(x)=\begin{cases}x, & x<0,\\ \dfrac{1}{2}, & x=0,\\ 1, & x>0\end{cases}$ 知 $x\neq 0$ 时，$f(x)$ 连续.

而 $\lim\limits_{x\to 0^-}f(x)=\lim\limits_{x\to 0^-}x=0$，$\lim\limits_{x\to 0^+}f(x)=\lim\limits_{x\to 0^+}1=1$. 左右极限不相等，所以 $x=0$ 是跳跃间断点.

题型六　数列极限

求数列极限的方法：

★1. 极限的四则运算；★2. 夹逼定理；★3. 单调有界定理；

★4. $\lim\limits_{x\to+\infty}f(x)=A$（或 ∞）$\Rightarrow\lim\limits_{n\to\infty}f(n)=A$（或 ∞）；　5. 数列的重要极限；

★6. 用定积分的定义求数列极限；　7. 利用级数敛散性若 $\sum\limits_{n=1}^{\infty}a_n$ 收敛，则 $\lim\limits_{n\to\infty}a_n=0$；

8. 无穷小量乘以有界量仍是无穷小量；　9. 等价量替换等.

【例 42】　设数列 $\{a_n\}$，$\{b_n\}$ 满足 $\{a_n\ln b_n\}$ 收敛于 0，则当 n 充分大时，下列结论：

(1) 若 $\{a_n\}$ 无界，则 $\{b_n\}$ 有界；

(2) 若 $\{a_n\}$ 发散，则 $\{b_n\}$ 发散；

(3) 若 $\{b_n\}$ 无界，则 $\{a_n\}$ 为无穷小；

(4) 若 $\{b_n\}$ 收敛，则 $\{a_n\}$ 为无穷小.

正确结论的个数为（　　）.

(A)0　　(B)1　　(C)2　　(D)3

【解】　取 $a_n=\begin{cases}n, & n\text{ 为奇数},\\ 0, & n\text{ 为偶数},\end{cases}$ $b_n=\begin{cases}1, & n\text{ 为奇数},\\ \mathrm{e}^n, & n\text{ 为偶数},\end{cases}$

则 $\lim\limits_{n\to\infty}a_n\ln b_n=0$，其中 $\{a_n\}$，$\{b_n\}$ 无界，(1) 和 (3) 均错误.

取 $a_n=n$，$b_n=1$，则 $\ln b_n\equiv 0$，(2) 错误.

对于 (4)，当 $a_n=1$，$b_n=1+\dfrac{1}{n}$ 时，满足题设条件，但此时 $\{a_n\}$ 不为无穷小，(4) 错误.

故选(A).

【例 43】　求极限 $\lim\limits_{n\to\infty}\sqrt[n]{a_1^n+a_2^n+\cdots+a_m^n}$，其中 $a_1,a_2,\cdots,a_m$ 均为正常数.

【思路】　适当放大与缩小后，用夹逼定理求解.

【解】　不妨设 $a_1=\max\{a_1,a_2,\cdots,a_m\}$，由于 $a_1\leqslant\sqrt[n]{a_1^n+a_2^n+\cdots+a_m^n}\leqslant\sqrt[n]{m\cdot a_1^n}=a_1\sqrt[n]{m}$，且 $\lim\limits_{n\to\infty}a_1=a_1$，$\lim\limits_{n\to\infty}a_1\sqrt[n]{m}=a_1$，由夹逼定理知 $\lim\limits_{n\to\infty}\sqrt[n]{a_1^n+a_2^n+\cdots+a_m^n}=a_1=\max\{a_1,a_2,\cdots,a_m\}$.

> **评注**　1. 为使解题变得简捷，不妨设 $\max\{a_1,a_2,\cdots,a_m\}$ 为其中某一个变量，不影响证明本质.
> 2. 若数列的项有多项相加（或相乘）或 $n\to\infty$ 时，有无穷项相加或相乘且不能化简，不能利用极限的四则运算.

【例 44】　求 $\lim\limits_{n\to\infty}\left[\dfrac{\sqrt{1\times 2}}{n^2+1}+\dfrac{\sqrt{2\times 3}}{n^2+2}+\cdots+\dfrac{\sqrt{n(n+1)}}{n^2+n}\right]$.

【思路】　适当放大与缩小后，用夹逼定理求解.

【解】　设 $I_n=\dfrac{\sqrt{1\times 2}}{n^2+1}+\dfrac{\sqrt{2\times 3}}{n^2+2}+\cdots+\dfrac{\sqrt{n(n+1)}}{n^2+n}$，由于

$$I_n \geqslant \frac{1}{n^2+n}+\frac{2}{n^2+n}+\cdots+\frac{n}{n^2+n}=\frac{n(n+1)}{2n(n+1)}=\frac{1}{2},$$

$$I_n < \frac{2}{n^2+1}+\frac{3}{n^2+1}+\cdots+\frac{n+1}{n^2+1}=\frac{(n+3)n}{2(n^2+1)},$$

且$\lim\limits_{n\to\infty}\frac{1}{2}=\frac{1}{2}$,$\lim\limits_{n\to\infty}\frac{n(n+3)}{2(n^2+1)}=\frac{1}{2}$,根据夹逼定理知

$$\lim_{n\to\infty}I_n=\lim_{n\to\infty}\left[\frac{\sqrt{1\times 2}}{n^2+1}+\frac{\sqrt{2\times 3}}{n^2+2}+\cdots+\frac{\sqrt{n(n+1)}}{n^2+n}\right]=\frac{1}{2}.$$

【例 45】 $u_1=1,u_2=2$,当 $n\geqslant 3$ 时,$u_n=u_{n-1}+u_{n-2}$,(1) 证明:$u_n\geqslant\left(\frac{3}{2}\right)^{n-1}$;(2) 求$\lim\limits_{n\to\infty}\frac{1}{u_n}$.

【思路】 利用递推关系式适当放大与缩小,用夹逼定理求解.

【解】 (1) 由题目条件知$\{u_n\}$递增,故

$u_n=u_{n-1}+u_{n-2}\leqslant u_{n-1}+u_{n-1}=2u_{n-1}$,$u_n=u_{n-1}+u_{n-2}\geqslant u_{n-1}+\frac{1}{2}u_{n-1}=\frac{3}{2}u_{n-1}$,从而 $u_n\geqslant\left(\frac{3}{2}\right)^2u_{n-2}\geqslant$ $\left(\frac{3}{2}\right)^{n-1}u_1=\left(\frac{3}{2}\right)^{n-1}$,得证.

(2) **方法一** 由(1)知$0\leqslant\frac{1}{u_n}\leqslant\left(\frac{2}{3}\right)^{n-1}$,且$\lim\limits_{n\to\infty}0=0$,$\lim\limits_{n\to\infty}\left(\frac{2}{3}\right)^{n-1}=0$,根据夹逼定理知$\lim\limits_{n\to\infty}\frac{1}{u_n}=0$.

方法二 由题目条件知 $u_n>0$,显然$\{u_n\}$递增,故$\left\{\frac{1}{u_n}\right\}$递减且$\frac{1}{u_n}>0$,由单调有界定理知$\left\{\frac{1}{u_n}\right\}$收敛.设$\lim\limits_{n\to\infty}\frac{1}{u_n}=l$,有 $l=0$$\Bigg($假设 $l\neq 0$,则$\lim\limits_{n\to\infty}u_n=\frac{1}{l}$,又 $u_n=u_{n-1}+u_{n-2}$,令 $n\to\infty$,有$\frac{1}{l}=\frac{1}{l}+\frac{1}{l}$,得$\frac{1}{l}=0$,与$\frac{1}{l}\neq 0$ 相矛盾,故假设不成立$\Bigg)$,所以$\lim\limits_{n\to\infty}\frac{1}{u_n}=0$.

【例 46】 求$\lim\limits_{n\to\infty}\int_0^{\frac{1}{2}}\frac{x^n}{1+x}\mathrm{d}x$.

【思路】 利用定积分不等式性质适当放大与缩小,用夹逼定理或积分中值定理求解.

【解】 **方法一** 由$0<\int_0^{\frac{1}{2}}\frac{x^n}{1+x}\mathrm{d}x<\int_0^{\frac{1}{2}}x^n\mathrm{d}x=\frac{1}{n+1}\cdot\left(\frac{1}{2}\right)^{n+1}$,且$\lim\limits_{n\to\infty}0=0$,$\lim\limits_{n\to\infty}\frac{1}{n+1}\cdot\left(\frac{1}{2}\right)^{n+1}=0$,根据夹逼定理知$\lim\limits_{n\to\infty}\int_0^{\frac{1}{2}}\frac{x^n}{1+x}\mathrm{d}x=0$.

方法二 由$\int_0^{\frac{1}{2}}\frac{x^n}{1+x}\mathrm{d}x=\frac{\xi_n^n}{1+\xi_n}\cdot\frac{1}{2}$,其中$0\leqslant\xi_n\leqslant\frac{1}{2}$.

由$\frac{2}{3}\leqslant\frac{1}{1+\xi_n}\leqslant 1$知$\frac{1}{1+\xi_n}$为有界量,又$0\leqslant\xi_n^n\leqslant\left(\frac{1}{2}\right)^n$,根据夹逼定理知$\lim\limits_{n\to\infty}\xi_n^n=0$,

从而原式$=\lim\limits_{n\to\infty}\frac{1}{2}\cdot\frac{1}{1+\xi_n}\cdot\xi_n^n=0$(有界量乘以无穷小量仍是无穷小量).

> **评注** 1.如果按部就班先计算定积分再求极限,此题就变得复杂且不好求极限,所以考生要观察、选取合适的方法.
>
> 2.如果计算$\lim\limits_{n\to\infty}\int_0^1\frac{x^n}{1+x}\mathrm{d}x$,只有用方法一求解,用方法二就行不通.

【例 47】 设 $x_1>0$,且 $x_{n+1}=1-\mathrm{e}^{-x_n}$,$n=1,2,\cdots$.

(Ⅰ) 证明数列$\{x_n\}$极限存在,并且求$\lim\limits_{n\to\infty}x_n$;

（Ⅱ）求极限$\lim\limits_{n\to\infty}\dfrac{x_nx_{n+1}}{x_n-x_{n+1}}$.

【思路】 本题是由递推式确定的数列，可以先用数学归纳法证明数列单调有界. 再求极限. 设$\lim\limits_{n\to\infty}x_n=a$，则在等式$x_{n+1}=1-e^{-x_n}$两边取极限，有$a=1-e^{-a}$，易得$a=0$.

【解】（Ⅰ）先证$x_n>0$，因为$x_1>0$，假设$x_n>0$，则$x_{n+1}=1-e^{-x_n}>0$.

$x_{n+1}-x_n=1-e^{-x_n}-x_n$，设$f(x)=1-e^{-x}-x,x>0$，$f'(x)=e^{-x}-1<0$，所以

$$f(x)<f(0)=0,$$

所以
$$x_{n+1}-x_n=1-e^{-x_n}-x_n<0.$$

故$\{x_n\}$单调递减有下界，则$\{x_n\}$极限存在，可设为a，在等式$x_{n+1}=1-e^{-x_n}$两边取极限，则$a=1-e^{-a}$，易得$a=0$，故$\lim\limits_{n\to\infty}x_n=0$.

（Ⅱ）
$$\lim_{n\to\infty}\frac{x_n(1-e^{-x_n})}{x_n-1+e^{-x_n}}=\lim_{n\to\infty}\frac{x_n^2}{x_n-1+e^{-x_n}}=\lim_{x\to0}\frac{x^2}{x-1+e^{-x}}$$
$$=\lim_{x\to0}\frac{2x}{1-e^{-x}}=2.$$

> **评注**　由递推式$a_{n+1}=f(a_n)$确定的数列$\{a_n\}$，在判定单调性的时候有如下结论：
>
> 1. 若$f'(x)<0$，则$\{a_n\}$不单调；若$f'(x)>0$，则数列$\{a_n\}$单调，且$a_1<a_2$，则$\{a_n\}$单调递增，若$a_1>a_2$，则$\{a_n\}$单调递减.
>
> 2. 若$a_{n+1}-a_n=k(a_n-a_{n-1}),k>0$，则数列$\{a_n\}$单调，且$a_1<a_2$，则$\{a_n\}$单调递增，若$a_1>a_2$，则$\{a_n\}$单调递减.

【例 48】 设$x_1=1,x_{n+1}=\dfrac{1}{1+x_n}(n=1,2,\cdots)$，求极限$\lim\limits_{n\to\infty}x_n$.

【思路】 令$f(x)=\dfrac{1}{1+x}$，$f'(x)=-\dfrac{1}{(1+x)^2}<0$，故$\{x_n\}$不单调.

【解】 令$\lim\limits_{n\to\infty}x_n=a$，则$\lim\limits_{n\to\infty}x_{n+1}$，即$a=\dfrac{1}{1+a}$，$a=\dfrac{-1\pm\sqrt{5}}{2}$. 由题设知$x_n>0$，则$a=\dfrac{\sqrt{5}-1}{2}$，以下证明$\lim\limits_{n\to\infty}x_n=\dfrac{\sqrt{5}-1}{2}$.

由题设知

$$|x_n-a|=\left|\frac{1}{1+x_{n-1}}-\frac{1}{1+a}\right|$$
$$=\left|\frac{x_{n-1}-a}{(1+x_{n-1})(1+a)}\right|\leqslant\frac{|x_{n-1}-a|}{1+a}\leqslant\frac{|x_{n-2}-a|}{(1+a)^2}\leqslant\cdots\leqslant\frac{|x_1-a|}{(1+a)^{n-1}},$$

又$1+a=\dfrac{\sqrt{5}+1}{2}>1$，则$\lim\limits_{n\to\infty}\dfrac{1}{(1+a)^{n-1}}=0$.

故$\lim\limits_{n\to\infty}x_n=a=\dfrac{\sqrt{5}-1}{2}$.

【例 49】 求$\lim\limits_{n\to\infty}n\left[\left(1+\dfrac{1}{n}\right)^n-e\right]$.

【思路】 此题属于数列极限的未定式，且用数列极限方法不易求，化成函数极限未定式来解决.

【解】 原式$=\lim\limits_{x\to+\infty}x\left[\left(1+\dfrac{1}{x}\right)^x-e\right]\xlongequal{\frac{1}{x}=t}\lim\limits_{t\to0^+}\dfrac{(1+t)^{\frac{1}{t}}-e}{t}\left(\dfrac{0}{0}\right)$

$$= \lim_{t\to 0^+}\frac{e^{\frac{\ln(1+t)}{t}}-e}{t} = \lim_{t\to 0^+} e^{\frac{\ln(1+t)}{t}}\cdot\frac{\frac{t}{1+t}-\ln(1+t)}{t^2}$$

$$= \lim_{t\to 0^+} e\cdot\frac{t-(1+t)\ln(1+t)}{t^2(1+t)} = \lim_{t\to 0^+} e\cdot\frac{t-(1+t)\ln(1+t)}{t^2}\left(\frac{0}{0}\right)$$

$$= e\lim_{t\to 0^+}\frac{1-\ln(1+t)-1}{2t} = -\frac{e}{2}.$$

评注 1.求数列极限的未定式,不能用洛必达法则.因为数列作为函数不连续,更不可导,故对数列极限不能用洛必达法则.2.由数列$\{a_n\}$中的通项是n的表达式,即$a_n=f(n)$.而$\lim\limits_{n\to\infty}f(n)$与$\lim\limits_{x\to\infty}f(x)$是特殊与一般的关系,由归结原则知$\lim\limits_{x\to+\infty}f(x)=A(\infty)\Rightarrow\lim\limits_{n\to\infty}f(n)=A(\infty)$,反之不一定.

【例 50】 设$f(x)$是区间$[0,+\infty)$上单调减少且非负的连续函数,

$$a_n=\sum_{k=1}^{n}f(k)-\int_1^n f(x)dx(n=1,2,\cdots),$$

证明数列(a_n)的极限存在.

【解】 利用单调有界必有极限的准则来证明.先将a_n形式化简,

因为$\int_1^n f(x)dx=\int_1^2 f(x)dx+\int_2^3 f(x)dx+\cdots+\int_{n-1}^n f(x)dx=\sum\limits_{k=1}^{n-1}\int_k^{k+1}f(x)dx$,

所以$a_n=\sum\limits_{k=1}^{n-1}f(k)+f(n)-\sum\limits_{k=1}^{n-1}\int_k^{k+1}f(x)dx=\sum\limits_{k=1}^{n-1}\int_k^{k+1}[f(k)-f(x)]dx+f(n)$.

又因为$f(x)$单调减少且非负,$k\leqslant x\leqslant k+1$,所以有

$$\begin{cases}\sum\limits_{k=1}^{n-1}\int_k^{k+1}[f(k)-f(x)]dx\geqslant 0\\ f(n)\geqslant 0\end{cases},$$

故$a_n\geqslant 0$.

$$\begin{aligned}\text{又因为 } a_{n+1}-a_n&=\left[\sum_{k=1}^{n+1}f(k)-\int_1^{n+1}f(x)dx\right]-\left[\sum_{k=1}^{n}f(k)-\int_1^n f(x)dx\right]\\&=f(n+1)+\int_1^n f(x)dx-\int_1^{n+1}f(x)dx\\&=f(n+1)-\int_n^{n+1}f(x)dx\\&=\int_n^{n+1}[f(n+1)-f(x)]dx\leqslant 0.\end{aligned}$$

所以$\{a_n\}$单调减少,因为单调有界必有极限,所以$\lim\limits_{n\to\infty}a_n$存在.

评注 本题由于所给数列表达式较复杂,所以先证单调性,再证有界性,由于极限没法求出来,所以可以预先估计数列的界应该是特殊的数0.

【例 51】 设$a_n=2^n\int_{\frac{\sqrt{2}}{2}}^1(1-x^2)^{n-\frac{1}{2}}dx,n=1,2,3,\cdots$,

(1) 证明:$a_n=-\frac{1}{2n}+\left(2-\frac{1}{n}\right)a_{n-1},n=2,3,4,\cdots$;

(2) 证明:$\lim\limits_{n\to\infty}a_n$存在,并求$\lim\limits_{n\to\infty}a_n$.

【解】 (1) 令$x=\sin t$,可得$a_n=2^n\int_{\frac{\pi}{4}}^{\frac{\pi}{2}}(1-\sin^2t)^{n-\frac{1}{2}}d\sin t=2^n\int_{\frac{\pi}{4}}^{\frac{\pi}{2}}\cos^{2n}t\,dt$.再分部积分可得

$$a_n = 2^n\int_{\frac{\pi}{4}}^{\frac{\pi}{2}} \cos^{2n-1} t\cos t\mathrm{d}t = 2^n\int_{\frac{\pi}{4}}^{\frac{\pi}{2}} \cos^{2n-1} t\mathrm{d}(\sin t)$$

$$= 2^n\sin t\cos^{2n-1} t\Big|_{\frac{\pi}{4}}^{\frac{\pi}{2}} - 2^n\int_{\frac{\pi}{4}}^{\frac{\pi}{2}} \sin t\mathrm{d}(\cos^{2n-1} t)$$

$$= -1 + 2^n\int_{\frac{\pi}{4}}^{\frac{\pi}{2}} \sin t\cdot(2n-1)\cos^{2n-2} t\sin t\mathrm{d}t$$

$$= -1 + (2n-1)2^n\int_{\frac{\pi}{4}}^{\frac{\pi}{2}} \cos^{2n-2} t\sin^2 t\mathrm{d}t$$

$$= -1 + (2n-1)2^n\int_{\frac{\pi}{4}}^{\frac{\pi}{2}} \cos^{2n-2} t(1-\cos^2 t)\mathrm{d}t$$

$$= -1 + (2n-1)2^n\left(\int_{\frac{\pi}{4}}^{\frac{\pi}{2}} \cos^{2n-2} t\mathrm{d}t - \int_{\frac{\pi}{4}}^{\frac{\pi}{2}} \cos^{2n} t\mathrm{d}t\right)$$

$$= -1 + (4n-2)2^{n-1}\int_{\frac{\pi}{4}}^{\frac{\pi}{2}} \cos^{2n-2} t\mathrm{d}t - (2n-1)2^n\int_{\frac{\pi}{4}}^{\frac{\pi}{2}} \cos^{2n} t\mathrm{d}t$$

$$= -1 + (4n-2)a_{n-1} - (2n-1)a_n.$$

移项可得，$2na_n = -1 + (4n-2)a_{n-1}$，即 $a_n = -\dfrac{1}{2n} + \left(2-\dfrac{1}{n}\right)a_{n-1}$.

(2) 由于 $a_n = 2^n\int_{\frac{\pi}{4}}^{\frac{\pi}{2}} \cos^{2n} t\mathrm{d}t$，可知

$$a_{n+1} - a_n = 2^{n+1}\int_{\frac{\pi}{4}}^{\frac{\pi}{2}} \cos^{2n+2} t\mathrm{d}t - 2^n\int_{\frac{\pi}{4}}^{\frac{\pi}{2}} \cos^{2n} t\mathrm{d}t = 2^n\int_{\frac{\pi}{4}}^{\frac{\pi}{2}} \cos^{2n} t(2\cos^2 t - 1)\mathrm{d}t$$

当 $t\in\left(\dfrac{\pi}{4},\dfrac{\pi}{2}\right)$时，$2\cos^2 t - 1 < 0$，可知 $a_{n+1} < a_n$，也即数列 $\{a_n\}$ 是单调递减的.

又由于 $a_n > 0$，则由单调有界收敛准则可知，$\lim\limits_{n\to\infty} a_n$ 存在.

令$\lim\limits_{n\to\infty} a_n = a$，在等式 $a_n = -\dfrac{1}{2n} + \left(2-\dfrac{1}{n}\right)a_{n-1}$，两边同时令 $n\to\infty$ 可得 $a = 2a$，解得 $a = 0$，即$\lim\limits_{n\to\infty} a_n = 0$.

【例 52】 求$\lim\limits_{n\to\infty}\dfrac{n!a^n}{n^n}$($0 < |a| < \mathrm{e}$ 为常数).

【解】 对于一般级数 $\sum\limits_{n=1}^{\infty}\dfrac{n!a^n}{n^n}$，令 $u_n = \dfrac{n!a^n}{n^n}$，由

$$\lim_{n\to\infty}\frac{|u_{n+1}|}{|u_n|} = \lim_{n\to\infty}\frac{\left|\dfrac{(n+1)!a^{n+1}}{(n+1)^{n+1}}\right|}{\left|\dfrac{n!a^n}{n^n}\right|} = \lim_{n\to\infty}|a|\cdot\frac{1}{\left(1+\dfrac{1}{n}\right)^n} = \frac{|a|}{\mathrm{e}} < 1$$

知$\sum\limits_{n=1}^{\infty}\dfrac{n!a^n}{n^n}$ 绝对收敛，因此$\lim\limits_{n\to\infty}\dfrac{n!a^n}{n^n} = 0$.

> **评注** 1. 利用若$\sum\limits_{n=1}^{\infty}a_n$收敛,则$\lim\limits_{n\to\infty}a_n=0$的结论,求数列极限或证明数列收敛.
>
> 2. 由于$\sum\limits_{n=1}^{\infty}(a_n-a_{n-1})$的前$n$项和为$(a_1-a_0)+(a_2-a_1)+\cdots+(a_n-a_{n-1})=a_n-a_0$,因此$\sum\limits_{n=1}^{\infty}(a_n-a_{n-1})$的收敛性等价于$\{a_n\}$的收敛性. 若$\sum\limits_{n=1}^{\infty}(a_n-a_{n-1})$收敛,则$\lim\limits_{n\to\infty}a_n=\sum\limits_{n=1}^{\infty}(a_n-a_{n-1})+a_0$.

【例 53】 已知$\lim\limits_{n\to\infty}\dfrac{n^a}{n^b-(n-1)^b}=2019$,且$a,b$为常数,求$a,b$.

【思路】 化简,利用等价量替换求解.

【解】 $\lim\limits_{n\to\infty}\dfrac{n^a}{n^b\left[1-\left(1-\dfrac{1}{n}\right)^b\right]}=\lim\limits_{n\to\infty}\dfrac{n^a}{-n^b\left\{\left[1+\left(-\dfrac{1}{n}\right)\right]^b-1\right\}}$.

利用$(1+x)^b-1\sim bx(x\to0)$,得原式$=\lim\limits_{n\to\infty}\dfrac{n^a}{-n^b\cdot b\left(-\dfrac{1}{n}\right)}=\lim\limits_{n\to\infty}\dfrac{1}{b}\cdot\dfrac{n^{a+1}}{n^b}=2019$,

所以$a+1=b,\dfrac{1}{b}=2019$,解得$b=\dfrac{1}{2019},a=-\dfrac{2018}{2019}$.

> **评注** 由于在求函数极限时,可对分式分子、分母中的复杂因式用简单的等价量来替换,而数列是特殊的函数,故在求数列极限时,也可用等价量替换的方法求解.

【例 54】(2025[2]) $\lim\limits_{n\to\infty}\dfrac{1}{n^2}\left[\ln\dfrac{1}{n}+2\ln\dfrac{2}{n}+\cdots+(n-1)\ln\dfrac{n-1}{n}\right]=$________.

【解】 原式$=\lim\limits_{n\to\infty}\dfrac{1}{n^2}\left[\ln\dfrac{1}{n}+2\ln\dfrac{2}{n}+\cdots+(n-1)\ln\dfrac{n-1}{n}+n\ln\dfrac{n}{n}\right]$

$$=\lim_{n\to\infty}\frac{1}{n}\sum_{i=1}^{n}\frac{i}{n}\ln\frac{i}{n}=\int_0^1x\ln x\mathrm{d}x=\frac{1}{2}\int_0^1\ln x\mathrm{d}x^2$$

$$=\frac{1}{2}\left(x^2\ln x\Big|_0^1-\int_0^1x^2\cdot\frac{1}{x}\mathrm{d}x\right)=-\frac{1}{4}.$$

题型七 极限在经济中的应用③

1. 复利

一笔P元的存款,以年复利方式计息,年利率为r,在t年后的将来,余额为B元,那么有$B=P(1+r)^t$.

2. 连续复利

如果年利率为r的利息一年支付n次,以复利方式计息,那么当初始存款为P元时,t年后余额为$P\left(1+\dfrac{r}{n}\right)^{nt}$.

在上式中,令$n\to\infty$,得Pe^{rt},从而知如果初始存款为P元,利息水平是年利率为r的连续复利,则t年后,余额B可用以下公式计算:$B=Pe^{rt}$.

在现实世界中,有许多事情的变化都类似连续复利. 例如,放射物质的衰变;细胞的繁殖;物体被周围介质冷却或加热;大气密度随地面高度的变化;电路的接通或切断时,直流电流的产生或消失过程等.

3. 现值与将来值

一笔现值P元的存款,以年复利方式计息,年利率为r,在t年后的将来,余额为B元,那么有将来值

$B = P(1+r)^t$ 或现值 $P = \dfrac{B}{(1+r)^t}$.

若为连续复利，$B = Pe^{rt}$ 或 $P = \dfrac{B}{e^{rt}} = Be^{-rt}$.

【例 55】 某人买的彩票中奖一百万元，有两种兑奖方式可以选择，一种为分期支付：每年 250000 元，四年付清；另一种为一次性支付：一次支付总额为 920000 元. 假设银行利率为 6%，以连续复利方式计息，又假设不交税，那么中奖者选择哪种兑奖方式？

【解】 我们选择时要考虑的是使现在价值(即现值)最大，那么设分期支付方式的现值总额为 R，则

$$P = 250000 + 250000e^{-0.06} + 250000e^{-0.06\times 2} + 250000e^{-0.06\times 3}$$
$$\approx 250000 + 235411 + 221730 + 208818 = 915959 < 920000.$$

因此，最好是选择一次付清 920000 元这种兑奖方式.

【例 56】 设某酒厂有一批新酿的好酒，如果现在(假定 $t=0$) 就售出，总收入为 R_0(元)，如果窖藏起来待来日按陈酒价格出售，t 年末总收入为 $R = R_0 e^{\frac{2}{5}\sqrt{t}}$.

假定银行的年利率为 r，并以连续复利计息，试求窖藏多少年售出可使总收入的现值最大，并求 $r = 0.06$ 时的 t 值.

【解】 根据连续复利公式，这批酒在窖藏 t 年末售出，总收入 R 的现值为 $A(t) = Re^{-rt}$，而 $R = R_0 e^{\frac{2}{5}\sqrt{t}}$，所以 $A(t) = R_0 e^{\frac{2}{5}\sqrt{t}-rt}$. 令 $\dfrac{dA}{dt} = R_0 e^{\frac{2}{5}\sqrt{t}-rt}\left(\dfrac{1}{5\sqrt{t}} - r\right) = 0$，得唯一驻点 $t_0 = \dfrac{1}{25r^2}$.

又 $\dfrac{d^2A}{dt^2} = R_0 e^{\frac{2}{5}\sqrt{t}-rt}\left[\left(\dfrac{1}{5\sqrt{t}} - r\right)^2 - \dfrac{1}{10\sqrt{t^3}}\right]$，则有 $\left.\dfrac{d^2A}{dt^2}\right|_{t=t_0} = R_0 e^{\frac{1}{25r}}(-12.5r^3) < 0$.

于是，$t_0 = \dfrac{1}{25r^2}$ 是极大值点也是最大值点，故窖藏 $t = \dfrac{1}{25r^2}$(年) 售出，总收入的现值最大.

当 $r = 0.06$ 时，$t = \dfrac{100}{9} \approx 11$(年).

疑难问题点拨

★1. 数列极限化为和式极限，利用定积分求数列极限

由 $f(x)$ 在 $[a,b]$ 上可积，有 $\int_a^b f(x)dx = \lim\limits_{\lambda\to 0}\sum\limits_{i=1}^{n} f(\xi_i)\Delta x_i$.

把区间 $[a,b]$ n 等分，分成 n 个小区间 $\left[a + \dfrac{(i-1)(b-a)}{n}, a + \dfrac{i(b-a)}{n}\right]$ $(i = 1,2,\cdots,n)$，且 $\Delta x_i = \dfrac{b-a}{n}$，有 $\lambda\to 0 \Leftrightarrow n\to\infty$，$\forall \xi_i \in \left[a + \dfrac{(i-1)(b-a)}{n}, a + \dfrac{i(b-a)}{n}\right]$，则 $\int_a^b f(x)dx = \lim\limits_{n\to\infty}\sum\limits_{i=1}^{n} f(\xi_i)\dfrac{b-a}{n}$.

(1) $\xi_i = a + \dfrac{(i-1)(b-a)}{n}$，有 $\int_a^b f(x)dx = \lim\limits_{n\to\infty}\sum\limits_{i=1}^{n} f\left[a + \dfrac{(i-1)(b-a)}{n}\right]\dfrac{b-a}{n}$；

(2) $\xi_i = a + \dfrac{i(b-a)}{n}$，有 $\int_a^b f(x)dx = \lim\limits_{n\to\infty}\sum\limits_{i=1}^{n} f\left[a + \dfrac{i(b-a)}{n}\right]\dfrac{b-a}{n}$.

如果把(1) 中的 $i-1$ 看成 i，有 $\int_a^b f(x)dx = \lim\limits_{n\to\infty}\sum\limits_{i=0}^{n-1} f\left[a + \dfrac{i(b-a)}{n}\right]\dfrac{b-a}{n}$.

反之 $f(x)$ 在 $[a,b]$ 上可积，则

$$\lim_{n\to\infty}\sum_{i=1}^{n} f\left[a + \frac{i(b-a)}{n}\right]\frac{b-a}{n} = \int_a^b f(x)dx,\quad \lim_{n\to\infty}\sum_{i=0}^{n-1} f\left[a + \frac{i(b-a)}{n}\right]\frac{b-a}{n} = \int_a^b f(x)dx.$$

当 $[a,b] = [0,1]$ 时，有 $\lim\limits_{n\to\infty}\sum\limits_{i=1}^{n} f\left(\dfrac{i}{n}\right)\dfrac{1}{n} = \int_0^1 f(x)dx$ 或 $\lim\limits_{n\to\infty}\sum\limits_{i=0}^{n-1} f\left(\dfrac{i}{n}\right)\dfrac{1}{n} = \int_0^1 f(x)dx$.

【例 57】 求$\lim\limits_{n\to\infty}\dfrac{\sqrt[n]{n!}}{n}$.

【解】 原式$=\lim\limits_{n\to\infty}\dfrac{\sqrt[n]{n!}}{n}=\lim\limits_{n\to\infty}\left(\dfrac{n!}{n^n}\right)^{\frac{1}{n}}=\lim\limits_{n\to\infty}e^{\frac{1}{n}\ln\left(\frac{1}{n}\cdot\frac{2}{n}\cdot\cdots\cdot\frac{n}{n}\right)}=e^{\lim\limits_{n\to\infty}\frac{1}{n}\ln\left(\frac{1}{n}\cdot\frac{2}{n}\cdot\cdots\cdot\frac{n}{n}\right)}$

$$=e^{\lim\limits_{n\to\infty}\frac{1}{n}\sum\limits_{i=1}^{n}\ln\frac{i}{n}}=e^{\lim\limits_{n\to\infty}\sum\limits_{i=1}^{n}\ln\frac{i}{n}\cdot\frac{1}{n}}=e^{\int_0^1\ln x\mathrm{d}x}=e^{(x\ln x-x)}\Big|_0^1$$

$$=e^{-1-\lim\limits_{x\to0}(x\ln x-x)}=e^{-1-0}=e^{-1}.$$

> **评注** 因为$\int_0^1\ln x\mathrm{d}x$是广义积分,$x=0$是其瑕点,所以下限$x=0$代入原函数是指原函数在$x=0$处的极限.

【例 58】 (1998[1])求$\lim\limits_{n\to\infty}\left(\dfrac{\sin\frac{\pi}{n}}{n+1}+\dfrac{\sin\frac{2\pi}{n}}{n+\frac{1}{2}}+\cdots+\dfrac{\sin\pi}{n+\frac{1}{n}}\right)$.

【思路】 适当放大与缩小,利用定积分的定义和夹逼定理求解.

【解】 设$I_n=\dfrac{\sin\frac{\pi}{n}}{n+1}+\dfrac{\sin\frac{2\pi}{n}}{n+\frac{1}{2}}+\cdots+\dfrac{\sin\pi}{n+\frac{1}{n}}$,由

$$I_n<\frac{1}{n}\left(\sin\frac{\pi}{n}+\sin\frac{2\pi}{n}+\cdots+\sin\frac{n\pi}{n}\right)=\frac{1}{n}\sum_{i=1}^{n}\sin\frac{i\pi}{n}=\sum_{i=1}^{n}\frac{1}{n}\sin\frac{i\pi}{n},$$

$$I_n>\frac{1}{n+1}\left(\sin\frac{\pi}{n}+\sin\frac{2\pi}{n}+\cdots+\sin\frac{n\pi}{n}\right)=\frac{n}{n+1}\cdot\frac{1}{n}\sum_{i=1}^{n}\sin\frac{i\pi}{n}=\frac{n}{n+1}\sum_{i=1}^{n}\frac{1}{n}\sin\frac{i\pi}{n}$$

知$\lim\limits_{n\to\infty}\sum\limits_{i=1}^{n}\dfrac{1}{n}\sin\dfrac{i\pi}{n}=\int_0^1\sin\pi x\mathrm{d}x=\left(-\dfrac{1}{\pi}\cos\pi x\right)\Big|_0^1=\dfrac{2}{\pi}$,且$\lim\limits_{n\to\infty}\dfrac{n}{n+1}\cdot\dfrac{1}{n}\sum\limits_{i=1}^{n}\sin\dfrac{i\pi}{n}=\dfrac{2}{\pi}$,根据夹逼定理知$\lim\limits_{n\to\infty}I_n=\lim\limits_{n\to\infty}\left(\dfrac{\sin\frac{\pi}{n}}{n+1}+\dfrac{\sin\frac{2\pi}{n}}{n+\frac{1}{2}}+\cdots+\dfrac{\sin\pi}{n+\frac{1}{n}}\right)=\dfrac{2}{\pi}$.

★2. 带有佩亚诺型余项的麦克劳林公式的应用

若$f(x)=Ax^k+o(x^k)$,$A\neq0$为常数$(x\to0)$,则$f(x)\sim Ax^k$.事实上,

$$\lim_{x\to0}\frac{f(x)}{Ax^k}=\lim_{x\to0}\frac{Ax^k+o(x^k)}{Ax^k}=\lim_{x\to0}\left[1+\frac{1}{A}\cdot\frac{o(x^k)}{x^k}\right]=1.$$

因此,利用带有佩亚诺型余项的麦克劳林公式可以求出某些函数的极限,当$x\to0$时,若

$$f(x)=Ax^k+o(x^k)\sim Ax^k\ (A\neq0),\quad g(x)=Bx^m+o(x^m)\sim Bx^m\ (B\neq0),$$

则$\lim\limits_{x\to0}\dfrac{f(x)}{g(x)}=\lim\limits_{x\to0}\dfrac{Ax^k}{Bx^m}=\begin{cases}\infty, & k<m,\\ \dfrac{A}{B}, & k=m,\\ 0, & k>m.\end{cases}$

对于求$x\to x_0$时的函数极限时,若用带有佩亚诺型余项的泰勒公式求解,可令$x-x_0=t$,转化为求$t\to0$时的函数极限,再利用上述方法求解.

【例 59】 $\lim\limits_{x\to0}\dfrac{1+\frac{1}{2}x^2-\sqrt{1+x^2}}{(\cos x-e^{\frac{x}{2}})\sin\frac{x^2}{2}}$

【解】原式 $=\lim\limits_{x\to 0}\dfrac{1+\frac{1}{2}x^2-\left[1+\frac{1}{2}x^2-\frac{1}{8}x^4+o(x^4)\right]}{\left\{\left[1-\frac{1}{2}x^2+o(x^2)\right]-\left[1+\frac{1}{2}x^2+o(x^2)\right]\right\}\cdot\frac{x^2}{2}}$

$=\lim\limits_{x\to 0}\dfrac{\frac{1}{8}x^4+o(x^4)}{-\frac{1}{2}x^4+o(x^4)}=-\dfrac{1}{4}.$

【例 60】 (2000[2]) 若 $\lim\limits_{x\to 0}\dfrac{\sin 6x+xf(x)}{x^3}=0$，求 $\lim\limits_{x\to 0}\dfrac{6+f(x)}{x^2}$.

【思路】 将分子加一项再减一项，巧妙地运用条件.

【解】 **方法一**　$\lim\limits_{x\to 0}\dfrac{6+f(x)}{x^2}=\lim\limits_{x\to 0}\dfrac{6x+xf(x)}{x^3}=\lim\limits_{x\to 0}\left[\dfrac{\sin 6x+xf(x)}{x^3}+\dfrac{6x-\sin 6x}{x^3}\right]$

$$=\lim_{x\to 0}\frac{6x-\sin 6x}{x^3}\left(\frac{0}{0}\right)=\lim_{x\to 0}\frac{6-6\cos 6x}{3x^2}$$

$$=2\lim_{x\to 0}\frac{\frac{1}{2}(6x)^2}{x^2}=36.$$

方法二　由于 $\sin 6x=6x-\dfrac{(6x)^3}{3!}+o(x^3)$，故

$$\lim_{x\to 0}\frac{\sin 6x+xf(x)}{x^3}=\lim_{x\to 0}\left[\frac{6+f(x)}{x^2}-36\right]=0,$$

从而 $\lim\limits_{x\to 0}\dfrac{6+f(x)}{x^2}=36$.

【例 61】 (2006[2]) 试确定常数 A,B,C 的值，使得 $e^x(1+Bx+Cx^2)=1+Ax+o(x^3)$，其中 $o(x^3)$ 是当 $x\to 0$ 时比 x^3 高阶的无穷小.

【思路】 题设方程右边为关于 x 的多项式，要联想到 e^x 的泰勒级数展开式，比较 x 的同次项系数，可得 A,B,C 的值. 或利用只有“$\frac{0}{0}$”才能存在的极限常识去做题，多次使用洛必达法则，多次得到分子等于 0 的方程，最终解得结果.

【解】 **方法一**　由泰勒公式 $e^x=1+x+\dfrac{x^2}{2}+\dfrac{x^3}{6}+o_2(x^3)$，

将其代入已知等式，得 $\left[1+x+\dfrac{x^2}{2}+\dfrac{x^3}{6}+o_2(x^3)\right](1+Bx+Cx^2)=1+Ax+o_1(x^3)$，

整理得　$1+(B+1)x+\left(C+B+\dfrac{1}{2}\right)x^2+\left(\dfrac{B}{2}+C+\dfrac{1}{6}\right)x^3+o_2(x^3)=1+Ax+o_1(x^3)$.

即　$(B+1-A)x+\left(C+B+\dfrac{1}{2}\right)x^2+\left(\dfrac{B}{2}+C+\dfrac{1}{6}\right)x^3=o_1(x^3)-o_2(x^3)$.

比较两边同次幂系数，得 $\begin{cases}B+1-A=0,\\ C+B+\frac{1}{2}=0,\\ \frac{B}{2}+C+\frac{1}{6}=0.\end{cases}$ 解得 $A=\dfrac{1}{3},B=-\dfrac{2}{3},C=\dfrac{1}{6}$.

方法二　利用洛必达法则.

由 $e^x(1+Bx+Cx^2)=1+Ax+o(x^3)\ (x\to 0)$

$\Rightarrow\lim\limits_{x\to 0}\dfrac{e^x(1+Bx+Cx^2)-1-Ax}{x^3}=\lim\limits_{x\to 0}\dfrac{o(x^3)}{x^3}=0$

$$\Rightarrow \lim_{x\to 0}\frac{e^x(1+Bx+Cx^2)+e^x(B+2Cx)-A}{3x^2}$$ 因分子极限为0,得 $1+B-A=0$

$$\Rightarrow \lim_{x\to 0}\frac{e^x(1+Bx+Cx^2)+2e^x(B+2Cx)+2e^xC}{6x}$$ 因分子极限为0,得 $1+2B+2C=0$

$$\Rightarrow \lim_{x\to 0}\frac{e^x(1+Bx+Cx^2)+3e^x(B+2Cx)+6e^xC}{6}=\frac{1+3B+6C}{6}=0.$$

因分子极限为0,得 $1+3B+6C=0$. 由方程组 $\begin{cases}1+B-A=0,\\1+2B+2C=0,\\1+3B+6C=0\end{cases}$ 解得 $\begin{cases}A=\dfrac{1}{3},\\B=-\dfrac{2}{3},\\C=\dfrac{1}{6}.\end{cases}$

评注 当题设条件含有高阶无穷小形式的条件时,要想到运用带有佩亚诺型余项的麦克劳林公式求解,比用洛必达法则方便.考生要熟练掌握常用函数的麦克劳林公式.

综合拓展提高

【例62】 设 $f'(0)=0$,$f''(0)$ 存在,证明 $\lim\limits_{x\to 0^+}\dfrac{f(x)-f[\ln(1+x)]}{x^3}=\dfrac{1}{2}f''(0)$.

【思路】 如果函数可导,看到函数值的差,可考虑用拉格朗日中值定理,再用二阶导数定义.

【证明】 由 $f''(0)$ 存在,知 $\exists\delta_0>0$,当 $x\in[0,\delta_0]$ 时,$f'(x)$ 存在.当 x 充分小时,$[\ln(1+x),x]\subset[0,\delta_0]$,在 $[\ln(1+x),x]$ 上对 $f(x)$ 应用拉格朗日中值定理,得

$f(x)-f[\ln(1+x)]=f'(\theta x)[x-\ln(1+x)]$,其中 $\ln(1+x)<\theta x<x$.

$$\lim_{x\to 0^+}\frac{f(x)-f[\ln(1+x)]}{x^3}=\lim_{x\to 0^+}\frac{f'(\theta x)[x-\ln(1+x)]}{x^3}=\lim_{x\to 0^+}\frac{x-\ln(1+x)}{x^2}\cdot\frac{f'(\theta x)-f'(0)}{\theta x}\cdot\frac{\theta x}{x}.$$

由 $x\to 0$ 时,$\ln(1+x)\to 0$,知 $\theta x\to 0$,有 $\lim\limits_{x\to 0}\dfrac{f'(\theta x)-f'(0)}{\theta x}=f''(0)$,$\dfrac{\ln(1+x)}{x}<\dfrac{\theta x}{x}<1$,且 $\lim\limits_{x\to 0}\dfrac{\ln(1+x)}{x}=1$,由夹逼定理知 $\lim\limits_{x\to 0}\dfrac{\theta x}{x}=1$.

而
$$\lim_{x\to 0}\frac{x-\ln(1+x)}{x^2}\left(\frac{0}{0}\right)=\lim_{x\to 0}\frac{1-\dfrac{1}{1+x}}{2x}=\lim_{x\to 0}\frac{x}{2x(1+x)}=\frac{1}{2},$$

故 $\lim\limits_{x\to 0^+}\dfrac{f(x)-f[\ln(1+x)]}{x^3}=\dfrac{1}{2}f''(0)$.

评注 1.看到在某一点的一阶导数,一般要用到在该点的一阶导数定义;看到在某一点的二阶导数,一般要用到在这一点的二阶导数定义;依此类推.

2.如果 $f''(x_0)$ 存在,由定义 $f''(x_0)=\lim\limits_{x\to x_0}\dfrac{f'(x)-f'(x_0)}{x-x_0}$,隐含着 $\exists\delta>0$,$x\in(x_0-\delta,x_0+\delta)$ 时,$f'(x)$ 存在,$f(x)$ 连续.依此类推,$f^{(n)}(x_0)$ 存在,隐含着 $\exists\delta>0$,$x\in(x_0-\delta,x_0+\delta)$ 时,$f^{(n-1)}(x)$,$f^{(n-2)}(x)$,$\cdots$,$f'(x)$ 存在,$f(x)$ 连续.

3.此题虽然 $f'(0)=0$,但不是用于一阶导数定义,实际上,在 $f''(0)$ 的定义中用到了 $f'(0)=0$.

4.由 $f''(0)$ 存在可知 $\exists\delta>0$,$x\in(-\delta,\delta)$ 时,$f'(x)$ 存在.可以用一次拉格朗日中值定理.

【例 63】　求$\lim\limits_{x\to 0}\dfrac{\tan(\tan x)-\sin(\sin x)}{\tan x-\sin x}$.

【思路】　此题虽然是"$\dfrac{0}{0}$"型未定式,但直接用洛必达法则或等价量替代都不能求出结果.然而求极限的式子的构成形式启发考生用拉格朗日中值定理.

【解】　原式$=\lim\limits_{x\to 0}\dfrac{\tan(\tan x)-\tan(\sin x)+\tan(\sin x)-\sin(\sin x)}{\tan x-\sin x}$

$$=\lim_{x\to 0}\frac{\tan(\tan x)-\tan(\sin x)}{\tan x-\sin x}+\lim_{x\to 0}\frac{\tan(\sin x)-\tan(\sin x)\cos(\sin x)}{\tan x-\sin x}$$

$$=\lim_{x\to 0}\sec^2\theta x+\lim_{x\to 0}\frac{\tan(\sin x)}{\tan x}\cdot\frac{1-\cos(\sin x)}{1-\cos x}$$

$$=\lim_{\theta x\to 0}\sec^2\theta x+\lim_{x\to 0}\frac{\sin x}{x}\cdot\frac{\frac{1}{2}\sin^2 x}{\frac{1}{2}x^2}=1+1=2.$$

> **评注**　由于θx介于$\sin x,\tan x$之间,当$x\to 0$时,$\sin x\to 0,\tan x\to 0$,根据夹逼定理知$\theta x\to 0$.

【例 64】　求$\lim\limits_{x\to+\infty}\dfrac{\int_0^x|\sin t|\mathrm{d}t}{x}$.

【思路】　本题虽然属于"$\dfrac{\infty}{\infty}$"型未定式,但不能用洛必达法则,因为$\lim\limits_{x\to+\infty}\dfrac{\int_0^x|\sin t|\mathrm{d}t}{x}=\lim\limits_{x\to+\infty}|\sin x|$不存在.因此,考生需寻找其他方法求解.

【解】　对任意自然数n,有$\int_0^{n\pi}|\sin t|\mathrm{d}t=n\int_0^{\pi}\sin t\mathrm{d}t=2n$,当$n\pi\leqslant x<(n+1)\pi$时,成立不等式

$$\frac{2n}{(n+1)\pi}<\frac{\int_0^x|\sin t|\mathrm{d}t}{x}<\frac{2(n+1)}{n\pi}.$$

由$\lim\limits_{x\to+\infty}\dfrac{2n}{(n+1)\pi}=\lim\limits_{n\to\infty}\dfrac{2n}{(n+1)\pi}=\dfrac{2}{\pi}$,$\lim\limits_{x\to+\infty}\dfrac{2(n+1)}{n\pi}=\lim\limits_{n\to\infty}\dfrac{2(n+1)}{n\pi}=\dfrac{2}{\pi}$,

根据夹逼定理知原式$=\dfrac{2}{\pi}$.

> **评注**　此题巧妙地用到了周期函数定积分的性质与夹逼定理.这里$\dfrac{2n}{(n+1)\pi}$是x的函数,为分段函数,即$f(x)=\dfrac{2n}{(n+1)\pi}$,$n\pi\leqslant x\leqslant(n+1)\pi$.

【例 65】　设$f(x)$在$[a,b]$上连续,$x_1,x_2,\cdots,x_n\in[a,b]$,若$\lambda_1,\lambda_2,\cdots,\lambda_n>0$且满足$\lambda_1+\lambda_2+\cdots+\lambda_n=1$.证明:存在$\xi\in[a,b]$,使得$f(\xi)=\lambda_1f(x_1)+\lambda_2f(x_2)+\cdots+\lambda_nf(x_n)$.

【思路】　用最大值最小值定理、介值定理证明.

【证明】　由$f(x)$在闭区间$[a,b]$上连续,则$f(x)$在$[a,b]$上一定能取到最小值m和最大值M,且值域$R(f)=[m,M]$,又$x_1,x_2,\cdots,x_n\in[a,b]$,有

$$m\leqslant f(x_1)\leqslant M,\quad m\leqslant f(x_2)\leqslant M,\quad\cdots,\quad m\leqslant f(x_n)\leqslant M,$$

又$\lambda_i>0(i=1,2,\cdots,n)$,且$\lambda_1+\lambda_2+\cdots+\lambda_n=1$,于是

$$m=m(\lambda_1+\lambda_2+\cdots+\lambda_n)\leqslant\lambda_1f(x_1)+\lambda_2f(x_2)+\cdots+\lambda_nf(x_n)\leqslant(\lambda_1+\lambda_2+\cdots\lambda_n)M=M.$$

由介值定理,至少存在一点$\xi\in[a,b]$,使得$\lambda_1f(x_1)+\lambda_2f(x_2)+\cdots+\lambda_nf(x_n)=f(\xi)$.

本章同步练习

1. 求下列函数极限：

(1) $\lim\limits_{x\to-\infty}\dfrac{\sqrt{4x^2+x-1}+x+1}{\sqrt{x^2+\sin x}}$；　(2) $\lim\limits_{x\to-\infty}\left(\dfrac{x+2}{2x-1}\right)^{x^2}$；

(3) $\lim\limits_{x\to0}\left(\dfrac{a^x+b^x+c^x}{3}\right)^{\frac{1}{x}}$ $(a>0,b>0,c>0)$；

(4) $\lim\limits_{x\to0}\left(\dfrac{a^{x+1}+b^{x+1}+c^{x+1}}{a+b+c}\right)^{\frac{1}{x}}$ $(a>0,b>0,c>0)$；(5) $\lim\limits_{x\to a}\dfrac{a^{a^x}-a^{x^a}}{a^x-x^a}$ $(a>0)$.

2. 求下列极限：

(1) $\lim\limits_{x\to0}\dfrac{a^x-a^{\sin x}}{x^3}$ $(a>0,a\neq0)$；　(2) $\lim\limits_{x\to+\infty}\dfrac{x^k}{\mathrm{e}^{ax}}$ $(a>0,k$ 为常数$)$；

(3) $\lim\limits_{x\to0^+}\dfrac{\sqrt{1-\mathrm{e}^{-x}}-\sqrt{1-\cos x}}{\sqrt{\sin x}}$；　(4) $\lim\limits_{x\to0}\dfrac{1-\cos x\cdot\cos 2x\cdot\cdots\cdot\cos kx}{1-\cos x}$($k$ 为确定的正整数)；

(5) 求$\lim\limits_{x\to0}\dfrac{1}{x^3}\left[\left(\dfrac{2+\cos x}{3}\right)^x-1\right]$；　(6) $\lim\limits_{x\to+\infty}\left(\int_0^x\mathrm{e}^{t^2}\,\mathrm{d}t\right)^{\frac{1}{x^2}}$；

(7) 设 $f''(a)$ 存在，$f'(a)\neq0$，求$\lim\limits_{x\to a}\left[\dfrac{1}{f'(a)(x-a)}-\dfrac{1}{f(x)-f(a)}\right]$.

3. 利用泰勒公式求极限：

(1) $\lim\limits_{x\to0}\dfrac{\ln(1+x)\ln(1-x)-\ln(1-x^2)}{x^4}$；　(2) $\lim\limits_{x\to0}\dfrac{\dfrac{x^2}{2}+1-\sqrt{1+x^2}}{(\cos x-\mathrm{e}^{x^2})\sin x^2}$.

4. 已知下列函数极限，确定函数表达式中字母常数的值：

(1) 设当 $x\to0$ 时，$\mathrm{e}^x-(ax^2+bx+1)$ 是比 x^2 高阶的无穷小，求 a,b；

(2) 求正常数 a 与 b，使等式$\lim\limits_{x\to0}\dfrac{1}{bx-\sin x}\int_0^x\dfrac{t^2}{\sqrt{a+t^2}}\mathrm{d}t=1$；

(3) 已知当 $x\to0$ 时，$(1+ax^2)^{\frac{1}{3}}-1$ 与 $\cos x-1$ 是等价无穷小，求 a；

5. 设 $f(x)$ 具有连续的二阶导数且$\lim\limits_{x\to0}\dfrac{\ln(1+x)+f(x)}{x^2}=3$，求 $f(0),f'(0),f''(0)$.

6. 设函数 $f(x)=\dfrac{x}{a+\mathrm{e}^{bx}}$ 在$(-\infty,+\infty)$内连续，且 $\lim\limits_{x\to-\infty}f(x)=0$，求 a,b 的范围.

7. 设 $f(x)=\lim\limits_{n\to\infty}\dfrac{x^{2n}-1}{x^{2n}+1}x$，试画出其图形，并指出间断点及其类型.

8. $f(x)$ 对任意实数都有定义，且 $\forall\, x,y$，有 $f(x+y)=f(x)+f(y)$. 证明：若 $f(x)$ 在 $x=0$ 处连续，则 $f(x)$ 在任意 x 处连续.

9. 求下列数列极限：

(1) $\lim\limits_{n\to\infty}\sqrt[n]{n^{p_1}+n^{p_2}+\cdots+n^{p_k}}$ $(p_1,p_2,\cdots,p_k$ 为常数$)$；

(2) $\lim\limits_{n\to\infty}\left[\dfrac{1}{\sqrt{n^2}}+\dfrac{1}{\sqrt{n^2+1}}+\cdots+\dfrac{1}{\sqrt{(n+1)^2-1}}+\dfrac{1}{\sqrt{(n+1)^2}}\right]$；

(3) $\lim\limits_{n\to\infty}\sin(\pi\sqrt{n^2+1})$；　(4) $\lim\limits_{n\to\infty}\sum\limits_{k=1}^{n}\dfrac{1}{1+2+\cdots+k}$；

(5) $\lim\limits_{n\to\infty}\left[\dfrac{1}{1\times2\times3}+\dfrac{1}{2\times3\times4}+\cdots+\dfrac{1}{n(n+1)(n+2)}\right]$；

(6) $\lim\limits_{n\to\infty}(1+x)(1+x^2)(1+x^4)\cdots(1+x^{2^n})$ $(|x|<1)$；

(7) $\lim\limits_{n\to\infty}\cos\dfrac{x}{2}\cdot\cos\dfrac{x}{4}\cdot\cdots\cdot\cos\dfrac{x}{2^n}$ $(x\neq0)$.

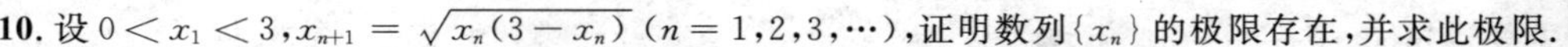

10. 设 $0 < x_1 < 3, x_{n+1} = \sqrt{x_n(3-x_n)}$ $(n=1,2,3,\cdots)$，证明数列$\{x_n\}$的极限存在，并求此极限。

11. 设 $u_1 = \frac{1}{4}, u_{n+1}(1-u_n) = \frac{1}{4}$ $(n=1,2,\cdots)$，证明$\lim\limits_{x\to\infty}u_n$ 存在，并求此极限。

12. 若 $x_1 = 1$，且 $x_n = 1 + \frac{x_{n-1}}{1+x_{n-1}}$ $(n \geqslant 2)$，试求$\lim\limits_{n\to\infty}x_n$。

13. 设 $u_n = \left[\left(1+\frac{1}{n}\right)\left(1+\frac{2}{n}\right)\cdots\left(1+\frac{n}{n}\right)\right]^{\frac{1}{n}}$，求$\lim\limits_{n\to\infty}u_n$。

14. 利用函数极限求数列极限：

(1) $\lim\limits_{n\to\infty}\left(1+\frac{1}{n}+\frac{1}{n^2}\right)^n$； (2) $\lim\limits_{n\to\infty}\left(\frac{\sqrt[n]{a}+\sqrt[n]{b}+\sqrt[n]{c}}{3}\right)^n$； (3) $\lim\limits_{n\to\infty}\left(n\tan\frac{1}{n}\right)^{n^2}$.

本章同步练习答案解析

1. (1) 原式 $= \lim\limits_{x\to-\infty}\dfrac{-\sqrt{4+\frac{1}{x}-\frac{1}{x^2}}+1+\frac{1}{x}}{-\sqrt{1+\frac{\sin x}{x^2}}} = \dfrac{-2+1}{-1} = 1.$

(2) 原式 $= \exp\left\{\lim\limits_{x\to-\infty}x^2\ln\left(\frac{x+2}{2x-1}\right)\right\} = 0.$

(3) 原式 $= \exp\left\{\lim\limits_{x\to0}\frac{1}{x}\left(\frac{a^x+b^x+c^x}{3}-1\right)\right\} = \exp\left\{\lim\limits_{x\to0}\frac{1}{3}\left(\frac{a^x-1}{x}+\frac{b^x-1}{x}+\frac{c^x-1}{x}\right)\right\}$

$= e^{\frac{1}{3}\ln abc} = e^{\ln(abc)^{\frac{1}{3}}} = (abc)^{\frac{1}{3}}.$

(4) 原式 $= \exp\left\{\lim\limits_{x\to0}\frac{1}{x}\left(\frac{a^{x+1}+b^{x+1}+c^{x+1}}{a+b+c}-1\right)\right\}$

$= \exp\left\{\lim\limits_{x\to0}\frac{1}{a+b+c}\left(a\cdot\frac{a^x-1}{x}+b\frac{b^x-1}{x}+c\cdot\frac{c^x-1}{x}\right)\right\}$

$= \exp\left\{\frac{a\ln a+b\ln b+c\ln c}{a+b+c}\right\} = \exp\{\ln(a^a\cdot b^b\cdot c^c)^{\frac{1}{a+b+c}}\} = (a^ab^bc^c)^{\frac{1}{a+b+c}}.$

(5) 原式 $= \lim\limits_{x\to a}\dfrac{e^{a^x\ln a}-e^{x^a\ln a}}{a^x-x^a} = \lim\limits_{x\to a}e^{x^a\ln a}\dfrac{e^{(a^x-x^a)\ln a}-1}{a^x-x^a} = \lim\limits_{x\to a}e^{x^a\ln a}\cdot\dfrac{(a^x-x^a)\ln a}{a^x-x^a} = a^{a^a}\cdot\ln a.$

---

2. (1) 原式 $= \lim\limits_{x\to0}a^{\sin x}\cdot\dfrac{a^{x-\sin x}-1}{x^3} = \lim\limits_{x\to0}\dfrac{x-\sin x}{x^3}\ln a = \ln a\lim\limits_{x\to0}\dfrac{1-\cos x}{3x^2} = \ln a\lim\limits_{x\to0}\dfrac{\frac{1}{2}x^2}{3x^2} = \dfrac{\ln a}{6}.$

(2)① 当 $k<0$ 时，原式 $= \lim\limits_{x\to+\infty}\dfrac{1}{x^{-k}\cdot e^{ax}} = 0$；② 当 $k=0$ 时，原式 $= \lim\limits_{x\to+\infty}\dfrac{1}{e^{ax}} = 0$；

③ 当 $k>0$ 时，设 $e^{\frac{a}{k}} = b > 0$，$\lim\limits_{x\to+\infty}\dfrac{x}{b^x}\left(\dfrac{\infty}{\infty}\right) = \lim\limits_{x\to+\infty}\dfrac{1}{b^x\ln b} = 0$. 故

原式 $= \lim\limits_{x\to+\infty}\left[\dfrac{x}{(e^{\frac{a}{k}})^x}\right]^k = \lim\limits_{x\to+\infty}\left(\dfrac{x}{b^x}\right)^k = 0^k = 0.$

(3) 原式 $= \lim\limits_{x\to0^+}\left(\sqrt{\dfrac{1-e^{-x}}{x}}-\sqrt{\dfrac{1-\cos x}{x}}\right) = \lim\limits_{x\to0^+}\left(\sqrt{\dfrac{x}{x}}-\sqrt{\dfrac{\frac{1}{2}x^2}{x}}\right) = 1.$

(4) 原式 $= \lim\limits_{x\to0}\dfrac{\sin x\cos 2x\cdots\cos kx+\cos x\cdot2\sin 2x\cdots\cos kx+\cdots+\cos x\cos 2x\cdots k\sin kx}{\sin x}$

$= 1+2^2+\cdots+k^2.$

(5) 原式 $= \lim\limits_{x\to0}\dfrac{e^{x\ln\left(\frac{2+\cos x}{3}\right)}-1}{x^3} \xlongequal{e^x-1\sim x} \lim\limits_{x\to0}\dfrac{\ln\left(\frac{2+\cos x}{3}\right)}{x^2}$

$$=\lim_{x\to0}\frac{\ln\left(1+\frac{\cos x-1}{3}\right)}{x^2}\xlongequal{\ln(1+x)\sim x}\lim_{x\to0}\frac{\cos x-1}{3x^2}\xlongequal{1-\cos x\sim\frac{1}{2}x^2}\lim_{x\to0}\frac{-\frac{x^2}{2}}{3x^2}$$

$$=-\frac{1}{6}.$$

(6) 原式 $=\exp\left\{\lim_{x\to+\infty}\frac{1}{x^2}\ln\int_0^x e^{t^2}\,dt\right\}=\exp\left\{\lim_{x\to+\infty}\frac{e^{x^2}}{2x\int_0^x e^{t^2}\,dt}\ \left(\frac{\infty}{\infty}\right)\right\}=\exp\left\{\lim_{x\to+\infty}\frac{2xe^{x^2}}{2\int_0^x e^{t^2}\,dt+2xe^{x^2}}\right\}$

$$=\exp\left\{\lim_{x\to+\infty}\frac{xe^{x^2}}{\int_0^x e^{t^2}\,dt+xe^{x^2}}\right\}=\exp\left\{\lim_{x\to+\infty}\frac{e^{x^2}+2x^2e^{x^2}}{e^{x^2}+e^{x^2}+2x^2e^{x^2}}\right\}=\exp\left\{\lim_{x\to+\infty}\frac{1+2x^2}{2+2x^2}\right\}=e.$$

(7) 原式 $=\lim_{x\to a}\frac{f(x)-f(a)-f'(a)(x-a)}{f'(a)(x-a)[f(x)-f(a)]}=\lim_{x\to a}\frac{f'(x)-f'(a)}{f'(a)[f(x)-f(a)]+f'(a)f'(x)(x-a)}$

$$=\lim_{x\to a}\frac{\frac{f'(x)-f'(a)}{x-a}}{\frac{f'(a)[f(x)-f(a)]}{x-a}+f'(a)f'(x)}=\frac{f''(a)}{2(f'(a))^2}.$$

3.(1) 原式 $=\lim_{x\to0}\frac{\left[x-\frac{x^2}{2}+\frac{x^3}{3}+o(x^3)\right]\left[-x-\frac{x^2}{2}-\frac{x^3}{3}+o(x^3)\right]-\left[-x^2-\frac{x^4}{2}+o(x^4)\right]}{x^4}$

$$=\lim_{x\to0}\frac{\left(-\frac{1}{3}+\frac{1}{4}-\frac{1}{3}+\frac{1}{2}\right)x^4}{x^4}=\frac{1}{12}.$$

(2) 原式 $=\lim_{x\to0}\frac{\frac{x^2}{2}+1-\left(1+\frac{x^2}{2}-\frac{1}{8}x^4+o(x^4)\right)}{\left[\left(1-\frac{x^2}{2}+o(x^2)\right)-(1+x^2+o(x^2))\right]x^2}=\lim_{x\to0}\frac{\frac{1}{8}x^4}{-\frac{3}{2}x^4}=-\frac{1}{12}.$

4.(1) $\lim_{x\to0}\frac{e^x-ax^2-bx-1}{x^2}=0\Rightarrow\lim_{x\to0}\frac{e^x-2ax-b}{2x}=0\Rightarrow1-b=0\Rightarrow b=1$,

$\Rightarrow\lim_{x\to0}\frac{e^x-2ax-1}{2x}\ \left(\frac{0}{0}\right)=\lim_{x\to0}\frac{e^x-2a}{2}=\frac{1-2a}{2}=0\Rightarrow a=\frac{1}{2},b=1.$

(2) $\lim_{x\to0}\frac{\int_0^x\frac{t^2}{\sqrt{a+t^2}}dt}{bx-\sin x}\ \left(\frac{0}{0}\right)=\lim_{x\to0}\frac{\frac{x^2}{\sqrt{a+x^2}}}{b-\cos x}=1$. 由分子在 $x\to0$ 时极限为 $0\Rightarrow\lim_{x\to0}(b-\cos x)=b-1=0\Rightarrow$ $b=1$. $\lim_{x\to0}\frac{x^2}{\frac{x^2}{2}\sqrt{a+x^2}}=\lim_{x\to0}\frac{2}{\sqrt{a+x^2}}=\frac{2}{\sqrt{a}}=1\Rightarrow a=4.$

(3) 由题设知, $\lim_{x\to0}\frac{(1+ax^2)^{\frac{1}{3}}-1}{\cos x-1}=1=\lim_{x\to0}\frac{\frac{1}{3}ax^2}{-\frac{1}{2}x^2}\Rightarrow a=-\frac{3}{2}.$

5.左边 $=\lim_{x\to0}\frac{x-\frac{x^2}{2}+f(0)+f'(0)x+\frac{f''(0)}{2}x^2+o(x^2)}{x^2}=\lim_{x\to0}\frac{f(0)+[1+f'(0)]x+\frac{1}{2}[f''(0)-1]x^2+o(x^2)}{x^2}=3$

$\Rightarrow f(0)=0,f'(0)=-1,\frac{1}{2}[f''(0)-1]=3$, 则 $f''(0)=7$.

6.由 $\lim_{x\to-\infty}\frac{x}{a+e^{bx}}=0$ 知 $b<0$, 又 $f(x)$ 在 $(-\infty,+\infty)$ 内连续, 故有 $a\geqslant0$(因为若 $a<0$, 就会有分母为零的

点，$f(x)$ 在此点就不连续，构成矛盾).

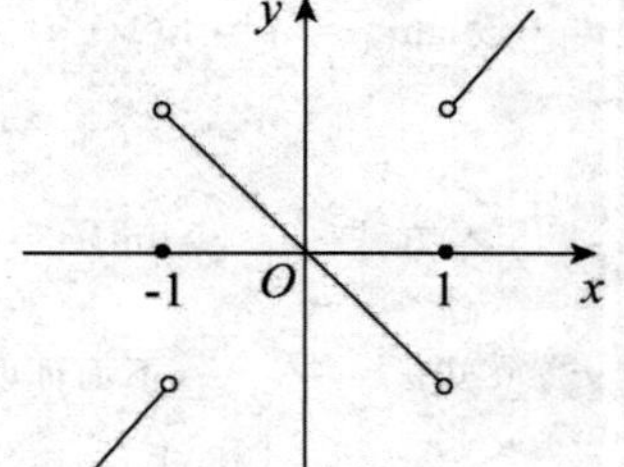

图 1-1

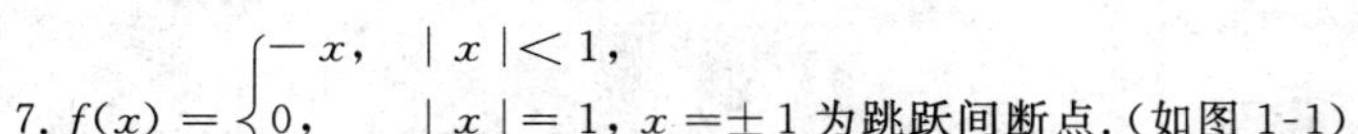

7. $f(x)=\begin{cases}-x, & |x|<1,\\ 0, & |x|=1,\\ x, & |x|>1,\end{cases}$ $x=\pm 1$ 为跳跃间断点.(如图 1-1)

8. $f(0)=f(0+0)=f(0)+f(0)\Rightarrow f(0)=0$.

$$\lim_{\Delta x\to 0}\Delta y=\lim_{\Delta x\to 0}[f(x+\Delta x)-f(x)]=\lim_{\Delta x\to 0}[f(x)+f(\Delta x)-f(x)]$$
$$=\lim_{\Delta x\to 0}f(\Delta x)=f(0)=0,$$

所以 $f(x)$ 连续.

9. (1) 不妨设 $\max\{p_1,p_2,\cdots,p_k\}=p_1$，则 $(\sqrt[n]{n})^{p_1}=\sqrt[n]{n^{p_1}}<\sqrt[n]{n^{p_1}+n^{p_2}+\cdots+n^{p_k}}<\sqrt[n]{k\cdot n^{p_1}}=\sqrt[n]{k}\cdot(\sqrt[n]{n})^{p_1}$，由 $\lim\limits_{n\to\infty}(\sqrt[n]{n})^{p_1}=1$，$\lim\limits_{n\to\infty}\sqrt[n]{k}\cdot(\sqrt[n]{n})^{p_1}=1$，根据夹逼定理知，原式 $=1$.

(2) 设 $I_n=\dfrac{1}{\sqrt{n^2}}+\dfrac{1}{\sqrt{n^2+1}}+\cdots+\dfrac{1}{\sqrt{(n+1)^2-1}}+\dfrac{1}{\sqrt{(n+1)^2}}$，由 $I_n<\dfrac{1}{n}(2n+2)=\dfrac{2(n+1)}{n}$，$I_n>\dfrac{2(n+1)}{\sqrt{(n+1)^2}}=2$，又由 $\lim\limits_{n\to\infty}\dfrac{2(n+1)}{n}=2$，知 $\lim\limits_{n\to\infty}I_n=2$.

(3) 原式 $=\lim\limits_{n\to\infty}(\sin\pi\sqrt{n^2+1}-\sin n\pi)=\lim\limits_{n\to\infty}2\cos\dfrac{\pi\sqrt{n^2+1}+n\pi}{2}\sin\dfrac{\pi\sqrt{n^2+1}-n\pi}{2}$

$$=\lim_{n\to\infty}2\cos\frac{\pi(\sqrt{n^2+1}+n)}{2}\sin\frac{\pi}{2(\sqrt{n^2+1}+n)}=0.$$

(4) 原式 $=\lim\limits_{n\to\infty}\sum\limits_{k=1}^{n}\dfrac{2}{(1+k)k}=2\lim\limits_{n\to\infty}\left(1-\dfrac{1}{2}+\dfrac{1}{2}-\dfrac{1}{3}+\cdots+\dfrac{1}{n}-\dfrac{1}{n+1}\right)=2$.

(5) 由 $\dfrac{1}{x(x+1)(x+2)}=\dfrac{1}{2}\left(\dfrac{1}{x}-\dfrac{2}{x+1}+\dfrac{1}{x+2}\right)$，得

$$\text{原式}=\frac{1}{2}\lim_{n\to\infty}\left(1-\frac{1}{2}+\frac{1}{3}-\frac{1}{2}+\frac{1}{2}-\frac{1}{3}+\frac{1}{4}-\frac{1}{3}+\cdots+\frac{1}{n}-\frac{1}{n+1}+\frac{1}{n+2}-\frac{1}{n+1}\right)$$
$$=\frac{1}{2}\lim_{n\to\infty}\left(1-\frac{1}{2}+\frac{1}{n+2}-\frac{1}{n+1}\right)=\frac{1}{4}.$$

(6) 原式 $=\lim\limits_{n\to\infty}\dfrac{1-x^{2^{n+1}}}{1-x}=\dfrac{1}{1-x}$.

(7) 原式 $=\lim\limits_{n\to\infty}\dfrac{\sin\dfrac{x}{2^n}\cos\dfrac{x}{2}\cos\dfrac{x}{4}\cdots\cos\dfrac{x}{2^n}}{\sin\dfrac{x}{2^n}}=\lim\limits_{n\to\infty}\dfrac{\dfrac{1}{2^n}\sin x}{\sin\dfrac{x}{2^n}}=\lim\limits_{n\to\infty}\dfrac{\dfrac{1}{2^n}\sin x}{\dfrac{x}{2^n}}=\dfrac{\sin x}{x}$.

10. 由 $x_{n+1}=\sqrt{x_n(3-x_n)}\leqslant\dfrac{x_n+3-x_n}{2}=\dfrac{3}{2}$ 可知 $\{x_n\}$ 有上界. 由 $x_{n+1}-x_n=\sqrt{x_n(3-x_n)}-x_n=\sqrt{x_n}(\sqrt{3-x_n}-\sqrt{x_n})=\sqrt{x_n}\cdot\dfrac{3-2x_n}{\sqrt{3-x_n}+\sqrt{x_n}}\geqslant 0$ 知 $\{x_n\}$ 递增有上界，故 $\{x_n\}$ 收敛. 设 $\lim\limits_{n\to\infty}x_n=a$，由 $x_{n+1}=\sqrt{x_n(3-x_n)}$，令 $n\to\infty$，则 $a^2=3a-a^2\Rightarrow a=\dfrac{3}{2}$，所以 $\lim\limits_{n\to\infty}x_n=\dfrac{3}{2}$.

11. 由 $u_1=\dfrac{1}{4}<\dfrac{1}{2}$，假设 $u_k<\dfrac{1}{2}$，由 $u_{k+1}(1-u_k)=\dfrac{1}{4}>\dfrac{1}{2}u_{k+1}\Rightarrow u_{k+1}<\dfrac{1}{2}$. 由数学归纳法知 $u_n<\dfrac{1}{2}$，且 $u_{n+1}-u_n=\dfrac{1}{4(1-u_n)}-u_n=\dfrac{1-4u_n+4u_n^2}{4(1-u_n)}=\dfrac{(1-2u_n)^2}{4(1-u_n)}>0$，知 $\{u_n\}$ 递增有上界，故 $\{u_n\}$ 收敛.

设$\lim\limits_{n\to\infty}u_n=a\Rightarrow a(1-a)=\dfrac{1}{4}\Rightarrow 4a-4a^2=1\Rightarrow 4a^2-4a+1=0\Rightarrow(2a-1)^2=0\Rightarrow a=\dfrac{1}{2}$,所以$\lim\limits_{n\to\infty}u_n=\dfrac{1}{2}$.

---

12. **方法一** 令$\lim\limits_{n\to\infty}x_n=\tau$,由$x_n=1+\dfrac{x_{n-1}}{1+x_{n-1}}$,令$n\to\infty\Rightarrow\tau=1+\dfrac{\tau}{1+\tau}\Rightarrow\tau^2-\tau-1=0\Rightarrow\tau=\dfrac{1\pm\sqrt{5}}{2}$.由$\tau>0$知$\tau=\dfrac{1+\sqrt{5}}{2}$,下面证明$\lim\limits_{n\to\infty}x_n$存在.

$$\begin{aligned}|x_n-\tau|&=\left|\left(1+\frac{x_{n-1}}{1+x_{n-1}}\right)-\left(1+\frac{\tau}{\tau+1}\right)\right|\\&=\frac{|x_{n-1}-\tau|}{(1+x_{n-1})(1+\tau)}<\frac{|x_{n-1}-\tau|}{2(1+\tau)}<\cdots<\frac{|x_1-\tau|}{2^{n-1}(1+\tau)^{n-1}}=\frac{\frac{\tau}{1+\tau}}{2^{n-1}(1+\tau)^{n-1}}\\&=\frac{\tau}{2^{n-1}(1+\tau)^n}\to 0(n\to\infty)\Rightarrow\lim_{n\to\infty}(x_n-\tau)=0,\end{aligned}$$

故$\lim\limits_{n\to\infty}x_n=\dfrac{1+\sqrt{5}}{2}$.

方法二 由条件知$x_n>0$,$x_2-x_1=1+\dfrac{x_1}{1+x_1}-1=\dfrac{x_1}{1+x_1}>0$,假设$x_k>x_{k-1}$,则$x_{k+1}-x_k=\left(1+\dfrac{x_k}{1+x_k}\right)-\left(1+\dfrac{x_{k-1}}{1+x_{k-1}}\right)=\dfrac{x_k-x_{k-1}}{(1+x_k)(1+x_{k-1})}>0$,故$\{x_n\}$递增且$x_n<2$,故$\{x_n\}$收敛.设$\lim\limits_{n\to\infty}x_n=\tau\Rightarrow\lim\limits_{n\to\infty}x_n=\lim\limits_{n\to\infty}\left(1+\dfrac{x_{n-1}}{1+x_{n-1}}\right)\Rightarrow\tau=1+\dfrac{\tau}{1+\tau}\Rightarrow\tau=\dfrac{1\pm\sqrt{5}}{2}$,由$\tau>0$知$\lim\limits_{n\to\infty}x_n=\dfrac{1+\sqrt{5}}{2}$.

---

13. 由
$$\begin{aligned}\lim_{n\to\infty}\ln u_n&=\lim_{n\to\infty}\frac{1}{n}\left[\ln\left(1+\frac{1}{n}\right)+\ln\left(1+\frac{2}{n}\right)+\cdots+\ln\left(1+\frac{n}{n}\right)\right]\\&=\lim_{n\to\infty}\sum_{i=1}^{n}\ln\left(1+\frac{i}{n}\right)\cdot\frac{1}{n}=\int_0^1\ln(1+x)\mathrm{d}x=x\ln(1+x)\Big|_0^1-\int_0^1\frac{x}{1+x}\mathrm{d}x\\&=\ln 2-1+\ln(1+x)\Big|_0^1=2\ln 2-1,\end{aligned}$$
可知原式$=\exp\left\{\lim\limits_{n\to\infty}\ln u_n\right\}=\mathrm{e}^{\ln 4-1}=\dfrac{\mathrm{e}^{\ln 4}}{\mathrm{e}}=\dfrac{4}{\mathrm{e}}$.

---

14. (1) 原式$=\lim\limits_{x\to+\infty}\left(1+\dfrac{1}{x}+\dfrac{1}{x^2}\right)^x=\exp\left\{\lim\limits_{x\to+\infty}x\left(\dfrac{1}{x}+\dfrac{1}{x^2}\right)\right\}=\mathrm{e}$.

(2)
$$\begin{aligned}\text{原式}&=\lim_{x\to+\infty}\left(\frac{\sqrt[x]{a}+\sqrt[x]{b}+\sqrt[x]{c}}{3}\right)^x=\exp\left\{\lim_{x\to+\infty}x\left(\frac{\sqrt[x]{a}+\sqrt[x]{b}+\sqrt[x]{c}}{3}-1\right)\right\}\\&=\exp\left\{\frac{1}{3}\lim_{x\to+\infty}\left[\frac{a^{\frac{1}{x}}-1}{\frac{1}{x}}+\frac{b^{\frac{1}{x}}-1}{\frac{1}{x}}+\frac{c^{\frac{1}{x}}-1}{\frac{1}{x}}\right]\right\}\\&=\exp\left\{\frac{1}{3}(\ln a+\ln b+\ln c)\right\}=\sqrt[3]{abc}.\end{aligned}$$

(3) 原式$=\lim\limits_{x\to+\infty}\left(x\tan\dfrac{1}{x}\right)^{x^2}=\exp\left\{\lim\limits_{x\to+\infty}x^2\left(x\tan\dfrac{1}{x}-1\right)\right\}$.

令$\dfrac{1}{x}=t$,则$\exp\left\{\lim\limits_{t\to0^+}\dfrac{1}{t^2}\left(\dfrac{\tan t}{t}-1\right)\right\}=\exp\left\{\lim\limits_{t\to0^+}\dfrac{\tan t-t}{t^3}\right\}=\exp\left\{\lim\limits_{t\to0^+}\dfrac{\sec^2 t-1}{3t^2}\right\}=\exp\left\{\lim\limits_{t\to0^+}\dfrac{\tan^2 t}{3t^2}\right\}=\mathrm{e}^{\frac{1}{3}}$.

第二章　一元函数微分学

重点题型详解

名师解码

题型一　函数的导数

★ 题型 1.1　求在一点的导数或已知在一点可导推导某个结论

解题策略

利用导数定义，通常用 $\lim\limits_{x\to x_0}\dfrac{f(x)-f(x_0)}{x-x_0}=f'(x_0)$ 形式.

【例 1】 函数 $y=|\pi^2-x^2|\sin^2 x$ 的不可导点个数为（　　）.

(A)0　　(B)1　　(C)2　　(D)3

【解】 函数可能的不可导点为 $x=\pm\pi$，因为

$$y'_-(\pi)=\lim_{x\to\pi^-}\frac{(\pi^2-x^2)\sin^2 x}{x-\pi}=0,y'_+(\pi)=\lim_{x\to\pi^+}\frac{-(\pi^2-x^2)\sin^2 x}{x-\pi}=0,$$

所以函数 y 在 π 处可导. 又

$$y'_-(-\pi)=\lim_{x\to-\pi^-}\frac{-(\pi^2-x^2)\sin^2 x}{x+\pi}=0,y'_+(-\pi)=\lim_{x\to-\pi^+}\frac{(\pi^2-x^2)\sin^2 x}{x+\pi}=0,$$

所以函数 y 在 $-\pi$ 处可导. 故 y 处处可导. 故应选(A).

评注　函数 $f(x)=|x-x_0|\varphi(x)$，其中 $\varphi(x)$ 在 $x=x_0$ 连续，则 $f(x)$ 在 $x=x_0$ 可导的充要条件为 $\varphi(x_0)=0$.

$y=|(x+\pi)(x-\pi)|\sin^2 x$，令 $\varphi(x)=\sin^2 x$，则 $\varphi(\pm\pi)=0$，所以 $y=|(x+\pi)(x-\pi)|\sin^2 x$ 在 $x=\pm\pi$ 可导.

【例 2】 (2005[2]) 设函数 $f(x)=\lim\limits_{n\to\infty}\sqrt[n]{1+|x|^{3n}}$，则 $f(x)$ 在 $(-\infty,+\infty)$ 内（　　）.

(A) 处处可导　　(B) 恰有一个不可导点

(C) 恰有两个不可导点　　(D) 至少有三个不可导点

【解】 当 $|x|<1$ 时，有 $\sqrt[n]{1}\leqslant\sqrt[n]{1+|x|^{3n}}\leqslant\sqrt[n]{2}$，令 $n\to\infty$ 取极限，得 $\lim\limits_{n\to\infty}\sqrt[n]{1}=1$，$\lim\limits_{n\to\infty}\sqrt[n]{2}=1$，由夹逼准则得 $f(x)=\lim\limits_{n\to\infty}\sqrt[n]{1+|x|^{3n}}=1$；

当 $|x|=1$ 时，$f(x)=\lim\limits_{n\to\infty}\sqrt[n]{1+1}=\lim\limits_{n\to\infty}\sqrt[n]{2}=1$；

当 $|x|>1$ 时，$\sqrt[n]{|x|^{3n}}<\sqrt[n]{1+|x|^{3n}}\leqslant\sqrt[n]{2|x|^{3n}}=\sqrt[n]{2}|x|^3$，令 $n\to\infty$ 取极限，得 $\lim\limits_{n\to\infty}\sqrt[n]{|x|^{3n}}=|x|^3$，$\lim\limits_{n\to\infty}\sqrt[n]{2|x|^{3n}}=|x|^3$，由夹逼准则得 $f(x)=\lim\limits_{n\to\infty}|x|^3\left(\dfrac{1}{|x|^{3n}}+1\right)^{\frac{1}{n}}=|x|^3$，即 $f(x)=\begin{cases}1, & |x|<1,\\ |x|^3, & |x|\geqslant 1.\end{cases}$

再讨论 $f(x)$ 的不可导点. 按导数定义，易知 $x=\pm1$ 处 $f(x)$ 不可导，故应选(C).

评注　本题可以利用第一章例 43 的结论 $\lim\limits_{n\to\infty}\sqrt[n]{1+|x|^{3n}}=\max\{1,|x|^3\}$，然后讨论 $|x|$ 和 1 的大小关系.

【例 3】 讨论 a,b 为何值时,才能使函数 $f(x)=\begin{cases}x^2+2x+b, & x\leqslant 0,\\ \arctan(ax), & x>0\end{cases}$ 在 $x=0$ 处可导.

【思路】 利用左右导数定义和可导必连续.

【解】 由 $f(x)$ 在 $x=0$ 处可导知 $f(x)$ 在 $x=0$ 处必连续,又 $f(x)$ 在 $x=0$ 处左连续,只要 $\lim\limits_{x\to 0^+}f(x)=\lim\limits_{x\to 0^+}\arctan(ax)=0=f(0)=b$,得 $b=0$,由于

$$\lim_{x\to 0^-}\frac{f(x)-f(0)}{x}=\lim_{x\to 0^-}\frac{x^2+2x-0}{x}=2=f'_-(0),$$

$$\lim_{x\to 0^+}\frac{f(x)-f(0)}{x}=\lim_{x\to 0^+}\frac{\arctan(ax)-0}{x}=\lim_{x\to 0^+}\frac{ax}{x}=a=f'_+(0),$$

又 $f(x)$ 在 $x=0$ 处可导,所以 $a=2$ 且 $b=0$.

> **评注** 分段函数 $f(x)$ 当 $x\leqslant 0$ 即 $x\in(-\infty,0]$ 时,$f(x)=x^2+2x+b$ 在右端点 $x=0$ 处有定义且左连续,因此,只需右连续.

【例 4】 在 k 满足什么条件下,$f(x)=\begin{cases}x^k\sin\dfrac{1}{x}, & x\neq 0,\\ 0, & x=0,\end{cases}$ (1) 在 $x=0$ 处连续;(2) 在 $x=0$ 处可导;(3) $f'(x)$ 在 $x=0$ 处连续.

【思路】 利用函数连续与导数定义.

【解】 (1) 由 $\lim\limits_{x\to 0}f(x)=\lim\limits_{x\to 0}x^k\sin\dfrac{1}{x}=f(0)=0$,知 $k>0$.

(2) 由 $\lim\limits_{x\to 0}\dfrac{f(x)-f(0)}{x}=\lim\limits_{x\to 0}\dfrac{x^k\sin\dfrac{1}{x}-0}{x}=\lim\limits_{x\to 0}x^{k-1}\sin\dfrac{1}{x}$ 存在,知 $k>1$.

(3) 当 $k>1$ 时,$f'(x)=\begin{cases}kx^{k-1}\sin\dfrac{1}{x}-x^{k-2}\cos\dfrac{1}{x}, & x\neq 0,\\ 0, & x=0,\end{cases}$ 要使导函数 $f'(x)$ 连续,则 $k>2$.

【例 5】 设函数 $f(x)$ 在 $x=0$ 处连续,则下列命题中,错误的是( ).

(A) 若 $\lim\limits_{x\to 0}\dfrac{f(x)}{x}=a$,则 $f'(0)=a$

(B) 若 $f(0)=0,f'(0)=a$,则 $\lim\limits_{x\to 0}\dfrac{f(x)}{x}=a$

(C) 若 $\lim\limits_{x\to 0}\dfrac{f(x)}{x^2}=\dfrac{a}{2}$,则 $f''(0)=a$

(D) 若 $f(0)=f'(0)=0,f''(0)=a$,则 $\lim\limits_{x\to 0}\dfrac{f(x)}{x^2}=\dfrac{a}{2}$

【解】 对于选项(A),由 $\lim\limits_{x\to 0}\dfrac{f(x)}{x}=a$,可得 $\lim\limits_{x\to 0}f(x)=0$. 又由于 $f(x)$ 在 $x=0$ 处连续,故 $f(0)=\lim\limits_{x\to 0}f(x)=0$,从而

$$f'(0)=\lim_{x\to 0}\frac{f(x)-f(0)}{x-0}=\lim_{x\to 0}\frac{f(x)}{x}=a,$$

选项(A) 正确.

对选项(B),由 $f(0)=0,f'(0)=a$ 可得,$\lim\limits_{x\to 0}\dfrac{f(x)}{x}=\lim\limits_{x\to 0}\dfrac{f(x)-f(0)}{x-0}=f'(0)=a$,

选项(B) 正确.

对选项(D),由 $f(0)=f'(0)=0,f''(0)=a$ 可得,

$$f(x)=f(0)+f'(0)x+\frac{f''(0)}{2}x^2+o(x^2)=\frac{a}{2}x^2+o(x^2),$$

于是，$\lim\limits_{x\to 0}\frac{f(x)}{x^2}=\lim\limits_{x\to 0}\frac{\frac{a}{2}x^2+o(x^2)}{x^2}=\frac{a}{2}$，

选项(D)正确.

下面说明选项(C)错误.

取 $f(x)=\begin{cases}x^3\sin\frac{1}{x}, & x\neq 0,\\ 0, & x=0,\end{cases}$ 则 $\lim\limits_{x\to 0}\frac{f(x)}{x^2}=\lim\limits_{x\to 0}x\sin\frac{1}{x}=0.$

计算得 $f'(x)=\begin{cases}3x^2\sin\frac{1}{x}-x\cos\frac{1}{x}, & x\neq 0,\\ 0, & x=0.\end{cases}$ 因此，

$$f''(0)=\lim_{x\to 0}\frac{f'(x)-f'(0)}{x-0}=\lim_{x\to 0}3x\sin\frac{1}{x}-\lim_{x\to 0}\cos\frac{1}{x}=-\lim_{x\to 0}\cos\frac{1}{x}.$$

由于 $\lim\limits_{x\to 0}\cos\frac{1}{x}$ 不存在，故 $f''(0)$ 不存在. 因此，选项(C)错误.

综上所述，应选(C).

【例 6】 设 $f(x)$ 是可导偶函数，它在 $x=0$ 的某邻域内满足关系式

$$f(e^{x^2})-3f(1+\sin x^2)=2x^2+o(x^2),$$

求曲线 $y=f(x)$ 在 $(-1,f(-1))$ 处的切线方程.

【解】 $\lim\limits_{x\to 0}[f(e^{x^2})-3f(1+\sin x^2)]=\lim\limits_{x\to 0}[2x^2+o(x^2)]=0$，

所以 $f(1)-3f(1)=0$，故 $f(1)=0$，因为 $f(x)$ 是偶函数，所以 $f(-1)=f(1)=0$.

又　$\lim\limits_{x\to 0}\frac{f(e^{x^2})-3f(1+\sin x^2)}{x^2}=\lim\limits_{x\to 0}\frac{2x^2+o(x^2)}{x^2}=2$，

所以　$\lim\limits_{x\to 0}\frac{f(e^{x^2})-f(1)}{x^2}-3\frac{f(1+\sin x^2)-f(1)}{x^2}=2$，

即 $f'(1)-3f'(1)=2$，$f'(1)=-1$.

因为 $f(x)$ 是可导的偶函数，所以 $f'(x)$ 是奇函数，所以 $f'(-1)=-f'(1)=1$.

所以 $y=f(x)$ 在 $(-1,f(-1))$ 处的切线方程为 $y-0=1(x+1)$，$y=x+1$.

【例 7】 设 $f(x)=\frac{(x-1)(x-2)\cdots(x-n)}{(x+1)(x+2)\cdots(x+n)}$，则 $f'(1)=($　　$)$.

(A) $\frac{1}{n(n+1)}$　　(B) $\frac{(-1)^{n-1}}{n(n+1)}$　　(C) $\frac{1}{n+1}$　　(D) $\frac{(-1)^n}{n+1}$

【解】 $f'(1)=\lim\limits_{x\to 1}\frac{f(x)-f(1)}{x-1}=\lim\limits_{x\to 1}\frac{(x-2)\cdots(x-n)}{(x+1)(x+2)\cdots(x+n)}=\frac{(-1)^{n-1}}{n(n+1)}.$

故应选(B).

【例 8】 设 $f(x),g(x)$ 都是定义在 $(-\infty,+\infty)$ 上的函数，且有

(1) $f(x+y)=f(x)g(y)+f(y)g(x)$；

(2) $f(x),g(x)$ 在 $x=0$ 处可导；

(3) $f(0)=0,g(0)=1,f'(0)=1,g'(0)=0$，

证明 $f(x)$ 对所有 x 可导，且 $f'(x)=g(x)$.

【思路】 利用导数定义与极限运算法则.

【证】 由于

$$\lim_{\Delta x\to 0}\frac{f(x+\Delta x)-f(x)}{\Delta x}=\lim_{\Delta x\to 0}\frac{f(x)g(\Delta x)+f(\Delta x)g(x)-f(x)}{\Delta x}$$

$$=\lim_{\Delta x\to 0}\left[f(x)\cdot\frac{g(\Delta x)-1}{\Delta x}+g(x)\frac{f(\Delta x)}{\Delta x}\right]$$

$$=\lim_{\Delta x\to 0}f(x)\cdot\frac{g(\Delta x)-g(0)}{\Delta x}+\lim_{\Delta x\to 0}g(x)\cdot\frac{f(\Delta x)-f(0)}{\Delta x}$$

$$=f(x)g'(0)+g(x)f'(0)=g(x),$$

所以 $f(x)$ 对所有 x 可导,且 $f'(x)=g(x)$.

【例 9】 函数 $y=f(x)$ 可导,曲线 $y=f(x)$ 和曲线 $y=\int_0^{a\ln(1+x)}e^{-t^2}dt(a>0)$ 在点(0,0)处的切线相切,极限 $\lim\limits_{n\to\infty}n\sqrt[3]{f\left(\frac{a}{n^3}\right)}=4$,则正常数 $a=$ ________.

【解】 $y=f(x)$ 过(0,0)点,故 $f(0)=0$.

曲线 $y=f(x)$ 和曲线 $y=\int_0^{a\ln(1+x)}e^{-t^2}dt$ 在点(0,0)处的切线相切,故

$$f'(0)=\left(\int_0^{a\ln(1+x)}e^{-t^2}dt\right)'\bigg|_{x=0}=e^{-a^2\ln^2(1+x)}\frac{a}{1+x}\bigg|_{x=0}=a,$$

$$\lim_{n\to\infty}n\sqrt[3]{f\left(\frac{a}{n^3}\right)}=\lim_{n\to\infty}\sqrt[3]{\frac{f\left(\frac{a}{n^3}\right)-f(0)}{\frac{a}{n^3}}}\cdot\sqrt[3]{a}=\sqrt[3]{a}[f'(0)]^{\frac{1}{3}}=\sqrt[3]{a^2}=4,$$

所以 $a=8$.

【例 10】 已知函数 $f(x)$ 在 $x=0$ 处可导,且

$$\lim_{x\to 0}\frac{f[\ln(1+x^2)]-4f(1-\cos x)+\cos x}{x^2f(\sin x)}=2,$$

求 $f'(0)$.

【解】 由 $\lim\limits_{x\to 0}\frac{f[\ln(1+x^2)]-4f(1-\cos x)+\cos x}{x^2f(\sin x)}=2$,可知

$\lim\limits_{x\to 0}f[\ln(1+x^2)]-4f(1-\cos x)+\cos x=0=-3f(0)+1$,所以 $f(0)=\frac{1}{3}$.

$$2=\lim_{x\to 0}\frac{f[\ln(1+x^2)]-4f(1-\cos x)+\cos x}{x^2f(\sin x)}$$

$$=3\lim_{x\to 0}\frac{f[\ln(1+x^2)]-4f(1-\cos x)+\cos x}{x^2}$$

$$=3\left[\lim_{x\to 0}\frac{f[\ln(1+x^2)]-f(0)}{\ln(1+x^2)}-4\lim_{x\to 0}\frac{f(1-\cos x)-f(0)}{2(1-\cos x)}+\lim_{x\to 0}\frac{\cos x-1}{x^2}\right]$$

$$=3\left[f'(0)-2f'(0)-\frac{1}{2}\right],$$

则 $f'(0)=-\frac{7}{6}$.

★ 题型 1.2 导函数的连续性

解题策略

1. 求出 $f'(x)$,对于分段函数的分界点要用左右导数定义或导数定义求.

2. 讨论 $f'(x)$ 的连续性.

【例 11】 (1996[3]) 设 $f(x)=\begin{cases}\dfrac{g(x)-e^{-x}}{x}, & x\neq 0,\\ 0, & x=0,\end{cases}$ 其中 $g(x)$ 有二阶连续导数, $g(0)=1$, $g'(0)=-1$. (1) 求 $f'(x)$; (2) 讨论 $f'(x)$ 在 $(-\infty,+\infty)$ 上的连续性.

【解】 (1) 当 $x\neq 0$ 时,

$$f'(x)=\frac{x[g'(x)+e^{-x}]-g(x)+e^{-x}}{x^2}=\frac{xg'(x)-g(x)+(x+1)e^{-x}}{x^2};$$

当 $x=0$ 时,

$$f'(0)=\lim_{x\to 0}\frac{\dfrac{g(x)-e^{-x}}{x}-0}{x}=\lim_{x\to 0}\frac{g(x)-e^{-x}}{x^2}\left(\frac{0}{0}\right)=\lim_{x\to 0}\frac{g'(x)+e^{-x}}{2x}\left(\frac{0}{0}\right)$$

$$=\lim_{x\to 0}\frac{g''(x)-e^{-x}}{2}=\frac{g''(0)-1}{2},$$

所以 $f'(x)=\begin{cases}\dfrac{xg'(x)-g(x)+(x+1)e^{-x}}{x^2}, & x\neq 0,\\ \dfrac{g''(0)-1}{2}, & x=0.\end{cases}$

(2) 在 $x=0$ 处,

$$\lim_{x\to 0}f'(x)=\lim_{x\to 0}\frac{xg'(x)-g(x)+(x+1)e^{-x}}{x^2}=\lim_{x\to 0}\frac{g''(x)-e^{-x}}{2}=\frac{g''(0)-1}{2}=f'(0),$$

所以 $f'(x)$ 在 $x=0$ 处连续,显然 $f'(x)$ 在 $x\neq 0$ 处连续,故 $f'(x)$ 在 $(-\infty,+\infty)$ 上连续.

★ 题型 1.3　求初等函数的导数

解题策略

在对初等函数求导之前尽可能化简,把乘除化成加减,利用对数微分法转化为方程确定隐函数的求导等,从而简化求导过程.要牢记基本初等函数的导数公式、导数的四则运算法则,理解并掌握复合函数的求导法则.

【例 12】 设 $f(x)=\sin x$, 求 $f'(a)$, $f'(2x)$, $f'(f(x))$, $[f(2x)]'$, $[f(f(x))]'$.

【解】 $f'(x)=\cos x$, 知 $f'(a)=\cos a$, $f'(2x)=\cos 2x$, $f'(f(x))=\cos f(x)=\cos(\sin x)$. 而 $[f(2x)]'=f'(2x)\cdot 2=2\cos 2x$, $[f(f(x))]'=f'(f(x))\cdot f'(x)=\cos(\sin x)\cos x$.

评注 $f'(2x)$ 与 $[f(2x)]'$ 的区别: $f'(2x)$ 是外函数 $f(u)$ 对 u 求导,得 $f'(u)$, 令 $u=2x$, 得 $f'(2x)$. $[f(2x)]'$ 是复合函数 $f(2x)$ 对 x 求导,且 $[f(2x)]'=f'(2x)(2x)'=2f'(2x)$. 从这里可以得出导数符号"′"的位置不同,意义完全不同.希望大家要真正理解不同位置导数符号"′"的意义.

【例 13】 (2006[3]) 设函数 $f(x)$ 在 $x=2$ 的某邻域内可导,且 $f'(x)=e^{f(x)}$, $f(2)=1$, 则 $f'''(2)=$ ________.

【解】 由 $f'(x)=e^{f(x)}$, 故 $f''(x)=(e^{f(x)})'=e^{f(x)}f'(x)=e^{2f(x)}$,

$$f'''(x)=(e^{2f(x)})'=e^{2f(x)}(2f(x))'=2e^{2f(x)}f'(x)=2e^{3f(x)},$$

以 $x=2$ 代入,得 $f'''(2)=2e^{3f(2)}=2e^3$.

【例 14】 设 $y=\ln\sqrt{\dfrac{e^{2x}}{e^{2x}-1}}+\sqrt{1+\cos^2\dfrac{1}{x}+\sin^2\dfrac{1}{x}}$, 求 y'.

【解】 先化简 $y=\frac{1}{2}[\ln e^{2x}-\ln(e^{2x}-1)]+\sqrt{2}=x-\frac{1}{2}\ln(e^{2x}-1)+\sqrt{2}$,则

$$y'=1-\frac{1}{2}\frac{1}{e^{2x}-1}(e^{2x}-1)'=1-\frac{1}{2}\frac{1}{e^{2x}-1}(e^{2x})'=1-\frac{1}{2}\frac{1}{e^{2x}-1}e^{2x}\cdot(2x)'$$

$$=1-\frac{1}{2}\frac{1}{e^{2x}-1}e^{2x}\cdot 2=\frac{e^{2x}-1-e^{2x}}{e^{2x}-1}=\frac{1}{1-e^{2x}}.$$

> **评注** 1.上面几题,我们写的过程比较详细,目的是让考生体会复合函数求导"层层剥皮法"的过程,并且在利用复合函数求导的过程中,还可以及时地利用导数的四则运算,以后求导时的中间过程就不必这样详细了;2.在这里考生可以看到化简的重要性.

【例15】 设 $y=\sin(\cos^2 x)\cdot\cos(\sin^2 x)$,求 y'.

【思路】 利用复合函数的导数,可令 $u=\cos^2 x$.

【解】 设 $u=\cos^2 x, y=\sin(\cos^2 x)\cos(\sin^2 x)=\sin u\cos(1-u)$.

利用复合函数的求导,有

$$\frac{dy}{dx}=\frac{dy}{du}\cdot\frac{du}{dx}=[\cos u\cos(1-u)+\sin u\sin(1-u)]\cdot 2\cos x(-\sin x)$$

$$=-\cos(2u-1)\sin 2x=-\cos(2\cos^2 x-1)\sin 2x=-\sin 2x\cos(\cos 2x).$$

> **评注** 如果直接求导比较麻烦且很容易出错.

【例16】 设 $y=u(x)^{v(x)}$(称为幂指函数),其中 $u(x),v(x)$ 均可导,求 y'.

【解】 **方法一** $y=e^{v(x)\ln u(x)}$,

$$y'=[e^{v(x)\ln u(x)}]'=e^{v(x)\ln u(x)}\cdot[v(x)\ln u(x)]'=e^{v(x)\ln u(x)}\left[v'(x)\ln u(x)+\frac{v(x)u'(x)}{u(x)}\right].$$

方法二 两边取对数得 $\ln y=v(x)\ln u(x)$,等式两边同时对 x 求导,注意 $\ln y$ 是 x 的复合函数,得 $\frac{1}{y}\cdot y'=v'(x)\ln u(x)+v(x)\cdot\frac{u'(x)}{u(x)}$,解得

$$y'=y\left[v'(x)\ln u(x)+v(x)\frac{u'(x)}{u(x)}\right]=u(x)^{v(x)}\left[v'(x)\ln u(x)+\frac{v(x)u'(x)}{u(x)}\right].$$

> **评注** 如果函数仅是幂指函数,上述两种方法都可以用;如果幂指函数是函数中的因式,用取对数求导较方便.

【例17】 设 $y=\frac{x^{\ln x}}{(\ln x)^x}$,求 y'.

【思路】 采用对数微分法.

【解】 $\ln y=\ln\frac{x^{\ln x}}{(\ln x)^x}=\ln x^{\ln x}-\ln(\ln x)^x$

$$=(\ln x)\ln x-x\ln(\ln x)=(\ln x)^2-x\cdot\ln(\ln x),$$

等式两边同时对 x 求导,得 $\frac{1}{y}\cdot y'=\frac{2\ln x}{x}-\ln(\ln x)-x\cdot\frac{1}{\ln x}\cdot\frac{1}{x}$,

化简得

$$y'=\frac{x^{\ln x}}{(\ln x)^x}\left[\frac{2\ln x}{x}-\ln(\ln x)-\frac{1}{\ln x}\right].$$

> **评注** 如果直接求导,可以利用分式的求导及幂指函数的求导,但过程复杂,不容易化简.

★ 题型 1.4　求分段函数的导数

解题策略

求分段函数的导数时若不是分界点,则可直接利用求导公式.

对于分界点,(1) 若在分界点两侧的表达式不同,求分界点的导数有下述两种方法:1) 利用左右导数的定义.2) 利用两侧导函数的极限.(2) 若在分界点两侧的表达式相同,求分界点的导数有下述两种方法:1) 利用导数定义;2) 利用导函数的极限.

【例 18】 设 $f(x)=\begin{cases}x^2\mathrm{e}^{-x^2}, & |x|\leqslant 1,\\ \dfrac{1}{\mathrm{e}}, & |x|>1,\end{cases}$ 求 $f'(x)$.

【解】 由 $f(x)=\begin{cases}\dfrac{1}{\mathrm{e}}, & x<-1,\\ x^2\mathrm{e}^{-x^2}, & -1\leqslant x\leqslant 1,\\ \dfrac{1}{\mathrm{e}}, & x>1,\end{cases}$ 得 $f'(x)=\begin{cases}0, & x<-1,\\ 2x(1-x^2)\mathrm{e}^{-x^2}, & -1<x<1,\\ 0, & x>1.\end{cases}$

由 $f(x)$ 在 $(-\infty,-1]$ 上连续,在 $(-\infty,-1)$ 内可导,$\lim\limits_{x\to-1^-}f'(x)=\lim\limits_{x\to-1^-}0=0$,知 $f'_-(-1)=0$,又 $f(x)$ 在 $[-1,1)$ 上连续,在 $(-1,1)$ 内可导,$\lim\limits_{x\to-1^+}f'(x)=\lim\limits_{x\to-1^+}2x(1-x^2)\mathrm{e}^{-x^2}=0$,知 $f'_+(-1)=0$,从而 $f'(-1)=0$. 同理可得 $f'(1)=0$,故 $f'(x)=\begin{cases}0, & x\leqslant -1,\\ 2x(1-x^2)\mathrm{e}^{-x^2}, & -1<x<1,\\ 0, & x\geqslant 1.\end{cases}$

评注　带有绝对值的函数求导,需将绝对值去掉化成分段函数求导.

【例 19】 设 $f(x)=\begin{cases}\dfrac{\ln(1+x)}{x}, & x\neq 0,\\ 1, & x=0,\end{cases}$ 求 $f'(x)$.

【解】 当 $x\neq 0$ 时,$f'(x)=\dfrac{\dfrac{1}{1+x}\cdot x-\ln(1+x)}{x^2}=\dfrac{x-(1+x)\ln(1+x)}{x^2(1+x)}$;

当 $x=0$ 时,$\lim\limits_{x\to0}\dfrac{f(x)-f(0)}{x}=\lim\limits_{x\to0}\dfrac{\dfrac{\ln(1+x)}{x}-1}{x}=\lim\limits_{x\to0}\dfrac{\ln(1+x)-x}{x^2}\left(\dfrac{0}{0}\right)$

$$=\lim_{x\to0}\frac{\dfrac{1}{1+x}-1}{2x}=\lim_{x\to0}\frac{-x}{2x(1+x)}=-\frac{1}{2}=f'(0),$$

故 $f'(x)=\begin{cases}\dfrac{x-(1+x)\ln(1+x)}{x^2(1+x)}, & x\neq 0,\\ -\dfrac{1}{2}, & x=0.\end{cases}$

评注　有的考生可能用下面方法求在 $x=0$ 处的导数:

$x=0$ 时,$f(0)=1$,而 $(1)'=0$,所以 $f'(0)=0$ 显然与结果不相符,原因是错误地理解了 $(c)'=0$,这里的 c 是常值函数而 $f(x)$ 仅在 $x=0$ 处的值为 1,在 0 的小邻域内,不是 $f(x)\equiv 1$,所以求 $f(x)$ 在 x_0 处的导数,不能直接对 $f(x_0)$ 求导.

【例 20】 设 $f(x)=\begin{cases}\dfrac{2}{3}x^3, & x\leqslant 1,\\ x^2, & x>1,\end{cases}$ 求 $f'(x)$.

【解】 $f'(x)=\begin{cases}2x^2, & x<1,\\ 2x, & x>1.\end{cases}$ 由 $\lim\limits_{x\to 1^-}f(x)=\lim\limits_{x\to 1^-}\dfrac{2}{3}x^3=\dfrac{2}{3}$，$\lim\limits_{x\to 1^+}f(x)=\lim\limits_{x\to 1^+}x^2=1$ 知 $\lim\limits_{x\to 1}f(x)$ 不存在，所以 $f(x)$ 在 $x=1$ 处不可导.

> **评注** 典型错误解法：$f'(x)=\begin{cases}2x^2, & x\leqslant 1,\\ 2x, & x>1.\end{cases}$ 按这种做法，$f'(1)=2$，实际上 $f(x)$ 在 $x=1$ 处不连续，故不可导. 由 $x\in(-\infty,1]$ 时，$f(x)=\dfrac{2}{3}x^3$ 可求导，$f'(x)=2x^2$，而 $f(x)$ 在 $(-\infty,1]$ 上在点 $x=1$ 处指的是左导数，即 $f'_-(1)=2$，当然 $f'_-(1)=2$ 不表示 $f(x)$ 在 $x=1$ 处可导，更不表示 $f'(1)=2$. 事实上，$f'_+(1)=\infty$，所以由一点可导的充要条件知 $x=1$ 处导数不存在.

★ 题型 1.5 求参数式方程的导数①②

解题策略

若 $\begin{cases}x=\varphi(t),\\ y=\psi(t),\end{cases}$ $\varphi'(t)$，$\psi'(t)$ 存在且 $\varphi'(t)\neq 0$，则 $y'=\dfrac{\mathrm{d}y}{\mathrm{d}x}=\dfrac{\frac{\mathrm{d}y}{\mathrm{d}t}}{\frac{\mathrm{d}x}{\mathrm{d}t}}=\dfrac{\psi'(t)}{\varphi'(t)}$，$y''=\dfrac{\mathrm{d}^2y}{\mathrm{d}x^2}=\dfrac{\mathrm{d}y'}{\mathrm{d}x}=\dfrac{\frac{\mathrm{d}y'}{\mathrm{d}t}}{\frac{\mathrm{d}x}{\mathrm{d}t}}=\dfrac{\psi''(t)\varphi'(t)-\psi'(t)\varphi''(t)}{[\varphi'(t)]^3}$.

【例 21】 设 $\begin{cases}x=f'(t),\\ y=tf'(t)-f(t),\end{cases}$ $f(t)$ 具有三阶导数，且 $f''(t)\neq 0$，求 $\dfrac{\mathrm{d}^3y}{\mathrm{d}x^3}$.

【解】 $y'=\dfrac{\mathrm{d}y}{\mathrm{d}x}=\dfrac{f'(t)+tf''(t)-f'(t)}{f''(t)}=t$，$y''=\dfrac{\mathrm{d}y'}{\mathrm{d}x}=\dfrac{1}{f''(t)}$.

$$y'''=\frac{\mathrm{d}y''}{\mathrm{d}x}=-\frac{\frac{f'''(t)}{[f''(t)]^2}}{f''(t)}=-\frac{f'''(t)}{[f''(t)]^3}.$$

> **评注** 在求二阶导数时，会有下列典型错误解法 $\dfrac{\mathrm{d}^2y}{\mathrm{d}x^2}=y''=(y')'=(t)'=1$.
> 这里 $(y')'=(y'_x)'_x=(t)'_x\neq(t)'_t=1$.

【例 22】 设函数 $y=f(x)$ 由 $\begin{cases}x=2t+|t|,\\ y=|t|\tan t\end{cases}$ 所确定，则在 $\left(-\dfrac{\pi}{2},\dfrac{\pi}{2}\right)$ 内(　　).

(A) $f(x)$ 连续，$f'(0)$ 不存在

(B) $f'(0)$ 存在，$f'(x)$ 在 $x=0$ 处不连续

(C) $f'(x)$ 连续，$f''(0)$ 不存在

(D) $f''(0)$ 存在，$f''(x)$ 在 $x=0$ 处不连续

【解】当 $t\geqslant 0$ 时，$\begin{cases}x=3t,\\ y=t\tan t,\end{cases}$ 当 $t<0$ 时，$\begin{cases}x=t,\\ y=-t\tan t,\end{cases}$ 即

当 $x \geqslant 0$ 时，$y = \frac{x}{3}\tan\frac{x}{3}$；

当 $x < 0$ 时，$y = -x\tan x$，也即

$$y = f(x) = \begin{cases} \frac{x}{3}\tan\frac{x}{3}, & x \geqslant 0, \\ -x\tan x, & x < 0, \end{cases}$$

故 $f(x)$ 在 $\left(-\frac{\pi}{2}, \frac{\pi}{2}\right)$ 内连续.

又

$$f'_+(0) = \lim_{x\to 0^+}\frac{f(x)-f(0)}{x-0} = \lim_{x\to 0^+}\frac{\frac{x}{3}\tan\frac{x}{3}}{x} = 0,$$

$$f'_-(0) = \lim_{x\to 0^-}\frac{f(x)-f(0)}{x-0} = \lim_{x\to 0^-}\frac{-x\tan x}{x} = 0.$$

即 $f'_+(0) = f'_-(0) = 0$，故 $f'(0)$ 存在且 $f'(0) = 0$.

因为当 $x > 0$ 时，$f'(x) = \frac{1}{3}\tan\frac{x}{3} + \frac{x}{9}\sec^2\frac{x}{3}$，

当 $x < 0$ 时，$f'(x) = -\tan x - x\sec^2 x$.

故 $\lim\limits_{x\to 0^+}f'(x) = \lim\limits_{x\to 0^-}f'(x) = 0 = f'(0)$，则 $f'(x)$ 在 $x = 0$ 处连续，故 $f'(x)$ 在 $\left(-\frac{\pi}{2}, \frac{\pi}{2}\right)$ 内连续.

又

$$f''_+(0) = \lim_{x\to 0^+}\frac{f'(x)-f'(0)}{x-0} = \lim_{x\to 0^+}\frac{\frac{1}{3}\tan\frac{x}{3} + \frac{x}{9}\sec^2\frac{x}{3}}{x} = \frac{2}{9},$$

$$f''_-(0) = \lim_{x\to 0^-}\frac{f'(x)-f'(0)}{x-0} = \lim_{x\to 0^-}\frac{-\tan x - x\sec^2 x}{x} = -2,$$

则 $f''_+(0) \neq f''_-((0)$，即 $f''(0)$ 不存在. 故选(C).

★ 题型 1.6　求方程确定的隐函数的导数

解题策略

求方程 $f(x,y) = g(x,y)$ 确定的隐函数 $y = y(x)$ 的导数时，由于 y 是 x 的函数，此时方程两边是关于 x 表达式的恒等式，两边同时对 x 求导，会出现含有 y' 的等式，然后把 y' 看成未知数解出即可.

【例 23】　(1995[2]) 设函数 $y = y(x)$ 由方程 $xe^{f(y)} = e^y$ 确定，其中 f 具有二阶导数，且 $f' \neq 1$，求 $\frac{d^2y}{dx^2}$.

【解】　方程两边取对数，得 $\ln x + f(y) = y$，等式两边同时对 x 求导得

$$\frac{1}{x} + f'(y)y' = y' \Rightarrow y' = \frac{1}{x[1-f'(y)]},$$

则 $y'' = \frac{-[1-f'(y)] + xf''(y)y'}{x^2[1-f'(y)]^2} = \frac{-[1-f'(y)] + \frac{xf''(y)}{x[1-f'(y)]}}{x^2[1-f'(y)]^2} = \frac{f''(y) - [1-f'(y)]^2}{x^2[1-f'(y)]^3}$.

评注　方程也可以先化简，尽量化成加减，两边再求导.

【例 24】 (1992[2]) 设函数 $y=y(x)$ 由方程 $y-xe^y=1$ 所确定,求 $\left.\dfrac{d^2y}{dx^2}\right|_{x=0}$ 的值.

【解】 方程两边同时对 x 求导,得 $y'-e^y-xe^yy'=0$. (1)

(1) 式两边再对 x 求导,得 $y''-e^yy'-(e^yy'+xe^y\cdot y'^2+xe^yy'')=0$. (2)

将 $x=0,y=1$ 代入(1) 式得 $y'(0)-e=0$,解得 $y'(0)=e$.

将 $x=0,y=1,y'(0)=e$ 代入(2) 式得,$y''(0)-e^2-e^2=0$,故 $y''(0)=\left.\dfrac{d^2y}{dx^2}\right|_{x=0}=2e^2$.

【例 25】 (2010[3]) 设可导函数 $y=y(x)$ 由方程 $\int_0^{x+y}e^{-t^2}dt=\int_0^x x\sin t^2dt$ 确定,则 $\left.\dfrac{dy}{dx}\right|_{x=0}=$ ________.

【解】 $\int_0^{x+y}e^{-t^2}dt=x\int_0^x\sin t^2dt$,令 $x=0$,得 $y=0$,等式两端对 x 求导,得

$$e^{-(x+y)^2}\left(1+\frac{dy}{dx}\right)=\int_0^x\sin t^2dt+x\sin x^2.$$

将 $x=0,y=0$ 代入上式,得 $1+\left.\dfrac{dy}{dx}\right|_{x=0}=0$. 所以 $\left.\dfrac{dy}{dx}\right|_{x=0}=-1$.

【例 26】 (1997[2]) 设 $y=y(x)$ 由 $\begin{cases}x=\arctan t,\\ 2y-ty^2+e^t=5\end{cases}$ 所确定,求 $\dfrac{dy}{dx}$.

【思路】 关键求出方程确定 $y=y(t)$ 对 t 的导数,然后利用参数方程确定隐函数的导数公式.

【解】 $\dfrac{dx}{dt}=\dfrac{1}{1+t^2}$,方程 $2y-ty^2+e^t=5$ 确定 $y=y(t)$,方程两边同时对 t 求导,得 $2\dfrac{dy}{dt}-y^2-2ty\cdot\dfrac{dy}{dt}+e^t=0$,解得 $\dfrac{dy}{dt}=\dfrac{y^2-e^t}{2-2ty}$,因而 $\dfrac{dy}{dx}=\dfrac{y^2-e^t}{2(1-ty)}\Big/\dfrac{1}{1+t^2}=\dfrac{(1+t^2)(y^2-e^t)}{2(1-ty)}$.

★ 题型 1.7 求变上(下)限函数的导数

解题策略

注意化成变上(下)限函数的标准形式,利用变上(下)限函数求导定理.

【例 27】 设 $f(x)=\int_{x^2}^{x^3}\dfrac{\sin xt}{t}dt\ (x>0)$,求 $f'(x)$.

【思路】 在被积函数中含有 x,但不能提到积分号的前面,只需通过对定积分进行变量替换.

【解】 由 $f(x)=\int_{x^2}^{x^3}\dfrac{\sin xt}{t}dt\xlongequal{xt=u}\int_{x^3}^{x^4}\dfrac{x}{u}\cdot\sin u\cdot\dfrac{1}{x}du=\int_{x^3}^{x^4}\dfrac{\sin u}{u}du$,于是

$$f'(x)=\frac{\sin x^4}{x^4}\cdot 4x^3-\frac{\sin x^3}{x^3}\cdot 3x^2=\frac{1}{x}(4\sin x^4-3\sin x^3).$$

【例 28】 若 $f(x)$ 为连续函数,且 $\int_0^{1+x^3}f(u)du=x^2-1$,求 $f(x)$.

【思路】 遇到变限定积分,就要想到求导.

【解】 等式两边同时对 x 求导,得 $f(1+x^3)\cdot 3x^2=2x$,进而得 $f(1+x^3)=\dfrac{2}{3x}$.

令 $1+x^3=t$,解得 $x=\sqrt[3]{t-1}$,则 $f(t)=\dfrac{2}{3\sqrt[3]{t-1}}$,且 $t\neq 1$,即 $f(x)=\dfrac{2}{3\sqrt[3]{x-1}},x\neq 1$.

评注 若求 $f(9)$,这时可不必求 $f(x)$,由 $f(1+x^3)\cdot 3x^2=2x$,把 $x=2$ 代入公式,有 $f(9)\times 3\times 4=4$,解得 $f(9)=\dfrac{1}{3}$.

【例 29】 (1994[1])设$\begin{cases}x=\cos(t^2),\\ y=t\cos(t^2)-\int_1^{t^2}\frac{1}{2\sqrt{u}}\cos u\mathrm{d}u,\end{cases}$求$\frac{\mathrm{d}y}{\mathrm{d}x},\frac{\mathrm{d}^2y}{\mathrm{d}x^2}$在$t=\sqrt{\frac{\pi}{2}}$的值.

【解】 由于$\frac{\mathrm{d}y}{\mathrm{d}x}=\frac{\cos(t^2)-2t^2\sin(t^2)-\frac{1}{2\sqrt{t^2}}\cos t^2\cdot 2t}{-2t\sin(t^2)}$(由求$t=\sqrt{\frac{\pi}{2}}$的值,可设$t>0$)

$$=\frac{\cos(t^2)-2t^2\sin(t^2)-\cos(t^2)}{-2t\sin(t^2)}=t,$$

$$\frac{\mathrm{d}^2y}{\mathrm{d}x^2}=\frac{\frac{\mathrm{d}y'}{\mathrm{d}t}}{\frac{\mathrm{d}x}{\mathrm{d}t}}=\frac{1}{-2t\sin(t^2)},$$

所以 $\left.\frac{\mathrm{d}y}{\mathrm{d}x}\right|_{t=\sqrt{\frac{\pi}{2}}}=\sqrt{\frac{\pi}{2}},\left.\frac{\mathrm{d}^2y}{\mathrm{d}x^2}\right|_{t=\sqrt{\frac{\pi}{2}}}=\frac{1}{-2\sqrt{\frac{\pi}{2}}\sin\frac{\pi}{2}}=-\frac{1}{\sqrt{2\pi}}$.

【例 30】 设函数$f(x)$连续,且$\lim\limits_{x\to 0}\frac{f(x)-\sin x}{x}=a$($a$为常数),又$F(x)=\int_0^1 f(xy)\mathrm{d}y$,求$F'(x)$并讨论$F'(x)$的连续性.

【解】 由$\lim\limits_{x\to 0}\frac{f(x)-\sin x}{x}=a\Rightarrow f(0)=0$,所以

$$F(x)=\begin{cases}\frac{1}{x}\int_0^x f(t)\mathrm{d}t, & x\neq 0,\\ 0, & x=0.\end{cases}$$

当$x\neq 0$时,$F'(x)=\frac{xf(x)-\int_0^x f(t)\mathrm{d}t}{x^2}$;

当$x=0$时,$F'(0)=\lim\limits_{x\to 0}\frac{F(x)-F(0)}{x}=\lim\limits_{x\to 0}\frac{\int_0^x f(t)\mathrm{d}t}{x^2}=\lim\limits_{x\to 0}\frac{f(x)}{2x}$

$$=\frac{1}{2}\lim_{x\to 0}\frac{f(x)-\sin x+\sin x}{x}=\frac{1}{2}(a+1),$$

易知$x=0$是$F'(x)$的分段点,先讨论$F'(x)$在$x=0$处的连续性.

由于

$$\begin{aligned}\lim_{x\to 0}\frac{xf(x)-\int_0^x f(t)\mathrm{d}t}{x^2}&=\lim_{x\to 0}\frac{f(x)}{x}-\lim_{x\to 0}\frac{\int_0^x f(t)\mathrm{d}t}{x^2}\\&=\lim_{x\to 0}\frac{f(x)-\sin x+\sin x}{x}-\frac{1}{2}(a+1)\\&=\frac{1}{2}(a+1)=F'(0),\end{aligned}$$

所以$F'(x)$在$x=0$处连续.

当$x\neq 0$时,因为$f(x)$连续,所以变上限积分$\int_0^x f(t)\mathrm{d}t$可微,从而也是连续的,于是$F'(x)$是连续的.综上可得,$F'(x)$在$(-\infty,+\infty)$上连续.

【例 31】 (2007[2])设$f(x)$是区间$\left[0,\frac{\pi}{4}\right]$上的单调、可导函数,且满足$\int_0^{f(x)}f^{-1}(t)\mathrm{d}t=$

$\int_0^x t\dfrac{\cos t-\sin t}{\sin t+\cos t}\mathrm{d}t$,其中 f^{-1} 是 f 的反函数,求 $f(x)$.

【解】 方程$\int_0^{f(x)} f^{-1}(t)\mathrm{d}t=\int_0^x t\dfrac{\cos t-\sin t}{\sin t+\cos t}\mathrm{d}t$ 两边对 x 求导，得

$$f^{-1}[f(x)]\cdot f'(x)=x\frac{\cos x-\sin x}{\sin x+\cos x},\quad 即\quad xf'(x)=x\frac{\cos x-\sin x}{\sin x+\cos x}.$$

当 $x\neq 0$ 时,对上式两边同时除以 x 得,$f'(x)=\dfrac{\cos x-\sin x}{\sin x+\cos x}$,所以

$$f(x)=\int\frac{\cos x-\sin x}{\sin x+\cos x}\mathrm{d}x=\int\frac{\mathrm{d}(\sin x+\cos x)}{\sin x+\cos x}=\ln|\sin x+\cos x|+C,x\in\left[0,\frac{\pi}{4}\right].$$

在原积分方程中令 $x=0$,得$\int_0^{f(0)} f^{-1}(t)\mathrm{d}t=0$,因为被积函数 $f^{-1}(t)$ 的值域为$\left[0,\dfrac{\pi}{4}\right]$,即 $f^{-1}(t)$ 是单调非负函数,所以积分上限 $f(0)=0$. 现在对 $f(x)=\ln|\sin x+\cos x|+C$ 两边取极限,$\lim\limits_{x\to 0^+}f(x)=0+C=f(0)$,结合 $f(0)=0$ 得 $C=0$,所以 $f(x)=\ln|\sin x+\cos x|$,$x\in\left[0,\dfrac{\pi}{4}\right]$.

★ 题型 1.8 求函数的高阶导数

解题策略

求导之前,对函数进行化简,尽量化成加减形式,再用高阶导数的运算法则或通过求一阶与二阶导数发现规律再用数学归纳法证明.

【例 32】 $y=x^2\mathrm{e}^x$,求 $y^{(n)}$.

【思路】 由$(\mathrm{e}^x)^{(n)}=\mathrm{e}^x$,$x^2$ 经过三次求导为零,符合乘积高阶导数的要求.

【解】
$$\begin{aligned}y^{(n)}&=(\mathrm{e}^x\cdot x^2)^{(n)}=\mathrm{C}_n^0(\mathrm{e}^x)^{(n)}x^2+\mathrm{C}_n^1(\mathrm{e}^x)^{(n-1)}(x^2)'+\mathrm{C}_n^2(\mathrm{e}^x)^{(n-2)}(x^2)''\\&=\mathrm{e}^x\cdot x^2+n\mathrm{e}^x\cdot 2x+\frac{n(n-1)}{2}\mathrm{e}^x\cdot 2\\&=\mathrm{e}^x[x^2+2nx+n(n-1)]（由至少出现了三项，知 n\geqslant 2),\end{aligned}$$

$n=1$ 时,$y'=\mathrm{e}^x\cdot x^2+\mathrm{e}^x\cdot 2x=\mathrm{e}^x(x^2+2x)$.

【例 33】 $y=\mathrm{e}^x\cos x$,求 $y^{(n)}$.

【解】
$$\begin{aligned}y'&=\mathrm{e}^x\cos x-\mathrm{e}^x\sin x=\sqrt{2}\mathrm{e}^x\left(\frac{\sqrt{2}}{2}\cos x-\frac{\sqrt{2}}{2}\sin x\right)\\&=\sqrt{2}\mathrm{e}^x(\cos\frac{\pi}{4}\cos x-\sin\frac{\pi}{4}\sin x)=\sqrt{2}\mathrm{e}^x\cos(x+\frac{\pi}{4}).\end{aligned}$$

假设 $n=k$ 时,$y^{(k)}=\sqrt{2}^{\,k}\mathrm{e}^x\cos(x+k\cdot\dfrac{\pi}{4})$;

当 $n=k+1$ 时,

$$\begin{aligned}y^{(k+1)}&=[y^{(k)}]'=[\sqrt{2}^{\,k}\mathrm{e}^x\cos(x+k\cdot\frac{\pi}{4})]'=\sqrt{2}^{\,k}[\mathrm{e}^x\cos(x+k\cdot\frac{\pi}{4})-\mathrm{e}^x\sin(x+k\cdot\frac{\pi}{4})]\\&=\mathrm{e}^x\sqrt{2}^{\,k+1}[\cos\frac{\pi}{4}\cos(x+k\cdot\frac{\pi}{4})-\sin\frac{\pi}{4}\sin(x+k\cdot\frac{\pi}{4})]\\&=\sqrt{2}^{\,k+1}\mathrm{e}^x\cos[x+(k+1)\frac{\pi}{4}],\end{aligned}$$

即 $n=k+1$ 时,结论仍成立,由数学归纳法知 $y^{(n)}=\sqrt{2}^{\,n}\mathrm{e}^x\cos\left(x+n\cdot\dfrac{\pi}{4}\right)$.

评注　1.经过求一阶、二阶导数，通过化简、变形，找出规律，再用数学归纳法证明，研究生考试比较喜欢出这一类的考题；2.这题不适合用乘积的高阶导数公式，因为没有出现一项经过几次求导为零的因式.

【例 34】　(1992[1]) 设 $f(x)=3x^3+x^2|x|$，则使 $f^{(n)}(0)$ 存在的最高阶数 n 为何值.

【解】　由 $f(x)=\begin{cases}4x^3, & x\geqslant 0,\\ 2x^3, & x<0,\end{cases}$ 得 $f''(x)=\begin{cases}24x, & x>0,\\ 12x, & x<0.\end{cases}$

$\lim\limits_{x\to 0^-}f''(x)=\lim\limits_{x\to 0^-}12x=0=f''_-(0)$，$\lim\limits_{x\to 0^+}f''(x)=\lim\limits_{x\to 0^+}24x=0=f''_+(0)$，知 $f''(0)=0$.

进而 $f'''(x)=\begin{cases}24, & x>0,\\ 12, & x<0,\end{cases}$ $\lim\limits_{x\to 0^-}f'''(x)=\lim\limits_{x\to 0^-}12=12=f'''_-(0)$，$\lim\limits_{x\to 0^+}f'''(x)=\lim\limits_{x\to 0^+}24=24=f'''_+(0)$，知 $f'''(0)$ 不存在，故使 $f^{(n)}(0)$ 存在的最高阶数 $n=2$.

★ 题型 1.9　求函数在某点的高阶导数

解题策略

1.求出 $f^{(n)}(x)$，$f^{(n)}(x_0)=f^{(n)}(x)\Big|_{x=x_0}$；

2.若 $f^{(n)}(x)$ 求不出来，求出 $f'(x)$，看能否化简为 $f(x)$，$f'(x)$ 的一次函数等式且 $f(x)$，$f'(x)$ 的系数为 x 的多项式，若不能，再求 $f''(x)$，看能否化简为 $f(x)$，$f'(x)$，$f''(x)$ 的一次函数等式且 $f(x)$，$f'(x)$，$f''(x)$ 的系数为 x 的多项式，一般情况下只要求 $f'(x)$ 或 $f''(x)$ 即可，然后等式两边对 x 同取 n 阶导数，把 $x=x_0$ 代入，可得到 $f(x)$ 在 x_0 处的高阶导数与 $f(x)$ 在 x_0 处低阶导数的递推关系式，从而求 $f^{(n)}(x_0)$；

3①③.利用函数幂级数展开式的唯一性定理，若 $f(x)=\sum\limits_{n=0}^{\infty}a_n(x-x_0)^n$，$x\in(x_0-\delta,x_0+\delta)$，$\delta>0$，则 $a_n=\dfrac{f^{(n)}(x_0)}{n!}$，即 $f^{(n)}(x_0)=a_n n!(n=1,2,\cdots)$.

若 $f(x)=\sum\limits_{n=0}^{\infty}a_n x^n$，$x\in(-\delta,\delta)$，则 $a_n=\dfrac{f^{(n)}(0)}{n!}$，即 $f^{(n)}(0)=a_n n!(n=1,2,3,\cdots)$.

【例 35】　设 $f(x)=\arctan x$，求 $f^{(n)}(0)$.

【解】方法一　由 $f'(x)=\dfrac{1}{1+x^2}$，得 $(1+x^2)f'(x)=1$，方程两端同时对 x 取 n 阶导数，有 $f^{(n+1)}(x)(1+x^2)+nf^{(n)}(x)\cdot 2x+n(n-1)f^{(n-1)}=0(n\geqslant 2)$，把 $x=0$ 代入上式，有 $f^{(n+1)}(0)+n(n-1)f^{(n-1)}(0)=0$，由此得 $f^{(n+1)}(0)=-n(n-1)f^{(n-1)}(0)$，$n$ 用 $n-1$ 代换，有 $f^{(n)}(0)=-(n-1)(n-2)f^{(n-2)}(0)$，$n\geqslant 3$.

由于 $f(0)=0$，$f'(0)=1$，$f''(0)=0$，于是推出 $f^{(2k)}(0)=0$，$f^{(2k+1)}(0)=(-1)^k(2k)!(k=0,1,2,\cdots)$.

方法二　由 $f'(x)=\dfrac{1}{1+x^2}=\sum\limits_{n=0}^{\infty}(-1)^n x^{2n}$，

$$f(x)=f(0)+\int_0^x f'(x)\mathrm{d}x=\int_0^x\sum_{n=0}^{\infty}(-1)^n x^{2n}\mathrm{d}x$$

$$=\sum_{n=0}^{\infty}(-1)^n\int_0^x x^{2n}\mathrm{d}x=\sum_{n=0}^{\infty}\frac{(-1)^n}{2n+1}x^{2n+1}=\sum_{k=0}^{\infty}\frac{(-1)^k}{2k+1}x^{2k+1}.$$

由于级数中没有 x^{2k} 次幂项，知 $a_{2k}=0$，$a_{2k+1}=\dfrac{(-1)^k}{2k+1}$，$k=0,1,2,\cdots$

$f^{(2k)}(0)=a_{2k}\cdot(2k)!=0$，$f^{(2k+1)}(0)=a_{2k+1}\cdot(2k+1)!=(-1)^k(2k)!$，$k=0,1,2,3,\cdots$.

评注　从这两种解法中可知方法二简便一些.

题型二　方程根的存在性

解题策略

首先把要证明的方程转化为 $f(x)=0$ 的形式，再根据题设条件对方程 $f(x)=0$ 选用下述方法：

1. 根的存在定理　若函数 $f(x)$ 在闭区间 $[a,b]$ 上连续，且 $f(a)\cdot f(b)<0$，则至少存在一点 $\xi\in(a,b)$，使 $f(\xi)=0$.

2. 若函数 $f(x)$ 的原函数 $F(x)$ 在 $[a,b]$ 上满足罗尔定理的条件，则 $f(x)$ 在 (a,b) 内至少有一个零值点.

3. 如果涉及高阶导数，用泰勒公式证明方程根的存在性.

4. 实常系数的一元 n 次方程 $a_0x^n+a_1x^{n-1}+\cdots+a_{n-1}x+a_n=0(a_0\neq 0)$，当 n 为奇数时，至少有一个实根.

证　设 $f(x)=a_0x^n+a_1x^{n-1}+\cdots+a_{n-1}x+a_n=x^n\left(a_0+a_1\dfrac{1}{x}+\cdots+a_{n-1}\dfrac{1}{x^{n-1}}+a_n\dfrac{1}{x^n}\right)$，由 $a_0\neq 0$，不妨设 $a_0>0$，由于 $\lim\limits_{x\to+\infty}f(x)=+\infty$，取 $M=1$，$\exists N_0>0$，当 $x>N_0$ 时，都有 $f(x)>1>0$. 取 $b>N_0$，有 $f(b)>0$，$\lim\limits_{x\to-\infty}f(x)=-\infty$，取 $M=1$，$\exists N_1>0$，当 $x<-N_1$ 时，都有 $f(x)<-1<0$. 取 $a<-N_1<b$，有 $f(a)<0$. 由于 $f(x)$ 在 $[a,b]$ 上连续，$f(a)f(b)<0$，由根的存在定理知至少存在一点 $\xi\in(a,b)$，使 $f(\xi)=0$.

5. 实系数的一元 n 次方程在复数范围内有 n 个复数根，至多有 n 个不同的实数根.

6. 若 $f(x)$ 在区间 I 上连续且严格单调，则 $f(x)=0$ 在 I 内至多有一个根. 若函数在两端点的函数(或极限)值同号，则 $f(x)=0$ 无根，若函数在两端点的函数(或极限)值异号，则 $f(x)=0$ 有一个根.

7. 求具体连续函数 $f(x)=0$ 在其定义域内零值点的个数：首先求出 $f(x)$ 的严格单调区间的个数，若有 m 个严格单调区间，则至多有 m 个不同的根. 至于具体有几个根，按照第 6 点研究每个严格单调区间是否有一个根.

8. 若函数 $f(x)$ 的原函数 $F(x)$ 在某点 x_0 处取极值，在 x_0 处导数也存在，由费马定理知 $F'(x_0)=0$，即 $f(x_0)=0$.(用得较少)

9. 方程中含有字母常数，讨论字母常数取何值时，判断方程有几个根的方法：(1) 把要证明的方程转化为 $g(x)=k$ 的形式，求出 $g(x)$ 的单调区间、极值，求出每个严格单调区间两端函数(极限)值，画草图，讨论曲线与直线 $y=k$ 相交的情况，确定方程根的个数；(2) 把要证明的方程转化为 $f(x)=0$ 的形式，求出 $f(x)$ 的单调区间、极值，求出每个严格单调区间两端函数(极限)值，画草图，讨论曲线与 x 轴相交的情况，确定方程根的个数.

注：在证明方程根的存在性的过程中，我们经常要用到拉格朗日中值定理、积分中值定理，有时也用到柯西中值定理来证明满足方程根的存在性所需的条件，然后利用上述的方法来证明方程根的存在性.

★ 题型 2.1　证明方程根的存在性

解题策略

把要证明的方程转化为 $f(x)=0$ 的形式，然后用上面的方程根的存在性方法中的 $1\sim 8$.

【例 36】 设函数 $f(x)$ 在区间 $[0,1]$ 上具有 2 阶导数，且 $f(1)>0, \lim\limits_{x\to 0^+}\frac{f(x)}{x}<0$，证明：

（Ⅰ）方程 $f(x)=0$ 在区间 $(0,1)$ 内至少存在一个实根；

（Ⅱ）方程 $f(x)f''(x)+(f'(x))^2=0$ 在区间 $(0,1)$ 内至少存在两个不同实根.

【解】 因为 $\lim\limits_{x\to 0^+}\frac{f(x)}{x}<0$，由极限的保号性，得 $\exists\delta>0, \forall x\in(0,\delta), \frac{f(x)}{x}<0$，不妨设 $x_0\in(0,\delta)$，则 $f(x_0)<0$.

因为 $f(1)>0$，且由 $f(x)$ 在 $[0,1]$ 上存在二阶导数，易得 $f(x)$ 在 $[0,1]$ 上连续，故由零点定理，得在区间 $(x_0,1)\subset(0,1)$ 内存在一点 ξ，使得 $f(\xi)=0$，即方程 $f(x)=0$ 在区间 $(0,1)$ 内至少存在一个实根.

（Ⅱ）由 $\lim\limits_{x\to 0^+}\frac{f(x)}{x}<0$ 存在，得 $\lim\limits_{x\to 0^+}f(x)=0$，且 $f(x)$ 在 $[0,1]$ 上连续，故 $f(0)=0$，故由罗尔中值定理，得 $(0,\xi)\subset(0,1)$ 内存在一点 ξ_1，使得 $f'(\xi_1)=0$.

令 $F(x)=f(x)\cdot f'(x)$，则 $F'(x)=f(x)\cdot f''(x)+[f'(x)]^2$，故 $F(0)=f(0)\cdot f'(0)=0, F(\xi_1)=f(\xi_1)\cdot f'(\xi_1)=0, \xi_1\in(0,\xi)$，又由第一问得 $F(\xi)=f(\xi)\cdot f'(\xi)=0$，故分别在区间 $(0,\xi_1),(\xi_1,\xi)$ 上对 $F(x)$ 利用罗尔中值定理，得 $\exists\eta_1\in(0,\xi), \eta_2\in(\xi_1,\xi)$，使得 $F'(\eta_1)=F'(\eta_2)=0$，
综上，方程 $f(x)\cdot f''(x)+[f'(x)]^2$ 在区间 $(0,1)$ 内至少存在两个实根.

【例 37】 设 $f(x)$ 在 $[a,+\infty)$ 上连续，在 $(a,+\infty)$ 内可导，$f'(x)\geqslant k>0$（k 为常数），$f(a)<0$，证明仅存在一点 $\xi\in(a,+\infty)$，使 $f(\xi)=0$.

【思路】 利用拉格朗日中值定理找到一点函数值大于零，用方程根的存在定理.

【证】 $\forall x\in(a,+\infty)$. 在 $[a,x]$ 上对 $f(x)$ 应用拉格朗日中值定理得

$$f(x)-f(a)=f'(c)(x-a)\geqslant k(x-a)(a<c<x),$$

即 $f(x)\geqslant f(a)+k(x-a)$. 要使 $f(x)>0$，只要 $f(a)+k(x-a)>0\Leftrightarrow x>-\frac{f(a)}{k}+a$，只要取 $b>-\frac{f(a)}{k}+a>a$，有 $f(b)>0$，又 $f(x)$ 在 $[a,b]$ 上连续，且 $f(a)f(b)<0$，由根的存在定理知至少存在一点 $\xi\in(a,b)\subset(a,+\infty)$，使 $f(\xi)=0$.

证唯一性. 假设存在两个不同的 $x_1,x_2,x_1\neq x_2, f(x_1)=0, f(x_2)=0$，由罗尔定理知 $\zeta\in(a,b)$，使 $f'(\zeta)=0$，与 $f'(x)\geqslant k>0$ 矛盾.

【例 38】 设 $a_1,a_2,\cdots,a_n$ 为任意的实常数，证明 $f(x)=a_1\cos x+a_2\cos 2x+\cdots+a_n\cos nx$ 在 $(0,\pi)$ 内必有一个零点.

【思路】 由于 $f(0)=a_1+a_2+\cdots+a_n$，无法确定 $f(0)$ 的符号，因此不能用根的存在定理，改用罗尔定理，关键是找 $f(x)$ 的一个原函数，由于 $f(x)$ 是具体的表达式，用求不定积分的方法可找到 $f(x)$ 的一个原函数.

【证】 令 $F(x)=a_1\sin x+\frac{a_2}{2}\sin 2x+\cdots+\frac{a_n}{n}\sin nx$，且 $F'(x)=f(x)$. 由 $F(x)$ 在 $[0,\pi]$ 上连续，在 $(0,\pi)$ 内可导，$F(0)=F(\pi)=0$，由罗尔定理知至少存在一点 $\xi\in(0,\pi)$，使 $F'(\xi)=0$，即 $f(\xi)=0$.

> **评注**　巧妙地利用 $F(x)$ 在特殊角的三角函数值相等这一条件，验证符合罗尔定理的条件.

【例 39】 设 $f(x)$ 在 $[a,b]$ 上 n 次可导，$f(a)=0, f^{(k)}(b)=0, k=0,1,2,\cdots,n-1$，证明至少存在一点 $\xi\in(a,b)$，使 $f^{(n)}(\xi)=0$.

【思路】 给出一点的各阶导数条件，用泰勒公式或反复用罗尔定理.

【证】方法一 将 $f(x)$ 在 $x=b$ 处展成泰勒公式，有

$f(x)=f(b)+f'(b)(x-b)+\frac{f''(b)}{2!}(x-b)^2+\cdots+\frac{f^{(n-1)}(b)}{(n-1)!}(x-b)^{n-1}+\frac{f^{(n)}(\xi)}{n!}(x-b)^n$，其中

$a<\xi<b$,把 $f(b)=f'(b)=\cdots=f^{(n-1)}(b)=0$ 代入上式得 $f(x)=\dfrac{f^{(n)}(\xi)}{n!}(x-b)^n$.

取$x=a$,得 $0=f(a)=\dfrac{f^{(n)}(\xi)}{n!}(a-b)^n$,其中 $a<\xi<b$. 由于$(a-b)^n\neq0$,$\dfrac{1}{n!}\neq0$,得 $f^{(n)}(\xi)=0$.

方法二 由 $f(x)$ 在$[a,b]$上满足罗尔定理条件,则至少存在一点 $\xi_1\in(a,b)$,使 $f'(\xi_1)=0$. 由 $f'(x)$ 在$[\xi_1,b]$上满足罗尔定理条件,则至少存在一点 $\xi_2\in(\xi_1,b)$,使 $f''(\xi_2)=0$,如此下去,…,$f^{(n-1)}(x)$ 在$[\xi_{n-1},b]$上满足罗尔定理条件,则至少存在一点 $\xi\in(\xi_{n-1},b)$,使 $f^{(n)}(\xi)=0$.

★ 题型 2.2 证明方程根的个数

解题策略

把要证明的方程转化为 $f(x)=0$ 的形式,对 $f(x)=0$ 采用上面方程根的存在性方法中的 $1\sim8$ 来求得结论.

【例 40】 当 a 取下列哪个值时,函数 $f(x)=2x^3-9x^2+12x-a$ 恰好有两个不同的零点(　　).

(A)2　　(B)4　　(C)6　　(D)8

【思路】 求出函数的单调区间和极值点,画草图.

【解】 因为 $f'(x)=6x^2-18x+12=6(x-1)(x-2)$,知极值点为 $x=1,x=2$.

从而可将函数定义域划分为3个严格单调区间:$(-\infty,1)$,$f'(x)>0$,$f(x)$ 严格单调增加;$(1,2)$,$f'(x)<0$,$f(x)$ 严格单调减少;$(2,+\infty)$,$f'(x)>0$,$f(x)$ 严格单调增加,并且 $\lim\limits_{x\to-\infty}f(x)=-\infty$,$\lim\limits_{x\to+\infty}f(x)=+\infty$.

如果 $f(x)$ 恰好有两个零点,则必有 $f(1)=0$ 或 $f(2)=0$,解得 $a=5$ 或 $a=4$. 故应选(B).

评注 此题答案虽有两个,但是符合要求的选项却只有一个,所以要求考生思路变化要快,考虑问题要全面,不要做出来答案是4或5,就以为没有正确选项.

【例 41】 若 $3a^2-5b<0$,证明方程 $x^5+2ax^3+3bx+4c=0$ 仅有一实根.

【思路】 用方程根的存在定理与严格单调定理.

【证】 设 $f(x)=x^5+2ax^3+3bx+4c$,由 $f(x)$ 是奇次多项式,由根的存在定理知,$f(x)=0$ 在$(-\infty,+\infty)$内至少有一个根,又 $f'(x)=5x^4+6ax^2+3b=5(x^2)^2+6ax^2+3b$,且判别式 $\Delta=36a^2-4\cdot5\cdot3b=12(3a^2-5b)<0$,知 $f'(x)>0$,所以方程在$(-\infty,+\infty)$内仅有一个根.

【例 42】 证明方程 $\ln x=\dfrac{x}{\mathrm{e}}-\int_0^{\pi}\sqrt{1-\cos 2x}\,\mathrm{d}x$ 在区间$(0,+\infty)$内有且仅有两个不同的实根.

【思路】 求出单调区间,用方程根的存在定理与严格单调定理.

【证】 由$\int_0^{\pi}\sqrt{1-\cos 2x}\,\mathrm{d}x=\int_0^{\pi}\sqrt{2\sin^2x}\,\mathrm{d}x=\sqrt{2}\int_0^{\pi}\sin x\,\mathrm{d}x=2\sqrt{2}$,

$$\ln x=\frac{x}{\mathrm{e}}-2\sqrt{2}\Leftrightarrow\frac{x}{\mathrm{e}}-\ln x-2\sqrt{2}=0.$$

设 $F(x)=\dfrac{x}{\mathrm{e}}-\ln x-2\sqrt{2}$,求出 $F(x)$ 的单调区间,由于 $F'(x)=\dfrac{1}{\mathrm{e}}-\dfrac{1}{x}=\dfrac{x-\mathrm{e}}{x\mathrm{e}}$,令 $F'(x)=0$,得 $x=\mathrm{e}$,且 $F(x)$ 在$(0,+\infty)$内没有导数不存在的点. 详见下表:

x	0	$(0,\mathrm{e})$	e	$(\mathrm{e},+\infty)$	$+\infty$
$F'(x)$		$-$		$+$	
$F(x)$	$\lim\limits_{x\to0^+}F(x)=+\infty$	↘	$-2\sqrt{2}$	↗	$\lim\limits_{x\to+\infty}F(x)=+\infty$

由 $F(x)$ 在$(0,\mathrm{e})$内严格递减且在两端点函数(极限)值异号,知 $F(x)=0$ 在$(0,\mathrm{e})$仅有一个零点,$F(x)$ 在$(\mathrm{e},+\infty)$内严格递增且在两端点函数(极限)值异号,知 $F(x)=0$ 在$(\mathrm{e},+\infty)$内也仅有一个根,故原方程在$(0,+\infty)$内有且仅有两个不同的实根.

> **评注**　求具体连续函数在其定义域上或在指定的区间上有几个零值点就用上述的方法，即：(1) 求出函数的定义域；(2) 求出导数等于零或导数不存在的点；(3) 列表；(4) 讨论每个严格单调区间两端函数(极限)值的情况；(5) 结论.

【例 43】　判断方程 $|x|^{\frac{1}{4}}+|x|^{\frac{1}{2}}-\cos x=0$ 在 $(-\infty,+\infty)$ 内有几个根，并加以证明.

【思路】　利用偶函数，用方程根的存在定理与严格单调定理.

【解】　设 $f(x)=|x|^{\frac{1}{4}}+|x|^{\frac{1}{2}}-\cos x$，由于 $f(-x)=f(x)$，因此考虑区间 $(0,+\infty)$. 当 $x\geqslant 1$ 时，$f(x)\geqslant 1+1-\cos x>0$，而 $f(0)=-\cos 0=-1<0$，$f(1)=1+1-\cos 1>0$，知 $f(x)=0$ 在 $(0,1)$ 内至少有一个根. 又 $x\in(0,1)$ 时，$f'(x)=\frac{1}{4}x^{-\frac{3}{4}}+\frac{1}{2}x^{-\frac{1}{2}}+\sin x>0$，知 $f(x)=0$ 在 $(0,1)$ 内只有一个根，由于 $f(x)$ 是偶函数，所以 $f(x)=0$ 在 $(-\infty,+\infty)$ 内仅有两个根.

★ 题型 2.3　根据方程中字母常数的取值，讨论方程根的个数

【例 44】　就 k 的不同取值情况，确定方程 $\ln x=kx$ 实根的数目，并求出这些根所在的范围.

【思路】　把要证明的方程转化为 $g(x)=k$ 的形式来讨论.

【解】　$\ln x=kx\Leftrightarrow\frac{\ln x}{x}=k$.

设 $f(x)=\frac{\ln x}{x}$，$x\in(0,+\infty)$，$f'(x)=\frac{\frac{1}{x}\cdot x-\ln x}{x^2}=\frac{1-\ln x}{x^2}$，

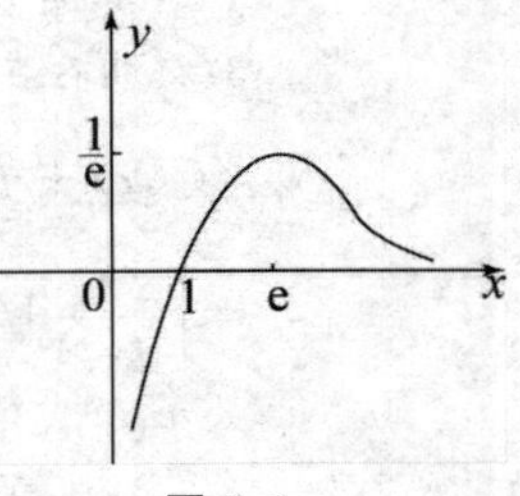

图 2-1

当 $x\in(0,\mathrm{e})$ 时，$f'(x)>0$；当 $x\in(\mathrm{e},+\infty)$ 时，$f'(x)<0$，知 $f(\mathrm{e})=\frac{1}{\mathrm{e}}$ 为极大值也是最大值. 且 $\lim\limits_{x\to 0^+}f(x)=-\infty$，$\lim\limits_{x\to+\infty}f(x)=0$. 如图 2-1 所示，故当 $k>\frac{1}{\mathrm{e}}$ 时，方程无实根；当 $k=\frac{1}{\mathrm{e}}$ 时，方程有一根 $x=\mathrm{e}$；当 $k=0$ 时，方程有一根 $x=1$；$k<0$ 时，方程有一根，在 $(0,1)$ 内；$0<k<\frac{1}{\mathrm{e}}$ 时，方程有两根，分别在 $(1,\mathrm{e})$，$(\mathrm{e},+\infty)$ 内.

【例 45】　设方程 $x^3-27x+C=0$，就 C 的取值，讨论方程根的个数.

【思路】　求出单调区间，画草图，利用方程根的存在定理与严格单调定理.

【解】　令 $f(x)=x^3-27x+C$，$x\in(-\infty,+\infty)$，$f'(x)=3x^2-27=3(x+3)(x-3)$，令 $f'(x)=0$，解得 $x_1=-3$，$x_2=3$，列成下表：

x	$-\infty$	$(-\infty,-3)$	-3	$(-3,3)$	3	$(3,+\infty)$	$+\infty$
$f'(x)$		$+$		$-$		$+$	
$f(x)$	$-\infty$	↗	$C+54$	↘	$C-54$	↗	$+\infty$

如图 2-2 所示，

(1) 当 $C+54<0$ 或 $C-54>0$，即 $C<-54$ 或 $C>54$ 时，方程仅有一个根；

(2) 当 $C+54=0$ 或 $C-54=0$，即 $C=\pm 54$ 时，方程有两个不同的根；

(3) 当 $C+54>0$ 且 $C-54<0$，即 $-54<C<54$ 时，方程有三个不同的根.

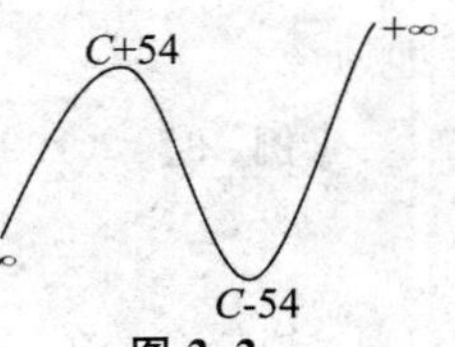

图 2-2

【例 46】　方程 $a\mathrm{e}^x=x^2-x+1$ 有三个实根，则 a 的取值范围为(　　).

(A) $0<a<\frac{3}{\mathrm{e}^2}$　　(B) $\frac{1}{\mathrm{e}}<a<\frac{3}{\mathrm{e}^2}$

(C) $a<\frac{1}{\mathrm{e}^2}$　　(D) $a>\frac{3}{\mathrm{e}^2}$

【解】　$a\mathrm{e}^x=x^2-x+1$ 等价于 $(x^2-x+1)\mathrm{e}^{-x}-a=0$，

设 $f(x)=(x^2-x+1)e^{-x}-a(-\infty<x<+\infty)$,

令 $f'(x)=-(x-1)(x-2)e^{-x}=0$ 得 $x=1,x=2$,

当 $x<1$ 时,$f'(x)<0$;当 $1<x<2$ 时,$f'(x)>0$;当 $x>2$ 时,$f'(x)<0$,

则 $x=1$ 为极小值点,极小值为 $f(1)=\dfrac{1}{e}-a$;$x=2$ 为极大值点,极大值为 $f(2)=\dfrac{3}{e^2}-a$,

又 $\lim\limits_{x\to-\infty}f(x)=+\infty$,$\lim\limits_{x\to+\infty}f(x)=-a$,

当 $\dfrac{1}{e}-a<0,\dfrac{3}{e^2}-a>0,-a<0$,即 $\dfrac{1}{e}<a<\dfrac{3}{e^2}$ 时,$f(x)$ 恰有三个零点,从而原方程恰有三个根,应选(B).

题型三　适合某种条件下 ξ 的等式证明

解题策略

1.常用的方法有罗尔定理、泰勒公式、根的存在定理、柯西定理、拉格朗日中值定理;

2.如果证明适合某种条件下 ξ,ζ 的等式,要用两次上面的定理;

3.证明存在 $\xi\in(a,b)$,使 $f'(\xi)+f(\xi)g'(\xi)=0\Leftrightarrow f'(x)+f(x)g'(x)=0$ 有一个根.而

$$f'(x)+f(x)g'(x)=0\Leftrightarrow\frac{f'(x)}{f(x)}=-g'(x)\Leftrightarrow\int\frac{f'(x)}{f(x)}dx=-\int g'(x)dx+\ln C$$

$$\Leftrightarrow\int\frac{1}{f(x)}df(x)=-g(x)+\ln C\Leftrightarrow\ln f(x)=-g(x)+\ln C\Leftrightarrow f(x)=Ce^{-g(x)}\Leftrightarrow f(x)e^{g(x)}=C.$$

令 $F(x)=f(x)e^{g(x)}$,即 $F'(x)=(C)'\Leftrightarrow f'(x)+f(x)g'(x)=0$.故 $F(x)$ 在 $[x_1,x_2]$ 上满足罗尔定理条件,至少存在一点 $\xi\in(x_1,x_2)$,使 $F'(\xi)=0$,即 $f'(\xi)+f(\xi)g'(\xi)=0$.

【例 47】 设 $f(x)$ 在区间 $[a,b]$ 上可导,且满足 $f(b)\cos b=\dfrac{2}{b-a}\displaystyle\int_a^{\frac{a+b}{2}}f(x)\cos x dx$,求证:至少存在一点 $\xi\in(a,b)$,使得 $f'(\xi)=f(\xi)\tan\xi$.

【解】 设 $F(x)=f(x)\cos x$.由于 $f(x)$ 在区间 $[a,b]$ 上可导,知 $f(x)$ 在 $[a,b]$ 上连续,从而 $F(x)=f(x)\cos x$ 在 $\left[a,\dfrac{a+b}{2}\right]$ 上连续.由积分中值定理可知,存在一点 $c\in\left(a,\dfrac{a+b}{2}\right)$,使得

$$F(b)=\frac{2}{b-a}\int_a^{\frac{a+b}{2}}f(x)\cos x dx=\frac{2}{b-a}F(c)\left(\frac{a+b}{2}-a\right)=F(c).$$

在 $[c,b]$ 上,由罗尔定理得至少存在一点 $\xi\in(c,b)\subset(a,b)$,使得

$$F'(\xi)=f'(\xi)\cos\xi-f(\xi)\sin\xi=0,$$

即

$$f'(\xi)=f(\xi)\tan\xi,\xi\in(a,b).$$

【例 48】 (1995[1])设 $f(x)$ 和 $g(x)$ 在 $[a,b]$ 上存在二阶导数,并且

$$g''(x)\neq0,f(a)=f(b)=g(a)=g(b)=0.$$

试证:(1)在 (a,b) 内,$g(x)\neq0$;(2)在 (a,b) 内至少存在一点 $\xi\in(a,b)$,使 $\dfrac{f(\xi)}{g(\xi)}=\dfrac{f''(\xi)}{g''(\xi)}$.

【思路】 从形式上看用柯西定理,实际上转化为 $F'(\xi)=0$,利用罗尔定理.

【证】 (1)用反证法.假设存在 $x_0\in(a,b)$,使 $g(x_0)=0$,则

$g(x)$ 在 $[a,x_0]$ 上满足罗尔定理条件,至少存在一点 $c_1\in(a,x_0)$,使 $g'(c_1)=0$;

$g(x)$ 在 $[x_0,b]$ 上满足罗尔定理条件,至少存在一点 $c_2\in(x_0,b)$,使 $g'(c_2)=0$;

$g'(x)$ 在 $[c_1,c_2]$ 上满足罗尔定理条件，至少存在一点 $c\in(c_1,c_2)$，使 $g''(c)=0$.

与对每一个 $x\in(a,b)$，$g''(x)\neq 0$ 相矛盾，所以假设不成立，即 $\forall x\in(a,b)$，$g(x)\neq 0$.

(2) 由 $g(x)\neq 0$，$g''(x)\neq 0$，要证 $\dfrac{f(\xi)}{g(\xi)}=\dfrac{f''(\xi)}{g''(\xi)}\Leftrightarrow f(\xi)g''(\xi)-g(\xi)f''(\xi)=0\Leftrightarrow[f(x)g''(x)-g(x)f''(x)]\Big|_{x=\xi}=0\Leftrightarrow(f(x)g'(x)-g(x)f'(x))'\Big|_{x=\xi}=0$.

设 $F(x)=f(x)g'(x)-g(x)f'(x)$，由 $F(x)$ 在 $[a,b]$ 上连续，在 (a,b) 内可导，且 $F(a)=F(b)=0$，由罗尔定理知至少存在一点 $\xi\in(a,b)$，使 $F'(\xi)=0$ 成立. 逆推回去，故原等式成立.

【例 49】 (1996[2]) 设 $f(x)$ 在 $[a,b]$ 上具有二阶导数，且 $f(a)=f(b)=0$，$f'(a)f'(b)>0$. 证明存在 $\xi\in(a,b)$ 和 $\eta\in(a,b)$，使 $f(\xi)=0$，$f''(\eta)=0$.

【思路】 利用导数定义、保号性与罗尔定理.

【证】方法一　由 $f'(a)f'(b)>0$，不妨设 $f'(a)>0$，$f'(b)>0$，由于 $\lim\limits_{x\to a^+}\dfrac{f(x)-f(a)}{x-a}=\lim\limits_{x\to a^+}\dfrac{f(x)}{x-a}=f'(a)>0$，由保号性，存在 $\delta_1>0$，当 $x\in(a,a+\delta_1)$ 时，$\dfrac{f(x)}{x-a}>0$，而 $x-a>0$，知 $f(x)>0$，取 $a_1\in(a,a+\delta_1)$，则 $f(a_1)>0$.

又 $\lim\limits_{x\to b^-}\dfrac{f(x)-f(b)}{x-b}=\lim\limits_{x\to b^-}\dfrac{f(x)}{x-b}=f'(b)>0$，由保号性，存在 $\delta_2>0(a_1<b-\delta_2)$，当 $x\in(b-\delta_2,b)$ 时，$\dfrac{f(x)}{x-b}>0$，而 $x-b<0$，知 $f(x)<0$，取 $b_1\in(b-\delta_2,b)$，则 $f(b_1)<0$，$f(x)$ 在 $[a_1,b_1]$ 上满足根的存在定理条件，至少存在一点 $\xi\in(a,b)$，使 $f(\xi)=0$.

由 $f(x)$ 在 $[a,\xi]$ 上满足罗尔定理，可知至少存在一点 $c_1\in(a,\xi)$，使 $f'(c_1)=0$；

由 $f(x)$ 在 $[\xi,b]$ 上满足罗尔定理，可知至少存在一点 $c_2\in(\xi,b)$，使 $f'(c_2)=0$；

由 $f'(x)$ 在 $[c_1,c_2]$ 上满足罗尔定理，可知至少存在一点 $\eta\in(c_1,c_2)\subset(a,b)$，使 $f''(\eta)=0$.

方法二　(1) 用反证法，假设对每一 $x\in(a,b)$，$f(x)\neq 0$，则对每一个 $x\in(a,b)$，$f(x)$ 全为正或 $f(x)$ 全为负（若不然存在 $x_1,x_2\in(a,b)$，且 $x_1<x_2$，$f(x_1)f(x_2)<0$，由根的存在定理，至少存在一点 $c\in(x_1,x_2)\subset(a,b)$，使 $f(c)=0$，与假设条件相矛盾），不妨设 $f(x)>0$，由 $f'(a)=\lim\limits_{x\to a^+}\dfrac{f(x)-f(a)}{x-a}=\lim\limits_{x\to a^+}\dfrac{f(x)}{x-a}\geqslant 0$，$f'(b)=\lim\limits_{x\to b^-}\dfrac{f(x)-f(b)}{x-b}=\lim\limits_{x\to b^-}\dfrac{f(x)}{x-b}\leqslant 0$，$f'(a)f'(b)\leqslant 0$ 与 $f'(a)f'(b)>0$ 相矛盾，所以假设不成立，故必存在 $\xi\in(a,b)$，使 $f(\xi)=0$.

(2) 证明与方法一相同.

> **评注**　1. 由方法二证明过程可得到下面的结论：$f(x)$ 在 (a,b) 内连续，$x\in(a,b)$，$f(x)\neq 0$，则对每一个 $x\in(a,b)$，必有 $f(x)$ 全为正或 $f(x)$ 全为负，以后可以作为结论用；
>
> 2. 若 $f(x)$ 二阶可导，如果要证明存在 $\xi\in(a,b)$，使 $f''(\xi)=0$，只要找到 $f(x)$ 在三个不同点函数值相等，用三次罗尔定理即可；
>
> 3. 只要是考研数学试题的难题都具有下面的特点：(1) 证明几个结论；(2) 后一个结论要用到前一个结论. 因此，我们做题时前面的结论做不出来，先做后面的结论，做的时候，一定要利用前面的结论或前面结论的过程去解决后面的结论.

【例 50】　设函数 $f(x)$ 在 $[0,2]$ 上连续，在 $(0,2)$ 内二阶可导，且 $f(0)=f\left(\dfrac{1}{2}\right)=0$，$2\displaystyle\int_{\frac{1}{2}}^{1}f(x)\mathrm{d}x=$

$f(2)$. 证明:存在 $\xi\in(0,2)$,使得 $f''(\xi)=0$.

【解】 显然 $f(x)$ 在 $\left[0,\frac{1}{2}\right]$ 上满足罗尔定理,于是存在 η_1,使得

$$f'(\eta_1)=0,\eta_1\in\left(0,\frac{1}{2}\right).$$

又由积分中值定理,有

$$2\int_{\frac{1}{2}}^{1}f(x)\mathrm{d}x=f(2)=f(\eta_2),\eta_2\in\left[\frac{1}{2},1\right],$$

于是,$f(x)$ 在 $[\eta_2,2]$ 上满足罗尔定理,于是存在 η_3,使得

$$f'(\eta_3)=0,\eta_3\in(\eta_2,2)\subset\left(\frac{1}{2},2\right),$$

所以 $f'(\eta_1)=f'(\eta_3)$,再对 $f'(x)$ 在 $[\eta_1,\eta_3]$ 上使用罗尔定理,于是,有

$$f''(\xi)=0,\xi\in[\eta_1,\eta_3]\subset(0,2).$$

【例 51】 (1999[3]) 设函数 $f(x)$ 在 $[0,1]$ 上连续,在 $(0,1)$ 内可导,且 $f(0)=f(1)=0,f\left(\frac{1}{2}\right)=1$,试证:

(1) 存在 $\eta\in\left(\frac{1}{2},1\right)$,使 $f(\eta)=\eta$;

(2) 对任意实数 λ,存在 $\xi\in(0,\eta)$,使得 $f'(\xi)-\lambda[f(\xi)-\xi]=1$.

【思路】 用根的存在定理,转化为 $F'(\xi)=0$,用罗尔定理.

【证】 (1) 设 $\varphi(x)=f(x)-x$,由 $\varphi(x)$ 在 $\left[\frac{1}{2},1\right]$ 上连续,$\varphi(1)=f(1)-1=-1<0,\varphi\left(\frac{1}{2}\right)=f\left(\frac{1}{2}\right)-\frac{1}{2}=1-\frac{1}{2}=\frac{1}{2}>0$,由根的存在定理知至少存在一点 $\eta\in\left(\frac{1}{2},1\right)$,使 $\varphi(\eta)=0$. 得证.

(2) 要证 $f'(\xi)-\lambda[f(\xi)-\xi]=1$ 成立,只要证 $f'(\xi)-1-\lambda[f(\xi)-\xi]=0$ 成立,由 $\varphi(x)=f(x)-x,\varphi'(x)=f'(x)-1$,得 $\varphi'(\xi)=f'(\xi)-1$,因此只要证 $\varphi'(\xi)-\lambda\varphi(\xi)=0$ 成立. 设 $F(x)=\varphi(x)\mathrm{e}^{-\lambda x}$,则只要证 $F'(\xi)=0$ 成立. 由 $F(x)$ 在 $[0,\eta]$ 上连续,在 $(0,\eta)$ 内可导,$F(0)=0=F(\eta)$,由罗尔定理知至少存在一点 $\xi\in(0,\eta)$,使 $F'(\xi)=0$ 成立,逆推回去,得原等式成立.

【例 52】 (1998[3]) 设函数 $f(x)$ 在 $[a,b]$ 上连续,在 (a,b) 内可导,且 $f'(x)\neq0$,证明存在 $\xi,\eta\in(a,b)$,使得 $\dfrac{f'(\xi)}{f'(\eta)}=\dfrac{\mathrm{e}^b-\mathrm{e}^a}{b-a}\mathrm{e}^{-\eta}$.

【思路】 结论里出现了两个不同的字母,要用到两个定理,经过分析用拉格朗日中值定理与柯西中值定理.

【证】 要证原等式成立,只要证 $f'(\xi)=\dfrac{\mathrm{e}^b-\mathrm{e}^a}{b-a}\cdot\dfrac{f'(\eta)}{\mathrm{e}^\eta}$ 成立,由 $f(b)-f(a)=f'(c)(b-a)\neq0$,只要证

$$f'(\xi)\frac{f(b)-f(a)}{\mathrm{e}^b-\mathrm{e}^a}=\frac{f(b)-f(a)}{b-a}\cdot\frac{f'(\eta)}{\mathrm{e}^\eta},\tag{1}$$

成立,由拉格朗日中值定理知存在一点 $\xi\in(a,b)$,使

$$f'(\xi)=\frac{f(b)-f(a)}{b-a}.\tag{2}$$

再由 $f(x),\mathrm{e}^x$ 在 $[a,b]$ 上满足柯西中值定理的条件知,存在一点 $\eta\in(a,b)$,使

$$\frac{f(b)-f(a)}{\mathrm{e}^b-\mathrm{e}^a}=\frac{f'(\eta)}{\mathrm{e}^\eta}\tag{3}$$

成立,将式(2),(3) 两边相乘,即得式(1) 成立,故原等式成立.

【例 53】 (2005[1]) 已知函数 $f(x)$ 在 $[0,1]$ 上连续,在 $(0,1)$ 内可导,且 $f(0)=0, f(1)=1$. 证明:
(Ⅰ) 存在 $\xi \in (0,1)$,使得 $f(\xi)=1-\xi$;
(Ⅱ) 存在两个不同的点 $\eta, \zeta \in (0,1)$,使得 $f'(\eta)f'(\zeta)=1$.

【思路】 本题考查连续函数的零点定理和中值定理,属于双中值问题.

【解】 (Ⅰ) 令 $F(x)=f(x)-1+x$,则 $F(x)$ 在 $[0,1]$ 上连续,且 $F(0)=-1<0, F(1)=1>0$. 则由闭区间上连续函数的介值定理知,存在 $\xi \in (0,1)$,使得 $F(\xi)=0$,即 $f(\xi)=1-\xi$.

(Ⅱ) $F(x)$ 在 $[0,\xi]$ 和 $[\xi,1]$ 上都连续,在 $(0,\xi)$ 和 $(\xi,1)$ 内都可导,根据拉格朗日中值定理可知,存在 $\eta \in (0,\xi), \zeta \in (\xi,1)$,使得

$$F'(\eta)=\frac{F(\xi)-F(0)}{\xi-0}=\frac{1}{\xi},$$

$$F'(\zeta)=\frac{F(1)-F(\xi)}{1-\xi}=\frac{1}{1-\xi},$$

即
$$f'(\eta)+1=\frac{1}{\xi}, f'(\zeta)+1=\frac{1}{1-\xi}.$$

所以
$$f'(\eta)=\frac{1-\xi}{\xi}, f'(\zeta)=\frac{\xi}{1-\xi},$$

即
$$f'(\eta)f'(\zeta)=\frac{1-\xi}{\xi}\cdot\frac{\xi}{1-\xi}=1.$$

题型四　不等式证明

解题策略

不等式证明的方法:

1. 拉格朗日中值定理适用于已知函数导数的条件,证明涉及函数(值)的不等式;

2. 泰勒公式适用于已知函数的高阶导数的条件,证明涉及函数(值)或低阶导函数(值)的不等式.

3. 单调性定理. (1) 对于证明数的大小比较的不等式,转化为同一个函数在区间两端点函数(或极限)值大小的比较,利用函数在区间上的单调性进行证明; (2) 对于证明函数大小比较的不等式,转化为同一个函数在区间内的任意一点函数值与区间端点函数(或极限)值大小的比较,利用函数在区间上的单调性进行证明.

4. 利用函数最大值、最小值证明不等式. 把待证的不等式转化为区间上任意一点函数值与区间上某点 x_0 处的函数值大小的比较,然后证明 $f(x_0)$ 为最大值或最小值,即可证不等式成立.

5. 利用函数取到唯一的极值证明不等式. 把待证的不等式转化为区间上任意一点函数值与区间内某点 x_0 处的函数值大小的比较,然后证明 $f(x_0)$ 为唯一的极值且为极大值或极小值,即 $f(x_0)$ 为最大值或最小值,即可证不等式成立.

6. 用柯西中值定理证明不等式.

7. 利用曲线的凹凸性证明不等式.

★ 题型 4.1　已知函数导数的条件,证明涉及函数(值)的不等式

【例 54】 设 a,b 均为常数,$f'(x)$ 在 (a,b) 内有界,证明 $f(x)$ 在 (a,b) 内有界.

【思路】 给出导数的条件,证明函数的结论,用拉格朗日中值定理.

【证】 由题意知 $f'(x)$ 在 (a,b) 内有界,即存在 $M>0$,对一切 $x\in(a,b)$,都有 $|f'(x)|\leqslant M$,取 $x_0\in(a,b)$(定点),$\forall x\in(a,b), x\neq x_0$ 对 $f(x)$ 应用拉格朗日中值定理得

$$|f(x)|-|f(x_0)|\leqslant|f(x)-f(x_0)|=|f'(\xi)(x-x_0)|=|f'(\xi)||x-x_0|\leqslant M(b-a),$$

(其中 ξ 介于 x_0，x 之间，由 $\xi \in (a,b)$，知 $|f'(\xi)| \leqslant M$)，从而 $|f(x)| \leqslant |f(x_0)| + M(b-a)$.

由于 $|f(x_0)| + M(b-a)$ 为常数，故 $f(x)$ 在 (a,b) 内有界.

> **评注**　学会将文字语言给出的条件与结论转化为数学符号语言

【例 55】 设 $f(x)$ 二阶可导，且在 $(0,a)$ 内某点取到最大值，对一切 $x \in [0,a]$，都有 $|f''(x)| \leqslant m$(m 为常数)，证明 $|f'(0)| + |f'(a)| \leqslant am$.

【思路】 给出二阶可导的条件，证明导函数的结论，用拉格朗日中值定理.

【证】 由 $f(x)$ 在 x_0 取到最大值，且 $x_0 \in (0,a)$，知 $f(x_0)$ 为极大值，又 $f'(x_0)$ 存在，由费马定理知 $f'(x_0) = 0$，于是

$$\begin{aligned}|f'(0)| + |f'(a)| &= |f'(x_0) - f'(0)| + |f'(a) - f'(x_0)| \\ &= |f''(\xi_1)x_0| + |f''(\xi_2)(a-x_0)| \leqslant mx_0 + m(a-x_0) = ma.\end{aligned}$$

> **评注**　学会把题目中所给的条件利用达布定理或性质转化为我们所需的条件.

【例 56】 证明 $x > 0$ 时，$\dfrac{x}{1+x} < \ln(1+x) < x$.

【思路】 证明函数的不等式，两边有共同的因子，对中间的函数用拉格朗日中值定理去转化.

【证】 设 $f(t) = \ln t$ 在 $[1, 1+x]$ 上满足拉格朗日中值定理条件，且 $f'(t) = \dfrac{1}{t}$，于是

$$\ln(1+x) = \ln(1+x) - \ln 1 = f(1+x) - f(1) = f'(\xi)(1+x-1) = \frac{1}{\xi}x,$$

其中 $1 < \xi < 1+x$，知 $0 < \dfrac{1}{1+x} < \dfrac{1}{\xi} < 1$，由 $x > 0$，易得 $\dfrac{x}{1+x} < \dfrac{x}{\xi} < x$，即 $\dfrac{x}{1+x} < \ln(1+x) < x$.

> **评注**　学会把隐藏的条件找出来，即 $\ln 1 = 0$，然后就可以利用定理，这个结果以后可以作为结论用. 在考研试题中经常会用到，一定要记住.
>
> 我们还可以证明 $-1 < x < 0$ 时，$\dfrac{x}{1+x} < \ln(1+x) < x$.
>
> 事实上，当 $-1 < x < 0$ 时，$f(t) = \ln t$ 在 $[1+x, 1]$ 上满足拉格朗日中值定理的条件，有 $\ln(1+x) = \ln(1+x) - \ln 1 = f(1+x) - f(1) = f'(\xi)(1+x-1) = \dfrac{x}{\xi}$，
>
> 其中 $0 < 1+x < \xi < 1 \Rightarrow 1 < \dfrac{1}{\xi} < \dfrac{1}{1+x}$，由 $-1 < x < 0$，各边同乘以 x，不等号变向，有 $\dfrac{x}{1+x} < \dfrac{x}{\xi} < x$，即 $\dfrac{x}{1+x} < \ln(1+x) < x$，故 $x > -1$ 且 $x \neq 0$ 时，有 $\dfrac{x}{1+x} < \ln(1+x) < x$.

【例 57】 设 $f(x)$ 在 $[0,1]$ 上连续，在 $(0,1)$ 内可导，且 $|f'(x)| < 1$，又 $f(0) = f(1)$，证明对任意 $x_1, x_2 \in [0,1]$，则 $|f(x_1) - f(x_2)| < \dfrac{1}{2}$.

【思路】 给出导数的条件，证明函数值的结论，用拉格朗日中值定理. 关键要分情况讨论.

【证】 不妨设 $0 \leqslant x_1 \leqslant x_2 \leqslant 1$，当 $x_2 - x_1 \leqslant \dfrac{1}{2}$ 时，由拉格朗日中值定理知

$$|f(x_1) - f(x_2)| = |f'(\xi_1)(x_1 - x_2)| < \frac{1}{2};$$

当 $x_2 - x_1 > \dfrac{1}{2}$ 时，则 $0 \leqslant x_1 + (1 - x_2) = 1 - (x_2 - x_1) < \dfrac{1}{2}$，又 $f(0) = f(1)$，于是

$|f(x_1) - f(x_2)| = |f(x_1) - f(0) + f(1) - f(x_2)| \leqslant |f(x_1) - f(0)| + |f(1) - f(x_2)|$

$$= |f'(\xi)|x_1 + |f'(\xi_2)(1-x_2)| < x_1 + (1-x_2) < \frac{1}{2},$$

故对任意 $x_1, x_2 \in [0,1]$，则 $|f(x_1) - f(x_2)| < \dfrac{1}{2}$.

【例 58】 设 $f''(x) < 0, f(0) = 0$，证明对任何 $x_1 > 0, x_2 > 0$，有 $f(x_1 + x_2) < f(x_1) + f(x_2)$.

【思路】 分成两组，分别用拉格朗日中值定理或用单调性定理.

【证】方法一 不妨设 $x_1 \leqslant x_2$，而 $f(0) = 0$，由

$$\begin{aligned} f(x_1+x_2) - f(x_2) - f(x_1) &= [f(x_1+x_2) - f(x_2)] - [f(x_1) - f(0)] \\ &= f'(\xi_1)x_1 - f'(\xi_2)x_1 (0 < \xi_2 < x_1 \leqslant x_2 < \xi_1 < x_1 + x_2) \\ &= [f'(\xi_1) - f'(\xi_2)]x_1 = f''(\xi)(\xi_1 - \xi_2)x_1, \end{aligned}$$

其中 $\xi \in (\xi_2, \xi_1)$，由于 $f''(\xi) < 0, \xi_1 - \xi_2 > 0, x_1 > 0$，知 $f(x_1 + x_2) - f(x_1) - f(x_2) < 0$，所以 $f(x_1 + x_2) < f(x_1) + f(x_2)$.

方法二 令 $F(x) = f(x + x_2) - f(x), F'(x) = f'(x + x_2) - f'(x) = x_2 f''(\xi) < 0$，其中 $x < \xi < x + x_2$，知 $F(x)$ 单调减少，又 $x_1 > 0$，所以 $F(x_1) < F(0)$，即 $f(x_1 + x_2) - f(x_1) < f(x_2) - f(0)$，由于 $f(0) = 0$，从而 $f(x_1 + x_2) < f(x_1) + f(x_2)$.

题型 4.2　已知函数高阶导数的条件，证明涉及函数(值)的不等式

解题策略

用泰勒公式或多次用拉格朗日中值定理证明.

【例 59】 设函数 $f(x)$ 在 $[0, +\infty)$ 上二阶可导，且 $f(0) = f'(0) = 0$，并当 $x > 0$ 时满足 $xf''(x) + 3x[f'(x)]^2 \leqslant 1 - e^{-x}$. 求证：当 $x > 0$ 时，$f(x) < \dfrac{1}{2}x^2$.

【解】 要证 $f(x) < \dfrac{1}{2}x^2 (x > 0)$，即证

$$F(x) = \frac{1}{2}x^2 - f(x) > 0 (x > 0). \tag{1}$$

由于 $F(0) = 0, F'(x) = x - f'(x), F'(0) = 0, F''(x) = 1 - f''(x)$.

因此要证(1)式，只需证 $1 - f''(x) > 0 (x > 0)$，即 $f''(x) < 1 (x > 0)$.

由已知条件有

$$f''(x) \leqslant \frac{1 - e^{-x}}{x} - 3[f'(x)]^2 \leqslant \frac{1 - e^{-x}}{x} (x > 0).$$

因此只需证

$$\frac{1 - e^{-x}}{x} < 1 (x > 0) \Leftrightarrow 1 - e^{-x} < x (x > 0).$$

令 $G(x) = x - (1 - e^{-x}) = x + e^{-x} - 1$，则有

$$G(0) = 0, G'(x) = 1 - e^{-x} > 0 (x > 0),$$

所以 $G(x)$ 在 $[0, +\infty)$ 上单调增加，得 $G(x) > G(0) = 0 (x > 0)$，即

$$x > 1 - e^{-x} (x > 0), \frac{1 - e^{-x}}{x} < 1 (x > 0).$$

所以 $F''(x) > 0 (x > 0)$，知 $F'(x)$ 在 $[0, +\infty)$ 上单调增加，则有 $F(x) > F(0) = 0 (x > 0)$，即 $f(x) < \dfrac{1}{2}x^2 (x > 0)$.

【例 60】 设 $f(x)$ 在 $[0,1]$ 上具有三阶导数，且 $f(0) = 1, f(1) = 2, f'\left(\dfrac{1}{2}\right) = 0$，证明至少存在一点 $\xi \in (0,1)$，使 $|f'''(\xi)| \geqslant 24$.

【思路】 给出高阶导数的条件,用泰勒公式,在给出导数的点展开.

【证】 将 $f(x)$ 在 $x=\frac{1}{2}$ 处展成泰勒公式,

$$f(x)=f\left(\frac{1}{2}\right)+f'\left(\frac{1}{2}\right)\left(x-\frac{1}{2}\right)+\frac{f''\left(\frac{1}{2}\right)}{2!}\left(x-\frac{1}{2}\right)^2+\frac{f'''(\xi)}{3!}\left(x-\frac{1}{2}\right)^3,$$

将 $x=0,1$ 分别代入上式有

$$f(0)=f\left(\frac{1}{2}\right)+\frac{1}{8}f''\left(\frac{1}{2}\right)-\frac{1}{48}f'''(\xi_1),0<\xi_1<\frac{1}{2}, \tag{1}$$

$$f(1)=f\left(\frac{1}{2}\right)+\frac{1}{8}f''\left(\frac{1}{2}\right)+\frac{1}{48}f'''(\xi_2),\frac{1}{2}<\xi_2<1, \tag{2}$$

式(2)－式(1),得 $1=|f(1)-f(0)|=\frac{1}{48}|f'''(\xi_1)+f'''(\xi_2)|\leqslant\frac{1}{48}(|f'''(\xi_1)|+|f'''(\xi_2)|)$,

设 $|f'''(\xi)|=\max\left\{|f'''(\xi_1)|,|f'''(\xi_2)|\right\}$,有 $1\leqslant\frac{2}{48}|f'''(\xi)|$,即 $|f'''(\xi)|\geqslant 24$.

【例 61】 设 $f(x)$ 在$[0,1]$上二阶可导,$f(0)=f(1)$,且 $\int_0^1 x^2f'(x)\mathrm{d}x=\frac{1}{3}$.

(1) 证明:存在 $c\in(0,1)$,使得 $f'(c)=1$;

(2) 证明:存在 $\xi\in(0,1)$,使得 $|f''(\xi)|\geqslant 2$.

【解】 (1) 由 $\int_0^1 x^2f'(x)\mathrm{d}x=\frac{1}{3}$ 得 $\int_0^1 x^2f'(x)\mathrm{d}x=\int_0^1 x^2\mathrm{d}x$,整理得

$$\int_0^1 x^2[f'(x)-1]\mathrm{d}x=0.$$

令 $F(x)=\int_0^x t^2[f'(t)-1]\mathrm{d}t,F'(x)=x^2[f'(x)-1]$.

因为 $F(0)=F(1)=0$,所以存在 $c\in(0,1)$,使得 $F'(c)=0$,即 $c^2[f'(c)-1]=0$,而 $c\neq 0$,故 $f'(c)=1$.

(2) 由(1)及泰勒公式知,

$$f(0)=f(c)-f'(c)c+\frac{f''(\xi_1)}{2!}c^2 \text{ 其中 } 0<\xi_1<c;$$

$$f(1)=f(c)+f'(c)(1-c)+\frac{f''(\xi_2)}{2!}(1-c)^2,\text{其中 } c<\xi_2<1,$$

两式相减得 $f'(c)=\frac{f''(\xi_1)}{2!}c^2-\frac{f''(\xi_2)}{2!}(1-c)^2$,

即 $f''(\xi_1)c^2-f''(\xi_2)(1-c)^2=2$,

于是 $2\leqslant|f''(\xi_1)|c^2+|f''(\xi_2)|(1-c)^2$.

当 $|f''(\xi_1)|\geqslant|f''(\xi_2)|$ 时,取 $\xi=\xi_1$,由

$$2\leqslant|f''(\xi_1)|c^2+|f''(\xi_2)|(1-c)^2\leqslant|f''(\xi)|[c^2+(1-c)^2]\leqslant|f''(\xi)|,$$

得 $|f''(\xi)|\geqslant 2$;

当 $|f''(\xi_1)|<|f''(\xi_2)|$ 时,取 $\xi=\xi_2$,由

$$2\leqslant|f''(\xi_1)|c^2+|f''(\xi_2)|(1-c)^2\leqslant|f''(\xi)|[c^2+(1-c)^2]\leqslant|f''(\xi)|,$$

得 $|f''(\xi)|\geqslant 2$.

【例 62】 设 $f(x)$ 在区间$[0,a]$上二阶可导,且 $|f''(x)|\leqslant M$.

(1) 若 $f(0)=f(a)=0$,证明:$\left|f\left(\frac{a}{2}\right)\right|\leqslant\frac{Ma^2}{8}$;

(2) 若 $f(x)$ 在$(0,a)$内取得极值,证明:$|f'(0)|+|f'(a)|\leqslant Ma$.

【解】 (1)$f(x)$ 在 $x=\frac{a}{2}$ 处的泰勒公式为

$$f(x)=f\left(\frac{a}{2}\right)+f'\left(\frac{a}{2}\right)\left(x-\frac{a}{2}\right)+\frac{f''(\xi)}{2!}(x-a)^2,$$

ξ 介于 x 与 $\frac{a}{2}$ 之间.

由已知,有

$$0=f(0)=f\left(\frac{a}{2}\right)+f'\left(\frac{a}{2}\right)\left(0-\frac{a}{2}\right)+\frac{f''(\xi_1)}{2!}\left(0-\frac{a}{2}\right)^2, \quad ①$$

$$0=f(a)=f\left(\frac{a}{2}\right)+f'\left(\frac{a}{2}\right)\left(a-\frac{a}{2}\right)+\frac{f''(\xi_2)}{2!}\left(a-\frac{a}{2}\right)^2, \quad ②$$

其中 ξ_1 介于 0 与 $\frac{a}{2}$ 之间,ξ_2 介于 $\frac{a}{2}$ 与 a 之间.

由 ①＋② 得

$$0=2f\left(\frac{a}{2}\right)+\frac{1}{2!}[f''(\xi_1)+f''(\xi_2)]\left(\frac{a}{2}\right)^2,$$

故

$$\left|f\left(\frac{a}{2}\right)\right|\leqslant\frac{1}{4}[|f''(\xi_1)|+|f''(\xi_2)|]\left(\frac{a}{2}\right)^2\leqslant\frac{1}{4}\cdot 2M\cdot\left(\frac{a}{2}\right)^2=\frac{Ma^2}{8}.$$

(2) 由已知,设 $f(x)$ 在 $x_0\in(0,a)$ 取得极值,则 $f'(x_0)=0$,对 $f'(x)$ 在$[0,x_0]$与$[x_0,a]$,上分别应用拉格朗日中值定理,

$$f'(x_0)-f'(0)=f''(y_1)(x_0-0), \quad ③$$

$$f'(a)-f'(x_0)=f''(y_2)(a-x_0), \quad ④$$

由 $f'(x_0)=0$,式 ③ 与 ④ 分别取绝对值后相加,有

$$\begin{aligned}|f'(0)|+|f'(a)|&=|f''(y_1)x_0|+|f''(y_2)(a-x_0)|\\&\leqslant Mx_0+M(a-x_0)=Ma.\end{aligned}$$

其中 $0<y_1<x_0$,$x_0<y_2<a$.

【例 63】(2002[2]) 设 $b>a>0$,证明不等式$\frac{2a}{a^2+b^2}<\frac{\ln b-\ln a}{b-a}<\frac{1}{\sqrt{ab}}$.

【解】左、右两个不等式分别考虑.

先证左边不等式,由所证的形式想到用拉格朗日中值定理.

$$\frac{\ln b-\ln a}{b-a}=(\ln x)'\Big|_{x=\xi}=\frac{1}{\xi},0<a<\xi<b.$$

而

$$\frac{1}{\xi}>\frac{1}{b}>\frac{2a}{a^2+b^2}.$$

不等式左边得证.

再证右边不等式,用常数变异法,将 b 改写为 x 并移项,令

$$f(x)=\ln x-\ln a-\frac{1}{\sqrt{ax}}(x-a),$$

有 $f(a)=0$,及 $f'(x)=\frac{1}{x}-\frac{1}{\sqrt{a}}\left(\frac{1}{2\sqrt{x}}+\frac{a}{2x\sqrt{x}}\right)=-\frac{(\sqrt{x}-\sqrt{a})^2}{2x\sqrt{ax}}<0$,

所以当 $x>a>0$ 时,$f(x)<0$,再以 $x=b$ 代入,便得

$$\ln b-\ln a<\frac{1}{\sqrt{ab}}(b-a),\text{即}\frac{\ln b-\ln a}{b-a}<\frac{1}{\sqrt{ab}}.$$

不等式右边得证.

【例 64】 当 $a<b$ 时证明不等式：$\dfrac{e^b-e^a}{b-a}<\dfrac{e^b+e^a}{2}$.

【解】 令 $f(x)=(e^x+e^a)(x-a)-2(e^x-e^a)$，$x\geqslant a$，则 $f(a)=0$.

$f'(x)=e^x(x-a)+(e^x+e^a)-2e^x=e^x(x-a)-(e^x-e^a)$，$x>a$，

由拉格朗日中值定理，

$$f'(x)=e^x(x-a)-e^\xi(x-a)=(e^x-e^\xi)(x-a),$$

其中 $a<\xi<x$. 由于 $e^x>e^\xi$，所以 $f'(x)>0$ 时，$f(x)$ 单调增加，所以 $f(x)>f(a)=0$. 取 $x=b>a$，即得

$$(e^b+e^a)(b-a)>2(e^b-e^a),$$

故

$$\frac{e^b-e^a}{b-a}<\frac{e^b+e^a}{2}.$$

【例 65】 设 $b>a>0$，证明：$\ln\dfrac{b}{a}>\dfrac{2(b-a)}{a+b}$.

【解】 由于 $\ln\dfrac{b}{a}>\dfrac{2(b-a)}{a+b}\Leftrightarrow(a+b)[\ln b-\ln a]>2(b-a)$.

令 $f(x)=(a+x)(\ln x-\ln a)-2(x-a)$，

则
$$f'(x)=(\ln x-\ln a)+\frac{1}{x}(a+x)-2=\ln x-\ln a+\frac{a}{x}-1,$$

$$f''(x)=\frac{1}{x}-\frac{a}{x^2}=\frac{x-a}{x^2}>0\ (x>a),$$

所以 $f'(x)$ 在 $x>a$ 时单调增加.

又 $f'(a)=0$，所以 $x>a$ 时，$f'(x)>0$，从而 $f(x)$ 在 $(a,+\infty)$ 内单调增加.

又 $b>a>0$，$f(a)=0$，所以 $f(b)>f(a)=0$，

从而
$$(a+b)[\ln b-\ln a]>2(b-a).$$

题型 4.4 函数不等式证明

解题策略

1. 转化为同一个函数在区间内的任意一点函数值与区间端点函数(或极限)值大小的比较，利用函数在区间上的单调性进行证明；

2. 把待证的不等式转化为区间上任意一点函数值与区间上某点 x_0 处的函数值大小的比较，然后证明 $f(x_0)$ 为最大值或最小值，利用函数最大值、最小值证明不等式；

3. 把待证的不等式转化为区间上任意一点函数值与区间内某点 x_0 处的函数值大小的比较，然后证明 $f(x_0)$ 为唯一的极值且为极大值或极小值，即 $f(x_0)$ 为最大值或最小值，即可证不等式成立；

4. 拉格朗日中值定理；

5. 泰勒公式；

6. 柯西中值定理.

【例 66】 证明 $0<x<\dfrac{\pi}{2}$ 时，$\tan x>x+\dfrac{x^3}{3}$.

【思路】 转化为同一个函数在区间内的任意一点函数值与区间端点函数值大小的比较，利用函数在区间上的单调性进行证明.

【证】 要证原不等式成立，只需证 $\tan x-x-\dfrac{x^3}{3}>0$ 成立，令 $f(x)=\tan x-x-\dfrac{x^3}{3}$，而 $f(0)=0$，只要证 $x\in\left(0,\dfrac{\pi}{2}\right)$ 时，$f(x)>f(0)$ 成立. 由 $f(x)$ 在 $\left[0,\dfrac{\pi}{2}\right)$ 上连续，在 $\left(0,\dfrac{\pi}{2}\right)$ 内可导，有

$f'(x) = \sec^2 x - 1 - x^2 = \tan^2 x - x^2$.

令 $g(x) = \tan x - x, g(0) = 0$，由 $g(x)$ 在 $\left[0, \frac{\pi}{2}\right)$ 上连续，在 $\left(0, \frac{\pi}{2}\right)$ 内可导，$g'(x) = \sec^2 x - 1 = \tan^2 x > 0$，知 $g(x)$ 在 $\left[0, \frac{\pi}{2}\right)$ 上严格递增，则 $x \in \left(0, \frac{\pi}{2}\right)$ 时，$g(x) > g(0) = 0 \Leftrightarrow \tan x - x > 0 \Leftrightarrow \tan x > x \Leftrightarrow \tan^2 x > x^2 \Leftrightarrow \tan^2 x - x^2 > 0$，知 $f'(x) > 0$，所以 $f(x)$ 在 $\left[0, \frac{\pi}{2}\right)$ 上严格递增. 故 $x \in \left(0, \frac{\pi}{2}\right)$ 时，$f(x) > f(0)$ 成立. 逆推回去，故原不等式成立.

> **评注**　比较函数的大小，若用单调性定理，需把函数表达式都转移到不等式左边，右边是常数并且一般情况为零，然后再用单调性定理证明.

【例 67】　证明 $x > 0$ 时，$\frac{2}{2x+1} < \ln(1 + \frac{1}{x}) < \frac{1}{\sqrt{x^2 + x}}$.

【思路】　转化为同一个函数在区间内的任意一点函数值与区间端点函数极限值大小的比较，利用函数在区间上的单调性进行证明.

【证】　先证　$\ln(1 + \frac{1}{x}) < \frac{1}{\sqrt{x^2 + x}}$ 成立. 只要证 $\ln(1 + \frac{1}{x}) - \frac{1}{\sqrt{x^2 + x}} < 0$ 成立，设 $f(x) = \ln(1 + \frac{1}{x}) - \frac{1}{\sqrt{x^2 + x}}$，$\lim\limits_{x \to +\infty} f(x) = 0$，只要证 $x \in (0, +\infty)$ 时，$f(x) < \lim\limits_{x \to +\infty} f(x)$ 成立，由 $f(x)$ 在 $(0, +\infty)$ 上连续且可导，可得

$$f'(x) = \frac{1}{1+x} - \frac{1}{x} + \frac{\frac{2x+1}{2\sqrt{x^2 + x}}}{x^2 + x} = -\frac{1}{x^2 + x} + \frac{1}{x^2 + x} \cdot \frac{x + \frac{1}{2}}{\sqrt{x^2 + x}}$$

$$= \frac{1}{x^2 + x}\left(\frac{x + \frac{1}{2}}{\sqrt{x^2 + x}} - 1\right) > 0,$$

知 $f(x)$ 在 $(0, +\infty)$ 上严格递增，故 $x \in (0, +\infty)$ 时，$f(x) < \lim\limits_{x \to +\infty} f(x)$，成立，逆推回去，所以不等式成立. 同理可证 $\frac{2}{2x+1} < \ln(1 + \frac{1}{x})$ 成立.

> **评注**　可能有的考生会用拉格朗日中值定理，设 $f(t) = \ln t$，
>
> $$\ln(1 + \frac{1}{x}) = \ln(1 + x) - \ln x = f(1 + x) - f(x)$$
>
> $$= f'(\xi)(1 + x - x) = \frac{1}{\xi}, \quad x < \xi < 1 + x,$$
>
> 有 $\frac{1}{1+x} < \frac{1}{\xi} < \frac{1}{x}$，但 $\frac{2}{2x+1} > \frac{1}{1+x}, \frac{1}{x} > \frac{1}{\sqrt{x^2 + x}}$，故得不到结论.

【例 68】　证明：当 $x > 0$ 时，不等式 $e^{-x}(x^2 - ax + 1) < 1 (a > 0)$ 成立.

【解】　设 $f(x) = e^x - (x^2 - ax + 1), x > 0$，

则

$$f'(x) = e^x - 2x + a, f''(x) = e^x - 2.$$

令 $f''(x) = 0$，得 $x = \ln 2$.

当 $x \in (0, \ln 2)$ 时，$f''(x) < 0$，$f'(x)$ 是单调减函数，则有

$$f'(x) > f'(\ln 2) = 2 - 2\ln 2 + a > a > 0;$$

当 $x\in(\ln 2,+\infty)$ 时，$f''(x)>0$，即 $f'(x)$ 是单调增函数，则有 $f'(x)>f'(\ln 2)>0$，故 $f'(x)>0$，即 $f(x)$ 是单调增函数，有 $f(x)>f(0)=0$；

所以 $e^x-(x^2-ax+1)>0$，即 $e^{-x}(x^2-ax+1)<1$.

【例 69】 (1993[4]) 设 p,q 是大于 1 的常数，且 $\frac{1}{p}+\frac{1}{q}=1$，证明对于 $\forall x>0$，都有 $\frac{1}{p}x^p+\frac{1}{q}\geqslant x$.

【思路】 把待证的不等式转化为区间上任意一点函数值与区间内某点 x_0 处的函数值大小的比较，利用取到唯一的极值来证明.

【证】 要证 $\frac{1}{p}x^p+\frac{1}{q}\geqslant x$ 成立，只要证 $\frac{1}{p}x^p+\frac{1}{q}-x\geqslant 0$ 成立，设 $f(x)=\frac{1}{p}x^p+\frac{1}{q}-x$，$f(1)=\frac{1}{p}+\frac{1}{q}-1=0$，只要证 $x\in(0,+\infty)$ 时，$f(x)\geqslant f(1)$ 成立．由于 $f'(x)=x^{p-1}-1$，令 $f'(x)=0$，得 $x=1$，且 $f(x)$ 无导数不存在的点，知 $x=1$ 是唯一的极值点. 由于 $f''(x)=(p-1)x^{p-2}$，$f''(1)=p-1>0$，知 $f(1)$ 是唯一的极值且是唯一的极小值，故 $f(1)$ 为最小值. 所以 $x\in(0,+\infty)$ 时，$f(x)\geqslant f(1)$ 成立．逆推回去，故原不等式成立.

【例 70】(2012[1][2][3]) 证明：$x\ln\frac{1+x}{1-x}+\cos x\geqslant 1+\frac{x^2}{2}(-1<x<1)$.

【解】 令 $f(x)=x\ln\frac{1+x}{1-x}+\cos x-1-\frac{x^2}{2}$，$-1<x<1$.

因为 $f(-x)=f(x)$，所以只讨论当 $x\geqslant 0$ 时即可.

又
$$f'(x)=\ln\frac{1+x}{1-x}+x\cdot\frac{1-x}{1+x}\cdot\frac{1-x+(1+x)}{(1-x)^2}-\sin x-x$$
$$=\ln\frac{1+x}{1-x}+\frac{2x}{1-x^2}-\sin x-x,\quad 0\leqslant x<1.$$
$$f''(x)=\frac{1-x}{1+x}\cdot\frac{1-x+1+x}{(1-x)^2}+\frac{2(1-x^2)-2x(-2x)}{(1-x^2)^2}-\cos x-1$$
$$=\frac{2}{1-x^2}+\frac{2+2x^2}{(1-x^2)^2}-\cos x-1=\frac{4}{(1-x^2)^2}-\cos x-1,$$
$$f'''(x)=\frac{-4\times 2(1-x^2)(-2x)}{(1-x^2)^4}+\sin x=\frac{16x}{(1-x^2)^3}+\sin x.$$

当 $x\in[0,1)$ 时，$f'''(x)\geqslant 0$，从而 $f''(x)$ 单调递增，则 $f''(x)\geqslant f''(0)=2>0$；所以当 $x\in[0,1)$ 时，$f'(x)$ 单调递增，即 $f'(x)\geqslant f'(0)=0$；所以 $x\in[0,1)$ 时，$f(x)$ 单调递增，即 $f(x)\geqslant f(0)=0$，$x\in[0,1)$，故当 $-1<x<1$ 时，有
$$x\ln\frac{1+x}{1-x}+\cos x\geqslant 1+\frac{x^2}{2}.$$

【例 71】 设 $x_1x_2>0$，证明 $\frac{x_1e^{x_2}-x_2e^{x_1}}{x_1-x_2}<1$.

【思路】 利用柯西定理转化，用取到唯一的极值来证明.

【证】 由 $\frac{x_1e^{x_2}-x_2e^{x_1}}{x_1-x_2}=\frac{\frac{e^{x_2}}{x_2}-\frac{e^{x_1}}{x_1}}{\frac{1}{x_2}-\frac{1}{x_1}}$，设 $f(x)=\frac{e^x}{x}$，$g(x)=\frac{1}{x}$ 在 $[x_1,x_2]$（不妨设 $x_1<x_2$）上满足柯西定理条件，且

$$f'(x)=\frac{e^x x-e^x}{x^2},g'(x)=-\frac{1}{x^2},\text{有}\frac{x_1e^{x_2}-x_2e^{x_1}}{x_1-x_2}=\frac{f(x_2)-f(x_1)}{g(x_2)-g(x_1)}=\frac{\frac{e^\xi\xi-e^\xi}{\xi^2}}{-\frac{1}{\xi^2}}=e^\xi(1-\xi),$$

其中 ξ 介于 x_1,x_2 之间，知 $\xi\neq 0$，设 $h(x)=\mathrm{e}^x(1-x)$，$h'(x)=\mathrm{e}^x(1-x)-\mathrm{e}^x=-x\mathrm{e}^x$，令 $h'(x)=0$，得 $x=0$，$h(x)$ 没有导数不存在点，$h''(x)=-\mathrm{e}^x-x\mathrm{e}^x$，$h''(0)=-1$，知 $h(0)$ 为唯一的极值且为极大值，同时 $h(0)=1$ 也为最大值，对一切 $x\in(-\infty,0)$ 或 $x\in(0,+\infty)$，都有 $h(x)<1$. 由 $\xi\neq 0$，知 $h(\xi)<1$，故 $\dfrac{x_1\mathrm{e}^{x_2}-x_2\mathrm{e}^{x_1}}{x_1-x_2}<1$.

题型五　导数的应用

★ 题型 5.1　求 $f(x)$ 在其定义域上的单调区间与极值

解题策略

(1) 求出函数的定义域；(2) 求出 $f'(x)=0$ 的点与 $f'(x)$ 不存在的点；3. 列表；4. 根据表中每个区间上 $f'(x)$ 的符号，便可确定 $f(x)$ 的单调区间，通过怀疑点两侧的导数符号，确定怀疑点是否为极值点.

【例 72】　设 $f(x)$ 在 $(-\infty,+\infty)$ 内有二阶连续导数，函数 $u(x,y)$ 的全微分为

$$\mathrm{d}u=y[\mathrm{e}^x+f'(x)]\mathrm{d}x+f'(x)\mathrm{d}y,$$

且 $f(0)=f'(0)=1$.

(1) 求 $f(x)$；

(2) 求 $f(x)$ 的单调区间与极值.

【解】　(1) 由已知，有 $\dfrac{\partial u}{\partial x}=y[\mathrm{e}^x+f'(x)]$，$\dfrac{\partial u}{\partial y}=f'(x)$，

则 $\dfrac{\partial^2 u}{\partial x\partial y}=\mathrm{e}^x+f'(x)$，$\dfrac{\partial^2 u}{\partial y\partial x}=f''(x)$. 由于 $f(x)$ 有二阶连续导数，知 $u(x,y)$ 的二阶偏导数连续. 故 $\dfrac{\partial^2 u}{\partial x\partial y}=\dfrac{\partial^2 u}{\partial y\partial x}$，即有 $f''(x)-f'(x)=\mathrm{e}^x$，解微分方程，得 $f(x)=C_1+C_2\mathrm{e}^x+x\mathrm{e}^x$，由

$f(0)=f'(0)=1$，得 $C_1=1$，$C_2=0$，故 $f(x)=1+x\mathrm{e}^x$.

(2) 令 $f'(x)=\mathrm{e}^x(x+1)=0$，得驻点 $x=-1$，又由 $f''(x)=\mathrm{e}^x(x+2)$，可知 $f''(-1)=\mathrm{e}^{-1}>0$，故 $f(-1)=1-\mathrm{e}^{-1}$ 为极小值，无极大值.

当 $x<-1$ 时，$f'(x)<0$；当 $x>-1$ 时，$f'(x)>0$，故 $(-\infty,-1)$ 为单调递减区间，$(-1,+\infty)$ 为单调递增区间.

【例 73】　设 $f(x)g(x)$ 在 x_0 处可导，且 $f(x_0)=g(x_0)=0$，$f'(x_0)=g'(x_0)>0$，$f''(x_0)$，$g''(x_0)$ 存在，则(　　).

(A) x_0 不是 $f(x)g(x)$ 的驻点

(B) x_0 是 $f(x)g(x)$ 的驻点，但不是它的极值点

(C) x_0 是 $f(x)g(x)$ 的驻点，且是它的极大值点

(D) x_0 是 $f(x)g(x)$ 的驻点，且是它的极小值点

【解】　设 $\varphi(x)=f(x)g(x)$，则

$$\varphi'(x)=f'(x)g(x)+f(x)g'(x),\varphi''(x)=f''(x)g(x)+2f'(x)g'(x)+f(x)g''(x),$$

所以 $\varphi'(x_0)=0$，x_0 是 $\varphi(x)$ 的驻点.

又由 $\varphi''(x_0)=2f'(x_0)g'(x_0)>0$，知 $\varphi(x)$ 在 x_0 点取得极小值. 故应选(D).

【例 74】　设函数 $f(x)$ 在 $x=0$ 的某邻域内三阶可导，且 $\lim\limits_{x\to 0}\dfrac{f'(x)}{1-\cos x}=-\dfrac{1}{2}$，则(　　).

(A) $f(0)$ 必是 $f(x)$ 的一个极大值　　(B) $f(0)$ 必是 $f(x)$ 的一个极小值

(C) $f'(0)$ 必是 $f'(x)$ 的一个极大值　　(D) $f'(0)$ 必是 $f'(x)$ 的一个极小值

【解】 因$\lim\limits_{x\to 0}\dfrac{f'(x)}{1-\cos x}=-\dfrac{1}{2}$,故$f'(0)=0$($f'(x)$连续);于是$\lim\limits_{x\to 0}\dfrac{f''(x)}{\sin x}=-\dfrac{1}{2}<0$,故$f''(0)=0$($f''(x)$连续).由保号定理知,$\exists\delta>0$,使$x\in(-\delta,\delta)$时,$\dfrac{f''(x)}{\sin x}<0$.故当$x\in(-\delta,0)$时,$f''(x)>0$;当$x\in(0,\delta)$时,$f''(x)<0$,故由极值第一充分条件知,$f'(0)$必是$f'(x)$的一个极大值.所以应选(C).

【例 75】(2014[1]) 设函数$y=f(x)$由方程$y^3+xy^2+x^2y+6=0$确定,求$f(x)$的极值.

【解】 对方程两边直接求导,有

$$3y^2y'+y^2+2xyy'+x^2y'+2xy=0, \tag{1}$$

令x_1为极值点,则由极值必要性知:$y'(x_1)=0$,代入(1)式得:

$$y^2(x_1)+2x_1y(x_1)=0,$$

即$y(x_1)=0$或$y(x_1)=-2x_1$.将其代入原方程知:$y(x_1)=0$(舍去),即$y(x_1)=-2x_1$.代入,有$-8x_1^3+4x_1^3-2x_1^3+6=0$,得$x_1=1$.即$y(1)=-2,y'(1)=0$.

对(1)式两边再求导,有

$$6y(y')^2+3y^2y''+2yy'+2x(y')^2+2xyy''+2yy'+2xy'+x^2y''+2y+2xy'=0.$$

将$y(1)=-2,y'(1)=0$代入得:$y''(1)=\dfrac{4}{9}>0$.则$y=f(x)$在$x=1$处取极小值,$y=f(1)=-2$.

【例 76】(2016[2][3]) 设函数$f(x)=\int_0^1|t^2-x^2|\mathrm{d}t(x>0)$,求$f'(x)$并求$f(x)$的最小值.

【解】 (1) 当$0<x<1$时,$f(x)=\int_0^x(x^2-t^2)\mathrm{d}t+\int_x^1(t^2-x^2)\mathrm{d}t=\dfrac{4}{3}x^3-x^2+\dfrac{1}{3}$.

当$x\geqslant 1$时,$f(x)=\int_0^1(x^2-t^2)\mathrm{d}t=x^2-\dfrac{1}{3}$.

则

$$f'(x)=\begin{cases}4x^2-2x, & 0<x<1,\\ 2x, & x\geqslant 1.\end{cases}$$

令$f'(x)=0$,可得$x=\dfrac{1}{2}$(因$x>0$),且当$x\in\left(0,\dfrac{1}{2}\right)$时,$f'(x)<0$;当$x\in\left(\dfrac{1}{2},+\infty\right)$时,$f'(x)>0$,从而$f(x)$在$x=\dfrac{1}{2}$处取极小值也为最小值,且最小值$f\left(\dfrac{1}{2}\right)=\dfrac{1}{4}$.

★ 题型 5.2　求定义域上曲线的凹凸区间与拐点

解题策略

(1) 求出函数的定义域;(2) 求出$f''(x)=0$的点与$f''(x)$不存在的点;(3) 列表;(4) 根据表中每个区间上$f''(x)$的符号,便可确定$f(x)$的凹凸区间,通过怀疑点两侧的导数符号,确定怀疑点是否为拐点.

【例 77】 设$f(x)$可导且$f'(x)>0$,并设$F(x)=\int_0^x 2uf(u)\mathrm{d}u-x\int_0^x f(u)\mathrm{d}u$,则(　　).

(A) $F(0)$是$F(x)$的极大值

(B) $F(0)$是$F(x)$的极小值

(C) 曲线$y=F(x)$在点$(0,0)$的左侧是凸的,右侧是凹的

(D) 曲线$y=F(x)$在点$(0,0)$的左侧是凹的,右侧是凸的

【解】因为

$$F(x)=\int_0^x 2uf(u)\mathrm{d}u-x\int_0^x f(u)\mathrm{d}u,$$

所以$F'(x)=2xf(x)-xf(x)-\int_0^x f(u)\mathrm{d}u=xf(x)-\int_0^x f(u)\mathrm{d}u,F''(x)=xf'(x)$,

且$F'(0)=0,F''(0)=0$.

又因为$x<0$时,$F''(x)<0$;$x>0$时,$F''(x)>0$.所以曲线$y=F(x)$在点$(0,0)$的左侧是凸的,右

侧是凹的. 故应选(C).

【例 78】 设由参数式$\begin{cases}x=t^2+2t,\\ y=t-\ln(1+t)\end{cases}$确定了 y 关于 x 的函数 $y=y(x)$，求曲线 $y=y(x)$ 的凹、凸区间及拐点坐标(区间用 x 表示，点用 (x,y) 表示).

【解】 由$\dfrac{\mathrm{d}x}{\mathrm{d}t}=2(t+1)$，$\dfrac{\mathrm{d}y}{\mathrm{d}t}=\dfrac{t}{t+1}$，得$\dfrac{\mathrm{d}y}{\mathrm{d}x}=\dfrac{t}{2(t+1)^2}$，$\dfrac{\mathrm{d}^2y}{\mathrm{d}x^2}=\dfrac{1-t}{4(1+t)^4}$，令$\dfrac{\mathrm{d}^2y}{\mathrm{d}x^2}=0$，得 $t=1$.

当 $-1<t<1$ 时，$\dfrac{\mathrm{d}^2y}{\mathrm{d}x^2}>0$，则曲线是凹的；当 $t>1$ 时，$\dfrac{\mathrm{d}^2y}{\mathrm{d}x^2}<0$，则曲线是凸的；当 $t=1$ 时，对应拐点.

即当 $-1<x<3$ 时，曲线 $y=y(x)$ 是凹的；当 $x>3$ 时，曲线 $y=y(x)$ 是凸的，点$(3,1-\ln 2)$ 为拐点.

【例 79】 (2007[3])设函数 $y=y(x)$ 由方程 $y\ln y-x+y=0$ 确定，试判断曲线 $y=y(x)$ 在点(1,1)附近的凹凸性.

【解】 讨论 $y=y(x)$ 的凹凸性，实际上要讨论 $y''(x)$ 的符号，故先求 $y''(x)$，同时注意条件：$y(1)=1$. 对方程 $y\ln y-x+y=0$ 两边同时关于 x 求导得：$y'\ln y+2y'-1=0$，即 $y'=\dfrac{1}{2+\ln y}$，代入 $y(1)=1$，有 $y'(1)=\dfrac{1}{2}$.

再求导得 $y''=-\dfrac{(\ln y)'}{(2+\ln y)^2}=-\dfrac{y'}{y(2+\ln y)^2}=-\dfrac{1}{y(2+\ln y)^3}$.

代入 $y(1)=1$，$y'(1)=\dfrac{1}{2}$，得 $y''(1)=-\dfrac{1}{8}<0$，又由 $y''(x)$ 在 $x=1$ 的邻域内连续，所以在 $x=1$ 的邻域内 $y''(x)<0$，所以曲线在点(1,1)附近为凸的.

题型 5.3　曲线的渐近线

解题策略

若$\lim\limits_{x\to\infty}\dfrac{f(x)}{x}=a$(常数)，$\lim\limits_{x\to\infty}[f(x)-ax]=b$(常数)，则 $y=ax+b$ 是 $y=f(x)$ 当 $x\to\infty$(包括 $x\to+\infty$ 或 $x\to-\infty$)时的斜渐近线.

如果 $x\to\infty$ 时，$\dfrac{f(x)}{x}$ 的极限不存在，并不能表明 $f(x)$ 没有斜渐近线，还应当分别考虑 $x\to+\infty$ 或 $x\to-\infty$ 的情况，比如 $\lim\limits_{x\to+\infty}\dfrac{f(x)}{x}=a$(常数)，$\lim\limits_{x\to+\infty}[f(x)-ax]=b$(常数)，则 $y=ax+b$ 是 $y=f(x)$ 当 $x\to+\infty$ 时的斜渐近线，$x\to-\infty$ 也是如此. 除非 $x\to+\infty$ 或 $x\to-\infty$ 时，$\dfrac{f(x)}{x}$ 的极限都不存在，则 $y=f(x)$ 没有斜渐近线.

特别地，$a=0$ 时，$y=b$ 称为 $y=f(x)$ 当 $x\to\infty$ 时的水平渐近线.

水平渐近线已包含在斜渐近线之中. 如果直接问你有没有水平渐近线，只要看$\lim\limits_{x\to\infty}f(x)$是否存在. 由定义可知 $x=x_0$ 是 $y=f(x)$ 的垂直渐近线的充分条件是 $\lim\limits_{x\to x_0}f(x)=\infty$(或 $\lim\limits_{x\to x_0^-}f(x)=\infty$ 或$\lim\limits_{x\to x_0^+}f(x)=\infty$)，从而求垂直渐近线，先找 x_0，使 $\lim\limits_{x\to x_0}f(x)=\infty$(或$\lim\limits_{x\to x_0^-}f(x)=\infty$ 或$\lim\limits_{x\to x_0^+}f(x)=\infty$). 因此，若 $f(x)$ 是初等函数，且 $f(x)$ 在 x_0 处没定义且 x_0 的一侧或两侧有定义，则 x_0 是怀疑点，再看 $\lim\limits_{x\to x_0}f(x)$ 是否为 ∞，若 $f(x)$ 是分段函数，则分界点 x_0 是怀疑点，再看$\lim\limits_{x\to x_0^-}f(x)$，$\lim\limits_{x\to x_0^+}f(x)$ 是否为 ∞，然后断定 $x=x_0$ 是否为垂直渐近线.

【例 80】 设函数 $f(x)=\sqrt[3]{27x^3+3x^2+\sqrt{x}}$,$g(x)$ 与 $f(x)$ 互为反函数,则曲线 $y=g(x)$ 的斜渐近线方程为________.

【解】 由于 $y=g(x)$ 与 $y=f(x)$ 的图形关于 $y=x$ 对称,故它们的斜渐近线的方程也关于 $y=x$ 对称,先求 $y=f(x)$ 的斜渐近线.

$$k=\lim_{x\to+\infty}\frac{f(x)}{x}=\lim_{x\to+\infty}\frac{\sqrt[3]{27x^3+3x^2+\sqrt{x}}}{x}=3,$$

$$\begin{aligned}b&=\lim_{x\to+\infty}[f(x)-kx]=\lim_{x\to+\infty}\left[\sqrt[3]{27x^3+3x^2+\sqrt{x}}-3x\right]\\&=\lim_{x\to+\infty}3x\left[\sqrt[3]{\frac{27x^3+3x^2+\sqrt{x}}{27x^3}}-1\right]\\&=\lim_{x\to+\infty}3x\left[\sqrt[3]{1+\frac{3x^2+\sqrt{x}}{27x^3}}-1\right]\\&=\lim_{x\to+\infty}3x\cdot\frac{1}{3}\frac{3x^2+\sqrt{x}}{27x^3}=\frac{1}{9},\end{aligned}$$

故 $y=f(x)$ 的斜渐近线方程为 $y=3x+\frac{1}{9}$,则 $y=g(x)$ 的斜渐近线方程为 $x=3y+\frac{1}{9}$,即

$$y=\frac{x}{3}-\frac{1}{27}.$$

【例 81】 设函数 $y=y(x)$ 由参数方程 $\begin{cases}x=\dfrac{3t}{1+t^3},\\ y=\dfrac{3t^2}{1+t^3}\end{cases}$ 确定,则曲线 $y=y(x)$ 的斜渐近线方程为________.

【解】 $k=\lim\limits_{x\to\infty}\dfrac{y}{x}=\lim\limits_{t\to-1}\dfrac{\frac{3t^2}{1+t^3}}{\frac{3t}{1+t^3}}=-1,$

$$b=\lim_{x\to\infty}(y-kx)=\lim_{t\to-1}\left(\frac{3t^2}{1+t^3}+\frac{3t}{1+t^3}\right)=\lim_{t\to-1}\frac{3t(1+t)}{1+t^3}=-1,$$

因此 $y=y(x)$ 的斜渐近线方程为 $y=-x-1$.

题型 5.4 曲线的描绘

解题策略

(1) 确定函数的定义域;(2) 研究函数的奇偶性、周期性;(3) 确定函数的单调区间与极值;(4) 确定函数的凹凸区间与拐点;(5) 求出函数的所有渐近线(如果有的话);(6) 再描点,如曲线与坐标轴的交点,每个单调区间和凹凸区间再描几个点,若 $f(x)$ 在 $[a,b]$ 上有意义,要计算 $f(a)$,$f(b)$,若 $f(x)$ 在 (a,b) 或 $(-\infty,+\infty)$ 内有定义,要考察当 x 趋于端点和 $x\to\infty$ 时,函数值的变化趋势.

注:若曲线有渐近线,应首先画出渐近线,而 3,4 两步通常合在一起用列表法.

【例 82】 描绘函数 $y=\dfrac{(x-3)^2}{4(x-1)}$ 的图形.

【解】 (1) 函数的定义域为 $(-\infty,1)\cup(1,+\infty)$.

(2) 函数非奇偶.

(3) 令 $y'=\dfrac{(x-3)(x+1)}{4(x-1)^2}=0$,解得 $x=-1$ 或 $x=3$. $x=1$ 时,y' 不存在.

(4) 令 $y''=\dfrac{2}{(x-1)^3}=0$,无解.$x=1$ 时,y'' 不存在.

列表如下:

x	$(-\infty,-1)$	-1	$(-1,1)$	1	$(1,3)$	3	$(3,+\infty)$
$f'(x)$	$+$	0	$-$	不存在	$-$	0	$+$
$f''(x)$	$-$		$-$	不存在	$+$		$+$
$f(x)$	↗凸	极大值	↘凸		↘凹	极小值	↗凹

(5) $\lim\limits_{x\to 1}\dfrac{(x-3)^2}{4(x-1)}=\infty$,所以直线 $x=1$ 是曲线的垂直渐近线,

又 $\lim\limits_{x\to\infty}\dfrac{f(x)}{x}=\lim\limits_{x\to\infty}\dfrac{(x-3)^2}{4x(x-1)}=\dfrac{1}{4}=k$,

$\lim\limits_{x\to\infty}[f(x)-kx]=\lim\limits_{x\to\infty}\left[\dfrac{(x-3)^2}{4(x-1)}-\dfrac{1}{4}x\right]=\lim\limits_{x\to\infty}\dfrac{-5x+9}{4(x-1)}=-\dfrac{5}{4}=b$,

所以直线 $y=\dfrac{1}{4}x-\dfrac{5}{4}$ 是曲线当 $x\to\infty$ 时的斜渐近线.

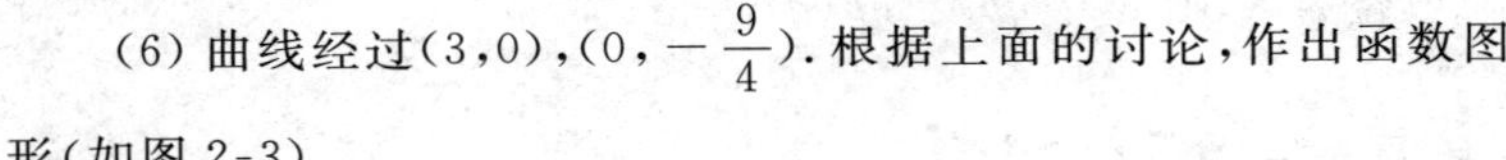

(6) 曲线经过$(3,0)$,$\left(0,-\dfrac{9}{4}\right)$.根据上面的讨论,作出函数图形(如图 2-3).

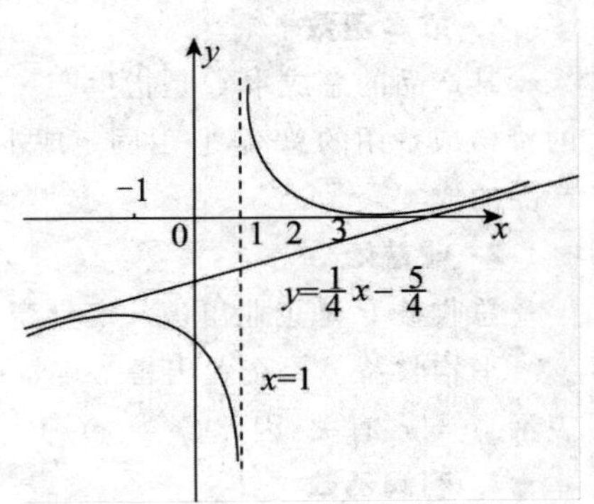

图 2-3

> **评注**　虽然曲线在 $x=1$ 两侧分别为凹函数、凸函数,但函数在 $x=-1$ 时无定义,故不是拐点.

题型 5.5　求曲线的曲率①②

【例 83】　曲线 $\begin{cases}x=\arctan t\\ y=\ln(1+t^2)\end{cases}$ 在 $t=0$ 对应点处的曲率圆方程为________.

【解】　$\dfrac{\mathrm{d}y}{\mathrm{d}t}=\dfrac{2t}{1+t^2},\dfrac{\mathrm{d}x}{\mathrm{d}t}=\dfrac{1}{1+t^2}\Rightarrow\dfrac{\mathrm{d}y}{\mathrm{d}x}=\dfrac{\frac{\mathrm{d}y}{\mathrm{d}t}}{\frac{\mathrm{d}x}{\mathrm{d}t}}=\dfrac{\frac{2t}{1+t^2}}{\frac{1}{1+t^2}}=2t$,

$$\frac{\mathrm{d}^2y}{\mathrm{d}x^2}=\frac{\frac{\mathrm{d}\left(\frac{\mathrm{d}y}{\mathrm{d}x}\right)}{\mathrm{d}t}}{\frac{\mathrm{d}x}{\mathrm{d}t}}=\frac{2}{\frac{1}{1+t^2}}=2(1+t^2),$$

$t=0$ 时,有 $x=0$,$y=0$,$y'(0)=0$,$y''(0)=2$,故曲率 $k=2$,曲率半径 $R=\dfrac{1}{2}$.

因为 $y''(0)=2>0$,故曲线 $y=y(x)$ 在 $x=0$ 附近是凹的,在$(0,0)$处的切线为 x 轴,法线为 y 轴,曲率圆圆心在法线上,所以曲率圆的圆心坐标为$\left(0,\dfrac{1}{2}\right)$,因为曲率圆的方程为 $x^2+\left(y-\dfrac{1}{2}\right)^2=\dfrac{1}{4}$.

【例 84】　(2009[2]) 若 $f''(x)$ 不变号,且曲线 $y=f(x)$ 在点$(1,1)$处的曲率圆为 $x^2+y^2=2$,则函数 $f(x)$在区间$(1,2)$内(　　).

(A) 有极值点,无零点　　(B) 无极值点,有零点

(C) 有极值点,有零点　　(D) 无极值点,无零点

【解】　曲率圆 $x^2+y^2=2$ 两边对 x 求导,得 $2x+2y\cdot y'=0$ 解得 $y'(1)=-1$.

方程 $2x+2y\cdot y'=0$ 两边对 x 求导,得 $2+2(y')^2+2y\cdot y''=0$,解得 $y''(1)=-2$.

由于曲率圆与曲线在一点处有相同的切线和相同凹凸性,所以 $f'(1)=-1, f''(1)=-2<0$,

又因为在 $[1,2]$ 上 $f''(x)$ 不变号,所以 $f''(x)<0$,则 $f'(x)$ 单调减少,即 $f'(x)\leqslant f'(1)=-1<0$,得到 $f(x)$ 在 $(1,2)$ 内无驻点和不可导点,即在 $[1,2]$ 上没有极值点.

在 $[1,2]$ 上应用拉格朗日中值定理,可得 $f(2)-f(1)=f'(\xi)(2-1)=f'(\xi)<-1$, $\xi\in(1,2)$. 所以 $f(2)=f'(\xi)+f(1)<-1+1=0$,又 $f(1)=1>0$,由零点定理知,在区间 $(1,2)$ 内 $f(x)$ 有零点. 故应选(B).

题型六　导数在经济中的应用③

1. 成本函数

某产品的总成本 C 是指生产一定数量的产品所需的全部经济资源投入(如劳动力、原料、设备等)的价格或费用的总额,它由固定成本 C_1 与可变成本 C_2 组成,平均成本 $\overline{C}$ 是生产一定量产品,平均每单位产品的成本.

2. 收益函数

总收益 R 是企业出售一定量产品所得到的全部收入.

平均收益 p 是企业出售一定量产品 q,平均每出售单位产品所得到的收入,即单位产品的价格用 p 表示. p 与 q 有关,因此, $p=p(q)$. 设总收益为 R,则 $R=qp=qp(q)$.

3. 利润函数

设利润为 L,则利润 $=$ 收入 $-$ 成本,即 $L=R-C$.

4. 需求函数

"需求"指的是顾客购买同种商品且在不同价格水平的商品的数量. 一般来说,价格的上涨导致需求量的下降.

设 p 表示商品价格, q 表示需求量. 需求量是由多种因素决定的,这里略去价格以外的其他因素,只讨论需求量与价格的关系,则 $q=f(p)$ 是单调减少函数,称为需求函数.

若 $q=f(p)$ 存在反函数,则 $p=f^{-1}(q)$ 也是单调减少函数,也称为需求函数.

5. 供给函数

"供给"指的是生产者将要提供的不同价格水平的商品的数量. 一般说来,当价格上涨时,供给量增加. 设 p 表示商品价格, q 表示供给量,略去价格以外的其他因素,只讨论供给与价格的关系,则 $q=\varphi(p)$ 是单调增加函数,称为供给函数.

若 $q=\varphi(p)$ 存在反函数,则 $p=\varphi^{-1}(q)$ 也是单调增加函数.

我们常用以下函数拟合供给函数,建立经验曲线.

6. 边际分析

一般地,若函数 $y=f(x)$ 可导. 则导函数 $f'(x)$ 也称为边际函数. $\dfrac{\Delta y}{\Delta x}=\dfrac{f(x_0+\Delta x)-f(x_0)}{\Delta x}$ 称为 $f(x)$ 在 $[x_0, x_0+\Delta x]$ 上的平均变化率,它表示在 $[x_0, x_0+\Delta x]$ 内 $f(x)$ 的平均变化速度. $f(x)$ 在点 x_0 处的变化率 $f'(x_0)$ 也称为 $f(x)$ 在点 x_0 处的边际函数值,它表示 $f(x)$ 在点 x_0 处的变化速度.

在点 x_0 处, x 从 x_0 改变一个单位, y 相应的改变值为 $\Delta y\Big|_{\substack{x=x_0\\ \Delta x=1}}=f(x_0+1)-f(x_0)$,当 x 的一个单位与 x_0 值相比很小时,则有 $\Delta y\Big|_{\substack{x=x_0\\ \Delta x=1}}=f(x_0+1)-f(x_0)\approx \mathrm{d}y\Big|_{\substack{x=x_0\\ \mathrm{d}x=1}}=f'(x)\mathrm{d}x\Big|_{\substack{x=x_0\\ \mathrm{d}x=1}}=f'(x_0)$.

(当 $\Delta x=-1$ 时,标志着 x 由 x_0 减小一个单位).

这说明 $f(x)$ 在点 x_0 处，当 x 产生一个单位的改变时，y 近似地改变 $f'(x_0)$ 个单位. 在实际应用中解释边际函数值的具体意义时常略去“近似”二字.

因此，我们称 $C'(q)$，$R'(q)$，$L'(q)$ 分别为边际成本，边际收益，边际利润，而 $C'(q_0)$ 称为当产量为 q_0 时的边际成本，其经济意义是当产量达到 q_0 时，再生产一个单位产品所增添的成本(即成本的瞬时变化率). 同样 $R'(q_0)$ 称为当产量为 q_0 时的边际收益，其经济意义是当产量达到 q_0 时，再生产一个单位产品所得到的收益(即收益的瞬时变化率).

7. 最大利润

利润函数为 $L(q)=R(q)-C(q)$，可利用求函数最大值、最小值的方法来求最大利润.

【例 85】 一商家销售某种商品的价格 p 满足关系式 $p=7-0.2x$，其中 x 为销售量(单位：kg)，商品的成本函数(单位：百元)是 $C=3x+1$.

(1) 若每销售 1 kg 商品，政府要征税 t(单位：百元)，求该商家获得最大利润时的销售量；

(2) t 为何值时，政府税收总额最大.

【解】 (1) 当销售了 x kg 商品时，总税额为 $T=tx$. 商品销售总收入为 $R=px=(7-0.2x)x$，则利润函数为 $L=R-C-T=-0.2x^2+(4-t)x-1$.

$\frac{\mathrm{d}L}{\mathrm{d}x}=-0.4x+4-t$，令 $\frac{\mathrm{d}L}{\mathrm{d}x}=0$，解得 $x=\frac{5}{2}(4-t)$. 又 $\frac{\mathrm{d}^2L}{\mathrm{d}x^2}<0$，所以 $x=\frac{5}{2}(4-t)$ 为利润最大时的销售量.

(2) 将 $x=\frac{5}{2}(4-t)$ 代入 $T=tx$，得 $T=10t-\frac{5}{2}t^2$. 则 $\frac{\mathrm{d}T}{\mathrm{d}t}=10-5t$，令 $\frac{\mathrm{d}T}{\mathrm{d}t}=0$，解得 $t=2$. 又 $\frac{\mathrm{d}^2T}{\mathrm{d}t^2}=-5<0$，所以 $t=2$ 时，T 有唯一极大值，同时也是最大值. 此时，政府税收总额最大.

【例 86】 某商品进价为 a(元 / 件)，当销售价为 b(元 / 件)时，销售量为 c 件(a,b,c 均为正常数，且 $b\geqslant\frac{4}{3}a$)，市场调查表明，销售价每下降 10%，销售量可增加 40%，现决定一次性降价. 试问，当销售价定为多少时，可获得最大利润？并求出最大利润.

【解】 设 p 表示降价后的销售价，x 为增加的销售量，$L(x)$ 为总利润，那么 $\frac{x}{b-p}=\frac{0.4c}{0.1b}$，则 $p=b-\frac{b}{4c}x$，从而 $L(x)=\left(b-\frac{b}{4c}x-a\right)(c+x)$.

对 x 求导，得 $L'(x)=-\frac{b}{2c}x+\frac{3}{4}b-a$. 令 $L'(x)=0$，得唯一驻点 $x_0=\frac{(3b-4a)c}{2b}$.

由问题的实际意义或 $L''(x_0)=-\frac{b}{2c}<0$ 可知，x_0 为极大值点，也是最大值点，故定价为 $p=b-\left(\frac{3}{8}b-\frac{1}{2}a\right)=\frac{5}{8}b+\frac{1}{2}a$(元)时，得最大利润 $L(x_0)=\frac{c}{16b}(5b-4a)^2$(元).

8. 弹性分析

(1) 弹性的概念.

定义 函数 $y=f(x)$ 的相对改变量 $\frac{\Delta y}{y_0}=\frac{f(x_0+\Delta x)-f(x_0)}{y_0}$ 与自变量的相对改变量 $\frac{\Delta x}{x_0}$ 之比 $\frac{\frac{\Delta y}{y_0}}{\frac{\Delta x}{x_0}}$ 称为函数 $f(x)$ 从 $x=x_0$ 到 $x=x_0+\Delta x$ 两点间的相对变化率或称两点间的弹性.

若 $f'(x_0)$ 存在，则极限值 $\lim\limits_{\Delta x\to 0}\frac{\Delta y/y_0}{\Delta x/x_0}=\lim\limits_{\Delta x\to 0}\frac{x_0}{y_0}\cdot\frac{\Delta y}{\Delta x}=f'(x_0)\frac{x_0}{y_0}$，称为 $f(x)$ 在点 x_0 处的相对变化

率或相对导数或弹性，记作$\left.\frac{Ey}{Ex}\right|_{x=x_0}$或$\frac{E}{Ex}f(x_0)$即$\left.\frac{Ey}{Ex}\right|_{x=x_0}=\frac{E}{Ex}f(x_0)=f'(x_0)\frac{x_0}{y_0}$.

若$f'(x)$存在，则$\frac{Ey}{Ex}=\frac{E}{Ex}f(x)=\lim\limits_{\Delta x\to 0}\frac{\Delta y/y}{\Delta x/x}=\lim\limits_{\Delta x\to 0}\frac{x}{y}\cdot\frac{\Delta y}{\Delta x}=f'(x)\frac{x}{y}$(是$x$的函数)，称为$f(x)$的弹性函数.

由于$\lim\limits_{\Delta x\to 0}\frac{\Delta y/y_0}{\Delta x/x_0}=\frac{E}{Ex}f(x_0)$. 当$|\Delta x|$充分小时，$\frac{\Delta y/y_0}{\Delta x/x_0}\approx\frac{E}{Ex}f(x_0)$，从而$\frac{\Delta y}{y_0}\approx\frac{\Delta x}{x_0}\frac{E}{Ex}f(x_0)$. 若取$\frac{\Delta x}{x_0}=1\%$，则$\frac{\Delta y}{y_0}\approx\frac{E}{Ex}f(x_0)\%$.

弹性的经济意义：若$f'(x_0)$存在，则$\frac{E}{Ex}f(x_0)$表示在点x_0处x改变1%时，$f(x)$近似地改变$\frac{E}{Ex}f(x_0)\%$(我们常略去近似二字).

因此，函数$f(x)$在点x的弹性$\frac{E}{Ex}f(x)$反映随x变化的幅度所引起函数$f(x)$变化幅度的大小，也就是$f(x)$对x变化反应的强烈程度或灵敏度.

【例 87】 设$y=x^a$，求$\frac{Ey}{Ex}$.

【解】 $\frac{Ey}{Ex}=y'\cdot\frac{x}{y}=ax^{a-1}\frac{x}{x^a}=a$.

(2) 需求弹性.

需求弹性反映了当商品价格变动时需求变动的强弱. 由于需求函数$q=f(p)$为递减函数，所以$f'(p)\leqslant 0$，从而$f'(p_0)\frac{p_0}{q_0}$为负数. 经济学家一般用正数表示需求弹性，因此，采用需求函数相对变化率的相反数来定义需求弹性.

定义 设某商品的需求函数为$q=f(p)$，则称$\bar{\eta}(p_0,p_0+\Delta p)=-\frac{\Delta q}{\Delta p}\cdot\frac{p_0}{q_0}$为该商品从$p=p_0$到$p=p_0+\Delta p$两点间的需求弹性. 若$f'(p_0)$存在，则称$\eta|_{p=p_0}=\eta(p_0)=-f'(p_0)\cdot\frac{p_0}{f(p_0)}$为该商品在$p=p_0$上的需求弹性.

(3) 供给弹性.

定义 设某商品供给函数为$q=\varphi(p)$，则称$\bar{\varepsilon}(p_0,p_0+\Delta p)=\frac{\Delta q}{\Delta p}\cdot\frac{p_0}{q_0}$为该商品在$p=p_0$与$p=p_0+\Delta p$两点间的供给弹性. 若$\varphi'(p_0)$存在，则称$\varepsilon|_{p=p_0}=\varepsilon(p_0)=\varphi'(p_0)\cdot\frac{p_0}{\varphi(p_0)}$为该商品在$p=p_0$处的供给弹性.

一般函数弹性与供给弹性定义一致.

【例 88】 设$q=\mathrm{e}^{2p}$，求$\varepsilon(2)$，并解释其经济意义.

【解】 由于$(\mathrm{e}^{2p})'=2\mathrm{e}^{2p}$，所以$\varepsilon(p)=\varphi'(p)\cdot\frac{p}{\varphi(p)}=2\mathrm{e}^{2p}\cdot\frac{p}{\mathrm{e}^{2p}}=2p$. 有$\varepsilon(2)=4$，说明当$p=2$时，价格上涨$1\%$，供给增加$4\%$；价格下跌$1\%$，供给减少$4\%$.

【例 89】 设某产品的需求函数为$q=q(p)$，收益函数为$R=pq$，其中p为产品价格，q为需求量(产品的产量)，$q(p)$是单调减函数. 如果当价格为p_0，对应的产量为q_0时，边际收益$\left.\frac{\mathrm{d}R}{\mathrm{d}q}\right|_{q=q_0}=a>0$，收益

对价格的边际效应为$\left.\dfrac{\mathrm{d}R}{\mathrm{d}p}\right|_{p=p_0}=c<0$,需求$q$对价格$p$的弹性为$\eta_p=b>1$,求$p_0$和$q_0$.

【解】　因为收益$R=pq$,所以有$\dfrac{\mathrm{d}R}{\mathrm{d}q}=p+q\dfrac{\mathrm{d}p}{\mathrm{d}q}=p+\left(-\dfrac{1}{\dfrac{\mathrm{d}q}{\mathrm{d}p}\cdot\dfrac{p}{q}}\right)(-p)=p\left(1-\dfrac{1}{\eta_p}\right)$,于是

$\left.\dfrac{\mathrm{d}R}{\mathrm{d}q}\right|_{q=q_0}=p_0\left(1-\dfrac{1}{b}\right)=a$,解得$p_0=\dfrac{ab}{b-1}$.

又$\dfrac{\mathrm{d}R}{\mathrm{d}p}=q+p\cdot\dfrac{\mathrm{d}q}{\mathrm{d}p}=q-(-\dfrac{\mathrm{d}q}{\mathrm{d}p}\cdot\dfrac{p}{q})q=q(1-\eta_p)$,于是有$\left.\dfrac{\mathrm{d}R}{\mathrm{d}p}\right|_{p=p_0}=q_0(1-\eta_p)=c$,得$q_0=\dfrac{c}{1-b}$.

【例 90】　设某商品需求量Q是价格p的单调减少函数:$Q=Q(p)$,其中需求弹性$\eta=\dfrac{2p^2}{192-p^2}>0$.

(1) 设R为总收益函数,证明$\dfrac{\mathrm{d}R}{\mathrm{d}p}=Q(1-\eta)$;

(2) 求$p=6$时,总收益对价格的弹性,并说明其经济意义.

【解】　(1)$R(p)=pQ(p)$.上式两边对p求导数,得

$$\frac{\mathrm{d}R}{\mathrm{d}p}=Q+p\frac{\mathrm{d}Q}{\mathrm{d}p}=Q(1+\frac{p}{Q}\frac{\mathrm{d}Q}{\mathrm{d}p})=Q(1-\eta).$$

(2) $\dfrac{ER}{Ep}=\dfrac{p}{R}\dfrac{\mathrm{d}R}{\mathrm{d}p}=\dfrac{p}{pQ}Q(1-\eta)=1-\eta=1-\dfrac{2p^2}{192-p^2}=\dfrac{192-3p^2}{192-p^2}$.

则
$$\left.\frac{ER}{Ep}\right|_{p=6}=\frac{192-3\times6^2}{192-6^2}=\frac{7}{13}\approx0.54.$$

经济意义:当$p=6$时,若价格上涨1%,则总收益将增加0.54%.

疑难问题点拨

佩亚诺(Peano)定理的应用

若$f(x)$在点x_0处存在n阶导数,则

$$f(x)=f(x_0)+f'(x_0)(x-x_0)+\frac{f''(x_0)}{2!}(x-x_0)^2+\cdots+\frac{f^{(n)}(x_0)}{n!}(x-x_0)^n+o((x-x_0)^n)(x\to x_0)$$

称$R_n(x)=o((x-x_0)^n)$为泰勒公式的佩亚诺型余项.

相应的麦克劳林公式为$f(x)=f(0)+f'(0)x+\dfrac{f''(0)}{2!}x^2+\cdots+\dfrac{f^{(n)}(0)}{n!}x^n+o(x^n)(x\to0)$.

【证】　设$F(x)=f(x)-\left[f(x_0)+f'(x_0)(x-x_0)+\dfrac{f''(x_0)}{2!}(x-x_0)^2+\cdots+\dfrac{f^{(n)}(x_0)}{n!}(x-x_0)^n\right]$,

$G(x)=(x-x_0)^n$,应用洛必达法则和$f(x)$在点x_0存在n阶导数的定义,有

$$\begin{aligned}\lim_{x\to x_0}\frac{F(x)}{G(x)}\left(\frac{0}{0}\right)&=\lim_{x\to x_0}\frac{F'(x)}{G'(x)}\left(\frac{0}{0}\right)=\cdots=\lim_{x\to x_0}\frac{F^{(n-1)}(x)}{G^{(n-1)}(x)}\left(\frac{0}{0}\right)\\&=\lim_{x\to x_0}\frac{f^{(n-1)}(x)-f^{(n-1)}(x_0)-f^{(n)}(x_0)(x-x_0)}{n(n-1)\cdots2(x-x_0)}\\&=\frac{1}{n!}\lim_{x\to x_0}[\frac{f^{(n-1)}(x)-f^{(n-1)}(x_0)}{x-x_0}-f^{(n)}(x_0)]=0,\end{aligned}$$

因此$F(x)=o(G(x))=o((x-x_0)^n)(x\to x_0)$,即

$$f(x)=f(x_0)+f'(x_0)(x-x_0)+\frac{f''(x_0)}{2!}(x-x_0)^2+\cdots+\frac{f^{(n)}(x_0)}{n!}(x-x_0)^n+o((x-x_0)^n)(x\to x_0).$$

佩亚诺定理可用于:(1) 求极限;(2) 确定一个函数当$x\to x_0$时,是$(x-x_0)$的几阶无穷小量,详见第一章疑难问题点拨;(3) 偶尔也用于证明涉及x_0附近的不等式.

【例 91】 若 x_0 是 $f(x)$ 的驻点(即 $f'(x_0)=0$),且 $f'(x_0)=\cdots=f^{(n-1)}(x_0)=0, f^{(n)}(x_0)\neq 0(n\geqslant 2)$,当 n 为偶数时,取极值. 当 $f^{(n)}(x_0)>0$ 时,$f(x_0)$ 为极小值,当 $f^{(n)}(x_0)<0$ 时,$f(x_0)$ 为极大值;当 n 为奇数时,$f(x_0)$ 不是极值.

【证】 由带佩亚诺型余项的泰勒公式知

$$f(x)=f(x_0)+f'(x_0)(x-x_0)+\frac{f''(x_0)}{2!}(x-x_0)^2+\cdots+\frac{f^{(n)}(x_0)}{n!}(x-x_0)^n+o((x-x_0)^n)(x\to x_0),$$

有

$$f(x)-f(x_0)=\frac{f^{(n)}(x_0)}{n!}(x-x_0)^n+o((x-x_0)^n).$$

当 x 充分接近 x_0 时,上式左边的符号由第一项 $\frac{f^{(n)}(x_0)}{n!}(x-x_0)^n$ 决定,于是

(1) 当 n 为偶数时,若 $f^{(n)}(x_0)>0$,则 $f(x)-f(x_0)>0$,即 $f(x)>f(x_0)$,所以 $f(x_0)$ 为极小值;若 $f^{(n)}(x_0)<0$,则 $f(x)-f(x_0)<0$,即 $f(x)<f(x_0)$,所以 $f(x_0)$ 为极大值.

(2) 当 n 为奇数时,不妨设 $f^{(n)}(x_0)>0$,在 x_0 的左边,$f(x)-f(x_0)<0$,即 $f(x)<f(x_0)$,在 x_0 的右边,$f(x)-f(x_0)>0$,即 $f(x)>f(x_0)$,所以 $f(x_0)$ 不是极值.

评注 这个结论可作为判断极值的定理直接使用.

综合拓展提高

【例 92】 (2000[2]) 已知 $f(x)$ 是周期为 5 的连续函数,它在 $x=0$ 的某邻域内满足关系式

$$f(1+\sin x)-3f(1-\sin x)=8x+\alpha(x),$$

其中 $\alpha(x)$ 是当 $x\to 0$ 时比 x 高阶的无穷小,且 $f(x)$ 在 $x=1$ 处可导,求曲线 $y=f(x)$ 在点 $(6,f(6))$ 处的切线方程.

【解】 由 $\lim\limits_{x\to 0}[f(1+\sin x)-3f(1-\sin x)]=\lim\limits_{x\to 0}[8x+\alpha(x)]$,得 $f(1)-3f(1)=0$,故 $f(1)=0$.

设 $\sin x=t$,有

$$\begin{aligned}\lim_{t\to 0}\frac{f(1+t)-3f(1-t)}{t}&=\lim_{t\to 0}\frac{f(1+t)-f(1)}{t}+3\lim_{t\to 0}\frac{f(1-t)-f(1)}{-t}\\&=f'(1)+3f'(1)=4f'(1)=8,\end{aligned}$$

由于 $f(x+5)=f(x)\Rightarrow f(6)=f(5+1)=f(1)=0, f'(6)=f'(1)=2$,故所求切线方程为 $y=2(x-6)$,即 $2x-y-12=0$.

【例 93】 设 $x=g(y)$ 为 $y=f(x)$ 的反函数,试由 $f'(x), f''(x), f'''(x)$ 计算 $g''(y), g'''(y)$.

【解】 $g'(y)=\frac{1}{f'(x)}$ 且 $x=g(y)$,因此 $g'(y)$ 可看成是中间变量 x 关于 y 的复合函数,于是

$$g''(y)=\frac{-f''(x)}{[f'(x)]^2}\cdot\frac{\mathrm{d}x}{\mathrm{d}y}=\frac{-f''(x)}{[f'(x)]^2}\cdot\frac{1}{f'(x)}=-\frac{f''(x)}{[f'(x)]^3},$$

$$g'''(y)=-\frac{f'''(x)[f'(x)]^3-3[f'(x)]^2f''(x)f''(x)}{[f'(x)]^6}\cdot\frac{1}{f'(x)}=\frac{3[f''(x)]^2-f'(x)f'''(x)}{[f'(x)]^5}.$$

【例 94】 已知 $f(x)$ 的二阶导数存在,证明 $\lim\limits_{h\to 0}\frac{f(x+h)+f(x-h)-2f(x)}{h^2}=f''(x)$.

【思路】 根据题设条件,本题可先对原式左边运用一次洛必达法则,再将所得的结果进行变形后,应用二阶导数定义即可得证.

【证】方法一
$$\begin{aligned}\lim_{h\to 0}\frac{f(x+h)+f(x-h)-2f(x)}{h^2}\left(\frac{0}{0}\right)&=\lim_{h\to 0}\frac{f'(x+h)-f'(x-h)}{2h}\\&=\lim_{h\to 0}\left[\frac{1}{2}\,\frac{f'(x+h)-f'(x)}{h}+\frac{1}{2}\,\frac{f'(x-h)-f'(x)}{-h}\right]\end{aligned}$$

$$= \frac{1}{2}f''(x) + \frac{1}{2}f''(x) = f''(x).$$

方法二　根据所给条件 $f''(x)$ 存在，利用带有佩亚诺型余项的麦克劳林公式有

$$f(x+h) = f(x) + f'(x)h + \frac{f''(x)}{2!}h^2 + o(h^2),$$

$$f(x-h) = f(x) - f'(x)h + \frac{f''(x)}{2!}h^2 + o(h^2),$$

$$\lim_{h\to 0}\frac{f(x+h)+f(x-h)-2f(x)}{h^2}$$

$$= \lim_{h\to 0}\frac{1}{h^2}\left[f(x) + f'(x)h + \frac{f''(x)}{2}h^2 + o(h^2) + f(x) - f'(x)h + \frac{f''(x)}{2}h^2 + o(h^2) - 2f(x)\right]$$

$$= \lim_{h\to 0}\frac{f''(x)h^2 + o(h^2)}{h^2} = f''(x).$$

(其中 $o(h^2)+o(h^2)=o(h^2)(h\to 0)$. 因为 $\lim\limits_{h\to 0}\dfrac{o(h^2)+o(h^2)}{h^2}=0$，所以 $o(h^2)+o(h^2)=o(h^2)(h\to 0)$.)

评注　典型错误解法：$\lim\limits_{h\to 0}\dfrac{f(x+h)+f(x-h)-2f(x)}{h^2}\left(\dfrac{0}{0}\right)$

$$= \lim_{h\to 0}\frac{f'(x+h)-f'(x-h)}{2h}\left(\frac{0}{0}\right)$$

$$= \lim_{h\to 0}\frac{f''(x+h)+f''(x-h)}{2} = \frac{f''(x)+f''(x)}{2} = f''(x).$$

这里出现两个错误：第一个错误是并没有给出 $f(x)$ 在 x 的邻域内存在二阶导数，仅给出 $f(x)$ 在 x 处存在二阶导数；第二个错误是没有给出 $f''(x)$ 在 x 处连续，这里用到了这个条件，即 $\lim\limits_{h\to 0}f''(x+h)=f''(x)$，$\lim\limits_{x\to h}f''(x-h)=f''(x)$，因此，在应用洛必达法则时，应注意已知条件.

【例 95】　设奇函数 $f(x)$ 在 $[-1,1]$ 上具有二阶导数，且 $f(1)=1$，证明：(1) 存在 $\xi\in(0,1)$，使得 $f'(\xi)=1$；(2) 存在 $\eta\in(-1,1)$，使得 $f''(\eta)+f'(\eta)=1$.

【证】　(1) 因为 $f(x)$ 是区间 $[-1,1]$ 上的奇函数，所以 $f(0)=0$.

由函数 $f(x)$ 在区间 $[0,1]$ 上可导，根据微分中值定理，存在 $\xi\in(0,1)$，使得 $f(1)-f(0)=f'(\xi)$. 又因为 $f(1)=1$，所以 $f'(\xi)=1$.

(2) 因为 $f(x)$ 是奇函数，所以 $f'(x)$ 是偶函数，故 $f'(-\xi)=f'(\xi)=1$.

令 $F(x)=[f'(x)-1]e^x$，则 $F(x)$ 可导，且 $F(-\xi)=F(\xi)=0$.

根据罗尔定理，存在 $\eta\in(-\xi,\xi)\subset(-1,1)$，使得 $F'(\eta)=0$.

由 $F'(\eta)=[f''(\eta)+f'(\eta)-1]e^\eta$，且 $e^\eta\neq 0$，得 $f''(\eta)+f'(\eta)=1$.

【例 96】　设 $f(x)$ 在 $[0,1]$ 上具有二阶导数，$f(0)=f(1)$，且当 $x\in(0,1)$ 时，$|f''(x)|\leqslant A$(常数). 证明：当 $x\in(0,1)$ 时，$|f'(x)|\leqslant\dfrac{A}{2}$.

【证】　$\forall x\in(0,1)$，将 $f(y)$ 在 x 处展成泰勒公式

$$f(y) = f(x) + f'(x)(y-x) + \frac{1}{2!}f''(\xi)(y-x)^2,$$

则

$$f(0) = f(x) - f'(x)x + \frac{1}{2}f''(\xi_1)x^2, 0<\xi_1<x, \tag{1}$$

$$f(1) = f(x) + f'(x)(1-x) + \frac{1}{2}f''(\xi_2)(1-x)^2, x<\xi_2<1, \tag{2}$$

式(2)－式(1)，得

$$0=f(1)-f(0)=f'(x)+\frac{1}{2}[f''(\xi_2)(1-x)^2-f''(\xi_1)x^2],$$

$$|f'(x)|\leqslant\frac{1}{2}\left[|f''(\xi_1)|x^2+|f''(\xi_2)|(1-x)^2\right]\leqslant\frac{A}{2}[x^2+(1-x)^2].$$

设 $g(x)=x^2+(1-x)^2$，由 $g(x)$ 在 $[0,1]$ 上连续必有最小值 m 与最大值 M.

而 $g'(x)=2x-2(1-x)$，令 $g'(x)=0$，得 $x=\frac{1}{2}$，$g\left(\frac{1}{2}\right)=\frac{1}{2}$，$g(0)=1$，$g(1)=1$，知 $m=\frac{1}{2}$，$M=1$，故对一切 $x\in(0,1)$，$x^2+(1-x)^2\leqslant 1$，因此 $|f'(x)|\leqslant\frac{A}{2}$.

【例 97】 (2016[1]) 已知函数 $f(x)$ 可导，且 $f(0)=1$，$0<f'(x)<\frac{1}{2}$. 设数列 $\{x_n\}$ 满足 $x_{n+1}=f(x_n)(n=1,2,\cdots)$. 证明：

(Ⅰ) 级数 $\sum\limits_{n=1}^{\infty}(x_{n+1}-x_n)$ 绝对收敛；

(Ⅱ) 存在 $\lim\limits_{n\to\infty}x_n$，且 $0<\lim\limits_{n\to\infty}x_n<2$.

【解】 (Ⅰ) 因为 $x_{n+1}=f(x_n)$，所以

$|x_{n+1}-x_n|=|f(x_n)-f(x_{n-1})|=|f'(\xi)(x_n-x_{n-1})|$，其中 ξ 介于 x_n 与 x_{n-1} 之间.

又 $0<f'(x)<\frac{1}{2}$，所以 $|x_{n+1}-x_n|\leqslant\frac{1}{2}|x_n-x_{n-1}|\leqslant\cdots\leqslant\frac{1}{2^{n-1}}|x_2-x_1|$.

由于级数 $\sum\limits_{n=1}^{\infty}\frac{1}{2^{n-1}}|x_2-x_1|$ 收敛，所以级数 $\sum\limits_{n=1}^{\infty}(x_{n+1}-x_n)$ 绝对收敛.

(Ⅱ) 设 $\sum\limits_{n=1}^{\infty}(x_{n+1}-x_n)$ 的前 n 项和为 s_n，则 $s_n=x_{n+1}-x_1$.

由(Ⅰ)知，$\lim\limits_{n\to\infty}s_n$ 存在，即 $\lim\limits_{n\to\infty}(x_{n+1}-x_1)$ 存在，所以 $\lim\limits_{n\to\infty}x_n$ 存在.

设 $\lim\limits_{n\to\infty}x_n=c$，由 $x_{n+1}=f(x_n)$ 及 $f(x)$ 连续，得 $c=f(c)$，即 c 是 $g(x)=x-f(x)$ 的零点.

因为 $g(0)=-1$，$g(2)=2-f(2)=1-[f(2)-f(0)]=1-2f'(\eta)>0$，其中 $\eta\in(0,2)$，且 $g'(x)=1-f'(x)>0$，所以 $g(x)$ 存在唯一零点，且零点位于区间 $(0,2)$ 内.

于是 $0<c<2$，即 $0<\lim\limits_{n\to\infty}x_n<2$.

【例 98】 设 $p,q>0$ 且 $\frac{1}{p}+\frac{1}{q}=1$，$a>0$，$b>0$，证明 $ab\leqslant\frac{1}{p}a^p+\frac{1}{q}b^q$.

【证】 设 $f(x)=\ln x$，$f''(x)=-\frac{1}{x^2}<0$，$x\in(0,+\infty)$，知 $f(x)$ 在 $(0,+\infty)$ 是凸的，即 $f\left(\frac{1}{p}a^p+\frac{1}{q}b^q\right)\geqslant\frac{1}{p}f(a^p)+\frac{1}{q}f(b^q)\Leftrightarrow\ln\left(\frac{1}{p}a^p+\frac{1}{q}b^q\right)\geqslant\frac{1}{p}\ln a^p+\frac{1}{q}\ln b^q=\ln a+\ln b=\ln ab$，故 $ab\leqslant\frac{1}{p}a^p+\frac{1}{q}b^q$.

【例 99】 长方形的长 $x=20$ m，宽 $y=15$ m，若长以 1 m/s 的速度减少，而宽以 2 m/s 的速度增加，问该长方形的面积和对角线变化的速度如何？

【解】 设长方形面积为 S，对角线长为 l，知 $S=xy$，$l=\sqrt{x^2+y^2}$，其中 $x=x(t)$，$y=y(t)$ 且 $\frac{\mathrm{d}x}{\mathrm{d}t}=-1$ m/s，$\frac{\mathrm{d}y}{\mathrm{d}t}=2$ m/s，则 $\left.\frac{\mathrm{d}S}{\mathrm{d}t}\right|_{\substack{x=20\\y=15}}=\frac{\mathrm{d}x}{\mathrm{d}t}\cdot y+x\cdot\frac{\mathrm{d}y}{\mathrm{d}t}=-1\times15+20\times2=25\ (\mathrm{m}^2/\mathrm{s})$，$\left.\frac{\mathrm{d}l}{\mathrm{d}t}\right|_{\substack{x=20\\y=15}}=\dfrac{2x\cdot\frac{\mathrm{d}x}{\mathrm{d}t}+2y\cdot\frac{\mathrm{d}y}{\mathrm{d}t}}{2\sqrt{x^2+y^2}}=\dfrac{20\times(-1)+15\times2}{\sqrt{20^2+15^2}}=\dfrac{2}{5}\ (\mathrm{m/s})$.

所以面积以 25 m^2/s 速度增加,对角线以$\frac{2}{5}$ m/s 速度增加.

【例 100】 水流入半径为10 m的半球形蓄水池,求水深$h=5$ m时,水的体积V对深度h的变化率;如果注水速度为$5\sqrt{3}$ $\mathrm{m}^3/\mathrm{min}$,问$h=5$ m时水面半径的变化速度是多少?

【解】 设水深为h时水面半径为R,则$R=\sqrt{20h-h^2}$,$h=h(t)$.由$V=\pi(10h^2-\frac{h^3}{3})$,两边同时对$h$求导,得

$$\frac{\mathrm{d}V}{\mathrm{d}h}=\pi(20h-h^2)=\pi(20\times5-25)=75\pi\ (\mathrm{m}^3/\mathrm{min}).$$

已知$\frac{\mathrm{d}V}{\mathrm{d}t}=5\sqrt{3}$,将$V=\pi(10h^2-\frac{h^3}{3})$的两边同时对$t$求导,有$\frac{\mathrm{d}V}{\mathrm{d}t}=\frac{\mathrm{d}V}{\mathrm{d}h}\frac{\mathrm{d}h}{\mathrm{d}t}=75\pi.\frac{\mathrm{d}h}{\mathrm{d}t}=5\sqrt{3}$,则$\left.\frac{\mathrm{d}h}{\mathrm{d}t}\right|_{h=5}=\frac{5\sqrt{3}}{75\pi}=\frac{\sqrt{3}}{15\pi}$.又$\frac{\mathrm{d}R}{\mathrm{d}t}=\frac{20-2h}{2\sqrt{20h-h^2}}\cdot\frac{\mathrm{d}h}{\mathrm{d}t}$.

于是$\left.\frac{\mathrm{d}R}{\mathrm{d}t}\right|_{h=5}=\frac{20-2\times5}{2\sqrt{20\times5-25}}\cdot\frac{\sqrt{3}}{15\pi}=\frac{10\sqrt{3}}{2\times5\sqrt{3}\times15\pi}=\frac{1}{15\pi}$ (m/min).

注:min 代表分钟.

本章同步练习

1. 函数$y=y(x)$由$x-y+\arctan y=0$所确定,求$\frac{\mathrm{d}y}{\mathrm{d}x},\frac{\mathrm{d}^2y}{\mathrm{d}x^2}$.

2. 设$y=y(x)$是由$y^3+xy+x^2-2x+1=0$及$y(1)=0$所确定,求$\lim\limits_{x\to1}\frac{\int_1^x y(t)\mathrm{d}t}{(x-1)^3}$.

3. 设$x=\int_0^t \mathrm{e}^{-s^2}\mathrm{d}s$,$y=\int_0^t\sin(t-s)^2\mathrm{d}s$,求$t=\sqrt{\frac{\pi}{2}}$处的$\frac{\mathrm{d}y}{\mathrm{d}x}$及$\frac{\mathrm{d}^2y}{\mathrm{d}x^2}$.

4. 求由方程$2y^3-2y^2+2xy+y-x^2=0$确定的函数$y=y(x)$的极值,并问此极值是极大值还是极小值,并说明理由.

5. 设$y=x\ln(1+x)$,求y对x的10阶导数$y^{(10)}(x)$.

6. 设$0<k<1$,$f(x)=kx-\arctan x$.证明:$f(x)$在$(0,+\infty)$中有唯一的零点,即存在唯一的$x_0\in(0,+\infty)$,使$f(x_0)=0$.

7. 设函数$f(x)$在闭区间$[a,b]$上连续,在开区间(a,b)内可导,且$f'(x)>0$.若极限$\lim\limits_{x\to a^+}\frac{f(2x-a)}{x-a}$存在,证明:

(1) 在(a,b)内$f(x)>0$;

(2) 在(a,b)内存在点ξ,使$\frac{b^2-a^2}{\int_a^b f(x)\mathrm{d}x}=\frac{2\xi}{f(\xi)}$;

(3) 在(a,b)内存在与(2)中ξ相异的点η,使$f'(\eta)(b^2-a^2)=\frac{2\xi}{\xi-a}\int_a^b f(x)\mathrm{d}x$.

8. 已知函数$f(x)$在$[0,1]$上连续,在$(0,1)$内可导,且$f(0)=0$,$f(1)=1$.证明:

(1) 存在$\xi\in(0,1)$,使得$f(\xi)=1-\xi$;

(2) 存在两个不同的点$\eta,\zeta\in(0,1)$,使得$f'(\eta)f'(\zeta)=1$.

9. 设$\varphi(x)$在$[0,1]$上连续,在$(0,1)$内可导,且$\varphi(0)=0$,$\varphi(1)=1$.

证明:对任意的正数a,b,必存在$(0,1)$内的两个数ξ与η,使$\frac{a}{\varphi'(\xi)}+\frac{b}{\varphi'(\eta)}=a+b$.

10. 设$f(x)$在$[1,3]$上二阶导数连续,试证至少存在一点$\xi\in(1,3)$,使$f''(\xi)=f(1)-2f(2)$

$+f(3)$.

11. 设 $f(x)$ 在区间 $[0,b]$ 上连续，在 $(0,b)$ 内可导，$f(0)=0$，试证明：至少存在一点 $\xi\in(0,b)$，使 $f(b)=(1+\xi)\ln(1+b)f'(\xi)$.

12. 设 $f(x)$ 在 $[a,b]$ 上连续，在 (a,b) 内可导，$f'(x)\neq 0$，$f(a)=0$，$f(b)=2$，试证存在 $\xi,\eta\in(a,b)$，使 $f(\xi)=(2\eta-\xi-b)f'(\xi)$.

13. 设 $f(x)$ 在 $[a,b]$ 上连续，在 (a,b) 内可导，$a>0$，$f(a)=0$，证明：$\exists\,\xi\in(a,b)$，使 $f(\xi)=\dfrac{b-\xi}{a}f'(\xi)$.

14. 设 $f(x)$ 在 $[0,1]$ 上连续，在 $(0,1)$ 内可导，且 $f(0)=0$，当 $x\in(0,1)$ 时，$f(x)\neq 0$，证明对一切自然数 n，$\exists\,\xi\in(0,1)$ 使 $\dfrac{nf'(\xi)}{f(\xi)}=\dfrac{f'(1-\xi)}{f(1-\xi)}$.

15. $f(x)$ 在 $[0,+\infty]$ 上可导，且 $0\leqslant f(x)\leqslant\dfrac{x}{1+x^2}$. 证明：$\exists\,\xi\in(0,+\infty)$，使 $f'(\xi)=\dfrac{1-\xi^2}{(1+\xi^2)^2}$.

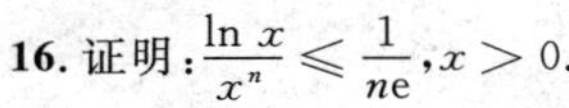

16. 证明：$\dfrac{\ln x}{x^n}\leqslant\dfrac{1}{n\mathrm{e}}$，$x>0$.

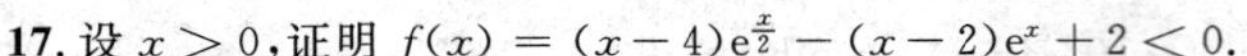

17. 设 $x>0$，证明 $f(x)=(x-4)\mathrm{e}^{\frac{x}{2}}-(x-2)\mathrm{e}^x+2<0$.

本章同步练习答案解析

1. 由 $x-y+\arctan y=0$. 有 $1-y'+\dfrac{y'}{1+y^2}=0$，$y'=\dfrac{1+y^2}{y^2}=1+\dfrac{1}{y^2}$，$y''=\left(1+\dfrac{1}{y^2}\right)'=-\dfrac{2y'}{y^3}=-\dfrac{2(1+y^2)}{y^5}$.

---

2. 由 $y^3+xy+x^2-2x+1=0$，$\lim\limits_{x\to1}y(x)=0$ 两边关于 x 求导数，有 $3y^2y'+xy'+y+2x-2=0$，得 $y'(x)=\dfrac{2-2x-y}{3y^2+x}$，$\lim\limits_{x\to1}y'(x)=0$，$y''(x)=\dfrac{(3y^2+x)(-2-y')-(2-2x-y)(6yy'+1)}{(3y^2+x)^2}$，$\lim\limits_{x\to1}y''(x)=-2$.

由洛必达法则，$\lim\limits_{x\to1}\dfrac{\int_1^x y(t)\mathrm{d}t}{(x-1)^3}=\lim\limits_{x\to1}\dfrac{y(x)}{3(x-1)^2}=\lim\limits_{x\to1}\dfrac{y'(x)}{6(x-1)}=\lim\limits_{x\to1}\dfrac{y''(x)}{6}=-\dfrac{1}{3}$.

---

3. $x=\int_0^t \mathrm{e}^{-s^2}\mathrm{d}s$，得 $\mathrm{d}x=\mathrm{e}^{-t^2}\mathrm{d}t$，由 $y=\int_0^t\sin(t-s)^2\mathrm{d}s$，令 $t-s=u$，得

$y=-\int_t^0\sin u^2\mathrm{d}u=\int_0^t\sin u^2\mathrm{d}u$，得 $\mathrm{d}y=\sin t^2\mathrm{d}t$，所以 $\left.\dfrac{\mathrm{d}y}{\mathrm{d}x}\right|_{t=\sqrt{\frac{\pi}{2}}}=\mathrm{e}^{t^2}\sin t^2=\mathrm{e}^{\frac{\pi}{2}}$，

$\left.\dfrac{\mathrm{d}^2y}{\mathrm{d}x^2}\right|_{t=\sqrt{\frac{\pi}{2}}}=\dfrac{(\mathrm{e}^{t^2}\sin t^2)'_t}{\mathrm{e}^{-t^2}}=\dfrac{2t\mathrm{e}^{t^2}\sin t^2+2t\mathrm{e}^{t^2}\cos t^2}{\mathrm{e}^{-t^2}}=2t\mathrm{e}^{2t^2}(\sin t^2+\cos t^2)=\sqrt{2\pi}\mathrm{e}^{\pi}$.

---

4. 由 $2y^3-2y^2+2xy+y-x^2=0$，求导有 $(6y^2-4y+2x+1)y'+2y-2x=0$，令 $y'=0$，得 $y=x$，与 $2y^3-2y^2+2xy+y-x^2=0$ 联立，有 $2x^3-x^2+x=x(2x^2-x+1)=0$，解之得唯一解 $x=0$. 相应地有 $y=0$，此时可由 $(6y^2-4y+2x+1)y'+2y-2x=0$ 解出 y'，故 $x=0$ 为驻点. 再有

$$y''=\left(\frac{2x-2y}{6y^2-4y+2x+1}\right)'=\frac{(6y^2-4y+2x+1)(2-2y')-2(x-y)(6y^2-4y+2x+1)'}{(6y^2-4y+2x+1)^2}.$$

以 $x=y=0$，及 $y'=0$ 代入，得 $y''=2>0$，故当 $x=0$ 时，$y=0$ 为极小值.

---

5. 设 $u=\ln(1+x)$，$v=x$，则

$$\begin{aligned}y^{(10)}&=u^{(10)}v+10u^{(9)}v'\\&=\frac{(-1)^9 9!}{(1+x)^{10}}x+\frac{10\cdot(-1)^8 8!}{(1+x)^9}=\frac{(-1)^9 9!}{(1+x)^{10}}(x+1-1)+\frac{10\cdot(-1)^8 8!}{(1+x)^9}\\&=\frac{-9!}{(1+x)^9}+\frac{9!}{(1+x)^{10}}+\frac{10\cdot 8!}{(1+x)^9}=\frac{9!}{(1+x)^{10}}+\frac{8!}{(1+x)^9}.\end{aligned}$$

6. 令 $f'(x)=k-\frac{1}{1+x^2}$，则 $x=\sqrt{\frac{1-k}{k}}$，而 $f''(x)=\frac{2x}{(1+x^2)^2}>0$，所以 $f(x)$ 在 $x=\sqrt{\frac{1-k}{k}}$ 处取极小值，$f(0)=0,f(\sqrt{\frac{1-k}{k}})<0,\lim\limits_{x\to+\infty}f(x)=+\infty$.

由 $f(x)$ 的连续性，在 $\left(\sqrt{\frac{1-k}{k}},+\infty\right)$ 中有一个零点，另外 $f(0)=0$，$f(x)$ 在 $\left(0,\sqrt{\frac{1-k}{k}}\right)$ 内单调递减，在 $\left(\sqrt{\frac{1-k}{k}},+\infty\right)$ 单调递增，故这样的零点是唯一的.

---

7. (1) 由极限 $\lim\limits_{x\to a^+}\frac{f(2x-a)}{x-a}$ 存在，可知 $\lim\limits_{x\to a^+}f(2x-a)=0$. 由 $f(x)$ 在 $[a,b]$ 上连续，知 $\lim\limits_{x\to a^+}f(2x-a)=f(a)$，故 $f(a)=0$. 又 $f'(x)>0$，于是 $f(x)$ 在 (a,b) 内严格单调增加，从而 $x\in(a,b)$ 时，有 $f(x)>f(a)=0$.

(2) 由要证明的形式知，用柯西中值定理证明.

取 $F(x)=x^2,g(x)=\int_a^x f(t)\mathrm{d}t,x\in[a,b]$. 由于 $f(x)$ 在闭区间 $[a,b]$ 上连续，则 $g'(x)=f(x)>0$，故 $F(x)$，$g(x)$ 在 $[a,b]$ 上满足柯西中值定理的条件，于是在 (a,b) 内存在点 ξ，使

$$\frac{F(b)-F(a)}{g(b)-g(a)}=\frac{b^2-a^2}{\int_a^b f(t)\mathrm{d}t-\int_a^a f(t)\mathrm{d}t}=\left.\frac{(x^2)'}{(\int_a^x f(t)\mathrm{d}t)'}\right|_{x=\xi}=\frac{2\xi}{f(\xi)}，即\frac{b^2-a^2}{\int_a^b f(x)\mathrm{d}x}=\frac{2\xi}{f(\xi)}.$$

(3) 因为 $f(\xi)=f(\xi)-0=f(\xi)-f(a)$，在区间 $[a,\xi]$ 上应用拉格朗日中值定理，得在 (a,ξ) 内存在一点 η，使 $f(\xi)-f(a)=f'(\eta)(\xi-a)$，即 $f(\xi)=f'(\eta)(\xi-a)$，代入(2)的结论，有 $\frac{b^2-a^2}{\int_a^b f(x)\mathrm{d}x}=\frac{2\xi}{f'(\eta)(\xi-a)}$，即 $f'(\eta)(b^2-a^2)=\frac{2\xi}{\xi-a}\int_a^b f(x)\mathrm{d}x$.

---

8. (1) 令 $F(x)=f(x)-1+x$，则 $F(x)$ 在 $[0,1]$ 上连续，且 $F(0)=-1<0,F(1)=1>0$. 则由闭区间上连续函数的介值定理知，存在 $\xi\in(0,1)$，使得 $F(\xi)=0$，即 $f(\xi)=1-\xi$.

(2) $F(x)$ 在 $[0,\xi]$ 和 $[\xi,1]$ 上都连续，在 $(0,\xi)$ 和 $(\xi,1)$ 内都可导，根据拉格朗日中值定理可知，存在 $\eta\in(0,\xi)$，$\zeta\in(\xi,1)$，使得 $F'(\eta)=\frac{F(\xi)-F(0)}{\xi-0}=\frac{1}{\xi}$，　$F'(\zeta)=\frac{F(1)-F(\xi)}{1-\xi}=\frac{1}{1-\xi}$，即 $f'(\eta)+1=\frac{1}{\xi},f'(\zeta)+1=\frac{1}{1-\xi}$. 所以 $f'(\eta)=\frac{1-\xi}{\xi},f'(\zeta)=\frac{\xi}{1-\xi}$，　$f'(\eta)f'(\zeta)=\frac{1-\xi}{\xi}\cdot\frac{\xi}{1-\xi}=1$.

---

9. 取 $\mu=\frac{a}{a+b}\in(0,1)$，由介值定理，$\exists c\in(0,1)$，使 $\varphi(c)=\mu$，在 $[0,c]$ 与 $[c,1]$ 上分别用拉格朗日定理，$\exists\xi\in(0,c),\eta\in(c,1)$，使得

$$\varphi'(\xi)=\frac{\varphi(c)-\varphi(0)}{c-0}=\frac{\mu}{c},\varphi'(\eta)=\frac{\varphi(1)-\varphi(c)}{1-c}=\frac{1-\mu}{1-c},\frac{a}{\varphi'(\xi)}+\frac{b}{\varphi'(\eta)}=\frac{ac}{\mu}+\frac{b(1-c)}{1-\mu}=a+b.$$

---

10. 将 $f(x)$ 在 $x=2$ 处展成泰勒公式 $f(x)=f(2)+f'(2)(x-2)+\frac{f''(\xi)}{2!}(x-2)^2$，

$f(1)=f(2)+f'(2)(-1)+\frac{f''(\xi_1)}{2}(-1)^2,1<\xi_1<2$；　$f(3)=f(2)+f'(2)+\frac{f''(\xi_2)}{2},2<\xi_2<3$，

两式相加得 $f(1)+f(3)=2f(2)+\frac{1}{2}[f''(\xi_1)+f''(\xi_2)]$.

由介值定理，$\exists\xi\in(\xi_1,\xi_2)\subset(1,3)$，使 $f''(\xi)=\frac{1}{2}[f''(\xi_1)+f''(\xi_2)]$，有 $f''(\xi)=f(1)+f(3)-2f(2)$.

---

11. 原等式可改写为$\dfrac{f(b)-f(0)}{\ln(1+b)-\ln(1+0)}=\dfrac{f'(\xi)}{\dfrac{1}{1+\xi}}$，$0<\xi<b$. 应用柯西中值定理可得.

---

12. 原等式转化为$\dfrac{f(\xi)+\xi f'(\xi)}{f'(\xi)}=2\eta-b$. (1)

由 $f(x)$ 在$[0,b]$上连续及介值定理，$\exists c\in(a,b)$，使 $f(c)=1$，设 $F(x)=xf(x)$，

$$\frac{F(c)-F(a)}{f(c)-f(a)}=\frac{F'(\xi)}{f'(\xi)}=\frac{f(\xi)+\xi f'(\xi)}{f'(\xi)}=\frac{cf(c)-0}{f(c)-0}=c. \tag{2}$$

对 $g(x)=x^2$ 在$[c,b]$上应用拉格朗日定理，$\exists \eta\in(c,b)$，使得

$$b^2-c^2=2\eta(b-c)\Rightarrow b+c=2\eta\Rightarrow c=2\eta-b. \tag{3}$$

由式(2)，式(3) 知式(1) 成立，即原结论成立.

---

13. 原等式 $\Leftrightarrow \dfrac{f'(\xi)}{f(\xi)}=\dfrac{a}{b-\xi}\Leftrightarrow\dfrac{f'(x)}{f(x)}=\dfrac{a}{b-x}$ 有一个根.

由$\displaystyle\int\frac{f'(x)}{f(x)}\mathrm{d}x=\int\frac{a}{b-x}\mathrm{d}x\Leftrightarrow\ln f(x)=-a\ln(b-x)+\ln c\Leftrightarrow(b-x)^af(x)=c$.

令 $F(x)=(b-x)^af(x)$ 在$[a,b]$上应用罗尔定理，$\exists\xi\in(a,b)$，使 $F'(\xi)=0\Leftrightarrow f(\xi)=\dfrac{b-\xi}{a}f'(\xi)$.

---

14. 原等式 $\Leftrightarrow\dfrac{nf'(x)}{f(x)}=\dfrac{f'(1-x)}{f(1-x)}$ 有一个根，

$n\displaystyle\int\frac{f'(x)}{f(x)}\mathrm{d}x=\int\frac{f'(1-x)}{f(1-x)}\mathrm{d}x\Leftrightarrow n\ln f(x)=-\ln f(1-x)+\ln C\Leftrightarrow f^{(n)}(x)f(1-x)=C$.

令 $F(x)=f^{(n)}(x)f(1-x)$ 在$[0,1]$上应用罗尔定理可证.

---

15. 令 $F(x)=\dfrac{x}{1+x^2}-f(x)$. 由 $0\leqslant f(0)\leqslant\dfrac{0}{1+0^2}\Rightarrow f(0)=0$，$\lim\limits_{x\to+\infty}f(x)=0$，进而得 $F(0)=0$，$\lim\limits_{x\to+\infty}F(x)=0$，又 $F(x)\geqslant 0$.

(1) 当 $F(x)\equiv 0$，$\forall\xi\in(0,+\infty)$，$F'(\xi)=0$.

(2) 当 $F(x)\not\equiv 0$，$\exists x_0\in(0,+\infty)$，$F(x_0)>0$. 由 $\lim\limits_{x\to+\infty}F(x)=0<F(x_0)$，由不等式性质，$\exists X_1>x_0$，当 $x\geqslant X_1$ 时，$F(x)<F(x_0)$. 由 $F(x)$ 在$[0,X_1]$上连续，必有 $\xi\in(0,X_1)$，使 $F(\xi)$ 为最大值，且为极大值，又 $F'(\xi)$ 存在，则 $F'(\xi)=0$，得 $f'(\xi)=\dfrac{1-\xi^2}{(1+\xi^2)^2}$.

---

16. 设 $f(x)=\dfrac{\ln x}{x^n}$，$f'(x)=\dfrac{1-n\ln x}{x^{n+1}}$，令 $f'(x)=0$，得 $x=\mathrm{e}^{\frac{1}{n}}$，$0<x<\mathrm{e}^{\frac{1}{n}}$，$f'(x)>0$，$x>\mathrm{e}^{\frac{1}{n}}$，$f'(x)<0$，知 $f(\mathrm{e}^{\frac{1}{n}})=\dfrac{1}{n\mathrm{e}}$ 是最大值，所以$\dfrac{\ln x}{x^n}\leqslant\dfrac{1}{n\mathrm{e}}$.

---

17. 由 $f(x)=(x-4)\mathrm{e}^{\frac{x}{2}}-(x-2)\mathrm{e}^x+2$，$f(0)=0$，$f'(x)=\left(\dfrac{x}{2}-1\right)\mathrm{e}^{\frac{x}{2}}-(x-1)\mathrm{e}^x$，$f'(0)=0$；$f''(x)=\dfrac{x}{4}\mathrm{e}^{\frac{x}{2}}-x\mathrm{e}^x=x\mathrm{e}^{\frac{x}{2}}\left(\dfrac{1}{4}-\mathrm{e}^{\frac{x}{2}}\right)$.

而当 $x>0$ 时，$\mathrm{e}^{\frac{x}{2}}>1>\dfrac{1}{4}$，所以当 $x>0$ 时，$f''(x)<0$，于是知当 $x>0$ 时，$f'(x)<0$，从而知当 $x>0$ 时，$f(x)<0$.

第三章　一元函数积分学

名师解码

重点题型详解

题型一　不定积分

求不定积分的方法:不定积分的线性运算法则、凑微分法、变量代换法、分部积分法,还有有理式的不定积分、三角函数有理式的不定积分、无理式的不定积分理论上的方法也要了解.

★ 题型 1.1　被积函数中含有对数函数

解题策略

首选凑微分法,其次用分部积分法,有时需先用线性运算法则化简.

【例 1】 求$\int \frac{1}{1-x^2}\ln\left(\frac{1+x}{1-x}\right)dx$.

【思路】 由$\int \frac{1}{a^2-x^2}dx(a\neq 0)=\frac{1}{2a}\ln\left|\frac{a+x}{a-x}\right|+C$知,用凑微分法.

【解】 原式 $=\frac{1}{2}\int \ln\left(\frac{1+x}{1-x}\right)d\ln\left(\frac{1+x}{1-x}\right)=\frac{1}{4}\ln^2\left(\frac{1+x}{1-x}\right)+C.$

【例 2】 (1990[2]) 求$\int \frac{\ln x}{(1-x)^2}dx$.

【思路】 带有对数,不能用凑微分法,用分部积分法.

【解】 原式$=\int \ln x d\frac{1}{1-x}=\frac{1}{1-x}\ln x-\int \frac{1}{1-x}d\ln x$

$$=\frac{1}{1-x}\ln x-\int \frac{1}{x(1-x)}dx=\frac{1}{1-x}\ln x+\int\left(\frac{1}{x-1}-\frac{1}{x}\right)dx$$

$$=\frac{1}{1-x}\ln x+\ln|x-1|-\ln|x|+C$$

$$=\frac{1}{1-x}\ln x+\ln\left|\frac{x-1}{x}\right|+C.$$

【例 3】 $\int \frac{\ln(1+x^2)}{x^3}dx$.

【解】 $\int \frac{\ln(1+x^2)}{x^3}dx=-\frac{1}{2}\int \ln(1+x^2)d\frac{1}{x^2}=-\frac{1}{2x^2}\ln(1+x^2)+\frac{1}{2}\int \frac{1}{x^2}d\ln(1+x^2)$

$$=-\frac{1}{2x^2}\ln(1+x^2)+\int \frac{1}{x(1+x^2)}dx=-\frac{1}{2x^2}\ln(1+x^2)+\int\left(\frac{1}{x}-\frac{x}{1+x^2}\right)dx$$

$$=-\frac{1}{2x^2}\ln(1+x^2)+\ln|x|-\frac{1}{2}\ln(1+x^2)+C.$$

【例 4】 $\int \frac{x^2-x+1}{x(x-1)^2}\ln x dx$.

【解】 $\int \frac{x^2-x+1}{x(x-1)^2}\ln x dx=\int\left[\frac{1}{x}+\frac{1}{(x-1)^2}\right]\ln x dx=\int \ln x d\ln x-\int \ln x d\left(\frac{1}{x-1}\right)$

$$=\frac{1}{2}\ln^2 x-\frac{\ln x}{x-1}+\int \frac{1}{x(x-1)}dx=\frac{1}{2}\ln^2 x-\frac{\ln x}{x-1}+\int\left(\frac{1}{x-1}-\frac{1}{x}\right)dx$$

$$=\frac{1}{2}\ln^2 x-\frac{\ln x}{x-1}+\ln|x-1|-\ln x+C.$$

★ 题型 1.2　被积函数中含有根式

解题策略

首选凑微分法,其次用变量代换,有时需先用线性运算法则化简.

【例 5】 求$\int\sqrt{\frac{\ln(x+\sqrt{1+x^2})}{1+x^2}}\mathrm{d}x$.

【思路】 由$\int\frac{1}{\sqrt{x^2+a^2}}\mathrm{d}x=\ln\left|x+\sqrt{x^2+a^2}\right|+C$知,用凑微分法.

【解】 原式$=\int\frac{\sqrt{\ln(x+\sqrt{1+x^2})}}{\sqrt{1+x^2}}\mathrm{d}x=\int[\ln(x+\sqrt{1+x^2})]^{\frac{1}{2}}\mathrm{d}\ln(x+\sqrt{1+x^2})$

$$=\frac{2}{3}[\ln(x+\sqrt{1+x^2})]^{\frac{3}{2}}+C.$$

【例 6】 求$\int\frac{\mathrm{d}x}{x\sqrt{x^2-1}}$.

【解】方法一　当 $x>1$ 时,有

$$原式=\int\frac{\mathrm{d}x}{x^2\sqrt{1-\left(\frac{1}{x}\right)^2}}=-\int\frac{1}{\sqrt{1-\left(\frac{1}{x}\right)^2}}\mathrm{d}\frac{1}{x}=-\arcsin\frac{1}{x}+C.$$

当 $x<-1$ 时,有原式 $=\int\frac{\mathrm{d}x}{-x^2\sqrt{1-\left(\frac{1}{x}\right)^2}}=\int\frac{1}{\sqrt{1-\left(\frac{1}{x}\right)^2}}\mathrm{d}\frac{1}{x}=\arcsin\frac{1}{x}+C.$

综上可得　$\int\frac{\mathrm{d}x}{x\sqrt{x^2-1}}=-\arcsin\frac{1}{|x|}+C.$

方法二　　原式 $=\int\frac{x\mathrm{d}x}{x^2\sqrt{x^2-1}}=\int\frac{\mathrm{d}\sqrt{x^2-1}}{1+(\sqrt{x^2-1})^2}=\arctan\sqrt{x^2-1}+C.$

方法三　　令 $x=\sec t$,

$$原式=\int\frac{\mathrm{d}\sec t}{\sec t\sqrt{\sec^2t-1}}=\int\frac{\sec t\tan t}{\sec t|\tan t|}\mathrm{d}t$$

$$=\begin{cases}\int-\mathrm{d}t=-t+C=-\arccos\frac{1}{x}+C, & t\in\left(\frac{\pi}{2},\pi\right),即\ x<-1,\\ \int\mathrm{d}t=t+C=\arccos\frac{1}{x}+C, & t\in\left(0,\frac{\pi}{2}\right),即\ x>1.\end{cases}$$

评注　从这三种解法中可看出不定积分的形式差别很大,但确实都是被积函数的原函数

【例 7】 (1993[1][2]) 求$\int\frac{xe^x}{\sqrt{e^x-1}}\mathrm{d}x$.

【思路】 先用凑微分法,再用变量代换与分部积分法.

【解】 原式$=\int\frac{x}{\sqrt{e^x-1}}\mathrm{d}(e^x-1)=2\int x\mathrm{d}\sqrt{e^x-1}$

$$\xlongequal{设\sqrt{e^x-1}=u}2\int\ln(1+u^2)\mathrm{d}u=2u\ln(1+u^2)-2\int u\mathrm{d}\ln(1+u^2)$$

$$= 2u\ln(1+u^2) - 4\int \frac{u^2}{1+u^2}du$$
$$= 2u\ln(1+u^2) - 4\int \left(1 - \frac{1}{1+u^2}\right)du = 2u\ln(1+u^2) - 4u + 4\arctan u + C$$
$$= 2x\sqrt{e^x - 1} - 4\sqrt{e^x - 1} + 4\arctan\sqrt{e^x - 1} + C.$$

★ 题型 1.3　被积函数中含有反三角函数

解题策略

首选凑微分法，其次用分部积分或变量代换，有时需先用线性运算法则化简.

【例 8】 求$\int (\arcsin x)^2 dx$.

【思路】 关于反三角函数不定积分，用变量代换令反三角函数为 t，也可简化计算.

【解】方法一　$\int (\arcsin x)^2 dx = x(\arcsin x)^2 - \int x \cdot 2\arcsin x \frac{1}{\sqrt{1-x^2}}dx$

$$= x(\arcsin x)^2 + 2\int \arcsin x d\sqrt{1-x^2}$$
$$= x(\arcsin x)^2 + 2\sqrt{1-x^2}\arcsin x - 2\int dx$$
$$= x(\arcsin x)^2 + 2\sqrt{1-x^2}\arcsin x - 2x + C.$$

方法二　令 $\arcsin x = t, x = \sin t, dx = \cos t dt$，于是

原式$= \int t^2 \cos t dt = \int t^2 d\sin t = t^2 \sin t - \int 2t\sin t dt$

$$= t^2\sin t + 2\int t d\cos t = t^2 \sin t + 2t\cos t - 2\int \cos t dt$$
$$= x(\arcsin x)^2 + 2\sqrt{1-x^2}\arcsin x - 2x + C.$$

【例 9】 (1996[2]) 求$\int \frac{\arctan x}{x^2(1+x^2)}dx$.

【思路】 先用线性运算法则化简，再用其他方法.

【解】方法一　原式$= \int \frac{\arctan x}{x^2}dx - \int \frac{\arctan x}{1+x^2}dx = -\int \arctan x d\left(\frac{1}{x}\right) - \int \arctan x d(\arctan x)$

$$= -\frac{1}{x}\arctan x + \int \frac{1}{x}\cdot\frac{1}{1+x^2}dx - \frac{1}{2}(\arctan x)^2$$
$$= -\frac{1}{x}\arctan x - \frac{1}{2}(\arctan x)^2 + \int\left(\frac{1}{x} - \frac{x}{1+x^2}\right)dx$$
$$= -\frac{1}{x}\arctan x - \frac{1}{2}(\arctan x)^2 + \ln|x| - \frac{1}{2}\ln(1+x^2) + C$$
$$= -\frac{1}{x}\arctan x - \frac{1}{2}(\arctan x)^2 + \frac{1}{2}\ln\frac{x^2}{1+x^2} + C.$$

方法二　令 $x = \tan t$，

原式$= \int t(\csc^2 t - 1)dt = -\int t d\cot t - \frac{1}{2}t^2 = -t\cot t + \int \cot t dt - \frac{1}{2}t^2$

$$= -t\cot t - \frac{1}{2}t^2 + \ln|\sin t| + C = -\frac{\arctan x}{x} - \frac{1}{2}(\arctan x)^2 + \ln\frac{|x|}{\sqrt{1+x^2}} + C.$$

评注　对于有些不是根式的不定积分，有时用三角代换也很方便，因此要灵活选用.

【例 10】 (2011[3]) 求不定积分$\int \frac{\arcsin\sqrt{x} + \ln x}{\sqrt{x}}dx$.

【解】 令 $t=\sqrt{x}$,则 $x=t^2$,$\mathrm{d}x=2t\mathrm{d}t$,所以

$$\int \frac{\arcsin\sqrt{x}+\ln x}{\sqrt{x}}\mathrm{d}x=\int \frac{\arcsin t+\ln t^2}{t}\cdot 2t\,\mathrm{d}t=2\int(\arcsin t+\ln t^2)\,\mathrm{d}t$$

$$=2t\cdot\arcsin t-2\int\frac{t}{\sqrt{1-t^2}}\mathrm{d}t+2t\cdot\ln t^2-2\int t\cdot\frac{2t}{t^2}\mathrm{d}t$$

$$=2t\cdot\arcsin t+\int\frac{\mathrm{d}(1-t^2)}{\sqrt{1-t^2}}+2t\cdot\ln t^2-4t$$

$$=2t\cdot\arcsin t+2\sqrt{1-t^2}+2t\cdot\ln t^2-4t+C$$

$$=2\sqrt{x}\arcsin\sqrt{x}+2\sqrt{1-x}+2\sqrt{x}\ln x-4\sqrt{x}+C.$$

★ 题型 1.4 被积函数中含有多项式与三角函数或指数函数的乘积

解题策略

用线性运算法则及分部积分法.

【例 11】 求$\int x\sin^2 x\mathrm{d}x$.

【思路】 先把三角函数降为一次幂,再用线性运算法则化简及分部积分.

【解】 原式$=\int x\frac{1-\cos 2x}{2}\mathrm{d}x=\frac{1}{2}\int x\mathrm{d}x-\frac{1}{4}\int x\mathrm{d}\sin 2x$

$$=\frac{x^2}{4}-\frac{1}{4}x\sin 2x+\frac{1}{4}\int\sin 2x\mathrm{d}x=\frac{x^2}{4}-\frac{1}{4}x\sin 2x-\frac{1}{8}\cos 2x+C.$$

【例 12】 $\int\frac{x\cos x}{\sin^2 x}\mathrm{d}x$.

【解】 $\int\frac{x\cos x}{\sin^2 x}\mathrm{d}x=-\int x\mathrm{d}\left(\frac{1}{\sin x}\right)$ (分部积分)

$$=-\frac{x}{\sin x}+\int\csc x\mathrm{d}x=-\frac{x}{\sin x}+\ln|\csc x-\cot x|+C.$$

★ 题型 1.5 被积函数中含有指数函数与三角函数的乘积

解题策略

用两次分部积分,作为未知数解出.

【例 13】 求$\int \mathrm{e}^{ax}\sin bx\mathrm{d}x(a\neq 0,b\neq 0)$.

【思路】 两次分部积分后又出现原来的不定积分,把该不定积分作为未知数解出来.

【解】 $\int\mathrm{e}^{ax}\sin bx\mathrm{d}x=\int\sin bx\mathrm{d}\frac{1}{a}\mathrm{e}^{ax}=\frac{1}{a}\mathrm{e}^{ax}\sin bx-\frac{b}{a}\int\mathrm{e}^{ax}\cos bx\mathrm{d}x$

$$=\frac{1}{a}\mathrm{e}^{ax}\sin bx-\frac{b}{a^2}\int\cos bx\mathrm{d}\mathrm{e}^{ax}$$

$$=\frac{1}{a}\mathrm{e}^{ax}\sin bx-\frac{b}{a^2}\left[\mathrm{e}^{ax}\cos bx+\int\mathrm{e}^{ax}b\sin bx\mathrm{d}x\right],$$

化简得 $a^2\int\mathrm{e}^{ax}\sin bx\mathrm{d}x=a\mathrm{e}^{ax}\sin bx-b\mathrm{e}^{ax}\cos bx-b^2\int\mathrm{e}^{ax}\sin bx\mathrm{d}x$,

解得 $\int\mathrm{e}^{ax}\sin bx\mathrm{d}x=\frac{\mathrm{e}^{ax}}{a^2+b^2}(a\sin bx-b\cos bx)+C.$

同理可得 $\int\mathrm{e}^{ax}\cos bx\mathrm{d}x=\frac{\mathrm{e}^{ax}}{a^2+b^2}(b\sin bx+a\cos bx)+C.$

评注　有如下记忆方式

$$\int e^{ax}\sin bx\,dx=\frac{\begin{vmatrix}(e^{ax})' & (\sin bx)'\\ e^{ax} & \sin bx\end{vmatrix}}{a^2+b^2}+C,$$

$$\int e^{ax}\cos bx\,dx=\frac{\begin{vmatrix}(e^{ax})' & (\cos bx)'\\ e^{ax} & \cos bx\end{vmatrix}}{a^2+b^2}+C.$$

【例 14】　求$\int_0^1\cos(1+\ln x)dx$.

【解】　令 $\ln x=-t, x=e^{-t}, \frac{1}{x}dx=-dt, dx=-e^{-t}dt$.

$$\begin{aligned}\int_0^1\cos(1+\ln x)dx&=-\int_{+\infty}^0\cos(1-t)e^{-t}dt=\int_0^{+\infty}\cos(1-t)e^{-t}dt\\&=\cos(1-t)(-e^{-t})\Big|_0^{+\infty}+\int_0^{+\infty}\sin(1-t)e^{-t}dt\\&=\cos 1+\sin 1-\int_0^{+\infty}\cos(1-t)e^{-t}dt.\end{aligned}$$

故 $\int_0^1\cos(1+\ln x)dx=\int_0^{+\infty}\cos(1-t)e^{-t}dt=\frac{1}{2}(\cos 1+\sin 1)$.

★ 题型 1.6　被积函数中含有自然数 n

解题策略

如果直接能求出原函数最好，不能则可以用分部积分，得递推关系式，从而得到结果.

【例 15】　设 $I_n=\int\frac{1}{(x^2+a^2)^n}dx\ (a\neq 0, n\in\mathbf{N})$，求其原函数.

【思路】　对于含有 n 的不定积分，直接求出原函数比较困难，常常是用分部积分建立递推关系式，最后总可降到 $n=0$ 或 $n=1$ 的情况，从而求出不定积分.

【解】

$$\begin{aligned}I_n&=\frac{1}{a^2}\int\frac{a^2+x^2-x^2}{(x^2+a^2)^n}dx=\frac{1}{a^2}I_{n-1}-\frac{1}{a^2}\int x\,d\frac{1}{2(1-n)}(x^2+a^2)^{-n+1}\\&=\frac{1}{a^2}I_{n-1}-\frac{1}{2a^2}\left[\frac{1}{1-n}\cdot\frac{x}{(x^2+a^2)^{n-1}}+\frac{1}{n-1}\int\frac{1}{(x^2+a^2)^{n-1}}dx\right]\\&=\frac{1}{a^2}I_{n-1}+\frac{x}{2(n-1)a^2(x^2+a^2)^{n-1}}-\frac{1}{2a^2(n-1)}I_{n-1}\\&=\frac{x}{2(n-1)a^2(x^2+a^2)^{n-1}}+\frac{2n-3}{2(n-1)a^2}I_{n-1},\quad n=2,3,\cdots,\end{aligned}$$

其中 $I_1=\int\frac{1}{x^2+a^2}dx=\frac{1}{a}\arctan\frac{x}{a}+C$.

题型 1.7　被积函数中有绝对值函数

解题策略

先将绝对值函数化成分段函数，再求不定积分.

【例 16】　求$\int e^{|x|}dx$.

【思路】　求带有绝对值式子的函数的不定积分需转化为分段函数来计算.

【解】　由于 $e^{|x|}=\begin{cases}e^{-x}, & x\leqslant 0,\\ e^x, & x>0,\end{cases}$于是$\int e^{|x|}dx=\begin{cases}-e^{-x}+C_1, & x\leqslant 0,\\ e^x+C_2, & x>0.\end{cases}$

由原函数在 $x=0$ 处可导必连续得 $-1+C_1=1+C_2$, $C_2=-2+C_1$,故

$$\int e^{|x|}dx=\begin{cases}-e^{-x}+C_1, & x\leqslant 0,\\ e^x+(-2+C_1), & x>0.\end{cases}$$

评注 求分段函数的不定积分,直接求出不同区间上表达式的不定积分.由于不定积分是区间上的原函数,故分界点是没有不定积分的,但要注意分界点两侧函数的不定积分要加不同的常数 C_1, C_2,然后根据原函数在分界点可导必连续,确定出 C_1, C_2 之间的关系.

★ 题型 1.8 有理函数的不定积分

解题策略

虽然理论上有理函数的不定积分可按部就班地求出结果,由于过程很烦琐,因此实际计算时,尽量用线性运算法则拆项,然后再用理论上的方法去计算.

【例 17】 求 $\int\frac{x^3+3x^2+12x+11}{x^2+2x+10}dx$.

【解】

$$\begin{aligned}\int\frac{x^3+3x^2+12x+11}{x^2+2x+10}dx&=\int\left(x+1+\frac{1}{x^2+2x+10}\right)dx\\&=\frac{x^2}{2}+x+\int\frac{1}{(x+1)^2+3^2}d(x+1)\\&=\frac{x^2}{2}+x+\frac{1}{3}\arctan\frac{x+1}{3}+C.\end{aligned}$$

【例 18】 求 $\int\frac{dx}{x^4-1}$.

【解】

$$\begin{aligned}\int\frac{dx}{x^4-1}&=\frac{1}{2}\int\left(\frac{1}{x^2-1}-\frac{1}{x^2+1}\right)dx\\&=-\frac{1}{2}\int\frac{1}{1-x^2}dx-\frac{1}{2}\int\frac{1}{1+x^2}dx\\&=-\frac{1}{4}\ln\left|\frac{1+x}{1-x}\right|-\frac{1}{2}\arctan x+C.\end{aligned}$$

评注 若用待定系数法则比较麻烦.

【例 19】 (2019[2])求不定积分 $\int\frac{3x+6}{(x-1)^2(x^2+x+1)}dx$.

【解】 由于 $\frac{3x+6}{(x-1)^2(x^2+x+1)}=-\frac{2}{x-1}+\frac{3}{(x-1)^2}+\frac{2x+1}{x^2+x+1}$,

则

$$\begin{aligned}&\int\frac{3x+6}{(x-1)^2(x^2+x+1)}\\&=-2\int\frac{1}{x-1}dx+3\int\frac{1}{(x-1)^2}dx+\int\frac{2x+1}{x^2+x+1}dx\\&=-2\ln|x-1|-\frac{3}{x-1}+\int\frac{d(x^2+x+1)}{x^2+x+1}\\&=-2\ln|x-1|-\frac{3}{x-1}+\ln(x^2+x+1)+C.\end{aligned}$$

题型 1.9　三角函数有理式的不定积分

解题策略

从理论上讲，对于$\int R(\sin x,\cos x)\mathrm{d}x$，利用变量代换总可以算出它的积分，然而有时候会导致很复杂的有理式计算. 因此，对某些特殊类型的积分，可选择一些更简单的变量代换，使得积分比较容易计算.

1. $\int \sin^m x\cos^n x\mathrm{d}x$，其中 m,n 中至少有一个奇数(另外一个数可以是任何一个实数). 对这类积分，把奇次幂的三角函数，分离出一次幂，用凑微分法求出原函数.

2. $\int \sin^m x\cos^n x\mathrm{d}x$，其中 m,n 均是偶数或零.

计算这类不定积分主要利用下列三角恒等式：

$$\sin^2 x=\frac{1-\cos 2x}{2};\qquad \cos^2 x=\frac{1+\cos 2x}{2};\qquad \sin x\cos x=\frac{1}{2}\sin 2x$$

降幂，化成 1 的情况来计算.

3. $\int R(\sin^2 x,\sin x\cos x,\cos^2 x)\mathrm{d}x$. 令 $\tan x=t$，有 $x=\arctan t$.

$\mathrm{d}x=\frac{1}{1+t^2}\mathrm{d}t,\sin^2 x=\frac{t^2}{1+t^2},\sin x\cos x=\frac{t}{1+t^2},\cos^2 x=\frac{1}{1+t^2}$，于是

$$\int R(\sin^2 x,\sin x\cos x,\cos^2 x)\mathrm{d}x=\int R\left(\frac{t^2}{1+t^2},\frac{t}{1+t^2},\frac{1}{1+t^2}\right)\frac{1}{1+t^2}\mathrm{d}t.$$

【例 20】　求$\int \sin^{\frac{1}{3}}x\cos^3 x\mathrm{d}x$.

【解】　$\int \sin^{\frac{1}{3}}x\cos^3 x\mathrm{d}x=\int \sin^{\frac{1}{3}}x\cos^2 x\cos x\mathrm{d}x=\int \sin^{\frac{1}{3}}x(1-\sin^2 x)\mathrm{d}\sin x$，令 $\sin x=t$，

则原式 $=\int (t^{\frac{1}{3}}-t^{\frac{7}{3}})\mathrm{d}t=\frac{3}{4}t^{\frac{4}{3}}-\frac{3}{10}t^{\frac{10}{3}}+C=\frac{3}{4}\sin^{\frac{4}{3}}x-\frac{3}{10}\sin^{\frac{10}{3}}x+C.$

【例 21】　求$\int \sin^2 x\cos^4 x\mathrm{d}x$.

【解】　$\int \sin^2 x\cos^4 x\mathrm{d}x=\int (\sin x\cos x)^2\cos^2 x\mathrm{d}x=\int \frac{1}{4}\sin^2 2x\cdot\frac{1}{2}(1+\cos 2x)\mathrm{d}x$

$$=\frac{1}{8}\int \sin^2 2x\mathrm{d}x+\frac{1}{8}\int \sin^2 2x\cos 2x\mathrm{d}x=\frac{1}{8}\int \frac{1-\cos 4x}{2}\mathrm{d}x+\frac{1}{16}\int \sin^2 2x\mathrm{d}\sin 2x$$

$$=\frac{1}{16}x-\frac{1}{64}\sin 4x+\frac{1}{48}\sin^3 2x+C.$$

【例 22】　求$\int \frac{\sin^2 x}{1+\sin^2 x}\mathrm{d}x$.

【解】　$\int \frac{\sin^2 x}{1+\sin^2 x}\mathrm{d}x=\int\left(1-\frac{1}{1+\sin^2 x}\right)\mathrm{d}x=x-\int \frac{1}{1+\sin^2 x}\mathrm{d}x$，

由于$\int \frac{1}{1+\sin^2 x}\mathrm{d}x\xlongequal{\text{令}\tan x=t}\int \frac{1}{1+\frac{t^2}{1+t^2}}\frac{1}{1+t^2}\mathrm{d}t=\int \frac{1}{1+2t^2}\mathrm{d}t=\frac{1}{\sqrt{2}}\int \frac{1}{(\sqrt{2}t)^2+1}\mathrm{d}(\sqrt{2}t)$

$$=\frac{1}{\sqrt{2}}\arctan\sqrt{2}t+C=\frac{1}{\sqrt{2}}\arctan(\sqrt{2}\tan x)+C,$$

于是，原式 $=x-\frac{1}{\sqrt{2}}\arctan(\sqrt{2}\tan x)+C.$

【例 23】 求$\int\frac{dx}{\sin x\cos^3 x}$.

【解】方法一 $\text{原式}=\int\frac{\sin^2 x+\cos^2 x}{\sin x\cos^3 x}dx=\int\frac{\sin x}{\cos^3 x}dx+\int\frac{1}{\sin x\cos x}dx$

$$=-\int\frac{1}{\cos^3 x}d\cos x+\int\frac{1}{\sin 2x}d(2x)$$

$$=\frac{1}{2}\frac{1}{\cos^2 x}+\ln|\csc 2x-\cot 2x|+C.$$

方法二 $\text{原式}=\int\frac{1}{\sin x\cos x}d\tan x=\int\frac{\cos x}{\sin x}\cdot\frac{1}{\cos^2 x}d\tan x$

$$=\int\frac{1+\tan^2 x}{\tan x}d\tan x$$

$$=\ln|\tan x|+\frac{1}{2}\tan^2 x+C.$$

题型 1.10 形如$\int R\left(x,\sqrt[n]{\frac{ax+b}{cx+d}}\right)dx$的积分

解题策略

令$\sqrt[n]{\frac{ax+b}{cx+d}}=t$,有$\frac{ax+b}{cx+d}=t^n$,经整理得$x=\frac{dt^n-b}{a-ct^n}=\varphi(t)$,于是

$\int R(x,\sqrt[n]{\frac{ax+b}{cx+d}})dx=\int R(\varphi(t),t)\varphi'(t)dt$,这样就化成了以$t$为变量的有理函数积分.

【例 24】 求不定积分$\int\frac{1}{\sqrt{1+x}+\sqrt{x}+1}dx$.

【解】 令$t=\sqrt{x}+\sqrt{1+x}$,则$x=\frac{(t^2-1)^2}{4t^2}$,$dx=\frac{(t^2-1)(t^2+1)}{2t^3}dt$,于是

$$\int\frac{1}{\sqrt{1+x}+\sqrt{x}+1}dx=\frac{1}{2}\int\frac{t^3-t^2+t-1}{t^3}dt=\frac{1}{2}(t-\ln t-\frac{1}{t}+\frac{1}{2t^2})+C$$

$$=\frac{1}{2}\left[\sqrt{x}+\sqrt{1+x}-\ln(\sqrt{x}+\sqrt{1+x})-\frac{1}{\sqrt{x}+\sqrt{1+x}}+\frac{1}{2(\sqrt{x}+\sqrt{1+x})^2}\right]+C$$

$$=\sqrt{x}-\frac{1}{2}\ln(\sqrt{x}+\sqrt{1+x})+\frac{x}{2}-\frac{\sqrt{x(x+1)}}{2}+C_1.$$

★ 题型 1.11 形如$\int R\left(x,\sqrt{ax^2+bx+c}\right)dx$的积分

解题策略

把$\sqrt{ax^2+bx+c}$化成如下三种形式之一:

$\sqrt{k^2-\varphi^2(x)}$,$\sqrt{\varphi^2(x)+k^2}$,$\sqrt{\varphi^2(x)-k^2}$,其中$\varphi(x)=px+q(p\neq 0)$,为一次多项式,k为常数,能用凑微分就用凑微分,否则用三角变换.分别令$px+q=k\sin t$,$px+q=k\tan t$,$px+q=k\sec t$,则可化为三角函数有理式的不定积分.

从以上不定积分的计算中可以看出,求不定积分要比求导数更复杂,更灵活.计算不定积分的基础是利用基本积分、简单函数的不定积分、凑微分法、变量代换法及分部积分法.这几种都是将所求的不定积分化成基本积分表中被积函数的形式,从而求得不定积分,我们已在前面例子中给出一些常用的不定积分公式,并要求考生牢记,这些公式也是建立在基本积分方法基础上的.最后还要指出,在熟练掌握基本积分方法的基础上,要多做一些练习,才能熟能生巧.

题型二　定积分的证明题

★ 题型 2.1　涉及定积分的方程根的存在性

解题策略

利用积分中值定理，定积分的 13 条性质，尤其是变上限积分求导定理及微分中值定理，证明方法及技巧与第二章我们介绍的证明思想完全类似.

【例 25】 (1991[1]) 设函数 $f(x)$ 在 $[0,1]$ 上连续，在 $(0,1)$ 内可导，且 $3\int_{\frac{2}{3}}^{1} f(x)\mathrm{d}x = f(0)$. 证明：在 $(0,1)$ 内存在一点 ξ，使 $f'(\xi) = 0$.

【思路】 由条件和结论，可以考虑对被积函数用罗尔定理.

【证】 由积分中值定理知，在 $\left[\frac{2}{3},1\right]$ 上存在一点 c，使 $3\cdot\int_{\frac{2}{3}}^{1} f(x)\mathrm{d}x = 3\cdot\frac{1}{3}f(c) = f(c) = f(0)$，且 $0 < \frac{2}{3} \leqslant c \leqslant 1$，由 $f(x)$ 在 $[0,c]$ 上连续，在 $(0,c)$ 内可导，$f(0) = f(c)$，由罗尔定理知，至少存在一点 $\xi \in (0,c) \subset (0,1)$，使 $f'(\xi) = 0$.

评注　以后见到定积分等于一点函数值的条件，证明含有 ξ 的导数的等式时，尝试对被积函数用罗尔定理.

【例 26】 (2000[1][2][3][4]) 设函数 $f(x)$ 在 $[0,\pi]$ 上连续，且 $\int_0^{\pi} f(x)\mathrm{d}x = 0$，$\int_0^{\pi} f(x)\cos x\mathrm{d}x = 0$，试证：在 $(0,\pi)$ 内至少存在两个不同的点 ξ_1,ξ_2，使 $f(\xi_1) = f(\xi_2) = 0$.

【思路】 构造 $f(x)$ 的原函数 $F(x) = \int_0^x f(t)\mathrm{d}t$ 在三个不同点函数值相等，再分别用两次罗尔定理.

【证】 方法一　令 $F(x) = \int_0^x f(t)\mathrm{d}t, 0 \leqslant x \leqslant \pi$，则有 $F(0) = 0, F(\pi) = 0$，又因为

$$0 = \int_0^{\pi} f(x)\cos x\mathrm{d}x = \int_0^{\pi}\cos x\mathrm{d}F(x) = F(x)\cos x\Big|_0^{\pi} + \int_0^{\pi} F(x)\sin x\mathrm{d}x = \int_0^{\pi} F(x)\sin x\mathrm{d}x,$$

所以存在 $\xi \in (0,\pi)$，使 $F(\xi)\sin\xi = 0$(若不然，则 $F(x)\sin x$ 在 $(0,\pi)$ 内恒为正或恒为负，均与 $\int_0^{\pi} F(x)\sin x\mathrm{d}x = 0$ 矛盾). 当 $\xi \in (0,\pi)$ 时，$\sin\xi \neq 0$，知 $F(\xi) = 0$. 再对 $F(x)$ 在区间 $[0,\xi]$，$[\xi,\pi]$ 上分别应用罗尔定理，知至少存在 $\xi_1 \in (0,\xi)$，$\xi_2 \in (\xi,\pi)$，使 $F'(\xi_1) = F'(\xi_2) = 0$，即 $f(\xi_1) = f(\xi_2) = 0$.

方法二　由 $\int_0^{\pi} f(x)\mathrm{d}x = 0$ 知，存在 $\xi_1 \in (0,\pi)$，使 $f(\xi_1) = 0$，因若不然，则 $f(x)$ 在 $(0,\pi)$ 内恒为正或恒为负，均与 $\int_0^{\pi} f(x)\mathrm{d}x = 0$ 矛盾.

若在 $(0,\pi)$ 内 $f(x) = 0$ 仅有一个实根 $x = \xi_1$，则由 $\int_0^{\pi} f(x)\mathrm{d}x = 0$ 知，$f(x)$ 在 $(0,\xi_1)$ 内与 (ξ_1,π) 内异号，不妨设在 $(0,\xi_1)$ 内 $f(x) > 0$，在 (ξ_1,π) 内 $f(x) < 0$，于是再由 $\int_0^{\pi} f(x)\cos x\mathrm{d}x = 0$ 与 $\int_0^{\pi} f(x)\mathrm{d}x = 0$ 及 $\cos x$ 在 $[0,\pi]$ 上单调性知

$$\begin{aligned}0 &= \int_0^{\pi} f(x)\cos x\mathrm{d}x - \cos\xi_1\int_0^{\pi} f(x)\mathrm{d}x = \int_0^{\pi} f(x)(\cos x - \cos\xi_1)\mathrm{d}x \\ &= \int_0^{\xi_1} f(x)(\cos x - \cos\xi_1)\mathrm{d}x + \int_{\xi_1}^{\pi} f(x)(\cos x - \cos\xi_1)\mathrm{d}x > 0,\end{aligned}$$

得出矛盾. 从而知，在 $(0,\pi)$ 内除 ξ_1 处 $f(\xi_1) = 0$，$f(x) = 0$ 至少还有另一实根 ξ_2.

故知存在 $\xi_1,\xi_2 \in (0,\pi)$ 且 $\xi_1 \neq \xi_2$，使 $f(\xi_1) = f(\xi_2) = 0$.

【例 27】 设 $f(x)$ 在$[0,1]$上连续，且 $f(x)$ 非负，证明：存在 $\xi\in(0,1)$，使得

$$\xi f(\xi)=\int_{\xi}^{1}f(x)\mathrm{d}x.$$

【解】 令 $F(x)=x\cdot\int_{1}^{x}f(t)\mathrm{d}t$，则 $F(x)$ 在$[0,1]$上可导，因为 $F(0)=F(1)=0$，故由罗尔定理，存在 $\xi\in(0,1)$ 使得 $F'(\xi)=0$，因为

$$F'(x)=\int_{1}^{x}f(t)\mathrm{d}t+xf(x),$$

所以$\int_{1}^{\xi}f(t)\mathrm{d}t+\xi f(\xi)=0$，即 $\xi f(\xi)=-\int_{1}^{\xi}f(t)\mathrm{d}t=\int_{\xi}^{1}f(x)\mathrm{d}x$.

★ 题型 2.2 涉及定积分的适合某种条件 ξ 的等式

【例 28】 设 $f(x),g(x)$ 在$[a,b]$上连续且 $g(x)$ 不变号，则至少存在一点 $\xi\in[a,b]$，使$\int_{a}^{b}f(x)g(x)\mathrm{d}x=f(\xi)\int_{a}^{b}g(x)\mathrm{d}x$.（推广的积分中值定理）

【证】 (1) 当 $g(x)=0,x\in[a,b]$ 时，有$\int_{a}^{b}g(x)\mathrm{d}x=0,\int_{a}^{b}f(x)g(x)\mathrm{d}x=\int_{a}^{b}f(x)\cdot 0\mathrm{d}x=0$，此时 $\forall\xi\in[a,b]$，都有$\int_{a}^{b}f(x)g(x)\mathrm{d}x=f(\xi)\int_{a}^{b}g(x)\mathrm{d}x=0$.

(2) 当 $g(x)\neq 0$ 时，由 $g(x)$ 不变号，即对每一个 $x\in[a,b]$，$g(x)$ 都大于零或者都小于零，不妨设 $x\in[a,b]$ 时，$g(x)>0$，由 $f(x)$ 在$[a,b]$上连续，必取到最小值 m 与最大值 M，且 $R(f)=[m,M]$，对于一切 $x\in[a,b]$，都有 $m\leqslant f(x)\leqslant M$，易得 $mg(x)\leqslant f(x)g(x)\leqslant Mg(x)$，进而得

$$m\int_{a}^{b}g(x)\mathrm{d}x=\int_{a}^{b}mg(x)\mathrm{d}x\leqslant\int_{a}^{b}f(x)g(x)\mathrm{d}x\leqslant\int_{a}^{b}Mg(x)\mathrm{d}x=M\int_{a}^{b}g(x)\mathrm{d}x.$$

由于$\int_{a}^{b}g(x)\mathrm{d}x>0$，得 $m\leqslant\dfrac{\int_{a}^{b}f(x)g(x)\mathrm{d}x}{\int_{a}^{b}g(x)\mathrm{d}x}\leqslant M$. 故至少存在一点 $\xi\in[a,b]$，使$\dfrac{\int_{a}^{b}f(x)g(x)\mathrm{d}x}{\int_{a}^{b}g(x)\mathrm{d}x}=f(\xi)$，即$\int_{a}^{b}f(x)g(x)\mathrm{d}x=f(\xi)\int_{a}^{b}g(x)\mathrm{d}x$.

评注 该题可作为结论记住.

【例 29】 设 $f(x)$ 在$[a,b]$上连续，$g(x)$ 在$[a,b]$上的导数连续且不变号，试证至少存在一点 $\xi\in[a,b]$，使$\int_{a}^{b}f(x)g(x)\mathrm{d}x=g(b)\int_{\xi}^{b}f(x)\mathrm{d}x+g(a)\int_{a}^{\xi}f(x)\mathrm{d}x$.（第二积分中值定理）

【证】 由分部积分、推广的积分中值定理、区间可加性，有

$$\begin{aligned}\int_{a}^{b}f(x)g(x)\mathrm{d}x&=\int_{a}^{b}g(x)\mathrm{d}\left(\int_{a}^{x}f(t)\mathrm{d}t\right)=g(x)\cdot\int_{a}^{x}f(t)\mathrm{d}t\Big|_{a}^{b}-\int_{a}^{b}\left(g'(x)\int_{a}^{x}f(t)\mathrm{d}t\right)\mathrm{d}x\\&=g(b)\int_{a}^{b}f(t)\mathrm{d}t-\int_{a}^{\xi}f(t)\mathrm{d}t\cdot\int_{a}^{b}g'(x)\mathrm{d}x=g(b)\int_{a}^{b}f(x)\mathrm{d}x-[g(b)-g(a)]\int_{a}^{\xi}f(x)\mathrm{d}x\\&=g(b)\left[\int_{a}^{\xi}f(x)\mathrm{d}x+\int_{\xi}^{b}f(x)\mathrm{d}x\right]-[g(b)-g(a)]\int_{a}^{\xi}f(x)\mathrm{d}x\\&=g(b)\int_{\xi}^{b}f(x)\mathrm{d}x+g(a)\int_{a}^{\xi}f(x)\mathrm{d}x.\end{aligned}$$

【例 30】 设 $f(x),g(x)$ 在$[a,b]$上连续，证明至少存在一点 $\xi\in(a,b)$，使 $f(\xi)\int_{\xi}^{b}g(x)\mathrm{d}x=g(\xi)\int_{a}^{\xi}f(x)\mathrm{d}x$.

【证】　要证原等式成立，只要证 $f(\xi)\int_{\xi}^{b}g(x)\mathrm{d}x-g(\xi)\int_{a}^{\xi}f(x)\mathrm{d}x=0$ 成立，即

$\left[f(t)\int_{t}^{b}g(x)\mathrm{d}x-g(t)\int_{a}^{t}f(x)\mathrm{d}x\right]\Big|_{t=\xi}=0$ 成立，即证 $\left[\int_{a}^{t}f(x)\mathrm{d}x\cdot\int_{t}^{b}g(x)\mathrm{d}x\right]'\Big|_{t=\xi}=0$ 成立.

设 $F(t)=\int_{a}^{t}f(x)\mathrm{d}x\cdot\int_{t}^{b}g(x)\mathrm{d}x$，只要证 $F'(\xi)=0$ 成立. 由 $F(t)$ 在 $[a,b]$ 上连续，在 (a,b) 内可导，$F(a)=F(b)=0$，由罗尔定理知至少存在一点 $\xi\in(a,b)$，使 $F'(\xi)=0$ 成立. 逆推回去，故原等式成立.

【例 31】　(1998[1][2]) 设 $f(x)$ 是区间 $[0,1]$ 上的任意一非负连续函数.

(1) 试证存在 $x_0\in(0,1)$，使得在区间 $[0,x_0]$ 上以 $f(x_0)$ 为高的矩形面积，等于在区间 $[x_0,1]$ 上以 $y=f(x)$ 为曲边的曲边梯形面积.

(2) 又设 $f(x)$ 在区间 $(0,1)$ 内可导，且 $f'(x)>-\dfrac{2f(x)}{x}$，证明(1) 中的 x_0 是唯一的.

【思路】　要证原结论成立，只要证 $x_0f(x_0)=\int_{x_0}^{1}f(x)\mathrm{d}x$ 成立，只要证 $\int_{x_0}^{1}f(x)\mathrm{d}x-x_0f(x_0)=0$ 成立，只要证 $\left[\int_{t}^{1}f(x)\mathrm{d}x-tf(t)\right]\Big|_{t=x_0}=0$ 成立，即 $\left[t\int_{t}^{1}f(x)\mathrm{d}x\right]'\Big|_{t=x_0}=0$ 成立. 把结论转化为 $F'(\xi)=0$，利用罗尔定理.

【证】方法一　(1) 设 $F(t)=t\int_{t}^{1}f(x)\mathrm{d}x$，只要证 $F'(x_0)=0$ 成立，由 $F(t)$ 在 $[0,1]$ 上连续，在 $(0,1)$ 内可导，$F(0)=F(1)=0$，由罗尔定理知至少存在一点 $x_0\in(0,1)$，使 $F'(x_0)=0$ 成立. 逆推回去，故原等式成立.

(2) 设 $\varphi(t)=\int_{t}^{1}f(x)\mathrm{d}x-tf(t)$，则当 $t\in(0,1)$ 时，$\varphi'(t)=-f(t)-f(t)-tf'(t)=-2f(t)-tf'(t)$，又由条件知 $f'(x)>-\dfrac{2f(x)}{x}$，即 $-2f(x)-xf'(x)<0$，则 $\varphi'(t)<0$. 所以 $\varphi(t)$ 在 $[0,1]$ 上严格递减，故(1) 中的 x_0 是唯一的.

方法二　(1) 设在区间 $(a,1)\left(a\geqslant\dfrac{1}{2}\right)$ 内取 x_1，若在区间 $[x_1,1]$ 上 $f(x)\equiv0$，则在 $(x_1,1)$ 内任一点都可作为 x_0，否则可设 $f(x_2)>0$ 为连续函数 $f(x)$ 在 $[x_1,1]$ 上的最大值，$x_2\in[x_1,1]$.

在区间 $[0,x_2]$ 上，作辅助函数 $\varphi(t)=\int_{t}^{1}f(x)\mathrm{d}x-tf(t)$，则 $\varphi(t)$ 连续，且 $\varphi(0)=\int_{0}^{1}f(x)\mathrm{d}x>0$，$\varphi(x_2)=\int_{x_2}^{1}f(x)\mathrm{d}x-x_2f(x_2)\leqslant f(x_2)(1-x_2)-x_2f(x_2)=(1-2x_2)f(x_2)<0$，因而由根的存在定理知至少存在一点 $x_0\in(0,x_2)\subset(0,1)$，使 $\varphi(x_0)=0$.

(2) 证法同方法一.

【例 32】　设 $f(x)$ 在 $[a,b]$ 上有二阶连续导数，试证在 $[a,b]$ 上至少存在一点 c，使

$$\int_{a}^{b}f(x)\mathrm{d}x=(b-a)f\left(\frac{a+b}{2}\right)+\frac{1}{24}(b-a)^3f''(c).$$

【思路】　由于结论中出现 $f\left(\dfrac{a+b}{2}\right)$ 与高阶导数，故考虑展成在 $x_0=\dfrac{a+b}{2}$ 处的泰勒公式.

【证】由泰勒公式展开式知

$f(x)=f\left(\dfrac{a+b}{2}\right)+f'\left(\dfrac{a+b}{2}\right)\left(x-\dfrac{a+b}{2}\right)+\dfrac{1}{2}f''(\xi)\left(x-\dfrac{a+b}{2}\right)^2$，其中 ξ 介于 $\dfrac{a+b}{2}$，x 之间.

$\int_{a}^{b}f(x)\mathrm{d}x=(b-a)f\left(\dfrac{a+b}{2}\right)+f'\left(\dfrac{a+b}{2}\right)\int_{a}^{b}\left(x-\dfrac{a+b}{2}\right)\mathrm{d}x+\dfrac{1}{2}\int_{a}^{b}f''(\xi)(x-\dfrac{a+b}{2})^2\mathrm{d}x.$

设 $m=\min\limits_{a\leqslant x\leqslant b}f''(x)$，$M=\max\limits_{a\leqslant x\leqslant b}f''(x)$，则

$$m\int_a^b\left(x-\frac{a+b}{2}\right)^2\mathrm{d}x\leqslant\int_a^b f''(\xi)\left(x-\frac{a+b}{2}\right)^2\mathrm{d}x\leqslant M\int_a^b\left(x-\frac{a+b}{2}\right)^2\mathrm{d}x,$$

即 $m\frac{(b-a)^3}{12}\leqslant\int_a^b f''(\xi)\left(x-\frac{a+b}{2}\right)^2\mathrm{d}x\leqslant M\frac{(b-a)^3}{12}$，进而得 $m\leqslant\frac{\int_a^b f''(\xi)\left(x-\frac{a+b}{2}\right)^2\mathrm{d}x}{\frac{(b-a)^3}{12}}\leqslant M.$

由 $R(f'')=[m,M]$，知至少存在一点 $c\in[a,b]$，使

$$\frac{\int_a^b f''(\xi)\left(x-\frac{a+b}{2}\right)^2\mathrm{d}x}{\frac{(b-a)^3}{12}}=f''(c)\text{ 或}\int_a^b f''(\xi)\left(x-\frac{a+b}{2}\right)^2\mathrm{d}x=\frac{1}{12}(b-a)^3f''(c),$$

所以 $$\int_a^b f(x)\mathrm{d}x=(b-a)f\left(\frac{a+b}{2}\right)+\frac{1}{24}(b-a)^3f''(c).$$

评注 1. ξ 是介于 $\frac{a+b}{2}$，x 之间，若 x 变，则 ξ 也变，故 $f''(\xi)$ 不能提到积分号的前面；

2. 注意二阶导数在 $[a,b]$ 上连续的条件，所以考虑引用介值定理.

【例 33】 函数 $f(x)$ 在 $[0,1]$ 具有三阶连续导数.

(1) 证明：存在 $\xi\in[0,1]$，使得 $\int_0^1 f(x)\mathrm{d}x=f\left(\frac{1}{2}\right)+\frac{1}{24}f''(\xi)$；

(2) 若 $|f'''(x)|\leqslant1$，证明 $\left|f(1)-f(0)-f'\left(\frac{1}{2}\right)\right|\leqslant\frac{1}{24}$.

【解】 (1) 由泰勒公式 $f(x)=f\left(\frac{1}{2}\right)+f'\left(\frac{1}{2}\right)\left(x-\frac{1}{2}\right)+\frac{f''(\xi_1)}{2!}\left(x-\frac{1}{2}\right)^2$，

其中 ξ_1 介于 x 与 $\frac{1}{2}$ 之间，上式两边对 x 从 0 到 1 积分，得

$$\begin{aligned}\int_0^1 f(x)\mathrm{d}x&=f\left(\frac{1}{2}\right)+\int_0^1 f'\left(\frac{1}{2}\right)\left(x-\frac{1}{2}\right)\mathrm{d}x+\int_0^1\frac{f''(\xi_1)}{2!}\left(x-\frac{1}{2}\right)^2\mathrm{d}x\\&=f\left(\frac{1}{2}\right)+\int_0^1\frac{f''(\xi_1)}{2!}\left(x-\frac{1}{2}\right)^2\mathrm{d}x.\end{aligned}$$

因函数 $f(x)$ 在 $[0,1]$ 上具有二阶连续导数，故存在 m,M，使得 $m\leqslant f''(\xi_1)\leqslant M$，从而

$$\frac{m}{24}=\int_0^1\frac{m}{2!}\left(x-\frac{1}{2}\right)^2\mathrm{d}x\leqslant\int_0^1\frac{f''(\xi_1)}{2!}\left(x-\frac{1}{2}\right)^2\mathrm{d}x\leqslant\int_0^1\frac{M}{2!}\left(x-\frac{1}{2}\right)^2\mathrm{d}x=\frac{M}{24},$$

即

$$m\leqslant24\int_0^1\frac{f''(\xi_1)}{2!}\left(x-\frac{1}{2}\right)^2\mathrm{d}x\leqslant M,$$

由介值定理知，存在 $\xi\in[0,1]$，使得

$$24\int_0^1\frac{f''(\xi_1)}{2!}\left(x-\frac{1}{2}\right)^2\mathrm{d}x=f''(\xi),$$

即

$$\int_0^1\frac{f''(\xi_1)}{2!}\left(x-\frac{1}{2}\right)^2\mathrm{d}x=\frac{1}{24}f''(\xi),$$

因此

$$\int_0^1 f(x)\mathrm{d}x=f\left(\frac{1}{2}\right)+\frac{1}{24}f''(\xi).$$

(2) 在(1) 中用 $f'(x)$ 代替 $f(x)$，可得

$$\int_0^1 f'(x)\mathrm{d}x = f'\left(\frac{1}{2}\right)+\frac{1}{24}f'''(\xi),$$

即

$$f(1)-f(0)-f'\left(\frac{1}{2}\right)=\frac{1}{24}f'''(\xi),$$

由于 $|f'''(x)|\leqslant 1$，故 $\left|f(1)-f(0)-f'\left(\frac{1}{2}\right)\right|\leqslant\frac{1}{24}$.

★ 题型 2.3　涉及定积分的不等式的证明

【例 34】　设 $f(x),g(x)$ 在 $[a,b]$ 上连续，证明：$\left[\int_a^b f(x)g(x)\mathrm{d}x\right]^2\leqslant\int_a^b f^2(x)\mathrm{d}x\cdot\int_a^b g^2(x)\mathrm{d}x$.

(柯西 — 施瓦兹(Cauchy—schwarz) 不等式)

【证】　方法一　要证原不等式成立，只要证 $\int_a^b f^2(x)\mathrm{d}x\cdot\int_a^b g^2(x)\mathrm{d}x-\left[\int_a^b f(x)g(x)\mathrm{d}x\right]^2\geqslant 0$ 成立.

设 $F(t)=\int_a^t f^2(x)\mathrm{d}x\cdot\int_a^t g^2(x)\mathrm{d}x-\left[\int_a^t f(x)g(x)\mathrm{d}x\right]^2$，只要证 $F(b)\geqslant F(a)$ 成立，由 $F(t)$ 在 $[a,b]$ 上连续，在 (a,b) 内可导，且

$$\begin{aligned}F'(t)&=f^2(t)\int_a^t g^2(x)\mathrm{d}x+g^2(t)\int_a^t f^2(x)\mathrm{d}x-2f(t)g(t)\int_a^t f(x)g(x)\mathrm{d}x\\&=\int_a^t[f^2(t)g^2(x)-2f(t)g(t)f(x)g(x)+g^2(t)f^2(x)]\mathrm{d}x\\&=\int_a^t[f(t)g(x)-g(t)f(x)]^2\mathrm{d}x\geqslant 0,\end{aligned}$$

知 $F(t)$ 在 $[a,b]$ 上递增，由 $b>a$，知 $F(b)\geqslant F(a)$，逆推回去，得原不等式成立.

方法二　$\forall t\in\mathbf{R}$，有 $\int_a^b (tf(x)+g(x))^2\mathrm{d}x\geqslant 0$，即

$$t^2\int_a^b f^2(x)\mathrm{d}x+2t\int_a^b f(x)g(x)\mathrm{d}x+\int_a^b g^2(x)\mathrm{d}x\geqslant 0. \tag{1}$$

(i) 若 $\int_a^b f^2(x)\mathrm{d}x=0$，知 $f^2(x)\equiv 0$，即 $f(x)\equiv 0$，此时结论显然成立，不等式中取等号.

(ii) 若 $\int_a^b f^2(x)\mathrm{d}x>0$，知(1) 式的左边是 t 的一元二次函数，且该函数始终大于等于零，故判别式

$$4\left[\int_a^b f(x)g(x)\mathrm{d}x\right]^2-4\int_a^b f^2(x)\mathrm{d}x\cdot\int_a^b g^2(x)\mathrm{d}x\leqslant 0.$$

即

$$\left[\int_a^b f(x)g(x)\mathrm{d}x\right]^2\leqslant\int_a^b f^2(x)\mathrm{d}x\cdot\int_a^b g^2(x)\mathrm{d}x.$$

评注　方法一需要 $f(x),g(x)$ 连续，方法二只需 $f(x),g(x)$ 可积.

【例 35】　证明 $\int_a^b[f(x)+g(x)]^2\mathrm{d}x\leqslant\left\{\left[\int_a^b f^2(x)\mathrm{d}x\right]^{\frac{1}{2}}+\left[\int_a^b g^2(x)\mathrm{d}x\right]^{\frac{1}{2}}\right\}^2$，$a<b$.(柯西 — 施瓦兹不等式)

【证】　由上题可得

$$\begin{aligned}\int_a^b[f(x)+g(x)]^2\mathrm{d}x&=\int_a^b f^2(x)\mathrm{d}x+2\int_a^b f(x)g(x)\mathrm{d}x+\int_a^b g^2(x)\mathrm{d}x\\&\leqslant\int_a^b f^2(x)\mathrm{d}x+2\left[\int_a^b f^2(x)\mathrm{d}x\right]^{\frac{1}{2}}\left[\int_a^b g^2(x)\mathrm{d}x\right]^{\frac{1}{2}}+\int_a^b g^2(x)\mathrm{d}x\\&=\left\{\left[\int_a^b f^2(x)\mathrm{d}x\right]^{\frac{1}{2}}+\left[\int_a^b g^2(x)\mathrm{d}x\right]^{\frac{1}{2}}\right\}^2.\end{aligned}$$

【例 36】 设 $f(x)$ 在 $[0,1]$ 上导数连续，试证：$\forall x\in[0,1]$，有 $|f(x)|\leqslant\int_0^1[|f'(x)|+|f(x)|]\mathrm{d}x$.

【思路】 利用连续函数的最小值性质与定积分的不等式性质.

【证】 由条件知 $|f(x)|$ 在 $[0,1]$ 上连续，必有最小值，即存在 $x_0\in[0,1]$，$|f(x_0)|\leqslant|f(x)|$，由 $\int_{x_0}^{x}f'(t)\mathrm{d}t=f(x)-f(x_0)$，易得 $f(x)=f(x_0)+\int_{x_0}^{x}f'(t)\mathrm{d}t$，则

$$\begin{aligned}|f(x)|&=\left|f(x_0)+\int_{x_0}^{x}f'(t)\mathrm{d}t\right|\leqslant|f(x_0)|+\int_{x_0}^{x}|f'(t)|\mathrm{d}t\\&\leqslant|f(x_0)|+\int_0^1|f'(t)|\mathrm{d}t=\int_0^1|f(x_0)|\mathrm{d}t+\int_0^1|f'(t)|\mathrm{d}t\\&\leqslant\int_0^1|f(t)|\mathrm{d}t+\int_0^1|f'(t)|\mathrm{d}t=\int_0^1[|f(t)|+|f'(t)|]\mathrm{d}t=\int_0^1[|f(x)|+|f'(x)|]\mathrm{d}x.\end{aligned}$$

【例 37】 设 $f(x)$ 在 $[a,b]$ 上导数连续，且 $f(a)=f(b)=0$，试证 $\max\limits_{a\leqslant x\leqslant b}|f'(x)|\geqslant\frac{4}{(b-a)^2}\int_a^b|f(x)|\mathrm{d}x$.

【思路】 可把函数转化为导数，然后利用拉格朗日中值定理与定积分的不等式性质.

【证】 由 $f'(x)$ 在 $[a,b]$ 上连续，知 $|f'(x)|$ 在 $[a,b]$ 上连续，有最大值，设 $M=\max\limits_{a\leqslant x\leqslant b}|f'(x)|$，要证原不等式成立，只要证 $\int_a^b|f(x)|\mathrm{d}x\leqslant\frac{(b-a)^2}{4}M$ 成立，由

$$\begin{aligned}\int_a^b|f(x)|\mathrm{d}x&=\int_a^{\frac{a+b}{2}}|f(x)|\mathrm{d}x+\int_{\frac{a+b}{2}}^b|f(x)|\mathrm{d}x\\&=\int_a^{\frac{a+b}{2}}|f(x)-f(a)|\mathrm{d}x+\int_{\frac{a+b}{2}}^b|f(b)-f(x)|\mathrm{d}x\\&=\int_a^{\frac{a+b}{2}}|f'(\xi_1)(x-a)|\mathrm{d}x+\int_{\frac{a+b}{2}}^b|f'(\xi_2)(b-x)|\mathrm{d}x\\&\leqslant M\int_a^{\frac{a+b}{2}}(x-a)\mathrm{d}x+M\int_{\frac{a+b}{2}}^b(b-x)\mathrm{d}x\\&=M\frac{(x-a)^2}{2}\bigg|_a^{\frac{a+b}{2}}-M\frac{(b-x)^2}{2}\bigg|_{\frac{a+b}{2}}^b=\frac{(b-a)^2}{4}M.\end{aligned}$$

故原不等式成立.

【例 38】 (2014[1][2][3]) 设函数 $f(x)$，$g(x)$ 在区间 $[a,b]$ 上连续，且 $f(x)$ 单调增加，$0\leqslant g(x)\leqslant1$，证明：

(Ⅰ) $0\leqslant\int_a^x g(t)\mathrm{d}t\leqslant x-a$，$x\in[a,b]$；

(Ⅱ) $\int_a^{a+\int_a^b g(t)\mathrm{d}t}f(x)\mathrm{d}x\leqslant\int_a^b f(x)g(x)\mathrm{d}x$.

【解】 (Ⅰ) 因为 $0\leqslant g(x)\leqslant1$，$x\in[a,b]$，所以

$$0\leqslant\int_a^x g(t)\mathrm{d}t\leqslant\int_a^x1\mathrm{d}t=x-a,\ x\in[a,b].$$

(Ⅱ) 令 $F(u)=\int_a^u f(x)g(x)\mathrm{d}x-\int_a^{a+\int_a^u g(t)\mathrm{d}t}f(x)\mathrm{d}x$，则

$$\begin{aligned}F'(u)&=f(u)g(u)-f\left(a+\int_a^u g(t)\mathrm{d}t\right)\cdot g(u)\\&=g(u)\left[f(u)-f\left(a+\int_a^u g(t)\mathrm{d}t\right)\right].\end{aligned}$$

由 (Ⅰ) 知 $0\leqslant\int_a^u g(t)\mathrm{d}t\leqslant(u-a)$，所以 $a\leqslant a+\int_a^u g(t)\mathrm{d}t\leqslant u$.

又由于 $f(x)$ 单调增加，所以 $f(u)-f\left(a+\int_a^u g(t)\mathrm{d}t\right)\geqslant 0$，进而得 $F'(u)\geqslant 0$，则 $F(u)$ 单调不减，所以 $F(u)\geqslant F(a)=0$.

取 $u=b$，得 $F(b)\geqslant 0$，即（Ⅱ）成立.

【例 39】 （1994[3]）设 $f(x)$ 在 $[0,1]$ 上连续且递减，证明：当 $0<\lambda<1$ 时，$\int_0^\lambda f(x)\mathrm{d}x\geqslant\lambda\int_0^1 f(x)\mathrm{d}x$.

【思路】 利用积分中值定理与函数的单调性，或利用函数的单调性与积分不等式性质，或利用单调性定理与积分中值定理.

【证】方法一

$$\begin{aligned}\int_0^\lambda f(x)\mathrm{d}x-\lambda\int_0^1 f(x)\mathrm{d}x&=\int_0^\lambda f(x)\mathrm{d}x-\lambda\int_0^\lambda f(x)\mathrm{d}x-\lambda\int_\lambda^1 f(x)\mathrm{d}x\\&=(1-\lambda)\int_0^\lambda f(x)\mathrm{d}x-\lambda\int_\lambda^1 f(x)\mathrm{d}x=(1-\lambda)\lambda f(\xi_1)-\lambda(1-\lambda)f(\xi_2)\\&=\lambda(1-\lambda)(f(\xi_1)-f(\xi_2)),\end{aligned}$$

其中 $0\leqslant\xi_1\leqslant\lambda\leqslant\xi_2\leqslant 1$，而 $f(x)$ 在 $[0,1]$ 上递减，知 $f(\xi_1)-f(\xi_2)\geqslant 0$，又 $0<\lambda<1$，$0<1-\lambda<1$，从而 $\int_0^\lambda f(x)\mathrm{d}x-\lambda\int_0^1 f(x)\mathrm{d}x\geqslant 0$，即 $\int_0^\lambda f(x)\mathrm{d}x\geqslant\lambda\int_0^1 f(x)\mathrm{d}x$.

方法二

$$\int_0^\lambda f(x)\mathrm{d}x\xlongequal{\text{设 }x=\lambda t}\int_0^1 f(\lambda t)\lambda\mathrm{d}t=\int_0^1 f(\lambda x)\lambda\mathrm{d}x=\lambda\int_0^1 f(\lambda x)\mathrm{d}x.$$

由 $0<\lambda<1$，知 $\lambda x\leqslant x$，又 $f(x)$ 递减，知 $f(\lambda x)\geqslant f(x)$，得 $\int_0^1 f(\lambda x)\mathrm{d}x\geqslant\int_0^1 f(x)\mathrm{d}x$.

从而

$$\int_0^\lambda f(x)\mathrm{d}x=\lambda\int_0^1 f(\lambda x)\mathrm{d}x\geqslant\lambda\int_0^1 f(x)\mathrm{d}x.$$

方法三　要证原不等式成立，只要证 $\dfrac{\int_0^\lambda f(x)\mathrm{d}x}{\lambda}\geqslant\int_0^1 f(x)\mathrm{d}x$ 成立，令 $F(t)=\dfrac{\int_0^t f(x)\mathrm{d}x}{t}$，由 $F(\lambda)=\dfrac{\int_0^\lambda f(x)\mathrm{d}x}{\lambda}$，$F(1)=\int_0^1 f(x)\mathrm{d}x$，只要证 $\lambda\in(0,1)$ 时，$F(\lambda)\geqslant F(1)$ 成立. 由 $F(t)$ 在 $[0,1]$ 上连续，在 $[0,1]$ 内可导，且

$$F'(t)=\frac{f(t)t-\int_0^t f(x)\mathrm{d}x}{t^2}=\frac{f(t)t-f(c)t}{t^2}=\frac{f(t)-f(c)}{t},\text{其中 }0\leqslant c\leqslant t,$$

知 $f(c)\geqslant f(t)$，有 $F'(t)\leqslant 0$，知 $F(t)$ 在 $(0,1]$ 上递减，又 $0<\lambda<1$，有 $F(\lambda)\geqslant F(1)$，逆推回去，得原不等式成立.

【例 40】 设 $f(x)$ 在 $[a,b]$ 上连续递增，证明 $\int_a^b xf(x)\mathrm{d}x\geqslant\dfrac{a+b}{2}\int_a^b f(x)\mathrm{d}x$.

【思路】 转化为同一个函数在区间两端点函数值大小的比较，用单调性定理.

【证】方法一　要证原不等式成立，只要证 $\int_a^b xf(x)\mathrm{d}x-\dfrac{a+b}{2}\int_a^b f(x)\mathrm{d}x\geqslant 0$ 成立.

设 $F(t)=\int_a^t xf(x)\mathrm{d}x-\dfrac{a+t}{2}\int_a^t f(x)\mathrm{d}x$，只需证 $F(b)\geqslant F(a)$ 成立，由 $F(t)$ 在 $[a,b]$ 上连续，在 (a,b) 内可导，且

$$F'(t)=tf(t)-\frac{1}{2}\int_a^t f(x)\mathrm{d}x-\frac{a+t}{2}f(t)=\frac{t-a}{2}f(t)-\frac{t-a}{2}f(c)=\frac{t-a}{2}[f(t)-f(c)],$$

其中 $a\leqslant c\leqslant t$，又 $f(x)$ 在 $[a,b]$ 上递增，有 $f(c)\leqslant f(t)$，知 $F'(t)\geqslant 0$，从而 $F(t)$ 在 $[a,b]$ 上递增，由 $b>a$，得 $F(b)\geqslant F(a)$. 逆推回去，得原不等式成立.

方法二　要证原不等式成立，只需证 $\int_a^b xf(x)\mathrm{d}x-\dfrac{a+b}{2}\int_a^b f(x)\mathrm{d}x\geqslant 0$ 成立.

只需证 $\int_a^b(x-\dfrac{a+b}{2})f(x)\mathrm{d}x\geqslant 0$ 成立，由 $\int_a^b\left(x-\dfrac{a+b}{2}\right)f\left(\dfrac{a+b}{2}\right)\mathrm{d}x=f\left(\dfrac{a+b}{2}\right)\cdot\dfrac{1}{2}\left(x-\dfrac{a+b}{2}\right)^2\Big|_a^b=$

0,只需证$\int_a^b\left(x-\frac{a+b}{2}\right)\left[f(x)-f\left(\frac{a+b}{2}\right)\right]\mathrm{d}x\geqslant 0$成立.

由$f(x)$在$[a,b]$递增,知$x-\frac{a+b}{2}$与$f(x)-f\left(\frac{a+b}{2}\right)$同号,有$\left(x-\frac{a+b}{2}\right)\left[f(x)-f\left(\frac{a+b}{2}\right)\right]\geqslant$ 0,逆推回去,得原不等式成立.

方法三 由方法二知只要证$\int_a^b\left(x-\frac{a+b}{2}\right)f(x)\mathrm{d}x\geqslant 0$成立,

由$\int_a^b\left(x-\frac{a+b}{2}\right)f(x)\mathrm{d}x=\int_a^{\frac{a+b}{2}}\left(x-\frac{a+b}{2}\right)f(x)\mathrm{d}x+\int_{\frac{a+b}{2}}^b\left(x-\frac{a+b}{2}\right)f(x)\mathrm{d}x$

$$\xlongequal{\text{由推广的积分中值定理}}f(\xi_1)\int_a^{\frac{a+b}{2}}\left(x-\frac{a+b}{2}\right)\mathrm{d}x+f(\xi_2)\int_{\frac{a+b}{2}}^b\left(x-\frac{a+b}{2}\right)\mathrm{d}x$$

$$=-\frac{(b-a)^2}{8}f(\xi_1)+\frac{(b-a)^2}{8}f(\xi_2)=\frac{(b-a)^2}{8}[f(\xi_2)-f(\xi_1)],$$

其中$a\leqslant\xi_1\leqslant\frac{a+b}{2}\leqslant\xi_2\leqslant b$,且$f(x)$在$[a,b]$上递增,知$f(\xi_2)-f(\xi_1)\geqslant 0$,故不等式成立,因此原不等式成立.

【例 41】 (2004[3])设$f(x)$,$g(x)$在$[a,b]$上连续,且满足

$$\int_a^x f(t)\mathrm{d}t\geqslant\int_a^x g(t)\mathrm{d}t,x\in[a,b),\int_a^b f(t)\mathrm{d}t=\int_a^b g(t)\mathrm{d}t.$$

证明:$\int_a^b xf(x)\mathrm{d}x\leqslant\int_a^b xg(x)\mathrm{d}x$.

【证】 令$F(x)=f(x)-g(x)$,$G(x)=\int_a^x F(t)\mathrm{d}t$,则$G'(x)=F(x)$.

因为$\int_a^x f(t)\mathrm{d}t\geqslant\int_a^x g(t)\mathrm{d}t$,所以

$$G(x)=\int_a^x F(t)\mathrm{d}t=\int_a^x[f(t)-g(t)]\mathrm{d}t=\int_a^x f(t)\mathrm{d}t-\int_a^x g(t)\mathrm{d}t\geqslant 0,x\in[a,b],$$

$G(a)=\int_a^a F(t)\mathrm{d}t=0$,又$\int_a^b f(t)\mathrm{d}t=\int_a^b g(t)\mathrm{d}t$,所以

$$G(b)=\int_a^b F(t)\mathrm{d}t=\int_a^b[f(t)-g(t)]\mathrm{d}t=\int_a^b f(t)\mathrm{d}t-\int_a^b g(t)\mathrm{d}t=0.$$

从而$\int_a^b xF(x)\mathrm{d}x=\int_a^b x\mathrm{d}G(x)=xG(x)\Big|_a^b-\int_a^b G(x)\mathrm{d}x=-\int_a^b G(x)\mathrm{d}x$.

由于$G(x)\geqslant 0,x\in[a,b]$,故有$-\int_a^b G(x)\mathrm{d}x\leqslant 0$,即$\int_a^b xF(x)\mathrm{d}x\leqslant 0$,所以

$$\int_a^b x[f(x)-g(x)]\mathrm{d}x=\int_a^b xf(x)\mathrm{d}x-\int_a^b xg(x)\mathrm{d}x\leqslant 0,$$

即$\int_a^b xf(x)\mathrm{d}x\leqslant\int_a^b xg(x)\mathrm{d}x$.

【例 42】 设$f(x)$在区间$[0,1]$上可导,且满足$0\leqslant f'(x)\leqslant 1$及$f(0)=0$,证明:$\left[\int_0^1 f(x)\mathrm{d}x\right]^2\geqslant\int_0^1 f^3(x)\mathrm{d}x$.

【解】 要证原不等式成立,只需证$\left[\int_0^1 f(x)\mathrm{d}x\right]^2-\int_0^1[f(x)]^3\mathrm{d}x\geqslant 0$成立.

设$F(t)=\left[\int_0^t f(x)\mathrm{d}x\right]^2-\int_0^t[f(x)]^3\mathrm{d}x$,则$F(1)=\left[\int_0^1 f(x)\mathrm{d}x\right]^2-\int_0^1[f(x)]^3\mathrm{d}x$,$F(0)=0$,故只需证$F(1)\geqslant F(0)$.

由$F(t)$在$[0,1]$上连续,在$(0,1)$内可导,且

$$F'(t)=2\int_0^t f(x)\mathrm{d}x\cdot f(t)-f^3(t)=f(t)[2\int_0^t f(x)\mathrm{d}x-f^2(t)],$$

已知 $0\leqslant f'(t)\leqslant 1$,得 $f(t)$ 在$[0,1]$上单调增加.当 $t\in(0,1]$ 时,$f(t)\geqslant f(0)=0$.

令 $g(t)=2\int_0^t f(x)\mathrm{d}x-f^2(t),t\in[0,1],g(0)=0$,则

$$g'(t)=2f(t)-2f(t)f'(t)=2f(t)(1-f'(t))\geqslant 0,$$

知 $g(t)$ 在$[0,1]$上单调增加,当 $t\in(0,1]$ 时,$g(t)\geqslant g(0)=0$,从而 $F'(t)\geqslant 0$,因此 $F(t)$ 在$[0,1]$上单调增加,得 $F(1)\geqslant F(0)$,即 $\left[\int_0^1 f(x)\mathrm{d}x\right]^2\geqslant\int_0^1[f(x)]^3\mathrm{d}x$.

【例 43】 设 $f(x)$ 在$(-\infty,+\infty)$上有连续导数,且 $m\leqslant f(x)\leqslant M$,

(1) 求 $\lim\limits_{a\to 0^+}\dfrac{1}{4a^2}\int_{-a}^{a}[f(t+a)-f(t-a)]\mathrm{d}t$;

(2) 证明:$\left|\dfrac{1}{2a}\int_{-a}^{a}f(t)\mathrm{d}t-f(x)\right|\leqslant M-m(a>0)$.

【解】 (1) 由积分中值定理和微分中值定理,有

$$\lim_{a\to 0^+}\frac{1}{4a^2}\int_{-a}^{a}[f(t+a)-f(t-a)]\mathrm{d}t=\lim_{a\to 0^+}\frac{f(\xi+a)-f(\xi-a)}{2a}(-2a\leqslant\xi-a<\xi+a\leqslant 2a)$$

$$=\lim_{a\to 0^+}f'(\xi_1)=\lim_{\xi_1\to 0^+}f'(\xi_1)=f'(0)(\xi-a<\xi_1<\xi+a).$$

(2) 证　由 $f(x)$ 的有界性及积分不等式性质有 $m\leqslant\dfrac{1}{2a}\int_{-a}^{a}f(t)\mathrm{d}t\leqslant M$,又 $-M\leqslant -f(x)\leqslant -m$,故有 $-(M-m)\leqslant\dfrac{1}{2a}\int_{-a}^{a}f(t)\mathrm{d}t-f(x)\leqslant M-m$,即 $\left|\dfrac{1}{2a}\int_{-a}^{a}f(t)\mathrm{d}t-f(x)\right|\leqslant M-m$.

★ 题型 2.4　涉及三角函数定积分的等式证明

解题策略

根据三角函数的特点,多采用变量代换或周期函数的性质.

【例 44】 证明 $\int_0^{\frac{\pi}{2}}f(\sin 2x)\mathrm{d}x=\int_0^{\frac{\pi}{2}}f(\cos x)\mathrm{d}x$.

【证】

$$\int_0^{\frac{\pi}{2}}f(\sin 2x)\mathrm{d}x\xlongequal{\text{令 }2x=\frac{\pi}{2}-t}-\frac{1}{2}\int_{\frac{\pi}{2}}^{-\frac{\pi}{2}}f[\sin(\frac{\pi}{2}-t)]\mathrm{d}t=\frac{1}{2}\int_{-\frac{\pi}{2}}^{\frac{\pi}{2}}f(\cos t)\mathrm{d}t$$

$$=\int_0^{\frac{\pi}{2}}f(\cos t)\mathrm{d}t=\int_0^{\frac{\pi}{2}}f(\cos x)\mathrm{d}x\ (f(\cos x)\text{ 是偶函数}).$$

【例 45】 设 $f(x)$ 是以 π 为周期的连续函数,证明:$\int_0^{2\pi}(\sin x+x)f(x)\mathrm{d}x=\int_0^{\pi}(2x+\pi)f(x)\mathrm{d}x$.

【证】 $\int_0^{2\pi}(\sin x+x)f(x)\mathrm{d}x=\int_0^{\pi}(\sin x+x)f(x)\mathrm{d}x+\int_{\pi}^{2\pi}(\sin x+x)f(x)\mathrm{d}x$,

而

$$\int_{\pi}^{2\pi}(\sin x+x)f(x)\mathrm{d}x\xlongequal{\text{令 }x=\pi+t}\int_0^{\pi}[\sin(t+\pi)+t+\pi]f(\pi+t)\mathrm{d}t$$

$$=-\int_0^{\pi}\sin tf(t)\mathrm{d}t+\int_0^{\pi}(t+\pi)f(t)\mathrm{d}t=-\int_0^{\pi}\sin xf(x)\mathrm{d}x+\int_0^{\pi}(x+\pi)f(x)\mathrm{d}x,$$

故 $\int_0^{2\pi}(\sin x+x)f(x)\mathrm{d}x=\int_0^{\pi}(\sin x+x)f(x)\mathrm{d}x-\int_0^{\pi}\sin xf(x)\mathrm{d}x+\int_0^{\pi}(x+\pi)f(x)\mathrm{d}x$

$$=\int_0^{\pi}(2x+\pi)f(x)\mathrm{d}x.$$

【例 46】 设 $f(x)$ 在$[0,1]$上连续,试证:$\int_0^{\frac{\pi}{2}}f(\sin x)\mathrm{d}x=\dfrac{1}{4}\int_0^{2\pi}f(|\sin x|)\mathrm{d}x$.

【思路】 利用周期函数积分的性质.

【证】 由 $|\sin x| = \sqrt{\sin^2 x} = \sqrt{\dfrac{1}{2}(1-\cos 2x)}$ 是以 π 为周期的函数，当然也是以 2π 为周期的函数，知 $f(|\sin x|)$ 也是以 π 为周期的函数，于是

$$\frac{1}{4}\int_0^{2\pi} f(|\sin x|)\mathrm{d}x = \frac{1}{4}\int_{-\pi}^{\pi} f(|\sin x|)\mathrm{d}x = \frac{1}{2}\int_0^{\pi} f(|\sin x|)\mathrm{d}x$$

$$= \frac{1}{2}\int_{-\frac{\pi}{2}}^{\frac{\pi}{2}} f(|\sin x|)\mathrm{d}x = \int_0^{\frac{\pi}{2}} f(|\sin x|)\mathrm{d}x = \int_0^{\frac{\pi}{2}} f(\sin x)\mathrm{d}x.$$

★ 题型 2.5 涉及定积分变上(下)限函数的等式的证明

解题策略

利用变上(下)限函数的求导，注意要化成标准形式.

【例 47】 设连续函数 $f(x)$ 满足 $\int_0^x f(x-t)\mathrm{d}t = \mathrm{e}^{-2x}-1$，求 $\int_0^1 f(x)\mathrm{d}x$.

【思路】 要化成变上下限函数的标准形式，然后等式两边对 x 求导.

【解】 令 $x-t=u$，有 $\int_0^x f(x-t)\mathrm{d}t = -\int_x^0 f(u)\mathrm{d}u = \int_0^x f(u)\mathrm{d}u$，从而得 $\int_0^x f(u)\mathrm{d}u = \mathrm{e}^{-2x}-1$.

令 $x=1$，则有 $\int_0^1 f(u)\mathrm{d}u = \int_0^1 f(x)\mathrm{d}x = \mathrm{e}^{-2}-1$.

【例 48】 求连续函数 $f(x)$，使满足 $\int_0^1 f(xt)\mathrm{d}t = f(x) + x\mathrm{e}^x$.

【思路】 通过变量代换把左边的积分化成变上限函数的标准形式，然后等式两边对 x 求导.

【解】 由 $\int_0^1 f(xt)\mathrm{d}t \xlongequal{令 xt = u} \int_0^x f(u)\cdot\dfrac{1}{x}\mathrm{d}u = \dfrac{1}{x}\int_0^x f(u)\mathrm{d}u$，代入等式并化简有

$$\int_0^x f(u)\mathrm{d}u = xf(x) + x^2\mathrm{e}^x,$$

等式两边同时对 x 求导有 $f(x) = f(x) + xf'(x) + 2x\mathrm{e}^x + x^2\mathrm{e}^x$，得 $f'(x) = -(2\mathrm{e}^x + x\mathrm{e}^x)$.

于是 $f(x) = -\int(2\mathrm{e}^x + x\mathrm{e}^x)\mathrm{d}x = -2\mathrm{e}^x - (x\mathrm{e}^x - \mathrm{e}^x) + C = -\mathrm{e}^x - x\mathrm{e}^x + C$.

★ 题型 2.6 涉及 $f(x)$ 与其定积分的等式，求 $f(x)$

解题策略

令该积分为 k，求出 k，从而求出 $f(x)$.

【例 49】 设连续函数 $f(x)$ 满足 $f(x) = 3x^2 - x\int_0^1 f(x)\mathrm{d}x$，求 $f(x)$.

【解】 设 $a = \int_0^1 f(x)\mathrm{d}x$，知 $f(x) = 3x^2 - ax$，由于 $a = \int_0^1 f(x)\mathrm{d}x = \int_0^1 3x^2\mathrm{d}x - \int_0^1 ax\mathrm{d}x = 1 - \dfrac{a}{2}$，得 $a = \dfrac{2}{3}$，故 $f(x) = 3x^2 - \dfrac{2}{3}x$.

【例 50】 已知 $f(x)$ 满足方程 $f(x) = 3x - \sqrt{1-x^2}\int_0^1 f^2(x)\mathrm{d}x$，求 $f(x)$.

【思路】 如果令 $k = \int_0^1 f(t)\mathrm{d}t$，又令 $I = \int_0^1 f^2(x)\mathrm{d}x$，则一个等式中就有两个未知数，解不出来，因此把等式两边平方后再积分.

【解】 设 $I = \int_0^1 f^2(x)\mathrm{d}x$，得 $f(x) = 3x - I\sqrt{1-x^2}$，两边平方后再积分有

$$I = \int_0^1 f^2(x)\mathrm{d}x = 9\int_0^1 x^2\mathrm{d}x - 6I\int_0^1 x\sqrt{1-x^2}\mathrm{d}x + I^2\int_0^1(1-x^2)\mathrm{d}x = 3 - 2I + \frac{2}{3}I^2.$$

整理得 $2I^2 - 9I + 9 = 0$，解得 $I = 3$ 或 $\dfrac{3}{2}$，所以 $f(x) = 3x - 3\sqrt{1-x^2}$ 或 $f(x) = 3x - \dfrac{3}{2}\sqrt{1-x^2}$.

★ 题型三　定积分的计算

题型 3.1　定积分的计算

解题策略

利用定积分的线性运算法则、凑微分、变量代换、分部积分计算. 同不定积分类似.

【例 51】 设 $f(x)=\begin{cases}1+x^2, & x\leqslant 0,\\ e^{-x}, & x>0,\end{cases}$ 求 $\int_1^3 f(x-2)\mathrm{d}x$.

【解】 原式 $\xlongequal{令\ x-2=t}\int_{-1}^1 f(t)\mathrm{d}t=\int_{-1}^0(1+t^2)\mathrm{d}t+\int_0^1 e^{-t}\mathrm{d}t=\frac{7}{3}-\frac{1}{e}$.

【例 52】 (1993[3]) 计算 $\int_0^{\frac{\pi}{4}}\frac{x}{1+\cos 2x}\mathrm{d}x$.

【解】 原式 $=\int_0^{\frac{\pi}{4}}\frac{x}{2\cos^2 x}\mathrm{d}x=\frac{1}{2}\int_0^{\frac{\pi}{4}}x\mathrm{d}\tan x=\frac{1}{2}\left[(x\tan x)\Big|_0^{\frac{\pi}{4}}-\int_0^{\frac{\pi}{4}}\tan x\mathrm{d}x)\right]$

$$=\frac{1}{2}\left(\frac{\pi}{4}+\ln\cos x\Big|_0^{\frac{\pi}{4}}\right)=\frac{\pi}{8}-\frac{1}{4}\ln 2.$$

【例 53】 (1996[2]) 计算 $\int_0^{\ln 2}\sqrt{1-e^{-2x}}\mathrm{d}x$.

【解】方法一　原式 $=\int_0^{\ln 2}e^{-x}\sqrt{e^{2x}-1}\mathrm{d}x=-\int_0^{\ln 2}\sqrt{e^{2x}-1}\mathrm{d}e^{-x}$

$$=-e^{-x}\sqrt{e^{2x}-1}\Big|_0^{\ln 2}+\int_0^{\ln 2}\frac{e^x\mathrm{d}x}{\sqrt{e^{2x}-1}}$$

$$=-\frac{\sqrt{3}}{2}+\ln\left(e^x+\sqrt{e^{2x}-1}\right)\Big|_0^{\ln 2}=-\frac{\sqrt{3}}{2}+\ln(2+\sqrt{3}).$$

方法二　令 $e^{-x}=\sin t$, 则 $\mathrm{d}x=-\frac{\cos t}{\sin t}\mathrm{d}t$, 于是

原式 $=\int_{\frac{\pi}{6}}^{\frac{\pi}{2}}\frac{\cos^2 t}{\sin t}\mathrm{d}t=\int_{\frac{\pi}{6}}^{\frac{\pi}{2}}\frac{1-\sin^2 t}{\sin t}\mathrm{d}t=\int_{\frac{\pi}{6}}^{\frac{\pi}{2}}\frac{1}{\sin t}\mathrm{d}t-\int_{\frac{\pi}{6}}^{\frac{\pi}{2}}\sin t\mathrm{d}t$

$$=\ln(\csc t-\cot t)\Big|_{\frac{\pi}{6}}^{\frac{\pi}{2}}-\frac{\sqrt{3}}{2}=\ln(2+\sqrt{3})-\frac{\sqrt{3}}{2}.$$

【例 54】 设 $|y|<1$, 求 $\int_{-1}^1|x-y|e^x\mathrm{d}x$.

【思路】 因被积函数中含绝对值符号, 所以应分段进行积分.

【解】 $\int_{-1}^1|x-y|e^x\mathrm{d}x=\int_{-1}^y(y-x)e^x\mathrm{d}x+\int_y^1(x-y)e^x\mathrm{d}x$

$$=\int_{-1}^y(y-x)\mathrm{d}(e^x)+\int_y^1(x-y)\mathrm{d}(e^x)$$

$$=(y-x)e^x\Big|_{-1}^y+\int_{-1}^y e^x\mathrm{d}x+(x-y)e^x\Big|_y^1-\int_y^1 e^x\mathrm{d}x$$

$$=2e^y-\left(e+\frac{1}{e}\right)y-\frac{2}{e}.$$

【例 55】 设 $I_1=\int_0^{\pi}\frac{x\sin^2 x}{1+e^{\cos^2 x}}\mathrm{d}x$, $I_2=\int_0^{\pi}\frac{\sin^2 x}{1+e^{\cos^2 x}}\mathrm{d}x$, $I_3=\int_0^{\frac{\pi}{2}}\frac{\cos^2 x}{1+e^{\sin^2 x}}\mathrm{d}x$. 则(　　).

(A) $I_1>I_2>I_3$　　(B) $I_1<I_2<I_3$

(C) $I_2>I_1>I_3$　　(D) $I_3>I_1>I_2$

【解】 $I_1=\int_0^{\pi}\frac{x\sin^2 x}{1+e^{\cos^2 x}}dx \overset{x=\frac{\pi}{2}-t}{=} -\int_{\frac{\pi}{2}}^{-\frac{\pi}{2}}\frac{\left(\frac{\pi}{2}-t\right)\cos^2 t}{1+e^{\sin^2 t}}dt$

$=\frac{\pi}{2}\int_{-\frac{\pi}{2}}^{\frac{\pi}{2}}\frac{\cos^2 t}{1+e^{\sin^2 t}}dt-\int_{-\frac{\pi}{2}}^{\frac{\pi}{2}}\frac{t\cos^2 t}{1+e^{\sin^2 t}}dt$

$=\pi\int_0^{\frac{\pi}{2}}\frac{\cos^2 t}{1+e^{\sin^2 t}}dt$(利用被积函数的奇偶性),

$I_2=\int_0^{\pi}\frac{\sin^2 x}{1+e^{\cos^2 x}}dx \overset{x=\frac{\pi}{2}-t}{=} -\int_{\frac{\pi}{2}}^{-\frac{\pi}{2}}\frac{\cos^2 t}{1+e^{\sin^2 t}}dt=2\int_0^{\frac{\pi}{2}}\frac{\cos^2 t}{1+e^{\sin^2 t}}dt$,

即 $I_1=\pi I_3, I_2=2I_3, I_3>0$,故 $I_1>I_2>I_3$.(A) 正确.

【例 56】 设 $f(x)$ 在$[0,1]$上连续,计算$\int_0^{\frac{\pi}{2}}\frac{f(\sin x)}{f(\sin x)+f(\cos x)}dx$.

【解】 设 $I=\int_0^{\frac{\pi}{2}}\frac{f(\sin x)}{f(\sin x)+f(\cos x)}dx$,于是

$$I \xlongequal{令x=\frac{\pi}{2}-t} -\int_{\frac{\pi}{2}}^{0}\frac{f(\cos t)}{f(\cos t)+f(\sin t)}dt=\int_0^{\frac{\pi}{2}}\frac{f(\cos x)}{f(\cos x)+f(\sin x)}dx,$$

则 $2I=\int_0^{\frac{\pi}{2}}\frac{f(\sin x)}{f(\sin x)+f(\cos x)}dx+\int_0^{\frac{\pi}{2}}\frac{f(\cos x)}{f(\sin x)+f(\cos x)}dx=\int_0^{\frac{\pi}{2}}dx=\frac{\pi}{2}$,得 $I=\frac{\pi}{4}$.

【例 57】 计算$\int_0^1\frac{\ln(1+x)}{1+x^2}dx$.

【解】 原式$\xlongequal{令x=\tan t}\int_0^{\frac{\pi}{4}}\frac{\ln(1+\tan t)}{\sec^2 t}\sec^2 t\,dt=\int_0^{\frac{\pi}{4}}\ln\frac{\cos t+\sin t}{\cos t}dt$

$=\int_0^{\frac{\pi}{4}}\ln\frac{\sqrt{2}\cos(\frac{\pi}{4}-t)}{\cos t}dt=\int_0^{\frac{\pi}{4}}\ln\sqrt{2}dt+\int_0^{\frac{\pi}{4}}\ln\cos(\frac{\pi}{4}-t)dt-\int_0^{\frac{\pi}{4}}\ln\cos t\,dt$,

由于$\int_0^{\frac{\pi}{4}}\ln\cos(\frac{\pi}{4}-t)dt\xlongequal{令\frac{\pi}{4}-t=u}-\int_{\frac{\pi}{4}}^{0}\ln\cos u\,du=\int_0^{\frac{\pi}{4}}\ln\cos t\,dt$,所以原式$=\int_0^{\frac{\pi}{4}}\ln\sqrt{2}dt=\frac{\pi}{4}\ln\sqrt{2}=\frac{\pi}{8}\ln 2$.

题型 3.2 $[-a,a]$ 上连续函数 $f(x)$ 定积分的计算

解题策略

利用区间的对称性与被积函数的奇偶性.

【例 58】 计算$\int_{-1}^{1}\left(\frac{x^7}{1+x^6+3x^{100}}+x\sqrt{1-x^2}+\sqrt{1-x^2}\right)dx$.

【思路】 利用区间的对称性与被积函数的奇偶性.

【解】 原式$=\int_{-1}^{1}\frac{x^7}{1+x^6+3x^{100}}dx+\int_{-1}^{1}x\sqrt{1-x^2}dx+\int_{-1}^{1}\sqrt{1-x^2}dx$

$=2\int_0^1\sqrt{1-x^2}dx=2\cdot\frac{1}{4}\cdot\pi\cdot 1^2=\frac{\pi}{2}$ (利用定积分几何意义).

【例 59】 $\int_{-2}^{2}(x^3\cos x+1)\sqrt{4-x^2}dx=$ ________.

【解】 原式 $=\int_{-2}^{2}x^3\cos x\cdot\sqrt{4-x^2}dx+\int_{-2}^{2}\sqrt{4-x^2}dx=\int_{-2}^{2}\sqrt{4-x^2}dx=\frac{1}{2}\times 4\pi=2\pi$.

> **评注** 被积函数分解成两项之和，第一项，因被积函数为奇函数，故定积分为0；第二项的被积函数表示圆心在原点、半径为2的上半圆周，可直接应用定积分的几何意义，利用圆面积公式直接得出结果.遇到对称区间上的定积分，应首先观察被积函数的奇偶性.

题型 3.3 连续周期函数 $f(x)$ 定积分的计算

【例 60】 证明：$\int_0^{2\pi}\sin^{2n}x\,dx=\int_0^{2\pi}\cos^{2n}x\,dx=4\int_0^{\frac{\pi}{2}}\sin^{2n}x\,dx$，并计算.

【证】 $\int_0^{2\pi}\sin^{2n}x\,dx\xlongequal{\text{令 }x=\frac{\pi}{2}-t}-\int_{\frac{\pi}{2}}^{-\frac{3\pi}{2}}\sin^{2n}\left(\frac{\pi}{2}-t\right)dt=\int_{-\frac{3\pi}{2}}^{\frac{\pi}{2}}\cos^{2n}t\,dt.$

由 $\cos^2x=\frac{1+\cos 2x}{2}$，知 $\cos^2x$ 的周期为 π，当然 2π 也是它的周期，利用周期函数定积分的性质，有 $\int_{-\frac{3\pi}{2}}^{\frac{\pi}{2}}\cos^{2n}t\,dt=\int_0^{2\pi}\cos^{2n}t\,dt=\int_0^{2\pi}\cos^{2n}x\,dx.$ 而

$$\int_0^{2\pi}\cos^{2n}x\,dx=\int_{-\pi}^{\pi}\cos^{2n}x\,dx=2\int_0^{\pi}\cos^{2n}x\,dx=2\int_{-\frac{\pi}{2}}^{\frac{\pi}{2}}\cos^{2n}x\,dx=4\int_0^{\frac{\pi}{2}}\cos^{2n}x\,dx=4\int_0^{\frac{\pi}{2}}\sin^{2n}x\,dx,$$

由于 $2n$ 是偶数，故 $4\int_0^{\frac{\pi}{2}}\cos^{2n}x\,dx=4\cdot\frac{2n-1}{2n}\cdot\frac{2n-3}{2n-2}\cdot\cdots\cdot\frac{1}{2}\cdot\frac{\pi}{2}.$

题型 3.4 被积函数中含有变限函数的定积分

> **解题策略**
> 1. 一般要用分部积分，把变限函数看成 u，把其余的因式看成 v'.
> 2. 看成二重积分的累次积分，交换积分次序.交换的时候要求积分上限大于积分下限.

【例 61】 (2013[1]) 计算 $\int_0^1\frac{f(x)}{\sqrt{x}}dx$，其中 $f(x)=\int_1^x\frac{\ln(t+1)}{t}dt.$

【解】方法一 因为 $f(x)=\int_1^x\frac{\ln(t+1)}{t}dt$，所以 $f'(x)=\frac{\ln(x+1)}{x}$，且 $f(1)=0.$

从而

$$\int_0^1\frac{f(x)}{\sqrt{x}}dx=2\left[\sqrt{x}f(x)\Big|_0^1-\int_0^1\sqrt{x}f'(x)dx\right]=-2\int_0^1\frac{\ln(x+1)}{\sqrt{x}}dx$$

$$=-4\sqrt{x}\ln(x+1)\Big|_0^1+4\int_0^1\frac{\sqrt{x}}{x+1}dx=-4\ln 2+4\int_0^1\frac{\sqrt{x}}{x+1}dx.$$

令 $u=\sqrt{x}$，则 $\int_0^1\frac{\sqrt{x}}{x+1}dx=2\int_0^1\frac{u^2}{u^2+1}du=2(u-\arctan u)\Big|_0^1=2-\frac{\pi}{2}.$

所以 $\int_0^1\frac{f(x)}{\sqrt{x}}dx=8-2\pi-4\ln 2.$

方法二 原式 $=\int_0^1\frac{1}{\sqrt{x}}dx\int_1^x\frac{\ln(1+t)}{t}dt=-\int_0^1\frac{1}{\sqrt{x}}dx\int_x^1\frac{\ln(1+t)}{t}dt$

$$=-\int_0^1\frac{\ln(1+t)}{t}dt\int_0^t\frac{1}{\sqrt{x}}dx=-\int_0^1 2\frac{\ln(1+t)}{\sqrt{t}}dt=8-2\pi-4\ln 2.$$

题型 3.5 利用定积分求数列极限

【例 62】 计算 $\lim\limits_{n\to\infty}\left(\frac{n}{n^2+1^2}+\frac{n}{n^2+2^2}+\cdots+\frac{n}{n^2+n^2}\right).$

【思路】 利用定积分定义计算.

【解】 原式 $=\lim\limits_{n\to\infty}\sum\limits_{i=1}^{n}\frac{n}{n^2+i^2}=\lim\limits_{n\to\infty}\sum\limits_{i=1}^{n}\frac{1}{1+\left(\frac{i}{n}\right)^2}\frac{1}{n}=\int_0^1\frac{1}{1+x^2}dx=\arctan x\Big|_0^1=\frac{\pi}{4}.$

题型 3.6 广义积分的计算

解题策略

利用牛顿—莱布尼茨公式.

【例 63】 (1993[3]) 求$\int_0^{+\infty}\frac{x}{(1+x)^3}\mathrm{d}x$.

【解】 原式 $=\int_0^{+\infty}\left[\frac{1}{(1+x)^2}-\frac{1}{(1+x)^3}\right]\mathrm{d}x=\left[-\frac{1}{1+x}+\frac{1}{2(1+x)^2}\right]\Big|_0^{+\infty}=\frac{1}{2}$.

【例 64】 求$\int_0^{+\infty}\frac{1}{1+x^6}\mathrm{d}x$.

【思路】 直接不容易计算,采用倒代换.

【解】 令 $x=\frac{1}{t}$,设 $I=\int_0^{+\infty}\frac{1}{1+x^6}\mathrm{d}x=-\int_{+\infty}^{0}\frac{t^4}{1+t^6}\mathrm{d}t=\int_0^{+\infty}\frac{x^4}{1+x^6}\mathrm{d}x$,于是,

$$\begin{aligned}I&=\frac{1}{2}\left(\int_0^{+\infty}\frac{1}{1+x^6}\mathrm{d}x+\int_0^{+\infty}\frac{x^4}{1+x^6}\mathrm{d}x\right)=\frac{1}{2}\int_0^{+\infty}\frac{1+x^4}{1+x^6}\mathrm{d}x\\&=\frac{1}{2}\int_0^{+\infty}\frac{1+x^4-x^2+x^2}{1+x^6}\mathrm{d}x=\frac{1}{2}\int_0^{+\infty}\frac{1}{1+x^2}\mathrm{d}x+\frac{1}{6}\int_0^{+\infty}\frac{1}{1+x^6}\mathrm{d}(x^3)\\&=\frac{\pi}{4}+\frac{\pi}{12}=\frac{\pi}{3}.\end{aligned}$$

评注 对于分母中含有 x 高次幂的多项式和根式的积分与不定积分,如果用常规的方法不易计算,可尝试用倒代换.

【例 65】 (1998[2]) 计算$\int_{\frac{1}{2}}^{\frac{3}{2}}\frac{\mathrm{d}x}{\sqrt{|x-x^2|}}$.

【思路】 注意到被积函数内有绝对值号且 $x=1$ 是其瑕点.

【解】 原式$=\int_{\frac{1}{2}}^{1}\frac{\mathrm{d}x}{\sqrt{x-x^2}}+\int_1^{\frac{3}{2}}\frac{\mathrm{d}x}{\sqrt{x^2-x}}=\int_{\frac{1}{2}}^{1}\frac{\mathrm{d}x}{\sqrt{\frac{1}{4}-\left(x-\frac{1}{2}\right)^2}}+\int_1^{\frac{3}{2}}\frac{\mathrm{d}x}{\sqrt{\left(x-\frac{1}{2}\right)^2-\frac{1}{4}}}$

$$=\arcsin(2x-1)\Big|_{\frac{1}{2}}^{1}+\ln\left|\left(x-\frac{1}{2}\right)+\sqrt{\left(x-\frac{1}{2}\right)^2-\frac{1}{4}}\right|\Bigg|_1^{\frac{3}{2}}=\frac{\pi}{2}+\ln(2+\sqrt{3}).$$

【例 66】 求$\int_3^{+\infty}\frac{\mathrm{d}x}{(x-1)^4\sqrt{x^2-2x}}$.

【思路】 把根式中二次三项式配成两项的平方差,然后用变量代换.

【解】 原式$=\int_3^{+\infty}\frac{\mathrm{d}x}{(x-1)^4\sqrt{(x-1)^2-1}}\xlongequal{x-1=\sec\theta}\int_{\frac{\pi}{3}}^{\frac{\pi}{2}}\frac{\sec\theta\tan\theta}{\sec^4\theta\tan\theta}\mathrm{d}\theta$

$$=\int_{\frac{\pi}{3}}^{\frac{\pi}{2}}(1-\sin^2\theta)\cos\theta\mathrm{d}\theta=\frac{2}{3}-\frac{3\sqrt{3}}{8}.$$

【例 67】 若反常积分$\int_0^{+\infty}\frac{\ln x}{(1+x)x^{1-p}}\mathrm{d}x$ 收敛,则(　　).

(A) $p<1$　　(B) $p>1$　　(C) $0<p<1$　　(D) $0\leqslant p<1$

【解】 $\int_0^{+\infty}\frac{\ln x}{(1+x)x^{1-p}}\mathrm{d}x=\int_0^{1}\frac{\ln x}{(1+x)x^{1-p}}\mathrm{d}x+\int_1^{+\infty}\frac{\ln x}{(1+x)x^{1-p}}\mathrm{d}x$.

对任意 $\varepsilon>0$,有$\lim\limits_{x\to0^+}\frac{\frac{\ln x}{(1+x)x^{1-p}}}{\frac{1}{x^{1-p+\varepsilon}}}=\lim\limits_{x\to0^+}x^{\varepsilon}\ln x=0$,

若$\int_0^1 \frac{1}{x^{1-p+\varepsilon}}\mathrm{d}x$收敛，即$1-p<1,p>0$，则$\int_0^1 \frac{\ln x}{(1+x)x^{1-p}}\mathrm{d}x$也收敛.

对任意$\varepsilon>0$，有$\lim\limits_{x\to+\infty}\frac{\dfrac{\ln x}{(1+x)x^{1-p}}}{\dfrac{1}{x^{2-p-\varepsilon}}}=\lim\limits_{x\to+\infty}\frac{\ln x}{x^{\varepsilon}}=0$，

若$\int_1^{+\infty} \frac{1}{x^{2-p-\varepsilon}}\mathrm{d}x$收敛，即$2-p>1,p<1$，则$\int_1^{+\infty} \frac{\ln x}{(1+x)x^{1-p}}\mathrm{d}x$也收敛.

综上，当$0<p<1$时，反常积分$\int_0^{+\infty} \frac{\ln x}{(1+x)x^{1-p}}\mathrm{d}x$收敛.

★ 题型四　定积分的几何应用

题型 4.1　求平面图形的面积

解题策略

(1) 曲线$y=f_1(x),y=f_2(x),x=a,x=b(a<b)$围成的曲边梯形面积是$S=\int_a^b |f_2(x)-f_1(x)|\mathrm{d}x$.（计算时，需先去绝对值再进行定积分计算）

(2) 特别地，$f_2(x)=f(x),f_1(x)\equiv 0$，即曲线$y=f(x),y=0,x=a,x=b(a<b)$围成的平面图形面积$S$为$S=\int_a^b |f(x)|\mathrm{d}x$.

(3) 同理，$x=\varphi_2(y),x=\varphi_1(y),y=c,y=d(c<d)$所围成的平面图形面积$S$为

$$S=\int_c^d |\varphi_2(y)-\varphi_1(y)|\mathrm{d}y.$$

(4) 特别地，$x=\varphi(y),x=0,y=c,y=d(c<d)$所围成的平面图形面积$S$为

$$S=\int_c^d |\varphi(y)|\mathrm{d}y.$$

如果所求平面图形是属于上述情形之一，就不需画图，直接用上述公式，否则就需画图选用相应公式.

求平面图形的步骤：

(1) 求出边界曲线交点，画出经过交点的边界曲线，得所求平面图形（若边界曲线比较简单，可在画图的过程中求交点）.

(2) 根据具体情形选择x或y作为自变量，选择上述相应的公式计算或把所求平面图形分成几部分，每一部分可选用上述相应公式计算，然后总面积等于各部分面积之和.

【例 68】 计算曲线$y=\frac{1}{x}$及直线$y=x,x=2$所围成的平面图形的面积.

【解】 曲边形如图 3-1 所示，故有

$$S=\int_1^2\left(x-\frac{1}{x}\right)\mathrm{d}x=\left(\frac{1}{2}x^2-\ln x\right)\Big|_1^2$$

$$=(2-\ln 2)-\left(\frac{1}{2}-0\right)=\frac{3}{2}-\ln 2.$$

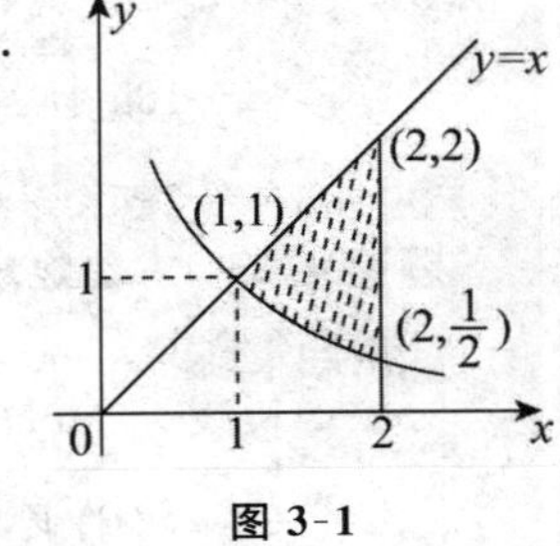

图 3-1

评注　曲线较简单时，可在画曲线的过程中求交点.

【例 69】 在第一象限内求曲线$y=-x^2+1$上的一点，使该点处的切线与所给曲线及两坐标轴所

围成的平面图形面积为最小,并求此最小面积.

【解】 如图 3-2 所示,设所求之点为 $(t,-t^2+1)$,于是 $y'|_t=-2t$,过 $(t,-t^2+1)$ 的切线方程为 $y+t^2-1=-2t(x-t)$.

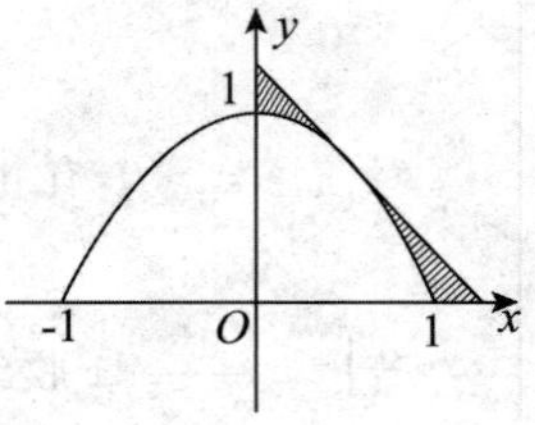

图 3-2

令 $x=0$ 得切线的 y 轴截距 $b=t^2+1$,令 $y=0$ 得切线的 x 轴截距 $a=\frac{t^2+1}{2t}$. 于是,所求面积为

$$S(t)=\frac{1}{2}ab-\int_0^1(-t^2+1)\mathrm{d}t=\frac{1}{4}\left(t^3+2t+\frac{1}{t}\right)-\frac{2}{3},t\in(0,1].$$

令 $S'(t)=\frac{1}{4}\left(3t^2+2-\frac{1}{t^2}\right)=\frac{1}{4}\left(3t-\frac{1}{t}\right)\left(t+\frac{1}{t}\right)=0$,得 $t=\frac{1}{\sqrt{3}}$. 又

$S''(t)\Big|_{t=\frac{1}{\sqrt{3}}}=\frac{1}{4}\left(6t+\frac{2}{t^3}\right)\Big|_{t=\frac{1}{\sqrt{3}}}>0$,即点 $\left(\frac{1}{\sqrt{3}},\frac{2}{3}\right)$ 为所求,此时 $S\left(\frac{1}{\sqrt{3}}\right)=\frac{2}{9}(2\sqrt{3}-3)$.

【例 70】 设 $f(x)=\int_{-1}^x(1-|t|)\mathrm{d}t(x\geqslant-1)$,求曲线 $y=f(x)$ 与 x 轴所围图形的面积.

【解】 先求 $y=f(x)$ 的函数表达式.

$$f(x)=\begin{cases}\int_{-1}^x(1+t)\mathrm{d}t, & -1\leqslant x\leqslant 0,\\ \int_{-1}^0(1+t)\mathrm{d}t+\int_0^x(1-t)\mathrm{d}t, & x>0\end{cases}$$

$$=\begin{cases}\frac{1}{2}(1+x)^2, & -1\leqslant x\leqslant 0,\\ \frac{1}{2}(1+2x-x^2), & x>0.\end{cases}\quad(\text{如图 3-3})$$

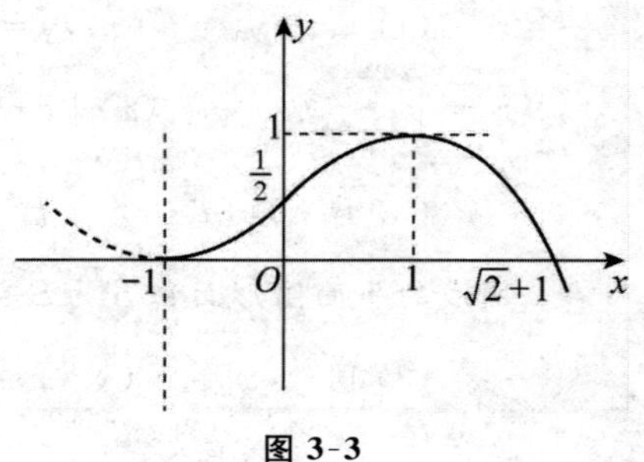

图 3-3

令 $1+2x-x^2=0$,得 $x_1=1+\sqrt{2},x_2=1-\sqrt{2}$(舍去).

所以

$$S=\int_{-1}^0\frac{1}{2}(1+x)^2\mathrm{d}x+\int_0^{1+\sqrt{2}}\frac{1}{2}(1+2x-x^2)\mathrm{d}x=1+\frac{2}{3}\sqrt{2}.$$

【例 71】 求由摆线 $x=a(t-\sin t),y=a(1-\cos t)(0\leqslant t\leqslant 2\pi)$(参数方程)及 $y=0$ 围成的平面图形的面积.

【思路】 如图 3-4 所示. 利用参数方程,巧妙进行变量代换.

【解】 $S=\int_0^{2\pi a}|y|\mathrm{d}x\xlongequal{x=a(t-\sin t)}\int_0^{2\pi}|a(1-\cos t)|\mathrm{d}a(t-\sin t)$

$$=\int_0^{2\pi}a(1-\cos t)a(1-\cos t)\mathrm{d}t$$

$$=4a^2\int_0^{2\pi}\sin^4\frac{t}{2}\mathrm{d}t\xlongequal{\frac{t}{2}=u}8a^2\int_0^{\pi}\sin^4u\mathrm{d}u$$

$$=16a^2\int_0^{\frac{\pi}{2}}\sin^4u\mathrm{d}u=16a^2\cdot\frac{3}{4}\cdot\frac{1}{2}\cdot\frac{\pi}{2}$$

$$=3\pi a^2.$$

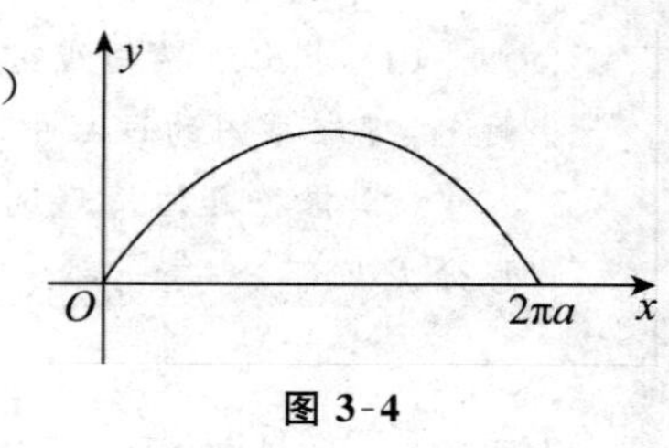

图 3-4

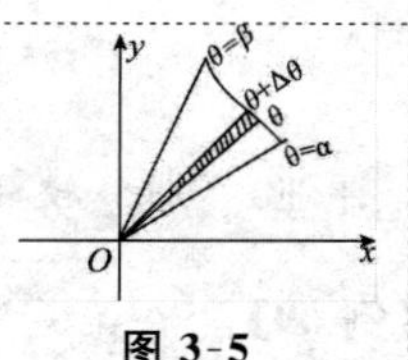

题型 4.2 求曲边扇形的面积

解题策略

曲线 $r=r(\theta)$ 与射线 $\theta=\alpha,\theta=\beta(\alpha<\beta)$ 围成的曲边扇形的面积 $S=\frac{1}{2}\int_\alpha^\beta r^2(\theta)\mathrm{d}\theta$,见图 3-5.

图 3-5

【例 72】 求由下列极坐标方程式所表示的曲线围成的面积 S.

(1)$r=a(1+\cos\theta)$(心脏形线),$a>0$.

(2)$r=a\sin 3\theta$(三叶线),$a>0$.

【解】 (1) 如图 3-6 所示,由图形关于 x 轴对称,在第一、二象限,要求 $r=a(1+\cos\theta)\geqslant 0$,知 $0\leqslant\theta\leqslant\pi$,故所求面积为

$$S=2S_1=2\cdot\frac{1}{2}\int_0^{\pi}a^2(1+\cos\theta)^2\mathrm{d}\theta$$

$$=\frac{3}{2}\pi a^2.$$

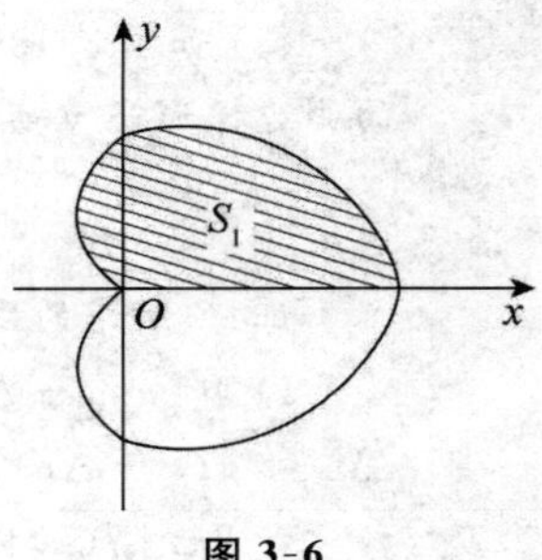

图 3-6

(2) 如图 3-7 所示,所求面积 S 为第一象限内面积 S_1 的 3 倍.

当 $0\leqslant\theta\leqslant\frac{\pi}{2}$ 时,要求 $r=a\sin 3\theta\geqslant 0$,由 $0\leqslant 3\theta\leqslant\frac{3\pi}{2}$,知 $0\leqslant 3\theta\leqslant\pi$,

即 $0\leqslant\theta\leqslant\frac{\pi}{3}$ 时,$r\geqslant 0$,于是

$$S=3S_1=3\cdot\frac{1}{2}\int_0^{\frac{\pi}{3}}a^2\sin^2 3\theta\mathrm{d}\theta$$

$$=\frac{3a^2}{4}\int_0^{\frac{\pi}{3}}(1-\cos 6\theta)\mathrm{d}\theta=\frac{3a^2}{4}\left[\theta-\frac{1}{6}\sin 6\theta\right]\Bigg|_0^{\frac{\pi}{3}}=\frac{\pi a^2}{4}.$$

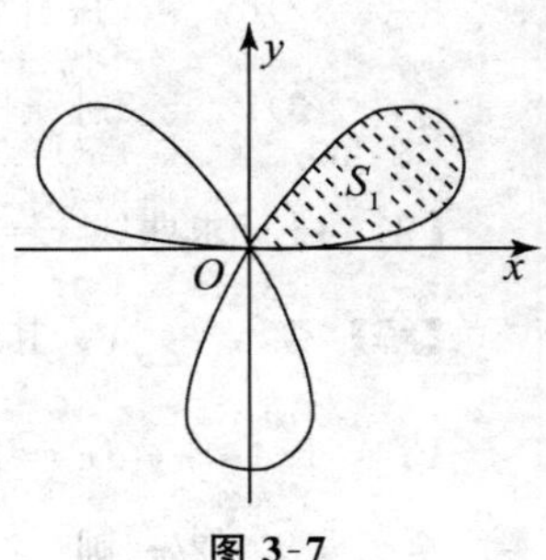

图 3-7

【例 73】 求内摆线 $x^{\frac{2}{3}}+y^{\frac{2}{3}}=a^{\frac{2}{3}}$ 所围成的面积.

【解】 由曲线既关于 x 轴对称,也关于 y 轴对称知,只需计算第一象限内的面积 S_1,再乘以 4 即可,令 $x=a\cos^3 t,y=a\sin^3 t,0\leqslant t\leqslant\frac{\pi}{2}$,于是

$$S=4\int_0^a|y|\mathrm{d}x=4\int_{\frac{\pi}{2}}^0|a\sin^3 t|\mathrm{d}a\cos^3 t=4\int_{\frac{\pi}{2}}^0 a\sin^3 t\cdot a\cdot 3\cos^2 t(-\sin t)\mathrm{d}t$$

$$=12a^2\int_0^{\frac{\pi}{2}}\sin^4 t(1-\sin^2 t)\mathrm{d}t=12a^2\left[\int_0^{\frac{\pi}{2}}\sin^4 t\mathrm{d}t-\int_0^{\frac{\pi}{2}}\sin^6 t\mathrm{d}t\right]$$

$$=12a^2\left[\frac{3}{4}\cdot\frac{1}{2}\cdot\frac{\pi}{2}-\frac{5}{6}\cdot\frac{3}{4}\cdot\frac{1}{2}\cdot\frac{\pi}{2}\right]=\frac{3\pi a^2}{8}.$$

★ 题型 4.3　求立体的体积

解题策略

(1) 如图 3-8 所示,设 Ω 为一空间立体图形,它夹在垂直于 x 轴的两平面 $x=a$ 与 $x=b$ 之间($a<b$),在区间$[a,b]$上任意一点 x 处,作垂直于 x 轴的平面,它截得立体 Ω 的截面面积显然是 x 的函数,记为 $A(x)$,其中 $A(x)$ 连续,$x\in[a,b]$,则立体图形的体积 V 为 $V=\int_a^b A(x)\mathrm{d}x$.

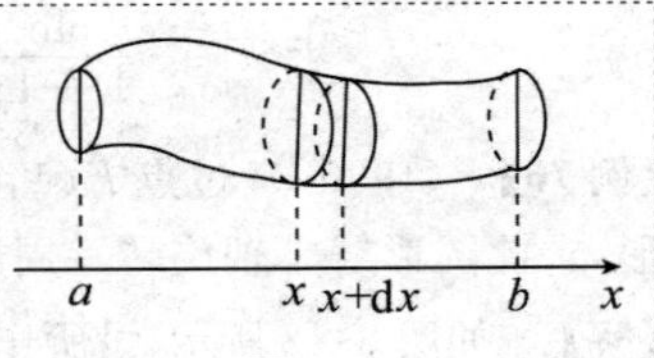

图 3-8

(2) 如图 3-9 所示,曲线 $y=f(x)$(连续),x 轴及直线 $x=a,x=b$ 所围成的曲边梯形绕 x 轴旋转形成的旋转体的体积 $V_x=\pi\int_a^b f^2(x)\mathrm{d}x$.

注:V_x 可看成 π 乘以曲线 $f(x)$ 的点(x,y)到旋转时所绕直线的距离的平方在$[a,b]$上的积分,希望考生把这个思想搞懂.

同理,由曲线 $x=\psi(y)$,y 轴及直线 $y=c,y=d$ 所围成的曲边梯形绕 y 轴旋转而形成的旋转体的体积 $V_y=\pi\int_c^d\psi^2(y)\mathrm{d}y$.

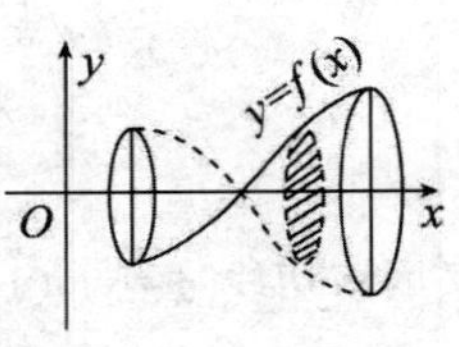

图 3-9

(3) 如图 3-10 所示，曲线 $y=f(x)$(连续)，x 轴及直线 $x=a,x=b(0\leqslant a<b)$ 所围成的曲边梯形绕 y 轴旋转所形成的立体图形的体积

$$V_y=2\pi\int_a^b x\,|f(x)|\,dx.$$

证　所求的立体 V_y 分布在区间 $[a,b]$ 上.

1) 取 $[x,x+\Delta x]\ (\Delta x>0)$，

$\Delta V_y\approx\pi(x+\Delta x)^2\,|f(x)|-\pi x^2\,|f(x)|$

$=2\pi x\,|f(x)|\,\Delta x+\pi\,|f(x)|\,\Delta x\cdot\Delta x$，

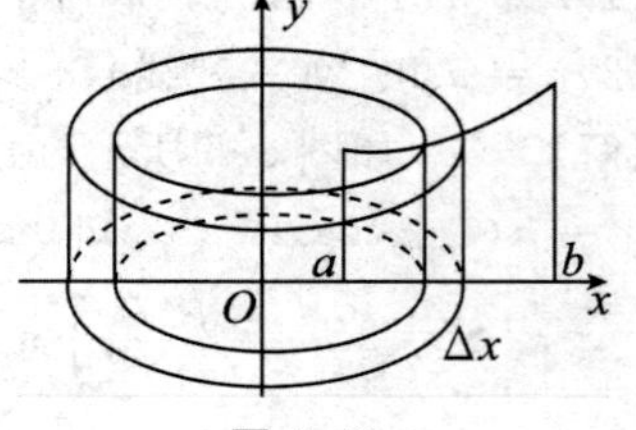

图 3-10

由 $\pi\,|f(x)|\,\Delta x\cdot\Delta x$ 是 Δx 的高阶无穷小，知 $2\pi x\,|f(x)|\,\Delta x$ 是 ΔV_y 的线性主部，即

2) $dV_y=2\pi x\,|f(x)|\,dx$.

3) $V_y=2\pi\int_a^b x\,|f(x)|\,dx$.

【例 74】 求曲线 $y=e^{-\frac{x}{2}}\sqrt{\sin x}\,(x\geqslant 0)$ 绕 x 轴旋转一周所成旋转体的体积.

【解】 $V=\sum\limits_{k=0}^{\infty}V_k$，其中

$V_k=\int_{2k\pi}^{(2k+1)\pi}\pi y^2\,dx=\int_{2k\pi}^{(2k+1)\pi}\pi e^{-x}\sin x\,dx$，

令 $t=x-2k\pi$，则

$$\int_{2k\pi}^{(2k+1)\pi}\pi e^{-x}\sin x\,dx=\pi\int_0^{\pi}e^{-t-2k\pi}\sin t\,dt=\frac{1}{2}\pi(1+e^{-\pi})e^{-2k\pi},$$

故　$V=\sum\limits_{k=0}^{\infty}\frac{1}{2}\pi(1+e^{-\pi})e^{-2k\pi}=\frac{1}{2}\pi(1+e^{-\pi})\sum\limits_{k=0}^{\infty}e^{-2k\pi}$

$=\frac{1}{2}\pi(1+e^{-\pi})\frac{1}{1-e^{-2\pi}}=\frac{\pi}{2(1-e^{-\pi})}$.

【例 75】 (2010[3]) 设位于曲线 $y=\dfrac{1}{\sqrt{x(1+\ln^2 x)}}\ (e\leqslant x<+\infty)$ 下方，x 轴上方的无界区域为 G，求 G 绕 x 轴旋转一周所得空间区域的体积.

【解】 由旋转体的体积公式，得

$$V=\int_e^{+\infty}\pi y^2\,dx=\int_e^{+\infty}\pi\frac{dx}{x(1+\ln^2 x)}$$

$$=\pi\int_e^{+\infty}\frac{d\ln x}{1+\ln^2 x}=\pi\cdot[\arctan(\ln x)]\Big|_e^{+\infty}=\pi\left(\frac{\pi}{2}-\frac{\pi}{4}\right)=\frac{\pi^2}{4}.$$

【例 76】 (1990[2]) 过点 $P(1,0)$ 作抛物线 $y=\sqrt{x-2}$ 的切线，该切线与上述抛物线及 x 轴围成一平面图形，求此图形绕 x 轴旋转一周所形成的旋转体的体积.

【解】 如图 3-12 所示，设所作切线与抛物线相切于点 $(x_0,\sqrt{x_0-2})$.

因　$y'|_{x=x_0}=\dfrac{1}{2\sqrt{x_0-2}}$，故切线方程为

$$y-\sqrt{x_0-2}=\frac{1}{2\sqrt{x_0-2}}(x-x_0).$$

又因该切线过点 $P(1,0)$，所以 $-\sqrt{x_0-2}=\dfrac{1}{2\sqrt{x_0-2}}(1-x_0)$，

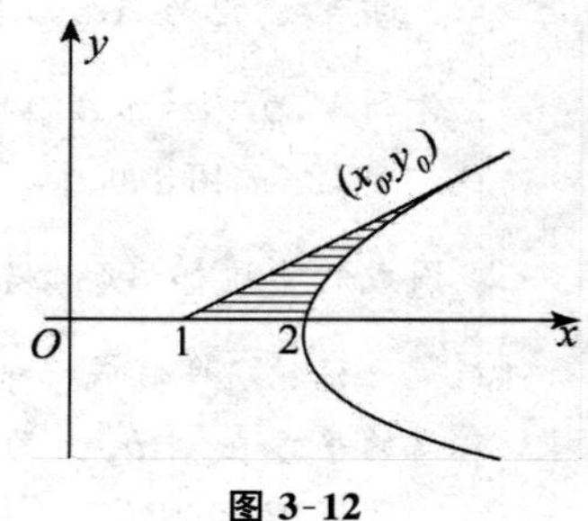

图 3-12

即 $x_0=3$. 从而切线方程为 $y=\dfrac{1}{2}(x-1)$. 因此，所求旋转体的体积

$$V=\pi\int_1^3\frac{1}{4}(x-1)^2\mathrm{d}x-\pi\int_2^3(x-2)\mathrm{d}x=\frac{\pi}{6}.$$

【例 77】 （1991[2]）曲线 $y=(x-1)(x-2)$ 和 x 轴围成一平面图形，求此平面图形绕 y 轴旋转一周所形成的旋转体的体积.

【解】方法一　如图 3-13 所示，利用公式

$$V_y=\int_1^2 2\pi x|(x-1)(x-2)|\mathrm{d}x=-2\pi\int_1^2 x(x-1)(x-2)\mathrm{d}x=\frac{1}{2}\pi.$$

方法二　由于 $y=(x-1)(x-2)=x^2-3x+2=\left(x-\frac{3}{2}\right)^2-\frac{1}{4}.$

当 $x=\frac{3}{2}$ 时，$y_{\min}=-\frac{1}{4}$，$x-\frac{3}{2}=\pm\sqrt{y+\frac{1}{4}}$，则 $x=\frac{3}{2}\pm\sqrt{y+\frac{1}{4}}$，于是

$$V_y=\pi\int_{-\frac{1}{4}}^0\left(\frac{3}{2}+\sqrt{y+\frac{1}{4}}\right)^2\mathrm{d}y-\pi\int_{-\frac{1}{4}}^0\left(\frac{3}{2}-\sqrt{y+\frac{1}{4}}\right)^2\mathrm{d}y$$

$$=\pi\int_{-\frac{1}{4}}^0 6\sqrt{y+\frac{1}{4}}\mathrm{d}y=4\pi\left(y+\frac{1}{4}\right)^{\frac{3}{2}}\Bigg|_{-\frac{1}{4}}^0=\frac{\pi}{2}.$$

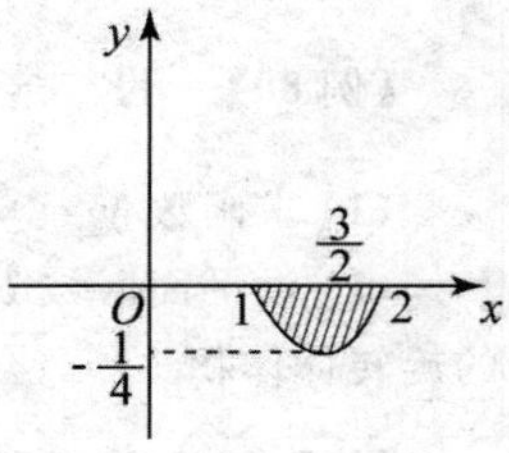

图 3-13

【例 78】 设平面图形 A 由 $x^2+y^2\leqslant 2x$ 与 $y\geqslant x$ 所确定，求图形 A 绕直线 $x=2$ 旋转一周所得旋转体的体积.

【解】方法一　A 的图形如图 3-14 所示，取 y 为积分变量，它的变化区间为 $[0,1]$，A 的两条边的曲线方程为 $x=1-\sqrt{1-y^2}$ 及 $x=y$，

曲线 $x=1-\sqrt{1-y^2}$ 上点 (x,y) 到直线 $x=2$ 的距离为

$$2-(1-\sqrt{1-y^2})=1+\sqrt{1-y^2},$$

由直线 $x=y$ 上点 (x,y) 到直线 $x=2$ 的距离为 $2-y$，故

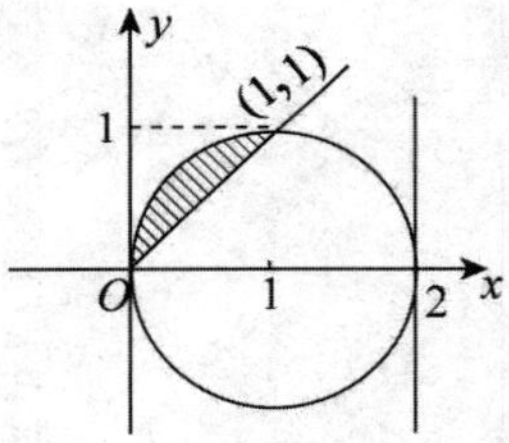

图 3-14

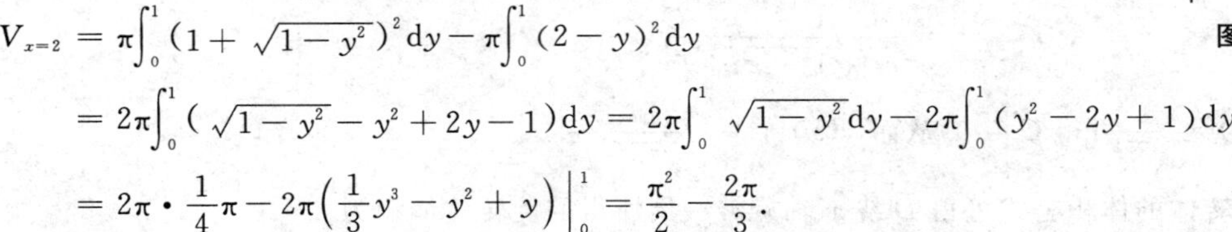

$$V_{x=2}=\pi\int_0^1(1+\sqrt{1-y^2})^2\mathrm{d}y-\pi\int_0^1(2-y)^2\mathrm{d}y$$

$$=2\pi\int_0^1(\sqrt{1-y^2}-y^2+2y-1)\mathrm{d}y=2\pi\int_0^1\sqrt{1-y^2}\mathrm{d}y-2\pi\int_0^1(y^2-2y+1)\mathrm{d}y$$

$$=2\pi\cdot\frac{1}{4}\pi-2\pi\left(\frac{1}{3}y^3-y^2+y\right)\Bigg|_0^1=\frac{\pi^2}{2}-\frac{2\pi}{3}.$$

方法二　相应于 $[0,1]$ 上任一小区间 $[y,y+\mathrm{d}y]$ 的薄片的体积元素为

$$\mathrm{d}V=\{\pi[2-(1-\sqrt{1-y^2})]^2-\pi(2-y)^2\}\mathrm{d}y=2\pi[\sqrt{1-y^2}-(1-y)^2]\mathrm{d}y,$$

于是所求体积为

$$V=\int_0^1 2\pi[\sqrt{1-y^2}-(1-y)^2]\mathrm{d}y=2\pi\int_0^1\sqrt{1-y^2}\mathrm{d}y-2\pi\int_0^1(1-y)^2\mathrm{d}y$$

$$=2\pi\cdot\frac{1}{4}\cdot\pi+\pi\frac{2}{3}\left[(1-y)^3\Big|_0^1\right]=\frac{\pi^2}{2}-\frac{2\pi}{3}.$$

【例 79】 （1994[3]）求曲线 $y=3-|x^2-1|$ 与 x 轴围成的封闭图形绕 $y=3$ 旋转所得的旋转体的体积.

【解】
$$y=\begin{cases}2+x^2, & 0\leqslant|x|\leqslant 1,\\ 4-x^2, & |x|>1.\end{cases}$$
如图 3-15 所示，该曲线与 x 轴交于

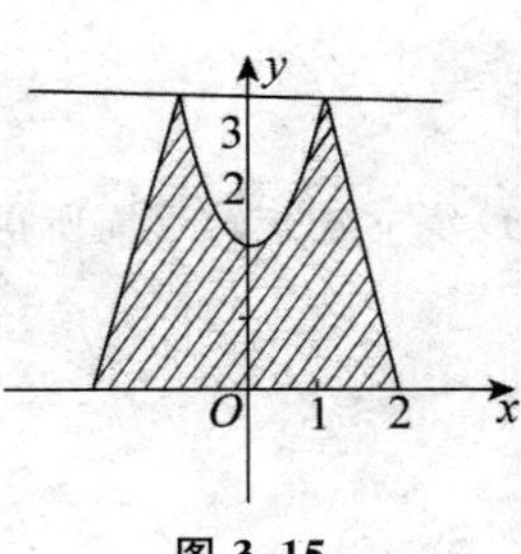

图 3-15

$(-2,0)$，$(2,0)$，由于该平面图形关于 y 轴对称，且曲线 $y=2+x^2(0\leqslant x\leqslant 1)$ 上点 (x,y) 到 $y=3$ 的距离为 $1-x^2$，曲线 $y=4-x^2(|x|>1)$ 上点 (x,y) 到 $y=3$ 的距离为 x^2-1，于是

$$V_{y=3}=2\left[\pi\cdot 3^2\cdot 2-\pi\int_0^1(1-x^2)^2\mathrm{d}x-\pi\int_1^2(x^2-1)^2\mathrm{d}x\right]$$
$$=2\left[18\pi-\pi\int_0^2(1-x^2)^2\mathrm{d}x\right]=36\pi-2\pi\int_0^2(1-2x^2+x^4)\mathrm{d}x$$
$$=36\pi-2\pi\left(x-\frac{2}{3}x^3+\frac{1}{5}x^5\right)\Big|_0^2=\frac{448}{15}\pi.$$

【例 80】 设 $y=y(x),x>0$ 是微分方程 $xy'+2y=-(1+x^2)^{-\frac{1}{2}}$ 满足 $y(1)=\frac{1}{\sqrt{2}}$ 的解.

(1) 求函数 $y=y(x)$;

(2) 设平面区域 $D=\{(x,y)\mid 0<y<y(x),x\geqslant 1\}$,分别求区域 D 绕 x 轴和 y 轴旋转一周所得的旋转体体积.

【解】 (1) 该微分方程是一个一阶线性微分方程,$y'+\frac{2}{x}y=-\frac{1}{x(1+x^2)^{\frac{3}{2}}}$,所以

$$y(x)=\mathrm{e}^{-\int\frac{2}{x}\mathrm{d}x}\left(\int\mathrm{e}^{\int\frac{2}{x}\mathrm{d}x}\left(-\frac{1}{x(1+x^2)^{\frac{3}{2}}}\right)\mathrm{d}x+C\right)$$
$$=\mathrm{e}^{-2\ln x}\left(\int\mathrm{e}^{2\ln x}\left(-\frac{1}{x(1+x^2)^{\frac{3}{2}}}\right)\mathrm{d}x+C\right)$$
$$=\frac{1}{x^2}\left(-\int\frac{x}{(1+x^2)^{\frac{3}{2}}}\mathrm{d}x+C\right)$$
$$=\frac{1}{x^2}\left(-\frac{1}{2}\int(1+x^2)^{-\frac{3}{2}}\mathrm{d}(1+x^2)+C\right)$$
$$=\frac{1}{x^2}((1+x^2)^{-\frac{1}{2}}+C)$$
$$=\frac{1}{x^2\sqrt{1+x^2}}+\frac{C}{x^2},$$

再由条件 $y(1)=\frac{1}{\sqrt{2}}$ 可得 $C=0$,从而 $y(x)=\frac{1}{x^2\sqrt{1+x^2}}$.

(2) 由旋转体的体积公式可得 D 绕 x 轴旋转一周所得的旋转体体积为

$$V_1=\int_1^{+\infty}\pi y^2(x)\mathrm{d}x=\pi\int_1^{+\infty}\frac{1}{x^4(1+x^2)}\mathrm{d}x$$
$$=\pi\int_1^{+\infty}\frac{1}{x^2}\left(\frac{1}{x^2}-\frac{1}{1+x^2}\right)\mathrm{d}x=\pi\int_1^{+\infty}\left(\frac{1}{x^4}-\frac{1}{x^2}\frac{1}{1+x^2}\right)\mathrm{d}x$$
$$=\pi\int_1^{+\infty}\left(\frac{1}{x^4}-\frac{1}{x^2}+\frac{1}{1+x^2}\right)\mathrm{d}x=\pi\left(-\frac{1}{3}\frac{1}{x^3}+\frac{1}{x}+\arctan x\right)\Big|_1^{+\infty}$$
$$=\frac{\pi^2}{4}-\frac{2\pi}{3}.$$

D 绕 y 轴旋转一周所得的旋转体体积为

$$V_2=\int_1^{+\infty}2\pi xy(x)\mathrm{d}x=2\pi\int_1^{+\infty}\frac{1}{x\sqrt{1+x^2}}\mathrm{d}x$$
$$\xlongequal{x=\tan t}2\pi\int_{\frac{\pi}{4}}^{\frac{\pi}{2}}\frac{\sec^2 t}{\tan t\sqrt{1+\tan^2 t}}\mathrm{d}t$$
$$=2\pi\int_{\frac{\pi}{4}}^{\frac{\pi}{2}}\csc t\mathrm{d}t=2\pi\ln(\csc t-\cot t)\Big|_{\frac{\pi}{4}}^{\frac{\pi}{2}}$$
$$=-2\pi\ln(\sqrt{2}-1)=2\pi\ln(\sqrt{2}+1).$$

题型 4.4　求平面曲线的弧长①②

解题策略

若给定曲线弧 $\overset{\frown}{AB}$ 的方程为 $\begin{cases} x=\varphi(t), \\ y=\psi(t), \end{cases}$ $\alpha\leqslant t\leqslant\beta$，其中 $\varphi'(t),\psi'(t)$ 在 $[\alpha,\beta]$ 上连续，且 $\varphi'^2(t)+\psi'^2(t)\neq 0$，则曲线弧 $\overset{\frown}{AB}$ 是可求长的. 其弧长 s 可表示为

$$s=\int_\alpha^\beta \sqrt{\varphi'^2(t)+\psi'^2(t)}\,dt. \tag{1}$$

若曲线方程由 $y=f(x), a\leqslant x\leqslant b$ 给出，这时 $\begin{cases} x=x, \\ y=f(x), \end{cases}$ $a\leqslant x\leqslant b$. 代入式(1)，得曲线弧 $\overset{\frown}{AB}$ 的长为

$$s=\int_a^b \sqrt{1+f'^2(x)}\,dx. \tag{2}$$

若曲线方程由 $x=\psi(t), c\leqslant y\leqslant d$ 给出，这时 $\begin{cases} x=\psi(y), \\ y=y, \end{cases}$ 代入式(1)，得曲线弧 $\overset{\frown}{AB}$ 的长为

$$s=\int_c^d \sqrt{1+\psi'^2(y)}\,dy. \tag{3}$$

若曲线方程由 $r=r(\theta), \alpha\leqslant\theta\leqslant\beta$ 给出，把极坐标变换化为参数方程

$$\begin{cases} x=r(\theta)\cos\theta, \\ y=r(\theta)\sin\theta, \end{cases} (\alpha\leqslant\theta\leqslant\beta).$$

由于 $x'(\theta)=r'(\theta)\cos\theta-r(\theta)\sin\theta, y'(\theta)=r'(\theta)\sin\theta+r(\theta)\cos\theta$，于是

$$s=\int_\alpha^\beta \sqrt{x'^2(\theta)+y'^2(\theta)}\,d\theta=\int_\alpha^\beta \sqrt{r^2(\theta)+r'^2(\theta)}\,d\theta. \tag{4}$$

【例 81】　计算曲线 $x=\frac{1}{4}y^2-\frac{1}{2}\ln y(1\leqslant y\leqslant \mathrm{e})$ 的弧长.

【解】　所求曲线的弧长 $s=\int_1^{\mathrm{e}}\sqrt{1+\left(\frac{y}{2}-\frac{1}{2y}\right)^2}\,dy=\int_1^{\mathrm{e}}\frac{1+y^2}{2y}\,dy=\frac{\mathrm{e}^2+1}{4}$.

【例 82】　计算内摆线 $x^{\frac{2}{3}}+y^{\frac{2}{3}}=a^{\frac{2}{3}}$ 的周长.

【解】方法一　由于曲线关于 x 轴及 y 轴对称，所以，只需计算第一象限内曲线的长，再乘以 4 即得所求. 不妨设 $a>0, y'=-\sqrt[3]{\frac{y}{x}}$，得 $\sqrt{1+y'^2}=\left(\frac{a}{x}\right)^{\frac{1}{3}}$，则 $s=4\int_0^a\left(\frac{a}{x}\right)^{\frac{1}{3}}dx=6a$.

方法二　把曲线化为参数方程 $\begin{cases} x=a\cos^3\theta, \\ y=a\sin^3\theta, \end{cases}$ 在第一象限参数 θ 满足 $0\leqslant\theta\leqslant\frac{\pi}{2}$，于是 $x'=-3a\cos^2\theta\sin\theta, y'=3a\sin^2\theta\cos\theta$，因此

$$s=4\int_0^{\frac{\pi}{2}}\sqrt{(-3a\cos^2\theta\sin\theta)^2+(3a\sin^2\theta\cos\theta)^2}\,d\theta$$

$$=12a\int_0^{\frac{\pi}{2}}\sin\theta\cos\theta\,d\theta=6a\int_0^{\frac{\pi}{2}}\sin 2\theta\,d\theta=3a\left(-\cos 2\theta\Big|_0^{\frac{\pi}{2}}\right)=6a.$$

题型 4.5　求旋转体的侧面积及表面积①②

解题策略

求由连续曲线 $y=f(x)$，x 轴及直线 $x=a, x=b$ 所围平面图形绕 x 轴旋转所形成的旋转体的侧面面积 S_x.

如图 3-16 所示，将所求旋转体的侧面积看成分布在区间$[a,b]$上.

(1) 选取区间$[x,x+\Delta x]$，把该区间的侧面积ΔS_x看成上底半径为$|f(x)|$，下底半径为$|f(x+\Delta x)|$，母线为曲线弧长Δs的圆台的侧面积，因此，由圆台侧面积公式有

$$\Delta S_x \approx 2\pi \frac{|f(x)|+|f(x+\Delta x)|}{2}\Delta s$$

$$= 2\pi \frac{|f(x)|+|f(x)|}{2}\sqrt{1+f'^2(x)}\Delta x$$

$$\approx 2\pi |f(x)|\sqrt{1+f'^2(x)}\Delta x,$$

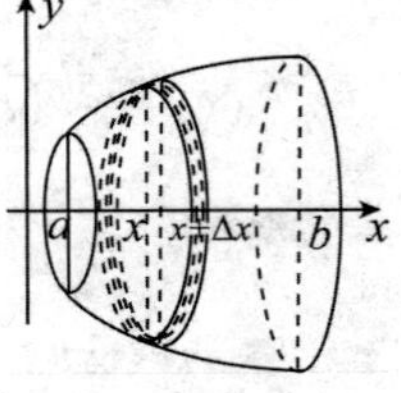

图 3-16

即ΔS_x又可简单地看作一圆柱体的侧面积，该圆柱体的底圆半径为$|f(x)|$，高$\mathrm{d}s=\sqrt{1+f'^2(x)}\Delta x$.

(2) 得微分$\mathrm{d}S_x = 2\pi|f(x)|\sqrt{1+f'^2(x)}\mathrm{d}x$.

(3) 计算积分$S_x = 2\pi\int_a^b |f(x)|\sqrt{1+f'^2(x)}\mathrm{d}x$.

注：圆柱体的高不能看成Δx，否则$\Delta S_x \approx 2\pi|f(x)|\Delta x$，由于

$$\lim_{\Delta x\to 0}\frac{2\pi|f(x)|\sqrt{1+f'^2(x)}\Delta x - 2\pi|f(x)|\Delta x}{\Delta x}$$

$$= 2\pi|f(x)|(\sqrt{1+f'^2(x)}-1) = \frac{2\pi|f(x)||f'^2(x)|}{1+\sqrt{1+f'^2(x)}},$$

一般情况下不为0(当$f(x)\neq 0$时，$f'(x)\neq 0$)，即$\mathrm{d}S_x \neq 2\pi|f(x)|\mathrm{d}x$. 因此，我们计算$\Delta S_x$的近似值时，要利用已知的关系，尽可能地精确.

【例 83】 (1990[1][2]) 设有曲线$y=\sqrt{x-1}$，过原点作其切线，求由此曲线、切线及x轴围成的平面图形绕x轴旋转一周所得到的旋转体的表面积.

【解】 如图 3-17 所示，设切点为$(x_0,\sqrt{x_0-1})$，则过原点的切线方程为$y=\frac{1}{2\sqrt{x_0-1}}x$. 再将点$(x_0,\sqrt{x_0-1})$代入，解得$x_0=2$，$y_0=\sqrt{x_0-1}=1$，则上述切线方程为$y=\frac{1}{2}x$.

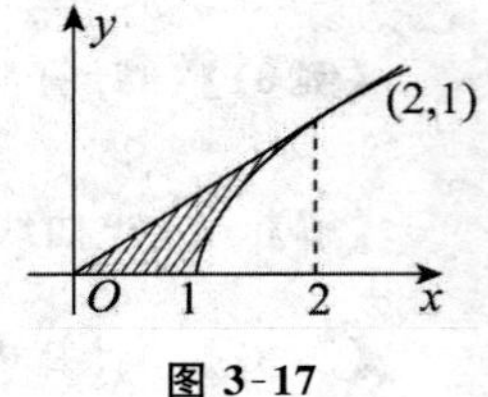

图 3-17

由曲线$y=\sqrt{x-1}(1\leqslant x\leqslant 2)$绕$x$轴旋转一周所得到的旋转面的面积

$$S_1 = \int_1^2 2\pi y\sqrt{1+y'^2}\mathrm{d}x = \pi\int_1^2\sqrt{4x-3}\mathrm{d}x = \frac{\pi}{6}(5\sqrt{5}-1).$$

由直线段$y=\frac{1}{2}x(0\leqslant x\leqslant 2)$绕$x$轴旋转一周所得到的旋转面的面积

$$S_2 = \int_0^2 2\pi\cdot\frac{1}{2}x\frac{\sqrt{5}}{2}\mathrm{d}x = \sqrt{5}\pi.$$

因此，所求旋转体的表面积为$S=S_1+S_2=\frac{\pi}{6}(11\sqrt{5}-1)$.

题型五　定积分在物理中的应用①②

解题策略

利用微元法或用公式.

★1. 液体的静压力

在设计水库的闸门、管道的阀门时，常常需要计算油类或者水等液体对它们的静压力，这类问题也

可用定积分进行计算.

【例 84】　一圆柱形水管半径为 1 m,若管中装水一半,求水管阀门一侧所受的静压力.

【解】　取坐标系如图 3-18 所示,此时变量 x 表示水中各点深度,它们的变化区间是$[0,1]$,圆的方程为 $x^2+y^2=1$.

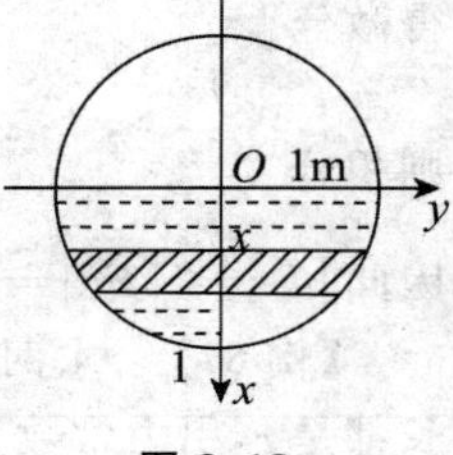

图 3-18

由物理知识,对于均匀受压的情况,压强 P 处处相等.

要计算所求的压力,可按公式“压力 = 压强 × 面积”计算,但现在闸门在水中所受的压力是不均匀的,压强随着水深度 x 的增加而增加,根据物理学知识,有 $P=g\rho x(\mathrm{N/m^2})$,其中 $\rho=1\,000(\mathrm{kg/m^3})$是水的密度,$g=9.8(\mathrm{m/s^2})$是重力加速度.

因此要计算闸门所受的水压力,不能直接用上述公式. 但是,如果将闸门分成若干个水平的窄条,由于窄条上各处深度 x 相差很小,压强 $P=g\rho x$ 可看成不变.

从而选取深度小区间$[x,x+\Delta x]$,在此小区间闸门所受到的压力为 ΔF,则

$$\Delta F\approx g\rho x\cdot 2y\Delta x=g\rho x\cdot 2\sqrt{1-x^2}\Delta x(\mathrm{N}),$$

得微分

$$\mathrm{d}F=g\rho x2\sqrt{1-x^2}\mathrm{d}x,$$

则定积分 $F=\int_0^1 2g\rho x\sqrt{1-x^2}\mathrm{d}x=2g\rho\left[-\frac{1}{3}(1-x^2)^{\frac{3}{2}}\Big|_0^1\right]=\frac{2g\rho}{3}=6\,533(\mathrm{N})$.

★2. **变力做功**

【例 85】　设有一直径为 20 m 的半球形水池,池内贮满水,若要把水抽尽,问至少做多少功?

【解】　如图 3-19 所示,本题要计算克服重力所做的功. 要将水抽出,池中水至少要升高到池的表面. 由此可见对不同深度 x 的单位质点所需做的功不同,而对同一深度 x 的单位质点所需做的功相同. 因此按图 3-19 所示建立坐标系,即 Oy 轴取在水平面上,将原点置于球心处,而 Ox 轴向下(此时 x 表示深度). 这样,半球形可看作曲线 $x^2+y^2=100$ 在第一象限中部分绕 Ox 轴旋转而成的旋转体,深度 x 的变化区间为$[0,10]$.

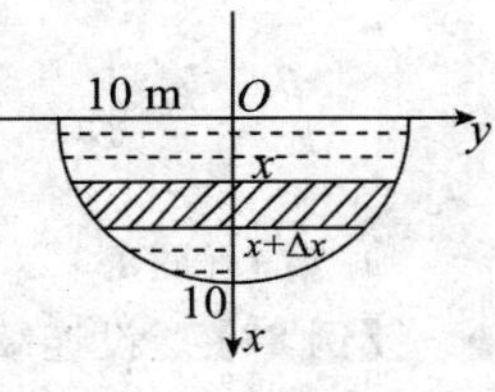

图 3-19

因同一深度的质点升高的高度相同,故计算功时,宜用平行于水平面的平面截半球面形成的许多小片来计算.

(1) 选取区间$[x,x+\Delta x]$,相应的体积 $\Delta V\approx\pi y^2\Delta x=\pi(100-x^2)\Delta x(\mathrm{m^3})$,所以抽出这层水需做的功

$$\Delta W\approx g\rho\pi(100-x^2)\Delta x\cdot x=g\pi\rho x(100-x^2)\Delta x(\mathrm{J}),$$

其中 $\rho=1\,000(\mathrm{kg/m^3})$是水的密度,$g=9.8(\mathrm{m/s^2})$是重力加速度.

(2) 得微分 $\mathrm{d}W=g\pi\rho x(100-x^2)\mathrm{d}x$.

(3) $W=\int_0^{10}g\pi\rho x(100-x^2)\mathrm{d}x=g\pi\rho\int_0^{10}x(100-x^2)\mathrm{d}x$

$$=\left[-g\frac{\pi\rho}{4}(100-x^2)^2\right]\Big|_0^{10}=g\frac{\pi\rho}{4}\times 10^4=2500\pi\rho g\approx 7.693\times 10^7(\mathrm{J}).$$

3. **引力**

【例 86】　计算半径为 a,密度为 μ,均质的圆形薄板以怎样的力吸引质量为 m 的质点 P. 此质点位于通过薄板中心 Q 且垂直于薄板平面的垂直直线上,最短距离 PQ 等于 b.

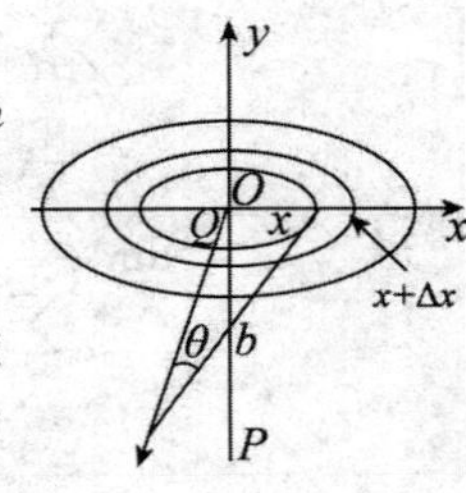

图 3-20

【解】　取坐标系如图 3-20 所示. 由于平面薄板均质且关于两坐标轴对称,P 在圆心的中垂线上,显然引力在水平方向的分力为 0,在垂直方向的分力指向 y 轴的正向,所求的引力 F 看成分布在区间$[0,a]$上.

选取区间$[x,x+\Delta x]$,对于以 x 为内半径的圆环,其质量 $\Delta m\approx\mu 2\pi x\mathrm{d}x=\mathrm{d}m$,对质点 P 的引力

$\Delta F_y \approx 2km\mu\pi \dfrac{x\cos\theta}{b^2+x^2}\Delta x = 2km\mu\pi \dfrac{bx}{(b^2+x^2)^{3/2}}\Delta x$,

得微分
$$\mathrm{d}F_y = 2km\mu\pi \frac{bx}{(b^2+x^2)^{3/2}}\mathrm{d}x,$$

则积分
$$F_y = 2km\mu\pi\int_0^a \frac{bx}{(b^2+x^2)^{3/2}}\mathrm{d}x = 2km\mu\pi\left(1-\frac{b}{\sqrt{a^2+b^2}}\right).$$

因此 $|F| = |F_y| = F_y$,方向指向 y 轴的正向.

【例 87】 求两根位于同一直线上的质量均匀的细杆间的引力(设密度为 μ_0,二杆相距为 a 且两杆长都是 τ,引力常数为 k).

【解】 如图 3-21 所示,取原点,使两杆位于 x 轴,并且关于原点对称,分左右两杆,右杆位于 x 处,杆长微元为 $\mathrm{d}x$,左杆位于 y 处杆长微元为 $\mathrm{d}y$,此两微元间的引力为 $\mathrm{d}F = \dfrac{k\mu_0\mathrm{d}x \cdot \mu_0\mathrm{d}y}{(x-y)^2}$,其中 μ_0 为杆的线密度且为常数,于是右杆对左杆上微元 $\mathrm{d}y$ 的引力为

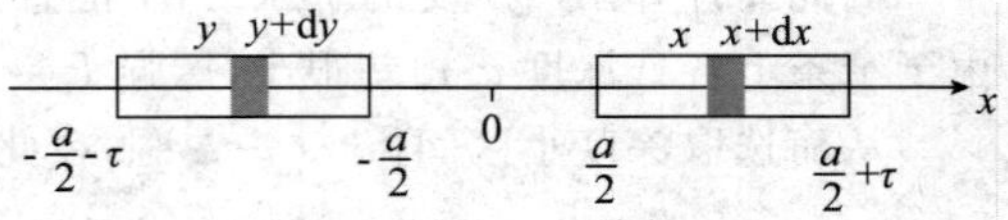

图 3-21

$$\int_{\frac{a}{2}}^{\frac{a}{2}+\tau} \frac{k\mu_0^2\mathrm{d}y}{(x-y)^2}\mathrm{d}x = -\frac{k\mu_0^2\mathrm{d}y}{(x-y)}\Bigg|_{\frac{a}{2}}^{\frac{a}{2}+\tau} = k\mu_0^2\mathrm{d}y\left(\frac{1}{\frac{a}{2}-y}-\frac{1}{\frac{a}{2}+\tau-y}\right).$$

再将上式 y 视为变量,从 $\left(-\dfrac{a}{2}-\tau\right)$ 到 $\left(-\dfrac{a}{2}\right)$ 积分,使得两杆间的引力

$$F = k\mu_0^2\int_{-\frac{a}{2}-\tau}^{-\frac{a}{2}}\left(\frac{1}{\frac{a}{2}-y}-\frac{1}{\frac{a}{2}+\tau-y}\right)\mathrm{d}y = k\mu_0^2\left(\ln\frac{\frac{a}{2}+\tau-y}{\frac{a}{2}-y}\right)\Bigg|_{-\frac{a}{2}-\tau}^{-\frac{a}{2}} = k\mu_0^2\ln\frac{(\tau+a)^2}{a(2\tau+a)}.$$

4. **重心(质心)**

【例 88】 设连续曲线 $y=f(x)(x\geqslant 0)$ 及直线 $x=a, x=b(0<a<b), y=0$ 围成一均质(密度为 ρ_0)薄板,证明:该薄板的重心坐标为

$$\bar{x} = \frac{\int_a^b xf(x)\mathrm{d}x}{\int_a^b f(x)\mathrm{d}x},\ \bar{y} = \frac{1}{2}\frac{\int_a^b f^2(x)\mathrm{d}x}{\int_a^b f(x)\mathrm{d}x}.$$

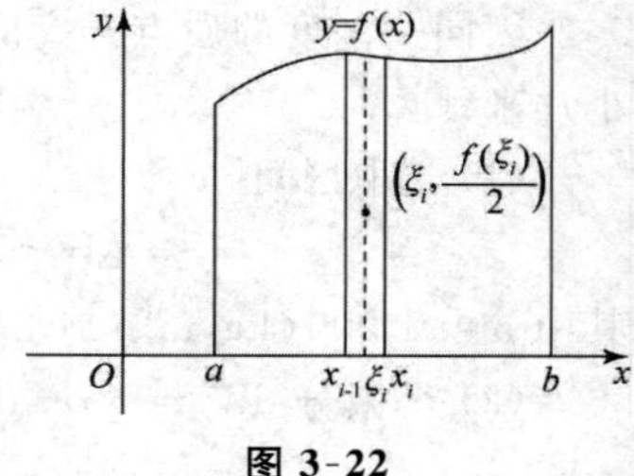

图 3-22

【证】 平面薄板如图 3-22 所示.

把区间 $[a,b]$ 分成 n 个小区间 $[x_{i-1},x_i](1\leqslant i\leqslant n)$,相应地把平面薄板分成 n 块小的平面薄板 $\Delta S_i(1\leqslant i\leqslant n)$. $\forall \xi_i \in [x_{i-1},x_i]$,$\Delta S_i$ 的重心近似为 $(\xi_i,\dfrac{f(\xi_i)}{2})$,$\Delta S_i$ 的质量 $\Delta M_i \approx f(\xi_i)\Delta x_i\rho_0$,设平面薄板的重心坐标为 $(\bar{x},\bar{y})$,有 $\bar{x} \approx \dfrac{\sum\limits_{i=1}^n \rho_0\xi_i f(\xi_i)\Delta x_i}{\sum\limits_{i=1}^n \rho_0 f(\xi_i)\Delta x_i}$,$\bar{y} \approx \dfrac{\sum\limits_{i=1}^n \frac{1}{2}f(\xi_i)\rho_0 f(\xi_i)\Delta x_i}{\sum\limits_{i=1}^n \rho_0 f(\xi_i)\Delta x_i}$,于是

$$\bar{x} = \lim_{\lambda\to 0}\frac{\sum\limits_{i=1}^n \rho_0\xi_i f(\xi_i)\Delta x_i}{\sum\limits_{i=1}^n \rho_0 f(\xi_i)\Delta x_i} = \frac{\int_a^b xf(x)\mathrm{d}x}{\int_a^b f(x)\mathrm{d}x},\quad \bar{y} = \lim_{\lambda\to 0}\frac{\sum\limits_{i=1}^n \frac{1}{2}\rho_0 f^2(\xi_i)\Delta x_i}{\sum\limits_{i=1}^n \rho_0 f(\xi_i)\Delta x_i} = \frac{\frac{1}{2}\int_a^b f^2(x)\mathrm{d}x}{\int_a^b f(x)\mathrm{d}x}.$$

评注　上述结果可以直接作为公式使用. 同理可求位于区间$[a,b]$上线密度为$\mu=f(x)$的细棒的重心为$\overline{x}=\dfrac{\int_a^b xf(x)\mathrm{d}x}{\int_a^b f(x)\mathrm{d}x}$.

5. **转动惯量**

【例 89】　证明上述薄板对 y 轴的转动惯量$J_y=\rho_0\int_a^b x^2f(x)\mathrm{d}x$.

【证】　设平面薄板 ΔS_i 对 y 轴的转动惯量为 Δj_{yi}，有 $\Delta J_{yi}\approx f(\xi_i)\Delta x_i\rho_0\xi_i^2$，$J_y=\sum\limits_{i=1}^{n}\Delta J_{yi}\approx\rho_0\sum\limits_{i=1}^{n}\xi_i^2f(\xi_i)\Delta x_i$，于是

$$J_y=\lim_{\lambda\to 0}\rho_0\sum_{i=1}^{n}\xi_i^2f(\xi_i)\Delta x_i=\rho_0\int_a^b x^2f(x)\mathrm{d}x.$$

【例 90】　求长为 τ，线密度为常数 μ 的均匀细杆绕 y 轴转动的转动惯量.

【解】　如图 3-23 所示，建立坐标系，所求的转动惯量 J 分在区间$[0,\tau]$上.

选取$[x,x+\mathrm{d}x]$，由转动惯量公式 $J=mx^2$，得

$$\mathrm{d}J=\mu\mathrm{d}x\cdot x^2=\mu x^2\mathrm{d}x,$$

则 $J=\int_0^{\tau}\mu x^2\mathrm{d}x=\dfrac{1}{3}\mu x^3\Big|_0^{\tau}=\dfrac{1}{3}\mu\tau^3$.

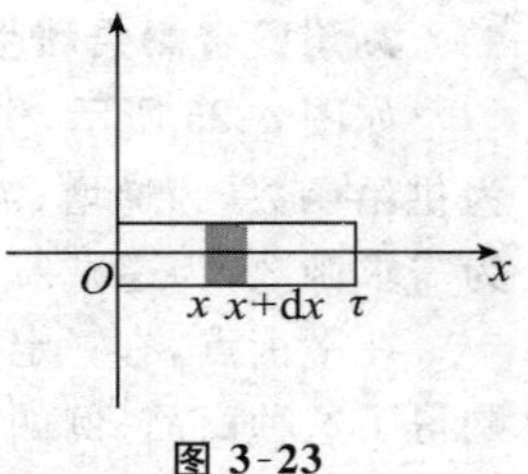

图 3-23

由于细杆的质量 $M=\mu\tau$，所以 $J=\dfrac{1}{3}M\tau^2$.

题型六　定积分在经济中的应用[3]

1. 收入流

当我们考虑支付给某人的款项或某人获得款项时，通常把这些款项当成离散地支付所获得，即在某些特定时刻支付或获得的，但是一个大公司的收入，一般来说是随时流进的，因此，这些收益是可以被表示成为一连续的收入流(例如一大型商场的收益)，既然收入流进公司的速率是随时间变化的，故收入流就被表示成 $P(t)$ 元 / 年.

注意 $P(t)$ 表示的是一速率(其单位为元 / 年)，而这一速率是随时间 t(通常以从现在开始算起的年份计算) 变化的.

2. 收入流的现值和将来值

正像我们可以求得某单独款项的现值和将来值一样，我们也同样可以求得某一款项流的现值和将来值，其将来值表示是这样获得一笔款项，它等于把收入流存入银行账户并加上应得利息后的存款值，其现值等于这样一笔款项，你若现在把它存入可获利息的银行账户中，你就可以在将来从收入流获得你预期达到的存款值.

当我们处理连续收入流时，我们会假设利息是以连续复利方式盈取的，这样假设是因为如果一笔款项和其利息都是连续变化的，则我们要得到的近似值(用定积分表示) 会变得比较方便.

假设我们要计算由 $P(t)$(元 / 年) 表示的收入流，求从现在开始到 T 年后的将来这一段时期收入流的总现值和总将来值，设年利率为 r，总现值和总将来值分布在时间区间$[0,T]$.

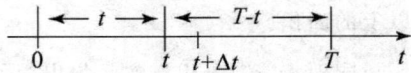

$\leftarrow t\rightarrow$　$\leftarrow T\text{-}t\rightarrow$
0　t　$t+\Delta t$　T　t

图 3-24

如图 3-24 所示，选取$[t,t+\Delta t]$，在这一段时间内所应收入的数额 $\approx P(t)\Delta t$，在区间$[t,t+\Delta t]$上收入的现值 $\approx[P(t)\Delta(t)]\mathrm{e}^{-rt}$，在区间$[t,t+\Delta t]$上收入的将来值 $\approx[P(t)\Delta t]\mathrm{e}^{r(T-t)}$.

因此,总现值 $=\int_0^T P(t)\mathrm{e}^{-rt}\mathrm{d}t$,总将来值 $=\int_0^T P(t)\mathrm{e}^{r(T-t)}\mathrm{d}t$.

【例 91】 求以每年都为100元流进的收入流在20年的期间内的现值和将来值,假设以10%的年利率按连续复利方式盈取利息.

【解】 现值 $=\int_0^{20}100\mathrm{e}^{-0.1t}\mathrm{d}t=100\left(-\dfrac{\mathrm{e}^{-0.1t}}{0.1}\right)\Big|_0^{20}=1000(1-\mathrm{e}^{-2})\approx 846.66$ 元.

将来值 $=\int_0^{20}100\mathrm{e}^{0.1(20-t)}\mathrm{d}t=\mathrm{e}^2\times 100\int_0^{20}\mathrm{e}^{-0.1t}\mathrm{d}t=1000\mathrm{e}^2(1-\mathrm{e}^{-2})\approx 6389.06$ 元.

【例 92】 上例中现值和将来值的关系怎样?解释这一关系.

【解】 现值 $=1000(1-\mathrm{e}^{-2})$,将来值 $=1000\mathrm{e}^2(1-\mathrm{e}^{-2})$,

可以发现将来值 $=$ 现值 $\cdot\,\mathrm{e}^2$.

这一关系的获得是因为被支付款项的流动与 $t=0$ 时刻单独一笔款项是等价的,若年利率为10%的连续复利,在20年中,单独一笔款项将会增长到的将来值为

$$\text{将来值}=1000(1-\mathrm{e}^{-2})\cdot \mathrm{e}^{0.1(20)}=1000\mathrm{e}^2(1-\mathrm{e}^{-2}),$$

与上例计算的将来值是相等的.从而,总将来值 $=$ 总现值 $\cdot\,\mathrm{e}^{Tr}$.

3. 消费者剩余和生产者剩余

如图3-25所示,供给函数 $q=\psi(P)$ 的反函数设为 $P=S(q)$ 也称为供给函数,为递增;需求函数 $q=f(P)$ 的反函数设为 $P=D(q)$ 也称为需求函数,为递减.

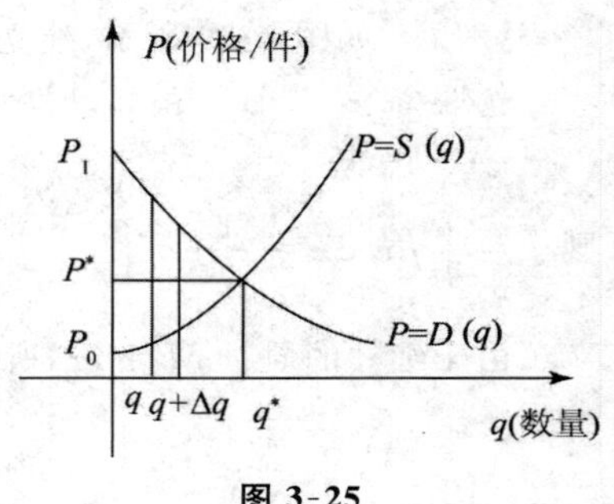

图 3-25

在平衡点,有一定数量的消费者已经比他们预期的价钱低的价格购得了这种商品(例如,有一些消费者,他们预期以甚至接近 P_1 的价钱来购买这种商品),同样地,也存在一些供给者,售出了比他们预期生产价格低一些的这种商品(实际上,可能低到价格 P_0),因此,有下面的定义.

所谓消费者剩余,是指消费者因以平衡价格购买了某种商品而没有以比他们原来预期的价钱较高的价格购买这种商品而节省下来的钱的总数.

所谓生产者剩余,是指生产者因以平衡价格出售了某种商品而没有以他们原来预期的较低一些的售价售出这些商品而获得的额外收入.

假设所有消费者都是以他们预期的最后价格购买某种商品,如果所有预期以比 P 高的价格支付商品的消费者确实支付了他们所情愿支付的,现考虑区间 $[0,q]$,选取 $[q,q+\Delta q]$.

$$\text{消费者消费量}\approx D(q)\Delta q.$$

消费者消费总量 $=\int_0^{q^*}D(q)\mathrm{d}q$ 是0到 q^* 之间需求曲线下的面积.

现在,如果所有商品都以平衡价格出售,那么消费者实际上的消费额为 P^*q^*,为两条坐标轴及直线 $q=q^*$,$P=P^*$ 所围的矩形的面积,于是消费者剩余可以从下面公式计算.

消费者剩余 $=\int_0^{q^*}D(q)\mathrm{d}q-P^*q^*=$ 需求曲线以下,直线 $P=P^*$ 以上的面积.

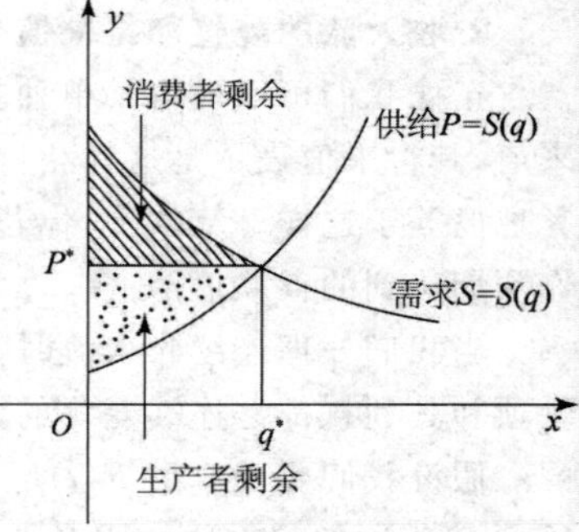

图 3-26

同理 P^*q^* 是生产实际售出商品的收入总额,$\int_0^{q^*}S(q)\mathrm{d}q$ 是生产者愿意售出商品的收入总额,因此,生产者剩余如下:生产者剩余 $=P^*q^*-\int_0^{q^*}S(q)\mathrm{d}q=$ 供给曲线与直线 $P=P^*$ 之间区域的面积.如图3-26所示.

疑难问题点拨

★ 微元法

求分布在区间$[a,b]$上的曲边梯形面积、变力做功、变速直线运动路程、立体的体积等具有总量等于部分量之和的具体问题，可以归结为四步，得

$$Q=\lim_{\lambda\to 0}\sum_{i=1}^{n}f(\xi_i)\Delta x_i=\int_a^b f(x)\,\mathrm{d}x. \tag{1}$$

四步中，关键是在第二步中写出区间$[x_{i-1},x_i]$上的部分量$\Delta Q_i\approx f(\xi_i)\Delta x_i$.

它一旦确定后，被积表达式也就确定了.问题是ΔQ_i与$f(\xi_i)\Delta x_i$之间存在什么关系（因为近似是一个模糊的量），它们之间近似的程度应满足什么要求？我们把它写成一般形式，设$x_{i-1}=x$，$x_i-x_{i-1}=\mathrm{d}x$，则$x_i=x_{i-1}+\mathrm{d}x=x+\mathrm{d}x$，$\xi$取$[x,x+\mathrm{d}x]$中的任何值都可以，自然也可以取它的左端点，即$\xi=x$，这样就得到了区间$[x,x+\mathrm{d}x]$上的部分量

$$\Delta Q\approx f(x)\,\mathrm{d}x. \tag{2}$$

如何正确地写出这个近似表达式，使得积分$\int_a^b f(x)\,\mathrm{d}x$恰好就是所求的量$Q$呢？

我们采取由结果找原因的方法：

设(1)式中的$f(x)$在$[a,b]$上连续，如果所求的量Q可表示为

$$Q=\int_a^b f(x)\,\mathrm{d}x=\int_a^b f(t)\,\mathrm{d}t, \tag{3}$$

那么(3)式实际上就是函数$Q(x)=\int_a^x f(t)\,\mathrm{d}t$（区间$[a,x]$上的量的值）在$x=b$处的值，即$Q=Q(b)$.

由于$\dfrac{\mathrm{d}Q}{\mathrm{d}x}=f(x)\Leftrightarrow \mathrm{d}Q=f(x)\,\mathrm{d}x$.

由微分定义知$\Delta Q=\mathrm{d}Q+o(\Delta x)=f(x)\,\mathrm{d}x+o(\Delta x)=f(x)\Delta x+o(\Delta x)\ (\Delta x\to 0)$.

因此(2)式中的$f(x)\,\mathrm{d}x$应是ΔQ的线性主部，所以$f(x)\,\mathrm{d}x$是区间$[x,x+\mathrm{d}x]$的部分量ΔQ的线性主部$\mathrm{d}Q$.即所求ΔQ的近似值$f(x)\Delta x$应满足当$\mathrm{d}x\to 0$时，$\Delta Q-f(x)\,\mathrm{d}x$是$\mathrm{d}x$的高阶无穷小，或者说若$f(x)\,\mathrm{d}x\neq 0$时，$\Delta Q\sim f(x)\,\mathrm{d}x\ (\mathrm{d}x\to 0)$.

在具体问题中，要检验所求的近似值$f(x)\Delta x$是否为ΔQ的线性主部$\mathrm{d}Q$或者说要检验$\Delta Q-f(x)\,\mathrm{d}x$当$\mathrm{d}x\to 0$时是否是$\mathrm{d}x$的高阶无穷小，往往不是一件容易的事.因此，在求$\Delta Q$的近似值时要特别小心谨慎，要利用已知的事实，如用直线段的长代替曲线段的长.$f(x)$连续时，两点距离很近，函数值近似相等，要尽可能地精确，由于我们求的是ΔQ的线性主部，故在计算近似值的过程中若出现$\mathrm{d}x$的高阶无穷小时可将其略去，剩下的式子仍是线性主部.有时，我们可以用实践是否合理来检验结论的正确性.这样，我们把用定积分解决实际问题的步骤在认清实质的情况下，得到求Q的方法：

微元法：根据所给条件，画图，适当建立坐标系，在图中把所需曲线的方程表示出来，确定要求量Q所分布的区间$[a,b]$（要求区间$[a,b]$上的总量Q等于各小区间上部分量之和）.

(1) 取近似求微元.选取区间$[x,x+\mathrm{d}x]$（$\mathrm{d}x>0$）.写出部分量ΔQ的近似值$f(x)\,\mathrm{d}x$，即$\Delta Q\approx f(x)\,\mathrm{d}x=\mathrm{d}Q$.（要求$f(x)\,\mathrm{d}x$是$\Delta Q$的线性主部$\mathrm{d}Q$，即计算的过程中，可以略去$\mathrm{d}x$的高阶无穷小，这一步是关键、本质的一步.）

(2) $Q=\int_a^b f(x)\,\mathrm{d}x$.

评注　1.要求区间$[a,b]$上的总量Q等于各小区间上部分量之和时才能用微元法，可以不写出来；

2.在式(2)中，一定要把ΔQ的近似值表示成x的函数与$\mathrm{d}x$的乘积形式.

综合拓展提高

【例 93】 求$\int x^2(1-x)^{1000}\mathrm{d}x$.

【思路】 作变量替换,令$1-x=t$,化难为易.

【解】 令$1-x=t,\mathrm{d}x=-\mathrm{d}t$,于是

$$\begin{aligned}原式&=-\int(1-t)^2t^{1000}\mathrm{d}t=-\int(1-2t+t^2)\cdot t^{1000}\mathrm{d}t\\&=-\int(t^{1000}-2t^{1001}+t^{1002})\mathrm{d}t=-\left(\frac{1}{1001}t^{1001}-\frac{1}{501}t^{1002}+\frac{1}{1003}t^{1003}\right)+C\\&=-\left[\frac{1}{1001}(1-x)^{1001}-\frac{1}{501}(1-x)^{1002}+\frac{1}{1003}(1-x)^{1003}\right]+C.\end{aligned}$$

【例 94】 (1995[2]) 设$f(x^2-1)=\ln\frac{x^2}{x^2-2}$且$f(\varphi(x))=\ln x$,求$\int\varphi(x)\mathrm{d}x$.

【解】 由于 $f(x^2-1)=\ln\frac{x^2}{x^2-2}=\ln\frac{(x^2-1)+1}{(x^2-1)-1}$,知$f(x)=\ln\frac{x+1}{x-1}$.

又 $f(\varphi(x))=\ln\frac{\varphi(x)+1}{\varphi(x)-1}=\ln x$,得$\frac{\varphi(x)+1}{\varphi(x)-1}=x,\varphi(x)=\frac{x+1}{x-1}$,于是

$$\int\varphi(x)\mathrm{d}x=\int\frac{x+1}{x-1}\mathrm{d}x=2\ln|x-1|+x+C.$$

【例 95】 已知$\frac{\sin x}{x}$是$f(x)$的一个原函数,求$\int x^3f'(x)\mathrm{d}x$.

【思路】 看到被积函数中有函数的导数时,首先想到分部积分,并且把导数看成u.

【解】 由于$\frac{\sin x}{x}$是$f(x)$的一个原函数且$f(x)=\left(\frac{\sin x}{x}\right)'=\frac{x\cos x-\sin x}{x^2}$,于是

$$\begin{aligned}\int x^3f'(x)\mathrm{d}x&=\int x^3\mathrm{d}f(x)=x^3f(x)-\int f(x)\cdot3x^2\mathrm{d}x\\&=x^3f(x)-\int3x^2\mathrm{d}\left(\frac{\sin x}{x}\right)=x^3f(x)-3x^2\cdot\frac{\sin x}{x}+\int\frac{\sin x}{x}\cdot6x\mathrm{d}x\\&=x^3\cdot\frac{x\cos x-\sin x}{x^2}-3x\sin x-6\cos x+C=x^2\cos x-4x\sin x-6\cos x+C.\end{aligned}$$

【例 96】 设$f'(\ln x)=\begin{cases}1,0<x\leqslant1,\\x,1<x<+\infty\end{cases}$及$f(0)=0$,求$f(x)$.

【解】$f(x)=\int f'(x)\mathrm{d}x\xlongequal{设x=\ln t}\int f'(\ln t)\frac{1}{t}\mathrm{d}t$

$$=\begin{cases}\int\frac{1}{t}\mathrm{d}t=\ln t+C_1,0<t\leqslant1,\\\int t\cdot\frac{1}{t}\mathrm{d}t=t+C_2,t>1\end{cases}=\begin{cases}x+C_1,x\leqslant0,\\\mathrm{e}^x+C_2,x>0.\end{cases}$$

由$f(x)$在$x=0$处可导必连续,得$\lim\limits_{x\to0^-}f(x)=\lim\limits_{x\to0^-}(x+C_1)=C_1=f(0)=0$,得$C_1=0$.

$\lim\limits_{x\to0^+}f(x)=\lim\limits_{x\to0^+}(\mathrm{e}^x+C_2)=1+C_2=f(0)=0$,得$C_2=-1$,知$f(x)=\begin{cases}x, & x\leqslant0,\\\mathrm{e}^x-1, & x>0.\end{cases}$

【例 97】 (2001[2]) 设函数$f(x),g(x)$满足$f'(x)=g(x),g'(x)=2\mathrm{e}^x-f(x)$,且$f(0)=0$,$g(0)=2$,求$\int_0^\pi\left[\frac{g(x)}{1+x}-\frac{f(x)}{(1+x)^2}\right]\mathrm{d}x$.

【解】方法一 由$f'(x)=g(x)\Rightarrow f''(x)=g'(x)=2\mathrm{e}^x-f(x)$,于是有$f''(x)+f(x)=2\mathrm{e}^x$,又有

 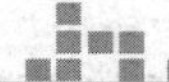

$f(0)=0, f'(0)=2$，解得 $f(x)=\sin x-\cos x+\mathrm{e}^x$，因此

$$原式=\int_0^\pi \frac{g(x)(1+x)-f(x)}{(1+x)^2}\mathrm{d}x=\int_0^\pi \frac{f'(x)(1+x)-f(x)}{(1+x)^2}\mathrm{d}x$$

$$=\int_0^\pi \mathrm{d}\,\frac{f(x)}{1+x}=\frac{f(x)}{1+x}\Big|_0^\pi=\frac{f(\pi)}{1+\pi}-f(0)=\frac{1+\mathrm{e}^\pi}{1+\pi}.$$

方法二　同方法一，得 $f(x)=\sin x-\cos x+\mathrm{e}^x$，

$$\int_0^\pi\left[\frac{g(x)}{1+x}-\frac{f(x)}{(1+x)^2}\right]\mathrm{d}x=\int_0^\pi \frac{g(x)}{1+x}\mathrm{d}x+\int_0^\pi f(x)\mathrm{d}\,\frac{1}{1+x}$$

$$=\int_0^\pi \frac{g(x)}{1+x}\mathrm{d}x+f(x)\cdot\frac{1}{1+x}\Big|_0^\pi-\int_0^\pi \frac{f'(x)}{1+x}\mathrm{d}x$$

$$=\frac{f(\pi)}{1+\pi}-f(0)+\int_0^\pi \frac{g(x)}{1+x}\mathrm{d}x-\int_0^\pi \frac{g(x)}{1+x}\mathrm{d}x=\frac{1+\mathrm{e}^\pi}{1+\pi}.$$

【例 98】　(1991[3]) 设函数 $f(x)$ 在 $(-\infty,+\infty)$ 内满足 $f(x)=f(x-\pi)+\sin x$ 且 $f(x)=x, x\in[0,\pi)$，计算 $\int_\pi^{3\pi} f(x)\mathrm{d}x$.

【解】方法一

$$\int_\pi^{3\pi} f(x)\mathrm{d}x=\int_\pi^{3\pi}[f(x-\pi)+\sin x]\mathrm{d}x$$

$$=\int_\pi^{3\pi} f(x-\pi)\mathrm{d}x+0\xlongequal{令\,t=x-\pi}\int_0^{2\pi} f(t)\mathrm{d}t=\int_0^\pi f(t)\mathrm{d}t+\int_\pi^{2\pi} f(t)\mathrm{d}t$$

$$=\int_0^\pi t\mathrm{d}t+\int_\pi^{2\pi}[f(t-\pi)+\sin t]\mathrm{d}t=\frac{\pi^2}{2}+\int_\pi^{2\pi} f(t-\pi)\mathrm{d}t+\int_\pi^{2\pi}\sin t\mathrm{d}t$$

$$=\frac{\pi^2}{2}-2+\int_\pi^{2\pi} f(t-\pi)\mathrm{d}t\xlongequal{令\,u=t-\pi}\frac{\pi^2}{2}-2+\int_0^\pi f(u)\mathrm{d}u=\pi^2-2.$$

方法二　当 $x\in[\pi,3\pi)$ 时，$f(x)=\begin{cases}x-\pi+\sin x, & x\in[\pi,2\pi),\\ x-2\pi, & x\in[2\pi,3\pi).\end{cases}$ 于是

$$\int_\pi^{3\pi} f(x)\mathrm{d}x=\int_\pi^{2\pi}(x-\pi+\sin x)\mathrm{d}x+\int_{2\pi}^{3\pi}(x-2\pi)\mathrm{d}x=\pi^2-2.$$

【例 99】　(2002[2]) 设 $f(x)=\begin{cases}2x+\dfrac{3}{2}x^2, & -1\leqslant x<0,\\ \dfrac{x\mathrm{e}^x}{(\mathrm{e}^x+1)^2}, & 0\leqslant x\leqslant 1,\end{cases}$ 求函数 $F(x)=\int_{-1}^x f(t)\mathrm{d}t$ 的表达式.

【解】　当 $-1\leqslant x<0$ 时，$F(x)=\int_{-1}^x\left(2t+\dfrac{3}{2}t^2\right)\mathrm{d}t=\left(t^2+\dfrac{1}{2}t^3\right)\Big|_{-1}^x=\dfrac{1}{2}x^3+x^2-\dfrac{1}{2}$.

当 $0\leqslant x\leqslant 1$ 时，

$$F(x)=\int_{-1}^x f(t)\mathrm{d}t=\int_{-1}^0 f(t)\mathrm{d}t+\int_0^x f(t)\mathrm{d}t=\left(t^2+\frac{1}{2}t^3\right)\Big|_{-1}^0+\int_0^x \frac{t\mathrm{e}^t}{(\mathrm{e}^t+1)^2}\mathrm{d}t$$

$$=-\frac{1}{2}-\int_0^x t\mathrm{d}\left(\frac{1}{\mathrm{e}^t+1}\right)=-\frac{1}{2}-\frac{t}{\mathrm{e}^t+1}\Big|_0^x+\int_0^x \frac{\mathrm{d}t}{\mathrm{e}^t+1}$$

$$=-\frac{1}{2}-\frac{x}{\mathrm{e}^x+1}+\int_0^x\left(1-\frac{\mathrm{e}^t}{1+\mathrm{e}^t}\right)\mathrm{d}t=-\frac{1}{2}-\frac{x}{\mathrm{e}^x+1}+x-\ln(1+\mathrm{e}^t)\Big|_0^x$$

$$=-\frac{1}{2}-\frac{x}{\mathrm{e}^x+1}+x-\ln(\mathrm{e}^x+1)+\ln 2.$$

【例 100】　设 $f''(x)$ 在 $[0,2]$ 上连续，且 $f(0)=1, f(2)=3, f'(2)=5$，求 $\int_0^1 xf''(2x)\mathrm{d}x$.

【解】　原式 $=\dfrac{1}{2}\int_0^1 x\mathrm{d}f'(2x)=\dfrac{1}{2}xf'(2x)\Big|_0^1-\dfrac{1}{2}\int_0^1 f'(2x)\mathrm{d}x$

$$=\frac{1}{2}f'(2)-\frac{1}{4}\left[f(2x)\Big|_0^1\right]=\frac{5}{2}-\frac{1}{4}[f(2)-f(0)]=\frac{5}{2}-\frac{1}{4}(3-1)=2.$$

【例 101】 设函数 $f(x)$ 在 $(-\infty,+\infty)$ 内连续,且 $F(x)=\int_0^x(x-2t)f(t)\mathrm{d}t$,试证:(1) 若 $f(x)$ 为偶函数,则 $F(x)$ 也是偶函数;(2) 若 $f(x)$ 递减,则 $F(x)$ 递增.

【证】 (1) 由 $F(-x)=\int_0^{-x}(-x-2t)f(t)\mathrm{d}t$,令 $t=-u$,并且 $f(-x)=f(x)$,所以

$$F(-x)=-\int_0^x(-x+2u)f(-u)\mathrm{d}u=\int_0^x(x-2u)f(u)\mathrm{d}u=\int_0^x(x-2t)f(t)\mathrm{d}t=F(x).$$

$$(2)F'(x)=\left[x\int_0^x f(t)\mathrm{d}t-\int_0^x 2tf(t)\mathrm{d}t\right]'=\int_0^x f(t)\mathrm{d}t+xf(x)-2xf(x)=\int_0^x f(t)\mathrm{d}t-xf(x)$$
$$=f(\xi)x-xf(x)=x\left[f(\xi)-f(x)\right],$$

其中 ξ 介于 $0,x$ 之间,又 $f(x)$ 递减,当 $x>0$ 时,$0\leqslant\xi\leqslant x,f(\xi)\geqslant f(x)$,知 $F'(x)\geqslant 0$;当 $x<0$ 时,$x\leqslant\xi\leqslant 0,f(\xi)\leqslant f(x)$,知 $F'(x)\geqslant 0$. 又 $F'(0)=0$,综上所述知 $F'(x)\geqslant 0$,即 $F(x)$ 递增.

【例 102】 设奇函数 $f(x)$ 在 $(-\infty,+\infty)$ 上有连续导数,$f(1)=0$,且对任意的 x 均有 $f(x+2)-f(x)=f(2)$,则下列说法错误的是(　　).

(A) $\int_0^x[\cos f(t)+f'(t+2)]\mathrm{d}t$ 是奇函数

(B) $\int_0^x[\sin f(t)+f(t+1)]\mathrm{d}t$ 是偶函数

(C) $\int_0^x f(t)\mathrm{d}t-\dfrac{x}{2}\int_0^2\cos f(t)\mathrm{d}t$ 是周期函数

(D) $\int_0^x f(t)\mathrm{d}t-\dfrac{x}{2}\int_0^2\sin f(t)\mathrm{d}t$ 是周期函数

【解】 因为 $f(x)$ 是奇函数,所以 $f(-x)=-f(x)$,于是 $f(x+2)+f(-x)=f(2)$.

令 $x=-1$ 得 $f(2)=2f(1)=0$,因此 $f(x+2)=f(x)$,即 $f(x)$ 是以 2 为周期的周期函数.

对于(A) 选项,因为 $f(x)$ 是以 2 为周期的奇函数,所以 $f'(x)$ 是以 2 为周期的偶函数,因此 $\cos f(t)+f'(t+2)=\cos f(t)+f'(t)$ 为偶函数,故 $\int_0^x[\cos f(t)+f'(t+2)]\mathrm{d}t$ 为奇函数,(A) 选项正确.

对于(B) 选项,因为 $f(x)$ 是奇函数,所以 $\sin f(x)$ 也是奇函数. 令 $g(x)=f(x+1)$,则

$$g(-x)=f(-x+1)=-f(x-1)=-f(x+1)=-g(x),$$

所以 $g(x)$ 为奇函数,故 $\sin f(t)+f(t+1)$ 为奇函数,从而 $\int_0^x[\sin f(t)+f(t+1)]\mathrm{d}t$ 为偶函数,(B) 选项正确.

对于(D) 选项,因为 $f(x)$ 是周期为 2 的奇函数,且 $\int_0^2 f(x)\mathrm{d}x=\int_{-1}^1 f(x)\mathrm{d}x=0$,所以 $\int_0^x f(t)\mathrm{d}t$ 是以 2 为周期的周期函数. 又因为 $\sin f(x)$ 是周期为 2 的奇函数,所以

$$\int_0^2\sin f(t)\mathrm{d}t=\int_{-1}^1\sin f(t)\mathrm{d}t=0,$$

故 $\int_0^x f(t)\mathrm{d}t-\dfrac{x}{2}\int_0^2\sin f(t)\mathrm{d}t=\int_0^x f(t)\mathrm{d}t$ 为周期函数,(D) 选项正确.

(C) 选项的错误在于,$\int_0^2\cos f(t)\mathrm{d}t$ 不一定为 0,故选(C).

【例 103】 求函数 $I(x)=\int_e^x\dfrac{\ln t}{t^2-2t+1}\mathrm{d}t$ 在区间 $[e,e^2]$ 上的最大值.

【解】 $I'(x)=\dfrac{\ln x}{x^2-2x+1}=\dfrac{\ln x}{(1-x)^2}>0,x\in[e,e^2]$,可知 $I(x)$ 在 $[e,e^2]$ 上单调增加,故

$$\max_{e\leqslant x\leqslant e^2}I(x)=\int_e^{e^2}\frac{\ln t}{t^2-2t+1}\mathrm{d}t=-\int_e^{e^2}\ln t\,\mathrm{d}\left(\frac{1}{t-1}\right)=-\frac{\ln t}{t-1}\bigg|_e^{e^2}+\int_e^{e^2}\frac{1}{t-1}\cdot\frac{1}{t}\mathrm{d}t$$

$$=\frac{1}{e-1}-\frac{2}{e^2-1}+\ln\frac{t-1}{t}\Big|_e^{e^2}=\frac{1}{e+1}+\ln\frac{e+1}{e}=\ln(1+e)-\frac{e}{1+e}.$$

【例 104】　设函数 $f(x)$ 在 $[0,+\infty)$ 上连续，单调不减且 $f(0)\geqslant 0$. 试证函数

$$F(x)=\begin{cases}\dfrac{1}{x}\displaystyle\int_0^x t^n f(t)\mathrm{d}t, & x>0,\\ 0, & x=0\end{cases}$$

在 $[0,+\infty)$ 上连续且单调不减(其中 $n>0$).

【证】　当 $x>0$ 时，$F(x)$ 连续，由洛必达法则，得

$$\lim_{x\to0^+}F(x)=\lim_{x\to0^+}\frac{\int_0^x t^n f(t)\mathrm{d}t}{x}\left(\frac{0}{0}\right)=\lim_{x\to0^+}x^n f(x)=0=F(0),$$

故 $F(x)$ 在 $[0,+\infty)$ 上连续.

又当 $x>0$ 时，$F'(x)=\dfrac{x^{n+1}f(x)-\int_0^x t^n f(t)\mathrm{d}t}{x^2}=\dfrac{x^{n+1}f(x)-\xi^n f(\xi)x}{x^2}=\dfrac{x^n f(x)-\xi^n f(\xi)}{x}$,

其中 $0\leqslant\xi\leqslant x$，且 $f(x)$ 单调不减，有 $f(\xi)\leqslant f(x)\Rightarrow\xi^n f(\xi)\leqslant\xi^n f(x)\leqslant x^n f(x)$，从而 $F'(x)\geqslant0$，故 $F(x)$ 在 $[0,+\infty)$ 上单调不减.

【例 105】　设函数 $f(x)$ 可导，且 $f(0)=0,n>0,F(x)=\int_0^x t^{n-1}f(x^n-t^n)\mathrm{d}t$，求 $\lim\limits_{x\to0}\dfrac{F(x)}{x^{2n}}$.

【解】　令 $u=x^n-t^n$，则 $F(x)=-\dfrac{1}{n}\int_0^x f(x^n-t^n)\mathrm{d}(x^n-t^n)=-\dfrac{1}{n}\int_{x^n}^0 f(u)\mathrm{d}u$

$$=\frac{1}{n}\int_0^{x^n}f(u)\mathrm{d}u,F'(x)=f(x^n)x^{n-1},$$

于是 $\lim\limits_{x\to0}\dfrac{F(x)}{x^{2n}}\left(\dfrac{0}{0}\right)=\lim\limits_{x\to0}\dfrac{f(x^n)\cdot x^{n-1}}{2nx^{2n-1}}=\dfrac{1}{2n}\lim\limits_{x\to0}\dfrac{f(x^n)-f(0)}{x^n}=\dfrac{1}{2n}f'(0)$.

【例 106】　设 $f(x)$ 是连续的偶函数，$f(x)>0$，设 $F(x)=\int_{-a}^a|x-t|f(t)\mathrm{d}t,-a\leqslant x\leqslant a$.

(1) 证明 $F'(x)$ 递增；(2) 当 x 为何值时，$F(x)$ 取最小值；

(3) 若 $F(x)$ 的最小值为 $f(a)-a^2-1$，求 $f(t)$.

【证】　$F(x)=\int_{-a}^a|x-t|f(t)\mathrm{d}t=\int_{-a}^x(x-t)f(t)\mathrm{d}t+\int_x^a(t-x)f(t)\mathrm{d}t$

$$=x\int_{-a}^x f(t)\mathrm{d}t-\int_{-a}^x tf(t)\mathrm{d}t+\int_x^a tf(t)\mathrm{d}t-x\int_x^a f(t)\mathrm{d}t$$

$$=x\int_{-a}^a f(t)\mathrm{d}t+x\int_a^x f(t)\mathrm{d}t-\int_{-a}^a tf(t)\mathrm{d}t-\int_a^x tf(t)\mathrm{d}t-\int_a^x tf(t)\mathrm{d}t+x\int_a^x f(t)\mathrm{d}t.$$

由 $f(x)$ 为偶函数，知 $xf(x)$ 为奇函数，有 $\int_{-a}^a f(t)\mathrm{d}t=2\int_0^a f(t)\mathrm{d}t,\int_{-a}^a tf(t)\mathrm{d}t=0$，于是

$F(x)=2x\int_0^a f(t)\mathrm{d}t+2x\int_a^x f(t)\mathrm{d}t-2\int_a^x tf(t)\mathrm{d}t=2x\int_0^x f(t)\mathrm{d}t-2\int_a^x tf(t)\mathrm{d}t.$

$F'(x)=2\int_0^x f(t)\mathrm{d}t+2xf(x)-2xf(x)=2\int_0^x f(t)\mathrm{d}t.$

(1) 由于 $f(x)>0$，令 $F'(x)=2\int_0^x f(t)\mathrm{d}t=0$，解得 $x=0$，而 $F''(x)=2f(x)>0$，知 $F'(x)$ 递增.

(2) 由 $F''(0)=2f(0)>0$，知 $F(0)$ 是唯一的极值且为极小值也是最小值，且 $F(0)=2\int_0^a tf(t)\mathrm{d}t$.

(3) 若 $F(0)=f(a)-a^2-1$，则有　$2\int_0^a tf(t)\mathrm{d}t=f(a)-a^2-1$,

两边对 a 求导，得　$2af(a)=f'(a)-2a\Leftrightarrow f'(a)-2af(a)=2a$.

由 $\int p(a)\mathrm{d}a=-\int 2a\mathrm{d}a=-a^2,\int 2a\mathrm{e}^{\int p(a)\mathrm{d}a}\mathrm{d}a=\int 2a\mathrm{e}^{-a^2}\mathrm{d}a=-\mathrm{e}^{-a^2}$，得 $f(a)=\mathrm{e}^{a^2}(-\mathrm{e}^{-a^2}+C)=-1+C\mathrm{e}^{a^2}$,

将 $f(0)=1$ 代入得 $1=-1+C\cdot e^{0}$，$C=2$，故 $f(t)=2e^{t^2}-1$.

【例 107】 设 $f(x)=\begin{cases}\dfrac{\sin x}{x}, & x\neq 0,\\ 0, & x=0,\end{cases}$ $g(x)=\int_{-\pi}^{x}f(t)\mathrm{d}t$，则 $g(x)$ 在 $x=0$ 处(　　).

(A) 不连续　　　　(B) 连续，但不可导

(C) 可导，且 $g'(0)=1$　　　　(D) 可导，且 $g'(0)=0$

【解】 由于 $f(x)$ 可积，所以 $g(x)$ 在 $x=0$ 处连续.

$$\begin{aligned}\lim_{x\to 0}\frac{g(x)-g(0)}{x-0}&=\lim_{x\to 0}\frac{\int_{-\pi}^{x}f(t)\mathrm{d}t-\int_{-\pi}^{0}f(t)\mathrm{d}t}{x}\\&=\lim_{x\to 0}\frac{\int_{-\pi}^{x}f(t)\mathrm{d}t+\int_{0}^{-\pi}f(t)\mathrm{d}t}{x}\\&=\lim_{x\to 0}\frac{\int_{0}^{x}f(t)\mathrm{d}t}{x}=\lim_{x\to 0}f(x)=1.\end{aligned}$$

故选(C).

本章同步练习

1. $\displaystyle\int\frac{x^2-x+1}{x(x-1)^2}\ln x\mathrm{d}x$.　　**2.** $\displaystyle\int_{1}^{+\infty}\frac{\arctan x}{x^3}\mathrm{d}x$.

3. $\displaystyle\int\frac{xe^{\arctan x}}{(1+x^2)^{3/2}}\mathrm{d}x$.　　**4.** 求 $\displaystyle\int_{0}^{\pi}|\sin x-\cos x|\mathrm{d}x$.

5. $\displaystyle\int_{-1}^{1}(x+2|x|)^2\sqrt{1-x^2}\mathrm{d}x$.　　**6.** $\displaystyle\int_{0}^{\pi}e^{x}\cos^2 x\mathrm{d}x$.

7. 已知 $f(0)=a$，$f(\pi)=b$，且 $f''(x)$ 连续，求 $\displaystyle\int_{0}^{\pi}[f(x)+f''(x)]\sin x\mathrm{d}x$.

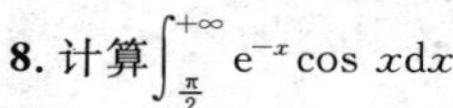

8. 计算 $\displaystyle\int_{\frac{\pi}{2}}^{+\infty}e^{-x}\cos x\mathrm{d}x$.

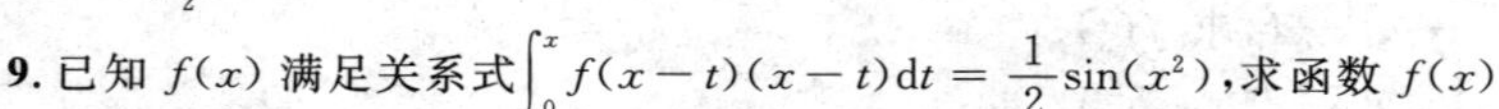

9. 已知 $f(x)$ 满足关系式 $\displaystyle\int_{0}^{x}f(x-t)(x-t)\mathrm{d}t=\frac{1}{2}\sin(x^2)$，求函数 $f(x)$.

10. 求函数 $f(x)=\displaystyle\int_{1}^{x^2}(x^2-t)e^{-t^2}\mathrm{d}t$ 的单调区间与极值.

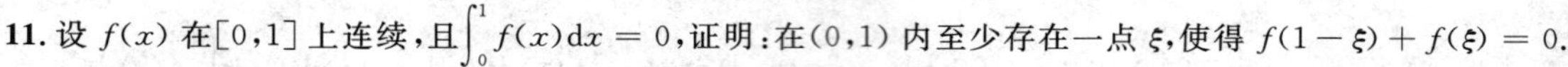

11. 设 $f(x)$ 在 $[0,1]$ 上连续，且 $\displaystyle\int_{0}^{1}f(x)\mathrm{d}x=0$，证明：在 $(0,1)$ 内至少存在一点 ξ，使得 $f(1-\xi)+f(\xi)=0$.

12. 设 $f(x)$ 在 $[0,1]$ 上连续，且 $\displaystyle\int_{0}^{1}xf(x)\mathrm{d}x=\int_{0}^{1}f(x)\mathrm{d}x$，证明：$\exists\,\xi\in(0,1)$，使 $\displaystyle\int_{0}^{\xi}f(x)\mathrm{d}x=0$.

13. 设函数 $f(x)$ 在 $[0,3]$ 上连续，在 $(0,3)$ 内存在二阶导数，且 $2f(0)=\displaystyle\int_{0}^{2}f(x)\mathrm{d}x=f(2)+f(3)$.

(1) 证明：存在 $\eta\in(0,2)$，使 $f(\eta)=f(0)$；(2) 证明：存在 $\xi\in(0,3)$，使 $f''(\xi)=0$.

14. 若函数 $\varphi(x)$ 具有二阶导数，且满足 $\varphi(2)>\varphi(1)$，$\varphi(2)>\displaystyle\int_{2}^{3}\varphi(x)\mathrm{d}x$，则至少存在一点 $\xi\in(1,3)$，使得 $\varphi''(\xi)<0$.

15. (1) 比较 $\displaystyle\int_{0}^{1}|\ln t|[\ln(1+t)]^n\mathrm{d}t$ 与 $\displaystyle\int_{0}^{1}t^n|\ln t|\mathrm{d}t\,(n=1,2,\cdots)$ 的大小，并说明理由；

(2) 记 $u_n=\displaystyle\int_{0}^{1}|\ln t|[\ln(1+t)]^n\mathrm{d}t\,(n=1,2,\cdots)$，求极限 $\lim\limits_{n\to\infty}u_n$.

16. 设 $g(x)$ 的二阶导数 $g''(x)<0$，$0\leqslant x\leqslant 1$，证明：$\displaystyle\int_{0}^{1}g(x^2)\mathrm{d}x\leqslant g\left(\frac{1}{3}\right)$.

17. 在抛物线 $y=1-x^2$ 上找一点 $P(a,b)(a>0)$，过 P 点作抛物线的切线，使此切线与抛物线及两坐标轴所围成的区域面积最小，求 P 点坐标.

18. C_1 和 C_2 分别是 $y=\frac{1}{2}(1+e^x)$ 和 $y=e^x$ 的图形，过点 $(0,1)$ 的曲线 C_3 是一单调增函数的图形. 过 C_2 上任一点 $M(x,y)$ 分别作垂直于 x 轴和 y 轴的直线 l_x 和 l_y. 记 C_1，C_2 与 l_x 所围图形的面积为 $S_1(x)$；C_2，C_3 与 l_y 所围图形的面积为 $S_2(y)$. 如果总有 $S_1(x)=S_2(y)$，求曲线 C_3 的方程 $x=\varphi(y)$.

19. 一个高为 l 的柱体形贮油罐，底面是长轴为 $2a$，短轴为 $2b$ 的椭圆. 现将贮油罐平放，当油罐中油面高度为 $\frac{3}{2}b$ 时，计算油的质量.（长度单位为 m，质量单位为 kg，油的密度为常数 ρ kg/m^3）.

20. 设有一边界由两条抛物线 $y=x^2$ 与 $y=4-3x^2$ 所围成的平板.

(1) 画出平板的图形，并计算其面积；

(2) 将此平板铅直置于水中，水平面在 $y=1$ 处，试求平板一侧所受到的水的静压力.

21. 一容器的内侧是由曲线绕 y 轴旋转一周而成的曲面，其中曲线是由 $x^2+y^2=2y\left(y\geqslant\frac{1}{2}\right)$ 与 $x^2+y^2=1$ $\left(y\leqslant\frac{1}{2}\right)$ 连接而成的.

(1) 求容器的容积；

(2) 若将容器内盛满的水从容器顶部全部抽出，至少需要做多少功？（长度单位为 m，重力加速度为 g m/s^2，水的密度为 10^3 kg/m^3）.

22. 设 D 是位于曲线 $y=\sqrt{x}a^{-\frac{x}{2a}}(a>1,0\leqslant x<+\infty)$ 下方、x 轴上方的无界区域.

（Ⅰ）求区域 D 绕 x 轴旋转一周所成旋转体的体积 $V(a)$；

（Ⅱ）当 a 为何值时，$V(a)$ 最小？并求出最小值.

23. 设某商品的需求量 Q 关于价格 P 的函数为 $Q=75-P^2$，则

（Ⅰ）当 $P=4$ 时，求边际需求，说明其经济意义；

（Ⅱ）当 $P=4$ 时，求需求量 Q 对价格 P 的弹性 $E_d(>0)$，说明其经济意义；

（Ⅲ）当 $P=4$ 时，若价格提高 1%，总收益是增加还是减少？收益变化率是多少？

本章同步练习答案解析

1. $$\int\frac{x^2-x+1}{x(x-1)^2}\ln x\,dx=\int\left[\frac{1}{x}+\frac{1}{(x-1)^2}\right]\ln x\,dx=\int\ln x\,d\ln x-\int\ln x\,d\left(\frac{1}{x-1}\right)$$
$$=\frac{1}{2}\ln^2x-\frac{\ln x}{x-1}+\int\frac{1}{x(x-1)}dx=\frac{1}{2}\ln^2x-\frac{\ln x}{x-1}+\int\left(\frac{1}{x-1}-\frac{1}{x}\right)dx$$
$$=\frac{1}{2}\ln^2x-\frac{\ln x}{x-1}+\ln|x-1|-\ln x+C.$$

---

2. 原式 $=-\frac{1}{2}\int_1^{+\infty}\arctan x\,d\left(\frac{1}{x^2}\right)=\frac{\pi}{8}+\int_1^{+\infty}\frac{1}{x^2(1+x^2)}dx=\frac{1}{2}$.

---

3. $$\int\frac{xe^{\arctan x}}{(1+x^2)^{3/2}}dx=\int\frac{x}{\sqrt{1+x^2}}de^{\arctan x}=\frac{xe^{\arctan x}}{\sqrt{1+x^2}}-\int\frac{e^{\arctan x}}{(1+x^2)^{3/2}}dx$$
$$=\frac{xe^{\arctan x}}{\sqrt{1+x^2}}-\int\frac{1}{\sqrt{1+x^2}}de^{\arctan x}=\frac{xe^{\arctan x}}{\sqrt{1+x^2}}-\left(\frac{e^{\arctan x}}{\sqrt{1+x^2}}-\int e^{\arctan x}\frac{-\frac{1}{2}\cdot 2x}{(1+x^2)^{\frac{3}{2}}}dx\right)$$
$$=\frac{xe^{\arctan x}}{\sqrt{1+x^2}}-\frac{e^{\arctan x}}{\sqrt{1+x^2}}-\int\frac{xe^{\arctan x}}{(1+x^2)^{\frac{3}{2}}}dx,$$

移项整理，得 $\int\frac{xe^{\arctan x}}{(1+x^2)^{\frac{3}{2}}}dx=\frac{(x-1)e^{\arctan x}}{2\sqrt{1+x^2}}+C$.

---

4. 原式 $=\int_0^{\frac{\pi}{4}}(\cos x-\sin x)dx+\int_{\frac{\pi}{4}}^{\pi}(\sin x-\cos x)dx=[\sin x+\cos x]\Big|_0^{\frac{\pi}{4}}-[\sin x+\cos x]\Big|_{\frac{\pi}{4}}^{\pi}=2\sqrt{2}$.

5. $\int_{-1}^{1}(x+2|x|)^2\sqrt{1-x^2}\mathrm{d}x=\int_{-1}^{1}(x^2+4x|x|+4|x|^2)\sqrt{1-x^2}\mathrm{d}x$

$$=10\int_0^1 x^2\sqrt{1-x^2}\mathrm{d}x\xlongequal{\text{令}x=\sin t}$$

$$=10\int_0^{\frac{\pi}{2}}\sin^2 t\cos^2 t\mathrm{d}t=10\int_0^{\frac{\pi}{2}}\sin^2 x(1-\sin^2 x)\mathrm{d}x$$

$$=10\left(\frac{1}{2}\cdot\frac{\pi}{2}-\frac{3}{4}\cdot\frac{1}{2}\cdot\frac{\pi}{2}\right)=\frac{5}{8}\pi.$$

6. $\int_0^{\pi}\mathrm{e}^x\cos^2 x\mathrm{d}x=\frac{1}{2}\int_0^{\pi}\mathrm{e}^x\mathrm{d}x+\frac{1}{2}\int_0^{\pi}\mathrm{e}^x\cos 2x\mathrm{d}x=\frac{1}{2}(\mathrm{e}^{\pi}-1)+\frac{1}{2}\int_0^{\pi}\mathrm{e}^x\cos 2x\mathrm{d}x$,

而$\int_0^{\pi}\mathrm{e}^x\cos 2x\mathrm{d}x=\mathrm{e}^x\cos 2x\Big|_0^{\pi}+2\int_0^{\pi}\mathrm{e}^x\sin 2x\mathrm{d}x=\mathrm{e}^{\pi}-1+2\left[\mathrm{e}^x\sin 2x\Big|_0^{\pi}-2\int_0^{\pi}\mathrm{e}^x\cos 2x\mathrm{d}x\right]=\mathrm{e}^{\pi}-1-4\int_0^{\pi}\mathrm{e}^x\cos 2x\mathrm{d}x$,

所以$\int_0^{\pi}\mathrm{e}^x\cos 2x\mathrm{d}x=\frac{1}{5}(\mathrm{e}^{\pi}-1)$.

所以原积分$\int_0^{\pi}\mathrm{e}^x\cos^2 x\mathrm{d}x=\frac{1}{2}(\mathrm{e}^{\pi}-1)+\frac{1}{10}(\mathrm{e}^{\pi}-1)=\frac{3}{5}(\mathrm{e}^{\pi}-1)$.

7. $\int_0^{\pi}[f(x)+f''(x)]\sin x\mathrm{d}x=\int_0^{\pi}f(x)\sin x\mathrm{d}x+\int_0^{\pi}f''(x)\sin x\mathrm{d}x$

$=\int_0^{\pi}f(x)\sin x\mathrm{d}x+\int_0^{\pi}\sin x\mathrm{d}f'(x)=\int_0^{\pi}f(x)\sin x\mathrm{d}x+\sin xf'(x)\Big|_0^{\pi}-\int_0^{\pi}f'(x)\cos x\mathrm{d}x$

$=\int_0^{\pi}f(x)\sin x\mathrm{d}x-\cos xf(x)\Big|_0^{\pi}-\int_0^{\pi}f(x)\sin x\mathrm{d}x=a+b.$

8. 记 $I=\int_{\frac{\pi}{2}}^{+\infty}\mathrm{e}^{-x}\cos x\mathrm{d}x=\mathrm{e}^{-x}\sin x\Big|_{\frac{\pi}{2}}^{+\infty}+\int_{\frac{\pi}{2}}^{+\infty}\sin x\mathrm{e}^{-x}\mathrm{d}x$

$$=-\mathrm{e}^{-\frac{\pi}{2}}-\left[\mathrm{e}^{-x}\cos x\Big|_{\frac{\pi}{2}}^{+\infty}+\int_{\frac{\pi}{2}}^{+\infty}\mathrm{e}^{-x}\cos x\mathrm{d}x\right]=-\mathrm{e}^{-\frac{\pi}{2}}-I,$$

所以 $I=-\frac{1}{2}\mathrm{e}^{-\frac{\pi}{2}}$.

9. 令 $x-t=u$, $\mathrm{d}t=-\mathrm{d}u$ 则 $t=0$ 时, $u=x$; $t=x$ 时, $u=0$.

则$\int_0^x f(u)u\mathrm{d}u=\frac{1}{2}\sin(x^2)$,两边对 x 求导,得 $f(x)\cdot x=x\cdot\cos x^2$,有 $f(x)=\cos x^2$.

10. $f(x)$ 的定义域为$(-\infty,+\infty)$.

$f(x)=x^2\int_1^{x^2}\mathrm{e}^{-t^2}\mathrm{d}t-\int_1^{x^2}t\mathrm{e}^{-t^2}\mathrm{d}t$, $f'(x)=2x\int_1^{x^2}\mathrm{e}^{-t^2}\mathrm{d}t+2x^3\mathrm{e}^{-x^4}-2x^3\mathrm{e}^{-x^4}=2x\int_1^{x^2}\mathrm{e}^{-t^2}\mathrm{d}t$.

令 $f'(x)=0$,得驻点为 $x=0$, $x=\pm1$.

当 $x>1$ 时, $f'(x)>0$; $0<x<1$ 时, $f'(x)<0$; $-1<x<0$ 时, $f'(x)>0$; $x<-1$ 时, $f'(x)<0$,所以 $f(x)$ 的单调递减区间为$(-\infty,-1)$和$(0,1)$, $f(x)$ 的单调递增区间为$(-1,0)$和$(1,+\infty)$. 极小值 $f(\pm1)=0$,极大值为 $f(0)=\frac{1}{2}(1-\mathrm{e}^{-1})$.

11. 令 $F(x)=\int_0^x f(1-t)\mathrm{d}t+\int_0^x f(t)\mathrm{d}t$,其中$\int_0^1 f(1-t)\mathrm{d}t\xlongequal{1-t=u}-\int_1^0 f(u)\mathrm{d}u=\int_0^1 f(t)\mathrm{d}t$.

$F(0)=F(1)=0$,由罗尔定理, $\exists\xi\in(0,1)$,使 $F'(\xi)=0$,即 $f(1-\xi)+f(\xi)=0$.

12. 设 $F(x)=\int_0^x\left[\int_0^x f(t)\mathrm{d}t\right]\mathrm{d}x=x\int_0^x f(t)\mathrm{d}t\Big|_0^x-\int_0^x xf(x)\mathrm{d}x=x\int_0^x f(t)\mathrm{d}t-\int_0^x xf(x)\mathrm{d}x$

$$=x\int_0^x f(t)\mathrm{d}t-\int_0^x tf(t)\mathrm{d}t=\int_0^x (x-t)f(t)\mathrm{d}t,$$

且 $F(0)=F(1)=0$，对 $F(x)$ 在 $[0,1]$ 上应用罗尔定理，$\exists\,\xi\in(0,1)$，使得 $F'(\xi)=0$，由 $F'(x)=\int_0^x f(t)\mathrm{d}t$，易得 $\int_0^\xi f(t)\mathrm{d}t=0$.

13. (1) 设 $F(x)=\int_0^x f(t)\mathrm{d}t\,(0\leqslant x\leqslant 2)$，则 $\int_0^2 f(t)\mathrm{d}t=F(2)-F(0)$，根据拉格朗日中值定理知，存在 $\eta\in(0,2)$，使 $F(2)-F(0)=F'(\eta)(2-0)=2f(\eta)$，即 $\int_0^2 f(t)\mathrm{d}t=2f(\eta)$，又因为 $2f(0)=\int_0^2 f(t)\mathrm{d}t$，所以 $f(\eta)=f(0)$.

(2) 函数 $f(x)$ 在 $[2,3]$ 上连续，则利用最值定理和介值定理知，存在 $\xi_1\in[2,3]$，使 $f(\xi_1)=\dfrac{f(2)+f(3)}{2}$.

又因为 $f(0)=f(\eta)=\dfrac{f(2)+f(3)}{2}$，所以 $f(0)=f(\eta)=f(\xi_1)$，利用罗尔中值定理知，存在 $\xi_2\in(0,\eta)$，使 $f'(\xi_2)=0$，存在 $\xi_3\in(\eta,\xi_1)$，使 $f'(\xi_3)=0$，即 $f'(\xi_2)=f'(\xi_3)$，再次利用罗尔中值定理知，存在 $\xi\in(\xi_2,\xi_3)\subset(0,3)$，使 $f''(\xi)=0$.

14. 由积分中值定理，至少存在一点 $\eta\in[2,3]$，使得 $\int_2^3\varphi(x)\mathrm{d}x=\varphi(\eta)(3-2)=\varphi(\eta)$，又由 $\varphi(2)>\int_2^3\varphi(x)\mathrm{d}x=\varphi(\eta)$，知 $2<\eta\leqslant 3$，对 $\varphi(x)$ 在 $[1,2]$，$[2,\eta]$ 上分别应用拉格朗日中值定理，并注意到 $\varphi(1)<\varphi(2)$，$\varphi(\eta)<\varphi(2)$ 得 $\varphi'(\xi_1)=\dfrac{\varphi(2)-\varphi(1)}{2-1}>0$，$1<\xi_1<2$；$\varphi'(\xi_2)=\dfrac{\varphi(\eta)-\varphi(2)}{\eta-2}<0$，$2<\xi_2<\eta\leqslant 3$，在 $[\xi_1,\xi_2]$ 上对导函数 $\varphi'(x)$ 应用拉格朗日中值定理，有 $\varphi''(\xi)=\dfrac{\varphi'(\xi_2)-\varphi'(\xi_1)}{\xi_2-\xi_1}<0$，$\xi\in(\xi_1,\xi_2)\subset(1,3)$.

15. (1) 当 $0\leqslant t\leqslant 1$ 时，$0\leqslant\ln(1+t)\leqslant t$，故 $[\ln(1+t)]^n\leqslant t^n$，所以 $|\ln t|[\ln(1+t)]^n\leqslant|\ln t|t^n$，则 $\int_0^1|\ln t|[\ln(1+t)]^n\mathrm{d}t\leqslant\int_0^1|\ln t|t^n\mathrm{d}t\,(n=1,2,\cdots)$.

(2) 由 (1) 知，$0\leqslant u_n=\int_0^1|\ln t|[\ln(1+t)]^n\mathrm{d}t\leqslant\int_0^1|\ln t|t^n\mathrm{d}t$，

因为 $\int_0^1|\ln t|t^n\mathrm{d}t=-\int_0^1\ln t\cdot t^n\mathrm{d}t=-\dfrac{1}{n+1}\int_0^1\ln t\mathrm{d}(t^{n+1})=-\dfrac{1}{n+1}\left[t^{n+1}\ln t\Big|_0^1-\int_0^1 t^{n+1}\dfrac{1}{t}\mathrm{d}t\right]=\dfrac{1}{(n+1)^2}$，

所以 $\lim\limits_{n\to\infty}\int_0^1|\ln t|t^n\mathrm{d}t=\lim\limits_{n\to\infty}\dfrac{1}{(n+1)^2}=0$，根据夹逼准则得 $0\leqslant\lim\limits_{n\to\infty}u_n\leqslant 0$，所以 $\lim\limits_{n\to\infty}u_n=0$.

16. 将 $g(t)$ 在 $x=\dfrac{1}{3}$ 处展成泰勒公式

$$g(t)=g\left(\frac{1}{3}\right)+g'\left(\frac{1}{3}\right)\left(t-\frac{1}{3}\right)+\frac{1}{2}g''(\xi)\left(t-\frac{1}{3}\right)^2,$$

由 $g''(x)<0$，易得 $g(t)\leqslant g\left(\dfrac{1}{3}\right)+g'\left(\dfrac{1}{3}\right)\left(t-\dfrac{1}{3}\right)$，所以 $\int_0^1 g(x^2)\mathrm{d}x\leqslant\int_0^1 g\left(\dfrac{1}{3}\right)\mathrm{d}x+g'\left(\dfrac{1}{3}\right)\int_0^1\left(x^2-\dfrac{1}{3}\right)\mathrm{d}x=g\left(\dfrac{1}{3}\right)$.

17. 如图 3-27 所示，过 P 点的切线方程为 $y=-2a(x-a)+b$，与两坐标轴的交点坐标 $x_0=a+\dfrac{b}{2a}$，$y_0=2a^2$

$+b$,则所围成的面积 $S=\frac{1}{2}x_0y_0-A$.(其中 A 为抛物线与坐标轴所围在第一象限中的面积)

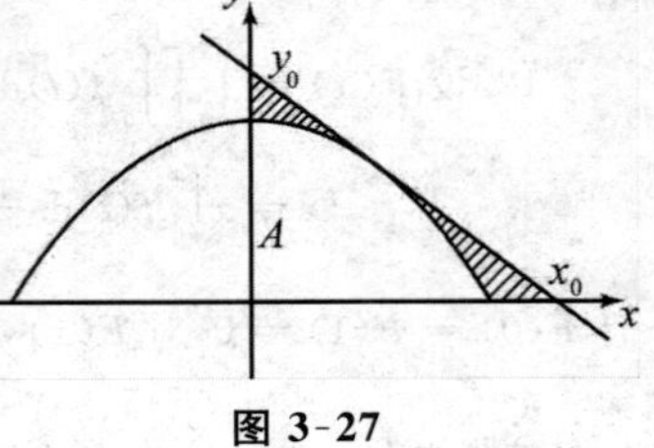

图 3-27

$$S=\frac{1}{2}\left(a+\frac{b}{2a}\right)(2a^2+b)-A,\text{其中 } A=\int_0^1(1-x^2)\mathrm{d}x=\frac{2}{3}.$$

$$S(a)=\frac{1}{2}\left(a+\frac{1-a^2}{2a}\right)(2a^2+1-a^2)-\frac{2}{3}=\frac{1}{4}\left(a^3+2a+\frac{1}{a}\right)-\frac{2}{3},$$

$$S'(a)=\frac{3}{4}a^2+\frac{1}{2}-\frac{1}{4a^2}.$$

令 $S'(a)=0$,$a=\frac{1}{\sqrt{3}}$,$b=\frac{2}{3}$.因为在 $0<a<+\infty$ 中只有唯一驻点,且存在最小值,所以当 $a=\frac{1}{\sqrt{3}}$,$b=\frac{2}{3}$ 时,取到最小值.即 P 点坐标为 $\left(\frac{1}{\sqrt{3}},\frac{2}{3}\right)$

18.由题意得,$S_1(x)=\int_0^x\left[\mathrm{e}^t-\frac{1}{2}(1+\mathrm{e}^t)\right]\mathrm{d}t=\frac{1}{2}(\mathrm{e}^x-x-1)$,$S_2(y)=\int_1^y[\ln t-\varphi(t)]\mathrm{d}t$,

又因由 $S_1(x)=S_2(y)$,故得 $\frac{1}{2}(\mathrm{e}^x-x-1)=\int_1^y[\ln t-\varphi(t)]\mathrm{d}t$.

因为要解关于 y 的方程,所以需要将等式左侧的变量 x 进行替换,注意到 $M(x,y)$ 是 $y=\mathrm{e}^x$ 上的点,于是得

$$\frac{1}{2}(y-\ln y-1)=\int_1^y(\ln t-\varphi(t))\mathrm{d}t.$$

上式两边对 y 求导,得 $\frac{1}{2}\left(1-\frac{1}{y}\right)=\ln y-\varphi(y)$,整理得 $x=\varphi(y)=\ln y-\frac{y-1}{2y}$.

19.油罐放平,截面如图 3-28 所示,建立坐标系之后,边界椭圆的方程为 $\frac{x^2}{a^2}+\frac{y^2}{b^2}=1$.

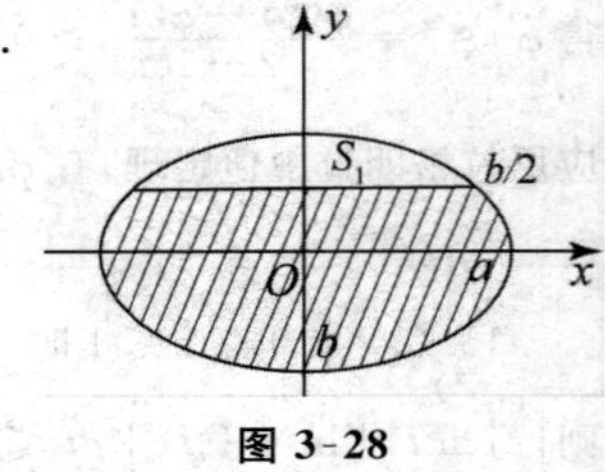

图 3-28

阴影部分的面积 $S=\int_{-b}^{\frac{b}{2}}2x\mathrm{d}y=\frac{2a}{b}\int_{-b}^{\frac{b}{2}}\sqrt{b^2-y^2}\mathrm{d}y$.

令 $y=b\sin t$,$y=-b$ 时,$t=-\frac{\pi}{2}$;$y=\frac{b}{2}$ 时,$t=\frac{\pi}{6}$.

$$S=2ab\int_{-\frac{\pi}{2}}^{\frac{\pi}{6}}\cos^2t\mathrm{d}t=2ab\int_{-\frac{\pi}{2}}^{\frac{\pi}{6}}\left(\frac{1}{2}+\frac{1}{2}\cos 2t\right)\mathrm{d}t=\left(\frac{2}{3}\pi+\frac{\sqrt{3}}{4}\right)ab,$$

所以油的质量 $m=\left(\frac{2}{3}\pi+\frac{\sqrt{3}}{4}\right)abl\rho$.

20.如图 3-29 所示,(1) $\begin{cases}y=x^2,\\ y=4-3x^2,\end{cases}$ 解得交点为 $(-1,1)$,$(1,1)$.

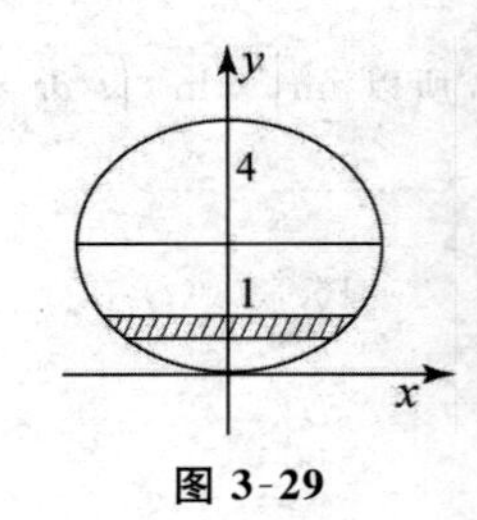

图 3-29

面积 $S=\int_{-1}^1(4-3x^2-x^2)\mathrm{d}x=\left(4x-\frac{4}{3}x^3\right)\Big|_{-1}^1=\frac{16}{3}$.

(2) 静压力 $F=\int_0^1 2\omega(1-y)\sqrt{y}\mathrm{d}y=2\omega\int_0^1\left(\sqrt{y}-y^{\frac{3}{2}}\right)\mathrm{d}y$

$$=2\omega\left(\frac{2}{3}y^{\frac{3}{2}}-\frac{2}{5}y^{\frac{5}{2}}\right)\Big|_0^1=\frac{8}{15}\omega(\text{其中 }\omega\text{ 为水的比重}).$$

21.(1) 如图 3-30 所示,容器的容积即旋转体体积分为两部分

$$V=V_1+V_2=\pi\int_{\frac{1}{2}}^{2}(2y-y^2)\mathrm{d}y+\pi\int_{-1}^{\frac{1}{2}}(1-y^2)\mathrm{d}y$$

$$=\pi\left(y^2-\frac{y^3}{3}\right)\Big|_{\frac{1}{2}}^{2}+\pi\left(y-\frac{y^3}{3}\right)\Big|_{-1}^{\frac{1}{2}}=\pi\left(5+\frac{1}{4}-3\right)=\frac{9}{4}\pi.$$

(2) 在 y 轴上任取 $\mathrm{d}y$ 个单位长度，对应容器的小薄片的水的重量为 $\rho g\pi f^2(y)\mathrm{d}y$，它升高的距离 $h=2-y$，将此薄片的水从容器顶部抽出所做的功为

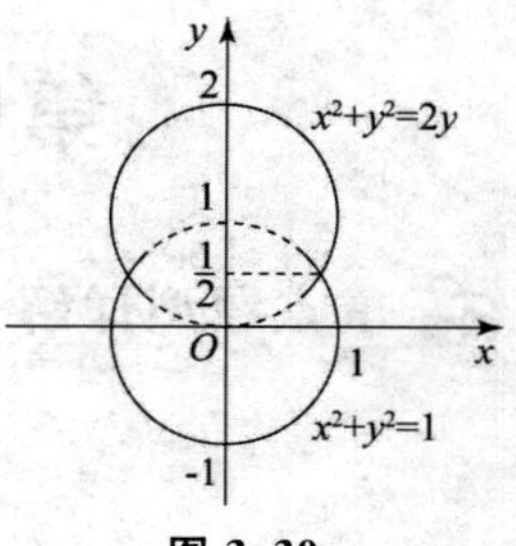

图 3-30

$$\mathrm{d}w=\rho g\pi f^2(y)(2-y)\mathrm{d}y=\rho g\pi(1-y^2)(2-y)\mathrm{d}y+\rho g\pi(2y-y^2)(2-y)\mathrm{d}y,$$

于是将容器的水从容器顶部全部抽出，所做的功为

$$w=\rho g\pi\int_{-1}^{\frac{1}{2}}(1-y^2)(2-y)\mathrm{d}y+\rho g\pi\int_{\frac{1}{2}}^{2}(2y-y^2)(2-y)\mathrm{d}y$$

$$=\rho g\pi\left(\int_{-1}^{\frac{1}{2}}(y^3-2y^2-y+2)\mathrm{d}y+\int_{\frac{1}{2}}^{2}(y^3-4y^2+4y)\mathrm{d}y\right)$$

$$=\rho g\pi\left(\frac{y^4}{4}\bigg|_{-1}^{\frac{1}{2}}-\frac{2y^3}{3}\bigg|_{-1}^{\frac{1}{2}}-\frac{y^2}{2}\bigg|_{-1}^{\frac{1}{2}}+2y\bigg|_{-1}^{\frac{1}{2}}+\frac{y^4}{4}\bigg|_{\frac{1}{2}}^{2}-\frac{4y^3}{3}\bigg|_{\frac{1}{2}}^{2}+2y^2\bigg|_{\frac{1}{2}}^{2}\right)$$

$$=\frac{27}{8}\rho g\pi=3375g\pi.$$

---

22. (Ⅰ) $V(a)=\int_0^{\infty}\pi y^2\mathrm{d}x=\pi\int_0^{\infty}xa^{-\frac{x}{a}}\mathrm{d}x=-\frac{a}{\ln a}\pi\int_0^{\infty}x\mathrm{d}(a^{-\frac{x}{a}})$

$$=-\frac{a}{\ln a}\pi[xa^{-\frac{x}{a}}]\bigg|_0^{+\infty}+\frac{a}{\ln a}\pi\int_0^{\infty}a^{-\frac{x}{a}}\mathrm{d}x=\pi\left(\frac{a}{\ln a}\right)^2.$$

(Ⅱ) 因为 $V'(a)=\left[\pi\left(\frac{a}{\ln a}\right)^2\right]'=\pi\cdot\frac{2a\ln a-2a}{\ln^3 a}=2\pi\left(\frac{a(\ln a-1)}{\ln^3 a}\right)$.

令 $V'(a)=0$，得 $\ln a=1$，从而 $a=\mathrm{e}$，则当 $1<a<\mathrm{e}$ 时，$V'(a)<0$，$V(a)$ 单调减少；当 $a>\mathrm{e}$ 时，$V'(a)>0$，$V(a)$ 单调增加，所以 $a=\mathrm{e}$ 时，V 最小，最小体积为 $V_{\min}(a)=\pi\mathrm{e}^2$.

---

23. (Ⅰ) 当 $P=4$ 时，边际需求为 $\frac{\mathrm{d}Q}{\mathrm{d}P}\bigg|_{P=4}=-8$，其经济意义在于，在价格 $P=4$ 时，若价格提高一个单位，则需求量减少 8 个单位.

(Ⅱ) 需求对价格的弹性函数为

$$E_d=\left|\frac{\mathrm{d}Q}{\mathrm{d}P}\frac{P}{Q}\right|=\frac{2P^2}{75-P^2}.$$

当 $P=4$ 时，需求对价格的弹性为

$$\frac{EQ}{EP}\bigg|_{P=4}=\frac{32}{59}\approx 0.54.$$

其经济意义在于，在价格 $P=4$ 的基础上，若价格提高 1%，则产品的需求量约减少 0.54%.

(Ⅲ) 当 $P=4$ 时，若价格提高 1%，因为 $\left|\frac{EQ}{EP}\right|\approx 0.54<1$，所以该商品缺乏弹性，企业的收益是增加的.

因为 $R=PQ=75P-P^3$，$\frac{\mathrm{d}R}{\mathrm{d}P}=75-3P^2$，所以

$$\frac{ER}{EP}=\frac{\mathrm{d}R}{\mathrm{d}P}\cdot\frac{P}{R}=\frac{75-3P^2}{75-P^2}.$$

$\frac{ER}{EP}\bigg|_{P=4}=\frac{27}{59}\approx 0.46$，故当价格提高 1%，企业的收益约增加 0.46%.

第四章　向量代数与空间解析几何①

重点题型详解

题型一　向量的运算

解题策略

1. $|\boldsymbol{a}|=\sqrt{\boldsymbol{a}\cdot\boldsymbol{a}}$.　2. $\boldsymbol{a}=\{a_1,a_2,a_3\}$，$|\boldsymbol{a}|=\sqrt{a_1^2+a_2^2+a_3^2}$.

3. 利用点积、向量积(叉积)、混合积的性质及几何意义.

【例 1】 已知 $\boldsymbol{a},\boldsymbol{b},\boldsymbol{c}$ 互相垂直，且 $|\boldsymbol{a}|=1$，$|\boldsymbol{b}|=2$，$|\boldsymbol{c}|=3$，求 $\boldsymbol{s}=\boldsymbol{a}+\boldsymbol{b}+\boldsymbol{c}$ 的模.

【思路】 利用 $\boldsymbol{a}\perp\boldsymbol{b}\Leftrightarrow\boldsymbol{a}\cdot\boldsymbol{b}=0$ 与 $|\boldsymbol{a}|=\sqrt{\boldsymbol{a}\cdot\boldsymbol{a}}$.

【解】 由 $\boldsymbol{a},\boldsymbol{b},\boldsymbol{c}$ 两两垂直，知 $\boldsymbol{a}\cdot\boldsymbol{b}=0,\boldsymbol{a}\cdot\boldsymbol{c}=0,\boldsymbol{b}\cdot\boldsymbol{c}=0,\boldsymbol{a}\cdot\boldsymbol{a}=|\boldsymbol{a}|^2,\boldsymbol{b}\cdot\boldsymbol{b}=|\boldsymbol{b}|^2,\boldsymbol{c}\cdot\boldsymbol{c}=|\boldsymbol{c}|^2$，可得

$$\begin{aligned}|\boldsymbol{s}|&=\sqrt{\boldsymbol{s}\cdot\boldsymbol{s}}=\sqrt{(\boldsymbol{a}+\boldsymbol{b}+\boldsymbol{c})\cdot(\boldsymbol{a}+\boldsymbol{b}+\boldsymbol{c})}\\&=\sqrt{|\boldsymbol{a}|^2+|\boldsymbol{b}|^2+|\boldsymbol{c}|^2}=\sqrt{1^2+2^2+3^2}=\sqrt{14}.\end{aligned}$$

【例 2】 设 $\boldsymbol{A}=2\boldsymbol{a}+\boldsymbol{b},\boldsymbol{B}=k\boldsymbol{a}+\boldsymbol{b}$，其中 $|\boldsymbol{a}|=1$，$|\boldsymbol{b}|=2$，且 $\boldsymbol{a}\perp\boldsymbol{b}$，若以 $\boldsymbol{A},\boldsymbol{B}$ 为邻边的平行四边形的面积为 6，求常数 k.

【解】 $|\boldsymbol{A}|=\sqrt{(2\boldsymbol{a}+\boldsymbol{b})\cdot(2\boldsymbol{a}+\boldsymbol{b})}=\sqrt{4|\boldsymbol{a}|^2+|\boldsymbol{b}|^2}=\sqrt{4+4}=2\sqrt{2}$，

$|\boldsymbol{B}|=\sqrt{(k\boldsymbol{a}+\boldsymbol{b})\cdot(k\boldsymbol{a}+\boldsymbol{b})}=\sqrt{k^2|\boldsymbol{a}|^2+|\boldsymbol{b}|^2}=\sqrt{k^2+4}$，

$|\boldsymbol{A}\cdot\boldsymbol{B}|=|(2\boldsymbol{a}+\boldsymbol{b})\cdot(k\boldsymbol{a}+\boldsymbol{b})|=|2k|\boldsymbol{a}|^2+|\boldsymbol{b}|^2|=|2k+4|$.

由公式 $|\boldsymbol{A}\times\boldsymbol{B}|^2+(\boldsymbol{A}\cdot\boldsymbol{B})^2=|\boldsymbol{A}|^2|\boldsymbol{B}|^2$，得 $6^2+(2k+4)^2=8(k^2+4)$，即 $k^2-4k-5=0$，解得 $k=-1$ 或 $k=5$.

【例 3】 (1995[1]) 设 $(\boldsymbol{a}\times\boldsymbol{b})\cdot\boldsymbol{c}=2$，求 $[(\boldsymbol{a}+\boldsymbol{b})\times(\boldsymbol{b}+\boldsymbol{c})]\cdot(\boldsymbol{c}+\boldsymbol{a})$.

【解】 原式 $=(\boldsymbol{a}\times\boldsymbol{b}+\boldsymbol{a}\times\boldsymbol{c}+\boldsymbol{b}\times\boldsymbol{c})\cdot(\boldsymbol{c}+\boldsymbol{a})=(\boldsymbol{a}\times\boldsymbol{b})\cdot\boldsymbol{c}+(\boldsymbol{b}\times\boldsymbol{c})\cdot\boldsymbol{a}$

$=(\boldsymbol{a}\times\boldsymbol{b})\cdot\boldsymbol{c}+(\boldsymbol{a}\times\boldsymbol{b})\cdot\boldsymbol{c}=4$.

题型二　求直线方程

解题策略

首先考虑直线方程的点向式与一般式，然后再考虑用其他形式.

【例 4】 求过点 $(-1,2,3)$，垂直于直线 $\dfrac{x}{4}=\dfrac{y}{5}=\dfrac{z}{6}$ 且平行于平面 $7x+8y+9z+10=0$ 的直线方程.

【解】 设所求直线的方向向量为 $\boldsymbol{v}$，已知直线方向向量为 $\boldsymbol{v}_1=\{4,5,6\}$，平面的法向量为 $\boldsymbol{n}=\{7,8,9\}$. 由条件知 $\boldsymbol{v}\perp\boldsymbol{v}_1,\boldsymbol{v}\perp\boldsymbol{n}$，得

$$\boldsymbol{v}=\begin{vmatrix}\boldsymbol{i}&\boldsymbol{j}&\boldsymbol{k}\\4&5&6\\7&8&9\end{vmatrix}=-3\boldsymbol{i}+6\boldsymbol{j}-3\boldsymbol{k}=\{-3,6,-3\}\parallel\{1,-2,1\},$$

故所求直线方程为$\frac{x+1}{1}=\frac{y-2}{-2}=\frac{z-3}{1}$.

题型三　直线点向式与参数式的转化

【例 5】　将 $L:\begin{cases}2x-y-3z+2=0,\\x+2y-z-6=0\end{cases}$ 化为点向式与参数式.

【解】方法一　设直线的方向向量为 $\boldsymbol{v}$. 由$\begin{cases}2x-y-3z+2=0,\\x+2y-z-6=0\end{cases}$ 得 $\boldsymbol{n}_1=\{2,-1,-3\}$, $\boldsymbol{n}_2=\{1,2,-1\}$, 则 $\boldsymbol{v}=\boldsymbol{n}_1\times\boldsymbol{n}_2=\begin{vmatrix}\boldsymbol{i}&\boldsymbol{j}&\boldsymbol{k}\\2&-1&-3\\1&2&-1\end{vmatrix}=\{7,-1,5\}$. 再求直线 L 上一点,为此令 $z=0$,得 $\begin{cases}2x-y+2=0,\\x+2y-6=0,\end{cases}$ 解得$\begin{cases}x=\frac{2}{5},\\y=\frac{14}{5}.\end{cases}$

故直线方程的点向式为$\frac{x-\frac{2}{5}}{7}=\frac{y-\frac{14}{5}}{-1}=\frac{z-0}{5}$. 写成参数式为$\begin{cases}x=7t+\frac{2}{5},\\y=-t+\frac{14}{5},\\z=5t.\end{cases}$

方法二　由$\begin{cases}2x-y-3z+2=0,&(1)\\x+2y-z-6=0,&(2)\end{cases}$ 则(1)−(2)×2 得 $-5y-z+14=0$,化简得$\frac{z}{5}=\frac{y-\frac{14}{5}}{-1}$;(1)×2+(2) 得 $5x-7z-2=0$,化简得$\frac{z}{5}=\frac{x-\frac{2}{5}}{7}$. 故直线的点向式方程为$\frac{x-\frac{2}{5}}{7}=\frac{y-\frac{14}{5}}{-1}=\frac{z-0}{5}$,参数方程与方法一相同.

题型四　异面直线

【例 6】　证明直线 $L_1:\frac{x-5}{-4}=\frac{y-1}{1}=\frac{z-2}{1}$ 和 $L_2:\frac{x}{2}=\frac{y}{2}=\frac{z-8}{-3}$ 是异面直线,并求它们之间的最短距离与公垂线方程.

【解】　在 L_1、L_2 上各取一点 $M_1(5,1,2)$, $M_2(0,0,8)$,由于

$\overrightarrow{M_1M_2}\cdot(\boldsymbol{v}_1\times\boldsymbol{v}_2)=(-5\boldsymbol{i}-\boldsymbol{j}+6\boldsymbol{k})\cdot(-5\boldsymbol{i}-10\boldsymbol{j}-10\boldsymbol{k})=25+10-60=-25\neq0$,

知 L_1, L_2 是异面直线,且 $d=\frac{|\overrightarrow{M_1M_2}\cdot(\boldsymbol{v}_1\times\boldsymbol{v}_2)|}{|\boldsymbol{v}_1\times\boldsymbol{v}_2|}=\frac{|-25|}{\sqrt{(-5)^2+(-10)^2+(-10)^2}}=\frac{5}{3}$.

$\boldsymbol{v}_1\times\boldsymbol{v}_2=-5\boldsymbol{i}-10\boldsymbol{j}-10\boldsymbol{k}=\{-5,-10,-10\}\parallel\{1,2,2\}$,知 $\boldsymbol{v}=\{1,2,2\}$. 则过直线 L_1 及公垂线的平面 π_1 的法向量 $\boldsymbol{n}_1=\boldsymbol{v}_1\times\boldsymbol{v}=\{0,9,-9\}\parallel\{0,1,-1\}$,且经过点$(5,1,2)$,故 π_1 的方程为$(y-1)-(z-2)=0$,即 $y-z+1=0$.

过直线 L_2 及公垂线的平面 π_2 的法向量 $\boldsymbol{n}_2=\boldsymbol{v}_2\times\boldsymbol{v}=\{10,-7,2\}$,且过点$(0,0,8)$,故 π_2 的方程为 $10x-7y+2z-16=0$. 故公垂线方程为 $\begin{cases}y-z+1=0,\\10x-7y+2z-16=0.\end{cases}$

★ 题型五　点到直线的距离、两直线的夹角

【例 7】　求点 $P_1(1,-4,5)$ 到直线$\frac{x}{2}=\frac{y+1}{-1}=\frac{z}{-1}$ 的距离.

【解】 方法一 直线 L 的方向向量 $\boldsymbol{v}=\{2,-1,-1\}$,$P_0(0,-1,0)$ 是直线上一点,$\overrightarrow{P_0P_1}=\{1,-3,5\}$,$d=\dfrac{|\boldsymbol{v}\times\overrightarrow{P_0P_1}|}{|\boldsymbol{v}|}=\dfrac{|-8\boldsymbol{i}-11\boldsymbol{j}-5\boldsymbol{k}|}{\sqrt{4+1+1}}=\dfrac{\sqrt{210}}{\sqrt{6}}=\sqrt{35}$.

方法二 过 P_1 点且与 L 垂直的平面方程是 $2(x-1)-(y+4)-(z-5)=0$,其与直线方程 $x=-2y-2,x=-2z$ 联立,得 $\begin{cases}2x-y-z=1,\\x+2y+2=0,\\x+2z=0,\end{cases}$ 解得 $x=0,y=-1,z=0$,由两点间距离公式,得 $d=\sqrt{(1-0)^2+(-4+1)^2+(5-0)^2}=\sqrt{35}$.

【例 8】 (1993[1])设有直线 $L_1:\dfrac{x-1}{1}=\dfrac{y-5}{-2}=\dfrac{z+8}{1}$ 与 $L_2:\begin{cases}x-y=6,\\2y+z=3.\end{cases}$ 求 L_1 与 L_2 的夹角.

【解】 $\boldsymbol{v}_1=\{1,-2,1\}$,$\boldsymbol{v}_2=\begin{vmatrix}\boldsymbol{i}&\boldsymbol{j}&\boldsymbol{k}\\1&-1&0\\0&2&1\end{vmatrix}=\{-1,-1,2\}$,$\cos\theta=\dfrac{\boldsymbol{v}_1\cdot\boldsymbol{v}_2}{|\boldsymbol{v}_1||\boldsymbol{v}_2|}=\dfrac{-1+2+2}{\sqrt{6}\cdot\sqrt{6}}=\dfrac{1}{2}$,得 $\theta=\dfrac{\pi}{3}$,故两直线的夹角为$\dfrac{\pi}{3}$.

★题型六　求平面方程

解题策略

利用平面方程的点法式、一般式、平面束解题.

【例 9】 (1996[1])已知两条直线方程是 $L_1:\dfrac{x-1}{1}=\dfrac{y-2}{0}=\dfrac{z-3}{-1}$,$L_2:\dfrac{x+2}{2}=\dfrac{y-1}{1}=\dfrac{z}{1}$,求过 L_1 且平行 L_2 的平面 π 的方程.

【解】 由 π 经过 L_1,且点 $(1,2,3)\in L_1$,知 π 经过点 $(1,2,3)$. 又 π 的法向量 $\boldsymbol{n}\perp\{1,0,-1\}$,$\boldsymbol{n}\perp\{2,1,1\}$,有 $\boldsymbol{n}=\begin{vmatrix}\boldsymbol{i}&\boldsymbol{j}&\boldsymbol{k}\\1&0&-1\\2&1&1\end{vmatrix}=\{1,-3,1\}$,故所求平面方程为 $(x-1)-3(y-2)+(z-3)=0$,即 $x-3y+z+2=0$.

【例 10】 求过直线 $L:\begin{cases}x-y+z+2=0,\\2x+3y-z+1=0\end{cases}$ 且与已知平面 $4x-2y+3z+5=0$ 垂直的平面方程.

【解】 设过直线 L 的平面束方程为

$$\lambda(x-y+z+2)+\mu(2x+3y-z+1)=0,$$

其法向量 $\boldsymbol{n}=(\lambda+2\mu)\boldsymbol{i}+(-\lambda+3\mu)\boldsymbol{j}+(\lambda-\mu)\boldsymbol{k}$. 已知平面的法向量 $\boldsymbol{n}_1=4\boldsymbol{i}-2\boldsymbol{j}+3\boldsymbol{k}$. 由题意知,$\boldsymbol{n}\perp\boldsymbol{n}_1$,即 $(\lambda+2\mu)\cdot4+(-\lambda+3\mu)\cdot(-2)+(\lambda-\mu)\cdot3=0$,解得 $\mu=9\lambda$. 代入方程得所求平面方程为 $19x+26y-8z+11=0$.

评注 对于平面束方程 $\lambda(A_1x+B_1y+C_1z+D_1)+\mu(A_2x+B_2y+C_2z+D_2)=0$,当 $\lambda\neq0$ 时,可令 $\dfrac{\mu}{\lambda}=\alpha$,则有 $(A_1x+B_1y+C_1z+D_1)+\alpha(A_2x+B_2y+C_2z+D_2)=0$. 以上式子在计算时比较简便. 但上式漏掉了 $\lambda=0$ 的情形,即平面 $\pi_2:A_2x+B_2y+C_2z+D_2=0$ 无法表示,计算时需特别注意.

【例 11】 求经过 x 轴且垂直于平面 $5x+4y-2z+3=0$ 的平面方程.

【解】　由于所求平面 π 经过 x 轴,故可设平面 π 的方程为 $By + Cz = 0$.

又平面 π 垂直于已知平面,知平面 π 的法向量 $\boldsymbol{n} = \{0,B,C\} \perp \{5,4,-2\}$,得 $4B - 2C = 0$,解得 $C = 2B$,代入平面方程得 $By + 2Bz = 0$,即 $y + 2z = 0$.

【例 12】　试求通过直线 $L:\begin{cases} x+5y+z=0, \\ x-z+4=0 \end{cases}$ 且与已知平面 $x-4y-8z+12=0$ 的交角为 $\frac{\pi}{4}$ 的平面方程.

【解】　设过直线 L 的平面束方程为

$$(x-z+4)+a(x+5y+z)=0.$$

即 $(1+a)x+5ay+(a-1)z+4=0$,其法向量 $\boldsymbol{n}_1=(1+a)\boldsymbol{i}+5a\boldsymbol{j}+(a-1)\boldsymbol{k}$. 平面 $x-4y-8z+12=0$ 的法向量 $\boldsymbol{n}=\boldsymbol{i}-4\boldsymbol{j}-8\boldsymbol{k}$,由题意知

$$\cos\frac{\pi}{4}=\frac{\sqrt{2}}{2}=\frac{|\boldsymbol{n}_1\cdot\boldsymbol{n}|}{|\boldsymbol{n}_1\|\boldsymbol{n}|}=\frac{|(1+a)-20a-8(a-1)|}{\sqrt{(1+a)^2+25a^2+(a-1)^2}\cdot\sqrt{81}}=\frac{|-27a+9|}{\sqrt{27a^2+2}\cdot 9}=\frac{|1-3a|}{\sqrt{27a^2+2}}.$$

两边平方得 $\frac{(1-3a)^2}{27a^2+2}=\frac{1}{2}$,即 $9a^2+12a=0$,得 $a=0$ 或 $a=-\frac{4}{3}$. 所以平面方程为 $x-z+4=0$ 或 $x+20y+7z-12=0$.

评注　如果设平面束方程为 $(x+5y+z)+a(x-z+4)=0$,则会遗漏一个平面.

题型七　直线与平面的位置

【例 13】　(1995[1]) 设有直线 $L:\begin{cases} x+3y+2z+1=0, \\ 2x-y-10z+3=0 \end{cases}$ 及平面 $\pi: 4x-2y+z-2=0$,判断直线 L 与平面 π 的位置关系.

【解】　设直线 L 的方向向量为 $\boldsymbol{v}$,知 $\boldsymbol{v}=\begin{vmatrix} \boldsymbol{i} & \boldsymbol{j} & \boldsymbol{k} \\ 1 & 3 & 2 \\ 2 & -1 & -10 \end{vmatrix}=\{-28,14,-7\}$,而平面的法向量 $\boldsymbol{n}=\{4,-2,1\}$,由于 $\frac{-28}{4}=\frac{-14}{2}=\frac{-7}{1}$,知 $\boldsymbol{v}\parallel\boldsymbol{n}$,故直线 L 与平面 π 垂直.

题型八　求曲线与曲面方程

解题策略

一般用定义求曲线与曲面方程.

【例 14】　求以 xOy 平面上的曲线 $\Gamma: F(x,y)=0$ 为准线,母线 $L\parallel\boldsymbol{v}=\{a,b,c\}(c\neq 0)$ 的柱面方程.

【解】　设 $M(x,y,z)$ 是曲线上任意一点,过点 M 的母线交准线于点 $M_1(x_1,y_1,0)$,由 $\overrightarrow{M_1M}\parallel\boldsymbol{v}$,有 $\frac{x-x_1}{a}=\frac{y-y_1}{b}=\frac{z}{c}$,解得 $x_1=x-\frac{a}{c}z, y_1=y-\frac{b}{c}z$,且 $F(x_1,y_1)=0$,得曲面方程为 $F\left(x-\frac{a}{c}z, y-\frac{b}{c}z\right)=0$.

【例 15】　求以原点为顶点,以曲线 $\Gamma:\begin{cases} F(x,y)=0, \\ z=h, \end{cases}$ $(h\neq 0)$ 为准线的锥面方程.

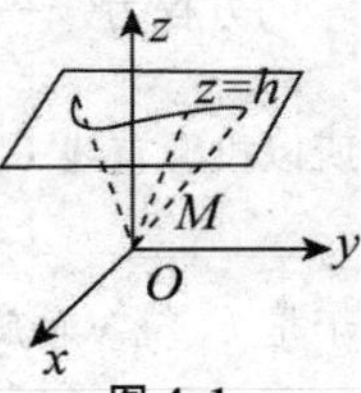

图 4-1

【解】　如图 4-1 所示,设 $M(x,y,z)$ 是锥面上的任意一点,且过点 M 的母线与准线 Γ 交于点 $M_1(x_1,y_1,h)$. 由于 $\overrightarrow{OM_1}$ 与 $\overrightarrow{OM}$ 共线,所以对应分量成比例,

即 $\frac{x}{x_1}=\frac{y}{y_1}=\frac{z}{h}\Rightarrow x_1=\frac{h}{z}x, y_1=\frac{h}{z}y$,且 $F(x_1,y_1)=0$,

故所求锥面方程为 $F(\frac{h}{z}x,\frac{h}{z}y)=0$.

【例 16】 求与 xOy 平面成 $\frac{\pi}{4}$ 角,且过点 $(1,0,0)$ 的一切直线所成的轨迹方程.

【解】 设所求轨迹上任意一点为 $P(x,y,z)$,点 $A(1,0,0)$ 在其上,则直线 AP 的方向向量 $\overrightarrow{AP}=\{x-1,y,z\}$. 由于直线 AP 与 xOy 平面成 $\frac{\pi}{4}$ 角. 取 xOy 平面法向量为 $\boldsymbol{n}=\{0,0,1\}$,故 $\overrightarrow{AP}$ 与 $\boldsymbol{n}$ 的夹角为 $\frac{\pi}{2}\pm\frac{\pi}{4}$. 有

$$\cos\left(\frac{\pi}{2}\pm\frac{\pi}{4}\right)=\frac{0\cdot(x-1)+0\cdot y+1\cdot z}{\sqrt{(x-1)^2+y^2+z^2}\cdot\sqrt{1^2}}=\frac{z}{\sqrt{(x-1)^2+y^2+z^2}}=\pm\frac{\sqrt{2}}{2},$$

即 $(x-1)^2+y^2+z^2=2z^2$. 即旋转锥面为 $(x-1)^2+y^2-z^2=0$.

疑难问题点拨

以一般参数方程 $\begin{cases}x=f(t),\\y=g(t),\\z=h(t)\end{cases}$ 给出的曲线 Γ 绕 z 轴旋转所形成的旋转曲面 Σ 的方程为

$$x^2+y^2=\{f[h^{-1}(z)]\}^2+\{g[h^{-1}(z)]\}^2.$$

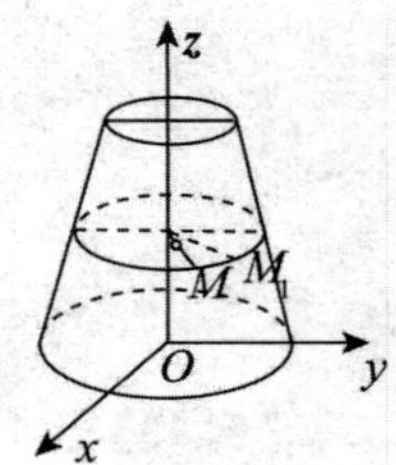

图 4-2

【证】 如图 4-2 所示,设 $M(x,y,z)$ 是曲面 Σ 上任意一点,而 M 是由曲线 Γ 上某点 $M_1(x_1,y_1,z_1)$(对应的参数为 t_1)绕 Oz 轴旋转所得到. 因此有

$$x_1=f(t_1),y_1=g(t_1),z_1=h(t_1).$$

若 $z=z_1$,则 $x^2+y^2=x_1^2+y_1^2\Rightarrow z=h(t_1)\Rightarrow t_1=h^{-1}(z),x_1=f[h^{-1}(z)]$,$y_1=g[h^{-1}(z)]$,故所求旋转曲面方程为

$$x^2+y^2=\{f[h^{-1}(z)]\}^2+\{g[h^{-1}(z)]\}^2.$$

特别地,若 Γ 绕 Oz 轴旋转时,Γ 参数方程表示为 $\begin{cases}x=f(z),\\y=g(z),\end{cases}$ 则 $x^2+y^2=f^2(z)+g^2(z)$.

事实上,由前面的证明过程可知 $x_1=f(z_1),y_1=g(z_1)$,若 $z=z_1$,则 $x^2+y^2=x_1^2+y_1^2\Rightarrow x_1=f(z)$,$y_1=g(z)$,故 $x^2+y^2=f^2(z)+g^2(z)$.

这个结果可作为一个规律记住,一个用参数方程表示的曲线 Γ 绕某个坐标轴旋转所生成曲面的方程是:若把该曲线表示成以该坐标轴对应的变量为参数的参数方程,则旋转曲面的方程是由参数方程两个等式两边平方再相加得到的等式.

【例 17】 (1998[1])求直线 $L:\frac{x-1}{1}=\frac{y}{1}=\frac{z-1}{-1}$ 在平面 $\pi:x-y+2z-1=0$ 上的投影直线 L_0,并求 L_0 绕 y 轴旋转一周所成曲面的方程.

【解】 方法一 如图 4-3 所示,设经过 L 且垂直于 π 的平面方程为 π_1,则 π_1 经过 L 上的点 $(1,0,1)$,设 π_1 的法向量为 $\boldsymbol{n}_1$,由题意知 $\boldsymbol{n}_1\perp\boldsymbol{v}=\{1,1,-1\}$,$\boldsymbol{n}_1\perp\boldsymbol{n}=\{1,-1,2\}$,故 $\boldsymbol{n}_1=\boldsymbol{v}\times\boldsymbol{n}=\begin{vmatrix}\boldsymbol{i}&\boldsymbol{j}&\boldsymbol{k}\\1&1&-1\\1&-1&2\end{vmatrix}=\{1,-3,-2\}$. 所以

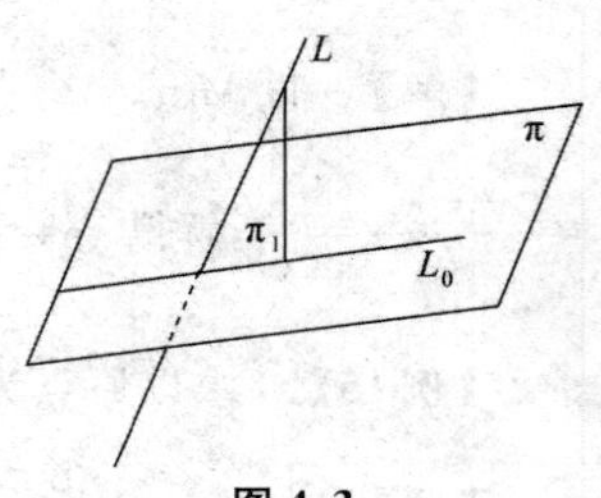

图 4-3

π_1 的方程为 $(x-1)-3y-2(z-1)=0$,即 $x-3y-2z+1=0$,

所以投影直线 L_0 的方程为 $\begin{cases}x-y+2z-1=0,\\x-3y-2z+1=0,\end{cases}$ 即 $\begin{cases}x=2y,\\z=-\frac{1}{2}(y-1).\end{cases}$

于是 L_0 绕 y 轴旋转一周所成曲面的方程为 $x^2+z^2=4y^2+\frac{1}{4}(y-1)^2$,即 $4x^2-17y^2+4z^2+2y-1=0$.

方法二 直线 L 的方程可写为 $\begin{cases}x-y-1=0,\\y+z-1=0,\end{cases}$ 所以过 L 的平面 π_1 方程可设为

$$\lambda(x-y-1)+\mu(y+z-1)=0 \Leftrightarrow \lambda x+(-\lambda+\mu)y+\mu z-\lambda-\mu=0,$$

由于它与平面 π 垂直，得 $\lambda-(-\lambda+\mu)+2\mu=0$，得 $\mu=-2\lambda$，故 π_1 方程为 $x-3y-2z+1=0$，于是 L_0 的方程为 $\begin{cases}x-y+2z-1=0,\\x-3y-2z+1=0.\end{cases}$（下同方法一）

综合拓展提高

【例 18】 设一球面与两平面 $x-2y+2z=3$ 和 $2x+y-2z=8$ 皆相切，且球心在直线 L_1：$\begin{cases}2x-y=0,\\3x-z=0\end{cases}$ 上，求该球面方程.

【解】 设球心坐标为 $(t,2t,3t)$，它到两平面的距离相等（等于球的半径 R）.

$R=\dfrac{|t-4t+6t-3|}{3}=\dfrac{|2t+2t-6t-8|}{3}$，解得 $t=-1$ 或 11，所以两个球心坐标为 $(-1,-2,-3)$ 和 $(11,22,33)$. 而相应的半径 R 分别为 2 和 10，于是两个球面方程分别为：

$$(x+1)^2+(y+2)^2+(z+3)^2=4 \text{ 和 } (x-11)^2+(y-22)^2+(z-33)^2=100.$$

【例 19】 设点 $P(x,y,z)$ 为曲面 S：$x^2+y^2+z^2-yz=1$ 上的动点，并设 S 在点 P 处的切平面总与 xOy 平面垂直：(1) 求点 P 的轨线 C 的方程；(2) 求 C 在 xOy 平面上的投影线的方程；(3) 说明 C 是一条平面曲线，并求此 C 在它所在的平面上围成的区域的面积.

【解】 (1) $\boldsymbol{n}_P=\{2x,2y-z,2z-y\}$，$\boldsymbol{n}_P\cdot\boldsymbol{k}=0$，即 $2z-y=0$.

所以 C 的方程为 $\begin{cases}2z-y=0,\\x^2+y^2+z^2-yz=1\end{cases}$ 或写成 $\begin{cases}2z-y=0,\\x^2+\dfrac{3}{4}y^2=1.\end{cases}$

(2) C 在 xOy 平面上的投影方程为 $\begin{cases}x^2+\dfrac{3}{4}y^2=1,\\z=0.\end{cases}$

(3) 由 C 的方程可表示为 $\begin{cases}2z-y=0,\\x^2+\dfrac{3}{4}y^2=1\end{cases}$ 可知，C 在平面 $2z-y=0$ 上，是一条平面曲线，它在 xOy 平面上的投影是个椭圆，其围成的面积 $\sigma=\pi\cdot1\cdot\dfrac{2\sqrt{3}}{3}=\dfrac{2\sqrt{3}}{3}\pi$.

而平面 $2z-y=0$ 的法向量 $\boldsymbol{n}=\{0,-1,2\}$，$\cos\gamma=\dfrac{2\sqrt{5}}{5}$，所以 C 在平面 $2z-y=0$ 上围成的面积 $A=\dfrac{\sigma}{\cos\gamma}=\sqrt{\dfrac{5}{3}}\pi$.

【例 20】 设曲面 S：$\dfrac{x^2}{2}+y^2+\dfrac{z^2}{4}=1$，平面 π：$2x+2y+z+5=0$，求：

(1) 在曲面 S 上平行于 π 的切平面方程；(2) 在曲面 S 上与平面 π 之间的最短距离.

【解】 (1) 令 $F(x,y,z)=\dfrac{x^2}{2}+y^2+\dfrac{z^2}{4}-1=0$ 为曲面 S 的方程，则曲面上一点 (x_0,y_0,z_0) 的切平面法向量为 $\boldsymbol{n}=\left\{x_0,2y_0,\dfrac{z_0}{2}\right\}$，由于切平面与平面 π 平行，应有 $\dfrac{x_0}{2}=\dfrac{2y_0}{2}=\dfrac{z_0}{2}$，有 $x_0=2y_0$，$z_0=2y_0$，代入曲面方程有 $\dfrac{4y_0^2}{2}+y_0^2+\dfrac{4y_0^2}{4}-1=0$，解得 $y_0=\pm\dfrac{1}{2}$，从而切点为 $M_1\left(1,\dfrac{1}{2},1\right)$，$M_2\left(-1,-\dfrac{1}{2},-1\right)$，

其相应的切平面方程为

$$\pi_1:(x-1)+\left(y-\frac{1}{2}\right)+\frac{1}{2}(z-1)=0,\text{即 } x+y+\frac{1}{2}z-2=0.$$

$$\pi_2:-(x+1)-\left(y+\frac{1}{2}\right)-\frac{1}{2}(z+1)=0,\text{即 } x+y+\frac{1}{2}z+2=0.$$

(2) 由于所给曲面 S 为一个椭球面,从几何上看,这个椭球面 S 总是夹在平行于已知平面 π 的两个切平面之间,由于已知平面 π 与椭球面不相交,所以切点中距离平面 π 最小距离就是曲面 S 与平面 π 的之间的最短距离. 因此 M_1,M_2 到平面 π 的距离:

$$d_1=\frac{|2+1+1+5|}{3}=3,d_2=\frac{|-2-1-1+5|}{3}=\frac{1}{3}.$$

即 $d_2=\frac{1}{3}$ 是曲面 S 到平面 π 的最短距离.

本章同步练习

1. 已知 $|\boldsymbol{a}|=2,|\boldsymbol{b}|=3,|\boldsymbol{a}+\boldsymbol{b}|=\sqrt{19}$,求 $|\boldsymbol{a}-\boldsymbol{b}|$.

2. 设 $|\boldsymbol{a}|=2,|\boldsymbol{b}|=3$,求 $(\boldsymbol{a}\times\boldsymbol{b})\cdot(\boldsymbol{a}\times\boldsymbol{b})+(\boldsymbol{a}\cdot\boldsymbol{b})(\boldsymbol{a}\cdot\boldsymbol{b})$.

3. 求以点 $A(1,1,1),B(3,2,0),C(2,4,1)$ 为顶点的三角形的面积.

4. 一平行六面体,已知坐标 $A(1,0,0),B(5,9,2),D(3,5,7),A'(1,-2,6)$,求该平行六面体的体积.

5. 已知直线 $L_1:\frac{x-1}{-1}=\frac{y-3}{2}=\frac{z+2}{1}$ 和 $L_2:\frac{x-2}{1}=\frac{y+1}{2}=\frac{z-1}{2}$,求与 L_1,L_2 垂直相交的直线 L 的方程.

6. 验证直线 $L_1:\begin{cases}x+2y=0,\\y+z+1=0\end{cases}$ 与直线 $L_2:\frac{x-1}{2}=\frac{y}{-1}=\frac{z-1}{1}$ 平行,并求经过此两直线的平面方程.

7. 求直线 $\begin{cases}x-y+2z-1=0,\\2x+y+z-2=0\end{cases}$ 绕 x 轴旋转一周所得的旋转曲面方程.

8. 设常数 a 与 b 不同时为零,直线 L 为 $\begin{cases}x=az,\\y=b,\end{cases}$ 求 L 绕 Oz 轴旋转一周生成的旋转曲面方程. 并说明 ①$a=0,b\neq0$,②$a\neq0,b=0$,③$ab\neq0$ 三种情形时该曲面的名称.

9. 已知圆柱面 S 的中心轴为直线 $\begin{cases}x=1,\\y=-1,\end{cases}$ 并设 S 与球面 $x^2+y^2+z^2-8x-6y+21=0$ 外切,求该圆柱面方程.

本章同步练习答案解析

1. $19=|\boldsymbol{a}+\boldsymbol{b}|^2=(\boldsymbol{a}+\boldsymbol{b})\cdot(\boldsymbol{a}+\boldsymbol{b})=\boldsymbol{a}\cdot\boldsymbol{a}+2\boldsymbol{a}\cdot\boldsymbol{b}+\boldsymbol{b}\cdot\boldsymbol{b}=13+2\boldsymbol{a}\cdot\boldsymbol{b}$,所以 $\boldsymbol{a}\cdot\boldsymbol{b}=3$.

$|\boldsymbol{a}-\boldsymbol{b}|^2=13-2\boldsymbol{a}\cdot\boldsymbol{b}=13-6=7$,所以 $|\boldsymbol{a}-\boldsymbol{b}|=\sqrt{7}$.

---

2. $(\boldsymbol{a}\times\boldsymbol{b})\cdot(\boldsymbol{a}\times\boldsymbol{b})+(\boldsymbol{a}\cdot\boldsymbol{b})(\boldsymbol{a}\cdot\boldsymbol{b})=[|\boldsymbol{a}||\boldsymbol{b}|\sin(\boldsymbol{a},\boldsymbol{b})]^2+[|\boldsymbol{a}||\boldsymbol{b}|\cos(\boldsymbol{a},\boldsymbol{b})]^2=|\boldsymbol{a}|^2|\boldsymbol{b}|^2=2^2\times3^2=36$.

---

3. 由 $\overrightarrow{AB}=\{2,1,-1\},\overrightarrow{AC}=\{1,3,0\}$,得

$\triangle ABC$ 的面积 $=\frac{1}{2}|\overrightarrow{AB}\times\overrightarrow{AC}|=\frac{1}{2}|\{2,1,-1\}\times\{1,3,0\}|=\frac{1}{2}\sqrt{35}$.

---

4. $\overrightarrow{AB}=\{4,9,2\},\overrightarrow{AD}=\{2,5,7\},\overrightarrow{AA'}=\{0,-2,6\},V=|(\overrightarrow{AB}\times\overrightarrow{AD})\cdot\overrightarrow{AA'}|=\begin{vmatrix}4&9&2\\2&5&7\\0&-2&6\end{vmatrix}=60$.

5. **方法一**　直线 L 的方向为：$\boldsymbol{v}=\boldsymbol{v}_1\times\boldsymbol{v}_2=\begin{vmatrix}\boldsymbol{i} & \boldsymbol{j} & \boldsymbol{k}\\ -1 & 2 & 1\\ 1 & 2 & 2\end{vmatrix}=2\boldsymbol{i}+3\boldsymbol{j}-4\boldsymbol{k}$，设 L 与 L_1 的交点为 $M(1-t_0,3+2t_0,-2+t_0)$，L 的方程为：$\dfrac{x-(1-t_0)}{2}=\dfrac{y-(3+2t_0)}{3}=\dfrac{z-(-2+t_0)}{-4}$.

在 L_2 上取一点 $N(2,-1,1)$，因为 L_2 与 L 相交，所以由 $|(\boldsymbol{v}\times\boldsymbol{v}_2)\cdot\overrightarrow{MN}|=0$，得 $t_0=-\dfrac{49}{29}$，所以 L 的方程为：$\dfrac{x-\frac{34}{29}}{2}=\dfrac{y+\frac{77}{29}}{3}=\dfrac{z+\frac{19}{29}}{-4}$.

方法二　所求直线 L 的方向为：$\boldsymbol{v}=\begin{vmatrix}\boldsymbol{i} & \boldsymbol{j} & \boldsymbol{k}\\ -1 & 2 & 1\\ 1 & 2 & 2\end{vmatrix}=2\boldsymbol{i}+3\boldsymbol{j}-4\boldsymbol{k}$，过 L_1 的平面束方程为 $\lambda(2x+y-5)+\mu(y-2z-7)=0$，法向为 $\boldsymbol{n}_1=\{2\lambda,\lambda+\mu,-2\mu\}$.

令 $\boldsymbol{n}_1\perp\boldsymbol{v}$，即 $\boldsymbol{n}_1\cdot\boldsymbol{v}=0$，得 $7\lambda+11\mu=0$，所以，L_1 和 L 所决定的平面为：$11x+2y+7z-3=0$.

同理，过 L_2 的平面束方程为 $\alpha(2x-y-5)+\beta(y-z+2)=0$，法向为 $\boldsymbol{n}_2=\{2\alpha,\beta-\alpha,-\beta\}$.

令 $\boldsymbol{n}_2\perp\boldsymbol{v}$，即 $\boldsymbol{n}_2\cdot\boldsymbol{v}=0$，得 $\alpha+7\beta=0$，所以，过 L_2 与 L 的平面为：$14x-8y+z-37=0$，于是 L 的方程为：$\begin{cases}11x+2y+7z-3=0,\\ 14x-8y+z-37=0.\end{cases}$

---

6. 由 $L_1:\begin{cases}x+2y=0,\\ y+z+1=0,\end{cases}$ 得 $L_1:\begin{cases}\dfrac{x}{-2}=\dfrac{y}{1},\\ \dfrac{y}{1}=\dfrac{z+1}{-1},\end{cases}$ 即 $\dfrac{x}{-2}=\dfrac{y}{1}=\dfrac{z+1}{-1}$，所以 $L_1\parallel L_2$.

设平面束方程 $x+2y+\lambda(y+z+1)=0$，以 L_2 上一点 $(1,0,1)$ 代入，得 $\lambda=-\dfrac{1}{2}$，故所求平面方程为 $2x+3y-z-1=0$.

---

7. 将直线方程写成参数形式：$\begin{cases}x=t,\\ y=1-t,\\ z=1-t.\end{cases}$ 因为绕 x 轴旋转，所以对曲面上一点 (x,y,z)，有 $y^2+z^2=y_0^2+z_0^2$，$x=x_0$，(x_0,y_0,z_0) 为直线上一点.

记 $t_0=x_0=x,y_0=1-x,z_0=1-x$，代入得所求方程为：$y^2+z^2=2(1-x)^2$.

---

8. L 绕 Oz 轴旋转一周生成的旋转曲面方程为：$x^2+y^2=(az)^2+b^2=a^2z^2+b^2$.

①$a=0,b\neq0$ 时为柱面 $x^2+y^2=b^2$；②$a\neq0,b=0$ 时为锥面 $x^2+y^2=a^2z^2$；

③$ab\neq0$ 时为单叶双曲面 $x^2+y^2-a^2z^2=b^2$.

---

9. 球面方程 $x^2+y^2+z^2-8x-6y+21=0$ 可写成 $(x-4)^2+(y-3)^2+z^2=2^2$，球心为 $(4,3,0)$，半径为 2，在 S 的中心轴上取点 $C(1,-1,0)$，它与球心的距离 $d=\sqrt{(4-1)^2+(3+1)^2+(0-0)^2}=5$.

所以该圆柱的半径 $r=5-2=3$，从而知该圆柱面 S 的方程为 $(x-1)^2+(y+1)^2=3^2$，即 $x^2+y^2-2x+2y-7=0$.

第五章　多元函数微分学

重点题型详解

题型一　二重极限

解题策略

计算二重极限与计算一元函数的极限相似，主要是先消去零因子，再利用函数的连续性求极限.

注意：在考研中一般不要求证明二重极限的存在性.

【例 1】 求极限$\lim\limits_{\substack{x\to 0\\ y\to 0}}\dfrac{2-\sqrt{x+y+4}}{x+y}$.

【思路】 求二重极限与一元函数求极限类似，主要应用一元函数求极限的方法.

【解】 $\lim\limits_{\substack{x\to 0\\ y\to 0}}\dfrac{2-\sqrt{x+y+4}}{x+y}=\lim\limits_{\substack{x\to 0\\ y\to 0}}\dfrac{4-(x+y+4)}{(x+y)(2+\sqrt{x+y+4})}=-\dfrac{1}{4}$.

评注　求二重极限一般表示二重极限存在.选取不同的路径，如果能够得到不同的极限值则说明二重极限不存在，如何选取不同的路径很重要，希望考生多加练习.

【例 2】 求极限$\lim\limits_{\substack{x\to 0\\ y\to 0}}\dfrac{\sqrt{1+x^2+y^2}-1}{\sin(x^2+y^2)}$.

【思路】 求二重极限与一元函数求极限类似，主要应用一元函数求极限的方法.

【解】 $\lim\limits_{\substack{x\to 0\\ y\to 0}}\dfrac{\sqrt{1+x^2+y^2}-1}{\sin(x^2+y^2)}=\lim\limits_{\substack{x\to 0\\ y\to 0}}\dfrac{\frac{1}{2}(x^2+y^2)}{x^2+y^2}=\dfrac{1}{2}$.

评注　求二重极限一般表示二重极限存在，利用无穷小的等价代换.

类似一元函数等价无穷小的结论.有 $x\to 0, y\to 0$ 时，$\sqrt{1+x^2+y^2}\sim\dfrac{1}{2}(x^2+y^2)$，$\sin(x^2+y^2)\sim x^2+y^2$.

【例 3】 下列二重极限中极限存在的是(　　).

(A) $\lim\limits_{\substack{x\to 0\\ y\to 0}}\dfrac{xy}{x^2+y^2}$　　(B) $\lim\limits_{\substack{x\to 0\\ y\to 0}}\dfrac{xy^2}{x^2+y^4}$

(C) $\lim\limits_{\substack{x\to 0\\ y\to 0}}\dfrac{xy}{x+y}$　　(D) $\lim\limits_{\substack{x\to 0\\ y\to 0}}\dfrac{\ln(1-xy)}{xy}$

【思路】 如果选取不同的路径得到的极限值不同，则表示极限不存在.

【解】 选项(A)，取 $y=kx$，则当 $x\to 0$ 时，$y=kx\to 0$，$\dfrac{xy}{x^2+y^2}=\dfrac{k}{1+k^2}$，与 k 有关，所以极限不存在；选项(B)，取 $x=ky^2$，则当 $y\to 0$ 时，$x=ky^2\to 0$，$\dfrac{xy^2}{x^2+y^4}=\dfrac{k}{1+k^2}$，与 k 有关，所以极限不存在；选项(C)，取 $y=-x+kx^2$，则当 $x\to 0$ 时，$y\to 0$，$\dfrac{xy}{x+y}=\dfrac{-x^2+kx^3}{kx^2}\to-\dfrac{1}{k}$，与 k 有关，所以极限不存在；

选项(D)，$\lim\limits_{\substack{x\to 0\\ y\to 0}}\dfrac{\ln(1-xy)}{xy}=\lim\limits_{\substack{x\to 0\\ y\to 0}}\dfrac{-xy}{xy}=-1$. 故应选(D).

> **评注**　证明二重极限存在需要用定义加以证明，在考研中一般不作要求，通常通过选取不同的路径使极限值不同来说明极限不存在，而选项(C)的路径选取可能比较困难些，考生应该注意无穷小是以低阶为主的，在本例的解题过程中，直接利用无穷小等价代换容易得到(D)是正确的.

题型二　极限、连续、偏导数及全微分的关系问题

解题策略

极限、连续、偏导数及全微分的关系问题是考研中经常涉及的问题，主要是要求考生理解充分非必要条件及必要非充分条件，其关系为

$$\text{偏导数连续}\Rightarrow\text{全微分存在}\begin{cases}\Rightarrow\text{函数连续}\\ \Rightarrow\text{偏导数存在}\end{cases}$$

题型 2.1　偏导数与函数连续的关系

注意：二元函数的连续性与偏导数没有关系！请结合下述例题深入领会.

【例 4】　设 $f(x,y)=\begin{cases}\sqrt{\dfrac{|xy|}{x^2+y^2}}, & (x,y)\neq(0,0),\\ 0, & (x,y)=(0,0),\end{cases}$ 讨论 $f(x,y)$ 在 $(0,0)$ 处的连续性、偏导数是否存在？

【思路】　先讨论极限，极限存在时进一步讨论连续性，然后用偏导数的定义讨论偏导数是否存在.

【解】　取 $y=kx$，$f(x,kx)=\sqrt{\dfrac{|k|x^2}{(1+k^2)x^2}}=\sqrt{\dfrac{|k|}{1+k^2}}$，与 k 有关，所以当 $(x,y)\to(0,0)$ 时，$f(x,y)$ 无极限，当然在 $(0,0)$ 处不连续，而

$$f'_x(0,0)=\lim_{\Delta x\to 0}\frac{f(0+\Delta x,0)-f(0,0)}{\Delta x}=0,\ f'_y(0,0)=\lim_{\Delta y\to 0}\frac{f(0,0+\Delta y)-f(0,0)}{\Delta y}=0.$$

所以 $f(x,y)$ 在 $(0,0)$ 处偏导数存在，但不连续.

> **评注**　在一元函数中，可导一定连续；但在二元函数中偏导数存在时函数可能不连续

【例 5】　设 $f(x,y)=\begin{cases}xy, & xy\neq 0,\\ 1, & xy=0,\end{cases}$ 则下列命题成立的个数为(　　).

(1) $f(x,y)$ 在 $(0,0)$ 点两个偏导数都存在；

(2) $\lim\limits_{x\to 0}f'_x(x,0)=f'_x(0,0)$，且 $\lim\limits_{y\to 0}f'_y(0,y)=f'_y(0,0)$；

(3) $f(x,y)$ 在 $(0,0)$ 点两个偏导数都连续；

(4) $f(x,y)$ 在 $(0,0)$ 点可微.

(A)1　　(B)2　　(C)3　　(D)4

【解】 $f'_x(0,0)=\lim\limits_{x\to 0}\dfrac{f(x,0)-f(0,0)}{x}=\lim\limits_{x\to 0}\dfrac{1-1}{x}=0$.

由对称性知 $f'_y(0,0)=0$，则命题(1)是正确的.

又 $f'_x(x,0)=\dfrac{\mathrm{d}}{\mathrm{d}x}[f(x,0)]=\dfrac{\mathrm{d}}{\mathrm{d}x}(1)=0$，则 $\lim\limits_{x\to 0}f'_x(x,0)=0=f'_x(0,0)$.

由对称性知 $\lim\limits_{y\to 0}f'_y(0,y)=f'_y(0,0)$，则命题(2)也是正确的.

当 $x\neq 0$ 时

$$f'_y(x,0)=\lim_{y\to 0}\frac{f(x,y)-f(x,0)}{y}=\lim_{y\to 0}\frac{xy-1}{y}=\infty,$$

则 $\lim\limits_{(x,y)\to(0,0)} f'_y(x,y)$ 不存在，从而 $f'_y(x,y)$ 在(0,0) 点不连续，由对称性知 $f'_x(x,y)$ 在(0,0) 点不连续，则(3) 不正确.

由于 $\lim\limits_{\substack{y=x\\x\to 0}} f(x,y)=\lim\limits_{x\to 0}x^2=0$. 而 $f(0,0)=1$，则 $f(x,y)$ 在(0,0) 点不连续，从而

$f(x,y)$ 在(0,0) 点不可微，则(4) 不正确. 故应选 (B).

题型 2.2　连续、偏导数与全微分的关系

解题策略

全微分存在是函数连续及偏导数存在的充分条件，是偏导函数连续的必要条件.

讨论函数的全微分是否存在，主要是判定

$$\frac{\Delta z-\mathrm{d}z}{\rho}=\frac{\Delta z-f'_x(x_0,y_0)\Delta x-f'_y(x_0,y_0)\Delta y}{\rho}\xrightarrow{?}0.$$

【例 6】　关于函数 $f(x,y)=\begin{cases}xy, & xy\neq 0\\ x, & y=0\\ y, & x=0\end{cases}$，给出下列结论：

① $\left.\dfrac{\partial f}{\partial x}\right|_{(0,0)}=1$；② $\left.\dfrac{\partial^2 f}{\partial x\partial y}\right|_{(0,0)}=1$；③ $\lim\limits_{(x,y)\to(0,0)} f(x,y)=0$；④ $\lim\limits_{y\to 0}\lim\limits_{x\to 0}f(x,y)=0$.

其中正确的个数为(　　)

(A) 4　　(B) 3　　(C) 2　　(D) 1

【解】　$\left.\dfrac{\partial f}{\partial x}\right|_{(0,0)}=\lim\limits_{x\to 0}\dfrac{f(x,0)-f(0,0)}{x-0}=\lim\limits_{x\to 0}\dfrac{x-0}{x-0}=1$，① 正确；

$$\left.\frac{\partial^2 f}{\partial x\partial y}\right|_{(0,0)}=\lim_{x\to 0}\frac{\left.\frac{\partial f}{\partial x}\right|_{(0,y)}-\left.\frac{\partial f}{\partial x}\right|_{(0,0)}}{y-0}=\lim_{x\to 0}\frac{\left.\frac{\partial f}{\partial x}\right|_{(0,y)}-1}{y},$$

而 $\left.\dfrac{\partial f}{\partial x}\right|_{(0,y)}=\lim\limits_{x\to 0}\dfrac{f(x,y)-f(0,y)}{x-0}=\lim\limits_{x\to 0}\dfrac{xy-y}{x}=\lim\limits_{x\to 0}\dfrac{x-1}{x}.y$ 不存在，所以 ② 错误；

因为 $|xy-0|=|x||y|$，$|x-0|=|x|$，$|y-0|=|y|$，

从而 $(x,y)\to(0,0)$ 时由夹逼准则知 $\lim\limits_{(x,y)\to(0,0)} f(x,y)=0$，所以 ③ 正确

因为 $\lim\limits_{x\to 0}f(x,y)=\begin{cases}0, & xy\neq 0\text{ 或 }y=0\\ y, & x=0\end{cases}$，从而 $\lim\limits_{y\to 0}\lim\limits_{x\to 0}f(x,y)=0$ 正确，④ 正确，故选(B).

【例 7】　二元函数 $f(x,y)$ 在点(0,0) 处可微的一个充分条件是(　　).

(A) $\lim\limits_{(x,y)\to(0,0)}[f(x,y)-f(0,0)]=0$

(B) $\lim\limits_{x\to 0}\dfrac{[f(x,y)-f(0,0)]}{x}=0$，且 $\lim\limits_{y\to 0}\dfrac{[f(x,y)-f(0,0)]}{y}=0$

(C) $\lim\limits_{(x,y)\to(0,0)}\dfrac{f(x,y)-f(0,0)}{\sqrt{x^2+y^2}}=0$

(D) $\lim\limits_{x\to 0}[f'_x(x,0)-f'_x(0,0)]=0$，且 $\lim\limits_{y\to 0}[f'_y(0,y)-f'_y(0,0)]=0$

【解】　选项(A) 为 $f(x,y)$ 在点(0,0) 连续；(B) 选项为 $f(x,y)$ 在点(0,0) 偏导存在，都推不出可微；选项(D) 为 $f'_x(x,0)$ 在 $x=0$ 连续，$f'_y(0,y)$ 在 $y=0$ 连续，也推不出可微，故选(C).

对于选项(C)，可以直接推导：

由 $\lim\limits_{(x,y)\to(0,0)}\dfrac{f(x,y)-f(0,0)}{\sqrt{x^2+y^2}}=0$ 知

$$\lim_{x\to 0}\frac{f(x,y)-f(0,0)}{\sqrt{x^2}}=\lim_{x\to 0}\frac{f(x,y)-f(0,0)}{|x|}=\lim_{x\to 0}\frac{f(x,0)-f(0,0)}{x}\cdot\frac{x}{|x|}=0,$$

则 $f'_x(0,0)=\lim\limits_{x\to 0}\dfrac{f(x,0)-f(0,0)}{x}=0$,同理 $f'_y(0,0)=0$.

$$\lim_{(x,y)\to(0,0)}\frac{f(x,y)-f(0,0)-[f'_x(0,0)x+f'_y(0,0)y]}{\sqrt{x^2+y^2}}=\lim_{(x,y)\to(0,0)}\frac{f(x,y)-f(0,0)}{\sqrt{x^2+y^2}}=0.$$

则 $f(x,y)$ 在(0,0)点处可微,故应选(C).

【例 8】 已知 $f(x,y)$ 在(0,0)点连续,且 $\lim\limits_{(x,y)\to(0,0)}\dfrac{f(x,y)}{x^2+y^2}=1$,则(　　)

(A) $f'_x(0,0)$,$f'_y(0,0)$ 不存在　　(B) $f'_x(0,0)=f'_y(0,0)=1$

(C) $f(x,y)$ 在(0,0)点不可微　　(D) $f(x,y)$ 在(0,0)点可微

【解】 由 $\lim\limits_{(x,y)\to(0,0)}\dfrac{f(x,y)}{x^2+y^2}=1$ 可得 $\lim\limits_{(x,y)\to(0,0)}f(x,y)=0=f(0,0)$,且

$$\lim_{(x,y)\to(0,0)}\frac{f(x,y)}{\sqrt{x^2+y^2}}=0,$$

则 $f(x,y)=o(\rho)$,$\rho=\sqrt{x^2+y^2}$,即

$$f(x,y)-f(0,0)=0\cdot x+0\cdot y+o(\rho),$$

所以由可微的定义可知 $f(x,y)$ 在(0,0)点可微,且 $\mathrm{d}f(x,y)\big|_{(0,0)}=0$,且

$$f'_x(0,0)=f'_y(0,0)=0.$$

故选(D).

题型三　偏导数与全微分的计算

解题策略

偏导数的计算基础主要是一元函数的导数,对于全微分的计算则掌握计算公式即可,相对的难点是有时需要用定义求偏导数,其重点还是极限问题,而全微分的概念比较重要,是考研中的常考点.

【例 9】 函数 $f(x,y)$ 在(0,0)的邻域内连续,且 $\lim\limits_{(x,y)\to(0,0)}\dfrac{f(x,y)+ax-by}{x^2+y^2}=-1$,其中 a,b 是常数,则 $f'_x(0,0)+f'_y(0,)=$ ________.

【解】 $\lim\limits_{(x,y)\to(0,0)}\dfrac{f(x,y)+ax-by}{x^2+y^2}=-1$,所以 $\lim\limits_{(x,y)\to(0,0)}\dfrac{f(x,y)+ax-by}{\sqrt{x^2+y^2}}=0$.

而 $f(0,0)=\lim\limits_{(x,y)\to(0,0)}f(x,y)=0$,

所以 $\lim\limits_{(x,y)\to(0,0)}\dfrac{f(x,y)-f(0,0)-(-a)(x-0)-b(y-0)}{\sqrt{x^2+y^2}}=0$,

因此 $f'_x(0,0)=-a$;$f'_y(0,0)=b$,从而 $f'_x(0,0)+f'_y(0,0)=b-a$.

【例 10】 设函数 $z=(1+xy)^{x+y}$,求 $\dfrac{\partial z}{\partial x}$,$\dfrac{\partial z}{\partial y}$,$\mathrm{d}z$.

【解】 **方法一**　$z=(1+xy)^{x+y}=\mathrm{e}^{(x+y)\ln(1+xy)}$,

$\dfrac{\partial z}{\partial x}=(1+xy)^{x+y}\cdot\left[\ln(1+xy)+\dfrac{y(x+y)}{(1+xy)}\right]$,$\dfrac{\partial z}{\partial y}=(1+xy)^{x+y}\cdot\left[\ln(1+xy)+\dfrac{x(x+y)}{(1+xy)}\right]$,

$\mathrm{d}z=\dfrac{\partial z}{\partial x}\mathrm{d}x+\dfrac{\partial z}{\partial y}\mathrm{d}y$

$$= (1+xy)^{x+y}\left\{\left[\ln(1+xy)+\frac{y(x+y)}{(1+xy)}\right]\mathrm{d}x+\left[\ln(1+xy)+\frac{x(x+y)}{(1+xy)}\right]\mathrm{d}y\right\}.$$

方法二 利用微分运算法则直接计算 $\mathrm{d}z$.

$z=(1+xy)^{x+y}=\mathrm{e}^{(x+y)\ln(1+xy)}$,

$$\mathrm{d}z=\mathrm{e}^{(x+y)\ln(1+xy)}\cdot\left[(\mathrm{d}x+\mathrm{d}y)\ln(1+xy)+\frac{x+y}{1+xy}(y\mathrm{d}x+x\mathrm{d}y)\right]$$

$$=\mathrm{e}^{(x+y)\ln(1+xy)}\cdot\left\{\left[\ln(1+xy)+\frac{y(x+y)}{1+xy}\right]\mathrm{d}x+\left[\ln(1+xy)+\frac{x(x+y)}{1+xy}\right]\mathrm{d}y\right\}.$$

评注 计算全微分主要是计算偏导数,注意不能缺少 $\mathrm{d}x,\mathrm{d}y$.而幂指函数的偏导数,则利用公式 $u^v=\mathrm{e}^{v\ln u}$ 比较方便.

【例 11】 设函数 $u=\left(\frac{y}{x}\right)^{\frac{1}{z}}$,求 $\mathrm{d}u$.

【解】 $\mathrm{d}u=\frac{\partial u}{\partial x}\mathrm{d}x+\frac{\partial u}{\partial y}\mathrm{d}y+\frac{\partial u}{\partial z}\mathrm{d}z$

$$=\frac{1}{z}\left(\frac{y}{x}\right)^{\frac{1}{z}-1}\cdot\left(-\frac{y}{x^2}\right)\mathrm{d}x+\frac{1}{z}\left(\frac{y}{x}\right)^{\frac{1}{z}-1}\cdot\frac{1}{x}\mathrm{d}y+\left(\frac{y}{x}\right)^{\frac{1}{z}}\cdot\ln\frac{y}{x}\cdot\left(-\frac{1}{z^2}\right)\mathrm{d}z.$$

评注 三元函数的全微分计算与二元函数类似.

【例 12】 设函数 $f(x,y)=\int_0^{xy}\mathrm{e}^{xt^2}\mathrm{d}t$,则 $\left.\frac{\partial^2 f}{\partial x\partial y}\right|_{(1,1)}=$ ________.

【思路】 本题先对 y 求导会更方便,因为如果先对 x 求导,被积函数中有 x,需要利用换元法将 x 变到积分号外面.

【解析】 $\frac{\partial f}{\partial y}=\mathrm{e}^{x(xy)^2}\cdot x,\frac{\partial^2 f}{\partial x\partial y}=\mathrm{e}^{x(xy)^2}+x\cdot\mathrm{e}^{x(xy)^2}3x^2y^2$,

所以 $\left.\frac{\partial^2 f}{\partial x\partial y}\right|_{(1,1)}=4\mathrm{e}$.

【例 13】 设 $u=\arctan\frac{y}{x}+\arctan\frac{z}{x}$,验证:$\frac{\partial^2 u}{\partial x^2}+\frac{\partial^2 u}{\partial y^2}+\frac{\partial^2 u}{\partial z^2}=0$.

【思路】 关于偏导数的证明题,主要是计算性证明,因此,考生在证明此题时需逐个计算等式左端的二阶偏导数.

【解】 $\frac{\partial u}{\partial x}=\frac{1}{1+(\frac{y}{x})^2}\cdot\left(-\frac{y}{x^2}\right)+\frac{1}{1+\left(\frac{z}{x}\right)^2}\cdot\left(-\frac{z}{x^2}\right)=-\frac{y}{x^2+y^2}-\frac{z}{x^2+z^2}$,

$$\frac{\partial u}{\partial y}=\frac{1}{1+\left(\frac{y}{x}\right)^2}\cdot\frac{1}{x}=\frac{x}{x^2+y^2},\quad \frac{\partial u}{\partial z}=\frac{1}{1+\left(\frac{z}{x}\right)^2}\cdot\frac{1}{x}=\frac{x}{x^2+z^2},$$

$$\frac{\partial^2 u}{\partial x^2}=\frac{2xy}{(x^2+y^2)^2}+\frac{2xz}{(x^2+z^2)^2},\quad \frac{\partial^2 u}{\partial y^2}=-\frac{2xy}{(x^2+y^2)^2},\quad \frac{\partial^2 u}{\partial z^2}=-\frac{2xz}{(x^2+z^2)^2}.$$

所以 $\frac{\partial^2 u}{\partial x^2}+\frac{\partial^2 u}{\partial y^2}+\frac{\partial^2 u}{\partial z^2}=0$,证毕.

题型四　多元复合函数偏导数的计算

解题策略

多元复合函数的偏导数及二阶偏导数的计算是本章的重点和难点，希望考生掌握"链导法"，理解中间变量与自变量的关系、结构.

【例 14】　设 $f(x,y)$ 可微，且 $f(x,x^2)=x^3-x^4$，$f'_x(x,x^2)=x^2$，求 $f'_y(x,x^2)$.

【思路】　先搞清楚函数关系 $z=f(x,y)$，$y=x^2$，$f(x,x^2)=x^3-x^4$.

【解】　因为 $f'_x(x,x^2)\cdot 1+f'_y(x,x^2)\cdot 2x=3x^2-4x^3$，所以 $f'_y(x,x^2)=x-2x^2$.

评注　$z=f(u,v)$，f'_u，f'_v 也可表示为 f'_1，f'_2.

【例 15】　设 $f(x,y)$ 在点 $(1,1)$ 处可微，且 $f(1,1)=1$，$f'_x(1,1)=2$，$f'_y(1,1)=3$，$\varphi(x)=f[x,f(x,x)]$，求 $\left.\dfrac{\mathrm{d}}{\mathrm{d}x}\varphi(x)\right|_{x=1}$.

【解】　$\dfrac{\mathrm{d}}{\mathrm{d}x}\varphi(x)=f'_1[x,f(x,x)]+f'_2[x,f(x,x)]\cdot[f'_1(x,x)+f'_2(x,x)]$，

由于 $f(1,1)=1$，所以 $\left.\dfrac{\mathrm{d}}{\mathrm{d}x}\varphi(x)\right|_{x=1}=f'_1(1,1)+f'_2(1,1)\cdot[f'_1(1,1)+f'_2(1,1)]=17$.

评注　当中间变量比较复杂容易混淆时，不要省略中间变量. 注意区分第一个、第二个中间变量的方法.

【例 16】　设函数 f,g 可微，且 $z=f\left(xy,\dfrac{y}{x}\right)+g\left(\dfrac{x}{y}\right)$，计算 $x\dfrac{\partial z}{\partial x}+y\dfrac{\partial z}{\partial y}$.

【解】　因 $\dfrac{\partial z}{\partial x}=f'_1\cdot y+f'_2\cdot\left(-\dfrac{y}{x^2}\right)+g'\cdot\dfrac{1}{y}$，　$\dfrac{\partial z}{\partial y}=f'_1\cdot x+f'_2\cdot\dfrac{1}{x}+g'\cdot\left(-\dfrac{x}{y^2}\right)$.

所以 $x\dfrac{\partial z}{\partial x}+y\dfrac{\partial z}{\partial y}=2xyf'_1$.

评注　注意 g 只含一个中间变量，只能求导数 g'，不能写 g'_x，g'_y.

【例 17】　已知可微函数 $f(u,v)$ 满足

$$\frac{\partial[f(u,v)]}{\partial u}+\frac{\partial[f(u,v)]}{\partial v}=\mathrm{e}^{\cos v}(1-u\sin v)+u$$

且 $f(u,0)=u\mathrm{e}+\dfrac{u^2}{2}$. 记 $g(x,y)=f(x,x-y)$.

(1) 计算 $\dfrac{\partial[g(x,y)]}{\partial x}$；

(2) 求 $f(x,y)$ 的表达式.

【解】　(1) 令 $u=x$，$v=x-y$，则

$$\begin{aligned}\frac{\partial[g(x,y)]}{\partial x}&=\frac{\partial[f(u,v)]}{\partial u}\cdot\frac{\partial u}{\partial x}+\frac{\partial[f(u,v)]}{\partial v}\cdot\frac{\partial v}{\partial x}\\&=\frac{\partial[f(u,v)]}{\partial u}+\frac{\partial[f(u,v)]}{\partial v}\\&=\mathrm{e}^{\cos v}(1-u\sin v)+u\\&=\mathrm{e}^{\cos(x-y)}[1-x\sin(x-y)]+x.\end{aligned}$$

(2) 由(1) 可知,

$$g(x,y)=\int\{e^{\cos(x-y)}[1-x\sin(x-y)]+x\}dx$$

$$=\int e^{\cos(x-y)}dx-\int e^{\cos(x-y)}x\sin(x-y)dx+\frac{x^2}{2}+\varphi(y)$$

$$=xe^{\cos(x-y)}+\int xe^{\cos(x-y)}\sin(x-y)dx-\int e^{\cos(x-y)}x\sin(x-y)dx+\frac{x^2}{2}+\varphi(y)$$

$$=xe^{\cos(x-y)}+\frac{x^2}{2}+\varphi(y).$$

又 $f(u,0)=ue+\frac{u^2}{2}$,$g(x,y)=f(x,x-y)$,令 $x=y=u$,有

$$g(u,u)=f(u,0)=ue+\frac{u^2}{2},$$

且 $g(u,u)=ue+\frac{u^2}{2}+\varphi(u)$,即 $ue+\frac{u^2}{2}=ue+\frac{u^2}{2}+\varphi(u)$,得 $\varphi(u)=0$,于是

$$g(x,y)=f(x,x-y)=xe^{\cos(x-y)}+\frac{x^2}{2},$$

即 $f(u,v)=ue^{\cos v}+\frac{u^2}{2}$,则 $f(x,y)=xe^{\cos y}+\frac{x^2}{2}$.

【例 18】 设 f 有二阶连续偏导数且 $z=f(x^2+y^2,e^{xy})$,求 $\frac{\partial z}{\partial x},\frac{\partial^2 z}{\partial x\partial y}$.

【思路】 这是求复合函数二阶偏导数的标准题型,利用链导法解题.

【解】 **方法一** 设 $u=x^2+y^2$,$v=e^{xy}$,则 $z=f(u,v)$.

$$\frac{\partial z}{\partial x}=f'_u\cdot\frac{\partial u}{\partial x}+f'_v\cdot\frac{\partial v}{\partial x}=2xf'_u+ye^{xy}f'_v,$$

$$\frac{\partial^2 z}{\partial x\partial y}=2x\left[f''_{uu}\cdot\frac{\partial u}{\partial y}+f''_{uv}\cdot\frac{\partial v}{\partial y}\right]+e^{xy}f'_v+xye^{xy}f'_v+ye^{xy}\left[f''_{vu}\cdot\frac{\partial u}{\partial y}+f''_{vv}\cdot\frac{\partial v}{\partial y}\right]$$

$$=2x[f''_{uu}\cdot 2y+f''_{uv}\cdot xe^{xy}]+e^{xy}f'_v+xye^{xy}f'_v+ye^{xy}[f''_{vu}\cdot 2y+f''_{vv}\cdot xe^{xy}]$$

$$=4xyf''_{uu}+2(x^2+y^2)e^{xy}f''_{uv}+xye^{2xy}f''_{vv}+(1+xy)e^{xy}f'_v.$$

方法二 $\frac{\partial z}{\partial x}=f'_1\cdot 2x+f'_2\cdot ye^{xy}$,

$$\frac{\partial^2 z}{\partial x\partial y}=2x[f''_{11}\cdot 2y+f''_{12}\cdot xe^{xy}]+e^{xy}f'_2+xye^{xy}f'_2+ye^{xy}[f''_{21}\cdot 2y+f''_{22}\cdot xe^{xy}]$$

$$=4xyf''_{11}+2(x^2+y^2)e^{xy}f''_{12}+xye^{2xy}f''_{22}+(1+xy)e^{xy}f'_2.$$

> **评注** 关键 $f'_u(u,v)$、$f'_v(u,v)$ 不但是 u,v 的函数而且仍然是 x,y 的复合函数.

【例 19】(2011[3]) 已知函数 $f(u,v)$ 具有连续的二阶偏导数,$f(1,1)=2$ 是 $f(u,v)$ 的极值,$z=f[x+y,f(x,y)]$,求 $\left.\frac{\partial^2 z}{\partial x\partial y}\right|_{(1,1)}$.

【解】 $\frac{\partial z}{\partial x}=f'_1[(x+y),f(x,y)]+f'_2[(x+y),f(x,y)]\cdot f'_1(x,y)$,

$$\frac{\partial^2 z}{\partial x\partial y}=f''_{11}[(x+y),f(x,y)]\cdot 1+f''_{12}[(x+y),f(x,y)]\cdot f'_2(x,y)$$

$$+\{f''_{21}[(x+y),f(x,y)]+f''_{22}[(x+y),(x,y)]f'_2(x,y)\}\cdot f'_1(x,y)$$

$$+f'_2[(x+y),f(x,y)]\cdot f''_{12}(x,y).$$

由于 $f(1,1)=2$ 为 $f(u,v)$ 的极值,故 $f'_1(1,1)=f'_2(1,1)=0$,所以,

$$\frac{\partial^2 z}{\partial x\partial y}=f''_{11}(2,2)+f'_2(2,2)\cdot f''_{12}(1,1).$$

题型五　隐函数偏导数的计算

解题策略

隐函数的导数及偏导数的计算也是本章的难点，一阶偏导数的计算以掌握公式为主，而二阶偏导数以掌握方法为主.

【例 20】 设 $u=f(x^2,y^2,xyz)$，函数 $z=g(x,y)$ 由方程 $\int_{e^{xy}}^{z}\varphi(e^{xy}+z-t)\mathrm{d}t=z$ 确定，其中 f 可微，φ 连续，且 $\varphi\neq 1$. 求 $x\frac{\partial u}{\partial x}-y\frac{\partial u}{\partial y}$.

【解】 因 $\frac{\partial u}{\partial x}=2xf'_1+y\left(z+x\frac{\partial z}{\partial x}\right)f'_3$，$\frac{\partial u}{\partial y}=2yf'_2+x\left(z+y\frac{\partial z}{\partial y}\right)f'_3$，

在方程 $\int_{e^{xy}}^{z}\varphi(e^{xy}+z-t)\mathrm{d}t=z$ 中，令 $v=e^{xy}+z-t$，则 $\mathrm{d}v=-\mathrm{d}t$，且当 $t=z$ 时，$v=e^{xy}$；当 $t=e^{xy}$ 时，$v=z$，

则上述方程化为 $\int_{e^{xy}}^{z}\varphi(v)\mathrm{d}v=z$.

两边对 x 求偏导，得 $\varphi(z)\cdot\frac{\partial z}{\partial x}-\varphi(e^{xy})\cdot e^{xy}y=\frac{\partial z}{\partial x}$，$\frac{\partial z}{\partial x}=\frac{\varphi(e^{xy})\cdot e^{xy}y}{\varphi(z)-1}$，

同理可得 $\frac{\partial z}{\partial y}=\frac{\varphi(e^{xy})\cdot e^{xy}x}{\varphi(z)-1}$.

将 $\frac{\partial z}{\partial x}$，$\frac{\partial z}{\partial y}$ 代入 $\frac{\partial u}{\partial x}$，$\frac{\partial u}{\partial y}$ 的表达式，得 $x\frac{\partial u}{\partial x}-y\frac{\partial u}{\partial y}=2(x^2f_1{}'-y^2f'_2)$.

【例 21】 设函数 $z=z(x,y)$ 由方程 $x^2+y^2-z=g(2x-3y+4z)$ 确定，g 可微且 $g'\neq-\frac{1}{4}$，求 $\mathrm{d}z$.

【思路】 隐函数的偏导数计算主要有两种方法，一是方程两边求偏导数，二是利用公式计算，通常求一阶偏导数用公式更加方便些.

【解】 **方法一**　方程 $x^2+y^2-z=g(2x-3y+4z)$ 两边对 x 求偏导数，把 z 看成 x,y 的函数，则有 $2x-\frac{\partial z}{\partial x}=g'\cdot(2+4\cdot\frac{\partial z}{\partial x})$，所以 $\frac{\partial z}{\partial x}=\frac{2(x-g')}{1+4g'}$，同理 $\frac{\partial z}{\partial y}=\frac{2y+3g'}{1+4g'}$，故

$$\mathrm{d}z=\frac{\partial z}{\partial x}\mathrm{d}x+\frac{\partial z}{\partial y}\mathrm{d}y=\frac{2(x-g')}{1+4g'}\mathrm{d}x+\frac{2y+3g'}{1+4g'}\mathrm{d}y.$$

方法二　设 $F(x,y,z)=x^2+y^2-z-g(2x-3y+4z)$，

则 $\frac{\partial z}{\partial x}=-\frac{F'_x}{F'_z}=-\frac{2x-g'\cdot 2}{-1-g'\cdot 4}=\frac{2x-2g'}{1+4g'}$，　$\frac{\partial z}{\partial y}=-\frac{F'_y}{F'_z}=-\frac{2y-g'\cdot(-3)}{-1-g'\cdot 4}=\frac{2x+3g'}{1+4g'}$.

故 $\mathrm{d}z=\frac{\partial z}{\partial x}\mathrm{d}x+\frac{\partial z}{\partial y}\mathrm{d}y=\frac{2(x-g')}{1+4g'}\mathrm{d}x+\frac{2y+3g'}{1+4g'}\mathrm{d}y$.

评注　利用公式求偏导数时，应注意 F'_x，F'_y 是对于中间变量求偏导数，即求 F'_x 时把 y,z 看成常数，求 F'_y 时把 x,z 看成常数.

常见错误：利用公式求偏导数时，$F'_x=F'_1\cdot 1+F'_2\cdot 0+F'_3\cdot\frac{\partial z}{\partial x}$.

【例 22】 设 $u=f(x,y,z)$，其中 $y=\sin x$，而 $z=z(x,y)$ 是由方程 $\varphi(x^2,\mathrm{e}^y,z)=0$ 所确定的隐函数，且 $\varphi'_3\neq 0$，求 $\frac{\mathrm{d}u}{\mathrm{d}x}$.

【思路】 把 $y=\sin x$ 代入方程可得到 z 是 x 的隐函数.

【解】 $\dfrac{du}{dx}=f'_x\cdot 1+f'_y\cdot y'(x)+f'_z\cdot z'(x)=f'_x+f'_y\cdot\cos x+f'_z\cdot z'(x)$,

其中 $z'(x)=-\dfrac{\varphi'_1\cdot 2x+\varphi'_2\cdot e^{\sin x}\cdot\cos x}{\varphi'_3}$.

> 评注 把 $y=\sin x$ 代入方程得 $\varphi(x^2,e^{\sin x},z)=0$. 将其看成 $\Phi(x,z)=0$,然后求 $\dfrac{dz}{dx}$.

题型六 多元函数极值问题

多元函数的极值问题是考研中经常涉及的问题,下面针对常见的两种类型分别展开说明.

题型 6.1 无条件极值

无条件极值主要是要求考生理解取得极值的必要条件及充分条件.

【例 23】 已知函数 $f(u,v)$ 可微,$g(x,y)=f(x+y,x-y)$,$\dfrac{\partial g(x,y)}{\partial x}=2x^2+2y^2-8x$,$\dfrac{\partial g(x,y)}{\partial y}=4xy$,且 $f(0,0)=1$.

(1) 求 $f(u,v)$;

(2) 求 $f(u,v)$ 的极值.

【解】 (1) 由 $\dfrac{\partial g(x,y)}{\partial x}=2x^2+2y^2-8x$ 可得

$$g(x,y)=\int\frac{\partial g(x,y)}{\partial x}dx=\frac{2}{3}x^3+2xy^2-4x^2+\varphi(y), \qquad ①$$

其中 $\varphi(y)$ 为关于 y 的一元函数.

对 ① 式两端关于 y 求偏导数可得 $\dfrac{\partial g(x,y)}{\partial y}=4xy+\varphi'(y)$. 与 $\dfrac{\partial g(x,y)}{\partial y}=4xy$ 比较可得 $\varphi'(y)=0$,于是 $\varphi(y)=C$,其中 C 为待定常数. 进一步可得

$$g(x,y)=\frac{2}{3}x^3+2xy^2-4x^2+C. \qquad ②$$

由于 $f(0,0)=1$,故 $g(0,0)=f(0+0,0-0)=1$. 代入 ② 式可得 $C=1$.

因此,$g(x,y)=\dfrac{2}{3}x^3+2xy^2-4x^2+1$.

令 $u=x+y,v=x-y$,则 $x=\dfrac{u+v}{2}$,$y=\dfrac{u-v}{2}$,故由 $g(x,y)=f(x+y,x-y)$ 可得 $f(u,v)=g\left(\dfrac{u+v}{2},\dfrac{u-v}{2}\right)$. 从而

$$\begin{aligned}f(u,v)&=\frac{2}{3}\left(\frac{u+v}{2}\right)^3+2\cdot\frac{u+v}{2}\cdot\left(\frac{u-v}{2}\right)^2-4\left(\frac{u+v}{2}\right)^2+1\\&=\frac{1}{12}(u+v)\left[(u+v)^2+3(u-v)^2-12(u+v)\right]+1\\&=\frac{1}{12}(u+v)\left[4u^2-4uv+4v^2-12(u+v)\right]+1\\&=\frac{u^3}{3}+\frac{v^3}{3}-(u+v)^2+1.\end{aligned}$$

(2)① 计算 $f(u,v)$ 的驻点.

联立 $\begin{cases}f'_1(u,v)=u^2-2u-2v=0,\\f'_2(u,v)=v^2-2u-2v=0.\end{cases}$

两式相减可得 $u^2 - v^2 = 0$，从而 $u = \pm v$. 将 $u = v$ 代入 $u^2 - 2u - 2v = 0$ 可得 $u^2 - 4u = 0$，解得 $u = 0, u = 4$. 将 $u = -v$ 代入 $u^2 - 2u - 2v = 0$ 可得 $u^2 = 0$，即 $u = 0$.

于是 $f(u,v)$ 的全部驻点为点 $(0,0)$，$(4,4)$.

② 计算 $f(u,v)$ 的二阶偏导数.

$$f''_{11}(u,v) = 2u - 2, f''_{12}(u,v) = -2, f''_{22}(u,v) = 2v - 2.$$

对点 $(4,4)$，

$$A = f''_{11}(4,4) = 6, B = f''_{12}(4,4) = -2, C = f''_{22}(4,4) = 6, AC - B^2 = 32 > 0,$$

且 $A = 6 > 0$，点 $(4,4)$ 是 $f(u,v)$ 的极小值点，极小值为 $f(4,4) = -\dfrac{61}{3}$.

对点 $(0,0)$，

$$A = f''_{11}(0,0) = -2, B = f''_{12}(0,0) = -2, C = f''_{22}(0,0) = -2, AC - B^2 = 0,$$

$f(0,0) = 1$，令 $u = -v$，代入 $f(u,v) = \dfrac{u^3}{3} + \dfrac{v^3}{3} - (u+v)^2 + 1$ 可得 $f(u,v) = 1$. 由极值点的定义可知，点 $(0,0)$ 不是极值点.

【例 24】　(2009[3]) 求二元函数 $f(x,y) = x^2(2 + y^2) + y\ln y$ 的极值.

【解】　函数 f 对 x,y 分别求偏导数，得 $f'_x(x,y) = 2x(2 + y^2)$，$f'_y(x,y) = 2x^2 y + \ln y + 1$.

令 $\begin{cases} f'_x(x,y) = 0, \\ f'_y(x,y) = 0, \end{cases}$ 得唯一驻点 $(0, \dfrac{1}{\mathrm{e}})$.

又 $f''_{xx}(x,y) = 2(2 + y^2)$，$f''_{xy}(x,y) = 4xy$，$f''_{yy}(x,y) = 2x^2 + \dfrac{1}{y}$.

在驻点 $(0, \dfrac{1}{\mathrm{e}})$ 处，$A = 2(2 + \dfrac{1}{\mathrm{e}^2})$，$B = 0$，$C = \mathrm{e}$，所以 $B^2 - AC < 0$ 且 $A > 0$，故 $f(0, \dfrac{1}{\mathrm{e}}) = -\dfrac{1}{\mathrm{e}}$ 为极小值.

> **评注**　必须掌握用初等方法求方程组的解，例如方程组 $\begin{cases} (x-1)(x-2) = 0, \\ (y-3)(y-4) = 0 \end{cases}$ 有四组解 $(1,3)$，$(1,4)$，$(2,3)$，$(2,4)$，而 $\begin{cases} (x-1)(y-2) = 0, \\ (x-3)(y-4) = 0 \end{cases}$ 只有两组解 $(1,4)$ 和 $(3,2)$.

【例 25】　设 $z = z(x,y)$ 是由 $x^2 - 6xy + 10y^2 - 2yz - z^2 + 18 = 0$ 确定的函数，求 $z = z(x,y)$ 的极值点和极值.

【解】　对 $x^2 - 6xy + 10y^2 - 2yz - z^2 + 18 = 0$ 两边分别对 x,y 求导，得

$$2x - 6y - 2y\frac{\partial z}{\partial x} - 2z\frac{\partial z}{\partial x} = 0, \tag{1}$$

$$-6x + 20y - 2z - 2y\frac{\partial z}{\partial y} - 2z\frac{\partial z}{\partial y} = 0. \tag{2}$$

令 $\begin{cases} \dfrac{\partial z}{\partial x} = 0, \\ \dfrac{\partial z}{\partial y} = 0, \end{cases}$ 得 $\begin{cases} x - 3y = 0, \\ -3x + 10y - z = 0, \end{cases}$ 解得 $\begin{cases} x = 3y, \\ z = y. \end{cases}$

将上式代入 $x^2 - 6xy + 10y^2 - 2yz - z^2 + 18 = 0$，可得 $\begin{cases} x = 9, \\ y = 3, \\ z = 3 \end{cases}$ 或 $\begin{cases} x = -9, \\ y = -3, \\ z = -3. \end{cases}$

为求二阶偏导，再将(1)分别对 x,y 求偏导数，将(2)分别对 x,y 求偏导数.

(1) 式对 x 求偏导,得 $2-2y\frac{\partial^2 z}{\partial x^2}-2\left(\frac{\partial z}{\partial x}\right)^2-2z\frac{\partial^2 z}{\partial x^2}=0$; (3)

(2) 式对 x 求偏导,得 $-6-2\frac{\partial z}{\partial x}-2y\frac{\partial^2 z}{\partial x\partial y}-2\frac{\partial z}{\partial y}\cdot\frac{\partial z}{\partial x}-2z\frac{\partial^2 z}{\partial x\partial y}=0$; (4)

(2) 式对 y 求偏导,得 $20-2\frac{\partial z}{\partial y}-2\frac{\partial z}{\partial y}-2y\frac{\partial^2 z}{\partial y^2}-2\left(\frac{\partial z}{\partial y}\right)^2-2z\frac{\partial^2 z}{\partial y^2}=0$. (5)

将 $\begin{cases}x=9,\\y=3,\\z=3\end{cases}$ 及 $\begin{cases}\frac{\partial z}{\partial x}=0,\\ \frac{\partial z}{\partial y}=0,\end{cases}$ 代入(3)(4)(5) 式,得

$$A=\left.\frac{\partial^2 z}{\partial x^2}\right|_{(9,3,3)}=\frac{1}{6},B=\left.\frac{\partial^2 z}{\partial x\partial y}\right|_{(9,3,3)}=-\frac{1}{2},C=\left.\frac{\partial^2 z}{\partial y^2}\right|_{(9,3,3)}=\frac{5}{3},$$

故 $AC-B^2=\frac{1}{36}>0$,又 $A=\frac{1}{6}>0$,从而点 $(9,3)$ 是 $z(x,y)$ 的极小值点,极小值为 $z(9,3)=3$.

类似地,将 $\begin{cases}x=-9,\\y=-3,\\z=-3\end{cases}$ 及 $\begin{cases}\frac{\partial z}{\partial x}=0,\\ \frac{\partial z}{\partial y}=0\end{cases}$ 代入(3)(4)(5),得

$$A=\left.\frac{\partial^2 z}{\partial x^2}\right|_{(-9,-3,-3)}=-\frac{1}{6},B=\left.\frac{\partial^2 z}{\partial x\partial y}\right|_{(-9,-3,-3)}=\frac{1}{2},C=\left.\frac{\partial^2 z}{\partial y^2}\right|_{(-9,-3,-3)}=-\frac{5}{3},$$

可知 $AC-B^2=\frac{1}{36}>0$,又 $A=-\frac{1}{6}<0$,从而点 $(-9,-3)$ 是 $z(x,y)$ 的极大值点,极大值为 $z(-9,-3)=-3$.

★ 题型 6.2　条件极值

主要掌握拉格朗日乘数法,有时也可直接代入条件化为无条件极值问题.

【例 26】 (2018[1][2][3]) 将长为 2 m 的铁丝分成三段,依次围成圆、正方形与正三角形. 三个图形的面积之和是否存在最小值?若存在,求出最小值.

【解】 设圆的半径为 x,正方形的边长为 y,正三角形的边长为 z,则 $2\pi x+4y+3z=2$,其面积和 $S(x,y,z)=\pi x^2+y^2+\frac{\sqrt{3}}{4}z^2$,即是求 $S(x,y,z)=\pi x^2+y^2+\frac{\sqrt{3}}{4}z^2$ 在约束条件 $2\pi x+4y+3z=2$ 下的最小值是否存在.

作拉格朗日函数 $L(x,y,z,\lambda)=\pi x^2+y^2+\frac{\sqrt{3}}{4}z^2+\lambda(2\pi x+4y+3z-2)$.

$$\begin{cases}L'_x=2\pi x+2\pi\lambda=0,\\L'_y=2y+4\lambda=0,\\L'_z=\frac{\sqrt{3}}{2}z+3\lambda=0,\\L'_\lambda=2\pi x+4y+3z-2=0,\end{cases}$$

解得 $\begin{cases}x=\frac{1}{\pi+4+3\sqrt{3}},\\y=\frac{2}{\pi+4+3\sqrt{3}},\\z=\frac{2\sqrt{3}}{\pi+4+3\sqrt{3}},\end{cases}$ (唯一驻点)

由实际问题可知，最小值一定存在，且在$\left(\frac{1}{\pi+4+3\sqrt{3}},\frac{2}{\pi+4+3\sqrt{3}},\frac{2\sqrt{3}}{\pi+4+3\sqrt{3}}\right)$取得最小值，最小值为$\frac{1}{\pi+4+3\sqrt{3}}$.

【例 27】 求 $H=z^2$ 在条件 $x^2+y^2-2z^2=0$ 与 $x+y+3z=5$ 下的最大值点和最小值点.

【解】 作拉格朗日函数 $L(x,y,z,\lambda,\mu)=z^2+\lambda(x^2+y^2-2z^2)+\mu(x+y+3z-5)$.

令
$$\begin{cases} L'_x=2\lambda x+\mu=0, & (1)\\ L'_y=2\lambda y+\mu=0, & (2)\\ L'_z=2z-4\lambda z+3\mu=0, & (3)\\ x^2+y^2-2z^2=0, & (4)\\ x+y+3z=5. & (5)\end{cases}$$

由式(1)(2)得 $x=y$，代入式(4)(5)有$\begin{cases}x^2-z^2=0,\\2x+3z=5,\end{cases}$解得$\begin{cases}x=-5,\\y=-5,\\z=5\end{cases}$或$\begin{cases}x=1,\\y=1,\\z=1,\end{cases}$所以 $H=z^2$ 的最大值为 25，最小值为 1.

【例 28】 设 $f''_{xy}(x,y)=2$，且 $f'_x(x,0)=2x-4$，$f(0,y)=-y^2$.

(1) 求 $f(x,y)$；

(2) 求函数 $f(x,y)$ 在区域 $D=\{(x,y)\mid x+y\leqslant 4,y\geqslant 0,x\geqslant 0\}$ 上的最大值和最小值.

【解】 (1) $f'_x(x,y)=\int 2\mathrm{d}y=2y+\varphi_1(x)$，因为 $f'_x(x,0)=\varphi_1(x)=2x-4$，所以

$$f'_x(x,y)=2x+2y-4.$$

$$f(x,y)=\int(2x+2y-4)\mathrm{d}x=x^2+2xy-4x+\varphi_2(y),$$

由 $f(0,y)=\varphi_2(y)=-y^2$，所以 $f(x,y)=x^2-y^2+2xy-4x$.

(2)① 在 D 内，令$\begin{cases}f'_x(x,y)=2x+2y-4=0,\\f'_y(x,y)=-2y+2x=0,\end{cases}$得驻点(1,1).

② 求在 D 的边界上的最值.

$$L_1:x+y=4,$$

方法一 取 $L(x,y)=x^2-y^2+2xy-4x+\lambda(x+y-4)$，令

$$\begin{cases}L'_x=2x+2y-4+\lambda=0,\\L'_y=-2y+2x+\lambda=0,\\L'_\lambda=x+y-4=0,\end{cases}$$

解得 $x=3,y=1,f(3,1)=-2$.

方法二 把曲线方程 $L_1:y=4-x$ 代人 $f(x,y)$，得到 $f(x,4-x)=2(x-2)(4-x)$，易得曲线内部的驻点(3,1).

$L_2:x=0$，代人 $f(x,y)$，得 $f(0,y)=-y^2$，易得驻点(0,0).

$L_3:y=0$，代人 $f(x,y)$，得 $f(x,0)=x^2-4x$，得驻点(2,0).

③ 边界曲线交点为(0,0)，(4,0)，(0,4). 比较以上各点的函数值

$$f(1,1)=-2,f(3,1)=2,f(0,0)=0,f(2,0)=-4,f(4,0)=0,f(0,4)=-16,$$

故 $f(x,y)$ 的最大值为 $f(3,1)=2$，最小值为 $f(0,4)=-16$.

题型七　变换方程问题

解题策略

变换方程是高等数学中的一个常见问题，在一元函数微分学中利用变量代换可变换微分方程使问题简单化，在多元函数的微分学中，变换偏微分方程同样可使问题简单. 注意：在高等数学中不要求求解复杂的微分方程，也不要求求解偏微分方程.

题型 7.1　变换一阶方程

【例 29】　设 $u=x^2+y^2, v=\frac{1}{x}+\frac{1}{y}, w=\ln z-x-y$，取 u,v 作为新的自变量，w 作为新的因变量，变换方程 $y\frac{\partial z}{\partial x}-x\frac{\partial z}{\partial y}=(y-x)z$.

【思路】　分别考虑自变量、因变量的变换.

【解】　$\frac{\partial w}{\partial x}=\frac{1}{z}\cdot\frac{\partial z}{\partial x}-1,\quad \frac{\partial w}{\partial y}=\frac{1}{z}\cdot\frac{\partial z}{\partial y}-1$，所以$\frac{\partial z}{\partial x}=z\frac{\partial w}{\partial x}+z,\frac{\partial z}{\partial y}=z\frac{\partial w}{\partial y}+z$.

又$\frac{\partial w}{\partial x}=\frac{\partial w}{\partial u}\cdot\frac{\partial u}{\partial x}+\frac{\partial w}{\partial v}\cdot\frac{\partial v}{\partial x}=2x\frac{\partial w}{\partial u}-\frac{1}{x^2}\frac{\partial w}{\partial v},\quad \frac{\partial w}{\partial y}=\frac{\partial w}{\partial u}\cdot\frac{\partial u}{\partial y}+\frac{\partial w}{\partial v}\cdot\frac{\partial v}{\partial y}=2y\frac{\partial w}{\partial u}-\frac{1}{y^2}\frac{\partial w}{\partial v}$.

所以 $y\frac{\partial z}{\partial x}-x\frac{\partial z}{\partial y}=(y-x)z$ 可化为

$$yz\left(2x\frac{\partial w}{\partial u}-\frac{1}{x^2}\frac{\partial w}{\partial v}+1\right)-xz\left(2y\frac{\partial w}{\partial u}-\frac{1}{y^2}\frac{\partial w}{\partial v}+1\right)=(y-x)z,$$

整理得$\left(\frac{xz}{y^2}-\frac{yz}{x^2}\right)\frac{\partial w}{\partial v}=0$，即原方程化为$\frac{\partial w}{\partial v}=0$.

评注　由于是变换方程，主要考虑变量间的关系，不需要考虑特殊的点如$\frac{xz}{y^2}-\frac{yz}{x^2}=0$ 的点.

★ 题型 7.2　变换二阶方程①②

解题策略

变换二阶方程主要是利用多元复合函数的二阶偏导数计算，关键是搞清楚对哪个变量求偏导数，需要正确区分中间变量与自变量，函数对中间变量求偏导数后仍然是中间变量的函数，如果还需要对自变量求偏导数应该仍然是复合函数的偏导数计算.

【例 30】　(2010[2]) 设函数 $z=f(x,y)$ 具有二阶连续偏导数，且满足等式 $4\frac{\partial^2 z}{\partial x^2}+12\frac{\partial^2 z}{\partial x\partial y}+5\frac{\partial^2 z}{\partial y^2}=0$，确定常数 a,b 的值，使得等式在变换 $\xi=x+ay,\eta=x+by$ 下简化为$\frac{\partial^2 z}{\partial\xi\partial\eta}=0$.

【思路】　利用多元复合函数的偏导数计算方法进行计算.

【解】　$\frac{\partial z}{\partial x}=\frac{\partial z}{\partial\xi}\cdot\frac{\partial\xi}{\partial x}+\frac{\partial z}{\partial\eta}\cdot\frac{\partial\eta}{\partial x}=\frac{\partial z}{\partial\xi}+\frac{\partial z}{\partial\eta},\quad \frac{\partial z}{\partial y}=\frac{\partial z}{\partial\xi}\cdot\frac{\partial\xi}{\partial y}+\frac{\partial z}{\partial\eta}\cdot\frac{\partial\eta}{\partial y}=a\frac{\partial z}{\partial\xi}+b\frac{\partial z}{\partial\eta}$,

$$\begin{aligned}\frac{\partial^2 z}{\partial x^2}&=\frac{\partial}{\partial x}\left(\frac{\partial z}{\partial x}\right)=\frac{\partial}{\partial\xi}\left(\frac{\partial z}{\partial x}\right)\cdot\frac{\partial\xi}{\partial x}+\frac{\partial}{\partial\eta}\left(\frac{\partial z}{\partial x}\right)\cdot\frac{\partial\eta}{\partial x}\\&=\left(\frac{\partial^2 z}{\partial\xi^2}+\frac{\partial^2 z}{\partial\eta\partial\xi}\right)+\left(\frac{\partial^2 z}{\partial\xi\partial\eta}+\frac{\partial^2 z}{\partial\eta^2}\right)=\frac{\partial^2 z}{\partial\xi^2}+2\frac{\partial^2 z}{\partial\xi\partial\eta}+\frac{\partial^2 z}{\partial\eta^2},\end{aligned}$$

$$\frac{\partial^2 z}{\partial y^2}=\frac{\partial}{\partial y}\left(\frac{\partial z}{\partial y}\right)=\frac{\partial}{\partial\xi}\left(\frac{\partial z}{\partial y}\right)\cdot\frac{\partial\xi}{\partial y}+\frac{\partial}{\partial\eta}\left(\frac{\partial z}{\partial y}\right)\cdot\frac{\partial\eta}{\partial y}$$

$$= \left(a\frac{\partial^2 z}{\partial \xi^2}+b\frac{\partial^2 z}{\partial \eta\partial \xi}\right)\cdot a+\left(a\frac{\partial^2 z}{\partial \xi\partial \eta}+b\frac{\partial^2 z}{\partial \eta^2}\right)\cdot b=a^2\frac{\partial^2 z}{\partial \xi^2}+2ab\frac{\partial^2 z}{\partial \xi\partial \eta}+b^2\frac{\partial^2 z}{\partial \eta^2},$$

$$\frac{\partial^2 z}{\partial x\partial y}=\frac{\partial}{\partial y}\left(\frac{\partial z}{\partial x}\right)=\frac{\partial}{\partial \xi}\left(\frac{\partial z}{\partial x}\right)\cdot\frac{\partial \xi}{\partial y}+\frac{\partial}{\partial \eta}\left(\frac{\partial z}{\partial x}\right)\cdot\frac{\partial \eta}{\partial y}$$

$$=\left(\frac{\partial^2 z}{\partial \xi^2}+\frac{\partial^2 z}{\partial \eta\partial \xi}\right)\cdot a+\left(\frac{\partial^2 z}{\partial \xi\partial \eta}+\frac{\partial^2 z}{\partial \eta^2}\right)\cdot b=a\frac{\partial^2 z}{\partial \xi^2}+(a+b)\frac{\partial^2 z}{\partial \xi\partial \eta}+b\frac{\partial^2 z}{\partial \eta^2},$$

代入方程 $4\frac{\partial^2 z}{\partial x^2}+12\frac{\partial^2 z}{\partial x\partial y}+5\frac{\partial^2 z}{\partial y^2}=0$，得

$$(5a^2+12a+4)\frac{\partial^2 z}{\partial \xi^2}+[10ab+12(a+b)+8]\frac{\partial^2 z}{\partial \xi\partial \eta}+(5b^2+12b+4)\frac{\partial^2 z}{\partial \eta^2}=0.$$

由题意知 $5a^2+12a+4=0,5b^2+12b+4=0$ 且 $10ab+12(a+b)+8\neq 0$，解得 $\begin{cases}a=-2,-\frac{2}{5},\\ b=-2,-\frac{2}{5},\end{cases}$

舍去 $\begin{cases}a=-2,\\ b=-2\end{cases}$ 和 $\begin{cases}a=-\frac{2}{5},\\ b=-\frac{2}{5},\end{cases}$ 得 $\begin{cases}a=-2,\\ b=-\frac{2}{5}\end{cases}$ 和 $\begin{cases}a=-\frac{2}{5},\\ b=-2.\end{cases}$

评注　变换二阶偏微分方程计算量很大，很容易出现错误，希望考生引起重视.

题型八　曲线的切线及曲面的切平面①

偏导数的应用主要是空间曲线的切线方程与法平面方程及空间曲面的切平面方程与法线方程.

【例 31】　求曲线 $\begin{cases}x^2+y^2+z^2-3x=0,\\ 2x-3y+5z-4=0\end{cases}$ 在点(1,1,1)处的切线方程和法平面方程.

【解】　设 $F(x,y,z)=x^2+y^2+z^2-3x, G(x,y,z)=2x-3y+5z-4$. 则 $F'_x=2x-3, F'_y=2y, F'_z=2z, G'_x=2, G'_y=-3, G'_z=5$，从而

$$\left.\frac{\partial(F,G)}{\partial(y,z)}\right|_{(1,1,1)}=\begin{vmatrix}2&2\\-3&5\end{vmatrix}=16,\quad \left.\frac{\partial(F,G)}{\partial(z,x)}\right|_{(1,1,1)}=\begin{vmatrix}2&-1\\5&2\end{vmatrix}=9,\left.\frac{\partial(F,G)}{\partial(x,y)}\right|_{(1,1,1)}=\begin{vmatrix}-1&2\\2&-3\end{vmatrix}=-1,$$

所以 $\left.\frac{\mathrm{d}y}{\mathrm{d}x}\right|_{(1,1,1)}=\frac{9}{16}$，$\left.\frac{\mathrm{d}z}{\mathrm{d}x}\right|_{(1,1,1)}=-\frac{1}{16}$.

切线方程为：$\frac{x-1}{16}=\frac{y-1}{9}=\frac{z-1}{-1}$.

法平面方程为：$16(x-1)+9(y-1)-(z-1)=0$ 或 $16x+9y-z-24=0$.

【例 32】　(2013[1]) 曲面 $x^2+\cos(xy)+yz+x=0$ 上点$(0,1,-1)$处的切平面方程为(　　).

(A)$x-y+z=-2$　　(B)$x+y+z=0$

(C)$x-2y+z=-3$　　(D)$x-y-z=0$

【解】　曲面 $x^2+\cos(xy)+yz+x=0$ 在点$(0,1,-1)$处切平面的法向量为

$\{2x-y\sin(xy)+1,-x\sin(xy)+z,y\}|_{(0,1,-1)}=\{1,-1,1\}$，

所以切平面方程为$(x-0)-(y-1)+(z+1)=0$，选(A).

【例 33】　求曲面 $3x^2+y^2-z^2=3$ 过直线 $\begin{cases}4x+y-z-3=0,\\ x+y-z=0\end{cases}$ 的切平面方程.

【解】　曲面 $3x^2+y^2-z^2=3$ 在点(x_0,y_0,z_0)的切平面方程为

$6x_0(x-x_0)+2y_0(y-y_0)-2z_0(z-z_0)=0$ 或 $3x_0x+y_0y-z_0z-3=0$.

在直线上取点(1,0,1),代入切平面方程得 $3x_0-z_0-3=0$.

在直线上再取点(1,-1,0),代入切平面方程得 $3x_0-y_0-3=0$.

再联立 $3x_0^2+y_0^2-z_0^2=3$,得$\begin{cases}3x_0-z_0-3=0,\\3x_0-y_0-3=0,\\3x_0^2+y_0^2-z_0^2=3.\end{cases}$解得 $x_0=\pm1,y_0=z_0=3(\pm1-1)$.

所以切点为:(1,0,0) 或(-1,-6,-6),所求切平面方程为 $x=1$ 或 $x+2y-2z+1=0$.

评注 由于直线在平面上,可在直线上找点满足平面方程.

题型九 方向导数与梯度问题[①]

解题策略

方向导数与梯度在考研中一般只要求掌握计算公式,函数在某点处梯度的方向就是在该点处取得最大方向导数的方向,而梯度的模即为在该点处方向导数的最大值.

【例 34】 计算函数 $u=x\arctan\frac{y}{z}$ 在点 $M_0(1,2,-2)$ 处沿从点 M_0 到 $M_1(2,1,-1)$ 方向的方向导数.

【解】 $\frac{\partial u}{\partial x}=\arctan\frac{y}{z},\frac{\partial u}{\partial x}\Big|_{M_0}=-\frac{\pi}{4},\frac{\partial u}{\partial y}=x\cdot\frac{1}{1+\left(\frac{y}{z}\right)^2}\cdot\frac{1}{z}=\frac{xz}{z^2+y^2},\frac{\partial u}{\partial y}\Big|_{M_0}=-\frac{1}{4}$,

$\frac{\partial u}{\partial z}=x\cdot\frac{1}{1+\left(\frac{y}{z}\right)^2}\cdot\left(-\frac{y}{z^2}\right)=\frac{-xy}{z^2+y^2},\frac{\partial u}{\partial z}\Big|_{M_0}=-\frac{1}{4}$.

而 $\vec{l}=\overrightarrow{M_0M_1}=\{1,-1,1\}$, $\vec{l_0}=\frac{1}{\sqrt{3}}\{1,-1,1\}$,所以在点 M_0 处的方向导数为

$$\frac{\partial u}{\partial \boldsymbol{l}}=-\frac{\pi}{4}\cdot\frac{1}{\sqrt{3}}-\frac{1}{4}\cdot\left(-\frac{1}{\sqrt{3}}\right)-\frac{1}{4}\cdot\frac{1}{\sqrt{3}}=-\frac{\sqrt{3}\pi}{12}.$$

评注 主要掌握方向导数的计算公式.

【例 35】 问函数 $u=x^3-2yz+y^2$ 在点 $M_0(-1,2,1)$ 处沿哪个方向的方向导数最大?最大值为多少?

【解】 $\frac{\partial u}{\partial x}=3x^2$, $\frac{\partial u}{\partial x}\Big|_{M_0}=3$, $\frac{\partial u}{\partial y}=-2z+2y$, $\frac{\partial u}{\partial y}\Big|_{M_0}=2$, $\frac{\partial u}{\partial z}=-2y,\frac{\partial u}{\partial z}\Big|_{M_0}=-4$,
梯度$\mathbf{grad}\,u\big|_{M_0}=\{3,2,-4\}$的方向即为取得最大方向导数的方向,而方向导数的最大值为梯度的模,即 $\left|\mathbf{grad}\,u\right|_{M_0}=\sqrt{29}$.

评注 取得最大方向导数的方向是梯度方向,方向导数的最大值为梯度的模.

【例 36】 设函数 $f(x,y)=\begin{cases}\frac{x^2y}{x^2+y^2}, & (x,y)\neq(0,0),\\ 0, & (x,y)=(0,0).\end{cases}$ 则 $f(x,y)$ 在点(0,0) 处沿方向$\vec{l}=\{1,2\}$ 的方向导数$\frac{\partial f}{\partial \boldsymbol{l}}\Big|_{(0,0)}=$ ( ).

(A)0 (B) $\frac{2}{5}$ (C) $\frac{2}{5\sqrt{5}}$ (D) 不存在

【思路】 方向导数的计算通常直接利用公式计算，遇到分段函数时注意必须用定义计算.

【解】 $\vec{l}=\{1,2\},\vec{l_0}=\dfrac{1}{\sqrt{5}}\cdot\{1,2\}$.

$$\left.\frac{\partial f}{\partial \boldsymbol{l}}\right|_{(0,0)}=\lim_{t\to 0}\frac{f(0+\frac{1}{\sqrt{5}}t,0+\frac{2}{\sqrt{5}}t)-f(0,0)}{t}=\lim_{t\to 0}\frac{\frac{2}{5\sqrt{5}}t^3}{t^3}=\frac{2}{5\sqrt{5}},$$

所以应选(C).

> 评注　当函数的全微分存在时，才能够用公式计算方向导数.
>
> 注意：本题 $f'_x(0,0)=\lim\limits_{x\to 0}\dfrac{f(x,0)-f(0,0)}{x}=0,f'_y(0,0)=0$.
>
> 而 $\lim\limits_{\substack{\Delta x\to 0\\ \Delta y\to 0}}\dfrac{\Delta z-f'_x(0,0)\Delta x-f'_y(0,0)\Delta y}{\sqrt{(\Delta x)^2+(\Delta y)^2}}=\lim\limits_{\substack{\Delta x\to 0\\ \Delta y\to 0}}\dfrac{\frac{(\Delta x)^2\cdot(\Delta y)}{(\Delta x)^2+(\Delta y)^2}}{\sqrt{(\Delta x)^2+(\Delta y)^2}}$ 不存在，所以全微分不存在，故在(0,0)点处不能用公式计算方向导数.

疑难问题点拨

★1. 连续、偏导数、全微分及方向导数的关系问题

全微分与函数连续、偏导数的关系在前面已经作了介绍，而与方向导数结合在一起时，问题会更加困难一些，希望考生记住在这几个概念中最强的条件是全微分.

偏导数连续 ⇒ 全微分存在 $\begin{cases}\Rightarrow\text{函数连续}\\ \Rightarrow\text{偏导数存在}\end{cases}$　　全微分存在 $\begin{cases}\Rightarrow\text{方向导数存在}\\ \Rightarrow\text{梯度存在}\end{cases}$

【例 37】 设函数 $f(x,y)=\begin{cases}\dfrac{xy^2}{x^2+y^2}, & (x,y)\neq(0,0),\\ 0, & (x,y)=(0,0),\end{cases}$ 则 $f(x,y)$ 在点(0,0)处(　　).

(A) 偏导数存在，但函数不连续　　(B) 函数连续，但偏导数不存在

(C) 可微，且 $\mathrm{d}f|_{(0,0)}=0$　　(D) 沿任意方向的方向导数都存在

【思路】 遇到选择题，可考虑先利用强弱关系来排除个别选项，不确定时，用定义逐个讨论.

【解】 如果函数的全微分存在则沿任意方向的方向导数一定存在，所以可直接排除选项(C)，而 $0\leqslant|f(x,y)|=\dfrac{|xy^2|}{x^2+y^2}\leqslant\dfrac{1}{2}|y|$，所以函数连续，排除(A)，而 $f'_x(0,0)=\lim\limits_{x\to 0}\dfrac{f(x,0)-f(0,0)}{x}=0$，$f'_y(0,0)=0$，又排除(B)，故应选(D).

> 评注　用定义计算方向导数，即设 $\vec{l_0}=\{\cos\alpha,\cos\beta\}$，则
>
> $$\left.\frac{\partial f}{\partial \boldsymbol{l}}\right|_{(0,0)}=\lim_{t\to 0}\frac{f(0+t\cos\alpha,0+t\cos\beta)-f(0,0)}{t}=\lim_{t\to 0}\frac{\cos\alpha\cdot\cos^2\beta\cdot t^3}{t^3}=\cos\alpha\cdot\cos^2\beta,$$
>
> 即函数沿任意方向的方向导数都存在.

【例 38】[①] 设 $f(x,y)$ 在(0,0)点附近有定义，且 $f'_x(0,0)=3,f'_y(0,0)=1$，则(　　).

(A) $\mathrm{d}z|_{(0,0)}=3\mathrm{d}x+\mathrm{d}y$

(B) $z=f(x,y)$ 在 $(0,0,f(0,0))$ 的法向量是 $\{3,1,-1\}$

(C) $\begin{cases}z=f(x,y),\\ y=0\end{cases}$ 在 $(0,0,f(0,0))$ 的切向量是 $\{1,0,3\}$

(D) $\begin{cases}z=f(x,y),\\ y=0\end{cases}$ 在 $(0,0,f(0,0))$ 的切向量是 $\{3,0,1\}$

【思路】 表面上看(A),(B)好像都对,此时应该注意条件.

【解】 $f(x,y)$ 在(0,0)点附近有定义,两个偏导数存在时函数不一定可微,所以(A)是错误的,注意当函数全微分存在时有结论(A);

曲面 $z=f(x,y)$ 在点(0,0,0)处切平面存在的条件也要求函数可微,所以(B)也是错误的;

而曲线 $\begin{cases}z=f(x,y),\\ y=0\end{cases}$ 可看作 $\begin{cases}F(x,y,z)=f(x,y)-z,\\ G(x,y,z)=y\end{cases}$ 在 $(0,0,f(0,0))$ 的切向量

$$\left\{\begin{vmatrix}F'_y & F'_z\\ G'_y & G'_z\end{vmatrix},\begin{vmatrix}F'_z & F'_x\\ G'_z & G'_x\end{vmatrix},\begin{vmatrix}F'_x & F'_y\\ G'_x & G'_y\end{vmatrix}\right\}=\left\{\begin{vmatrix}1 & -1\\ 1 & 0\end{vmatrix},\begin{vmatrix}-1 & 3\\ 0 & 0\end{vmatrix},\begin{vmatrix}3 & 1\\ 0 & 1\end{vmatrix}\right\}=\{1,0,3\},$$

故应选(C).

评注 希望考生复习时,不要忽略一些结论应有的条件.

★2. 极值问题

解题策略

求条件极值问题的一般方法是拉格朗日乘数法,注意应该尽量选择简单些的目标函数便于计算,有时初等方法往往更加简单,但综合知识的要求比较高,希望考生不断积累.

【例39】 设 $f(x,y)$ 的全微分 $\mathrm{d}f(x,y)=-(1+a\mathrm{e}^y)\sin x\mathrm{d}x+\mathrm{e}^{ay}(a\cos x-1-ay)\mathrm{d}y$,且 $f(0,0)=2,(a\neq 0)$.

(1) 求 a 的值及 $f(x,y)$;

(2) 求 $f(x,y)$ 的极值.

【解】 (1) 依题设,有 $f'_x=-(1+a\mathrm{e}^y)\sin x, f'_y=\mathrm{e}^{ay}(a\cos x-1-ay)$,

则 $f''_{xy}=-a\sin x\mathrm{e}^y, f''_{yx}=-a\sin x\mathrm{e}^{ay}$.

由 $f''_{xy}=f''_{yx}$,得 $a=1$.

$$\begin{aligned}\mathrm{d}f(x,y)&=-(1+\mathrm{e}^y)\sin x\mathrm{d}x+\mathrm{e}^y(\cos x-1-y)\mathrm{d}y\\&=-\sin x\mathrm{d}x-\mathrm{e}^y\sin x\mathrm{d}x+\mathrm{e}^y\cos x\mathrm{d}y-\mathrm{e}^y\mathrm{d}y-y\mathrm{e}^y\mathrm{d}y\\&=\mathrm{d}(\cos x)+\mathrm{d}(\mathrm{e}^y\cos x)-\mathrm{d}(y\mathrm{e}^y)\\&=\mathrm{d}(\cos x+\mathrm{e}^y\cos x-y\mathrm{e}^y+C),\end{aligned}$$

由 $f(0,0)=2$,得 $C=0$,故 $f(x,y)=\cos x+\mathrm{e}^y\cos x-y\mathrm{e}^y$.

(2) 由 $\begin{cases}f'_x=-(1+\mathrm{e}^y)\sin x=0,\\ f'_y=\mathrm{e}^y(\cos x-1-y)=0,\end{cases}$

得驻点为:$(x,y)=(2n\pi,0),(x,y)=((2n+1)\pi,-2),(n=0,\pm1,\pm2,\cdots)$.

在点 $(2n\pi,0)$ 处,

$$A=f''_{xx}=-2,B=f''_{xy}=0,C=f''_{yy}=-1$$

$AC-B^2=(-2)\times(-1)-0=2>0$,且 $A=-2<0$.故 $(2n\pi,0)$ 是极大值点,极大值为 $f(2n\pi,0)=2$.

在点 $((2n+1)\pi,-2)$ 处,$A=f''_{xx}=1+\mathrm{e}^{-2},B=f''_{xy}=0,C=f''_{yy}=-\mathrm{e}^{-2}$.

$$AC-B^2=(1+\mathrm{e}^{-2})\cdot(-\mathrm{e}^{-2})-0=-\frac{\mathrm{e}^2+1}{\mathrm{e}^4}<0.$$

故 $((2n+1)\pi,-2)$ 不是极值点,所以 $f(x,y)$ 没有极小值.

综合拓展提高

【例40】 设函数 $z=z(x,y)$ 在区域 D 上可微,利用变量代换 $\begin{cases}u=\dfrac{x}{y},\\ v=x+y,\end{cases}$ 证明:$z=z(x,y)$ 在区域

D 上能够表示为 $z=f\left(\frac{x}{y}\right)$($f$ 可微)的充分必要条件是 $x\frac{\partial z}{\partial x}+y\frac{\partial z}{\partial y}=0$.

【解】 由 $z=f\left(\frac{x}{y}\right)$,求偏导数得 $\frac{\partial z}{\partial x}=f'\left(\frac{x}{y}\right)\cdot\frac{1}{y},\frac{\partial z}{\partial y}=f'\left(\frac{x}{y}\right)\cdot\left(-\frac{x}{y^2}\right)$.

所以 $x\frac{\partial z}{\partial x}+y\frac{\partial z}{\partial y}=0$,而 $u=\frac{x}{y},v=x+y$,则

$$\frac{\partial z}{\partial x}=\frac{\partial z}{\partial u}\cdot\frac{\partial u}{\partial x}+\frac{\partial z}{\partial v}\cdot\frac{\partial v}{\partial x}=\frac{\partial z}{\partial u}\cdot\frac{1}{y}+\frac{\partial z}{\partial v}\cdot 1,$$

$$\frac{\partial z}{\partial y}=\frac{\partial z}{\partial u}\cdot\frac{\partial u}{\partial y}+\frac{\partial z}{\partial v}\cdot\frac{\partial v}{\partial y}=\frac{\partial z}{\partial u}\cdot\left(-\frac{x}{y^2}\right)+\frac{\partial z}{\partial v}\cdot 1.$$

故方程 $x\frac{\partial z}{\partial x}+y\frac{\partial z}{\partial y}=0$ 可化为 $(x+y)\cdot\frac{\partial z}{\partial v}=0$ 或 $v\cdot\frac{\partial z}{\partial v}=0$,所以 z 只能是 u 的函数,设 $z=f(u)$,则 $z=f\left(\frac{x}{y}\right)$,证毕.

> **评注** 这是变换方程的一种变化题型,求解简单的偏微分方程.

【例 41】 设一个长方体内接椭圆锥体 $\Omega=\{(x,y,z)\mid x^2+2y^2\leqslant(z-1)^2,0\leqslant z\leqslant 1\}$,且长方体的三对侧面都平行于不同的坐标面,求此长方体的体积的最大值.

【解】 **方法一** 设长方体在第一卦限内的顶点坐标为 $(x,y,z)(x>0,y>0,z>0)$,由 $x^2+2y^2=(z-1)^2$,则长方体的体积为 $V=4xyz$.

设 $L(x,y,z,\lambda)=4xyz+\lambda[x^2+2y^2-(z-1)^2]$,则

$$\begin{cases}L'_x=4yz+2\lambda x=0,\\L'_y=4xz+4\lambda y=0,\\L'_z=4xy-2\lambda(z-1)=0,\\L'_\lambda=x^2+2y^2-(z-1)^2=0,\end{cases}$$

解得 $x=\frac{\sqrt{2}}{3},y=\frac{1}{3},z=\frac{1}{3}$,所以 $V_{\max}=\frac{4\sqrt{2}}{27}$.

方法二 $V=4xyz,x^2+2y^2=(z-1)^2$,所以 $z=1-\sqrt{x^2+2y^2}$,

$$\begin{aligned}故\ V=4xy\left(1-\sqrt{x^2+2y^2}\right)&=2\sqrt{2}\cdot x\cdot(\sqrt{2}y)\cdot(1-\sqrt{x^2+2y^2})\\&\leqslant\sqrt{2}\cdot(x^2+2y^2)\cdot(1-\sqrt{x^2+2y^2})\\&=4\sqrt{2}\cdot\frac{\sqrt{x^2+2y^2}}{2}\cdot\frac{\sqrt{x^2+2y^2}}{2}\cdot(1-\sqrt{x^2+2y^2})\\&\leqslant 4\sqrt{2}\cdot\left(\frac{1}{3}\right)^3=\frac{4\sqrt{2}}{27},\end{aligned}$$

当且仅当 $\begin{cases}x=\sqrt{2}y,\\\frac{\sqrt{x^2+2y^2}}{2}=1-\sqrt{x^2+2y^2},\end{cases}$ 即 $x=\frac{\sqrt{2}}{3},y=z=\frac{1}{3}$ 时,等号成立.故 $V_{\max}=\frac{4\sqrt{2}}{27}$.

> **评注** 方法二利用了"$A-G$"不等式即算术平均值大于等于几何平均值.

【例 42】[①] 设一大剧院的顶部是一个半椭圆球面 S,其方程为 $z=4\sqrt{1-\frac{x^2}{16}-\frac{y^2}{36}}$.

(1) 设 $M(x,y)$ 为 S 在 xOy 面上投影区域内一点,问函数 z 在 M 点沿平面 xOy 上什么方向的方向

导数最小?

(2) 求下小雨时过剧院房顶上的点 $P(1,3,\sqrt{11})$ 处的雨水流下的轨迹方程(假设雨水沿着 z 下降最快的方向下流).

【思路】 梯度的方向是方向导数取得最大的方向,方向导数最小的方向即为负梯度的方向.

【解】 (1) $\dfrac{\partial z}{\partial x}=\dfrac{2}{\sqrt{1-\dfrac{x^2}{16}-\dfrac{y^2}{36}}}\cdot\left(-\dfrac{1}{8}x\right)=-\dfrac{x}{4\sqrt{1-\dfrac{x^2}{16}-\dfrac{y^2}{36}}}$,

$$\frac{\partial z}{\partial y}=\frac{2}{\sqrt{1-\dfrac{x^2}{16}-\dfrac{y^2}{36}}}\cdot\left(-\frac{1}{18}y\right)=-\frac{y}{9\sqrt{1-\dfrac{x^2}{16}-\dfrac{y^2}{36}}},$$

沿方向 $-\left\{\dfrac{\partial z}{\partial x},\dfrac{\partial z}{\partial y}\right\}=\left\{\dfrac{x}{4\sqrt{1-\dfrac{x^2}{16}-\dfrac{y^2}{36}}},\dfrac{y}{9\sqrt{1-\dfrac{x^2}{16}-\dfrac{y^2}{36}}}\right\}$的方向导数最小.

(2) 设轨迹的投影方程为 $F(x,y)=0$,则雨水流下的方向即为切线方向,切向量 $\{\mathrm{d}x,\mathrm{d}y\}$ 平行于梯度方向,故 $\dfrac{\mathrm{d}y}{\mathrm{d}x}=\dfrac{4y}{9x}(x\neq 0)$,这是可分离变量的微分方程,解得 $y=Cx^{\frac{4}{9}}$,因为 $F(1,3)=0$,所以 $C=3$,

因此轨迹方程为$\begin{cases} z=4\sqrt{1-\dfrac{x^2}{16}-\dfrac{y^2}{36}}, \\ y=3x^{\frac{4}{9}}. \end{cases}$

> **评注** 这是结合方向导数、梯度及微分方程的综合题.

本章同步练习

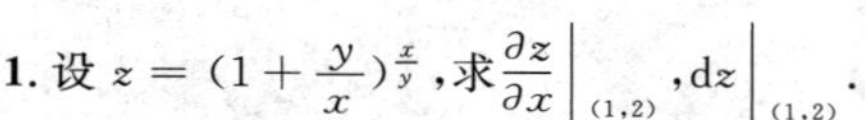

1. 设 $z=\left(1+\dfrac{y}{x}\right)^{\frac{x}{y}}$,求$\left.\dfrac{\partial z}{\partial x}\right|_{(1,2)}$,$\left.\mathrm{d}z\right|_{(1,2)}$.

2. 设 $u=\dfrac{1}{\sqrt{x^2+y^2+z^2}}$,验证:$\dfrac{\partial^2 u}{\partial x^2}+\dfrac{\partial^2 u}{\partial y^2}+\dfrac{\partial^2 u}{\partial z^2}=0$.

3. 设 $z=yf(x^2-y^2)$,证明:$\dfrac{1}{x}\cdot\dfrac{\partial z}{\partial x}+\dfrac{1}{y}\cdot\dfrac{\partial z}{\partial y}=\dfrac{z}{y^2}$.

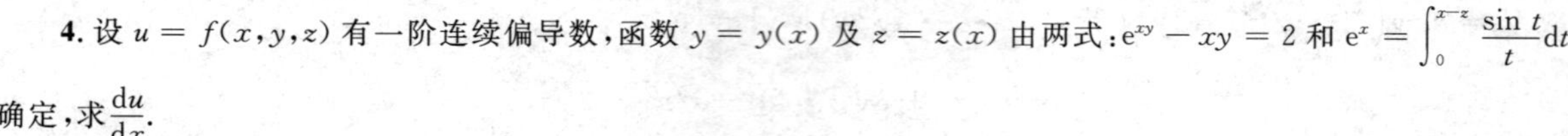

4. 设 $u=f(x,y,z)$ 有一阶连续偏导数,函数 $y=y(x)$ 及 $z=z(x)$ 由两式:$\mathrm{e}^{xy}-xy=2$ 和 $\mathrm{e}^x=\displaystyle\int_0^{x-z}\frac{\sin t}{t}\mathrm{d}t$ 确定,求$\dfrac{\mathrm{d}u}{\mathrm{d}x}$.

5. 已知函数 f 具有二阶连续偏导数,又 $z(x,y)=\cos(xy)+f\left(\dfrac{x}{y},x-y\right)$,求$\dfrac{\partial z}{\partial x}$,$\dfrac{\partial^2 z}{\partial x\partial y}$.

6. 设 $z=f\left(x^2\ln y,\dfrac{x}{y},y\sin x\right)$,求$\dfrac{\partial z}{\partial x}$,$\dfrac{\partial^2 z}{\partial x\partial y}$.

7. 设 $u=\ln\sqrt{x^2+y^2}$,$v=\arctan\dfrac{y}{x}$,用 u,v 作为新的自变量,变换方程$(x+y)\dfrac{\partial z}{\partial x}-(x-y)\dfrac{\partial z}{\partial y}=0$.

8. 设 $u=x-2\sqrt{y}$,$v=x+2\sqrt{y}$,用 u,v 作为新的自变量,变换方程$\dfrac{\partial^2 z}{\partial x^2}-y\dfrac{\partial^2 z}{\partial y^2}-\dfrac{1}{2}\dfrac{\partial z}{\partial y}=0$.

9. 求曲面 $4z=3x^2-2xy+3y^2$ 到平面 $x+y-4z-1=0$ 的最短距离.

10. 在曲面 $z=2-x^2-y^2$ 位于第一卦限部分上求一点,使得该点处的切平面与三个坐标面围成的体积最小.

11. 设直线 $l:\begin{cases} x+y+b=0, \\ x+ay-z-3=0 \end{cases}$在平面 π 上,而 π 与曲面 $z=x^2+y^2$ 相切于点$(1,-2,5)$,求 a,b 的值.

本章同步练习答案解析

1. **方法一**　$z=\left(1+\dfrac{y}{x}\right)^{\frac{x}{y}}=e^{\frac{x}{y}\ln(1+\frac{y}{x})}$，

$\dfrac{\partial z}{\partial x}=e^{\frac{x}{y}\ln(1+\frac{y}{x})}\cdot\left[\dfrac{1}{y}\ln\left(1+\dfrac{y}{x}\right)+\dfrac{x}{y}\cdot\dfrac{1}{1+\dfrac{y}{x}}\cdot\left(-\dfrac{y}{x^2}\right)\right]$，$\left.\dfrac{\partial z}{\partial x}\right|_{(1,2)}=\sqrt{3}\left(\dfrac{1}{2}\ln 3-\dfrac{1}{3}\right)$，

$\dfrac{\partial z}{\partial y}=e^{\frac{x}{y}\ln(1+\frac{y}{x})}\cdot\left[\left(-\dfrac{x}{y^2}\right)\ln\left(1+\dfrac{y}{x}\right)+\dfrac{x}{y}\cdot\dfrac{1}{1+\dfrac{y}{x}}\cdot\dfrac{1}{x}\right]$，$\left.\dfrac{\partial z}{\partial y}\right|_{(1,2)}=\sqrt{3}\left(-\dfrac{1}{4}\ln 3+\dfrac{1}{6}\right)$，

$dz|_{(1,2)}=\sqrt{3}\left(\dfrac{1}{2}\ln 3-\dfrac{1}{3}\right)dx+\sqrt{3}\left(-\dfrac{1}{4}\ln 3+\dfrac{1}{6}\right)dy.$

方法二　$z(x,2)=\left(1+\dfrac{2}{x}\right)^{\frac{x}{2}}=e^{\frac{x}{2}\ln(1+\frac{2}{x})}$，$z(1,y)=(1+y)^{\frac{1}{y}}=e^{\frac{1}{y}\ln(1+y)}$，

$[z(x,2)]'=e^{\frac{x}{2}\ln(1+\frac{2}{x})}\cdot\left[\dfrac{1}{2}\ln\left(1+\dfrac{2}{x}\right)+\dfrac{x}{2}\cdot\left(\dfrac{1}{x+2}-\dfrac{1}{x}\right)\right]$，

$\left.\dfrac{\partial z}{\partial x}\right|_{(1,2)}=\left.[z(x,2)]'\right|_{x=1}=\sqrt{3}\left(\dfrac{1}{2}\ln 3-\dfrac{1}{3}\right)$，

$\left.\dfrac{\partial z}{\partial y}\right|_{(1,2)}=\left.[z(1,y)]'\right|_{y=2}=e^{\frac{1}{y}\ln(1+y)}\cdot\left.\left[-\dfrac{1}{y^2}\ln(1+y)+\dfrac{1}{y(1+y)}\right]\right|_{y=2}=\sqrt{3}\left(-\dfrac{1}{4}\ln 3+\dfrac{1}{6}\right)$，

所以$dz|_{(1,2)}=\sqrt{3}\left(\dfrac{1}{2}\ln 3-\dfrac{1}{3}\right)dx+\sqrt{3}\left(-\dfrac{1}{4}\ln 3+\dfrac{1}{6}\right)dy.$

---

2. $\dfrac{\partial u}{\partial x}=-\dfrac{1}{2}\cdot\dfrac{2x}{(x^2+y^2+z^2)^{\frac{3}{2}}}=-\dfrac{x}{(x^2+y^2+z^2)^{\frac{3}{2}}}$，

$\dfrac{\partial^2 u}{\partial x^2}=-\dfrac{1}{(x^2+y^2+z^2)^{\frac{3}{2}}}+\dfrac{3}{2}\cdot\dfrac{2x^2}{(x^2+y^2+z^2)^{\frac{5}{2}}}=-\dfrac{1}{(x^2+y^2+z^2)^{\frac{3}{2}}}+\dfrac{3x^2}{(x^2+y^2+z^2)^{\frac{5}{2}}}.$

同理$\dfrac{\partial^2 u}{\partial y^2}=-\dfrac{1}{(x^2+y^2+z^2)^{\frac{3}{2}}}+\dfrac{3y^2}{(x^2+y^2+z^2)^{\frac{5}{2}}}$，$\dfrac{\partial^2 u}{\partial z^2}=-\dfrac{1}{(x^2+y^2+z^2)^{\frac{3}{2}}}+\dfrac{3z^2}{(x^2+y^2+z^2)^{\frac{5}{2}}}.$

所以$\dfrac{\partial^2 u}{\partial x^2}+\dfrac{\partial^2 u}{\partial y^2}+\dfrac{\partial^2 u}{\partial z^2}=0.$

---

3. $\dfrac{\partial z}{\partial x}=yf'\cdot 2x$，$\dfrac{\partial z}{\partial y}=f+yf'\cdot(-2y)$，所以$\dfrac{1}{x}\cdot\dfrac{\partial z}{\partial x}+\dfrac{1}{y}\cdot\dfrac{\partial z}{\partial y}=2yf'+\dfrac{1}{y}\cdot f-2yf'=\dfrac{1}{y}\cdot f=\dfrac{z}{y^2}.$

---

4. 设 $F(x,y)=e^{xy}-xy-2$，则 $y'(x)=-\dfrac{F_x'}{F_y'}=-\dfrac{ye^{xy}-y}{xe^{xy}-x}=-\dfrac{y}{x}.$

设 $G(x,z)=e^x-\displaystyle\int_0^{x-z}\dfrac{\sin t}{t}dt$，则 $z'(x)=-\dfrac{G_x'}{G_z'}=-\dfrac{e^x-\dfrac{\sin(x-z)}{x-z}}{-\dfrac{\sin(x-z)}{x-z}\cdot(-1)}=1-\dfrac{(x-z)e^x}{\sin(x-z)}.$

所以$\dfrac{du}{dx}=f_x'+f_y'\cdot y'(x)+f_z'\cdot z'(x)$，其中 $y'(x)$，$z'(x)$ 如上表示.

---

5. $\dfrac{\partial z}{\partial x}=-y\sin(xy)+f'_1\cdot\dfrac{1}{y}+f'_2\cdot 1$，

$\dfrac{\partial^2 z}{\partial x\partial y}=-\sin(xy)-xy\cos(xy)-\dfrac{1}{y^2}f'_1+\dfrac{1}{y}\left[f''_{11}\cdot\left(-\dfrac{x}{y^2}\right)+f''_{12}\cdot(-1)\right]+\left[f''_{21}\cdot\left(-\dfrac{x}{y^2}\right)+f''_{22}\cdot(-1)\right]$

$=-\sin(xy)-xy\cos(xy)-\dfrac{1}{y^2}f'_1-\dfrac{x}{y^3}f''_{11}-\left(\dfrac{1}{y}+\dfrac{x}{y^2}\right)f''_{12}-f''_{22}.$

6. $\dfrac{\partial z}{\partial x}=f'_1\cdot 2x\ln y+f'_2\cdot\dfrac{1}{y}+f'_3\cdot y\cos x$,

$$\frac{\partial^2 z}{\partial x\partial y}=\frac{2x}{y}f'_1+2x\ln y\cdot\left[f''_{11}\cdot\frac{x^2}{y}+f''_{12}\cdot\left(-\frac{x}{y^2}\right)+f''_{13}\cdot\sin x\right]-\frac{1}{y^2}f'_2+\frac{1}{y}\cdot\left[f''_{21}\cdot\frac{x^2}{y}\right.$$

$$\left.+f''_{22}\cdot\left(-\frac{x}{y^2}\right)+f''_{23}\cdot\sin x\right]+\cos x\cdot f'_3+y\cos x\cdot\left[f''_{31}\cdot\frac{x^2}{y}+f''_{32}\cdot\left(-\frac{x}{y^2}\right)+f''_{33}\cdot\sin x\right].$$

7. $\dfrac{\partial z}{\partial x}=\dfrac{\partial z}{\partial u}\cdot\dfrac{\partial u}{\partial x}+\dfrac{\partial z}{\partial v}\cdot\dfrac{\partial v}{\partial x}=\dfrac{x}{x^2+y^2}\cdot\dfrac{\partial z}{\partial u}-\dfrac{y}{x^2+y^2}\cdot\dfrac{\partial z}{\partial v}$,

$\dfrac{\partial z}{\partial y}=\dfrac{\partial z}{\partial u}\cdot\dfrac{\partial u}{\partial y}+\dfrac{\partial z}{\partial v}\cdot\dfrac{\partial v}{\partial y}=\dfrac{y}{x^2+y^2}\cdot\dfrac{\partial z}{\partial u}+\dfrac{x}{x^2+y^2}\cdot\dfrac{\partial z}{\partial v}$,

所以方程$(x+y)\dfrac{\partial z}{\partial x}-(x-y)\dfrac{\partial z}{\partial y}=0$化为$\dfrac{\partial z}{\partial u}-\dfrac{\partial z}{\partial v}=0$.

8. $\dfrac{\partial z}{\partial x}=\dfrac{\partial z}{\partial u}\cdot\dfrac{\partial u}{\partial x}+\dfrac{\partial z}{\partial v}\cdot\dfrac{\partial v}{\partial x}=\dfrac{\partial z}{\partial u}+\dfrac{\partial z}{\partial v}$, $\quad\dfrac{\partial^2 z}{\partial x^2}=\dfrac{\partial^2 z}{\partial u^2}+2\dfrac{\partial^2 z}{\partial u\partial v}+\dfrac{\partial^2 z}{\partial v^2}$,

$\dfrac{\partial z}{\partial y}=\dfrac{\partial z}{\partial u}\cdot\dfrac{\partial u}{\partial y}+\dfrac{\partial z}{\partial v}\cdot\dfrac{\partial v}{\partial y}=-\dfrac{1}{\sqrt{y}}\left(\dfrac{\partial z}{\partial u}-\dfrac{\partial z}{\partial v}\right)$, $\quad\dfrac{\partial^2 z}{\partial y^2}=\dfrac{1}{2}\cdot y^{-\frac{3}{2}}\left(\dfrac{\partial z}{\partial u}-\dfrac{\partial z}{\partial v}\right)+\dfrac{1}{y}\left(\dfrac{\partial^2 z}{\partial u^2}-2\dfrac{\partial^2 z}{\partial u\partial v}+\dfrac{\partial^2 z}{\partial v^2}\right)$,

所以原方程$\dfrac{\partial^2 z}{\partial x^2}-y\dfrac{\partial^2 z}{\partial y^2}-\dfrac{1}{2}\dfrac{\partial z}{\partial y}=0$化为$4\dfrac{\partial^2 z}{\partial u\partial v}=0$,即$\dfrac{\partial^2 z}{\partial u\partial v}=0$.

9. 在曲面$4z=3x^2-2xy+3y^2$上任取一点(x,y,z),到平面$x+y-4z-1=0$的距离为$d=\dfrac{|x+y-4z-1|}{\sqrt{18}}$.

设$L(x,y,z,\lambda)=(x+y-4z-1)^2+\lambda(3x^2-2xy+3y^2-4z)$,求导,得

$L'_x=2(x+y-4z-1)+6\lambda x-2\lambda y=0, L'_y=2(x+y-4z-1)-2\lambda x+6\lambda y=0$,

$L'_z=-8(x+y-4z-1)-4\lambda=0, L'_\lambda=3x^2-2xy+3y^2-4z=0$,

解得$x=y=\dfrac{1}{4}, z=\dfrac{1}{16}$,因为驻点唯一,所以$d_{\min}=\dfrac{\sqrt{2}}{8}$.

10. 设$P_0(x_0,y_0,z_0)$是曲面上位于第一卦限部分的点,则曲面在$P_0(x_0,y_0,z_0)$处的切平面方程为:

$2x_0(x-x_0)+2y_0(y-y_0)+(z-z_0)=0$或$2x_0x+2y_0y+z=4-z_0$.

在三个坐标面上的截距分别为$\dfrac{4-z_0}{2x_0},\dfrac{4-z_0}{2y_0},4-z_0$.所以切平面与三个坐标面围成的体积为$V=\dfrac{(4-z_0)^3}{24x_0y_0}$.

设$L(x,y,z,\lambda)=3\ln(4-z)-\ln x-\ln y+\lambda(x^2+y^2+z-2)$.

$L'_x=-\dfrac{1}{x}+2\lambda x=0$, $\quad L'_y=-\dfrac{1}{y}+2\lambda y=0$, $\quad L'_z=-\dfrac{3}{4-z}+\lambda=0$, $\quad L'_\lambda=x^2+y^2+z-2=0$,

解得$x=y=\dfrac{\sqrt{2}}{2}, z=1$.因为驻点唯一,所以$\left(\dfrac{\sqrt{2}}{2},\dfrac{\sqrt{2}}{2},1\right)$即为所求点.

11. 曲面$z=x^2+y^2$在点$(1,-2,5)$处的切平面方程为π:

$$2(x-1)-4(y+2)-(z-5)=0\text{ 或 }2x-4y-z-5=0.$$

在直线l上取点$(-b,0,-b-3)$在平面π上,所以$-2b+b+3-5=0\Rightarrow b=-2$.

在直线l上再取点$(0,-b,-ab-3)$在平面π上,所以$4b+ab+3-5=0\Rightarrow a=-5$.

第六章　多元函数积分学

名师解码

重点题型详解

题型一　化重积分为累次积分

题型 1.1　直角坐标下的二重积分

解题策略

先画出积分区域图，由积分区域选取适当的积分次序.

(1)X 型区域(图 6-1)：x 左右定限，y 从下到上.

X 型区域又称关于坐标 x 的正规区域，即垂直于 x 轴的直线与区域的边界至多只有两个交点.

$$\iint_D f(x,y)\mathrm{d}x\mathrm{d}y=\int_a^b \mathrm{d}x\int_{y_1(x)}^{y_2(x)} f(x,y)\mathrm{d}y.$$

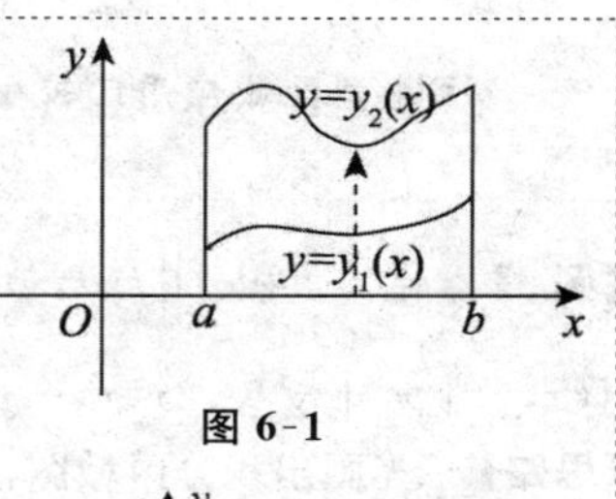

图 6-1

(2)Y 型区域(图 6-2)：y 上下定限，x 从左到右.

$$\iint_D f(x,y)\mathrm{d}x\mathrm{d}y=\int_c^d \mathrm{d}y\int_{x_1(y)}^{x_2(y)} f(x,y)\mathrm{d}x.$$

注意：右图关于 x 非正规.

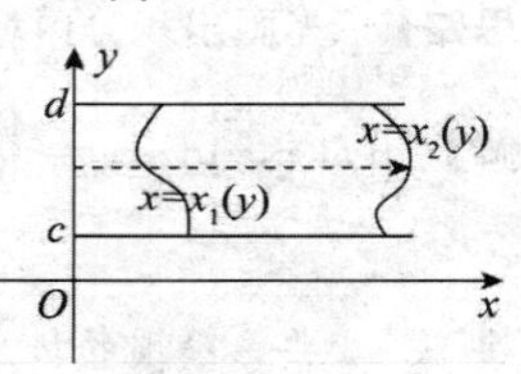

图 6-2

【例 1】　化二重积分 $\iint_D f(x,y)\mathrm{d}x\mathrm{d}y$ 为二次积分，其中 D 由 $y=x,y=2x,y=2$ 所围成.

【思路】　先画出积分区域，如图 6-3 所示.

【解】　**方法一**　$\iint_D f(x,y)\mathrm{d}x\mathrm{d}y=\int_0^2 \mathrm{d}y\int_{\frac{y}{2}}^{y} f(x,y)\mathrm{d}x.$

方法二　$\iint_D f(x,y)\mathrm{d}x\mathrm{d}y=\int_0^1 \mathrm{d}x\int_x^{2x} f(x,y)\mathrm{d}y+\int_1^2 \mathrm{d}x\int_x^2 f(x,y)\mathrm{d}y.$

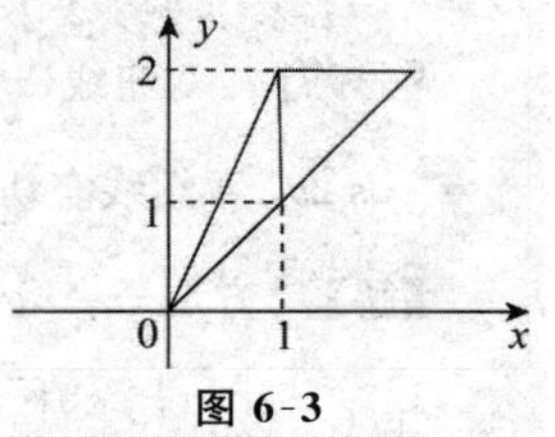

图 6-3

评注　遇到下列两种情况时积分区域需要进行分割：

非正规区域 —— 分割；非同一条曲线 —— 分割.

【例 2】　化二重积分 $\iint_D f(x,y)\mathrm{d}x\mathrm{d}y$ 为二次积分，其中 D 由 $y=x^2,y=x+2$ 所围成.

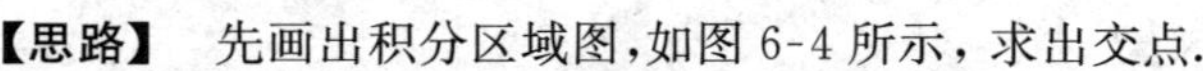

【思路】　先画出积分区域图，如图 6-4 所示，求出交点.

【解】　交点坐标为$(-1,1),(2,4)$，选择 X 型区域.

$$\iint_D f(x,y)\mathrm{d}x\mathrm{d}y=\int_{-1}^2 \mathrm{d}x\int_{x^2}^{x+2} f(x,y)\mathrm{d}y.$$

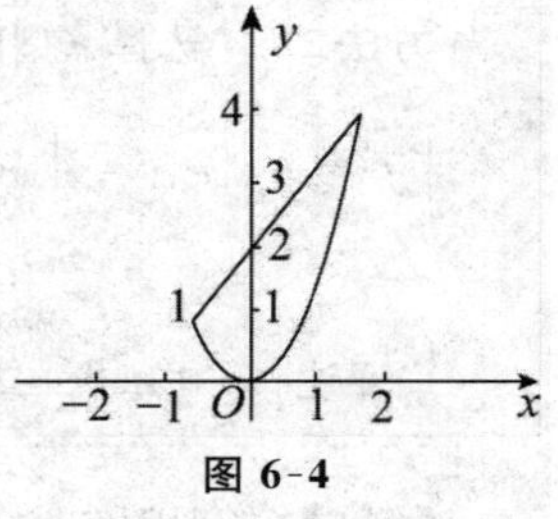

图 6-4

评注　如果选 Y 型区域，则需分为两部分.

题型 1.2 极坐标下的二重积分

解题策略

先画出积分区域图，积分元素 $d\sigma = dxdy = rdrd\theta$.

(1)θ 型区域(图 6-5):射线定限,从里到外

$$\iint_D f(x,y)dxdy = \int_\alpha^\beta d\theta\int_{r_1(\theta)}^{r_2(\theta)} f(r\cos\theta, r\sin\theta)rdr.$$

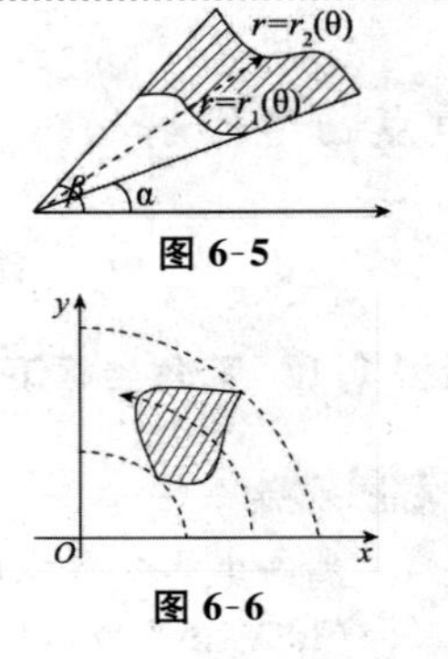

图 6-5

图 6-6

(2)r 型区域(图 6-6):"r" 圆弧定限,"θ" 逆时针方向

$$\iint_D f(x,y)dxdy = \int_a^b rdr\int_{\theta_1(r)}^{\theta_2(r)} f(r\cos\theta, r\sin\theta)d\theta.$$

注:r 型区域应用比较少.

【例 3】 化二重积分$\iint\limits_D f(x,y)dxdy$为二次积分,其中

$D = \{(x,y) \mid x^2+y^2 \geqslant 2x, x^2+y^2 \leqslant 4, x\geqslant 0, y\geqslant 0\}$.

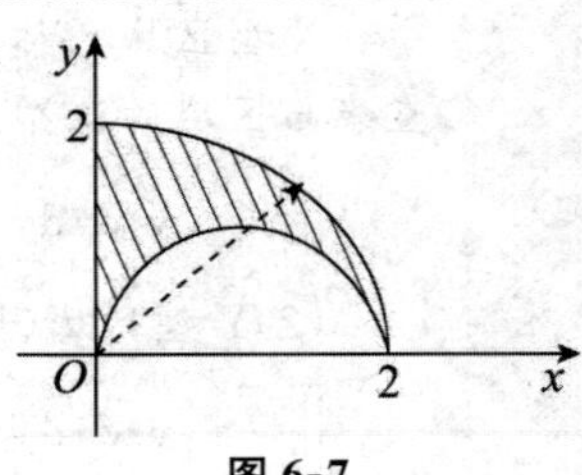

图 6-7

【思路】 先画出积分区域图,如图 6-7 所示.

【解】 $\iint\limits_D f(x,y)dxdy = \int_0^{\frac{\pi}{2}} d\theta\int_{2\cos\theta}^2 f(r\cos\theta, r\sin\theta)rdr.$

评注 要熟悉圆的极坐标方程. $x^2+y^2=2x \Leftrightarrow r = 2\cos\theta$.

【例 4】 化二重积分$\iint\limits_D f(x,y)dxdy$为二次积分,其中

$D = \{(x,y) \mid (x^2+y^2)^2 \geqslant x^2-y^2, x^2+y^2 \leqslant 1, x\geqslant 0, y\geqslant 0\}$.

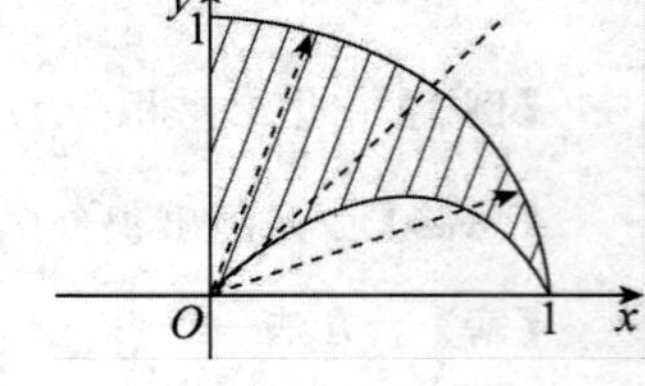

图 6-8

【思路】 双纽线$(x^2+y^2)^2 = x^2-y^2$ 的极坐标方程为

$r^2 = \cos 2\theta$, 双纽线有切线 $\theta = \dfrac{\pi}{4}$.

【解】 **方法一** 选择 θ 型区域,如图 6-8 所示.

$$\iint_D f(x,y)dxdy = \int_0^{\frac{\pi}{4}} d\theta\int_{\sqrt{\cos 2\theta}}^1 f(r\cos\theta, r\sin\theta)rdr + \int_{\frac{\pi}{4}}^{\frac{\pi}{2}} d\theta\int_0^1 f(r\cos\theta, r\sin\theta)rdr.$$

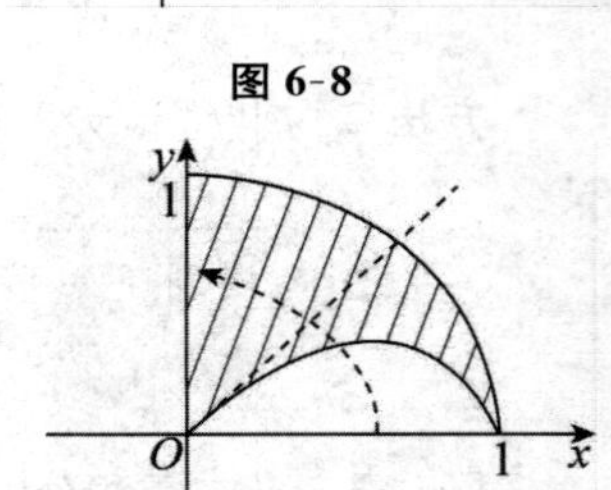

图 6-9

方法二 选择 r 型区域,如图 6-9 所示.

$$\iint_D f(x,y)dxdy = \int_0^1 rdr\int_{\frac{1}{2}\arccos r^2}^{\frac{\pi}{2}} f(r\cos\theta, r\sin\theta)d\theta.$$

评注 双纽线在原点处有两条切线 $\theta = \pm\dfrac{\pi}{4}$.

【例 5】 利用极坐标化二重积分$\iint\limits_D f(x,y)dxdy$为二次积分,其中 $D = \{(x,y) \mid 1-\sqrt{1-x^2} \leqslant y \leqslant \sqrt{2x-x^2}, 0\leqslant x\leqslant 1\}$.

【思路】 先画出积分区域图,$y = 1-\sqrt{1-x^2}$ 的极坐标方程为 $r = 2\sin\theta$,$y = \sqrt{2x-x^2}$ 的极坐标方程为 $r = 2\cos\theta$.

【解】　方法一　选择 r 型区域,如图 6-10 所示.

$$\iint\limits_D f(x,y)\mathrm{d}x\mathrm{d}y=\int_0^{\sqrt{2}} r\mathrm{d}r\int_{\arcsin\frac{1}{2}r}^{\arccos\frac{1}{2}r} f(r\cos\theta,r\sin\theta)\mathrm{d}\theta.$$

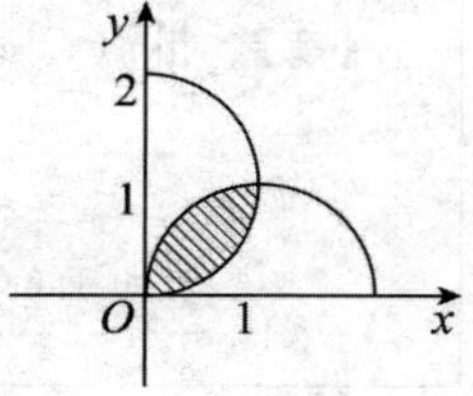

图 6-10

方法二　选择 θ 型区域.

$$\iint\limits_D f(x,y)\mathrm{d}x\mathrm{d}y=\int_0^{\frac{\pi}{4}}\mathrm{d}\theta\int_0^{2\sin\theta} f(r\cos\theta,r\sin\theta)r\mathrm{d}r+\int_{\frac{\pi}{4}}^{\frac{\pi}{2}}\mathrm{d}\theta\int_0^{2\cos\theta} f(r\cos\theta,r\sin\theta)r\mathrm{d}r.$$

评注　要熟悉圆的极坐标方程.

题型 1.3　直角坐标下的三重积分①

解题策略

先画出积分区域图,应该熟悉常见的空间区域 Ω 的图形,有些空间图形可能画不出来,需要发挥空间想象.

(1) 柱线法(图 6-11)—— 先定积分再二重积分.

$$\iiint\limits_\Omega f(x,y,z)\mathrm{d}v=\iint\limits_D \mathrm{d}\sigma\int_{z_1(x,y)}^{z_2(x,y)} f(x,y,z)\mathrm{d}z.$$

(2) 截面法(图 6-12)—— 先二重积分再定积分.

$$\iiint\limits_\Omega f(x,y,z)\mathrm{d}v=\int_c^d \mathrm{d}z\iint\limits_{D_z} f(x,y,z)\mathrm{d}\sigma.$$

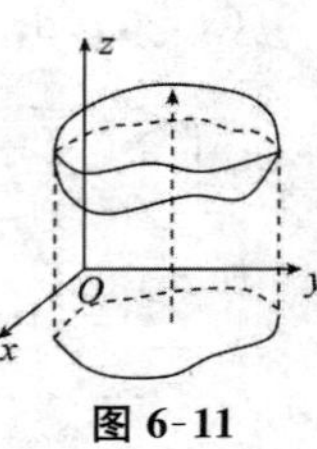

图 6-11

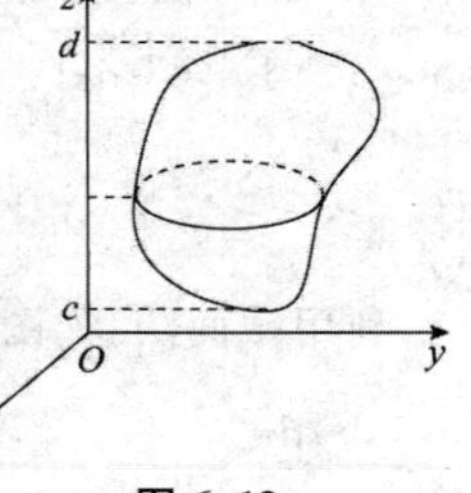

图 6-12

【例 6】　化三重积分 $\iiint\limits_\Omega f(x,y,z)\mathrm{d}x\mathrm{d}y\mathrm{d}z$ 为累次积分,其中 Ω 是由平面 $x+2y+3z=1$ 及三个坐标面所围成的区域.

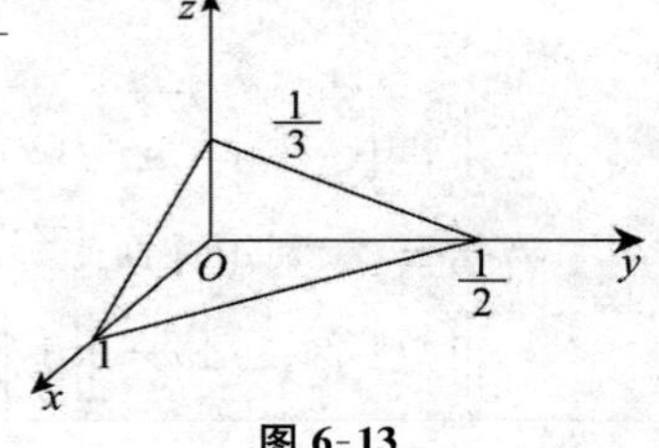

图 6-13

【思路】　应该熟悉空间的平面.

【解】　方法一　利用柱线法,如图 6-13 所示.

$$\begin{aligned}\iiint\limits_\Omega f(x,y,z)\mathrm{d}V&=\iint\limits_D\mathrm{d}\sigma\int_0^{\frac{1}{3}(1-x-2y)} f(x,y,z)\mathrm{d}z\\&=\int_0^1\mathrm{d}x\int_0^{\frac{1}{2}(1-x)}\mathrm{d}y\int_0^{\frac{1}{3}(1-x-2y)} f(x,y,z)\mathrm{d}z.\end{aligned}$$

方法二　利用截面法,如图 6-14 所示.

$$\begin{aligned}\iiint\limits_\Omega f(x,y,z)\mathrm{d}v&=\int_0^{\frac{1}{3}}\mathrm{d}z\iint\limits_{D_z} f(x,y,z)\mathrm{d}\sigma\\&=\int_0^{\frac{1}{3}}\mathrm{d}z\int_0^{1-3z}\mathrm{d}x\int_0^{\frac{1}{2}(1-x-3z)} f(x,y,z)\mathrm{d}y.\end{aligned}$$

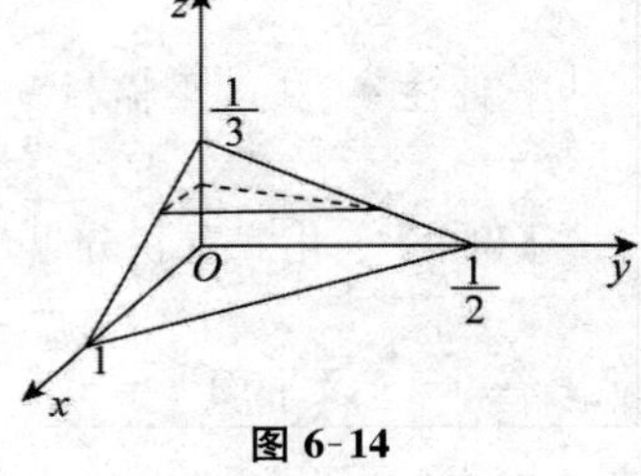

图 6-14

评注　其中 $D_z=\{(x,y)\mid x+2y=1-3z,x\geqslant 0,y\geqslant 0\}$.

【例 7】　化三重积分 $\iiint\limits_\Omega f(x,y,z)\mathrm{d}x\mathrm{d}y\mathrm{d}z$ 为累次积分,其中 Ω 是由双曲抛物面 $z=xy$ 及平面 $x+y-1=0$, $z=0$ 所围成的区域.

【思路】　双曲抛物面 $z=xy$ 的图形可能画不出,发挥空间想象即可,底面是 xOy 面, $x+y-1=0$ 在空间是一张柱面(平行于 z 轴的平面),顶面是双曲抛物面.

【解】 $\iiint\limits_{\Omega} f(x,y,z)\mathrm{d}v = \iint\limits_{D}\mathrm{d}\sigma\int_0^{xy} f(x,y,z)\mathrm{d}z = \int_0^1 \mathrm{d}x\int_0^{1-x}\mathrm{d}y\int_0^{xy} f(x,y,z)\mathrm{d}z.$

> **评注** 三重积分的积分区域是空间区域,有时可能画不出,需要发挥空间想象力,而对于常见的曲面(如球面、平面、旋转曲面等)应该要熟悉.

题型 1.4 柱面坐标下的三重积分[①]

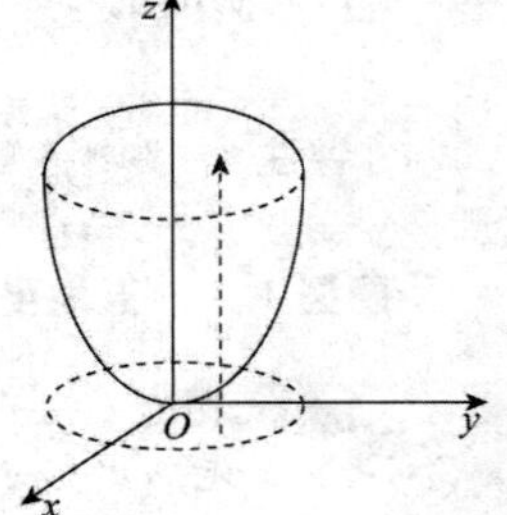

图 6-15

【例 8】 化三重积分 $\iiint\limits_{\Omega} f(x,y,z)\mathrm{d}x\mathrm{d}y\mathrm{d}z$ 为累次积分,其中 Ω 是由球面 $x^2+y^2+z^2=2$ 与旋转抛物面 $z=x^2+y^2$ 所围成的区域.

【思路】 先求两曲面的交线 $x^2+y^2=1, z=1$,遇到 $z=x^2+y^2$ 往往用柱面坐标更加方便.

【解】 **方法一** 利用柱线法,如图 6-15 所示.

$$\iiint\limits_{\Omega} f(x,y,z)\mathrm{d}v = \iint\limits_{D}\mathrm{d}\sigma\int_{x^2+y^2}^{\sqrt{2-x^2-y^2}} f(x,y,z)\mathrm{d}z$$
$$= \int_{-1}^{1}\mathrm{d}x\int_{-\sqrt{1-x^2}}^{\sqrt{1-x^2}}\mathrm{d}y\int_{x^2+y^2}^{\sqrt{2-x^2-y^2}} f(x,y,z)\mathrm{d}z.$$

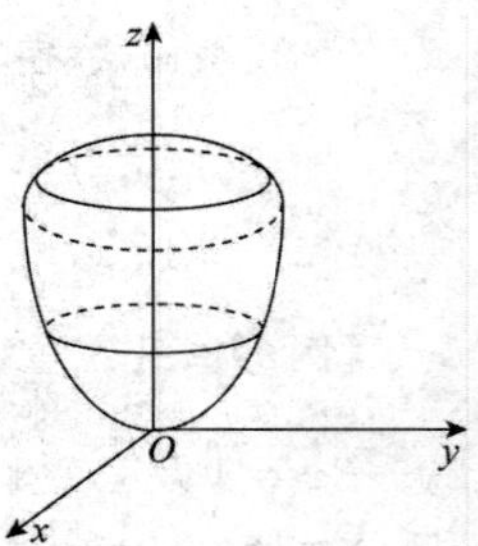

图 6-16

方法二 利用截面法,如图 6-16 所示.

$$\iiint\limits_{\Omega} f(x,y,z)\mathrm{d}v$$
$$= \int_0^1 \mathrm{d}z\iint\limits_{D_{z_1}} f(x,y,z)\mathrm{d}\sigma + \int_1^{\sqrt{2}}\mathrm{d}z\iint\limits_{D_{z_2}} f(x,y,z)\mathrm{d}\sigma$$
$$= \int_0^1 \mathrm{d}z\int_{-\sqrt{z}}^{\sqrt{z}}\mathrm{d}x\int_{-\sqrt{z-x^2}}^{\sqrt{z-x^2}} f(x,y,z)\mathrm{d}y + \int_1^{\sqrt{2}}\mathrm{d}z\int_{-\sqrt{2-z^2}}^{\sqrt{2-z^2}}\mathrm{d}x\int_{-\sqrt{2-x^2-z^2}}^{\sqrt{2-x^2-z^2}} f(x,y,z)\mathrm{d}y.$$

方法三 利用柱面坐标.

$$\iiint\limits_{\Omega} f(x,y,z)\mathrm{d}v = \iint\limits_{D}\mathrm{d}\sigma\int_{x^2+y^2}^{\sqrt{2-x^2-y^2}} f(x,y,z)\mathrm{d}z$$
$$= \int_0^{2\pi}\mathrm{d}\theta\int_0^1 r\mathrm{d}r\int_{r^2}^{\sqrt{2-r^2}} f(r\cos\theta, r\sin\theta, z)\mathrm{d}z.$$

> **评注** 柱面坐标相当于在 xOy 面上用极坐标.

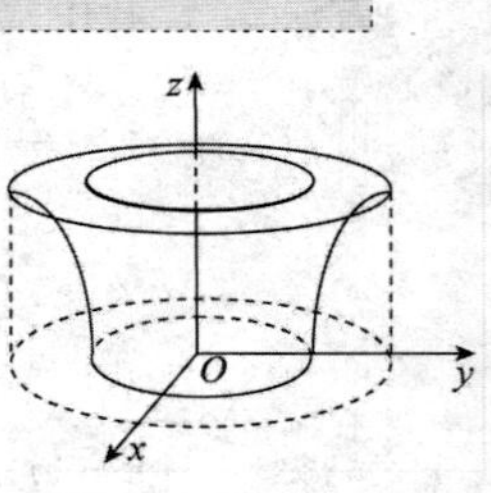

图 6-17

【例 9】 化三重积分 $\iiint\limits_{\Omega} f(x,y,z)\mathrm{d}x\mathrm{d}y\mathrm{d}z$ 为累次积分,其中 Ω 是由曲面 $x^2+y^2-\frac{z^2}{4}=1$ 及平面 $z=0, z=2$ 所围成的区域.

【思路】 利用柱面坐标并用截面法,如图 6-17 所示.

【解】 $\iiint\limits_{\Omega} f(x,y,z)\mathrm{d}v = \int_0^2\mathrm{d}z\iint\limits_{D_z} f(x,y,z)\mathrm{d}\sigma$

$$= \int_0^2\mathrm{d}z\int_0^{2\pi}\mathrm{d}\theta\int_0^{\sqrt{1+\frac{z^2}{4}}} f(r\cos\theta, r\sin\theta, z)r\mathrm{d}r.$$

> **评注** 此题如果用柱线法,积分区域必须分为两部分:一部分是小圆 $x^2+y^2\leqslant 1$,另一部分是圆环 $1\leqslant x^2+y^2\leqslant 2$.

题型 1.5　球面坐标下的三重积分[①]

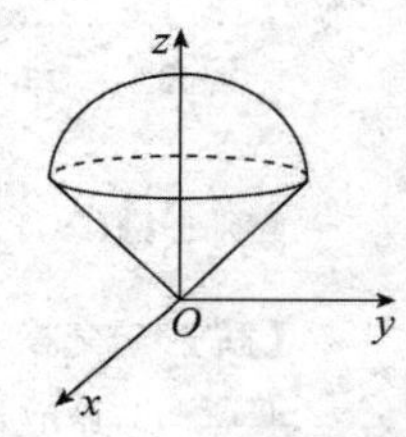

图 6-18

【例 10】 化三重积分 $\iiint\limits_{\Omega} f(x,y,z)\mathrm{d}x\mathrm{d}y\mathrm{d}z$ 为累次积分，其中 $\Omega: x^2+y^2+z^2\leqslant 2$，$z\geqslant\sqrt{x^2+y^2}$，如图 6-18 所示.

【思路】 遇到球面与锥面时往往用球面坐标更加方便.

【解】 **方法一**　利用球面坐标.

$$\iiint\limits_{\Omega} f(x,y,z)\mathrm{d}v=\int_0^{2\pi}\mathrm{d}\theta\int_0^{\frac{\pi}{4}}\sin\varphi\mathrm{d}\varphi\int_0^{\sqrt{2}} f(\rho\sin\varphi\cos\theta,\rho\sin\varphi\sin\theta,z)\rho^2\mathrm{d}\rho.$$

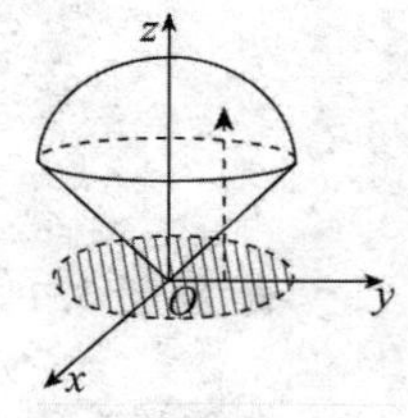

图 6-19

方法二　利用柱面坐标并用柱线法，如图 6-19 所示.

$$\begin{aligned}\iiint\limits_{\Omega} f(x,y,z)\mathrm{d}v&=\iint\limits_{D}\mathrm{d}\sigma\int_{\sqrt{x^2+y^2}}^{\sqrt{2-x^2-y^2}} f(x,y,z)\mathrm{d}z\\&=\int_0^{2\pi}\mathrm{d}\theta\int_0^1 r\mathrm{d}r\int_r^{\sqrt{2-r^2}} f(r\cos\theta,r\sin\theta,z)\mathrm{d}z.\end{aligned}$$

> **评注**　此题如果用截面法需分两部分处理.

题型二　二次积分的交换积分次序

> **解题策略**
> 先通过对积分次序及积分上、下限的分析正确画出积分区域图，然后交换积分次序，注意各个相交端点处的 x,y 值.

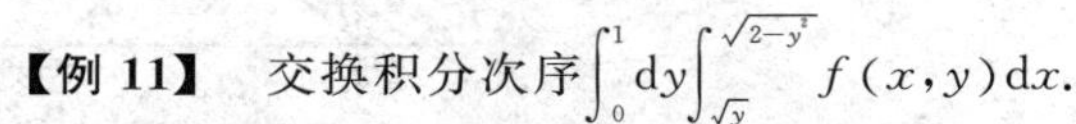
【例 11】 交换积分次序 $\int_0^1\mathrm{d}y\int_{\sqrt{y}}^{\sqrt{2-y^2}} f(x,y)\mathrm{d}x$.

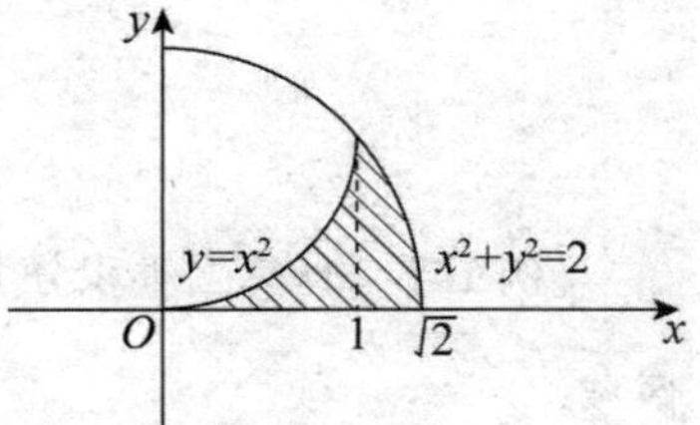

图 6-20

【思路】 先画出积分区域图，如图 6-20 所示.

$x=\sqrt{y}\Leftrightarrow y=x^2$；$x=\sqrt{2-y^2}\Leftrightarrow y=\pm\sqrt{2-x^2}$.

【解】 原式 $=\int_0^1\mathrm{d}x\int_0^{x^2} f(x,y)\mathrm{d}y+\int_1^{\sqrt{2}}\mathrm{d}x\int_0^{\sqrt{2-x^2}} f(x,y)\mathrm{d}y$.

> **评注**　考虑相交端点处 x,y 的值，注意函数的正、负号.

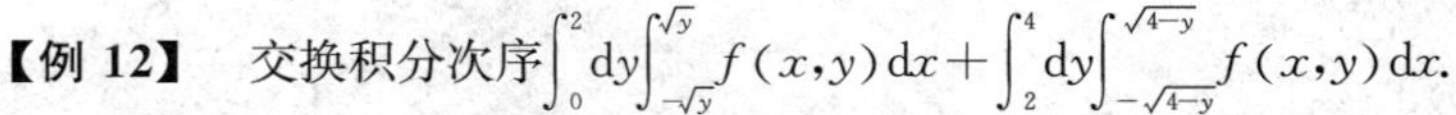
【例 12】 交换积分次序 $\int_0^2\mathrm{d}y\int_{-\sqrt{y}}^{\sqrt{y}} f(x,y)\mathrm{d}x+\int_2^4\mathrm{d}y\int_{-\sqrt{4-y}}^{\sqrt{4-y}} f(x,y)\mathrm{d}x$.

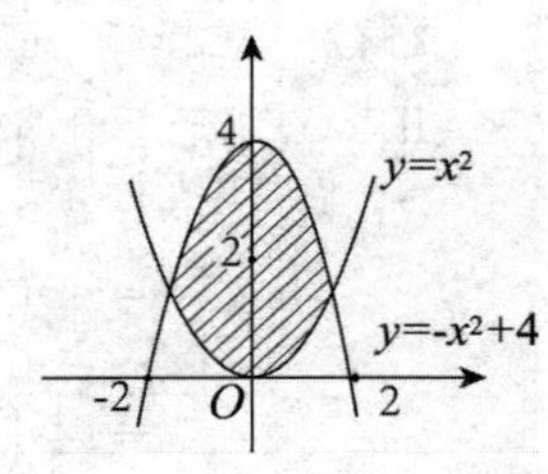

图 6-21

【思路】 先画出积分区域图，如图 6-21 所示.

【解】 原式 $=\int_{-\sqrt{2}}^{\sqrt{2}}\mathrm{d}x\int_{x^2}^{4-x^2} f(x,y)\mathrm{d}y$.

【例 13】 (2009[2]) 设函数 $f(x,y)$ 连续，则

$\int_1^2\mathrm{d}x\int_x^2 f(x,y)\mathrm{d}y+\int_1^2\mathrm{d}y\int_y^{4-y} f(x,y)\mathrm{d}x=(\quad)$.

(A) $\int_1^2\mathrm{d}x\int_1^{4-x} f(x,y)\mathrm{d}y$　　(B) $\int_1^2\mathrm{d}x\int_x^{4-x} f(x,y)\mathrm{d}y$

(C) $\int_1^2\mathrm{d}y\int_1^{4-y} f(x,y)\mathrm{d}x$　　(D) $\int_1^2\mathrm{d}y\int_y^2 f(x,y)\mathrm{d}x$

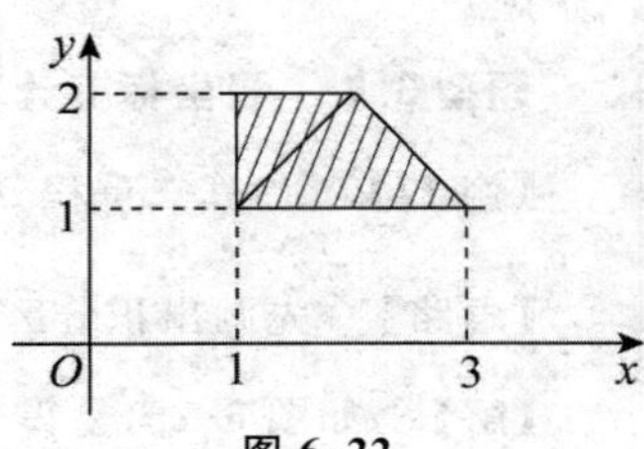

图 6-22

【思路】 画出积分区域图，如图 6-22 所示.

【解】 由于被积函数相同，把两部分合在一起，如果取"X"型仍然需要分两个部分，只有"Y"型才正确，分析后应选(C).

> **评注** 注意相交端点处 x,y 的值.

【例 14】(2017[2]) $\int_0^1 dy\int_y^1 \frac{\tan x}{x}dx=$ ________.

【解】 交换积分次序为

$$\int_0^1 dy\int_y^1 \frac{\tan x}{x}dx=\int_0^1 dx\int_0^x \frac{\tan x}{x}dy=\int_0^1 \left[\frac{\tan x}{x}y\right]\Big|_0^x dx=\int_0^1 \tan x dx$$

$$=[-\ln(\cos x)]\Big|_0^1=-\ln(\cos 1).$$

题型三 计算重积分

★ 题型 3.1 直角坐标下计算二重积分

解题策略

计算二重积分时,先正确画出积分区域图,进行计算时先考虑被积函数,再考虑积分区域.

【例 15】 设平面区域 D 由直线 $x=3y, y=3x$ 及 $x+y=8$ 围成,计算 $\iint\limits_D x^2 dxdy$.

【解】 如图 6-23,$\iint\limits_D x^2 dxdy=\int_0^2 dx\int_{\frac{x}{3}}^{3x} x^2 dy+\int_2^6 dx\int_{\frac{x}{3}}^{8-x} x^2 dy$

$$=\frac{8}{3}\int_0^2 x^3 dx+\int_0^6\left(8x^2-\frac{4}{3}x^3\right)dx$$

$$=\frac{2}{3}x^4\Big|_0^2+\left(\frac{8}{3}x^3-\frac{1}{3}x^4\right)\Big|_2^6$$

$$=\frac{416}{3}.$$

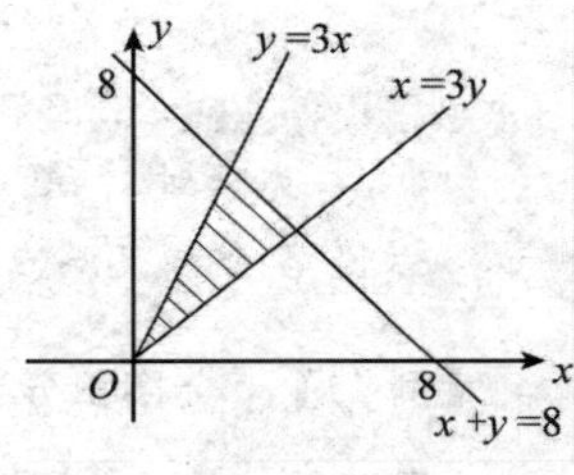

图 6-23

【例 16】 计算二重积分 $\iint\limits_D (x+y)d\sigma$,其中 D 是由曲线 $y=x^2, y=2x^2, y=1, x\geqslant 0$ 所围成的平面区域.

【思路】 先画出积分区域图,如图 6-24 所示,由于被积函数无差异,考虑积分区域.

【解】 选择"Y" 型,先对"x" 积分,则

$$\iint\limits_D (x+y)d\sigma=\int_0^1 dy\int_{\sqrt{\frac{y}{2}}}^{\sqrt{y}}(x+y)dx$$

$$=\int_0^1\left(\frac{y}{2}+y^{\frac{3}{2}}-\frac{y}{4}-\frac{1}{\sqrt{2}}y^{\frac{3}{2}}\right)dy$$

$$=\frac{1}{5}\left(\frac{21}{8}-\sqrt{2}\right).$$

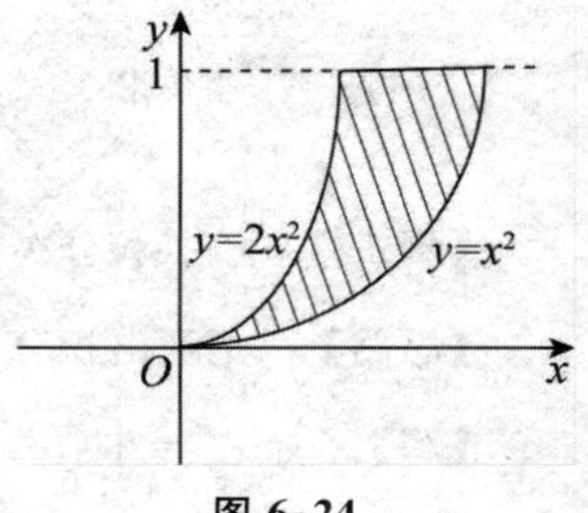

图 6-24

> **评注** 如果选择"X" 型需要分两部分计算.

题型 3.2 极坐标下计算二重积分

【例 17】 计算二重积分 $\iint\limits_D x dxdy$,其中 $D=\{(x,y)\mid x^2+y^2\geqslant 2, x^2+y^2\leqslant 2x\}$.

【思路】 先画出积分区域图,遇到圆选择极坐标变换:$x=r\cos\theta, y=r\sin\theta$.

【解】 如图 6-25,易得交点为 $x=1,\theta=\pm\frac{\pi}{4}$,

$$\text{原式}=\int_{-\frac{\pi}{4}}^{\frac{\pi}{4}}\mathrm{d}\theta\int_{\sqrt{2}}^{2\cos\theta}r\cos\theta\cdot r\mathrm{d}r=\frac{1}{3}\int_{-\frac{\pi}{4}}^{\frac{\pi}{4}}\cos\theta\cdot(8\cos^3\theta-2\sqrt{2})\mathrm{d}\theta$$

$$=\frac{16}{3}\int_0^{\frac{\pi}{4}}\cos^4\theta\mathrm{d}\theta-\frac{4\sqrt{2}}{3}\int_0^{\frac{\pi}{4}}\cos\theta\mathrm{d}\theta=\frac{4}{3}\int_0^{\frac{\pi}{4}}(1+\cos 2\theta)^2\mathrm{d}\theta-\frac{4}{3}$$

$$=\frac{4}{3}\int_0^{\frac{\pi}{4}}\left(1+2\cos 2\theta+\frac{1+\cos 4\theta}{2}\right)\mathrm{d}\theta-\frac{4}{3}=\frac{\pi}{2}+\frac{4}{3}-\frac{4}{3}=\frac{\pi}{2}.$$

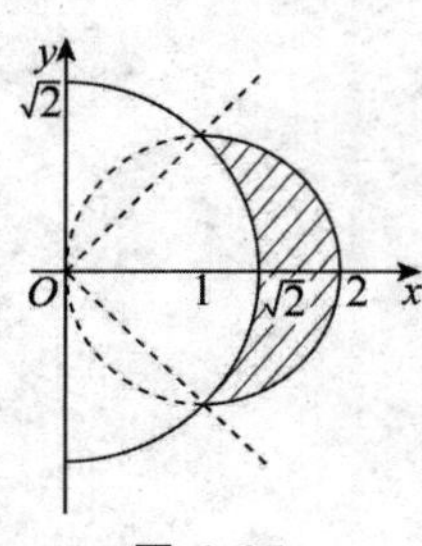

图 6-25

评注　题解中用到三角函数的平方降次公式 $\cos^2\theta=\dfrac{1+\cos 2\theta}{2}$.

【例 18】　设 $f(x,y)$ 在 $D=\{(x,y)\mid x^2+y^2\leqslant 1\}$ 上连续，

$$f(x,y)=\mathrm{e}^{x^2+y^2}-\iint_D\frac{(2x^2+1)f(x,y)}{x^2+y^2+1}\mathrm{d}x\mathrm{d}y,$$

求 $\iint_D f(x,y)\mathrm{d}\sigma$.

【解】　令 $a=\iint_D\dfrac{(2x^2+1)f(x,y)}{x^2+y^2+1}\mathrm{d}x\mathrm{d}y$，则 $f(x,y)=\mathrm{e}^{x^2+y^2}-a=f(y,x)$. 由轮换对称性，得

$$a=\iint_D\frac{(2y^2+1)f(x,y)}{y^2+x^2+1}\mathrm{d}x\mathrm{d}y$$

$$=\frac{1}{2}\iint_D 2f(x,y)\mathrm{d}x\mathrm{d}y=\iint_D f(x,y)\mathrm{d}x\mathrm{d}y$$

于是

$$a=\iint_D(\mathrm{e}^{x^2+y^2}-a)\mathrm{d}\sigma$$

$$=\int_0^{2\pi}\mathrm{d}\theta\int_0^1(\mathrm{e}^{r^2}-a)r\mathrm{d}r=(\mathrm{e}-a-1)\pi,$$

解得

$$a=\frac{(\mathrm{e}-1)\pi}{\pi+1},$$

故

$$\iint_D f(x,y)\mathrm{d}\sigma=\frac{(\mathrm{e}-1)\pi}{\pi+1}.$$

【例 19】　设 D 为曲线 $(x^2+y^2)^{\frac{5}{2}}=|xy|$ 所围成的区域，求二重积分

$$\iint_D\frac{(x-2y)(x+y-1)^2}{\sqrt{x^2+y^2}}\mathrm{d}x\mathrm{d}y.$$

【解】　积分区域 D 关于 $y=x$ 对称，则由轮换对称性可得

$$\text{原式}=\iint_D\frac{(x-2y)(x+y-1)^2}{\sqrt{x^2+y^2}}\mathrm{d}x\mathrm{d}y$$

$$=\iint_D\frac{(y-2x)(y+x-1)^2}{\sqrt{y^2+x^2}}\mathrm{d}x\mathrm{d}y$$

$$=-\frac{1}{2}\iint_D\frac{(x+y)(x+y-1)^2}{\sqrt{x^2+y^2}}\mathrm{d}x\mathrm{d}y$$

$$=-\frac{1}{2}\iint_D\left[\frac{(x+y)^3}{\sqrt{x^2+y^2}}-\frac{2(x+y)^2}{\sqrt{x^2+y^2}}+\frac{x+y}{\sqrt{x^2+y^2}}\right]\mathrm{d}x\mathrm{d}y,$$

又由于积分区域 D 关于 x 轴和 y 轴都对称则

$$\iint\limits_{D}\frac{(x+y)^3}{\sqrt{x^2+y^2}}\mathrm{d}x\mathrm{d}y=\iint\limits_{D}\frac{x^3+3xy^2+3x^2y+y^3}{\sqrt{x^2+y^2}}\mathrm{d}x\mathrm{d}y=0,$$

$$\iint\limits_{D}\frac{x+y}{\sqrt{x^2+y^2}}\mathrm{d}x\mathrm{d}y=0.$$

$$\begin{aligned}\text{原式}&=\iint\limits_{D}\frac{(x+y)^2}{\sqrt{x^2+y^2}}\mathrm{d}x\mathrm{d}y=\iint\limits_{D}\left(\sqrt{x^2+y^2}+\frac{2xy}{\sqrt{x^2+y^2}}\right)\mathrm{d}x\mathrm{d}y\\&=\iint\limits_{D}\sqrt{x^2+y^2}\mathrm{d}x\mathrm{d}y=4\iint\limits_{D_1}\sqrt{x^2+y^2}\,\mathrm{d}x\mathrm{d}y,\end{aligned}$$

其中 D_1 为 D 在第一象限的部分，

$$\begin{aligned}\text{原式}&=4\iint\limits_{D_1}\sqrt{x^2+y^2}\mathrm{d}x\mathrm{d}y=4\int_0^{\frac{\pi}{2}}\mathrm{d}\theta\int_0^{(\sin\theta\cos\theta)^{\frac{1}{3}}}r^2\mathrm{d}r\\&=\frac{4}{3}\int_0^{\frac{\pi}{2}}\sin\theta\cos\theta\mathrm{d}\theta=\frac{2}{3}.\end{aligned}$$

【例 20】 (2018[2]) 设平面区域 D 由曲线 $\begin{cases}x=t-\sin t,\\y=1-\cos t\end{cases}(0\leqslant t\leqslant 2\pi)$ 与 x 轴围成，计算二重积分 $\iint\limits_{D}(x+2y)\mathrm{d}\sigma$.

【解】 先用形心公式化简，再用先 y 后 x 化二重积分为累次积分，最后用题上给出的变量替换计算定积分：

$$\begin{aligned}\iint\limits_{D}(x+2y)\mathrm{d}x\mathrm{d}y&=\bar{x}S(D)+2\iint\limits_{D}y\mathrm{d}x\mathrm{d}y=\pi\int_0^{2\pi}y\mathrm{d}x+2\int_0^{2\pi}\mathrm{d}x\int_0^{y(x)}y\mathrm{d}y\\&=\pi\int_0^{2\pi}(1-\cos t)^2\mathrm{d}t+2\int_0^{2\pi}\frac{1}{2}y^2(x)\mathrm{d}x\\&=\pi\int_0^{2\pi}(1-\cos t)^2\mathrm{d}t+\int_0^{2\pi}(1-\cos t)^3\mathrm{d}t\\&=3\pi^2+16\int_0^{\pi}\sin^6u\mathrm{d}u=3\pi^2+32\,\frac{5\cdot3\cdot1}{6\cdot4\cdot2}\cdot\frac{\pi}{2}=3\pi^2+5\pi.\end{aligned}$$

【例 21】 设二元函数

$$f(x,y)=\begin{cases}\mathrm{e}^x-\mathrm{e}^{-x}, & |x|+|y|\leqslant1,\\\dfrac{1}{\sqrt{x^2+y^2}}, & 1<|x|+|y|\leqslant2,\end{cases}$$

计算二重积分 $\iint\limits_{D}f(x,y)\mathrm{d}\sigma$，其中 $D=\{(x,y)\mid|x|+|y|\leqslant2\}$.

【解】 记 $D_1=\{(x,y)\mid|x|+|y|\leqslant1\}$，$D_2=\{(x,y)\mid1\leqslant|x|+|y|\leqslant2\}$，则

$$\iint\limits_{D}f(x,y)\mathrm{d}\sigma=\iint\limits_{D_1}f(x,y)\mathrm{d}\sigma+\iint\limits_{D_2}f(x,y)\mathrm{d}\sigma=\iint\limits_{D_1}(\mathrm{e}^x-\mathrm{e}^{-x})\mathrm{d}\sigma+\iint\limits_{D_2}\frac{1}{\sqrt{x^2+y^2}}\mathrm{d}\sigma.$$

再记 $\sigma_1=\{(x,y)\mid0\leqslant x+y\leqslant1,x\geqslant0,y\geqslant0\}$，$\sigma_2=\{(x,y)\mid1\leqslant x+y\leqslant2,x\geqslant0,y\geqslant0\}$.

由于 D_1 与 D_2 都关于 x 轴对称，也都关于 y 轴对称，函数 $\mathrm{e}^x-\mathrm{e}^{-x}$ 是 x 的奇函数，$\dfrac{1}{\sqrt{x^2+y^2}}$ 是 x 的偶函数，所以 $\iint\limits_{D_1}(\mathrm{e}^x-\mathrm{e}^{-x})\mathrm{d}\sigma=0$，$\iint\limits_{D_2}\dfrac{1}{\sqrt{x^2+y^2}}\mathrm{d}\sigma=4\iint\limits_{\sigma_2}\dfrac{1}{\sqrt{x^2+y^2}}\mathrm{d}\sigma$.

第二个积分采用极坐标，$x+y=1$ 化为 $r=\dfrac{1}{\cos\theta+\sin\theta}$，$x+y=2$ 化为 $r=\dfrac{2}{\cos\theta+\sin\theta}$. 于是

$$\iint\limits_{D_2}\frac{1}{\sqrt{x^2+y^2}}\mathrm{d}\sigma=4\int_0^{\frac{\pi}{2}}\mathrm{d}\theta\int_{\frac{1}{\cos\theta+\sin\theta}}^{\frac{2}{\cos\theta+\sin\theta}}1\mathrm{d}r$$

$$=4\int_0^{\frac{\pi}{2}}\frac{1}{\cos\theta+\sin\theta}\mathrm{d}\theta=2\sqrt{2}\int_0^{\frac{\pi}{2}}\frac{1}{\cos\left(\theta-\frac{\pi}{4}\right)}\mathrm{d}\theta$$

$$=2\sqrt{2}\ln\left|\sec\left(\theta-\frac{\pi}{4}\right)+\tan\left(\theta-\frac{\pi}{4}\right)\right|\Bigg|_0^{\frac{\pi}{2}}=2\sqrt{2}\left(\ln\left|\frac{2}{\sqrt{2}}+1\right|-\ln\left|\frac{2}{\sqrt{2}}-1\right|\right)$$

$$=2\sqrt{2}\ln\frac{2+\sqrt{2}}{2-\sqrt{2}}=2\sqrt{2}\ln(3+2\sqrt{2}),$$

所以
$$\iint\limits_{D}f(x,y)\mathrm{d}\sigma=2\sqrt{2}\ln(3+2\sqrt{2}).$$

【例 22】 计算二重积分 $I=\iint\limits_{D}\min\{y,x^2\}\frac{\sin x}{x}\mathrm{d}x\mathrm{d}y$，其中 D 是由 $y=x^2,y=1,|x|=1$ 所围成的区域.

【解】 如图 6-28，因为当 $(x,y)\in D_1$（曲线 $y=x^2$ 上方部分）时，$\min\{y,x^2\}=x^2$；当 $(x,y)\in D_2$（曲线 $y=x^2$ 下方部分）时，$\min\{y,x^2\}=y$.

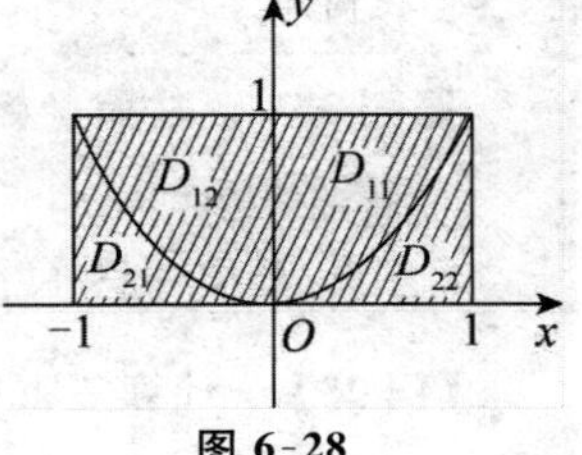

图 6-28

故

$$I=2\iint\limits_{D_{11}}x^2\frac{\sin x}{x}\mathrm{d}x\mathrm{d}y+2\iint\limits_{D_{22}}y\frac{\sin x}{x}\mathrm{d}x\mathrm{d}y$$

$$=2\int_0^1\mathrm{d}x\int_{x^2}^1x\sin x\mathrm{d}y+2\int_0^1\mathrm{d}x\int_0^{x^2}\frac{\sin x}{x}\cdot y\mathrm{d}y$$

$$=2\int_0^1x\sin x\mathrm{d}x-\int_0^1x^3\sin x\mathrm{d}x,$$

而
$$\int_0^1x\sin x\mathrm{d}x=(-x\cos x+\sin x)\Big|_0^1=\sin 1-\cos 1,$$

$$\int_0^1x^3\sin x\mathrm{d}x=-x^3\cos x\Big|_0^1+3\int_0^1x^2\cos x\mathrm{d}x=-\cos 1+3x^2\sin x\Big|_0^1-6\int_0^1x\sin x\mathrm{d}x,$$

所以
$$I=5\sin 1-7\cos 1.$$

题型 3.3　直角坐标下计算三重积分①

解题策略

三重积分由于空间曲面所围立体图形不一定能够画出，主要方法是分析结构，而对于常用曲面特别是旋转曲面必须掌握（如球面、锥面、旋转抛物面等）.

【例 23】 计算三重积分 $\iiint\limits_{\Omega}y\cos(x+z)\mathrm{d}x\mathrm{d}y\mathrm{d}z$，其中 Ω 是由抛物柱面 $y=\sqrt{x}$ 与平面 $y=0,z=0,x+z=\frac{\pi}{2}$ 所围成.

【解】 利用柱线法计算，xOy 面上的投影区域为 $D=\{(x,y)\mid 0\leqslant y\leqslant\sqrt{x},0\leqslant x\leqslant\frac{\pi}{2}\}$.

$$\iiint\limits_{\Omega}y\cos(x+z)\mathrm{d}x\mathrm{d}y\mathrm{d}z=\iint\limits_{D}\mathrm{d}\sigma\int_0^{\frac{\pi}{2}-x}y\cos(x+z)\mathrm{d}z=\int_0^{\frac{\pi}{2}}\mathrm{d}x\int_0^{\sqrt{x}}y\mathrm{d}y\int_0^{\frac{\pi}{2}-x}\cos(x+z)\mathrm{d}z$$

$$=\int_0^{\frac{\pi}{2}}\mathrm{d}x\int_0^{\sqrt{x}}y(1-\sin x)\mathrm{d}y=\int_0^{\frac{\pi}{2}}\frac{1}{2}x(1-\sin x)\mathrm{d}x=\frac{\pi^2}{16}-\frac{1}{2}.$$

【例 24】 计算三重积分 $\iiint\limits_{\Omega}(x+y+z)\mathrm{d}x\mathrm{d}y\mathrm{d}z$，其中 Ω 是由平面 $x+y+z=1$ 与三个坐标面所围成，

如图 6-29 所示.

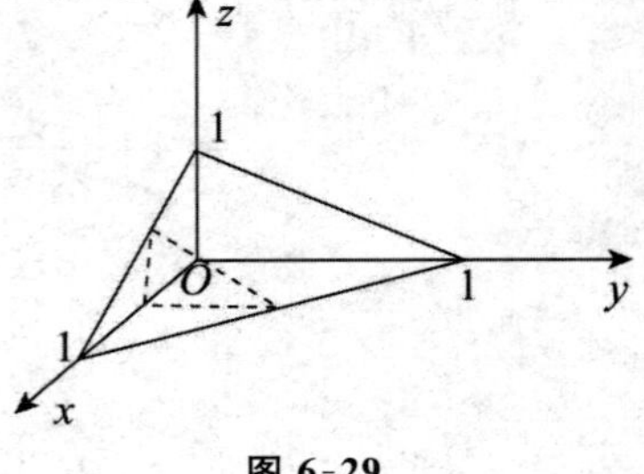

图 6-29

【解】 先利用截面法计算 $\iiint\limits_{\Omega} x\,dxdydz$，

$D_x=\{(y,z)\mid y+z\leqslant 1-x, y\geqslant 0, z\geqslant 0\}$.

$$\iiint\limits_{\Omega} x\,dxdydz=\int_0^1 x\,dx\iint\limits_{D_x} d\sigma=\int_0^1 xS(D_x)\,dx$$

$$=\int_0^1 x\cdot\frac{1}{2}(1-x)^2 dx=\frac{1}{2}\int_0^1[(1-x)^2-(1-x)^3]dx=\frac{1}{24};$$

同理 $\iiint\limits_{\Omega} y\,dxdydz=\iiint\limits_{\Omega} z\,dxdydz=\frac{1}{24}$.

所以 $\iiint\limits_{\Omega}(x+y+z)\,dxdydz=\frac{1}{8}$.

> **评注** 注意 $\iint\limits_{D_x} d\sigma=S(D_x)$ 表示 D_x 的面积，当被积函数只含一个变量时利用截面法比较简单.

题型 3.4 柱面坐标下计算三重积分[①]

解题策略

积分区域或被积函数遇到 x^2+y^2 时往往利用柱面坐标计算.

【例 25】 计算三重积分 $\iiint\limits_{\Omega} z\,dxdydz$，其中 $\Omega: x^2+y^2+z^2\leqslant 2, z\geqslant x^2+y^2$.

【思路】 先求两曲面的交线 $x^2+y^2=1, z=1$，利用柱面坐标计算.

【解】 **方法一** 柱线法.

$$\iiint\limits_{\Omega} z\,dxdydz=\iint\limits_{D} d\sigma\int_{x^2+y^2}^{\sqrt{2-x^2-y^2}} z\,dz=\int_0^{2\pi}d\theta\int_0^1 r\,dr\int_{r^2}^{\sqrt{2-r^2}} z\,dz$$

$$=\pi\int_0^1(2-r^2-r^4)r\,dr=\frac{7\pi}{12}.$$

方法二 截面法. $D_{z_1}=\{(x,y)\mid x^2+y^2\leqslant z, 0\leqslant z\leqslant 1\}$，$D_{z_2}=\{(x,y)\mid x^2+y^2\leqslant 2-z^2, 1\leqslant z\leqslant\sqrt{2}\}$.

$$\iiint\limits_{\Omega} z\,dxdydz=\int_0^1 z\,dz\iint\limits_{D_{z_1}} d\sigma+\int_1^{\sqrt{2}} z\,dz\iint\limits_{D_{z_2}} d\sigma=\int_0^1 z\cdot\pi z\,dz+\int_1^{\sqrt{2}} z\cdot\pi(2-z^2)\,dz$$

$$=\frac{\pi}{3}+\frac{\pi}{4}=\frac{7\pi}{12}.$$

> **评注** 希望考生将被积函数改为 z^2，再比较两种解法.

【例 26】 计算三重积分 $\iiint\limits_{\Omega}\frac{z}{\sqrt{x^2+y^2}}dv$，其中 Ω 由 yOz 平面上区域 $D=\{(y,z)\mid y^2+z^2\leqslant 1, z\geqslant 2y-1, y\geqslant 0, z\geqslant 0\}$ 绕 z 轴旋转而成.

【思路】 先求旋转曲面的方程，$y^2+z^2=1$ 绕 z 轴旋转而成的曲面为：$x^2+y^2+z^2=1$，而对于 $z=2y-1$ 绕 z 轴旋转，由 $y=\frac{1}{2}(1+z)$，得 $y^2=\frac{1}{4}(1+z)^2$，所以旋转曲面的方程为 $x^2+y^2=\frac{1}{4}(1+z)^2$.

考生注意此处旋转曲面的计算方法.

【解】 直线 $z=2y-1$ 与圆 $y^2+z^2=1$ 的交点为 $\left(\frac{4}{5},\frac{3}{5}\right)$ 和 $(0,-1)$（舍去）.

利用柱面坐标并用截面法.

$$\iiint\limits_{\Omega}\frac{z}{\sqrt{x^2+y^2}}\mathrm{d}v=\int_0^{\frac{3}{5}}z\mathrm{d}z\iint\limits_{D_{z_1}}\frac{1}{\sqrt{x^2+y^2}}\mathrm{d}x\mathrm{d}y+\int_{\frac{3}{5}}^1 z\mathrm{d}z\iint\limits_{D_{z_2}}\frac{1}{\sqrt{x^2+y^2}}\mathrm{d}x\mathrm{d}y$$

$$=\int_0^{\frac{3}{5}}z\mathrm{d}z\int_0^{2\pi}\mathrm{d}\theta\int_0^{\frac{1}{2}(1+z)}\frac{1}{r}\cdot r\mathrm{d}r+\int_{\frac{3}{5}}^1 z\mathrm{d}z\int_0^{2\pi}\mathrm{d}\theta\int_0^{\sqrt{1-z^2}}\frac{1}{r}\cdot r\mathrm{d}r$$

$$=2\pi\int_0^{\frac{3}{5}}z\cdot\frac{1}{2}(1+z)\mathrm{d}z+2\pi\int_{\frac{3}{5}}^1 z\cdot\sqrt{1-z^2}\mathrm{d}z=\frac{89\pi}{150}.$$

评注　本题如果用柱线法计算比较麻烦,考生不妨自己动手做一下进行比较.

题型 3.5　球面坐标下计算三重积分①

解题策略

积分区域为球面、锥面所围区域或被积函数含 $\sqrt{x^2+y^2+z^2}$ 时往往利用球面坐标计算,球面坐标 $\begin{cases}x=\rho\sin\varphi\cos\theta,\\ y=\rho\sin\varphi\sin\theta,\\ z=\rho\cos\varphi.\end{cases}$

【例 27】　计算三重积分 $\iiint\limits_{\Omega}\sqrt{x^2+y^2+z^2}\mathrm{d}x\mathrm{d}y\mathrm{d}z$,其中 Ω: $x^2+y^2+z^2\leqslant 2z,z\geqslant\sqrt{x^2+y^2}$.

【思路】　$z=\sqrt{x^2+y^2}$ 是锥面,$x^2+y^2+z^2=2z$ 是球面.

【解】　选择球面坐标,球面与锥面的交线为:$x^2+y^2=1,z=1$.

$$\iiint\limits_{\Omega}\sqrt{x^2+y^2+z^2}\mathrm{d}x\mathrm{d}y\mathrm{d}z=\int_0^{2\pi}\mathrm{d}\theta\int_0^{\frac{\pi}{4}}\sin\varphi\mathrm{d}\varphi\int_0^{2\cos\varphi}\rho\cdot\rho^2\mathrm{d}\rho=2\pi\int_0^{\frac{\pi}{4}}\sin\varphi\cdot 4\cos^4\varphi\mathrm{d}\varphi$$

$$=-\frac{8}{5}\left[\left(\frac{\sqrt{2}}{2}\right)^5-1\right]\pi=\frac{1}{5}(8-\sqrt{2})\pi.$$

【例 28】　计算三重积分 $\iiint\limits_{\Omega}\left|\sqrt{x^2+y^2+z^2}-1\right|\mathrm{d}v$ 为累次积分,其中 Ω: $\sqrt{x^2+y^2}\leqslant z\leqslant 1$.

【思路】　被积函数含 $\sqrt{x^2+y^2+z^2}$ 时考虑用球面坐标.

【解】　利用球面坐标计算.

$$\iiint\limits_{\Omega}\left|\sqrt{x^2+y^2+z^2}-1\right|\mathrm{d}v=\int_0^{2\pi}\mathrm{d}\theta\int_0^{\frac{\pi}{4}}\sin\varphi\mathrm{d}\varphi\int_0^{\frac{1}{\cos\varphi}}|\rho-1|\rho^2\mathrm{d}\rho$$

$$=2\pi\int_0^{\frac{\pi}{4}}\sin\varphi\mathrm{d}\varphi\left[\int_0^1(1-\rho)\rho^2\mathrm{d}\rho+\int_1^{\frac{1}{\cos\varphi}}(\rho-1)\rho^2\mathrm{d}\rho\right]$$

$$=2\pi\int_0^{\frac{\pi}{4}}\sin\varphi\cdot\left(\frac{1}{6}+\frac{1}{4\cos^4\varphi}-\frac{1}{3\cos^3\varphi}\right)\mathrm{d}\varphi=\frac{\pi}{6}(\sqrt{2}-1).$$

评注　如果直接通过积分区域去掉绝对值比较困难,可选择在低维积分时再考虑去掉绝对值.

【例 29】　计算三重积分 $\iiint\limits_{\Omega}|z-\sqrt{x^2+y^2}|\mathrm{d}v$ 为累次积分,其中 $\Omega=\{(x,y,z)\,|\,x^2+y^2+z^2\leqslant R^2,z\geqslant 0\}$.

【思路】　本题可以用柱面坐标也可以用球面坐标.

【解】　选择球面坐标计算.

$$原式=\int_0^{2\pi}\mathrm{d}\theta\int_0^{\frac{\pi}{2}}\sin\varphi\mathrm{d}\varphi\int_0^R|\rho\cos\varphi-\rho\sin\varphi|\rho^2\mathrm{d}\rho=2\pi\cdot\frac{1}{4}R^4\int_0^{\frac{\pi}{2}}|\cos\varphi-\sin\varphi|\sin\varphi\mathrm{d}\varphi$$

$$=\frac{\pi}{2}R^4\left[\int_0^{\frac{\pi}{4}}(\cos\varphi-\sin\varphi)\sin\varphi\mathrm{d}\varphi+\int_{\frac{\pi}{4}}^{\frac{\pi}{2}}(\sin\varphi-\cos\varphi)\sin\varphi\mathrm{d}\varphi\right]=\frac{1}{4}\pi R^4.$$

评注 与例 29 类似,选择在低维积分时去掉绝对值.

题型四 计算二次积分

解题策略

计算二次积分——先 $\left[\begin{array}{l}\text{交换积分次序}\\\text{变换积分坐标}\end{array}\right.$

题型 4.1 直角坐标

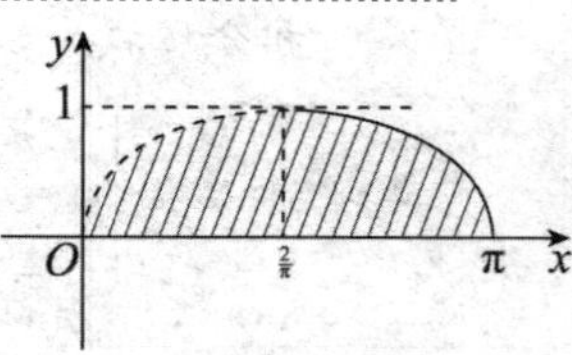

图 6-30

【例 30】 计算 $\int_0^1\mathrm{d}y\int_{\arcsin y}^{\pi-\arcsin y}\sin^3x\mathrm{d}x$.

【思路】 可以直接计算,但计算比较复杂,考虑交换积分次序.

【解】 画出积分区域图,如图 6-30 所示.

$x=\pi-\arcsin y\Rightarrow y=\sin x,\frac{\pi}{2}\leqslant x\leqslant\pi;x=\arcsin y\Rightarrow y=\sin x,0\leqslant x\leqslant\frac{\pi}{2}$.

$$\int_0^1\mathrm{d}y\int_{\arcsin y}^{\pi-\arcsin y}\sin^3x\mathrm{d}x=\int_0^{\pi}\mathrm{d}x\int_0^{\sin x}\sin^3x\mathrm{d}y=\int_0^{\pi}\sin^4x\mathrm{d}x=2\int_0^{\frac{\pi}{2}}\sin^4x\mathrm{d}x$$

$$=2\cdot\frac{3}{4}\cdot\frac{1}{2}\cdot\frac{\pi}{2}=\frac{3\pi}{8}.$$

评注 计算二次积分时先考虑交换积分次序,这里用到瓦里斯公式 $\int_0^{\frac{\pi}{2}}\sin^nx\mathrm{d}x=\int_0^{\frac{\pi}{2}}\cos^nx\mathrm{d}x=$

$$\begin{cases}\dfrac{(n-1)!!}{n!!}\cdot\dfrac{\pi}{2}, & n\text{ 为偶数},\\ \dfrac{(n-1)!!}{n!!}, & n\text{ 为奇数}.\end{cases}$$

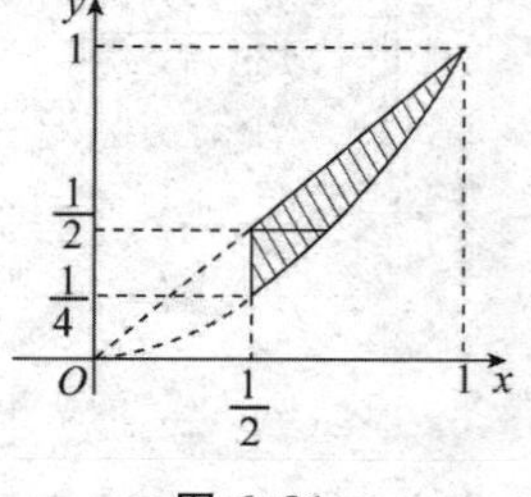

图 6-31

【例 31】 计算 $\int_{\frac{1}{4}}^{\frac{1}{2}}\mathrm{d}y\int_{\frac{1}{2}}^{\sqrt{y}}\mathrm{e}^{\frac{y}{x}}\mathrm{d}x+\int_{\frac{1}{2}}^1\mathrm{d}y\int_y^{\sqrt{y}}\mathrm{e}^{\frac{y}{x}}\mathrm{d}x$.

【思路】 直接计算没有初等形式的原函数,考虑交换积分次序.

【解】 先画出积分区域图,如图 6-31 所示,再交换积分次序计算.

$$原式=\int_{\frac{1}{2}}^1\mathrm{d}x\int_{x^2}^x\mathrm{e}^{\frac{y}{x}}\mathrm{d}y=\int_{\frac{1}{2}}^1x(\mathrm{e}-\mathrm{e}^x)\mathrm{d}x$$

$$=\left(\frac{\mathrm{e}}{2}x^2-x\mathrm{e}^x+\mathrm{e}^x\right)\Big|_{\frac{1}{2}}^1=\frac{3\mathrm{e}}{8}-\frac{1}{2}\mathrm{e}^{\frac{1}{2}}.$$

评注 注意各个端点处 x,y 的值.

题型 4.2 极坐标

【例 32】 计算 $\int_0^{\frac{\sqrt{2}}{2}}\mathrm{d}x\int_0^x xy\mathrm{e}^{\frac{x^2-y^2}{\sqrt{x^2+y^2}}}\mathrm{d}y+\int_{\frac{\sqrt{2}}{2}}^1\mathrm{d}x\int_0^{\sqrt{1-x^2}}xy\mathrm{e}^{\frac{x^2-y^2}{\sqrt{x^2+y^2}}}\mathrm{d}y$.

【思路】 从被积函数看,直接计算太困难,交换积分次序也解决不了问题,考虑变换积分坐标即选择极坐标计算.

【解】 画出积分区域图,如图 6-32 所示,两部分合在一起考虑.

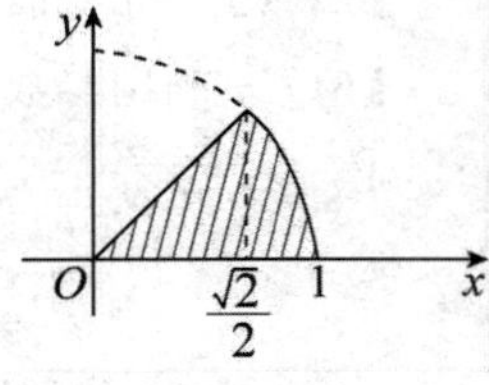

图 6-32

$$
\begin{aligned}
\text{原式} &= \int_0^{\frac{\pi}{4}} d\theta \int_0^1 r^2 \cos\theta \sin\theta \cdot e^{r\cos 2\theta} \cdot r dr \\
&= \frac{1}{2}\int_0^1 r^3 dr \int_0^{\frac{\pi}{4}} \sin 2\theta \cdot e^{r\cos 2\theta} d\theta = -\frac{1}{4}\int_0^1 r^2(1-e^r)dr \\
&= -\frac{1}{12} + \frac{1}{4}(r^2-2r+2)e^r \Big|_0^1 = \frac{1}{4}e - \frac{7}{12}.
\end{aligned}
$$

评注　交换积分次序后仍解决不了问题时,再考虑变换积分坐标.

【例 33】 (2010[2]) 计算二重积分 $\iint\limits_D r^2 \sin\theta \sqrt{1-r^2\cos 2\theta}\, dr d\theta$,其中 $D = \{(r,\theta) \mid 0 \leqslant r \leqslant \sec\theta, 0 \leqslant \theta \leqslant \frac{\pi}{4}\}$.

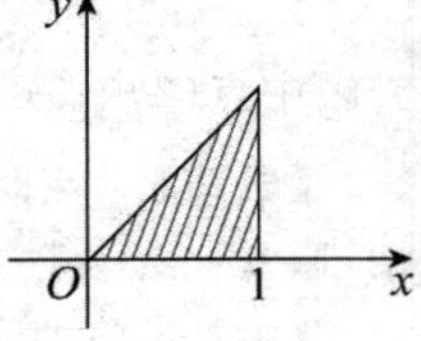

图 6-33

【思路】 直接化为二次积分计算比较困难,考虑变换积分坐标. 积分区域如图 6-33 所示.

【解】 $r = \sec\theta \Rightarrow r\cos\theta = 1 \Rightarrow x = 1$.

$$
\begin{aligned}
I &= \iint\limits_D y\sqrt{1-x^2+y^2}\, dxdy = \int_0^1 dx \int_0^x y\sqrt{1-x^2+y^2}\, dy \\
&= \frac{1}{3}\int_0^1 (1-x^2+y^2)^{\frac{3}{2}} \Big|_0^x dx = \frac{1}{3}\int_0^1 \left[1-(1-x^2)^{\frac{3}{2}}\right] dx.
\end{aligned}
$$

$$
\xlongequal{\text{令 } x = \sin t} \frac{1}{3} - \frac{1}{3}\int_0^{\frac{\pi}{2}} \cos^4 t\, dt = \frac{1}{3} - \frac{\pi}{16}.
$$

评注　$r dr d\theta = d\sigma = dxdy$,最后计算用到了瓦里斯公式.

题型五　曲线积分的计算①

题型 5.1　第一类曲线积分

解题策略

第一类曲线积分的重点是计算,关键是掌握弧微分的各种计算公式,在直角坐标下,$y = y(x)$,$ds = \sqrt{1+y'^2}dx$;参数方程 $\begin{cases} x = x(t), \\ y = y(t), \end{cases}$ $ds = \sqrt{x'^2(t)+y'^2(t)}dt$;极坐标 $r = r(\theta)$,$ds = \sqrt{r^2(\theta)+r'^2(\theta)}d\theta$.

难点是对称性与轮换性,本书在疑难问题点拨中将作重点介绍.

【例 34】 (2009[1]) 已知曲线 $L: y = x^2 (0 \leqslant x \leqslant \sqrt{2})$,则 $\int_L x ds =$ ________.

【思路】 掌握弧微分的计算公式 $ds = \sqrt{(dx)^2+(dy)^2} = \sqrt{1+y'^2}dx$.

【解】 $\int_L x ds = \int_0^{\sqrt{2}} x\sqrt{1+4x^2}dx = \frac{1}{12}(1+4x^2)^{\frac{3}{2}} \Big|_0^{\sqrt{2}} = \frac{13}{6}$.

评注　第一类曲线积分重点掌握计算.

【例 35】 计算$\int_C \sqrt{x^2+y^2}\mathrm{d}s$,其中 C 为曲线 $x^2+y^2+2y=0$.

【思路】 先将曲线方程化为参数方程 $x=\cos t, y=-1+\sin t$.

【解】 利用参数方程弧微分计算公式 $\mathrm{d}s=\sqrt{(x')^2+(y')^2}\mathrm{d}t=\mathrm{d}t$.

$$\int_C \sqrt{x^2+y^2}\mathrm{d}s=\int_0^{2\pi}\sqrt{\cos^2 t+(-1+\sin t)^2}\mathrm{d}t=\int_0^{2\pi}\sqrt{2-2\sin t}\mathrm{d}t,$$

$$=\sqrt{2}\int_0^{2\pi}\sqrt{1-\sin t}\mathrm{d}t=\sqrt{2}\int_0^{2\pi}\left|\cos\frac{t}{2}-\sin\frac{t}{2}\right|\mathrm{d}t$$

$$=\sqrt{2}\int_0^{\frac{\pi}{2}}(\cos\frac{t}{2}-\sin\frac{t}{2})\mathrm{d}t+\sqrt{2}\int_{\frac{\pi}{2}}^{2\pi}(\sin\frac{t}{2}-\cos\frac{t}{2})\mathrm{d}t$$

$$=8.$$

【例 36】 计算$\int_C y(x-z)\mathrm{d}s$,其中 C 为椭球面 $\frac{x^2}{4}+\frac{y^2}{2}+\frac{z^2}{4}=1$ 与平面 $x+z=2$ 的交线在第一卦限中点 $(2,0,0)$ 与点 $(1,1,1)$ 的一段.

【思路】 空间曲线弧微分的计算公式 $\mathrm{d}s=\sqrt{(\mathrm{d}x)^2+(\mathrm{d}y)^2+(\mathrm{d}z)^2}$,由于空间曲线表达式比较复杂,通常化为参数方程来处理.

【解】 将曲线方程化为参数方程 $x=1+\cos t, y=\sin t, z=1-\cos t$, 则 $\mathrm{d}s=\sqrt{\sin^2 t+\cos^2 t+\sin^2 t}\mathrm{d}t=\sqrt{1+\sin^2 t}\mathrm{d}t$.

$$\int_C y(x-z)\mathrm{d}s=\int_0^{\frac{\pi}{2}}\sin t\cdot 2\cos t\cdot\sqrt{1+\sin^2 t}\mathrm{d}t=\frac{2}{3}(1+\sin^2 t)^{\frac{3}{2}}\Big|_0^{\frac{\pi}{2}}=\frac{2}{3}(2\sqrt{2}-1).$$

> 评注 由于弧微分 $\mathrm{d}s=\sqrt{(\mathrm{d}x)^2+(\mathrm{d}y)^2+(\mathrm{d}z)^2}\geqslant 0$,点 $(2,0,0)$ 与点 $(1,1,1)$ 对应的 t 分别为 $t=\frac{\pi}{2}, t=0$,所以积分区间为$\left[0,\frac{\pi}{2}\right]$.

题型 5.2 第二类曲线积分

解题策略

第二类曲线积分的计算流程:先判定 $\frac{\partial Q}{\partial x}\overset{?}{=}\frac{\partial P}{\partial y}$,如果相等,则曲线积分与路径无关,可选择路径计算,如果不相等,进一步判定曲线是否封闭?曲线封闭且取正向时运用格林公式计算,曲线不封闭时考虑添加折线使得曲线封闭然后运用格林公式. 曲线积分与路径无关的几个等价条件及非单连通域等问题将在本书后面专门作介绍.

【例 37】 计算$\int_C (2x^2+y)\mathrm{d}x+(x-3y)\mathrm{d}y$,其中 C 沿曲线 $y=x^2$ 由原点 $O(0,0)$ 到点 $A(1,1)$ 再沿直线到点 $B(0,1)$ 的曲线弧,如图 6-34 所示.

【解】 **方法一** 直接计算.

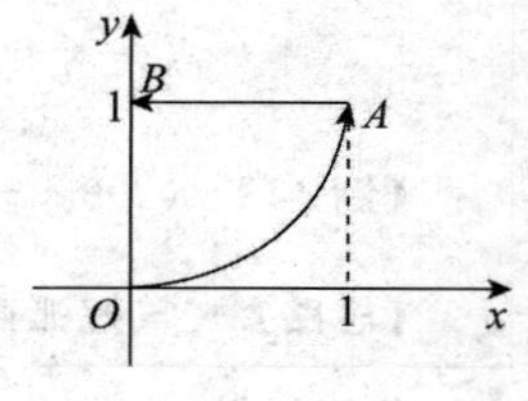

图 6-34

$$\int_C (2x^2+y)\mathrm{d}x+(x-3y)\mathrm{d}y=\int_{\widehat{OA}}+\int_{\overrightarrow{AB}}$$

$$=\int_0^1[(2x^2+x^2)+(x-3x^2)\cdot 2x]\mathrm{d}x+\int_1^0(2x^2+1)\mathrm{d}x$$

$$=\frac{5}{3}-\frac{3}{2}-\frac{2}{3}-1=-\frac{3}{2}.$$

方法二　先计算 $\frac{\partial Q}{\partial x}=\frac{\partial(x-3y)}{\partial x}=1,\frac{\partial P}{\partial y}=\frac{\partial(2x^2+y)}{\partial y}=1,\frac{\partial Q}{\partial x}=\frac{\partial P}{\partial y}$. 曲线积分与路径无关.

$$\int_C(2x^2+y)\mathrm{d}x+(x-3y)\mathrm{d}y=\int_{\overrightarrow{OB}}=\int_0^1(0-3y)\mathrm{d}y=-\frac{3}{2}.$$

> **评注**　比较两种解法,应该选择方法二.

【例 38】　计算$\int_C(x^2+1-\mathrm{e}^y\sin x)\mathrm{d}y-\mathrm{e}^y\cos x\mathrm{d}x$,其中 C 为曲线 $x=\sqrt{1-y^2}$ 上从点 $A(0,-1)$ 到点 $B(0,1)$ 的一段,如图 6-35 所示.

【思路】　先计算$\frac{\partial Q}{\partial x},\frac{\partial P}{\partial y}$,然后判定 $\frac{\partial Q}{\partial x}\overset{?}{=}\frac{\partial P}{\partial y}$.

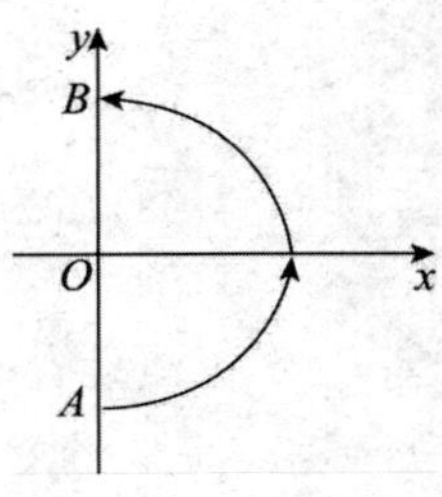

图 6-35

【解】　$\frac{\partial Q}{\partial x}=2x-\mathrm{e}^y\cos x,\frac{\partial P}{\partial y}=-\mathrm{e}^y\cos x,\frac{\partial Q}{\partial x}\neq\frac{\partial P}{\partial y}$, 添加直线 $l_{BA}:x=0$,y 从 1 到 -1,则

$$\int_C+\int_{l_{BA}}=\oint_{C+l_{BA}}=\iint_D 2x\mathrm{d}x\mathrm{d}y=2\int_{-\frac{\pi}{2}}^{\frac{\pi}{2}}\mathrm{d}\theta\int_0^1 r\cos\theta\cdot r\mathrm{d}r=\frac{4}{3},$$

而$\int_{l_{BA}}=\int_1^{-1}1\mathrm{d}y=-2$,所以,原式 $=\frac{10}{3}$.

> **评注**　P,Q 的位置不要搞错,格林公式要求曲线 C 封闭且取正向.

【例 39】　计算 $I=\oint_C\frac{y\mathrm{d}x-x\mathrm{d}y}{x^2+y^2}$,其中

(1)C 为 $x^2+y^2-2y=-\frac{1}{2}$ 的正向;

(2)C 为 $4x^2+y^2-8x=4$ 的正向.

【解】　(1)C:$x^2+(y-1)^2=\frac{1}{2}$,由格林公式得

$$I=\iint_D\left(\frac{\partial Q}{\partial x}-\frac{\partial P}{\partial y}\right)\mathrm{d}\sigma=\iint_D\left[\frac{x^2-y^2}{(x^2+y^2)^2}-\frac{x^2-y^2}{(x^2+y^2)^2}\right]\mathrm{d}\sigma=0.$$

其中 D:$x^2+y^2-2y=-\frac{1}{2}$.

(2)C:$\frac{(x-1)^2}{2}+\frac{y^2}{8}=1$,此时不能直接用格林公式,因为被积函数在(0,0)点无定义,所以用挖洞法,作以(0,0)为中心的圆 L:$x^2+y^2=\varepsilon^2(\varepsilon>0)$ 且取顺时针方向,在 L 和 C 围成的环形域上用格林公式得

$$\oint_{L+C}\frac{y\mathrm{d}x-x\mathrm{d}y}{x^2+y^2}=\iint_D\left(\frac{x^2-y^2}{(x^2+y^2)^2}-\frac{x^2-y^2}{(x^2+y^2)^2}\right)\mathrm{d}\sigma=0,$$

即$\oint_L\frac{x\mathrm{d}x-x\mathrm{d}y}{x^2+y^2}+\oint_C\frac{y\mathrm{d}x-x\mathrm{d}y}{x^2+y^2}=0$.

则 $I=\oint_C\frac{y\mathrm{d}x-x\mathrm{d}y}{x^2+y^2}=\oint_{-L}\frac{y\mathrm{d}x-x\mathrm{d}y}{x^2+y^2}$

$$=\frac{1}{\varepsilon^2}\oint_{-L}y\mathrm{d}x-x\mathrm{d}y=\frac{1}{\varepsilon^2}\iint_{D_1}(-1-1)\mathrm{d}\sigma$$

$$=\frac{-2}{\varepsilon^2}\pi\varepsilon^2=-2\pi.$$

题型 5.3　平面曲线积分与路径无关

解题策略

平面曲线积分与路径无关的几个等价条件：

设区域 G 是一个单连通区域，函数 $P(x,y)$，$Q(x,y)$ 在区域 G 内具有一阶连续偏导数，则下列几个条件等价：

(1) 曲线积分 $\int_L P(x,y)\mathrm{d}x+Q(x,y)\mathrm{d}y$ 与路径无关；

(2) $\oint_L P\mathrm{d}x+Q\mathrm{d}y=0$，其中 L 是 G 内任意封闭曲线；

(3) $P(x,y)\mathrm{d}x+Q(x,y)\mathrm{d}y$ 是某二元函数 $u(x,y)$ 的全微分，即存在 $u(x,y)$ 使得

$$\mathrm{d}u(x,y)=P(x,y)\mathrm{d}x+Q(x,y)\mathrm{d}y;$$

(4) $P(x,y)\boldsymbol{i}+Q(x,y)\boldsymbol{j}$ 是某二元函数 $u(x,y)$ 的梯度；

(5) $\frac{\partial P}{\partial y}=\frac{\partial Q}{\partial x}$.

【例 40】 设 $f(x)$ 有二阶连续导数，$f(1)=f'(1)=1$，且

$$\oint_C\left[\frac{y^2}{x}+xf\left(\frac{y}{x}\right)\right]\mathrm{d}x+\left[y-xf'\left(\frac{y}{x}\right)\right]\mathrm{d}y=0,$$

其中 C 是右半平面 $x>0$ 内任一分段光滑简单闭曲线，求 $f(x)$.

【思路】 已知条件是积分与路径无关的等价条件之一，利用等价条件 5 转化成微分方程.

【解】 由题设条件知，在右半平面 $x>0$ 内，有

$$\frac{\partial}{\partial y}\left[\frac{y^2}{x}+xf\left(\frac{y}{x}\right)\right]=\frac{\partial}{\partial x}\left[y-xf'\left(\frac{y}{x}\right)\right],$$

即
$$2\frac{y}{x}+f'\left(\frac{y}{x}\right)=-f'\left(\frac{y}{x}\right)+\frac{y}{x}f''\left(\frac{y}{x}\right).$$

令 $\frac{y}{x}=t$，则 $tf''(t)-2f'(t)=2t$，进而得 $f''(t)-\frac{2}{t}f'(t)=2$. 这是关于 $f'(t)$ 的一阶线性方程，由通解公式得

$$f'(t)=t^2\left(-\frac{2}{t}+C_1\right)=-2t+C_1t^2.$$

由 $f'(1)=1$ 知，$C_1=3$. 于是 $f'(t)=3t^2-2t$，积分得 $f(t)=t^3-t^2+C_2$.

由 $f(1)=1$ 知，$C_2=1$，则 $f(x)=x^3-x^2+1$.

【例 41】 设函数 $Q(x,y)$ 具有一阶连续偏导数，曲线积分 $\int_L 2xy\mathrm{d}x+Q(x,y)\mathrm{d}y$ 与路径无关，并且对任意 t 恒有 $\int_{(0,0)}^{(t,1)}2xy\mathrm{d}x+Q(x,y)\mathrm{d}y=\int_{(0,0)}^{(1,t)}2xy\mathrm{d}x+Q(x,y)\mathrm{d}y$，求 $Q(x,y)$.

【思路】 本题考查积分与路径无关，通过等价条件 5 推出微分方程.

【解】 由曲线积分与路径无关的条件，得

$$\frac{\partial Q}{\partial x}=\frac{\partial(2xy)}{\partial y}=2x,$$

所以可得 $Q(x,y)=x^2+c(y)$，其中 $c(y)$ 为待定函数.

又
$$\int_{(0,0)}^{(t,1)}2xy\mathrm{d}x+Q(x,y)\mathrm{d}y=\int_0^1[t^2+c(y)]\mathrm{d}y=t^2+\int_0^1c(y)\mathrm{d}y,$$

$$\int_{(0,0)}^{(1,t)} 2xy\mathrm{d}x + Q(x,y)\mathrm{d}y = \int_0^t [1^2 + c(y)]\mathrm{d}y = t + \int_0^t c(y)\mathrm{d}y,$$

由已知 $t^2 + \int_0^1 c(y)\mathrm{d}y = t + \int_0^t c(y)\mathrm{d}y$，求导得 $2t = 1 + c(t)$，即 $c(t) = 2t - 1$，故 $Q(x,y) = x^2 + 2y - 1$.

【例 42】 设函数 $f(x,y)$ 满足 $\dfrac{\partial f(x,y)}{\partial x} = (2x+1)\mathrm{e}^{2x-y}$，且 $f(0,y) = y+1$，L_t 是从点 $(0,0)$ 到点 $(1,t)$ 的光滑曲线，计算曲线积分 $I(t) = \int_{L_t} \dfrac{\partial f(x,y)}{\partial x}\mathrm{d}x + \dfrac{\partial f(x,y)}{\partial y}\mathrm{d}y$，并求 $I(t)$ 的最小值.

【解】 因 $\dfrac{\partial f(x,y)}{\partial x} = (2x+1)\mathrm{e}^{2x-y}$，则 $f(x,y) = x\mathrm{e}^{2x-y} + \varphi(y)$.

又有 $f(0,y) = y+1$，则 $\varphi(y) = y+1$，故 $f(x,y) = x\mathrm{e}^{2x-y} + y + 1$.

因 $\dfrac{\partial^2 f(x,y)}{\partial x\partial y} = \dfrac{\partial^2 f(x,y)}{\partial y\partial x}$，则 $I(t)$ 与路径无关，即 $\dfrac{\partial f(x,y)}{\partial x}\mathrm{d}x + \dfrac{\partial f(x,y)}{\partial y}\mathrm{d}y$ 是 $f(x,y)$ 的全微分，则

$$\begin{aligned} I(t) &= \int_{L_t} \frac{\partial f(x,y)}{\partial x}\mathrm{d}x + \frac{\partial f(x,y)}{\partial y}\mathrm{d}y = \int_{L_t} \mathrm{d}(f(x,y)) = f(x,y)\Big|_{(0,0)}^{(1,t)} \\ &= f(1,t) - f(0,0) = \mathrm{e}^{2-t} + t. \end{aligned}$$

求导得 $I'(t) = 1 - \mathrm{e}^{2-t}$，得 $I'(t) = 0$，得 $t = 2$.

当 $t > 2$ 时，$I'(t) > 0$，$I(t)$ 是递增的；当 $t < 2$ 时，$I'(t) < 0$，$I(t)$ 是递减的，故 $I(t)$ 在 $t = 2$ 时取得最小值，故 $I(t)_{\min} = I(2) = 3$.

题型六　曲面积分的计算[①]

题型 6.1　第一类曲面积分

解题策略

第一类曲面积分的重点是计算，关键是掌握面积元素的各种计算公式，曲面方程为 $z = z(x,y)$ 时，$\mathrm{d}S = \sqrt{1 + (z'_x)^2 + (z'_y)^2}\mathrm{d}x\mathrm{d}y$，难点是对称性与轮换性，本书在疑难问题点拨中将作重点介绍.

【例 43】 计算 $\iint\limits_{\Sigma} z\mathrm{d}S$，其中 Σ 为锥面 $z = \sqrt{x^2 + y^2}$ 被柱面 $x^2 + y^2 = 2x$ 所截下的部分.

【思路】 掌握曲面面积元素的计算公式 $\mathrm{d}S = \sqrt{1 + (z'_x)^2 + (z'_y)^2}\mathrm{d}x\mathrm{d}y$.

【解】 由 $z'_x = \dfrac{x}{\sqrt{x^2 + y^2}}$，$z'_y = \dfrac{y}{\sqrt{x^2 + y^2}}$，$\mathrm{d}S = \sqrt{2}\mathrm{d}x\mathrm{d}y$. 则

$$\iint\limits_{\Sigma} z\mathrm{d}S = \iint\limits_{D} \sqrt{x^2 + y^2}\cdot\sqrt{2}\mathrm{d}x\mathrm{d}y = \sqrt{2}\int_{-\frac{\pi}{2}}^{\frac{\pi}{2}}\mathrm{d}\theta\int_0^{2\cos\theta} r^2\mathrm{d}r = \frac{16}{3}\sqrt{2}\int_0^{\frac{\pi}{2}}\cos^3\theta\mathrm{d}\theta = \frac{32}{9}\sqrt{2}.$$

评注　锥面的面积元素 $\mathrm{d}S = \sqrt{2}\mathrm{d}x\mathrm{d}y$ 可作为公式直接记住.

【例 44】 计算 $\iint\limits_{\Sigma} \dfrac{1}{z}\mathrm{d}S$，其中 Σ 为球面 $x^2 + y^2 + z^2 = a^2$ 被平面 $z = h(0 < h < a)$ 所截下的顶部.

【解】 $z'_x = -\dfrac{x}{z} = -\dfrac{x}{\sqrt{a^2 - x^2 - y^2}}$，$z'_y = -\dfrac{y}{z} = -\dfrac{y}{\sqrt{a^2 - x^2 - y^2}}$，$\mathrm{d}S = \dfrac{a}{\sqrt{a^2 - x^2 - y^2}}\mathrm{d}x\mathrm{d}y$. 则

$$\begin{aligned} \iint\limits_{\Sigma} \frac{1}{z}\mathrm{d}S &= \iint\limits_{D} \frac{1}{\sqrt{a^2 - x^2 - y^2}}\cdot\frac{a}{\sqrt{a^2 - x^2 - y^2}}\mathrm{d}x\mathrm{d}y = a\int_0^{2\pi}\mathrm{d}\theta\int_0^{\sqrt{a^2-h^2}}\frac{1}{a^2 - r^2}\cdot r\mathrm{d}r \\ &= 2\pi a\ln\frac{a}{h}. \end{aligned}$$

评注 球面的面积元素 $dS = \dfrac{a}{\sqrt{a^2 - x^2 - y^2}}dxdy$ 可作为公式直接记住.

【例 45】(2017[1]) 设薄片型物体 S 是圆锥面 $z = \sqrt{x^2 + y^2}$ 被柱面 $z^2 = 2x$ 割下的有限部分,其上任一点的密度为 $\mu(x,y,z) = 9\sqrt{x^2 + y^2 + z^2}$. 记圆锥面与柱面的交线为 C.

(Ⅰ) 求 C 在 xOy 平面上的投影曲线的方程;

(Ⅱ) 求 S 的质量 M.

【解】(Ⅰ) 联立锥面方程和柱面方程,得 $\begin{cases} z = \sqrt{x^2 + y^2}, \\ z^2 = 2x, \end{cases}$ 消去 z,得 $x^2 + y^2 = 2x$,即交线 C 在 xOy 平面的投影方程为 $\begin{cases} x^2 + y^2 = 2x, \\ z = 0. \end{cases}$

(Ⅱ) 由质量的求解公式,得

$$
\begin{aligned}
M &= \iint_{\Sigma} \mu(x,y,z)dS = \iint_{\Sigma} 9\sqrt{x^2 + y^2 + z^2}dS \\
&= \iint_{D_{xy}} 9\sqrt{2(x^2 + y^2)}\left[1 + \left(\frac{2x}{2\sqrt{x^2 + y^2}}\right)^2 + \left(\frac{2y}{2\sqrt{x^2 + y^2}}\right)^2\right]^{\frac{1}{2}} dxdy \\
&= 18\iint_{D_{xy}} \sqrt{x^2 + y^2}dxdy = 36\iint_{D_1} \sqrt{x^2 + y^2}dxdy \\
&= 36\iint_{D_1} r \cdot r dxd\theta = 36\int_0^{\frac{\pi}{2}} \left(\int_0^{2\cos\theta} r^2 dr\right)d\theta \\
&= 36\int_0^{\frac{\pi}{2}} \frac{8}{3}\cos^3\theta d\theta = 12 \times 8\int_0^{\frac{\pi}{2}} \cos^3\theta d\theta \\
&= 12 \times 8 \times \frac{2}{3} = 64.
\end{aligned}
$$

题型 6.2 第二类曲面积分

解题策略

第二类曲面积分常用高斯公式进行计算,注意高斯公式要求曲面封闭且取外侧,可以直接计算,但要注意曲面侧的方向.

如果题目所给被积函数只是连续,不满足具有连续一阶偏导数,则只能用转换投影法(见认知篇).

【例 46】 设 Σ 为曲面 $z = \sqrt{x^2 + y^2}(1 \leqslant x^2 + y^2 \leqslant 4)$ 的下侧,$f(x)$ 是连续函数,计算曲面积分

$$I = \iint_{\Sigma} [xf(xy) + 2x - y]dydz + [yf(xy) + 2y + x]dzdx + [zf(xy) + z]dxdy.$$

【思路】 本题考查的是第二类曲面积分,由于被积函数只是连续函数,故不能使用高斯公式,只能用转化投影法.

【解】 由题意 $z = \sqrt{x^2 + y^2}$,$(x,y) \in D_{xy}$,$D_{xy}: 1 \leqslant x^2 + y^2 \leqslant 4$,取下侧,则任意一点的法向量为

$$\vec{n} = \left(\frac{x}{\sqrt{x^2 + y^2}}, \frac{y}{\sqrt{x^2 + y^2}}, -1\right)$$

$$I = \iint_{\Sigma} [xf(xy) + 2x - y]dydz + [yf(xy) + 2y + x]dzdx + [zf(xy) + z]dxdy$$

$$=\iint\limits_{D_{xy}}\left[[xf(xy)+2x-y]\frac{x}{\sqrt{x^2+y^2}}+[yf(xy)+2y+x]\frac{y}{\sqrt{x^2+y^2}}-[zf(xy)+z]\right]_{z=\sqrt{x^2+y^2}}\mathrm{d}x\mathrm{d}y$$

$$=\iint\limits_{D_{xy}}\sqrt{x^2+y^2}\,\mathrm{d}x\mathrm{d}y=\int_0^{2\pi}\mathrm{d}\theta\int_1^2 r^2\,\mathrm{d}r=\frac{14}{3}\pi.$$

【例 47】 求$\iint\limits_{\Sigma}2xz\,\mathrm{d}y\mathrm{d}z+yz\,\mathrm{d}z\mathrm{d}x-z^2\,\mathrm{d}x\mathrm{d}y$,其中$\Sigma$为$z=\sqrt{x^2+y^2}$与$z=\sqrt{8-x^2-y^2}$所围立体表面的外侧.

【思路】 曲面封闭且取外侧,可直接用高斯公式进行计算.

【解】 $\iint\limits_{\Sigma}2xz\,\mathrm{d}y\mathrm{d}z+yz\,\mathrm{d}z\mathrm{d}x-z^2\,\mathrm{d}x\mathrm{d}y=\iiint\limits_{\Omega}(2z+z-2z)\,\mathrm{d}v=\iiint\limits_{\Omega}z\,\mathrm{d}v.$

方法一 利用柱线法.

$$\iiint\limits_{\Omega}z\,\mathrm{d}v=\iint\limits_{x^2+y^2\leqslant 4}\mathrm{d}\sigma\int_{\sqrt{x^2+y^2}}^{\sqrt{8-x^2-y^2}}z\,\mathrm{d}z=\iint\limits_{x^2+y^2\leqslant 4}(4-x^2-y^2)\,\mathrm{d}\sigma$$

$$=\int_0^{2\pi}\mathrm{d}\theta\int_0^2(4-r^2)\cdot r\,\mathrm{d}r=8\pi.$$

方法二 利用截面法.

$$\iiint\limits_{\Omega}z\,\mathrm{d}v=\int_0^2 z\,\mathrm{d}z\iint\limits_{D_{z_1}}\mathrm{d}\sigma+\int_2^{2\sqrt{2}}z\,\mathrm{d}z\iint\limits_{D_{z_2}}\mathrm{d}\sigma=\int_0^2 z\cdot\pi z^2\,\mathrm{d}z+\int_2^{2\sqrt{2}}z\cdot\pi(8-z^2)\,\mathrm{d}z=4\pi+4\pi=8\pi.$$

评注 用高斯公式进行计算,将曲面积分化为三重积分,计算重点是三重积分的计算.

【例 48】 计算$\iint\limits_{\Sigma}x^2y\,\mathrm{d}y\mathrm{d}z+(\mathrm{e}^z-xy^2)\,\mathrm{d}z\mathrm{d}x+(z^2+2)\,\mathrm{d}x\mathrm{d}y$,其中$\Sigma:z=9-x^2-y^2,z\geqslant 0$,取上侧.

【思路】 先添加平面使曲面封闭,取外侧然后用高斯公式.

【解】 添加平面$\Sigma_1:z=0$,取下侧,则

$$\iint\limits_{\Sigma}+\iint\limits_{\Sigma_1}=\oiint\limits_{\Sigma+\Sigma_1}=\iiint\limits_{\Omega}(2xy-2xy+2z)\,\mathrm{d}v=2\int_0^9 z\,\mathrm{d}z\iint\limits_{D_z}\mathrm{d}\sigma$$

$$=2\int_0^9 z\cdot\pi(9-z)\,\mathrm{d}z=243\pi,$$

而$\iint\limits_{\Sigma_1}=-\iint\limits_{x^2+y^2\leqslant 9}2\,\mathrm{d}x\mathrm{d}y=-18\pi$,所以原式$=261\pi$.

评注 第二类曲面积分多于一项时往往利用高斯公式计算比较简单.

【例 49】 计算$\iint\limits_{\Sigma}\frac{x\,\mathrm{d}y\mathrm{d}z+y\,\mathrm{d}z\mathrm{d}x+z\,\mathrm{d}x\mathrm{d}y}{(x^2+y^2+4z^2)^{\frac{3}{2}}}$,其中$\Sigma$是球面$(x-1)^2+y^2+z^2=a^2(a>0,a\neq 1)$,取外侧.

【解】 令$P=\frac{x}{(x^2+y^2+4z^2)^{\frac{3}{2}}},Q=\frac{y}{(x^2+y^2+4z^2)^{\frac{3}{2}}},R=\frac{z}{(x^2+y^2+4z^2)^{\frac{3}{2}}}$,则

$$\frac{\partial P}{\partial x}=\frac{1}{(x^2+y^2+4z^2)^{\frac{3}{2}}}-\frac{3}{2}\frac{2x^2}{(x^2+y^2+4z^2)^{\frac{5}{2}}},$$

$$\frac{\partial Q}{\partial y}=\frac{1}{(x^2+y^2+4z^2)^{\frac{3}{2}}}-\frac{3}{2}\frac{2y^2}{(x^2+y^2+4z^2)^{\frac{5}{2}}},$$

$$\frac{\partial R}{\partial z}=\frac{1}{(x^2+y^2+4z^2)^{\frac{3}{2}}}-\frac{3}{2}\frac{2\cdot 4z^2}{(x^2+y^2+4z^2)^{\frac{5}{2}}}$$

可见有$\frac{\partial P}{\partial x}+\frac{\partial Q}{\partial y}+\frac{\partial R}{\partial z}=0,(x,y,z)\neq(0,0,0)$.

(1) 当 $a<1$ 时,$\Sigma:(x-1)^2+y^2+z^2=a^2$,此时 Σ 所围成的立体空间 Ω 不含坐标原点，由高斯公式,有

$$\iint\limits_{\Sigma}\frac{x\mathrm{d}y\mathrm{d}z+y\mathrm{d}z\mathrm{d}x+z\mathrm{d}x\mathrm{d}y}{(x^2+y^2+4z^2)^{\frac{3}{2}}}=\iiint\limits_{\Omega}\left[\frac{\partial P}{\partial x}+\frac{\partial Q}{\partial y}+\frac{\partial R}{\partial z}\right]\mathrm{d}x\mathrm{d}y\mathrm{d}z=0.$$

(2) 当 $a>1$ 时,令 $\Sigma_1:x^2+y^2+4z^2=\varepsilon^2$,取内侧,$\varepsilon>0$ 充分小.则

$$\iint\limits_{\Sigma}\frac{x\mathrm{d}y\mathrm{d}z+y\mathrm{d}z\mathrm{d}x+z\mathrm{d}x\mathrm{d}y}{(x^2+y^2+4z^2)^{\frac{3}{2}}}$$

$$=\iint\limits_{\Sigma+\Sigma_1}\frac{x\mathrm{d}y\mathrm{d}z+y\mathrm{d}z\mathrm{d}x+z\mathrm{d}x\mathrm{d}y}{(x^2+y^2+4z^2)^{\frac{3}{2}}}-\iint\limits_{\Sigma_1}\frac{x\mathrm{d}y\mathrm{d}z+y\mathrm{d}z\mathrm{d}x+z\mathrm{d}x\mathrm{d}y}{(x^2+y^2+4z^2)^{\frac{3}{2}}}$$

$$=-\iint\limits_{\Sigma_1}\frac{x\mathrm{d}y\mathrm{d}z+y\mathrm{d}z\mathrm{d}x+z\mathrm{d}x\mathrm{d}y}{(x^2+y^2+4z^2)^{\frac{3}{2}}}=-\frac{1}{\varepsilon^3}\iint\limits_{\Sigma_1}x\mathrm{d}y\mathrm{d}z+y\mathrm{d}z\mathrm{d}x+z\mathrm{d}x\mathrm{d}y=\frac{1}{\varepsilon^3}\iiint\limits_{\Omega_1}3\mathrm{d}v=\frac{3}{\varepsilon^3}\int_{-\frac{\varepsilon}{2}}^{\frac{\varepsilon}{2}}\mathrm{d}z\iint\limits_{D(z)}\mathrm{d}x\mathrm{d}y,$$

$$=\frac{3}{\varepsilon^3}\int_{-\frac{\varepsilon}{2}}^{\frac{\varepsilon}{2}}\pi(\varepsilon^2-4z^2)\mathrm{d}z=2\pi.\quad \Omega_1:x^2+y^2+4z^2\leqslant\varepsilon^2.$$

【例 50】 设 Σ 为光滑闭曲面,取外侧.

$$I=\iint_{\Sigma}(x^3-x)\mathrm{d}y\mathrm{d}z+(y^3-y)\mathrm{d}z\mathrm{d}x+(z^3-z)\mathrm{d}x\mathrm{d}y.$$

(Ⅰ) 确定曲面 Σ 使得 I 最小,并求 I 的最小值;

(Ⅱ) 若(Ⅰ)中曲面 Σ 被曲面 $z=\sqrt{x^2+y^2}$ 分成两部分,求这两部分曲面的面积之比.

解(Ⅰ) 设 Σ 围成的立体为 V,则由高斯公式,有

$$I=3\iiint\limits_{V}(x^2+y^2+z^2-1)\mathrm{d}v.$$

为使 I 达到最小,要求 V 是使得 $x^2+y^2+z^2-1\leqslant 0$ 的最大空间区域,故

$$V=\{(x,y,z)\mid x^2+y^2+z^2\leqslant 1\}.$$

所以,V 是球体,Σ 为球体表面,此时 I 最小,其最小值为

$$I=3\iiint\limits_{V}(x^2+y^2+z^2-1)\mathrm{d}v$$

$$=3\int_0^{2\pi}\mathrm{d}\theta\int_0^{\pi}\mathrm{d}\varphi\int_0^1 r^2\cdot r^2\sin\varphi\mathrm{d}r-3\iiint\limits_{V}\mathrm{d}v$$

$$=\frac{12\pi}{5}-3\times\frac{4}{3}\pi\times 1^3=-\frac{8\pi}{5}.$$

(Ⅱ) 记 Σ_1 为曲面 Σ 被 $z=\sqrt{x^2+y^2}$ 所截且位于圆锥面 $z=\sqrt{x^2+y^2}$ 上方部分,其曲面面积为

$$S_1=\iint\limits_{\Sigma_1}\mathrm{d}S=\iint\limits_{D_1}\sqrt{1+(z'_x)^2+(z'_y)^2}\mathrm{d}x\mathrm{d}y.$$

由 $z=\sqrt{1-x^2-y^2}$,知 $\sqrt{1+(z'_x)^2+(z'_y)^2}=\dfrac{1}{\sqrt{1-x^2-y^2}}$,记 D_1 为 Σ_1 在 xOy 面上的投影区域,故

$$S_1=\iint\limits_{D_1}\frac{1}{\sqrt{1-x^2-y^2}}\mathrm{d}x\mathrm{d}y$$

$$=\int_0^{2\pi}\mathrm{d}\theta\int_0^{\frac{\sqrt{2}}{2}}\frac{1}{\sqrt{1-r^2}}r\mathrm{d}r=(2-\sqrt{2})\pi$$

$$S_2=4\pi\times 1^2-S_1=4\pi-(2-\sqrt{2})\pi=2\pi+\sqrt{2}\pi=(2+\sqrt{2})\pi,$$

所以 $S_1:S_2=(2-\sqrt{2}):(2+\sqrt{2})$.

题型七　散度与旋度、斯托克斯公式[①]

★ 题型 7.1　散度与旋度

解题策略

设向量场 $\boldsymbol{A}=\{P(x,y,z),Q(x,y,z),R(x,y,z)\}$，则散度 $\operatorname{div}\boldsymbol{A}\Big|_M=\left(\dfrac{\partial P}{\partial x}+\dfrac{\partial Q}{\partial y}+\dfrac{\partial R}{\partial z}\right)\Big|_M$，

旋度 $\mathbf{rot}\ \boldsymbol{A}\Big|_M=\left(\dfrac{\partial R}{\partial y}-\dfrac{\partial Q}{\partial z}\right)\Big|_M\boldsymbol{i}+\left(\dfrac{\partial P}{\partial z}-\dfrac{\partial R}{\partial x}\right)\Big|_M\boldsymbol{j}+\left(\dfrac{\partial Q}{\partial x}-\dfrac{\partial P}{\partial y}\right)\Big|_M\boldsymbol{k}=\left|\begin{matrix}\boldsymbol{i}&\boldsymbol{j}&\boldsymbol{k}\\ \dfrac{\partial}{\partial x}&\dfrac{\partial}{\partial y}&\dfrac{\partial}{\partial z}\\ P&Q&R\end{matrix}\right|\Bigg|_M$. 其中散度是数量，而旋度是向量，在考研中只要求掌握散度与旋度的计算公式.

【例 51】　设向量场 $\boldsymbol{A}=\{xy,yz,-y^2\}$，求(1) 散度 $\operatorname{div}\boldsymbol{A}\big|_{(1,-1,2)}$；(2) 旋度 $\mathbf{rot}\ \boldsymbol{A}\big|_{(1,-1,2)}$.

【解】　(1) $\operatorname{div}\boldsymbol{A}\big|_{(1,-1,2)}=(y+z+0)\big|_{(1,-1,2)}=1$.

(2) $\mathbf{rot}\ \boldsymbol{A}\big|_{(1,-1,2)}=\left|\begin{matrix}\boldsymbol{i}&\boldsymbol{j}&\boldsymbol{k}\\ \dfrac{\partial}{\partial x}&\dfrac{\partial}{\partial y}&\dfrac{\partial}{\partial z}\\ xy&yz&-y^2\end{matrix}\right|\Bigg|_{(1,-1,2)}=3\boldsymbol{i}-\boldsymbol{k}$.

评注　应该熟悉并掌握散度、旋度的计算公式.

题型 7.2　斯托克斯公式

解题策略

利用斯托克斯公式可将封闭曲线积分化为第二类曲面积分，但直接计算仍然比较复杂，应该再将第二类曲面积分化为第一类曲面积分进行计算.

注意：用斯托克斯公式得到的第二类曲面积分不能够再用高斯公式进行计算. 此处希望考生思考为什么？

【例 52】　(2011[1]) 设 L 是柱面 $x^2+y^2=1$ 与平面 $z=x+y$ 的交线，从 z 轴的正向往 z 轴的负向看去为逆时针方向，则曲线积分 $\oint_L xz\,\mathrm{d}x+x\,\mathrm{d}y+\dfrac{y^2}{2}\mathrm{d}z=$ ______.

【思路】　空间曲线积分可以利用参数方程形式直接计算，而用斯托克斯公式计算时要求曲线封闭.

【解】　**方法一**　直接计算，先将曲线化为参数方程 $x=\cos t,y=\sin t,z=\cos t+\sin t$.

$$\oint_L xz\,\mathrm{d}x+x\,\mathrm{d}y+\frac{y^2}{2}\mathrm{d}z$$

$$=\int_0^{2\pi}\left[\cos t(\cos t+\sin t)(-\sin t)+\cos t\cdot\cos t+\frac{1}{2}\sin^2 t\cdot(-\sin t+\cos t)\right]\mathrm{d}t$$

$$=\int_0^{2\pi}\cos^2 t\,\mathrm{d}t=\pi.$$

方法二　利用斯托克斯公式计算.

由于从 z 轴的正向往 z 轴的负向看去为逆时针方向，所以 z 的正向与曲线的正向符合右手法则，$\{\cos\alpha,\cos\beta,\cos\gamma\}=\dfrac{1}{\sqrt{3}}\{-1,-1,1\}$.

$$\oint_L xz\mathrm{d}x + x\mathrm{d}y + \frac{y^2}{2}\mathrm{d}z = \iint_\Sigma \begin{vmatrix} \cos\alpha & \cos\beta & \cos\gamma \\ \dfrac{\partial}{\partial x} & \dfrac{\partial}{\partial y} & \dfrac{\partial}{\partial z} \\ xz & x & \dfrac{1}{2}y^2 \end{vmatrix} \mathrm{d}S = \frac{1}{\sqrt{3}}\iint_\Sigma [y\cdot(-1) + x\cdot(-1) + 1]\mathrm{d}S$$

$$= \frac{1}{\sqrt{3}}\iint_{x^2+y^2\leqslant 1}(-x-y+1)\sqrt{3}\mathrm{d}x\mathrm{d}y = \pi.$$

评注 利用斯托克斯公式计算往往比较复杂，在考研中较少使用.

题型八 重积分的应用[①]

题型 8.1 曲面的面积

解题策略

计算曲面面积的基本方法是二重积分的应用，关键是曲面面积元素的计算，而特殊的曲面面积如旋转曲面的面积可以直接用定积分的应用得到.

【例 53】 求锥面 $z^2 = x^2 + y^2$ 被柱面 $z^2 = 2y$ 所截下部分的面积.

【思路】 曲面面积元素公式：$\mathrm{d}S = \sqrt{1+(z'_x)^2+(z'_y)^2}\,\mathrm{d}x\mathrm{d}y$.

【解】 由 $\begin{cases} z^2 = x^2 + y^2, \\ z^2 = 2y \end{cases}$ 知两曲面的交线在 xOy 面上的投影曲线为 $x^2 + y^2 = 2y(z=0)$，所以两曲面在 xOy 面上的投影区域为 $D: x^2 + y^2 \leqslant 2y$，由于锥面的面积元素 $\mathrm{d}S = \sqrt{2}\mathrm{d}x\mathrm{d}y$，所以

$$S = 2\iint_D \mathrm{d}S = 2\iint_D \sqrt{1+(z'_x)^2+(z'_y)^2}\,\mathrm{d}x\mathrm{d}y = 2\iint_D \sqrt{2}\mathrm{d}S = 2\sqrt{2}\pi.$$

评注 锥面被柱面所截下部分有上、下两部分.

题型 8.2 立体图形的体积

解题策略

立体体积的计算可以利用二重积分，也可以用三重积分.

【例 54】 求 $x^2 + y^2 + z^2 \leqslant 2z, x^2 + y^2 \leqslant \dfrac{3}{2}z$ 所围公共部分立体的体积.

【思路】 如图 6-36 所示，由于上面部分是大半个球面，下面部分是旋转抛物面，利用二重积分计算比较困难，考虑应用三重积分计算.

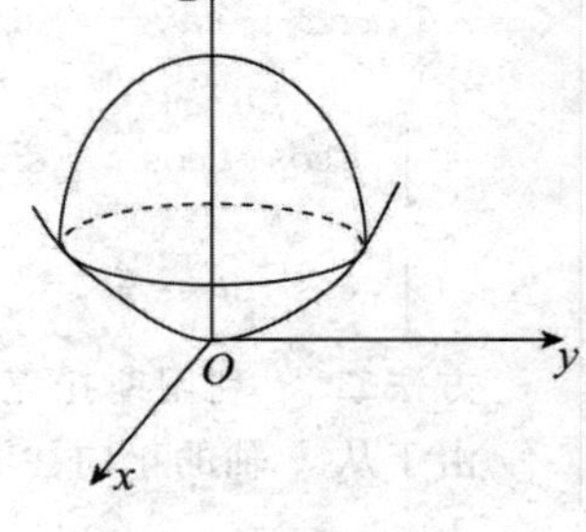

图 6-36

【解】 两曲面的交线为 $x^2 + y^2 = \dfrac{3}{4}, z = \dfrac{1}{2}$，用截面法计算，则

$$V = \iiint_\Omega \mathrm{d}v = \iiint_{\Omega_1}\mathrm{d}v + \iiint_{\Omega_2}\mathrm{d}v$$

$$= \int_0^{\frac{1}{2}}\mathrm{d}z\iint_{Dz_1}\mathrm{d}\sigma + \int_{\frac{1}{2}}^2 \mathrm{d}z\iint_{Dz_2}\mathrm{d}\sigma$$

$$= \int_0^{\frac{1}{2}}\pi\cdot\frac{3}{2}z\mathrm{d}z + \int_{\frac{1}{2}}^2 \pi(2z-z^2)\mathrm{d}z$$

$$= \frac{3\pi}{16} + \frac{9\pi}{8} = \frac{21\pi}{16}.$$

> **评注**　如果利用二重积分计算,必须注意圆环$\frac{3}{4}\leqslant x^2+y^2\leqslant 1$对应的上、下部分都是球面.

【例 55】　求立体$x^2+y^2\leqslant z\leqslant 1+\sqrt{1-x^2-y^2}$的体积.

【思路】　下面部分是旋转抛物面,上面部分是球面,如图 6-37 所示.

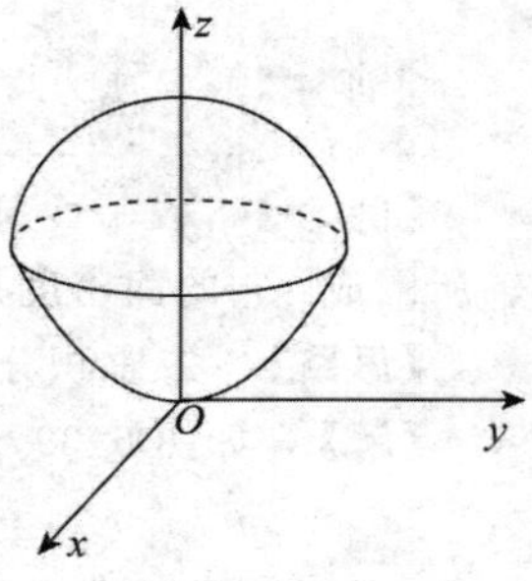

图 6-37

【解】　两曲面的交线为$x^2+y^2=1,z=1$,利用极坐标计算,则

$$V=\iint_D(1+\sqrt{1-x^2-y^2}-x^2-y^2)\mathrm{d}\sigma$$
$$=\int_0^{2\pi}\mathrm{d}\theta\int_0^1(1+\sqrt{1-r^2}-r^2)\cdot r\mathrm{d}r$$
$$=\frac{7\pi}{6}.$$

【例 56】　(2009[1]) 椭球面S_1是由椭圆$\frac{x^2}{4}+\frac{y^2}{3}=1$绕$x$轴旋转而成,圆锥面$S_2$是由过点(4,0)且与椭圆$\frac{x^2}{4}+\frac{y^2}{3}=1$相切的直线绕$x$轴旋转而成,如图 6-38 所示.

(1) 求S_1,S_2的方程;

(2) 求S_1和S_2之间的立体体积.

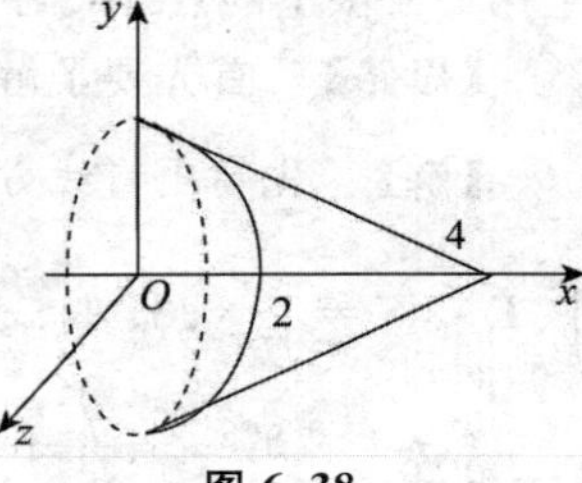

图 6-38

【思路】　先求旋转曲面方程,注意点(4,0)不在椭圆$\frac{x^2}{4}+\frac{y^2}{3}=1$上.

【解】　(1)S_1:$\frac{x^2}{4}+\frac{y^2+z^2}{3}=1$.

设切点为(x_0,y_0),则$\frac{x_0^2}{4}+\frac{y_0^2}{3}=1$,在点$(x_0,y_0)$的切线方程为:$\frac{x_0x}{4}+\frac{y_0y}{3}=1$,将点(4,0)代入切线方程得$x_0=1,y_0=\pm\frac{3}{2}$,所以切线方程为$\frac{x}{4}\pm\frac{y}{2}=1\Rightarrow\pm\frac{y}{2}=1-\frac{x}{4}$,$\frac{y^2}{4}=(1-\frac{x}{4})^2$.

旋转曲面为锥面S_2:$\frac{y^2+z^2}{4}=(1-\frac{x}{4})^2$或$(x-4)^2-4y^2-4z^2=0$.

(2)S_1,S_2的交线为:$x=1,y^2+z^2=\frac{9}{4}$.

锥体体积为$V_1=\frac{1}{3}\pi R^2h=\frac{1}{3}\pi\cdot\frac{9}{4}\cdot 3=\frac{9}{4}\pi$;

椭球体体积$V_2=\pi\int_1^2 3\left(1-\frac{x^2}{4}\right)\mathrm{d}x=\frac{5\pi}{4}$.

所求体积为$V_1-V_2=\frac{9}{4}\pi-\frac{5\pi}{4}=\pi$.

> **评注**　S_1和S_2之间的立体体积,不是S_1和S_2各自所围的立体体积,许多考生在考试时做错,希望引起考生注意.

题型 8.3　物理应用①②

【例 57】　(2010[1]) 设$\Omega=\{(x,y,z)\mid x^2+y^2\leqslant z\leqslant 1\}$,则$\Omega$的形心的竖坐标$\bar{z}=$ ________.

【解】 $\bar{z}=\dfrac{\iiint\limits_{\Omega} z\,\mathrm{d}v}{\iiint\limits_{\Omega}\mathrm{d}v}=\dfrac{\int_0^1 z\cdot\pi z\mathrm{d}z}{\int_0^1\pi z\mathrm{d}z}=\dfrac{\frac{\pi}{3}}{\frac{\pi}{2}}=\dfrac{2}{3}.$

> 评注 密度为常数时质心坐标即为形心坐标,需记住计算公式.

【例 58】 设平面薄片所占的闭区域是由直线 $x+y=2,y=x$ 及 x 轴所围成,它的面密度是 $\rho(x,y)=x^2+y^2$,求该薄片的质量.

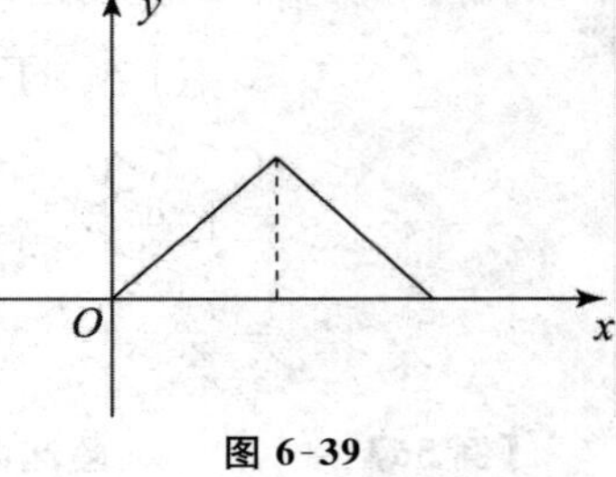

图 6-39

【思路】 二重积分的物理意义即为平面薄片的质量.

【解】 如图 6-39,选择 Y 型.

$$M=\iint\limits_{D}\rho(x,y)\mathrm{d}\sigma=\iint\limits_{D}(x^2+y^2)\mathrm{d}\sigma$$
$$=\int_0^1\mathrm{d}y\int_y^{2-y}(x^2+y^2)\mathrm{d}x=\frac{4}{3}.$$

【例 59】 在变力 $\boldsymbol{F}=yz\boldsymbol{i}+zx\boldsymbol{j}+xy\boldsymbol{k}$ 的作用下,一质点由原点沿直线运动到曲面$\dfrac{x^2}{a^2}+\dfrac{y^2}{b^2}+\dfrac{z^2}{c^2}=1$ 上第一卦限上的点 $M(\xi,\eta,\zeta)$,问当 ξ,η,ζ 取何值时,力所作的功 W 最大?并求 W 的最大值.

【思路】 首先要了解第二类曲线积分的物理意义是变力沿曲线做功.

【解】 先写出直线方程 $l_{OM}:\dfrac{x-0}{\xi}=\dfrac{y-0}{\eta}=\dfrac{z-0}{\zeta}$ 或 $x=\xi t,y=\eta t,z=\zeta t,t$ 从 0 到 1,$W=\int_{l_{OM}}\boldsymbol{F}\cdot\mathrm{d}\boldsymbol{S}=\int_{l_{OM}}yz\mathrm{d}x+zx\mathrm{d}y+xy\mathrm{d}z=3\xi\eta\zeta\int_0^1 t^2\mathrm{d}t=\xi\eta\zeta.$

ξ,η,ζ 满足$\dfrac{\xi^2}{a^2}+\dfrac{\eta^2}{b^2}+\dfrac{\zeta^2}{c^2}=1$,求条件极值,作拉格朗日函数:

$$L(x,y,z,\lambda)=xyz+\lambda\left(\frac{x^2}{a^2}+\frac{y^2}{b^2}+\frac{z^2}{c^2}-1\right).$$

$L'_x=yz+\dfrac{2\lambda x}{a^2},L'_y=xz+\dfrac{2\lambda y}{b^2},L'_z=xy+\dfrac{2\lambda z}{c^2},L'_\lambda=\dfrac{x^2}{a^2}+\dfrac{y^2}{b^2}+\dfrac{z^2}{c^2}-1=0,$

由 $L'_x=0,L'_y=0,L'_z=0,L'_\lambda=0$,解得$\dfrac{x}{a}=\dfrac{y}{b}=\dfrac{z}{c}=\dfrac{\sqrt{3}}{3}$.

所以 $\xi=\dfrac{\sqrt{3}}{3}a,\eta=\dfrac{\sqrt{3}}{3}b,\zeta=\dfrac{\sqrt{3}}{3}c,W_{\max}=\dfrac{\sqrt{3}}{9}abc.$

> 评注 最值问题也可以直接用初等方法,当$\dfrac{x^2}{a^2}=\dfrac{y^2}{b^2}=\dfrac{z^2}{c^2}=\dfrac{1}{3}$ 时,$W=xyz$ 达到最大.

疑难问题点拨

1. 重积分的对称性与轮换性

【例 60】 设 $f(x)$ 是连续的奇函数,$g(x)$ 是连续的偶函数,区域 $D=\{(x,y)\mid 0\leqslant x\leqslant 1,-\sqrt{x}\leqslant y\leqslant\sqrt{x}\}$,则以下结论正确的是( ).

(A)$\iint\limits_{D}f(y)g(x)\mathrm{d}x\mathrm{d}y=0$ (B)$\iint\limits_{D}f(x)g(y)\mathrm{d}x\mathrm{d}y=0$

(C)$\iint\limits_{D}[f(x)+g(y)]\mathrm{d}x\mathrm{d}y=0$ (D)$\iint\limits_{D}[f(y)+g(x)]\mathrm{d}x\mathrm{d}y=0$

【思路】 二重积分的对称性. 积分区域关于 x 轴对称时，如果被积函数是 y 的奇函数，则积分为零.

【解】 只有选项(A)的被积函数是 y 的奇函数. 故选(A).

【例 61】 计算二重积分 $\iint\limits_D x[1+yf(x^2+y^2)]\mathrm{d}x\mathrm{d}y$，其中 D 是由 $y=x^3$，$y=1$，$x=-1$ 所围成的区域，$f(u)$ 为连续函数.

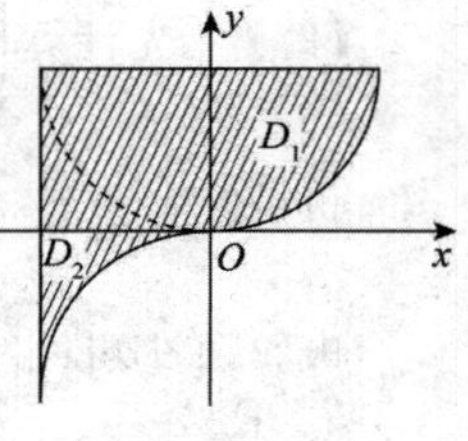

图 6-40

【思路】 直接计算比较麻烦，考虑对称性.

【解】 添加曲线 $y=-x^3$ 使得积分区域分为两部分，分别关于 x 轴对称、y 轴对称，(图 6-40).

$$\iint\limits_D=\iint\limits_{D_1}+\iint\limits_{D_2}=\iint\limits_{D_2}x\mathrm{d}x\mathrm{d}y=\int_{-1}^0 x\mathrm{d}x\int_{x^3}^{-x^3}\mathrm{d}y=-2\int_{-1}^0 x^4\mathrm{d}x=-\frac{2}{5}.$$

> **评注** D_1 关于 y 轴对称、D_2 关于 x 轴对称，考虑单个变量的奇、偶性，奇函数在对称区域上的积分为零.

【例 62】 (2010[3]) 计算二重积分 $\iint\limits_D (x+y)^3\mathrm{d}x\mathrm{d}y$，其中积分区域 D 是由曲线 $x=\sqrt{1+y^2}$ 和直线 $x+\sqrt{2}y=0$ 及 $x-\sqrt{2}y=0$ 围成.

【思路】 先画出积分区域图，如图 6-41 所示.

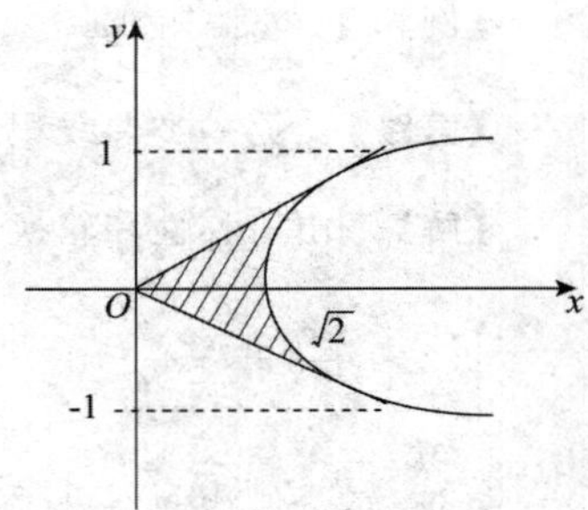

图 6-41

【解】 先求曲线的交点 $(\sqrt{2},\pm 1)$. 由对称性得

$$\begin{aligned}\iint\limits_D(x+y)^3\mathrm{d}x\mathrm{d}y&=2\int_0^1\mathrm{d}y\int_{\sqrt{2}y}^{\sqrt{1+y^2}}(x^3+3xy^2)\mathrm{d}x\\&=2\int_0^1\left(\frac{1}{4}x^4+\frac{3}{2}x^2y^2\right)\Big|_{\sqrt{2}y}^{\sqrt{1+y^2}}\mathrm{d}y\\&=\int_0^1\left[\frac{1}{2}(1+2y^2-3y^4)+3(y^2-y^4)\right]\mathrm{d}y\\&=\frac{14}{15}.\end{aligned}$$

> **评注** 利用了积分的对称性.

【例 63】① 设 a,b,c 为常数，$\Omega=\{(x,y,z)\mid x^2+y^2+z^2\leqslant a^2\}$，则 $\iiint\limits_\Omega[(b+2c)x^2+(c-2b)y^2+(b+c+1)z^2]\mathrm{d}v$(　　).

(A) 与 a,b 有关但与 c 无关　　(B) 与 b,c 有关但与 a 无关

(C) 与 a,c 有关但与 b 无关　　(D) 与 a,b,c 都有关

【思路】 积分的轮换性主要利用了积分变量无关的性质.

【解】 由轮换性 $\iiint\limits_\Omega x^2\mathrm{d}v=\iiint\limits_\Omega y^2\mathrm{d}v=\iiint\limits_\Omega z^2\mathrm{d}v$，则

$$\text{原式}=[(b+2c)+(c-2b)+(b+c+1)]\iiint\limits_\Omega x^2\mathrm{d}v=(4c+1)\iiint\limits_\Omega x^2\mathrm{d}v,$$

所以选(C).

> **评注** 轮换性需要同时考虑积分区域与被积函数的对称性.

【例 64】[①] 计算 $I=\iiint\limits_{\Omega}(x^2+y^2-z^2)\mathrm{d}x\mathrm{d}y\mathrm{d}z$,其中 $\Omega=\left\{(x,y,z)\mid \dfrac{x^2}{a^2}+\dfrac{y^2}{b^2}+\dfrac{z^2}{c^2}\leqslant 1\right\}$,常数 $a,b,c>0$.

【思路】 可以利用截面法分别计算三个三重积分,而掌握轮换性可使问题更为简单.

【解】 先计算 $\iiint\limits_{\Omega}x^2\mathrm{d}x\mathrm{d}y\mathrm{d}z$.

$$\iiint\limits_{\Omega}x^2\mathrm{d}x\mathrm{d}y\mathrm{d}z=\int_{-a}^{a}x^2\mathrm{d}x\iint\limits_{D_x}\mathrm{d}\sigma=\int_{-a}^{a}x^2\cdot\pi bc\left(1-\frac{x^2}{a^2}\right)\mathrm{d}x=\frac{4\pi}{15}bca^3\Rightarrow\iiint\limits_{\Omega}\frac{x^2}{a^2}\mathrm{d}x\mathrm{d}y\mathrm{d}z=\frac{4\pi}{15}bca.$$

由轮换性知:$\iiint\limits_{\Omega}\dfrac{y^2}{b^2}\mathrm{d}x\mathrm{d}y\mathrm{d}z=\iiint\limits_{\Omega}\dfrac{z^2}{c^2}\mathrm{d}x\mathrm{d}y\mathrm{d}z=\iiint\limits_{\Omega}\dfrac{x^2}{a^2}\mathrm{d}x\mathrm{d}y\mathrm{d}z=\dfrac{4\pi}{15}abc$.

故原式 $=\dfrac{4\pi}{15}abc(a^2+b^2-c^2)$.

> **评注** 本题也可用广义球面坐标进行计算,但计算比较复杂.广义球面坐标为:
> $$\begin{cases}x=a\rho\sin\varphi\cos\theta,\\ y=b\rho\sin\varphi\sin\theta,\ \mathrm{d}v=abc\rho^2\sin\varphi\mathrm{d}\rho\mathrm{d}\theta\mathrm{d}\varphi.\\ z=c\rho\cos\varphi,\end{cases}$$

2. 曲线积分与曲面积分的对称性与轮换性[①]

【例 65】 设 C 为圆 $x^2+y^2=a^2$,则$\oint\limits_{C}(2xy+3x^2+4y^2)\mathrm{d}s=$ ________.

【思路】 第一类曲线积分有与二重积分相似的对称性和轮换性.

【解】 由对称性和轮换性,有$\oint\limits_{C}2xy\mathrm{d}s=0$, $\oint\limits_{C}x^2\mathrm{d}s=\oint\limits_{C}y^2\mathrm{d}s$,则

$$\oint\limits_{C}(2xy+3x^2+4y^2)\mathrm{d}s=7\oint\limits_{C}x^2\mathrm{d}s=\frac{7}{2}\oint\limits_{C}(x^2+y^2)\mathrm{d}s=\frac{7}{2}a^2\oint\limits_{C}\mathrm{d}s=7\pi a^3.$$

> **评注** 曲线积分时可以把积分曲线代入被积函数中.

【例 66】 设 $S:x^2+y^2+z^2=a^2(z\geqslant 0)$,$S_1$ 为 S 在第一卦限部分,则( ).

(A)$\iint\limits_{S}x\mathrm{d}S=4\iint\limits_{S_1}x\mathrm{d}S$ (B)$\iint\limits_{S}y\mathrm{d}S=4\iint\limits_{S_1}x\mathrm{d}S$

(C)$\iint\limits_{S}z\mathrm{d}S=4\iint\limits_{S_1}x\mathrm{d}S$ (D)$\iint\limits_{S}xyz\mathrm{d}S=4\iint\limits_{S_1}xyz\mathrm{d}S$

【思路】 第一类曲面积分有与三重积分相似的对称性和轮换性.

【解】 由对称性和轮换性得$\iint\limits_{S}x\mathrm{d}S=\iint\limits_{S}y\mathrm{d}S=\iint\limits_{S}xyz\mathrm{d}S=0$,$\iint\limits_{S}z\mathrm{d}S=4\iint\limits_{S_1}z\mathrm{d}S$;$\iint\limits_{S_1}x\mathrm{d}S=\iint\limits_{S_1}y\mathrm{d}S=\iint\limits_{S_1}z\mathrm{d}S$,所以应选(C).

> **评注** 只有上半球面,所以关于 xOy 面没有对称性.

【例 67】 设曲面 $\Sigma:x^2+y^2+z^2=R^2$ 且取外侧,则$\oiint\limits_{\Sigma}z^2\mathrm{d}x\mathrm{d}y=$ ________.

【解】 由高斯公式,$\oiint\limits_{\Sigma}z^2\mathrm{d}x\mathrm{d}y=\iiint\limits_{\Omega}2z\mathrm{d}v=0$,其中 $\Omega:x^2+y^2+z^2\leqslant R^2$.

设分块光滑有向曲面 S 关于 xOy 平面对称,S 在 xOy 平面上方部分记为 S_1(方程为 $z=$

$z(x,y),(x,y)\in D_{xy}$)，下方部分记为 S_2，又设 $R(x,y,z)$ 在 S 连续，则

$$\iint_S R(x,y,z)\mathrm{d}x\mathrm{d}y=\begin{cases}0, & \text{若 } R \text{ 关于 } z \text{ 为偶函数},\\ 2\iint_{S_1}R(x,y,z)\mathrm{d}x\mathrm{d}y, & \text{若 } R \text{ 关于 } z \text{ 为奇函数}.\end{cases}$$

对于 $\iint_S P(x,y,z)\mathrm{d}y\mathrm{d}z,\iint_S Q(x,y,z)\mathrm{d}z\mathrm{d}x$ 有类似的结论.

3. 二重积分证明题

【例 68】 设 $f(x)$ 在 $[0,1]$ 上连续，证明 $\int_0^1\mathrm{d}x\int_x^1 f(x)f(y)\mathrm{d}y=\frac{1}{2}\left(\int_0^1 f(x)\mathrm{d}x\right)^2$.

【思路】 与定积分的变量无关性类似，二重积分交换积分变量后同样不改变积分的值.

【解】 遇到二次积分时先交换积分次序，即

$$I=\int_0^1\mathrm{d}x\int_x^1 f(x)f(y)\mathrm{d}y=\int_0^1\mathrm{d}y\int_0^y f(x)f(y)\mathrm{d}x=I_1.$$

利用积分的变量无关性，交换积分变量，得

$$I_1=\int_0^1\mathrm{d}y\int_0^y f(x)f(y)\mathrm{d}x=\int_0^1\mathrm{d}x\int_0^x f(y)f(x)\mathrm{d}y=I_2.$$

所以 $\int_0^1\mathrm{d}x\int_x^1 f(x)f(y)\mathrm{d}y=\frac{1}{2}(I_1+I_2)=\frac{1}{2}\int_0^1\mathrm{d}x\int_0^1 f(x)f(y)\mathrm{d}y$

$$=\frac{1}{2}\int_0^1 f(x)\mathrm{d}x\int_0^1 f(y)\mathrm{d}y=\frac{1}{2}\left(\int_0^1 f(x)\mathrm{d}x\right)^2.$$

评注　交换积分变量不会改变积分的值，当被积函数不变而积分区域变化时，若两积分相加，则被积函数不变，积分区域相加.

【例 69】 设 $f(x),g(x)$ 在 $[a,b]$ 上连续且单调增加，证明

$$\int_a^b f(x)\mathrm{d}x\int_a^b g(x)\mathrm{d}x\leqslant(b-a)\int_a^b f(x)g(x)\mathrm{d}x.$$

【思路】 可以利用定积分的证明方法来证明此例题，但比较困难，现在利用二重积分的变量无关性来证明.

【解】 记 $\int_a^b f(x)\mathrm{d}x\int_a^b g(x)\mathrm{d}x=\int_a^b f(x)\mathrm{d}x\int_a^b g(y)\mathrm{d}y=\iint_D f(x)g(y)\mathrm{d}x\mathrm{d}y$,

其中 $D=\{(x,y)\mid a\leqslant x\leqslant b,a\leqslant y\leqslant b\}$.

$$(b-a)\int_a^b f(x)g(x)\mathrm{d}x=\int_a^b\mathrm{d}x\int_a^b f(y)g(y)\mathrm{d}y=\iint_D f(y)g(y)\mathrm{d}x\mathrm{d}y,$$

所以 $(b-a)\int_a^b f(x)g(x)\mathrm{d}x-\int_a^b f(x)\mathrm{d}x\int_a^b g(x)\mathrm{d}x=\iint_D[f(y)g(y)-f(x)g(y)]\mathrm{d}x\mathrm{d}y$

$$=\iint_D[f(y)-f(x)]g(y)\mathrm{d}x\mathrm{d}y,$$

交换积分变量 $\iint_D[f(y)-f(x)]g(y)\mathrm{d}x\mathrm{d}y=\iint_D[f(x)-f(y)]g(x)\mathrm{d}y\mathrm{d}x$,

则 $(b-a)\int_a^b f(x)g(x)\mathrm{d}x-\int_a^b f(x)\mathrm{d}x\int_a^b g(x)\mathrm{d}x=\frac{1}{2}\iint_D[f(y)-f(x)][g(y)-g(x)]\mathrm{d}x\mathrm{d}y$.

由于 $f(x),g(x)$ 在 $[a,b]$ 上单调增加，所以 $f(y)-f(x)$ 与 $g(y)-g(x)$ 同号，

故 $(b-a)\int_a^b f(x)g(x)\mathrm{d}x-\int_a^b f(x)\mathrm{d}x\int_a^b g(x)\mathrm{d}x=\frac{1}{2}\iint_D[f(y)-f(x)][g(y)-g(x)]\mathrm{d}x\mathrm{d}y\geqslant 0$.

评注 交换积分变量不会改变积分的值，当被积函数变化而积分区域不变时，若两积分相加则积分区域不变、被积函数相加.

综合拓展提高

【例 70】 计算二重积分$\iint\limits_D \frac{x+y}{x^2+y^2}\mathrm{d}x\mathrm{d}y$，其中$D=\{(x,y)\mid x^2+y^2\leqslant 1,x+y\geqslant 1\}$.

【思路】 一般来说，遇到圆域及经过原点的直线利用极坐标计算二重积分比较简单，其他区域用直角坐标计算.

【解】 利用极坐标计算，$x+y=1\Rightarrow r(\cos\theta+\sin\theta)=1$. 则

$$\iint\limits_D \frac{x+y}{x^2+y^2}\mathrm{d}x\mathrm{d}y=\int_0^{\frac{\pi}{2}}\mathrm{d}\theta\int_{\frac{1}{\cos\theta+\sin\theta}}^1 \frac{r(\cos\theta+\sin\theta)}{r^2}\cdot r\mathrm{d}r=\int_0^{\frac{\pi}{2}}(\cos\theta+\sin\theta-1)\mathrm{d}\theta=2-\frac{\pi}{2}.$$

评注 考生不妨尝试利用直角坐标计算并加以比较.

【例 71】 (2008[2][3]) 计算二重积分$\iint\limits_D \max\{xy,1\}\mathrm{d}x\mathrm{d}y$，其中$D=\{(x,y)\mid 0\leqslant x\leqslant 2,0\leqslant y\leqslant 2\}$.

【思路】 先考虑把 max 去掉.

【解】 利用曲线$xy=1$将积分区域分成两个部分，如图 6-42 所示.

$$\iint\limits_D \max\{xy,1\}\mathrm{d}x\mathrm{d}y=\iint\limits_{D_1}xy\mathrm{d}x\mathrm{d}y+\iint\limits_{D_2}\mathrm{d}x\mathrm{d}y$$

$$=\int_{\frac{1}{2}}^2\mathrm{d}x\int_{\frac{1}{x}}^2 xy\mathrm{d}y+\int_0^{\frac{1}{2}}\mathrm{d}x\int_0^2\mathrm{d}y+\int_{\frac{1}{2}}^2\mathrm{d}x\int_0^{\frac{1}{x}}\mathrm{d}y$$

$$=\int_{\frac{1}{2}}^2 \frac{x}{2}\left(4-\frac{1}{x^2}\right)\mathrm{d}x+1+\int_{\frac{1}{2}}^2\frac{1}{x}\mathrm{d}x$$

$$=\frac{15}{4}-\ln 2+1+2\ln 2=\frac{19}{4}+\ln 2.$$

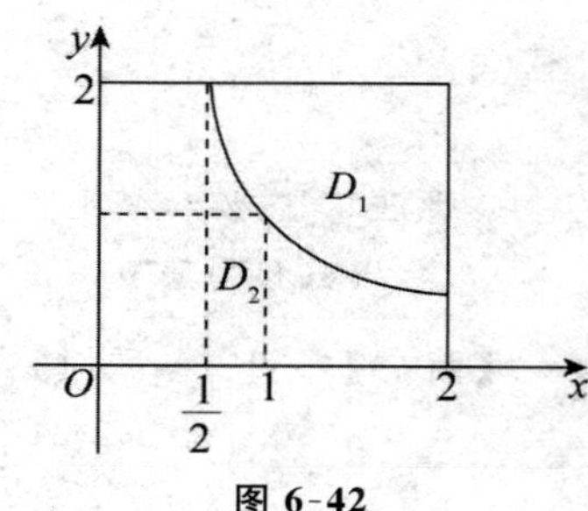

图 6-42

评注 需要比较大、小时，先把相等时的情况描述出来.

【例 72】 计算二重积分$\iint\limits_D \min\{\sqrt{4-x^2-y^2},\sqrt{3}(x^2+y^2)\}\mathrm{d}x\mathrm{d}y$，其中$D=\{(x,y)\mid x^2+y^2\leqslant 4\}$.

【思路】 先考虑把 min 去掉.

【解】 利用$\sqrt{4-x^2-y^2}=\sqrt{3}(x^2+y^2)\Rightarrow x^2+y^2=1$将积分区域分成两个部分，

$D_1=\{(x,y)\mid x^2+y^2\leqslant 1\}$，$D_2=\{(x,y)\mid 1\leqslant x^2+y^2\leqslant 4\}$.

$$\text{原式}=\iint\limits_{D_1}\sqrt{3}(x^2+y^2)\mathrm{d}x\mathrm{d}y+\iint\limits_{D_2}\sqrt{4-x^2-y^2}\mathrm{d}x\mathrm{d}y$$

$$=\sqrt{3}\int_0^{2\pi}\mathrm{d}\theta\int_0^1 r^2\cdot r\mathrm{d}r+\int_0^{2\pi}\mathrm{d}\theta\int_1^2\sqrt{4-r^2}\cdot r\mathrm{d}r$$

$$=\frac{\sqrt{3}}{2}\pi+2\pi\cdot\sqrt{3}=\frac{5\sqrt{3}}{2}\pi.$$

【例 73】 计算二重积分$\iint\limits_D \sqrt{|y-x^2|}\mathrm{d}x\mathrm{d}y$，其中$D=\{(x,y)\mid -1\leqslant x\leqslant 1,0\leqslant y\leqslant 2\}$.

【思路】　先考虑把绝对值去掉.

【解】　利用曲线 $y=x^2$ 将积分区域分成两个部分,如图 6-43 所示.

$$\iint\limits_D \sqrt{|y-x^2|}\mathrm{d}x\mathrm{d}y=\iint\limits_{D_1}\sqrt{y-x^2}\mathrm{d}x\mathrm{d}y+\iint\limits_{D_2}\sqrt{x^2-y}\mathrm{d}x\mathrm{d}y$$

$$=\int_{-1}^{1}\mathrm{d}x\int_{x^2}^{2}\sqrt{y-x^2}\mathrm{d}y+\int_{-1}^{1}\mathrm{d}x\int_{0}^{x^2}\sqrt{x^2-y}\mathrm{d}y$$

$$=\frac{2}{3}\int_{-1}^{1}(2-x^2)^{\frac{3}{2}}\mathrm{d}x+\frac{2}{3}\int_{-1}^{1}|x|^3\mathrm{d}x.$$

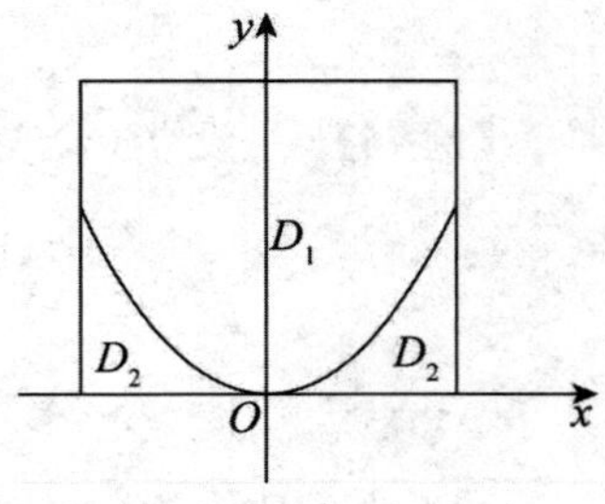

图 6-43

令 $x=\sqrt{2}\sin t$,则

$$\int_{-1}^{1}(2-x^2)^{\frac{3}{2}}\mathrm{d}x=8\int_0^{\frac{\pi}{4}}\cos^4 t\mathrm{d}t=2\int_0^{\frac{\pi}{4}}(1+\cos 2t)^2\mathrm{d}t$$

$$=2\int_0^{\frac{\pi}{4}}\left(1+2\cos 2t+\frac{1+\cos 4t}{2}\right)\mathrm{d}t=\frac{3\pi}{4}+2.$$

所以原式 $=\frac{\pi}{2}+\frac{5}{3}$.

> **评注**　第二个积分需要考虑绝对值.

【例 74】　(2012[3]) 计算二重积分 $\iint\limits_D \mathrm{e}^x\cdot xy\mathrm{d}x\mathrm{d}y$,其中 D 是以 $y=\sqrt{x}$,$y=\frac{1}{\sqrt{x}}$ 及 y 轴为边界的无界区域.

【思路】　这是无界区域上广义二重积分的计算题.

【解】　积分区域 D 如图 6-44 所示.

$$\iint\limits_D \mathrm{e}^x\cdot xy\mathrm{d}x\mathrm{d}y=\int_0^1 x\mathrm{e}^x\mathrm{d}x\int_{\sqrt{x}}^{\frac{1}{\sqrt{x}}}y\mathrm{d}y$$

$$=\frac{1}{2}\int_0^1 x\mathrm{e}^x\left(\frac{1}{x}-x\right)\mathrm{d}x=\frac{1}{2}\int_0^1(1-x^2)\mathrm{d}(\mathrm{e}^x)$$

$$=\frac{1}{2}\left[(1-x^2)\mathrm{e}^x\right]\Big|_0^1+\int_0^1 x\mathrm{e}^x\mathrm{d}x$$

$$=-\frac{1}{2}+(x-1)\mathrm{e}^x\Big|_0^1=\frac{1}{2}.$$

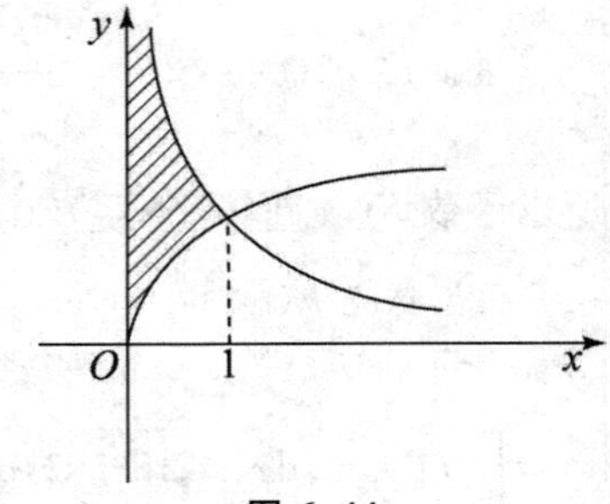

图 6-44

【例 75】　设函数 $f(x,y)$ 具有二阶连续偏导数,$D=\{(x,y)\mid 0\leqslant x\leqslant 1,0\leqslant y\leqslant 1\}$,$f(x,1)=f(1,y)=a$,$\iint\limits_D f(x,y)\mathrm{d}x\mathrm{d}y=b$,其中 a,b 为常数,计算 $\iint\limits_D xyf''_{yx}(x,y)\mathrm{d}x\mathrm{d}y$.

【解】　由 $f(x,1)=a$,则 $f'_x(x,1)=0$. 由 $f(1,y)=a$,则 $f'_y(1,y)=0$.

$$\iint\limits_D xyf''_{yx}(x,y)\mathrm{d}x\mathrm{d}y=\int_0^1 y\mathrm{d}y\int_0^1 xf''_{yx}(x,y)\mathrm{d}x$$

$$=\int_0^1 y\left[xf'_y(x,y)\Big|_{x=0}^{x=1}-\int_0^1 f'_y(x,y)\mathrm{d}x\right]\mathrm{d}y$$

$$=-\int_0^1\mathrm{d}y\int_0^1 yf'_y(x,y)\mathrm{d}x$$

$$=-\int_0^1\mathrm{d}x\int_0^1 yf'_y(x,y)\mathrm{d}y$$

$$=-\int_0^1\left[yf(x,y)\Big|_{y=0}^{y=1}-\int_0^1 f(x,y)\mathrm{d}y\right]\mathrm{d}x$$

$$=-\int_0^1\left[a-\int_0^1 f(x,y)\mathrm{d}y\right]\mathrm{d}x$$

$$=-a+\iint\limits_D f(x,y)\mathrm{d}x\mathrm{d}y=b-a.$$

【例 76】[①] 设 $f(x)$ 连续且恒大于零，

$$F(t)=\frac{\iiint\limits_{x^2+y^2+z^2\leqslant t^2} f(\sqrt{x^2+y^2+z^2})\mathrm{d}v}{\iint\limits_{x^2+y^2\leqslant t^2} f(\sqrt{x^2+y^2})\mathrm{d}\sigma},\quad G(t)=\frac{\iint\limits_{x^2+y^2\leqslant t^2} f(\sqrt{x^2+y^2})\mathrm{d}\sigma}{\int_{-t}^{t} f(|x|)\mathrm{d}x}.$$

(1) 讨论 $F(t)$ 在 $(0,+\infty)$ 内的单调性；(2) 证明：当 $t>0$ 时，$F(t)>\dfrac{2}{\pi}G(t)$.

【思路】 先利用球面坐标及极坐标把函数 $F(t)$ 的表达式写出来，再利用导数讨论函数的单调性，最后证明不等式.

【解】 (1) 由 $\iiint\limits_{x^2+y^2+z^2\leqslant t^2} f(\sqrt{x^2+y^2+z^2})\mathrm{d}v=\int_0^{2\pi}\mathrm{d}\theta\int_0^{\pi}\sin\varphi\mathrm{d}\varphi\int_0^t f(\rho)\cdot\rho^2\mathrm{d}\rho=4\pi\int_0^t f(\rho)\rho^2\mathrm{d}\rho$,

$\iint\limits_{x^2+y^2\leqslant t^2} f(\sqrt{x^2+y^2})\mathrm{d}\sigma=\int_0^{2\pi}\mathrm{d}\theta\int_0^t f(r)\cdot r\mathrm{d}r=2\pi\int_0^t f(r)\cdot r\mathrm{d}r$,

得
$$F(t)=\frac{4\pi\int_0^t f(\rho)\rho^2\mathrm{d}\rho}{2\pi\int_0^t f(r)\cdot r\mathrm{d}r}=\frac{2\int_0^t f(x)x^2\mathrm{d}x}{\int_0^t f(x)x\mathrm{d}x},$$

进而得 $F'(t)=2\cdot\dfrac{f(t)t^2\int_0^t f(x)x\mathrm{d}x-f(t)t\int_0^t f(x)x^2\mathrm{d}x}{\left[\int_0^t f(x)x\mathrm{d}x\right]^2}=2f(t)t\cdot\dfrac{\int_0^t f(x)x(t-x)\mathrm{d}x}{\left[\int_0^t f(x)x\mathrm{d}x\right]^2}>0$,

所以函数 $F(t)$ 在 $(0,+\infty)$ 上单调增加.

(2) 要证 $F(t)>\dfrac{2}{\pi}G(t)$，即证 $\int_0^t f(x)x^2\mathrm{d}x\cdot\int_0^t f(x)\mathrm{d}x>\left[\int_0^t f(x)x\mathrm{d}x\right]^2$.

$$\int_{-t}^t f(|x|)\mathrm{d}x=2\int_0^t f(x)\mathrm{d}x,\ G(t)=\frac{2\pi\int_0^t f(x)x\mathrm{d}x}{2\int_0^t f(x)\mathrm{d}x}=\pi\cdot\frac{\int_0^t f(x)x\mathrm{d}x}{\int_0^t f(x)\mathrm{d}x}.$$

方法一 令 $H(t)=\int_0^t f(x)x^2\mathrm{d}x\cdot\int_0^t f(x)\mathrm{d}x-\left[\int_0^t f(x)x\mathrm{d}x\right]^2$.

$H(0)=0$,

$$H'(t)=f(t)t^2\int_0^t f(x)\mathrm{d}x+f(t)\int_0^t f(x)x^2\mathrm{d}x-2f(t)t\int_0^t f(x)x\mathrm{d}x$$
$$=f(t)\int_0^t(t-x)^2f(x)\mathrm{d}x>0,$$

所以当 $t>0$ 时，$H(t)>H(0)=0$，证毕.

方法二 利用柯西—施瓦兹(Cauchy-Schwarz)不等式.

$$\int_a^b f^2(x)\mathrm{d}x\cdot\int_a^b g^2(x)\mathrm{d}x\geqslant\left[\int_a^b f(x)g(x)\mathrm{d}x\right]^2.$$

$$\int_0^t f(x)x^2\mathrm{d}x\cdot\int_0^t f(x)\mathrm{d}x=\int_0^t\left[\sqrt{f(x)}x\right]^2\mathrm{d}x\cdot\int_0^t\left[\sqrt{f(x)}\right]^2\mathrm{d}x$$
$$\geqslant\left[\int_0^t\sqrt{f(x)}x\cdot\sqrt{f(x)}\mathrm{d}x\right]^2=\left[\int_0^t f(x)x\mathrm{d}x\right]^2.$$

方法三 利用二重积分方法证明.

$$H(t)=\int_0^t f(x)x^2\mathrm{d}x\cdot\int_0^t f(x)\mathrm{d}x-\left[\int_0^t f(x)x\mathrm{d}x\right]^2$$
$$=\int_0^t f(x)x^2\mathrm{d}x\cdot\int_0^t f(y)\mathrm{d}y-\int_0^t f(x)x\mathrm{d}x\cdot\int_0^t f(y)y\mathrm{d}y$$
$$=\iint_D x^2 f(x)f(y)\mathrm{d}x\mathrm{d}y-\iint_D xyf(x)f(y)\mathrm{d}x\mathrm{d}y=\iint_D x(x-y)f(x)f(y)\mathrm{d}x\mathrm{d}y,$$

其中 $D=\{(x,y)\mid 0\leqslant x\leqslant t,0\leqslant y\leqslant t\}$.

交换积分变量

$$H(t)=\iint_D y(y-x)f(y)f(x)\mathrm{d}y\mathrm{d}x$$
$$=\frac{1}{2}\left[\iint_D x(x-y)f(x)f(y)\mathrm{d}x\mathrm{d}y+\iint_D y(y-x)f(y)f(x)\mathrm{d}y\mathrm{d}x\right]$$
$$=\frac{1}{2}\iint_D (x-y)^2 f(x)f(y)\mathrm{d}x\mathrm{d}y\geqslant 0.$$

评注　柯西—施瓦兹(Cauchy-Schwarz)不等式在考研中可以直接使用.

【例 77】[①]　计算曲线积分$\oint_C\dfrac{x\mathrm{d}y-y\mathrm{d}x}{x^2+y^2}$,其中 C: $x^2+4y^2=4$,取逆时针方向.

【思路】　积分曲线所围区域内有“洞”(0,0)时,应该直接计算,如果$\dfrac{\partial P}{\partial y}=\dfrac{\partial Q}{\partial x}$,则可改变积分路径.

【解】　积分曲线所围区域内有“洞”(0,0),如果直接计算可以利用参数方程$\begin{cases}x=2\cos t,\\ y=\sin t\end{cases}$进行计算,但比较复杂,由于$P=-\dfrac{y}{x^2+y^2}$,$Q=\dfrac{x}{x^2+y^2}$,$\dfrac{\partial P}{\partial y}=\dfrac{y^2-x^2}{(x^2+y^2)^2}=\dfrac{\partial Q}{\partial x}$,故可改变积分路径,选择路径 C_1:$x^2+y^2=1$.

利用参数方程 $x=\cos t,y=\sin t$ 直接计算得

$$\oint_C\frac{x\mathrm{d}y-y\mathrm{d}x}{x^2+y^2}=\oint_{C_1}\frac{x\mathrm{d}y-y\mathrm{d}x}{x^2+y^2}=\int_0^{2\pi}[\cos t\cdot\cos t-\sin t\cdot(-\sin t)]\mathrm{d}t=2\pi.$$

评注　当积分曲线所围区域内有“洞”时,不能用格林公式.

【例 78】[①]　计算曲线积分$\int_C\dfrac{x\mathrm{d}y-y\mathrm{d}x}{x^2+y^2}$,其中 C 是沿曲线 $x^2=2(y+2)$ 从点 $A(-2\sqrt{2},2)$ 到点 $B(2\sqrt{2},2)$ 的一段.

【思路】　由于$\dfrac{\partial P}{\partial y}=\dfrac{\partial Q}{\partial x}$,曲线积分与路径无关,但不能选择计算直线 l_{BA} 上的积分,因为点(0,0)含在内部.

【解】　如图 6-45,$P=-\dfrac{y}{x^2+y^2}$,$Q=\dfrac{x}{x^2+y^2}$,$\dfrac{\partial P}{\partial y}=\dfrac{y^2-x^2}{(x^2+y^2)^2}=\dfrac{\partial Q}{\partial x}$.
添加直线 l_{BA},构成封闭区域,选取另一条路径 C_1:$x^2+y^2=1$,利用参数方程 $x=\cos t,y=\sin t$.

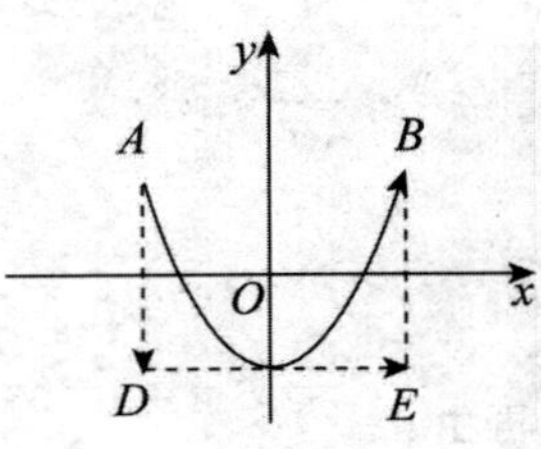

图 6-45

直接计算得$\int_C+\int_{l_{BA}}=\oint_{C+l_{BA}}=\int_{C_1}\dfrac{x\mathrm{d}y-y\mathrm{d}x}{x^2+y^2}=2\pi$,所以

$$\int_C\frac{x\mathrm{d}y-y\mathrm{d}x}{x^2+y^2}=2\pi-\int_{l_{BA}}=2\pi-\int_{2\sqrt{2}}^{-2\sqrt{2}}\frac{-2\mathrm{d}x}{x^2+4}$$

$$= 2\pi + \arctan \frac{x}{2}\Big|_{2\sqrt{2}}^{-2\sqrt{2}}$$

$$= 2\pi - 2\arctan\sqrt{2}.$$

评注 曲线积分与路径无关，如果选择路径积分，可选择折线段 $AD \to DE \to EB$.

【例 79】[①] 求参数 λ，使得当曲线 C 落在区域 $D=\{(x,y)\mid y>0\}$ 内时，曲线积分 $\int_C \frac{x}{y}(x^2+y^2)^{\lambda}\mathrm{d}x - \frac{x^2}{y^2}(x^2+y^2)^{\lambda}\mathrm{d}y$ 与路径无关，并求

$$u(x,y)=\int_{(0,1)}^{(x,y)} \frac{x}{y}(x^2+y^2)^{\lambda}\mathrm{d}x - \frac{x^2}{y^2}(x^2+y^2)^{\lambda}\mathrm{d}y.$$

【思路】 利用曲线积分与路径无关的等价条件，选路径计算曲线积分. 如图 6-46 所示.

【解】 由于曲线积分与路径无关，所以 $\frac{\partial P}{\partial y}=\frac{\partial Q}{\partial x}$，而 $P=\frac{x}{y}(x^2+y^2)^{\lambda}$，$Q=-\frac{x^2}{y^2}(x^2+y^2)^{\lambda}$，则

$$\frac{\partial P}{\partial y}=-\frac{x}{y^2}(x^2+y^2)^{\lambda}+\frac{x}{y}\cdot 2\lambda y(x^2+y^2)^{\lambda-1},$$

$$\frac{\partial Q}{\partial x}=-\frac{2x}{y^2}(x^2+y^2)^{\lambda}-\frac{x^2}{y^2}\cdot 2\lambda x(x^2+y^2)^{\lambda-1}.$$

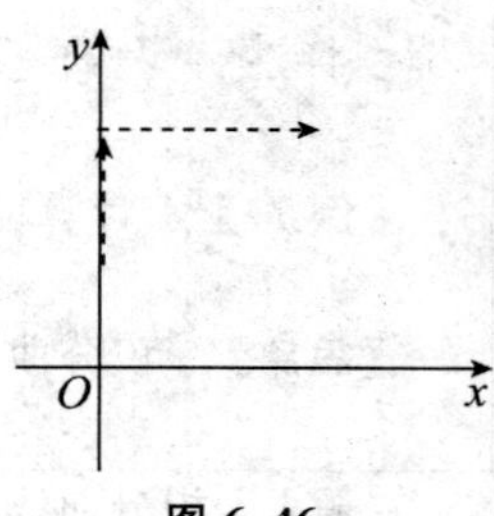

图 6-46

得 $(1+2\lambda)\frac{x}{y^2}(x^2+y^2)^{\lambda}=0$，即 $\lambda=-\frac{1}{2}$.

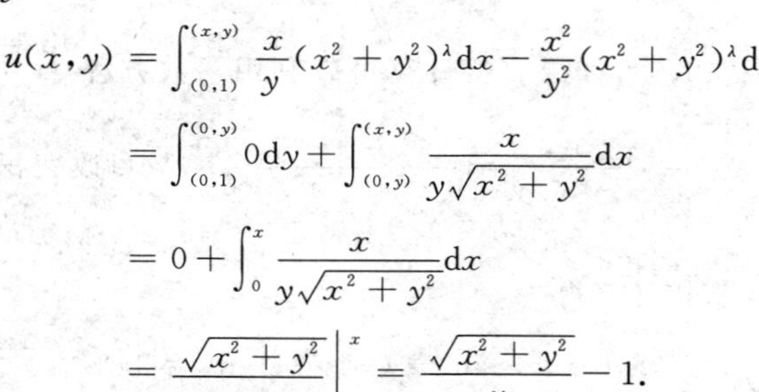

$$u(x,y)=\int_{(0,1)}^{(x,y)} \frac{x}{y}(x^2+y^2)^{\lambda}\mathrm{d}x - \frac{x^2}{y^2}(x^2+y^2)^{\lambda}\mathrm{d}y$$

$$=\int_{(0,1)}^{(0,y)} 0\mathrm{d}y+\int_{(0,y)}^{(x,y)}\frac{x}{y\sqrt{x^2+y^2}}\mathrm{d}x$$

$$=0+\int_0^x \frac{x}{y\sqrt{x^2+y^2}}\mathrm{d}x$$

$$=\frac{\sqrt{x^2+y^2}}{y}\Big|_0^x=\frac{\sqrt{x^2+y^2}}{y}-1.$$

评注 如果选择 $(0,1)\to(x,1)$，$(x,1)\to(x,y)$，则计算比较复杂.

【例 80】[①] 设 Σ 是椭球面 $x^2+y^2+z^2-yz=1$ 位于平面 $y-2z=0$ 上方的部分，计算曲面积分 $\iint_{\Sigma}\frac{(x+1)^2(y-2z)}{\sqrt{5-x^2-3yz}}\mathrm{d}S$.

【解】 曲面 Σ 的方程记为 $z=z(x,y)$，设 $F(x,y,z)=x^2+y^2+z^2-yz-1=0$，则有

$$\frac{\partial z}{\partial x}=-\frac{F'_x}{F'_z}=-\frac{2x}{2z-y},$$

$$\frac{\partial z}{\partial y}=-\frac{F'_y}{F'_z}=-\frac{2y-z}{2z-y},$$

$$\sqrt{1+\left(\frac{\partial z}{\partial x}\right)^2+\left(\frac{\partial z}{\partial y}\right)^2}=\frac{\sqrt{5-x^2-3yz}}{2z-y},$$

再由 $\begin{cases}x^2+y^2+z^2-yz=1,\\ y-2z=0\end{cases}$ 消去 z 得 $x^2+\frac{3}{4}y^2=1$，所以曲面 Σ 在 xOy 平面上的投影为椭圆 $D: x^2+\frac{3}{4}y^2\leqslant 1$. 将曲面积分化为区域 D 上的二重积分得

$$原式=\iint_D \frac{(x+1)^2(y-2z)}{\sqrt{5-x^2-3yz}}\sqrt{1+\left(\frac{\partial z}{\partial x}\right)^2+\left(\frac{\partial z}{\partial y}\right)^2}\mathrm{d}x\mathrm{d}y=-\iint_D (x+1)^2\mathrm{d}x\mathrm{d}y$$

$$=-\iint_D x^2\mathrm{d}x\mathrm{d}y-2\iint_D x\mathrm{d}x\mathrm{d}y-\iint_D \mathrm{d}x\mathrm{d}y,$$

对上式的第一个二重积分，令 $x=\rho\cos t, y=\frac{2}{3}\sqrt{3}\rho\sin t$，则 $\mathrm{d}x\mathrm{d}y=\frac{2}{3}\sqrt{3}\rho\mathrm{d}\rho\mathrm{d}\theta$，应用广义极坐标变换，得

$$\iint_D x^2\mathrm{d}x\mathrm{d}y=\frac{2}{3}\sqrt{3}\int_0^{2\pi}\cos^2\theta\mathrm{d}\theta\cdot\int_0^1\rho^3\mathrm{d}\rho$$

$$=\frac{1}{12}\sqrt{3}\left(\theta+\frac{1}{2}\sin2\theta\right)\Big|_0^{2\pi}=\frac{1}{6}\sqrt{3}\pi$$

又由于 D 关于直线 $x=0$ 对称，函数 x 是奇函数，应用二重积分的偶倍奇零性，可得

$$\iint_D x\mathrm{d}x\mathrm{d}y=0, 而\iint_D \mathrm{d}x\mathrm{d}y=\sigma(D)=\frac{2}{3}\sqrt{3}\pi,$$

于是

$$原式=-\frac{1}{6}\sqrt{3}\pi-0-\frac{2}{3}\sqrt{3}\pi=-\frac{5}{6}\sqrt{3}\pi.$$

【例 81】[①]　设 Σ 为空间曲线 $L:\frac{x-1}{1}=\frac{y}{1}=\frac{z}{2}$ 绕 z 轴旋转一周而成的曲面，介于 $z=0$ 和 $z=2$ 的一部分，取外侧，计算曲面积分 $I=\iint_\Sigma 2x\mathrm{d}y\mathrm{d}z+(y+z)\mathrm{d}z\mathrm{d}x+(z-x^2)\mathrm{d}x\mathrm{d}y$.

【解】　Σ 的方程为 $x^2+y^2=\left(\frac{z}{2}+1\right)^2+\left(\frac{z}{2}\right)^2=\frac{1}{2}z^2+z+1$，整理得

$$2x^2+2y^2-(z+1)^2=1.$$

补充曲面 $\Sigma_1: z=0(D_1: x^2+y^2\leqslant 1)$，取下侧；$\Sigma_2: z=2(D_2: x^2+y^2\leqslant 5)$，取上侧.

记 $\Sigma+\Sigma_1+\Sigma_2$ 所围区域为 Ω，则

$$\oiint_{\Sigma+\Sigma_1+\Sigma_2} 2x\mathrm{d}y\mathrm{d}z+(y+z)\mathrm{d}z\mathrm{d}x+(z-x^2)\mathrm{d}x\mathrm{d}y=\iiint_\Omega 4\mathrm{d}v=\int_0^2 4\cdot\pi\left(1+z+\frac{1}{2}z^2\right)\mathrm{d}z$$

$$=\frac{64}{3}\pi.$$

$$\iint_{\Sigma_1} 2x\mathrm{d}y\mathrm{d}z+(y+z)\mathrm{d}z\mathrm{d}x+(z-x^2)\mathrm{d}x\mathrm{d}y=-\iint_{\Sigma_1} x^2\mathrm{d}x\mathrm{d}y=\iint_{D_1} x^2\mathrm{d}x\mathrm{d}y$$

$$=\frac{1}{2}\iint_{D_1}(x^2+y^2)\mathrm{d}x\mathrm{d}y$$

$$=\frac{1}{2}\int_0^{2\pi}\mathrm{d}\theta\int_0^1 r^2 r\mathrm{d}r=\frac{\pi}{4}.$$

$$\iint_{\Sigma_2} 2x\mathrm{d}y\mathrm{d}z+(y+z)\mathrm{d}z\mathrm{d}x+(z-x^2)\mathrm{d}x\mathrm{d}y=\iint_{\Sigma_2}(2-x^2)\mathrm{d}x\mathrm{d}y$$

$$=\iint_{D_2}(2-x^2)\mathrm{d}x\mathrm{d}y$$

$$=2\pi\cdot5-\frac{1}{2}\iint_{D_2}(x^2+y^2)\mathrm{d}x\mathrm{d}y$$

$$=10\pi-\frac{1}{2}\int_0^{2\pi}\mathrm{d}\theta\int_0^{\sqrt{5}} r^2 r\mathrm{d}r$$

$$= 10\pi - \frac{25}{4}\pi = \frac{15}{4}\pi.$$

所以 $I = \iint_{\Sigma+\Sigma_1+\Sigma_2} - \iint_{\Sigma_1} - \iint_{\Sigma_2} = \frac{64}{3}\pi - \frac{1}{4}\pi - \frac{15}{4}\pi = \frac{52}{3}\pi.$

【例 82】[①] 设 Σ 为曲面 $x^2+y^2+z^2=4(z\geqslant 0)$ 的上侧,计算曲面积分

$$I = \iint_\Sigma \frac{x\mathrm{d}y\mathrm{d}z + y\mathrm{d}z\mathrm{d}x + z\mathrm{d}x\mathrm{d}y}{\sqrt{x^2+(y-1)^2+z^2}}.$$

【解】 利用转换投影法.

曲面 Σ 的方程:$z=\sqrt{4-x^2-y^2}$,$x^2+y^2\leqslant 4$,记 $F(x,y,z)=x^2+y^2+z^2-4$,曲面上侧的法向量为 $\boldsymbol{n}=\left(\frac{\partial F}{\partial x},\frac{\partial F}{\partial y},\frac{\partial F}{\partial z}\right)=(2x,2y,2z)$,由 Σ 为曲面的上侧,单位化得 $\boldsymbol{n}_0=\left(\frac{x}{z},\frac{y}{z},1\right)$. 曲面 Σ 在 xOy 平面上的投影域为 $D=\{(x,y)\mid x^2+y^2\leqslant 4\}$,

$$\begin{aligned}
I &= \iint_\Sigma \frac{x\mathrm{d}y\mathrm{d}z + y\mathrm{d}z\mathrm{d}x + z\mathrm{d}x\mathrm{d}y}{\sqrt{x^2+(y-1)^2+z^2}} = \iint_\Sigma \frac{x\mathrm{d}y\mathrm{d}z + y\mathrm{d}z\mathrm{d}x + z\mathrm{d}x\mathrm{d}y}{\sqrt{5-2y}} \\
&= \iint_\Sigma \frac{1}{\sqrt{5-2y}}(x,y,z)\cdot\left(\frac{x}{z},\frac{y}{z},1\right)\mathrm{d}x\mathrm{d}y = \iint_\Sigma \frac{1}{\sqrt{5-2y}}\frac{x^2+y^2+z^2}{z}\mathrm{d}x\mathrm{d}y \\
&= \iint_\Sigma \frac{1}{\sqrt{5-2y}}\frac{4}{z}\mathrm{d}x\mathrm{d}y = 4\iint_D \frac{1}{\sqrt{5-2y}}\frac{1}{\sqrt{4-x^2-y^2}}\mathrm{d}x\mathrm{d}y \\
&= 4\int_{-2}^{2}\frac{1}{\sqrt{5-2y}}\mathrm{d}y\int_{-\sqrt{4-y^2}}^{\sqrt{4-y^2}}\frac{1}{\sqrt{4-x^2-y^2}}\mathrm{d}x \\
&= 4\int_{-2}^{2}\frac{1}{\sqrt{5-2y}}\arcsin\frac{x}{\sqrt{4-y^2}}\Bigg|_{-\sqrt{4-y^2}}^{\sqrt{4-y^2}}\mathrm{d}y \\
&= 4\pi\int_{-2}^{2}\frac{1}{\sqrt{5-2y}}\mathrm{d}y = 8\pi.
\end{aligned}$$

本章同步练习

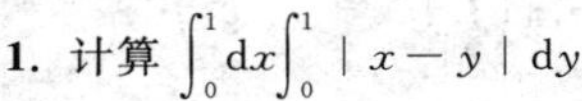

1. 计算 $\int_0^1\mathrm{d}x\int_0^1|x-y|\mathrm{d}y$.

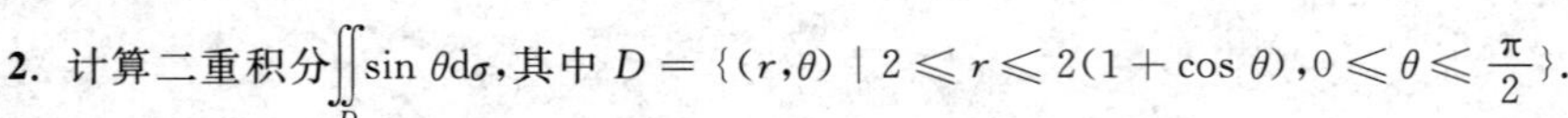

2. 计算二重积分 $\iint_D \sin\theta\mathrm{d}\sigma$,其中 $D=\left\{(r,\theta)\mid 2\leqslant r\leqslant 2(1+\cos\theta),0\leqslant\theta\leqslant\frac{\pi}{2}\right\}$.

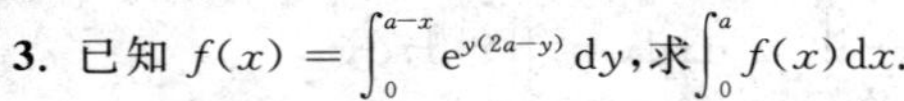

3. 已知 $f(x)=\int_0^{a-x}\mathrm{e}^{y(2a-y)}\mathrm{d}y$,求 $\int_0^a f(x)\mathrm{d}x$.

4. 设闭区域 $D:x^2+y^2\leqslant y$,$f(x,y)$ 为 D 上的连续函数,且 $f(x,y)=\sqrt{1-x^2-y^2}-\frac{4}{\pi}\iint_D f(u,v)\mathrm{d}u\mathrm{d}v$,求 $f(x,y)$.

5[①]**.** 设函数 $f(u)$ 有连续导数,且 $f(0)=0$,$\Omega:x^2+y^2+z^2\leqslant t^2$,计算 $\lim\limits_{t\to 0^+}\frac{1}{t^4}\iiint_\Omega f\left(\sqrt{x^2+y^2+z^2}\right)\mathrm{d}v$.

6[①]**.** 计算 $I=\iiint_\Omega\left[\frac{(x-a)^2}{a^2}-\frac{(y-\sqrt{2}b)^2}{b^2}+\frac{(z-c)^2}{c^2}\right]\mathrm{d}x\mathrm{d}y\mathrm{d}z$,其中 $\Omega=\left\{(x,y,z)\mid \frac{x^2}{a^2}+\frac{y^2}{b^2}+\frac{z^2}{c^2}\leqslant 1\right\}$,常数 $a,b,c>0$.

7[①]**.** 设物体位于 $\Omega:\sqrt{x^2+(y-1)^2}\leqslant z\leqslant 1$,在点 (x,y,z) 的密度为 e^z,求此物体的质量.

8[①]**.** 确定 $f(x)$ 使曲线积分 $\int_{(0,0)}^{(x,y)}\left[\mathrm{e}^x(x+1)^n+\frac{n}{x+1}f(x)\right]y\mathrm{d}x+f(x)\mathrm{d}y$ 与路径无关,设 $f(0)=0$,并计算此曲线积分.

9[①]**.** 已知在 xOy 面上的区域 $D:x>1$ 内,向量 $\vec{A}=\left\{\frac{y}{(x-1)^2+y^2},\frac{a(x-1)}{(x-1)^2+y^2}\right\}$ 是某个二阶连续可微函数

$u(x,y)$ 的梯度，求常数 a 的值，并求这样的一个函数 $u(x,y)$.

10[①]. 求柱面 $x^2+y^2=a^2$ 被平面 $x+z=0,x-z=0$ 所截得的有限部分的面积.

11[①]. 计算曲面积分 $\iint\limits_{\Sigma}(-2xy-y)\mathrm{d}y\mathrm{d}z+(y^2-1)\mathrm{d}z\mathrm{d}x+(x^2+z)\mathrm{d}x\mathrm{d}y$，其中 Σ 是曲面 $z=2-\sqrt{x^2+y^2}$ 在 xOy 平面上方部分的上侧.

12[①]. 计算曲面积分 $\iint\limits_{\Sigma}(6y+1)x\mathrm{d}y\mathrm{d}z+(1-y^2)\mathrm{d}z\mathrm{d}x-4yz\mathrm{d}x\mathrm{d}y$，其中 Σ 是由曲线 $\begin{cases}z=\sqrt{y-1},\\x=0\end{cases}(1\leqslant y\leqslant 3)$ 绕 y 轴旋转一周而成的曲面，取左侧.

13[①]. 计算曲面积分 $\iint\limits_{\Sigma}(x^2-\mathrm{e}^{y^2})\mathrm{d}y\mathrm{d}z+(\mathrm{e}^{x^2}-y)\mathrm{d}z\mathrm{d}x+(z-y)\mathrm{d}x\mathrm{d}y$，其中 Σ 是曲面 $x^2+y^2-z^2=1$ 满足 $1\leqslant z\leqslant 2$ 的部分，取下侧.

14[①]. 设函数 $f(u)$ 具有连续导数，计算曲面积分

$$I=\iint\limits_{\Sigma}\left[\frac{z}{y}f\left(\frac{x}{y}\right)+xy^2\right]\mathrm{d}y\mathrm{d}z+\left[\frac{z}{x}f\left(\frac{x}{y}\right)+x^2y+\mathrm{e}^x\right]\mathrm{d}z\mathrm{d}x+z(x^2+y^2)\mathrm{d}x\mathrm{d}y,$$

其中 Σ 是曲面 $z=x^2+y^2+1(1\leqslant z\leqslant 5)$，取上侧.

15. 设函数 $f(x)$ 是连续函数，证明：$\iint\limits_{D}f(x-y)\mathrm{d}x\mathrm{d}y=\int_{-a}^{a}(a-|u|)f(u)\mathrm{d}u$，其中 D 是由 $|x|\leqslant\frac{a}{2}$，$|y|\leqslant\frac{a}{2}$ 所确定的闭区域.

本章同步练习答案解析

1. $\int_0^1\mathrm{d}x\int_0^1|x-y|\mathrm{d}y=\int_0^1\mathrm{d}x\left[\int_0^x(x-y)\mathrm{d}y+\int_x^1(y-x)\mathrm{d}y\right]=\frac{1}{6}+\frac{1}{6}=\frac{1}{3}$.

2. 先画出积分区域图(如图 6-47).

$r=2(1+\cos\theta)$ 为心脏线方程.

$$原式=\int_0^{\frac{\pi}{2}}\mathrm{d}\theta\int_2^{2(1+\cos\theta)}\sin\theta\cdot r\mathrm{d}r$$

$$=2\int_0^{\frac{\pi}{2}}\sin\theta\cdot(2\cos\theta+\cos^2\theta)\mathrm{d}\theta=\frac{8}{3}.$$

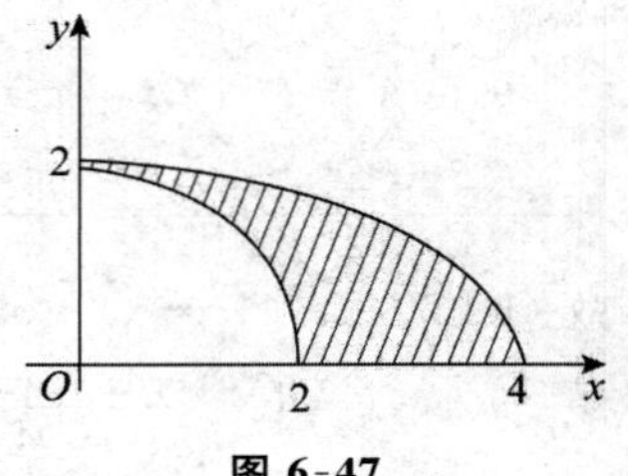

图 6-47

3. 将 $f(x)$ 代入所求积分式后为二次积分，直接无法计算，考虑交换积分次序.

$$\int_0^a f(x)\mathrm{d}x=\int_0^a\mathrm{d}x\int_0^{a-x}\mathrm{e}^{y(2a-y)}\mathrm{d}y=\int_0^a\mathrm{d}y\int_0^{a-y}\mathrm{e}^{y(2a-y)}\mathrm{d}x$$

$$=\int_0^a\mathrm{e}^{a^2-(a-y)^2}(a-y)\mathrm{d}y=\frac{1}{2}(\mathrm{e}^{a^2}-1).$$

4. 设 $\iint\limits_{D}f(u,v)\mathrm{d}u\mathrm{d}v=A$ 为常数，则 $f(x,y)=\sqrt{1-x^2-y^2}-\frac{4}{\pi}A$，

$$A=\iint\limits_{D}(\sqrt{1-x^2-y^2}-\frac{4}{\pi}A)\mathrm{d}x\mathrm{d}y=\iint\limits_{D}\sqrt{1-x^2-y^2}\mathrm{d}x\mathrm{d}y-A;$$

$$A=\frac{1}{2}\iint\limits_{D}\sqrt{1-x^2-y^2}\mathrm{d}x\mathrm{d}y=\frac{1}{2}\int_0^{\pi}\mathrm{d}\theta\int_0^{\sin\theta}\sqrt{1-r^2}\cdot r\mathrm{d}r$$

$$=\frac{1}{2}\int_0^{\pi}\left[-\frac{1}{3}(1-r^2)^{\frac{3}{2}}\right]\Bigg|_0^{\sin\theta}\mathrm{d}\theta=\frac{1}{6}\int_0^{\pi}(1-|\cos^3\theta|)\mathrm{d}\theta=\frac{1}{6}(\pi-\frac{4}{3}).$$

$$f(x,y)=\sqrt{1-x^2-y^2}-\frac{2}{3\pi}(\pi-\frac{4}{3}).$$

5. 利用球面坐标计算.

由于 $\iiint\limits_{\Omega} f(\sqrt{x^2+y^2+z^2})\mathrm{d}v = \int_0^{2\pi}\mathrm{d}\theta\int_0^{\pi}\sin\varphi\mathrm{d}\varphi\int_0^t f(\rho)\rho^2\mathrm{d}\rho = 4\pi\int_0^t f(\rho)\rho^2\mathrm{d}\rho$,

可得 $\lim\limits_{t\to0^+}\dfrac{1}{t^4}\iiint\limits_{\Omega} f(\sqrt{x^2+y^2+z^2})\mathrm{d}v = \lim\limits_{t\to0^+}\dfrac{4\pi\int_0^t f(\rho)\rho^2\mathrm{d}\rho}{t^4} = 4\pi\lim\limits_{t\to0^+}\dfrac{f(t)t^2}{4t^3} = \pi f'(0)$.

---

6. 由三重积分的对称性得

$$I = \iiint\limits_{\Omega}\left[\frac{(x-a)^2}{a^2} - \frac{(y-\sqrt{2}b)^2}{b^2} + \frac{(z-c)^2}{c^2}\right]\mathrm{d}x\mathrm{d}y\mathrm{d}z = \iiint\limits_{\Omega}\left[\frac{x^2}{a^2} - \frac{y^2}{b^2} + \frac{z^2}{c^2}\right]\mathrm{d}x\mathrm{d}y\mathrm{d}z,$$

再利用轮换性 $\iiint\limits_{\Omega}\dfrac{x^2}{a^2}\mathrm{d}x\mathrm{d}y\mathrm{d}z = \iiint\limits_{\Omega}\dfrac{y^2}{b^2}\mathrm{d}x\mathrm{d}y\mathrm{d}z = \iiint\limits_{\Omega}\dfrac{z^2}{c^2}\mathrm{d}x\mathrm{d}y\mathrm{d}z$,

所以 $I = \iiint\limits_{\Omega}\dfrac{x^2}{a^2}\mathrm{d}x\mathrm{d}y\mathrm{d}z = \dfrac{1}{a^2}\int_{-a}^{a}x^2\mathrm{d}x\iint\limits_{D_x}\mathrm{d}y\mathrm{d}z = \dfrac{1}{a^2}\int_{-a}^{a}x^2\cdot\pi bc\left(1-\dfrac{x^2}{a^2}\right)\mathrm{d}x = \dfrac{2\pi bc}{a^2}\cdot\dfrac{2a^3}{15} = \dfrac{4\pi abc}{15}$.

---

7. 利用截面积法.

$$M = \iiint\limits_{\Omega}\mathrm{e}^z\mathrm{d}x\mathrm{d}y\mathrm{d}z = \int_0^1\mathrm{e}^z\mathrm{d}z\iint\limits_{x^2+(y-1)^2\leqslant z^2}\mathrm{d}x\mathrm{d}y = \int_0^1\mathrm{e}^z\cdot\pi z^2\mathrm{d}z = (\mathrm{e}-2)\pi.$$

---

8. 由曲线积分与路径无关知:$\dfrac{\partial Q}{\partial x} = \dfrac{\partial P}{\partial y}$,即 $f'(x) = \mathrm{e}^x(x+1)^n + \dfrac{n}{x+1}f(x)$ 是一个一阶线性微分方程,求解得

$f(x) = \mathrm{e}^{\int\frac{n}{x+1}\mathrm{d}x}\left[\int\mathrm{e}^x(x+1)^n\mathrm{e}^{-\int\frac{n}{x+1}\mathrm{d}x}\mathrm{d}x + C\right] = (x+1)^n(\mathrm{e}^x+C)$,$f(0)=0\Rightarrow C=-1$.

所以 $\int_{(0,0)}^{(x,y)}\left[\mathrm{e}^x(x+1)^n + \dfrac{n}{x+1}f(x)\right]y\mathrm{d}x + f(x)\mathrm{d}y = f(x)y\Big|_{(0,0)}^{(x,y)} = (x+1)^n(\mathrm{e}^x-1)y$.

---

9. 由 $\vec{A} = Pi + Qj = \mathbf{grad}\, u$ 知:$\dfrac{\partial Q}{\partial x} = \dfrac{\partial P}{\partial y}$,即 $\dfrac{\partial}{\partial y}\left[\dfrac{y}{(x-1)^2+y^2}\right] = \dfrac{\partial}{\partial x}\left[\dfrac{a(x-1)}{(x-1)^2+y^2}\right]$,

即 $\dfrac{(x-1)^2+y^2-2y^2}{[(x-1)^2+y^2]^2} = \dfrac{a[(x-1)^2+y^2]-2a(x-1)^2}{[(x-1)^2+y^2]^2}$,

故 $(1+a)(x-1)^2 = (1+a)y^2$,所以 $a=-1$.

$u(x,y) = \int_{(2,0)}^{(x,y)}\dfrac{y\mathrm{d}x-(x-1)\mathrm{d}y}{(x-1)^2+y^2} + C = \int_2^x 0\mathrm{d}x + \int_0^y\dfrac{-(x-1)\mathrm{d}y}{(x-1)^2+y^2} + C = -\arctan\dfrac{y}{(x-1)} + C$.

---

10. 由对称性知:只需计算第一卦限部分曲面的面积,曲面方程为 $y=\sqrt{a^2-x^2}$,在 zOx 面上的投影区域为 $0\leqslant x\leqslant a, 0\leqslant z\leqslant x$,所以

$$S_1 = \iint\limits_D\sqrt{1+(y'_x)^2+(y'_z)^2}\mathrm{d}x\mathrm{d}z = \iint\limits_D\sqrt{1+\frac{x^2}{a^2-x^2}}\mathrm{d}x\mathrm{d}z = a\iint\limits_D\frac{1}{\sqrt{a^2-x^2}}\mathrm{d}x\mathrm{d}z$$

$$= a\int_0^a\frac{1}{\sqrt{a^2-x^2}}\mathrm{d}x\int_0^x\mathrm{d}z = a\int_0^a\frac{x}{\sqrt{a^2-x^2}}\mathrm{d}x = a^2.$$

故 $S = 8S_1 = 8a^2$.

---

11. **方法一**　添加平面 $\Sigma_1: z=0$,取下侧,则

$$\iint\limits_{\Sigma} + \iint\limits_{\Sigma_1} = \oiint\limits_{\Sigma+\Sigma_1} = \iiint\limits_{\Omega}(-2y+2y+1)\mathrm{d}x\mathrm{d}y\mathrm{d}z = \frac{1}{3}\cdot\pi\cdot2^2\cdot2 = \frac{8\pi}{3},$$

而 $\iint\limits_{\Sigma_1} = -\iint\limits_{x^2+y^2\leqslant4}x^2\mathrm{d}x\mathrm{d}y = -\dfrac{1}{2}\iint\limits_{x^2+y^2\leqslant4}(x^2+y^2)\mathrm{d}x\mathrm{d}y = -\dfrac{1}{2}\int_0^{2\pi}\mathrm{d}\theta\int_0^2 r^2\cdot r\mathrm{d}r = -4\pi$,

所以 原式 $= \dfrac{8\pi}{3} + 4\pi = \dfrac{20\pi}{3}$.

方法二　归一投影法，Σ 在 xOy 面上的投影区域 $D_{xy}:x^2+y^2\leqslant 4$，$\boldsymbol{n}=\{\frac{x}{\sqrt{x^2+y^2}},\frac{y}{\sqrt{x^2+y^2}},1\}$，

$$\iint_{\Sigma}=\iint_{D_{xy}}\{-2xy-y,y^2-1,x^2+z\}\cdot\{\frac{x}{\sqrt{x^2+y^2}},\frac{y}{\sqrt{x^2+y^2}},1\}\mathrm{d}x\mathrm{d}y$$

$$=\iint_{x^2+y^2\leqslant 4}(\frac{-2x^2y-xy+y^3-y}{\sqrt{x^2+y^2}}+x^2+z)\mathrm{d}x\mathrm{d}y,$$

由对称性知 $\iint_{x^2+y^2\leqslant 4}\frac{-2x^2y-xy+y^3-y}{\sqrt{x^2+y^2}}\mathrm{d}x\mathrm{d}y=0$ 及 $z=2-\sqrt{x^2+y^2}$，所以

$$\iint_{\Sigma}=\iint_{x^2+y^2\leqslant 4}(x^2+2-\sqrt{x^2+y^2})\mathrm{d}x\mathrm{d}y$$

$$=\frac{1}{2}\iint_{x^2+y^2\leqslant 4}(x^2+y^2)\mathrm{d}x\mathrm{d}y+2\cdot 4\pi-\iint_{x^2+y^2\leqslant 4}\sqrt{x^2+y^2}\mathrm{d}x\mathrm{d}y$$

$$=\frac{1}{2}\int_0^{2\pi}\mathrm{d}\theta\int_0^2 r^2\cdot r\mathrm{d}r+8\pi-\int_0^{2\pi}\mathrm{d}\theta\int_0^2 r\cdot r\mathrm{d}r=12\pi-\frac{16\pi}{3}=\frac{20\pi}{3}.$$

---

12. 旋转曲面方程为 $x^2+z^2=y-1(1\leqslant y\leqslant 3)$，添加平面 $\Sigma_1:y=3$，取右侧，则

$$\iint_{\Sigma}+\iint_{\Sigma_1}=\oint\!\!\!\oint_{\Sigma+\Sigma_1}=\iiint_{\Omega}(6y+1-2y-4y)\mathrm{d}x\mathrm{d}y\mathrm{d}z=\int_1^3\pi(y-1)\mathrm{d}y=2\pi,$$

而 $\iint_{\Sigma_1}=\iint_{x^2+z^2\leqslant 2}(1-9)\mathrm{d}z\mathrm{d}x=-16\pi$，所以原式 $=18\pi$.

---

13. 添加平面 $\Sigma_1:z=1$，取下侧，平面 $\Sigma_2:z=2$，取上侧，则 $\iint_{\Sigma}+\iint_{\Sigma_1}+\iint_{\Sigma_2}=\oint\!\!\!\oint_{\Sigma+\Sigma_1+\Sigma_2}=\iiint_{\Omega}(2x-1+1)\mathrm{d}x\mathrm{d}y\mathrm{d}z=0$，

而 $\iint_{\Sigma_1}=-\iint_{x^2+y^2\leqslant 2}(1-y)\mathrm{d}x\mathrm{d}y=-2\pi$，$\iint_{\Sigma_2}=\iint_{x^2+y^2\leqslant 5}(2-y)\mathrm{d}x\mathrm{d}y=10\pi$，所以原式 $=-8\pi$.

---

14. 添加平面 $\Sigma_1:z=5$ ，取下侧

$$\iint_{\Sigma}+\iint_{\Sigma_1}=\oint\!\!\!\oint_{\Sigma+\Sigma_1}=-\iiint_{\Omega}\left[\frac{z}{y^2}f'-\frac{z}{y^2}f'+2(x^2+y^2)\right]\mathrm{d}v=-2\iiint_{\Omega}(x^2+y^2)\mathrm{d}v$$

$$=-2\int_1^5\mathrm{d}z\int_0^{2\pi}\mathrm{d}\theta\int_0^{\sqrt{z-1}}r^2\cdot r\mathrm{d}r=-\pi\int_1^5(z-1)^2\mathrm{d}z=-\frac{64\pi}{3},$$

而 $\iint_{\Sigma_1}=-\iint_{x^2+y^2\leqslant 4}5(x^2+y^2)\mathrm{d}x\mathrm{d}y=-5\int_0^{2\pi}\mathrm{d}\theta\int_0^2 r^2\cdot r\mathrm{d}r=-40\pi$，所以原式 $=40\pi-\frac{64\pi}{3}=\frac{56\pi}{3}$.

---

15. 左边 $=\iint_D f(x-y)\mathrm{d}x\mathrm{d}y=\int_{-\frac{a}{2}}^{\frac{a}{2}}\mathrm{d}x\int_{-\frac{a}{2}}^{\frac{a}{2}}f(x-y)\mathrm{d}y$，

设 $u=x-y$ ，则左边 $=\int_{-\frac{a}{2}}^{\frac{a}{2}}\mathrm{d}x\int_{x+\frac{a}{2}}^{x-\frac{a}{2}}f(u)(-\mathrm{d}u)=\int_{-\frac{a}{2}}^{\frac{a}{2}}\mathrm{d}x\int_{x-\frac{a}{2}}^{x+\frac{a}{2}}f(u)\mathrm{d}u$.（如图 6-48）

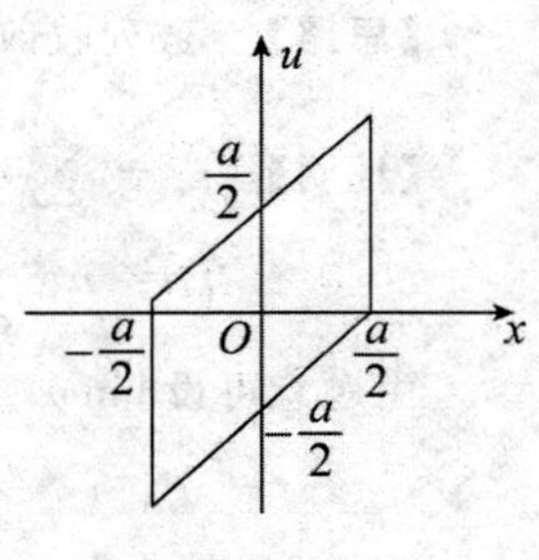

图 6-48

交换积分次序得

$$左边=\int_{-a}^{0}f(u)\mathrm{d}u\int_{-\frac{a}{2}}^{u+\frac{a}{2}}\mathrm{d}x+\int_0^a f(u)\mathrm{d}u\int_{u-\frac{a}{2}}^{\frac{a}{2}}\mathrm{d}x$$

$$=\int_{-a}^{0}(u+a)f(u)\mathrm{d}u+\int_0^a(a-u)f(u)\mathrm{d}u$$

$$=\int_{-a}^{a}(a-|u|)f(u)\mathrm{d}u=右边,$$

故 $\iint_D f(x-y)\mathrm{d}x\mathrm{d}y=\int_{-a}^{a}(a-|u|)f(u)\mathrm{d}u$.

第七章　无穷级数①③

名师解码

重点题型详解

题型一　利用级数的定义、性质判定级数的敛散性

题型 1.1　利用级数敛散性的定义判定级数的敛散性

解题策略

级数收敛的定义是 $\lim\limits_{n\to+\infty} s_n = s$.

【例 1】　设级数 $\sum\limits_{n=1}^{\infty} a_n$ 收敛，$\sum\limits_{n=1}^{\infty} b_n$ 发散，则(　　).

(A) $\sum\limits_{n=1}^{\infty}(b_n - b_{n+1})$ 必发散　　(B) $\sum\limits_{n=1}^{\infty}(b_{2n} - b_{2n+1})$ 必发散

(C) $\sum\limits_{n=1}^{\infty}(a_n - a_{n+1})$ 必收敛　　(D) $\sum\limits_{n=1}^{\infty}(a_{2n} - a_{2n+1})$ 必收敛

【解】　选项(C) 的前 n 项部分和

$$s_n = \sum_{i=1}^{n}(a_i - a_{i+1}) = a_1 - a_2 + a_2 - a_3 + \cdots + a_n - a_{n+1} = a_1 - a_{n+1}.$$

因 $\sum\limits_{n=1}^{\infty} a_n$ 收敛，所以 $\lim\limits_{n\to\infty} a_n = 0$，所以 $\lim\limits_{n\to\infty} s_n = a_1$. 所以应选(C).

其他选项均可举出反例，如下：

选项(A)(B)：$\sum\limits_{n=1}^{\infty}\dfrac{1}{n}$ 发散，但 $\sum\limits_{n=1}^{\infty}\left(\dfrac{1}{n} - \dfrac{1}{n+1}\right) = \sum\limits_{n=1}^{\infty}\dfrac{1}{n(n+1)}$ 收敛.

选项(D)：$\sum\limits_{n=1}^{\infty}(-1)^n\dfrac{1}{n}$ 收敛，而 $a_{2n} - a_{2n+1} = \dfrac{1}{2n} - (-1)^{2n+1}\dfrac{1}{2n+1} = \dfrac{4n+1}{2n(2n+1)}$，而 $\sum\limits_{n=1}^{\infty}(a_{2n} - a_{2n+1}) = \sum\limits_{n=1}^{\infty}\dfrac{4n+1}{2n(2n+1)}$ 发散.

【例 2】　若数列 $\{na_n\}$ 收敛，且级数 $\sum\limits_{n=1}^{+\infty} n(a_n - a_{n-1})\,(a_0 = 0)$ 收敛，证明级数 $\sum\limits_{n=1}^{+\infty} a_n$ 收敛.

【思路】　数列收敛的定义是 $\lim\limits_{n\to+\infty} na_n = a$，而级数收敛的定义是 $\lim\limits_{n\to+\infty} s_n = \lim\limits_{n\to+\infty}\sum\limits_{k=1}^{n} k(a_k - a_{k-1}) = s$.

【证明】

$$\begin{aligned} s_n &= \sum_{k=1}^{n} k(a_k - a_{k-1}) = (a_1 - a_0) + 2(a_2 - a_1) + 3(a_3 - a_2) + \cdots + n(a_n - a_{n-1}) \\ &= na_n - (a_1 + a_2 + \cdots + a_{n-1}). \end{aligned}$$

由题意可设 $\lim\limits_{n\to+\infty} na_n = a$，且 $\lim\limits_{n\to+\infty} s_n = \lim\limits_{n\to+\infty}\sum\limits_{k=1}^{n} k(a_k - a_{k-1}) = s$，所以

$$\lim_{n\to+\infty}(a_1 + a_2 + \cdots + a_{n-1}) = \lim_{n\to+\infty}(na_n - s_n) = a - s.$$

即 $\lim\limits_{n\to+\infty}\sum\limits_{k=1}^{n-1} a_k$ 存在，故级数 $\sum\limits_{n=1}^{+\infty} a_n$ 收敛，证毕.

评注　注意数列收敛与级数收敛的定义.

【例 3】　设 $a_n > 0$，$S_n = a_1 + \cdots + a_n$，则下列命题中正确的有(　　)个

(1) 若 $\sum_{n=1}^{\infty} a_n$ 收敛，则 $\sum_{n=1}^{\infty} \frac{a_n}{S_n}$ 收敛；

(2) 若 $\sum_{n=1}^{\infty} a_n$ 发散，则 $\sum_{n=1}^{\infty} \frac{(-1)^n}{S_n}$ 收敛；

(3) 无论 $\sum_{n=1}^{\infty} a_n$ 收敛还是发散，$\sum_{n=1}^{\infty} \frac{a_n}{S_n^2}$ 都收敛.

(A)0　　(B)1　　(C)2　　(D)3

【解】 (1) 因为 $\sum_{n=1}^{\infty} a_n$ 收敛，所以 $\lim\limits_{n\to\infty} S_n$ 存在，设为 S，又 $\frac{a_n}{S_n} = \frac{S_n - S_{n-1}}{S_n} \leqslant \frac{S_n - S_{n-1}}{S_1}$，对于级数 $\sum_{n=2}^{\infty} \frac{S_n - S_{n-1}}{S_1}$，设其部分和为 T_n，则

$$T_n = \frac{1}{S_1}(S_2 - S_1 + S_3 - S_2 + \cdots + S_{n+1} - S_n) = \frac{S_{n+1} - S_1}{S_1},$$

则 $\lim\limits_{n\to\infty} T_n = \frac{S - S_1}{S_1}$ 存在，故级数 $\sum_{n=2}^{\infty} \frac{S_n - S_{n-1}}{S_1}$ 收敛，则级数 $\sum_{n=1}^{\infty} \frac{a_n}{S_n}$ 收敛，故(1) 正确；

(2) 若 $\sum_{n=1}^{\infty} a_n$ 发散，则 $\{S_n\}$ 单调递增无上界，故 $\lim\limits_{n\to\infty} S_n = +\infty$，对于交错级数 $\sum_{n=1}^{\infty} \frac{(-1)^n}{S_n}$，因为 $\left\{\frac{1}{S_n}\right\}$ 单调递减，$\lim\limits_{n\to\infty} \frac{1}{S_n} = 0$，故交错级数 $\sum_{n=1}^{\infty} \frac{(-1)^n}{S_n}$ 收敛，(2) 正确.

(3) 因为 $\frac{a_n}{S_n^2} = \frac{S_n - S_{n-1}}{S_n^2} < \frac{S_n - S_{n-1}}{S_n S_{n-1}} = \frac{1}{S_{n-1}} - \frac{1}{S_n}$，对于级数 $\sum_{n=2}^{\infty} \left(\frac{1}{S_{n-1}} - \frac{1}{S_n}\right)$，设其部分和为 T_n，则 $T_n = \frac{1}{S_1} - \frac{1}{S_2} + \frac{1}{S_2} - \frac{1}{S_3} + \cdots + \frac{1}{S_n} - \frac{1}{S_{n+1}} = \frac{1}{S_1} - \frac{1}{S_{n+1}}$，

若级数 $\sum_{n=1}^{\infty} a_n$ 收敛，则 $\lim\limits_{n\to\infty} S_n$ 存在，所以 $\lim\limits_{n\to\infty} T_n$ 存在，故级数 $\sum_{n=1}^{\infty} \frac{a_n}{S_n^2}$ 收敛；

若级数 $\sum_{n=1}^{\infty} a_n$ 发散，则 $\lim\limits_{n\to\infty} S_n = +\infty$，所以 $\lim\limits_{n\to\infty} T_n$ 存在，故级数 $\sum_{n=1}^{\infty} \frac{a_n}{S_n^2}$ 收敛，(3) 正确，

故选(D).

题型 1.2　利用级数的性质判定级数的敛散性

【例 4】 判定级数 $\sum_{n=1}^{\infty} \left(\frac{2n}{2n+1}\right)^n$ 的敛散性.

【思路】 正项级数收敛的必要条件是通项趋于零，一般应先考虑通项是否趋于零.

【解】 因为 $\lim\limits_{n\to+\infty} a_n = \lim\limits_{n\to+\infty} \frac{1}{\left(1+\frac{1}{2n}\right)^n} = \frac{1}{e^{\frac{1}{2}}} \neq 0$，所以级数 $\sum_{n=1}^{\infty} \left(\frac{2n}{2n+1}\right)^n$ 发散.

> 评注　当级数的通项趋于零时则需要进一步用判别法来判定，此题虽然 $\frac{2n}{2n+1} < 1$，但 $\frac{2n}{2n+1}$ 不是常数，所以不能利用常用级数 $\sum_{n=0}^{\infty} q^n$ 的结论.

【例 5】 判定级数 $\frac{1}{\sqrt{2}-1} - \frac{1}{\sqrt{2}+1} + \frac{1}{\sqrt{3}-1} - \frac{1}{\sqrt{3}+1} + \cdots + \frac{1}{\sqrt{n}-1} - \frac{1}{\sqrt{n}+1} + \cdots$ 的敛散性.

【思路】 当通项趋于零时，如果合并项组成的级数发散，可利用级数的性质得到原级数也发散.

【解】 由于 $\frac{1}{\sqrt{n}-1} - \frac{1}{\sqrt{n}+1} = \frac{2}{n-1}$，而级数 $\sum_{n=2}^{\infty} \frac{2}{n-1}$ 发散，所以原级数发散.

评注　当合并项组成的级数收敛时,则需要进一步用判别法来判定.

题型二　正项级数敛散性的判定

题型 2.1　利用比值判别法、根值判别法判别正项级数敛散性

解题策略

对于正项级数敛散性的判定,首先应考虑用比值判别法、根值判别法判别.

【例 6】 判定级数 $\sum\limits_{n=1}^{+\infty}\dfrac{(n!)^2}{(2n)!}$ 的敛散性.

【思路】 遇到阶乘形式,可考虑比值判别法.

【解】 因为 $\lim\limits_{n\to+\infty}\dfrac{a_{n+1}}{a_n}=\lim\limits_{n\to+\infty}\dfrac{\dfrac{[(n+1)!]^2}{(2n+2)!}}{\dfrac{(n!)^2}{(2n)!}}=\lim\limits_{n\to+\infty}\dfrac{(n+1)^2}{(2n+1)(2n+2)}=\dfrac{1}{4}<1$,所以级数 $\sum\limits_{n=1}^{+\infty}\dfrac{(n!)^2}{(2n)!}$ 收敛.

评注　显然级数为正项级数.

【例 7】 判定级数 $\sum\limits_{n=2}^{+\infty}\dfrac{n^{\ln n}}{(\ln n)^n}$ 的敛散性.

【思路】 遇到指数形式,可考虑根值法判定.

【解】 因为 $\lim\limits_{n\to+\infty}\sqrt[n]{a_n}=\lim\limits_{n\to+\infty}\dfrac{n^{\frac{\ln n}{n}}}{\ln n}=\lim\limits_{n\to+\infty}\dfrac{\mathrm{e}^{\frac{\ln^2 n}{n}}}{\ln n}=0<1$,所以级数 $\sum\limits_{n=2}^{+\infty}\dfrac{n^{\ln n}}{(\ln n)^n}$ 收敛.

评注　显然级数为正项级数,而 $\lim\limits_{n\to+\infty}\dfrac{\ln^2 n}{n}=0$ 是常用结论应该掌握,“∞^0”是未定式,应该化为“$\infty^0=\mathrm{e}^{0\ln\infty}$”.

【例 8】 判定级数 $\sum\limits_{n=1}^{\infty}\dfrac{2^n\ln n}{3^n}$ 的敛散性.

【解】 **方法一**　利用比值判别法.

因为 $\lim\limits_{n\to+\infty}\dfrac{a_{n+1}}{a_n}=\lim\limits_{n\to+\infty}\dfrac{\dfrac{2^{n+1}\ln(n+1)}{3^{n+1}}}{\dfrac{2^n\ln n}{3^n}}=\lim\limits_{n\to+\infty}\dfrac{2\ln(n+1)}{3\ln n}=\lim\limits_{n\to+\infty}\dfrac{2\ln n+2\ln\left(1+\dfrac{1}{n}\right)}{3\ln n}=\dfrac{2}{3}<1$,

所以级数 $\sum\limits_{n=1}^{\infty}\dfrac{2^n\ln n}{3^n}$ 收敛.

方法二　利用根值判别法.

因为 $\lim\limits_{n\to+\infty}\sqrt[n]{a_n}=\lim\limits_{n\to+\infty}\sqrt[n]{\dfrac{2^n\ln n}{3^n}}=\lim\limits_{n\to+\infty}\dfrac{2}{3}\sqrt[n]{\ln n}=\dfrac{2}{3}\lim\limits_{n\to+\infty}\mathrm{e}^{\frac{\ln\ln n}{n}}=\dfrac{2}{3}<1$,

所以级数 $\sum\limits_{n=1}^{\infty}\dfrac{2^n\ln n}{3^n}$ 收敛.

评注　利用比值判别法、根值判别法来判定级数敛散性的关键是极限与 1 的比较.

题型 2.2　利用比较判别法判定正项级数的敛散性

解题策略

当用比值判别法、根值判别法判别正项级数敛散性得到极限为 1 时，表示比值判别法、根值判别法无效，应该考虑比较判别法. 主要与两个常用级数 $\sum_{n=1}^{+\infty} aq^{n-1}$，$\sum_{n=1}^{+\infty} \frac{1}{n^p}$ 比较.

【例 9】　判定级数 $\sum_{n=1}^{+\infty} \sin \frac{1}{n \cdot \sqrt[n]{n}}$ 的敛散性.

【思路】　直接用比较判别法的极限形式.

【解】　$\lim\limits_{n\to+\infty} \dfrac{\sin \frac{1}{n \cdot \sqrt[n]{n}}}{\frac{1}{n}} = \lim\limits_{n\to+\infty} \dfrac{1}{\sqrt[n]{n}} = 1$，而级数 $\sum_{n=1}^{+\infty} \frac{1}{n}$ 发散，故原级数发散.

评注　对于比较判别法重点掌握极限形式，p- 级数中的 p 必须是常数，同理可得级数 $\sum_{n=1}^{+\infty} \frac{1}{n\sqrt[n]{n}}$ 是发散的.

【例 10】　设 $f(x)$ 在 $[0,1]$ 上可导，且 $f'(x) > 0$，$f(0) = 1$，则级数 $\sum_{n=1}^{\infty} \left[f\left(\frac{1}{n^\alpha}\right) - 1\right]$(　　).

(A) 一定收敛　　(B) 一定发散　　(C) $\alpha > 1$ 时收敛　　(D) $\alpha > 1$ 时发散

【解】　由 $f'(x) > 0$ 知，$f(x)$ 在 $[0,1]$ 上单调增加，即 $x > 0$ 时，$f(x) > f(0) = 1$. 故 $f\left(\frac{1}{n^\alpha}\right) - 1 > 0$，$\sum_{n=1}^{\infty} \left[f\left(\frac{1}{n^\alpha}\right) - 1\right]$ 为正项级数.

又 $\lim\limits_{n\to\infty} \dfrac{f\left(\frac{1}{n^\alpha}\right) - 1}{\frac{1}{n^\alpha}} = f'(0) > 0$，因为 $\alpha > 1$ 时，$\sum_{n=1}^{\infty} \frac{1}{n^\alpha}$ 收敛，所以 $\sum_{n=1}^{\infty} \left[f\left(\frac{1}{n^\alpha}\right) - 1\right]$ 收敛($\alpha > 1$).

【例 11】　设正项数列 $\{a_n\}$，$\{b_n\}$ 满足 $a_n = \ln(a_n + e^{b_n})$($n = 1,2,\cdots$)，则下列选项中错误的是(　　).

(A) 若 $\sum_{n=1}^{\infty} a_n$ 收敛，则 $\sum_{n=1}^{\infty} b_n$ 收敛　　(B) 若 $\sum_{n=1}^{\infty} a_n$ 发散，则 $\sum_{n=1}^{\infty} b_n$ 发散

(C) 若 $\sum_{n=1}^{\infty} a_n$ 收敛，则 $\sum_{n=1}^{\infty} b_n^2$ 收敛　　(D) 若 $\sum_{n=1}^{\infty} b_n^2$ 发散，则 $\sum_{n=1}^{\infty} a_n$ 发散

【解】　由 $a_n = \ln(a_n + e^{b_n})$ 可知 $e^{a_n} = a_n + e^{b_n}$，故 $e^{a_n} - e^{b_n} = a_n > 0$，从而 $a_n > b_n > 0$. 由比较判别法可知，当 $\sum_{n=1}^{\infty} a_n$ 收敛时，$\sum_{n=1}^{\infty} b_n$ 收敛，排除(A).

当 $\sum_{n=1}^{\infty} a_n$ 发散时，$\sum_{n=1}^{\infty} b_n$ 不一定发散，故选(B).

如取 $a_n = \frac{1}{n}$，则 $\sum_{n=1}^{\infty} a_n = \sum_{n=1}^{\infty} \frac{1}{n}$ 发散. 由 $e^{a_n} = a_n + e^{b_n}$，得

$$b_n = \ln(e^{a_n} - a_n) = \ln\left(e^{\frac{1}{n}} - \frac{1}{n}\right),$$

当 $n \to \infty$ 时，

$$\ln\left(e^{\frac{1}{n}} - \frac{1}{n}\right) = \ln\left(e^{\frac{1}{n}} - \frac{1}{n} + 1 - 1\right) \sim e^{\frac{1}{n}} - \frac{1}{n} - 1.$$

又 $e^{\frac{1}{n}}-\frac{1}{n}-1=\frac{1}{2n^2}+o\left(\frac{1}{n^2}\right)$，$\sum\limits_{n=1}^{\infty}\left[\frac{1}{2n^2}+o\left(\frac{1}{n^2}\right)\right]$收敛，从而$\sum\limits_{n=1}^{\infty}b_n$ 收敛.

对于(C)，由$\sum\limits_{n=1}^{\infty}a_n$ 收敛可知，$\lim\limits_{n\to\infty}a_n=0$，当 n 充分大时，$|a_n|=a_n<1$，故 $a_n^2<a_n$，从而 $\sum\limits_{n=1}^{\infty}a_n^2$ 收敛，由 $a_n^2>b_n^2>0$ 可知$\sum\limits_{n=1}^{\infty}b_n^2$ 收敛，排除(C).

选项(D)是选项(C)的逆否命题，由(C)正确可知，选项(D)正确，排除(D).

故选(B).

【例 12】 设 $u_n=\int_0^1 x(1-x)\sin^{2n}x\mathrm{d}x$，讨论级数$\sum\limits_{n=1}^{\infty}u_n$ 的敛散性.

【解】 当 $0\leqslant x\leqslant 1$ 时，$x(1-x)\sin^{2n}x\geqslant 0$，所以 $u_n\geqslant 0$，$\sum\limits_{n=1}^{\infty}u_n$ 为正项级数.

又当 $0\leqslant x\leqslant 1$ 时，$\sin^{2n}x\leqslant x^{2n}$，所以

$$\begin{aligned}u_n&=\int_0^1 x(1-x)\sin^{2n}x\mathrm{d}x\leqslant\int_0^1 x(1-x)x^{2n}\mathrm{d}x\\&=\int_0^1 x^{2n+1}\mathrm{d}x-\int_0^1 x^{2n+2}\mathrm{d}x=\frac{1}{2n+2}-\frac{1}{2n+3}\\&=\frac{1}{(2n+2)(2n+3)},\end{aligned}$$

又因当 $n\to\infty$ 时，$\frac{1}{(2n+2)(2n+3)}\sim\frac{1}{4n^2}$，而$\sum\limits_{n=1}^{\infty}\frac{1}{4n^2}$ 收敛，所以$\sum\limits_{n=1}^{\infty}u_n$ 收敛.

【例 13】 设 $a_1=2$，$a_{n+1}=\frac{1}{2}\left(a_n+\frac{1}{a_n}\right)$，$(n=1,2,\cdots)$，证明：

(1) $\lim\limits_{n\to\infty}a_n$ 存在；

(2) $\sum\limits_{n=1}^{\infty}\left(\frac{a_n}{a_{n+1}}-1\right)$收敛.

【解】 (1) 因为 $a_{n+1}=\frac{1}{2}(a_n+\frac{1}{a_n})\geqslant\sqrt{a_n\cdot\frac{1}{a_n}}=1$，则 a_n 下有界.

又$\frac{a_{n+1}}{a_n}=\frac{1}{2}\left(1+\frac{1}{a_n^2}\right)\leqslant\frac{1}{2}\left(1+\frac{1}{1}\right)=1$，则$\{a_n\}$单调减，由数列单调有界准则知$\lim\limits_{n\to\infty}a_n$ 存在.

(2) 由(1)知 $0\leqslant\frac{a_n}{a_{n+1}}-1=\frac{a_n-a_{n+1}}{a_{n+1}}\leqslant a_n-a_{n+1}$，记 $s_n=\sum\limits_{k=1}^{n}(a_k-a_{k+1})=a_1-a_{n+1}$，由于$\lim\limits_{n\to\infty}a_n$ 存在，$\lim\limits_{n\to\infty}s_n$ 存在，即级数$\sum\limits_{n=1}^{\infty}(a_n-a_{n+1})$ 收敛，由比较判别法知级数$\sum\limits_{n=1}^{\infty}\left(\frac{a_n}{a_{n+1}}-1\right)$收敛.

题型 2.3　利用积分判别法判定正项级数的敛散性

解题策略

当以上方法解决不了的时候，可以考虑用积分判别法.

【例 14】 判定级数$\sum\limits_{n=2}^{+\infty}\frac{1}{n\ln n}$ 的敛散性.

【思路】 利用比值判别法、根值判别法都无法判定，而通过比较判别法只能够得到$\frac{1}{n\ln n}$ 是$\frac{1}{n}$ 的高阶无穷小，不能够得到级数的敛散性.

【解】 考虑积分判别法.

由于反常积分 $\int_2^{+\infty}\frac{1}{x\ln x}\mathrm{d}x=\ln\ln x\Big|_2^{+\infty}=+\infty$，所以级数$\sum\limits_{n=2}^{+\infty}\frac{1}{n\ln n}$ 的敛散性与反常积分一致，是

发散的.

评注 希望考生作为一个常用结论记住:级数 $\sum_{n=2}^{+\infty}\frac{1}{n\ln n}$ 是发散的,有时在选择题中可以做反例使用.

题型三 一般常数项级数敛散性的判定

题型 3.1 交错级数敛散性的判定

解题策略

用莱布尼茨判别法判定交错级数是否收敛时,对于级数 $\sum_{n=1}^{+\infty}(-1)^{n-1}u_n$ 注意判定是否满足三个条件:(1)$u_n>0$,(2)$u_{n+1}\leqslant u_n$,(3)$\lim\limits_{n\to\infty}u_n=0$.

【例 15】 级数 $\sum_{n=1}^{\infty}\left[\frac{1}{n}-\ln\left(1+\frac{\alpha}{n}\right)\right](\alpha>0)$( ).

(A) 绝对收敛 (B) 条件收敛 (C) 发散 (D) 敛散性与 α 有关

【解】 $\frac{1}{n}-\ln\left(1+\frac{\alpha}{n}\right)=\frac{1}{n}-\left(\frac{\alpha}{n}-\frac{1}{2}\frac{\alpha^2}{n^2}+o\left(\frac{1}{n^2}\right)\right)=\frac{1-\alpha}{n}+\frac{1}{2}\frac{\alpha^2}{n^2}+o\left(\frac{1}{n^2}\right)$.

当 $\alpha\neq1$ 时,由于 $1-\alpha\neq0$,所以级数 $\sum_{n=1}^{\infty}\frac{1-\alpha}{n}$ 发散,而 $\sum_{n=1}^{\infty}\frac{1}{2}\frac{\alpha^2}{n^2}$ 收敛,

故 $\sum_{n=1}^{\infty}\left[\frac{1}{n}-\ln\left(1+\frac{\alpha}{n}\right)\right]$发散.

当 $\alpha=1$ 时,$\frac{1}{n}-\ln\left(1+\frac{\alpha}{n}\right)=\frac{1}{2}\frac{\alpha^2}{n^2}+o\left(\frac{1}{n^2}\right)$,故 $\sum_{n=1}^{\infty}\left[\frac{1}{n}-\ln\left(1+\frac{\alpha}{n}\right)\right]$绝对收敛,

故选(D).

【例 16】 判定级数 $\sum_{n=1}^{+\infty}\sin(n\pi+\frac{1}{\sqrt{n}})$ 的敛散性.

【思路】 由初等数学知识知:$\sin(n\pi+\frac{1}{\sqrt{n}})=(-1)^n\sin\frac{1}{\sqrt{n}}$.

【解】 取 $u_n=\sin\frac{1}{\sqrt{n}}$,则 (1)$u_n>0$,(2)$u_{n+1}\leqslant u_n$,(3) $\lim\limits_{n\to\infty}u_n=0$;所以原级数收敛.

题型 3.2 条件收敛与绝对收敛

【例 17】 设 $a_n=\frac{(-1)^n}{\sqrt{n}}$,则下列级数中,绝对收敛的级数是( ).

(A) $\sum_{n=1}^{\infty}(-1)^{n-1}a_n$ (B) $\sum_{n=1}^{\infty}a_na_{n+1}$ (C) $\sum_{n=1}^{\infty}(a_{n+1}-a_n)$ (D) $\sum_{n=1}^{\infty}(a_{n+1}+a_n)$

【思路】 需逐个判定.

【解】 容易判定(A)、(B) 发散.

而 $a_{n+1}-a_n=\frac{(-1)^{n+1}}{\sqrt{n+1}}-\frac{(-1)^n}{\sqrt{n}}=(-1)^{n+1}\left(\frac{1}{\sqrt{n+1}}+\frac{1}{\sqrt{n}}\right)$,所以 $\sum_{n=1}^{\infty}(a_{n+1}-a_n)$ 条件收敛,故只能选 (D).而

$$a_{n+1}+a_n=\frac{(-1)^{n+1}}{\sqrt{n+1}}+\frac{(-1)^n}{\sqrt{n}}=(-1)^n\left(\frac{1}{\sqrt{n}}-\frac{1}{\sqrt{n+1}}\right)$$

$$= (-1)^n \frac{\sqrt{n+1}-\sqrt{n}}{\sqrt{n}\sqrt{n+1}} = (-1)^n \frac{1}{\sqrt{n}\sqrt{n+1}\cdot(\sqrt{n+1}+\sqrt{n})},$$

所以 $\sum\limits_{n=1}^{\infty}(a_{n+1}+a_n)$ 绝对收敛.

> **评注** 希望考生掌握 p- 级数.

【例 18】 设级数 $\sum\limits_{n=1}^{+\infty}a_n$ 条件收敛，则下列级数中，一定绝对收敛的级数是（　　）.

(A) $\sum\limits_{n=1}^{\infty}a_n^2$　　(B) $\sum\limits_{n=2}^{\infty}\frac{a_n}{n}$　　(C) $\sum\limits_{n=3}^{\infty}\frac{a_n}{n\ln n}$　　(D) $\sum\limits_{n=1}^{\infty}a_n\left(\frac{1}{\sqrt{n}}-\sin\frac{1}{\sqrt{n}}\right)$

【思路】 级数条件收敛，通常不是正项级数，因此用特例来排除一些选项是比较常用的方法.

【解】 考虑反例 $a_n=\frac{(-1)^n}{\sqrt{n}}$，可以排除选项 (A)；

考虑反例 $a_n=\frac{(-1)^n}{\ln n}$，可以排除选项 (B)；

考虑反例 $a_n=\frac{(-1)^n}{\ln(\ln n)}$，可以排除选项 (C)；所以只能选(D).

注意到 $\frac{1}{\sqrt{n}}-\sin\frac{1}{\sqrt{n}}\sim\frac{1}{6}\cdot\frac{1}{\sqrt{n^3}}$，而由级数 $\sum\limits_{n=1}^{+\infty}a_n$ 收敛可得 $a_n\to 0$，故当 $n\to+\infty$ 时，$|a_n|<1$，所以 $\sum\limits_{n=1}^{\infty}a_n\left(\frac{1}{\sqrt{n}}-\sin\frac{1}{\sqrt{n}}\right)$ 绝对收敛.

> **评注** 注意级数 $\sum\limits_{n=2}^{\infty}\frac{(-1)^n}{n\ln n}$ 条件收敛.

【例 19】 证明：级数 $\sum\limits_{n=1}^{+\infty}(-1)^n\left(e^{\frac{1}{\sqrt{n}}}-1-\frac{1}{\sqrt{n}}\right)$ 条件收敛.

【思路】 证明级数条件收敛，需要先证明加绝对值后级数是发散的，然后再证明级数收敛.

【解】 先考虑 $\sum\limits_{n=1}^{+\infty}\left(e^{\frac{1}{\sqrt{n}}}-1-\frac{1}{\sqrt{n}}\right)$，$a_n=e^{\frac{1}{\sqrt{n}}}-1-\frac{1}{\sqrt{n}}$.

设 $\frac{1}{\sqrt{n}}=x$，$f(x)=e^x-1-x$，由于 $\lim\limits_{x\to 0}\frac{e^x-1-x}{x^2}=\frac{1}{2}$，所以 $\lim\limits_{n\to+\infty}\frac{e^{\frac{1}{\sqrt{n}}}-1-\frac{1}{\sqrt{n}}}{\frac{1}{n}}=\frac{1}{2}$，故级数 $\sum\limits_{n=1}^{+\infty}\left(e^{\frac{1}{\sqrt{n}}}-1-\frac{1}{\sqrt{n}}\right)$ 发散.

显然 $a_n=e^{\frac{1}{\sqrt{n}}}-1-\frac{1}{\sqrt{n}}>0$ 且 $a_n\to 0$，而 $f'(x)=e^x-1>0$，所以 $f(x)$ 单调增加，$a_n=f\left(\frac{1}{\sqrt{n}}\right)$ 单调减少，由莱布尼茨判别法知 $\sum\limits_{n=1}^{+\infty}(-1)^n\left(e^{\frac{1}{\sqrt{n}}}-1-\frac{1}{\sqrt{n}}\right)$ 收敛，故 $\sum\limits_{n=1}^{+\infty}(-1)^n\left(e^{\frac{1}{\sqrt{n}}}-1-\frac{1}{\sqrt{n}}\right)$ 条件收敛.

> **评注** 用比较判别法判定正项级数的敛散性是难点.

【例 20】 设 $f(x)$ 在 $[a,b]$ 上可导，且 $|f'(x)|\leqslant h<1$，对一切 $x\in[a,b]$，有 $a\leqslant f(x)\leqslant b$. 令 $u_n=f(u_{n-1})(n=1,2,\cdots)$，其中 $u_0\in[a,b]$，证明 $\sum\limits_{n=1}^{\infty}(u_{n+1}-u_n)$ 绝对收敛.

【解】 由于 $|u_{n+1}-u_n|=|f(u_n)-f(u_{n-1})|=|f'(\xi_1)||u_n-u_{n-1}|\leqslant h|u_n-u_{n-1}|$

$$=h|f(u_{n-1})-f(u_{n-2})|$$
$$=h|f'(\xi_2)||u_{n-1}-u_{n-2}|$$
$$\leqslant h^2|u_{n-1}-u_{n-2}|\leqslant\cdots\leqslant h^n|u_1-u_0|,$$

而级数 $\sum\limits_{n=1}^{\infty}h^n$ 收敛,则级数 $\sum\limits_{n=1}^{\infty}(u_{n+1}-u_n)$ 绝对收敛.

【例 21】 设 $f(x)$ 在点 $x=0$ 的某邻域内具有二阶连续导数,且 $\lim\limits_{x\to0}\dfrac{f(x)}{x}=0$,证明级数 $\sum\limits_{n=1}^{\infty}f\left(\dfrac{1}{n}\right)$ 绝对收敛.

【解】 由于 $\lim\limits_{x\to0}\dfrac{f(x)}{x}=0$,则 $f(0)=0$,且

$$f'(0)=\lim_{x\to0}\frac{f(x)-f(0)}{x}=\lim_{x\to0}\frac{f(x)}{x}=0.$$

由泰勒公式可知

$$f(x)=f(0)+f'(0)x+\frac{f''(\theta x)}{2!}x^2\ (0<\theta<1).$$

由题设可知 $f''(x)$ 在包含原点的某个闭区间 $[-\delta,\delta]\ (\delta>0)$ 上连续,则存在 $M>0$,使 $|f''(\theta x)|\leqslant M(x\in[-\delta,\delta])$,令 $x=\dfrac{1}{n}$,当 n 充分大时,有 $\left|f(\dfrac{1}{n})\right|\leqslant\dfrac{M}{2}\dfrac{1}{n^2}$.

因为级数 $\sum\limits_{n=1}^{\infty}\dfrac{1}{n^2}$ 收敛,故级数 $\sum\limits_{n=1}^{\infty}f(\dfrac{1}{n})$ 绝对收敛.

题型四　幂级数的收敛半径与收敛区间、收敛域

解题策略

幂级数的理论基础是阿贝尔定理,重要概念是幂级数的收敛半径,可利用系数比值公式或根值公式求幂级数的收敛半径,一般来说求收敛区间不需要判定区间端点的敛散性,而求收敛域必须利用常数项级数的判别法讨论端点的敛散性.

【例 22】 若幂级数 $\sum\limits_{n=1}^{+\infty}a_n(x+1)^n$ 在 $x=-3$ 处条件收敛,则幂级数 $\sum\limits_{n=1}^{+\infty}(n+1)a_{n+1}x^n$ 的收敛半径是 $R=$ ________.

【思路】 标准形的幂级数 $\sum\limits_{n=0}^{+\infty}a_nx^n$ 只有在 $x=\pm R$ 处可能条件收敛,而逐项求导或逐项积分后的级数收敛半径不变.

【解】 幂级数 $\sum\limits_{n=1}^{+\infty}a_n(x+1)^n$ 在 $x=-3$ 处条件收敛,即幂级数 $\sum\limits_{n=0}^{+\infty}a_nx^n$ 在 $x=-2$ 处条件收敛,故 $\sum\limits_{n=0}^{+\infty}a_nx^n$ 的收敛半径是 $R=2$,逐项求导后的级数收敛半径不变,所以 $\sum\limits_{n=1}^{+\infty}(n+1)a_{n+1}x^n$ 的收敛半径是 $R=2$.

评注　幂级数经过平移、常数倍、逐项求导、逐项积分后收敛半径保持不变.

【例 23】 (2008[1]) 已知幂级数 $\sum\limits_{n=0}^{+\infty}a_n(x+2)^n$ 在 $x=0$ 处收敛,在 $x=-4$ 处发散,则幂级数 $\sum\limits_{n=0}^{+\infty}a_n(x-3)^n$ 的收敛域为________.

【思路】 讨论幂级数的相关问题时应先化为标准形 $\sum_{n=0}^{+\infty} a_n x^n$ 来讨论.

【解】 幂级数 $\sum_{n=0}^{+\infty} a_n (x+2)^n$ 在 $x=0$ 处收敛，即幂级数 $\sum_{n=0}^{+\infty} a_n x^n$ 在 $x=2$ 处收敛，所以幂级数 $\sum_{n=0}^{+\infty} a_n x^n$ 的收敛半径 $R \geqslant 2$，而幂级数 $\sum_{n=0}^{+\infty} a_n (x+2)^n$ 在 $x=-4$ 处发散，即幂级数 $\sum_{n=0}^{+\infty} a_n x^n$ 在 $x=-2$ 处发散，故幂级数 $\sum_{n=0}^{+\infty} a_n x^n$ 的收敛半径 $R \leqslant 2$，所以 $R=2$，幂级数 $\sum_{n=0}^{+\infty} a_n (x-3)^n$ 的收敛域为(1,5].

> **评注** 如果直接由题意得幂级数 $\sum_{n=0}^{+\infty} a_n x^n$ 在 $x=2$ 处收敛，在 $x=-2$ 处发散，可立即得幂级数 $\sum_{n=0}^{+\infty} a_n (x-3)^n$ 的收敛域为 (1,5].

【例 24】 求幂级数 $\sum_{n=1}^{+\infty} \frac{3^n+(-2)^n}{n}(x-1)^n$ 的收敛半径和收敛域.

【思路】 先将幂级数化为标准形，求出收敛半径、收敛区间，再讨论区间端点的敛散性.

【解】 令 $x-1=t$，则 $\rho = \lim_{n\to+\infty} \frac{|a_{n+1}|}{|a_n|} = \lim_{n\to+\infty} \frac{\frac{3^{n+1}+(-2)^{n+1}}{n+1}}{\frac{3^n+(-2)^n}{n}} = 3, R=\frac{1}{\rho}=\frac{1}{3}$,

或 $\rho = \lim_{n\to+\infty} \sqrt[n]{a_n} = \lim_{n\to+\infty} \sqrt[n]{\frac{3^n+(-2)^n}{n}} = 3, R=\frac{1}{\rho}=\frac{1}{3}$.

收敛区间为 $|t|=|x-1|<\frac{1}{3}$ 或 $\left(\frac{2}{3},\frac{4}{3}\right)$.

在 $x=\frac{2}{3}$ 处，$\sum_{n=1}^{+\infty} \frac{3^n+(-2)^n}{n} \cdot \frac{(-1)^n}{3^n} = \sum_{n=1}^{+\infty} \frac{(-1)^n}{n} + \sum_{n=1}^{+\infty} \frac{1}{n} \cdot \frac{2^n}{3^n}$ 收敛，而在 $x=\frac{4}{3}$ 处，$\sum_{n=1}^{+\infty} \frac{3^n+(-2)^n}{n} \cdot \frac{1}{3^n} = \sum_{n=1}^{+\infty} \frac{1}{n} + \sum_{n=1}^{+\infty} \frac{1}{n} \cdot \frac{(-2)^n}{3^n}$ 发散，所以原幂级数的收敛域为 $\left[\frac{2}{3},\frac{4}{3}\right)$.

> **评注** 两个收敛级数的和仍然收敛，收敛级数与发散级数的和一定发散.

【例 25】 求幂级数 $\sum_{n=1}^{+\infty} \frac{(-1)^n \cdot 2^n}{\ln(n+2)} x^{2n+1}$ 的收敛半径和收敛域.

【思路】 先将幂级数化为标准形，求出收敛半径、收敛区间，再讨论区间端点的敛散性.

【解】 令 $x^2=t$，先讨论幂级数 $\sum_{n=1}^{+\infty} \frac{(-1)^n \cdot 2^n}{\ln(n+2)} t^n$，

则 $\rho = \lim_{n\to+\infty} \frac{|a_{n+1}|}{|a_n|} = \lim_{n\to+\infty} \frac{\left|\frac{(-1)^{n+1}\cdot 2^{n+1}}{\ln(n+3)}\right|}{\left|\frac{(-1)^n \cdot 2^n}{\ln(n+2)}\right|} = 2, |x^2|=|t|<\frac{1}{\rho}=\frac{1}{2}$，收敛区间为 $\left(-\frac{\sqrt{2}}{2},\frac{\sqrt{2}}{2}\right)$.

在 $x=-\frac{\sqrt{2}}{2}$ 处，$\sum_{n=1}^{+\infty} \frac{(-1)^{n+1}}{\ln(n+2)} \frac{\sqrt{2}}{2}$ 收敛，在 $x=\frac{\sqrt{2}}{2}$ 处，$\sum_{n=1}^{+\infty} \frac{(-1)^n}{\ln(n+2)} \frac{\sqrt{2}}{2}$ 收敛，所以原幂级数的收敛域为 $\left[-\frac{\sqrt{2}}{2},\frac{\sqrt{2}}{2}\right]$.

> **评注** 幂级数 $\sum_{n=1}^{+\infty} \frac{(-1)^n \cdot 2^n}{\ln(n+2)} x^{2n+1}$ 的收敛域和幂级数 $\sum_{n=1}^{+\infty} \frac{(-1)^n \cdot 2^n}{\ln(n+2)} x^{2n}$ 的收敛域相同.

题型五 幂级数的展开与求和

题型 5.1 幂级数的展开

解题策略

由于幂级数的展开式是唯一的，幂级数的展开主要利用公式通过间接的方法进行.

【例 26】 将函数 $f(x)=\dfrac{4x-3}{2x^2-3x-2}$ 展开为 $(x-1)$ 的幂级数.

【思路】 先将函数写成部分分式，再利用公式.

【解】 $f(x)=\dfrac{4x-3}{2x^2-3x-2}=\dfrac{2}{2x+1}+\dfrac{1}{x-2}=\dfrac{2}{3+2(x-1)}+\dfrac{1}{-1+(x-1)}$,

其中 $\dfrac{2}{3+2(x-1)}=\dfrac{2}{3}\cdot\dfrac{1}{1+\dfrac{2}{3}(x-1)}=\dfrac{2}{3}\cdot\sum\limits_{n=0}^{+\infty}(-1)^n\left(\dfrac{2}{3}\right)^n(x-1)^n$, $\left|\dfrac{2}{3}(x-1)\right|<1$;

$$\frac{1}{-1+(x-1)}=-\frac{1}{1-(x-1)}=-\sum_{n=0}^{+\infty}(x-1)^n,\ |x-1|<1.$$

所以 $f(x)=\sum\limits_{n=0}^{+\infty}\left[(-1)^n\left(\dfrac{2}{3}\right)^{n+1}-1\right](x-1)^n$，展开区间为 $|x-1|<1$ 或 $(0,2)$.

评注 考生对于常用公式一定要熟悉.

【例 27】 已知 $\dfrac{1}{(1+x)^2}-\ln(2+x)=\sum\limits_{n=0}^{\infty}a_nx^n(-1<x<1)$，求 a_n.

【解】
$$\frac{1}{(1+x)^2}=\left(-\frac{1}{1+x}\right)'=-\left[\sum_{n=0}^{\infty}(-1)^nx^n\right]'=-\sum_{n=1}^{\infty}(-1)^nnx^{n-1}$$
$$=\sum_{n=0}^{\infty}(-1)^n(n+1)x^n,\ -1<x<1,$$

$$\ln(2+x)=\ln2+\ln\left(1+\frac{x}{2}\right)=\ln2+\sum_{n=1}^{\infty}(-1)^{n-1}\cdot\frac{\left(\frac{x}{2}\right)^n}{n}$$
$$=\ln2+\sum_{n=1}^{\infty}\frac{(-1)^{n-1}}{n\cdot2^n}x^n,\ -2<x\leqslant2,$$

故当 $-1<x<1$ 时，
$$\frac{1}{(1+x)^2}-\ln(2+x)=\sum_{n=1}^{\infty}(-1)^n\cdot\left(n+1+\frac{1}{n\cdot2^n}\right)x^n+1-\ln2.$$

故
$$a_n=\begin{cases}1-\ln2, & n=0\\(-1)^n\left(n+1+\dfrac{1}{n\cdot2^n}\right), & n\geqslant1.\end{cases}$$

【例 28】 将函数 $f(x)=\arctan\dfrac{1-2x}{1+2x}$ 展开为 x 的幂级数并求 $\sum\limits_{n=0}^{+\infty}\dfrac{(-1)^n}{2n+1}$ 的和.

【思路】 先对函数求导数，再利用公式展开，最后逐项积分.

【解】 $f'(x)=\dfrac{1}{1+\left(\dfrac{1-2x}{1+2x}\right)^2}\cdot\dfrac{-4}{(1+2x)^2}=-\dfrac{2}{1+4x^2}$,

其中 $-\dfrac{2}{1+4x^2}=(-2)\sum\limits_{n=0}^{+\infty}(-1)^n(4x^2)^n=(-2)\sum\limits_{n=0}^{+\infty}(-1)^n\cdot4^nx^{2n}$.

所以 $f(x)-f(0)=\int_0^x f'(x)\mathrm{d}x=(-2)\sum\limits_{n=0}^{+\infty}(-1)^n\cdot 4^n\cdot\dfrac{1}{2n+1}x^{2n+1}$.

由于 $f(0)=\dfrac{\pi}{4}$,所以 $f(x)=(-2)\sum\limits_{n=0}^{+\infty}(-1)^n\cdot 4^n\cdot\dfrac{1}{2n+1}x^{2n+1}+\dfrac{\pi}{4}$,展开区间为 $|4x^2|<1$,即 $|x|<\dfrac{1}{2}$ 或 $\left(-\dfrac{1}{2},\dfrac{1}{2}\right)$.

由于 $\sum\limits_{n=0}^{+\infty}(-1)^n\cdot 4^n\cdot\dfrac{1}{2n+1}x^{2n+1}$ 在 $x=\pm\dfrac{1}{2}$ 处收敛,故展开域为 $\left[-\dfrac{1}{2},\dfrac{1}{2}\right]$,取 $x=\dfrac{1}{2}$,得 $0=f\left(\dfrac{1}{2}\right)=(-2)\sum\limits_{n=0}^{+\infty}(-1)^n\cdot 4^n\cdot\dfrac{1}{2n+1}\left(\dfrac{1}{2}\right)^{2n+1}+\dfrac{\pi}{4}$,所以 $\sum\limits_{n=0}^{+\infty}\dfrac{(-1)^n}{2n+1}=\dfrac{\pi}{4}$.

评注 先求导再积分,积分时必须考虑常数.

题型 5.2 幂级数求和

解题策略

需熟练掌握泰勒级数展开公式,反过来应用即可作为求和公式,常用方法是通过逐项求导或逐项积分后再应用公式.

【例 29】 设 $f(x)=\sum\limits_{n=0}^{\infty}\dfrac{(-1)^n}{(n!)^2}(x-1)^n$,求 $\sum\limits_{n=0}^{\infty}f^{(n)}(1)$.

【思路】 本题首先利用泰勒级数展开式唯一,再利用常用公式.

【解】 函数 $f(x)$ 在 $x=1$ 处的泰勒级数展开式为:$f(x)=\sum\limits_{n=0}^{\infty}\dfrac{f^{(n)}(1)}{n!}(x-1)^n$.

由于展开式唯一,比较可得到:$f^{(n)}(1)=\dfrac{(-1)^n}{n!}$,所以 $\sum\limits_{n=0}^{\infty}f^{(n)}(1)=\sum\limits_{n=0}^{\infty}\dfrac{(-1)^n}{n!}=\mathrm{e}^{-1}$.

评注 注意常用公式:$\sum\limits_{n=0}^{\infty}\dfrac{x^n}{n!}=\mathrm{e}^x$.

【例 30】 (2010[1])求幂级数 $\sum\limits_{n=1}^{\infty}\dfrac{(-1)^{n-1}}{2n-1}x^{2n}$ 的收敛域及和函数.

【思路】 在考研真题中往往是收敛域及和函数两个同时需要求,分别考虑即可.

【解】 令 $x^2=t$,先讨论幂级数 $\sum\limits_{n=1}^{+\infty}\dfrac{(-1)^{n-1}}{2n-1}t^n$,则 $\rho=\lim\limits_{n\to+\infty}\dfrac{|a_{n+1}|}{|a_n|}=1$,$|x^2|=|t|<\dfrac{1}{\rho}=1$,收敛区间为 $(-1,1)$.

在 $x=\pm1$ 处,$\sum\limits_{n=1}^{+\infty}\dfrac{(-1)^{n-1}}{2n-1}$ 收敛,所以收敛域为 $[-1,1]$.

设 $s(x)=\sum\limits_{n=1}^{\infty}\dfrac{(-1)^{n-1}}{2n-1}x^{2n}=x\sum\limits_{n=1}^{\infty}\dfrac{(-1)^{n-1}}{2n-1}x^{2n-1}=xs_1(x)$,而

$$s_1'(x)=\sum_{n=1}^{\infty}(-1)^{n-1}x^{2n-2}=\sum_{n=1}^{\infty}(-x^2)^{n-1}=\frac{1}{1+x^2},$$

所以 $s_1(x)=\arctan x+C$,由 $s_1(0)=0\Rightarrow C=0$.故和函数 $s(x)=x\arctan x$.

评注 由于级数乘以一个不为零的常数不改变敛散性,所以在幂级数求和时,为了便于求导数或积分,常常需要调整 x 的幂.

【例 31】 求幂级数 $\sum\limits_{n=1}^{\infty}\dfrac{(-1)^{n-1}}{n(2n-1)}x^{2n+1}$ 的收敛域及和函数.

【解】　与上例类似可以得到幂级数$\sum_{n=1}^{\infty}\frac{(-1)^{n-1}}{n(2n-1)}x^{2n+1}$的收敛域为$[-1,1]$.

方法一　设$s(x)=\sum_{n=1}^{\infty}\frac{(-1)^{n-1}}{n(2n-1)}x^{2n+1}=x\sum_{n=1}^{\infty}\frac{(-1)^{n-1}}{n(2n-1)}x^{2n}=xs_1(x)$，

求导得$s_1'(x)=2\sum_{n=1}^{\infty}\frac{(-1)^{n-1}}{(2n-1)}x^{2n-1}$，$s_1''(x)=2\sum_{n=1}^{+\infty}(-1)^{n-1}x^{2n-2}=\frac{2}{1+x^2}$.

积分得$s_1'(x)=2\arctan x+C_1$，由$s_1'(0)=0$，得$C_1=0$，进而，得

$$s_1(x)=2\int\arctan x\mathrm{d}x=2x\arctan x-2\int x\cdot\frac{1}{1+x^2}\mathrm{d}x=2x\arctan x-\ln(1+x^2)+C,$$

由$s_1(0)=0$，得$C=0$，故和函数$s(x)=2x^2\arctan x-x\ln(1+x^2)$.

方法二　设$s(x)=\sum_{n=1}^{\infty}\frac{(-1)^{n-1}}{n(2n-1)}x^{2n+1}=2\sum_{n=1}^{\infty}\left[\frac{1}{2n-1}-\frac{1}{2n}\right](-1)^{n-1}x^{2n+1}=2[s_2(x)-s_3(x)]$，

$$s_2(x)=\sum_{n=1}^{\infty}\frac{(-1)^{n-1}}{2n-1}x^{2n+1}=x^2\sum_{n=1}^{\infty}\frac{(-1)^{n-1}}{2n-1}x^{2n-1}=x^2\arctan x,$$

$$s_3(x)=\sum_{n=1}^{\infty}\frac{(-1)^{n-1}}{2n}x^{2n+1}=-\frac{x}{2}\sum_{n=1}^{\infty}\frac{(-x^2)^n}{n}=-\frac{x}{2}[-\ln(1+x^2)],$$

故和函数$s(x)=2x^2\arctan x-x\ln(1+x^2)(-1\leqslant x\leqslant 1)$.

> **评注**　拆项后利用公式求和一般要简单些，但要求考生熟悉常用公式，方法二利用了求和公式$\sum_{n=1}^{\infty}\frac{(-1)^{n-1}}{2n-1}x^{2n-1}=\arctan x$，$\sum_{n=1}^{\infty}\frac{x^n}{n}=-\ln(1-x)$.

【例32】(2014[3])　求幂级数$\sum_{n=0}^{\infty}(n+1)(n+3)x^n$的收敛域及和函数.

【解】(Ⅰ)令$a_n=(n+1)(n+3)$.

因为$\lim_{n\to\infty}\left|\frac{a_{n+1}}{a_n}\right|=1$，所以收敛半径$R=1$.

当$x=\pm1$时，$\sum_{n=0}^{\infty}(n+1)(n+3)x^n$不收敛，故收敛域为$(-1,1)$.

(Ⅱ)记$s(x)=\sum_{n=0}^{\infty}(n+1)(n+3)x^n=\left[\sum_{n=0}^{\infty}(n+3)x^{n+1}\right]'=[\sigma(x)]'$，

$$\begin{aligned}\sigma(x)&=\sum_{n=0}^{\infty}(n+3)x^{n+1}=\sum_{n=0}^{\infty}(n+2)x^{n+1}+\sum_{n=0}^{\infty}x^{n+1}\\&=\left(\sum_{n=0}^{\infty}x^{n+2}\right)'+\frac{x}{1-x}=\left(\frac{x^2}{1-x}\right)'+\frac{x}{1-x}\\&=\frac{3x-2x^2}{(1-x)^2},-1<x<1.\end{aligned}$$

故$s(x)=\left[\frac{3x-2x^2}{(1-x)^2}\right]'=\frac{3-x}{(1-x)^3}$，$-1<x<1$.

【例33】　(2013[1])　设数列$\{a_n\}$满足条件：$a_0=3$，$a_1=1$，$a_{n-2}-n(n-1)a_n=0(n\geqslant 2)$，$s(x)$是幂级数$\sum_{n=0}^{\infty}a_nx^n$的和函数.

(Ⅰ)证明：$s''(x)-s(x)=0$；

(Ⅱ)求$s(x)$的表达式.

【解析】　(Ⅰ)由题设得$a_{2n}=\frac{3}{(2n)!}$，$a_{2n+1}=\frac{1}{(2n+1)!}$，所以$\sum_{n=0}^{\infty}a_nx^n$的收敛半径为$+\infty$.

因为 $s(x)=\sum\limits_{n=0}^{\infty}a_nx^n$,所以,$s'(x)=\sum\limits_{n=1}^{\infty}na_nx^{n-1}$,$s''(x)=\sum\limits_{n=2}^{\infty}n(n-1)a_nx^{n-2}$.

因为 $a_{n-2}-n(n-1)a_n=0$,所以 $s''(x)=\sum\limits_{n=2}^{\infty}a_{n-2}x^{n-2}=\sum\limits_{n=0}^{\infty}a_nx^n$.故 $s''(x)-s(x)=0$.

(Ⅱ)齐次微分方程 $s''(x)-s(x)=0$ 的特征根为 1 和 -1,通解为 $s(x)=C_1\mathrm{e}^x+C_2\mathrm{e}^{-x}$.

由 $s(0)=a_0=3$,$s'(0)=a_1=1$,得 $C_1=2$,$C_2=1$.所以 $s(x)=2\mathrm{e}^x+\mathrm{e}^{-x}$.

题型 5.3　数项级数求和

解题策略

利用幂级数求数项级数的和.

【例 34】 求级数 $\sum\limits_{n=1}^{+\infty}\dfrac{(-1)^n\cdot n}{(n+1)\cdot 3^{2n}}$ 的和.

【思路】 作一个相关的幂级数,然后利用幂级数的性质如逐项求导或逐项积分求幂级数的和.

【解】 作幂级数 $\sum\limits_{n=1}^{+\infty}\dfrac{(-1)^n\cdot n}{(n+1)}x^n$,先求 $\sum\limits_{n=1}^{+\infty}\dfrac{(-1)^n\cdot n}{(n+1)}x^n$ 的和 $s(x)$.

$$s(x)=\sum_{n=1}^{+\infty}(-1)^nx^n-\sum_{n=1}^{+\infty}\frac{(-1)^n}{n+1}x^n=\sum_{n=1}^{+\infty}(-1)^nx^n-\frac{1}{x}\sum_{n=1}^{+\infty}\frac{(-1)^n}{n+1}x^{n+1},$$

设 $s_1(x)=\sum\limits_{n=1}^{+\infty}\dfrac{(-1)^n}{n+1}x^{n+1}$,则 $s_1'(x)=\sum\limits_{n=1}^{+\infty}(-1)^nx^n=\dfrac{1}{1+x}-1$;由 $s_1(0)=0$,得

$s_1(x)=\ln(1+x)-x$.所以 $s(x)=\dfrac{1}{1+x}-1-\dfrac{1}{x}[\ln(1+x)-x]=\dfrac{1}{1+x}-\dfrac{\ln(1+x)}{x}$.

也可以利用求和公式 $\sum\limits_{n=0}^{+\infty}(-1)^nx^n=\dfrac{1}{1+x}$,$\sum\limits_{n=1}^{+\infty}\dfrac{x^n}{n}=-\ln(1-x)$ 直接得到:

$$s(x)=\sum_{n=1}^{+\infty}(-1)^nx^n+\frac{1}{x}\sum_{n=1}^{+\infty}\frac{(-x)^{n+1}}{n+1}=\frac{1}{1+x}-1+\frac{1}{x}[-\ln(1+x)+x],$$

故原级数 $\sum\limits_{n=1}^{+\infty}\dfrac{(-1)^n\cdot n}{(n+1)\cdot 3^{2n}}$ 的和为 $s=s\left(\dfrac{1}{9}\right)=\dfrac{9}{10}-9\ln(1+\dfrac{1}{9})$.

评注　可以选择不同的幂级数形式,如果选择幂级数为 $\sum\limits_{n=1}^{+\infty}\dfrac{(-1)^n\cdot n}{(n+1)}x^{2n}$ 则计算会复杂些.

【例 35】 求级数 $\sum\limits_{n=0}^{+\infty}\dfrac{(-1)^n\cdot(n+1)}{(2n)!!}$ 的和.

【思路】 利用幂级数求级数的和.

【解】 注意到 $(2n)!!=2^n\cdot n!$,作幂级数 $\sum\limits_{n=1}^{+\infty}\dfrac{(-1)^n\cdot(n+1)}{n!}x^n$,则

$$s(x)=\sum_{n=1}^{+\infty}\frac{(-1)^n\cdot(n+1)}{n!}x^n=\sum_{n=1}^{+\infty}\frac{(-1)^n}{(n-1)!}x^n+\sum_{n=1}^{+\infty}\frac{(-1)^n}{n!}x^n.$$

利用求和公式 $\sum\limits_{n=0}^{+\infty}\dfrac{x^n}{n!}=\mathrm{e}^x$ 直接得到:$s(x)=-x\mathrm{e}^{-x}+\mathrm{e}^{-x}-1$

或 $\int_0^x s(x)\mathrm{d}x=\sum\limits_{n=1}^{+\infty}\dfrac{(-1)^n}{n!}x^{n+1}=x\sum\limits_{n=1}^{+\infty}\dfrac{(-1)^n}{n!}x^n=x(\mathrm{e}^{-x}-1)$,也可得 $s(x)=-x\mathrm{e}^{-x}+\mathrm{e}^{-x}-1$.

故原级数 $\sum\limits_{n=0}^{+\infty}\dfrac{(-1)^n\cdot(n+1)}{(2n)!!}$ 的和为 $s=s\left(\dfrac{1}{2}\right)=\dfrac{1}{2}\mathrm{e}^{-\frac{1}{2}}-1$.

评注　对于幂级数的常用求和公式考生必须熟练掌握.

题型六 傅里叶级数[①]

题型 6.1 傅里叶级数的和函数

解题策略

傅里叶级数的和函数在间断点处的值是左右极限的平均值，对于有限区间上的函数常用奇延拓或偶延拓展开为正弦级数或余弦级数.

【例 36】 设函数 $f(x)=\begin{cases}1, & 0\leqslant x<\dfrac{\pi}{2},\\ 5-\dfrac{4}{\pi}x, & \dfrac{\pi}{2}\leqslant x\leqslant\pi,\end{cases}$ 展开为正弦级数,其和函数为 $s(x)=\sum\limits_{n=1}^{+\infty}b_n\sin nx$,则 $s\left(-\dfrac{9}{2}\pi\right)=$ ________.

【思路】 函数展开为正弦级数表示函数需先作奇延拓,周期为 $T=2\pi$.

【解】 由题意知 $T=2\pi$,作奇延拓. 当 $-\pi\leqslant x<0$ 时,$s(x)=-s(-x)$,所以

$$s\left(-\frac{9}{2}\pi\right)=s\left(-\frac{\pi}{2}\right)=-s\left(\frac{\pi}{2}\right)=-\frac{1}{2}\left[f\left(\frac{\pi}{2}+0\right)+f\left(\frac{\pi}{2}-0\right)\right]=-2.$$

评注 关键:奇延拓、周期、间断点处和函数的值.

【例 37】 设函数 $f(x)=x\sin x, 0\leqslant x\leqslant\pi$,而 $s(x)$ 是 $f(x)$ 的以 2π 为周期的正弦级数展开式的和函数,则当 $x\in(\pi,2\pi)$ 时,$s(x)=$ ________.

【解】 由题意知 $T=2\pi$,作奇延拓. 当 $-\pi\leqslant x<0$ 时,$s(x)=-s(-x)$,所以当 $x\in(\pi,2\pi)$ 时,$x-2\pi\in(-\pi,0)$,$s(x)=s(x-2\pi)=-s(2\pi-x)=-(2\pi-x)\sin(2\pi-x)=(2\pi-x)\sin x$.

【例 38】 设函数 $f(x)=\begin{cases}x, & 0\leqslant x\leqslant\dfrac{1}{2},\\ 2(1-x), & \dfrac{1}{2}<x<1,\end{cases}$ 且 $s(x)=\dfrac{a_0}{2}+\sum\limits_{n=1}^{+\infty}a_n\cos n\pi x, x\in(-\infty,+\infty)$,其中 $a_n=2\int_0^1 f(x)\cos n\pi x\mathrm{d}x$,则 $s\left(-\dfrac{5}{2}\right)=$ ________.

【思路】 要熟悉周期为 $T=2l$ 时三角级数(余弦)的形式.

【解】 由题意知:函数为余弦级数,函数作偶延拓,周期为 $T=2$,则

$$s\left(-\frac{5}{2}\right)=s\left(-\frac{1}{2}\right)=s\left(\frac{1}{2}\right)=\frac{1}{2}\left[f\left(\frac{1}{2}+0\right)+f\left(\frac{1}{2}-0\right)\right]=\frac{3}{4}.$$

评注 本题用数学表达式描述了函数作偶延拓展开为余弦级数.

题型 6.2 傅里叶级数的展开

解题策略

要求考生熟练掌握傅里叶系数的计算公式,重点掌握周期为 $T=2\pi$ 及 $T=2l$ 的函数的正弦级数及余弦级数展开式.

【例 39】 将函数 $f(x)=1-x^2(0\leqslant x\leqslant\pi)$ 展开为周期为 2π 的余弦级数,并计算 $\sum\limits_{n=1}^{+\infty}\dfrac{(-1)^{n-1}}{n^2}$.

【思路】 周期为 2π 的余弦级数:$f(x)=\dfrac{1}{2}a_0+\sum\limits_{n=1}^{+\infty}a_n\cos nx$.

【解】 余弦级数:$b_n=0(n=0,1,2,\cdots)$.

$$a_0=\frac{2}{\pi}\int_0^{\pi}f(x)\mathrm{d}x=\frac{2}{\pi}\int_0^{\pi}(1-x^2)\mathrm{d}x=\frac{2}{\pi}(\pi-\frac{1}{3}\pi^3),$$

$$a_n=\frac{2}{\pi}\int_0^{\pi}f(x)\cos nx\mathrm{d}x=\frac{2}{\pi}\int_0^{\pi}(1-x^2)\cos nx\mathrm{d}x$$

$$=-\frac{2}{\pi}\int_0^{\pi}x^2\cos nx\mathrm{d}x=-\frac{2}{n\pi}(x^2\sin nx)\Big|_0^{\pi}+\frac{2}{n\pi}\int_0^{\pi}2x\sin nx\mathrm{d}x$$

$$=-\frac{4}{n^2\pi}(x\cos nx)\Big|_0^{\pi}+\frac{4}{n^2\pi}\int_0^{\pi}\cos nx\mathrm{d}x=-\frac{4}{n^2}\cos n\pi$$

$$=\frac{4}{n^2}\cdot(-1)^{n-1}.$$

所以 $f(x)=\frac{1}{2}a_0+\sum\limits_{n=1}^{+\infty}a_n\cos nx,(0\leqslant x\leqslant\pi)$,即

$$1-x^2=\frac{1}{\pi}(\pi-\frac{1}{3}\pi^3)+\sum_{n=1}^{+\infty}\frac{4}{n^2}\cdot(-1)^{n-1}\cos nx,(0\leqslant x\leqslant\pi).$$

取 $x=0$,得 $\frac{1}{3}\pi^2=4\sum\limits_{n=1}^{+\infty}\frac{1}{n^2}\cdot(-1)^{n-1}$,则$\sum\limits_{n=1}^{+\infty}\frac{(-1)^{n-1}}{n^2}=\frac{\pi^2}{12}$.

> **评注** 考生需掌握傅里叶系数计算,余弦级数的表达式,必须注明展开区间.

【例 40】 将函数 $f(x)=x(0<x<1)$ 展开为周期为 2 的正弦级数,并计算 $\sum\limits_{n=1}^{+\infty}\frac{(-1)^{n-1}}{2n-1}$.

【思路】 周期为 2 的正弦级数:$f(x)=\sum\limits_{n=1}^{+\infty}b_n\sin n\pi x$.

【解】 正弦级数:$a_0=a_n=0(n=1,2,\cdots)$.

$$b_n=2\int_0^1 f(x)\sin n\pi x\mathrm{d}x=2\int_0^1 x\sin n\pi x\mathrm{d}x=-\frac{2}{n\pi}\int_0^1 x\mathrm{d}(\cos n\pi x)$$

$$=-\frac{2}{n\pi}(x\cos n\pi x)\Big|_0^1+\frac{2}{n\pi}\int_0^1\cos n\pi x\mathrm{d}x=-\frac{2}{n\pi}\cos n\pi=\frac{2}{n\pi}\cdot(-1)^{n-1},$$

所以 $f(x)=\sum\limits_{n=1}^{+\infty}b_n\sin n\pi x,(0<x<1)$,即 $x=\sum\limits_{n=1}^{+\infty}\frac{2}{n\pi}\cdot(-1)^{n-1}\sin n\pi x,(0<x<1)$.

取 $x=\frac{1}{2}$,得 $\frac{1}{2}=\frac{2}{\pi}\sum\limits_{n=1}^{+\infty}\frac{(-1)^{n-1}}{n}\cdot\sin\frac{n\pi}{2}=\frac{2}{\pi}\sum\limits_{k=1}^{+\infty}\frac{1}{2k-1}\cdot\sin\frac{(2k-1)\pi}{2}$,则$\sum\limits_{n=1}^{+\infty}\frac{(-1)^{n-1}}{2n-1}=\frac{\pi}{4}$.

> **评注** 必须注明展开区间,注意:$\sin\frac{(2k-1)\pi}{2}=(-1)^{k-1}$.

疑难问题点拨

1. 常数项级数

【例 41】 若级数 $\sum\limits_{n=2}^{\infty}\frac{(-1)^n}{n^{\alpha}+(-1)^n}$ 收敛,则 α 的取值范围是(　　).

(A)$\alpha>0$　　(B)$\alpha>1$　　(C)$\alpha>\frac{1}{2}$　　(D)$\alpha>\frac{1}{3}$

【思路】 本题一般考生可能会错选(A),主要是对于分母中的变化不理解.

【解】 $\sum\limits_{n=2}^{\infty}\frac{(-1)^n}{n^{\alpha}+(-1)^n}=\sum\limits_{n=2}^{\infty}\frac{(-1)^n[n^{\alpha}-(-1)^n]}{n^{2\alpha}-1}=\sum\limits_{n=2}^{\infty}\frac{(-1)^n\cdot n^{\alpha}}{n^{2\alpha}-1}-\sum\limits_{n=2}^{\infty}\frac{1}{n^{2\alpha}-1}$,

当 $\alpha>\frac{1}{2}$ 时,级数 $\sum\limits_{n=2}^{\infty}\frac{1}{n^{2\alpha}-1}$ 收敛,当 $\alpha>0$ 时,级数 $\sum\limits_{n=2}^{\infty}\frac{(-1)^n\cdot n^{\alpha}}{n^{2\alpha}-1}$ 收敛,所以应选(C).

> **评注**　考生应该注意级数$\sum_{n=2}^{\infty}\frac{(-1)^n}{n^a+(-1)^n}$与级数$\sum_{n=2}^{\infty}\frac{(-1)^n}{n^a}$的不同之处.

【例 42】　设函数$f(x)$在$x=0$的邻域内具有二阶连续导数，且$\lim\limits_{x\to 0}\frac{f(x)}{x}=0$，$f''(x)\geqslant a>0$，证明：级数$\sum_{n=1}^{+\infty}(-1)^n f\left(\frac{1}{\sqrt{n}}\right)$收敛而级数$\sum_{n=1}^{+\infty}f\left(\frac{1}{\sqrt{n}}\right)$发散.

【思路】　注意交错级数判别法的三个条件，记$x=\frac{1}{\sqrt{n}}$，利用讨论函数$f(x)$是x的几阶无穷小来判定级数$\sum_{n=1}^{+\infty}f\left(\frac{1}{\sqrt{n}}\right)$的敛散性.

【解】　由$\lim\limits_{x\to 0}\frac{f(x)}{x}=0$知：$f(0)=0,f'(0)=0$.

当$x>0$时，由$f''(x)\geqslant a>0$得$f'(x)>0$，所以函数$f(x)$单调增，且$\lim\limits_{x\to 0}f(x)=0$，记$u_n=f\left(\frac{1}{\sqrt{n}}\right)$，则$u_n>0$单调减且$\lim\limits_{n\to+\infty}u_n=0$，所以级数$\sum_{n=1}^{+\infty}(-1)^{n-1}f\left(\frac{1}{\sqrt{n}}\right)$收敛.

而$\lim\limits_{n\to+\infty}\frac{f\left(\frac{1}{\sqrt{n}}\right)}{\frac{1}{n}}=\lim\limits_{x\to 0^+}\frac{f(x)-f(0)}{x^2}=\lim\limits_{x\to 0^+}\frac{f'(x)}{2x}=\frac{1}{2}f''(0)\geqslant\frac{a}{2}>0$，故级数$\sum_{n=1}^{\infty}f\left(\frac{1}{\sqrt{n}}\right)$发散.

> **评注**　应掌握利用函数讨论级数敛散性的方法、比较判别法的极限形式.

2. 函数项级数

【例 43】　将函数$f(x)=(1-x^2)\arctan x$展开为x的幂级数，并求$f^{(n)}(0)$.

【思路】　利用基本公式或常用方法展开幂级数，并利用幂级数展开式唯一求函数在某点的n阶导数.

【解】　$(\arctan x)'=\frac{1}{1+x^2}=\sum_{n=0}^{+\infty}(-1)^n x^{2n}\Rightarrow\arctan x=\sum_{n=0}^{+\infty}\frac{(-1)^n}{2n+1}x^{2n+1}$.

$$f(x)=(1-x^2)\arctan x=(1-x^2)\sum_{n=0}^{+\infty}\frac{(-1)^n}{2n+1}x^{2n+1}$$

$$=\sum_{n=0}^{+\infty}\frac{(-1)^n}{2n+1}x^{2n+1}-\sum_{n=0}^{+\infty}\frac{(-1)^n}{2n+1}x^{2n+3}=\sum_{n=0}^{+\infty}\frac{(-1)^n}{2n+1}x^{2n+1}-\sum_{n=1}^{+\infty}\frac{(-1)^{n-1}}{2n-1}x^{2n+1}$$

$$=x+\sum_{n=1}^{+\infty}(-1)^n\left(\frac{1}{2n+1}+\frac{1}{2n-1}\right)x^{2n+1}=x+\sum_{n=1}^{+\infty}(-1)^n\cdot\frac{4n}{4n^2-1}\cdot x^{2n+1}.$$

由于幂级数展开式唯一，所以

$$f'(0)=1,f^{(2n)}(0)=0(n=1,2,\cdots),$$

$$f^{(2n+1)}(0)=(-1)^n\cdot\frac{4n}{4n^2-1}\cdot(2n+1)!(n=1,2,\cdots).$$

> **评注**　利用泰勒级数展开式唯一可直接得到函数在某点的n阶导数.

综合拓展提高

【例 44】　设数列a_n满足$a_1=a_2=1$，且$a_{n+1}=a_n+a_{n-1}(n=2,3,\cdots)$，证明：

(1) 当$n>3$时，$a_n<2^{n-2}$；

(2) 当 $|x|<\frac{1}{2}$ 时,级数 $\sum_{n=1}^{\infty}a_nx^{n-1}$ 收敛,并求其和函数.

【思路】 利用数学归纳法证明与 n 相关的结论.

【解】 (1) 显然数列 $\{a_n\}$ 单调增加, $a_3=2,a_4=3<2^2$.

设 $a_n<2^{n-2}$, 则 $a_{n+1}=a_n+a_{n-1}<2a_n<2^{n-1}$, 所以当 $n>3$ 时, $a_n<2^{n-2}$.

(2) $|a_nx^{n-1}|<2^{n-2}|x|^{n-1}=\frac{1}{2}|2x|^{n-1}$, 故当 $|x|<\frac{1}{2}$ 时,级数 $\sum_{n=1}^{\infty}a_nx^{n-1}$(绝对)收敛.

设 $s(x)=\sum_{n=1}^{\infty}a_nx^{n-1}$,则

$$s(x)=\sum_{n=1}^{\infty}a_nx^{n-1}=a_1+a_2x+\sum_{n=3}^{\infty}a_nx^{n-1}=a_1+a_2x+\sum_{n=3}^{\infty}[a_{n-1}+a_{n-2}]x^{n-1}$$

$$=1+x+x\sum_{n=3}^{\infty}a_{n-1}x^{n-2}+x^2\sum_{n=3}^{\infty}a_{n-2}x^{n-3}$$

$$=1+x+x[s(x)-1]+x^2s(x),$$

所以 $s(x)=\frac{1}{1-x-x^2}$.

> **评注** 考生应掌握数学归纳法及拆项求和的方法.

【例 45】 设 $f(x)$ 在 $(-1,1)$ 的某个邻域内有三阶连续导数,且 $f'''(0)\neq 0$.

证明:级数 $\sum_{n=1}^{\infty}\{n[f(\frac{1}{n})-f(-\frac{1}{n})]-2f'(0)\}$ 绝对收敛.

【思路】 遇到函数有三阶连续导数时,应首先想到泰勒公式.

【解】 方法一 由二阶泰勒公式得 $f(x)=f(0)+f'(0)x+\frac{f''(0)}{2!}x^2+\frac{f'''(\xi)}{3!}x^3$.

取 $x=\frac{1}{n}$, 则 $f(\frac{1}{n})=f(0)+f'(0)\cdot\frac{1}{n}+\frac{f''(0)}{2!}\cdot\frac{1}{n^2}+\frac{f'''(\xi_1)}{3!}\cdot\frac{1}{n^3}$,

同理取 $x=-\frac{1}{n}$, 得 $f(-\frac{1}{n})=f(0)-f'(0)\cdot\frac{1}{n}+\frac{f''(0)}{2!}\cdot\frac{1}{n^2}-\frac{f'''(\xi_2)}{3!}\cdot\frac{1}{n^3}$,

所以 $n[f(\frac{1}{n})-f(-\frac{1}{n})]-2f'(0)=\frac{f'''(\xi_1)+f'''(\xi_2)}{3!}\cdot\frac{1}{n^2}$.

已知函数 $f(x)$ 在 $(-1,1)$ 的某个邻域内有三阶连续导数, 所以 $\exists M>0$ 使得 $|f'''(x)|\leqslant M$, 则 $\left|n\left[f\left(\frac{1}{n}\right)-f\left(-\frac{1}{n}\right)\right]-2f'(0)\right|\leqslant\frac{M}{3}\cdot\frac{1}{n^2}$,故级数 $\sum_{n=1}^{\infty}\left\{n\left[f\left(\frac{1}{n}\right)-f\left(-\frac{1}{n}\right)\right]-2f'(0)\right\}$ 绝对收敛.

方法二 记 $x=\frac{1}{n}$,则由

$$\lim_{x\to 0}\frac{\frac{1}{x}[f(x)-f(-x)]-2f'(0)}{x^2}=\lim_{x\to 0}\frac{f(x)-f(-x)-2f'(0)x}{x^3}$$

$$=\lim_{x\to 0}\frac{f'(x)+f'(-x)-2f'(0)}{3x^2}=\lim_{x\to 0}\frac{f''(x)-f''(-x)}{6x}=\frac{1}{3}f'''(0),$$

得 $\lim_{n\to+\infty}\frac{\left|n\left[f\left(\frac{1}{n}\right)-f\left(-\frac{1}{n}\right)\right]-2f'(0)\right|}{\frac{1}{n^2}}=\frac{1}{3}|f'''(0)|$,因此级数 $\sum_{n=1}^{\infty}\left\{n\left[f\left(\frac{1}{n}\right)-f\left(-\frac{1}{n}\right)\right]-2f'(0)\right\}$ 绝对收敛.

> **评注** 第二种解法是比较判别法的极限形式,两种解法都是常用的,希望考生能够掌握.

【例 46】　设数列 $\{a_n\}$ 满足 $\sum_{n=1}^{\infty}(-1)^n\frac{a_n}{n+2}x^{n+2}+\sum_{n=0}^{\infty}(-1)^{n+1}a_{n+1}x^{n+2}=-x-e^{-x}$. 若 $S(0)=0$，求 $\sum_{n=1}^{\infty}(-1)^n a_n x^{n+1}$ 的和函数 $S(x)$ 及 a_n.

【解】　由 $S(x)=\sum_{n=1}^{\infty}(-1)^n a_n x^{n+1}$，知

$$\sum_{n=0}^{\infty}(-1)^{n+1}a_{n+1}x^{n+2}=\sum_{n=1}^{\infty}(-1)^n a_n x^{n+1}=S(x),$$

$$\sum_{n=1}^{\infty}(-1)^n\frac{a_n}{n+2}x^{n+2}=\int_0^x\left[\sum_{n=1}^{\infty}(-1)^n a_n x^{n+1}\right]dx=\int_0^x S(x)dx.$$

由已知等式，有 $\int_0^x S(x)dx+S(x)=-x-e^{-x}$，两边同时对 x 求导，得

$$S(x)+S'(x)=e^{-x}-1.$$

解一阶线性微分方程，有

$$\begin{aligned}S(x)&=e^{-\int dx}\left[\int(e^{-x}-1)e^{\int dx}dx+c\right]=e^{-x}\left[\int(e^{-x}-1)e^{x}dx+c\right]\\&=e^{-x}(x-e^{x}+c).\end{aligned}$$

由 $S(0)=0$，得 $c=1$. 故 $S(x)=(1+x)e^{-x}-1$. 由 $S(x)=(1+x)e^{-x}-1=\sum_{n=1}^{\infty}(-1)^n a_n x^{n+1}$，故

$$\begin{aligned}e^{-x}+xe^{-x}-1&=\sum_{n=0}^{\infty}(-1)^n\frac{x^n}{n!}+\sum_{n=0}^{\infty}(-1)^n\frac{x^{n+1}}{n!}-1\\&=1-x+\sum_{n=1}^{\infty}(-1)^{n+1}\frac{x^{n+1}}{(n+1)!}+x+\sum_{n=1}^{\infty}(-1)^n\frac{x^{n+1}}{n!}-1\\&=\sum_{n=1}^{\infty}(-1)^n\left[\frac{1}{n!}-\frac{1}{(n+1)!}\right]x^{n+1}\\&=\sum_{n=1}^{\infty}(-1)^n\frac{n}{(n+1)!}x^{n+1},x\in(-\infty,+\infty),\end{aligned}$$

所以 $a_n=\frac{n}{(n+1)!}$.

【例 47】　设 $a_n=\int_0^{+\infty}x^n e^{-x}dx$，$n=0,1,2,\cdots$，求幂级数 $\sum_{n=1}^{\infty}\frac{n}{a_{n+1}}x^{2n}$ 的收敛域以及和函数.

【解】　因为 $a_n=-x^n e^{-x}\Big|_0^{+\infty}+n\int_0^{+\infty}x^{n-1}e^{-x}dx=na_{n-1}$，且 $a_0=\int_0^{+\infty}e^{-x}dx=-e^{-x}\Big|_0^{+\infty}=1$，所以 $a_n=n!$，$n=0,1,2,\cdots$，故级数为 $\sum_{n=1}^{\infty}\frac{n}{(n+1)!}x^{2n}$.

因 $\lim\limits_{n\to\infty}\left|\dfrac{\frac{n+1}{a_{n+2}}x^{2n+2}}{\frac{n}{a_{n+1}}x^{2n}}\right|=\lim\limits_{n\to\infty}\dfrac{\frac{n+1}{(n+2)!}x^{2n+2}}{\frac{n}{(n+1)!}x^{2n}}=\lim\limits_{n\to\infty}\dfrac{(n+1)x^2}{n(n+2)}=0<1$，收敛域为 $(-\infty,\infty)$.

$$\begin{aligned}S(x)&=\sum_{n=1}^{\infty}\frac{n}{(n+1)!}x^{2n}=\sum_{n=1}^{\infty}\frac{n+1-1}{(n+1)!}x^{2n}\\&=\sum_{n=1}^{\infty}\frac{1}{n!}x^{2n}-\sum_{n=1}^{\infty}\frac{1}{(n+1)!}x^{2n}=e^{x^2}-1-f(x),\end{aligned}$$

当 $x=0$ 时，

$$f(0)=\sum_{n=1}^{\infty}\frac{1}{(n+1)!}x^{2n}\Big|_{x=0}=0.$$

当 $x \neq 0$ 时,

$$f(x)=\frac{1}{x^2}\sum_{n=1}^{\infty}\frac{1}{(n+1)!}x^{2n+2}=\frac{1}{x^2}\sum_{n=2}^{\infty}\frac{1}{n!}x^{2n}=\frac{1}{x^2}(\mathrm{e}^{x^2}-1-x^2),$$

故

$$S(x)=\begin{cases}\left(1-\dfrac{1}{x^2}\right)\mathrm{e}^{x^2}+\dfrac{1}{x^2}, & x\neq 0,\\ 0, & x=0.\end{cases}$$

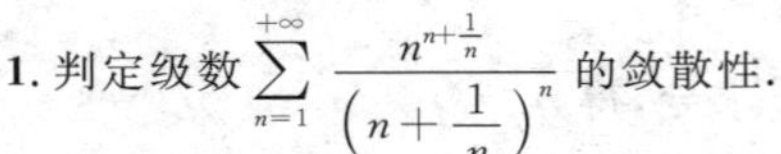

本章同步练习

1. 判定级数 $\sum\limits_{n=1}^{+\infty}\dfrac{n^{n+\frac{1}{n}}}{\left(n+\dfrac{1}{n}\right)^n}$ 的敛散性.

2. 判定级数 $\sum\limits_{n=1}^{+\infty}\dfrac{n^n}{(n!)^2}$ 的敛散性.

3. 判定级数 $\sum\limits_{n=2}^{+\infty}\dfrac{1}{(\ln n)^{\ln n}}$ 的敛散性.

4. 讨论级数 $\sum\limits_{n=1}^{+\infty}\dfrac{1}{1+a^n}(a\neq -1)$ 的敛散性.

5. (2014[1])设数列 $\{a_n\}$,$\{b_n\}$ 满足 $0<a_n<\dfrac{\pi}{2}$,$0<b_n<\dfrac{\pi}{2}$,$\cos a_n-a_n=\cos b_n$,且级数 $\sum\limits_{n=1}^{+\infty}b_n$ 收敛,

(1) 证明:$\lim\limits_{n\to\infty}a_n=0$;

(2) 证明:级数 $\sum\limits_{n=1}^{+\infty}\dfrac{a_n}{b_n}$ 收敛.

6. 设 $f(x)=\sum\limits_{n=0}^{+\infty}a_nx^n$ 在[0,1]上收敛,证明:当 $a_0=a_1=0$ 时,级数 $\sum\limits_{n=1}^{\infty}f\left(\dfrac{1}{n}\right)$ 收敛.

7. 求幂级数 $\sum\limits_{n=1}^{+\infty}\dfrac{n!}{n^n}x^{2n}$ 的收敛半径与收敛区间.

8. 求幂级数 $\sum\limits_{n=0}^{\infty}\dfrac{(-1)^n\cdot 3^n}{2n+1}\left(\dfrac{2-x^2}{2+x^2}\right)^n$ 的收敛域.

9. 将函数 $f(x)=\ln(2+x-3x^2)$ 展开为 x 的幂级数并指出收敛域.

10. 设 $a_0=1$,$a_{n+1}=-\left(1+\dfrac{1}{n+1}\right)a_n(n\geqslant 0)$.

(Ⅰ)证明:当 $|x|<1$ 时,幂级数 $\sum\limits_{n=0}^{\infty}a_nx^n$ 收敛;

(Ⅱ)求该幂级数的和函数 $s(x)$.

11. 将函数 $f(x)=\arctan\dfrac{2+x}{2-x}+\sin x$ 展开为 x 的幂级数并指出收敛域.

12. 求幂级数 $\sum\limits_{n=1}^{+\infty}\dfrac{n^2+1}{n}x^n$ 的和函数,并求级数 $\sum\limits_{n=1}^{+\infty}\dfrac{n^2+1}{n}\left(\dfrac{1}{2}\right)^n$ 的和.

13. 求级数 $\sum\limits_{n=1}^{+\infty}\dfrac{(-1)^n\cdot n^2}{3^n}$ 的和.

14. 求级数 $\sum\limits_{n=1}^{+\infty}\dfrac{(-1)^{n-1}(n+2)}{2^n\cdot n!}$ 的和.

15. 求极限 $\lim\limits_{n\to+\infty}\left(\dfrac{3}{2\cdot 1}+\dfrac{5}{2^2\cdot 2!}+\dfrac{7}{2^3\cdot 3!}+\cdots+\dfrac{2n+1}{2^n\cdot n!}\right)$.

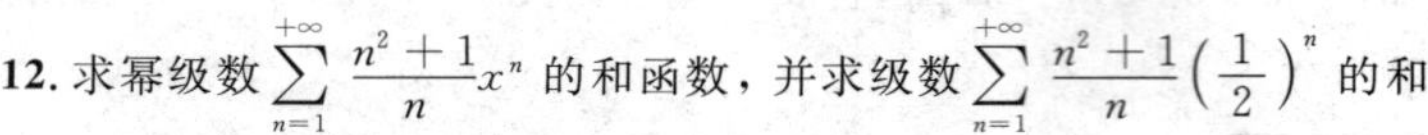

本章同步练习答案解析

1. 由于 $\lim\limits_{n\to+\infty}\dfrac{n^{n+\frac{1}{n}}}{(n+\frac{1}{n})^n}=\lim\limits_{n\to+\infty}\dfrac{n^{\frac{1}{n}}}{(1+\frac{1}{n^2})^n}=\dfrac{1}{\mathrm{e}^0}=1\neq 0$,所以级数 $\sum\limits_{n=1}^{+\infty}\dfrac{n^{n+\frac{1}{n}}}{(n+\frac{1}{n})^n}$ 发散.

2. $\lim\limits_{n\to+\infty}\dfrac{a_{n+1}}{a_n}=\lim\limits_{n\to+\infty}\dfrac{\dfrac{(n+1)^{n+1}}{[(n+1)!]^2}}{\dfrac{n^n}{(n!)^2}}=\lim\limits_{n\to+\infty}\dfrac{\left(1+\dfrac{1}{n}\right)^n}{n+1}=0<1$,所以级数$\sum\limits_{n=1}^{+\infty}\dfrac{n^n}{(n!)^2}$收敛.

3. $(\ln n)^{\ln n}=e^{\ln n\cdot\ln\ln n}=n^{\ln\ln n}$，当$n>e^{e^2}$时，$\ln\ln n>2$，$\dfrac{1}{n^{\ln\ln n}}<\dfrac{1}{n^2}$,所以级数$\sum\limits_{n=2}^{+\infty}\dfrac{1}{(\ln n)^{\ln n}}$收敛.

4. 当$|a|<1$时，$\lim\limits_{n\to+\infty}\dfrac{1}{1+a^n}=1\neq0$，级数$\sum\limits_{n=1}^{+\infty}\dfrac{1}{1+a^n}$发散；

当$a=1$时，$\lim\limits_{n\to+\infty}\dfrac{1}{1+a^n}=\dfrac{1}{2}\neq0$，级数$\sum\limits_{n=1}^{+\infty}\dfrac{1}{1+a^n}$发散；

当$|a|>1$时，级数$\sum\limits_{n=1}^{+\infty}\dfrac{1}{a^n}$绝对收敛,而$\lim\limits_{n\to+\infty}\dfrac{\dfrac{1}{|1+a^n|}}{\dfrac{1}{|a^n|}}=\lim\limits_{n\to+\infty}\dfrac{|a^n|}{|1+a^n|}=\lim\limits_{n\to+\infty}\dfrac{1}{|1+a^{-n}|}=1$,

所以当$|a|>1$时，级数$\sum\limits_{n=1}^{+\infty}\dfrac{1}{1+a^n}$绝对收敛.

5.(1) 由于$a_n=\cos a_n-\cos b_n$,且$0<a_n<\dfrac{\pi}{2}$,$0<b_n<\dfrac{\pi}{2}$,而$\cos x$在$\left[0,\dfrac{\pi}{2}\right]$上单调减少，所以$0<a_n<b_n$,又由$\sum\limits_{n=1}^{+\infty}b_n$收敛可得$\lim\limits_{n\to\infty}b_n=0$，所以由夹逼准则知$\lim\limits_{n\to\infty}a_n=0$.

(2) 因为

$$\begin{aligned}\lim_{n\to\infty}\frac{a_n}{b_n^2}&=\lim_{n\to\infty}\frac{1-\cos b_n}{b_n^2}\cdot\frac{a_n}{1-\cos b_n}=\frac{1}{2}\lim_{n\to\infty}\frac{a_n}{1-\cos b_n}\\&=\frac{1}{2}\lim_{n\to\infty}\frac{a_n}{1+a_n-\cos a_n}=\frac{1}{2}\lim_{n\to\infty}\frac{1}{1+\dfrac{1-\cos a_n}{a_n}}=\frac{1}{2},\end{aligned}$$

且$\sum\limits_{n=1}^{+\infty}b_n$收敛，所以由比较判别法知$\sum\limits_{n=1}^{+\infty}\dfrac{a_n}{b_n}$收敛.

6. 由题意知$\sum\limits_{n=0}^{+\infty}a_n$收敛,所以$\lim\limits_{n\to+\infty}a_n=0$且$\exists M>0$，$|a_n|<M$.

而$f(x)=\sum\limits_{n=0}^{+\infty}a_nx^n=a_0+a_1x+a_2x^2+\cdots+a_nx^n+\cdots$且$a_0=a_1=0$,所以

$\left|f\left(\dfrac{1}{n}\right)\right|=\left|\dfrac{a_2}{n^2}+\dfrac{a_3}{n^3}+\cdots+\dfrac{a_n}{n^n}+\cdots\right|<\dfrac{M}{n^2}\left(1+\dfrac{1}{n}+\dfrac{1}{n^2}+\cdots+\dfrac{1}{n^n}+\cdots\right)=\dfrac{M}{n^2}\cdot\dfrac{1}{1-\dfrac{1}{n}}=\dfrac{M}{n(n-1)}$.

由级数$\sum\limits_{n=2}^{+\infty}\dfrac{M}{n(n-1)}$收敛得级数$\sum\limits_{n=1}^{\infty}\left|f\left(\dfrac{1}{n}\right)\right|$收敛，故级数$\sum\limits_{n=1}^{\infty}f\left(\dfrac{1}{n}\right)$收敛.

7. 令$x^2=t$,先讨论幂级数$\sum\limits_{n=1}^{+\infty}\dfrac{n!}{n^n}t^n$,则$\rho=\lim\limits_{n\to+\infty}\dfrac{|a_{n+1}|}{|a_n|}=\lim\limits_{n\to+\infty}\dfrac{\left|\dfrac{(n+1)!}{(n+1)^{n+1}}\right|}{\left|\dfrac{n!}{n^n}\right|}=\lim\limits_{n\to+\infty}\dfrac{1}{\left(1+\dfrac{1}{n}\right)^n}=\dfrac{1}{e}$,

$|x^2|=|t|<\dfrac{1}{\rho}=e$，所以原级数的收敛半径为$R=\sqrt{e}$，收敛区间为$(-\sqrt{e},\sqrt{e})$.

8. 令$\dfrac{2-x^2}{2+x^2}=t$,先讨论幂级数$\sum\limits_{n=1}^{+\infty}\dfrac{(-1)^n\cdot3^n}{2n+1}t^n$,

则 $\rho=\lim\limits_{n\to+\infty}\dfrac{|a_{n+1}|}{|a_n|}=\lim\limits_{n\to+\infty}\dfrac{\dfrac{3^{n+1}}{2n+3}}{\dfrac{3^n}{2n+1}}=3$，$\left|\dfrac{2-x^2}{2+x^2}\right|=|t|<\dfrac{1}{\rho}=\dfrac{1}{3}$.

当 $\left|\dfrac{2-x^2}{2+x^2}\right|>\dfrac{1}{3}$ 时，级数发散；当 $\left|\dfrac{2-x^2}{2+x^2}\right|<\dfrac{1}{3}$ 时，级数(绝对)收敛；

当 $\dfrac{2-x^2}{2+x^2}=\dfrac{1}{3}$ 时，级数 $\sum\limits_{n=1}^{+\infty}\dfrac{(-1)^n}{2n+1}$ 收敛；当 $\dfrac{2-x^2}{2+x^2}=-\dfrac{1}{3}$ 时，级数 $\sum\limits_{n=1}^{+\infty}\dfrac{1}{2n+1}$ 发散，故原级数的收敛域为 $(-2,-1]\cup[1,2)$.

---

9. **方法一** $f'(x)=\dfrac{1-6x}{2+x-3x^2}=\dfrac{1-6x}{(1-x)(2+3x)}=-\dfrac{1}{1-x}+\dfrac{3}{2+3x}$,

而 $\dfrac{1}{1-x}=\sum\limits_{n=0}^{+\infty}x^n$，$(|x|<1)$；$\dfrac{3}{2+3x}=\dfrac{3}{2}\cdot\dfrac{1}{1+\dfrac{3}{2}x}=\dfrac{3}{2}\sum\limits_{n=0}^{+\infty}(-\dfrac{3}{2})^n x^n$，$(|\dfrac{3}{2}x|<1)$.

所以 $f'(x)=-\sum\limits_{n=0}^{+\infty}x^n+\dfrac{3}{2}\sum\limits_{n=0}^{+\infty}\left(-\dfrac{3}{2}\right)^n x^n=\sum\limits_{n=0}^{+\infty}\left[-1-\left(-\dfrac{3}{2}\right)^{n+1}\right]x^n$,

$f(x)=\sum\limits_{n=0}^{+\infty}\left[-1-\left(-\dfrac{3}{2}\right)^{n+1}\right]\cdot\dfrac{1}{n+1}x^{n+1}+C_0$，由 $f(0)=\ln 2$ 得 $C_0=\ln 2$,

故 $f(x)=\sum\limits_{n=0}^{+\infty}\left[-1-\left(-\dfrac{3}{2}\right)^{n+1}\right]\cdot\dfrac{1}{n+1}x^{n+1}+\ln 2$，收敛域为 $\left(-\dfrac{2}{3},\dfrac{2}{3}\right]$.

方法二 $f(x)=\ln(2+x-3x^2)=\ln(1-x)(2+3x)$.

利用公式 $\ln(1-x)=-\sum\limits_{n=0}^{+\infty}\dfrac{1}{n+1}x^{n+1}$，$x\in[-1,1)$，及

$\ln(2+3x)=\ln 2+\ln\left(1+\dfrac{3}{2}x\right)=\ln 2+\sum\limits_{n=0}^{+\infty}\dfrac{(-1)^n}{n+1}(\dfrac{3}{2}x)^{n+1}$，$x\in\left(-\dfrac{2}{3},\dfrac{2}{3}\right]$,

故 $f(x)=\sum\limits_{n=0}^{+\infty}\left[-1-\left(-\dfrac{3}{2}\right)^{n+1}\right]\cdot\dfrac{1}{n+1}x^{n+1}+\ln 2$，收敛域为 $\left(-\dfrac{2}{3},\dfrac{2}{3}\right]$.

10.(Ⅰ) 由 $a_{n+1}=-\left(1+\dfrac{1}{n+1}\right)a_n$ 知

$$\lim_{n\to\infty}\left|\frac{a_{n+1}}{a_n}\right|=\lim_{n\to\infty}\left|-\left(1+\frac{1}{n+1}\right)\right|=1,$$

则幂级数 $\sum\limits_{n=0}^{\infty}a_n x^n$ 的收敛半径为 $R=1$. 故当 $|x|<1$ 时，幂级数 $\sum\limits_{n=0}^{\infty}a_n x^n$ 收敛.

(Ⅱ) 由已知 $a_{n+1}=-\left(1+\dfrac{1}{n+1}\right)a_n=\left(-\dfrac{n+2}{n+1}\right)a_n=\left(-\dfrac{n+2}{n+1}\right)\left(-\dfrac{n+1}{n}\right)a_{n-1}$，可知 $a_n=(-1)^n(n+1)$ $(n\geqslant 0)$.

令 $s(x)=\sum\limits_{n=0}^{\infty}a_n x^n$，则

$$s(x)=\sum_{n=0}^{\infty}(-1)^n(n+1)x^n=\left[\sum_{n=0}^{\infty}(-1)^n x^{n+1}\right]'=\left(1-\frac{1}{1+x}\right)'=\frac{1}{(1+x)^2}.$$

---

11. $\sin x=\sum\limits_{n=0}^{+\infty}\dfrac{(-1)^n}{(2n+1)!}x^{2n+1}(-\infty<x<+\infty)$,

$\left(\arctan\dfrac{2+x}{2-x}\right)'=\dfrac{1}{1+\left(\dfrac{2+x}{2-x}\right)^2}\cdot\dfrac{4}{(2-x)^2}=\dfrac{2}{4+x^2}=\dfrac{1}{2}\cdot\dfrac{1}{1+\dfrac{1}{4}x^2}=\dfrac{1}{2}\sum\limits_{n=0}^{+\infty}(-1)^n\dfrac{1}{4^n}x^{2n}(|x|<2)$,

$$\arctan\frac{2+x}{2-x}=\arctan 1+\frac{1}{2}\sum_{n=0}^{+\infty}\frac{(-1)^n}{(2n+1)\cdot 4^n}x^{2n+1}=\frac{\pi}{4}+\frac{1}{2}\sum_{n=0}^{+\infty}\frac{(-1)^n}{(2n+1)\cdot 4^n}x^{2n+1}(|x|<2),$$

所以

$$f(x)=\frac{\pi}{4}+\frac{1}{2}\sum_{n=0}^{+\infty}\frac{(-1)^n}{(2n+1)\cdot 4^n}x^{2n+1}+\sum_{n=0}^{+\infty}\frac{(-1)^n}{(2n+1)!}x^{2n+1}$$
$$=\frac{\pi}{4}+\sum_{n=0}^{+\infty}\frac{(-1)^n}{(2n+1)}\left[\frac{1}{2\cdot 4^n}+\frac{1}{(2n)!}\right]x^{2n+1},$$

收敛域为 $[-2,2)$.

---

12. 幂级数 $\sum\limits_{n=1}^{+\infty}\frac{n^2+1}{n}x^n$ 的收敛域为 $(-1,1)$.

设 $s(x)=\sum\limits_{n=1}^{+\infty}\frac{n^2+1}{n}x^n$，利用拆项求和并应用常用公式得

$$s(x)=\sum_{n=1}^{+\infty}nx^n+\sum_{n=1}^{+\infty}\frac{1}{n}x^n=x\sum_{n=1}^{+\infty}nx^{n-1}+\sum_{n=1}^{+\infty}\frac{1}{n}x^n=\frac{x}{(1-x)^2}-\ln(1-x),$$

所以 $\sum\limits_{n=1}^{+\infty}\frac{n^2+1}{n}\left(\frac{1}{2}\right)^n=s\left(\frac{1}{2}\right)=2+\ln 2$.

---

13. 设 $s(x)=\sum\limits_{n=1}^{+\infty}n^2x^n=x\sum\limits_{n=1}^{+\infty}n^2x^{n-1}=xs_1(x)$，$\int s_1(x)\mathrm{d}x=\sum\limits_{n=1}^{+\infty}nx^n=x\sum\limits_{n=1}^{+\infty}nx^{n-1}=\frac{x}{(1-x)^2}$，

所以 $s_1(x)=\frac{1+x}{(1-x)^3}$，$\sum\limits_{n=1}^{+\infty}\frac{(-1)^n\cdot n^2}{3^n}=s\left(-\frac{1}{3}\right)=\left(-\frac{1}{3}\right)s_1\left(-\frac{1}{3}\right)=-\frac{3}{32}$.

---

14. 利用拆项求和并应用常用公式

$$\sum_{n=1}^{+\infty}\frac{(-1)^{n-1}(n+2)}{2^n\cdot n!}=\sum_{n=1}^{+\infty}\frac{(-1)^{n-1}}{2^n\cdot(n-1)!}+\sum_{n=1}^{+\infty}\frac{(-1)^{n-1}}{2^{n-1}\cdot n!}$$
$$=\frac{1}{2}\sum_{n=1}^{+\infty}\frac{1}{(n-1)!}\left(-\frac{1}{2}\right)^{n-1}-2\sum_{n=1}^{+\infty}\frac{1}{n!}\left(-\frac{1}{2}\right)^n$$
$$=\frac{1}{2}\mathrm{e}^{-\frac{1}{2}}-2(\mathrm{e}^{-\frac{1}{2}}-1)=2-\frac{3}{2}\mathrm{e}^{-\frac{1}{2}}.$$

---

15. 求极限 $\lim\limits_{n\to+\infty}\left(\frac{3}{2\cdot 1}+\frac{5}{2^2\cdot 2!}+\frac{7}{2^3\cdot 3!}+\cdots+\frac{2n+1}{2^n\cdot n!}\right)$，即为求级数 $\sum\limits_{n=1}^{+\infty}\frac{2n+1}{2^n\cdot n!}$ 的和.

设 $s(x)=\sum\limits_{n=1}^{+\infty}\frac{2n+1}{n!}x^{2n}$，则 $\int s(x)\mathrm{d}x=\sum\limits_{n=1}^{+\infty}\frac{1}{n!}x^{2n+1}=x\sum\limits_{n=1}^{+\infty}\frac{1}{n!}x^{2n}=x(\mathrm{e}^{x^2}-1)$，

所以 $s(x)=(\mathrm{e}^{x^2}-1)+2x^2\mathrm{e}^{x^2}=(2x^2+1)\mathrm{e}^{x^2}-1$，故 $\sum\limits_{n=1}^{+\infty}\frac{2n+1}{2^n\cdot n!}=s\left(\frac{1}{\sqrt{2}}\right)=2\mathrm{e}^{\frac{1}{2}}-1$.

第八章　常微分方程

重点题型详解

题型一　一阶微分方程

题型 1.1　可分离变量的微分方程

解题策略

先判定微分方程是否为可分离变量的微分方程，若确定是，则分离变量两边积分即可.

【例 1】　求微分方程 $xy'-(1-x^2)y=0$ 的通解.

【思路】　所求方程是可分离变量的微分方程，分离变量两边积分即可.

【解】　分离变量，得$\dfrac{\mathrm{d}y}{y}=\dfrac{1-x^2}{x}\mathrm{d}x$，两边积分得 $\ln|y|=\ln|x|-\dfrac{1}{2}x^2+\ln|C|$，所以原微分方程的通解为 $y=Cx\mathrm{e}^{-\frac{1}{2}x^2}$.

评注　一般微分方程的通解不要求直接解出变量 y 的形式，注意题解中对于常数的处理.

【例 2】　求微分方程$(xy+3x)\mathrm{d}x-(x^2+1)\mathrm{d}y=0$ 满足条件$y|_{x=2}=2$ 的特解.

【解】　分离变量，得$\dfrac{\mathrm{d}y}{y+3}=\dfrac{x}{x^2+1}\mathrm{d}x$，两边积分得 $\ln|y+3|=\dfrac{1}{2}\ln|x^2+1|+\ln|C|$，或 $y=C\sqrt{x^2+1}-3$，由条件$y|_{x=2}=2$，得 $C=\sqrt{5}$，所以特解为 $y=\sqrt{5(x^2+1)}-3$.

评注　微分方程的特解也可表示为$(y+3)^2=5(x^2+1)$.

题型 1.2　齐次微分方程

解题策略

当微分方程不是可分离变量的微分方程时，考虑是否为齐次方程，若确定是，则利用变量代换 $u=\dfrac{y}{x}$ 化为可分离变量的微分方程．要求考生掌握其求解方法.

【例 3】　求微分方程 $x\sin\dfrac{y}{x}\mathrm{d}y+(x-y\sin\dfrac{y}{x})\mathrm{d}x=0$ 的通解.

【解】　微分方程$\dfrac{\mathrm{d}y}{\mathrm{d}x}=\dfrac{y}{x}-\dfrac{1}{\sin\dfrac{y}{x}}$是齐次方程.

令 $u=\dfrac{y}{x}$，则微分方程可化为 $u+x\dfrac{\mathrm{d}u}{\mathrm{d}x}=u-\dfrac{1}{\sin u}$ 或 $x\dfrac{\mathrm{d}u}{\mathrm{d}x}=-\dfrac{1}{\sin u}$，

分离变量，两边积分得 $\cos u=\ln|x|+\ln|C|$，原微分方程的通解为 $\cos\dfrac{y}{x}=\ln Cx$.

评注　不要求直接解出变量 y 的形式，也可不讨论绝对值.

【例 4】　求微分方程 $y'=\dfrac{y}{x}+\dfrac{x}{y}$ 满足条件$y|_{x=1}=2$ 的特解.

【解】　从形式上判断此微分方程是齐次方程，令 $u=\dfrac{y}{x}$，则微分方程可化为 $u+x\dfrac{\mathrm{d}u}{\mathrm{d}x}=u+\dfrac{1}{u}$，

分离变量，两边积分得 $\frac{1}{2}u^2=\ln|x|+C$，原微分方程的通解为 $\frac{y^2}{2x^2}=\ln|x|+C$，由条件 $y|_{x=1}=2$，得 $C=2$，所以特解为 $\frac{y^2}{2x^2}=\ln|x|+2$.

评注　可不讨论绝对值，即特解为 $y^2=2x^2(\ln x+2)$.

题型 1.3　一阶线性微分方程

解题策略

当微分方程不是可分离变量的微分方程，也不是齐次方程时，考虑是否为一阶线性微分方程，若确定是，则先标准化再利用通解公式求解.

【例 5】　求微分方程 $xy'+y=\sin x$ 的通解.

【解】　先标准化为 $y'+\frac{1}{x}\cdot y=\frac{\sin x}{x}$，直接用通解公式求解.

$$y=\mathrm{e}^{-\int\frac{1}{x}\mathrm{d}x}\left[\int\frac{\sin x}{x}\mathrm{e}^{\int\frac{1}{x}\mathrm{d}x}\mathrm{d}x+C\right]=\mathrm{e}^{-\ln x}\left[\int\frac{\sin x}{x}\mathrm{e}^{\ln x}\mathrm{d}x+C\right]=\frac{1}{x}(-\cos x+C).$$

评注　一阶线性微分方程通解中的不定积分不需要再考虑常数.

【例 6】　求微分方程 $xy'-3y=x^2$ 满足条件 $y(1)=0$ 的特解.

【解】　微分方程是一阶线性的，先标准化为 $y'-\frac{3}{x}\cdot y=x$. 由通解公式得

$$y=\mathrm{e}^{-\int-\frac{3}{x}\mathrm{d}x}\left[\int x\mathrm{e}^{\int-\frac{3}{x}\mathrm{d}x}\mathrm{d}x+C\right]=\mathrm{e}^{3\ln x}\left[\int x\mathrm{e}^{-3\ln x}\mathrm{d}x+C\right]=x^3\left(-\frac{1}{x}+C\right).$$

由条件 $y(1)=0$，得 $C=1$，所以特解为 $y=x^3-x^2$.

题型 1.4　伯努利方程①

解题策略

当微分方程不是可分离变量的微分方程，不是齐次方程也不是一阶线性微分方程时，考虑是否为伯努利方程，若确定是，则利用变量代换 $z=y^{1-\lambda}$ 化为一阶线性微分方程，再利用通解公式求解.

【例 7】　求微分方程 $xy'+2y=\frac{y^3}{x}$ 的通解.

【思路】　先标准化为 $y'+\frac{2}{x}\cdot y=\frac{1}{x^2}\cdot y^3$，$\lambda=3$，因此是伯努利方程.

【解】　令 $z=y^{1-\lambda}=y^{-2}$，微分方程可化为 $z'-\frac{4}{x}\cdot z=-\frac{2}{x^2}$，由一阶线性微分方程的通解公式得

$$z=\mathrm{e}^{-\int-\frac{4}{x}\mathrm{d}x}\left[\int-\frac{2}{x^2}\mathrm{e}^{\int-\frac{4}{x}\mathrm{d}x}\mathrm{d}x+C\right]=\mathrm{e}^{4\ln x}\left[\int-\frac{2}{x^2}\mathrm{e}^{-4\ln x}\mathrm{d}x+C\right]=x^4\left(\frac{2}{5x^5}+C\right),$$

则原方程的通解为 $\frac{1}{y^2}=x^4\left(\frac{2}{5x^5}+C\right)$.

评注　通过变量代换 $z=y^{1-\lambda}$ 将原微分方程化为一阶线性微分方程.

【例 8】　求微分方程 $xy'+y=\sqrt{xy}$ 的通解.

【解】　**方法一**　先标准化为 $y'+\frac{1}{x}\cdot y=\frac{1}{\sqrt{x}}\sqrt{y}$，而 $\lambda=\frac{1}{2}$，因此是伯努利方程.

令 $z=y^{1-\lambda}=\sqrt{y}$，微分方程可化为 $z'+\frac{1}{2x}\cdot z=\frac{1}{2\sqrt{x}}$.

由一阶线性微分方程的通解公式得

$$z=\mathrm{e}^{-\int\frac{1}{2x}\mathrm{d}x}\left(\int\frac{1}{2\sqrt{x}}\mathrm{e}^{\int\frac{1}{2x}\mathrm{d}x}\mathrm{d}x+C\right)=\mathrm{e}^{-\frac{1}{2}\ln x}\left(\int\frac{1}{2\sqrt{x}}\mathrm{e}^{\frac{1}{2}\ln x}\mathrm{d}x+C\right)=\frac{1}{\sqrt{x}}\left(\frac{1}{2}x+C\right),$$

则原方程的通解为 $\sqrt{y}=\frac{1}{\sqrt{x}}\left(\frac{1}{2}x+C\right)$.

方法二　微分方程 $y'=-\frac{y}{x}+\sqrt{\frac{y}{x}}$ 是齐次方程.

令 $u=\frac{y}{x}$，$y'=u+x\frac{\mathrm{d}u}{\mathrm{d}x}$，则微分方程可化为 $u+x\frac{\mathrm{d}u}{\mathrm{d}x}=-u+\sqrt{u}$，分离变量，得 $\frac{\mathrm{d}u}{\sqrt{u}-2u}=\frac{\mathrm{d}x}{x}$，两边积分，得 $-\ln|1-2\sqrt{u}|=\ln|x|-\ln|C|$，所以 $1-2\sqrt{u}=\frac{C}{x}$，即 $1-2\sqrt{\frac{y}{x}}=\frac{C}{x}$.

方法三　注意到 $xy'+y=(xy)'$，令 $v=xy$，则微分方程可化为 $v'=\sqrt{v}$，分离变量 $\frac{\mathrm{d}v}{\sqrt{v}}=\mathrm{d}x$，所以 $2\sqrt{v}=x+C$，则原方程的通解为 $2\sqrt{xy}=x+C$.

> **评注**　通过比较可知，对于特殊形式的微分方程用特殊方法比常用方法要更加简单.

题型 1.5　全微分方程①

> **解题策略**
>
> 当微分方程形式为 $P(x,y)\mathrm{d}x+Q(x,y)\mathrm{d}y=0$ 时，先判定 $\frac{\partial P}{\partial y}=\frac{\partial Q}{\partial x}$ 是否成立，若成立则微分方程是全微分方程，可利用曲线积分或全微分求积来得到微分方程的解.

【例 9】　求微分方程 $(3x^2y+2\mathrm{e}^{-x})\mathrm{d}x+(x^3+3\cos y)\mathrm{d}y=0$ 的通解.

【思路】　先判定是否为全微分方程，如果是，利用全微分方程的求解方法.

【解】　由 $P(x,y)=3x^2y+2\mathrm{e}^{-x}$，$Q(x,y)=x^3+3\cos y$，得 $\frac{\partial P}{\partial y}=3x^2=\frac{\partial Q}{\partial x}$，所以 $(3x^2y+2\mathrm{e}^{-x})\mathrm{d}x+(x^3+3\cos y)\mathrm{d}y=0$ 是全微分方程.

方法一　利用全微分求积，$\frac{\partial P}{\partial y}=\frac{\partial Q}{\partial x}\Leftrightarrow P\mathrm{d}x+Q\mathrm{d}y=\mathrm{d}u$.

$$\frac{\partial u}{\partial x}=P(x,y)=3x^2y+2\mathrm{e}^{-x}\Rightarrow u(x,y)=x^3y-2\mathrm{e}^{-x}+C_1(y),\tag{1}$$

$$\frac{\partial u}{\partial y}=Q(x,y)=x^3+3\cos y\Rightarrow u(x,y)=x^3y+3\sin y+C_2(x),\tag{2}$$

比较 (1)、(2) 式可得 $C_1(y)=3\sin y$，$C_2(x)=-2\mathrm{e}^{-x}$.

故原微分方程的通解为 $x^3y-2\mathrm{e}^{-x}+3\sin y=C$.

方法二　$\frac{\partial P}{\partial y}=\frac{\partial Q}{\partial x}\Leftrightarrow$ 曲线积分 $\int_C P\mathrm{d}x+Q\mathrm{d}y$ 与路径无关.

$$\begin{aligned}u(x,y)&=\int_{(0,0)}^{(x,y)}(3x^2y+2\mathrm{e}^{-x})\mathrm{d}x+(x^3+3\cos y)\mathrm{d}y=\int_0^x 2\mathrm{e}^{-x}\mathrm{d}x+\int_0^y(x^3+3\cos y)\mathrm{d}y\\&=-2\mathrm{e}^{-x}\Big|_0^x+(x^3y+3\sin y)\Big|_0^y=-2\mathrm{e}^{-x}+2+x^3y+3\sin y,\end{aligned}$$

故原微分方程的通解为：$u(x,y)=C$ 或 $x^3y-2\mathrm{e}^{-x}+3\sin y=C$.

评注　考生可比较两种解法，进行总结归纳.

【例 10】　求解微分方程$\left(\sin\dfrac{y}{x}-\dfrac{y}{x}\cos\dfrac{y}{x}+x^2\right)\mathrm{d}x+\left(\cos\dfrac{y}{x}+\dfrac{1}{\sqrt{1-y^2}}\right)\mathrm{d}y=0$.

【解】　$P(x,y)=\sin\dfrac{y}{x}-\dfrac{y}{x}\cos\dfrac{y}{x}+x^2$，$Q(x,y)=\cos\dfrac{y}{x}+\dfrac{1}{\sqrt{1-y^2}}$，得$\dfrac{\partial P}{\partial y}=\dfrac{y}{x^2}\sin\dfrac{y}{x}=\dfrac{\partial Q}{\partial x}$，所以是全微分方程.

$$\frac{\partial u}{\partial y}=Q(x,y)=\cos\frac{y}{x}+\frac{1}{\sqrt{1-y^2}}\Rightarrow u(x,y)=x\sin\frac{y}{x}+\arcsin y+C_2(x),$$

又直接可得 $C_2(x)=\dfrac{1}{3}x^3$，故原微分方程的通解为 $x\sin\dfrac{y}{x}+\arcsin y+\dfrac{1}{3}x^3=C$.

评注　考生也可以用计算曲线积分的方法来求解.

题型二　二阶可降阶微分方程①②

题型 2.1　方程中不显含变量 y 的 $y''=f(x,y')$ 型

解题策略

令 $y'=p,y''=p'$，化为一阶微分方程 $p'=f(x,p)$.

【例 11】　求微分方程 $xy''+x(y')^2-y'=0$ 满足条件 $y(2)=2,y'(2)=1$ 的特解.

【思路】　微分方程中不显含变量 y，考虑用变换 $y'=p$ 对微分方程进行降阶处理.

【解】　令 $y'=p,y''=p'$，则微分方程化为 $xp'+xp^2-p=0$.

标准化为 $p'-\dfrac{1}{x}p=-p^2,\lambda=2$，因此是伯努利方程.

令 $z=p^{1-\lambda}=p^{-1}$，微分方程可化为 $z'+\dfrac{1}{x}\cdot z=1$，

所以 $z=\mathrm{e}^{-\int\frac{1}{x}\mathrm{d}x}\left(\int\mathrm{e}^{\int\frac{1}{x}\mathrm{d}x}\mathrm{d}x+C_1\right)=\dfrac{1}{x}\left(\dfrac{1}{2}x^2+C_1\right)$，即 $p^{-1}=\dfrac{1}{x}\left(\dfrac{1}{2}x^2+C_1\right)$.

由 $y'(2)=1$，得 $C_1=0$，所以 $y'=\dfrac{2}{x}$，解得 $y=2\ln x+C_2$.

由 $y(2)=2\Rightarrow C_2=2-2\ln 2$，故原微分方程的特解为 $y=2\ln x+2-2\ln 2$.

【例 12】　求微分方程 $xy''=y'\ln\dfrac{y'}{x}$ 满足条件 $y(1)=2,y'(1)=1$ 的特解.

【思路】　微分方程中不显含变量 y.

【解】　令 $y'=p,y''=p'$，微分方程可化为 $xp'=p\ln\dfrac{p}{x}$，为齐次方程.

设 $u=\dfrac{p}{x}$，微分方程可化为 $u+x\dfrac{\mathrm{d}u}{\mathrm{d}x}=u\ln u$. 所以$\dfrac{\mathrm{d}u}{u(\ln u-1)}=\dfrac{\mathrm{d}x}{x}$，两边积分得 $u=\mathrm{e}^{C_1x+1}$，$y'=x\mathrm{e}^{C_1x+1}$.

由 $y'(1)=1\Rightarrow C_1=-1$，所以 $y'=x\mathrm{e}^{-x+1}$，故 $y=\mathrm{e}^{-x+1}(-x-1)+C_2$.

由 $y(1)=2\Rightarrow C_2=4$，故原微分方程的特解为 $y=\mathrm{e}^{-x+1}(-x-1)+4$.

题型 2.2　方程中不显含变量 x 的 $y''=f(y,y')$ 型

解题策略

令 $y'=p,y''=p\dfrac{\mathrm{d}p}{\mathrm{d}y}$ 可降阶为一阶微分方程 $p\dfrac{\mathrm{d}p}{\mathrm{d}y}=f(y,p)$.

【例 13】 求微分方程 $yy''+(y')^2+1=0$ 满足条件 $y(0)=1, y'(0)=-\sqrt{3}$ 的特解.

【思路】 微分方程中不显含变量 x.

【解】 令 $y'=p, y''=p\dfrac{\mathrm{d}p}{\mathrm{d}y}$, 微分方程化为 $yp\dfrac{\mathrm{d}p}{\mathrm{d}y}+p^2+1=0$,为可分离变量的微分方程.

分离变量,两边积分得

$$\int \frac{p}{p^2+1}\mathrm{d}p=-\int \frac{1}{y}\mathrm{d}y \Rightarrow \frac{1}{2}\ln(p^2+1)=-\ln|y|+\frac{1}{2}\ln|C_1|,$$

所以 $p=\pm\dfrac{\sqrt{C_1-y^2}}{y}$, 由 $y(0)=1, y'(0)=-\sqrt{3}$,得 $C_1=4$.

$$y'=p=-\frac{\sqrt{4-y^2}}{y} \Rightarrow -\int \frac{y}{\sqrt{4-y^2}}\mathrm{d}y=\int \mathrm{d}x \Rightarrow \sqrt{4-y^2}=x+C_2,$$

由 $y(0)=1$,得 $C_2=\sqrt{3}$,因此微分方程的特解为 $\sqrt{4-y^2}=x+\sqrt{3}$.

> **评注** 由初始条件确定常数时,应该考虑正负号. 如果考生能够注意到 $yy''+(y')^2=(y\cdot y')'$, 则微分方程的求解可以更加简单.

【例 14】 求微分方程 $y''-\sqrt{1+(y')^2}=0$ 满足条件 $y|_{x=0}=0, y'|_{x=0}=0$ 的特解.

【思路】 当二阶微分方程不显含变量 x, y 时,两种类型都可考虑.

【解】 **方法一** 令 $y'=p, y''=p'$,微分方程化可为 $p'-\sqrt{1+p^2}=0$,可分离变量.

分离变量,积分得 $\displaystyle\int \frac{1}{\sqrt{p^2+1}}\mathrm{d}p=\int \mathrm{d}x$,即 $\ln(p+\sqrt{p^2+1})=x+C_1$.

由条件 $y'|_{x=0}=0$,得 $C_1=0$, 所以 $p+\sqrt{p^2+1}=\mathrm{e}^x$ 或 $-p+\sqrt{p^2+1}=\mathrm{e}^{-x}$.

进而得

$$y'=p=\frac{\mathrm{e}^x-\mathrm{e}^{-x}}{2} \Rightarrow y=\frac{\mathrm{e}^x+\mathrm{e}^{-x}}{2}+C_2,$$

由条件 $y|_{x=0}=0$,得 $C_2=-1$, 所以微分方程的特解为 $y=\dfrac{\mathrm{e}^x+\mathrm{e}^{-x}}{2}-1$.

方法二 令 $y'=p, y''=p\dfrac{\mathrm{d}p}{\mathrm{d}y}$,微分方程可化为 $p\dfrac{\mathrm{d}p}{\mathrm{d}y}-\sqrt{1+p^2}=0$, 可分离变量.

分离变量,积分得 $\displaystyle\int \frac{p}{\sqrt{p^2+1}}\mathrm{d}p=\int \mathrm{d}y \Rightarrow \sqrt{p^2+1}=y+C_1$.

由条件 $y|_{x=0}=0, y'|_{x=0}=0$,得 $C_1=1$, 所以 $y'=p=\sqrt{y^2+2y}$,

进而得

$$\int \frac{1}{\sqrt{y^2+2y}}\mathrm{d}y=\int \mathrm{d}x \Rightarrow \ln(y+1+\sqrt{y^2+2y})=x+C_2,$$

由条件 $y|_{x=0}=0$,得 $C_2=0$, 所以 $y+1+\sqrt{y^2+2y}=\mathrm{e}^x$,即 $y=\dfrac{\mathrm{e}^x+\mathrm{e}^{-x}}{2}-1$.

> **评注** 希望考生将上述方法进行比较,真正理解和领会它们的区别.

题型三 二阶线性微分方程

题型 3.1 二阶线性微分方程解的结构

解题策略

与线性方程组解的结构类似, 二阶非齐次线性微分方程的通解是由对应齐次的通解与非齐次的一个特解构成, 齐次线性方程的解具有叠加性, 两个非齐次解的差是对应齐次的解, 非齐次的解加或减齐次的解仍为非齐次的解.

【例 15】　已知 $y_1^* = 2e^{-x} + xe^x, y_2^* = 3e^{2x} + xe^x, y_3^* = e^{-x} - e^{2x} + xe^x$ 是 $y'' + p(x)y' + q(x)y = f(x)$ 的三个特解，求该微分方程的通解.

【思路】　已知非齐次线性微分方程的三个解，可利用两个非齐次解的差是对应齐次的解，从而得到非齐次线性微分方程的通解.

【解】　$y_1 = y_2^* - y_1^* = 3e^{2x} - 2e^{-x}, y_2 = y_3^* - y_1^* = -e^{-x} - e^{2x}$.

显然 y_1, y_2 线性无关，所以非齐次线性微分方程的通解为 $y = C_1 y_1 + C_2 y_2 + y_1^*$.

为了使解的形式简单些，利用解的结构性质，可以取

$$\hat{y}_1 = \frac{1}{5}(y_1 - 2y_2) = e^{2x}, \hat{y}_2 = -\frac{1}{5}(y_1 + 3y_2) = e^{-x}, y^* = y_1^* - 2\hat{y}_2 = xe^x,$$

通解为：$y = C_1\hat{y}_1 + C_2\hat{y}_2 + y^* = C_1 e^{2x} + C_2 e^{-x} + xe^x$.

> **评注**　如果熟悉线性微分方程的解的结构，直接可从三个特解中找到一个共同的形式 $y^* = xe^x$，其余是齐次解的部分线性组合，马上可得到结论.

题型 3.2　二阶常系数线性微分方程

> **解题策略**
>
> 首先正确写出特征方程并求出特征根，根据特征根的形式相应得到齐次方程的通解，如果是非齐次方程，由待定系数法求得非齐次的特解.

【例 16】　微分方程 $y'' - y' - 6y = 0$ 满足条件 $y(0) = 2, y'(0) = 1$ 的特解是________.

【解】　特征方程为 $r^2 - r - 6 = 0$，解得 $r_1 = 3, r_2 = -2$. 微分方程的通解为 $y = C_1 e^{3x} + C_2 e^{-2x}$. 由条件 $y(0) = 2, y'(0) = 1$，得 $C_1 = C_2 = 1$. 故所求特解为 $y = e^{3x} + e^{-2x}$.

【例 17】　微分方程 $y'' + 2y' + ay = 0$ 的通解中所有解 $y(x)$ 均满足 $\lim\limits_{x\to+\infty} y(x) = 0$，则常数 a 满足（　　）.

(A) $a > 0$　　(B) $a < 0$　　(C) $a \geqslant 0$　　(D) $a \leqslant 0$

【思路】　可用特例法，选择特殊值加以判定.

【解】　先取 $a = 0$，则特征方程为 $r^2 + 2r = 0$，解得 $r_1 = 0, r_2 = -2$，微分方程的通解为 $y = C_1 + C_2 e^{-2x}$，不满足 $\lim\limits_{x\to+\infty} y(x) = 0$.

取 $a = 1$，则特征方程为 $r^2 + 2r + 1 = 0, r_1 = r_2 = -1$，微分方程的通解为 $y = (C_1 + C_2 x)e^{-x}$，满足 $\lim\limits_{x\to+\infty} y(x) = 0$. 所以选（A）.

取 $a = -3$ 时，特征方程为 $r^2 + 2r - 3 = 0, r_1 = 1, r_2 = -3$，微分方程的通解为 $y = C_1 e^x + C_2 e^{-3x}$，不满足 $\lim\limits_{x\to+\infty} y(x) = 0$.

> **评注**　对于选择题特例法是一种常用方法，考生应该掌握.
>
> 注意：取 $a = 2$，则特征方程为 $r^2 + 2r + 2 = 0, r_1, r_2 = -1 \pm i$，微分方程的通解为 $y = e^{-x}(C_1 \cos x + C_2 \sin x)$，同样满足 $\lim\limits_{x\to+\infty} y(x) = 0$.

【例 18】　若二阶常系数齐次线性微分方程 $y'' + ay' + by = 0$ 的通解为 $y = (C_1 + C_2 x)e^x$，则非齐次微分方程 $y'' + ay' + by = x$ 满足条件 $y(0) = 2, y'(0) = 0$ 的特解是________.

【思路】　熟悉并掌握微分方程解的结构的一些基本形式.

【解】　微分方程 $y'' + ay' + by = 0$ 的通解为 $y = (C_1 + C_2 x)e^x$ 表示特征方程的根为 $r_1 = r_2 = 1$，特征方程为 $r^2 - 2r + 1 = 0$，所以 $a = -2, b = 1$.

设微分方程 $y'' - 2y' + y = x$ 的特解形式为 $y^* = a_1 x + b_1$，则 $(y^*)' = a_1, (y^*)'' = 0$，代入方程

得 $-2a_1+a_1x+b_1=x$，所以 $a_1=1,b_1=2$，微分方程 $y''-2y'+y=x$ 的通解为 $y=(C_1+C_2x)e^x+x+2$.

由条件 $y(0)=2,y'(0)=0$,得 $C_1=0,C_2=-1$,故所求特解为 $y=-xe^x+x+2$.

【例 19】 设 $y=e^{ax}\cos\sqrt{2}x$ 是二阶微分方程 $y''+4y'+by=0$ 的一个特解，求 (1) 常数 a,b;

(2) 微分方程 $y''+4y'+by=xe^{-2x}$ 的通解.

【解】 (1) $y=e^{ax}\cos\sqrt{2}x$ 是一个特解,表示特征方程的根为 $r_{1,2}=a\pm\sqrt{2}i$,特征方程为 $r^2+4r+b=(r-a)^2+2=0$，所以 $a=-2,b=6$.

(2) 设微分方程 $y''+4y'+by=xe^{-2x}$ 的特解形式为 $y^*=(a_1x+b_1)e^{-2x}$,则 $(y^*)'=(-2a_1x-2b_1+a_1)e^{-2x}$,$(y^*)''=(4a_1x+4b_1-4a_1)e^{-2x}$，代入方程得

$$(4a_1x+4b_1-4a_1)e^{-2x}+4(-2a_1x-2b_1+a_1)e^{-2x}+6(a_1x+b_1)e^{-2x}=xe^{-2x},$$

所以 $a_1=\frac{1}{2},b_1=0$，微分方程 $y''+4y'+by=xe^{-2x}$ 的通解为 $y=e^{-2x}(C_1\cos\sqrt{2}x+C_2\sin\sqrt{2}x)+\frac{1}{2}xe^{-2x}$.

> **评注** 微分方程的特解形式必须假设正确，$\lambda=-2$ 不是特征方程的根.

【例 20】 求微分方程 $y''-y'=3xe^x+2\sin x$ 的通解.

【解】 特征方程为 $r^2-r=0$,得 $r_1=0,r_2=1$，对应齐次方程的通解为 $Y=C_1+C_2e^x$，由于非齐次部分是两个不同形式的项,需分别求特解.

由于 $\lambda=1$ 是单根,设 $y_1^*=x(ax+b)e^x$,则

$$(y_1^*)'=[ax^2+(b+2a)x+b]e^x,(y_1^*)''=[ax^2+(b+4a)x+(2b+2a)]e^x,$$

代入 $y''-y'=3xe^x$,解得 $a=\frac{3}{2},b=-3$,所以 $y_1^*=(\frac{3}{2}x^2-3x)e^x$.

设 $y_2^*=c\cos x+d\sin x$,则 $(y_2^*)'=-c\sin x+d\cos x,(y_2^*)''=-c\cos x-d\sin x$,
代入 $y''-y'=2\sin x$,解得 $c=1,d=-1$,所以 $y_2^*=\cos x-\sin x$.

故原微分方程的通解为 $f(x)=y=C_1+C_2e^x+\left(\frac{3}{2}x^2-3x\right)e^x+\cos x-\sin x$.

> **评注** 当非齐次部分是不同类型时必须分别求特解.

题型四 欧拉方程[①]

解题策略

> 了解基本形式，掌握变量代换方法，直接用公式计算.

【例 21】 求微分方程 $x^2y''-3xy'+3y=0$ 的通解.

【思路】 从形式上判断,此方程是欧拉方程.

【解】 令 $x=e^t$，则 $xy'=\frac{dy}{dt}$, $x^2y''=\frac{d^2y}{dt^2}-\frac{dy}{dt}$.

微分方程可化为$\frac{d^2y}{dt^2}-4\frac{dy}{dt}+3y=0$,对应的特征方程为 $r^2-4r+3=0,r_1=1,r_2=3$.

则微分方程的通解为 $y=C_1e^t+C_2e^{3t}=C_1x+C_2x^3$.

【例 22】 求微分方程 $x^2y''+xy'+4y=2x\ln x$ 的通解.

【解】 令 $x=e^t$，则 $xy'=\frac{dy}{dt},x^2y''=\frac{d^2y}{dt^2}-\frac{dy}{dt}$.

微分方程可化为$\frac{d^2y}{dt^2}+4y=2te^t$,对应的特征方程为 $r^2+4=0,r_1,r_2=\pm 2i$,

所以对应齐次微分方程 $x^2y''+xy'+4y=0$ 的通解为

$$Y=C_1\cos 2t+C_2\sin 2t=C_1\cos(2\ln x)+C_2\sin(2\ln x).$$

设特解形式为 $y^*=(at+b)\mathrm{e}^t$，则 $(y^*)'=(at+b+a)\mathrm{e}^t$，$(y^*)''=(at+b+2a)\mathrm{e}^t$，代入方程得

$$(at+b+2a)\mathrm{e}^t+4(at+b)\mathrm{e}^t=2t\mathrm{e}^t,$$

得 $a=\frac{2}{5}$，$b=-\frac{4}{25}$，所以 $y^*=\left(\frac{2}{5}t-\frac{4}{25}\right)\mathrm{e}^t=\left(\frac{2}{5}\ln x-\frac{4}{25}\right)x$.

故原微分方程的通解为 $y=C_1\cos(2\ln x)+C_2\sin(2\ln x)+\left(\frac{2}{5}\ln x-\frac{4}{25}\right)x$.

评注　欧拉方程的计算在变量代换后主要是常系数线性微分方程的计算.

题型五　差分方程[③]

解题策略

一阶非齐次线性差分方程的通解是由对应齐次方程的通解与非齐次方程的一个解所构成，考生掌握基本计算即可.

【例 23】　求差分方程 $2y_{x+1}+10y_x=5x$ 的通解.

【解】　先求解齐次差分方程 $2y_{x+1}+10y_x=0$，通解为 $y_x=c(-5)^x$.

由于 $g(x)=5x$，设 $y_x^*=ax+b$，则代入差分方程得 $2[a(x+1)+b]+10(ax+b)=5x$，比较同类项系数，得 $a=\frac{5}{12}$，$b=-\frac{5}{72}$.

所以原差分方程的通解为 $y_x=c(-5)^x+\frac{5x}{12}-\frac{5}{72}$.

评注　非齐次的特解形式不能错.

【例 24】　求差分方程 $y_{x+1}-2y_x=5\cos\frac{\pi}{2}x$ 的通解.

【解】　先求解齐次差分方程 $y_{x+1}-2y_x=0$，通解为 $y_x=c\cdot 2^x$.

由于 $g(x)=5\cos\frac{\pi}{2}x$，设 $y_x^*=a\cos\frac{\pi}{2}x+b\sin\frac{\pi}{2}x$，代入差分方程得

$$a\cos\frac{\pi}{2}(x+1)+b\sin\frac{\pi}{2}(x+1)-2a\cos\frac{\pi}{2}x-2b\sin\frac{\pi}{2}x=5\cos\frac{\pi}{2}x,$$

整理得

$$(b-2a)\cos\frac{\pi}{2}x-(a+2b)\sin\frac{\pi}{2}x=5\cos\frac{\pi}{2}x,$$

比较同类项系数得 $a=-2$，$b=1$. 所以原差分方程的通解为：$y_x=c\cdot 2^x-2\cos\frac{\pi}{2}x+\sin\frac{\pi}{2}x$.

疑难问题点拨

1. 非标准形式的一阶微分方程

解题策略

如果遇到非标准形式的一阶微分方程，即直接判定不是一阶微分方程的五种类型时，考虑两种变化，变化一：把变量的位置调换改变为 $\frac{\mathrm{d}x}{\mathrm{d}y}$；变化二：作适当的变量代换.

(1) 考虑 $\frac{\mathrm{d}x}{\mathrm{d}y}$.

【例 25】 微分方程 $y\mathrm{d}x-(x+y^2\mathrm{e}^{-y})\mathrm{d}y=0$ 的通解是________.

【思路】 直接判定不是一阶微分方程的五种基本类型，考虑$\dfrac{\mathrm{d}x}{\mathrm{d}y}$.

【解】 微分方程改写为$\dfrac{\mathrm{d}x}{\mathrm{d}y}-\dfrac{x}{y}=y\mathrm{e}^{-y}$是一阶线性微分方程，通解为

$$x=\mathrm{e}^{-\int-\frac{1}{y}\mathrm{d}y}\left(\int y\mathrm{e}^{-y}\mathrm{e}^{\int-\frac{1}{y}\mathrm{d}y}\mathrm{d}y+C\right)=y(-\mathrm{e}^{-y}+C).$$

【例 26】 微分方程 $y\mathrm{d}x-x(\ln x-\ln y)\mathrm{d}y=0$ 的通解是________.

【思路】 微分方程可化为$\dfrac{\mathrm{d}y}{\mathrm{d}x}=\dfrac{y}{x\ln\dfrac{x}{y}}$，是齐次方程，为计算方便考虑$\dfrac{\mathrm{d}x}{\mathrm{d}y}$.

【解】 微分方程可化为$\dfrac{\mathrm{d}x}{\mathrm{d}y}=\dfrac{x}{y}\ln\dfrac{x}{y}$. 令$v=\dfrac{x}{y}$，则微分方程可化为 $v+y\dfrac{\mathrm{d}v}{\mathrm{d}y}=v\ln v$.

分离变量，两边积分得 $\ln|\ln v-1|=\ln|y|+\ln|C|$，$\ln v-1=Cy$，

故原微分方程的通解为$\dfrac{x}{y}=\mathrm{e}^{Cy+1}$.

> **评注** 微分方程求解时不要忘记考虑$\dfrac{\mathrm{d}x}{\mathrm{d}y}$.

【例 27】 求微分方程 $y\mathrm{d}x-[x+x^3y(1+\ln y)]\mathrm{d}y=0$ 满足条件 $y|_{x=1}=1$ 的特解.

【思路】 考虑$\dfrac{\mathrm{d}x}{\mathrm{d}y}$.

【解】 微分方程可化为$\dfrac{\mathrm{d}x}{\mathrm{d}y}-\dfrac{x}{y}=x^3(1+\ln y)$，$\lambda=3$，为伯努利方程.

令 $z=x^{1-\lambda}=x^{-2}$，微分方程可化为 $\dfrac{\mathrm{d}z}{\mathrm{d}y}+\dfrac{2}{y}z=-2(1+\ln y)$ 是一阶线性微分方程，通解为

$$z=\mathrm{e}^{-\int\frac{2}{y}\mathrm{d}y}\left[\int-2(1+\ln y)\mathrm{e}^{\int\frac{2}{y}\mathrm{d}y}\mathrm{d}y+C\right]=\frac{1}{y^2}\left[-\frac{2}{3}y^3(1+\ln y)+\frac{2}{9}y^3+C\right],$$

所以原方程的通解为$\dfrac{y^2}{x^2}=-\dfrac{2}{3}y^3(1+\ln y)+\dfrac{2}{9}y^3+C$，代入初始条件 $y|_{x=1}=1$，得$C=\dfrac{13}{9}$，故微分方程的特解为

$$\frac{y^2}{x^2}=-\frac{2}{3}y^3(1+\ln y)+\frac{2}{9}y^3+\frac{13}{9}.$$

> **评注** 微分方程求解的重点是掌握一阶微分方程基本类型的计算.

(2) 考虑作适当的变量代换.

【例 28】 求微分方程 $4x^3y\mathrm{d}x-(x^4+y^2)\mathrm{d}y=0$ 的通解.

【思路】 不是一阶微分方程的基本类型.

【解】 **方法一** 考虑$\dfrac{\mathrm{d}x}{\mathrm{d}y}$.

原微分方程可化为$\dfrac{\mathrm{d}x}{\mathrm{d}y}-\dfrac{1}{4y}x=\dfrac{y}{4x^3}$，$\lambda=-3$，为伯努利方程.

令 $z=x^{1-\lambda}=x^4$，微分方程可化为 $\dfrac{\mathrm{d}z}{\mathrm{d}y}-\dfrac{1}{y}z=y$，通解为 $z=\mathrm{e}^{-\int-\frac{1}{y}\mathrm{d}y}\left(\int y\mathrm{e}^{\int-\frac{1}{y}\mathrm{d}y}\mathrm{d}y+C\right)=y(y+C)$.

故原微分方程通解为 $x^4=y(y+C)$.

方法二 作变量代换 $x^4=u$，原微分方程可化为 $y\mathrm{d}u-(u+y^2)\mathrm{d}y=0\Rightarrow\dfrac{\mathrm{d}u}{\mathrm{d}y}-\dfrac{u}{y}=y$，以下过程

同方法一.

> **评注**　通过上面的比较可看出直接作变量代换 $x^4=u$ 使问题更加简单.

【例 29】　求微分方程 $y'+\dfrac{2}{x}=\mathrm{e}^y$ 的通解.

【思路】　不是一阶微分方程的基本类型，考虑变量代换.

【解】　作变量代换，令 $\mathrm{e}^y=u$，则 $u'=\mathrm{e}^y\cdot y'=\mathrm{e}^y\cdot(\mathrm{e}^y-\dfrac{2}{x})=u^2-\dfrac{2}{x}u$，为伯努利方程.

令 $z=u^{-1}$，微分方程可化为 $\dfrac{\mathrm{d}z}{\mathrm{d}x}-\dfrac{2}{x}z=-1$，通解为 $z=\mathrm{e}^{\int-\frac{2}{x}\mathrm{d}x}\left(\int-\mathrm{e}^{\int-\frac{2}{x}\mathrm{d}x}\mathrm{d}x+C\right)=x^2(\dfrac{1}{x}+C)$，故原微分方程的通解为 $\mathrm{e}^{-y}=x+Cx^2$.

> **评注**　变量代换主要是作一些尝试，往往对于比较难处理的项作变量代换.

【例 30】　求微分方程 $y'=\dfrac{y}{2x}+\dfrac{1}{2y}\tan\dfrac{y^2}{x}$ 的通解.

【思路】　不是一阶微分方程的基本类型，考虑变量代换.

【解】　作变量代换，令 $u=\dfrac{y^2}{x}$，$y^2=xu$，则 $u+xu'=2yy'=2y\left(\dfrac{y}{2x}+\dfrac{1}{2y}\tan\dfrac{y^2}{x}\right)=u+\tan u$，可分离变量.

分离变量，积分得 $\ln|\sin u|=\ln|x|+\ln|C|$，即 $\sin u=Cx$，
故原微分方程的通解为 $\sin\dfrac{y^2}{x}=Cx$.

> **评注**　作其他变量代换不能解决问题.

2. 一阶微分方程的应用

> **解题策略**
> 与导数相关的问题都可能构成微分方程，关键是先建立正确的微分方程再求解.

【例 31】　已知函数 $y=y(x)$ 在任意点 x 处的增量 $\Delta y=\dfrac{y\Delta x}{1+x^2}+o(\Delta x)$ 且 $y(0)=\pi$，则 $y(1)=$ ________.

(A) 2π　　(B) π　　(C) $\mathrm{e}^{\frac{\pi}{4}}$　　(D) $\pi\mathrm{e}^{\frac{\pi}{4}}$

【思路】　结合微分的定义，函数增量的线性主部是微分.

【解】　由微分定义知 $y'=\dfrac{y}{1+x^2}$，是可分离变量的微分方程，通解为：$y=C\mathrm{e}^{\arctan x}$，由 $y(0)=\pi$，得 $C=\pi$，所以 $y(1)=\pi\mathrm{e}^{\frac{\pi}{4}}$，故应选 (D) .

> **评注**　考生对于微分的定义往往不熟悉，不理解题意，无从入手.

【例 32】　已知连续函数 $f(x)$ 满足 $\int_0^x f(t)\mathrm{d}t+\int_0^x tf(x-t)\mathrm{d}t=ax^2$.

(Ⅰ) 求 $f(x)$；

(Ⅱ) 若 $f(x)$ 在区间 $[0,1]$ 上的平均值为 1，求 a 的值.

【解】　(Ⅰ) 原式转化为 $\int_0^x f(x)\mathrm{d}x+x\int_0^x f(u)\mathrm{d}u-\int_0^x uf(u)\mathrm{d}u=ax^2$.

等式两边关于 x 求导，得 $f(x)=2ax-\int_0^x f(u)\mathrm{d}u$. 且 $f(0)=0$.

等式两边再关于 x 求导，得 $f'(x)=2a-f(x)$.

解微分方程，得 $f(x)=2a-2a\mathrm{e}^{-x}$.

(Ⅱ) 根据平均值的定义可知：$\dfrac{\int_0^1 f(x)\mathrm{d}x}{1-0}=1$，将 $f(x)=2a-2a\mathrm{e}^{-x}$，代入上式，得 $a=\dfrac{\mathrm{e}}{2}$.

【例 33】 设 C 是一条平面曲线，其上任意一点 $P(x,y)(x>0)$ 到原点的距离恒等于该点处的切线在 y 轴上的截距，且 C 经过点$(\dfrac{1}{2},0)$，求曲线 C 的方程.

【思路】 曲线切线的斜率即为导数.

【解】 $P(x,y)$ 到原点的距离为 $\sqrt{x^2+y^2}$，曲线在任意点 $P(x,y)$ 的切线方程是 $Y-f(x)=f'(x)(X-x)$，在 y 轴上的截距为 $Y_0=f(x)-xf'(x)$. 由题意知 $y-xy'=\sqrt{x^2+y^2}$，为齐次方程.

令 $u=\dfrac{y}{x}$，则微分方程可化为 $u+x\dfrac{\mathrm{d}u}{\mathrm{d}x}=u-\sqrt{1+u^2}$，分离变量，两边积分得

$$\ln|u+\sqrt{1+u^2}|=-\ln|x|+\ln|C| \text{ 或 } y+\sqrt{x^2+y^2}=C.$$

曲线 C 经过点$\left(\dfrac{1}{2},0\right)$，即 $y\left(\dfrac{1}{2}\right)=0$，得 $C=\dfrac{1}{2}$，故曲线 C 的方程为 $y+\sqrt{x^2+y^2}=\dfrac{1}{2}$.

> **评注** 一般考生对于曲线在任意点的切线方程经常会出问题，主要是变量表达混乱.

【例 34】 (2014[3]) 设函数 $f(u)$ 具有二阶连续导数，且 $z=f(\mathrm{e}^x\cos y)$ 满足 $\cos y\dfrac{\partial z}{\partial x}-\sin y\dfrac{\partial z}{\partial y}=(4z+\mathrm{e}^x\cos y)\mathrm{e}^x$，若 $f(0)=0$，求 $f(u)$ 的表达式.

【思路】 结合多元复合函数的偏导数给出的关系，化简表达式，进而得到简单的微分方程.

【解】 由 $z=f(\mathrm{e}^x\cos y)$，得 $\dfrac{\partial z}{\partial x}=f'(\mathrm{e}^x\cos y)\cdot\mathrm{e}^x\cos y$， $\dfrac{\partial z}{\partial y}=f'(\mathrm{e}^x\cos y)\cdot(-\mathrm{e}^x\sin y)$，代入题设方程得 $f'(\mathrm{e}^x\cos y)=4z+\mathrm{e}^x\cos y$，记 $u=\mathrm{e}^x\cos y$，则 $f'(u)=4f(u)+u$，是一阶线性微分方程. 通解为 $f(u)=\mathrm{e}^{-\int -4\mathrm{d}u}[\int u\mathrm{e}^{\int -4\mathrm{d}u}\mathrm{d}u+C]=\mathrm{e}^{4u}\left(-\dfrac{1}{4}u\mathrm{e}^{-4u}-\dfrac{1}{16}\mathrm{e}^{-4u}+C\right)$.

由 $f(0)=0$，得 $C=\dfrac{1}{16}$，$f(u)=-\dfrac{1}{4}u-\dfrac{1}{16}+\dfrac{1}{16}\mathrm{e}^{4u}$.

> **评注** 注意：$\dfrac{\partial z}{\partial x}=f'(\mathrm{e}^x\cos y)\cdot\mathrm{e}^x\cos y$，常见错误，误以为 $\dfrac{\partial z}{\partial x}=f'_x(\mathrm{e}^x\cos y)\cdot\mathrm{e}^x\cos y$.

3. 二阶可降阶微分方程的应用①②

> **解题策略**
> 利用已知条件，建立微分方程是关键，而解决微分方程只需要掌握常规方法即可.

【例 35】 (2011[2]) 设函数 $y(x)$ 具有二阶导数，且曲线 $l:y=f(x)$ 与直线 $y=x$ 相切于原点，记 α 为曲线 l 在点(x,y)处切线的倾角，若 $\dfrac{\mathrm{d}\alpha}{\mathrm{d}x}=\dfrac{\mathrm{d}y}{\mathrm{d}x}$，求函数 $y(x)$ 的表达式.

【思路】 先利用已知条件建立微分方程，再求解.

【解】 由曲线 $l:y=f(x)$ 与直线 $y=x$ 相切于原点，知 $f(0)=0$，$f'(0)=1$，而 α 为曲线 l 在点(x,y)处切线的倾角，则 $\tan\alpha=y'$，$\alpha=\arctan y'$，$\dfrac{\mathrm{d}\alpha}{\mathrm{d}x}=\dfrac{y''}{1+(y')^2}$，又由 $\dfrac{\mathrm{d}\alpha}{\mathrm{d}x}=\dfrac{\mathrm{d}y}{\mathrm{d}x}$，得 $\dfrac{y''}{1+(y')^2}=y'$，为不显

含变量 x 的可降阶的二阶微分方程.

设 $y'=p$，则 $p'=p(1+p^2)$，解得 $\ln|p|-\frac{1}{2}\ln|1+p^2|=x+\ln|C_1|$，$\frac{p}{\sqrt{1+p^2}}=C_1\mathrm{e}^x$.

由 $f'(0)=1$，得 $C_1=\frac{1}{\sqrt{2}}$，故 $y'=p=\frac{\mathrm{e}^x}{\sqrt{2-\mathrm{e}^{2x}}}$，积分得 $y=\arcsin\frac{\mathrm{e}^x}{\sqrt{2}}+C_2$；

由 $f(0)=0$，得 $C_2=-\frac{\pi}{4}$，所以 $y=\arcsin\frac{\mathrm{e}^x}{\sqrt{2}}-\frac{\pi}{4}$.

> **评注**　关键是考生应该掌握微分方程基本类型的常用解法.

【例 36】　设函数 $y(x)(x\geqslant 0)$ 二阶可导，且 $y'(x)>0$，$y(0)=1$，过曲线 $y=y(x)$ 上任意一点 $P(x,y)$ 作该曲线的切线及 x 轴的垂线，上述两直线与 x 轴所围成的三角形的面积为 S_1，区间 $[0,x]$ 上以 $y=y(x)$ 为曲边的曲边梯形的面积为 S_2，并设 $2S_1-S_2$ 恒为 1，求此曲线 $y=y(x)$ 的方程.

【思路】　考生如遇到此类问题，应该逐个把问题进行分解，确保每个过程是正确的.

【解】　由 $y'(x)>0$，$y(0)=1$，得 $x>0$ 时，$y(x)>1$，则曲线 $y=y(x)$ 在任意点 $P(x,y)$ 的切线方程

$$Y-y(x)=y'(x)(X-x),$$

在 x 轴上的截距为 $X_0=x-\frac{y(x)}{y'(x)}$，如图 8-1 所示，点 Q 的坐标为 $\left(x-\frac{y}{y'},0\right)$，点 R 的坐标为 $(x,0)$.

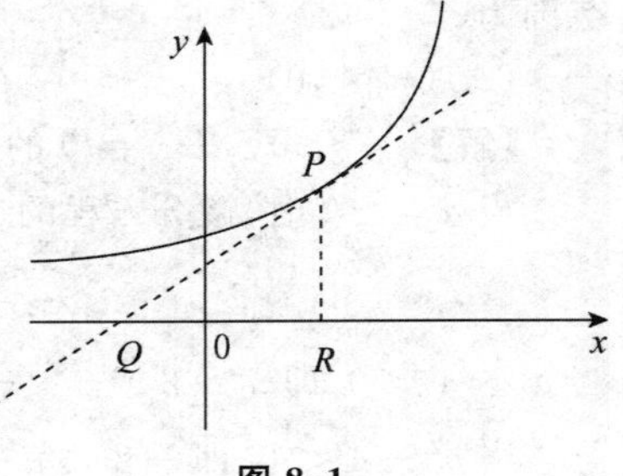

图 8-1

$S_1=\frac{1}{2}\cdot\frac{y}{y'}\cdot y$，而 $S_2=\int_0^x y(t)\mathrm{d}t$，由 $2S_1-S_2\equiv 1$，得关系式

$$\frac{y^2}{y'}-\int_0^x y(t)\mathrm{d}t\equiv 1. \tag{1}$$

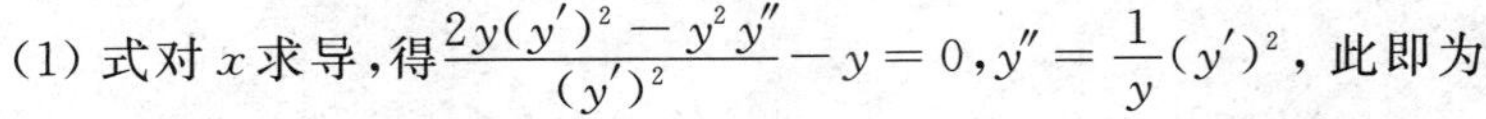

(1) 式对 x 求导，得 $\frac{2y(y')^2-y^2y''}{(y')^2}-y=0$，$y''=\frac{1}{y}(y')^2$，此即为二阶可降阶的微分方程.

设 $y'=p$，$y''=p\frac{\mathrm{d}p}{\mathrm{d}y}$，则 $p\frac{\mathrm{d}p}{\mathrm{d}y}=\frac{1}{y}p^2$.

由于 $y>0$，$p=y'>0$，所以解得 $y'=p=C_1y$，$y=C_2\mathrm{e}^{C_1x}$；

由 $y(0)=1$，得 $C_2=1$，而由式(1) 知 $y'(0)=1$，故 $C_1=1$，所以曲线的方程为 $y=\mathrm{e}^x$.

> **评注**　对于综合问题要注意是否存在隐含条件.

综合拓展提高

> **解题策略**
>
> 微分方程的综合应用是考研中最常出现的考题形式之一，导数的应用、定积分的应用、变上限函数及函数变化率等与导数相关的问题都可能构成微分方程，通常求解微分方程并不难，考生必须逐个解决问题，建立正确的微分方程.

【例 37】　设 $y=y(x)$ 是区间 $(-\pi,\pi)$ 内过点 $\left(-\frac{\pi}{\sqrt{2}},\frac{\pi}{\sqrt{2}}\right)$ 的光滑曲线，当 $-\pi<x<0$ 时，曲线上

任一点处的法线都过原点，当 $0 \leqslant x \leqslant \pi$ 时，函数 $y(x)$ 满足 $y''+y+x=0$，求函数 $y(x)$ 的表达式.

【思路】 显然函数 $y(x)$ 是一个分段函数，应分别讨论.

【解】 当 $-\pi < x < 0$ 时，曲线上任一点 $P(x,y)$ 处的法线方程为 $Y-y(x)=-\dfrac{1}{y'(x)}(X-x)$，经过原点，即 $x+y(x)y'(x)=0$，为一阶可分离变量的微分方程，通解为 $x^2+y^2=C$，由于经过点 $\left(-\dfrac{\pi}{\sqrt{2}},\dfrac{\pi}{\sqrt{2}}\right)$，则 $C=\pi^2$，即通解为 $x^2+y^2=\pi^2$.

当 $0 \leqslant x \leqslant \pi$ 时，解微分方程 $y''+y+x=0$，特征方程为 $r^2+1=0$，$r_1,r_2=\pm \mathrm{i}$，对应齐次微分方程的通解为 $Y=C_1\cos x+C_2\sin x$.

设特解形式为：$y^*=ax+b$，代入方程解得 $a=-1$，$b=0$，所以 $y=C_1\cos x+C_2\sin x-x$.

由于曲线是光滑曲线，所以在 $x=0$ 点处，函数连续且有相同的导数，即 $C_1=\pi$，$C_2=1$，所以

$$y=\begin{cases}\sqrt{\pi^2-x^2}, & -\pi<x<0,\\ \pi\cos x+\sin x-x, & 0\leqslant x\leqslant\pi.\end{cases}$$

> **评注** 微分方程 $y''+y+x=0$ 的特解可直接得到 $y^*=-x$.

【例 38】 设微分方程 $y''+ay'+y=0$ 的每一个解 $y(x)$ 在区间 $[0,+\infty)$ 上有界，则实数 a 的取值范围为(　　).

(A) $(-\infty,0)$　　(B) $(-\infty,4]$　　(C) $[0,+\infty)$　　(D) $(0,+\infty)$

【解】 $y''+ay'+y=0$ 的特征方程为 $r^2+ar+1=0$.

当 $a\neq\pm 2$ 时，微分方程的通解为

$$y(x)=c_1\mathrm{e}^{\frac{-a+\sqrt{a^2-4}}{2}}+c_2\mathrm{e}^{\frac{-a-\sqrt{a^2-4}}{2}},$$

当 $a^2-4>0$，即 $a>2$ 或 $a<-2$ 时，要使 $y(x)$ 在 $[0,+\infty)$ 上有界，有 $-a\pm\sqrt{a^2-4}<0$，即 $a>2$.

当 $a^2-4<0$，即 $-2<a<2$ 时，要使 $y(x)$ 在 $[0,+\infty)$ 上有界，有 $-a\pm\sqrt{a^2-4}$ 的实部小于或等于零，即 $-a\leqslant 0$，故 $0\leqslant a<2$.

当 $a=2$ 时，$y(x)=(c_1+c_2x)\mathrm{e}^{-x}$ 在 $[0,+\infty)$ 上有界.

当 $a=-2$ 时，$y(x)=(c_1+c_2x)\mathrm{e}^{x}$ 在 $[0,+\infty)$ 上无界.

综上所述，当且仅当 $a\geqslant 0$ 时 $y(x)$ 在 $[0,+\infty)$ 上有界. (C) 正确.

【例 39】 设曲线 $y=f(x)$，其中 $f(x)$ 是可导函数，且 $f(x)>0$，已知曲线 $y=y(x)$ 与直线 $y=0$，$x=1$ 及 $x=t(t>1)$ 所围成的曲边梯形绕 x 轴旋转一周所得的立体体积值是该曲边梯形面积值的 πt 倍，求该曲线的方程.

【思路】 本题结合变上限的曲边梯形面积值及旋转体体积值之间的关系，通过求导化为微分方程.

【解】 曲边梯形面积为 $S=\int_1^t f(x)\mathrm{d}x$，旋转体体积为 $V=\pi\int_1^t f^2(x)\mathrm{d}x$.

由题意知 $\pi\int_1^t f^2(x)\mathrm{d}x=\pi t\int_1^t f(x)\mathrm{d}x$，求导得 $f^2(t)=\int_1^t f(x)\mathrm{d}x+tf(t)$　　(1)

再求导，得 $2f(t)f'(t)=2f(t)+tf'(t)$.

记 $f(t)=y$，则 $(2y-t)y'=2y$. 考虑 $\dfrac{\mathrm{d}t}{\mathrm{d}y}$，微分方程化为 $\dfrac{\mathrm{d}t}{\mathrm{d}y}+\dfrac{1}{2y}t=1$，解得 $t=\dfrac{2}{3}y+\dfrac{C}{\sqrt{y}}$.

由式(1)知 $t=1$ 时，$f(1)=1$，$f(1)=0$(舍去)，故 $C=\dfrac{1}{3}$，所以 $t=\dfrac{2}{3}y+\dfrac{1}{3\sqrt{y}}$，即曲线方程为 $x=$

$\frac{2}{3}y+\frac{1}{3\sqrt{y}}$.

评注 函数形式不一定表示为 $y=y(x)$,注意隐含条件.

【例 40】 设 $f(t)$ 在 $[0,+\infty)$ 上连续,且满足 $f(t)=e^{4\pi t^2}+\iint\limits_{x^2+y^2\leqslant 4t^2} f\left(\frac{1}{2}\sqrt{x^2+y^2}\right)dxdy$,求 $f(t)$.

【解】 显然 $f(0)=1$,且

$$\iint\limits_{x^2+y^2\leqslant 4t^2} f\left(\frac{1}{2}\sqrt{x^2+y^2}\right)dxdy=\int_0^{2\pi}d\theta\int_0^{2t}f\left(\frac{1}{2}\rho\right)\rho d\rho=2\pi\int_0^{2t}\rho f\left(\frac{1}{2}\rho\right)d\rho,$$

则

$$f(t)=e^{4\pi t^2}+2\pi\int_0^{2t}\rho f\left(\frac{1}{2}\rho\right)d\rho.$$

上式两边对 t 求导,得

$$f'(t)=8\pi te^{4\pi t^2}+8\pi tf(t),$$

$$f(t)=e^{\int 8\pi t dt}\left[\int 8\pi te^{4\pi t^2}e^{-\int 8\pi t dt}dt+C\right]=(4\pi t^2+C)e^{4\pi t^2}.$$

由 $f(0)=1$,得 $C=1$,因此 $f(t)=(4\pi t^2+1)e^{4\pi t^2}$.

【例 41】 设 $f(x)$ 是以 $T(>0)$ 为周期的周期函数,证明 $\frac{dy}{dx}+ky=f(x)$ 有唯一的以 T 为周期的周期函数解,并求出该解,其中 k 为常数.

【解】 微分方程的通解为 $y(x)=e^{-kx}\left(\int_0^x f(t)e^{kt}dt+C\right)$,$C$ 为任意常数.

$$y(x+T)=e^{-k(x+T)}\left(\int_0^{x+T}f(t)e^{kt}dt+C\right)=e^{-kx}\left(\int_0^{x+T}f(t)e^{k(t-T)}dt+Ce^{-kT}\right).$$

令 $u=t-T$,因为 $f(u+T)=f(u)$,得 $y(x+T)=e^{-kx}\left(\int_{-T}^{x}f(u)e^{ku}du+Ce^{-kT}\right)$,

$$\begin{aligned}y(x+T)-y(x)&=e^{-kx}\left(\int_{-T}^{x}f(u)e^{ku}du-\int_0^x f(u)e^{ku}du+Ce^{-kT}-C\right)\\&=e^{-kx}\left(\int_{-T}^{0}f(u)e^{ku}du+Ce^{-kT}-C\right).\end{aligned}$$

令 $y(x+T)-y(x)=0$,得

$$\int_{-T}^{0}f(u)e^{ku}du-C(1-e^{-kT})=0,$$

解得 $C=\frac{1}{1-e^{-kT}}\int_{-T}^{0}f(u)e^{ku}du$.

通过周期条件,确定唯一的常数 $C=\frac{1}{1-e^{-kT}}\int_{-T}^{0}f(u)e^{ku}du$ 所对应的解为唯一的周期解,该解为

$$y(x)=e^{-kx}\int_0^x f(t)e^{kt}dt+\frac{e^{-kx}}{1-e^{-kT}}\int_{-T}^{0}f(t)e^{kt}dt.$$

【例 42】 设 $y=y(x)$ 为 $[0,1]$ 上的连续曲线,$f\left(\frac{1}{2}\right)=\frac{3}{4}$,$f'\left(\frac{1}{2}\right)=-1$,当 $0<x<1$ 时,该曲线上任一点 $P(x,y)$ 处的切线在 y 轴上的截距与函数 $y(x)$ 在 $(0,x)$ 上的平均值的差为 $\frac{4}{3}x^2$.

(1) 求曲线 $y=y(x)$;

(2) 在点 $(a,y(a))$ 处作曲线 $y=y(x)$ 的切线,该切线与两坐标轴及曲线 $y=y(x)$ 所围成的图形面积为 $S(a)$,当 $a\in(0,1)$ 时,求 $S(a)$ 的最小值.

【解】 (1) 曲线 $y=y(x)$ 在点 $P(x,y)$ 处切线的斜率为 y',切线方程:$Y-y=y'(X-x)$,则切线在 y 轴上的截距为 $y-xy'$.

函数 $y(x)$ 在 $(0,x)$ 上的平均值为 $\frac{1}{x}\int_0^x y(t)\mathrm{d}t$，由题意可知 $y-xy'-\frac{1}{x}\int_0^x y(t)\mathrm{d}t=\frac{4}{3}x^2$.

两边同时乘以 x，再求导得 $y+xy'-2xy'-x^2y''-y=4x^2$，化简得 $y''+\frac{1}{x}y'=-4$. 解得 $y'=-2x+\frac{C_1}{x}$，由 $f'\left(\frac{1}{2}\right)=-1$ 得 $C_1=0$，所以 $y'=-2x$，再积分可得 $y=-x^2+C_2$，由 $f\left(\frac{1}{2}\right)=\frac{3}{4}$ 得 $C_2=1$，故 $y=1-x^2$.

(2) $y=y(x)$ 第一象限内与两坐标轴围成的图形面积为 $S=\int_0^1(1-x^2)\mathrm{d}x=\frac{2}{3}$. $y=y(x)$ 在点 $(a,y(a))$ 处的切线斜率为 $-2a$. 切线方程为

$$y-1+a^2=-2a(x-a)，即\ y=-2ax+a^2+1,$$

该切线与 x 轴和 y 轴的交点分别为 $\left(\frac{a^2+1}{2a},0\right)$ 和 $(0,a^2+1)$，则该切线与 x 轴和 y 轴所围成的三角形面积为

$$\frac{(a^2+1)^2}{4a}=\frac{1}{4}\left(a^3+2a+\frac{1}{a}\right).$$

则由题意可知 $S(a)=\frac{1}{4}\left(a^3+2a+\frac{1}{a}\right)-\frac{2}{3}$，求导得

$$S'(a)=\frac{1}{4}\left(3a^2+2-\frac{1}{a^2}\right)=\frac{1}{4a^2}(3a^4+2a^2-1)=\frac{1}{4a^2}(3a^2-1)(a^2+1),$$

令 $S'(a)=0$ 可得 $a=\frac{\sqrt{3}}{3}$，且当 $a\in\left(0,\frac{\sqrt{3}}{3}\right)$ 时 $S'(a)<0$；当 $a\in\left(\frac{\sqrt{3}}{3},1\right)$ 时 $S'(a)>0$. 则当 $a\in(0,1)$ 时，$S(a)$ 在 $a=\frac{\sqrt{3}}{3}$ 处取最小值，最小值为 $S\left(\frac{\sqrt{3}}{3}\right)=\frac{4\sqrt{3}}{9}-\frac{2}{3}$.

本章同步练习

1. 求微分方程 $xy\mathrm{d}x+(y^4-3x^2)\mathrm{d}y=0$ 的通解.
2. 求微分方程 $(xy-x^2)y'=y^2$ 满足条件 $y(1)=1$ 的特解.
3. 求微分方程 $y''-y'-2y=3x\mathrm{e}^{-x}$ 的通解.
4. 求微分方程 $y''-5y'+6y=(2+\mathrm{e}^x)\mathrm{e}^x$ 的通解.
5. 求微分方程 $x^2y''+4xy'+2y=0$ 满足条件 $y(1)=1,y'(1)=2$ 的特解.
6. 求微分方程 $(x^2-1)y'+2xy-\cos x=0$ 的通解.
7. 求微分方程 $\frac{\mathrm{d}y}{\mathrm{d}x}=-\frac{4x+3y}{x+y}$ 满足条件 $y(1)=2$ 的特解.
8. 设函数 $f(x)$ 连续，且满足 $f(x)=\mathrm{e}^{\pi(x-1)}+\pi^2\int_1^x(t-x)f(t)\mathrm{d}t$，求 $f(x)$.
9. 设函数 $f(x),g(x)$ 满足 $f'(x)=g(x),g'(x)=2\mathrm{e}^x-f(x)$，且 $f(0)=0,g(0)=2$，求 $\int_0^{\pi}\left[\frac{g(x)}{1+x}-\frac{f(x)}{(1+x)^2}\right]\mathrm{d}x$.
10. 设方程 $\frac{\mathrm{d}y}{\mathrm{d}x}+(a+\sin^2x)y=0$ 的全部解均以 π 为周期，求 a 的值.
11. 设微分方程 $y'-2y=\varphi(x)=\begin{cases}2, & x<1,\\ 0, & x>1,\end{cases}$ 求在 $(-\infty,+\infty)$ 上的连续函数 $y(x)$，使其在 $(-\infty,1)$ 及 $(1,+\infty)$ 内都满足所给的方程，且满足条件 $y(0)=0$.

本章同步练习答案解析

1. 考虑$\dfrac{dx}{dy}$，则原方程为$\dfrac{dx}{dy}-\dfrac{3}{y}x=-\dfrac{y^3}{x}$，是伯努利方程，令$z=x^2$，微分方程可化为$\dfrac{dz}{dy}-\dfrac{6}{y}z=-2y^3$，通解为$x^2=z=e^{-\int -\frac{6}{y}dy}\left(\int -2y^3e^{\int -\frac{6}{y}dy}dy+C\right)=y^6\left(\dfrac{1}{y^2}+C\right)=y^4+Cy^6$.

评注　通过观察可直接作变量代换$z=x^2$.

---

2. 是齐次方程，$y'=\dfrac{y^2}{xy-x^2}$，设$u=\dfrac{y}{x}$，$y=xu$，则$u+xu'=\dfrac{u^2}{u-1}=u+1+\dfrac{1}{u-1}$，解得$u-\ln u=\ln x+C$或$\dfrac{y}{x}-\ln\dfrac{y}{x}=\ln x+C$，由条件$y(1)=1$得$C=1$，所以特解为$\dfrac{y}{x}-\ln\dfrac{y}{x}=\ln x+1$.

---

3. 特征方程为$r^2-r-2=(r-2)(r+1)=0$，对应齐次方程的通解为$Y=C_1e^{2x}+C_2e^{-x}$，由于$\lambda=-1$是单根，所以设$y^*=x(ax+b)e^{-x}$，则

$(y^*)'=[-ax^2+(2a-b)x+b]e^{-x}$，$(y^*)''=[ax^2+(b-4a)x+2a-2b]e^{-x}$，

代入方程得$a=-\dfrac{1}{2}$，$b=-\dfrac{1}{3}$，所以$y^*=-\left(\dfrac{1}{2}x^2+\dfrac{1}{3}x\right)e^{-x}$.

微分方程的通解为$y=C_1e^{2x}+C_2e^{-x}-\left(\dfrac{1}{2}x^2+\dfrac{1}{3}x\right)e^{-x}$.

---

4. 特征方程为$r^2-5r+6=(r-2)(r-3)=0$，对应齐次方程的通解为$Y=C_1e^{2x}+C_2e^{3x}$，而$(2+e^x)e^x=2e^x+e^{2x}$.

由于$\lambda=2$是单根，所以设$y^*=y_1^*+y_2^*=ae^x+bxe^{2x}$，则

$$(y^*)'=ae^x+(2x+1)be^{2x},(y^*)''=ae^x+4(x+1)be^{2x},$$

代入方程得$a=1$，$b=-1$，所以$y^*=e^x-xe^{2x}$，微分方程的通解为$y=C_1e^{2x}+C_2e^{3x}+e^x-xe^{2x}$.

---

5. 欧拉方程，令$x=e^t$，则原方程化为$\dfrac{d^2y}{dt^2}+3\dfrac{dy}{dt}+2y=0$，通解为$y=C_1e^{-t}+C_2e^{-2t}=\dfrac{C_1}{x}+\dfrac{C_2}{x^2}$.

由$y(1)=1$，$y'(1)=2$得$C_1=4$，$C_2=-3$，特解为$y=\dfrac{4}{x}-\dfrac{3}{x^2}$.

---

6. 原方程为$y'+\dfrac{2x}{x^2-1}y=\dfrac{\cos x}{x^2-1}$，是一阶线性微分方程，通解为

$$y=e^{-\int\frac{2x}{x^2-1}dx}\left(\int\frac{\cos x}{x^2-1}e^{\int\frac{2x}{x^2-1}dx}dx+C\right)=\frac{1}{x^2-1}(\sin x+C).$$

---

7. 原方程为$\dfrac{dy}{dx}=-\dfrac{4+\frac{3y}{x}}{1+\frac{y}{x}}$，是齐次微分方程，设$u=\dfrac{y}{x}$，$y=xu$，则

$u+xu'=-\dfrac{4+3u}{1+u}$，或$-\dfrac{(u+1)du}{(u+2)^2}=\dfrac{dx}{x}$.

方程两边积分得$-\left[\ln(u+2)+\dfrac{1}{u+2}\right]=\ln x+C$或$-\left[\ln\left(\dfrac{y}{x}+2\right)+\dfrac{x}{y+2x}\right]=\ln x+C$，

由条件$y(1)=2$得$C=-\ln 4-\dfrac{1}{4}$，所以特解为$-\left[\ln\left(\dfrac{y}{x}+2\right)+\dfrac{x}{y+2x}\right]=\ln x-2\ln 2-\dfrac{1}{4}$.

---

8. 由于$\int_1^x (t-x)f(t)\mathrm{d}t=\int_1^x tf(t)\mathrm{d}t-x\int_1^x f(t)\mathrm{d}t$，对原方程求导得 $f'(x)=\pi e^{\pi(x-1)}-\pi^2\int_1^x f(t)\mathrm{d}t$，$f''(x)=\pi^2 e^{\pi(x-1)}-\pi^2 f(x)$，解得 $f(x)=C_1\cos\pi x+C_2\sin\pi x+\frac{1}{2}e^{\pi(x-1)}$.

由隐含条件 $f(1)=1$，$f'(1)=\pi$ 得 $C_1=C_2=-\frac{1}{2}$，所以 $f(x)=-\frac{1}{2}[\cos\pi x+\sin\pi x-e^{\pi(x-1)}]$.

---

9. 由 $f'(x)=g(x)$，$g'(x)=2e^x-f(x)$，得 $f''(x)+f(x)=2e^x$，解得 $f(x)=C_1\cos x+C_2\sin x+e^x$，又由 $f(0)=0$，$f'(0)=g(0)=2$，得 $C_1=-1$，$C_2=1$，所以 $f(x)=-\cos x+\sin x+e^x$，而

$$\int_0^{\pi}\left[\frac{g(x)}{1+x}-\frac{f(x)}{(1+x)^2}\right]\mathrm{d}x=\int_0^{\pi}\frac{f'(x)}{1+x}\mathrm{d}x-\int_0^{\pi}\frac{f(x)}{(1+x)^2}\mathrm{d}x=\int_0^{\pi}\frac{1}{1+x}\mathrm{d}f(x)+\int_0^{\pi}f(x)\mathrm{d}\left(\frac{1}{1+x}\right)$$

$$=\left.\frac{f(x)}{1+x}\right|_0^{\pi}=\frac{f(\pi)}{1+\pi}-f(0)=\frac{e^{\pi}+1}{1+\pi}.$$

---

10. 原方程为可分离变量的微分方程，即

$$\frac{\mathrm{d}y}{y}=-(a+\sin^2 x)\mathrm{d}x,\ \ln y=-\int(a+\sin^2 x)\mathrm{d}x+\ln C,$$

$$y=Ce^{-\int(a+\sin^2 x)\mathrm{d}x}=Ce^{-ax-\frac{1}{2}x+\frac{\sin 2x}{4}}$$

$$y(x+\pi)=Ce^{-a(x+\pi)-\frac{1}{2}(x+\pi)+\frac{\sin 2(x+\pi)}{4}}=Ce^{-ax-\frac{1}{2}x+\frac{\sin 2x}{4}}\cdot e^{-a\pi-\frac{\pi}{2}}=y(x),$$

所以 $-a\pi-\frac{\pi}{2}=0$，得 $a=-\frac{1}{2}$.

---

11. 当 $x<1$ 时，$y'-2y=2$ 的通解为 $y=C_1e^{2x}-1$，由 $y(0)=0$，得 $C_1=1$，所以 $y=e^{2x}-1$；

当 $x>1$ 时，$y'-2y=0$ 的通解为 $y=C_2e^{2x}$，由于 $y(x)$ 为连续函数，则 $y(1+0)=C_2e^2=y(1-0)=e^2-1$，解得 $C_2=1-e^{-2}$，所以 $y=(1-e^{-2})e^{2x}$.

补充定义，$y(1)=e^2-1$，则得在 $(-\infty,+\infty)$ 上连续且满足微分方程的函数

$$y(x)=\begin{cases}e^{2x}-1, & x\leqslant 1,\\ (1-e^{-2})e^{2x}, & x>1.\end{cases}$$

新版

万学海文考研

考研数学

高等数学高分解码

（认知篇）

主　编：丁勇

副主编：邬丽丽　李彩云

编委会：万学海文考试研究中心

中国政法大学出版社

2025·北京

图书在版编目（CIP）数据

高等数学高分解码/丁勇主编. —北京：中国政法大学出版社，2024.1
ISBN 978-7-5764-1313-7

Ⅰ.①高… Ⅱ.①丁… Ⅲ.①高等数学—研究生—入学考试—自学参考资料 Ⅳ.①013

中国国家版本馆 CIP 数据核字(2024)第 033379 号

出版者　中国政法大学出版社
地　址　北京市海淀区西土城路 25 号
邮寄地址　北京 100088 信箱 8034 分箱　邮编 100088
网　址　http://www.cuplpress.com (网络实名：中国政法大学出版社)
电　话　010-58908285(总编室) 58908433（编辑部）58908334(邮购部)
承　印　河北鹏远艺兴科技有限公司
开　本　787mm×1092mm　1/16
印　张　30.75
字　数　545 千字
版　次　2024 年 1 月第 1 版
印　次　2025 年 7 月第 2 次印刷
定　价　69.80 元（全两册）

前言

硕士研究生招生考试是具有选拔性质的较高水平考试，采用的是优胜劣汰的录取方式。为此，考试真题既要有难度又要有区分度，而考研数学试题这种特征尤为明显。本书作者辅导考研数学数十载，同样的辅导，既有大量学员达到140以上，也有少数低于70分，天壤之别缘由何在？是运气不好？是方法不对？为此我们需要探讨考研数学的得分之道，以下内容将为考生揭开考研数学高分的“神秘面纱”。

一、系统复习、夯实基础

研究生招生考试数学试题中，有80％左右的试题是直接考查“基本概念、基本理论和基本方法”，基本概念比如“导数、积分、间断点、渐近线的概念”等，基本理论比如“极限的保号性、”“等价无穷小替换定理”等，基本运算比如“求极限、求导、行列式的运算、求概率”等。有些年份甚至直接考查课本上的公式、定理的证明，比如2015年考研考查$(uv)'=u'v+uv'$的证明。

考生只要了解相应的概念，具备基本运算能力，就可以把相应试题做出来。所以在复习的基础阶段，一定要狠抓基础，全面复习。

当然，重视基础，不是说只背诵课本上的基本概念、基本理论，而是要做到知其然并且知其所以然，同时还要掌握在考研试题中如何考查，命题方式有哪些，等等。

考研数学考查非常全面，所以只要是考试大纲要求的内容都要复习到，特别是在基础阶段，不能有所取舍，数学一试卷中每年有大量的低频考点，比如梯度、散度、曲面切平面、法线、傅里叶级数，等等，这些内容经常是五年或十年甚至更多更久才考一次，虽然试题难度不大，但是每年有大量考生在这些考点上失分，主要源于犯了机会主义错误，认为自己运气不会那么差刚好考到，最后悔之晚矣。

二、归纳题型、总结方法

如果把历年考研数学试题进行比较，并作深入细致的分析研究，再对照教育部制定的历年(考研)考试大纲，就会发现，虽说数学试题表述形式千变万化，但万变不离其宗。这个宗就是学科的核心内容，说得具体一点就是诸如高等数学求函数、数列极限、求极值、积分上限函数求导、证明不等式、计算二重积分、幂级数求和等；线性代数的解含参数的线性方程组、向量的线性相关性、矩阵的相似对角化；概率统计的求随机变量函数的分布、数值特征、矩估计、极大似然估计等典型题型。如果你不被试题五光十色的包装所迷惑，而能洞察其实质——题型，就有可能知道该用哪把钥匙去开门。

所以考生在复习的强化阶段，一定要系统总结每个章节有哪些常考的题型，这些题型有哪些解法，比如要证明数列极限存在，要想到用单调有界准则，出现常数不等式，要想到常数变易法，最后做到看到什么题型马上就有固定的解法。

同时，考研试题中有一些条件，有固定的结论，比如：一般出现$f(b)-f(a)$要用拉格朗日中值定理；出现了高阶导数要用泰勒定理；出现$\boldsymbol{A}^*$要用$\boldsymbol{A}^*\boldsymbol{A}=|\boldsymbol{A}|\boldsymbol{E}$；出现了$\mathrm{R}(\boldsymbol{A})=1$要想到特征值的结论；等等。这些都有固定的解题思路，本书正文会给考生进行系统总结。

三、科学规划、戒骄戒躁

考研数学的复习是一个漫长、系统、宏伟的工程，年轻的考生不缺乏激情、不缺乏信心、不缺乏为了未来而奋斗的勇气，但是缺乏约束力，往往复习内容的多少和心情指数成正比，心情好多复习一点，心情不好干脆就不复习了。这种三天打鱼，两天晒网的复习节奏，是不会修成正果的，要想拿下考研数学这座山头，需要考生制定一个合理的复习规划。

本书正是基于以上的考虑，分为认知篇和题型篇。

认知篇注重呈现考研数学的基本概念，基本理论和基本方法。

题型篇重在将考研数学中常见的题型进行归纳、总结，旨在认知篇的基础上帮助考生掌握常考题型，提高解题能力。

下面我根据多年参与考研辅导的经验，给考生制定一个学习计划的框架，具体的可以根据自身的特点自我调整。

一、基础阶段

1. 时间：Now—6 月

2. 目标：系统复习、夯实基础

通过基础阶段的复习，一方面打好基础，拿到考研数学的基础分，同时为后期强化阶段题型的复习打好基础

3. 用书：

(1)《高等数学高分解码》(认知篇)、《线性代数高分解码》(认知篇)、《概率论与数理统计》(认知篇)；

(2)《考研数学基础过关 660 题》；

(3)《考研数学真题大解析》(珍藏版)。

二、强化阶段

1. 时间：7—9 月

2. 目标：归纳题型、总结方法

在这三个月里，要归纳考研数学常考题型，同时总结解题方法和解题技巧，最后要做到看到题就知道方法是什么。

3. 用书：

(1)《高等数学高分解码》(题型篇)、《线性代数高分解码》(题型篇)、《概率论与数理统计》(题型篇)；

(2)《考研数学强化过关 600 题》。

三、冲刺阶段

1. 时间：10 月—考前

2. 目标：查漏补缺、实战演练

通过上一阶段的复习，考生对重要知识、常见题型的做题方法进行了归纳，接下来要通过真题和模拟题将这些知识和做题方法进行融会贯通的使用，同时通过做模拟题，一方面查漏补缺，看自己还有哪些地方不会，另一方面，要养成良好的做题习惯：限定时间和做题顺序等以培养应试技巧。

3. 用书：

(1)《考研数学真题大解析》(标准版)；(2)《考研数学最后成功 8 套题》。

特别提示 本书适合数学一、数学二、数学三及数农考生使用，对于仅针对数学一至三个别卷种适用的章节，书中分别以上标“①”、“②”、“③”表示，数农考生可参考数学三的适用范围。书中收入了部分考研真题，对真题，在题号后以“年份[卷种]”的形式表示，如选自 2011 年数学一的真题表示为“2011[①]”。本书中涉及的符号力求与教育部考试中心发布的最新大纲及使用最广泛的高校教材保持一致，便于读者识别。

数学知识要积累，对数学的理解更要有一个循序渐进的过程，对立志考研的读者要说：凡事预则立，不预则废。

限于水平，撰写中难免出现差错，殷切希望读者不吝赐教，多多指正。

编者

于北京

目　录

第一章　函数　极限　连续

名师解码

本章概要

复习导语

高等数学的研究对象是函数，研究方法就是极限，这充分说明了本章内容的重要性. 函数、极限、连续都是高等数学的基础内容，学好本章对于学习高等数学是至关重要的. 这部分知识在考研真题中的命题形式通常是选择题或填空题，考查对于概念的理解；而更多的是作为基础知识在考研真题的综合题和应用题中体现. 求极限是研究生招生考试的一个重要题型，随着学习内容的不断深入，求极限的方法将会逐步多样化. 掌握求极限的方法是非常重要的，了解掌握最基本的求极限方法可为更深入的学习打下坚实的基础.

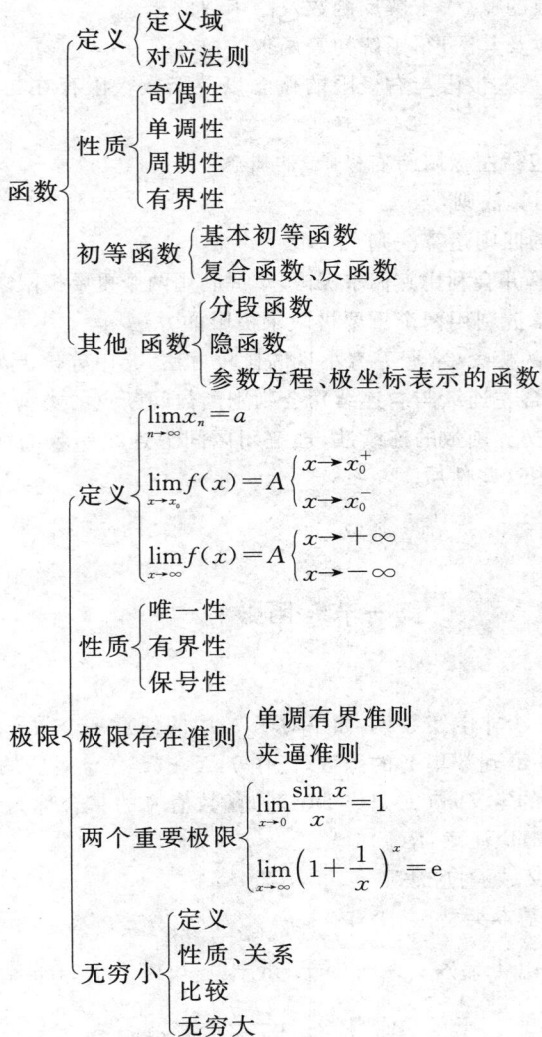

知识结构图

- 函数
  - 定义
    - 定义域
    - 对应法则
  - 性质
    - 奇偶性
    - 单调性
    - 周期性
    - 有界性
  - 初等函数
    - 基本初等函数
    - 复合函数、反函数
  - 其他 函数
    - 分段函数
    - 隐函数
    - 参数方程、极坐标表示的函数
- 极限
  - 定义
    - $\lim\limits_{n\to\infty}x_n=a$
    - $\lim\limits_{x\to x_0}f(x)=A$
      - $x\to x_0^+$
      - $x\to x_0^-$
    - $\lim\limits_{x\to\infty}f(x)=A$
      - $x\to+\infty$
      - $x\to-\infty$
  - 性质
    - 唯一性
    - 有界性
    - 保号性
  - 极限存在准则
    - 单调有界准则
    - 夹逼准则
  - 两个重要极限
    - $\lim\limits_{x\to0}\dfrac{\sin x}{x}=1$
    - $\lim\limits_{x\to\infty}\left(1+\dfrac{1}{x}\right)^x=\mathrm{e}$
  - 无穷小
    - 定义
    - 性质、关系
    - 比较
    - 无穷大

连续
- 定义
  - $\lim\limits_{\Delta x\to 0}\Delta y=0\Leftrightarrow\lim\limits_{x\to x_0}f(x)=f(x_0)$
  - 左右连续
- 初等函数的连续性——定义区间内连续
- 间断点
  - 第一类间断点(左右极限存在)
    - 可去间断点
    - 跳跃间断点
  - 第二类间断点(无穷间断点、振荡间断点等)
- 闭区间连续函数的性质
  - 最值定理→有界性定理
  - 介值定理→零值定理

关系:连续⇒极限⇒{有界, 保号}

复习目标

1. 理解函数的概念,掌握函数的表示法,会建立应用问题的函数关系.

2. 了解函数的有界性、单调性、周期性和奇偶性.

3. 理解复合函数及分段函数的概念,了解反函数及隐函数的概念.

4. 掌握基本初等函数的性质及其图形,了解初等函数的概念.

5. 理解极限的概念,理解函数左极限与右极限的概念以及函数极限存在与左极限、右极限之间的关系①②.

了解数列极限和函数极限(包括左极限与右极限)的概念③.

6. 掌握极限的性质及四则运算法则①②.

了解极限的性质,掌握极限的四则运算法则③.

7. 掌握极限存在的两个准则,并会利用它们求极限,掌握利用两个重要极限求极限的方法①②.

了解极限存在的两个准则,掌握利用两个重要极限求极限的方法③.

8. 理解无穷小量、无穷大量的概念,掌握无穷小量的比较方法,会用等价无穷小量求极限.

9. 理解函数连续性的概念(含左连续与右连续),会判别函数间断点的类型.

10. 了解连续函数的性质和初等函数的连续性,理解闭区间上连续函数的性质(有界性、最大值和最小值定理、介值定理),并会应用这些性质.

考查要点详解

第一节　函数

一、函数的定义

1. **定义 1.1.1**　设 X,Y 是两个非空实数集,如果对于 X 中的任意一个数 x,按照对应法则 f,在 Y 中存在唯一的数 y,则称 f 为数集 X 到数集 Y 的函数,记作 $f:X\to Y$. 数 x 对应的数 y 称为 f 的函数值,记作 $y=f(x)$. 数集 X 称为函数的定义域(或记作 $D(f)$),函数值 y 的集合称为 f 的值域,记作 $R(f)$,即 $R(f)=\{y\,|\,y=f(x)且\ x\in D(f)\}$. 注意:$R(f)\subseteq Y$.

2. 函数定义的两个要素:定义域、对应法则.

函数的定义域主要掌握五种基本类型:

$\frac{1}{y},y\neq 0$;　$\sqrt{y},y\geqslant 0$;　$\log_a y,y>0$;　$\arcsin y,|y|\leqslant 1$;　$\arccos y,|y|\leqslant 1$.

【例 1.1.1】　求函数 $f(x)=\frac{1}{\sqrt{x^2-2x-3}}+\arcsin\frac{x-1}{3}$ 的定义域.

【解】　由题设$\begin{cases}\sqrt{x^2-2x-3}\neq 0,\\ x^2-2x-3\geqslant 0,\\ \left|\dfrac{x-1}{3}\right|\leqslant 1,\end{cases}$ 解联立不等式$\begin{cases}(x+1)(x-3)>0,\\ |x-1|\leqslant 3\end{cases}$ 得函数的定义域为$[-2,-1)\cup(3,4]$.

评注

这是函数部分最基本的题型，此题中含有定义域的三种类型.

【例 1.1.2】　求函数 $f(x)=\dfrac{1}{\ln|x-1|}$的定义域.

【解】　由题设 $\begin{cases}\ln|x-1|\neq 0\\ |x-1|>0\end{cases}\Rightarrow\begin{cases}|x-1|\neq 1,\\ x-1\neq 0,\end{cases}$ 得函数的定义域为$(-\infty,0)\cup(0,1)\cup(1,2)\cup(2,+\infty)$.

评注

此题中含有定义域的两种类型.

【例 1.1.3】　设 $f\left(\dfrac{x+1}{x-2}\right)=2x-1(x\neq 2)$，当 $x\neq 1$ 时，求 $f\left(\dfrac{1}{x-1}\right)$.

【解】　令$\dfrac{x+1}{x-2}=t$，则 $x=\dfrac{1+2t}{t-1}$，所以 $f(t)=\dfrac{3+3t}{t-1}$，$f\left(\dfrac{1}{x-1}\right)=\dfrac{3x}{2-x}(x\neq 1,x\neq 2)$.

评注

$y=f(x)$或 $u=f(v)$都表示函数 f，这说明函数用什么变量表示都可以，这也可以称为函数的变量无关性.

【例 1.1.4】　设 $2f(x)+3f(1-x)=x^2+1$，求 $f(x)$.

【解】　由题设$\begin{cases}2f(x)+3f(1-x)=x^2+1,\\ 2f(1-x)+3f(x)=(1-x)^2+1,\end{cases}$消去 $f(1-x)$即可得到 $f(x)=\dfrac{1}{5}(x^2-6x+4)$.

评注

此题利用了函数的变量无关性.

二、函数的性质

1. 奇偶性

定义 1.1.2　设函数 f 的定义域 $D(f)$关于原点对称，$\forall x\in D(f)$，若 $f(-x)=-f(x)$，则称 f 为奇函数；若 $f(-x)=f(x)$，则称 f 为偶函数.

【例 1.1.5】　判断函数 $f(x)=\log_a(x+\sqrt{x^2+1})(a>0,a\neq 1)$的奇偶性.

【解】　显然，函数 $f(x)$的定义域为$(-\infty,+\infty)$，且 $f(x)+f(-x)=\log_a(x+\sqrt{x^2+1})+\log_a(-x+\sqrt{x^2+1})=\log_a 1=0$，所以 $f(x)$为奇函数.

评注

考生应当熟记一些特殊的奇函数. 除此题的形式之外，还有 $\ln\dfrac{1-x}{1+x}$和$\dfrac{a^x-1}{a^x+1}$.

2. 单调性

定义 1.1.3　设函数 f 的定义域为区间 I，$\forall x_1,x_2\in I$，$x_1<x_2$，若 $f(x_1)<f(x_2)$(或 $f(x_1)>f(x_2)$)，则称 f 为单调增加(或减少)函数.

注意:若不等号$<$(或$>$)改为$\leqslant$(或$\geqslant$),则称 f 为单调不减(或单调不增)函数.

【例 1.1.6】 证明函数 $f(x)=\arctan x$ 在$(-\infty,+\infty)$内单调增加.

【证明】 当 $x_1<0,x_2>0$ 时,显然 $f(x_2)>f(x_1)$;当 x_1,x_2 同号且 $x_1<x_2$ 时,由于 $\tan(\alpha-\beta)=\frac{\tan\alpha-\tan\beta}{1+\tan\alpha\cdot\tan\beta}$,所以 $\arctan x_2-\arctan x_1=\arctan\frac{x_2-x_1}{1+x_1\cdot x_2}>0$,故函数单调增加.

评 注

在本书第二章引入导数概念后,考生可以用导数来讨论函数的单调性,可使问题更为简单.

3. 周期性

定义 1.1.4 设函数 f 的定义域为区间 I,若存在非零实数 $T\in\mathbf{R}$,使得 $x+T\in I$,且 $f(x+T)=f(x)$,则称 f 为周期函数,T 为函数 f 的周期.

注意:一般情况下,把最小正周期(如果存在的话)简称为函数的周期.

例如:$y=\sin x,\cos x$ 的周期是 2π,$y=\tan x,\cot x$ 的周期是 π. 而周期函数不一定有最小正周期,如常数函数 $y=c$.

4. 有界性

定义 1.1.5 设函数 $f(x)$的定义域为 $D(f)$,如果存在 $M>0$,使得 $\forall x\in D(f)$,有$|f(x)|\leqslant M$,则称函数 $f(x)$有界.

如果存在 M,使得 $\forall x\in D(f)$,有 $f(x)\leqslant M$,则称函数 $f(x)$有上界;如果存在 m,使得 $\forall x\in D(f)$,有 $f(x)\geqslant m$,则称函数 $f(x)$有下界.

函数 $f(x)$有界的充要条件是函数 $f(x)$既有上界又有下界.

评 注

函数的有界性很重要,是函数性质中的难点.本书第一章的极限和函数连续性中都将介绍相关函数的有界性.

常见的有界函数:$|\sin x|\leqslant 1$,$|\cos x|\leqslant 1$,$|\arctan x|<\frac{\pi}{2}$.

函数无界的定义:$\forall M>0,\exists x_0\in D(f)$,使得$|f(x_0)|>M$.

三、常考函数

1. 基本初等函数与初等函数

(1) 常数函数

$y=c,x\in\mathbf{R}$.

(2) 幂函数

$y=x^\alpha$,α 为非零常数.所有幂函数的图形都经过点$(1,1)$.

当 α 为正整数时,定义域为 $\mathbf{R}$;当 α 为负整数时,定义域为非零实数.

(3) 指数函数

$y=a^x,x\in\mathbf{R}$(其中 $a>0$ 且 $a\neq 1$),经过点$(0,1)$.

(4) 对数函数

$y=\log_a x,x>0$(其中 $a>0$ 且 $a\neq 1$),经过点$(1,0)$.

(5) 三角函数

$y=\sin x$; $y=\cos x$; $y=\tan x$; $y=\cot x$; $y=\sec x$; $y=\csc x$.

(6) 反三角函数

$y=\arcsin x$; $y=\arccos x$; $y=\arctan x$; $y=\operatorname{arccot} x$.

评注

掌握基本初等函数的定义域、性质及其图形非常重要.

初等函数是由常数和基本初等函数经过有限次四则运算及有限次复合后能用一个公式表示的函数.

2. 复合函数

定义 1.1.6 设函数 $y=f(u),u\in U,u=g(x),x\in X$. 如果当 x 在 $X^*\subseteq X$ 中取值时,相应的 u 值在 U 中,那么称 y 为 x 的复合函数,记作 $f\circ g$,即 $f\circ g(x)=f[g(x)]$.

评注

复合函数在函数内容中很重要,也是一个难点,需要考生重点掌握.

【例 1.1.7】 设函数 $f(x)$ 的定义域是 $[-1,1]$,求 $f(x+a)+f(x-a)(a>0)$ 的定义域.

【解】 函数 $f(x+a)$ 的定义域是 $[-1-a,1-a]$,函数 $f(x-a)$ 的定义域是 $[-1+a,1+a]$.

当 $0<a<1$ 时,所求的定义域是 $[-1+a,1-a]$;当 $a>1$ 时,所求的定义域是空集;当 $a=1$ 时,定义域为 $\{0\}$.

3. 反函数

定义 1.1.7 设函数 $f(x)$ 的定义域为 $D(f)$,值域为 $R(f)$. 如果对于每一个 $y\in R(f)$,存在唯一的 $x\in D(f)$ 使得 $f(x)=y$,则得到一个函数 $x=f^{-1}(y)$,称 f^{-1} 为函数 f 的反函数,记作 f^{-1}.

注意:反函数的定义域、值域分别是原函数的值域、定义域.

反函数常用 $y=f^{-1}(x)$ 表示,此时反函数的图形与原函数的图形关于直线 $y=x$ 对称.

4. 隐函数

设有方程 $F(x,y)=0$,当 x 在某区间内任取一值,若总有满足该方程的唯一的值 y 存在,则称由方程 $F(x,y)=0$ 在上述区间内确定了一个隐函数 $y=y(x)$.

5. 分段函数

用两个或两个以上公式表示的函数称为分段函数,分段函数一般来说不是初等函数,但也有例外,例如 $|x|=\sqrt{x^2}$,前者表示分段函数而后者为初等函数.

在考研数学中,初等函数通常有相应的公式,而分段函数一般需要根据定义加以讨论.

6. 幂指函数

设 $f(x)>0$,称 $y=[f(x)]^{g(x)}$ 为由 $f(x),g(x)$ 构成的幂指函数. 根据反函数的性质 $a^b=e^{\ln a^b}=e^{b\ln a}$,可得 $y=[f(x)]^{g(x)}=e^{g(x)\ln f(x)}$. 所以幂指函数本质上属于复合函数.

7. 参数方程确定的函数①②

设 $x=\varphi(t),y=\psi(t)$,则称 $\begin{cases}x=\varphi(t),\\ y=\psi(t)\end{cases}$ 为由参数方程确定的函数,其中 t 为参数.

【例 1.1.8】 设函数 $f(x)=\begin{cases}2x, & x\leqslant 0\\ 0, & x>0\end{cases}$,$\varphi(x)=x^2-1$,求 $f[\varphi(x)]$.

【解】 $f[\varphi(x)]=\begin{cases}2\varphi(x), & \varphi(x)\leqslant 0,\\ 0, & \varphi(x)>0\end{cases}=\begin{cases}2(x^2-1), & |x|\leqslant 1,\\ 0, & |x|>1.\end{cases}$

【例 1.1.9】 设函数 $f(x)=\begin{cases}2^x, & x>1,\\ 2x, & x\leqslant 1,\end{cases}$ $g(x)=\begin{cases}\sin x, & x>0,\\ x^2, & x\leqslant 0,\end{cases}$ 求 $f[g(x)]$.

【解】 当 $x<-1$ 时,$g(x)=x^2>1$;当 $x\geqslant -1$ 时,$g(x)\leqslant 1$,所以 $f[g(x)]=\begin{cases}2^{x^2}, & x<-1,\\ 2x^2, & -1\leqslant x\leqslant 0,\\ 2\sin x, & x>0.\end{cases}$

评注

两个分别包含两段的分段函数复合后,不一定是四段的分段函数.

第二节　极限

一、极限的定义

1.数列极限的定义

定义 1.2.1　已知数列$\{x_n\}$及数a,如果对于任意给定的正数ε,存在正整数N,使得对于一切满足$n>N$的x_n,有$|x_n-a|<\varepsilon$,则称数a为数列$\{x_n\}$当n趋于无穷大时的极限,记作$\lim\limits_{n\to\infty}x_n=a$.数列极限的定义又称为"$\varepsilon-N$"定义,可简记为:

$$\lim_{n\to\infty}x_n=a:\quad \forall\varepsilon>0,\exists N,\forall n:n>N\Rightarrow|x_n-a|<\varepsilon.$$

评注

由于n为自然数,必为正数,所以$n\to+\infty$有时简化为$n\to\infty$.

用极限的定义来证明极限存在难度比较大,在考研真题中从未出现过.数学一、二的考生对极限的定义进行一般了解即可.极限的定义对数学三的考生基本不作考试要求.

2.函数极限的定义

定义 1.2.2　设函数$f(x)$在$|x|$大于某一正数时有定义,A为实数,如果对于任意给定的正数ε,总存在正数X,使得对于一切满足$|x|>X$的$f(x)$,有$|f(x)-A|<\varepsilon$,则称数A为函数$f(x)$当$x\to\infty$时的极限,记作$\lim\limits_{x\to\infty}f(x)=A$.这称为函数极限的"$\varepsilon-X$"定义,可简记为:

$$\lim_{x\to\infty}f(x)=A:\quad \forall\varepsilon>0,\exists X,\forall x:|x|>X\Rightarrow|f(x)-A|<\varepsilon.$$

定义 1.2.3　设函数$f(x)$在点x_0的一个去心邻域$\mathring{U}(x_0)$内有定义,A为实数,如果对于任意给定的正数ε,总存在正数δ,使得对于一切满足$0<|x-x_0|<\delta$的$f(x)$,有$|f(x)-A|<\varepsilon$,则称数A为函数$f(x)$当$x\to x_0$时的极限,记作$\lim\limits_{x\to x_0}f(x)=A$.这称为函数极限的"$\varepsilon-\delta$"定义,可简记为:

$$\lim_{x\to x_0}f(x)=A:\quad \forall\varepsilon>0,\exists\delta>0,\forall x:0<|x-x_0|<\delta\Rightarrow|f(x)-A|<\varepsilon.$$

注意:点x_0的一个去心δ邻域表示为$\mathring{U}(x_0,\delta)=\{x|0<|x-x_0|<\delta\}$,而点$x_0$的一个去心邻域$\mathring{U}(x_0)$表示不考虑邻域的半径.

二、单侧极限与左右极限

1.单侧极限

函数$f(x)$当$x\to\infty$时的极限可分别定义为单侧极限,即$x\to+\infty$时的极限和$x\to-\infty$时的极限.

定义 1.2.4　$\lim\limits_{x\to+\infty}f(x)=A:\forall\varepsilon>0,\exists X,\forall x:x>X\Rightarrow|f(x)-A|<\varepsilon$.

定义 1.2.5　$\lim\limits_{x\to-\infty}f(x)=A:\forall\varepsilon>0,\exists X,\forall x:x<-X\Rightarrow|f(x)-A|<\varepsilon$.

定理 1.2.1　$\lim\limits_{x\to\infty}f(x)=A\Leftrightarrow\lim\limits_{x\to+\infty}f(x)=A$且$\lim\limits_{x\to-\infty}f(x)=A$.

2.左右极限

函数$f(x)$当$x\to x_0$时的极限可分别定义为左、右极限,即$x\to x_0^-$时的极限和$x\to x_0^+$时的极限.

定义 1.2.6　右极限　$\lim\limits_{x\to x_0^+}f(x)=A:\forall\varepsilon>0,\exists\delta>0,\forall x:x_0<x<x_0+\delta\Rightarrow|f(x)-A|<\varepsilon$.右极限也可记作$f(x_0^+)$或$f(x_0+0)$.

定义 1.2.7　左极限　$\lim\limits_{x\to x_0^-}f(x)=A:\forall\varepsilon>0,\exists\delta>0,\forall x:x_0-\delta<x<x_0\Rightarrow|f(x)-A|<\varepsilon$.左极限也可记作$f(x_0^-)$或$f(x_0-0)$.

定理 1.2.2　$\lim\limits_{x\to x_0}f(x)=A \Leftrightarrow \lim\limits_{x\to x_0^+}f(x)=A$ 且 $\lim\limits_{x\to x_0^-}f(x)=A$.

评注

通常对于两种基本类型的函数(分段函数和带有绝对值的函数),考生要能想到需要考虑单侧极限与左右极限.而对于两种特殊类型的函数$\left(a^{\infty},\arctan\infty\text{或}a^{\frac{1}{0}},\arctan\frac{1}{0}\right)$,此处$\frac{1}{0}$表示$\frac{1}{x}$,$x\to 0$,考生往往会因忽略造成错误,一定要特别注意.

【例 1.2.1】　求下列函数在指定点的左右极限,并判断函数在该点极限是否存在.

(1)$f(x)=\begin{cases}x+2, & x\leqslant 2,\\ \dfrac{1}{x-2}, & x>2,\end{cases}$ $x_0=2$;

(2)$f(x)=\arctan\dfrac{1}{x-1}$,$x_0=1$;

(3)$f(x)=\dfrac{1-\mathrm{e}^{\frac{1}{x-1}}}{1+\mathrm{e}^{\frac{1}{x-1}}}$,$x_0=1$.

【解】　(1)$\lim\limits_{x\to 2^-}f(x)=4$,$\lim\limits_{x\to 2^+}f(x)=\infty$,所以函数在 $x_0=2$ 处极限不存在.

(2)$\lim\limits_{x\to 1^-}f(x)=-\dfrac{\pi}{2}$,$\lim\limits_{x\to 1^+}f(x)=\dfrac{\pi}{2}$,所以函数在 $x_0=1$ 处极限不存在.

(3)$\lim\limits_{x\to 1^-}f(x)=1$,$\lim\limits_{x\to 1^+}f(x)=-1$,所以函数在 $x_0=1$ 处极限不存在.

评注

函数极限必须区分正负无穷大的两种常见形式及其变化形式:

当 $a>1$ 时,$a^{+\infty}=+\infty$,$a^{-\infty}=0$,$\lim\limits_{x\to 0^+}a^{\frac{1}{x}}=+\infty$,$\lim\limits_{x\to 0^-}a^{\frac{1}{x}}=0$.

$\arctan(+\infty)=\dfrac{\pi}{2}$,$\arctan(-\infty)=-\dfrac{\pi}{2}$, $\arctan\dfrac{1}{0^+}=\dfrac{\pi}{2}$, $\arctan\dfrac{1}{0^-}=-\dfrac{\pi}{2}$.

三、极限的性质及四则运算法则

1. 极限的性质

定理 1.2.3 (唯一性) 如果数列或函数的极限存在,则极限值唯一.

定理 1.2.4 (数列的有界性) 如果数列的极限存在,则数列有界.

定理 1.2.5 (函数的局部有界性)

若$\lim\limits_{x\to x_0}f(x)=A$,则$\exists M>0$,$\exists\delta>0$,当$x\in\mathring{U}(x_0,\delta)$时,$|f(x)|\leqslant M$.

若$\lim\limits_{x\to\infty}f(x)=A$,则$\exists M>0$,$\exists X>0$,当$|x|>X$时,$|f(x)|\leqslant M$.

定理 1.2.6 (数列的保号性)

若$\lim\limits_{n\to\infty}x_n=A$且$A>0(A<0)$,则$\exists N$,当$n>N$时,$x_n>0(<0)$.

定理 1.2.7 (函数的局部保号性)

(1)若$\lim\limits_{x\to x_0}f(x)=A$且$A>0$(或$A<0$),则$\exists\delta>0$,当$x\in\mathring{U}(x_0,\delta)$时,$f(x)>0$(或$f(x)<0$).

(2)若$\lim\limits_{x\to\infty}f(x)=A$且$A>0$(或$A<0$),则$\exists X>0$,当$|x|>X$时,$f(x)>0$(或$f(x)<0$).

评注

极限的性质都可以用极限的定义加以证明.数学一、二的考生可自行尝试证明,数学三的考生不需要掌握证明.保号性反过来不对,例如$f(x)=|x|>0$,$x\neq 0$,但是$\lim\limits_{x\to 0}f(x)=0$,而不是严格大于0.

【例 1.2.2】 设 $f(x)$在 $x=0$ 处连续,且$\lim\limits_{x\to0}\frac{f(x)}{x^2}=1$,则(　　).

(A) $\exists U(0,\delta)$,使得$\forall x\in U(0,\delta)$,有 $f(x)>0$.　　(B) $f(0)<0$.

(C) $\exists \mathring{U}(0,\delta)$,使得$\forall x\in \mathring{U}(0,\delta)$,有 $f(x)>0$.　　(D) $f(0)>0$.

【答案】 (C).

评 注

保号性是极限性质中的难点,考生需注意局部保号性,此题选 (C).

注意:函数连续时,$f(x)=\lim\limits_{x\to0}f(x)=\lim\limits_{x\to0}\frac{f(x)}{x^2}\cdot x^2=1\cdot0=0$.

2.极限运算法则

(1)**定理 1.2.8 (四则运算)** 设 $\lim u=A,\lim v=B$,则

$$\lim(u\pm v)=A\pm B,\ \lim(u\cdot v)=A\cdot B,\ \lim\frac{u}{v}=\frac{A}{B}(B\neq0).$$

【例 1.2.3】 求极限 $\lim\limits_{x\to1}\frac{\sqrt{x+3}-2}{x^2+x-2}$.

【解】 $\lim\limits_{x\to1}\frac{\sqrt{x+3}-2}{x^2+x-2}=\lim\limits_{x\to1}\frac{(x+3)-4}{(x-1)(x+2)(\sqrt{x+3}+2)}=\frac{1}{12}$.

评 注

遇到“$\frac{0}{0}$”型的未定式极限时,先消去零因子,再应用极限的四则运算法则.

【例 1.2.4】 设极限$\lim\limits_{x\to1}\frac{x^2+ax+b}{x^2+2x-3}=-2$,求常数 a,b 的值.

分析:分母极限为零时,如果分式的极限存在,则分子的极限必定为零,即:如果$\lim\limits_{x\to x_0}\frac{f(x)}{g(x)}=c$(存在)且$\lim\limits_{x\to x_0}g(x)=0$,则$\lim\limits_{x\to x_0}f(x)=\lim\limits_{x\to x_0}\frac{f(x)}{g(x)}\cdot g(x)=0$.本题中$\lim\limits_{x\to1}(x^2+ax+b)=0$ 或 $1+a+b=0$ 对解决问题没有直接作用,利用初等数学结论:x^2+ax+b 在 $x=1$ 时为零,则 x^2+ax+b 含有$x-1$的因子,此时可设 $x^2+ax+b=(x-1)(x+c)$.

【解】 设 $x^2+ax+b=(x-1)(x+c)$,则由$\lim\limits_{x\to1}\frac{(x-1)(x+c)}{(x-1)(x+3)}=-2$ 得 $c=-9$,所以 $a=-10,b=9$.

评 注

在学习本书第二章后,考生可结合求极限的洛必达法则使计算简化.

【例 1.2.5】 设极限 $\lim\limits_{x\to+\infty}(3x-\sqrt{ax^2+bx+1})=-2$,求常数 a,b 的值.

【解】 $\lim\limits_{x\to+\infty}(3x-\sqrt{ax^2+bx+1})=\lim\limits_{x\to+\infty}\frac{9x^2-(ax^2+bx+1)}{3x+\sqrt{ax^2+bx+1}}=\lim\limits_{x\to+\infty}\frac{(9-a)x^2-bx-1}{3x+\sqrt{ax^2+bx+1}}=-2$,由于极限存在且分母的最高次数是一次,所以分子的最高次数也应该是一次的,故 $a=9$,比较最高次项的系数得$\frac{-b}{3+3}=-2\Rightarrow b=12$.

评 注

遇到“$\frac{\infty}{\infty}$”型的未定式极限时,可直接比较分子、分母的最高次数,最高次数相同时分子、分母最高次项的系数之比即为极限.

常用结论 1　$\lim\limits_{x\to+\infty}\dfrac{a_0x^k+a_1x^{k-1}+\cdots+a_{k-1}x+a_k}{b_0x^m+b_1x^{m-1}+\cdots+b_{m-1}x+b_m}=\begin{cases}\dfrac{a_0}{b_0}, & k=m,\\ 0, & k<m,\\ \infty, & k>m.\end{cases}$

常用结论 2　$\lim\limits_{n\to\infty}\dfrac{a_0n^k+a_1n^{k-1}+\cdots+a_{k-1}n+a_k}{b_0n^m+b_1n^{m-1}+\cdots+b_{m-1}n+b_m}=\begin{cases}\dfrac{a_0}{b_0}, & k=m,\\ 0, & k<m,\\ \infty, & k>m.\end{cases}$

【例 1.2.6】　求极限 $\lim\limits_{x\to-\infty}\dfrac{\sqrt{4x^2-3}-x+5}{\sqrt{x^2+2x+3}}$.

【解】　此题是"$\dfrac{\infty}{\infty}$"型的极限，但应该注意到 $x\to-\infty$. 当 $x<0$ 时，最高次数 $\sqrt{x^2}=-x$，$\sqrt{4x^2}=-2x$，即

$$原式=\lim_{x\to-\infty}\frac{-2x\sqrt{1-\dfrac{3}{4x^2}}-x+5}{-x\sqrt{1+\dfrac{2}{x}+\dfrac{3}{x^2}}}=\lim_{x\to-\infty}\frac{-2\sqrt{1-\dfrac{3}{4x^2}}-1+\dfrac{5}{x}}{-\sqrt{1+\dfrac{2}{x}+\dfrac{3}{x^2}}}=3.$$

(2)**定理 1.2.9（复合运算）**　设 $\lim\limits_{x\to a}\varphi(x)=b$，$\lim\limits_{u\to b}f(u)=A$，且当 $x\in\mathring{U}(a,\delta)$ 时，$\varphi(x)\neq b$，则 $\lim\limits_{x\to a}f[\varphi(x)]=A$.

【例 1.2.7】　求极限 $\lim\limits_{x\to x_0}\ln x\,(x_0>0)$.

【解】　由于 $\lim\limits_{x\to1}\ln x=0$，当 $x\to x_0$ 时，令 $u=\dfrac{x}{x_0}\to1$，则 $\lim\limits_{x\to x_0}(\ln x-\ln x_0)=\lim\limits_{x\to x_0}\ln\dfrac{x}{x_0}=\lim\limits_{u\to1}\ln u=0$，故 $\lim\limits_{x\to x_0}\ln x=\ln x_0$.

注意：可用"$\varepsilon-\delta$"定义证明 $\lim\limits_{x\to1}\ln x=0$（一般不作考试要求，此处略）.

四、极限存在的两个准则

1. 准则一：单调有界数列必有极限

评注

"单调有界数列必有极限"这一准则通常作为高等数学的公理，由它引入重要极限 $\lim\limits_{n\to\infty}\left(1+\dfrac{1}{n}\right)^n=\mathrm{e}$，而运用这个准则证明一些递推数列的极限是高等数学的难点，考生在基础复习阶段简单了解即可.

【例 1.2.8】(2008[①②])　设函数 $f(x)$ 在 $(-\infty,+\infty)$ 内单调有界，$\{x_n\}$ 为数列，则下列命题正确的是(　　).

(A) 若 $\{x_n\}$ 收敛，则 $\{f(x_n)\}$ 收敛.　　(B) 若 $\{x_n\}$ 单调，则 $\{f(x_n)\}$ 收敛.

(C) 若 $\{f(x_n)\}$ 收敛，则 $\{x_n\}$ 收敛.　　(D) 若 $\{f(x_n)\}$ 单调，则 $\{x_n\}$ 收敛.

【答案】　(B).

【解】　若 $\{x_n\}$ 单调，则 $\{f(x_n)\}$ 也单调（单调函数的复合函数也是单调函数）且有界，所以 $\{f(x_n)\}$ 收敛，应选 (B).

【例 1.2.9】　设 $x_1=10$，$x_{n+1}=\sqrt{6+x_n}\ (n=1,2,\cdots)$，试证数列 $\{x_n\}$ 极限存在，并求此极限.

【解析】　用单调有界准则. 由题设显然有 $x_n>0$，数列 $\{x_n\}$ 有下界. 现用归纳法证明 $\{x_n\}$ 单调递减. 因为 $x_2=\sqrt{6+x_1}=\sqrt{6+10}=4<x_1$. 设 $x_n<x_{n-1}$，则 $x_{n+1}=\sqrt{6+x_n}<\sqrt{6+x_{n-1}}=x_n$，因此，$\{x_n\}$ 单调递减. 由单调有界准则，所以 $\lim\limits_{n\to+\infty}x_n$ 存在. 设 $\lim\limits_{n\to+\infty}x_n=a$，$(a\geqslant0)$，在恒等式 $x_{n+1}=\sqrt{6+x_n}$ 两边取极限，即

$\lim\limits_{n\to+\infty} x_{n+1}=\lim\limits_{n\to+\infty}\sqrt{6+x_n}$,得 $a=\sqrt{6+a}$,解之得 $a=3$,$a=-2$(舍去).

评 注

证明数列单调的另一种常用方法:证明 $x_{n+1}-x_n=f(x_n)-x_n\geqslant 0$(或$\leqslant 0$).

2.准则二:夹逼准则

定理 1.2.10 设数列$\{x_n\}$,$\{y_n\}$,$\{z_n\}$满足条件:

(1)$y_n\leqslant x_n\leqslant z_n$, (2)$\lim\limits_{n\to\infty}y_n=A$,$\lim\limits_{n\to\infty}z_n=A$,

则$\lim\limits_{n\to\infty}x_n=A$.

定理 1.2.11 设函数 $f(x)$,$g(x)$,$h(x)$在$\mathring{U}(a,\delta)$内有定义,且满足条件:

(1)当 $x\in\mathring{U}(a,\delta)$时,$g(x)\leqslant f(x)\leqslant h(x)$, (2)$\lim\limits_{x\to a}g(x)=A$,$\lim\limits_{x\to a}h(x)=A$,

则$\lim\limits_{x\to a}f(x)=A$.

定理 1.2.12 设函数 $f(x)$,$g(x)$,$h(x)$在$|x|>X$ 时有定义,且满足:

(1)当$|x|>X$ 时,$g(x)\leqslant f(x)\leqslant h(x)$, (2)$\lim\limits_{x\to\infty}g(x)=A$,$\lim\limits_{x\to\infty}h(x)=A$,

则$\lim\limits_{x\to\infty}f(x)=A$.

评 注

夹逼准则可用极限定义加以证明,此处略.

【例 1.2.10】 求极限$\lim\limits_{n\to\infty}\left(\dfrac{1}{n^2+n+1}+\dfrac{2}{n^2+n+2}+\cdots+\dfrac{n}{n^2+n+n}\right)$.

【证明】 利用夹逼准则.

$\dfrac{1+2+\cdots+n}{n^2+n+n}<\dfrac{1}{n^2+n+1}+\dfrac{2}{n^2+n+2}+\cdots+\dfrac{n}{n^2+n+n}<\dfrac{1+2+\cdots+n}{n^2+n+1}$,由于 $1+2+\cdots+n=\dfrac{n(n+1)}{2}$,所以$\lim\limits_{n\to\infty}\dfrac{1+2+\cdots+n}{n^2+n+n}=\lim\limits_{n\to\infty}\dfrac{1+2+\cdots+n}{n^2+n+1}=\dfrac{1}{2}$,故原式$=\dfrac{1}{2}$.

评 注

求 n 项和式的极限,当不能用初等方法求和时可考虑适当放大、缩小,然后利用夹逼准则求得极限.

注意初等数学中的求和方法:等差数列的前 n 项和公式、等比数列的前 n 项和公式、裂项求和(或拆项求和)法及错位相减求和法.

【例 1.2.11】 求极限$\lim\limits_{n\to\infty}\sqrt[n]{2^n+3^n+4^n}$.

【解】 因为$\sqrt[n]{2^n+3^n+4^n}\leqslant\sqrt[n]{3\cdot 4^n}=4\sqrt[n]{3}$,而$\lim\limits_{n\to\infty}4\sqrt[n]{3}=4$.

又$\sqrt[n]{2^n+3^n+4^n}\geqslant\sqrt[n]{4^n}=4$.

所以由夹逼准则,有$\lim\limits_{n\to\infty}\sqrt[n]{2^n+3^n+4^n}=4$.

评 注

本题可以推广到一般形式:

若 $a_i>0(i=1,2,\cdots,m)$,则$\lim\limits_{n\to\infty}\sqrt[n]{a_1^n+a_2^n+\cdots+a_m^n}=\max\{a_i\}$.

五、两个重要极限

1.$\lim\limits_{x\to 0}\dfrac{\sin x}{x}=1$

【证明】 当 $x>0$ 时,作单位圆(如图 1-1 所示),由面积关系可以得到 $S_{\triangle OAP}<S_{扇形OAP}<S_{\triangle OAC}$,即$\dfrac{1}{2}$

$\cdot 1\cdot \sin x<\frac{1}{2}\cdot 1^2\cdot x<\frac{1}{2}\cdot 1\cdot \tan x$，故$\sin x<x<\tan x$，所以$\cos x<\frac{\sin x}{x}<1$. 由$\lim\limits_{x\to 0}\cos x=1$及函数极限的夹逼准则知$\lim\limits_{x\to 0^+}\frac{\sin x}{x}=1$.

当$x<0$时，令$t=-x$，则$x\to 0^-$时$t\to 0^+$，所以$\lim\limits_{x\to 0^-}\frac{\sin x}{x}=\lim\limits_{t\to 0^+}\frac{\sin(-t)}{-t}=1$，故$\lim\limits_{x\to 0}\frac{\sin x}{x}=1$.

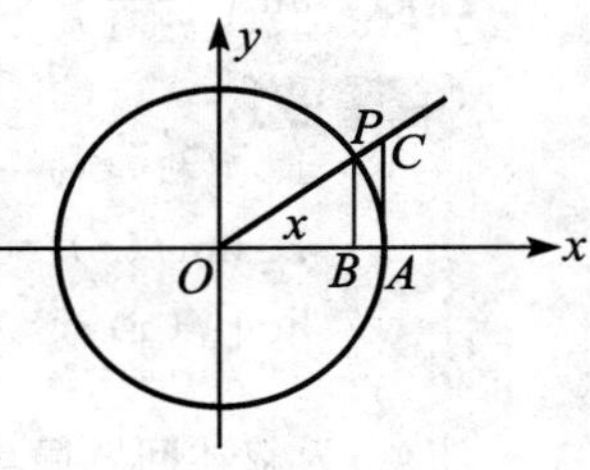

图 1-1

【例 1.2.12】　求极限$\lim\limits_{x\to 0}\frac{1-\cos x}{x^2}$.

【解】　$\lim\limits_{x\to 0}\frac{1-\cos x}{x^2}=\lim\limits_{x\to 0}\frac{\sin^2 x}{x^2(1+\cos x)}=\lim\limits_{x\to 0}\frac{\sin^2 x}{x^2}\cdot\frac{1}{(1+\cos x)}=\frac{1}{2}$.

【例 1.2.13】　求极限$\lim\limits_{x\to 1}\frac{\sin(x^2-1)}{x^2+x-2}$.

【解】　$\lim\limits_{x\to 1}\frac{\sin(x^2-1)}{x^2+x-2}=\lim\limits_{x\to 1}\frac{\sin(x^2-1)}{x^2-1}\cdot\frac{(x-1)(x+1)}{(x-1)(x+2)}=\frac{2}{3}$.

评 注

重要极限是学习本书的第二章导数的基础，在接下来引入无穷小量概念后，许多结论将得到进一步的推广和应用.

2. $\lim\limits_{x\to\infty}\left(1+\frac{1}{x}\right)^x=\mathrm{e}$

【证明】　当$x\to+\infty$时，$\exists n>0$，使得$n\leqslant x<n+1$，所以

$$\left(1+\frac{1}{n+1}\right)^n<\left(1+\frac{1}{x}\right)^x<\left(1+\frac{1}{n}\right)^{n+1}.$$

由$\lim\limits_{n\to\infty}\left(1+\frac{1}{n+1}\right)^n=\lim\limits_{n\to\infty}\left(1+\frac{1}{n+1}\right)^{n+1}\cdot\left(1+\frac{1}{n+1}\right)^{-1}=\mathrm{e}$，

$\lim\limits_{n\to\infty}\left(1+\frac{1}{n}\right)^{n+1}=\lim\limits_{n\to\infty}\left(1+\frac{1}{n}\right)^n\cdot\left(1+\frac{1}{n}\right)=\mathrm{e}$及函数极限的夹逼准则，得$\lim\limits_{x\to+\infty}\left(1+\frac{1}{x}\right)^x=\mathrm{e}$.

当$x\to-\infty$时，令$x=-(t+1)$，则$\lim\limits_{x\to-\infty}\left(1+\frac{1}{x}\right)^x=\lim\limits_{t\to+\infty}\left(1-\frac{1}{t+1}\right)^{-(t+1)}=\lim\limits_{t\to+\infty}\left(1+\frac{1}{t}\right)^{t+1}=\mathrm{e}$，所以$\lim\limits_{x\to\infty}\left(1+\frac{1}{x}\right)^x=\mathrm{e}$.

注意：此重要极限与基本结论$\lim\limits_{n\to\infty}\left(1+\frac{1}{n}\right)^n=\mathrm{e}$的异同：

$\lim\limits_{n\to\infty}\left(1+\frac{1}{n}\right)^n=\mathrm{e}$是数列的极限，$n\to\infty$即为$n\to+\infty$；$\lim\limits_{x\to\infty}\left(1+\frac{1}{x}\right)^x=\mathrm{e}$是函数的极限，$x\to\infty$包括$x\to+\infty$和$x\to-\infty$.

重要极限的主要形式是未定式1^∞型：$\left(1+\frac{1}{\infty}\right)^\infty\to\mathrm{e}$.

【例 1.2.14】　求极限$\lim\limits_{x\to 0}(1-x)^{\frac{2}{x}}$.

【解】　$\lim\limits_{x\to 0}(1-x)^{\frac{2}{x}}=\lim\limits_{x\to 0}\{[1+(-x)]^{\frac{1}{(-x)}}\}^{-2}=\mathrm{e}^{-2}$.

评 注

由此题可得重要极限 2 的变化形式：$(1+0)^{\frac{1}{0}}\to\mathrm{e}$.

【例 1.2.15】　求极限$\lim\limits_{x\to\infty}\left(\frac{x-1}{x+1}\right)^{2x+1}$.

【解】 $\lim\limits_{x\to\infty}\left(\dfrac{x-1}{x+1}\right)^{2x+1}=\lim\limits_{x\to\infty}\left(1+\dfrac{-2}{x+1}\right)^{2x+1}=\mathrm{e}^{\lim\limits_{x\to\infty}\frac{-2}{x+1}\cdot(2x+1)}=\mathrm{e}^{-4}$.

评注

1^{∞} 型极限的一般公式：

设 $\lim f(x)=1,\lim g(x)=\infty$，则

$\lim[f(x)]^{g(x)}=\lim[1+(f(x)-1)]^{g(x)}=\mathrm{e}^{\lim[f(x)-1]\cdot g(x)}$.

注意：为叙述问题简单，极限 $\lim f(x)$ 包括数列的极限和函数的极限，在讨论极限问题时，必须是在同一个极限过程的前提下进行. 以后出现类似的情况不再说明.

【例 1.2.16】(2012③) 极限 $\lim\limits_{x\to\frac{\pi}{4}}(\tan x)^{\frac{1}{\cos x-\sin x}}=$________.

【答案】 $\mathrm{e}^{-\sqrt{2}}$.

【解】 $\lim\limits_{x\to\frac{\pi}{4}}(\tan x)^{\frac{1}{\cos x-\sin x}}=\lim\limits_{x\to\frac{\pi}{4}}[1+(\tan x-1)]^{\frac{1}{\cos x-\sin x}}=\exp\left\{\lim\limits_{x\to\frac{\pi}{4}}\dfrac{\tan x-1}{\cos x-\sin x}\right\}$

$$=\exp\left\{\lim_{x\to\frac{\pi}{4}}\frac{\dfrac{1}{\cos x}(\sin x-\cos x)}{\cos x-\sin x}\right\}=\mathrm{e}^{-\sqrt{2}}.$$

【例 1.2.17】 求极限 $\lim\limits_{x\to\frac{\pi}{4}}(\tan x)^{\tan 2x}$.

分析：这是 1^{∞} 型的极限.

【解】 $\lim\limits_{x\to\frac{\pi}{4}}(\tan x)^{\tan 2x}=\lim\limits_{x\to\frac{\pi}{4}}[1+(\tan x-1)]^{\tan 2x}=\exp\left\{\lim\limits_{x\to\frac{\pi}{4}}(\tan x-1)\cdot\tan 2x\right\}$，而

$$\begin{aligned}\lim_{x\to\frac{\pi}{4}}(\tan x-1)\cdot\tan 2x&=\lim_{x\to\frac{\pi}{4}}\frac{\sin x-\cos x}{\cos x}\cdot\frac{\sin 2x}{\cos 2x}\\&=\lim_{x\to\frac{\pi}{4}}\frac{\sin x-\cos x}{\cos x}\ \frac{2\sin x\cos x}{\cos^2 x-\sin^2 x}\\&=-\sqrt{2}\lim_{x\to\frac{\pi}{4}}\frac{1}{\sin x+\cos x}=-1,\end{aligned}$$

所以原式 $=\mathrm{e}^{-1}$.

评注

在求极限时可先确定极限存在且不为零的因子，即

极限运算法则变化 1 设 $\lim v=b\neq 0$，则 $\lim(u\cdot v)=b\cdot\lim u$.

在例 1.2.17 中，当 $x\to\dfrac{\pi}{4}$ 时，$\cos x\to\dfrac{\sqrt{2}}{2}\neq 0,\sin 2x\to 1\neq 0$.

【例 1.2.18】 (2018①) 若 $\lim\limits_{x\to 0}\left(\dfrac{1-\tan x}{1+\tan x}\right)^{\frac{1}{\sin kx}}=\mathrm{e}$，则 $k=$________.

【解】 由 $\mathrm{e}=\lim\limits_{x\to 0}\left(\dfrac{1-\tan x}{1+\tan x}\right)^{\frac{1}{\sin kx}}=\mathrm{e}^{\lim\limits_{x\to 0}\left(\frac{1-\tan x}{1+\tan x}-1\right)\cdot\frac{1}{\sin kx}}$，得

$$1=\lim_{x\to 0}\frac{1}{\sin kx}\cdot\frac{-2\tan x}{1+\tan x}=\lim_{x\to 0}\frac{-2\tan x}{kx}=\frac{-2}{k},$$

故 $k=-2$.

六、无穷小量

1. 无穷小量的定义

定义 1.2.8 如果 $\lim\limits_{n\to\infty}x_n=0$，则称 $\{x_n\}$ 为 $n\to\infty$ 时的无穷小量；如果 $\lim\limits_{x\to\infty}f(x)=0$，则称 $f(x)$ 为 $x\to\infty$

时的无穷小量；如果$\lim\limits_{x\to x_0}f(x)=0$，则称 $f(x)$为 $x\to x_0$ 时的无穷小量.

注意：在以后讨论无穷小量时，可把无穷小量简单记作 $\lim\alpha=0$，称 α 为无穷小量，即包括了上述三种形式的无穷小量.

评 注

无穷小量常简称为无穷小. 通常无穷小是某个变化过程中的变量，而"0"是作为无穷小的唯一常数.

2. 无穷小的性质

有限个无穷小的和是无穷小；有限个无穷小的积是无穷小；无穷小乘以有界量仍为无穷小. 最后一个性质最为重要.

【例 1.2.19】 求极限：(1)$\lim\limits_{n\to\infty}\dfrac{\cos n}{n}$；　(2)$\lim\limits_{x\to 0}x\cdot\sin\dfrac{1}{x}$；　(3)$\lim\limits_{x\to\infty}\dfrac{\arctan x}{x}$；

(4)$\lim\limits_{x\to 1}(x^2-1)\sin\dfrac{1}{x-1}$.

【解】 (1)$\lim\limits_{n\to\infty}\dfrac{\cos n}{n}=0$.　(2)$\lim\limits_{x\to 0}x\cdot\sin\dfrac{1}{x}=0$.　(3)$\lim\limits_{x\to\infty}\dfrac{\arctan x}{x}=0$；

(4)$\lim\limits_{x\to 1}(x^2-1)\sin\dfrac{1}{x-1}=0$.

评 注

此题是利用无穷小的最后一个性质求极限的典型例题，这种求极限的方法是其他方法所不能替代的.

3. 极限与无穷小的关系

定理 1.2.13　$\lim u=A\Leftrightarrow u=A+\alpha$，其中 α 为无穷小，即 $\lim\alpha=0$.

评 注

极限的四则运算法则主要是基于定理 1.2.13 来证明的.

4. 无穷小的比较

定义 1.2.9　设 $\lim\alpha=0(\alpha\neq 0)$，$\lim\beta=0$.

若 $\lim\dfrac{\beta}{\alpha}=0$，则称 β 为 α 的高阶无穷小，记作 $\beta=o(\alpha)$，也称 α 为 β 的低阶无穷小；

若 $\lim\dfrac{\beta}{\alpha}=c\neq 0$，则称 β 为 α 的同阶无穷小；

若 $\lim\dfrac{\beta}{\alpha}=1$，则称 β 为 α 的等价无穷小，记作 $\beta\sim\alpha$，此时 $\alpha\sim\beta$.

若 $\lim\dfrac{\beta}{\alpha^k}\neq 0$，其中 $k>0$，则称 β 为 α 的 k 阶无穷小.

【例 1.2.20】 证明：当 $x\to 0$ 时，$\sqrt{1+x}-\sqrt{1-x}\sim x$.

【证明】 由于$\lim\limits_{x\to 0}\dfrac{\sqrt{1+x}-\sqrt{1-x}}{x}=\lim\limits_{x\to 0}\dfrac{2x}{x(\sqrt{1+x}+\sqrt{1-x})}=1$，所以 $\sqrt{1+x}-\sqrt{1-x}\sim x$.

评 注

此类题目通常只需要通过计算极限来证明，而不需要用极限定义证明.

5. 等价无穷小的代换

定理 1.2.14 设 $\lim\alpha=0,\lim\beta=0$,且 $\alpha\sim\alpha_1,\beta\sim\beta_1$. 则 $\lim\dfrac{\alpha}{\beta}=\lim\dfrac{\alpha_1}{\beta_1}$.

考生必须熟悉的常用等价无穷小:

当 $x\to0$ 时,$\sin x\sim x,\tan x\sim x,\arcsin x\sim x,\arctan x\sim x,1-\cos x\sim\dfrac{x^2}{2},\ln(1+x)\sim x,e^x-1\sim x,(1+x)^\alpha-1\sim\alpha x$.

$x-\sin x\sim\dfrac{1}{6}x^3,x-\arcsin x\sim-\dfrac{1}{6}x^3,x-\tan x\sim-\dfrac{1}{3}x^3,x-\arctan x\sim\dfrac{1}{3}x^3$.

当 $x\to\infty$ 时,可令 $t=\dfrac{1}{x}\to0$,当 $x\to x_0$ 时,可令 $t=x-x_0\to0$.

【例 1.2.21】 极限 $\lim\limits_{x\to+\infty}\dfrac{\cos\dfrac{1}{x}\cdot\left(\sqrt{1+\dfrac{1}{x}\tan^2\dfrac{1}{x}}-1\right)}{\ln(1+x^3)-3\ln x}=$________.

【答案】 $\dfrac{1}{2}$.

【解】 令 $t=\dfrac{1}{x}$,则原式 $=\lim\limits_{t\to0}\dfrac{\cos t\cdot(\sqrt{1+t\tan^2t}-1)}{\ln\left(1+\dfrac{1}{t^3}\right)+\ln t^3}=\lim\limits_{t\to0}\dfrac{\dfrac{1}{2}t\tan^2t}{\ln(1+t^3)}=\dfrac{1}{2}$.

> **评 注**
>
> 当遇到 $x\to\infty$ 的极限时,通常可先作变量代换 $t=\dfrac{1}{x}\to0$.
>
> 例 1.2.21 的解题过程直接利用了无穷小的等价代换,注意当 $x\to0$ 时,$\cos x\to1$.

【例 1.2.22】 设 $x\to0$ 时,$\left(1+\dfrac{x}{2}\right)^{\sin x}-1\sim cx^k$,求常数 c,k 的值.

【解】 当 $x\to0$ 时,$\left(1+\dfrac{x}{2}\right)^{\sin x}-1=e^{\sin x\cdot\ln(1+\frac{x}{2})}-1\sim\sin x\cdot\ln\left(1+\dfrac{x}{2}\right)\sim\dfrac{1}{2}x^2$,所以 $c=\dfrac{1}{2},k=2$.

> **评 注**
>
> 在高等数学中,任何时候运用变换 $u^v=e^{v\ln u}$ 都是有益的.

定理 1.2.15 设 $\lim\alpha=0$,则 $\alpha+o(\alpha)\sim\alpha$.

> **评 注**
>
> 定理 1.2.15 表明:在求极限的过程中,高阶无穷小可去掉. 例如 $x\to0,x^2+x^3\sim x^2$.

【例 1.2.23】(2007①②③) 当 $x\to0^+$ 时,与 $\sqrt{x}$ 等价的无穷小是( ).

(A) $1-e^{\sqrt{x}}$. (B) $\ln\dfrac{1+x}{1-\sqrt{x}}$. (C) $\sqrt{1+\sqrt{x}}-1$. (D) $1-\cos\sqrt{x}$.

【答案】 (B).

【解】 当 $x\to0^+$ 时,$1-e^{\sqrt{x}}\sim-\sqrt{x},\sqrt{1+\sqrt{x}}-1\sim\dfrac{1}{2}\sqrt{x},1-\cos\sqrt{x}\sim\dfrac{1}{2}x$,而 $\ln\dfrac{1+x}{1-\sqrt{x}}=\ln(1+x)-\ln(1-\sqrt{x})$. 由于 $\ln(1+x)\sim x,-\ln(1-\sqrt{x})\sim\sqrt{x}$,所以 $\ln(1+x)$ 是 $-\ln(1-\sqrt{x})$ 的高阶无穷小,故选(B).

注意:当 $x\to0^+$ 时,$x+\sqrt{x}\sim\sqrt{x}$, $\sqrt{x^2+x}\sim\sqrt{x}$,即高阶无穷小可去掉.

常见错误:误认为 $\sqrt{x^2+x}\sim x$. 考生往往把"无穷小的主要部分是低阶无穷小"与"无穷大的主要部分是最高阶"混淆.

【例 1.2.24】　求极限 $\lim\limits_{x\to 0}\dfrac{(\tan x-\sin x)(\sqrt{1-2x}-1)}{(2x^3-x^4)\cdot\arcsin 3x}$.

【解】　原式$=\lim\limits_{x\to 0}\dfrac{\tan x(1-\cos x)\cdot\dfrac{1}{2}(-2x)}{2x^3\cdot 3x}=\left(-\dfrac{1}{6}\right)\lim\limits_{x\to 0}\dfrac{x\cdot\dfrac{x^2}{2}\cdot x}{x^4}=-\dfrac{1}{12}$.

评注

先确定极限存在且不为零的因子，再利用无穷小的等价代换，注意分母中去掉了高阶无穷小(参照定理 1.2.15).

【例 1.2.25】(2025①)　$\lim\limits_{x\to 0^+}\dfrac{x^x-1}{\ln x\cdot\ln(1-x)}=$________.

【答案】　-1.

【解】　$\lim\limits_{x\to 0^+}\dfrac{x^x-1}{\ln x\cdot\ln(1-x)}=\lim\limits_{x\to 0^+}\dfrac{e^{x\ln x}-1}{\ln x\cdot(-x)}=\lim\limits_{x\to 0^+}\dfrac{x\ln x}{\ln x\cdot(-x)}=-1$.

【例 1.2.26】　设$\lim\limits_{x\to 0}\dfrac{1+f(x)}{x^2}=\dfrac{1}{3}$，求极限$\lim\limits_{x\to 0}\dfrac{\tan x+\sin x\cdot f(x)}{x^3}$.

【解】　$\lim\limits_{x\to 0}\dfrac{\tan x+\sin x\cdot f(x)}{x^3}=\lim\limits_{x\to 0}\dfrac{\tan x-\sin x+\sin x+\sin x\cdot f(x)}{x^3}$. 而 $\lim\limits_{x\to 0}\dfrac{\tan x-\sin x}{x^3}=\lim\limits_{x\to 0}\dfrac{\tan x(1-\cos x)}{x^3}=\dfrac{1}{2}$，$\lim\limits_{x\to 0}\dfrac{\sin x+\sin x\cdot f(x)}{x^3}=\dfrac{1}{3}$，所以$\lim\limits_{x\to 0}\dfrac{\tan x+\sin x\cdot f(x)}{x^3}=\dfrac{5}{6}$.

评注

在运用极限运算法则变换 2 时，考生应该注意是否满足使用条件.

一般地，在函数的加、减运算中不要使用无穷小等价代换. 常见错误：用 $\tan x\sim x$，$\sin x\sim x$，将得到错误结论：$\lim\limits_{x\to 0}\dfrac{x+x\cdot f(x)}{x^3}=\dfrac{1}{3}$.

第三节　函数的连续性

一、连续的定义

定义 1.3.1　设函数 $y=f(x)$在点 x_0 的某个邻域内有定义，如果$\lim\limits_{\Delta x\to 0}\Delta y=\lim\limits_{\Delta x\to 0}[f(x_0+\Delta x)-f(x_0)]=0$，则称函数 $f(x)$在点 x_0 处连续.

连续的等价定义：$\lim\limits_{\Delta x\to 0}\Delta y=0\Leftrightarrow\lim\limits_{x\to x_0}f(x)=f(x_0)$.

连续的三个要素：在点 x_0 处有定义、有极限、极限值等于函数值.

【例 1.3.1】(2008②)　设 $f(x)$连续，且$\lim\limits_{x\to 0}\dfrac{1-\cos[xf(x)]}{(e^{x^2}-1)f(x)}=1$，则 $f(0)=$________.

【答案】　2.

【解】　$\lim\limits_{x\to 0}\dfrac{1-\cos[xf(x)]}{(e^{x^2}-1)f(x)}=\lim\limits_{x\to 0}\dfrac{\dfrac{1}{2}[xf(x)]^2}{x^2f(x)}=\dfrac{1}{2}\lim\limits_{x\to 0}f(x)=1$，由于函数 $f(x)$连续，所以 $f(0)=\lim\limits_{x\to 0}f(x)=2$.

评注

已知条件中有连续性，如果要求函数值，可以考虑连续性的定义：$f(x_0)=\lim\limits_{x\to x_0}f(x)$.

定义 1.3.2　如果 $\lim\limits_{\Delta x\to 0^+}\Delta y=0$ 或$\lim\limits_{x\to x_0^+}f(x)=f(x_0)$，则称函数 $f(x)$在点 x_0 处右连续；如果 $\lim\limits_{\Delta x\to 0^-}\Delta y=0$

或$\lim\limits_{x\to x_0^-} f(x)=f(x_0)$,则称函数 $f(x)$在点 x_0 处左连续.

定理 1.3.1 函数在点 x_0 处连续的充分必要条件是函数在点 x_0 处既左连续又右连续.

【例 1.3.2】(2017①②③) 若函数 $f(x)=\begin{cases}\dfrac{1-\cos\sqrt{x}}{ax}, & x>0,\\ b, & x\leqslant 0\end{cases}$ 在 $x=0$ 处连续,则(　　).

(A) $ab=\dfrac{1}{2}$. (B) $ab=-\dfrac{1}{2}$. (C) $ab=0$. (D) $ab=2$.

【答案】(A).

【解】$\lim\limits_{x\to0^+}f(x)=\lim\limits_{x\to0^+}\dfrac{1-\cos\sqrt{x}}{ax}=\lim\limits_{x\to0^+}\dfrac{\frac{1}{2}x}{ax}=b$,所以 $ab=\dfrac{1}{2}$.

【例 1.3.3】若 $f(x)=\begin{cases}\dfrac{\sin2x+e^{2ax}-1}{x}, & x\neq0\\ a, & x=0\end{cases}$,在$(-\infty,+\infty)$上连续,则 $a=$________.

【答案】 -2

【解】 因为 $f(x)$在$(-\infty,+\infty)$上连续,所以在 $x=0$ 处也连续,则有$\lim\limits_{x\to0}f(x)=f(0)$,所以

$$\begin{aligned}\lim_{x\to0}\frac{\sin2x+e^{2ax}-1}{x}&=\lim_{x\to0}\left(\frac{\sin2x}{x}+\frac{e^{2ax}-1}{x}\right)\\&=\lim_{x\to0}\frac{2x}{x}+\lim_{x\to0}\frac{2ax}{x}=2+2a=a,\end{aligned}$$

从而有 $a=-2$.

二、初等函数的连续性

定义 1.3.3 如果$\forall x_0\in(a,b)$,函数 $f(x)$在点 x_0 处连续,则称函数 $f(x)$在(a,b)内连续,如果函数 $f(x)$在(a,b)内连续且在 $x=a$ 处右连续,在 $x=b$ 处左连续,则称函数在$[a,b]$上连续.

定理 1.3.2 设函数 $f(x)$,$g(x)$在点 x_0 处连续,c 为常数,则下列函数在点 x_0 处连续:

$f(x)+g(x)$, $cf(x)$, $f(x)\cdot g(x)$, $\dfrac{f(x)}{g(x)}(g(x_0)\neq0)$.

定理 1.3.3 设函数 $\varphi(x)$在点 x_0 处连续,而函数 $f(u)$在对应点 $u_0(u_0=\varphi(x_0))$处连续,则复合函数 $f[\varphi(x)]$在点 x_0 处连续.

定理 1.3.4 设函数 $f(x)$在区间 I 上单调增加(或单调减少)且连续,则它的反函数 $x=f^{-1}(y)$在对应的区间 $J=\{y|y=f(x),x\in I\}$上单调增加(或单调减少)且连续.

结论:一切初等函数在定义区间内连续.

注意:函数的定义区间与定义域是有差别的. $f(x)=\dfrac{1}{x}$的定义区间是$(-\infty,0)\cup(0,+\infty)$,所以函数在$(-\infty,0)\cup(0,+\infty)$内连续. $f(x)=\sqrt{1-x^2}+\sqrt{x^2-1}$的定义域是$\{-1\}\cup\{1\}$,而函数在 $x=\pm1$ 处不连续.

【例 1.3.4】 求极限$\lim\limits_{x\to2}\ln\left[\sin\dfrac{\pi}{x}+e^{\cos(x-2)}\right]$.

【解】 由于 $x=2$ 是初等函数的连续点,所以$\lim\limits_{x\to2}\ln\left[\sin\dfrac{\pi}{x}+e^{\cos(x-2)}\right]=\ln\left(\sin\dfrac{\pi}{2}+e^{\cos0}\right)=\ln(1+e)$.

评注

初等函数的连续性应该用极限的定义加以证明,而考研一般不要求用极限定义来证明结果,所以可以作为结论直接使用.

三、间断点的类型

左右极限均存在且相等的间断点称为可去间断点，此时可补充定义使函数连续；左右极限均存在但不相等的间断点称为跳跃间断点；如果左右极限都不存在且为无穷，则称为无穷间断点；如果左右极限都不存在且极限为振荡形式，则称为振荡间断点.

左右极限均存在的间断点称为第一类间断点，包括可去间断点和跳跃间断点；其余间断点称为第二类间断点，常见形式有无穷间断点、振荡间断点及它们的组合.

【例 1.3.5】(2010②)　函数 $f(x)=\dfrac{x^2-x}{x^2-1}\sqrt{1+\dfrac{1}{x^2}}$ 的无穷间断点的个数为(　　).

(A)0.　　　(B)1.　　　(C)2.　　　(D)3.

【答案】 (B).

【解】 函数 $f(x)$ 无定义的点为 $x=0,x=\pm1$，其中 $\lim\limits_{x\to0}\dfrac{x^2-x}{x^2-1}\sqrt{1+\dfrac{1}{x^2}}=\lim\limits_{x\to0}\dfrac{x^2-x}{x^2-1}\cdot\dfrac{1}{|x|}\sqrt{x^2+1}=\lim\limits_{x\to0}\dfrac{x}{|x|}$，$\lim\limits_{x\to1}\dfrac{x^2-x}{x^2-1}\sqrt{1+\dfrac{1}{x^2}}=\dfrac{\sqrt{2}}{2}$，$\lim\limits_{x\to-1}\dfrac{x^2-x}{x^2-1}\sqrt{1+\dfrac{1}{x^2}}=\infty$，所以 $x=0$ 为第一类(跳跃)间断点，$x=1$ 为第一类(可去)间断点，只有 $x=-1$ 是无穷间断点，应选(B).

评注

常见错误：把 $x=0$ 也作为无穷间断点，主要错误原因是没有仔细分析.

【例 1.3.6】 求下列函数的间断点并判断其间断点的类型：

(1) $f(x)=\dfrac{\cos\frac{\pi}{2}x}{x(x-1)}$；　　(2) $f(x)=\exp\left\{\dfrac{1}{x(x+1)^2}\right\}$.

【解】 (1) $\lim\limits_{x\to0}\dfrac{\cos\frac{\pi}{2}x}{x(x-1)}=\infty$，而 $\lim\limits_{x\to1}\dfrac{\cos\frac{\pi}{2}x}{x(x-1)}=\lim\limits_{x\to1}\dfrac{\sin\left(\frac{\pi}{2}-\frac{\pi}{2}x\right)}{x-1}=-\dfrac{\pi}{2}$，所以 $x=0$ 为第二类间断点，$x=1$ 为第一类间断点.

(2) $\lim\limits_{x\to0^+}\exp\left\{\dfrac{1}{x(x+1)^2}\right\}=+\infty$，而 $\lim\limits_{x\to-1}e^{\frac{1}{x(x+1)^2}}=0$，所以 $x=0$ 为第二类间断点，$x=-1$ 为第一类间断点.

评注

在题目没有给出具体要求时，考生只需回答间断点属于第一类还是第二类即可.

四、闭区间连续函数的性质

定理 1.3.5（最大值最小值定理） 闭区间上的连续函数必能够取得最大值、最小值.

推论 1 闭区间上的连续函数必定是该区间上的有界函数.

推论 2 $f(x)$ 在 (a,b) 连续，且 $\lim\limits_{x\to a^+}f(x)$，$\lim\limits_{x\to b^-}f(x)$ 存在，则 $f(x)$ 在 (a,b) 有界.

定理 1.3.6（介值定理） 闭区间上的连续函数必能够取得介于端点值之间的任何值.

定理 1.3.7（零值定理） 设函数 $f(x)$ 在 $[a,b]$ 上连续，且 $f(a)\cdot f(b)<0$，则 $\exists\xi\in(a,b)$，使得 $f(\xi)=0$.

注意：定理 1.3.6 与定理 1.3.7 是等价定理.

推论 1.3.1 闭区间上的连续函数必能够取得介于最大值与最小值之间的任何值.

推论 1.3.2 设函数 $f(x)$ 在 $[a,b]$ 上连续，且 $f(a)\cdot f(b)\leqslant0$，则 $\exists\xi\in[a,b]$，使得 $f(\xi)=0$.

评注

闭区间连续函数性质的证明超出高等数学的考试大纲,这里主要要求考生掌握这些性质的应用.

【例 1.3.7】 设函数 $f(x)$ 在 $[a,b]$ 上连续,$f(a)=f(b)$.

证明:$\exists \xi\in[a,b]$,使得 $f(\xi)=f\left(\xi+\frac{b-a}{2}\right)$.

【证明】 作函数 $F(x)=f(x)-f\left(x+\frac{b-a}{2}\right)$,显然 $F(x)$ 在 $\left[a,\frac{a+b}{2}\right]$ 上连续,$F(a)=f(a)-f\left(\frac{a+b}{2}\right)$,$F\left(\frac{a+b}{2}\right)=f\left(\frac{a+b}{2}\right)-f(b)$.由于 $f(a)=f(b)$,所以 $F(a)\cdot F\left(\frac{a+b}{2}\right)\leqslant 0$,所以 $\exists \xi\in[a,b]$,使得 $F(\xi)=0$,即 $f(\xi)=f\left(\xi+\frac{b-a}{2}\right)$.

评注

$f\left(x+\frac{b-a}{2}\right)$ 的定义域为 $\left[a-\frac{b-a}{2},\frac{a+b}{2}\right]$,直接应用推论 1.3.2 即可证得结论成立.

常见错误:没有考虑 $F(x)$ 的定义域.

【例 1.3.8】 设函数 $f(x)$ 在 $[a,b]$ 上连续,$a<x_1<x_2<\cdots<x_n<b$.

证明:$\exists \xi\in(a,b)$,使得 $f(\xi)=\frac{f(x_1)+f(x_2)+\cdots+f(x_n)}{n}$.

【证明】 $f(x)$ 在 $[x_1,x_n]$ 上连续,存在最大值 M 和最小值 m,使得 $m\leqslant f(x)\leqslant M$,所以 $m\leqslant \frac{f(x_1)+f(x_2)+\cdots+f(x_n)}{n}\leqslant M$.由推论 1.3.1 知,$\exists \xi\in[x_1,x_n]\subset(a,b)$,使得 $f(\xi)=\frac{f(x_1)+f(x_2)+\cdots+f(x_n)}{n}$.

评注

考生可将此题作为常用结论记住,并在考研中直接使用,一般出现几个函数值相加的时候,可考虑介值定理.

常见错误:直接在 $[a,b]$ 上讨论 $f(x)$,只能得到 $\xi\in[a,b]$.

重要公式结论与方法技巧

1. 函数定义域的五种基本类型:

$\frac{1}{y}$,$y\neq 0$;$\sqrt{y}$,$y\geqslant 0$;$\log_a y$,$y>0$;$\arcsin y$,$|y|\leqslant 1$;$\arccos y$,$|y|\leqslant 1$.

2. 特殊的奇函数:$\ln(x+\sqrt{x^2+1})$;$\frac{a^x-1}{a^x+1}$;$\ln\frac{1-x}{1+x}$.

3. 常用有界函数:$|\sin x|\leqslant 1$;$|\cos x|\leqslant 1$;$|\arctan x|<\frac{\pi}{2}$.

4. 设函数 $f(x)$ 的周期为 T,则函数 $f(ax+b)(a\neq 0)$ 的周期为 $\frac{T}{|a|}$.

5. 极限的四则运算法则:

设 $\lim u=A$,$\lim v=B$,则 $\lim(u\pm v)=A\pm B$,$\lim(u\cdot v)=A\cdot B$,$\lim\frac{u}{v}=\frac{A}{B}(B\neq 0)$.

极限运算法则变化 1 设 $\lim v=b\neq 0$,则 $\lim(u\cdot v)=b\cdot\lim u$.

极限运算法则变化 2 设 $\lim v=b$,则 $\lim(u+v)=\lim u+b$.

6. $\lim\limits_{x\to+\infty}\dfrac{a_0x^k+a_1x^{k-1}+\cdots+a_{k-1}x+a_k}{b_0x^m+b_1x^{m-1}+\cdots+b_{m-1}x+b_m}=\begin{cases}\dfrac{a_0}{b_0}, & k=m,\\ 0, & k<m,\\ \infty, & k>m.\end{cases}$

$\lim\limits_{n\to\infty}\dfrac{a_0n^k+a_1n^{k-1}+\cdots+a_{k-1}n+a_k}{b_0n^m+b_1n^{m-1}+\cdots+b_{m-1}n+b_m}=\begin{cases}\dfrac{a_0}{b_0}, & k=m,\\ 0, & k<m,\\ \infty, & k>m.\end{cases}$

7. 两个重要极限：$\lim\limits_{x\to0}\dfrac{\sin x}{x}=1$；$\lim\limits_{x\to\infty}\left(1+\dfrac{1}{x}\right)^x=\mathrm{e}$.

推广：$\dfrac{\sin o}{o}\to1$，$\dfrac{\tan o}{o}\to1(o\to0)$；$\left(1+\dfrac{1}{\infty}\right)^{\infty}\to\mathrm{e}$，$\lim\limits_{x\to0}(1+x)^{\frac{1}{x}}=\mathrm{e}$，$(1+0)^{\infty}\to\mathrm{e}^{0\cdot\infty}$.

8. 设 $\lim f(x)=1$，$\lim g(x)=\infty$，则 $\lim[f(x)]^{g(x)}=\lim[1+(f(x)-1)]^{g(x)}=\mathrm{e}^{\lim[f(x)-1]\cdot g(x)}$.

9. 常用无穷小等价代换：

当 $x\to0$ 时：$\sin x\sim x$，$\tan x\sim x$，$\arcsin x\sim x$，$\arctan x\sim x$，$1-\cos x\sim\dfrac{x^2}{2}$，$\mathrm{e}^x-1\sim x$，$\ln(1+x)\sim x$，$(1+x)^{\alpha}-1\sim\alpha x$.

10. 无穷小的特殊性质：无穷小乘以有界量仍为无穷小.

11. 设函数 $f(x)$ 在 $[a,b]$ 上连续，$a<x_1<x_2<\cdots<x_n<b$，则 $\exists\,\xi\in(a,b)$，使得

$$f(\xi)=\frac{f(x_1)+f(x_2)+\cdots+f(x_n)}{n}.$$

12. 证明函数有界的两种主要方法：有极限有界(或局部有界)，闭区间连续有界.

13. 求极限方法阶段小结：

1）极限运算法则；

2）连续函数的定义；

3）初等方法消去零因子(分解因式、分子分母有理化)；

4）初等方法消去无穷因子(比较分子、分母中的最高次数)；

5）无穷小的等价代换；

6）无穷小的特殊性质：无穷小乘以有界量仍为无穷小；

7）当初等方法求 n 项和式的极限遇到困难时，可适当放大及缩小后利用夹逼准则求极限.

常见误区警示

1. 当 $a>1$ 时，$a^{+\infty}=+\infty$，$a^{-\infty}=0$.

常见误区：误认为 $a^{\infty}=\infty$.

变化形式：

$\lim\limits_{x\to0^+}a^{\frac{1}{x}}=+\infty$，$\lim\limits_{x\to0^-}a^{\frac{1}{x}}=0(a>1)$；$\arctan(+\infty)=\dfrac{\pi}{2}$，$\arctan(-\infty)=-\dfrac{\pi}{2}$；

$\lim\limits_{x\to0^+}\arctan\dfrac{1}{x}=\dfrac{\pi}{2}$，$\lim\limits_{x\to0^-}\arctan\dfrac{1}{x}=-\dfrac{\pi}{2}$.

2. $\lim\limits_{x\to0}x\cdot\sin\dfrac{1}{x}=0$.

常见误区：误认为 $\lim\limits_{x\to0}x\cdot\sin\dfrac{1}{x}=1$.

注意比较：$\lim\limits_{x\to0}x\cdot\sin\dfrac{1}{x}=0$，$\lim\limits_{x\to\infty}x\cdot\sin\dfrac{1}{x}=1$，前者为无穷小的性质，而后者为重要极限.

3. 在进行加、减运算时,最好不要进行无穷小的等价代换,详见例 1.2.26 的评注.

4. 当 $x\to 0$ 时,$x+x^2\sim x$.

常见错误:误认为 $\sqrt{x^2+x}\sim x$.

详见例 1.2.23 的注意.

本章同步练习

一、单项选择题

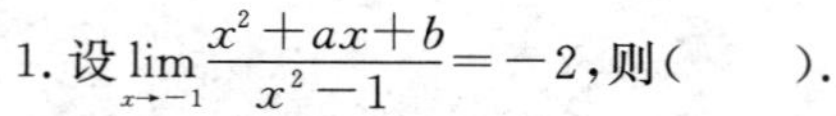

1. 设 $\lim\limits_{x\to -1}\dfrac{x^2+ax+b}{x^2-1}=-2$,则(　　).

(A) $a=-2,b=-3$.　　(B) $a=-3,b=-2$.

(C) $a=5,b=6$.　　(D) $a=6,b=5$.

2. 设 $\lim\limits_{x\to +\infty}(2x-\sqrt{ax^2-bx+1})=3$,则常数 a,b 的值为(　　).

(A) $a=4,b=-12$.　　(B) $a=4,b=12$.

(C) $a=-4,b=12$.　　(D) $a=-4,b=-12$.

3. 当 $x\to 0^+$ 时,与 $1-\cos\sqrt{x}$ 等价的无穷小为(　　).

(A) $\sin x$.　　(B) $\sqrt{1+x}-1$.　　(C) $\ln(1+2x)$.　　(D) $e^{-2x}-1$.

4. 极限 $\lim\limits_{x\to\infty}\left(\dfrac{2}{x^2}+\cos\dfrac{1}{x}\right)^{x^2}=$(　　).

(A) 1.　　(B) e.　　(C) $e^{\frac{3}{2}}$.　　(D) e^2.

5. (2014[②]) 当 $x\to 0^+$ 时,若 $\ln^{\alpha}(1+2x)$,$(1-\cos x)^{\frac{1}{\alpha}}$ 均是比 x 高阶的无穷小,则 α 的取值范围是(　　).

(A) $(2,+\infty)$.　　(B) $(1,2)$.　　(C) $\left(\dfrac{1}{2},1\right)$.　　(D) $\left(0,\dfrac{1}{2}\right)$.

6. 设 $f(x)=\begin{cases}\dfrac{\ln(1-ax)}{x}, & x>0,\\ 3, & x=0,\\ b\arctan\dfrac{1}{x}, & x<0\end{cases}$ 连续,则常数 a,b 的值为(　　).

(A) $a=3,b=3$.　　(B) $a=3,b=\dfrac{6}{\pi}$.　　(C) $a=-3,b=-\dfrac{6}{\pi}$.　　(D) $a=-3,b=\dfrac{6}{\pi}$.

7. (2013[③]) 函数 $f(x)=\dfrac{|x|^x-1}{x(x+1)\ln|x|}$ 的可去间断点的个数为(　　).

(A) 0.　　(B) 1.　　(C) 2.　　(D) 3.

二、填空题

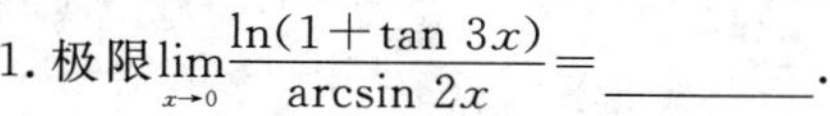

1. 极限 $\lim\limits_{x\to 0}\dfrac{\ln(1+\tan 3x)}{\arcsin 2x}=$ ________.

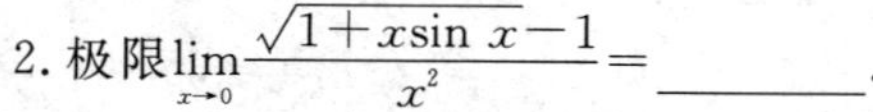

2. 极限 $\lim\limits_{x\to 0}\dfrac{\sqrt{1+x\sin x}-1}{x^2}=$ ________.

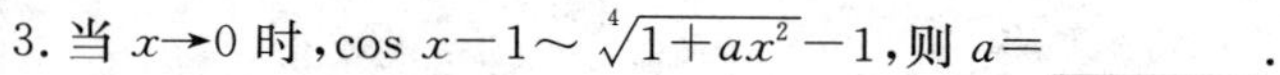

3. 当 $x\to 0$ 时,$\cos x-1\sim\sqrt[4]{1+ax^2}-1$,则 $a=$ ________.

4. 极限 $\lim\limits_{x\to 0}\dfrac{e^x-e^{\sin x}}{x-\sin x}=$ ________.

三、解答题

1. 设函数 $f(x)=\begin{cases}x^2, & x<0,\\ -2x, & x\geqslant 0,\end{cases}$ $g(x)=\begin{cases}2-x, & x>0,\\ x+2, & x\leqslant 0,\end{cases}$ 求 $f[g(x)]$, $g[f(x)]$.

2. 求极限 $\lim\limits_{n\to\infty}\left(\dfrac{1}{\sqrt{n^2+1}}+\dfrac{1}{\sqrt{n^2+2}}+\cdots+\dfrac{1}{\sqrt{n^2+n}}\right)$.

3. 已知 $x\to 0$ 时，$f(x)$ 是比 x 高阶的无穷小，且 $\lim\limits_{x\to 0}\dfrac{\ln\left[1+\dfrac{f(x)}{\tan 3x}\right]}{2^x-1}=2$，求极限 $\lim\limits_{x\to 0}\dfrac{f(x)}{x^2}$.

4. 设 $f(x)=\begin{cases}\dfrac{\sin(x^2+x-2)}{x^2-1}, & x>1,\\ a, & x=1,\\ \dfrac{1+b}{1+2^{\frac{1}{x-1}}}, & x<1\end{cases}$ 连续，求常数 a,b 的值.

5. 设函数 $f(x)$ 在 $[0,1]$ 上连续且满足 $0<f(x)<1$，证明：存在 $\xi\in(0,1)$ 使得 $f(\xi)=\xi$.

6. 设函数 $f(x)$ 在 $[0,1]$ 上连续，$f(0)=f(1)$. 证明：$\exists\,\xi\in(0,1)$，使得 $f(\xi)=f\left(\xi+\dfrac{1}{4}\right)$.

本章同步练习答案解析

一、单项选择题

1. (D).

设 $x^2+ax+b=(x+1)(x+c)$，则 $\lim\limits_{x\to -1}\dfrac{x^2+ax+b}{x^2-1}=\lim\limits_{x\to -1}\dfrac{x+c}{x-1}=-\dfrac{c-1}{2}$，所以 $-\dfrac{c-1}{2}=-2\Rightarrow c=5$，$(x+1)(x+5)=x^2+6x+5$，选(D).

2. (B).

$2x-\sqrt{ax^2-bx+1}=\dfrac{4x^2-(ax^2-bx+1)}{2x+\sqrt{ax^2-bx+1}}$，由于极限式的分母的变量的最高次数是一次的，故分子的最高次数只能是一次的，得 $a=4$，由 $\lim\limits_{x\to+\infty}(2x-\sqrt{ax^2-bx+1})=3$，比较分子、分母的最高次项系数得 $\dfrac{b}{2+\sqrt{a}}=3$，故 $b=12$，选(B).

3. (B).

当 $x\to 0^+$ 时，$1-\cos\sqrt{x}\sim\dfrac{1}{2}(\sqrt{x})^2=\dfrac{1}{2}x$，而 $\sin x\sim x$，$\sqrt{1+x}-1\sim\dfrac{1}{2}x$，$\ln(1+2x)\sim 2x$，$e^{-2x}-1\sim -2x$，选(B).

4. (C).

$\lim\limits_{x\to\infty}\left(\dfrac{2}{x^2}+\cos\dfrac{1}{x}\right)^{x^2}=\lim\limits_{x\to\infty}\left[1+\left(\dfrac{2}{x^2}+\cos\dfrac{1}{x}-1\right)\right]^{x^2}=e^{\lim\limits_{x\to\infty}\left(\frac{2}{x^2}+\cos\frac{1}{x}-1\right)\cdot x^2}=e^{\frac{3}{2}}$，选(C).

5. (B).

当 $x\to 0^+$ 时，$\ln^{\alpha}(1+2x)\sim(2x)^{\alpha}$，$(1-\cos x)^{\frac{1}{\alpha}}\sim\left(\dfrac{1}{2}x^2\right)^{\frac{1}{\alpha}}$，所以 $\alpha>1$，$\dfrac{2}{\alpha}>1$，选(B).

6. (C).

$\lim\limits_{x\to 0^+}\dfrac{\ln(1-ax)}{x}=-a$ 且 $\lim\limits_{x\to 0^-}b\arctan\dfrac{1}{x}=-\dfrac{\pi}{2}b$，故 $a=-3$，$b=-\dfrac{6}{\pi}$.

注意：$\lim\limits_{x\to 0^-}\arctan\dfrac{1}{x}=-\dfrac{\pi}{2}$，选(C).

7. (C).

注意到 $|x|^x-1=e^{x\ln|x|}-1$，当 $x\to 0$ 时，$e^x-1\sim x$，

$$\lim_{x\to-1}\frac{|x|^x-1}{x(x+1)\ln|x|}=\lim_{x\to-1}\frac{e^{x\ln|x|}-1}{x(x+1)\ln|x|}=-\lim_{x\to-1}\frac{x\ln|x|}{(x+1)\ln|x|}=\infty,$$

$$\lim_{x\to1}\frac{|x|^x-1}{x(x+1)\ln|x|}=\lim_{x\to1}\frac{x\ln|x|}{x(x+1)\ln|x|}=\frac{1}{2},$$

$$\lim_{x\to0}\frac{|x|^x-1}{x(x+1)\ln|x|}=\lim_{x\to0}\frac{x\ln|x|}{x(x+1)\ln|x|}=1,$$

所以 $x=1,x=0$ 是可去间断点,选(C).

二、填空题

1. $\frac{3}{2}$.

因为 $x\to0$ 时,$\ln(1+x)\sim x,\tan x\sim x,\arcsin x\sim x$,所以 $\lim\limits_{x\to0}\frac{\ln(1+\tan 3x)}{\arcsin 2x}=\lim\limits_{x\to0}\frac{\tan 3x}{2x}=\frac{3}{2}$.

2. $\frac{1}{2}$.

因为 $x\to0$ 时,$\sin x\sim x,\sqrt{1+x}-1\sim\frac{1}{2}x$,所以 $\lim\limits_{x\to0}\frac{\sqrt{1+x\sin x}-1}{x^2}=\lim\limits_{x\to0}\frac{\frac{1}{2}x\sin x}{x^2}=\frac{1}{2}$.

3. -2.

当 $x\to0$ 时,$\cos x-1\sim-\frac{1}{2}x^2$,$\sqrt[4]{1+ax^2}-1\sim\frac{1}{4}ax^2$,所以 $a=-2$.

4. 1.

当 $x\to0$ 时,$e^x-1\sim x$,$\lim\limits_{x\to0}\frac{e^x-e^{\sin x}}{x-\sin x}=\lim\limits_{x\to0}\frac{e^{\sin x}(e^{x-\sin x}-1)}{x-\sin x}=1$.

三、解答题

1. 解:$f[g(x)]=\begin{cases}[g(x)]^2, & g(x)<0\\ -2g(x), & g(x)\geqslant0\end{cases}=\begin{cases}(2-x)^2, & x>2,\\ -2(2-x), & 0<x\leqslant2,\\ -2(x+2), & -2\leqslant x\leqslant0,\\ (x+2)^2, & x<-2.\end{cases}$

$g[f(x)]=\begin{cases}2-f(x), & f(x)>0\\ f(x)+2, & f(x)\leqslant0\end{cases}=\begin{cases}-2x+2, & x\geqslant0,\\ 2-x^2, & x<0.\end{cases}$

2. 解:由夹逼准则 $\frac{n}{\sqrt{n^2+n}}<\frac{1}{\sqrt{n^2+1}}+\frac{1}{\sqrt{n^2+2}}+\cdots+\frac{1}{\sqrt{n^2+n}}<\frac{n}{\sqrt{n^2+1}}$,而 $\lim\limits_{n\to\infty}\frac{n}{\sqrt{n^2+n}}=1$ 且 $\lim\limits_{n\to\infty}\frac{n}{\sqrt{n^2+1}}=1$,所以原式$=1$.

3. 解:$\lim\limits_{x\to0}\frac{\ln\left[1+\frac{f(x)}{\tan 3x}\right]}{2^x-1}=\lim\limits_{x\to0}\frac{\frac{f(x)}{\tan 3x}}{x\ln 2}=\frac{1}{3\ln 2}\lim\limits_{x\to0}\frac{f(x)}{x^2}=2$,所以 $\lim\limits_{x\to0}\frac{f(x)}{x^2}=6\ln 2$.

4. 解:$\lim\limits_{x\to1^+}f(x)=\lim\limits_{x\to1^+}\frac{\sin(x^2+x-2)}{x^2-1}=\lim\limits_{x\to1^+}\frac{(x-1)(x+2)}{(x-1)(x+1)}=\frac{3}{2}$,所以 $a=\frac{3}{2}$,$\lim\limits_{x\to1^-}f(x)=\lim\limits_{x\to1^-}\frac{1+b}{1+2^{\frac{1}{x-1}}}=1+b$,$1+b=a$,所以 $b=\frac{1}{2}$.

5. 证明:设函数 $F(x)=f(x)-x$,则 $F(x)$ 在 $[0,1]$ 上连续,$F(0)=f(0)>0$,$F(1)=f(1)-1<0$,所以 $\exists\xi\in(0,1)$,使得 $F(\xi)=0$,即 $f(\xi)=\xi$.

6. 证明:作函数 $F(x)=f(x)-f\left(x+\frac{1}{4}\right)$,则 $F(x)$ 在区间 $\left[0,\frac{3}{4}\right]$ 上连续,又 $F(0)=f(0)-f\left(\frac{1}{4}\right)$,$F\left(\frac{3}{4}\right)=f\left(\frac{3}{4}\right)-f(1)$,考虑 $F\left(\frac{1}{4}\right)=f\left(\frac{1}{4}\right)-f\left(\frac{1}{2}\right)$,$F\left(\frac{1}{2}\right)=f\left(\frac{1}{2}\right)-f\left(\frac{3}{4}\right)$,得到 $F(0)+F\left(\frac{3}{4}\right)+F\left(\frac{1}{4}\right)+F\left(\frac{1}{2}\right)=f(0)-f(1)=0$. 若 $F(0)=F\left(\frac{3}{4}\right)=F\left(\frac{1}{4}\right)=F\left(\frac{1}{2}\right)=0$,取 $\xi=\frac{1}{2}\in(0,1)$ 即可;若 $F(0)$,

$F\left(\frac{3}{4}\right)$，$F\left(\frac{1}{4}\right)$，$F\left(\frac{1}{2}\right)$全部不为零，则至少有两项异号，不妨设 $F(0)\cdot F\left(\frac{1}{2}\right)<0$，则由零值定理得：$\exists\xi\in\left(0,\frac{1}{2}\right)$，使得 $F(\xi)=0$，即 $f(\xi)=f\left(\xi+\frac{1}{4}\right)$，证毕.

第二章　一元函数微分学

名师解码

本章概要

复习导语

高等数学的主体由微分学和积分学组成,具体分为一元微积分与多元微积分.一元函数微分学是微分学的基础,它的基本概念是导数与微分,学好这部分内容非常重要,因为这是学习高等数学必须掌握的基本知识.这部分内容有很多导数计算公式和计算方法,需要大量练习加以巩固和提高.这一部分内容在历年考研试题中都占有相当大的比例,每年都以客观题(选择题、填空题)的形式考查,只是具体考查的知识点会有一些变化;在解答题中也时常出现.因此,这部分内容非常关键,考生必须重视!

中值定理是高等数学的又一个难点,也是考研经常涉及的内容,常以证明题的形式出现,是复习的重点.对于基础比较薄弱的考生,建议在基础阶段先了解定理的思想、作用,而不要在中值定理的证明题部分花费太多时间,应先把运算能力大幅提高,待基础扎实后再进一步、深入提高.考研试题中最常出现的另一种证明题型——不等式证明是本章中导数应用的一部分,导数应用包括单调性、极值、凹凸性、拐点、曲线的渐近线等.微分学的基础知识是考研常考的内容,是基础复习阶段必须掌握的知识点,许多考研中的难题——综合题都含有与这部分相关的知识点.

知识结构图

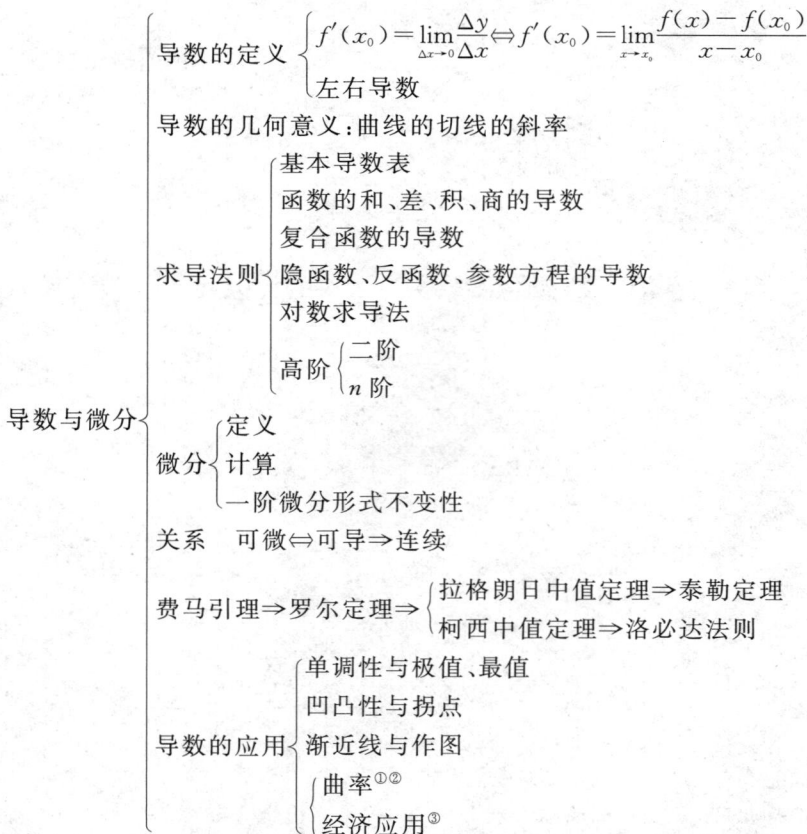

- 导数与微分
  - 导数的定义
    - $f'(x_0)=\lim\limits_{\Delta x\to 0}\dfrac{\Delta y}{\Delta x}\Leftrightarrow f'(x_0)=\lim\limits_{x\to x_0}\dfrac{f(x)-f(x_0)}{x-x_0}$
    - 左右导数
  - 导数的几何意义:曲线的切线的斜率
  - 求导法则
    - 基本导数表
    - 函数的和、差、积、商的导数
    - 复合函数的导数
    - 隐函数、反函数、参数方程的导数
    - 对数求导法
    - 高阶
      - 二阶
      - n 阶
  - 微分
    - 定义
    - 计算
    - 一阶微分形式不变性
  - 关系　可微$\Leftrightarrow$可导$\Rightarrow$连续
  - 费马引理$\Rightarrow$罗尔定理$\Rightarrow$
    - 拉格朗日中值定理$\Rightarrow$泰勒定理
    - 柯西中值定理$\Rightarrow$洛必达法则
  - 导数的应用
    - 单调性与极值、最值
    - 凹凸性与拐点
    - 渐近线与作图
    - 曲率[①②]
    - 经济应用[③]

复习目标

1. 理解导数和微分的概念[①②]（了解微分的概念[③]），理解导数与微分的关系，理解导数的几何意义，会求平面曲线的切线方程和法线方程，了解导数的物理意义[①②]，会用导数描述一些物理量[①②]，了解导数的几何意义与经济意义（含边际与弹性的概念）[③]，理解函数的可导性与连续性之间的关系.

2. 掌握导数的四则运算法则和复合函数的求导法则，掌握基本初等函数的导数公式，了解微分的四则运算法则和一阶微分形式的不变性，会求函数的微分.

3. 了解高阶导数的概念，会求简单函数的高阶导数.

4. 会求分段函数的导数，会求隐函数和由参数方程所确定的函数[①②]以及反函数的导数.

5. 理解并会用罗尔（Rolle）定理、拉格朗日（Lagrange）中值定理和泰勒（Taylor）定理[①②]（了解泰勒定理[③]），了解并会用柯西（Cauchy）中值定理.

6. 掌握用洛必达法则求未定式极限的方法.

7. 理解函数的极值概念，掌握用导数判断函数的单调性和求函数极值的方法，掌握函数最大值和最小值的求法及其应用.

8. 会用导数判断函数图形的凹凸性（注：设函数 $f(x)$ 在区间 (a,b) 内具有二阶导数. 当 $f''(x)>0$ 时，$f(x)$ 的图形是凹的；当 $f''(x)<0$ 时，$f(x)$ 的图形是凸的），会求函数图形的拐点以及水平、铅直和斜渐近线，会描绘函数的图形[①②]（简单函数的图形[③]）.

9. 了解曲率、曲率圆和曲率半径的概念，会计算曲率和曲率半径[①②].

考查要点详解

第一节　导数的概念

一、导数的定义

定义 2.1.1　设函数 $f(x)$ 在 $U(x_0,\delta)$ 内有定义，当自变量在 x_0 处有增量 Δx 时，相应的函数增量为 $\Delta y=f(x_0+\Delta x)-f(x_0)$，如果极限 $\lim\limits_{\Delta x\to 0}\dfrac{\Delta y}{\Delta x}=\lim\limits_{\Delta x\to 0}\dfrac{f(x_0+\Delta x)-f(x_0)}{\Delta x}$ 存在，则称此极限值为函数 $f(x)$ 在点 x_0 处的导数，记作 $f'(x_0)$，即 $f'(x_0)=\lim\limits_{\Delta x\to 0}\dfrac{f(x_0+\Delta x)-f(x_0)}{\Delta x}$. 导数也可记作 $y'\big|_{x=x_0}$，$\dfrac{\mathrm{d}y}{\mathrm{d}x}\Big|_{x=x_0}$，$\dfrac{\mathrm{d}f(x)}{\mathrm{d}x}\Big|_{x=x_0}$.

导数的等价定义式：$f'(x_0)=\lim\limits_{x\to x_0}\dfrac{f(x)-f(x_0)}{x-x_0}$.

【例 2.1.1】　求函数 $f(x)=x^3$ 在 $x_0=1$ 处的导数.

【解】　$f'(1)=\lim\limits_{\Delta x\to 0}\dfrac{(1+\Delta x)^3-1}{\Delta x}=\lim\limits_{\Delta x\to 0}\dfrac{3\Delta x+3(\Delta x)^2+(\Delta x)^3}{\Delta x}=3$，

或
$$f'(1)=\lim_{x\to 1}\frac{x^3-1}{x-1}=\lim_{x\to 1}\frac{(x-1)(x^2+x+1)}{x-1}=3.$$

评注

对于具体函数，往往用导数的等价定义来求导数，导数的定义及用导数定义求导是难点，希望考生在基础复习时引起重视！在学习了求导公式后，考生可直接使用导数公式计算导数.

【例 2.1.2】　设 $f(x)=x(x+1)(x+2)\cdot\cdots\cdot(x+n)$，则 $f'(0)=$________.

【答案】　$n!$.

【解】 利用函数导数的概念求解,即

$$f'(0)=\lim_{x\to0}\frac{f(x)-f(0)}{x}=\lim_{x\to0}\frac{x(x+1)(x+2)\cdot\cdots\cdot(x+n)-0}{x}$$
$$=\lim_{x\to0}(x+1)(x+2)\cdot\cdots\cdot(x+n)=1\cdot2\cdot\cdots\cdot n=n!.$$

【例 2.1.3】 设函数 $f(x)$连续,且$\lim\limits_{x\to1}\dfrac{f(3-2x)-f(1)}{x-1}=3$,求$f'(1)$.

【解】 记 $\Delta x=x-1$,则原式$=\lim\limits_{\Delta x\to0}\dfrac{f(1-2\Delta x)-f(1)}{\Delta x}=-2f'(1)$,所以 $f'(1)=-\dfrac{3}{2}$.

【例 2.1.4】 设 $f'(x_0)$存在,则极限$\lim\limits_{h\to0}\dfrac{f(x_0+\alpha h)-f(x_0+\beta h)}{h}=$________.

【答案】 $(\alpha-\beta)f'(x_0)$.

【解】 原式$=\lim\limits_{h\to0}\dfrac{f(x_0+\alpha h)-f(x_0)+f(x_0)-f(x_0+\beta h)}{h}=(\alpha-\beta)f'(x_0)$.

评 注

例 2.1.4 的结论可以作为常用公式直接使用,但要注意反之结论不成立.

例如,$f(x)=\begin{cases}x\sin\dfrac{1}{x}, & x\neq0,\\ 0, & x=0,\end{cases}$ 由于$\lim\limits_{x\to0}x\sin\dfrac{1}{x}=0$,所以函数在$x=0$处连续,

而$\lim\limits_{x\to0}\dfrac{f(x)-f(0)}{x-0}=\lim\limits_{x\to0}\sin\dfrac{1}{x}$不存在,函数 $f(x)$在 $x=0$ 处不可导,而极限

$\lim\limits_{h\to0}\dfrac{f(0+h)-f(0-h)}{h}=\lim\limits_{h\to0}\dfrac{h\sin\dfrac{1}{h}-\left[-h\sin\dfrac{1}{(-h)}\right]}{h}=0$ 存在.

【例 2.1.5】(2007[②]) 设函数 $f(x)$在 $x=0$ 处连续,下列命题错误的是(　　).

(A)若$\lim\limits_{x\to0}\dfrac{f(x)}{x}$存在,则 $f(0)=0$.

(B)若$\lim\limits_{x\to0}\dfrac{f(x)+f(-x)}{x}$存在,则 $f(0)=0$.

(C)若$\lim\limits_{x\to0}\dfrac{f(x)}{x}$存在,则 $f'(0)$存在.

(D)若$\lim\limits_{x\to0}\dfrac{f(x)-f(-x)}{x}$存在,则 $f'(0)$存在.

【答案】 (D).

【解】 应该选(D),由函数和的极限存在不能够得到每一个极限都存在(见例 2.1.4 的评注).

评 注

函数连续时,$\lim\limits_{x\to0}\dfrac{f(x)}{x}=1\Rightarrow f(0)=\lim\limits_{x\to0}f(x)=\lim\limits_{x\to0}\dfrac{f(x)}{x}\cdot x=0$.

更进一步地,$\lim\limits_{x\to0}\dfrac{f(x)}{x}=a\Rightarrow f(0)=0$ 及 $f'(0)=\lim\limits_{x\to0}\dfrac{f(x)-f(0)}{x-0}=a$.

【例 2.1.6】 设 $f(x)$在 $\mathbf{R}$ 上有定义,$\forall x,y\in\mathbf{R}$,有 $f(x+y)=f(x)\cdot f(y)$,且 $f'(0)=1$,求 $f'(x)$.

【解】 $f'(x)=\lim\limits_{\Delta x\to0}\dfrac{f(x+\Delta x)-f(x)}{\Delta x}=\lim\limits_{\Delta x\to0}\dfrac{f(x)\cdot f(\Delta x)-f(x)\cdot f(0)}{\Delta x}=f(x)f'(0)=f(x)$.

【例 2.1.7】 设函数 $f(x)$是奇函数且可导,用定义证明 $f'(x)$ 为偶函数.

【证明】 $f(x)$是奇函数,则 $f(-x)=-f(x)$.

$$f'(-x)=\lim_{\Delta x\to0}\frac{f(-x+\Delta x)-f(-x)}{\Delta x}=\lim_{\Delta x\to0}\frac{-f(x-\Delta x)+f(x)}{\Delta x}$$

$$=\lim_{\Delta x\to 0}\frac{f(x-\Delta x)-f(x)}{-\Delta x}=f'(x),$$

所以 $f'(x)$ 为偶函数.

评注

如果函数是偶函数且可导，类似可证明其导函数是奇函数.

【例 2.1.8】 函数 $f(x)=(x^2-x-2)|x^3-x|$ 有(　　)个不可导点.

(A) 3.　　(B) 2.　　(C) 1.　　(D) 0.

【答案】(B).

【分析】利用导数的定义可以得到性质:设 $g(x)$ 在 $x=a$ 处连续,则 $f(x)=g(x)|x-a|$ 在 $x=a$ 处可导的充要条件是 $g(a)=0$.

【解析】下面利用性质来判断 $f(x)$ 在 $x=0,1,-1$ 是否可导.

$f(x)=(x^2-x-2)|x^3-x|=(x^2-x-2)|x-0||x-1||x-(-1)|$.

在 $x=0$ 处，$g(x)=(x^2-x-2)|x-1||x-(-1)|$，$f(x)=g(x)|x-0|$，$g(0)=-2\neq 0$，$f(x)$ 在 $x=0$ 处不可导；

在 $x=1$ 处，$g(x)=(x^2-x-2)|x||x-(-1)|$，$g(1)=-4\neq 0$，$f(x)$ 在 $x=1$ 处不可导；

在 $x=-1$ 处，$g(x)=(x^2-x-2)|x||x-1|$，$g(-1)=0$，$f(x)$ 在 $x=-1$ 处可导，选(B).

【例 2.1.9】 (2018①②③) 下列函数中，在 $x=0$ 处不可导的是(　　).

(A) $f(x)=|x|\sin|x|$.　　(B) $f(x)=|x|\sin\sqrt{|x|}$.

(C) $f(x)=\cos|x|$.　　(D) $f(x)=\cos\sqrt{|x|}$.

【解】 根据导数的定义：

(A)选项，$\lim\limits_{x\to 0}\dfrac{f(x)-f(0)}{x}=\lim\limits_{x\to 0}\dfrac{|x|\sin|x|}{x}=\lim\limits_{x\to 0}\dfrac{|x|\cdot|x|}{x}=0$，可导；

(B)选项，$\lim\limits_{x\to 0}\dfrac{f(x)-f(0)}{x}=\lim\limits_{x\to 0}\dfrac{|x|\sin\sqrt{|x|}}{x}=\lim\limits_{x\to 0}\dfrac{|x|\cdot\sqrt{|x|}}{x}=0$，可导；

(C)选项，$\lim\limits_{x\to 0}\dfrac{f(x)-f(0)}{x}=\lim\limits_{x\to 0}\dfrac{\cos|x|-1}{x}=\lim\limits_{x\to 0}\dfrac{-\frac{1}{2}|x|^2}{x}=0$，可导；

(D)选项，$\lim\limits_{x\to 0}\dfrac{f(x)-f(0)}{x}=\lim\limits_{x\to 0}\dfrac{\cos\sqrt{|x|}-1}{x}=\lim\limits_{x\to 0}\dfrac{-\frac{1}{2}\sqrt{|x|}^2}{x}=\lim\limits_{x\to 0}\dfrac{-\frac{1}{2}|x|}{x}$，极限不存在.

故选(D).

二、左右导数

定义 2.1.2 如果 $\lim\limits_{\Delta x\to 0^-}\dfrac{\Delta y}{\Delta x}=\lim\limits_{\Delta x\to 0^-}\dfrac{f(x_0+\Delta x)-f(x_0)}{\Delta x}$ 存在，则称 $f(x)$ 在 x_0 处的左导数存在，记作 $f'_-(x_0)$，即 $f'_-(x_0)=\lim\limits_{\Delta x\to 0^-}\dfrac{f(x_0+\Delta x)-f(x_0)}{\Delta x}$ 或 $f'_-(x_0)=\lim\limits_{x\to x_0^-}\dfrac{f(x)-f(x_0)}{x-x_0}$.

定义 2.1.3 如果 $\lim\limits_{\Delta x\to 0^+}\dfrac{\Delta y}{\Delta x}=\lim\limits_{\Delta x\to 0^+}\dfrac{f(x_0+\Delta x)-f(x_0)}{\Delta x}$ 存在，则称 $f(x)$ 在 x_0 处的右导数存在，记作 $f'_+(x_0)$，即 $f'_+(x_0)=\lim\limits_{\Delta x\to 0^+}\dfrac{f(x_0+\Delta x)-f(x_0)}{\Delta x}$ 或 $f'_+(x_0)=\lim\limits_{x\to x_0^+}\dfrac{f(x)-f(x_0)}{x-x_0}$.

定理 2.1.1 函数 $f(x)$ 在点 x_0 处可导的充分必要条件是 $f(x)$ 在点 x_0 处的左右导数均存在且相等.

【例 2.1.10】 求 $f(x)=\begin{cases}\dfrac{x}{1+e^{\frac{1}{x}}}, & x\neq 0,\\ 0, & x=0\end{cases}$ 在 $x=0$ 处的左右导数,并指出函数 $f(x)$ 在 $x=0$ 处是否可导.

【解】 $f'_+(0)=\lim\limits_{x\to 0^+}\dfrac{f(x)-f(0)}{x}=\lim\limits_{x\to 0^+}\dfrac{\dfrac{x}{1+e^{\frac{1}{x}}}-0}{x}=0$,

$f'_-(0)=\lim\limits_{x\to 0^-}\dfrac{f(x)-f(0)}{x}=\lim\limits_{x\to 0^-}\dfrac{\dfrac{x}{1+e^{\frac{1}{x}}}-0}{x}=1$,

$f'_+(0)\neq f'_-(0)$,所以 $f(x)$ 在 $x=0$ 处不可导.

评 注

遇到"$e^{\frac{1}{0}}$"时,考生必须考虑左右极限,以及相应的左右连续,左右导数.

【例 2.1.11】 讨论 $f(x)=\begin{cases}e^{-x}+\sin 3x, & x\geqslant 0,\\ \ln(1+2x)+1, & x<0\end{cases}$ 在 $x=0$ 处是否可导.

【解】 $f'_+(0)=\lim\limits_{x\to 0^+}\dfrac{f(x)-f(0)}{x}=\lim\limits_{x\to 0^+}\dfrac{e^{-x}+\sin 3x-1}{x}=-1+3=2$,

$f'_-(0)=\lim\limits_{x\to 0^-}\dfrac{f(x)-f(0)}{x}=\lim\limits_{x\to 0^-}\dfrac{\ln(1+2x)+1-1}{x}=2$,

$f'_+(0)=f'_-(0)$,所以 $f(x)$ 在 $x=0$ 处可导.

评 注

用导数的定义求导是导数部分的重点,也是难点,解题关键在于掌握如何求极限.

三、导数与连续的关系

可导一定连续,连续不一定可导.

如果函数 $f(x)$ 在 x_0 处可导,则 $\lim\limits_{\Delta x\to 0}\dfrac{\Delta y}{\Delta x}=f'(x_0)$,故 $\lim\limits_{\Delta x\to 0}\Delta y=\lim\limits_{\Delta x\to 0}\dfrac{\Delta y}{\Delta x}\cdot\Delta x=0$,即函数 $f(x)$ 在 x_0 处连续. 而函数 $f(x)$ 在 x_0 处连续时,$f(x)$ 在 x_0 处不一定可导(反例见下面例 2.1.12).

【例 2.1.12】 讨论函数 $f(x)=|\sin x|$ 在 $x=0$ 处是否连续,是否可导.

【解】 由于 $|\Delta y|=|\sin \Delta x|\leqslant \Delta x$,所以 $\Delta x\to 0\Rightarrow \Delta y\to 0$,所以函数在 $x=0$ 处连续. 而

$$f'_+(0)=\lim_{x\to 0^+}\frac{f(x)-f(0)}{x}=\lim_{x\to 0^+}\frac{\sin x}{x}=1,\ f'_-(0)=\lim_{x\to 0^-}\frac{-\sin x}{x}=-1,$$

所以函数在 $x=0$ 处不可导.

【例 2.1.13】 设 $f(x)=\begin{cases}\dfrac{1-\sqrt{1-x}}{x}, & x<0,\\ ax+b, & x\geqslant 0\end{cases}$ 在 $x=0$ 处可导,求常数 a,b 的值.

【解】 先考虑连续性. $f(0^+)=f(0)=b$, $f(0^-)=\lim\limits_{x\to 0^-}\dfrac{1-\sqrt{1-x}}{x}=\dfrac{1}{2}$,所以 $b=\dfrac{1}{2}$. 再考虑左右导数: $f'_+(0)=\lim\limits_{x\to 0^+}\dfrac{ax+b-b}{x}=a$, $f'_-(0)=\lim\limits_{x\to 0^-}\dfrac{\dfrac{1-\sqrt{1-x}}{x}-\dfrac{1}{2}}{x}=\lim\limits_{x\to 0^-}\dfrac{2-2\sqrt{1-x}-x}{2x^2}=\lim\limits_{x\to 0^-}\dfrac{x^2}{2x^2(2-x+2\sqrt{1-x})}=\dfrac{1}{8}$,所以 $a=\dfrac{1}{8}$.

评注

对于分段函数，在分割点处必须先考虑其连续性，在连续的基础上再用导数定义来讨论左右导数.

四、导数的几何意义、物理意义与经济意义

1. 导数的几何意义：曲线的切线的斜率(图 2-1).

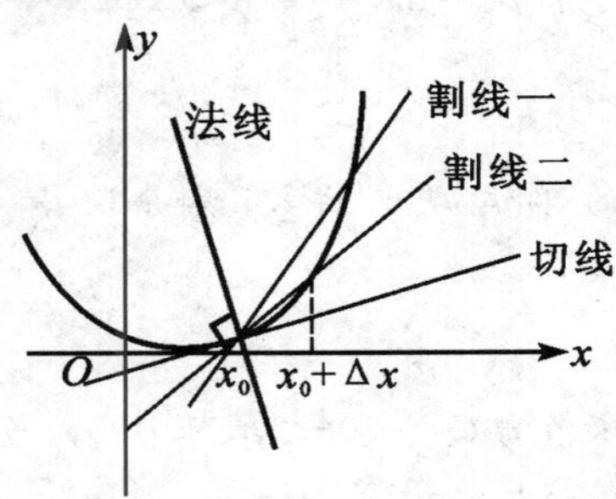

图 2-1

评注

如图所示，曲线的切线是曲线在点 x_0 处当 $\Delta x\to 0$ 时割线的极限.

函数 $f(x)$ 在点 $(x_0,f(x_0))$ 处的切线方程为 $y-f(x_0)=f'(x_0)(x-x_0)$，在点 $(x_0,f(x_0))$ 处的法线方程为 $y-f(x_0)=-\dfrac{1}{f'(x_0)}(x-x_0)$.

【例 2.1.14】 求曲线 $f(x)=\sqrt{x}$ 在 $x=4$ 点处的切线方程和法线方程.

【解】 $f'(4)=\lim\limits_{x\to 4}\dfrac{f(x)-f(4)}{x-4}=\lim\limits_{x\to 4}\dfrac{\sqrt{x}-2}{x-4}=\lim\limits_{x\to 4}\dfrac{1}{\sqrt{x}+2}=\dfrac{1}{4}$，所以切线方程为 $y-2=\dfrac{1}{4}(x-4)$，法线方程为 $y-2=-4(x-4)$.

评注

法线斜率是切线斜率的负倒数. 考生在掌握导数计算后，可直接求函数的导数.

【例 2.1.15】 在抛物线 $y=x^2$ 上求一点 P，使得抛物线在点 P 的切线：

(1)平行于直线 $y=4x-2$；

(2)垂直于直线 $2x-6y+5=0$.

【解】 $f'(x_0)=\lim\limits_{\Delta x\to 0}\dfrac{(x_0+\Delta x)^2-x_0^2}{\Delta x}=2x_0$.

(1) $f'(x_0)=4\Rightarrow x_0=2$，得点 $P(2,4)$.

(2) $f'(x_0)=-3\Rightarrow x_0=-\dfrac{3}{2}$，得点 $P\left(-\dfrac{3}{2},\dfrac{9}{4}\right)$.

2. 导数的物理意义：速度是路程对于时间的导数，线密度是质量对于长度的导数. 即：导数是函数对于其自变量的变化率.

【例 2.1.16】 已知物体的运动规律为 $s=\ln t$(米)，求该物体在 $t=2$(秒)时的速度.

【解】 $v=\left.\dfrac{\mathrm{d}s}{\mathrm{d}t}\right|_{t=2}=\lim\limits_{\Delta t\to 0}\dfrac{\ln(2+\Delta t)-\ln 2}{\Delta t}=\lim\limits_{\Delta t\to 0}\dfrac{\ln\left(1+\frac{1}{2}\Delta t\right)}{\Delta t}=\dfrac{1}{2}$(米/秒).

3. 导数的经济意义：边际与弹性[③].

高等数学中涉及的经济函数主要有两类：一类是需求函数和供给函数，常表示为 $Q=f(p)$，p 为产品的价格;另一类是成本函数、收益函数及利润函数,常表示为 $C=C(x)$,$R=R(x)$,$L=L(x)$,x 通常表示产量或销量.常用关系:$R=xp$,$L=R-C$.

$C'(x)$,$R'(x)$,$L'(x)$ 分别称为边际成本、边际收益、边际利润.

定义 2.1.4 需求函数 $Q=Q(p)$ 对价格的相对变化率称为需求函数的弹性,记作

$$\eta(p)=\lim_{\Delta p\to 0}\frac{\frac{\Delta Q}{Q}}{\frac{\Delta p}{p}}=\frac{p}{Q}Q'(p).$$

评 注

由于需求函数是价格的单调减少函数,其导数小于零,有些教材中直接定义 $\eta=\left|\frac{p}{Q}Q'\right|=-\frac{p}{Q}Q'(>0)$.

【例 2.1.17】 设某商品的需求函数为 $Q=160-2p$,其中 Q,p 分别表示需求量和价格,如果该商品需求弹性的绝对值等于 1,则商品的价格是( ).

(A)10. (B)20. (C)30. (D)40.

【答案】 (D).

【解】 $|\eta|=1$,即 $-\frac{p}{Q}Q'=1$,所以 $-\frac{p}{160-2p}\cdot(-2)=1$,得 $p=40$,选(D).

【例 2.1.18】(2014③) 设某商品的需求函数为 $Q=40-2p$(p 为商品的价格),则该商品的边际收益为________.

【答案】 $\frac{\mathrm{d}R}{\mathrm{d}Q}=20-Q$.

【解】 价格 $p=\frac{40-Q}{2}$,收益函数 $R=p\cdot Q=\frac{40-Q}{2}\cdot Q$,所以边际收益为 $\frac{\mathrm{d}R}{\mathrm{d}Q}=20-Q$.

第二节 微分

一、微分的概念

定义 2.2.1 设函数 $f(x)$ 在 x_0 的邻域内有定义,若函数在 x_0 处的增量 $\Delta y=f(x_0+\Delta x)-f(x_0)$ 可表示为 $\Delta y=A\Delta x+o(\Delta x)$,其中 A 与 Δx 无关,则称函数 $f(x)$ 在 x_0 处可微,而把 $A\Delta x$ 称为函数 $f(x)$ 在 x_0 处的微分,记作 $\mathrm{d}y\big|_{x=x_0}$,即 $\mathrm{d}y\big|_{x=x_0}=A\Delta x$.

任意点 x 处的微分记作 $\mathrm{d}y$,当 $\Delta x\to 0$ 时,微分 $\mathrm{d}y$ 是 Δy 的线性主部.

二、微分与导数的关系——可微⇔可导

定理 2.2.1 函数 $f(x)$ 在点 x_0 处可微的充分必要条件是函数 $f(x)$ 在点 x_0 处可导,且有 $\mathrm{d}y\big|_{x=x_0}=f'(x_0)\Delta x$.

【证明】 如果函数 $f(x)$ 在点 x_0 处可导,则 $\lim\limits_{\Delta x\to 0}\frac{\Delta y}{\Delta x}=f'(x_0)$,由极限与无穷小的关系知 $\frac{\Delta y}{\Delta x}=f'(x_0)+\alpha$,其中 $\lim\limits_{\Delta x\to 0}\alpha=0$,所以 $\Delta y=f'(x_0)\Delta x+\alpha\Delta x$,$f'(x_0)=A$ 与 Δx 无关,$\alpha\Delta x=o(\Delta x)$,即函数 $f(x)$ 在 x_0 点处可微.

如果函数 $f(x)$ 在点 x_0 处可微,则 $\Delta y=A\Delta x+o(\Delta x)$,$f'(x_0)=\lim\limits_{\Delta x\to 0}\frac{\Delta y}{\Delta x}=A+\lim\limits_{\Delta x\to 0}\frac{o(\Delta x)}{\Delta x}=A$,即函数 $f(x)$ 在点 x_0 处可导.

三、微分的计算

定义自变量的微分为自变量的增量，即 $\mathrm{d}x=\Delta x$，则函数的微分 $\mathrm{d}y\Big|_{x=x_0}=f'(x_0)\Delta x=f'(x_0)\mathrm{d}x$，在任意点 x 处有 $\mathrm{d}y=f'(x)\mathrm{d}x$，所以 $f'(x)=\dfrac{\mathrm{d}y}{\mathrm{d}x}$，故导数又可称为微商.

【例 2.2.1】 求函数 $y=\cos x$ 的微分 $\mathrm{d}y$.

【解】 $y'=\lim\limits_{\Delta x\to 0}\dfrac{\cos(x+\Delta x)-\cos x}{\Delta x}=\lim\limits_{\Delta x\to 0}\dfrac{-2\sin\dfrac{\Delta x}{2}\sin\dfrac{2x+\Delta x}{2}}{\Delta x}=-\sin x$，

所以 $\mathrm{d}y=-\sin x\mathrm{d}x$.

【例 2.2.2】 求 $\dfrac{\mathrm{d}(\cos x)}{\mathrm{d}(x^2)}$.

【解】 由于 $\mathrm{d}(\cos x)=-\sin x\mathrm{d}x$，且 $\mathrm{d}(x^2)=2x\mathrm{d}x$，所以 $\dfrac{\mathrm{d}(\cos x)}{\mathrm{d}(x^2)}=\dfrac{-\sin x\mathrm{d}x}{2x\mathrm{d}x}=-\dfrac{\sin x}{2x}$.

评注

此题解题过程中利用了例 2.1.15 及例 2.2.1 的结论.

第三节　初等函数的导数与微分

一、几个基本初等函数的导数与微分

由导数的定义及两个重要极限可以得到：

【例 2.3.1】 求函数 $y=x^\mu$ 的导数.

【解】 $y'=\lim\limits_{\Delta x\to 0}\dfrac{(x+\Delta x)^\mu-x^\mu}{\Delta x}=\lim\limits_{\Delta x\to 0}\dfrac{x^\mu\left[\left(1+\dfrac{\Delta x}{x}\right)^\mu-1\right]}{\Delta x}=x^\mu\lim\limits_{\Delta x\to 0}\dfrac{\mu\dfrac{\Delta x}{x}}{\Delta x}=\mu x^{\mu-1}$.

评注

解题过程利用了无穷小的等价代换：当 $x\to 0$ 时，$(1+x)^\alpha-1\sim\alpha x$.

【例 2.3.2】 求函数 $y=\sin x$ 的导数.

【解】 $y'=\lim\limits_{\Delta x\to 0}\dfrac{\sin(x+\Delta x)-\sin x}{\Delta x}=\lim\limits_{\Delta x\to 0}\dfrac{2\sin\dfrac{\Delta x}{2}\cos\dfrac{2x+\Delta x}{2}}{\Delta x}=\cos x$.

评注

上式利用了重要极限，同理可以得到 $(\cos x)'=-\sin x$.

【例 2.3.3】 求函数 $y=\mathrm{e}^x$ 的微分.

【解】 由于 $y'=\lim\limits_{\Delta x\to 0}\dfrac{\mathrm{e}^{x+\Delta x}-\mathrm{e}^x}{\Delta x}=\lim\limits_{\Delta x\to 0}\dfrac{\mathrm{e}^x(\mathrm{e}^{\Delta x}-1)}{\Delta x}=\mathrm{e}^x$，所以 $y=\mathrm{e}^x$ 的微分为 $\mathrm{d}y=y'\mathrm{d}x=\mathrm{e}^x\mathrm{d}x$.

【例 2.3.4】 求函数 $y=\ln x$ 的微分.

【解】 由于 $y'=\lim\limits_{\Delta x\to 0}\dfrac{\ln(x+\Delta x)-\ln x}{\Delta x}=\lim\limits_{\Delta x\to 0}\dfrac{\ln\left(1+\dfrac{\Delta x}{x}\right)}{\Delta x}=\dfrac{1}{x}$，所以 $y=\ln x$ 的微分为 $\mathrm{d}y=y'\mathrm{d}x=\dfrac{1}{x}\mathrm{d}x$.

二、函数的和、差、积、商的导数

定理 2.3.1 设函数 $u(x)$，$v(x)$ 在 x 处可导，则

(1)$[u(x)\pm v(x)]'=u'(x)\pm v'(x)$;

(2)$[u(x)\cdot v(x)]'=u'(x)\cdot v(x)+u(x)\cdot v'(x)$;

(3)$\left[\dfrac{u(x)}{v(x)}\right]'=\dfrac{u'(x)\cdot v(x)-u(x)\cdot v'(x)}{v^2(x)}$(此时假设 $v(x)\neq 0$).

【证明】 (2)设 $F(x)=u(x)\cdot v(x)$,则由导数定义知:

$$\begin{aligned}F'(x)&=\lim_{\Delta x\to 0}\frac{F(x+\Delta x)-F(x)}{\Delta x}=\lim_{\Delta x\to 0}\frac{u(x+\Delta x)v(x+\Delta x)-u(x)\cdot v(x)}{\Delta x}\\&=\lim_{\Delta x\to 0}\frac{u(x+\Delta x)v(x+\Delta x)-u(x)\cdot v(x+\Delta x)+u(x)\cdot v(x+\Delta x)-u(x)v(x)}{\Delta x}\\&=\lim_{\Delta x\to 0}\frac{u(x+\Delta x)-u(x)}{\Delta x}\cdot v(x+\Delta x)+\lim_{\Delta x\to 0}u(x)\cdot\frac{v(x+\Delta x)-v(x)}{\Delta x}\\&=u'(x)\cdot v(x)+u(x)\cdot v'(x),\end{aligned}$$

注意可导一定连续,故 $\lim\limits_{\Delta x\to 0}v(x+\Delta x)=v(x)$.

其余证明略,考生可自行尝试完成.

特别地,$[c\cdot u(x)]'=c\cdot u'(x)$,$c$ 为常数; $\left[\dfrac{1}{v(x)}\right]'=-\dfrac{v'(x)}{v^2(x)}$(此时假设 $v(x)\neq 0$);

$[u(x)\cdot v(x)\cdot w(x)]'=u'(x)\cdot v(x)\cdot w(x)+u(x)\cdot v'(x)\cdot w(x)+u(x)\cdot v(x)\cdot w'(x)$.

相应的微分运算法则:

(1)$\mathrm{d}[u(x)\pm v(x)]=\mathrm{d}u(x)\pm \mathrm{d}v(x)$;

(2)$\mathrm{d}[u(x)\cdot v(x)]=v(x)\cdot \mathrm{d}u(x)+u(x)\cdot \mathrm{d}v(x)$;

(3)$\mathrm{d}\left[\dfrac{u(x)}{v(x)}\right]=\dfrac{v(x)\cdot \mathrm{d}u(x)-u(x)\cdot \mathrm{d}v(x)}{v^2(x)}$(此时假设 $v(x)\neq 0$).

【例 2.3.5】 求函数 $y=\tan x$ 的导数.

【解】 $y'=\left(\dfrac{\sin x}{\cos x}\right)'=\dfrac{\cos x\cdot\cos x-\sin x\cdot(-\sin x)}{\cos^2 x}=\sec^2 x$.

类似可以得到$(\cot x)'=-\csc^2 x$.

【例 2.3.6】 设函数 $y=\sec x$,求微分 $\mathrm{d}y$.

【解】 $\mathrm{d}y=\left(\dfrac{1}{\cos x}\right)'\mathrm{d}x=\dfrac{0-(-\sin x)}{\cos^2 x}\mathrm{d}x=\sec x\cdot\tan x\mathrm{d}x$.

类似可以得到$(\csc x)'=-\csc x\cdot\cot x$.

【例 2.3.7】 求函数 $y=\dfrac{x^3\sin x}{\mathrm{e}^x+2x-1}$的导数.

【解】
$$\begin{aligned}y'&=\frac{(x^3\sin x)'(\mathrm{e}^x+2x-1)-x^3\sin x(\mathrm{e}^x+2x-1)'}{(\mathrm{e}^x+2x-1)^2}\\&=\frac{(3x^2\sin x+x^3\cos x)(\mathrm{e}^x+2x-1)-x^3\sin x(\mathrm{e}^x+2)}{(\mathrm{e}^x+2x-1)^2}.\end{aligned}$$

评注

导数的计算结果一般不需要化简,考生重在掌握计算方法.

三、复合函数与反函数的导数及微分

1. 复合函数的导数

定理 2.3.2 设函数 $u=g(x)$在点 x_0 处可导,而函数 $y=f(u)$在对应点 $u_0(u_0=g(x_0))$处可导,则复合函数 $y=f[g(x)]$在 x_0 处可导,且$\left.\dfrac{\mathrm{d}y}{\mathrm{d}x}\right|_{x=x_0}=f'(u_0)\cdot g'(x_0)$. 在任意点 x 及对应点 u 处有$\dfrac{\mathrm{d}y}{\mathrm{d}x}=\dfrac{\mathrm{d}y}{\mathrm{d}u}\cdot$

$\frac{du}{dx}$.

【例 2.3.8】 设函数 $y=\sin(x^2)$，求导数 y'.

【解】 $y'=\cos(x^2)\cdot 2x$.

【例 2.3.9】 设函数 $y=\ln\tan\sqrt{x}$，求导数 y'.

【解】 $y'=\frac{1}{\tan\sqrt{x}}\cdot\sec^2\sqrt{x}\cdot\frac{1}{2\sqrt{x}}$.

评 注

复合函数的求导方法可形象化地看作收到一份礼物，要逐步打开层层包装.

当 $x\neq 0$ 时，$(\ln|x|)'=\frac{1}{x}$，显然，当 $x>0$ 时，$(\ln x)'=\frac{1}{x}$；则当 $x<0$ 时，$[\ln(-x)]'=\frac{-1}{-x}=\frac{1}{x}$.

上式表明：解题遇到绝对值对数的导数时，考生可不考虑绝对值因素.

【例 2.3.10】(2012③) 设函数 $f(x)=\begin{cases}\ln\sqrt{x}, & x\geqslant 1,\\ 2x-1, & x<1,\end{cases}$ $y=f[f(x)]$，则 $\left.\frac{dy}{dx}\right|_{x=e}=$ ________.

【答案】 $\frac{1}{e}$.

【解】 **解法一** 利用复合函数的求导方法.

$\frac{dy}{dx}=f'[f(x)]\cdot f'(x)$. 当 $x=e$ 时，$f(e)=\frac{1}{2}$，所以 $\left.\frac{dy}{dx}\right|_{x=e}=f'\left(\frac{1}{2}\right)\cdot f'(e)=2\cdot\frac{1}{2}\cdot\left.\frac{1}{x}\right|_{x=e}=\frac{1}{e}$.

注意：$\ln\sqrt{x}=\frac{1}{2}\ln x$.

解法二 先求函数 $f[f(x)]$.

$$f[f(x)]=\begin{cases}\ln\sqrt{f(x)}, & f(x)\geqslant 1,\\ 2f(x)-1, & f(x)<1\end{cases}=\begin{cases}\frac{1}{2}\ln\left(\frac{1}{2}\ln x\right), & x\geqslant e^2,\\ 2\left(\frac{1}{2}\ln x\right)-1, & 1\leqslant x<e^2,\\ 2(2x-1)-1, & x<1\end{cases}=\begin{cases}\frac{1}{2}\ln\left(\frac{1}{2}\ln x\right), & x\geqslant e^2,\\ \ln x-1, & 1\leqslant x<e^2,\\ 4x-3, & x<1.\end{cases}$$

在 $x=e$ 处，$\left.\frac{dy}{dx}\right|_{x=e}=\left.\frac{1}{x}\right|_{x=e}=\frac{1}{e}$.

评 注

比较上述两种解法，显然运用复合函数的求导法则更简单.

2. 复合函数的微分

设 $y=f(u)$，$u=g(x)$，则 $dy=\frac{dy}{dx}\cdot dx=f'(u)\cdot g'(x)dx$. 又由 $u=g(x)$ 得到 $du=g'(x)dx$，故 $dy=f'(u)du$. 微分的这一性质称为一阶**微分形式不变性**，即不论 u 是自变量，还是中间变量，$dy=f'(u)du$ 总成立.

【例 2.3.11】 设函数 $y=\cos\left(\ln\cot\frac{1}{\sqrt{x}}\right)$，求微分 dy.

【解】 $y'=-\sin\left(\ln\cot\frac{1}{\sqrt{x}}\right)\cdot\frac{1}{\cot\frac{1}{\sqrt{x}}}\cdot\left(-\csc^2\frac{1}{\sqrt{x}}\right)\cdot\left(-\frac{1}{2}\cdot\frac{1}{\sqrt{x^3}}\right)$，$dy=y'dx$. 或利用微分形式

不变性：

$$\mathrm{d}y=-\sin\left(\ln\cot\frac{1}{\sqrt{x}}\right)\mathrm{d}\left(\ln\cot\frac{1}{\sqrt{x}}\right)=-\sin\left(\ln\cot\frac{1}{\sqrt{x}}\right)\cdot\frac{1}{\cot\frac{1}{\sqrt{x}}}\mathrm{d}\left(\cot\frac{1}{\sqrt{x}}\right)$$

$$=-\sin\left(\ln\cot\frac{1}{\sqrt{x}}\right)\cdot\frac{1}{\cot\frac{1}{\sqrt{x}}}\cdot\left(-\csc^2\frac{1}{\sqrt{x}}\right)\mathrm{d}\left(\frac{1}{\sqrt{x}}\right)$$

$$=-\sin\left(\ln\cot\frac{1}{\sqrt{x}}\right)\cdot\frac{1}{\cot\frac{1}{\sqrt{x}}}\cdot\left(-\csc^2\frac{1}{\sqrt{x}}\right)\cdot\left(-\frac{1}{2}\cdot\frac{1}{\sqrt{x^3}}\right)\mathrm{d}x.$$

3. 反函数的导数

定理 2.3.3 设 $x=f(y)$ 是某个区间 I 上严格单调的可导函数，且 $f'(y)\neq0$，则它的反函数 $y=f^{-1}(x)$ 在对应的区间 $J=\{x|x=f(y),y\in I\}$ 内可导，且有 $[f^{-1}(x)]'=\dfrac{1}{f'(y)}$，或记为 $\dfrac{\mathrm{d}y}{\mathrm{d}x}=\dfrac{1}{\frac{\mathrm{d}x}{\mathrm{d}y}}$.

【例 2.3.12】 设函数 $y=\arcsin x$，求导数 y'.

【解】 $y=\arcsin x$ 是 $x=\sin y$ 的反函数，且当 $y\in\left(-\dfrac{\pi}{2},\dfrac{\pi}{2}\right)$ 时，$(\sin y)'=\cos y\neq0$，故当 $x\in(-1,1)$ 时，有 $y'=(\arcsin x)'=\dfrac{1}{(\sin y)'}=\dfrac{1}{\cos y}$.

当 $y\in\left(-\dfrac{\pi}{2},\dfrac{\pi}{2}\right)$ 时，$\cos y=\sqrt{1-\sin^2 y}=\sqrt{1-x^2}$，所以 $y'=(\arcsin x)'=\dfrac{1}{\sqrt{1-x^2}}$.

类似可以得到

$$(\arccos x)'=-\frac{1}{\sqrt{1-x^2}},\quad (\arctan x)'=\frac{1}{1+x^2},\quad (\operatorname{arccot} x)'=-\frac{1}{1+x^2}.$$

【例 2.3.13】 设 $x=a\arccos\dfrac{a-y}{a}(0<y<2a)$，求 $\left.\dfrac{\mathrm{d}y}{\mathrm{d}x}\right|_{x=\frac{a\pi}{3}}$.

【解】 当 $x=\dfrac{a\pi}{3}$ 时，$y=\dfrac{a}{2}$，因为 $\dfrac{\mathrm{d}x}{\mathrm{d}y}=-\dfrac{a}{\sqrt{1-\left(\frac{a-y}{a}\right)^2}}\left(-\dfrac{1}{a}\right)=\dfrac{a}{\sqrt{2ay-y^2}}$，所以 $\dfrac{\mathrm{d}y}{\mathrm{d}x}=\dfrac{\sqrt{2ay-y^2}}{a}$，

故 $\left.\dfrac{\mathrm{d}y}{\mathrm{d}x}\right|_{x=\frac{a\pi}{3}}=\left.\dfrac{\sqrt{2ay-y^2}}{a}\right|_{y=\frac{a}{2}}=\dfrac{\sqrt{3}}{2}$.

4. 基本导数表与基本微分表

(1) $(c)'=0$，c 为常数；　(2) $(x^\mu)'=\mu x^{\mu-1}$；

(3) $(a^x)'=a^x\ln a$；　(4) $(\mathrm{e}^x)'=\mathrm{e}^x$；

(5) $(\log_a|x|)'=\dfrac{1}{x\ln a}$；　(6) $(\ln|x|)'=\dfrac{1}{x}$；

(7) $(\sin x)'=\cos x$；　(8) $(\cos x)'=-\sin x$；

(9) $(\tan x)'=\sec^2 x$；　(10) $(\cot x)'=-\csc^2 x$；

(11) $(\sec x)'=\sec x\cdot\tan x$；　(12) $(\csc x)'=-\csc x\cdot\cot x$；

(13) $(\arcsin x)'=\dfrac{1}{\sqrt{1-x^2}}$；　(14) $(\arccos x)'=-\dfrac{1}{\sqrt{1-x^2}}$；

(15) $(\arctan x)'=\dfrac{1}{1+x^2}$；　(16) $(\operatorname{arccot} x)'=-\dfrac{1}{1+x^2}$.

同样有相应的基本微分表($\mathrm{d}y=y'\mathrm{d}x$)，如 $\mathrm{d}(\sin x)=\cos x\mathrm{d}x$ 等(此处略).

【例 2.3.14】　设函数 $y=2^{\arcsin\frac{1}{x}}$，求微分 $\mathrm{d}y$.

【解】　$\mathrm{d}y=2^{\arcsin\frac{1}{x}}\cdot\ln 2\cdot\dfrac{1}{\sqrt{1-\left(\frac{1}{x}\right)^2}}\cdot\left(-\dfrac{1}{x^2}\right)\mathrm{d}x$.

5.幂指函数求导

若 $y=[f(x)]^{g(x)}$，其中 $f(x)>0$，则 $y=\mathrm{e}^{g(x)\ln f(x)}$，故 $y'=\mathrm{e}^{g(x)\ln f(x)}\cdot[g(x)\ln f(x)]'$.

【例 2.3.15】　设函数 $y=x^{\sin x}$，求导数 y'.

【解】　$y=x^{\sin x}=\mathrm{e}^{\sin x\ln x}$，$y'=x^{\sin x}\cdot\left(\cos x\cdot\ln x+\sin x\cdot\dfrac{1}{x}\right)$.

6.分段函数求导

若 $y=\begin{cases}f(x),x\geqslant x_0,\\ g(x),x<x_0,\end{cases}$ 则 $y'=\begin{cases}f'(x),x>x_0,\\ g'(x),x<x_0,\end{cases}$ 其中在 $x=x_0$ 点的导数要用导数的定义.

【例 2.3.16】　设函数 $f(x)=\begin{cases}\sin x, & x<0,\\ \sqrt{1+x}-1, & x\geqslant 0,\end{cases}$ 求导数 $f'(x)$.

【解】　当 $x<0$ 时，$f'(x)=(\sin x)'=\cos x$；当 $x>0$ 时，$f'(x)=(\sqrt{1+x}-1)'=\dfrac{1}{2\sqrt{1+x}}$.

在 $x=0$ 处，$f(0^+)=f(0)=0$，$f(0^-)=\lim\limits_{x\to0^-}\sin x=0$，所以函数在 $x=0$ 处连续.

又 $f'_+(0)=\lim\limits_{x\to0^+}\dfrac{\sqrt{1+x}-1}{x}=\dfrac{1}{2}$，$f'_-(0)=\lim\limits_{x\to0^-}\dfrac{\sin x}{x}=1$，所以函数在 $x=0$ 处不可导.

所以，$f'(x)=\begin{cases}\cos x, & x<0,\\ \dfrac{1}{2\sqrt{1+x}}, & x>0.\end{cases}$

评注

分段函数在分割点之外的区间内可直接求导，而在分割点处要先考虑连续性，在函数连续的基础上再运用导数的定义求左右导数.

【例 2.3.17】（2013③）　设曲线 $y=f(x)$ 与 $y=x^2-x$ 在点 $(1,0)$ 处有公共切线，则 $\lim\limits_{n\to\infty}nf\left(\dfrac{n}{n+2}\right)=$________.

【答案】　-2.

【解】　$y=x^2-x$ 在点 $(1,0)$ 处有 $y(1)=0$，$y'(1)=1$，所以 $f(1)=0$，$f'(1)=1$，则

$$\lim_{n\to\infty}nf\left(\frac{n}{n+2}\right)=\lim_{n\to\infty}\frac{f\left(1-\frac{2}{n+2}\right)-f(1)}{-\frac{2}{n+2}}\cdot\left(-\frac{2n}{n+2}\right)=-2f'(1)=-2.$$

评注

本题综合考查了函数的切线、导数的定义、极限等概念.

【例 2.3.18】（2014①②）　设函数 $f(x)$ 是周期为 4 的可导奇函数，且 $f'(x)=2(x-1)$，$x\in[0,2]$，则 $f(7)=$________.

【答案】　1.

【解】　由 $f'(x)=2(x-1)$，$x\in[0,2]$，得 $f(x)=(x-1)^2+C$，$f(x)$ 为奇函数，所以 $f(0)=0\Rightarrow C=-1$，故 $f(x)=x^2-2x$.

而函数 $f(x)$ 可导且为周期函数时，易证 $f'(x)$ 也为周期函数且周期不变，所以 $f(7)=f(-1)=$

$-f(1)=1$.

评 注

设函数 $f(x)$ 是周期为 T 的周期函数且可导，则 $f'(x+T)=[f(x+T)]'=f'(x)$.

第四节　隐函数与参数方程所确定的函数的导数与微分

一、隐函数的求导方法

在一定的条件下，方程 $F(x,y)=0$ 可以确定一个函数 $y=y(x)$，此函数 $y=y(x)$ 称为由方程 $F(x,y)=0$ 确定的隐函数. 由于 $F[x,y(x)]\equiv 0$，两边对 x 求导即可解出 $y'(x)$，下面举例说明.

【例 2.4.1】 求由方程 $x^2+y^2=R^2$ 所确定的隐函数 $y=y(x)$ 的导数.

【解】 **解法一** 此方程确定的隐函数可以化为显函数 $y=\pm\sqrt{R^2-x^2}$，因此 $y'=\pm\dfrac{-2x}{2\sqrt{R^2-x^2}}=\mp\dfrac{x}{\sqrt{R^2-x^2}}$ 或 $y'=-\dfrac{x}{y}$.

解法二 方程两边对 x 求导，把 y 看作 x 的函数，则有 $2x+2y\cdot y'=0$，解得 $y'=-\dfrac{x}{y}$.

【例 2.4.2】 求由方程 $e^{xy}+\cos(xy)-y^3=0$ 所确定的隐函数 $y=y(x)$ 的导数.

【解】 方程两边对 x 求导，把 y 看作 x 的函数，则有

$$e^{xy}\cdot(y+xy')-\sin(xy)\cdot(y+xy')-3y^2\cdot y'=0,$$

解得 $y'=\dfrac{y\sin(xy)-ye^{xy}}{xe^{xy}-x\sin(xy)-3y^2}$.

评 注

由于隐函数不一定能够化为显函数，所以题目答案中可以含有 y.

【例 2.4.3】(2008①②) 曲线 $\sin(xy)+\ln(y-x)=x$ 在点(0,1)处的切线方程是________.

【答案】 $y=x+1$.

【解】 方程两边对 x 求导，把 y 看作 x 的函数，则有 $\cos(xy)\cdot(y+xy')+\dfrac{y'-1}{y-x}=1$. 当 $x=0$，$y=1$ 时，$y'=1$，所以切线方程为 $y-1=x-0$ 或 $y=x+1$.

【例 2.4.4】(2011③) 曲线 $\tan\left(x+y+\dfrac{\pi}{4}\right)=e^y$ 在点(0,0)处的切线方程为________.

【答案】 $y=-2x$.

【解】 方程两边对 x 求导，把 y 看作 x 的函数，则有 $\sec^2\left(x+y+\dfrac{\pi}{4}\right)\cdot(1+y')=e^y\cdot y'$. 当 $x=0$，$y=0$ 时，$y'=-2$，所以切线方程为 $y=-2x$.

【例 2.4.5】 设 $y=\dfrac{e^{3x}\cos^2 x}{\sqrt{x^2+1}(3x+2)^3}$，求 y'.

分析：如果直接求导数会比较麻烦，考生可考虑先取对数再求导数，这种先取对数再求导数的方法称为**对数求导法**.

【解】 等式两边取对数得 $\ln y=3x+2\ln|\cos x|-\dfrac{1}{2}\ln(x^2+1)-3\ln|3x+2|$，再用隐函数的求导方法得 $\dfrac{1}{y}\cdot y'=3+2\cdot\dfrac{-\sin x}{\cos x}-\dfrac{1}{2}\cdot\dfrac{2x}{x^2+1}-3\cdot\dfrac{3}{3x+2}$，所以

$$y'=y\left(3-\frac{2\sin x}{\cos x}-\frac{x}{x^2+1}-\frac{9}{3x+2}\right).$$

由于$(\ln|x|)'=\dfrac{1}{x}$,所以此题对$\ln|\cos x|$求导时不考虑绝对值.

二、参数方程所确定的函数的求导方法①②

设$y=\psi(t)$可导,$x=\varphi(t)$是严格单调的可导函数,且$\varphi'(t)\neq 0$,求由参数方程$\begin{cases}x=\varphi(t),\\ y=\psi(t)\end{cases}$所确定的函数$y=y(x)$的导数.

记$x=\varphi(t)$的反函数为$t=\varphi^{-1}(x)$,则$y=\psi[\varphi^{-1}(x)]$,所以$\dfrac{\mathrm{d}y}{\mathrm{d}x}=\psi'(t)\cdot[\varphi^{-1}(x)]'=\dfrac{\psi'(t)}{\varphi'(t)}$或$\dfrac{\mathrm{d}y}{\mathrm{d}x}=\dfrac{\frac{\mathrm{d}y}{\mathrm{d}t}}{\frac{\mathrm{d}x}{\mathrm{d}t}}$.

【例 2.4.6】 已知摆线的参数方程为$\begin{cases}x=a(t-\sin t),\\ y=a(1-\cos t),\end{cases}$求$\dfrac{\mathrm{d}y}{\mathrm{d}x}$.

【解】 $\dfrac{\mathrm{d}y}{\mathrm{d}x}=\dfrac{\mathrm{d}y/\mathrm{d}t}{\mathrm{d}x/\mathrm{d}t}=\dfrac{a\sin t}{a(1-\cos t)}=\cot\dfrac{t}{2}$.

【例 2.4.7】 设曲线由极坐标方程$r=r(\theta)$给出,求曲线在点(r,θ)处的切线的斜率.

【解】 先将曲线化为参数方程$\begin{cases}x=r(\theta)\cos\theta,\\ y=r(\theta)\sin\theta,\end{cases}$则曲线在点$(r,\theta)$处的切线的斜率为:

$$k=\frac{\mathrm{d}y}{\mathrm{d}x}=\frac{\mathrm{d}y/\mathrm{d}\theta}{\mathrm{d}x/\mathrm{d}\theta}=\frac{r'(\theta)\sin\theta+r(\theta)\cos\theta}{r'(\theta)\cos\theta-r(\theta)\sin\theta}.$$

【例 2.4.8】(2014②) 曲线$r=r(\theta)$的极坐标方程是$r=\theta$,则曲线在点$(r,\theta)=\left(\dfrac{\pi}{2},\dfrac{\pi}{2}\right)$处切线的直角坐标方程是________.

【答案】 $y-\dfrac{\pi}{2}=-\dfrac{2}{\pi}(x-0)$或$y=-\dfrac{2}{\pi}x+\dfrac{\pi}{2}$.

【解】 先将曲线方程化为参数方程$\begin{cases}x=r(\theta)\cos\theta=\theta\cos\theta,\\ y=r(\theta)\sin\theta=\theta\sin\theta,\end{cases}$由例 2.4.7 得曲线切线的斜率为:

$$k=\frac{\mathrm{d}y}{\mathrm{d}x}=\frac{\mathrm{d}y/\mathrm{d}\theta}{\mathrm{d}x/\mathrm{d}\theta}=\frac{r'(\theta)\sin\theta+r(\theta)\cos\theta}{r'(\theta)\cos\theta-r(\theta)\sin\theta}=\frac{\sin\theta+\theta\cos\theta}{\cos\theta-\theta\sin\theta}.$$

所以在点$(r,\theta)=\left(\dfrac{\pi}{2},\dfrac{\pi}{2}\right)$处切线的斜率为:$k=-\dfrac{2}{\pi}$,故切线方程为:

$$y-\frac{\pi}{2}=-\frac{2}{\pi}(x-0)\text{或 }y=-\frac{2}{\pi}x+\frac{\pi}{2}.$$

常见错误:将切线方程误写为$r-r(\theta_0)=r'(\theta_0)(\theta-\theta_0)$.

【例 2.4.9】(2013②) 曲线$\begin{cases}x=\arctan t,\\ y=\ln\sqrt{1+t^2}\end{cases}$上对应于$t=1$点处的法线方程为________.

【答案】 $y-\dfrac{1}{2}\ln 2=-\left(x-\dfrac{\pi}{4}\right)$或$y=-x+\dfrac{\pi}{4}+\dfrac{1}{2}\ln 2$.

【解】 由$\dfrac{\mathrm{d}y}{\mathrm{d}x}=\dfrac{\mathrm{d}y/\mathrm{d}t}{\mathrm{d}x/\mathrm{d}t}=\dfrac{\frac{1}{2}\cdot\frac{2t}{1+t^2}}{\frac{1}{1+t^2}}=t$, $\left.\dfrac{\mathrm{d}y}{\mathrm{d}x}\right|_{t=1}=1$,所以法线的斜率为$-1$.

当$t=1$时,$x=\arctan 1=\dfrac{\pi}{4}$,$y=\dfrac{1}{2}\ln 2$,法线方程为$y-\dfrac{1}{2}\ln 2=-\left(x-\dfrac{\pi}{4}\right)$或$y=-x+\dfrac{\pi}{4}+\dfrac{1}{2}\ln 2$.

三、隐函数、反函数及参数方程表示的函数的二阶导数

这一部分是导数计算的难点,也是考研的重点,考生需要重点掌握.

1.隐函数的二阶导数

【例 2.4.10】(2012[②]) 设 $y=y(x)$是由方程 $x^2-y+1=e^y$ 所确定的隐函数,则$\left.\frac{d^2y}{dx^2}\right|_{x=0}=$ ________.

【答案】 1.

【解】 方程两边对 x 求导,把 y 看作 x 的函数,得

$$2x-y'=e^y\cdot y'. \tag{2-4-1}$$

当 $x=0$ 时,$y=0$,由式(2-4-1)可得 $y'=0$.

式(2-4-1)两边再对 x 求导得 $2-y''=e^y\cdot y'\cdot y'+e^y\cdot y''$,将 $x=0,y=0,y'=0$ 代入得到$y''=1$,即$\left.\frac{d^2y}{dx^2}\right|_{x=0}=1$.

评 注

考研真题的客观题重点要求考生掌握基本解题方法,通常计算量都不大.

【例 2.4.11】(2007[②]) 已知函数 $f(u)$具有二阶导数,且 $f'(0)=1$,函数 $y=y(x)$由方程 $y-xe^{y-1}=1$ 所确定.设 $z=f(\ln y-\sin x)$,求$\left.\frac{dz}{dx}\right|_{x=0}$,$\left.\frac{d^2z}{dx^2}\right|_{x=0}$.

【解】 由 $x=0$ 得 $y=1$,方程 $y-xe^{y-1}=1$ 两边对 x 求导,则有 $y'-e^{y-1}-xe^{y-1}\cdot y'=0$,由 $x=0$,$y=1$ 可知 $y'=1$.两边再对 x 求导,得

$$y''-2e^{y-1}\cdot y'-xe^{y-1}\cdot y'\cdot y'-xe^{y-1}\cdot y''=0,$$

由 $x=0,y=1,y'=1$ 可知 $y''=2$.

由于 $z=f(\ln y-\sin x)$,所以$\frac{dz}{dx}=f'(\ln y-\sin x)\cdot\left(\frac{1}{y}\cdot y'-\cos x\right)$,$\frac{d^2z}{dx^2}=f''(\ln y-\sin x)\cdot\left(\frac{1}{y}\cdot y'-\cos x\right)^2+f'(\ln y-\sin x)\cdot\left(-\frac{1}{y^2}\cdot y'\cdot y'+\frac{1}{y}\cdot y''+\sin x\right)$,所以

$$\left.\frac{dz}{dx}\right|_{x=0}=0,\qquad \left.\frac{d^2z}{dx^2}\right|_{x=0}=f'(0)(-1+2)=1.$$

评 注

此题是解答题,因此有一定的计算量,重点考查隐函数二阶导数及复合函数的二阶导数.

2.反函数的二阶导数

设 $x=f(y)$是严格单调的可导函数,且 $f'(y)\neq0$,求反函数 $y=f^{-1}(x)$在对应点 x 处的二阶导数.

由反函数的导数知$\frac{dx}{dy}=\frac{1}{dy/dx}=\frac{1}{y'}$,所以$\frac{d^2x}{dy^2}=\frac{d}{dy}\left(\frac{dx}{dy}\right)=\frac{d}{dx}\left(\frac{1}{y'}\right)\Big/\frac{dy}{dx}=-\frac{y''}{(y')^3}$.

评 注

求反函数的二阶导数的关键是:反函数的导数通常表示为 x 的函数,二阶导数需要函数对 y 求导.

【例 2.4.12】 设 $x=f(y)$是 $y=x+\ln x$ 的反函数,求$\frac{d^2x}{dy^2}$.

【解】 $\frac{dx}{dy}=\frac{1}{dy/dx}=\frac{1}{1+\frac{1}{x}}=\frac{x}{x+1}$,

$$\frac{d^2x}{dy^2}=\frac{d}{dy}\left(\frac{dx}{dy}\right)=\frac{d}{dx}\left(\frac{dx}{dy}\right)\cdot\frac{dx}{dy}=\frac{1}{(x+1)^2}\cdot\frac{x}{x+1}=\frac{x}{(x+1)^3}.$$

3.参数方程表示的函数的二阶导数[①②]

设 $x=\varphi(t),y=\psi(t)$ 可导,且 $\varphi'(t)\neq0$,求由参数方程 $\begin{cases}x=\varphi(t),\\y=\psi(t)\end{cases}$ 所确定的函数 $y=y(x)$ 的二阶

导数.

由参数方程的导数知$\frac{dy}{dx}=\frac{dy/dt}{dx/dt}=\frac{\psi'(t)}{\varphi'(t)}$,所以二阶导数为

$$\frac{d^2y}{dx^2}=\frac{d}{dx}\left(\frac{dy}{dx}\right)=\frac{d}{dt}\left(\frac{dy}{dx}\right)\Big/\frac{dx}{dt}=\frac{\psi''(t)\cdot\varphi'(t)-\psi'(t)\varphi''(t)}{\varphi'^3(t)}.$$

评 注

与反函数的二阶导数类似,参数方程表示的函数的导数通常表示为 t 的函数,而二阶导数仍需要函数对 x 求导.

【例 2.4.13】(2013[①])　曲线$\begin{cases}x=\sin t,\\ y=t\sin t+\cos t,\end{cases}$则$\left.\frac{d^2y}{dx^2}\right|_{t=\frac{\pi}{4}}=$________.

【答案】 $\sqrt{2}$.

【解】 由参数方程的导数知$\frac{dy}{dx}=\frac{dy/dt}{dx/dt}=\frac{\sin t+t\cos t-\sin t}{\cos t}=t$,所以二阶导数为$\frac{d^2y}{dx^2}=\frac{d}{dx}\left(\frac{dy}{dx}\right)=\frac{d}{dt}\left(\frac{dy}{dx}\right)\Big/\frac{dx}{dt}=1\cdot\frac{1}{\cos t}$.当$t=\frac{\pi}{4}$时,$\frac{d^2y}{dx^2}=\sqrt{2}$.

【例 2.4.14】 令 $x=\cos t$,变换方程 $\frac{d^2y}{dx^2}-\frac{x}{1-x^2}\cdot\frac{dy}{dx}+\frac{y}{1-x^2}=0$.

分析:变换方程是一种常见题型,主要结合参数方程的导数运算.

【解】 $x=\cos t$,则$\frac{dy}{dx}=\frac{dy}{dt}\Big/\frac{dx}{dt}=(-\csc t)\frac{dy}{dt}$,$\frac{d^2y}{dx^2}=\frac{d}{dx}\left(\frac{dy}{dx}\right)=\frac{d}{dt}\left(\frac{dy}{dx}\right)\Big/\frac{dx}{dt}=(-\csc t)\left(\csc t\cdot\cot t\frac{dy}{dt}-\csc t\frac{d^2y}{dt^2}\right)$,则原方程$\frac{d^2y}{dx^2}-\frac{x}{1-x^2}\cdot\frac{dy}{dx}+\frac{y}{1-x^2}=0$可化为$(-\csc t)\left(\csc t\cdot\cot t\frac{dy}{dt}-\csc t\frac{d^2y}{dt^2}\right)-\frac{\cos t}{\sin^2 t}(-\csc t)\frac{dy}{dt}+\frac{y}{\sin^2 t}=0$,整理得$\frac{d^2y}{dt^2}+y=0$.

第五节　高阶导数

一、高阶导数的概念

1.定义

定义 2.5.1 设函数 $f(x)$ 在任意点 x 处的导数 $f'(x)$ 仍是关于 x 的函数,如果极限$\lim\limits_{\Delta x\to 0}\frac{f'(x+\Delta x)-f'(x)}{\Delta x}$存在,称此极限值为函数 $f(x)$ 在点 x 处的二阶导数,记作 $f''(x)$ 或 y'',$\frac{d^2y}{dx^2}$,$\frac{d^2f(x)}{dx^2}$.

定义 2.5.2 设函数 $f(x)$ 在任意点 x 处的 $n-1$ 阶导数 $f^{(n-1)}(x)$ 存在,如果极限$\lim\limits_{\Delta x\to 0}\frac{f^{(n-1)}(x+\Delta x)-f^{(n-1)}(x)}{\Delta x}$存在,称此极限值为函数 $f(x)$ 在点 x 处的 n 阶导数,记作 $f^{(n)}(x)$ 或 $y^{(n)}$,$\frac{d^ny}{dx^n}$,$\frac{d^nf(x)}{dx^n}$.

【例 2.5.1】 设 $y=x^2e^{-x}+(1+x^2)\arctan x$,求 y''.

【解】 $y'=2xe^{-x}-x^2e^{-x}+2x\arctan x+1$,$y''=2e^{-x}-4xe^{-x}+x^2e^{-x}+2\arctan x+\frac{2x}{1+x^2}$.

【例 2.5.2】 设 $y=x^2\ln x$,求 y'',y'''.

【解】 $y'=2x\ln x+x^2\cdot\frac{1}{x}=2x\ln x+x$,$y''=2\ln x+2x\cdot\frac{1}{x}+1=2\ln x+3$,$y'''=\frac{2}{x}$.

【例 2.5.3】 设 $y=x^{\mu}$,求 $y^{(n)}$.

【解】 $y'=\mu x^{\mu-1}$,$y''=\mu(\mu-1)x^{\mu-2}$,$\cdots$,$y^{(n)}=\mu(\mu-1)\cdot\cdots\cdot(\mu-n+1)x^{\mu-n}$.

评注

当 $\mu=n$ 为整数时，$(x^n)^{(n)}=n!$；当 $m>n$ 时，$(x^n)^{(m)}=0$.

【例 2.5.4】 设 $y=\dfrac{1}{x}$，求 $y^{(n)}$.

【解】 $y'=-\dfrac{1}{x^2},y''=\dfrac{2}{x^3},y'''=-\dfrac{3!}{x^4},\cdots,y^{(n)}=(-1)^n\cdot\dfrac{n!}{x^{n+1}}$.

【例 2.5.5】 设 $y=\sin x$，求 $y^{(n)}$.

【解】 $y'=\cos x=\sin\left(x+\dfrac{\pi}{2}\right),y''=\cos\left(x+\dfrac{\pi}{2}\right)=\sin\left(x+2\cdot\dfrac{\pi}{2}\right),\cdots,y^{(n)}=\sin\left(x+n\cdot\dfrac{\pi}{2}\right)$.

2.常用公式

$$\left(\frac{1}{x}\right)^{(n)}=(-1)^n\cdot\frac{n!}{x^{n+1}},\ (\sin x)^{(n)}=\sin\left(x+n\cdot\frac{\pi}{2}\right),\ (\cos x)^{(n)}=\cos\left(x+n\cdot\frac{\pi}{2}\right).$$

【例 2.5.6】(2007②) 设函数 $y=\dfrac{1}{2x+3}$，则 $y^{(n)}(0)=$________.

【答案】 $\dfrac{(-1)^n\cdot 2^n\cdot n!}{3^{n+1}}$.

【解】 $y=\dfrac{1}{2x+3}=\dfrac{1}{2}\cdot\dfrac{1}{x+\dfrac{3}{2}}$，则 $y^{(n)}=\dfrac{1}{2}\cdot(-1)^n\dfrac{n!}{\left(x+\dfrac{3}{2}\right)^{n+1}}$，

所以 $y^{(n)}(0)=\dfrac{(-1)^n\cdot 2^n\cdot n!}{3^{n+1}}$.

注意：也可以直接求导，$y=\dfrac{1}{2x+3},y'=-\dfrac{2}{(2x+3)^2},y''=\dfrac{2^2\cdot 2}{(2x+3)^3},\cdots$，所以 $y^{(n)}=(-1)^n\cdot\dfrac{2^n\cdot n!}{(2x+3)^{n+1}},y^{(n)}(0)=\dfrac{(-1)^n\cdot 2^n\cdot n!}{3^{n+1}}$.

【例 2.5.7】 设 $y=\sin 3x$，求 $y^{(n)}$.

【解】 $y'=3\cos 3x=3\sin\left(3x+\dfrac{\pi}{2}\right),\ y''=9\cos\left(3x+\dfrac{\pi}{2}\right)=3^2\sin(3x+\pi),\cdots,y^{(n)}=3^n\sin\left(3x+n\cdot\dfrac{\pi}{2}\right)$.

一般公式：$(\sin ax)^{(n)}=a^n\sin\left(ax+n\cdot\dfrac{\pi}{2}\right)$.

评注

常见错误：误认为 $(\sin 3x)^{(n)}=\sin\left(3x+n\cdot\dfrac{\pi}{2}\right)$ 或 $(\sin 3x)^{(n)}=3^n\sin\left[3\left(x+n\cdot\dfrac{\pi}{2}\right)\right]$.

前一个错误是没有考虑复合函数的导数，而后一个错误是公式应用错误.

二、高阶导数的运算法则

1. $(u\pm v)^{(n)}=u^{(n)}\pm v^{(n)}$.

【例 2.5.8】 设 $y=\dfrac{3x-2}{x^2+2x-3}$，求 $y^{(n)}$.

【解】 $y=\dfrac{3x-2}{(x-1)(x+3)}=\dfrac{1}{4}\cdot\dfrac{1}{x-1}+\dfrac{11}{4}\cdot\dfrac{1}{x+3},\ y^{(n)}=\dfrac{1}{4}\cdot\dfrac{(-1)^n\cdot n!}{(x-1)^{n+1}}+\dfrac{11}{4}\cdot\dfrac{(-1)^n\cdot n!}{(x+3)^{n+1}}$.

评注

常用公式：$\dfrac{Ax+B}{(x-a)(x+b)}=\dfrac{Aa+B}{a+b}\cdot\dfrac{1}{x-a}+\dfrac{A(-b)+B}{(-b-a)}\cdot\dfrac{1}{x+b}$.

【例 2.5.9】　函数 $y=\ln(1-2x)$ 在 $x=0$ 处的 n 阶导数 $y^{(n)}(0)=$________.

【答案】　$-2^n\cdot(n-1)!$.

【解】　$y'=\dfrac{1}{1-2x}\cdot(-2)=\dfrac{1}{x-\dfrac{1}{2}}$，则 $y^{(n)}=(-1)^{n-1}\dfrac{(n-1)!}{\left(x-\dfrac{1}{2}\right)^n}$，所以 $y^{(n)}(0)=-2^n\cdot(n-1)!$.

2. $(u\cdot v)^{(n)}=u^{(n)}v+C_n^1u^{(n-1)}v'+\cdots+C_n^ku^{(n-k)}v^{(k)}+\cdots+uv^{(n)}$.

上式称为莱布尼茨公式. 注意：$u^{(0)}=u,u^{(1)}=u'$.

【例 2.5.10】　设 $y=x^2\cos x$，求 $y^{(100)}$.

【解】

$$
\begin{aligned}
y^{(n)}&=x^2(\cos x)^{(100)}+C_{100}^1(x^2)'(\cos x)^{(99)}+C_{100}^{98}(x^2)''(\cos x)^{(98)}\\
&=x^2\cos(x+50\pi)+100\cdot2x\cdot\cos\left(x+\frac{99\pi}{2}\right)+\frac{100\cdot99}{2}\cdot2\cdot\cos(x+49\pi)\\
&=x^2\cos x+200x\sin x-9\ 900\cos x.
\end{aligned}
$$

评 注

莱布尼茨公式是个难点，考生在基础阶段初步了解即可.

第六节　中值定理

一、中值定理

1. 罗尔(Rolle)定理

引理 2.6.1(费马引理)　设函数 $f(x)$ 在区间 $[a,b]$ 上有定义，且在内点 $c(a<c<b)$ 处取得最大值(或最小值)，且 $f'(c)$ 存在，则 $f'(c)=0$.

【证明】　不妨设 $f(x)$ 在内点 c 处取得最大值，则

$$
f'_+(c)=\lim_{x\to c^+}\frac{f(x)-f(c)}{x-c}\leqslant0,\quad f'_-(c)=\lim_{x\to c^-}\frac{f(x)-f(c)}{x-c}\geqslant0,
$$

由于 $f'(c)$ 存在，所以 $f'_+(c)=f'_-(c)$，故 $f'(c)=0$，同理可证取最小值时结论成立，证毕.

定理 2.6.1(罗尔(Rolle)定理)　设函数 $f(x)$ 在闭区间 $[a,b]$ 上连续，开区间 (a,b) 内可导，且 $f(a)=f(b)$，则 $\exists\,\xi\in(a,b)$，使得 $f'(\xi)=0$.

【证明】　函数 $f(x)$ 在闭区间 $[a,b]$ 上连续，所以存在最大值 M 与最小值 m. 如果 $M=m$，则函数 $f(x)\equiv$常数，此时 $f'(x)=0$，ξ 可取 (a,b) 内的任意值. 如果 $M>m$，由于 $f(a)=f(b)$，所以 M,m 中至少有一个在 (a,b) 内 $x=\xi$ 处取得，而函数在开区间 (a,b) 内可导，所以 $f'(\xi)$ 存在，由费马引理知 $f'(\xi)=0$.

注意：罗尔定理的条件只是充分条件，不是必要条件.

【例 2.6.1】　设函数 $f(x)$ 在闭区间 $[0,3]$ 上连续，开区间 $(0,3)$ 内可导，且 $f(0)+f(1)+f(2)=3$，$f(3)=1$. 证明：$\exists\,\xi\in(0,3)$，使得 $f'(\xi)=0$.

【证明】　由于函数 $f(x)$ 在闭区间 $[0,2]$ 上连续，所以在 $[0,2]$ 上存在最大值 M 与最小值 m，故 $m\leqslant\dfrac{f(0)+f(1)+f(2)}{3}\leqslant M$，由介值定理知：$\exists\,\eta\in[0,2]$，使得 $f(\eta)=1$. 又 $f(3)=1$，由罗尔定理知：$\exists\,\xi\in(\eta,3)\subset(0,3)$，使得 $f'(\xi)=0$.

评 注

在证明过程中利用了介值定理及推论 1.3.1. 注意：利用罗尔定理时，重点是有两点的函数值相等！思考：为什么讨论区间 $[0,2]$？

应用罗尔定理证明时，关键是作辅助函数.

【例 2.6.2】　设函数 $f(x),g(x)$ 在 $[a,b]$ 上连续，(a,b) 内可导，且 $f(a)=f(b)=0$. 证明：$\exists\,\xi\in(a,$

$b)$,使得 $f'(\xi)+f(\xi)g'(\xi)=0$.

分析:如果要证明 $f'(\xi)g(\xi)+f(\xi)g'(\xi)=0$,只需作辅助函数 $F(x)=f(x)\cdot g(x)$ 即可.但现在是 $f'(\xi)+f(\xi)g'(\xi)=0$,可变形为$\dfrac{f'(\xi)}{f(\xi)}=-g'(\xi)$,积分得 $\ln f(\xi)=-g(\xi)+C$,即 $f(\xi)\mathrm{e}^{g(\xi)}=C$.

【证明】 作辅助函数 $F(x)=f(x)\cdot \mathrm{e}^{g(x)}$,则 $F(x)$ 满足罗尔定理的条件,$\exists\xi\in(a,b)$,使得$F'(\xi)=0$,即 $f'(\xi)\cdot \mathrm{e}^{g(\xi)}+f(\xi)\cdot \mathrm{e}^{g(\xi)}g'(\xi)=0$,而 $\mathrm{e}^{g(\xi)}\neq 0$,所以 $f'(\xi)+f(\xi)g'(\xi)=0$,证毕.

评注

例 2.6.2 证明中构造的辅助函数可以作为公式结论记住!

2.拉格朗日(Lagrange)中值定理

定理 2.6.2(拉格朗日(Lagrange)中值定理) 设函数 $f(x)$ 在闭区间 $[a,b]$ 上连续,开区间 (a,b) 内可导,则 $\exists\xi\in(a,b)$,使得 $f'(\xi)=\dfrac{f(b)-f(a)}{b-a}$.

【证明】 作辅助函数 $F(x)=f(x)-f(a)-\dfrac{f(b)-f(a)}{b-a}(x-a)$,则 $F(x)$ 在闭区间 $[a,b]$ 上连续,开区间 (a,b) 内可导,且 $F(a)=0$,$F(b)=0$.由罗尔定理知:$\exists\xi\in(a,b)$,使得 $F'(\xi)=0$,即 $f'(\xi)=\dfrac{f(b)-f(a)}{b-a}$,证毕.

$f(b)-f(a)=f'(\xi)(b-a)$ 也称为拉格朗日中值公式.

推论 2.6.1 设函数 $f(x)$ 在 $[a,b]$ 上可导,且 $f'(x)\equiv 0$,则 $f(x)\equiv$ 常数.

推论 2.6.2 设函数 $f(x)$,$g(x)$ 在 $[a,b]$ 上可导,且 $f'(x)\equiv g'(x)$,则 $f(x)-g(x)\equiv$ 常数.

拉格朗日定理的变形:由于 $a<\xi<b$,记 $\theta=\dfrac{\xi-a}{b-a}$,则 $0<\theta<1$,故拉格朗日定理可写作

$$f(b)-f(a)=f'[a+\theta(b-a)](b-a)\quad(0<\theta<1),$$
$$f(x_0+\Delta x)-f(x_0)=f'(x_0+\theta\Delta x)\Delta x\quad(0<\theta<1).$$

拉格朗日中值公式又称为有限增量公式.

【例 2.6.3】 证明函数 $f(x)=\arctan x$ 在 $(-\infty,+\infty)$ 内单调增加.

【证明】 $\forall x_1,x_2\in(-\infty,+\infty)$,且 $x_1<x_2$,由拉格朗日中值定理得 $f(x_2)-f(x_1)=f'(\xi)(x_2-x_1)=\dfrac{1}{1+\xi^2}(x_2-x_1)>0$,所以函数单调增加.

【例 2.6.4】 证明:当 $0<\alpha<\beta<\dfrac{\pi}{2}$ 时,$\dfrac{\beta-\alpha}{\cos^2\alpha}<\tan\beta-\tan\alpha<\dfrac{\beta-\alpha}{\cos^2\beta}$.

【证明】 设 $f(x)=\tan x$,在 $[\alpha,\beta]$ 上应用拉格朗日中值定理,$\dfrac{\tan\beta-\tan\alpha}{\beta-\alpha}=\sec^2\xi$,其中$0<\alpha<\xi<\beta<\dfrac{\pi}{2}$,所以$\dfrac{1}{\cos^2\alpha}<\sec^2\xi<\dfrac{1}{\cos^2\beta}$,整理后即证.

评注

当函数的导函数单调时,拉格朗日中值定理可用于证明双向不等式.

【例 2.6.5】(2011①②) (1)证明:对任意的正整数 n,都有$\dfrac{1}{n+1}<\ln\left(1+\dfrac{1}{n}\right)<\dfrac{1}{n}$成立;

(2)设 $a_n=1+\dfrac{1}{2}+\cdots+\dfrac{1}{n}-\ln n(n=1,2,\cdots)$,证明数列 $\{a_n\}$ 收敛.

【证明】 (1)由拉格朗日定理，$\ln\left(1+\frac{1}{n}\right)=\frac{\ln(n+1)-\ln n}{(n+1)-n}=\frac{1}{\xi}$，其中 $n<\xi<n+1$，所以$\frac{1}{n+1}<\frac{1}{\xi}<\frac{1}{n}$，即$\frac{1}{n+1}<\ln\left(1+\frac{1}{n}\right)<\frac{1}{n}$.

(2)由(1)知，当 $n\geqslant 1$ 时，$a_{n+1}-a_n=\frac{1}{n+1}-\ln\left(1+\frac{1}{n}\right)<0$，所以数列$\{a_n\}$单调减少；又由(1)知 $a_n=1+\frac{1}{2}+\cdots+\frac{1}{n}-\ln n>\ln\left(1+\frac{1}{1}\right)+\ln\left(1+\frac{1}{2}\right)+\cdots+\ln\left(1+\frac{1}{n}\right)-\ln n=\ln(n+1)-\ln n>0$，所以数列$\{a_n\}$有下界，因此数列$\{a_n\}$收敛.

评注

此题考查用拉格朗日中值定理证明双向不等式，注意第一问在第二问中的应用.

通常题目含有两个问题时，第一个问题的答案往往对解决第二个问题是有帮助的.

【例 2.6.6】(2010[②])　设函数 $f(x)$在$[0,1]$上连续，$(0,1)$内可导，且 $f(0)=0, f(1)=\frac{1}{3}$. 证明：$\exists\,\xi\in\left(0,\frac{1}{2}\right),\eta\in\left(\frac{1}{2},1\right)$，使得 $f'(\xi)+f'(\eta)=\xi^2+\eta^2$.

分析：要证明存在两个不同的满足条件的点，需要在不同的区间上两次应用拉格朗日中值定理，注意构造辅助函数非常重要.

【证明】 作辅助函数 $F(x)=f(x)-\frac{x^3}{3}$，分别在$\left[0,\frac{1}{2}\right]$和$\left[\frac{1}{2},1\right]$上应用拉格朗日中值定理，得$F\left(\frac{1}{2}\right)-F(0)=F'(\xi)\left(\frac{1}{2}-0\right), F(1)-F\left(\frac{1}{2}\right)=F'(\eta)\left(1-\frac{1}{2}\right)$，相加得 $F(1)-F(0)=\frac{1}{2}[F'(\xi)+F'(\eta)]$. 由于 $F(1)=F(0)=0$，故 $F'(\xi)+F'(\eta)=0$，证毕.

3. 柯西(Cauchy)中值定理

定理 2.6.3(柯西(Cauchy)中值定理)　设函数 $f(x), g(x)$均在闭区间$[a,b]$上连续，开区间(a,b)内可导，且 $g'(x)\neq 0$，则$\exists\,\xi\in(a,b)$，使得$\frac{f'(\xi)}{g'(\xi)}=\frac{f(b)-f(a)}{g(b)-g(a)}$.

【证明】 作辅助函数 $F(x)=f(x)-f(a)-\frac{f(b)-f(a)}{g(b)-g(a)}[g(x)-g(a)]$，则 $F(x)$在闭区间$[a,b]$上连续，开区间(a,b)内可导，且 $F(a)=0, F(b)=0$. 由罗尔定理知：$\exists\,\xi\in(a,b)$，使得 $F'(\xi)=0$，即 $f'(\xi)-\frac{f(b)-f(a)}{g(b)-g(a)}g'(\xi)=0$，证毕.

【例 2.6.7】　设函数 $f(x)$在$[a,b]\ (a>0)$上连续，(a,b)内可导. 证明：$\exists\,\xi\in(a,b)$，使得$\frac{af(b)-bf(a)}{b-a}=\xi f'(\xi)-f(\xi)$.

分析：当用拉格朗日中值定理找不到一个函数的导数满足要求时，可以考虑找两个函数，应用柯西中值定理证明.

【证明】 考虑函数 $F(x)=\frac{f(x)}{x}, G(x)=\frac{1}{x}$，则 $F(x), G(x)$在$[a,b]$上连续，(a,b)内可导，应用柯西中值定理可知：$\exists\,\xi\in(a,b)$，使得$\frac{F(b)-F(a)}{G(b)-G(a)}=\frac{F'(\xi)}{G'(\xi)}$，即$\frac{\frac{f(b)}{b}-\frac{f(a)}{a}}{\frac{1}{b}-\frac{1}{a}}=\frac{\frac{\xi f'(\xi)-f(\xi)}{\xi^2}}{-\frac{1}{\xi^2}}$，即$\frac{af(b)-bf(a)}{b-a}=$

$\xi f'(\xi)-f(\xi)$,证毕.

【例 2.6.8】 设函数 $f(x)$ 在 $[a,b](a>0)$ 上连续,(a,b) 内可导.证明:$\exists\xi,\eta\in(a,b)$,使得 $abf'(\xi)=\eta^2 f'(\eta)$.

分析:当问题中既含有 ξ 又含有 η 时,往往先从形式比较复杂的考虑,即考虑 $\eta^2 f'(\eta)$,由于找不到一个函数的导数满足条件,故考虑使用柯西中值定理.

【证明】 对 $F(x)=f(x),G(x)=-\dfrac{1}{x}$ 应用柯西中值定理得:$\eta^2 f'(\eta)=\dfrac{f'(\eta)}{\dfrac{1}{\eta^2}}=\dfrac{F'(\eta)}{G'(\eta)}=\dfrac{f(b)-f(a)}{\left(-\dfrac{1}{b}\right)-\left(-\dfrac{1}{a}\right)}=ab\cdot\dfrac{f(b)-f(a)}{b-a}$.而由拉格朗日中值定理得:$\exists\xi\in(a,b)$,使得 $\dfrac{f(b)-f(a)}{b-a}=f'(\xi)$,故 $\eta^2 f'(\eta)=abf'(\xi)$,证毕.

二、洛必达(L'Hospital)法则

1.未定式“$\dfrac{0}{0}$”的定值法

定理 2.6.4 设函数 $f(x)$ 和 $g(x)$ 在点 x_0 的某个去心邻域 $\mathring{U}(x_0,\delta)$ 内有定义,且满足条件:

(1) $\lim\limits_{x\to x_0}f(x)=0,\lim\limits_{x\to x_0}g(x)=0$;

(2) $f(x)$ 和 $g(x)$ 在该去心邻域内可导,且 $g'(x)\neq 0$;

(3) $\lim\limits_{x\to x_0}\dfrac{f'(x)}{g'(x)}=A$($A$ 为常数或 ∞),

则有 $\lim\limits_{x\to x_0}\dfrac{f(x)}{g(x)}=\lim\limits_{x\to x_0}\dfrac{f'(x)}{g'(x)}=A$.

【证明】 补充定义(或改变定义)$f(x_0)=g(x_0)=0$,由(1)可知函数 $f(x)$ 和 $g(x)$ 在点 x_0 连续,在 $(x_0,x_0+\delta)$ 内应用柯西中值定理,则 $\dfrac{f(x)}{g(x)}=\dfrac{f(x)-f(x_0)}{g(x)-g(x_0)}=\dfrac{f'(\xi)}{g'(\xi)}$.当 $x\to x_0^+$ 时,$\xi\to x_0^+$,故 $\lim\limits_{x\to x_0^+}\dfrac{f(x)}{g(x)}=\lim\limits_{\xi\to x_0^+}\dfrac{f'(\xi)}{g'(\xi)}=A$.同理,在 $(x_0-\delta,x_0)$ 内可得到 $\lim\limits_{x\to x_0^-}\dfrac{f(x)}{g(x)}=\lim\limits_{\xi\to x_0^-}\dfrac{f'(\xi)}{g'(\xi)}=A$,所以 $\lim\limits_{x\to x_0}\dfrac{f(x)}{g(x)}=\lim\limits_{\xi\to x_0}\dfrac{f'(\xi)}{g'(\xi)}=A$,证毕.

注意:当 $A=\infty$ 时,可讨论其倒数,结论也成立.当 $x\to\infty$ 时,相应的结论也成立.

【例 2.6.9】 求极限 $\lim\limits_{x\to 0}\dfrac{x-\sin x}{x^3}$.

【解】 $\lim\limits_{x\to 0}\dfrac{x-\sin x}{x^3}=\lim\limits_{x\to 0}\dfrac{1-\cos x}{3x^2}=\dfrac{1}{6}$.

【例 2.6.10】 求极限 $\lim\limits_{x\to 0}\dfrac{x-\ln(1+x)}{x^2}$.

【解】 $\lim\limits_{x\to 0}\dfrac{x-\ln(1+x)}{x^2}=\lim\limits_{x\to 0}\dfrac{1-\dfrac{1}{1+x}}{2x}=\lim\limits_{x\to 0}\dfrac{x}{2x(1+x)}=\dfrac{1}{2}$.

【例 2.6.11】 求极限 $\lim\limits_{x\to+\infty}\dfrac{\pi-2\arctan x}{\ln(1+x)-\ln x}$.

【解】 $\lim\limits_{x\to+\infty}\dfrac{\pi-2\arctan x}{\ln(1+x)-\ln x}=\lim\limits_{x\to+\infty}\dfrac{\pi-2\arctan x}{\ln\left(1+\dfrac{1}{x}\right)}=\lim\limits_{x\to+\infty}\dfrac{\pi-2\arctan x}{\dfrac{1}{x}}=\lim\limits_{x\to+\infty}\dfrac{-2\cdot\dfrac{1}{1+x^2}}{-\dfrac{1}{x^2}}=2$.

评 注

在利用洛必达法则求极限时，尽量先利用等价无穷小代换.

求极限的基本方法(掌握三个步骤)：

(1) 先确定极限存在且不为零的因子；

(2) 等价无穷小代换；

(3) 洛必达法则.

【例 2.6.12】(2009[②])　求极限$\lim\limits_{x\to 0}\dfrac{(1-\cos x)[x-\ln(1+\tan x)]}{\sin^4 x}$.

【解】　$$原式=\frac{1}{2}\lim_{x\to 0}\frac{x-\ln(1+\tan x)}{x^2}=\frac{1}{2}\lim_{x\to 0}\frac{1}{2x}\left(1-\frac{\sec^2 x}{1+\tan x}\right)$$
$$=\frac{1}{4}\lim_{x\to 0}\frac{1+\tan x-\sec^2 x}{x(1+\tan x)}=\frac{1}{4}.$$

注意：$1-\sec^2 x=-\tan^2 x$ 是关于 x 的二阶无穷小，在运算中可去掉，见定理 1.2.15.

评 注

加减运算中不要使用等价无穷小代换！对于复合函数，同样也不要使用等价无穷小代换.

注意比较：$\lim\limits_{x\to 0}\dfrac{x-\ln(1+\tan x)}{x^2}=\dfrac{1}{2}$，而$\lim\limits_{x\to 0}\dfrac{x-\tan x}{x^2}=0$.

$$\lim_{x\to 0}\frac{x-\sin[\ln(1+x)]}{x^2}=\lim_{x\to 0}\frac{1-\cos[\ln(1+x)]\cdot\dfrac{1}{1+x}}{2x}=\lim_{x\to 0}\frac{1+x-\cos[\ln(1+x)]}{2x(1+x)}=\frac{1}{2}，而$$
$\lim\limits_{x\to 0}\dfrac{x-\sin x}{x^2}=0$.

常见错误形式：

$$x-\ln(1+\tan x)\sim x-\tan x，\ x-\sin[\ln(1+x)]\sim x-\sin x(x\to 0).$$

2.未定式“$\dfrac{\infty}{\infty}$”的定值法

定理 2.6.5　设函数 $f(x)$和 $g(x)$在点 x_0 的某个去心邻域$\mathring{U}(x_0,\delta)$内有定义，且满足条件：

(1)$\lim\limits_{x\to x_0}f(x)=\infty$，$\lim\limits_{x\to x_0}g(x)=\infty$；

(2)$f(x)$和 $g(x)$在该去心邻域内可导，且 $g'(x)\neq 0$；

(3)$\lim\limits_{x\to x_0}\dfrac{f'(x)}{g'(x)}=A$($A$ 为常数或∞)，

则有$\lim\limits_{x\to x_0}\dfrac{f(x)}{g(x)}=\lim\limits_{x\to x_0}\dfrac{f'(x)}{g'(x)}=A$.

注意：如果没有条件$\lim\limits_{x\to x_0}f(x)=\infty$，结论也成立. 当 $x\to\infty$时，相应的结论也成立.

【例 2.6.13】　求极限 $\lim\limits_{x\to+\infty}\dfrac{x^m}{a^x}$(其中 $a>1$，m 为正整数).

【解】　$$\lim_{x\to+\infty}\frac{x^m}{a^x}=\lim_{x\to+\infty}\frac{mx^{m-1}}{a^x\ln a}=\lim_{x\to+\infty}\frac{m(m-1)x^{m-2}}{a^x\ln^2 a}=\lim_{x\to+\infty}\frac{m(m-1)\cdot\cdots\cdot 1}{a^x\ln^m a}=0.$$

【例 2.6.14】　求极限 $\lim\limits_{x\to+\infty}\dfrac{\ln^m x}{x}$(其中 m 为正整数).

【解】　$$\lim_{x\to+\infty}\frac{\ln^m x}{x}=\lim_{x\to+\infty}\frac{m\ln^{m-1}x\cdot\dfrac{1}{x}}{1}=m\lim_{x\to+\infty}\frac{\ln^{m-1}x}{x}=\cdots=m!\lim_{x\to+\infty}\frac{1}{x}=0.$$

评注

两个无穷大的商的极限为零表示分母趋于无穷大的速度比分子趋于无穷大的速度快,由例 2.6.13 及例 2.6.14 可得到:

常用结论:无穷大的快慢程度

当 $x\to+\infty$ 时,由快至慢依次为:

x^x, $a^x(a>1)$, $x^k(k>1)$, x, $\ln^k x(k>1)$, $\ln x$.

当 $n\to+\infty$ 时,由快至慢依次为:

n^n, $n!$, $a^n(a>1)$, $n^k(k>1)$, n, $\ln^k n(k>1)$, $\ln n$.

典型例子:当 $a>1$ 时,$\lim\limits_{x\to+\infty}\dfrac{x^{100}}{a^x}=0$, $\lim\limits_{n\to\infty}\dfrac{n^{100}}{a^n}=0$; $\lim\limits_{x\to+\infty}\dfrac{\ln^{100}x}{x}=0$, $\lim\limits_{n\to\infty}\dfrac{\ln^{100}n}{n}=0$.

令 $x=\dfrac{1}{t}$,当 $x\to0^+$ 时,$t\to+\infty$ 可得到变化形式:

$$\lim_{x\to0^+}x\ln^{100}x=\lim_{t\to+\infty}\frac{\ln^{100}\dfrac{1}{t}}{t}=\lim_{t\to+\infty}\frac{\ln^{100}t}{t}=0.$$

【例 2.6.15】(2010③) 设 $f(x)=\ln^{10}x$, $g(x)=x$, $h(x)=\mathrm{e}^{\frac{x}{10}}$,则当 x 充分大时有( ).

(A) $g(x)<h(x)<f(x)$. (B) $h(x)<g(x)<f(x)$.

(C) $f(x)<g(x)<h(x)$. (D) $g(x)<f(x)<h(x)$.

【答案】 (C).

【解】 考生如果掌握了无穷大的快慢程度,马上可得到结论,选(C).

3.其他未定式“$0\cdot\infty,\infty-\infty,1^\infty,\infty^0,0^0$”的定值法

(1)对于未定式“$0\cdot\infty$”,可化为“$\dfrac{0}{0}$”或“$\dfrac{\infty}{\infty}$”.

【例 2.6.16】(2018②) $\lim\limits_{x\to+\infty}x^2[\arctan(x+1)-\arctan x]=$________.

【解】

$$\lim_{x\to+\infty}x^2[\arctan(x+1)-\arctan x]=\lim_{x\to+\infty}\frac{\arctan(x+1)-\arctan x}{\dfrac{1}{x^2}}$$

$$=\lim_{x\to+\infty}\frac{\dfrac{1}{1+(1+x)^2}-\dfrac{1}{1+x^2}}{-\dfrac{2}{x^3}}=\lim_{x\to+\infty}\frac{x^3}{2}\left[\frac{1}{1+x^2}-\frac{1}{1+(1+x)^2}\right]$$

$$=\frac{1}{2}\lim_{x\to+\infty}\frac{[1+(1+x)^2-(1+x^2)]x^3}{(1+x^2)[1+(1+x)^2]}=\frac{1}{2}\lim_{x\to+\infty}\frac{x^3+2x^4}{(1+x^2)[1+(1+x)^2]}$$

$$=\frac{1}{2}\lim_{x\to+\infty}\frac{\dfrac{1}{x}+2}{\left(\dfrac{1}{x^2}+1\right)\left[\dfrac{1}{x^2}+\left(1+\dfrac{1}{x}\right)^2\right]}=\frac{1}{2}\cdot2=1.$$

(2)对于未定式“$\infty-\infty$”,通常可通分化为“$\dfrac{0}{0}$”.

【例 2.6.17】 求极限 $\lim\limits_{x\to\frac{\pi}{2}}(\tan x-\sec x)$.

【解】 $\lim\limits_{x\to\frac{\pi}{2}}(\tan x-\sec x)=\lim\limits_{x\to\frac{\pi}{2}}\dfrac{\sin x-1}{\cos x}=\lim\limits_{x\to\frac{\pi}{2}}\dfrac{\cos x}{-\sin x}=0.$

【例 2.6.18】 求极限 $\lim\limits_{x\to0}\left(\dfrac{1}{x^2}-\dfrac{1}{\sin^2 x}\right)$.

【解】 $\lim\limits_{x\to0}\left(\frac{1}{x^2}-\frac{1}{\sin^2x}\right)=\lim\limits_{x\to0}\frac{\sin^2x-x^2}{x^2\sin^2x}=\lim\limits_{x\to0}\frac{(\sin x+x)(\sin x-x)}{x^4}$，由于 $\lim\limits_{x\to0}\frac{\sin x+x}{x}=2$，$\lim\limits_{x\to0}\frac{\sin x-x}{x^3}=-\frac{1}{6}$，所以原式 $=-\frac{1}{3}$.

评注

此题体现了求极限的基本方法的应用.

【例 2.6.19】(2018[③]) 已知实数 a,b 满足 $\lim\limits_{x\to+\infty}[(ax+b)\mathrm{e}^{\frac{1}{x}}-x]=2$，求 a,b.

【解】 令 $\frac{1}{x}=t$，则 $\lim\limits_{x\to+\infty}[(ax+b)\mathrm{e}^{\frac{1}{x}}-x]=\lim\limits_{t\to0^+}\frac{(a+bt)\mathrm{e}^t-1}{t}=2$.

由 $\lim\limits_{t\to0^+}t=0$ 知，$\lim\limits_{t\to0^+}(a+bt)\mathrm{e}^t-1=a-1=0$，得 $a=1$；代入得

$$2=\lim_{t\to0^+}\frac{(1+bt)\mathrm{e}^t-1}{t}=\lim_{t\to0^+}\frac{\mathrm{e}^t-1}{t}+\lim_{t\to0^+}\frac{bt\mathrm{e}^t}{t}=1+b,$$

从而 $b=1$.

综上可得，$a=1,b=1$.

(3)对于未定式“$1^\infty,\infty^0,0^0$”，通用方法是利用 $u^v=\mathrm{e}^{v\ln u}$，化为“$0\cdot\infty$”.

【例 2.6.20】 求极限 $\lim\limits_{x\to0}\left[\frac{\ln(1+x)}{x}\right]^{\frac{1}{\mathrm{e}^x-1}}$.

分析：这是未定式“1^∞”的极限.

【解】 **解法一** $\lim\limits_{x\to0}\left[\frac{\ln(1+x)}{x}\right]^{\frac{1}{\mathrm{e}^x-1}}=\lim\limits_{x\to0}\left[1+\frac{\ln(1+x)-x}{x}\right]^{\frac{1}{\mathrm{e}^x-1}}$

$$=\exp\left\{\lim_{x\to0}\frac{\ln(1+x)-x}{x}\cdot\frac{1}{\mathrm{e}^x-1}\right\}=\exp\left\{\lim_{x\to0}\frac{\ln(1+x)-x}{x^2}\right\}=\mathrm{e}^{-\frac{1}{2}}.$$

注意：其中 $\exp\{x\}=\mathrm{e}^x$，利用了例 2.6.10 的结论.

解法二 原式 $=\lim\limits_{x\to0}\exp\left\{\frac{1}{\mathrm{e}^x-1}\cdot\ln\frac{\ln(1+x)}{x}\right\}$

$$=\exp\left\{\lim_{x\to0}\frac{\ln[\ln(1+x)]-\ln x}{x}\right\}=\exp\left\{\lim_{x\to0}\left[\frac{1}{\ln(1+x)}\cdot\frac{1}{1+x}-\frac{1}{x}\right]\right\}$$

$$=\exp\left\{\lim_{x\to0}\frac{x-(1+x)\ln(1+x)}{x(1+x)\ln(1+x)}\right\}=\exp\left\{\lim_{x\to0}\frac{x-(1+x)\ln(1+x)}{x^2}\right\}$$

$$=\exp\left\{\lim_{x\to0}\frac{1-1-\ln(1+x)}{2x}\right\}=\mathrm{e}^{-\frac{1}{2}}.$$

【例 2.6.21】 求极限 $\lim\limits_{x\to0^+}(\cot x)^{\frac{1}{\ln x}}$.

分析：这是未定式“∞^0”的极限.

【解】 $\lim\limits_{x\to0^+}(\cot x)^{\frac{1}{\ln x}}=\exp\left\{\lim\limits_{x\to0^+}\frac{1}{\ln x}\cdot\ln(\cot x)\right\}=\exp\left\{\lim\limits_{x\to0^+}\frac{\frac{1}{\cot x}\cdot(-\csc^2x)}{\frac{1}{x}}\right\}$

$$=\exp\left\{-\lim_{x\to0^+}\frac{x}{\cos x\cdot\sin x}\right\}=\mathrm{e}^{-1}.$$

【例 2.6.22】(2010[③]) 求极限 $\lim\limits_{x\to+\infty}(x^{\frac{1}{x}}-1)^{\frac{1}{\ln x}}$.

分析：这是未定式“0^0”的极限，注意 $x^{\frac{1}{x}}=\mathrm{e}^{\frac{1}{x}\ln x}\to\mathrm{e}^0=1(x\to+\infty)$.

【解】 $\lim\limits_{x\to+\infty}(x^{\frac{1}{x}}-1)^{\frac{1}{\ln x}}=\lim\limits_{x\to+\infty}\exp\left\{\frac{1}{\ln x}\cdot\ln(x^{\frac{1}{x}}-1)\right\}$，而

$$\lim_{x\to+\infty}\frac{\ln(x^{\frac{1}{x}}-1)}{\ln x}=\lim_{x\to+\infty}\frac{\ln(e^{\frac{1}{x}\ln x}-1)}{\ln x}=\lim_{x\to+\infty}\frac{x}{e^{\frac{1}{x}\ln x}-1}\cdot e^{\frac{1}{x}\ln x}\cdot\frac{1-\ln x}{x^2}=\lim_{x\to+\infty}\frac{1}{\frac{1}{x}\ln x}\cdot\frac{1-\ln x}{x}=-1,$$

所以原式$=e^{-1}$.

评 注

考生应该掌握此题解答中求极限的基本方法的应用.

4. 洛必达法则无效的一些典型例题

【例 2.6.23】 求下列极限:

(1)$\lim\limits_{x\to\infty}\dfrac{x+\cos x}{x+\sin x}$; (2)$\lim\limits_{x\to0}\dfrac{x^2\sin\frac{1}{x}}{\ln(1+x)}$.

【解】 (1)$\lim\limits_{x\to\infty}\dfrac{x+\cos x}{x+\sin x}=\lim\limits_{x\to\infty}\dfrac{1+\frac{\cos x}{x}}{1+\frac{\sin x}{x}}=1$.

评 注

如果直接应用洛必达法则,将得到$\lim\limits_{x\to\infty}\dfrac{x+\cos x}{x+\sin x}=\lim\limits_{x\to\infty}\dfrac{1-\sin x}{1+\cos x}$不存在的错误结论.

(2)$\lim\limits_{x\to0}\dfrac{x^2\sin\frac{1}{x}}{\ln(1+x)}=\lim\limits_{x\to0}x\sin\dfrac{1}{x}=0$.

评 注

如果直接应用洛必达法则,将得到$\lim\limits_{x\to0}\dfrac{x^2\sin\frac{1}{x}}{\ln(1+x)}=\lim\limits_{x\to0}\dfrac{2x\sin\frac{1}{x}+x^2\cos\frac{1}{x}\cdot\left(-\frac{1}{x^2}\right)}{\frac{1}{1+x}}$不存在的错误结论.

三、泰勒(Taylor)定理

1. 泰勒(Taylor)定理

定理 2.6.6 设函数 $f(x)$在点 x_0 的邻域内有定义,且在 x_0 处有 n 阶导数,则

$$f(x)=f(x_0)+f'(x_0)(x-x_0)+\frac{1}{2!}f''(x_0)(x-x_0)^2+\cdots+\frac{1}{n!}f^{(n)}(x_0)(x-x_0)^n+R_n(x),\tag{2-6-1}$$

其中 $R_n(x)=o[(x-x_0)^n]$称为佩亚诺(Peano)型余项,式(2-6-1)称为 n 阶带佩亚诺型余项的泰勒公式.

【证明】 记 $P_n(x)=f(x_0)+f'(x_0)(x-x_0)+\frac{1}{2!}f''(x_0)(x-x_0)^2+\cdots+\frac{1}{n!}f^{(n)}(x_0)(x-x_0)^n$,而 $R_n(x)=f(x)-P_n(x)$,由于 $P_n^{(k)}(x_0)=f_n^{(k)}(x_0)(1\leqslant k\leqslant n)$,所以 $R_n(x_0)=R_n'(x_0)=R_n''(x_0)=\cdots=R_n^{(n)}(x_0)=0$.

应用 $n-1$ 次洛必达法则得

$$\lim_{x\to x_0}\frac{R_n(x)}{(x-x_0)^n}=\lim_{x\to x_0}\frac{R_n'(x)}{n(x-x_0)^{n-1}}=\cdots=\lim_{x\to x_0}\frac{R_n^{(n-1)}(x)-R_n^{(n-1)}(x_0)}{n!(x-x_0)}=\frac{R_n^{(n)}(x_0)}{n!}=0,$$

所以 $R_n(x)=o[(x-x_0)^n]$,证毕.

定理 2.6.7 设函数 $f(x)$在包含点 x_0 的区间(a,b)内有 $n+1$ 阶导数,则对 $\forall x\in(a,b)(x\neq x_0)$,有

$$f(x)=f(x_0)+f'(x_0)(x-x_0)+\frac{1}{2!}f''(x_0)(x-x_0)^2+\cdots+\frac{1}{n!}f^{(n)}(x_0)(x-x_0)^n+R_n(x),\tag{2-6-2}$$

其中 $R_n(x)=\dfrac{1}{(n+1)!}f^{(n+1)}(\xi)(x-x_0)^{n+1}$ 称为拉格朗日(Lagrange)型余项，式(2-6-2)称为 n 阶带拉格朗日型余项的泰勒公式.

【证明】 记 $P_n(x)=f(x_0)+f'(x_0)(x-x_0)+\dfrac{1}{2!}f''(x_0)(x-x_0)^2+\cdots+\dfrac{1}{n!}f^{(n)}(x_0)(x-x_0)^n$，而 $R_n(x)=f(x)-P_n(x)$，由于 $P_n^{(k)}(x_0)=f_n^{(k)}(x_0)(1\leqslant k\leqslant n)$，所以 $R_n(x_0)=R_n'(x_0)=R_n''(x_0)=\cdots=R_n^{(n)}(x_0)=0$.

应用 $n+1$ 次柯西中值定理得

$$\frac{R_n(x)}{(x-x_0)^{n+1}}=\frac{R_n(x)-R_n(x_0)}{(x-x_0)^{n+1}-(x_0-x_0)^{n+1}}=\frac{R_n'(\xi_1)}{(n+1)(\xi_1-x_0)^n}(\xi_1\text{ 介于 }x_0\text{ 和 }x\text{ 之间})$$

$$=\frac{R_n'(\xi_1)-R_n'(x_0)}{(n+1)(\xi_1-x_0)^n-(n+1)(x_0-x_0)^n}=\frac{R_n''(\xi_2)}{(n+1)\cdot n\cdot(\xi_2-x_0)^{n-1}}(\xi_2\text{ 介于 }x_0\text{ 和 }\xi_1\text{ 之间})$$

$$=\cdots=\frac{R_n^{(n)}(\xi_n)}{(n+1)!\,(\xi_n-x_0)}=\frac{R_n^{(n)}(\xi_n)-R_n^{(n)}(x_0)}{(n+1)!\,(\xi_n-x_0)-(n+1)!\,(x_0-x_0)}$$

$$=\frac{R_n^{(n+1)}(\xi)}{(n+1)!}(\xi\text{ 介于 }x_0\text{ 和 }\xi_n\text{ 之间}),$$

由于 $P_n^{(n+1)}(x)=0$，所以 $R_n^{(n+1)}(\xi)=f^{(n+1)}(\xi)$，故 $R_n(x)=\dfrac{f^{(n+1)}(\xi)}{(n+1)!}(x-x_0)^{n+1}$，证毕.

注意：当 $x_0=0$ 时，n 阶泰勒公式又称为 n 阶麦克劳林(Maclaurin)公式.

【例 2.6.24】 将函数 $f(x)=\sin x$ 展开为 $2n$ 阶麦克劳林公式.

【解】 由于 $f^{(k)}(x)=(\sin x)^{(k)}=\sin\left(x+\dfrac{k\pi}{2}\right),k=0,1,2,\cdots,$

所以 $f^{(2k)}(0)=0,f^{(2k-1)}(0)=\sin\left(k\pi-\dfrac{\pi}{2}\right)=-\cos k\pi=(-1)^{k-1},k=0,1,2,\cdots,$

故函数 $\sin x$ 的 $2n$ 阶麦克劳林公式为

$$\sin x=x-\frac{1}{3!}x^3+\frac{1}{5!}x^5-\cdots+(-1)^{n-1}\frac{1}{(2n-1)!}x^{2n-1}+R_{2n}(x),$$

其中 $R_{2n}(x)=o(x^{2n})$ 或 $R_{2n}(x)=(-1)^n\dfrac{\cos\theta x}{(2n+1)!}\cdot x^{2n+1}(0<\theta<1)$.

2. 一些简单函数的麦克劳林公式

$e^x=1+x+\dfrac{1}{2!}x^2+\cdots+\dfrac{1}{n!}x^n+R_n(x)$，其中 $R_n(x)=o(x^n)$ 或 $R_n(x)=\dfrac{e^{\theta x}}{(n+1)!}\cdot x^{n+1}(0<\theta<1)$.

$\sin x=x-\dfrac{1}{3!}x^3+\dfrac{1}{5!}x^5-\cdots+(-1)^{n-1}\dfrac{1}{(2n-1)!}x^{2n-1}+R_{2n}(x)$，其中 $R_{2n}(x)=o(x^{2n})$ 或 $R_{2n}(x)=(-1)^n\dfrac{\cos\theta x}{(2n+1)!}\cdot x^{2n+1}(0<\theta<1)$.

$\cos x=1-\dfrac{1}{2!}x^2+\dfrac{1}{4!}x^4-\cdots+(-1)^n\dfrac{1}{(2n)!}x^{2n}+R_{2n+1}(x)$，其中 $R_{2n+1}(x)=o(x^{2n+1})$ 或 $R_{2n+1}(x)=(-1)^{n+1}\dfrac{\sin\theta x}{(2n+2)!}\cdot x^{2n+2}(0<\theta<1)$.

$\dfrac{1}{1+x}=1-x+x^2-\cdots+(-1)^nx^n+R_n(x)$，其中 $R_n(x)=o(x^n)$ 或 $R_n(x)=\dfrac{(-1)^{n+1}}{(1+\theta x)^{n+2}}\cdot x^{n+1}(0<\theta<1)$.

$\ln(1+x)=x-\dfrac{1}{2}x^2+\dfrac{1}{3}x^3-\cdots+(-1)^{n-1}\dfrac{1}{n}x^n+R_n(x)$，其中 $R_n(x)=o(x^n)$ 或 $R_n(x)=\dfrac{(-1)^n}{(n+1)(1+\theta x)^{n+1}}\cdot x^{n+1}(0<\theta<1)$.

3. 泰勒公式的应用

(1)带皮亚诺型余项的泰勒公式

主要用于解决与极限相关的问题:求极限,找等价无穷小,确定无穷小的阶.在应用时,一般题目中出现 e^x,$\sin x$,$\cos x$,$\ln(1+x)$,展开原则如下:

$\frac{A}{B}$型:如果是分式,则展开后分子分母的次数要保持一样;

$A-B$型:展开到首个系数不为0的幂函数.

比如:$x-\sin x=x-\left(x-\frac{1}{3!}x^3+o(x^3)\right)=\frac{1}{6}x^3+o(x^3)$,因为 x 消掉了,所以展开到 x^3.

$x\to x_0$,$f(x)\to 0$,假设展开后得 $f(x)=A(x-x_0)^n+o(x-x_0)^n$,则

$$f(x)\sim A(x-x_0)^n.$$

反之也对,例如 $x-\sin x\sim\frac{1}{6}x^3$,则 $x-\sin x=\frac{1}{6}x^3+o(x^3)$.

(2)带拉格朗日型余项的泰勒公式

主要用于解决与高阶导数相关的证明题.

【例 2.6.25】 求极限 $\lim\limits_{x\to 0}\frac{e^{-\frac{1}{2}x^2}-\cos x}{x^4}$.

【解】 利用泰勒公式,$e^x=1+x+\frac{1}{2!}x^2+o(x^2)$,所以 $e^{-\frac{1}{2}x^2}=1+\left(-\frac{1}{2}x^2\right)+\frac{1}{2}\left(-\frac{1}{2}x^2\right)^2+o(x^4)$.

又 $\cos x=1-\frac{1}{2}x^2+\frac{1}{4!}x^4+o(x^4)$,原式$=\lim\limits_{x\to 0}\frac{\left(\frac{1}{8}-\frac{1}{4!}\right)x^4+o(x^4)}{x^4}=\frac{1}{12}$.

评注

此题主要利用带佩亚诺型余项的泰勒公式求极限,考生要掌握间接方法.

【例 2.6.26】(2012③) 求极限 $\lim\limits_{x\to 0}\frac{e^{x^2}-e^{2-2\cos x}}{x^4}$.

【解】 **解法一**
$$\lim_{x\to 0}\frac{e^{x^2}-e^{2-2\cos x}}{x^4}=\lim_{x\to 0}\frac{e^{2-2\cos x}(e^{x^2-2+2\cos x}-1)}{x^4}=\lim_{x\to 0}\frac{x^2-2+2\cos x}{x^4}$$
$$=\lim_{x\to 0}\frac{2x-2\sin x}{4x^3}=\frac{1}{12}.$$

注意:利用常用结论$\lim\limits_{x\to 0}\frac{x-\sin x}{x^3}=\frac{1}{6}$.

解法二 利用泰勒公式 $\cos x=1-\frac{1}{2!}x^2+\frac{1}{4!}x^4+o(x^4)$,则

$$\lim_{x\to 0}\frac{e^{x^2}-e^{2-2\cos x}}{x^4}=\lim_{x\to 0}\frac{e^{2-2\cos x}(e^{x^2-2+2\cos x}-1)}{x^4}=\lim_{x\to 0}\frac{x^2-2+2\cos x}{x^4}=\frac{2}{4!}=\frac{1}{12}.$$

评注

考生要掌握本题解答过程中等价无穷小的灵活运用.

【例 2.6.27】(2012②) 已知函数 $f(x)=\frac{1+x}{\sin x}-\frac{1}{x}$,记 $a=\lim\limits_{x\to 0}f(x)$.

(1)求 a 的值;

(2)若当 $x\to 0$ 时,$f(x)-a$ 与 x^k 是同阶无穷小,求常数 k 的值.

【解】 (1)$a=\lim\limits_{x\to 0}f(x)=\lim\limits_{x\to 0}\left(\frac{1+x}{\sin x}-\frac{1}{x}\right)=\lim\limits_{x\to 0}\frac{x^2+x-\sin x}{x\sin x}$.

由于 $x-\sin x\sim\frac{1}{6}x^3$ 是 x^2 的高阶无穷小,故可略去,所以 $a=1$.

(2)而 $f(x)-a=\dfrac{1+x}{\sin x}-\dfrac{1}{x}-1=\dfrac{1+x}{\sin x}-\dfrac{1+x}{x}=\dfrac{(1+x)(x-\sin x)}{x\sin x}\sim\dfrac{1}{6}x(x\to 0)$,所以 $k=1$.

【例 2.6.28】 (2014[③]) 设 $p(x)=a+bx+cx^2+dx^3$,当 $x\to 0$ 时,若 $p(x)-\tan x$ 是比 x^3 高阶的无穷小,则下列选项中错误的是(　　).

(A)$a=0$.　　(B)$b=1$.　　(C)$c=0$.　　(D)$d=\dfrac{1}{6}$.

【答案】 (D).

【解】 由已知 $p(x)-\tan x=o(x^3)$.

因为 $\tan x-x\sim\dfrac{1}{3}x^3$,所以 $\tan x-x=\dfrac{1}{3}x^3+o(x^3)$,即 $\tan x=x+\dfrac{1}{3}x^3+o(x^3)$,所以 $p(x)-\tan x$ $=a+(b-1)x+cx^2+\left(d-\dfrac{1}{3}\right)x^3+o(x^3)=o(x^3)$,所以 $a=0,b=1,c=0,d=\dfrac{1}{3}$. 故选(D).

【例 2.6.29】 设 $f(x)$ 在 $[-1,1]$ 上有三阶连续导数,且 $f(-1)=0,f(1)=1,f'(0)=0$.

证明:存在 $\xi\in(-1,1)$,使得 $f'''(\xi)=3$.

【证明】 由二阶泰勒公式得

$$f(1)=f(0)+\frac{1}{2!}f''(0)+\frac{1}{3!}f'''(\xi_1)(0<\xi_1<1),$$

$$f(-1)=f(0)+\frac{1}{2!}f''(0)-\frac{1}{3!}f'''(\xi_2)(-1<\xi_2<0),$$

相减即得 $1=\dfrac{1}{6}[f'''(\xi_1)+f'''(\xi_2)]$.

由于函数有三阶连续导数,所以 $\exists\,\xi\in[\xi_2,\xi_1]\subset(-1,1)$,使得 $f'''(\xi)=\dfrac{1}{2}[f'''(\xi_1)+f'''(\xi_2)]=3$,证毕.

评 注

利用泰勒公式证明题目的关键是选好 x,x_0,注意此题后一部分利用了例 1.3.8 的结果.

第七节　导数的应用

一、函数的单调性

定理 2.7.1 设函数 $y=f(x)$ 在 $[a,b]$ 上连续,(a,b) 内可导.

(1)若 $\forall x\in(a,b)$,$f'(x)>0$,则函数在 $[a,b]$ 上单调增加;

(2)若 $\forall x\in(a,b)$,$f'(x)<0$,则函数在 $[a,b]$ 上单调减少.

【证明】 $\forall x_1,x_2\in(a,b)$,当 $x_1<x_2$ 时,由拉格朗日中值定理知 $f(x_2)-f(x_1)=f'(\xi)(x_2-x_1)$,由 $f'(x)>0$ 得 $f(x_2)>f(x_1)$,即函数 $f(x)$ 在 (a,b) 内单调增加. 同理可证结论(2)成立.

评 注

单调性是函数在一个区间的性质,若 $f'(x_0)>0$,得不到函数在 x_0 的附近单调递增,例如 $f(x)=\begin{cases}x+2x^2\sin\dfrac{1}{x}, & x\neq 0,\\ 0, & x=0\end{cases}$ $f'(0)=\lim\limits_{x\to 0}\dfrac{f(x)-f(0)}{x}=\lim\limits_{x\to 0}\left(1+2x\sin\dfrac{1}{x}\right)=1>0$,但是 $f(x)$ 在 $x=0$ 附近是震荡的,如图:

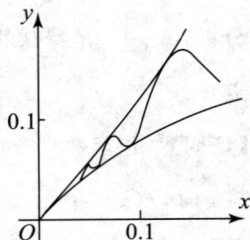

1. 划分函数的单调区间

【例 2.7.1】 确定函数 $f(x)=x^2(x-1)^3$ 的单调区间.

【解】 $f'(x)=2x(x-1)^3+3x^2(x-1)^2=x(x-1)^2(5x-2)$,由 $f'(x)=0$ 得 $x=0,\frac{2}{5},1$.显然,当 $x<0$ 或 $x>\frac{2}{5}$ 时 $f'(x)>0$,所以函数 $f(x)$ 在 $(-\infty,0)$,$\left(\frac{2}{5},1\right)$,$(1,+\infty)$ 内单调增加;当 $0<x<\frac{2}{5}$ 时 $f'(x)<0$,所以函数 $f(x)$ 在 $\left(0,\frac{2}{5}\right)$ 内单调减少.

评注

一般利用导数为零的点来划分单调区间,有些情况下,导数不存在的点也可用来划分单调区间.

【例 2.7.2】 确定函数 $f(x)=\sqrt[3]{x^2}-x$ 的单调区间.

【解】 $f'(x)=\frac{2}{3\sqrt[3]{x}}-1=\frac{2-3\sqrt[3]{x}}{3\sqrt[3]{x}}$,$f'(x)=0\Rightarrow x=\frac{8}{27}$.在 $x=0$ 处 $f'(x)$ 不存在,函数在 $\left(0,\frac{8}{27}\right)$ 内单调增加,在 $(-\infty,0)$,$\left(\frac{8}{27},+\infty\right)$ 内单调减少.

2. 证明不等式

证明不等式的基本步骤:

(1) 作函数;

(2) 找零点;

(3) 求导数;

(4) 判定导数符号,单调性叙述.

【例 2.7.3】 设 $e<a<b<e^2$,证明 $\ln^2 b-\ln^2 a>\frac{4}{e^2}(b-a)$.

分析:不能直接判定导数的符号时,可利用二阶导数.

【证明】 作函数 $f(x)=\ln^2 x-\ln^2 a-\frac{4}{e^2}(x-a)$,$f(a)=0$,$f'(x)=2\ln x\cdot\frac{1}{x}-\frac{4}{e^2}$.

$f'(e^2)=0$,$f''(x)=2\cdot\frac{1-\ln x}{x^2}<0\,(e<x<e^2)$,所以 $f'(x)$ 单调减少,故当 $e<x<e^2$ 时,$f'(x)>f'(e^2)=0$,所以函数单调增加,故当 $b>a$ 时,$f(b)>f(a)$,证毕.

评注

一般地,考研真题中要求用二阶导数来判定导数的符号.

【例 2.7.4】(2012①②③) 证明:$x\ln\frac{1+x}{1-x}+\cos x\geqslant 1+\frac{1}{2}x^2\,(-1<x<1)$.

分析:$\ln\frac{1+x}{1-x}$ 是特殊的奇函数,所以 $x\ln\frac{1+x}{1-x}$ 是偶函数(见本书第一章重要公式结论与方法技巧的第 2 点).

【证明】 作函数 $f(x)=x\ln\frac{1+x}{1-x}+\cos x-1-\frac{1}{2}x^2$,$f(0)=0$.由于 $f(x)$ 是偶函数,所以只需证明 $0\leqslant x<1$ 时,$f(x)>0$.

$$f'(x)=\ln\frac{1+x}{1-x}+x\left[\frac{1-x}{1+x}\cdot\frac{2}{(1-x)^2}\right]-\sin x-x=\ln\frac{1+x}{1-x}+\frac{2x}{1-x^2}-\sin x-x,$$

$f'(0)=0$,$f''(x)=\frac{2}{1-x^2}+\frac{2(1+x^2)}{(1-x^2)^2}-\cos x-1=\frac{4}{(1-x^2)^2}-\cos x-1$,当 $0\leqslant x<1$ 时,$\frac{4}{(1-x^2)^2}\geqslant 4$,所以

$f''(x)\geqslant 4-\cos x-1\geqslant 2>0$，所以 $f'(x)$ 单调增加. 当 $0\leqslant x<1$ 时，$f'(x)>f'(0)=0\Rightarrow f(x)>f(0)=0$. 由于 $f(x)$ 是偶函数，当 $-1<x\leqslant 0$ 时，同样有 $f(x)>f(0)=0$，证毕.

评注

考生应该熟练掌握证明不等式的四个基本步骤.

3. 讨论方程的根

【例 2.7.5】(2012[2])　(1)证明方程 $x^n+x^{n-1}+\cdots+x=1$($n>1$ 为整数)在区间 $\left(\frac{1}{2},1\right)$ 内有且仅有一个实根；

(2)记(1)中的实根为 x_n，证明 $\lim\limits_{n\to\infty}x_n$ 存在，并求此极限.

(1)**【证明】**　作函数 $f(x)=x^n+x^{n-1}+\cdots+x-1(n>1)$，则 $f(x)$ 在区间 $\left[\frac{1}{2},1\right]$ 上连续且 $f\left(\frac{1}{2}\right)=\dfrac{\frac{1}{2}\left(1-\frac{1}{2^n}\right)}{1-\frac{1}{2}}-1=-\frac{1}{2^n}<0$，$f(1)=n-1>0$，所以方程 $f(x)=0$ 在区间 $\left(\frac{1}{2},1\right)$ 内至少有一个实根. 而当 $\frac{1}{2}<x<1$ 时，$f'(x)=nx^{n-1}+(n-1)x^{n-2}+\cdots+2x+1>0$，函数 $f(x)$ 单调增加，故方程 $f(x)=0$ 在 $\left(\frac{1}{2},1\right)$ 内仅有一个实根.

(2)**【解】**　记(1)中的实根为 x_n，则 $x_n\in\left(\frac{1}{2},1\right)$，故 $\{x_n\}$ 有界. 而 $x_n^n+x_n^{n-1}+\cdots+x_n=1$，又 $x_{n+1}^{n+1}+x_{n+1}^n+\cdots+x_{n+1}=1$，由 $x_{n+1}^{n+1}>0$，所以 $x_n^n+x_n^{n-1}+\cdots+x_n>x_{n+1}^n+\cdots+x_{n+1}$，于是 $x_n>x_{n+1}(n=1,2,\cdots)$，故 $\{x_n\}$ 单调减少，所以 $\{x_n\}$ 收敛.

设 $\lim\limits_{n\to\infty}x_n=a$，则 $\frac{1}{2}<a<1$，由 $\frac{x_n(1-x_n^n)}{1-x_n}=1$，得 $\frac{a}{1-a}=1$，故 $a=\frac{1}{2}$.

【例 2.7.6】(2017[3])　已知方程 $\frac{1}{\ln(1+x)}-\frac{1}{x}=k$ 在区间 $(0,1)$ 内有实根，确定常数 k 的取值范围.

【解】　令 $f(x)=\frac{1}{\ln(1+x)}-\frac{1}{x}=\frac{x-\ln(1+x)}{x\ln(1+x)}$，$x\in(0,1]$，

则 $\lim\limits_{x\to0^+}f(x)=\lim\limits_{x\to0^+}\frac{x-\ln(1+x)}{x\ln(1+x)}=\lim\limits_{x\to0^+}\frac{\frac{1}{2}x^2}{x^2}=\frac{1}{2}$，$f(1)=\frac{1-\ln 2}{\ln 2}>0$.

又 $f'(x)=\dfrac{\ln^2(1+x)-\frac{x^2}{1+x}}{[x\ln(1+x)]^2}$，再令 $g(x)=\ln^2(1+x)-\frac{x^2}{1+x}$，$x\in[0,1]$，

则 $g'(x)=\frac{2\ln(1+x)}{1+x}-\frac{2x(1+x)-x^2}{(1+x)^2}=\frac{2(1+x)\ln(1+x)-2x-x^2}{(1+x)^2}$.

又令 $\varphi(x)=2(1+x)\ln(1+x)-2x-x^2$，$x\in[0,1]$，

则 $\varphi'(x)=2\ln(1+x)+2-2-2x=2[\ln(1+x)-x]<0$，$x\in(0,1)$，

从而 $\varphi(x)<\varphi(0)=0$，则 $g'(x)<0$，即 $g(x)<g(0)=0$，进而得 $f'(x)<0$，故 $f(x)$ 在 $(0,1)$ 上单调递减.

即当 $\frac{1-\ln 2}{\ln 2}<k<\frac{1}{2}$ 时，方程 $\frac{1}{\ln(1+x)}-\frac{1}{x}=k$ 有实根.

【例 2.7.7】(2011[3])　证明方程 $4\arctan x-x+\frac{4\pi}{3}-\sqrt{3}=0$ 恰有两个实根.

【证明】　作函数 $f(x)=4\arctan x-x+\frac{4\pi}{3}-\sqrt{3}$，$f'(x)=\frac{4}{1+x^2}-1=\frac{3-x^2}{1+x^2}$，$f'(x)=0\Rightarrow x=\pm\sqrt{3}$，

所以 $f(x)$ 在 $(-\infty,-\sqrt{3})$，$(\sqrt{3},+\infty)$ 内单调减少，在 $(-\sqrt{3},\sqrt{3})$ 内单调增加. 因此 $f(-\sqrt{3})=0$ 是极小值，$f(\sqrt{3})=2\left(\frac{4\pi}{3}-\sqrt{3}\right)>0$ 是极大值，又由 $\lim\limits_{x\to+\infty}f(x)=-\infty$，所以方程在 $(\sqrt{3},+\infty)$ 内有一个根，所以原方程 $f(x)=0$ 恰有两个实根.

二、极值

1. 极值的定义

定义 2.7.1 设函数 $f(x)$ 在 $U(x_0,\delta)$ 内有定义，若 $\forall x\in\mathring{U}(x_0,\delta)$ 有 $f(x)<f(x_0)$（或 $f(x)>f(x_0)$），则称 $f(x_0)$ 为函数 $f(x)$ 的极大值（或极小值），而把 x_0 点称为函数的极大值点（或极小值点）. 极大值与极小值统称为极值，而极大值点、极小值点统称为极值点.

2. 函数取得极值的必要条件

定理 2.7.2 设函数 $f(x)$ 在点 x_0 处取得极值，且在点 x_0 处可导，则 $f'(x_0)=0$.

【证明】 由费马引理直接可证得.

评注

函数在某个点取得极值的必要条件是：如果函数在该点可导，则导数为零；或函数在该点不可导.

定义 2.7.2 如果 $f'(x_0)=0$，称 x_0 为函数 $f(x)$ 的驻点.

注意：对于可导函数，极值点一定是驻点，但驻点不一定是极值点. 例如 $f(x)=x^3$，在 $x=0$ 处 $f'(0)=0$，但显然 $f(0)$ 不是极值.

【例 2.7.8】(2011②) 函数 $f(x)=\ln|(x-1)(x-2)(x-3)|$ 的驻点个数为(　　).

(A)0.　　(B)1.　　(C)2.　　(D)3.

【答案】 (C).

【解】 $f'(x)=\frac{1}{x-1}+\frac{1}{x-2}+\frac{1}{x-3}$，在 $x=1,2,3$ 处导数均不存在，当 $x\to1^-$ 时，$f'(x)\to-\infty$；当 $x\to1^+$ 时，$f'(x)\to+\infty$；当 $x\to2^-$ 时，$f'(x)\to-\infty$；当 $x\to2^+$ 时，$f'(x)\to+\infty$.

所以在 $(1,2)$ 内必有一点 $x_1\in(1,2)$，满足 $f'(x_1)=0$. 同理，在 $(2,3)$ 内必有一点 $x_2\in(2,3)$，满足 $f'(x_2)=0$，故应选择(C).

评注

先参见例 2.4.5 的评注，此题应结合介值定理求解. 此题也可以直接求导数为零的点的个数.

3. 函数取得极值的充分条件

定理 2.7.3(第一充分条件) 设函数 $f(x)$ 在 $U(x_0,\delta)$ 内连续，在 $\mathring{U}(x_0,\delta)$ 内可导，且 $f'(x_0)=0$（或 $f'(x_0)$ 不存在），如果：

(1) 当 $x\in(x_0-\delta,x_0)$ 时，$f'(x)>0$；当 $x\in(x_0,x_0+\delta)$ 时，$f'(x)<0$，则 $f(x_0)$ 为极大值；

(2) 当 $x\in(x_0-\delta,x_0)$ 时，$f'(x)<0$；当 $x\in(x_0,x_0+\delta)$ 时，$f'(x)>0$，则 $f(x_0)$ 为极小值；

(3) 若在点 x_0 的两侧 $f'(x)$ 不变号，则 $f(x_0)$ 不是极值.

【证明】 (1) 当 $x<x_0$ 时，$f'(x)>0\Rightarrow f(x)<f(x_0)$，当 $x>x_0$ 时，$f'(x)<0\Rightarrow f(x)<f(x_0)$，所以 $f(x_0)$ 为极大值.

(2) 同理可证.

【例 2.7.9】 求函数 $f(x)=x^2(x-1)^3$ 的极值.

【解】 $f'(x)=2x(x-1)^3+3x^2(x-1)^2=x(x-1)^2(5x-2)$，由 $f'(x)=0$ 得 $x=0,\frac{2}{5},1$.

所以函数 $f(x)$ 在 $(-\infty,0)$，$\left(\frac{2}{5},1\right)$，$(1,+\infty)$ 内单调增加，在 $\left(0,\frac{2}{5}\right)$ 内单调减少. 所以极大值为 $f(0)=0$，极小值为 $f\left(\frac{2}{5}\right)=-\frac{2^2\cdot 3^3}{5^5}$.

评注

例 2.7.1 和例 2.7.9 常可合为一题，求函数的单调区间并求其极值.

定理 2.7.4（第二充分条件）　设函数 $f(x)$ 在点 x_0 处具有二阶导数，且 $f'(x_0)=0$，则

(1)当 $f''(x_0)<0$ 时，函数 $f(x)$ 在点 x_0 处取得极大值；

(2)当 $f''(x_0)>0$ 时，函数 $f(x)$ 在点 x_0 处取得极小值；

(3)当 $f''(x_0)=0$ 时，需要用其他方法判定是否是极值.

【证明】　(1)如果 $f'(x_0)=0$，$f''(x_0)<0$，由导数定义得 $f''(x_0)=\lim\limits_{x\to x_0}\frac{f'(x)-f'(x_0)}{x-x_0}=\lim\limits_{x\to x_0}\frac{f'(x)}{x-x_0}<0$.

由极限的保号性，$x<x_0\Rightarrow f'(x)>0$，$x>x_0\Rightarrow f'(x)<0$，由第一充分条件得 $f(x_0)$ 为极大值.

(2)同理可证.

评注

当 $f''(x_0)=0$ 时，可用泰勒公式讨论是否为极值. 考研一般不作要求，此处略.

【例 2.7.10】(2017[①②])　已知函数 $y(x)$ 由方程 $x^3+y^3-3x+3y-2=0$ 确定，求 $y(x)$ 的极值.

【解】　由 $x^3+y^3-3x+3y-2=0$ 两边对 x 求导，得

$$3x^2+3y^2y'-3+3y'=0 \tag{1}$$

从而 $y'=-\frac{3x^2-3}{3y^2+3}$，令 $y'=0$，得 $x=\pm1$.

当 $x=1$ 时，$y=1$；当 $x=-1$ 时，$y=0$.

(1)式两边再对 x 求导，得 $6x+6y(y')^2+3y^2y''+3y''=0$，

于是 $y''(1)=-1<0$，$y''(-1)=2>0$.

故当 $x=1$ 时，y 有极大值 1；故当 $x=-1$ 时，y 有极小值 0.

【例 2.7.11】(2010[③])　设函数 $f(x)$，$g(x)$ 具有二阶导数，且 $g''(x)<0$，若 $g(x_0)=a$ 是 $g(x)$ 的极值，则 $f[g(x)]$ 在点 x_0 取得极大值的一个充分条件是(　　).

(A) $f'(a)<0$.　　(B) $f'(a)>0$.　　(C) $f''(a)<0$.　　(D) $f''(a)>0$.

【答案】　(B).

【解】　$\{f[g(x)]\}'=f'[g(x)]\cdot g'(x)$，由题设知在 $x=x_0$ 处 $g'(x_0)=0$，即 $\{f[g(x)]\}'=0$，而 $\{f[g(x)]\}''=f''[g(x)]\cdot[g'(x)]^2+f'[g(x)]\cdot g''(x)$，又由极值第二充分条件可得在 $x=x_0$ 处 $\{f[g(x)]\}''=f'(a)\cdot g''(x_0)<0$，所以选(B).

【例 2.7.12】　已知 $f(x)$ 在 $x=0$ 的某个邻域内连续，且 $f(0)=0$，$\lim\limits_{x\to0}\frac{f(x)}{e^{x^2}-1}=2$，则在 $x=0$ 处 $f(x)$ (　　).

(A)不可导.　　(B) 可导但 $f'(0)\neq0$.　　(C) 取得极小值.　　(D) 取得极大值.

【答案】(C).

【解】因为 $\lim\limits_{x\to0}\frac{f(x)}{e^{x^2}-1}=\lim\limits_{x\to0}\frac{f(x)}{x^2}=\lim\limits_{x\to0}\frac{f(x)-f(0)}{x-0}\cdot\frac{1}{x}=2$，所以 $\lim\limits_{x\to0}\frac{f(x)-f(0)}{x-0}=0$，即 $f'(0)=0$，故

排除(A)(B). 又因为$\lim\limits_{x\to 0}\dfrac{f(x)}{x^2}=2>0$,由极限的局部保号性,知存在$\delta>0$,当$0<|x|<\delta$时,$\dfrac{f(x)}{x^2}>0$,即$f(x)>0=f(0)$. 故应选(C).

三、最大值、最小值问题

由闭区间连续函数的性质知,闭区间上的连续函数必能取得最大值、最小值.

1. 如果$\forall x\in[a,b]$,$f'(x)>0$(或$f'(x)<0$),那么函数的最大值、最小值必在端点$x=a$,$x=b$处取得.

【例 2.7.13】 求函数$f(x)=\arctan\dfrac{1-x}{1+x}$在$[0,1]$上的最大值、最小值.

【解】 $f'(x)=\dfrac{1}{1+\left(\dfrac{1-x}{1+x}\right)^2}\cdot\dfrac{-2}{(1+x)^2}=-\dfrac{1}{1+x^2}<0$,所以最大值$f_{\max}(0)=\dfrac{\pi}{4}$,最小值$f_{\min}(1)=0$.

2. 如果存在$x_0,x_1\in[a,b]$,且$f'(x_0)=0$,$f'(x_1)$不存在,那么函数的最大值、最小值必在端点$x=a$,$x=b$处或$x=x_0$,$x=x_1$处取得.

评注

函数的最值一定在端点或可能极值点处取得,但是不需要判断可能极值点处是否取得极值.

【例 2.7.14】(2009②) 函数$f(x)=x^{2x}$在$(0,1]$上的最小值为________.

【答案】 $e^{-\frac{2}{e}}$.

【解】 $f(x)=x^{2x}=e^{2x\ln x}$,$f'(x)=x^{2x}(2\ln x+2)$. 当$x=\dfrac{1}{e}$时,$f'(x)=0$,$f\left(\dfrac{1}{e}\right)=e^{-\frac{2}{e}}$,而$f(1)=1$,$f(0^+)=\lim\limits_{x\to 0^+}e^{2x\ln x}=1$,所以函数在$(0,1]$上的最小值为$e^{-\frac{2}{e}}$.

3. 如果函数在$[a,b]$上只有唯一的极值,那么此极值一定是函数的最值.

评注

在实际应用问题中,唯一的驻点即为所求.

【例 2.7.15】 求内接于半径为R的球的正圆锥的最大体积.

【解】 设内接于球的正圆锥的底面半径为r,高为h,则体积为$V=\dfrac{1}{3}\pi r^2h$,其中$h=R+\sqrt{R^2-r^2}$,或$r^2=R^2-(h-R)^2=2Rh-h^2$,所以$V=\dfrac{1}{3}\pi(2Rh-h^2)h$,$V'=\dfrac{1}{3}\pi(4Rh-3h^2)$. 当$h>0$时,$V$只有唯一驻点$h=\dfrac{4}{3}R$,故$V_{\max}=\dfrac{32\pi}{81}R^3$.

评注

此题可以直接由初等方法"A-G"不等式得到结果.

即:$V=\dfrac{1}{3}\pi(2Rh-h^2)h=\dfrac{1}{6}\pi(4R-2h)\cdot h\cdot h$,由初等数学知识可知:当$h=h=4R-2h$时(注意:$h+h+4R-2h=4R$为常数),$(4R-2h)\cdot h\cdot h$达到最大.

【例 2.7.16】(2013②) 设函数$f(x)=\ln x+\dfrac{1}{x}$.

(1)求$f(x)$的最小值;

(2)设数列$\{x_n\}$满足$\ln x_n+\frac{1}{x_{n+1}}<1$,证明$\lim\limits_{n\to\infty}x_n$存在,并求此极限.

【解】 (1)$f'(x)=\frac{1}{x}-\frac{1}{x^2}$,$f'(x)=0$时得到唯一驻点$x=1$,而$f''(x)=-\frac{1}{x^2}+\frac{2}{x^3}$,$f''(1)=1>0$,故$f(1)=1$是唯一的极小值,即为最小值.

(2)由(1)知$\ln x+\frac{1}{x}\geqslant 1$,所以$\ln x_n+\frac{1}{x_n}\geqslant 1$,故$\ln x_n+\frac{1}{x_{n+1}}<1\leqslant \ln x_n+\frac{1}{x_n}$,所以$\frac{1}{x_{n+1}}<\frac{1}{x_n}$,即$x_{n+1}\geqslant x_n$,$\{x_n\}$单调增加,由$\ln x_n+\frac{1}{x_{n+1}}<1$知$\ln x_n<1$,所以$x_n<\mathrm{e}$,从而$\{x_n\}$有界,$\lim\limits_{n\to\infty}x_n$存在.设$\lim\limits_{n\to\infty}x_n=a$,则$\ln a+\frac{1}{a}\leqslant 1$,由(1)得$\ln a+\frac{1}{a}\geqslant 1$,故$\ln a+\frac{1}{a}=1$,所以$a=1$,$\lim\limits_{n\to\infty}x_n=1$.

评注

由题意直接可得$x>0$,$x_n>0$.

四、曲线的凹凸性与拐点

定义 2.7.3 设函数$f(x)$在$[a,b]$上连续,若$\forall x_1,x_2\in[a,b]$且$x_1\neq x_2$,有

(1)$f\left(\frac{x_1+x_2}{2}\right)<\frac{1}{2}[f(x_1)+f(x_2)]$,则称$f(x)$的图形在$[a,b]$上是凹的;

(2)$f\left(\frac{x_1+x_2}{2}\right)>\frac{1}{2}[f(x_1)+f(x_2)]$,则称$f(x)$的图形在$[a,b]$上是凸的;

评注

"凹"可简单表示为"$\cup$","凸"可简单表示为"$\cap$".

从图形上看,凹表示曲线上任意两点间的弦位于对应弧段的上方,而曲线上任意一点的切线(如果存在的话)位于对应弧段的下方;凸表示曲线上任意两点间的弦位于对应弧段的下方,而曲线上任意一点的切线(如果存在的话)位于对应弧段的上方(如图 2-2 所示).

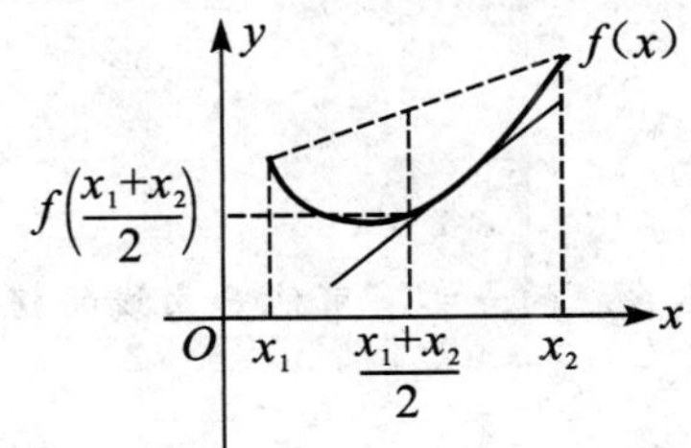

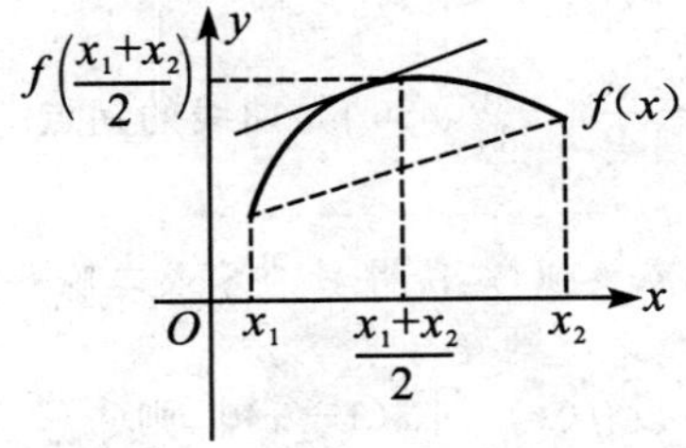

图 2-2

评注

曲线的切线在凹曲线的下方,凸曲线的上方.

由定义判定函数的凹凸性很困难,下面引入充分条件.

定理 2.7.5(凹凸性的第一判别法) 设函数$f(x)$在(a,b)内可导,如果导函数$f'(x)$在(a,b)内单调增加(或减少),那么函数在(a,b)内是凹(或凸)的.

定理 2.7.6(凹凸性的第二判别法) 设函数$f(x)$在(a,b)内二阶可导.

(1)当$f''(x)>0$时,函数$f(x)$在(a,b)内是凹的;

(2)当$f''(x)<0$时,函数$f(x)$在(a,b)内是凸的.

【证明】 (1)当 $f''(x)>0$ 时,由一阶泰勒公式得

$$f(x)=f(x_0)+f'(x_0)(x-x_0)+\frac{1}{2!}f''(\xi)(x-x_0)^2>f(x_0)+f'(x_0)(x-x_0),$$

取 $x=x_1,x_0=\dfrac{x_1+x_2}{2}$,则 $f(x_1)>f(x_0)+f'(x_0)\cdot\dfrac{1}{2}(x_1-x_2)$;

取 $x=x_2,x_0=\dfrac{x_1+x_2}{2}$,则 $f(x_2)>f(x_0)+f'(x_0)\cdot\dfrac{1}{2}(x_2-x_1)$.

两式相加即得 $f(x_1)+f(x_2)>2f(x_0)=2f\left(\dfrac{x_1+x_2}{2}\right)$.

(2)同理可证.

定义 2.7.4 设函数 $f(x)$ 在 (a,b) 内连续,$f(x)$ 凹与凸的分界点 x_0 称为函数的拐点,把点 $(x_0,f(x_0))$ 称为曲线 $y=f(x)$ 的拐点.

定理 2.7.7(拐点的必要条件) 若 $f(x)$ 在点 x_0 处二阶可导,且 $(x_0,f(x_0))$ 为拐点,则 $f''(x_0)=0$.

定理 2.7.8(拐点的第一充分条件) 设函数 $f(x)$ 在点 x_0 的某邻域内连续且在该去心邻域内二阶可导,若 $f(x)$ 在 x_0 的左右两边 $f''(x)$ 的符号相反,则点 $(x_0,f(x_0))$ 是曲线 $y=f(x)$ 的拐点.

定理 2.7.9(拐点的第二充分条件) 设函数 $f(x)$ 在点 x_0 的某邻域内连续,$f''(x_0)=0$,而 $f'''(x_0)\neq 0$,则点 $(x_0,f(x_0))$ 是曲线 $y=f(x)$ 的拐点.

【例 2.7.17】 确定函数 $f(x)=(x-2)\sqrt[3]{(x+1)^5}$ 的凹凸区间,并求曲线的拐点.

【解】 $f'(x)=\sqrt[3]{(x+1)^5}+(x-2)\cdot\dfrac{5}{3}\sqrt[3]{(x+1)^2}$,

$$f''(x)=\frac{10}{3}\sqrt[3]{(x+1)^2}+(x-2)\cdot\frac{10}{9\sqrt[3]{x+1}}=\frac{10}{9\sqrt[3]{x+1}}(4x+1).$$

在 $x=-\dfrac{1}{4}$ 处,$f''(x)=0$,而在 $x=-1$ 处 $f''(x)$ 不存在,当 $x<-1$ 时,$f''(x)>0$;当 $-1<x<-\dfrac{1}{4}$ 时,$f''(x)<0$;当 $x>-\dfrac{1}{4}$ 时,$f''(x)>0$,所以曲线在 $(-\infty,-1)$,$\left(-\dfrac{1}{4},+\infty\right)$ 内是凹的,而在 $\left(-1,-\dfrac{1}{4}\right)$ 内是凸的.

点 $(-1,0)$,$\left(-\dfrac{1}{4},-\dfrac{27}{64}\sqrt[3]{36}\right)$ 是曲线的拐点.

评注

与极值点类似,二阶导数为零或二阶导数不存在的点都有可能是曲线的拐点.

【例 2.7.18】 设 $f(x)=|x(1-x)|$,则(　　).

(A)$x=0$ 是 $f(x)$ 的极值点,但 $(0,0)$ 不是曲线 $y=f(x)$ 的拐点.

(B)$x=0$ 不是 $f(x)$ 的极值点,但 $(0,0)$ 是曲线 $y=f(x)$ 的拐点.

(C)$x=0$ 是 $f(x)$ 的极值点,且 $(0,0)$ 是曲线 $y=f(x)$ 的拐点.

(D)$x=0$ 不是 $f(x)$ 的极值点,$(0,0)$ 也不是曲线 $y=f(x)$ 的拐点.

【答案】(C).

【解析】由 $f(x)=\begin{cases}-x(1-x), & x\leqslant 0 \text{ 或 } x\geqslant 1,\\ x(1-x), & 0<x<1.\end{cases}$

则 $f'(x)=\begin{cases}2x-1, & x<0 \text{ 或 } x>1,\\ \text{不存在}, & x=0,1\\ 1-2x, & 0<x<1,\end{cases}$　　$f''(x)=\begin{cases}2, & x<0 \text{ 或 } x>1,\\ -2, & 0<x<1.\end{cases}$

由充分条件知 $x=0$ 是 $f(x)$ 的极值点,$(0,0)$ 是曲线 $y=f(x)$ 的拐点,故选(C).

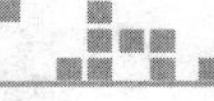

【例 2.7.19】(2011[②])　设函数 $y=y(x)$ 由参数方程 $\begin{cases} x=\frac{1}{3}t^3+t+\frac{1}{3}, \\ y=\frac{1}{3}t^3-t+\frac{1}{3} \end{cases}$ 确定,求 $y=y(x)$ 的极值和曲线 $y=y(x)$ 的凹凸区间及拐点.

【解】　$\frac{\mathrm{d}y}{\mathrm{d}x}=\frac{\mathrm{d}y/\mathrm{d}t}{\mathrm{d}x/\mathrm{d}t}=\frac{t^2-1}{t^2+1}$, $\frac{\mathrm{d}y}{\mathrm{d}x}=0$ 时,$t=\pm1$.

当 $t=1$ 时,$x=\frac{5}{3}$;当 $t=-1$ 时,$x=-1$. 而 $\frac{\mathrm{d}^2y}{\mathrm{d}x^2}=\frac{\frac{4t}{(t^2+1)^2}}{t^2+1}=\frac{4t}{(t^2+1)^3}$, $\frac{\mathrm{d}^2y}{\mathrm{d}x^2}=0$ 时,$t=0$,此时 $x=\frac{1}{3}$.

列表讨论(表 2-1):

表 2-1

t	$(-\infty,-1)$	-1	$(-1,0)$	0	$(0,1)$	1	$(1,+\infty)$
x	$(-\infty,-1)$	-1	$\left(-1,\frac{1}{3}\right)$	$\frac{1}{3}$	$\left(\frac{1}{3},\frac{5}{3}\right)$	$\frac{5}{3}$	$\left(\frac{5}{3},+\infty\right)$
y'	+	0	−	−	−	0	+
y''	−	−	−	0	+	+	+
y	↗∩	极大值	↘∩	拐点	↘∪	极小值	↗∪

所以极大值为 $y(-1)=1$,极小值为 $y\left(\frac{5}{3}\right)=-\frac{1}{3}$. 凹区间为 $\left(\frac{1}{3},+\infty\right)$,凸区间为 $\left(-\infty,\frac{1}{3}\right)$,曲线的拐点为 $\left(\frac{1}{3},\frac{1}{3}\right)$.

五、曲线的渐近线

如果存在直线 L,当 $x\to x_0$(或 $x\to\infty$)时,曲线 $y=f(x)$ 上的点与直线 L 的距离趋于零,则称直线 L 为曲线 $y=f(x)$ 的渐近线.

定义 2.7.5(铅直渐近线)　如果 $\lim\limits_{x\to x_0}f(x)=\infty$,则称 $x=x_0$ 为曲线 $y=f(x)$ 的铅直渐近线.

定义 2.7.6(水平渐近线)　如果 $\lim\limits_{x\to+\infty}f(x)=b$(或 $\lim\limits_{x\to-\infty}f(x)=b$),则称 $y=b$ 为曲线 $y=f(x)$ 的水平渐近线.

定义 2.7.7(斜渐近线)　如果 $\lim\limits_{x\to+\infty}\frac{f(x)}{x}=a$ 且 $\lim\limits_{x\to+\infty}[f(x)-ax]=b$ $\left(\text{或} \lim\limits_{x\to-\infty}\frac{f(x)}{x}=a \text{ 且 } \lim\limits_{x\to-\infty}[f(x)-ax]=b\right)$,则称 $y=ax+b$ 为曲线 $y=f(x)$ 的斜渐近线.

【例 2.7.20】(2010[②])　曲线 $y=\frac{2x^3}{x^2+1}$ 的渐近线方程为________.

【答案】　$y=2x$.

【解】　$a=\lim\limits_{x\to\infty}\frac{y}{x}=\lim\limits_{x\to\infty}\frac{2x^2}{x^2+1}=2$, $b=\lim\limits_{x\to\infty}(y-2x)=\lim\limits_{x\to\infty}\left(\frac{2x^3}{x^2+1}-2x\right)=\lim\limits_{x\to\infty}\frac{-2x}{x^2+1}=0$,所以曲线的渐近线方程为 $y=2x$.

【例 2.7.21】　曲线 $f(x)=\frac{1}{x}+\ln(1+\mathrm{e}^x)$ 的渐近线的条数为(　　).

(A)0.　　(B)1.　　(C)2.　　(D)3.

【答案】　(D).

【解】　当 $x\to0$ 时,$f(x)\to\infty$,所以 $x=0$ 为曲线的垂直渐近线;当 $x\to-\infty$ 时,$f(x)\to0$,所以 $y=0$ 为曲

线的水平渐近线;而 $\lim\limits_{x\to+\infty}\dfrac{f(x)}{x}=\lim\limits_{x\to+\infty}\left[\dfrac{1}{x^2}+\dfrac{\ln(1+e^x)}{x}\right]=1$, $\lim\limits_{x\to+\infty}[f(x)-x]=\lim\limits_{x\to+\infty}\left[\dfrac{1}{x}+\ln(1+e^x)-x\right]=0$,所以 $y=x$ 为曲线的斜渐近线. 应选(D).

评注

求曲线的渐近线需要考虑两侧的极限,注意 $e^{-\infty}=0$.

【例 2.7.22】(2025②) 曲线 $y=\sqrt[3]{x^3-3x^2+1}$ 的渐近线方程为________.

【答案】 $y=x-1$.

【解】 $k=\lim\limits_{x\to\infty}\dfrac{y(x)}{x}=\lim\limits_{x\to\infty}\dfrac{\sqrt[3]{x^3-3x^2+1}}{x}=\lim\limits_{x\to\infty}\sqrt[3]{1-\dfrac{3}{x}+\dfrac{1}{x^3}}=1$.

$$b=\lim_{x\to\infty}[y(x)-x]=\lim_{x\to\infty}(\sqrt[3]{x^3-3x^2+1}-x)=\lim_{t\to0}\left(\sqrt[3]{\frac{1}{t^3}-\frac{3}{t^2}+1}-\frac{1}{t}\right)$$

$$=\lim_{t\to0}\frac{\sqrt[3]{t^3-3t+1}-1}{t}=\lim_{t\to0}\frac{\frac{1}{3}\times(t^3-3t)}{t}=-1.$$

所以有斜渐近线 $y=x-1$.

六、全面讨论函数曲线的性态并描绘曲线的图形

全面讨论函数曲线的性态包括:函数的定义域、函数的性质(奇偶性、周期性、有界性),求函数的一阶导数和二阶导数,并求出一阶导数和二阶导数存在且为零的点,及一阶导数和二阶导数不存在的点,讨论函数的单调区间和极值、凹凸区间和拐点,求曲线的渐近线,用光滑曲线描绘函数曲线的图形.

评注

由于涉及内容太多,考点太多,分值要求也太高,所以考研一般不直接考查这类题目,往往分解成部分考点,考查考生对知识的掌握程度. 本书作为考研基础教材举一个例子进行演示.

【例 2.7.23】 全面讨论函数 $f(x)=\dfrac{(x+1)^3}{2(x-1)^2}$ 的曲线性态,并描绘曲线的图形.

【解】 函数 $f(x)$ 的定义域为 $x\neq1$ 或 $(-\infty,1)\cup(1,+\infty)$, $f'(x)=\dfrac{(x+1)^2(x-5)}{2(x-1)^3}$, $f'(x)=0$ 时, $x=-1$ 或 5. $f''(x)=\dfrac{12(x+1)}{(x-1)^4}$, $f''(x)=0$ 时, $x=-1$.

列表(表 2-2)如下:

表 2-2

x	$(-\infty,-1)$	-1	$(-1,1)$	1	$(1,5)$	5	$(5,+\infty)$
y'	+	0	+	×	−	0	+
y''	−	0	+	×	+	+	+
y	↗∩	拐点	↗∪	×	↘∪	极小值	↗∪

极小值 $f_{\min}(5)=\dfrac{27}{4}$,拐点 $(-1,0)$,曲线的铅直渐近线为 $x=1$,无水平渐近线,由 $\lim\limits_{x\to\infty}\dfrac{f(x)}{x}=\dfrac{1}{2}$, $\lim\limits_{x\to\infty}\left[f(x)-\dfrac{1}{2}x\right]=\lim\limits_{x\to\infty}\dfrac{(x+1)^3-x(x-1)^2}{2(x-1)^2}=\dfrac{5}{2}$,所以斜渐近线为 $y=\dfrac{x+5}{2}$. 曲线图形如图 2-3 所示.

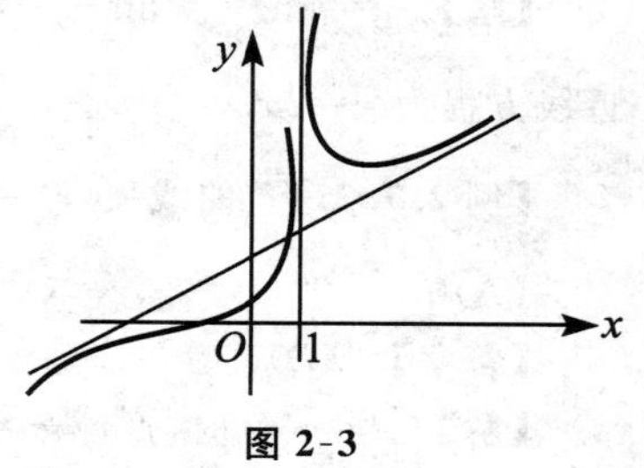

图 2-3

七、曲率[①②]

1. 弧微分公式

$ds=\sqrt{(dx)^2+(dy)^2}$.

当曲线的方程为 $y=y(x)$ 时，$ds=\sqrt{1+(y')^2}dx$.

当曲线的方程为参数方程 $\begin{cases}x=x(t),\\y=y(t)\end{cases}$ 时，$ds=\sqrt{[x'(t)]^2+[y'(t)]^2}dt$.

当曲线的方程为极坐标方程 $r=r(\theta)$ 时，$ds=\sqrt{r^2(\theta)+r'^2(\theta)}d\theta$.

2. 曲率计算公式

当曲线的方程为 $y=y(x)$ 时，曲线在点 x 处的曲率为 $K=\dfrac{|y''|}{[1+y'^2(x)]^{\frac{3}{2}}}$，曲率圆的半径为 $R=\dfrac{1}{K}$.

当曲线的方程为参数方程 $\begin{cases}x=x(t),\\y=y(t)\end{cases}$ 时，曲线在点 x 处的曲率为 $K=\dfrac{|x'(t)y''(t)-x''(t)y'(t)|}{[x'^2(t)+y'^2(t)]^{\frac{3}{2}}}$，曲率圆的半径为 $R=\dfrac{1}{K}$.

当曲线的方程为极坐标方程 $r=r(\theta)$ 时，曲线在点 x 处的曲率为 $K=\dfrac{|r^2+2r'^2-rr''|}{(r^2+r'^2)^{\frac{3}{2}}}$，曲率圆的半径为 $R=\dfrac{1}{K}$.

【例 2.7.24】(2012[②])　曲线 $y=x^2+x(x<0)$ 上曲率为 $\dfrac{1}{2}\sqrt{2}$ 的点的坐标是________.

【答案】　$(-1,0)$.

【解】　$y'=2x+1,y''=2,K=\dfrac{|y''|}{[1+y'^2(x)]^{\frac{3}{2}}}=\dfrac{2}{[1+(2x+1)^2]^{\frac{3}{2}}},K=\dfrac{1}{2}\sqrt{2}\Rightarrow x=0$ 或 $x=-1$，由于 $x<0$，所以 $x=-1,y=0$. 因此，所求点的坐标是 $(-1,0)$.

【例 2.7.25】(2014[②])　曲线 $\begin{cases}x=t^2+7,\\y=t^2+4t+1\end{cases}$ 上对应于 $t=1$ 的点处的曲率半径是(　　).

(A) $\dfrac{\sqrt{10}}{50}$.　　(B) $\dfrac{\sqrt{10}}{100}$.　　(C) $10\sqrt{10}$.　　(D) $5\sqrt{10}$.

【答案】　(C).

【解】　$x'(t)=2t,x''(t)=2,y'(t)=2t+4,y''(t)=2$.

在对应于 $t=1$ 的点处 $x'(t)=2,x''(t)=2,y'(t)=6,y''(t)=2$.

由曲率计算公式得：

$K=\dfrac{|x'(t)y''(t)-x''(t)y'(t)|}{[x'^2(t)+y'^2(t)]^{\frac{3}{2}}}=\dfrac{1}{10\sqrt{10}}$，所以 $R=\dfrac{1}{K}=10\sqrt{10}$，选(C).

评注

考生可能记不住参数方程的曲率计算公式，但必须掌握直角坐标下的曲率计算公式.

重要公式结论与方法技巧

1. $f'(x_0)=A\Leftrightarrow\lim\limits_{\Delta x\to 0}\dfrac{f(x_0+\alpha\Delta x)-f(x_0)}{\Delta x}=B,B=\alpha A\Leftrightarrow A=\dfrac{B}{\alpha}(\alpha\neq 0)$.

2. $f'(x_0)=A\Rightarrow\lim\limits_{\Delta x\to 0}\dfrac{f(x_0+\alpha\Delta x)-f(x_0+\beta\Delta x)}{\Delta x}=(\alpha-\beta)f'(x_0)$.

3. 基本导数表

(1) $(c)'=0$, c 为常数；

(2) $(x^{\mu})'=\mu x^{\mu-1}$；

(3) $(a^x)'=a^x\ln a$；

(4) $(e^x)'=e^x$；

(5) $(\log_a|x|)'=\dfrac{1}{x\ln a}$；

(6) $(\ln|x|)'=\dfrac{1}{x}$；

(7) $(\sin x)'=\cos x$；

(8) $(\cos x)'=-\sin x$；

(9) $(\tan x)'=\sec^2 x$；

(10) $(\cot x)'=-\csc^2 x$；

(11) $(\sec x)'=\sec x\cdot\tan x$；

(12) $(\csc x)'=-\csc x\cdot\cot x$；

(13) $(\arcsin x)'=\dfrac{1}{\sqrt{1-x^2}}$；

(14) $(\arccos x)'=-\dfrac{1}{\sqrt{1-x^2}}$；

(15) $(\arctan x)'=\dfrac{1}{1+x^2}$；

(16) $(\text{arccot}\, x)'=-\dfrac{1}{1+x^2}$.

4. 高阶导数

$$\left(\frac{1}{x}\right)^{(n)}=(-1)^n\cdot\frac{n!}{x^{n+1}},\ (\sin x)^{(n)}=\sin\left(x+n\cdot\frac{\pi}{2}\right),\ (\cos x)^{(n)}=\cos\left(x+n\cdot\frac{\pi}{2}\right).$$

5. $\dfrac{Ax+B}{(x-a)(x+b)}=\dfrac{Aa+B}{a+b}\cdot\dfrac{1}{x-a}+\dfrac{A(-b)+B}{-b-a}\cdot\dfrac{1}{x+b}$.

6. 莱布尼茨公式

$$(u\cdot v)^{(n)}=u^{(n)}v+C_n^1u^{(n-1)}v'+\cdots+C_n^ku^{(n-k)}v^{(k)}+\cdots+uv^{(n)}.$$

7. 无穷大的快慢程度

当 $x\to+\infty$ 时，由快至慢依次为：x^x, $a^x(a>1)$, $x^k(k>1)$, x, $\ln^k x(k>1)$, $\ln x$；

当 $n\to\infty$ 时，由快至慢依次为：n^n, $n!$, $a^n(a>1)$, $n^k(k>1)$, n, $\ln^k n(k>1)$, $\ln n$.

8. 常用麦克劳林公式

(1) $e^x=1+x+\dfrac{1}{2!}x^2+\cdots+\dfrac{1}{n!}x^n+R_n(x)$；

(2) $\sin x=x-\dfrac{1}{3!}x^3+\dfrac{1}{5!}x^5-\cdots+(-1)^{n-1}\dfrac{1}{(2n-1)!}x^{2n-1}+R_{2n}(x)$；

(3) $\cos x=1-\dfrac{1}{2!}x^2+\dfrac{1}{4!}x^4-\cdots+(-1)^n\dfrac{1}{(2n)!}x^{2n}+R_{2n+1}(x)$；

(4) $\dfrac{1}{1+x}=1-x+x^2-\cdots+(-1)^nx^n+R_n(x)$；

(5) $\ln(1+x)=x-\dfrac{1}{2}x^2+\dfrac{1}{3}x^3-\cdots+(-1)^{n-1}\dfrac{1}{n}x^n+R_n(x)$.

9. 常用结论：函数 $f(x)=\begin{cases}x^{\alpha}\sin\dfrac{1}{x}, & x\neq 0,\\ 0, & x=0\end{cases}$ 当 $\alpha>0$ 时连续；当 $\alpha>1$ 时可导；当 $\alpha>2$ 时导函数连续.

特别地，$f(x)=\begin{cases}x^2\sin\dfrac{1}{x}, & x\neq 0,\\ 0, & x=0\end{cases}$ 在 $x=0$ 处可导，但导函数不连续.

10. 函数在某一点取得极值的必要条件：函数在该点导数为零或导数不存在.

11. 曲率计算公式①②

$$K=\frac{|y''|}{[1+y'^2(x)]^{\frac{3}{2}}},\text{曲率圆的半径 } R=\frac{1}{K}.$$

12. 求极限的基本方法(三个步骤)

(1) 先确定极限存在且不为零的因子；

(2) 等价无穷小代换；

(3) 洛必达法则.

13. 证明不等式的基本步骤

(1) 作函数；

(2) 找零点；

(3) 求导数；

(4) 判定导数符号，单调性叙述.

如果无法判定一阶导数的符号，可重复上述步骤求二阶导数.

14. 要证明 $f'(\xi)+f(\xi)g'(\xi)=0$，构造辅助函数 $F(x)=f(x)e^{g(x)}$.

15. 利用泰勒公式来判定无穷小的阶

当函数在 $x=0$ 处连续且具有各阶导数时：

$f(0)=0, f'(0)\neq 0 \Rightarrow f(x)$ 是 x 的一阶无穷小；

$f(0)=f'(0)=0, f''(0)\neq 0 \Rightarrow f(x)$ 是 x 的二阶无穷小；

$f(0)=f'(0)=f''(0)=0 \Rightarrow f(x)$ 是比 x^2 高阶的无穷小，以此类推.

常见误区警示

1. $\lim\limits_{x\to 0} x\sin\dfrac{1}{x}=0$.

常见错误：误认为 $\lim\limits_{x\to 0} x\sin\dfrac{1}{x}=1$. 考生需注意重要极限与无穷小性质在求极限时的区别.

2. 解题常见错误：误认为 $(\sin 3x)^{(n)}=\sin\left(3x+n\cdot\dfrac{\pi}{2}\right)$ 或 $(\sin 3x)^{(n)}=3^n\sin\left[3\left(x+n\cdot\dfrac{\pi}{2}\right)\right]$. 详见例 2.5.7.

3. $\lim\limits_{x\to\infty}\dfrac{x+\cos x}{x+\sin x}=1$.

常见错误：误认为 $\lim\limits_{x\to\infty}\dfrac{x+\cos x}{x+\sin x}=\lim\limits_{x\to\infty}\dfrac{1-\sin x}{1+\cos x}$ 不存在. 详见例 2.6.23.

4. 设函数 $f(x)$ 在点 x_0 处可导，$\lim\limits_{x\to x_0}\dfrac{f(x)-f(x_0)}{x-x_0}=f'(x_0)$.

常见错误：误认为 $\lim\limits_{x\to x_0}\dfrac{f(x)-f(x_0)}{x-x_0}=\lim\limits_{x\to x_0} f'(x)=f'(x_0)$. 注意：导函数不一定连续.

5. 解题常见错误：将极坐标的切线方程错写为 $r-r(\theta_0)=r'(\theta_0)(\theta-\theta_0)$. 详见例 2.4.8.

本章同步练习

一、单项选择题

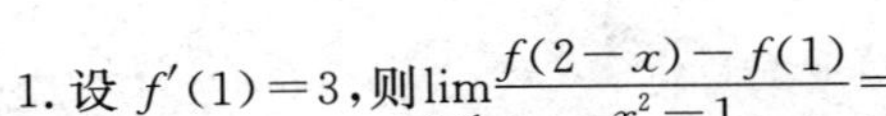

1. 设 $f'(1)=3$，则 $\lim\limits_{x\to 1}\dfrac{f(2-x)-f(1)}{x^2-1}=$ (　　).

(A) 3.　　(B) -3.　　(C) $\dfrac{3}{2}$.　　(D) $-\dfrac{3}{2}$.

2. 函数 $f(x)$ 在 $x=0$ 处可导的充要条件是(　　).

(A) $\lim\limits_{x\to 0}\dfrac{f(x)-f(-x)}{2x}$ 存在.　　(B) $\lim\limits_{x\to 0}\dfrac{f(e^x-1)-f(0)}{e^x-1}$ 存在.

(C) $\lim\limits_{x\to 0}\dfrac{f(1-\cos x)-f(0)}{1-\cos x}$ 存在.　　(D) $\lim\limits_{x\to 0}\dfrac{f(x-\sin x)-f(0)}{x}$ 存在.

3. 设 $y=2^{\sin 3x}$，则 $y'=$ (　　).

(A)$2^{\cos 3x}$.　　(B)$\sin 3x\cdot 2^{\sin 3x-1}$.

(C)$2^{\sin 3x}\cdot 3\ln 2\cdot\cos 3x$.　　(D)$2^{\sin 3x}\cdot\ln 2$.

4. $\lim\limits_{x\to 0}\dfrac{\sin x-x\cos x}{x^3}=$(　　).

(A)$\dfrac{1}{3}$.　　(B)$-\dfrac{1}{6}$.　　(C)$\dfrac{1}{6}$.　　(D)$\dfrac{1}{2}$.

5. 设 $f(x)$ 连续且 $f'(0)>0$,则存在 $\delta>0$,使得(　　).

(A)$f(x)$ 在 $(0,\delta)$ 内单调增加.　　(B)$f(x)$ 在 $(-\delta,0)$ 内单调减少.

(C)$\forall x\in(0,\delta)$,有 $f(x)>f(0)$.　　(D)$\forall x\in(-\delta,0)$,有 $f(x)>f(0)$.

6. 设 $f(x)$ 在 $x=0$ 的某个邻域内连续,且 $\lim\limits_{x\to 0}\dfrac{f(x)}{1-\cos x}=2$,则 $f(x)$ 在 $x=0$ 处(　　).

(A)不可导.　　(B)可导,且 $f'(0)\neq 0$.

(C)取得极大值.　　(D)取得极小值.

7. (2013②)　设函数 $y=f(x)$ 由方程 $\cos(xy)+\ln y-x=1$ 确定,则 $\lim\limits_{n\to\infty}n\left[f\left(\dfrac{2}{n}\right)-1\right]=$(　　).

(A)2.　　(B)1.　　(C)-1.　　(D)-2.

8. (2014①②③) 设函数 $f(x)$ 具有 2 阶导数,$g(x)=f(0)(1-x)+f(1)x$,则在区间$[0,1]$上(　　).

(A)当 $f'(x)\geqslant 0$ 时,$f(x)\geqslant g(x)$.　　(B)当 $f'(x)\geqslant 0$ 时,$f(x)\leqslant g(x)$.

(C)当 $f''(x)\geqslant 0$ 时,$f(x)\geqslant g(x)$.　　(D)当 $f''(x)\geqslant 0$ 时,$f(x)\leqslant g(x)$.

9. 设 $f(x)$ 在 $x=0$ 处连续,且 $\lim\limits_{x\to 0}\dfrac{f(x)}{|x|^{\alpha}}=1(\alpha>0)$,则(　　).

(A)$\exists U(0,\delta)$,使得 $\forall x\in U(0,\delta)$,有 $f(x)>0$.　　(B)函数 $f(x)$ 在 $x=0$ 处可导.

(C)函数 $f(x)$ 在 $x=0$ 处不可导.　　(D)函数 $f(x)$ 在 $x=0$ 处取得极值.

二、填空题

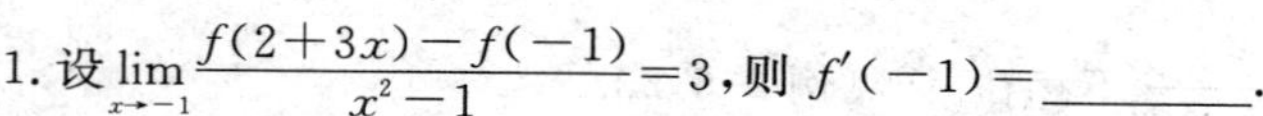

1. 设 $\lim\limits_{x\to -1}\dfrac{f(2+3x)-f(-1)}{x^2-1}=3$,则 $f'(-1)=$________.

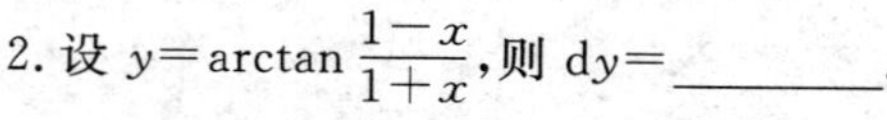

2. 设 $y=\arctan\dfrac{1-x}{1+x}$,则 $\mathrm{d}y=$________.

3. 设 $y=\ln\cot\dfrac{1}{x^2}$,则 $y'=$________.

4. 设 $y=\tan(x^x)$,则 $y'=$________.

5. 由方程 $y\sin x-\cos(x-y)=0$ 所确定的隐函数 $y=y(x)$ 的导数 $y'(x)=$________.

6. 设 $y=\dfrac{2x+5}{x^2-2x-3}$,则 $y^{(n)}=$________.

7. (2013②)　$\lim\limits_{x\to 0}\left[2-\dfrac{\ln(1+x)}{x}\right]^{\frac{1}{x}}=$________.

三、解答题

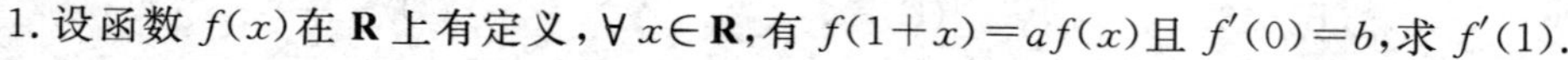

1. 设函数 $f(x)$ 在 $\mathbf{R}$ 上有定义,$\forall x\in\mathbf{R}$,有 $f(1+x)=af(x)$ 且 $f'(0)=b$,求 $f'(1)$.

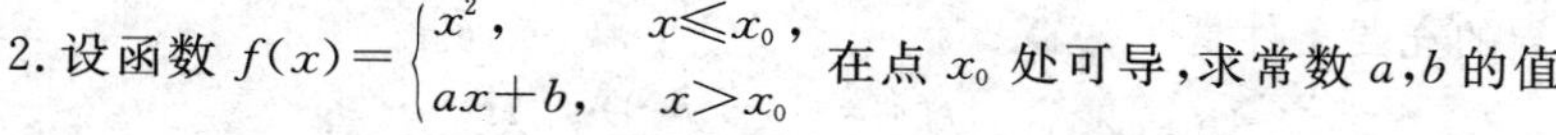

2. 设函数 $f(x)=\begin{cases}x^2, & x\leqslant x_0,\\ ax+b, & x>x_0\end{cases}$ 在点 x_0 处可导,求常数 a,b 的值.

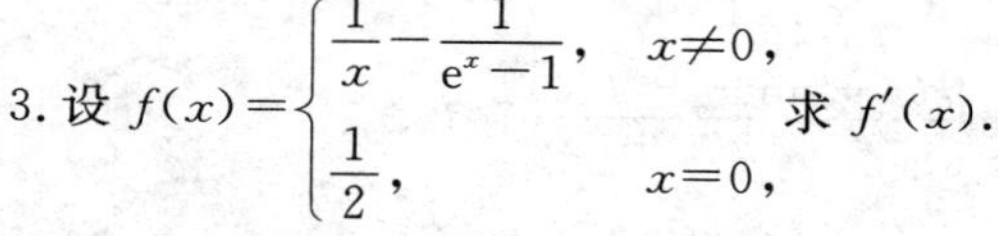

3. 设 $f(x)=\begin{cases}\dfrac{1}{x}-\dfrac{1}{\mathrm{e}^x-1}, & x\neq 0,\\ \dfrac{1}{2}, & x=0,\end{cases}$ 求 $f'(x)$.

4. 求函数 $y=\sqrt{x}\cdot\sin 2x\cdot\sqrt{e^x+1}$ 的导数 y'.

5. 求由参数方程 $\begin{cases}x=2e^t,\\ y=e^{-t}\end{cases}$ 表示的曲线在 $t=0$ 处的切线方程和法线方程.

6. 设 $0<a<b$,证明 $\dfrac{b-a}{1+b^2}<\arctan b-\arctan a<\dfrac{b-a}{1+a^2}$.

7. 设函数 $f(x)$ 在 $[a,b]$ 上连续,(a,b) 内可导,且 $f(a)\cdot f(b)>0$,$f(a)\cdot f\left(\dfrac{a+b}{2}\right)<0$. 证明:$\exists\,\xi\in(a,b)$,使得 $f'(\xi)=f(\xi)$.

8. (2013③)　设函数 $f(x)$ 在 $[0,+\infty)$ 上可导,$f(0)=0$,且 $\lim\limits_{x\to+\infty}f(x)=2$. 证明:

(1) 存在 $a>0$,使得 $f(a)=1$;

(2) 对(1)中的 a,存在 $\xi\in(0,a)$,使得 $f'(\xi)=\dfrac{1}{a}$.

9. 求下列极限:(1) $\lim\limits_{x\to\frac{\pi}{2}}\dfrac{\ln\sin x}{(\pi-2x)^2}$;　(2) $\lim\limits_{x\to1^-}\left(\dfrac{1}{x-1}-\dfrac{1}{\ln x}\right)$.

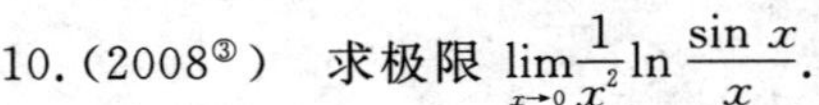

10. (2008③)　求极限 $\lim\limits_{x\to0}\dfrac{1}{x^2}\ln\dfrac{\sin x}{x}$.

11. 求下列极限:(1) $\lim\limits_{x\to1^-}\ln x\cdot\ln(1-x)$;　(2) $\lim\limits_{x\to+\infty}\left[\dfrac{x^{1+x}}{(1+x)^x}-\dfrac{x}{e}\right]$;　(3) $\lim\limits_{x\to0^+}(\cot x)^{\frac{1}{\ln x}}$.

12. 设 $x<1$ 且 $x\neq0$,证明 $\dfrac{1}{x}+\dfrac{1}{\ln(1-x)}<1$.

13. 讨论方程 $x-\ln x+k=0$ 在 $(0,+\infty)$ 内根的个数,并加以证明.

本章同步练习答案解析

一、单项选择题

1. (D).

$\lim\limits_{x\to1}\dfrac{f(2-x)-f(1)}{x^2-1}=\lim\limits_{x\to1}\dfrac{f[1-(x-1)]-f(1)}{x-1}\cdot\dfrac{1}{(x+1)}=\dfrac{1}{2}[-f'(1)]$,选(D).

2. (B).

由 $\lim\limits_{x\to0}\dfrac{f(x)-f(-x)}{2x}$ 存在不能得到 $\lim\limits_{x\to0}\dfrac{f(x)-f(0)}{x}$ 存在,取反例:当 $x\neq0$ 时,$f(x)=\cos x$,$f(0)=0$,故(A)错误.

$\lim\limits_{x\to0}\dfrac{f(e^x-1)-f(0)}{e^x-1}$ 存在,设 $e^x-1=t$,则 $x\to0$ 时 $t\to0$,$\lim\limits_{t\to0}\dfrac{f(t)-f(0)}{t}$ 存在,即 $f(x)$ 在 $x=0$ 处可导,(B)正确.

$\lim\limits_{x\to0}\dfrac{f(1-\cos x)-f(0)}{1-\cos x}$ 存在,设 $1-\cos x=t$,则 $x\to0$ 时 $t\to0^+$,只能得到 $\lim\limits_{t\to0^+}\dfrac{f(t)-f(0)}{t}$ 存在,即 $f(x)$ 在 $x=0$ 处右导数存在,(C)错误.

由 $\lim\limits_{x\to0}\dfrac{f(x-\sin x)-f(0)}{x}$ 存在不能得到 $\lim\limits_{x\to0}\dfrac{f(x)-f(0)}{x}$ 存在,取反例 $f(x)=\sqrt[3]{x}$,当 $x\to0$ 时,$x-\sin x\sim\dfrac{1}{6}x^3$,(D)错误. 所以应该选(B).

3. (C).

$y=2^{\sin 3x}=e^{\ln 2\cdot\sin 3x}$,$y'=2^{\sin 3x}\cdot3\ln 2\cdot\cos 3x$,(C)正确.

4. (A).

$\lim\limits_{x\to0}\dfrac{\sin x-x\cos x}{x^3}=\lim\limits_{x\to0}\dfrac{\cos x-\cos x+x\sin x}{3x^2}=\dfrac{1}{3}$,选(A).

5. (C).

由 $f'(0)>0$,即 $\lim\limits_{x\to0}\dfrac{f(x)-f(0)}{x}>0$,存在 $\delta>0$,使得 $\forall\,x\in(0,\delta)$ 有 $f(x)>f(0)$,应该选(C).

评 注

常见错误是误选(A),注意在函数在某一点可导的条件下,考生需要用导数的定义进行判断.

6. (D).

由$\lim\limits_{x\to 0}\dfrac{f(x)}{1-\cos x}=2$,得 $f(0)=0$,而 $1-\cos x\geqslant 0$,由极限的保号性知在 $x=0$ 的某个去心邻域内有 $f(x)>0$,所以应该选(D).

评 注

$\lim\limits_{x\to 0}\dfrac{f(x)}{1-\cos x}=2\Leftrightarrow\lim\limits_{x\to 0}\dfrac{f(x)}{x^2}=1\Rightarrow f(0)=0$ 且 $f'(0)=0$.

7. (A).

$\cos(xy)+\ln y-x=1$,则当 $x=0$ 时 $y=1$. 方程两边对 x 求导得$-\sin(xy)\cdot(y+xy')+\dfrac{1}{y}\cdot y'-1=0$,将 $x=0,y=1$ 代入得 $y'=1$,即 $f(0)=1,f'(0)=1,\lim\limits_{n\to\infty}n\left[f\left(\dfrac{2}{n}\right)-1\right]=\lim\limits_{n\to\infty}\dfrac{f\left(\dfrac{2}{n}\right)-1}{\dfrac{1}{n}}=\lim\limits_{n\to\infty}\dfrac{f\left(\dfrac{2}{n}\right)-f(0)}{\dfrac{2}{n}}\cdot 2=2f'(0)=2$,选(A).

8. (D).

设 $F(x)=f(x)-g(x)=f(x)-f(0)(1-x)-f(1)x,F(0)=F(1)=0$.

$F'(x)=f'(x)+f(0)-f(1),F''(x)=f''(x)$. 当 $f''(x)\geqslant 0$ 时,$F''(x)\geqslant 0$,所以 $F(x)$是凹函数,故 $F(x)\leqslant 0\Rightarrow f(x)\leqslant g(x)$,选(D).

9. (D).

$\lim\limits_{x\to 0}\dfrac{f(x)}{|x|^\alpha}=1\Rightarrow f(0)=\lim\limits_{x\to 0}f(x)=\lim\limits_{x\to 0}\dfrac{f(x)}{|x|^\alpha}\cdot|x|^\alpha=0$.

而选项(A)中 $U(0,\delta)$包含 $x=0$ 点;

由导数的定义可得:当 $\alpha>1$ 时,函数 $f(x)$在 $x=0$ 点处可导;

当 $0<\alpha\leqslant 1$ 时,函数 $f(x)$在 $x=0$ 点处不可导;

由极限的保号性:$\lim\limits_{x\to 0}\dfrac{f(x)}{|x|^\alpha}=1\Rightarrow x\in\mathring{U}(0,\delta)$时,$f(x)>0$,所以函数 $f(x)$在 $x=0$ 点处取得极小值. 选(D).

评 注

局部保号性是极限性质中的难点,用导数的定义求导是导数部分相对的难点.

二、填空题

1. -2.

$$\lim_{x\to -1}\frac{f(2+3x)-f(-1)}{x^2-1}=\lim_{x\to -1}\frac{f[-1+3(x+1)]-f(-1)}{x+1}\cdot\frac{1}{(x-1)}=-\frac{1}{2}\cdot 3f'(-1)=3,$$

所以 $f'(-1)=-2$.

2. $-\dfrac{1}{1+x^2}\mathrm{d}x$.

3. $\tan\dfrac{1}{x^2}\cdot\left(-\csc^2\dfrac{1}{x^2}\right)\left(-\dfrac{2}{x^3}\right)$.

4. $\sec^2(x^x)\cdot x^x\cdot(\ln x+1)$. 注意:$x^x=\mathrm{e}^{x\ln x}$.

5. $-\dfrac{y\cos x+\sin(x-y)}{\sin x-\sin(x-y)}$.

方程 $y\sin x-\cos(x-y)=0$ 两边对 x 求导,把 y 看作 x 的函数,得 $y'\sin x+y\cos x+\sin(x-y)\cdot(1-y')=0$,解得 $y'=-\dfrac{y\cos x+\sin(x-y)}{\sin x-\sin(x-y)}$.

6. $\dfrac{11}{4}\cdot\dfrac{(-1)^n\cdot n!}{(x-3)^{n+1}}-\dfrac{3}{4}\cdot\dfrac{(-1)^n\cdot n!}{(x+1)^{n+1}}$.

$\frac{2x+5}{x^2-2x-3}=\frac{2x+5}{(x-3)(x+1)}=\frac{11}{4(x-3)}-\frac{3}{4(x+1)}$，则 $y^{(n)}=\frac{11}{4}\cdot\frac{(-1)^n\cdot n!}{(x-3)^{n+1}}-\frac{3}{4}\cdot\frac{(-1)^n\cdot n!}{(x+1)^{n+1}}$.

7. $e^{\frac{1}{2}}$.

$$\lim_{x\to0}\left[2-\frac{\ln(1+x)}{x}\right]^{\frac{1}{x}}=\lim_{x\to0}\left[1+\frac{x-\ln(1+x)}{x}\right]^{\frac{1}{x}}=\exp\left\{\lim_{x\to0}\frac{x-\ln(1+x)}{x}\cdot\frac{1}{x}\right\}=\exp\left\{\lim_{x\to0}\frac{x-\ln(1+x)}{x^2}\right\}=e^{\frac{1}{2}}.$$

三、解答题

1. 解：$f(1+\Delta x)=af(\Delta x)$，$f(1)=f(1+0)=af(0)$，$f'(1)=\lim\limits_{\Delta x\to0}\frac{f(1+\Delta x)-f(1)}{\Delta x}=\lim\limits_{\Delta x\to0}\frac{af(\Delta x)-af(0)}{\Delta x}=a\lim\limits_{\Delta x\to0}\frac{f(\Delta x)-f(0)}{\Delta x}=af'(0)=ab$.

2. 解：先考虑连续性，$f(x_0^+)=ax_0+b$，$f(x_0^-)=x_0^2=f(x_0)$，所以 $ax_0+b=x_0^2$，再用定义讨论左右导数：

$$f'_-(x_0)=\lim_{x\to x_0^-}\frac{f(x)-f(x_0)}{x-x_0}=\lim_{x\to x_0^-}\frac{x^2-x_0^2}{x-x_0}=2x_0,$$

$$f'_+(x_0)=\lim_{x\to x_0^+}\frac{f(x)-f(x_0)}{x-x_0}=\lim_{x\to x_0^+}\frac{ax+b-x_0^2}{x-x_0}=\lim_{x\to x_0^+}\frac{a(x-x_0)}{x-x_0}=a,$$

所以 $a=2x_0$，$b=-x_0^2$.

3. 解：当 $x\neq0$ 时，$f'(x)=-\frac{1}{x^2}+\frac{e^x}{(e^x-1)^2}$.

在 $x=0$ 处，先讨论连续性：$\lim\limits_{x\to0}\left(\frac{1}{x}-\frac{1}{e^x-1}\right)=\lim\limits_{x\to0}\frac{e^x-1-x}{x(e^x-1)}=\lim\limits_{x\to0}\frac{e^x-1-x}{x^2}=\frac{1}{2}=f(0)$，所以函数在 $x=0$ 处连续. 再用定义求导数：

$$\begin{aligned}f'(0)&=\lim_{x\to0}\frac{f(x)-f(0)}{x}=\lim_{x\to0}\frac{\frac{1}{x}-\frac{1}{e^x-1}-\frac{1}{2}}{x}=\lim_{x\to0}\frac{2(e^x-1-x)-x(e^x-1)}{2x^2(e^x-1)}\\&=\frac{1}{2}\lim_{x\to0}\frac{2(e^x-1-x)-x(e^x-1)}{x^3}=\frac{1}{2}\lim_{x\to0}\frac{2e^x-2-(e^x-1)-xe^x}{3x^2}\\&=\frac{1}{6}\lim_{x\to0}\frac{e^x-1-xe^x}{x^2}=\frac{1}{6}\lim_{x\to0}\frac{e^x-e^x-xe^x}{2x}=-\frac{1}{12}.\end{aligned}$$

4. 解：利用对数求导法：$\ln y=\frac{1}{2}\left[\ln x+\ln(\sin 2x)+\frac{1}{2}\ln(e^x+1)\right]$，$\frac{1}{y}\cdot y'=\frac{1}{2}\left[\frac{1}{x}+\frac{2\cos 2x}{\sin 2x}+\frac{e^x}{2(e^x+1)}\right]$，所以 $y'=\frac{y}{2}\left[\frac{1}{x}+\frac{2\cos 2x}{\sin 2x}+\frac{e^x}{2(e^x+1)}\right]$.

5. 解：$\frac{dy}{dx}=\frac{dy/dt}{dx/dt}=\frac{-e^{-t}}{2e^t}=-\frac{1}{2}e^{-2t}$，在 $t=0$ 处 $x=2$，$y=1$，$y'|_{t=0}=-\frac{1}{2}$，所以切线方程为 $y-1=-\frac{1}{2}(x-2)$ 或 $y=-\frac{1}{2}x+2$，法线方程为 $y-1=2(x-2)$ 或 $y=2x-3$.

6. 证明：利用拉格朗日中值定理证明双向不等式.

设 $f(x)=\arctan x$，由 $\frac{f(b)-f(a)}{b-a}=f'(\xi)$ 知 $\exists\,\xi\in(a,b)$，使得 $\frac{\arctan b-\arctan a}{b-a}=\frac{1}{1+\xi^2}$，又 $0<a<\xi<b$，所以 $\frac{1}{1+b^2}<\frac{1}{1+\xi^2}<\frac{1}{1+a^2}$，即得 $\frac{b-a}{1+b^2}<\arctan b-\arctan a<\frac{b-a}{1+a^2}$，证毕.

7. 证明：由于 $f(a)\cdot f(b)>0$ 且 $f(a)\cdot f\left(\frac{a+b}{2}\right)<0$，故 $f(a)$ 与 $f(b)$ 同号，而与 $f\left(\frac{a+b}{2}\right)$ 异号. 不妨设 $f(a)>0$，则 $f(b)>0$ 且 $f\left(\frac{a+b}{2}\right)<0$，由介值定理知：$\exists\,x_1\in\left(a,\frac{a+b}{2}\right)$，$x_2\in\left(\frac{a+b}{2},b\right)$，使得 $f(x_1)=f(x_2)=0$. 作辅助函数 $F(x)=e^{-x}f(x)$，则 $F(x)$ 在 $[a,b]$ 上连续，(a,b) 内可导，且 $F(x_1)=F(x_2)=0$，由拉格朗日中值定理知：$\exists\,\xi\in(x_1,x_2)\subset(a,b)$，使得 $F'(\xi)=0$，整理即得 $f'(\xi)=f(\xi)$，证毕.

8. 证明：(1)由于 $\lim\limits_{x\to+\infty}f(x)=2$，所以存在 x_0，使得 $f(x_0)>1$，而函数 $f(x)$ 在 $[0,+\infty)$ 上可导，所以 $f(x)$ 在 $[0,+\infty)$ 上连续，$f(0)=0$，$f(x_0)>1$，由介值定理得：存在 $a>0$，使得 $f(a)=1$.

(2)函数 $f(x)$ 在 $[0,a]$ 上可导，由拉格朗日中值定理得：存在 $\xi\in(0,a)$，使得 $f(a)-f(0)=f'(\xi)\cdot(a-0)$，即

$f'(\xi)=\dfrac{1}{a}$.

9. 解:(1) $\lim\limits_{x\to\frac{\pi}{2}}\dfrac{\ln(\sin x)}{(\pi-2x)^2}=\lim\limits_{x\to\frac{\pi}{2}}\dfrac{\frac{\cos x}{\sin x}}{2(\pi-2x)(-2)}=-\dfrac{1}{4}\lim\limits_{x\to\frac{\pi}{2}}\dfrac{\cos x}{\pi-2x}=-\dfrac{1}{8}$.

(2) $\lim\limits_{x\to1^-}\left(\dfrac{1}{x-1}-\dfrac{1}{\ln x}\right)=\lim\limits_{x\to1^-}\dfrac{\ln x-(x-1)}{(x-1)\ln[1+(x-1)]}=\lim\limits_{x\to1^-}\dfrac{\ln x-(x-1)}{(x-1)^2}=-\dfrac{1}{2}$.

10. 解:**解法一** $\lim\limits_{x\to0}\dfrac{1}{x^2}\ln\dfrac{\sin x}{x}=\lim\limits_{x\to0}\dfrac{\ln(\sin x)-\ln x}{x^2}=\lim\limits_{x\to0}\dfrac{\frac{\cos x}{\sin x}-\frac{1}{x}}{2x}$

$=\lim\limits_{x\to0}\dfrac{x\cos x-\sin x}{2x^2\sin x}=\dfrac{1}{2}\lim\limits_{x\to0}\dfrac{x\cos x-\sin x}{x^3}=\dfrac{1}{2}\lim\limits_{x\to0}\dfrac{-x\sin x}{3x^2}=-\dfrac{1}{6}$.

解法二 原式$=\lim\limits_{x\to0}\dfrac{1}{x^2}\ln\left[1+\left(\dfrac{\sin x}{x}-1\right)\right]=\lim\limits_{x\to0}\dfrac{1}{x^2}\left(\dfrac{\sin x}{x}-1\right)=\lim\limits_{x\to0}\dfrac{\sin x-x}{x^3}=-\dfrac{1}{6}$.

评注

考生要灵活运用无穷小的等价代换,记住常用结论.

11. 解:(1) $\lim\limits_{x\to1^-}\ln x\cdot\ln(1-x)=\lim\limits_{x\to1^-}\ln[1+(x-1)]\cdot\ln(1-x)=\lim\limits_{x\to1^-}(x-1)\cdot\ln(1-x)=0$.

评注

考生要灵活应用无穷小的等价代换,记住常用结论.

(2) $\lim\limits_{x\to+\infty}\left[\dfrac{x^{1+x}}{(1+x)^x}-\dfrac{x}{\mathrm{e}}\right]=\lim\limits_{x\to+\infty}\left[\dfrac{x}{\left(1+\frac{1}{x}\right)^x}-\dfrac{x}{\mathrm{e}}\right]=\lim\limits_{x\to+\infty}\dfrac{x\left[\mathrm{e}-\left(1+\frac{1}{x}\right)^x\right]}{\mathrm{e}\left(1+\frac{1}{x}\right)^x}$

$\overset{t=\frac{1}{x}}{=\!=}\dfrac{1}{\mathrm{e}^2}\lim\limits_{t\to0^+}\dfrac{\mathrm{e}-(1+t)^{\frac{1}{t}}}{t}=-\dfrac{1}{\mathrm{e}}\lim\limits_{t\to0^+}\dfrac{\mathrm{e}^{\frac{1}{t}\ln(1+t)-1}-1}{t}=-\dfrac{1}{\mathrm{e}}\lim\limits_{t\to0^+}\dfrac{\ln(1+t)-t}{t^2}=\dfrac{1}{2\mathrm{e}}$.

(3) $\lim\limits_{x\to0^+}(\cot x)^{\frac{1}{\ln x}}=\lim\limits_{x\to0^+}\mathrm{e}^{\frac{1}{\ln x}\ln(\cot x)}=\exp\left\{\lim\limits_{x\to0^+}\dfrac{\ln(\cot x)}{\ln x}\right\}=\exp\left\{\lim\limits_{x\to0^+}\dfrac{\frac{1}{\cot x}\cdot(-\csc^2x)}{\frac{1}{x}}\right\}=\mathrm{e}^{-1}$.

评注

考生需要大量练习求极限的题,掌握各种方法并做到灵活运用.

12. 证明:此题即证$\dfrac{\ln(1-x)+x-x\ln(1-x)}{x\ln(1-x)}<0$. 由于$x<0$时,$x\ln(1-x)<0$且$0<x<1$时,$x\ln(1-x)<0$,作函数$f(x)=\ln(1-x)+x-x\ln(1-x)$,则需证明$f(x)>0$,$f(0)=0$,$f'(x)=-\dfrac{1}{1-x}+1-\ln(1-x)-x\left(-\dfrac{1}{1-x}\right)=-\ln(1-x)$,$x<0$时,$f'(x)<0\Rightarrow f(x)>f(0)=0$;$0<x<1$时,$f'(x)>0\Rightarrow f(x)>f(0)=0$,故$f(x)>0$,证毕.

评注

考生要注意掌握本书介绍的证明不等式的四个基本步骤.

13. 解:作函数$f(x)=\ln x-x$,则$f(0^+)=-\infty$,$f(+\infty)=-\infty$. $f'(x)=\dfrac{1}{x}-1=\dfrac{1-x}{x}$,$f'(1)=0$.

当$0<x<1$时,$f'(x)>0$,当$x>1$时,$f'(x)<0$,所以$f(1)=-1$为极大值. 当$k>-1$时方程没有根;当$k=-1$时,方程有唯一的根;当$k<-1$时,方程有两个根.

第三章　一元函数积分学

名师解码

本章概要

复习导语

一元函数积分学是微积分的重要组成部分. 不定积分是整个积分学的基础，是必须掌握的工具. 不定积分的积分公式、积分方法需要大量练习加以巩固，考生在基础阶段应该大量计算不定积分，掌握各种方法、变化. 第一类换元积分法的关键是“凑”微分，需要在导数和常用积分方面有很好的基础，是相对的难点，通常不是考研的重点. 本书对于第二类换元积分法和分部积分法都做了比较全面的总结、归纳，希望考生结合自己的体会大幅度地提高计算积分的能力. 对于有理函数的积分，考生主要了解其理论，其计算方法通常不是重点，往往利用更简单直接的方法来积分. 变上限函数及其导数是一个重要内容，考生必须掌握其基本型及其变化型的求导方法. 变上限函数是考研综合题中最常用的综合形式之一. 定积分及其应用是历年考研的重点，考生首先应该掌握微积分基本定理，更重要的是了解定积分的特点、特殊的性质、公式、方法. 定积分的证明题是考研中的难点，在基础阶段，作者认为考生不用在这部分内容上花费太多时间，待基础提高后再作努力、尝试.

知识结构图

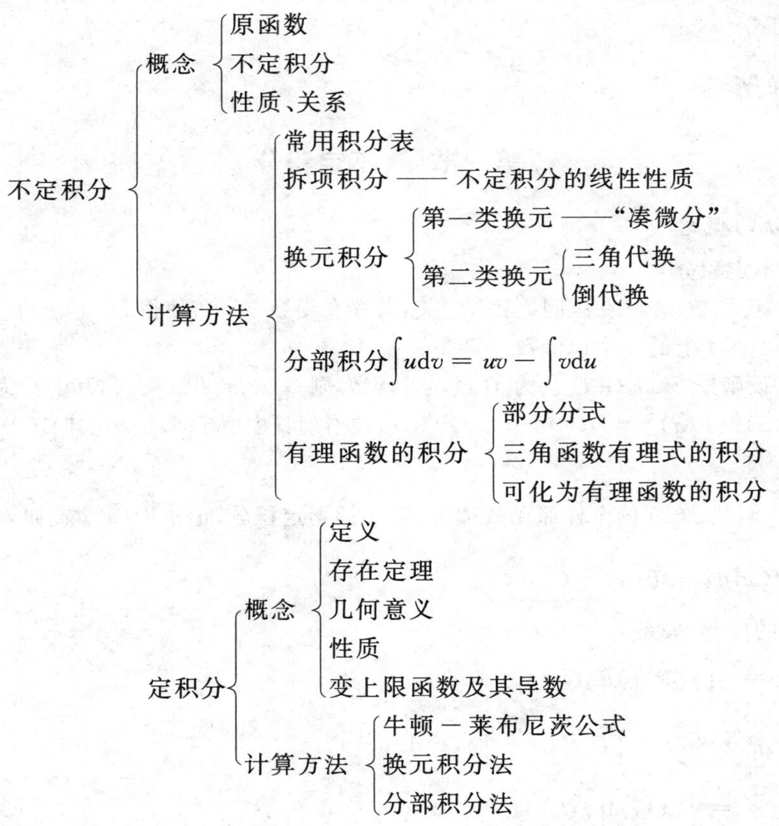

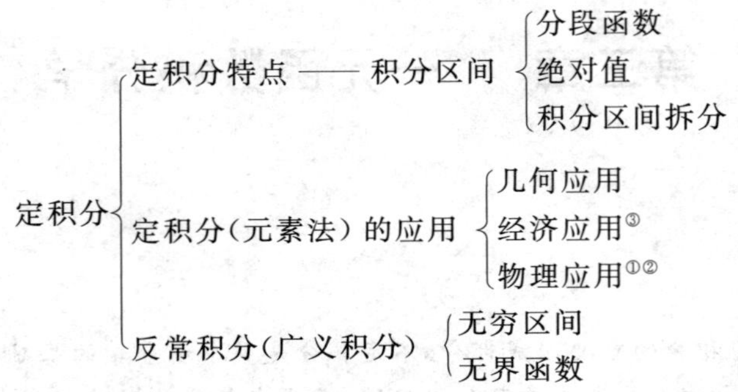

复习目标

1. 理解原函数的概念,理解不定积分和定积分的概念.

2. 掌握不定积分的基本公式,掌握不定积分和定积分的性质及定积分中值定理,掌握换元积分法与分部积分法. 了解定积分的概念和基本性质,了解定积分中值定理.

3. 会求有理函数、三角函数有理式及简单无理函数的积分[①②].

4. 理解积分上限函数,会求它的导数,掌握牛顿 - 莱布尼茨公式.

5. 理解反常积分的概念,了解反常积分收敛的比较判别法,会计算反常积分.

6. 掌握用定积分表达和计算一些几何量与物理量(平面图形的面积、平面曲线的弧长[①②]、旋转体的体积及侧面积[①②]、平行截面面积为已知的立体体积、功、引力、压力、质心、形心等[①②])及函数平均值.

会利用定积分计算平面图形的面积、旋转体的体积及函数的平均值,会利用定积分求解简单的经济应用问题[③].

考查要点详解

第一节　不定积分

一、不定积分的概念

1. 原函数与不定积分

定义 3.1.1　设函数 $f(x)$ 在区间 I 上有定义,若存在函数 $F(x)$,使得 $F'(x) = f(x)$,$\forall x \in I$,则称函数 $F(x)$ 为 $f(x)$ 在 I 上的一个原函数.

定理 3.1.1　设函数 $F(x)$,$G(x)$ 均为 $f(x)$ 的原函数,则 $G(x) = F(x) + C$,其中 C 为任意常数.

【证明】　$[G(x) - F(x)]' = f(x) - f(x) = 0$,由拉格朗日中值定理的推论知 $G(x) - F(x) = C$,C 为常数.

定义 3.1.2　函数 $f(x)$ 的全体原函数称为 $f(x)$ 的不定积分,记作 $\int f(x)\mathrm{d}x$. 如果 $F(x)$ 是 $f(x)$ 的一个原函数,则 $\int f(x)\mathrm{d}x = F(x) + C$.

2. 不定积分的性质、关系

(1) $\int kf(x)\mathrm{d}x = k\int f(x)\mathrm{d}x$,其中 k 为常数;

(2) $\int [f(x) + g(x)]\mathrm{d}x = \int f(x)\mathrm{d}x + \int g(x)\mathrm{d}x$;

(3) $\left[\int f(x)\mathrm{d}x\right]' = f(x)$,$\mathrm{d}\int f(x)\mathrm{d}x = f(x)\mathrm{d}x$;

(4) $\int f'(x)\mathrm{d}x = f(x) + C$,$\int \mathrm{d}f(x) = f(x) + C$.

3. 基本积分表

(1) $\int x^{\mu}\mathrm{d}x=\frac{1}{\mu+1}x^{\mu+1}+C(\mu\neq -1)$；　(2) $\int\frac{1}{x}\mathrm{d}x=\ln|x|+C$；

(3) $\int a^{x}\mathrm{d}x=\frac{1}{\ln a}a^{x}+C$；　(4) $\int \mathrm{e}^{x}\mathrm{d}x=\mathrm{e}^{x}+C$；

(5) $\int\sin x\mathrm{d}x=-\cos x+C$；　(6) $\int\cos x\mathrm{d}x=\sin x+C$；

(7) $\int\sec^{2}x\mathrm{d}x=\tan x+C$；　(8) $\int\csc^{2}x\mathrm{d}x=-\cot x+C$；

(9) $\int\sec x\cdot\tan x\mathrm{d}x=\sec x+C$；　(10) $\int\csc x\cdot\cot x\mathrm{d}x=-\csc x+C$；

(11) $\int\frac{1}{\sqrt{1-x^{2}}}\mathrm{d}x=\arcsin x+C$；　(12) $\int\frac{1}{1+x^{2}}\mathrm{d}x=\arctan x+C$.

评注

基本积分表就是基本导数表的对应结论.

【例 3.1.1】 计算不定积分 $\int\frac{(x-1)^{3}}{x^{2}}\mathrm{d}x$.

【解】
$$\int\frac{(x-1)^{3}}{x^{2}}\mathrm{d}x=\int\frac{x^{3}-3x^{2}+3x-1}{x^{2}}\mathrm{d}x=\int\left(x-3+\frac{3}{x}-\frac{1}{x^{2}}\right)\mathrm{d}x$$
$$=\frac{1}{2}x^{2}-3x+3\ln|x|+\frac{1}{x}+C.$$

【例 3.1.2】 计算不定积分 $\int\tan^{2}x\mathrm{d}x$.

【解】 $\int\tan^{2}x\mathrm{d}x=\int(\sec^{2}x-1)\mathrm{d}x=\tan x-x+C.$

【例 3.1.3】 计算不定积分 $\int\frac{x^{4}+1}{1+x^{2}}\mathrm{d}x$.

【解】 $\int\frac{x^{4}+1}{1+x^{2}}\mathrm{d}x=\int\left(x^{2}-1+\frac{2}{1+x^{2}}\right)\mathrm{d}x=\frac{1}{3}x^{3}-x+2\arctan x+C.$

【例 3.1.4】 计算不定积分 $\int\frac{1-\sin x}{1+\sin x}\mathrm{d}x$.

【解】
$$\int\frac{1-\sin x}{1+\sin x}\mathrm{d}x=\int\frac{(1-\sin x)^{2}}{\cos^{2}x}\mathrm{d}x=\int(\sec^{2}x-2\sec x\cdot\tan x+\tan^{2}x)\mathrm{d}x$$
$$=\tan x-2\sec x+\tan x-x+C=2\tan x-2\sec x-x+C.$$

评注

此题解题过程利用了例 3.1.2 的结论.

二、换元积分法

1. 第一类换元积分法

定理 3.1.2 如果 $\int f(u)\mathrm{d}u=F(u)+C$，则
$$\int f[\varphi(x)]\cdot\varphi'(x)\mathrm{d}x=\int f[\varphi(x)]\mathrm{d}\varphi(x)=F[\varphi(x)]+C,$$
这种令 $\varphi(x)=u$ 的换元积分方法称为第一类换元积分法，又称“凑微分法”.

【证明】 由 $\int f(u)\mathrm{d}u=F(u)+C$ 知 $F'(u)=f(u)$，所以 $(F[\varphi(x)])'=F'[\varphi(x)]\cdot\varphi'(x)=f[\varphi(x)]$

$\cdot \varphi'(x)$,故$\int f[\varphi(x)]\cdot\varphi'(x)\mathrm{d}x = F[\varphi(x)]+C$,证毕.

【例 3.1.5】 计算不定积分$\int \cos 3x\mathrm{d}x$.

【解】 **解法一** 由于$(\sin 3x)' = 3\cos 3x$,所以$\int\cos 3x\mathrm{d}x = \frac{1}{3}\sin 3x + C$.

评 注

考生可以直接利用导数来计算不定积分,但问题复杂后将变得困难,所以考生主要需学习积分方法.

解法二 令 $3x = u$,则 $\mathrm{d}x = \frac{1}{3}\mathrm{d}u$,所以

$$\int\cos 3x\mathrm{d}x = \int\cos u\cdot\frac{1}{3}\mathrm{d}u = \frac{1}{3}\sin u + C = \frac{1}{3}\sin 3x + C.$$

解法三 $\int\cos 3x\mathrm{d}x = \int\cos(3x)\cdot\frac{1}{3}\mathrm{d}(3x) = \frac{1}{3}\sin(3x) + C.$

评 注

此题的解法三体现了"凑微分"的思想.

【例 3.1.6】 计算不定积分$\int\cot x\mathrm{d}x$.

【解】 $\int\cot x\mathrm{d}x = \int\frac{\cos x}{\sin x}\mathrm{d}x = \int\frac{1}{\sin x}\mathrm{d}(\sin x) = \ln|\sin x| + C.$

同理可得:$\int\tan x\mathrm{d}x = -\ln|\cos x| + C.$

【例 3.1.7】 计算不定积分$\int(3x-2)^5\mathrm{d}x$.

【解】 $\int(3x-2)^5\mathrm{d}x = \int(3x-2)^5\cdot\frac{1}{3}\mathrm{d}(3x-2) = \frac{1}{18}(3x-2)^6 + C.$

评 注

显然,用二项式定理展开求解此题是不恰当的.

【例 3.1.8】 计算不定积分$\int\frac{\cos\sqrt{x}}{\sqrt{x}}\mathrm{d}x$.

【解】 $\int\frac{\cos\sqrt{x}}{\sqrt{x}}\mathrm{d}x = 2\int\cos\sqrt{x}\,\mathrm{d}(\sqrt{x}) = 2\sin\sqrt{x} + C.$

评 注

"凑"微分法的关键是如何"凑".考生要注意例 3.1.8 给出的常用方法.

【例 3.1.9】 计算不定积分$\int\frac{1}{\sqrt{a^2-x^2}}\mathrm{d}x(a>0)$.

【解】 $\int\frac{1}{\sqrt{a^2-x^2}}\mathrm{d}x = \int\frac{1}{a\sqrt{1-\left(\frac{x}{a}\right)^2}}\mathrm{d}x = \int\frac{1}{\sqrt{1-\left(\frac{x}{a}\right)^2}}\mathrm{d}\left(\frac{x}{a}\right) = \arcsin\frac{x}{a} + C.$

评 注

例 3.1.9 的结论可作为常用积分公式直接使用.

【例 3.1.10】 计算不定积分$\int \frac{1}{a^2+x^2}\mathrm{d}x(a>0)$.

【解】 $\int \frac{1}{a^2+x^2}\mathrm{d}x=\int \frac{1}{a^2}\cdot\frac{1}{1+\left(\frac{x}{a}\right)^2}\mathrm{d}x=\frac{1}{a}\int \frac{1}{1+\left(\frac{x}{a}\right)^2}\mathrm{d}\left(\frac{x}{a}\right)=\frac{1}{a}\arctan\frac{x}{a}+C.$

评 注

例 3.1.10 的结论可作为常用积分公式直接使用.

【例 3.1.11】 计算不定积分$\int \frac{1}{x^2-a^2}\mathrm{d}x(a>0)$.

【解】
$$\int \frac{1}{x^2-a^2}\mathrm{d}x=\int \frac{1}{(x-a)(x+a)}\mathrm{d}x=\frac{1}{2a}\int\left(\frac{1}{x-a}-\frac{1}{x+a}\right)\mathrm{d}x$$
$$=\frac{1}{2a}\left[\int \frac{1}{x-a}\mathrm{d}(x-a)-\int \frac{1}{x+a}\mathrm{d}(x+a)\right]=\frac{1}{2a}\ln\left|\frac{x-a}{x+a}\right|+C.$$

注意：$\int \frac{1}{a^2-x^2}\mathrm{d}x=\frac{1}{2a}\ln\left|\frac{x+a}{x-a}\right|+C.$

评 注

例 3.1.11 的结论可作为常用积分公式直接使用.

注意：此题解题过程利用了本书例 2.5.8 中所给的常用公式.

【例 3.1.12】 计算不定积分$\int \sec x\mathrm{d}x$.

【解】
$$\int \sec x\mathrm{d}x=\int \frac{1}{\cos x}\mathrm{d}x=\int \frac{\cos x}{\cos^2 x}\mathrm{d}x=\int \frac{1}{1-\sin^2 x}\mathrm{d}(\sin x)$$
$$=\frac{1}{2}\ln\left|\frac{\sin x+1}{\sin x-1}\right|+C=\frac{1}{2}\ln\left|\frac{(1+\sin x)^2}{\cos^2 x}\right|+C=\ln|\sec x+\tan x|+C.$$

同理可得：$\int \csc x\mathrm{d}x=\ln|\csc x-\cot x|+C.$

评 注

例 3.1.12 的结论可作为常用积分公式直接使用.

【例 3.1.13】 计算不定积分$\int \frac{(x+1)\mathrm{e}^x}{(x\mathrm{e}^x+1)^2}\mathrm{d}x$.

【解】 由于 $\mathrm{d}(x\mathrm{e}^x)=(\mathrm{e}^x+x\mathrm{e}^x)\mathrm{d}x=(x+1)\mathrm{e}^x\mathrm{d}x$,所以
$$\int \frac{(x+1)\mathrm{e}^x}{(x\mathrm{e}^x+1)^2}\mathrm{d}x=\int \frac{1}{(x\mathrm{e}^x+1)^2}\mathrm{d}(x\mathrm{e}^x+1)=-\frac{1}{x\mathrm{e}^x+1}+C.$$

评 注

“凑微分法”的关键是“凑”,考生需要对导数及常用积分很熟悉.通常认为第一类换元是积分方法中最困难的,就是指“凑”带来的困难.

【例 3.1.14】 计算不定积分$\int \frac{\sin^2 x}{(x\cos x-\sin x)^2}\mathrm{d}x$.

【解】
$$\int \frac{\sin^2 x}{(x\cos x-\sin x)^2}\mathrm{d}x=\int \frac{\tan^2 x}{(x-\tan x)^2}\mathrm{d}x=\int \frac{\sec^2 x-1}{(x-\tan x)^2}\mathrm{d}x$$
$$=\int \frac{1}{(x-\tan x)^2}\mathrm{d}(\tan x-x)=\frac{1}{x-\tan x}+C.$$

评注

在没有介绍其他积分方法之前,考生比较容易找到这类题的解法;在学习了其他解法后,反而因为作不同的尝试使解题更显困难.

2. 第二类换元积分法

定理 3.1.3 设函数 $x=\varphi(t)$ 单调且连续可导,且 $\varphi'(t)\neq 0$,如果 $\int f[\varphi(t)]\cdot\varphi'(t)\mathrm{d}t=F(t)+C$,则 $\int f(x)\mathrm{d}x=F[\varphi^{-1}(x)]+C$,其中 $t=\varphi^{-1}(x)$ 是 $x=\varphi(t)$ 的反函数,这种令 $x=\varphi(t)$ 的换元积分方法称为第二类换元积分法.

【证明】 $\{F[\varphi^{-1}(x)]\}'_x=F'(t)\cdot[\varphi^{-1}(x)]'_x=f[\varphi(t)]\cdot\varphi'(t)\cdot\dfrac{1}{\varphi'(t)}=f(x)$,证毕.

评注

第二类换元积分法中,最常用的换元方法是三角代换.

【例 3.1.15】 计算不定积分 $\int\dfrac{1}{\sqrt{a^2-x^2}}\mathrm{d}x\,(a>0)$.

【解】 作三角代换 $x=a\sin t$,则 $\sqrt{a^2-x^2}=a\cos t$,$\mathrm{d}x=a\cos t\mathrm{d}t$.

$$\int\frac{1}{\sqrt{a^2-x^2}}\mathrm{d}x=\int\frac{1}{a\cos t}\cdot a\cos t\mathrm{d}t=t+C=\arcsin\frac{x}{a}+C.$$

评注

不定积分的重点是掌握积分方法,为了方便寻找原函数,一般不考虑正负号的情况.但在解决定积分的问题时,必须考虑正负号(后面会结合例题加以说明).

【例 3.1.16】 计算不定积分 $\int\sqrt{a^2-x^2}\mathrm{d}x\,(a>0)$.

【解】 作三角代换 $x=a\sin t$,画出辅助三角形(如图 3-1 所示),则 $\sqrt{a^2-x^2}=a\cos t$,$\mathrm{d}x=a\cos t\mathrm{d}t$.

$$\begin{aligned}\int\sqrt{a^2-x^2}\mathrm{d}x&=\int a\cos t\cdot a\cos t\mathrm{d}t\\&=\frac{a^2}{2}\int(1+\cos 2t)\mathrm{d}t=\frac{a^2}{2}t+\frac{a^2}{4}\sin 2t+C\\&=\frac{a^2}{2}t+\frac{a^2}{2}\sin t\cos t+C\\&=\frac{a^2}{2}\arcsin\frac{x}{a}+\frac{1}{2}x\sqrt{a^2-x^2}+C.\end{aligned}$$

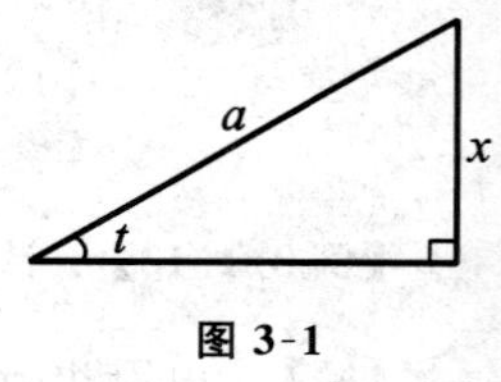

图 3-1

【例 3.1.17】 计算不定积分 $\int\dfrac{1}{\sqrt{x^2+a^2}}\mathrm{d}x\,(a>0)$.

【解】 作三角代换 $x=a\tan t$,画出辅助三角形(如图 3-2 所示),则 $\sqrt{x^2+a^2}=a\sec t$,$\mathrm{d}x=a\sec^2 t\mathrm{d}t$.

$$\begin{aligned}\int\frac{1}{\sqrt{x^2+a^2}}\mathrm{d}x&=\int\frac{1}{a\sec t}\cdot a\sec^2 t\mathrm{d}t\\&=\int\sec t\mathrm{d}t=\ln|\sec t+\tan t|+C_1\end{aligned}$$

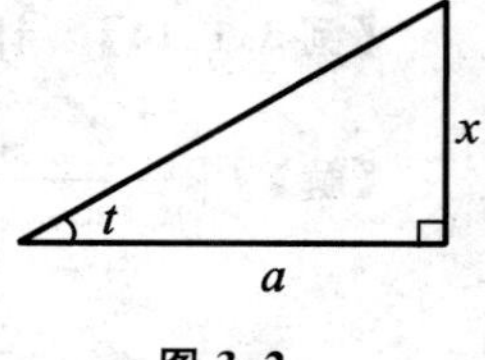

图 3-2

$$= \ln\left|\frac{\sqrt{x^2+a^2}}{a}+\frac{x}{a}\right|+C_1 = \ln|x+\sqrt{x^2+a^2}|+C.$$

【例 3.1.18】 计算不定积分$\int \frac{1}{\sqrt{x^2-a^2}}\mathrm{d}x(a>0)$.

【解】 作三角代换 $x=a\sec t$，画出辅助三角形（如图 3-3 所示），则 $\sqrt{x^2-a^2}=a\tan t, \mathrm{d}x=a\sec t\cdot\tan t\mathrm{d}t$.

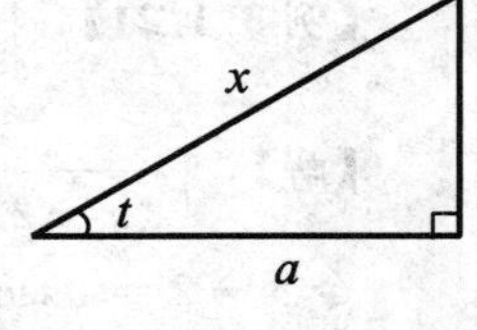

图 3-3

$$\int \frac{1}{\sqrt{x^2-a^2}}\mathrm{d}x = \int \frac{1}{a\tan t}\cdot a\sec t\cdot\tan t\mathrm{d}t$$
$$= \int \sec t\mathrm{d}t = \ln|\sec t+\tan t|+C_1$$
$$= \ln\left|\frac{\sqrt{x^2-a^2}}{a}+\frac{x}{a}\right|+C_1 = \ln|x+\sqrt{x^2-a^2}|+C.$$

评 注

考生要把例 3.1.17 及例 3.1.18 作为常用公式记住.

必须记住的常用积分公式：

(1)$\int \tan x\mathrm{d}x = -\ln|\cos x|+C$；　(2)$\int \cot x\mathrm{d}x = \ln|\sin x|+C$；

(3)$\int \sec x\mathrm{d}x = \ln|\sec x+\tan x|+C$；　(4)$\int \csc x\mathrm{d}x = \ln|\csc x-\cot x|+C$；

(5)$\int \frac{1}{\sqrt{a^2-x^2}}\mathrm{d}x = \arcsin\frac{x}{a}+C$；　(6)$\int \frac{1}{a^2+x^2}\mathrm{d}x = \frac{1}{a}\arctan\frac{x}{a}+C$；

(7)$\int \frac{1}{x^2-a^2}\mathrm{d}x = \frac{1}{2a}\ln\left|\frac{x-a}{x+a}\right|+C$；　(8)$\int \frac{1}{\sqrt{x^2\pm a^2}}\mathrm{d}x = \ln|x+\sqrt{x^2\pm a^2}|+C$.

评 注

考生必须记住的积分公式主要包括基本积分公式和常用积分公式，在考研中都可以直接使用；其他积分公式一般都不能够作为公式在考研中直接使用，考生要掌握积分方法.

【例 3.1.19】 计算不定积分$\int \frac{1}{\sqrt{x}+\sqrt[3]{x}}\mathrm{d}x$.

【解】 令 $t=\sqrt[6]{x}$，则 $x=t^6$，

$$原式 = \int \frac{1}{t^3+t^2}\cdot 6t^5\mathrm{d}t = 6\int \frac{t^3+1-1}{t+1}\mathrm{d}t$$
$$= 6\int\left(t^2-t+1-\frac{1}{t+1}\right)\mathrm{d}t = 2t^3-3t^2+6t-6\ln|t+1|+C,$$

其中 $t=\sqrt[6]{x}$.

评 注

用换元积分法计算不定积分后，必须将变量代回原变量. 但是在考研中，只需要考生说明 t 是 x 的函数即可，不要求完全代回.

【例 3.1.20】 计算不定积分$\int \sqrt{\mathrm{e}^x-1}\mathrm{d}x$.

【解】 令 $\sqrt{\mathrm{e}^x-1}=t$，则 $x=\ln(1+t^2)$，$\mathrm{d}x=\frac{2t}{1+t^2}\mathrm{d}t$.

原式 $= \int t\cdot\frac{2t}{1+t^2}\mathrm{d}t = \int\left(2-\frac{2}{1+t^2}\right)\mathrm{d}t = 2t-2\arctan t+C$，其中 $t=\sqrt{\mathrm{e}^x-1}$.

评 注

不定积分的换元方法比较灵活,考生如果解题遇到困难,可考虑作整体代换,只有多做多练才能提高.

【例 3.1.21】 $\int \frac{x}{(x-2)\sqrt{x^2-4x}}dx$.

【解】 $\int \frac{x}{(x-2)\sqrt{x^2-4x}}dx = \int \frac{x}{(x-2)\sqrt{(x-2)^2-4}}dx$.

令 $x-2=2\sec t$, 则

$$
\begin{aligned}
\text{原式} &= \int \frac{2+2\sec t}{2\sec t \cdot 2\tan t} 2\sec t\tan t\mathrm{d}t \\
&= \int (1+\sec t)\mathrm{d}t = t + \ln|\sec t + \tan t| + C \\
&= \arccos\frac{2}{x-2} + \ln\left|\frac{x-2+\sqrt{x^2-4x}}{2}\right| + C.
\end{aligned}
$$

三、分部积分法

定理 3.1.4 设函数 $u(x)$,$v(x)$ 在区间 I 上可导,如果积分$\int v\mathrm{d}u$ 存在,则$\int u\mathrm{d}v = u\cdot v - \int v\mathrm{d}u$,这种利用$\int v\mathrm{d}u$ 来计算$\int u\mathrm{d}v$ 的积分方法称为分部积分法.

常用公式:$\int u(x)\ v'(x)\mathrm{d}x = u(x)v(x) - \int v(x)u'(x)\mathrm{d}x$.

【证明】 利用$(u\cdot v)' = u'\cdot v + u\cdot v'$,两边同时积分即可得到证明.

【例 3.1.22】 计算不定积分$\int \ln x\mathrm{d}x$.

【解】 设 $u=\ln x, \mathrm{d}v = \mathrm{d}x$,则 $v = x, \mathrm{d}u = \frac{1}{x}\mathrm{d}x$.

$\int \ln x\mathrm{d}x = \ln x\cdot x - \int x\cdot\frac{1}{x}\mathrm{d}x = x\ln x - x + C$.

【例 3.1.23】 计算不定积分$\int \arcsin x\mathrm{d}x$.

【解】 设 $u=\arcsin x, \mathrm{d}v=\mathrm{d}x$,则 $v = x, \mathrm{d}u = \frac{1}{\sqrt{1-x^2}}\mathrm{d}x$.

$\int \arcsin x\mathrm{d}x = \arcsin x\cdot x - \int x\cdot\frac{1}{\sqrt{1-x^2}}\mathrm{d}x = x\arcsin x + \sqrt{1-x^2} + C$.

评 注

$$\int x\cdot\frac{1}{\sqrt{1-x^2}}\mathrm{d}x = -\frac{1}{2}\int\frac{1}{\sqrt{1-x^2}}\mathrm{d}(1-x^2) = -\sqrt{1-x^2}+C.$$

【例 3.1.24】 计算不定积分$\int \arctan x\mathrm{d}x$.

【解】 $\int \arctan x\mathrm{d}x = x\arctan x - \int x\cdot\frac{1}{1+x^2}\mathrm{d}x = x\arctan x - \frac{1}{2}\ln(1+x^2) + C$.

评 注

例 3.1.22、例 3.1.23、例 3.1.24 是利用分部积分法求解的最基本的不定积分题型,都是最简单的形式(v 取为 x).很多情况下问题没有这么简单,考生必须掌握常用的规律和变化.

1. 对于积分$\int x^n\cdot e^{ax}dx$，$\int x^n\cdot\cos bx dx$，$\int x^n\cdot\sin bx dx(a\neq 0,b\neq 0)$，必须选择$u=x^n$，$e^{ax}dx=dv$，$\cos bx dx=dv$，$\sin bx dx=dv$.

评注

求解此类题目，需进行n次分部积分.

【例 3.1.25】　计算不定积分$\int x\cdot e^{2x}dx$.

【解】　$\int x\cdot e^{2x}dx=\int x\cdot\frac{1}{2}de^{2x}=\frac{1}{2}xe^{2x}-\frac{1}{2}\int e^{2x}dx=\frac{1}{2}xe^{2x}-\frac{1}{4}e^{2x}+C.$

评注

考生可以尝试其他变化具体体会一下，积累经验.

【例 3.1.26】　计算不定积分$\int\sin\sqrt[3]{x}dx$.

【解】　令$\sqrt[3]{x}=t$，或$x=t^3$，则

$$\begin{aligned}\text{原式}&=\int\sin t\cdot 3t^2dt=-3\int t^2d(\cos t)=-3t^2\cos t+3\int\cos t d(t^2)\\&=-3t^2\cos t+3\int\cos t\cdot 2tdt=-3t^2\cos t+6\int td(\sin t)\\&=-3t^2\cos t+6t\sin t-6\int\sin tdt=-3t^2\cos t+6t\sin t+6\cos t+C,\end{aligned}$$

其中$t=\sqrt[3]{x}$.

【例 3.1.27】(2011③)　求不定积分$\int\frac{\arcsin\sqrt{x}+\ln x}{\sqrt{x}}dx$.

【解】

$$\begin{aligned}\int\frac{\arcsin\sqrt{x}+\ln x}{\sqrt{x}}dx&=2\int(\arcsin\sqrt{x}+\ln x)d\sqrt{x}\\&=2\sqrt{x}(\arcsin\sqrt{x}+\ln x)-2\int\sqrt{x}\left(\frac{1}{\sqrt{1-x}}\cdot\frac{1}{2\sqrt{x}}+\frac{1}{x}\right)dx\\&=2\sqrt{x}(\arcsin\sqrt{x}+\ln x)+2\sqrt{1-x}-4\sqrt{x}+C.\end{aligned}$$

评注

考生可参照例 3.1.8 中的“凑”微分方法.

2. 对于积分$\int x^a\cdot\ln^n x dx$，$\int x^a\cdot\arcsin x dx$，$\int x^a\cdot\arctan x dx$，必须选择$x^a dx=dv$. 对于反三角函数，也可以尝试变量代换.

【例 3.1.28】　计算不定积分$\int x\arctan x dx$.

【解】

$$\begin{aligned}\int x\arctan x dx&=\frac{1}{2}\int\arctan x d(x^2)=\frac{1}{2}x^2\arctan x-\frac{1}{2}\int x^2\cdot\frac{1}{1+x^2}dx\\&=\frac{1}{2}x^2\arctan x-\frac{1}{2}x+\frac{1}{2}\arctan x+C.\end{aligned}$$

【例 3.1.29】　计算不定积分$\int x^3\ln^2 x dx$.

【解】　$\int x^3\ln^2 x dx=\frac{1}{4}\int\ln^2 x d(x^4)=\frac{1}{4}x^4\ln^2 x-\frac{1}{4}\int x^4\cdot 2\ln x\cdot\frac{1}{x}dx$

$$=\frac{1}{4}x^4\ln^2 x-\frac{1}{8}\int\ln x\mathrm{d}(x^4)=\frac{1}{4}x^4\ln^2 x-\frac{1}{8}x^4\ln x+\frac{1}{8}\int x^4\cdot\frac{1}{x}\mathrm{d}x$$

$$=\frac{1}{4}x^4\ln^2 x-\frac{1}{8}x^4\ln x+\frac{1}{32}x^4+C.$$

【例 3.1.30】(2018①②)　求不定积分$\int \mathrm{e}^{2x}\arctan\sqrt{\mathrm{e}^x-1}\mathrm{d}x$.

【解】　原式 $=\int\arctan\sqrt{\mathrm{e}^x-1}\mathrm{d}\left(\frac{1}{2}\mathrm{e}^{2x}\right)=\frac{1}{2}\mathrm{e}^{2x}\arctan\sqrt{\mathrm{e}^x-1}-\frac{1}{4}\int\frac{\mathrm{e}^{2x}}{\sqrt{\mathrm{e}^x-1}}\mathrm{d}x$,

而$\int\frac{\mathrm{e}^{2x}}{\sqrt{\mathrm{e}^x-1}}\mathrm{d}x\xlongequal{t=\sqrt{\mathrm{e}^x-1}}\int\frac{(t^2+1)^2}{t}\frac{2t}{(t^2+1)}\mathrm{d}t$

$$=\frac{2}{3}t^3+2t+C=\frac{2}{3}(\mathrm{e}^x-1)^{\frac{3}{2}}+2\sqrt{\mathrm{e}^x-1}+C_1,$$

即原式 $=\frac{1}{2}\mathrm{e}^{2x}\arctan\sqrt{\mathrm{e}^x-1}-\frac{1}{6}(\mathrm{e}^x-1)^{\frac{3}{2}}-\frac{1}{2}\sqrt{\mathrm{e}^x-1}+C$.

3. 对于积分$\int\sqrt{x^2\pm a^2}\,\mathrm{d}x,\int\mathrm{e}^{ax}\cos bx\mathrm{d}x,\int\mathrm{e}^{ax}\sin bx\mathrm{d}x,\int\sec^3 x\mathrm{d}x$,采用分部积分移项计算方法.

【例 3.1.31】　计算不定积分$\int\sqrt{x^2+a^2}\mathrm{d}x\ (a>0)$.

【解】　$\int\sqrt{x^2+a^2}\mathrm{d}x=x\sqrt{x^2+a^2}-\int x\cdot\frac{2x}{2\sqrt{x^2+a^2}}\mathrm{d}x$

$$=x\sqrt{x^2+a^2}-\int\sqrt{x^2+a^2}\mathrm{d}x+\int\frac{a^2}{\sqrt{x^2+a^2}}\mathrm{d}x,$$

所以$\int\sqrt{x^2+a^2}\mathrm{d}x=\frac{x\sqrt{x^2+a^2}}{2}+\frac{1}{2}\int\frac{a^2}{\sqrt{x^2+a^2}}\mathrm{d}x=\frac{x\sqrt{x^2+a^2}}{2}+\frac{a^2}{2}\ln|x+\sqrt{x^2+a^2}|+C$.

评注

移项计算也是不定积分中比较重要的计算方法.

思考问题:为什么计算结果还有常数 C?

【例 3.1.32】　计算不定积分$\int\mathrm{e}^{ax}\cos bx\mathrm{d}x$.

【解】　$\int\mathrm{e}^{ax}\cos bx\mathrm{d}x=\frac{1}{a}\int\cos bx\mathrm{d}(\mathrm{e}^{ax})$

$$=\frac{1}{a}\mathrm{e}^{ax}\cos bx+\frac{1}{a}\int\mathrm{e}^{ax}\cdot b\sin bx\mathrm{d}x$$

$$=\frac{1}{a}\mathrm{e}^{ax}\cos bx+\frac{b}{a^2}\int\sin bx\mathrm{d}(\mathrm{e}^{ax})$$

$$=\frac{1}{a}\mathrm{e}^{ax}\cos bx+\frac{b}{a^2}\mathrm{e}^{ax}\sin bx-\frac{b}{a^2}\int\mathrm{e}^{ax}\cdot b\cos bx\mathrm{d}x,$$

所以$\int\mathrm{e}^{ax}\cdot\cos bx\mathrm{d}x=\frac{a^2}{a^2+b^2}\left(\frac{1}{a}\mathrm{e}^{ax}\cos bx+\frac{b}{a^2}\mathrm{e}^{ax}\sin bx\right)+C=\frac{\mathrm{e}^{ax}}{a^2+b^2}(a\cos bx+b\sin bx)+C$.

同理可得:$\int\mathrm{e}^{ax}\sin bx\mathrm{d}x=\frac{\mathrm{e}^{ax}}{a^2+b^2}(a\sin bx-b\cos bx)+C$.

评注

考生要掌握本题的计算方法.此题结论可作为公式,但一般不要求记忆.

【例 3.1.33】　计算$\int\sec^3 x\mathrm{d}x$.

【解】 $\int \sec^3 x\mathrm{d}x = \int \sec x\mathrm{d}(\tan x) = \sec x \cdot \tan x - \int \tan x \cdot \sec x \cdot \tan x\mathrm{d}x$

$$= \sec x \cdot \tan x - \int \sec^3 x\mathrm{d}x + \int \sec x\mathrm{d}x,$$

所以 $\int \sec^3 x\mathrm{d}x = \frac{1}{2}\sec x \cdot \tan x + \frac{1}{2}\ln|\sec x + \tan x| + C.$

评 注

用类似的方法可求解 $\int \sec^5 x\mathrm{d}x$，$\int \sec^7 x\mathrm{d}x$.

【例 3.1.34】 计算不定积分 $\int \sqrt{x^2 - a^2}\mathrm{d}x (a > 0)$.

【解】 **解法一** $\int \sqrt{x^2 - a^2}\mathrm{d}x = x\sqrt{x^2 - a^2} - \int x \cdot \frac{2x}{2\sqrt{x^2 - a^2}}\mathrm{d}x$

$$= x\sqrt{x^2 - a^2} - \int \sqrt{x^2 - a^2}\mathrm{d}x - \int \frac{a^2}{\sqrt{x^2 - a^2}}\mathrm{d}x,$$

所以 $\int \sqrt{x^2 - a^2}\mathrm{d}x = \frac{1}{2}x\sqrt{x^2 - a^2} - \frac{a^2}{2}\ln|x + \sqrt{x^2 - a^2}| + C.$

解法二 令 $x = a\sec t$，则

原式 $= \int a\tan t \cdot a\sec t \cdot \tan t\mathrm{d}t = a^2\left(\int \sec^3 t\mathrm{d}t - \int \sec t\mathrm{d}t\right)$

$$= a^2\left(\frac{1}{2}\sec t \cdot \tan t - \frac{1}{2}\ln|\sec t + \tan t|\right) + C_1$$

$$= \frac{1}{2}(x\sqrt{x^2 - a^2} - a^2\ln|x + \sqrt{x^2 - a^2}|) + C.$$

评 注

此题解题过程利用了例 3.1.33 $\int \sec^3 x\mathrm{d}x$ 的积分公式.

4. 对于某些难于积分(即不存在初等形式的原函数)的形式运用拆项、相消的计算方法

常见难于积分的形式：

$\int e^{x^2}\mathrm{d}x$，$\int e^{-x^2}\mathrm{d}x$，$\int \frac{e^x}{x}\mathrm{d}x$，$\int e^{\frac{1}{x}}\mathrm{d}x$，$\int \frac{\cos x}{x}\mathrm{d}x$，$\int \frac{\ln(1+x)}{x}\mathrm{d}x$，$\int \frac{\sin x}{x}\mathrm{d}x$，$\int \frac{1}{\ln x}\mathrm{d}x$，$\int \sin(x^2)\mathrm{d}x$ 等.

【例 3.1.35】 计算不定积分 $\int (2x^2 - 1)e^{-x^2}\mathrm{d}x$.

【解】 $\int (2x^2 - 1)e^{-x^2}\mathrm{d}x = \int 2x^2 e^{-x^2}\mathrm{d}x - \int e^{-x^2}\mathrm{d}x$

$$= \int xe^{-x^2}\mathrm{d}(x^2) - \int e^{-x^2}\mathrm{d}x = -\left[\int x\mathrm{d}(e^{-x^2}) + \int e^{-x^2}\mathrm{d}x\right] = -xe^{-x^2} + C.$$

评 注

拆项、相消的方法具体表示为：$\int u\mathrm{d}v + \int v\mathrm{d}u = uv + C$.

【例 3.1.36】 计算不定积分 $\int \frac{x + \sin x}{1 + \cos x}\mathrm{d}x$.

【解】 $\int \frac{x + \sin x}{1 + \cos x}\mathrm{d}x = \int \frac{x}{1 + \cos x}\mathrm{d}x + \int \frac{\sin x}{1 + \cos x}\mathrm{d}x$

$$= \int \frac{x}{2\cos^2 \frac{x}{2}} dx + \int \frac{2\sin \frac{x}{2} \cos \frac{x}{2}}{2\cos^2 \frac{x}{2}} dx = \int x d\left(\tan \frac{x}{2}\right) + \int \tan \frac{x}{2} dx = x\tan \frac{x}{2} + C.$$

评 注

分部积分法的关键是选取适当的 u,v. 本书总结了四种类型,希望考生多加练习并记住. 不定积分主要是作为积分工具来应用,考生在基础阶段必须做大量不定积分的练习,学好不定积分将为今后的积分学打下良好基础.

【例 3.1.37】 计算不定积分 $J_n = \int \frac{1}{(x^2+a^2)^n} dx$($n$ 为正整数).

【解】 $J_n = \frac{x}{(x^2+a^2)^n} - \int x \cdot (-n) \frac{2x}{(x^2+a^2)^{n+1}} dx = \frac{x}{(x^2+a^2)^n} + 2n(J_n - a^2 J_{n+1})$,所以 $J_{n+1} = \frac{2n-1}{2na^2} J_n + \frac{1}{2na^2} \cdot \frac{x}{(x^2+a^2)^n}$,$J_1 = \frac{1}{a} \arctan \frac{x}{a} + C$.

评 注

本题说明这种函数形式能够积分,为有理函数的积分作准备.

四、有理函数的积分

前面介绍了一些初等函数不一定有初等形式的原函数,那么什么样的函数一定有初等形式的原函数呢?这部分将说明有理函数一定有初等形式的原函数. 有理函数的积分主要是理论要求,对于实际运算,由于其计算比较复杂,计算量太大,较少直接使用. 通常用其他更加简单有效的方法计算有理函数的积分.

1. 有理函数

定义 3.1.3 设 $P(x) = a_0 x^n + a_1 x^{n-1} + \cdots + a_{n-1} x + a_n$,$Q(x) = b_0 x^m + b_1 x^{m-1} + \cdots + b_{m-1} x + b_m$,其中 $a_i, b_j (1 \leqslant i \leqslant n, 1 \leqslant j \leqslant m)$ 均为实数,则称 $\frac{Q(x)}{P(x)}$ 为有理函数.

2. 部分分式

(1) 真分式 $\frac{Q(x)}{(x-a)^n}$ 可分解为

$$\frac{Q(x)}{(x-a)^n} = \frac{A_1}{x-a} + \frac{A_2}{(x-a)^2} + \cdots + \frac{A_n}{(x-a)^n},$$

其中 $A_1, A_2, \cdots, A_n$ 为待定系数.

(2) 真分式 $\frac{Q(x)}{(x^2+px+q)^n}$(其中 $p^2 - 4q < 0$)可分解为

$$\frac{Q(x)}{(x^2+px+q)^n} = \frac{A_1 x + B_1}{x^2+px+q} + \frac{A_2 x + B_2}{(x^2+px+q)^2} + \cdots + \frac{A_n x + B_n}{(x^2+px+q)^n},$$

其中 $A_1, B_1, A_2, B_2, \cdots, A_n, B_n$ 为待定系数.

3. 有理函数的积分

有理函数一定能通过部分分式的方法分解为下列四种形式:

(1) $\frac{A}{x-a}$; (2) $\frac{A}{(x-a)^n} (n \geqslant 2)$; (3) $\frac{Ax+B}{x^2+px+q}$; (4) $\frac{Ax+B}{(x^2+px+q)^n} (p^2 - 4q < 0)$.

有理函数的积分主要解决上述四种形式的积分:

(1) $\int \frac{A}{x-a} dx = A\ln|x-a| + C$.

(2) $\int \frac{A}{(x-a)^n} dx = \frac{A}{1-n} (x-a)^{1-n} + C$.

(3) $\int\frac{Ax+B}{x^2+px+q}dx=\frac{A}{2}\int\frac{2x+p}{x^2+px+q}dx+\left(B-\frac{Ap}{2}\right)\int\frac{1}{\left(x+\frac{p}{2}\right)^2+q-\frac{1}{4}p^2}dx$

$$=\frac{A}{2}\ln|x^2+px+q|+\left(B-\frac{Ap}{2}\right)\cdot\frac{1}{\sqrt{q-\frac{1}{4}p^2}}\arctan\frac{x+\frac{1}{2}p}{\sqrt{q-\frac{1}{4}p^2}}+C.$$

(4) $\int\frac{Ax+B}{(x^2+px+q)^n}dx=\frac{A}{2}\int\frac{2x+p}{(x^2+px+q)^n}dx+\left(B-\frac{Ap}{2}\right)\int\frac{1}{\left[\left(x+\frac{p}{2}\right)^2+q-\frac{1}{4}p^2\right]^n}dx$

$$=\frac{A}{2(1-n)}(x^2+px+q)^{1-n}+\left(B-\frac{Ap}{2}\right)\cdot\int\frac{1}{(u^2+a^2)^n}du,$$

其中 $u=x+\frac{1}{2}p,a=\sqrt{q-\frac{1}{4}p^2}$,而$\int\frac{1}{(u^2+a^2)^n}du$ 可由例 3.1.37 解决.

【例 3.1.38】 计算不定积分 $I=\int\frac{x^3-2x+1}{x^2(x^2+1)}dx$.

【解】 **解法一** 先转化为部分分式,设$\frac{x^3-2x+1}{x^2(x^2+1)}=\frac{A}{x}+\frac{B}{x^2}+\frac{Cx+D}{x^2+1}$,则

$$\frac{x^3-2x+1}{x^2(x^2+1)}=\frac{Ax(x^2+1)+B(x^2+1)+x^2(Cx+D)}{x^2(x^2+1)}.$$

比较同次幂的系数得 $A+C=1,B+D=0,A=-2,B=1$,所以 $A=-2,B=1,C=3,D=-1$,即 $\frac{x^3-2x+1}{x^2(x^2+1)}=-\frac{2}{x}+\frac{1}{x^2}+\frac{3x-1}{x^2+1}$,故

$$I=\int\left(-\frac{2}{x}+\frac{1}{x^2}+\frac{3x-1}{x^2+1}\right)dx=-2\ln|x|-\frac{1}{x}+\frac{3}{2}\ln(1+x^2)-\arctan x+C.$$

解法二 直接计算.

$$\frac{x^3-2x+1}{x^2(x^2+1)}=\frac{x^3+x-3x+1}{x^2(x^2+1)}=\frac{1}{x}-\frac{3}{x(x^2+1)}+\frac{1}{x^2(x^2+1)}$$

$$=\frac{1}{x}-3\left(\frac{1}{x}-\frac{x}{x^2+1}\right)+\left(\frac{1}{x^2}-\frac{1}{x^2+1}\right)=-\frac{2}{x}+\frac{1}{x^2}+\frac{3x-1}{x^2+1},$$

所以 $I=-2\ln|x|-\frac{1}{x}+\frac{3}{2}\ln(x^2+1)-\arctan x+C$.

评注

比较上述两种解法,可以理解为什么针对此类问题通常不用一般方法,而是选择特殊方法求解.

【例 3.1.39】 计算不定积分$\int\frac{1}{x^3+1}dx$,$\int\frac{x}{x^3+1}dx$.

【解】 **解法一** 先转化为部分分式,设$\frac{Q(x)}{x^3+1}=\frac{A}{x+1}+\frac{Bx+C}{x^2-x+1}$,其中 $Q(x)=1$ 或 x,求常数 A,B,C 的值,计算比较复杂,此处略.

解法二 先计算$\int\frac{1+x}{x^3+1}dx$,$\int\frac{1-x}{x^3+1}dx$.

$$\int\frac{1+x}{x^3+1}dx=\int\frac{1}{x^2-x+1}dx=\int\frac{1}{\left(x-\frac{1}{2}\right)^2+\frac{3}{4}}d\left(x-\frac{1}{2}\right)=\frac{2}{\sqrt{3}}\arctan\frac{2x-1}{\sqrt{3}}+C,$$

$$\int\frac{1-x}{x^3+1}dx=\int\frac{1-x+x^2-x^2}{x^3+1}dx=\ln|x+1|-\frac{1}{3}\ln|x^3+1|+C,$$

上面两个式子相加、相减除以 2 即可得

$$\int\frac{1}{x^3+1}\mathrm{d}x=\frac{1}{2}\cdot\left(\frac{2}{\sqrt{3}}\arctan\frac{2x-1}{\sqrt{3}}+\ln|x+1|-\frac{1}{3}\ln|x^3+1|\right)+C,$$

$$\int\frac{x}{x^3+1}\mathrm{d}x=\frac{1}{2}\cdot\left(\frac{2}{\sqrt{3}}\arctan\frac{2x-1}{\sqrt{3}}-\ln|x+1|+\frac{1}{3}\ln|x^3+1|\right)+C.$$

评注

有理函数的积分方法只是通用方法，一般需另寻简单方法．例 3.1.39 的解法二利用容易求得的积分来解决比较困难的积分，这种处理方法在不定积分中很常用，考生要注意积累．

【例 3.1.40】 用多种方法计算不定积分 $\int\frac{x^7}{(1-x^2)^5}\mathrm{d}x$.

【解】 **解法一** 转化为部分分式．设

$$\frac{x^7}{(1-x^2)^5}=\frac{A_1}{x-1}+\frac{A_2}{(x-1)^2}+\cdots+\frac{A_5}{(x-1)^5}+\frac{B_1}{x+1}+\cdots+\frac{B_5}{(x+1)^5},$$

需计算十个待定系数，比较复杂，此处省略，考生重点掌握方法．

解法二 先换元，令 $x^2=t$，则原式 $=\frac{1}{2}\int\frac{t^3}{(1-t)^5}\mathrm{d}t$. 再转化为部分分式，设 $\frac{t^3}{(1-t)^5}=\frac{C_1}{t-1}+\frac{C_2}{(t-1)^2}+\cdots+\frac{C_5}{(t-1)^5}$，需计算五个待定系数，比较复杂，此处省略，考生重点掌握方法．

解法三 先换元，令 $1-x^2=t$，则

原式 $=-\frac{1}{2}\int\frac{(1-t)^3}{t^5}\mathrm{d}t=-\frac{1}{2}\int\left(\frac{1}{t^5}-\frac{3}{t^4}+\frac{3}{t^3}-\frac{1}{t^2}\right)\mathrm{d}t=\frac{1}{8}t^{-4}-\frac{1}{2}t^{-3}+\frac{3}{4}t^{-2}-\frac{1}{2}t^{-1}+C$,

其中 $t=1-x^2$.

评注

运用这种方法已经可以直接计算出结果了．

解法四 先换元，令 $x=\frac{1}{t}$，则

原式 $=\int\frac{t^3}{(t^2-1)^5}\left(-\frac{1}{t^2}\right)\mathrm{d}t=-\frac{1}{2}\int\frac{1}{(t^2-1)^5}\mathrm{d}(t^2-1)=\frac{1}{8}\cdot\frac{1}{(1-t^2)^4}+C$,

其中 $t=\frac{1}{x}$.

解法五 先换元，令 $x=\sin t$，则

原式 $=\int\frac{\sin^7 t}{\cos^{10}t}\cdot\cos t\mathrm{d}t=\int\tan^7 t\,\mathrm{d}\tan t=\frac{1}{8}\tan^8 t+C$,

其中 $t=\arcsin x$，代入即得原式 $=\frac{1}{8}\cdot\frac{x^8}{(x^2-1)^4}+C$.

评注

在不定积分的计算中，为了得到原函数，换元时可能增加了限制条件，但对于最终结果没有影响．

4．可化为有理函数的积分

(1) 三角函数有理式的积分

【例 3.1.41】 用多种方法求不定积分 $\int\frac{1}{1+\sin x}\mathrm{d}x$.

【解】 **解法一** 用万能代换 $t=\tan\frac{x}{2}$，则 $\sin x=\frac{2t}{1+t^2}$，$\mathrm{d}x=\frac{2}{1+t^2}\mathrm{d}t$，得

$$\int \frac{1}{1+\sin x}\mathrm{d}x = \int \frac{1}{1+\frac{2t}{1+t^2}}\cdot\frac{2}{1+t^2}\mathrm{d}t = \int \frac{2}{(t+1)^2}\mathrm{d}t = -\frac{2}{t+1}+C,$$

其中 $t=\tan\frac{x}{2}$.

评注

对于三角函数有理式的积分，一般不用万能代换，主要找更加简单的方法解决问题.

解法二　$\int \frac{1}{1+\sin x}\mathrm{d}x = \int \frac{1-\sin x}{\cos^2 x}\mathrm{d}x = \tan x - \sec x + C.$

解法三　$\int \frac{1}{1+\sin x}\mathrm{d}x = \int \frac{1}{1+\cos\left(\frac{\pi}{2}-x\right)}\mathrm{d}x = \int \frac{1}{2\cos^2\left(\frac{\pi}{4}-\frac{x}{2}\right)}\mathrm{d}x$

$$=-\tan\left(\frac{\pi}{4}-\frac{x}{2}\right)+C.$$

【例 3.1.42】　求不定积分 $\int \frac{\cos x}{\sin x+\cos x}\mathrm{d}x$.

【解】　先求积分 $\int \frac{\cos x-\sin x}{\sin x+\cos x}\mathrm{d}x = \int \frac{\mathrm{d}(\sin x+\cos x)}{\sin x+\cos x} = \ln|\sin x+\cos x|+C$，则

$$\int \frac{\cos x}{\sin x+\cos x}\mathrm{d}x = \frac{1}{2}\int \frac{(\cos x+\sin x)+(\cos x-\sin x)}{\sin x+\cos x}\mathrm{d}x$$

$$=\frac{1}{2}x+\frac{1}{2}\ln|\sin x+\cos x|+C.$$

评注

此题用万能代换也可以积分，但比较复杂.也可以利用初等方法将分母加起来，考生只有多练习才能找到最简单快捷的方法.

(2) 简单无理函数的积分

【例 3.1.43】　求不定积分 $\int \frac{1}{x}\sqrt{\frac{x+1}{x}}\mathrm{d}x$.

【解】　**解法一**　令 $\sqrt{\frac{x+1}{x}}=t$，则 $x=\frac{1}{t^2-1}$，$\mathrm{d}x=-\frac{2t}{(t^2-1)^2}\mathrm{d}t$，

原式 $=\int (t^2-1)\cdot t\cdot\frac{-2t}{(t^2-1)^2}\mathrm{d}t = -2\int\left(1+\frac{1}{t^2-1}\right)\mathrm{d}t = -2t-\ln\left|\frac{t-1}{t+1}\right|+C,$

其中 $t=\sqrt{\frac{x+1}{x}}$.

解法二　令 $x=\tan^2 u$，则 $\mathrm{d}x = 2\tan u\cdot\sec^2 u\mathrm{d}u$，

原式 $=\int \frac{1}{\tan^2 u}\cdot\frac{\sec u}{\tan u}\cdot 2\tan u\cdot\sec^2 u\mathrm{d}u = 2\int \frac{1}{\sin^2 u\cdot\cos u}\mathrm{d}u$

$=2\int \frac{\sin^2 u+\cos^2 u}{\sin^2 u\cdot\cos u}\mathrm{d}u = 2\int \sec u\mathrm{d}u + 2\int \cot u\cdot\csc u\mathrm{d}u$

$=2\ln|\sec u+\tan u|-2\csc u+C,$

其中 $u=\arctan\sqrt{x}$.

评注

遇到无理函数的积分，最常用的方法是先通过换元转化为有理函数再积分.此题解法二运用特殊代换，主要是设法把根式去掉，这种情况下常用三角函数.

【例 3.1.44】(2016①②)　已知函数 $f(x)=\begin{cases}2(x-1), & x<1,\\ \ln x, & x\geqslant 1,\end{cases}$ 则 $f(x)$ 的一个原函数是(　　).

(A) $F(x)=\begin{cases}(x-1)^2, & x<1,\\ x(\ln x-1), & x\geqslant 1.\end{cases}$　　(B) $F(x)=\begin{cases}(x-1)^2, & x<1,\\ x(\ln x+1)-1, & x\geqslant 1.\end{cases}$

(C) $F(x)=\begin{cases}(x-1)^2, & x<1,\\ x(\ln x+1)+1, & x\geqslant 1.\end{cases}$　　(D) $F(x)=\begin{cases}(x-1)^2, & x<1,\\ x(\ln x-1)+1, & x\geqslant 1.\end{cases}$

【答案】(D).

【解析】当 $x<1$ 时,$\int f(x)\mathrm{d}x=\int 2(x-1)\mathrm{d}x=x^2-2x+C_1$;

当 $x\geqslant 1$ 时,$\int f(x)\mathrm{d}x=\int \ln x\mathrm{d}x=x\ln x-x+C_2$.

因为 $\lim\limits_{x\to 1^-}(x^2-2x+C_1)=\lim\limits_{x\to 1^+}(x\ln x-x+C_2)$,得 $C_1=C_2=C$,所以

$$F(x)=\begin{cases}x^2-2x+C, & x<1,\\ x(\ln x-1)+C, & x\geqslant 1.\end{cases}$$

令 $C=1$,故选(D).

第二节　定积分

一、定积分的概念

1. 定积分的定义

定义 3.2.1　设函数 $f(x)$ 在 $[a,b]$ 上有界,在 $[a,b]$ 中任意插入 $n-1$ 个分点 $a=x_0<x_1<x_2<\cdots<x_{n-1}<x_n=b$,把 $[a,b]$ 分成 n 个小区间 $[x_0,x_1],[x_1,x_2],\cdots,[x_{n-1},x_n]$. 在第 i 个小区间 $[x_{i-1},x_i]$ 上任取一点 ξ_i,记小区间 $[x_{i-1},x_i]$ 的长度为 $\Delta x_i=x_i-x_{i-1}(1\leqslant i\leqslant n)$,记 $\lambda=\max\limits_{1\leqslant i\leqslant n}\{\Delta x_i\}$,如果对于任意的分割和任意的 ξ_i 取值,当 $\lambda\to 0$ 时,和式 $S_n=\sum\limits_{i=1}^{n}f(\xi_i)\Delta x_i$ 有确定的极限值,则称此极限值为函数 $f(x)$ 在 $[a,b]$ 上的定积分,记作 $\int_a^b f(x)\mathrm{d}x$,即 $\int_a^b f(x)\mathrm{d}x=\lim\limits_{\lambda\to 0}\sum\limits_{i=1}^{n}f(\xi_i)\Delta x_i$,其中 b,a 分别称为积分上限、下限.

评注

由定积分的定义来判定定积分是否存在是几乎不可能做到的,所以引入定积分存在定理.

2. 利用定积分的定义求 n 项和式的极限

关于 n 项和式的极限,前面已经介绍了初等方法求和、利用夹逼准则适当放大缩小然后求和再求极限等方法,现在介绍利用定积分的定义反过来求和式的极限的方法.

(1) $\lim\limits_{n\to\infty}\sum\limits_{k=1}^{n}f\left(\frac{k}{n}\right)\cdot\frac{1}{n}=\int_0^1 f(x)\mathrm{d}x$;

(2) $\lim\limits_{n\to\infty}\sum\limits_{k=1}^{n}f\left[a+\frac{k(b-a)}{n}\right]\cdot\frac{b-a}{n}=\int_a^b f(x)\mathrm{d}x$.

评注

考生重点掌握第一个公式.

【例 3.2.1】(2012②)　极限 $\lim\limits_{n\to\infty}n\left(\frac{1}{n^2+1}+\frac{1}{n^2+2^2}+\cdots+\frac{1}{n^2+n^2}\right)=$ ________.

【答案】 $\frac{\pi}{4}$.

【解】 $\lim\limits_{n\to\infty} n\left(\dfrac{1}{n^2+1}+\dfrac{1}{n^2+2^2}+\cdots+\dfrac{1}{n^2+n^2}\right)=\lim\limits_{n\to\infty}\sum\limits_{k=1}^{n}\dfrac{1}{1+\dfrac{k^2}{n^2}}\cdot\dfrac{1}{n}$

$$=\int_0^1\frac{1}{1+x^2}\mathrm{d}x=\Big[\arctan x\Big]_0^1=\frac{\pi}{4}.$$

3. 定积分存在定理

定理 3.2.1　如果函数 $f(x)$ 在区间 $[a,b]$ 上连续，则 $f(x)$ 在 $[a,b]$ 上定积分存在，又称函数 $f(x)$ 在 $[a,b]$ 上可积.

定理 3.2.2　如果函数 $f(x)$ 在区间 $[a,b]$ 上有界，且只有有限个间断点，则 $f(x)$ 在 $[a,b]$ 上可积.

评注

在高等数学中，一般直接讨论可积函数的积分.

4. 定积分的几何意义：曲边梯形的面积(如图 3-4 所示).

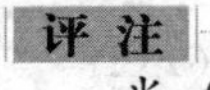

评注

当 $f(x)<0$ 时，积分值为负值.

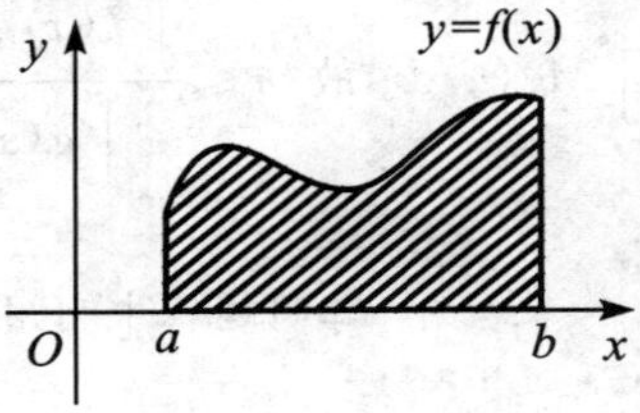

图 3-4

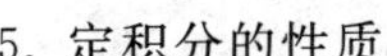

5. 定积分的性质

(1) 定积分与积分变量无关，即 $\int_a^b f(x)\mathrm{d}x=\int_a^b f(t)\mathrm{d}t$.

(2) 当 $a>b$ 时，$\int_a^b f(x)\mathrm{d}x=-\int_b^a f(x)\mathrm{d}x$.　$\int_a^a f(x)\mathrm{d}x=0$.

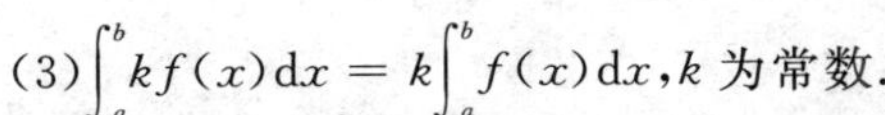

(3) $\int_a^b kf(x)\mathrm{d}x=k\int_a^b f(x)\mathrm{d}x$，$k$ 为常数.

(4) $\int_a^b[f(x)\pm g(x)]\mathrm{d}x=\int_a^b f(x)\mathrm{d}x\pm\int_a^b g(x)\mathrm{d}x$.

(5) 设 $a<c<b$，则 $\int_a^b f(x)\mathrm{d}x=\int_a^c f(x)\mathrm{d}x+\int_c^b f(x)\mathrm{d}x$.

评注

如果上述三个积分都存在，无论 c 取任何值上式都成立.

(6) 设 $\forall x\in[a,b]$，$f(x)\leqslant g(x)$，则 $\int_a^b f(x)\mathrm{d}x\leqslant\int_a^b g(x)\mathrm{d}x$.

特别地，$\left|\int_a^b f(x)\mathrm{d}x\right|\leqslant\int_a^b|f(x)|\mathrm{d}x$.

(7) 设 $\forall x\in[a,b]$，$m\leqslant f(x)\leqslant M$，则

$m(b-a)\leqslant\int_a^b f(x)\mathrm{d}x\leqslant M(b-a)$.

(8)(**定积分中值定理**)　设 $f(x)$ 在 $[a,b]$ 上连续，则 $\exists\xi\in[a,b]$，使得 $\int_a^b f(x)\mathrm{d}x=f(\xi)(b-a)$.

评注

定积分的性质可由定积分的定义得到证明. 这里仅证明性质(8)，其余的(1)～(7)请读者自行尝试完成.

【证明】　(8) 由于函数 $f(x)$ 在 $[a,b]$ 上连续，所以 $\exists m,M$，使得 $m\leqslant f(x)\leqslant M$，由性质(7)知 $m(b-a)\leqslant\int_a^b f(x)\mathrm{d}x\leqslant M(b-a)$，所以 $m\leqslant\dfrac{\int_a^b f(x)\mathrm{d}x}{b-a}\leqslant M$，由介值定理的推论得：$\exists\xi\in[a,b]$，使得 $f(\xi)=\dfrac{\int_a^b f(x)\mathrm{d}x}{b-a}$，证毕.

$\dfrac{\int_a^b f(x)\mathrm{d}x}{b-a}$ 又称为函数 $f(x)$ 在区间 $[a,b]$ 上的平均值(结合图 3-5 理解).

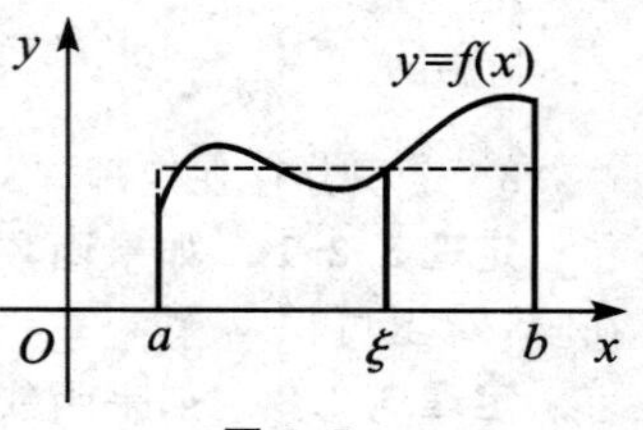

图 3-5

(9) 设 $f(x)$ 在 $[a,b]$ 上连续,$g(x)$ 在 $[a,b]$ 上可积,且 $g(x)$ 保号,则 $\exists\xi\in[a,b]$,使得 $\int_a^b f(x)g(x)\mathrm{d}x=f(\xi)\int_a^b g(x)\mathrm{d}x$.

性质(9)是性质(8)的更一般的情况,与2002年研究生入学统一考试数学三的题目非常相似.

【证明】 由于 $f(x)$ 在 $[a,b]$ 上连续,所以 $\exists m,M$,使得 $m\leqslant f(x)\leqslant M$. 又 $g(x)$ 保号,不妨设 $g(x)>0$,则 $mg(x)\leqslant f(x)g(x)\leqslant Mg(x)$,所以 $\int_a^b mg(x)\mathrm{d}x\leqslant\int_a^b f(x)g(x)\mathrm{d}x\leqslant\int_a^b Mg(x)\mathrm{d}x$,故 $m\leqslant\dfrac{\int_a^b f(x)g(x)\mathrm{d}x}{\int_a^b g(x)\mathrm{d}x}\leqslant M$,由介值定理知:$\exists\xi\in[a,b]$,使得 $f(\xi)=\dfrac{\int_a^b f(x)g(x)\mathrm{d}x}{\int_a^b g(x)\mathrm{d}x}$,证毕.

评 注

证明过程中利用了连续函数的最值定理和介值定理.

【例 3.2.2】(2012①②) 设 $I_k=\int_0^{k\pi}\mathrm{e}^{x^2}\sin x\mathrm{d}x(k=1,2,3)$,则有( ).

(A) $I_1<I_2<I_3$. (B) $I_3<I_2<I_1$. (C) $I_2<I_3<I_1$. (D) $I_2<I_1<I_3$.

【答案】 (D).

【解】 当 $0\leqslant x\leqslant\pi$ 时,$\sin x\geqslant0$,当 $\pi\leqslant x\leqslant2\pi$ 时,$\sin x\leqslant0$,$I_k=\int_0^{k\pi}\mathrm{e}^{x^2}\sin x\mathrm{d}x$,所以 $I_2<I_1$;而当 $2\pi\leqslant x\leqslant3\pi$ 时,$\sin x\geqslant0$,e^{x^2} 显然在比其他区间上的取值都大,所以 $I_1<I_3$,应选(D).

【例 3.2.3】(2011①②③) 设 $I=\int_0^{\frac{\pi}{4}}\ln(\sin x)\mathrm{d}x$,$J=\int_0^{\frac{\pi}{4}}\ln(\cot x)\mathrm{d}x$,$K=\int_0^{\frac{\pi}{4}}\ln(\cos x)\mathrm{d}x$,则 I,J,K 的大小关系为( ).

(A) $I<J<K$. (B) $I<K<J$. (C) $J<I<K$. (D) $K<J<I$.

【答案】 (B).

【解】 在 $\left[0,\dfrac{\pi}{4}\right]$ 上,$0\leqslant\sin x\leqslant\cos x\leqslant1\leqslant\cot x$,由于函数 $\ln x$ 在 $x>0$ 时单调增加,所以选(B).

二、微积分基本定理

1. 积分上限函数及其导数

定义 3.2.2 设函数 $f(x)$ 在 $[a,b]$ 上连续,称函数 $\Phi(x)=\int_a^x f(t)\mathrm{d}t(x\in[a,b])$ 为积分上限函数.

注意:积分上限函数又称为变上限函数.

定理 3.2.3 设函数 $f(x)$ 在 $[a,b]$ 上连续,则变上限函数 $\Phi(x)=\int_a^x f(t)\mathrm{d}t$ 在 $[a,b]$ 上可导,且 $\Phi'(x)=f(x)(x\in[a,b])$.

分析:在没有介绍变上限函数的求导公式前,只能用导数定义求导.

【证明】 $\Phi'(x)=\lim\limits_{\Delta x\to0}\dfrac{\Phi(x+\Delta x)-\Phi(x)}{\Delta x}=\lim\limits_{\Delta x\to0}\dfrac{1}{\Delta x}\int_x^{x+\Delta x}f(t)\mathrm{d}t=\lim\limits_{\Delta x\to0}\dfrac{1}{\Delta x}f(\xi)\cdot\Delta x=f(x)$.

评 注

$f(x)$ 在 $[a,b]$ 上连续,由定积分中值定理,ξ 介于 x 和 $x+\Delta x$ 之间.

【例 3.2.4】 设 $\Phi(x)=\int_0^x \frac{e^t}{1+t^2}dt$，则 $\Phi'(x)=$ ________.

【答案】 $\frac{e^x}{1+x^2}$.

【解】 由变上限函数的求导公式得 $\Phi'(x)=\frac{e^x}{1+x^2}$.

【例 3.2.5】 设 $y=\int_0^{x^2}\frac{\sin t}{1+\sqrt{t}}dt$，则 $y'=$ ________.

【答案】 $\frac{2x\sin x^2}{1+|x|}$.

【解】 设 $u=x^2$，则 $y=\Phi(u)=\int_0^u \frac{\sin t}{1+\sqrt{t}}dt$. 由变上限函数的求导公式及复合函数求导法则得 $y'=\Phi'(u)\cdot 2x=\frac{2x\sin x^2}{1+|x|}$.

(1) 变上限函数求导的一般公式

$$\frac{d}{dx}\int_{\psi(x)}^{\varphi(x)}f(t)dt=f[\varphi(x)]\cdot\varphi'(x)-f[\psi(x)]\cdot\psi'(x).$$

评 注

变上限函数的求导方法：上限代入乘以上限的导数减去下限代入乘以下限的导数.

(2) 变上限函数求导的变化式 1

设 $y=\int_a^x xf(t)dt$，求 y'.

$y=x\int_a^x f(t)dt$，　$y'=\int_a^x f(t)dt+xf(x)$.

【例 3.2.6】 设 $y=\int_0^x (x-t)f(t)dt$，则 $y'=$ ________.

【答案】 $\int_0^x f(t)dt$.

【解】 $y=\int_0^x (x-t)f(t)dt=x\int_0^x f(t)dt-\int_0^x tf(t)dt$，则

$y'=\int_0^x f(t)dt+xf(x)-xf(x)=\int_0^x f(t)dt$.

(3) 变上限函数求导的变化式 2

设 $y=\int_a^b |x-t|f(t)dt(a\leqslant t\leqslant b)$，求 y'.

分析：由于 t,x 都在变化，x 相对 t 是不变的，所以

$y=\int_a^x (x-t)f(t)dt+\int_x^b (t-x)f(t)dt=x\int_a^x f(t)dt-\int_a^x tf(t)dt+\int_x^b tf(t)dt-x\int_x^b f(t)dt$，

$y'=\int_a^x f(t)dt+xf(x)-xf(x)-xf(x)-\int_x^b f(t)dt+xf(x)=\int_a^x f(t)dt-\int_x^b f(t)dt$.

(4) 变上限函数求导的变化式 3

设 $y=\int_a^x f(x-t)dt$，求 y'.

评 注

本书将在介绍定积分的换元积分后解决这个问题. 详见例 3.2.19.

【例 3.2.7】(2009[②]) 曲线$\begin{cases} x=\int_0^{1-t} e^{-u^2}\,du, \\ y=t^2\ln(2-t^2) \end{cases}$ 在点(0,0) 处的切线方程为________.

【答案】 $y=2x$.

【解】 在点(0,0) 处 $t=1$，$\frac{dy}{dx}=\frac{dy/dt}{dx/dt}=\frac{2t\ln(2-t^2)+t^2\cdot\frac{-2t}{2-t^2}}{e^{-(1-t)^2}\cdot(-1)}$，$\left.\frac{dy}{dx}\right|_{(0,0)}=2$，所以曲线在点(0，0) 处的切线方程为 $y=2x$.

【例 3.2.8】(2014[①②③]) 求极限 $\lim\limits_{x\to+\infty}\frac{\int_1^x\left[t^2(e^{\frac{1}{t}}-1)-t\right]dt}{x^2\ln\left(1+\frac{1}{x}\right)}$.

【解】 $x\to+\infty\Rightarrow\ln\left(1+\frac{1}{x}\right)\sim\frac{1}{x}$，

$$\lim_{x\to+\infty}\frac{\int_1^x\left[t^2(e^{\frac{1}{t}}-1)-t\right]dt}{x^2\ln(1+\frac{1}{x})}=\lim_{x\to+\infty}\frac{\int_1^x\left[t^2(e^{\frac{1}{t}}-1)-t\right]dt}{x}=\lim_{x\to+\infty}\left[x^2(e^{\frac{1}{x}}-1)-x\right].$$

解法一 作变量代换，令 $x=\frac{1}{t}$，$x\to+\infty\Rightarrow t\to0^+$.

$$\lim_{x\to+\infty}\left[x^2(e^{\frac{1}{x}}-1)-x\right]=\lim_{t\to0^+}\frac{e^t-1-t}{t^2}=\lim_{t\to0^+}\frac{e^t-1}{2t}=\frac{1}{2}.$$

解法二 由泰勒公式知 $e^{\frac{1}{x}}=1+\frac{1}{x}+\frac{1}{2x^2}+o(\frac{1}{x^2})$，

$$\lim_{x\to+\infty}\left[x^2(e^{\frac{1}{x}}-1)-x\right]=\lim_{x\to+\infty}\left\{x^2\left[\frac{1}{x}+\frac{1}{2x^2}+o\left(\frac{1}{x^2}\right)\right]-x\right\}=\frac{1}{2}.$$

【例 3.2.9】 设函数 $f(x)=\begin{cases}\sin x+\frac{\pi}{4}, & x\geqslant0, \\ x^2+3x+1, & x<0,\end{cases}$ $F(x)=\int_{-1}^x f(t)\,dt$，则(　　).

(A) $F(x)$ 为 $f(x)$ 的一个原函数.

(B) $F(x)$ 在 $[-1,+\infty)$ 上可微，但不是 $f(x)$ 的原函数.

(C) $F(x)$ 在 $[-1,+\infty)$ 上不连续.

(D) $F(x)$ 在 $[-1,+\infty)$ 上连续，但不是 $f(x)$ 的原函数.

【答案】 (D).

【解】因为 $\lim\limits_{x\to0^+}f(x)=\lim\limits_{x\to0^+}(\sin x+\frac{\pi}{4})=\frac{\pi}{4}$，$\lim\limits_{x\to0^-}f(x)=\lim\limits_{x\to0^-}(x^2+3x+1)=1$，所以 $x=0$ 为 $f(x)$ 的跳跃间断点，所以 $f(x)$ 在包括点 $x=0$ 在内的任何区间上都不存在原函数，故(A) 不正确.

对于一元函数来说，可微与可导是等价的. 若 $F(x)$ 在 $[-1,+\infty)$ 上可微，则 $F(x)$ 在 $[-1,+\infty)$ 上可导. 又因为

$$F'_+(0)=\lim_{x\to0^+}\frac{F(x)-F(0)}{x-0}=\lim_{x\to0^+}\frac{\int_0^x f(t)\,dt}{x}=\lim_{x\to0^+}f(x)=\frac{\pi}{4},$$

$$F'_-(0)=\lim_{x\to0^-}\frac{F(x)-F(0)}{x-0}=\lim_{x\to0^-}\frac{\int_0^x f(t)\,dt}{x}=\lim_{x\to0^-}f(x)=1,$$

所以 $F'_+(0)\neq F'_-(0)$，这与 $F(x)$ 在 $[-1,+\infty)$ 上可微相矛盾，故(B) 不正确.

由积分的基本定理可知，若 $f(x)$ 在 $[a,b]$ 上可积，则 $\int_a^x f(t)\,dt$ 在 $[a,b]$ 上是连续的，所以 $F(x)=$

$\int_{-1}^{x} f(t)\mathrm{d}t$ 是连续的，故(C) 不正确.

综上可知，$F(x)$ 在$[-1,+\infty)$ 上是连续的，但它不是 $f(x)$ 的原函数，故答案为(D).

评注

从本题的解答过程可得到：

$$F'_{+}(0)=\lim_{x\to0^{+}}f(x),F'_{-}(0)=\lim_{x\to0^{-}}f(x),$$

故可总结出如下结论：

1. 如果 $f(x)$ 在 $x=0$ 是跳跃间断点，则 $\lim\limits_{x\to0^{+}}f(x)\neq\lim\limits_{x\to0^{-}}f(x)$，所以

$$F'_{+}(0)\neq F'_{-}(0),$$

则 $F(x)$ 在 $x=0$ 不可导，当然不是 $f(x)$ 的原函数；

2. 如果 $f(x)$ 在 $x=0$ 是可去间断点，则 $\lim\limits_{x\to0^{+}}f(x)=\lim\limits_{x\to0^{-}}f(x)$，所以

$$F'_{+}(0)=F'_{-}(0),$$

则 $F(x)$ 在 $x=0$ 可导，但是不是原函数(有第一类间断点的函数没有原函数).

2. 积分上限函数的奇偶性

(1) 若 $f(x)$ 为奇函数，则$\int_{0}^{x}f(t)\mathrm{d}t$ 为偶函数；

(2) 若 $f(x)$ 为偶函数，则$\int_{0}^{x}f(t)\mathrm{d}t$ 奇函数.

结论(1) 可以进行推广，若 $f(x)$ 为奇函数，由$\int_{a}^{x}f(t)\mathrm{d}t=\int_{a}^{0}f(t)\mathrm{d}t+\int_{0}^{x}f(t)\mathrm{d}t$，因为$\int_{a}^{0}f(t)\mathrm{d}t$ 为常数，而$\int_{0}^{x}f(t)\mathrm{d}t$ 为偶函数，所以$\int_{a}^{x}f(t)\mathrm{d}t$ 为偶函数.

【例 3.2.10】 设 $f(x)=\lim\limits_{n\to\infty}\dfrac{-x+x\mathrm{e}^{nx}}{1+\mathrm{e}^{nx}}$，则 $F(x)=\int_{0}^{x}f(t)\mathrm{d}t$ 为(　　).

(A) 可导的偶函数.　　(B) 可导的奇函数.

(C) 连续但不可导的偶函数.　　(D) 连续但不可导的奇函数.

【答案】 (B).

【解】 当 $x>0$ 时，$f(x)=\lim\limits_{n\to\infty}\dfrac{-x+x\mathrm{e}^{nx}}{1+\mathrm{e}^{nx}}=\lim\limits_{x\to\infty}\dfrac{-x\mathrm{e}^{-nx}+x}{\mathrm{e}^{-nx}+1}=x.$

当 $x=0$ 时，$f(x)=0$.

当 $x<0$ 时，$f(x)=\lim\limits_{n\to\infty}\dfrac{-x+x\mathrm{e}^{nx}}{1+\mathrm{e}^{nx}}=-x.$

综上可得 $f(x)=\begin{cases}x, & x>0,\\ 0, & x=0,\\ -x, & x<0.\end{cases}$

又由 $f(x)$ 是连续的偶函数. 知 $F(x)$ 是可导的奇函数. (B) 正确.

【例 3.2.11】 设 $f(u)$ 为连续函数，a 是常数，则下列选项为奇函数的是(　　).

(A) $\int_{a}^{x}\left[\int_{0}^{u}tf(t^{2})\mathrm{d}t\right]\mathrm{d}u$.　　(B) $\int_{0}^{x}\left[\int_{a}^{u}f(t^{3})\mathrm{d}t\right]\mathrm{d}u$.

(C) $\int_{0}^{x}\left[\int_{0}^{u}tf(t^{2})\mathrm{d}t\right]\mathrm{d}u$.　　(D) $\int_{a}^{x}\left[\int_{0}^{u}(f(t))^{2}\mathrm{d}t\right]\mathrm{d}u$.

【答案】 (C).

【解】 对于(A) 因为 $tf(t^{2})$ 为奇函数，所以$\int_{0}^{u}tf(t^{2})dt$ 为偶函数，但是$\int_{a}^{x}\left[\int_{0}^{u}tf(t^{2})\mathrm{d}t\right]\mathrm{d}u$ 由于下限是

a,故奇偶性不确定.

对于(B) 因为 $f(t^3)$ 奇偶性不确定,所以无法判别.

对于(C) 因为 $tf(t^2)$ 是奇函数,$\int_0^u tf(t^2)\mathrm{d}t$ 是偶函数,所以 $\int_0^x\left[\int_0^u tf(t^2)\mathrm{d}t\right]\mathrm{d}u$ 为奇函数.

对于(D) $(f(t))^2$ 的奇偶性不确定,所以无法判别.

故选(C).

3. 牛顿－莱布尼茨公式

定理 3.2.4　设函数 $f(x)$ 在 $[a,b]$ 上连续,且 $F(x)$ 是 $f(x)$ 在 $[a,b]$ 上的一个原函数,则有

$$\int_a^b f(x)\mathrm{d}x = F(b) - F(a) = [F(x)]_a^b,$$

上式称为牛顿－莱布尼茨(Newton-Leibniz)公式.

【证明】　由变上限函数的导数知,$\Phi(x)$ 是 $f(x)$ 的一个原函数,故 $\Phi(x) = F(x) + C$. 当 $x = a$ 时,$\Phi(a) = \int_a^a f(t)\mathrm{d}t = 0 \Rightarrow C = -F(a)$;当 $x = b$ 时,$\Phi(b) = \int_a^b f(x)\mathrm{d}x = F(b) - F(a)$,证毕.

评注

定理 3.2.4 又称为微积分基本定理,可以利用不定积分找到原函数,从而解决定积分的计算问题.

【例 3.2.12】　计算定积分 $\int_0^2 |2x-1|\mathrm{d}x$.

【解】

$$\int_0^2 |2x-1|\mathrm{d}x = \int_0^{\frac{1}{2}}(1-2x)\mathrm{d}x + \int_{\frac{1}{2}}^2(2x-1)\mathrm{d}x$$

$$= \left[x - x^2\right]_0^{\frac{1}{2}} + \left[x^2 - x\right]_{\frac{1}{2}}^2$$

$$= \frac{1}{4} + 2 - \left(-\frac{1}{4}\right) = \frac{5}{2}.$$

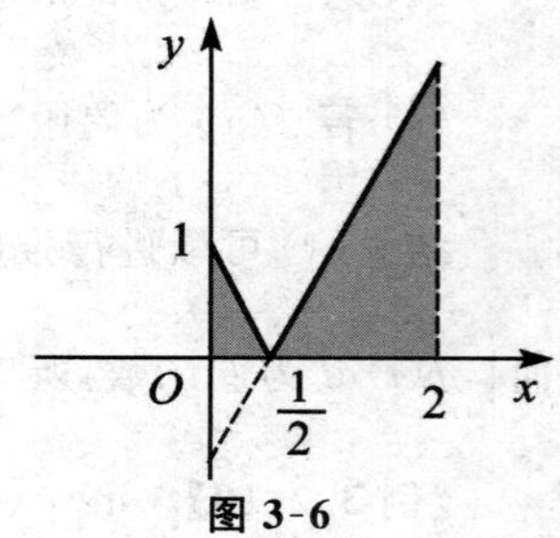

图 3-6

评注

此题也可以直接利用定积分的几何意义,画图求两个三角形的面积和(如图 3-6 所示).

【例 3.2.13】　$\int_0^a \sqrt{a^2 - x^2}\mathrm{d}x =$ ________.

【答案】　$\frac{\pi}{4}a^2$.

【解】　此题可以先计算 $\int \sqrt{a^2 - x^2}\,\mathrm{d}x$,再利用牛顿－莱布尼茨公式来计算.

如果用定积分的几何意义,马上就能得到结果,原式 $= \frac{\pi}{4}a^2$.

【例 3.2.14】　$\int_0^{\frac{\pi}{2}} \sqrt{1 - \sin 2x}\mathrm{d}x =$ ________.

【答案】　$2\sqrt{2} - 2$.

【解】

$$\int_0^{\frac{\pi}{2}} \sqrt{1-\sin 2x}\mathrm{d}x = \int_0^{\frac{\pi}{2}} \sqrt{(\sin x - \cos x)^2}\mathrm{d}x = \int_0^{\frac{\pi}{2}} |\sin x - \cos x|\mathrm{d}x$$

$$= \int_0^{\frac{\pi}{4}}(\cos x - \sin x)\mathrm{d}x + \int_{\frac{\pi}{4}}^{\frac{\pi}{2}}(\sin x - \cos x)\mathrm{d}x$$

$$= 2\sqrt{2} - 2.$$

评 注

定积分的特点是有积分区间，所以必须考虑绝对值的问题.

【例 3.2.15】 设 $f(x)=\begin{cases}\dfrac{x^2}{1+x^2}, & -1\leqslant x<0,\\ 2x+\dfrac{3}{2}x^2, & 0\leqslant x\leqslant 1,\end{cases}$ 求函数 $F(x)=\int_{-1}^{x}f(t)\mathrm{d}t$ 的表达式.

【解】 当 $-1\leqslant x<0$ 时，

$F(x)=\int_{-1}^{x}\dfrac{t^2}{1+t^2}\mathrm{d}t=\Big[t-\arctan t\Big]_{-1}^{x}=x-\arctan x+1-\dfrac{\pi}{4}$；

当 $0\leqslant x\leqslant 1$ 时，

$F(x)=\int_{-1}^{0}\dfrac{t^2}{1+t^2}\mathrm{d}t+\int_{0}^{x}\left(2t+\dfrac{3}{2}t^2\right)\mathrm{d}t=1-\dfrac{\pi}{4}+x^2+\dfrac{1}{2}x^3.$

评 注

常见错误：在 $0\leqslant x\leqslant 1$ 的区间内没有考虑 -1 到 0 的积分.

三、定积分的换元积分法和分部积分法

1. 定积分的换元积分法

定理 3.2.5 设函数 $f(x)$ 在 $[a,b]$ 上连续，函数 $x=\varphi(t)$ 在 $[\alpha,\beta]$ 上为单值函数，且具有连续导数，当 t 在 $[\alpha,\beta]$ 上变化时，$x=\varphi(t)$ 的值在 $[a,b]$ 上变化，且 $\varphi(\alpha)=a,\varphi(\beta)=b$，则定积分的换元积分公式为 $\int_a^b f(x)\mathrm{d}x=\int_\alpha^\beta f[\varphi(t)]\cdot\varphi'(t)\mathrm{d}t$.

注意：定积分的换元积分法要求积分上下限同时变化，但不必代回原变量.

【例 3.2.16】 计算 $\int_1^4\dfrac{1}{x+\sqrt{x}}\mathrm{d}x$.

【解】 令 $\sqrt{x}=t$，或 $x=t^2$，当 $x=1,4$ 时，t 的对应取值为 $1,2$.

$\int_1^4\dfrac{1}{x+\sqrt{x}}\mathrm{d}x=\int_1^2\dfrac{1}{t^2+t}\cdot 2t\mathrm{d}t=\Big[2\ln(1+t)\Big]_1^2=2\ln\dfrac{3}{2}.$

【例 3.2.17】 设函数 $f(x)$ 在 $[0,1]$ 上连续，证明 $\int_0^{\frac{\pi}{2}}f(\sin x)\mathrm{d}x=\int_0^{\frac{\pi}{2}}f(\cos x)\mathrm{d}x$.

【证明】 令 $x=\dfrac{\pi}{2}-t$，则当 $x=0,\dfrac{\pi}{2}$ 时，t 的对应取值为 $\dfrac{\pi}{2},0$.

$\int_0^{\frac{\pi}{2}}f(\sin x)\mathrm{d}x=\int_{\frac{\pi}{2}}^{0}f(\cos t)(-\mathrm{d}t)=\int_0^{\frac{\pi}{2}}f(\cos t)\mathrm{d}t=\int_0^{\frac{\pi}{2}}f(\cos x)\mathrm{d}x.$

评 注

最后一个等式利用了定积分与积分变量无关的性质.

【例 3.2.18】 $\int_0^{\frac{\pi}{2}}\dfrac{\cos^p x}{\sin^p x+\cos^p x}\mathrm{d}x=$ ________，其中 p 为常数.

【答案】 $\dfrac{\pi}{4}$.

【解】 由例 3.2.17 知，$I_1=\int_0^{\frac{\pi}{2}}\dfrac{\cos^p x}{\sin^p x+\cos^p x}\mathrm{d}x=\int_0^{\frac{\pi}{2}}\dfrac{\sin^p x}{\sin^p x+\cos^p x}\mathrm{d}x=I_2$，所以 $I_1=\dfrac{1}{2}(I_1+I_2)=\dfrac{1}{2}\cdot\dfrac{\pi}{2}=\dfrac{\pi}{4}$.

评注

本题可以作为结论直接使用，考生主要掌握其方法.

【例 3.2.19】 变上限函数求导的变化式 3：设 $y=\int_a^x f(x-t)\mathrm{d}t$，求 y'.

【解】 作变量代换，令 $x-t=u$，则 $t=a,x$ 时，u 的对应取值为 $x-a,0$.

$y=\int_a^x f(x-t)\mathrm{d}t=\int_{x-a}^0 f(u)(-\mathrm{d}u)=\int_0^{x-a} f(u)\mathrm{d}u$，因此 $y'=f(x-a)$.

【例 3.2.20】 设函数 $f(x)$ 连续，且 $f(0)\neq 0$，求极限 $\lim\limits_{x\to 0}\dfrac{\int_0^x (x-t)f(t)\mathrm{d}t}{x\int_0^x f(x-t)\mathrm{d}t}$.

【解】 令 $x-t=u$，由例 3.2.19 知 $\int_0^x f(x-t)\mathrm{d}t=\int_0^x f(u)\mathrm{d}u$，所以

$$\lim_{x\to 0}\frac{\int_0^x (x-t)f(t)\mathrm{d}t}{x\int_0^x f(x-t)\mathrm{d}t}=\lim_{x\to 0}\frac{x\int_0^x f(t)\mathrm{d}t-\int_0^x tf(t)\mathrm{d}t}{x\int_0^x f(u)\mathrm{d}u}=\lim_{x\to 0}\frac{\int_0^x f(t)\mathrm{d}t}{\int_0^x f(u)\mathrm{d}u+xf(x)}$$

$$=\lim_{x\to 0}\frac{f(\xi)\cdot x}{f(\xi)\cdot x+xf(x)}=\lim_{x\to 0}\frac{f(\xi)}{f(\xi)+f(x)}=\frac{f(0)}{f(0)+f(0)}=\frac{1}{2}(\xi\in(0,x)).$$

评注

此题解题过程利用了定积分中值定理及函数的连续性，ξ 介于 0 与 x 之间，当 $x\to 0$ 时，$\xi\to 0$.

此题也可以先计算 $\lim\limits_{x\to 0}\dfrac{\int_0^x f(t)\mathrm{d}t}{x}=\lim\limits_{x\to 0}f(x)=f(0)$.

常见错误：误认为 $\lim\limits_{x\to 0}\dfrac{\int_0^x f(t)\mathrm{d}t}{\int_0^x f(u)\mathrm{d}u+xf(x)}=\lim\limits_{x\to 0}\dfrac{f(x)}{f(x)+f(x)+xf'(x)}=\dfrac{1}{2}$. 错误原因是缺少函数可导的条件.

【例 3.2.21】 设 $f(x)$ 在 $[0,\pi]$ 上连续，证明 $\int_0^\pi xf(\sin x)\mathrm{d}x=\pi\int_0^{\frac{\pi}{2}} f(\sin x)\mathrm{d}x$.

【证明】 $\int_0^\pi xf(\sin x)\mathrm{d}x=\int_0^{\frac{\pi}{2}} xf(\sin x)\mathrm{d}x+\int_{\frac{\pi}{2}}^\pi xf(\sin x)\mathrm{d}x$.

令 $x=\pi-t$，则

$$\int_{\frac{\pi}{2}}^\pi xf(\sin x)\mathrm{d}x=\int_{\frac{\pi}{2}}^0 (\pi-t)f(\sin t)(-\mathrm{d}t)$$

$$=\pi\int_0^{\frac{\pi}{2}} f(\sin t)\mathrm{d}t-\int_0^{\frac{\pi}{2}} tf(\sin t)\mathrm{d}t=\pi\int_0^{\frac{\pi}{2}} f(\sin x)\mathrm{d}x-\int_0^{\frac{\pi}{2}} xf(\sin x)\mathrm{d}x,$$

所以 $\int_0^\pi xf(\sin x)\mathrm{d}x=\pi\int_0^{\frac{\pi}{2}} f(\sin x)\mathrm{d}x$，证毕.

评注

此题证明过程中利用了定积分的另一个特点：可在积分区间内插入 c，另外，证明过程中还利用了定积分的变量无关性.

【例 3.2.22】 设 $f(x)$ 在 $[-a,a]$ 上连续，证明 $\int_{-a}^a f(x)\mathrm{d}x=\int_0^a [f(x)+f(-x)]\mathrm{d}x$.

【证明】 $\int_{-a}^{a} f(x)\mathrm{d}x = \int_{-a}^{0} f(x)\mathrm{d}x + \int_{0}^{a} f(x)\mathrm{d}x$. 令 $x = -t$，则 $\int_{-a}^{0} f(x)\mathrm{d}x = \int_{a}^{0} f(-t)(-\mathrm{d}t) = \int_{0}^{a} f(-t)\mathrm{d}t = \int_{0}^{a} f(-x)\mathrm{d}x$，所以 $\int_{-a}^{a} f(x)\mathrm{d}x = \int_{0}^{a} [f(x) + f(-x)]\mathrm{d}x$，证毕.

评 注

本题的结论是定积分常用公式.

特别地，当 $f(x)$ 是 $[-a,a]$ 上的奇函数时，$\int_{-a}^{a} f(x)\mathrm{d}x = 0$；当 $f(x)$ 是 $[-a,a]$ 上的偶函数时，$\int_{-a}^{a} f(x)\mathrm{d}x = 2\int_{0}^{a} f(x)\mathrm{d}x$.

【例 3.2.23】 设 $f(x)$ 是周期为 T 的周期函数. 证明：$\int_{a}^{a+T} f(x)\mathrm{d}x = \int_{0}^{T} f(x)\mathrm{d}x$.

【证明】 $\int_{a}^{a+T} f(x)\mathrm{d}x = \int_{a}^{0} f(x)\mathrm{d}x + \int_{0}^{T} f(x)\mathrm{d}x + \int_{T}^{a+T} f(x)\mathrm{d}x$.

令 $x = T + t$，则 $\int_{T}^{a+T} f(x)\mathrm{d}x = \int_{0}^{a} f(T+t)\mathrm{d}t = \int_{0}^{a} f(t)\mathrm{d}t$，所以 $\int_{a}^{a+T} f(x)\mathrm{d}x = \int_{0}^{T} f(x)\mathrm{d}x$，证毕.

评 注

本题的结论也是定积分常用公式.

【例 3.2.24】(2008①) 设 $f(x)$ 是以 2 为周期的周期函数，且连续.

证明：$G(x) = 2\int_{0}^{x} f(t)\mathrm{d}t - x\int_{0}^{2} f(t)\mathrm{d}t$ 也是以 2 为周期的周期函数.

【证明】 **证法一**

$$\begin{aligned} G(x+2) &= 2\int_{0}^{x+2} f(t)\mathrm{d}t - (x+2)\int_{0}^{2} f(t)\mathrm{d}t \\ &= 2\left[\int_{0}^{x} f(t)\mathrm{d}t + \int_{x}^{x+2} f(t)\mathrm{d}t\right] - x\int_{0}^{2} f(t)\mathrm{d}t - 2\int_{0}^{2} f(t)\mathrm{d}t, \end{aligned}$$

由例 3.2.20 的结论可知 $\int_{x}^{x+2} f(t)\mathrm{d}t = \int_{0}^{2} f(t)\mathrm{d}t$，所以 $G(x+2) = G(x)$.

证法二 $[G(x+2) - G(x)]' = \left[2f(x+2) - \int_{0}^{2} f(t)\mathrm{d}t\right] - \left[2f(x) - \int_{0}^{2} f(t)\mathrm{d}t\right] = 0$，所以 $G(x+2) - G(x) = C$. 又 $G(2) = G(0) = 0$，故 $C = 0$，即 $G(x+2) - G(x) = 0$，证毕.

评 注

证法一直接利用了周期函数积分的性质，而证法二进一步说明掌握变上限函数求导的重要性.

2. 定积分的分部积分法

定理 3.2.6 设函数 $u(x)$，$v(x)$ 在 $[a,b]$ 上的导数 $u'(x)$，$v'(x)$ 在 $[a,b]$ 上可积，则 $\int_{a}^{b} u(x)v'(x)\mathrm{d}x = \Big[u(x)v(x)\Big]_{a}^{b} - \int_{a}^{b} u'(x)v(x)\mathrm{d}x$.

【证明】 由不定积分的分部积分公式及牛顿－莱布尼茨公式可证.

【例 3.2.25】 计算定积分 $\int_{\frac{1}{e}}^{e} |\ln x| \mathrm{d}x$.

【解】

$$\begin{aligned} \int_{\frac{1}{e}}^{e} |\ln x| \mathrm{d}x &= \int_{\frac{1}{e}}^{1} (-\ln x)\mathrm{d}x + \int_{1}^{e} \ln x\mathrm{d}x \\ &= \Big[-x\ln x\Big]_{\frac{1}{e}}^{1} + \int_{\frac{1}{e}}^{1} x \cdot \frac{1}{x}\mathrm{d}x + \Big[x\ln x\Big]_{1}^{e} - \int_{1}^{e} x \cdot \frac{1}{x}\mathrm{d}x \end{aligned}$$

$$=2-\frac{2}{\mathrm{e}}.$$

【例 3.2.26】(2009[②]) $\lim\limits_{n\to\infty}\int_0^1 \mathrm{e}^{-x}\sin nx\,\mathrm{d}x=$ ________.

【答案】 0.

【解】 $\int_0^1 \mathrm{e}^{-x}\sin nx\,\mathrm{d}x=-\frac{1}{n}\int_0^1 \mathrm{e}^{-x}\mathrm{d}\cos nx=\left[-\frac{1}{n}\mathrm{e}^{-x}\cos nx\right]_0^1+\frac{1}{n}\int_0^1\cos nx\cdot(-\mathrm{e}^{-x})\mathrm{d}x$

$$=-\frac{1}{n}\mathrm{e}^{-1}\cos n+\frac{1}{n}-\frac{1}{n}\cos n\xi\cdot\mathrm{e}^{-\xi}(0\leqslant\xi\leqslant 1),$$

所以$\lim\limits_{n\to\infty}\int_0^1 \mathrm{e}^{-x}\sin nx\,\mathrm{d}x=0$.

评注

此题如果直接用积分中值定理求解,将无法得到结果.

【例 3.2.27】(2010[①]) $\int_0^{\pi^2}\sqrt{x}\cos\sqrt{x}\,\mathrm{d}x=$ ________.

【答案】 -4π.

【解】 令$\sqrt{x}=t,x=t^2$,则

原式$=\int_0^{\pi}t\cos t\cdot 2t\mathrm{d}t=2\int_0^{\pi}t^2\mathrm{d}\sin t=\left[2t^2\sin t\right]_0^{\pi}-2\int_0^{\pi}\sin t\cdot 2t\mathrm{d}t$

$$=4\int_0^{\pi}t\mathrm{d}\cos t=\left[4t\cos t\right]_0^{\pi}-4\int_0^{\pi}\cos t\mathrm{d}t=-4\pi.$$

评注

这是考研真题,虽然是填空题,但仍需要先换元再分部积分两次.考研题目的特点是,题型简单时往往计算量比较大.

【例 3.2.28】(2013[①]) 计算$\int_0^1\frac{f(x)}{\sqrt{x}}\mathrm{d}x$,其中 $f(x)=\int_1^x\frac{\ln(t+1)}{t}\mathrm{d}t$.

【解】因为 $f(x)=\int_1^x\frac{\ln(t+1)}{t}\mathrm{d}t$,所以 $f'(x)=\frac{\ln(x+1)}{x}$,且 $f(1)=0$.

从而$\int_0^1\frac{f(x)}{\sqrt{x}}\mathrm{d}x=2\int_0^1 f(x)\mathrm{d}\sqrt{x}=2\left[f(x)\sqrt{x}\right]\Big|_0^1-2\int_0^1\sqrt{x}f'(x)\mathrm{d}x$

$$=-2\int_0^1\frac{\ln(x+1)}{\sqrt{x}}\mathrm{d}x=-4\sqrt{x}\ln(x+1)\Big|_0^1+4\int_0^1\frac{\sqrt{x}}{x+1}\mathrm{d}x$$

$$=-4\ln 2+4\int_0^1\frac{\sqrt{x}}{x+1}\mathrm{d}x.$$

令 $u=\sqrt{x}$,则

$$\int_0^1\frac{\sqrt{x}}{x+1}\mathrm{d}x=2\int_0^1\frac{u^2}{u^2+1}\mathrm{d}u=2(u-\arctan u)\Big|_0^1=2-\frac{\pi}{2}.$$

所以$\int_0^1\frac{f(x)}{\sqrt{x}}\mathrm{d}x=8-2\pi-4\ln 2$.

【例 3.2.29】 证明:$\int_0^{\frac{\pi}{2}}\sin^n x\,\mathrm{d}x=\int_0^{\frac{\pi}{2}}\cos^n x\,\mathrm{d}x=\begin{cases}\dfrac{(n-1)!!}{n!!}, & n\text{为奇数},\\ \dfrac{(n-1)!!}{n!!}\cdot\dfrac{\pi}{2}, & n\text{为偶数}.\end{cases}$

【证明】 由例 3.2.17 得$\int_0^{\frac{\pi}{2}}\sin^n x\mathrm{d}x=\int_0^{\frac{\pi}{2}}\cos^n x\mathrm{d}x$. 设 $I_n=\int_0^{\frac{\pi}{2}}\sin^n x\mathrm{d}x$,则

$$\begin{aligned}I_n&=-\int_0^{\frac{\pi}{2}}\sin^{n-1}x\mathrm{d}(\cos x)=-\left[\sin^{n-1}x\cos x\right]_0^{\frac{\pi}{2}}+\int_0^{\frac{\pi}{2}}\cos^2 x\cdot(n-1)\sin^{n-2}x\mathrm{d}x\\&=(n-1)(I_{n-2}-I_n),\end{aligned}$$

所以 $I_n=\frac{n-1}{n}I_{n-2}$,由于 $I_1=\int_0^{\frac{\pi}{2}}\sin x\mathrm{d}x=1$,$I_0=\frac{\pi}{2}$,故

$$I_n=\begin{cases}\frac{n-1}{n}\cdot\frac{n-3}{n-2}\cdot\cdots\cdot\frac{4}{5}\cdot\frac{2}{3}I_1=\frac{(n-1)!!}{n!!}, & n\text{ 为奇数},\\ \frac{n-1}{n}\cdot\frac{n-3}{n-2}\cdot\cdots\cdot\frac{3}{4}\cdot\frac{1}{2}I_0=\frac{(n-1)!!}{n!!}\cdot\frac{\pi}{2}, & n\text{ 为偶数}.\end{cases}$$

评注

本题的结论是定积分常用公式.

【例 3.2.30】(2018[①]) 设函数 $f(x)$具有 2 阶连续导数,若曲线 $y=f(x)$过点(0,0)且与曲线 $y=2^x$ 在点(1,2)处相切,则$\int_0^1 xf''(x)\mathrm{d}x=$ ________.

【解】 $\int_0^1 xf''(x)\mathrm{d}x=xf'(x)\Big|_0^1-\int_0^1 f'(x)\mathrm{d}x$

$$=f'(1)-f(1)+f(0)=2\ln 2-2.$$

四、定积分的综合题及证明题

【例 3.2.31】 设 $f(x)$ 在 $x=0$ 的邻域内可导,且 $f(0)=0$,求极限$\lim\limits_{x\to0}\frac{\int_0^x tf(x^2-t^2)\mathrm{d}t}{x^4}$.

【解】 令 $u=x^2-t^2$,则 $\mathrm{d}u=-2t\mathrm{d}t$,所以$\int_0^x tf(x^2-t^2)\mathrm{d}t=-\frac{1}{2}\int_{x^2}^0 f(u)\mathrm{d}u=\frac{1}{2}\int_0^{x^2}f(u)\mathrm{d}u$,

$$\begin{aligned}\lim_{x\to0}\frac{\int_0^x tf(x^2-t^2)\mathrm{d}t}{x^4}&=\lim_{x\to0}\frac{\frac{1}{2}\int_0^{x^2}f(u)\mathrm{d}u}{x^4}=\frac{1}{2}\lim_{x\to0}\frac{f(x^2)\cdot2x}{4x^3}\\&=\frac{1}{4}\lim_{x\to0}\frac{f(x^2)-f(0)}{x^2}=\frac{1}{4}f'(0).\end{aligned}$$

评注

最后一步利用导数的定义得到结果.注意不能用洛必达法则,因为函数的导数不一定连续.

常见错误:误认为$\lim\limits_{x\to0}\frac{f(x^2)-f(0)}{x^2}=\lim\limits_{x\to0}\frac{f'(x^2)\cdot2x}{2x}=f'(0)$.

【例 3.2.32】 设 $f(x)$ 连续,$f(0)=\frac{1}{3}$,$F(x)=\int_0^x(x^3-t^3)f(t)\mathrm{d}t$. 当 $x\to0$ 时,$F(x)\sim cx^k$,求常数 c,k 的值.

【解】 $F(0)=0$,$F'(x)=3x^2\int_0^x f(t)\mathrm{d}t+x^3f(x)-x^3f(x)=3x^2\int_0^x f(t)\mathrm{d}t$,$F'(0)=0$,而$\left[\int_0^x f(t)\mathrm{d}t\right]'=f(x)$,由于 $f(0)=\frac{1}{3}$,所以当 $x\to0$ 时,

$$\int_0^x f(t)\mathrm{d}t\sim\frac{1}{3}x,F'(x)\sim x^3,F(x)\sim\frac{1}{4}x^4\Rightarrow c=\frac{1}{4},k=4.$$

评注

确定等价无穷小的常用步骤：

(1) 求导；(2) 等价；(3) 积分.

例如：设 $f(x)=x-\sin x$，当 $x\to 0$ 时，$f(x)\sim cx^k$，求常数 c,k 的值.

(1) $f'(x)=1-\cos x$；(2) $f'(x)\sim\dfrac{1}{2}x^2$；(3) $f(x)\sim\dfrac{1}{6}x^3$.

【例 3.2.33】(2010[①②]) 求函数 $f(x)=\int_1^{x^2}(x^2-t)\mathrm{e}^{-t^2}\mathrm{d}t$ 的单调区间与极值.

【解】 $f(x)$ 的定义域为 $(-\infty,+\infty)$，$f(x)=x^2\int_1^{x^2}\mathrm{e}^{-t^2}\mathrm{d}t-\int_1^{x^2}t\mathrm{e}^{-t^2}\mathrm{d}t$，

$f'(x)=2x\int_1^{x^2}\mathrm{e}^{-t^2}\mathrm{d}t+x^2\cdot\mathrm{e}^{-x^4}\cdot 2x-x^2\cdot\mathrm{e}^{-x^4}\cdot 2x=2x\int_1^{x^2}\mathrm{e}^{-t^2}\mathrm{d}t$.

当 $f'(x)=0$ 时，$x=0,\pm 1$.

列表(表 3-1)讨论如下：

表 3-1

x	$(-\infty,-1)$	-1	$(-1,0)$	0	$(0,1)$	1	$(1,+\infty)$
y'	$-$	0	$+$	0	$-$	0	$+$
y	↘	极小值	↗	极大值	↘	极小值	↗

所以，函数 $f(x)$ 的单调增加区间为 $(-1,0)$ 及 $(1,+\infty)$，单调减少区间为 $(-\infty,-1)$ 及 $(0,1)$，极小值为 $f(\pm 1)=0$，极大值为 $f(0)=\int_0^1 t\mathrm{e}^{-t^2}\mathrm{d}t=\dfrac{1}{2}(1-\mathrm{e}^{-1})$.

五、定积分的应用

1. 定积分的元素法

在定积分存在的情况下，可将定积分的表达式的确定简化为两个步骤：

(1) 选取积分变量(如 x)，确定积分变量的变化区间如 $[a,b]$，任意取小区间 $[x,x+\mathrm{d}x]$，得到积分元素 $\mathrm{d}S=f(x)\mathrm{d}x$.

(2) 在积分区间 $[a,b]$ 上对积分元素 $\mathrm{d}S$ 作定积分：$S=\int_a^b\mathrm{d}S=\int_a^b f(x)\mathrm{d}x$. 这种方法称为定积分的元素法.

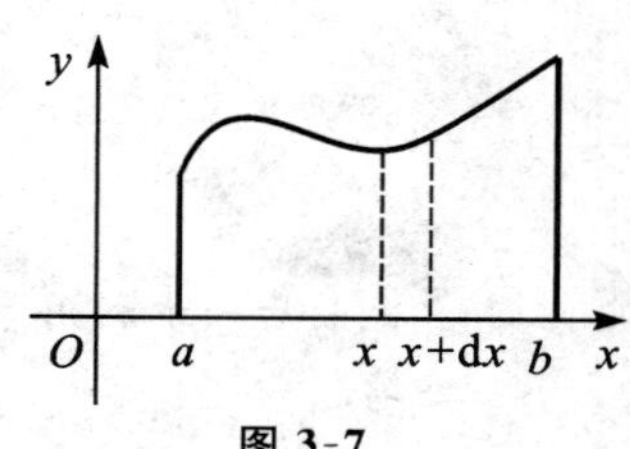

图 3-7

评注

积分元素在几何上是一小窄条的面积($\mathrm{d}x\approx 0$)，相当于在点 x 处的一条线的面积(如图 3-7 所示).

2. 平面图形的面积

(1) 直角坐标系："X" 型区域

设函数 $f(x),g(x)$ 在 $[a,b]$ 上连续，且 $\forall x\in[a,b]$，$f(x)\geqslant g(x)$，则由曲线 $y=f(x)$，$y=g(x)$ 及直线 $x=a$，$x=b$ 所围成的图形面积(图 3-8)可由元素法求得：

$$S=\int_a^b[f(x)-g(x)]\mathrm{d}x.$$

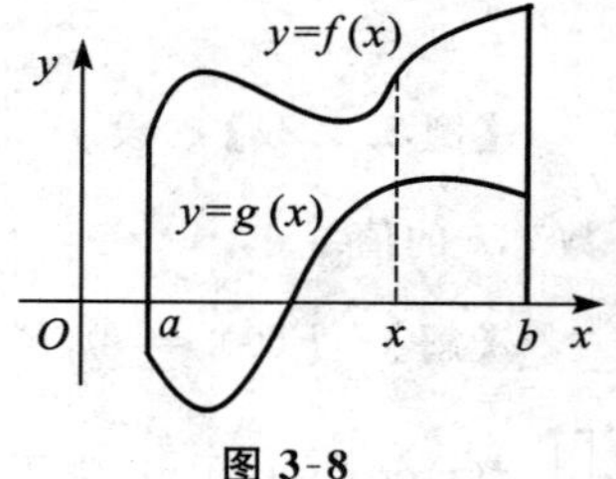

图 3-8

(2) 直角坐标系："Y" 型区域

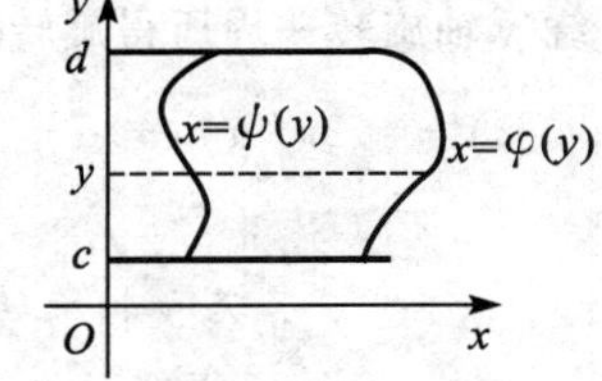

图 3-9

设函数 $\varphi(y),\psi(y)$ 在 $[c,d]$ 上连续，且 $\forall y\in[c,d],\varphi(y)\geqslant\psi(y)$，则曲线 $x=\varphi(y),x=\psi(y)$ 及直线 $y=c,y=d$ 所围成的图形(图 3-9) 的面积可由元素法求得：

$$S=\int_c^d[\varphi(y)-\psi(y)]\mathrm{d}y.$$

【例 3.2.34】　求由抛物线 $y^2=2x$ 与直线 $y=x-4$ 所围成的图形的面积.

图 3-10

【解】　先求得抛物线与直线的交点为 $(2,-2),(8,4)$. 如图 3-10 所示，选择"Y" 型区域计算：

$$S=\int_{-2}^4\left(y+4-\frac{1}{2}y^2\right)\mathrm{d}y$$

$$=\left[\frac{1}{2}y^2+4y-\frac{1}{6}y^3\right]_{-2}^4=18.$$

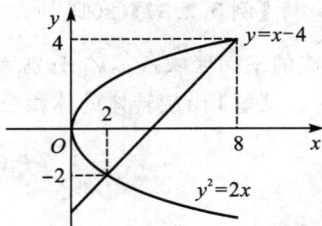

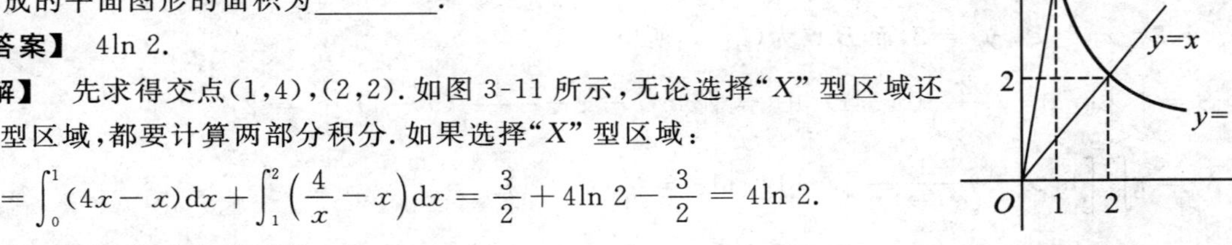
评注

此题如果选择"X" 型区域，将要分为两部分分别计算积分，然后求和.

【例 3.2.35】(2012③)　由曲线 $y=\dfrac{4}{x}$ 和直线 $y=x$ 及 $y=4x$ 在第一象限中围成的平面图形的面积为________.

【答案】　$4\ln 2$.

【解】　先求得交点 $(1,4),(2,2)$. 如图 3-11 所示，无论选择"X" 型区域还是"Y" 型区域，都要计算两部分积分. 如果选择"X" 型区域：

$$S=\int_0^1(4x-x)\mathrm{d}x+\int_1^2\left(\frac{4}{x}-x\right)\mathrm{d}x=\frac{3}{2}+4\ln 2-\frac{3}{2}=4\ln 2.$$

图 3-11

(3) 极坐标系："θ" 型区域

设极坐标方程 $r=r(\theta)$ 表示的函数在 $[\alpha,\beta]$ 上连续，则由曲线 $r=r(\theta)$ 及射线 $\theta=\alpha,\theta=\beta$ 所围成的曲边扇形的面积可由元素法求得：

$$S=\frac{1}{2}\int_\alpha^\beta r^2(\theta)\mathrm{d}\theta.$$

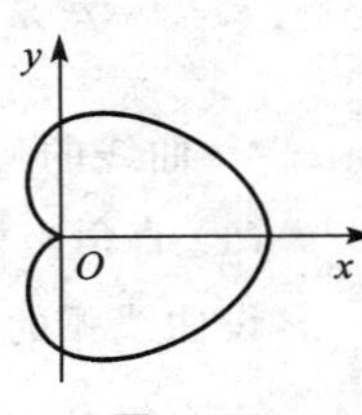

图 3-12

【例 3.2.36】　计算心脏线 $r=a(1+\cos\theta)(a>0)$ 所围成的图形的面积.

【解】　如图 3-12 所示，由对称性知，可计算其一半的面积的两倍，即

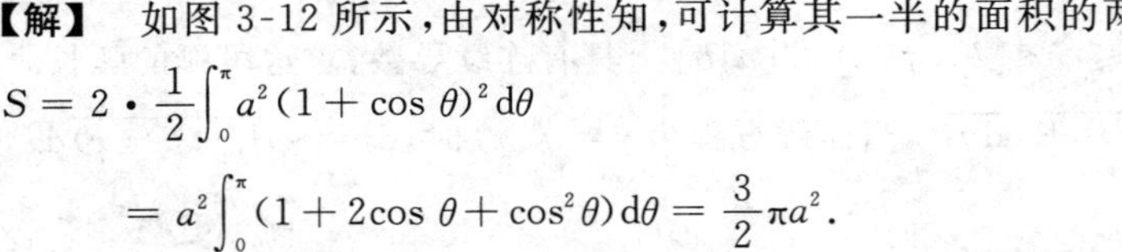

$$S=2\cdot\frac{1}{2}\int_0^\pi a^2(1+\cos\theta)^2\mathrm{d}\theta$$

$$=a^2\int_0^\pi(1+2\cos\theta+\cos^2\theta)\mathrm{d}\theta=\frac{3}{2}\pi a^2.$$

3. 旋转体的体积

(1) 绕 x 轴旋转

设函数 $f(x)(\geqslant 0)$ 在 $[a,b]$ 上连续，则由曲线 $y=f(x)$，直线 $x=a,x=b$ 及 x 轴所围成的平面图形绕 x 轴旋转一周所得旋转体(图 3-13) 的体积为

$$V_x=\pi\int_a^b f^2(x)\mathrm{d}x.$$

图 3-13

(2) 绕 y 轴旋转

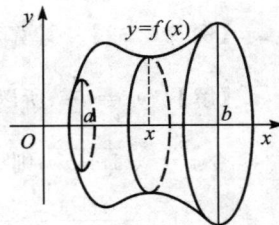

设函数 $f(x)(\geqslant 0)$ 在 $[a,b]$ 上连续，则由曲线 $y=f(x)$，直线 $x=a,x=b$ 及 x 轴所围的平面图形

绕 y 轴旋转一周所得旋转体(图 3-14) 的体积为

$$V_y = 2\pi\int_a^b xf(x)\mathrm{d}x.$$

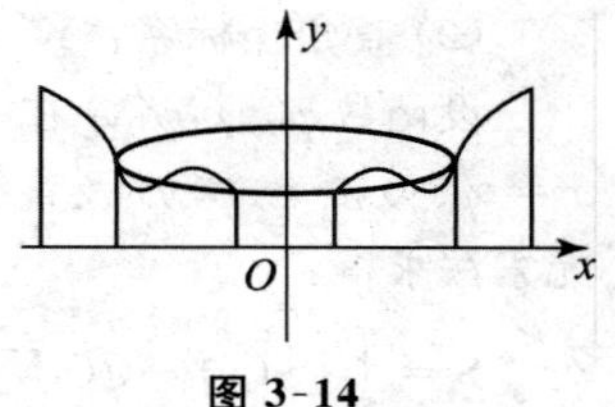

图 3-14

评 注

求绕 y 轴旋转所得旋转体的体积的方法又称为“薄壳法”.

【例 3.2.37】(2015②) 设 $A>0$,D 是由曲线段 $y=A\sin x\left(0\leqslant x\leqslant\frac{\pi}{2}\right)$ 及直线 $y=0,x=\frac{\pi}{2}$ 所围成的平面区域,V_1,V_2 分别表示 D 绕 x 轴与绕 y 轴旋转而成的旋转体的体积,若 $V_1=V_2$,求 A 的值.

【解】由旋转体的体积公式,得

$$V_1=\int_0^{\frac{\pi}{2}}\pi f^2(x)\mathrm{d}x=\int_0^{\frac{\pi}{2}}\pi(A\sin x)^2\mathrm{d}x=\pi A^2\int_0^{\frac{\pi}{2}}\frac{1-\cos 2x}{2}\mathrm{d}x=\frac{\pi^2A^2}{4},$$

$$V_2=\int_0^{\frac{\pi}{2}}2\pi xf(x)\mathrm{d}x=-2\pi A\int_0^{\frac{\pi}{2}}x\mathrm{d}\cos x=2\pi A.$$

由题 $V_1=V_2$,求得 $A=\frac{8}{\pi}$.

【例 3.2.38】(2012②) 过点(0,1)作曲线 $L:y=\ln x$ 的切线,切点为 A,又 L 与 x 轴交于 B 点,区域 D 由 L 与直线 AB 围成,求区域 D 的面积及绕 x 轴旋转一周所得旋转体的体积.

【解】 设切点 $A(x_0,y_0)(y_0=\ln x_0)$,则切线方程为 $y-y_0=\frac{1}{x_0}(x-x_0)$,由于切线经过点(0,1),所以 $\ln x_0=2\Rightarrow x_0=\mathrm{e}^2,y_0=2$,而 B 点为(1,0),所以

$$S=\int_1^{\mathrm{e}^2}\left[\ln x-\frac{2}{\mathrm{e}^2-1}(x-1)\right]\mathrm{d}x=\left[x\ln x-x-\frac{1}{\mathrm{e}^2-1}(x-1)^2\right]_1^{\mathrm{e}^2}=2,$$

$$V=\pi\int_1^{\mathrm{e}^2}\left[\ln^2x-\frac{4}{(\mathrm{e}^2-1)^2}(x-1)^2\right]\mathrm{d}x=\frac{2\pi}{3}(\mathrm{e}^2-1).$$

注意:$\int\ln^2x\mathrm{d}x=x\ln^2x-\int x\cdot 2\ln x\cdot\frac{1}{x}\mathrm{d}x=x\ln^2x-2(x\ln x-x)+C.$

评 注

注意:点(0,1) 不在曲线上.

4. 曲线的弧长①②

(1) 直角坐标系

设曲线弧的方程为 $y=f(x)(a\leqslant x\leqslant b)$,$f(x)$ 在$[a,b]$上具有连续导数,求这段弧的弧长.

由弧微分的计算公式 $\mathrm{d}s=\sqrt{(\mathrm{d}x)^2+(\mathrm{d}y)^2}$,当曲线方程为 $y=f(x)$ 时,$\mathrm{d}s=\sqrt{1+f'^2(x)}\mathrm{d}x$,所以弧长为 $s=\int_a^b\mathrm{d}s=\int_a^b\sqrt{1+f'^2(x)}\mathrm{d}x$.

【例 3.2.39】 计算对数曲线 $y=\ln x$ 上相应于$\sqrt{3}\leqslant x\leqslant\sqrt{8}$ 的一段弧的弧长.

【解】 $y'=\frac{1}{x}$,所以弧长为 $s=\int_{\sqrt{3}}^{\sqrt{8}}\sqrt{1+y'^2}\mathrm{d}x=\int_{\sqrt{3}}^{\sqrt{8}}\frac{\sqrt{1+x^2}}{x}\mathrm{d}x$.

令 $t=\sqrt{1+x^2}$,则 $x=\sqrt{t^2-1}$. $x=\sqrt{3}$ 时,$t=2$;$x=\sqrt{8}$ 时,$t=3$. 故

$$s=\int_2^3\frac{t}{\sqrt{t^2-1}}\cdot\frac{2t}{2\sqrt{t^2-1}}\mathrm{d}t=\int_2^3\left(1+\frac{1}{t^2-1}\right)\mathrm{d}t=\left[t+\frac{1}{2}\ln\left|\frac{t-1}{t+1}\right|\right]_2^3=1+\frac{1}{2}\ln\frac{3}{2}.$$

【例 3.2.40】(2011①②) 曲线 $y=\int_0^x\tan t\mathrm{d}t\left(0\leqslant x\leqslant\frac{\pi}{4}\right)$ 的弧长 $s=$ ________.

【答案】 $\ln(\sqrt{2}+1)$.

【解】 $y'=\tan x$,所以弧长为

$$s=\int_0^{\frac{\pi}{4}}\sqrt{1+y'^2}\mathrm{d}x=\int_0^{\frac{\pi}{4}}\sec x\mathrm{d}x=\Big[\ln|\sec x+\tan x|\Big]_0^{\frac{\pi}{4}}=\ln(\sqrt{2}+1).$$

(2) 参数方程

设曲线弧由参数方程$\begin{cases}x=x(t),\\ y=y(t)\end{cases}(\alpha\leqslant t\leqslant\beta)$确定,其中$x(t),y(t)$在$[\alpha,\beta]$上具有连续导数,且$x'(t),y'(t)$不同时为零,求这段弧的弧长.

由弧微分的计算公式$\mathrm{d}s=\sqrt{(\mathrm{d}x)^2+(\mathrm{d}y)^2}$,当曲线为参数方程时,$\mathrm{d}s=\sqrt{x'^2(t)+y'^2(t)}\mathrm{d}t$,所以弧长为$s=\int_\alpha^\beta\mathrm{d}s=\int_\alpha^\beta\sqrt{x'^2(t)+y'^2(t)}\mathrm{d}t$.

【例 3.2.41】 计算星形线$\begin{cases}x=a\cos^3 t,\\ y=a\sin^3 t\end{cases}(a>0)$的全长.

【解】 由对称性,弧长为$s=4\int_0^{\frac{\pi}{2}}\sqrt{x'^2(t)+y'^2(t)}\mathrm{d}t=4\int_0^{\frac{\pi}{2}}3a\sin t\cos t\mathrm{d}t=6a$.

(3) 极坐标

设曲线弧由极坐标方程$r=r(\theta)(\alpha\leqslant t\leqslant\beta)$确定,其中$r(\theta)$在$[\alpha,\beta]$上具有连续导数,求这段弧的弧长.

先将极坐标方程化为参数方程$\begin{cases}x=r(\theta)\cos\theta,\\ y=r(\theta)\sin\theta\end{cases}(\alpha\leqslant\theta\leqslant\beta)$,则$\mathrm{d}s=\sqrt{x'^2(\theta)+y'^2(\theta)}\mathrm{d}\theta=\sqrt{r^2(\theta)+r'^2(\theta)}\mathrm{d}\theta$,所以弧长为$s=\int_\alpha^\beta\sqrt{r^2(\theta)+r'^2(\theta)}\mathrm{d}\theta$.

【例 3.2.42】(2010②) 设$0\leqslant\theta\leqslant\pi$,对数螺线$r=\mathrm{e}^\theta$的弧长为________.

【答案】 $\sqrt{2}(\mathrm{e}^\pi-1)$.

【解】 弧长为$s=\int_0^\pi\sqrt{r^2(\theta)+r'^2(\theta)}\mathrm{d}\theta=\int_0^\pi\sqrt{2}\mathrm{e}^\theta\mathrm{d}\theta=\sqrt{2}(\mathrm{e}^\pi-1)$.

5. 旋转体的侧面积①②

由连续曲线$y=f(x)$,直线$x=a,x=b$与x轴围成的平面图形绕x轴旋转一周而成的旋转体的侧面积为$S=2\pi\int_a^b|f(x)|\sqrt{1+f'^2(x)}\mathrm{d}x$.

6. 定积分的物理应用①②

注意:定积分的物理应用主要要求考生掌握$\rho\cdot g\cdot h$与元素法的结合.

(1) 变力沿直线运动所作的功

【例 3.2.43】 设半径为R的半球形水池中盛满了水,则将池中的水全部抽出需作多少功?

【解】 如图 3-15 所示,以球心为原点O,垂直往下为x的方向,则水池边界半球面可看作曲线$y=\sqrt{R^2-x^2}(0\leqslant x\leqslant R)$绕$x$轴旋转而成.

在$[0,R]$上任取区间$[x,x+\mathrm{d}x]$,利用元素法可得到积分元素为

$$\mathrm{d}W=\rho\cdot g\cdot x\cdot\pi y^2\mathrm{d}x=\pi\rho g\cdot x(R^2-x^2)\mathrm{d}x,$$

所以$W=\int_0^R\mathrm{d}W=\int_0^R\pi\rho g\cdot x(R^2-x^2)\mathrm{d}x=\frac{\pi\rho g}{4}R^4$,

其中ρ为水的密度,g为重力加速度.

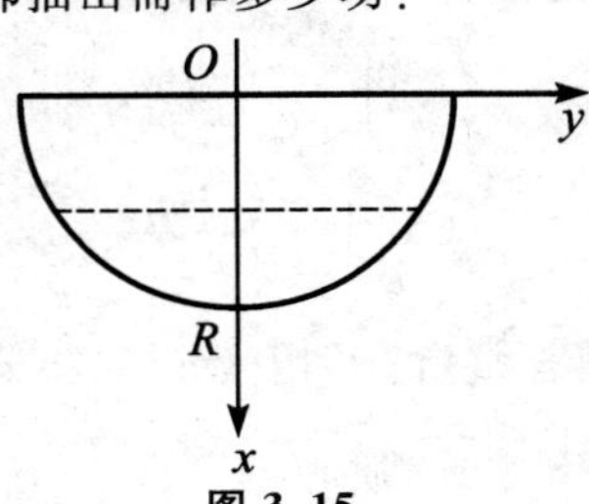

图 3-15

【例 3.2.44】(2011[②]) 一个容器的内侧是连接的曲线 $x^2+y^2=1\left(y\leqslant\frac{1}{2}\right)$ 与 $x^2+y^2=2y\left(y\geqslant\frac{1}{2}\right)$绕 y 轴旋转一周而成的曲面.

(1) 求容器的体积;

(2) 若将容器内盛满的水从容器顶部全部抽出,至少需要作多少功(长度单位为 m,重力加速度为 g m/s^2,水的密度为 10^3 kg/m^3)?

【解】 (1) 由对称性知,所求的容积为

$$V=2\pi\int_{-1}^{\frac{1}{2}}x^2\mathrm{d}y=2\pi\int_{-1}^{\frac{1}{2}}(1-y^2)\mathrm{d}y=\frac{9\pi}{4}(\mathrm{m}^3).$$

(2) 所求的功为

$$\begin{aligned}W&=10^3g\int_{-1}^{\frac{1}{2}}(2-y)\cdot\pi(1-y^2)\mathrm{d}y+10^3g\int_{\frac{1}{2}}^{2}(2-y)\cdot\pi[1-(y-1)^2]\mathrm{d}y\\&=10^3\pi g\int_{-1}^{\frac{1}{2}}(2-y-2y^2+y^3)\mathrm{d}y+10^3\pi g\int_{\frac{1}{2}}^{2}(4y-4y^2+y^3)\mathrm{d}y\\&=\frac{27\times10^3}{8}\pi g,\end{aligned}$$

即所求的功为$\frac{27\times10^3}{8}\pi g(\mathrm{J})$.

(2) 液体的静压力

【例 3.2.45】 洒水车的水箱是一个平放着的椭圆柱体,其端面为椭圆形,长、短半轴分别为 b,a,当水箱装满水时,求端面承受的静压力.

【解】 如图 3-16 所示,以水箱端面中心为原点 O,垂直往下为 x 的正方向,则边界曲线的方程为$\frac{x^2}{a^2}+\frac{y^2}{b^2}=1$.

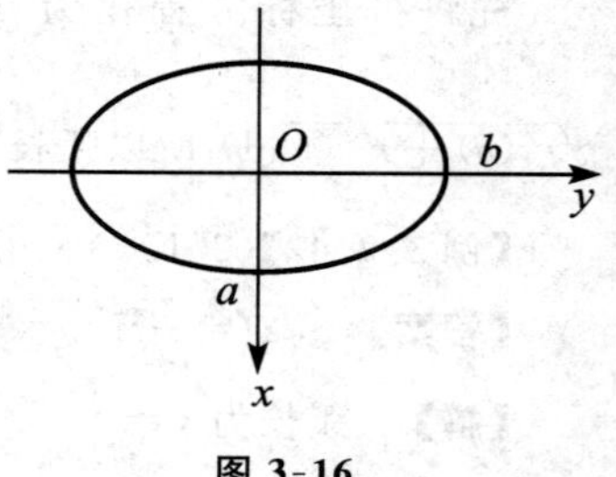

图 3-16

在$[-a,a]$上任取区间$[x,x+\mathrm{d}x]$,利用元素法可得到积分元素为

$\mathrm{d}P=\rho\cdot g\cdot(a+x)\cdot2y\mathrm{d}x=2\rho g\cdot(a+x)b\sqrt{1-\frac{x^2}{a^2}}\mathrm{d}x$,所以

$$\begin{aligned}P&=\int_{-a}^{a}\mathrm{d}P=2\rho gb\int_{-a}^{a}(a+x)\sqrt{1-\frac{x^2}{a^2}}\mathrm{d}x\\&=4\rho gb\int_0^a\sqrt{a^2-x^2}\mathrm{d}x=4\rho gb\cdot\frac{1}{4}\cdot\pi a^2=\rho ga^2b\pi,\end{aligned}$$

其中 ρ 为水的密度,g 为重力加速度.

(3) 引力

【例 3.2.46】 如图 3-17,x 轴上有一线密度为常数 μ,长度为 l 的细杆,有一质量为 m 的质点到杆右端的距离为 a,已知引力系数为 k,则质点和细杆之间引力的大小为( ).

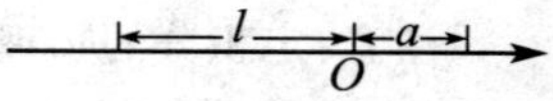

l　O　a

图 3-17

(A) $\int_{-l}^{0}\frac{km\mu}{(a-x)^2}\mathrm{d}x$.　　(B) $\int_0^l\frac{km\mu}{(a-x)^2}\mathrm{d}x$.

(C) $2\int_{-\frac{l}{2}}^{0}\frac{km\mu}{(a+x)^2}\mathrm{d}x$.　　(D) $2\int_0^{\frac{l}{2}}\frac{km\mu}{(a+x)^2}\mathrm{d}x$.

【解】 用微元法,得 $\mathrm{d}F=\frac{km\mu}{(a-x)^2}\mathrm{d}x$,积分得 $F=\int_{-l}^{0}\frac{km\mu}{(a-x)^2}\mathrm{d}x$,故选(A).

(4) 质心

【例 3.2.47】 (2014[②]) 一根长为 1 的细棒位于 x 轴的区间$[0,1]$上,若其线密度 $\rho(x)=-x^2+2x$

+1,则该细棒的质心坐标 $\bar{x}=$ ________.

【解】 质心横坐标公式为 $\bar{x}=\dfrac{\int_0^1 x\rho(x)\mathrm{d}x}{\int_0^1 \rho(x)\mathrm{d}x}$.

$$\int_0^1 \rho(x)\mathrm{d}x=\int_0^1(-x^2+2x+1)\mathrm{d}x=\left(-\frac{x^3}{3}+x^2+x\right)\Big|_0^1=\frac{5}{3},$$

$$\int_0^1 x\rho(x)\mathrm{d}x=\int_0^1 x(-x^2+2x+1)\mathrm{d}x=\left(-\frac{x^4}{4}+\frac{2}{3}x^3+\frac{x^2}{2}\right)\Big|_0^1=\frac{11}{12},$$

所以，
$$\bar{x}=\frac{\frac{11}{12}}{\frac{5}{3}}=\frac{11}{20}.$$

六、反常(广义)积分

1. 无穷区间上的反常积分

定义 3.2.3 设函数 $f(x)$ 在 $[a,+\infty)$ 上连续，取 $b>a$，若极限 $\lim\limits_{b\to+\infty}\int_a^b f(x)\mathrm{d}x$ 存在，则称反常积分 $\int_a^{+\infty}f(x)\mathrm{d}x$ 收敛，即 $\int_a^{+\infty}f(x)\mathrm{d}x=\lim\limits_{b\to+\infty}\int_a^b f(x)\mathrm{d}x$，反之称反常积分 $\int_a^{+\infty}f(x)\mathrm{d}x$ 发散.

定义 3.2.4 设函数 $f(x)$ 在 $(-\infty,b]$ 上连续，取 $a<b$，若极限 $\lim\limits_{a\to-\infty}\int_a^b f(x)\mathrm{d}x$ 存在，则称反常积分 $\int_{-\infty}^{b}f(x)\mathrm{d}x$ 收敛，即 $\int_{-\infty}^{b}f(x)\mathrm{d}x=\lim\limits_{a\to-\infty}\int_a^b f(x)\mathrm{d}x$，反之称反常积分 $\int_{-\infty}^{b}f(x)\mathrm{d}x$ 发散.

定义 3.2.5 设函数 $f(x)$ 在 $(-\infty,+\infty)$ 内连续，如果反常积分 $\int_{-\infty}^{0}f(x)\mathrm{d}x$ 与 $\int_0^{+\infty}f(x)\mathrm{d}x$ 均收敛，则称反常积分 $\int_{-\infty}^{+\infty}f(x)\mathrm{d}x$ 收敛，反之称反常积分 $\int_{-\infty}^{+\infty}f(x)\mathrm{d}x$ 发散.

【例 3.2.48】 计算 $\int_1^{+\infty}\dfrac{1}{x^2(1+x)}\mathrm{d}x$.

【解】 解法一 由于 $\dfrac{1}{x^2(x+1)}=\dfrac{1+x-x}{x^2(x+1)}=\dfrac{1}{x^2}-\left(\dfrac{1}{x}-\dfrac{1}{x+1}\right)$，所以

$$\begin{aligned}\int_1^b\frac{1}{x^2(x+1)}\mathrm{d}x&=\int_1^b\left(\frac{1}{x^2}-\frac{1}{x}+\frac{1}{x+1}\right)\mathrm{d}x\\&=\left[-\frac{1}{x}-\ln x+\ln(x+1)\right]_1^b=-\frac{1}{b}+\ln\frac{b+1}{b}+1-\ln 2,\end{aligned}$$

故 $\int_1^{+\infty}\dfrac{1}{x^2(x+1)}\mathrm{d}x=\lim\limits_{b\to+\infty}\left(-\dfrac{1}{b}+\ln\dfrac{b+1}{b}+1-\ln 2\right)=1-\ln 2$.

评 注

考研中基本不要求判定反常积分的敛散性，考生了解定义即可. 当反常积分收敛时，计算反常积分可以用推广形式的牛顿—莱布尼茨公式，即

$\int_a^{+\infty}f(x)\mathrm{d}x=[F(x)]_a^{+\infty}=F(+\infty)-F(a)$，其中 $F(+\infty)=\lim\limits_{b\to+\infty}F(b)$.

解法二 $\int_1^{+\infty}\dfrac{1}{x^2(x+1)}\mathrm{d}x=\left[-\dfrac{1}{x}+\ln\dfrac{x+1}{x}\right]_1^{+\infty}=1-\ln 2$.

【例 3.2.49】(2011②) 设函数 $f(x)=\begin{cases}\lambda e^{-\lambda x}, & x>0,\\ 0, & x\leqslant 0\end{cases}$ $(\lambda>0)$，则 $\int_{-\infty}^{+\infty}xf(x)\mathrm{d}x=$ ________.

【答案】 $\frac{1}{\lambda}$.

【解】 $\int_{-\infty}^{+\infty} xf(x)\mathrm{d}x = \int_{0}^{+\infty} x \cdot \lambda \mathrm{e}^{-\lambda x}\mathrm{d}x = -\int_{0}^{+\infty} x \cdot \mathrm{d}(\mathrm{e}^{-\lambda x})$

$$= \left[-x\mathrm{e}^{-\lambda x}\right]_{0}^{+\infty} + \int_{0}^{+\infty} \mathrm{e}^{-\lambda x}\mathrm{d}x = \left[-\frac{1}{\lambda}\mathrm{e}^{-\lambda x}\right]_{0}^{+\infty} = \frac{1}{\lambda}.$$

评 注

此题解题过程直接利用了前面介绍的无穷大的快慢程度的结论.

【例 3.2.50】(2010③) 设位于曲线 $y=\frac{1}{\sqrt{x(1+\ln^2 x)}}(\mathrm{e}\leqslant x<+\infty)$ 下方,x 轴上方的无界区域为 G,则 G 绕 x 轴旋转一周所得旋转体的体积为________.

【答案】 $\frac{\pi^2}{4}$.

【解】 $V = \pi\int_{\mathrm{e}}^{+\infty} y^2\mathrm{d}x = \pi\int_{\mathrm{e}}^{+\infty} \frac{1}{x(1+\ln^2 x)}\mathrm{d}x = \left[\pi\arctan(\ln x)\right]_{\mathrm{e}}^{+\infty} = \pi\left(\frac{\pi}{2}-\frac{\pi}{4}\right) = \frac{\pi^2}{4}$.

【例 3.2.51】 设常数 $a>0$,问 k 为何值时,反常积分 $\int_{a}^{+\infty}\frac{1}{x^k}\mathrm{d}x$ 收敛?

【解】 当 $k=1$ 时,$\int_{a}^{+\infty}\frac{1}{x}\mathrm{d}x = \left[\ln x\right]_{a}^{+\infty} = +\infty$ 发散.

当 $k\neq 1$ 时,$\int_{a}^{+\infty}\frac{1}{x^k}\mathrm{d}x = \left[\frac{x^{1-k}}{1-k}\right]_{a}^{+\infty} = \begin{cases} +\infty, & k<1, \\ -\frac{a^{1-k}}{1-k}, & k>1. \end{cases}$

所以,反常积分 $\int_{a}^{+\infty}\frac{1}{x^k}\mathrm{d}x$ 当 $k\leqslant 1$ 时发散,当 $k>1$ 时收敛.

评 注

这是反常积分的基本型.

【例 3.2.52】 计算 $\int_{2}^{+\infty}\frac{1}{x\sqrt{x^2-1}}\mathrm{d}x$.

【解】 **解法一** 令 $x=\frac{1}{t}$,则 $\int_{2}^{+\infty}\frac{1}{x\sqrt{x^2-1}}\mathrm{d}x = \int_{\frac{1}{2}}^{0}\frac{t^2}{\sqrt{1-t^2}}\left(-\frac{1}{t^2}\right)\mathrm{d}t = \left[\arcsin t\right]_{0}^{\frac{1}{2}} = \frac{\pi}{6}$.

解法二 令 $x=\sec t$,则

$$\int_{2}^{+\infty}\frac{1}{x\sqrt{x^2-1}}\mathrm{d}x = \int_{\frac{\pi}{3}}^{\frac{\pi}{2}}\frac{1}{\sec t\cdot\tan t}\sec t\cdot\tan t\mathrm{d}t = \left[t\right]_{\frac{\pi}{3}}^{\frac{\pi}{2}} = \frac{\pi}{6}.$$

评 注

计算反常积分的常用方法是通过适当换元将其转化为定积分.

【例 3.2.53】 判断反常积分 $\int_{-\infty}^{+\infty}\frac{2x}{x^2+1}\mathrm{d}x$ 是否收敛.

【解】 由于 $\int_{0}^{+\infty}\frac{2x}{x^2+1}\mathrm{d}x = \left[\ln(x^2+1)\right]_{0}^{+\infty} = +\infty$,所以反常积分发散.

评 注

对于反常积分,考生分别讨论每一个积分的敛散性,不能用定积分中"奇函数在对称区间上的积分为零"这一结论.

当反常积分收敛的时候,可以用奇零偶倍性质.

2. 无界函数的反常积分

定义 3.2.6　设函数 $f(x)$ 在 $(a,b]$ 上连续，$f(a^+)=\infty$，若极限 $\lim\limits_{\varepsilon\to0^+}\int_{a+\varepsilon}^{b}f(x)\mathrm{d}x$ 存在，则称反常积分 $\int_a^b f(x)\mathrm{d}x$ 收敛，即 $\int_a^b f(x)\mathrm{d}x=\lim\limits_{\varepsilon\to0^+}\int_{a+\varepsilon}^{b}f(x)\mathrm{d}x$，反之称反常积分 $\int_a^b f(x)\mathrm{d}x$ 发散.

定义 3.2.7　设函数 $f(x)$ 在 $[a,b)$ 上连续，$f(b^-)=\infty$，若极限 $\lim\limits_{\varepsilon\to0^+}\int_{a}^{b-\varepsilon}f(x)\mathrm{d}x$ 存在，则称反常积分 $\int_a^b f(x)\mathrm{d}x$ 收敛，即 $\int_a^b f(x)\mathrm{d}x=\lim\limits_{\varepsilon\to0^+}\int_{a}^{b-\varepsilon}f(x)\mathrm{d}x$，反之称反常积分 $\int_a^b f(x)\mathrm{d}x$ 发散.

定义 3.2.8　设函数 $f(x)$ 在 $[a,c)$，$(c,b]$ 上连续，$f(c)=\infty$，如果反常积分 $\int_a^c f(x)\mathrm{d}x$ 与 $\int_c^b f(x)\mathrm{d}x$ 均收敛，则称反常积分 $\int_a^b f(x)\mathrm{d}x$ 收敛，反之称反常积分 $\int_a^b f(x)\mathrm{d}x$ 发散.

【例 3.2.54】　问 k 为何值时，反常积分 $\int_a^b\frac{1}{(x-a)^k}\mathrm{d}x$ 收敛？

【解】　当 $k=1$ 时，$\int_a^b\frac{1}{x-a}\mathrm{d}x=\Big[\ln(x-a)\Big]_a^b=+\infty$ 发散.

当 $k\neq1$ 时，$\int_a^b\frac{1}{(x-a)^k}\mathrm{d}x=\left[\frac{(x-a)^{1-k}}{1-k}\right]_a^b=\begin{cases}+\infty, & k>1,\\ \frac{(b-a)^{1-k}}{1-k}, & k<1.\end{cases}$

所以，反常积分 $\int_a^b\frac{1}{(x-a)^k}\mathrm{d}x$ 当 $k\geqslant1$ 时发散，当 $k<1$ 时收敛.

评注

这是反常积分的基本型.

【例 3.2.55】　计算 $\int_1^{+\infty}\frac{1}{x\sqrt{x-1}}\mathrm{d}x$.

【解】　令 $x=\sec^2t$，则 $\int_1^{+\infty}\frac{1}{x\sqrt{x-1}}\mathrm{d}x=\int_0^{\frac{\pi}{2}}\frac{2\sec t\cdot\sec t\cdot\tan t}{\sec^2t\cdot\tan t}\mathrm{d}t=\pi$.

评注

虽然例 3.2.55 既是无穷区间上的积分，又是无界函数的积分，但在计算时可不考虑其敛散性. 通常来讲，考试中要求计算的反常积分是收敛的.

注意：反常积分的复习重点是了解定义，掌握基本型的敛散性，重点在于计算.

【例 3.2.56】(2017②)　$\int_0^{+\infty}\frac{\ln(1+x)}{(1+x)^2}\mathrm{d}x=$ ________.

【答案】　1.

【解】因为 $\int\frac{\ln(1+x)}{(1+x)^2}\mathrm{d}x=\int\ln(1+x)\mathrm{d}\left(-\frac{1}{1+x}\right)=-\frac{\ln(1+x)}{1+x}+\int\frac{1}{1+x}\mathrm{d}(\ln(1+x))$

$$=-\frac{\ln(1+x)}{1+x}+\int\frac{1}{(1+x)^2}\mathrm{d}x=-\frac{\ln(1+x)}{1+x}-\frac{1}{1+x}+C,$$

所以 $\int_0^{+\infty}\frac{\ln(1+x)}{(1+x)^2}\mathrm{d}x=\left[-\frac{\ln(1+x)}{1+x}-\frac{1}{1+x}\right]\Bigg|_0^{+\infty}=1$.

3. 反常积分的比较判别法

(1) 无穷区间上反常积分的比较判别法

1) 比较判别法

设函数 $f(x)$，$f(g)$ 在区间$[a,+\infty)$ 上连续，且当 $a\leqslant x<+\infty$ 时，有 $0\leqslant f(x)\leqslant g(x)$.

① 如果$\int_a^{+\infty} g(x)\mathrm{d}x$ 收敛，则$\int_a^{+\infty} f(x)\mathrm{d}x$ 收敛；

② 如果$\int_a^{+\infty} f(x)\mathrm{d}x$ 发散，则$\int_a^{+\infty} g(x)\mathrm{d}x$ 发散.

(2) 比较判别法极限形式

设函数 $f(x)$ 在区间$[a,+\infty)$ 上连续，$f(x)\geqslant 0$，且 $\lim\limits_{x\to+\infty} x^p f(x)=l$.

① 当 $0\leqslant l<+\infty$ 且 $p>1$ 时，$\int_a^{+\infty} f(x)\mathrm{d}x$ 收敛；

② 当 $0<l\leqslant+\infty$ 且 $p\leqslant 1$ 时，$\int_a^{+\infty} f(x)\mathrm{d}x$ 发散.

(2) 无界函数的反常积分的比较判别法

1) 比较判别法

设函 $f(x)$，$g(x)$ 数在区间$(a,b]$ 上连续，$x=a$ 是它们的瑕点，且当 $x\in(a,b]$ 时，有 $0\leqslant f(x)\leqslant g(x)$.

① 如果$\int_a^b g(x)\mathrm{d}x$ 收敛，则$\int_a^b f(x)\mathrm{d}x$ 收敛；

② 如果$\int_a^b f(x)\mathrm{d}x$ 发散，则$\int_a^b g(x)\mathrm{d}x$ 发散.

2) 比较判别法极限形式

设函数 $f(x)$ 在区间$(a,b]$ 上连续，$f(x)\geqslant 0$，$x=a$ 是瑕点，且$\lim\limits_{x\to a^+}(x-a)^p f(x)=l$.

① 当 $0\leqslant l<+\infty$ 且 $0<p<1$ 时，$\int_a^b f(x)\mathrm{d}x$ 收敛；

② 当 $0<l\leqslant+\infty$ 且 $p\geqslant 1$ 时，$\int_a^b f(x)\mathrm{d}x$ 发散.

【例 3.2.57】 (1) 证明反常积分 $I=\int_0^{+\infty}\dfrac{\mathrm{d}x}{(1+x^2)(1+x^a)}$ 收敛；

(2) 计算该反常积分.

【解】(Ⅰ) 因为$\dfrac{1}{(1+x^2)(1+x^a)}\leqslant\dfrac{1}{1+x^2}$，而$\int_0^{+\infty}\dfrac{\mathrm{d}x}{1+x^2}$ 收敛；故 $I=\int_0^{+\infty}\dfrac{\mathrm{d}x}{(1+x^2)(1+x^a)}$ 收敛.

(Ⅱ) $t=\dfrac{1}{x}$，$I=\int_0^{+\infty}\dfrac{t^a\mathrm{d}t}{(1+t^2)(1+t^a)}=\int_0^{+\infty}\dfrac{x^a\mathrm{d}x}{(1+x^2)(1+x^a)}$.

又因为 $$I=\int_0^{+\infty}\frac{\mathrm{d}x}{(1+x^2)(1+x^a)},$$

相加得 $$2I=\int_0^{+\infty}\frac{\mathrm{d}x}{1+x^2}=\arctan x\Big|_0^{+\infty}=\frac{\pi}{2}.$$

【例 3.2.58】 设$\int_0^{+\infty}\dfrac{\ln(1+x)}{x^p}\mathrm{d}x$ 收敛，则(　　)

(A)$1<p<2$　　(B)$0<p<2$　　(C)$0<p\leqslant 1$　　(D)$p>1$

【解】 当 $p\leqslant 0$，$x\to+\infty$ 时，$\dfrac{\ln(1+x)}{x^p}\to+\infty$，故$\int_0^{+\infty}\dfrac{\ln(1+x)}{x^p}\mathrm{d}x$ 发散.

当 $p>0$ 时，

$$\int_0^{+\infty}\frac{\ln(1+x)}{x^p}\mathrm{d}x=\int_0^1\frac{\ln(1+x)}{x^p}\mathrm{d}x+\int_1^{+\infty}\frac{\ln(1+x)}{x^p}\mathrm{d}x\overset{\text{记}}{=}I_1+I_2.$$

对于 I_1：当 $x\to 0$ 时，$\dfrac{\ln(1+x)}{x^p}$ 与 $\dfrac{1}{x^{p-1}}$ 为等价无穷小，所以，当 $p-1\geqslant 1$ 时，发散；当 $p-1<1$ 时，

收敛.故当 $0<p<2$ 时,I_1 收敛.

对于 I_2:当 $p>1$ 时,总存在 $\delta>0$,使得 $p-\delta>1$.由于

$$\lim_{x\to+\infty} x^{p-\delta}\cdot\frac{\ln(1+x)}{x^p}=\lim_{x\to+\infty}\frac{\ln(1+x)}{x^\delta}=0,$$

故积分收敛.

当 $0<p\leqslant 1$ 时,由 $\lim\limits_{x\to+\infty} x^p\cdot\dfrac{\ln(1+x)}{x^p}=+\infty$,可知积分发散.

综上所述,当 $1<p<2$ 时,积分收敛.故(A)正确.

重要公式结论与方法技巧

1.基本积分公式及常用积分公式

(1) $\int x^\mu \mathrm{d}x=\dfrac{1}{\mu+1}x^{\mu+1}+C(\mu\neq-1)$;　(2) $\int \dfrac{1}{x}\mathrm{d}x=\ln|x|+C$;

(3) $\int a^x\mathrm{d}x=\dfrac{1}{\ln a}a^x+C$,　(4) $\int \mathrm{e}^x\mathrm{d}x=\mathrm{e}^x+C$;

(5) $\int \sin x\mathrm{d}x=-\cos x+C$;　(6) $\int \cos x\mathrm{d}x=\sin x+C$;

(7) $\int \sec^2 x\mathrm{d}x=\tan x+C$;　(8) $\int \csc^2 x\mathrm{d}x=-\cot x+C$;

(9) $\int \sec x\cdot\tan x\mathrm{d}x=\sec x+C$;　(10) $\int \csc x\cdot\cot x\mathrm{d}x=-\csc x+C$;

(11) $\int \dfrac{1}{\sqrt{1-x^2}}\mathrm{d}x=\arcsin x+C$;　(12) $\int \dfrac{1}{1+x^2}\mathrm{d}x=\arctan x+C$;

(13) $\int \tan x\mathrm{d}x=-\ln|\cos x|+C$;　(14) $\int \cot x\mathrm{d}x=\ln|\sin x|+C$;

(15) $\int \sec x\mathrm{d}x=\ln|\sec x+\tan x|+C$;　(16) $\int \csc x\mathrm{d}x=\ln|\csc x-\cot x|+C$;

(17) $\int \dfrac{1}{\sqrt{a^2-x^2}}\mathrm{d}x=\arcsin\dfrac{x}{a}+C$;　(18) $\int \dfrac{1}{a^2+x^2}\mathrm{d}x=\dfrac{1}{a}\arctan\dfrac{x}{a}+C$;

(19) $\int \dfrac{1}{x^2-a^2}\mathrm{d}x=\dfrac{1}{2a}\ln\left|\dfrac{x-a}{x+a}\right|+C$;

(20) $\int \dfrac{1}{\sqrt{x^2\pm a^2}}\mathrm{d}x=\ln|x+\sqrt{x^2\pm a^2}|+C$.

2.变上限函数求导的一般公式

$\dfrac{\mathrm{d}}{\mathrm{d}x}\int_{\psi(x)}^{\varphi(x)} f(t)\mathrm{d}t=f[\varphi(x)]\cdot\varphi'(x)-f[\psi(x)]\cdot\psi'(x)$.

3.利用定积分定义求 n 项和式的极限

(1) $\lim\limits_{n\to\infty}\sum\limits_{k=1}^{n} f\left(\dfrac{k}{n}\right)\cdot\dfrac{1}{n}=\int_0^1 f(x)\mathrm{d}x$.

(2) $\lim\limits_{n\to\infty}\sum\limits_{k=1}^{n} f\left[a+\dfrac{k(b-a)}{n}\right]\cdot\dfrac{b-a}{n}=\int_a^b f(x)\mathrm{d}x$.

4.定积分常用公式

(1) $\int_{-a}^{a} f(x)\mathrm{d}x=\int_0^a[f(x)+f(-x)]\mathrm{d}x$.

(2) $\int_a^{a+T} f(x)\mathrm{d}x=\int_0^T f(x)\mathrm{d}x$,其中 $f(x)$ 是周期为 T 的周期函数.

(3) $\int_0^{\frac{\pi}{2}}\sin^n x\,\mathrm{d}x=\int_0^{\frac{\pi}{2}}\cos^n x\,\mathrm{d}x=\begin{cases}\dfrac{(n-1)!!}{n!!}, & n\text{为奇数},\\ \dfrac{(n-1)!!}{n!!}\cdot\dfrac{\pi}{2}, & n\text{为偶数}.\end{cases}$

5. 平面图形的面积

(1) 直角坐标系("X"型区域):曲线 $y=f(x),y=g(x)(f(x)\geqslant g(x))$ 及直线 $x=a,x=b$ 所围成的图形面积为 $S=\int_a^b[f(x)-g(x)]\mathrm{d}x$.

(2) 直角坐标系("Y"型区域):曲线 $x=\varphi(y),x=\psi(y)(\varphi(y)\geqslant\psi(y))$ 及直线 $y=c,y=d$ 所围成的图形面积为 $S=\int_c^d[\varphi(y)-\psi(y)]\mathrm{d}y$.

(3) 极坐标系("θ"型区域):曲线 $r=r(\theta)$ 及射线 $\theta=\alpha,\theta=\beta$ 所围成的曲边扇形的面积为 $S=\frac{1}{2}\int_\alpha^\beta r^2(\theta)\mathrm{d}\theta$.

6. 旋转体的体积

(1) 绕 x 轴旋转:由曲线 $y=f(x)$,直线 $x=a,x=b$ 及 x 轴所围成的平面图形绕 x 轴旋转一周所得旋转体的体积为 $V_x=\pi\int_a^b f^2(x)\mathrm{d}x$.

(2) 绕 y 轴旋转:由曲线 $y=f(x)$,直线 $x=a,x=b$ 及 x 轴所围成的平面图形绕 y 轴旋转一周所得旋转体的体积为 $V_y=2\pi\int_a^b xf(x)\mathrm{d}x$.

7. 曲线的弧长①②

(1) 曲线 $y=f(x)(a\leqslant x\leqslant b)$ 的弧长为 $s=\int_a^b\mathrm{d}s=\int_a^b\sqrt{1+f'^2(x)}\mathrm{d}x$.

(2) 由参数方程 $\begin{cases}x=x(t),\\ y=y(t)\end{cases}(\alpha\leqslant t\leqslant\beta)$ 确定的曲线弧的弧长为

$s=\int_\alpha^\beta\mathrm{d}s=\int_\alpha^\beta\sqrt{x'^2(t)+y'^2(t)}\mathrm{d}t$.

(3) 由极坐标方程 $r=r(\theta)(\alpha\leqslant\theta\leqslant\beta)$ 确定的曲线弧的弧长为 $s=\int_\alpha^\beta\sqrt{r^2(\theta)+r'^2(\theta)}\mathrm{d}\theta$.

8. 反常积分的基本型的敛散性

(1) 反常积分 $\int_a^{+\infty}\frac{1}{x^k}\mathrm{d}x\begin{cases}\text{发散}, & k\leqslant 1,\\ \text{收敛}, & k>1\end{cases}(a>0)$.

(2) 反常积分 $\int_a^b\frac{1}{(x-a)^k}\mathrm{d}x\begin{cases}\text{发散}, & k\geqslant 1,\\ \text{收敛}, & k<1.\end{cases}$

9. 确定等价无穷小的常用步骤

(1) 求导;(2) 等价;(3) 积分.

10. 变上限函数求导的几种变化形式

(1) 变上限函数求导的变化式 1:设 $y=\int_a^x xf(t)\mathrm{d}t$,则 $y'=\int_a^x f(t)\mathrm{d}t+xf(x)$.

(2) 变上限函数求导的变化式 2:设 $y=\int_a^b|x-t|f(t)\mathrm{d}t(a\leqslant t\leqslant b)$,由

$$\begin{aligned}\int_a^b|x-t|f(t)\mathrm{d}t&=\int_a^x(x-t)f(t)\mathrm{d}t+\int_x^b(t-x)f(t)\mathrm{d}t\\&=x\int_a^x f(t)\mathrm{d}t-\int_a^x tf(t)\mathrm{d}t+\int_x^b tf(t)\mathrm{d}t-x\int_x^b f(t)\mathrm{d}t\end{aligned}$$

可知 $y' = \int_a^x f(t)\mathrm{d}t - \int_x^b f(t)\mathrm{d}t$.

(3) 变上限函数求导的变化式 3:设 $y = \int_a^x f(x-t)\mathrm{d}t$,设 $x-t=u$,则$\int_a^x f(x-t)\mathrm{d}t = \int_{x-a}^0 f(u)(-\mathrm{d}u) = \int_0^{x-a} f(u)\mathrm{d}u, y' = f(x-a)$.

常见误区警示

1. 由曲线 $y=f(x), y=g(x)(g(x)<f(x))$ 及直线 $x=a, x=b$ 所围成的平面图形绕 x 轴旋转一周所得旋转体的体积应为 $V_x = \pi\int_a^b [f^2(x) - g^2(x)]\mathrm{d}x$.

常见错误:误认为 $V_x = \pi\int_a^b [f(x)-g(x)]^2\mathrm{d}x$.

2. 反常积分$\int_0^1 \frac{1}{\sqrt{x^2+x}}\mathrm{d}x$ 收敛.

常见错误:误认为$\int_0^1 \frac{1}{\sqrt{x^2+x}}\mathrm{d}x$ 发散.

3. 计算$\int_0^{\frac{\pi}{2}} \sqrt{1-\sin 2x}\mathrm{d}x = \int_0^{\frac{\pi}{2}} \sqrt{(\sin x - \cos x)^2}\mathrm{d}x = \int_0^{\frac{\pi}{2}} |\sin x - \cos x|\mathrm{d}x$.

常见错误:误认为$\int_0^{\frac{\pi}{2}} \sqrt{(\sin x - \cos x)^2}\mathrm{d}x = \int_0^{\frac{\pi}{2}} (\sin x - \cos x)\mathrm{d}x$.

本章同步练习

一、单项选择题

1. 设 $f(x)$ 是可导函数,则(　　).

(A) $\int f(x)\mathrm{d}x = f(x)$.　　(B) $\int f'(x)\mathrm{d}x = f(x)$.

(C) $\left[\int f(x)\mathrm{d}x\right]' = f(x)$.　　(D) $\left[\int f(x)\mathrm{d}x\right]' = f(x) + C$.

2. $\int \frac{1}{\sqrt{x-x^2}}\mathrm{d}x =$ (　　).

(A) $\frac{1}{2}\arcsin(2x-1)+C$.　　(B) $2\arcsin(2x-1)+C$.

(C) $\frac{1}{2}\arcsin\sqrt{x}+C$.　　(D) $2\arcsin\sqrt{x}+C$.

3. 设 $I = \int_0^a x^3 f(x^2)\mathrm{d}x (a>0)$,则(　　).

(A) $I = \int_0^{a^2} xf(x)\mathrm{d}x$.　　(B) $I = \int_0^a xf(x)\mathrm{d}x$.

(C) $I = \frac{1}{2}\int_0^{a^2} xf(x)\mathrm{d}x$.　　(D) $I = \frac{1}{2}\int_0^a xf(x)\mathrm{d}x$.

4. 记 $I_1 = \int_e^x \ln t\mathrm{d}t, I_2 = \int_e^x \ln t^2\mathrm{d}t (x>0)$,则(　　).

(A) 当 $x<\mathrm{e}$ 时,$I_1 > I_2$.　　(B) 当 $x>\mathrm{e}$ 时,$I_1>I_2$.

(C) 对任意的 $x\neq \mathrm{e}, I_1>I_2$.　　(D) 对任意的 $x\neq \mathrm{e}, I_1<I_2$.

5. $\lim\limits_{x\to 0}\dfrac{\int_0^{x^2} e^t(2+t)\,dt}{x\ln(1+2x)}=($　　$)$.

(A)0.　　(B)1.　　(C)2.　　(D)∞.

6. 曲线 $r=ae^{\theta}$ 及 $\theta=-\pi,\theta=\pi$ 所围平面图形的面积是(　　).

(A) $\dfrac{1}{2}\int_{-\pi}^{\pi}a^2e^{2\theta}d\theta$.　　(B) $\dfrac{1}{2}\int_0^{\pi}a^2e^{2\theta}d\theta$.

(C) $\dfrac{1}{2}\int_0^{2\pi}a^2e^{2\theta}d\theta$.　　(D) $\int_{-\pi}^{\pi}a^2e^{2\theta}d\theta$.

7. $\int_{-1}^{1}\dfrac{1+x\sin^2 x}{1+x^2}dx=($　　$)$.

(A)0.　　(B)π.　　(C) $\dfrac{\pi}{2}$.　　(D) $\dfrac{\pi}{4}$.

8. 下列反常积分中收敛的是(　　).

(A) $\int_{-\infty}^{+\infty}\dfrac{x}{1+x^2}dx$.　　(B) $\int_{-1}^{1}\dfrac{1}{x}dx$.

(C) $\int_1^2\dfrac{1}{\sqrt{x^2-1}}dx$.　　(D) $\int_1^{+\infty}\dfrac{1}{\sqrt{x^2+1}}dx$.

二、填空题

1. 若 $f'(e^x)=xe^{-x}$,且 $f(1)=0$,则 $f(x)=$ ________.

2. 设 $f(x)$ 的一个原函数是 e^{-x^2},则 $\int xf'(x)dx=$ ________.

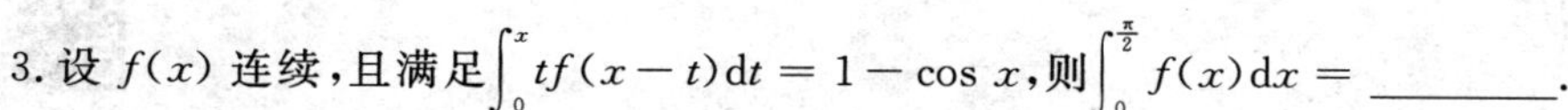

3. 设 $f(x)$ 连续,且满足 $\int_0^x tf(x-t)dt=1-\cos x$,则 $\int_0^{\frac{\pi}{2}}f(x)dx=$ ________.

4. 设 $f(x)=\begin{cases}xe^{x^2}, & -\dfrac{1}{2}\leqslant x<\dfrac{1}{2},\\ -1, & x\geqslant\dfrac{1}{2},\end{cases}$ 则 $\int_{\frac{1}{2}}^{2}f(x-1)dx=$ ________.

5. $\int_0^{\frac{\pi}{2}}\dfrac{1}{1+\tan^{2\,020}x}dx=$ ________.

6. 设 $f(x)=\int_1^x\dfrac{\ln(1+t)}{t}dt\,(x>0)$,则 $f(x)+f\left(\dfrac{1}{x}\right)=$ ________.

7. $\int_{-\pi}^{\pi}\left(\sin^3 x\cdot e^{\cos x}+\sin^4\dfrac{x}{2}\right)dx=$ ________.

三、解答题

1. 计算不定积分 $\int\dfrac{x^2}{\sqrt{4-x^2}}dx$.

2. 计算不定积分 $\int e^{\sqrt{x}}dx$.

3. 计算不定积分 $\int\dfrac{\arctan e^x}{e^{2x}}dx$.

4. 设 $f(\ln x)=\dfrac{\ln(1+x)}{x}$,计算 $\int f(x)dx$.

5. 计算 $\int \frac{xe^x}{\sqrt{e^x-2}}dx$.

6. 计算定积分 $\int_{\sqrt{2}}^{2} \frac{1}{x\sqrt{x^2-1}}dx$.

7. 计算积分 $\int_0^1 \frac{x\arcsin x}{\sqrt{1-x^2}}dx$.

8. 设 $f(x)$ 在 $(0,+\infty)$ 内连续，且满足 $f(x)=x^2-x\int_0^2 f(x)dx+2\int_0^1 f(x)dx$，求 $f(x)$.

9. 设连续函数 $f(x)$ 满足 $f(x)+f(-x)=\sin^2 x$，计算积分 $\int_{-\frac{\pi}{2}}^{\frac{\pi}{2}} f(x)\sin^8 x dx$.

10. 设抛物线 $y=\sqrt{x-2}$.

(1) 求曲线过点 $(1,0)$ 的切线；

(2) 求曲线、切线及 x 轴所围成的平面图形的面积；

(3) 求(2)中图形绕 x、y 轴旋转所得旋转体的体积.

本章同步练习答案解析

一、单项选择题

1. (C).

注意：先积分后求导函数表达式保持不变，先求导后积分函数表达式相差常数.

2. (D).

$$\int \frac{1}{\sqrt{x-x^2}}dx=\int \frac{1}{\sqrt{\frac{1}{4}-\left(x-\frac{1}{2}\right)^2}}dx=\arcsin(2x-1)+C.$$

没有相同选项，考虑 $\int \frac{1}{\sqrt{x-x^2}}dx=\int \frac{1}{\sqrt{x}\sqrt{1-x}}dx=2\int \frac{1}{\sqrt{1-x}}d\sqrt{x}=2\arcsin\sqrt{x}+C$，故选(D).

3. (C).

设 $t=x^2$，则 $I=\int_0^a x^3 f(x^2)dx=\frac{1}{2}\int_0^{a^2} tf(t)dt=\frac{1}{2}\int_0^{a^2} xf(x)dx$，应选(C).

注意：定积分与表示积分变量的字母无关.

4. (A).

$I_2=\int_e^x \ln t^2 dt=2\int_e^x \ln t dt=2I_1$，当 $x>e$ 时，$I_1<I_2$；

当 $0<x<e$ 时，$I_2<I_1<0$，故应选(A).

$I_1=\int_e^x \ln t dt=(t\ln t-t)\Big|_e^x=x\ln x-x=x(\ln x-1)$，$0<x<e \Rightarrow I_1<0$.

5. (B).

$$\lim_{x\to 0}\frac{\int_0^{x^2} e^t(2+t)dt}{x\ln(1+2x)}=\lim_{x\to 0}\frac{\int_0^{x^2} e^t(2+t)dt}{2x^2}=\lim_{x\to 0}\frac{e^{x^2}(2+x^2)\cdot 2x}{4x}=1.$$

6. (A).

可直接由极坐标形式平面图形的面积计算公式得到.

7. (C).

$$\int_{-1}^1 \frac{1+x\sin^2 x}{1+x^2}dx=2\int_0^1 \frac{1}{1+x^2}dx=2\arctan x\Big|_0^1=\frac{\pi}{2}.$$

8. (C).

只有$\int_1^2 \frac{1}{\sqrt{x^2-1}}\mathrm{d}x$收敛,其余均发散.

二、填空题

1. $\frac{1}{2}\ln^2 x$.

设 $\mathrm{e}^x = t$,则 $f'(t) = \frac{\ln t}{t}$,所以 $f(t) = \frac{1}{2}\ln^2 t + C$.

由 $f(1) = 0$ 得 $C = 0$,故 $f(x) = \frac{1}{2}\ln^2 x$.

2. $-2x^2\mathrm{e}^{-x^2} - \mathrm{e}^{-x^2} + C$.

$\int x f'(x)\mathrm{d}x = \int x\mathrm{d}f(x) = xf(x) - \int f(x)\mathrm{d}x$.

由于 $f(x)$ 的一个原函数是 e^{-x^2},所以$\int f(x)\mathrm{d}x = \mathrm{e}^{-x^2} + C_1$,$f(x) = (\mathrm{e}^{-x^2})' = -2x\mathrm{e}^{-x^2}$,故

$\int x f'(x)\mathrm{d}x = -2x^2\mathrm{e}^{-x^2} - \mathrm{e}^{-x^2} + C$.

3. 1.

设 $x - t = u$,则$\int_0^x tf(x-t)\mathrm{d}t = \int_x^0 (x-u)f(u)(-\mathrm{d}u) = x\int_0^x f(u)\mathrm{d}u - \int_0^x uf(u)\mathrm{d}u$,所以 $x\int_0^x f(u)\mathrm{d}u - \int_0^x uf(u)\mathrm{d}u = 1-\cos x$,求导得$\int_0^x f(u)\mathrm{d}u + xf(x) - xf(x) = \sin x$,令 $x = \frac{\pi}{2}$ 得$\int_0^{\frac{\pi}{2}} f(x)\mathrm{d}x = 1$.

4. $-\frac{1}{2}$.

设 $x - 1 = t$,则$\int_{\frac{1}{2}}^2 f(x-1)\mathrm{d}x = \int_{-\frac{1}{2}}^1 f(t)\mathrm{d}t = \int_{-\frac{1}{2}}^{\frac{1}{2}} t\mathrm{e}^{t^2}\mathrm{d}t + \int_{\frac{1}{2}}^1 (-1)\mathrm{d}t = -\frac{1}{2}$.

5. $\frac{\pi}{4}$.

由例 3.2.17 的结论直接得到$\int_0^{\frac{\pi}{2}} \frac{1}{1+\tan^{2\,020} x}\mathrm{d}x = \frac{\pi}{4}$.

6. $\frac{1}{2}\ln^2 x$.

令 $u = \frac{1}{t}$,则

$$f\left(\frac{1}{x}\right) = \int_1^{\frac{1}{x}} \frac{\ln(1+t)}{t}\mathrm{d}t = \int_1^x \frac{\ln\left(1+\frac{1}{u}\right)}{\frac{1}{u}}\left(-\frac{1}{u^2}\right)\mathrm{d}u$$

$$= -\int_1^x \frac{\ln(1+u) - \ln u}{u}\mathrm{d}u = -\int_1^x \frac{\ln(1+u)}{u}\mathrm{d}u + \int_1^x \frac{\ln u}{u}\mathrm{d}u = -f(x) + \frac{1}{2}\ln^2 x.$$

或$\left[f(x) + f\left(\frac{1}{x}\right)\right]' = \frac{\ln(1+x)}{x} + \frac{\ln\left(1+\frac{1}{x}\right)}{\frac{1}{x}}\left(-\frac{1}{x^2}\right) = \frac{\ln x}{x}$,所以 $f(x) + f\left(\frac{1}{x}\right) = \frac{1}{2}\ln^2 x + C$,$f(1) = 0 \Rightarrow C = 0$.

7. $\frac{3\pi}{4}$.

$$\text{原式} = \int_{-\pi}^{\pi}\left(\sin^3 x \cdot \mathrm{e}^{\cos x} + \sin^4\frac{x}{2}\right)\mathrm{d}x = 2\int_0^{\pi}\sin^4\frac{x}{2}\mathrm{d}x$$

$$= 4\int_0^{\frac{\pi}{2}}\sin^4 t\mathrm{d}t = 4\cdot\frac{3}{4}\cdot\frac{1}{2}\cdot\frac{\pi}{2} = \frac{3\pi}{4}.$$

评注

本题应用了周期函数及奇偶函数的积分性质.

三、解答题

1. 解：令 $x=2\sin t$，则

$$\int\frac{x^2}{\sqrt{4-x^2}}\mathrm{d}x=\int\frac{4\sin^2 t}{2\cos t}\cdot 2\cos t\mathrm{d}t=2\int(1-\cos 2t)\mathrm{d}t$$

$$=2t-\sin 2t+C=2\arcsin\frac{x}{2}-\frac{x\sqrt{4-x^2}}{2}+C.$$

2. 解：令 $t=\sqrt{x}$，则 $\int \mathrm{e}^{\sqrt{x}}\mathrm{d}x=\int \mathrm{e}^t\cdot 2t\mathrm{d}t=2t\mathrm{e}^t-2\mathrm{e}^t+C=2(\sqrt{x}-1)\mathrm{e}^{\sqrt{x}}+C$.

3. 解：$\int\frac{\arctan \mathrm{e}^x}{\mathrm{e}^{2x}}\mathrm{d}x=-\frac{1}{2}\int\arctan \mathrm{e}^x\mathrm{d}(\mathrm{e}^{-2x})=-\frac{1}{2}\mathrm{e}^{-2x}\arctan \mathrm{e}^x+\frac{1}{2}\int \mathrm{e}^{-2x}\cdot\frac{\mathrm{e}^x}{1+\mathrm{e}^{2x}}\mathrm{d}x$,

而 $\int\frac{\mathrm{e}^{-x}}{1+\mathrm{e}^{2x}}\mathrm{d}x=\int\left(\frac{1}{\mathrm{e}^x}-\frac{\mathrm{e}^x}{1+\mathrm{e}^{2x}}\right)\mathrm{d}x=-\mathrm{e}^{-x}-\arctan \mathrm{e}^x+C_1$,

所以原式 $=-\frac{1}{2}\mathrm{e}^{-2x}\arctan \mathrm{e}^x-\frac{1}{2}(\mathrm{e}^{-x}+\arctan \mathrm{e}^x)+C$.

4. 解：令 $t=\ln x$，则 $f(t)=\frac{\ln(1+\mathrm{e}^t)}{\mathrm{e}^t}$，所以

$$\int f(x)\mathrm{d}x=\int\frac{\ln(1+\mathrm{e}^x)}{\mathrm{e}^x}\mathrm{d}x=-\int\ln(1+\mathrm{e}^x)\mathrm{d}(\mathrm{e}^{-x})$$

$$=-\mathrm{e}^{-x}\ln(1+\mathrm{e}^x)+\int \mathrm{e}^{-x}\cdot\frac{\mathrm{e}^x}{1+\mathrm{e}^x}\mathrm{d}x=-\mathrm{e}^{-x}\ln(1+\mathrm{e}^x)+\int\frac{\mathrm{e}^{-x}}{\mathrm{e}^{-x}+1}\mathrm{d}x$$

$$=-\mathrm{e}^{-x}\ln(1+\mathrm{e}^x)-\ln(1+\mathrm{e}^{-x})+C.$$

5. 解：$\int\frac{x\mathrm{e}^x}{\sqrt{\mathrm{e}^x-2}}\mathrm{d}x=\int\frac{x}{\sqrt{\mathrm{e}^x-2}}\mathrm{d}(\mathrm{e}^x)=2\int x\mathrm{d}\sqrt{\mathrm{e}^x-2}=2x\sqrt{\mathrm{e}^x-2}-2\int\sqrt{\mathrm{e}^x-2}\mathrm{d}x$.

令 $t=\sqrt{\mathrm{e}^x-2}$，则 $\int\sqrt{\mathrm{e}^x-2}\mathrm{d}x=\int t\cdot\frac{2t}{t^2+2}\mathrm{d}t=2t-4\cdot\frac{1}{\sqrt{2}}\arctan\frac{t}{\sqrt{2}}+C$,

故原式 $=(2x-4)\sqrt{\mathrm{e}^x-2}+4\sqrt{2}\arctan\frac{\sqrt{\mathrm{e}^x-2}}{\sqrt{2}}+C$.

6. 解：令 $x=\sec t$，则 $\int_{\sqrt{2}}^{2}\frac{1}{x\sqrt{x^2-1}}\mathrm{d}x=\int_{\frac{\pi}{4}}^{\frac{\pi}{3}}\frac{\sec t\cdot\tan t}{\sec t\cdot\tan t}\mathrm{d}t=\frac{\pi}{12}$.

7. 解：令 $\arcsin x=t, x=\sin t$.

$$\int_0^1\frac{x\arcsin x}{\sqrt{1-x^2}}\mathrm{d}x=\int_0^{\frac{\pi}{2}}\frac{\sin t\cdot t}{\cos t}\cdot\cos t\mathrm{d}t=-t\cos t\Big|_0^{\frac{\pi}{2}}+\int_0^{\frac{\pi}{2}}\cos t\mathrm{d}t=1.$$

8. 解：设 $A=\int_0^2 f(x)\mathrm{d}x, B=\int_0^1 f(x)\mathrm{d}x$，则 $f(x)=x^2-Ax+2B$.

$$A=\int_0^2 f(x)\mathrm{d}x=\int_0^2(x^2-Ax+2B)\mathrm{d}x=\frac{8}{3}-2A+4B,$$

$$B=\int_0^1 f(x)\mathrm{d}x=\int_0^1(x^2-Ax+2B)\mathrm{d}x=\frac{1}{3}-\frac{1}{2}A+2B,$$

两式联立解得 $A=\frac{4}{3}, B=\frac{1}{3}$，所以 $f(x)=x^2-\frac{4}{3}x+\frac{2}{3}$.

9. 解：由本书例 3.2.22 所给的积分公式可得

$$\int_{-\frac{\pi}{2}}^{\frac{\pi}{2}}f(x)\sin^8 x\mathrm{d}x=\int_0^{\frac{\pi}{2}}[f(x)+f(-x)]\sin^8 x\mathrm{d}x=\int_0^{\frac{\pi}{2}}\sin^{10}x\mathrm{d}x=\frac{9!!}{10!!}\cdot\frac{\pi}{2}$$

10. 解：(1) 设切点为 $(x_0,\sqrt{x_0-2})$，则切线方程为 $y-\sqrt{x_0-2}=\frac{1}{2\sqrt{x_0-2}}(x-x_0)$. 由于过点(1,0)，所以 $x_0=3, y_0=1$，切线方程为 $y-1=\frac{1}{2}(x-3)$ 或 $y=\frac{1}{2}x-\frac{1}{2}$.

(2)$S=\int_1^3 \frac{1}{2}(x-1)\mathrm{d}x-\int_2^3 \sqrt{x-2}\mathrm{d}x=\frac{1}{3}$.

(3) $V_x=\pi\left[\int_1^3 \frac{1}{4}(x-1)^2\mathrm{d}x-\int_2^3 (x-2)\mathrm{d}x\right]=\frac{1}{6}\pi$,

$V_y=\pi\int_0^1 [(y^2+2)^2-(2y+1)^2]\mathrm{d}y=\frac{6}{5}\pi$.

第四章　向量代数与空间解析几何①

名师解码

本章概要

复习导语

向量代数这部分内容比较简单，二维的向量知识在初等数学中已经学习过，现在主要讨论三维的情况，重点是关于向量坐标的相关知识. 由于其内容比较简单，所以在考研中涉及比较少，主要是在其他领域中的应用. 空间解析几何主要是介绍空间曲面及空间曲线的知识，为今后学习多元函数作准备，内容的重点是平面、直线. 利用向量代数的方法讨论空间解析几何问题是本章的重点，常用投影求距离，叉积求方向. 对于数学一的考生来说，这部分的知识主要掌握其基本概念、基本运算. 平面与直线的相关内容在多元函数微分学中还有进一步的拓展，如讨论曲面的切平面法线等，在综合应用题中也会涉及部分知识点.

知识结构图

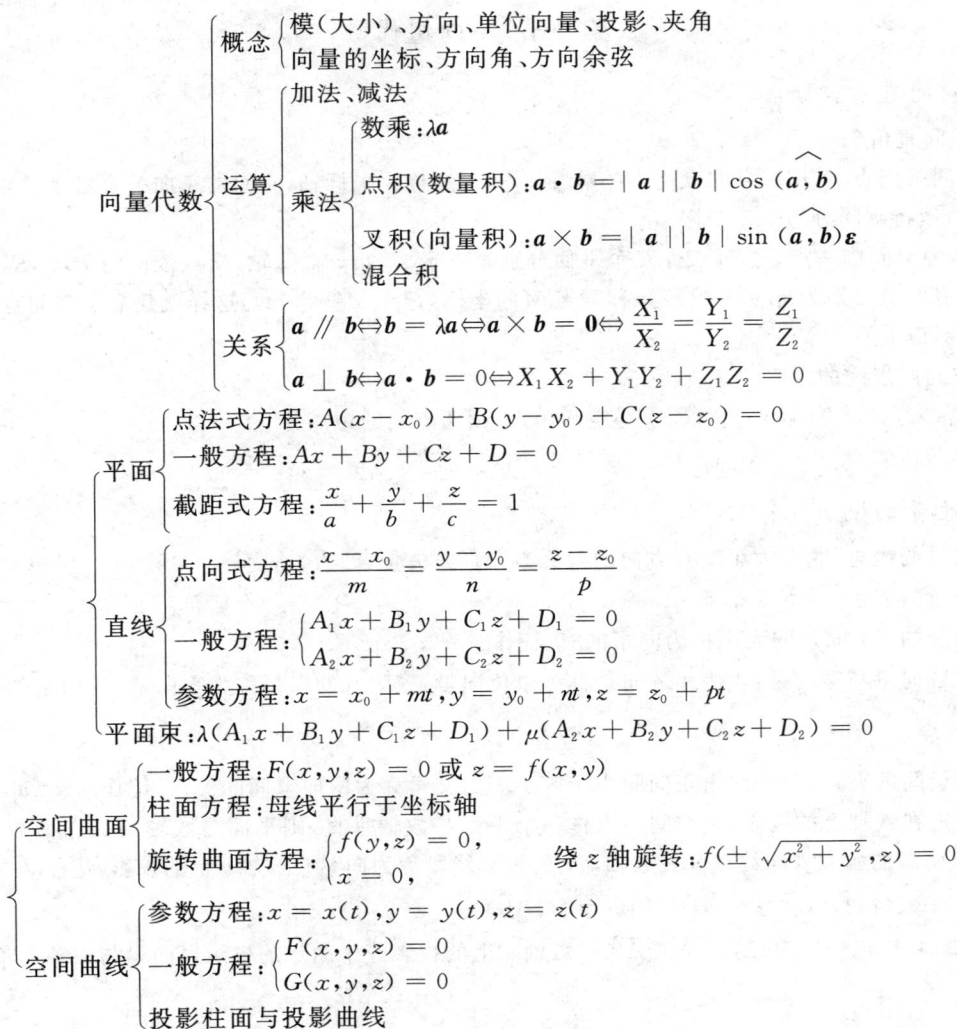

- 向量代数
  - 概念
    - 模(大小)、方向、单位向量、投影、夹角
    - 向量的坐标、方向角、方向余弦
  - 运算
    - 加法、减法
    - 乘法
      - 数乘：$\lambda \boldsymbol{a}$
      - 点积(数量积)：$\boldsymbol{a} \cdot \boldsymbol{b} = |\boldsymbol{a}||\boldsymbol{b}| \cos(\widehat{\boldsymbol{a}, \boldsymbol{b}})$
      - 叉积(向量积)：$\boldsymbol{a} \times \boldsymbol{b} = |\boldsymbol{a}||\boldsymbol{b}| \sin(\widehat{\boldsymbol{a}, \boldsymbol{b}})\boldsymbol{\varepsilon}$
      - 混合积
  - 关系
    - $\boldsymbol{a} // \boldsymbol{b} \Leftrightarrow \boldsymbol{b} = \lambda \boldsymbol{a} \Leftrightarrow \boldsymbol{a} \times \boldsymbol{b} = \boldsymbol{0} \Leftrightarrow \frac{X_1}{X_2} = \frac{Y_1}{Y_2} = \frac{Z_1}{Z_2}$
    - $\boldsymbol{a} \perp \boldsymbol{b} \Leftrightarrow \boldsymbol{a} \cdot \boldsymbol{b} = 0 \Leftrightarrow X_1X_2 + Y_1Y_2 + Z_1Z_2 = 0$
- 平面
  - 点法式方程：$A(x-x_0)+B(y-y_0)+C(z-z_0)=0$
  - 一般方程：$Ax+By+Cz+D=0$
  - 截距式方程：$\frac{x}{a}+\frac{y}{b}+\frac{z}{c}=1$
- 直线
  - 点向式方程：$\frac{x-x_0}{m}=\frac{y-y_0}{n}=\frac{z-z_0}{p}$
  - 一般方程：$\begin{cases} A_1x+B_1y+C_1z+D_1=0 \\ A_2x+B_2y+C_2z+D_2=0 \end{cases}$
  - 参数方程：$x=x_0+mt, y=y_0+nt, z=z_0+pt$
- 平面束：$\lambda(A_1x+B_1y+C_1z+D_1)+\mu(A_2x+B_2y+C_2z+D_2)=0$
- 空间曲面
  - 一般方程：$F(x,y,z)=0$ 或 $z=f(x,y)$
  - 柱面方程：母线平行于坐标轴
  - 旋转曲面方程：$\begin{cases} f(y,z)=0, \\ x=0, \end{cases}$　绕 z 轴旋转：$f(\pm\sqrt{x^2+y^2}, z)=0$
- 空间曲线
  - 参数方程：$x=x(t), y=y(t), z=z(t)$
  - 一般方程：$\begin{cases} F(x,y,z)=0 \\ G(x,y,z)=0 \end{cases}$
  - 投影柱面与投影曲线

复习目标

1. 理解空间直角坐标系,理解向量的概念及其表示.

2. 掌握向量的运算(线性运算、数量积、向量积、混合积),了解两个向量垂直、平行的条件.

3. 理解单位向量、方向数与方向余弦、向量的坐标表达式,掌握用坐标表达式进行向量运算的方法.

4. 掌握平面方程和直线方程及其求法.

5. 会求平面与平面、平面与直线、直线与直线之间的夹角,并会利用平面、直线的相互关系(平行、垂直、相交等)解决有关问题.

6. 会求点到直线以及点到平面的距离.

7. 了解曲面方程和空间曲线方程的概念.

8. 了解常用二次曲面的方程及其图形,会求简单的柱面和旋转曲面的方程.

9. 了解空间曲线的参数方程和一般方程. 了解空间曲线在坐标平面上的投影,并会求该投影曲线的方程.

考查要点详解

第一节　向量代数

一、空间直角坐标系

1. 空间直角坐标系

过空间一定点 O,作三条相互垂直的数轴 x,y,z,统称为坐标轴,它们的正向符合右手法则,点 O 称为坐标原点,将空间分为八个卦限.

设 M 为空间内一点,过 M 点作三个平面分别垂直于 x 轴、y 轴、z 轴,交点依次为 P,Q,R,它们在坐标轴上对应的值分别为 x,y,z,这组数称为点 M 的坐标,记作 $M(x,y,z)$,这样就建立了空间点与数组之间的一一对应关系.

2. 空间两点间的距离

设 $M_1(x_1,y_1,z_1)$,$M_2(x_2,y_2,z_2)$ 为空间两点,则两点间的距离为

$$|M_1M_2| = \sqrt{(x_2-x_1)^2+(y_2-y_1)^2+(z_2-z_1)^2}.$$

二、向量的概念

1. 向量的概念:既有大小又有方向的量称为向量或矢量,如力、速度等.

2. 向量的表示:$\vec{a}$,$\vec{b}$ 或 $\boldsymbol{a}$,$\boldsymbol{b}$,$\overrightarrow{AB}$ 等.

3. 向量的模:向量的大小称为向量的模,记作 $|\boldsymbol{a}|$,$|\overrightarrow{AB}|$.

4. 单位向量与零向量:模为 1 的向量称为单位向量,模为 0 的向量称为零向量,零向量的方向是任意的.

5. 向量间的夹角:两个向量正向间小于等于 π 的交角称为两向量间的夹角,记作 $\theta=(\widehat{\boldsymbol{a},\boldsymbol{b}})$.

6. 向量在数轴上的投影:过空间一点作一个平面与数轴垂直,则平面与数轴的交点称为点在数轴上的投影,向量的始点 A 与终点 B 在数轴 u 上的投影线段称为向量在数轴 u 上的投影,记作 $ab=(\overrightarrow{AB})_u$. 注意:投影是数量,且 $(\overrightarrow{BA})_u = ba = -ab = -(\overrightarrow{AB})_u$.

7. **定理 4.1.1(投影定理)**　向量 $\overrightarrow{AB}$ 在数轴 u 上的投影等于向量的模乘以向量与 u 轴夹角的余弦,即 $(\overrightarrow{AB})_u = |\overrightarrow{AB}|\cos(\widehat{\overrightarrow{AB},u})$.

三、向量的运算

1. 向量的加减法

向量的加减法满足三角形法则，加法满足交换律、结合律.

评注

由于向量的运算主要应用于向量的坐标运算，所以在引入向量坐标后再详细介绍.

2. 向量的数乘

定义 4.1.1　设 λ 为一个实数，$\boldsymbol{a}$ 为一个向量，则 λ 与 $\boldsymbol{a}$ 的乘积称为向量的数乘，记作 $\lambda\boldsymbol{a}$，且 $|\lambda\boldsymbol{a}|=|\lambda||\boldsymbol{a}|$.

当 $\lambda>0$ 时，$\lambda\boldsymbol{a}$ 与 $\boldsymbol{a}$ 同向；当 $\lambda<0$ 时，$\lambda\boldsymbol{a}$ 与 $\boldsymbol{a}$ 反向.

向量的数乘满足：

① 结合律：$\lambda(\mu\boldsymbol{a})=\mu(\lambda\boldsymbol{a})=\lambda\mu\boldsymbol{a}$；

② 分配律：$(\lambda+\mu)\boldsymbol{a}=\lambda\boldsymbol{a}+\mu\boldsymbol{a}$；　$\lambda(\boldsymbol{a}+\boldsymbol{b})=\lambda\boldsymbol{a}+\lambda\boldsymbol{b}$.

与 $\boldsymbol{a}$ 方向相同的单位向量记作 $\boldsymbol{a}^0$，即 $\boldsymbol{a}^0=\dfrac{\boldsymbol{a}}{|\boldsymbol{a}|}$，或 $\boldsymbol{a}=|\boldsymbol{a}|\boldsymbol{a}^0$.

3. 向量的数量积（点积）

定义 4.1.2　设 $\boldsymbol{a},\boldsymbol{b}$ 为两个向量，称 $|\boldsymbol{a}||\boldsymbol{b}|\cos(\widehat{\boldsymbol{a},\boldsymbol{b}})$ 为向量 $\boldsymbol{a},\boldsymbol{b}$ 的数量积，记作 $\boldsymbol{a}\cdot\boldsymbol{b}$，即 $\boldsymbol{a}\cdot\boldsymbol{b}=|\boldsymbol{a}||\boldsymbol{b}|\cos(\widehat{\boldsymbol{a},\boldsymbol{b}})$.

数量积的运算性质：

(1) $\boldsymbol{a}\cdot\boldsymbol{a}=|\boldsymbol{a}|^2$；　(2) $\cos(\widehat{\boldsymbol{a},\boldsymbol{b}})=\dfrac{\boldsymbol{a}\cdot\boldsymbol{b}}{|\boldsymbol{a}||\boldsymbol{b}|}$；

(3) $\boldsymbol{a}\perp\boldsymbol{b}\Leftrightarrow\boldsymbol{a}\cdot\boldsymbol{b}=0$.

所以投影为：

$$(\boldsymbol{b})_{\boldsymbol{a}}=|\boldsymbol{b}|\cos(\widehat{\boldsymbol{a},\boldsymbol{b}})=\frac{\boldsymbol{a}\cdot\boldsymbol{b}}{|\boldsymbol{a}|}.$$

向量的数量积满足：

① 交换律：$\boldsymbol{a}\cdot\boldsymbol{b}=\boldsymbol{b}\cdot\boldsymbol{a}$；

② 分配律：$(\boldsymbol{a}+\boldsymbol{b})\cdot\boldsymbol{c}=\boldsymbol{a}\cdot\boldsymbol{c}+\boldsymbol{b}\cdot\boldsymbol{c}$；

③ 结合律：$(\lambda\boldsymbol{a})\cdot\boldsymbol{b}=\boldsymbol{a}\cdot(\lambda\boldsymbol{b})=\lambda(\boldsymbol{a}\cdot\boldsymbol{b})$.

【例 4.1.1】　设 $\boldsymbol{a},\boldsymbol{b},\boldsymbol{c}$ 都是单位向量，且满足关系式 $\boldsymbol{a}+\boldsymbol{b}+\boldsymbol{c}=\boldsymbol{0}$，则 $\boldsymbol{a}\cdot\boldsymbol{b}+\boldsymbol{b}\cdot\boldsymbol{c}+\boldsymbol{c}\cdot\boldsymbol{a}=$ ________.

【答案】　$-\dfrac{3}{2}$.

【解】　由 $\boldsymbol{a}+\boldsymbol{b}+\boldsymbol{c}=\boldsymbol{0}$ 得 $(\boldsymbol{a}+\boldsymbol{b})=-\boldsymbol{c}$，$(\boldsymbol{a}+\boldsymbol{b})\cdot\boldsymbol{c}=-\boldsymbol{c}\cdot\boldsymbol{c}=-1$，同理 $\boldsymbol{b}+\boldsymbol{c}=-\boldsymbol{a}$，$(\boldsymbol{b}+\boldsymbol{c})\cdot\boldsymbol{a}=-\boldsymbol{a}\cdot\boldsymbol{a}=-1$；$\boldsymbol{c}+\boldsymbol{a}=-\boldsymbol{b}$，$(\boldsymbol{c}+\boldsymbol{a})\cdot\boldsymbol{b}=-\boldsymbol{b}\cdot\boldsymbol{b}=-1$，所以 $\boldsymbol{a}\cdot\boldsymbol{c}+\boldsymbol{b}\cdot\boldsymbol{c}+\boldsymbol{b}\cdot\boldsymbol{a}+\boldsymbol{c}\cdot\boldsymbol{a}+\boldsymbol{c}\cdot\boldsymbol{b}+\boldsymbol{a}\cdot\boldsymbol{b}=-3$，而点积满足交换律，即 $\boldsymbol{a}\cdot\boldsymbol{c}=\boldsymbol{c}\cdot\boldsymbol{a}$，$\boldsymbol{c}\cdot\boldsymbol{b}=\boldsymbol{b}\cdot\boldsymbol{c}$，$\boldsymbol{b}\cdot\boldsymbol{a}=\boldsymbol{a}\cdot\boldsymbol{b}$，故 $\boldsymbol{a}\cdot\boldsymbol{b}+\boldsymbol{b}\cdot\boldsymbol{c}+\boldsymbol{c}\cdot\boldsymbol{a}=-\dfrac{3}{2}$.

【例 4.1.2】　设 $|\boldsymbol{a}|=5$，$|\boldsymbol{b}|=3$，$|\boldsymbol{a}+\boldsymbol{b}|=4$，则 $|\boldsymbol{a}-\boldsymbol{b}|=$ ________.

【答案】　$2\sqrt{13}$.

分析：对于向量的和或差的模应该考虑先平方化为点积.

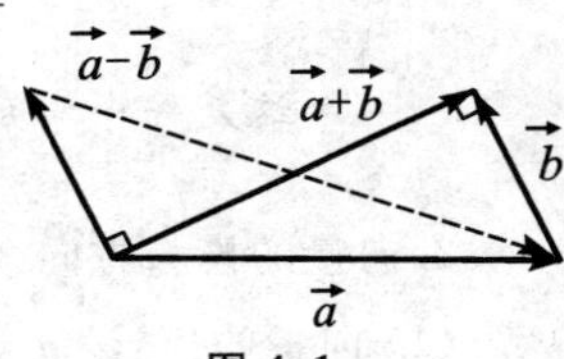

图 4-1

【解】　如图 4-1 所示，$|\boldsymbol{a}+\boldsymbol{b}|^2=(\boldsymbol{a}+\boldsymbol{b})\cdot(\boldsymbol{a}+\boldsymbol{b})=|\boldsymbol{a}|^2+2\boldsymbol{a}\cdot\boldsymbol{b}+|\boldsymbol{b}|^2$，$2\boldsymbol{a}\cdot\boldsymbol{b}=4^2-5^2-3^2=-18$，所以 $|\boldsymbol{a}-\boldsymbol{b}|^2=5^2+3^2+18=52$，$|\boldsymbol{a}-\boldsymbol{b}|=$

$\sqrt{52}=2\sqrt{13}$.

评 注

由于例 4.1.2 的数字较为简单,考生可以直接利用几何意义计算得到结果.

$$|\boldsymbol{a}-\boldsymbol{b}|=2\sqrt{3^2+\left(\frac{1}{2}\cdot 4\right)^2}=2\sqrt{13}.$$

4. 向量的向量积(叉积)

定义 4.1.3 设 $\boldsymbol{a},\boldsymbol{b}$ 为两个向量,称向量 $|\boldsymbol{a}||\boldsymbol{b}|\sin(\widehat{\boldsymbol{a},\boldsymbol{b}})\boldsymbol{\varepsilon}$ 为向量 $\boldsymbol{a}$ 与 $\boldsymbol{b}$ 的向量积,记作 $\boldsymbol{a}\times\boldsymbol{b}$,即 $\boldsymbol{a}\times\boldsymbol{b}=|\boldsymbol{a}||\boldsymbol{b}|\sin(\widehat{\boldsymbol{a},\boldsymbol{b}})\boldsymbol{\varepsilon}$,其中 $\boldsymbol{\varepsilon}$ 是单位向量,$\boldsymbol{\varepsilon}$ 的方向为按右手法则四指从 $\boldsymbol{a}$ 的正向以不超过 π 的角转动到 $\boldsymbol{b}$ 的正向时大拇指所指的方向.

$|\boldsymbol{a}\times\boldsymbol{b}|=|\boldsymbol{a}||\boldsymbol{b}|\sin(\widehat{\boldsymbol{a},\boldsymbol{b}})$ 在数值上等于以 $\boldsymbol{a},\boldsymbol{b}$ 为边的平行四边形的面积.

向量积的运算性质:

(1)$\boldsymbol{a}\times\boldsymbol{a}=\boldsymbol{0}$; (2)$\boldsymbol{a}\times\boldsymbol{b}=-\boldsymbol{b}\times\boldsymbol{a}$; (3)$\boldsymbol{a}\parallel\boldsymbol{b}\Leftrightarrow\boldsymbol{a}\times\boldsymbol{b}=\boldsymbol{0}$.

【例 4.1.3】 设 $|\boldsymbol{a}|=3$, $|\boldsymbol{b}|=26$, $|\boldsymbol{a}\times\boldsymbol{b}|=72$,则 $\boldsymbol{a}\cdot\boldsymbol{b}=$ ________.

【答案】 ± 30.

【解】 $|\boldsymbol{a}\times\boldsymbol{b}|=|\boldsymbol{a}||\boldsymbol{b}|\sin\theta$,所以 $\sin\theta=\dfrac{72}{3\cdot 26}=\dfrac{12}{13}$,$\cos\theta=\pm\dfrac{5}{13}$,

故 $\boldsymbol{a}\cdot\boldsymbol{b}=|\boldsymbol{a}||\boldsymbol{b}|\cos\theta=\pm 30$.

评 注

此题的常见错误是缺少一种情况.考生要注意两个向量的夹角的范围.

5. 向量的混合积

定义 4.1.4 设有三个向量 $\boldsymbol{a},\boldsymbol{b},\boldsymbol{c}$,称数量 $(\boldsymbol{a}\times\boldsymbol{b})\cdot\boldsymbol{c}$ 为 $\boldsymbol{a},\boldsymbol{b},\boldsymbol{c}$ 的混合积,记作 $[\boldsymbol{a},\boldsymbol{b},\boldsymbol{c}]$,即 $[\boldsymbol{a},\boldsymbol{b},\boldsymbol{c}]=(\boldsymbol{a}\times\boldsymbol{b})\cdot\boldsymbol{c}=|\boldsymbol{a}\times\boldsymbol{b}|(\boldsymbol{c})_{\boldsymbol{a}\times\boldsymbol{b}}$.

在数值上,$|[\boldsymbol{a},\boldsymbol{b},\boldsymbol{c}]|$ 表示以 $\boldsymbol{a},\boldsymbol{b},\boldsymbol{c}$ 为棱的平行六面体的体积.

四、向量的坐标及向量各种运算的坐标表达式

1. 向量的坐标

在空间引入一个直角坐标系,$\boldsymbol{a}$ 为一个向量,为了讨论方便,将 $\boldsymbol{a}$ 的起点移至原点而终点为 M,即 $\boldsymbol{a}=\overrightarrow{OM}$,则 M 点在三个坐标轴上的投影依次为 A,B,C. 设 M 点在 xOy 面上的投影为 P,由向量加法知 $\overrightarrow{OM}=\overrightarrow{OA}+\overrightarrow{AP}+\overrightarrow{PM}=\overrightarrow{OA}+\overrightarrow{OB}+\overrightarrow{OC}$,称向量 $\overrightarrow{OA},\overrightarrow{OB},\overrightarrow{OC}$ 为 $\overrightarrow{OM}$ 在 x 轴、y 轴、z 轴上的分向量. 记 $\boldsymbol{i},\boldsymbol{j},\boldsymbol{k}$ 分别为与 x 轴、y 轴、z 轴正向相同的单位向量(又称基本单位向量).

设 $(\overrightarrow{OM})_x=X$, $(\overrightarrow{OM})_y=Y$, $(\overrightarrow{OM})_z=Z$,则 $\overrightarrow{OA}=X\boldsymbol{i}$,$\overrightarrow{OB}=Y\boldsymbol{j}$,$\overrightarrow{OC}=Z\boldsymbol{k}$.

定义 4.1.5 设有一个向量 $\boldsymbol{a}$,如果 $(\boldsymbol{a})_x=X$,$(\boldsymbol{a})_y=Y$,$(\boldsymbol{a})_z=Z$,那么称有序数组 X,Y,Z 为向量 $\boldsymbol{a}$ 的向量坐标,记作 $\boldsymbol{a}=(X,Y,Z)$,而 $\boldsymbol{a}=X\boldsymbol{i}+Y\boldsymbol{j}+Z\boldsymbol{k}$ 称为向量 $\boldsymbol{a}$ 的坐标表达式. 如果 $\boldsymbol{a}=\overrightarrow{OM}$,则 $\boldsymbol{a}$ 的向量坐标与它的终点 M 的直角坐标是一致的.

【例 4.1.4】 求始点为 $M_1(x_1,y_1,z_1)$,终点为 $M_2(x_2,y_2,z_2)$ 的向量 $\overrightarrow{M_1M_2}$ 的向量坐标.

【解】 $\overrightarrow{M_1M_2}=\overrightarrow{OM_2}-\overrightarrow{OM_1}=(x_2,y_2,z_2)-(x_1,y_1,z_1)=(x_2-x_1,y_2-y_1,z_2-z_1)$.

评 注

这是一个常用结论.

2. 向量的模与方向余弦的坐标表达式

(1) 向量的模:设 $\boldsymbol{a}=(X,Y,Z)$,则 $|\boldsymbol{a}|=\sqrt{X^2+Y^2+Z^2}$.

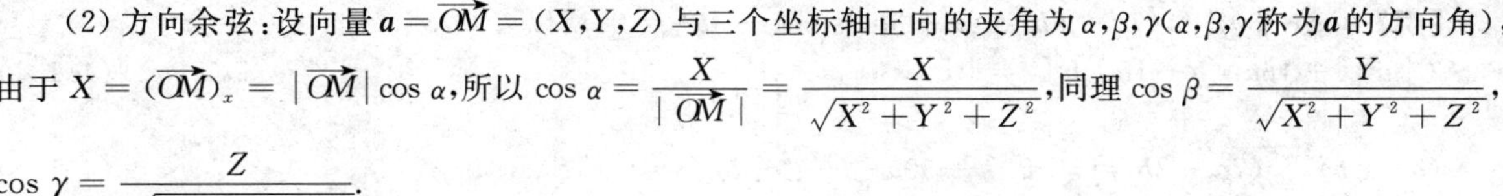

(2) 方向余弦：设向量 $\boldsymbol{a}=\overrightarrow{OM}=(X,Y,Z)$ 与三个坐标轴正向的夹角为 α,β,γ（α,β,γ 称为 $\boldsymbol{a}$ 的方向角），由于 $X=(\overrightarrow{OM})_x=|\overrightarrow{OM}|\cos\alpha$，所以 $\cos\alpha=\dfrac{X}{|\overrightarrow{OM}|}=\dfrac{X}{\sqrt{X^2+Y^2+Z^2}}$，同理 $\cos\beta=\dfrac{Y}{\sqrt{X^2+Y^2+Z^2}}$，$\cos\gamma=\dfrac{Z}{\sqrt{X^2+Y^2+Z^2}}$.

而 $0\leqslant\alpha,\beta,\gamma\leqslant\pi$，因此 $\cos\alpha,\cos\beta,\cos\gamma$ 唯一，故称 $\cos\alpha,\cos\beta,\cos\gamma$ 为向量 $\boldsymbol{a}$ 的方向余弦，显然 $\boldsymbol{a}^0=\dfrac{\boldsymbol{a}}{|\boldsymbol{a}|}=(\cos\alpha,\cos\beta,\cos\gamma)$.

3. 各种向量运算的坐标表达式

设 $\boldsymbol{a}=(X_1,Y_1,Z_1)$，$\boldsymbol{b}=(X_2,Y_2,Z_2)$，$\boldsymbol{c}=(X_3,Y_3,Z_3)$.

(1) $\boldsymbol{a}\pm\boldsymbol{b}=(X_1\boldsymbol{i}+Y_1\boldsymbol{j}+Z_1\boldsymbol{k})\pm(X_2\boldsymbol{i}+Y_2\boldsymbol{j}+Z_2\boldsymbol{k})=(X_1\pm X_2,Y_1\pm Y_2,Z_1\pm Z_2)$.

(2) $\lambda\boldsymbol{a}=\lambda(X_1\boldsymbol{i}+Y_1\boldsymbol{j}+Z_1\boldsymbol{k})=(\lambda X_1,\lambda Y_1,\lambda Z_1)$.

(3) $\boldsymbol{a}\cdot\boldsymbol{b}=(X_1\boldsymbol{i}+Y_1\boldsymbol{j}+Z_1\boldsymbol{k})\cdot(X_2\boldsymbol{i}+Y_2\boldsymbol{j}+Z_2\boldsymbol{k})=X_1X_2+Y_1Y_2+Z_1Z_2$，

$$\cos(\boldsymbol{a},\boldsymbol{b})=\frac{\boldsymbol{a}\cdot\boldsymbol{b}}{|\boldsymbol{a}||\boldsymbol{b}|}=\frac{X_1X_2+Y_1Y_2+Z_1Z_2}{\sqrt{X_1^2+Y_1^2+Z_1^2}\sqrt{X_2^2+Y_2^2+Z_2^2}},$$

$$(\boldsymbol{b})_{\boldsymbol{a}}=\frac{\boldsymbol{a}\cdot\boldsymbol{b}}{|\boldsymbol{a}|}=\frac{X_1X_2+Y_1Y_2+Z_1Z_2}{\sqrt{X_1^2+Y_1^2+Z_1^2}}.$$

(4) $\boldsymbol{a}\times\boldsymbol{b}=(X_1\boldsymbol{i}+Y_1\boldsymbol{j}+Z_1\boldsymbol{k})\times(X_2\boldsymbol{i}+Y_2\boldsymbol{j}+Z_2\boldsymbol{k})$，

由于 $\boldsymbol{i}\times\boldsymbol{i}=\boldsymbol{j}\times\boldsymbol{j}=\boldsymbol{k}\times\boldsymbol{k}=\boldsymbol{0}$，$\boldsymbol{i}\times\boldsymbol{j}=\boldsymbol{k}$，$\boldsymbol{j}\times\boldsymbol{i}=-\boldsymbol{k}$，$\boldsymbol{j}\times\boldsymbol{k}=\boldsymbol{i}$，$\boldsymbol{k}\times\boldsymbol{j}=-\boldsymbol{i}$，$\boldsymbol{k}\times\boldsymbol{i}=\boldsymbol{j}$，$\boldsymbol{i}\times\boldsymbol{k}=-\boldsymbol{j}$，

$$\boldsymbol{a}\times\boldsymbol{b}=(Y_1Z_2-Z_1Y_2)\boldsymbol{i}-(X_1Z_2-Z_1X_2)\boldsymbol{j}+(X_1Y_2-X_2Y_1)\boldsymbol{k}=\begin{vmatrix}\boldsymbol{i}&\boldsymbol{j}&\boldsymbol{k}\\X_1&Y_1&Z_1\\X_2&Y_2&Z_2\end{vmatrix}.$$

(5) $[\boldsymbol{a},\boldsymbol{b},\boldsymbol{c}]=(\boldsymbol{a}\times\boldsymbol{b})\cdot\boldsymbol{c}=\begin{vmatrix}X_1&Y_1&Z_1\\X_2&Y_2&Z_2\\X_3&Y_3&Z_3\end{vmatrix}$.

【例 4.1.5】 求同时垂直于 $\boldsymbol{a}=(1,-2,2)$，$\boldsymbol{b}=(-1,4,3)$ 的单位向量.

【解】 同时垂直于 $\boldsymbol{a},\boldsymbol{b}$ 的向量为 $\pm(\boldsymbol{a}\times\boldsymbol{b})$，

$$\boldsymbol{a}\times\boldsymbol{b}=\begin{vmatrix}\boldsymbol{i}&\boldsymbol{j}&\boldsymbol{k}\\1&-2&2\\-1&4&3\end{vmatrix}=-14\boldsymbol{i}-5\boldsymbol{j}+2\boldsymbol{k},\quad |\boldsymbol{a}\times\boldsymbol{b}|=15,$$

所求向量为 $\pm\dfrac{1}{15}(-14,-5,2)$.

评注

需要考虑正负号.

【例 4.1.6】 设 $\boldsymbol{a}\cdot\boldsymbol{b}=\sqrt{3}$，$\boldsymbol{a}\times\boldsymbol{b}=(1,2,-2)$，则 $\boldsymbol{a}$ 与 $\boldsymbol{b}$ 的夹角为________.

【答案】 $\dfrac{\pi}{3}$.

【解】 设夹角为 θ，由题设 $\tan\theta=\dfrac{|\boldsymbol{a}\times\boldsymbol{b}|}{\boldsymbol{a}\cdot\boldsymbol{b}}=\sqrt{3}$，所以 $\boldsymbol{a}$ 与 $\boldsymbol{b}$ 的夹角为 $\dfrac{\pi}{3}$.

【例 4.1.7】 设 $\boldsymbol{a},\boldsymbol{b}$ 为非零向量，且满足 $(\boldsymbol{a}+3\boldsymbol{b})\perp(7\boldsymbol{a}-5\boldsymbol{b})$，$(\boldsymbol{a}-4\boldsymbol{b})\perp(7\boldsymbol{a}-2\boldsymbol{b})$，则 $\boldsymbol{a}$ 与 $\boldsymbol{b}$ 的夹角为________.

【答案】 $\dfrac{\pi}{3}$.

【解】 $(\boldsymbol{a}+3\boldsymbol{b})\perp(7\boldsymbol{a}-5\boldsymbol{b})\Rightarrow(\boldsymbol{a}+3\boldsymbol{b})\cdot(7\boldsymbol{a}-5\boldsymbol{b})=0$，所以

$$7|\boldsymbol{a}|^2+16\boldsymbol{a}\cdot\boldsymbol{b}-15|\boldsymbol{b}|^2=0, \tag{4-1-1}$$

又

$$(\boldsymbol{a}-4\boldsymbol{b})\perp(7\boldsymbol{a}-2\boldsymbol{b})\Rightarrow 7|\boldsymbol{a}|^2-30\boldsymbol{a}\cdot\boldsymbol{b}+8|\boldsymbol{b}|^2=0, \tag{4-1-2}$$

由式(4-1-1),(4-1-2)可得 $2\boldsymbol{a}\cdot\boldsymbol{b}=|\boldsymbol{b}|^2$，$|\boldsymbol{a}|=|\boldsymbol{b}|$，所以 $\cos(\widehat{\boldsymbol{a},\boldsymbol{b}})=\dfrac{\boldsymbol{a}\cdot\boldsymbol{b}}{|\boldsymbol{a}||\boldsymbol{b}|}=\dfrac{1}{2}$，$\boldsymbol{a}$ 与 $\boldsymbol{b}$ 的夹角为 $\dfrac{\pi}{3}$.

五、两个向量平行、垂直的充要条件

1. $\boldsymbol{a}\parallel\boldsymbol{b}\Leftrightarrow\boldsymbol{a}\times\boldsymbol{b}=\boldsymbol{0}\Leftrightarrow\dfrac{X_1}{X_2}=\dfrac{Y_1}{Y_2}=\dfrac{Z_1}{Z_2}\Leftrightarrow\boldsymbol{b}=\lambda\boldsymbol{a}$；

2. $\boldsymbol{a}\perp\boldsymbol{b}\Leftrightarrow\boldsymbol{a}\cdot\boldsymbol{b}=0\Leftrightarrow X_1X_2+Y_1Y_2+Z_1Z_2=0$.

【例 4.1.8】 设向量 $\boldsymbol{a}$ 与 $\boldsymbol{b}=2\boldsymbol{i}-\boldsymbol{j}+3\boldsymbol{k}$ 平行，且满足 $\boldsymbol{a}\cdot\boldsymbol{b}=28$，则 $\boldsymbol{a}=$ ________.

【答案】 $4\boldsymbol{i}-2\boldsymbol{j}+6\boldsymbol{k}$.

【解】 由于 $\boldsymbol{a}$ 与 $\boldsymbol{b}=2\boldsymbol{i}-\boldsymbol{j}+3\boldsymbol{k}$ 平行，设 $\boldsymbol{a}=\lambda\boldsymbol{b}=\lambda(2\boldsymbol{i}-\boldsymbol{j}+3\boldsymbol{k})$，$\boldsymbol{a}\cdot\boldsymbol{b}=4\lambda+\lambda+9\lambda$，所以由 $14\lambda=28$ 知 $\lambda=2$，则 $\boldsymbol{a}=4\boldsymbol{i}-2\boldsymbol{j}+6\boldsymbol{k}$.

【例 4.1.9】 设 $\boldsymbol{a},\boldsymbol{b}$ 为非零向量，满足 $|\boldsymbol{a}-\boldsymbol{b}|=|\boldsymbol{a}+\boldsymbol{b}|$，则必有(　　).

(A) $\boldsymbol{a}-\boldsymbol{b}=\boldsymbol{a}+\boldsymbol{b}$. (B) $\boldsymbol{a}=\boldsymbol{b}$. (C) $\boldsymbol{a}\times\boldsymbol{b}=\boldsymbol{0}$. (D) $\boldsymbol{a}\cdot\boldsymbol{b}=0$.

【答案】 (D).

【解】 $|\boldsymbol{a}-\boldsymbol{b}|=|\boldsymbol{a}+\boldsymbol{b}|\Rightarrow(\boldsymbol{a}-\boldsymbol{b})\cdot(\boldsymbol{a}-\boldsymbol{b})=(\boldsymbol{a}+\boldsymbol{b})\cdot(\boldsymbol{a}+\boldsymbol{b})$，所以 $-2\boldsymbol{a}\cdot\boldsymbol{b}=2\boldsymbol{a}\cdot\boldsymbol{b}$，应选(D).

第二节　空间解析几何

一、平面方程

1. 平面的点法式方程

如图 4-2 所示，已知平面上一点 $M_0(x_0,y_0,z_0)$ 及平面的法向量 $\boldsymbol{n}=(A,B,C)$，对平面上任一点 $M(x,y,z)$，则有 $\boldsymbol{n}\cdot\overrightarrow{M_0M}=0$，即

$$A(x-x_0)+B(y-y_0)+C(z-z_0)=0, \tag{4-2-1}$$

式(4-2-1)称为平面的点法式方程.

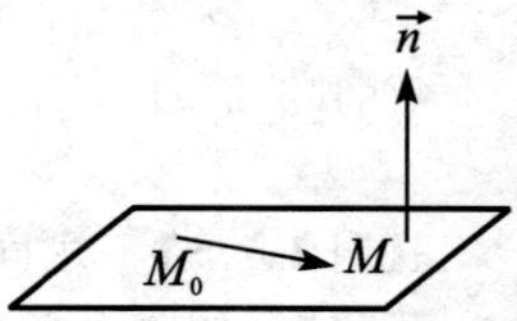

图 4-2

2. 平面的一般式方程

由式(4-2-1)可得

$$Ax+By+Cz+D=0, \tag{4-2-2}$$

其中 $D=-Ax_0-By_0-Cz_0$，式(4-2-2)称为平面的一般式方程.

一般式方程的特点：若 $D=0$，表示平面过原点；若 $C=0$，表示平面平行于 z 轴；若 $B=0,C=0$，表示平面垂直于 x 轴.

【例 4.2.1】 求经过点 $(4,0,-2)$，$(5,1,7)$ 且平行于 x 轴的平面方程.

【解】 设平面方程为 $Ax+By+Cz+D=0$，由于平面平行于 x 轴，所以 $A=0$，则平面方程为 $By+Cz+D=0$，代入点 $(4,0,-2)$，$(5,1,7)$，可得 $D=2C$，$B=-9C$，所求平面方程为 $-9y+z+2=0$.

3. 平面的截距式方程

若平面过点 $(a,0,0)$，$(0,b,0)$，$(0,0,c)$（a,b,c 均不为 0），设平面方程为 $Ax+By+Cz+D=0$，代入点 $(a,0,0)$，可得 $A=-\dfrac{D}{a}$，同理得 $B=-\dfrac{D}{b}$，$C=-\dfrac{D}{c}$，所以

$$\frac{x}{a}+\frac{y}{b}+\frac{z}{c}=1, \tag{4-2-3}$$

式(4-2-3)称为平面的截距式方程.

【例 4.2.2】 求经过点 $M_1(3,-2,5)$ 和 $M_2(1,0,4)$ 且垂直于平面 $2x-y+4z-8=0$ 的平面方程.

【解】 解法一　设所求平面方程为 $Ax+By+Cz+D=0$，由于经过点 $(3,-2,5)$ 和 $(1,0,4)$，所以 $3A-2B+5C+D=0$，$A+4C+D=0$，由垂直于平面 $2x-y+4z-8=0$ 得 $2A-B+4C=0$，把 D 看作常数解三元一次方程组，得 $A=7D$，$B=6D$，$C=-2D$，所求平面方程为 $7x+6y-2z+1=0$.

评 注

由于计算相对比较复杂，一般不选用这种方法，故省略计算过程.

解法二　设所求平面方程为 $A(x-3)+B(y+2)+C(z-5)=0$. 由于经过点 $(1,0,4)$，所以 $-2A+2B-C=0$，由垂直于平面 $2x-y+4z-8=0$ 得 $2A-B+4C=0$，把 C 看作常数解二元一次方程组，得 $A=-\dfrac{7}{2}C$，$B=-3C$，所求平面方程为

$$-\frac{7}{2}(x-3)-3(y+2)+(z-5)=0 \text{ 或 } 7x+6y-2z+1=0.$$

评 注

解法二利用了平面的点法式方程，计算比解法一简单.

解法三　设平面的法向量为 $\boldsymbol{n}$，则 $\boldsymbol{n}$ 垂直于 $\overrightarrow{M_1M_2}=(-2,2,-1)$，$\boldsymbol{n}_1=(2,-1,4)$，所以

$$\overrightarrow{M_1M_2}\times\boldsymbol{n}_1=\begin{vmatrix}\boldsymbol{i} & \boldsymbol{j} & \boldsymbol{k}\\ -2 & 2 & -1\\ 2 & -1 & 4\end{vmatrix}=7\boldsymbol{i}+6\boldsymbol{j}-2\boldsymbol{k},$$

所求平面方程为 $7(x-3)+6(y+2)-2(z-5)=0$ 或 $7x+6y-2z+1=0$.

评 注

比较三种解法，前面两种是解析几何方法，通常利用平面的点法式方程较简单；解法三是向量代数的方法，利用向量的叉积求同时垂直的方向. 利用叉积求方向是向量代数在空间解析几何中最重要的应用之一.

【例 4.2.3】 求过点 $(1,1,1)$ 且与平面 $\pi_1: x-y+z=7$ 及平面 $\pi_2: 3x+5y-7z-2=0$ 都垂直的平面方程.

【解】 设平面的法向量为 $\boldsymbol{n}$，则

$$\boldsymbol{n}=\boldsymbol{n}_1\times\boldsymbol{n}_2=\begin{vmatrix}\boldsymbol{i} & \boldsymbol{j} & \boldsymbol{k}\\ 1 & -1 & 1\\ 3 & 5 & -7\end{vmatrix}=2\boldsymbol{i}+10\boldsymbol{j}+8\boldsymbol{k},$$

所求平面方程为 $2(x-1)+10(y-1)+8(z-1)=0$ 或 $x+5y+4z-10=0$.

二、直线方程

1. 直线的点向式方程

如图 4-3 所示，已知直线上一点 $M_0(x_0,y_0,z_0)$，直线的方向向量 $\boldsymbol{s}=(m,n,p)$. 设直线上任一点 $M(x,y,z)$，由于 $\overrightarrow{M_0M}\parallel\boldsymbol{s}$，故

$$\frac{x-x_0}{m}=\frac{y-y_0}{n}=\frac{z-z_0}{p}, \tag{4-2-4}$$

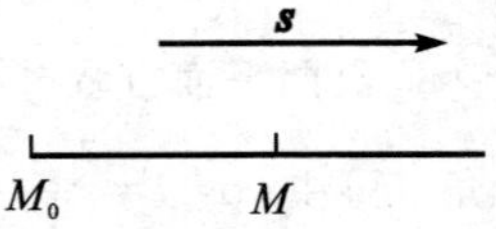

图 4-3

式(4-2-4) 称为直线的点向式方程，又称对称式方程或标准式方程.

2. 直线的一般式方程

设直线为空间内两平面的交线，即
$$\begin{cases}A_1x+B_1y+C_1z+D_1=0,\\ A_2x+B_2y+C_2z+D_2=0,\end{cases} \tag{4-2-5}$$

式(4-2-5)称为直线的一般式方程.

3. 直线的参数式方程

在点向式方程(4-2-4)中令比例系数为 t,可得 $\begin{cases} x = x_0 + mt, \\ y = y_0 + nt, \\ z = z_0 + pt, \end{cases}$ (4-2-6)

式(4-2-6)称为直线的参数式方程.

【例 4.2.4】 求过点 $M_1(x_1, y_1, z_1)$ 和点 $M_2(x_2, y_2, z_2)$ 的直线方程.

【解】 $\boldsymbol{s} = \overrightarrow{M_1M_2} = (x_2 - x_1, y_2 - y_1, z_2 - z_1)$,所求直线方程为

$$\frac{x - x_1}{x_2 - x_1} = \frac{y - y_1}{y_2 - y_1} = \frac{z - z_1}{z_2 - z_1}.$$

评 注

例 4.2.4 的结论可称为直线的两点式方程.

【例 4.2.5】 将直线的一般式方程 $\begin{cases} 2x - 4y + z = 0, \\ 3x - y - 2z - 9 = 0 \end{cases}$ 化为点向式方程.

【解】 先在直线上找一点$(0, -1, -4)$,即 $x_0 = 0, y_0 = -1, z_0 = -4$,设直线的方向向量为 $\boldsymbol{s}$,则

$$\boldsymbol{s} = \boldsymbol{n}_1 \times \boldsymbol{n}_2 = \begin{vmatrix} \boldsymbol{i} & \boldsymbol{j} & \boldsymbol{k} \\ 2 & -4 & 1 \\ 3 & -1 & -2 \end{vmatrix} = 9\boldsymbol{i} + 7\boldsymbol{j} + 10\boldsymbol{k},$$

所求直线方程为 $\dfrac{x - 0}{9} = \dfrac{y + 1}{7} = \dfrac{z + 4}{10}$.

评 注

直线方程不唯一,考生在直线上找点时应该找最容易得到的点.

【例 4.2.6】 求过点$(0,2,4)$且同时平行于平面 $x + 2z = 1$ 和 $y - 3z = 0$ 的直线方程.

【解】 设直线的方向向量为 $\boldsymbol{s}$,则

$$\boldsymbol{s} = \boldsymbol{n}_1 \times \boldsymbol{n}_2 = \begin{vmatrix} \boldsymbol{i} & \boldsymbol{j} & \boldsymbol{k} \\ 1 & 0 & 2 \\ 0 & 1 & -3 \end{vmatrix} = -2\boldsymbol{i} + 3\boldsymbol{j} + \boldsymbol{k},$$

所求直线方程为 $\dfrac{x - 0}{-2} = \dfrac{y - 2}{3} = \dfrac{z - 4}{1}$.

三、平面与直线的关系

1. 两平面的夹角

两平面的法向量的夹角(通常指锐角)称为两平面的夹角,记为 $\theta\left(0 \leqslant \theta \leqslant \dfrac{\pi}{2}\right)$.

设两平面方程分别为 $\pi_1: A_1x + B_1y + C_1z + D_1 = 0$,$\pi_2: A_2x + B_2y + C_2z + D_2 = 0$,则两平面的夹角 θ 可由 $\cos\theta = \dfrac{|A_1A_2 + B_1B_2 + C_1C_2|}{\sqrt{A_1^2 + B_1^2 + C_1^2}\sqrt{A_2^2 + B_2^2 + C_2^2}}$ 确定.

2. 两直线的夹角

两直线方向向量间的夹角(通常指锐角)称为两直线的夹角,记为 $\varphi\left(0 \leqslant \varphi \leqslant \dfrac{\pi}{2}\right)$.

设两直线的方程分别为 $l_1: \dfrac{x - x_1}{m_1} = \dfrac{y - y_1}{n_1} = \dfrac{z - z_1}{p_1}$ 和 $l_2: \dfrac{x - x_2}{m_2} = \dfrac{y - y_2}{n_2} = \dfrac{z - z_2}{p_2}$,则两直线的

夹角 φ 可由 $\cos\varphi=\dfrac{|m_1m_2+n_1n_2+p_1p_2|}{\sqrt{m_1^2+n_1^2+p_1^2}\sqrt{m_2^2+n_2^2+p_2^2}}$ 确定.

3. 直线与平面的夹角

直线与它在平面上的投影直线的夹角称为直线与平面的夹角，记作 ψ，则 $0\leqslant\psi\leqslant\dfrac{\pi}{2}$.

设直线 $l:\dfrac{x-x_0}{m}=\dfrac{y-y_0}{n}=\dfrac{z-z_0}{p}$，平面 $\pi:Ax+By+Cz+D=0$，设 $(\widehat{\boldsymbol{n},\boldsymbol{s}})=\theta$，则 $\theta=\dfrac{\pi}{2}-\psi$ 或 $\theta=\dfrac{\pi}{2}+\psi$，$\sin\psi=\cos\left(\dfrac{\pi}{2}-\psi\right)=\left|\cos\left(\dfrac{\pi}{2}+\psi\right)\right|=\dfrac{|Am+Bn+Cp|}{\sqrt{A^2+B^2+C^2}\sqrt{m^2+n^2+p^2}}$.

4. 直线与平面的垂直与平行关系

$l\perp\pi\Leftrightarrow\boldsymbol{s}\,/\!/\,\boldsymbol{n}\Leftrightarrow\dfrac{m}{A}=\dfrac{n}{B}=\dfrac{p}{C}$；　　$l\,/\!/\,\pi\Leftrightarrow\boldsymbol{s}\perp\boldsymbol{n}\Leftrightarrow mA+nB+pC=0$.

评 注

经过一点平行于另一条直线的直线方程是唯一的，而经过一点垂直于另一条直线的直线方程有无穷多个；经过一点平行于另一平面的平面方程是唯一的，经过一点垂直于另一平面的平面方程有无穷多个，理解唯一与无穷很重要！

5. 直线与平面的交点

设直线 $l:\dfrac{x-x_0}{m}=\dfrac{y-y_0}{n}=\dfrac{z-z_0}{p}$，平面 $\pi:Ax+By+Cz+D=0$.

将直线的参数式方程 $\begin{cases}x=x_0+mt,\\y=y_0+nt,\\z=z_0+pt\end{cases}$ 代入平面方程得

$$(Am+Bn+Cp)t+Ax_0+By_0+Cz_0+D=0.$$

当 $Am+Bn+Cp\neq0$ 时，直线与平面有唯一交点 $t=-\dfrac{Ax_0+By_0+Cz_0+D}{Am+Bn+Cp}$；

当 $Am+Bn+Cp=0$ 时：

若 $Ax_0+By_0+Cz_0+D\neq0$，则表示直线与平面平行，直线与平面没有交点；

若 $Ax_0+By_0+Cz_0+D=0$，则表示直线在平面上，直线与平面有无穷多个交点.

【例 4.2.7】 求点 $(-1,2,0)$ 在平面 $x+2y-z+1=0$ 上的投影.

【解】 过点 $(-1,2,0)$ 且垂直于平面 $x+2y-z+1=0$ 的直线方程为 $\dfrac{x+1}{1}=\dfrac{y-2}{2}=\dfrac{z-0}{-1}$，化为参数式 $\begin{cases}x=-1+t,\\y=2+2t,\\z=-t,\end{cases}$ 代入平面方程得

$$(-1+t)+2(2+2t)-(-t)+1=0\Rightarrow t=-\frac{2}{3},$$

所以点 $(-1,2,0)$ 在平面 $x+2y-z+1=0$ 上的投影为 $\left(-\dfrac{5}{3},\dfrac{2}{3},\dfrac{2}{3}\right)$.

评 注

求直线与平面的交点，主要是把直线的参数方程代入平面方程求出参数 t 的值.

【例 4.2.8】 求点 $(2,3,1)$ 在直线 $\dfrac{x+7}{1}=\dfrac{y+2}{2}=\dfrac{z+2}{3}$ 上的投影.

【解】 过点(2,3,1)且垂直于直线$\frac{x+7}{1}=\frac{y+2}{2}=\frac{z+2}{3}$的平面方程为

$$(x-2)+2(y-3)+3(z-1)=0 \text{ 或 } x+2y+3z-11=0.$$

将直线的参数方程$\begin{cases}x=-7+t,\\ y=-2+2t,\\ z=-2+3t\end{cases}$代入平面方程得

$$(-7+t)+2(-2+2t)+3(-2+3t)-11=0 \Rightarrow t=2,$$

所以点(2,3,1)在直线$\frac{x+7}{1}=\frac{y+2}{2}=\frac{z+2}{3}$上的投影为(−5,2,4).

【例 4.2.9】 求直线$\frac{x-2}{1}=\frac{y-3}{2}=\frac{z-4}{1}$与平面$2x+y-z-6=0$的夹角.

【解】 $\boldsymbol{s}=\{1,2,1\}$,$\boldsymbol{n}=\{2,1,-1\}$,直线与平面的夹角$\psi$满足

$$\sin\psi=|\cos(\widehat{\boldsymbol{s},\boldsymbol{n}})|=\frac{1\cdot 2+2\cdot 1+1\cdot(-1)}{\sqrt{6}\cdot\sqrt{6}}=\frac{1}{2},$$

所以直线与平面的夹角为$\frac{\pi}{6}$.

四、距离计算公式

1. 点到平面的距离

设$P_0(x_0,y_0,z_0)$是平面π:$Ax+By+Cz+D=0$外一点,过P_0作直线垂直于平面π,垂足为点N,在平面π上任意取一点$P_1(x_1,y_1,z_1)$,则点到平面的距离为

$$d=|P_0N|=|(\overrightarrow{P_1P_0})_{\boldsymbol{n}}|=\left|\frac{\boldsymbol{n}\cdot\overrightarrow{P_1P_0}}{|\boldsymbol{n}|}\right|=\frac{|A(x_0-x_1)+B(y_0-y_1)+C(z_0-z_1)|}{\sqrt{A^2+B^2+C^2}},$$

由于P_1在平面上,所以$Ax_1+By_1+Cz_1=-D$,故

$$d=\frac{|Ax_0+By_0+Cz_0+D|}{\sqrt{A^2+B^2+C^2}}.$$

评 注

利用投影来求距离是向量代数在解析几何中的另一个重要应用.

2. 点到直线的距离

【例 4.2.10】 设点$P_1(x_1,y_1,z_1)$是直线l:$\frac{x-x_0}{m}=\frac{y-y_0}{n}=\frac{z-z_0}{p}$外一点,求点$P_1$到直线$l$的距离.

【解】 **解法一** 过P_1垂直于直线l的平面方程为:

$$m(x-x_1)+n(y-y_1)+p(z-z_1)=0, \tag{4-2-7}$$

将直线的参数方程$\begin{cases}x=x_0+mt,\\ y=y_0+nt,\\ z=z_0+pt\end{cases}$代入平面方程(4-2-7),得到

$$t=\frac{m(x_1-x_0)+n(y_1-y_0)+p(z_1-z_0)}{m^2+n^2+p^2},$$

可得到平面与直线的交点P_2,则点到直线的距离为$d=|P_1P_2|$.

评 注

解法一是解析几何方法，计算比较复杂，此处省略.

解法二　设直线上的点 $P_0(x_0,y_0,z_0)$，

$$d_1=|(\overrightarrow{P_0P_1})_s|=\left|\frac{\boldsymbol{s}\cdot\overrightarrow{P_0P_1}}{|\boldsymbol{s}|}\right|=\frac{|m(x_1-x_0)+n(y_1-y_0)+p(z_1-z_0)|}{\sqrt{m^2+n^2+p^2}},$$

则点 P_1 到直线 l 的距离 $d=\sqrt{|\overrightarrow{P_0P_1}|^2-d_1^2}$.

评 注

利用向量的投影求距离是比较常用的方法.

解法三　设直线上的点为 $P_0(x_0,y_0,z_0)$，则点 P_1 到直线 l 的距离为

$$d=|\overrightarrow{P_0P_1}|\sin(\widehat{\overrightarrow{P_0P_1},\boldsymbol{s}})=|\overrightarrow{P_0P_1}|\cdot\frac{|\overrightarrow{P_0P_1}\times\boldsymbol{s}|}{|\overrightarrow{P_0P_1}|\cdot|\boldsymbol{s}|}=\frac{|\overrightarrow{P_0P_1}\times\boldsymbol{s}|}{|\boldsymbol{s}|}.$$

评 注

解法三就是通常求点到直线的距离的计算公式.

3. 异面直线间的距离

【例 4.2.11】　求异面直线 $\frac{x-1}{2}=\frac{y}{1}=\frac{z+1}{3}$ 和 $\frac{x}{1}=\frac{y-1}{3}=\frac{z+3}{4}$ 间的距离.

【解】　把异面直线看作是两平行平面中的直线，平面的法向量为 $\boldsymbol{n}$，设 $\boldsymbol{s}_1=(2,1,3)$，$\boldsymbol{s}_2=(1,3,4)$，则

$$\boldsymbol{n}=\boldsymbol{s}_1\times\boldsymbol{s}_2=\begin{vmatrix}\boldsymbol{i}&\boldsymbol{j}&\boldsymbol{k}\\2&1&3\\1&3&4\end{vmatrix}=-5\boldsymbol{i}-5\boldsymbol{j}+5\boldsymbol{k},$$

$P_1(1,0,-1)$，$P_2(0,1,-3)$ 分别是两直线上的点，$\overrightarrow{P_1P_2}=(-1,1,-2)$，则异面直线间的距离为

$$d=|(\overrightarrow{P_1P_2})_{\boldsymbol{n}}|=\left|\frac{\overrightarrow{P_1P_2}\cdot\boldsymbol{n}}{|\boldsymbol{n}|}\right|=\frac{|\overrightarrow{P_1P_2}\cdot(\boldsymbol{s}_1\times\boldsymbol{s}_2)|}{|\boldsymbol{s}_1\times\boldsymbol{s}_2|}=\frac{10}{5\sqrt{3}}=\frac{2\sqrt{3}}{3}.$$

评 注

例 4.2.11 直接给出了异面直线间的距离公式.

五、平面束

设直线由一般式方程 $\begin{cases}A_1x+B_1y+C_1z+D_1=0,\\A_2x+B_2y+C_2z+D_2=0\end{cases}$ 确定，则一次方程

$$(A_1x+B_1y+C_1z+D_1)+\lambda(A_2x+B_2y+C_2z+D_2)=0$$

表示过该直线的平面束方程.

评 注

当直线方程由一般式确定时，可利用平面束解决问题.

【例 4.2.12】　求直线 $l:\begin{cases}x+y-z-1=0,\\x-y+z+1=0\end{cases}$ 在平面 $x+y+z=0$ 上的投影直线方程.

【解】 作平面束

$x+y-z-1+\lambda(x-y+z+1)=0$ 或 $(1+\lambda)x+(1-\lambda)y+(-1+\lambda)z-1+\lambda=0$.

在平面束中找一平面垂直于平面 $x+y+z=0$,即

$$(1+\lambda)\cdot 1+(1-\lambda)\cdot 1+(-1+\lambda)\cdot 1=0\Rightarrow\lambda=-1,$$

所以投影直线方程为 $\begin{cases}2y-2z-2=0,\\ x+y+z=0\end{cases}$ 或 $\begin{cases}y-z-1=0,\\ x+y+z=0.\end{cases}$

【例 4.2.13】 求过点 $M_0(0,1,1)$ 且和直线 $l_1: x=y=z$ 及 $l_2: x=-\dfrac{y}{2}=1-z$ 相交的直线方程.

分析:过一点可作无数条直线与另一条直线相交.考虑作平面.

【解】 先求点 M_0 和直线 l_1 确定的平面 π_1.

解法一 在直线 l_1 上取点 $M_1(0,0,0)$, $\boldsymbol{n}_1=\overrightarrow{M_1M_0}\times\boldsymbol{s}_1=\begin{vmatrix}\boldsymbol{i}&\boldsymbol{j}&\boldsymbol{k}\\0&1&1\\1&1&1\end{vmatrix}=\boldsymbol{j}-\boldsymbol{k}$,

所以 $\pi_1: y-z=0$.

解法二 利用平面束 $x-y+\lambda(x-z)=0$ 过点 $M_0(0,1,1)$,得 $\lambda=-1$,所以 $\pi_1: y-z=0$.

评 注

若作平面束 $x-y+\lambda(y-z)=0$ 过点 $M_0(0,1,1)$,无法得到 λ 的值.

再求点 M_0 和直线 l_2 确定的平面 π_2.

利用平面束 $x+z-1+\lambda(2x+y)=0$ 过点 $M_0(0,1,1)$,得 $\lambda=0$,所以 $\pi_2: x+z-1=0$,所求直线为 $\begin{cases}y-z=0,\\ x+z-1=0.\end{cases}$

评 注

求直线所在的两个平面的方程,用一般式表示直线方程是一种常用的解题方法.

六、曲面与空间曲线

1. 曲面方程

(1) 空间曲面的一般方程: $F(x,y,z)=0$ 或 $z=f(x,y)$

(2) 母线平行于坐标轴的柱面方程

设一个不含 z 的方程 $f(x,y)=0$,它在 xOy 面上是一条曲线,而在空间内是一张曲面, xOy 面上的曲线称为准线,平行于 z 轴的直线称为母线,此曲面方程称为母线平行于 z 轴的柱面方程.

评 注

通常,只含一个或两个变量的方程在空间内表示柱面方程.

(3) 旋转曲面方程

在 yOz 面上的一条曲线 $f(y,z)=0$ 绕 z 轴旋转一周得到旋转曲面方程 $f(\pm\sqrt{x^2+y^2},z)=0$.

评 注

涉及绕 z 轴旋转,考生主要掌握两点: z 相同;到 z 轴的距离相等.

基本方法:绕 z 轴旋转, z 不变, y^2(或 x^2)改变为 x^2+y^2,其余类似.例如,曲线 $y^2-2z^2=1$ 绕 z 轴旋转一周得到的旋转曲面方程为 $x^2+y^2-2z^2=1$;而绕 y 轴旋转一周得到的旋转曲面方程为 $y^2-2(x^2+z^2)=1$.

【例 4.2.14】(1998[①])　求直线 $l:\frac{x-1}{1}=\frac{y}{1}=\frac{z-1}{-1}$ 在平面 $\pi:x-y+2z-1=0$ 上的投影直线 l_0 的方程,并求 l_0 绕 y 轴旋转一周所形成曲面的方程.

【解】　将直线 l 写成 $\begin{cases}x-y-1=0,\\y+z-1=0,\end{cases}$ 作平面束

$$x-y-1+\lambda(y+z-1)=0 \text{ 或 } x+(\lambda-1)y+\lambda z-1-\lambda=0.$$

与平面 π 垂直得 $1-(\lambda-1)+2\lambda=0\Rightarrow\lambda=-2$,所以 $x-3y-2z+1=0$.

所以,投影直线 l_0 方程为 $\begin{cases}x-3y-2z+1=0,\\x-y+2z-1=0.\end{cases}$

直线 l_0 绕 y 轴旋转,先将 x,z 化为 y 的函数,

由方程 $\begin{cases}x-3y-2z+1=0,\\x-y+2z-1=0\end{cases}$ 得 $\begin{cases}x=2y,\\z=-\frac{1}{2}(y-1),\end{cases}$ 所以旋转曲面方程为

$$x^2+z^2=4y^2+\frac{1}{4}(y-1)^2 \text{ 或 } 4x^2-17y^2+4z^2+2y-1=0.$$

注意:涉及绕 y 轴旋转,考生即要设法把 x^2+z^2 表示为 y 的函数.

评注

此题是考研真题,比较难,希望考生能够掌握方法.

2. 曲线方程

(1) 空间曲线的一般方程为 $\begin{cases}F(x,y,z)=0,\\G(x,y,z)=0.\end{cases}$

(2) 空间曲线的参数方程 $\begin{cases}x=x(t),\\y=y(t),\\z=z(t).\end{cases}$

(3) 空间曲线在坐标面上的投影曲线

设空间曲线的一般方程为

$$\begin{cases}F(x,y,z)=0,\\G(x,y,z)=0,\end{cases}\tag{4-2-8}$$

在方程组(4-2-8)中消去 z,得到方程

$$H(x,y)=0,\tag{4-2-9}$$

方程(4-2-9)称为曲线关于 xOy 面的投影柱面方程,而 $\begin{cases}H(x,y)=0,\\z=0\end{cases}$ 称为曲线在 xOy 面上的投影曲线方程.

【例 4.2.15】　求曲线 $\begin{cases}x^2+y^2+z^2=1,\\x^2+(y-1)^2+(z-1)^2=1\end{cases}$ 在 xOy 面上的投影曲线方程.

【解】　由方程组 $\begin{cases}x^2+y^2+z^2=1,\\x^2+(y-1)^2+(z-1)^2=1\end{cases}$ 消去 z 得到

$$x^2+y^2+(1-y)^2=1 \text{ 或 } x^2+2y^2-2y=0,$$

所以曲线在 xOy 面上的投影曲线方程 $\begin{cases}x^2+2y^2-2y=0,\\z=0.\end{cases}$

七、二次曲面

二次曲面的一般形式

$$Ax^2+By^2+Cz^2+Dxy+Eyz+Fzx+Gx+Hy+Iz+J=0.$$

1.椭球面

由方程$\frac{x^2}{a^2}+\frac{y^2}{b^2}+\frac{z^2}{c^2}=1$所表示的曲面称为椭球面.

评注

当$a=b$或$a=c$或$b=c$时,椭球面即为旋转椭圆面.

2.椭圆抛物面

由方程$\frac{x^2}{2p}+\frac{y^2}{2q}=z$($p,q$同号)所表示的曲面称为椭圆抛物面.

评注

当$p=q$时,椭圆抛物面即为旋转抛物面.

3.双曲抛物面

由方程$\frac{x^2}{2p}+\frac{y^2}{2q}=z$($p,q$异号)所表示的曲面称为双曲抛物面(又称马鞍面).

4.单叶双曲面

由方程$\frac{x^2}{a^2}+\frac{y^2}{b^2}-\frac{z^2}{c^2}=1$所表示的曲面称为单叶双曲面.

评注

当$a=b$时,单叶双曲面即为旋转双曲面.

5.双叶双曲面

由方程$\frac{x^2}{a^2}-\frac{y^2}{b^2}-\frac{z^2}{c^2}=1$所表示的曲面称为双叶双曲面.

评注

当$b=c$时,双叶双曲面即为旋转双曲面.

重要公式结论与方法技巧

1.向量运算的坐标表达式

设$\boldsymbol{a}=(X_1,Y_1,Z_1)$,$\boldsymbol{b}=(X_2,Y_2,Z_2)$,$\boldsymbol{c}=(X_3,Y_3,Z_3)$.

(1)$\boldsymbol{a}\pm\boldsymbol{b}=(X_1\pm X_2,Y_1\pm Y_2,Z_1\pm Z_2)$;

(2)$\lambda\boldsymbol{a}=(\lambda X_1,\lambda Y_1,\lambda Z_1)$;

(3)$\boldsymbol{a}\cdot\boldsymbol{b}=X_1X_2+Y_1Y_2+Z_1Z_2$,

$$\cos(\widehat{\boldsymbol{a},\boldsymbol{b}})=\frac{\boldsymbol{a}\cdot\boldsymbol{b}}{|\boldsymbol{a}||\boldsymbol{b}|}=\frac{X_1X_2+Y_1Y_2+Z_1Z_2}{\sqrt{X_1^2+Y_1^2+Z_1^2}\sqrt{X_2^2+Y_2^2+Z_2^2}},$$

$$(\boldsymbol{b})_{\boldsymbol{a}}=\frac{\boldsymbol{a}\cdot\boldsymbol{b}}{|\boldsymbol{a}|}=\frac{X_1X_2+Y_1Y_2+Z_1Z_2}{\sqrt{X_1^2+Y_1^2+Z_1^2}};$$

(4)$\boldsymbol{a}\times\boldsymbol{b}=\begin{vmatrix}\boldsymbol{i}&\boldsymbol{j}&\boldsymbol{k}\\X_1&Y_1&Z_1\\X_2&Y_2&Z_2\end{vmatrix}$;

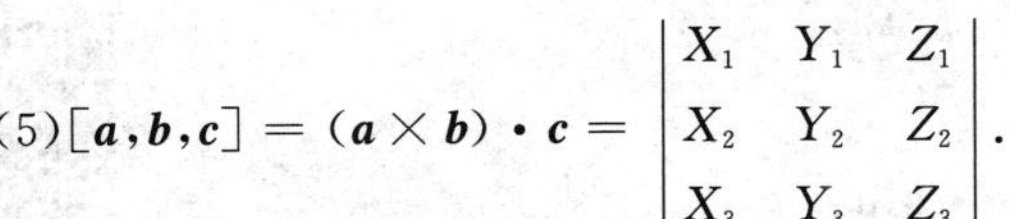

(5) $[\boldsymbol{a},\boldsymbol{b},\boldsymbol{c}]=(\boldsymbol{a}\times\boldsymbol{b})\cdot\boldsymbol{c}=\begin{vmatrix} X_1 & Y_1 & Z_1 \\ X_2 & Y_2 & Z_2 \\ X_3 & Y_3 & Z_3 \end{vmatrix}$.

2. 点到平面的距离

点 $P_0(x_0,y_0,z_0)$ 到平面 $\pi:Ax+By+Cz+D=0$ 的距离为 $d=\dfrac{|Ax_0+By_0+Cz_0+D|}{\sqrt{A^2+B^2+C^2}}$.

3. 点到直线的距离

设直线 l 上的点为 $P_0(x_0,y_0,z_0)$，则点 $P_1(x_1,y_1,z_1)$ 到直线 l 的距离为 $d=\dfrac{|\overrightarrow{P_0P_1}\times\boldsymbol{s}|}{|\boldsymbol{s}|}$.

4. 异面直线间的距离

两异面直线 $l_1:\dfrac{x-x_1}{m_1}=\dfrac{y-y_1}{n_1}=\dfrac{z-z_1}{p_1}$ 和 $l_2:\dfrac{x-x_2}{m_2}=\dfrac{y-y_2}{n_2}=\dfrac{z-z_2}{p_2}$ 间的距离为 $d=\dfrac{|\overrightarrow{P_1P_2}\cdot(\boldsymbol{s}_1\times\boldsymbol{s}_2)|}{|\boldsymbol{s}_1\times\boldsymbol{s}_2|}$.

常见误区警示

在向量运算时不要漏解，详见例 4.1.3 及例 4.1.5.

本章同步练习

一、单项选择题

1. 设 $\boldsymbol{a},\boldsymbol{b}$ 为非零向量，且 $\boldsymbol{a}\perp\boldsymbol{b}$，则必有(　　).

(A) $|\boldsymbol{a}+\boldsymbol{b}|=|\boldsymbol{a}|+|\boldsymbol{b}|$.　　(B) $|\boldsymbol{a}-\boldsymbol{b}|=|\boldsymbol{a}|-|\boldsymbol{b}|$.

(C) $|\boldsymbol{a}+\boldsymbol{b}|=|\boldsymbol{a}-\boldsymbol{b}|$.　　(D) $\boldsymbol{a}+\boldsymbol{b}=\boldsymbol{a}-\boldsymbol{b}$.

2. 设 $|\boldsymbol{a}|=1$，$|\boldsymbol{b}|=4$，$\boldsymbol{a}\cdot\boldsymbol{b}=-2\sqrt{3}$，则 $|\boldsymbol{a}\times\boldsymbol{b}|=$(　　).

(A) 2.　　(B) $2\sqrt{3}$.　　(C) $\dfrac{\sqrt{3}}{2}$.　　(D) 1.

3. 直线 $l:\dfrac{x-1}{1}=\dfrac{y-5}{-2}=\dfrac{z+6}{1}$ 与平面 $\pi:x+y-2z-3=0$ 的夹角为(　　).

(A) $\dfrac{\pi}{6}$.　　(B) $\dfrac{\pi}{4}$.　　(C) $\dfrac{\pi}{3}$.　　(D) $\dfrac{\pi}{2}$.

4. 若直线 $l_1:x+1=y-1=z$ 与 $l_2:\dfrac{x-1}{1}=\dfrac{y+1}{2}=\dfrac{z-1}{\lambda}$ 相交，则 $\lambda=$(　　).

(A) $\dfrac{4}{5}$.　　(B) $\dfrac{5}{4}$.　　(C) $\dfrac{2}{3}$.　　(D) $\dfrac{3}{2}$.

二、填空题

1. 设向量 $\boldsymbol{a},\boldsymbol{b}$ 满足 $\boldsymbol{a}\cdot\boldsymbol{b}=3$，$\boldsymbol{a}\times\boldsymbol{b}=(1,-1,1)$，则 $\boldsymbol{a},\boldsymbol{b}$ 的夹角为________.

2. 点 $(2,1,0)$ 到平面 $3x+4y+5z=0$ 的距离为 $d=$________.

3. 点 $M(2,-1,3)$ 到直线 $\dfrac{x+5}{3}=y+4=\dfrac{z-1}{2}$ 的距离为________.

4. 过点 $(8,-3,1)$，$(4,7,2)$ 且垂直于平面 $3x+5y-z-21=0$ 的平面方程为________.

三、解答题

1. 设向量 $\boldsymbol{a}=(1,2,-3)$，$\boldsymbol{b}=(-2,-1,2)$，求 $\boldsymbol{a}\cdot\boldsymbol{b}$，$\boldsymbol{a}\times\boldsymbol{b}$.

2. 当 λ 取何值时，直线 $l_1:\dfrac{x-1}{\lambda}=\dfrac{y+4}{5}=\dfrac{z-3}{-3}$ 与直线 $l_2:\dfrac{x+3}{3}=\dfrac{y-9}{-4}=\dfrac{z+14}{7}$ 相交？求这两条直线所确定的平面方程.

3. 求过点 $(1,2,1)$ 与直线 $l_1:\dfrac{x}{2}=y=-z$ 相交且垂直于直线 $l_2:\dfrac{x-1}{3}=\dfrac{y}{2}=\dfrac{z+1}{1}$ 的直线方程.

4. (2013[①]) 设直线 L 过点 $A(1,0,0)$，$B(0,1,1)$ 两点，将 L 绕 z 轴旋转一周得到曲面 Σ，求曲面 Σ 的方程.

本章同步练习答案解析

一、单项选择题

1. (C).

$|\boldsymbol{a}+\boldsymbol{b}|^2=(\boldsymbol{a}+\boldsymbol{b})\cdot(\boldsymbol{a}+\boldsymbol{b})=|\boldsymbol{a}|^2+2\boldsymbol{a}\cdot\boldsymbol{b}+|\boldsymbol{b}|^2$，由于 $\boldsymbol{a}\perp\boldsymbol{b}$，所以 $\boldsymbol{a}\cdot\boldsymbol{b}=0$，所以 $|\boldsymbol{a}+\boldsymbol{b}|^2=|\boldsymbol{a}|^2+|\boldsymbol{b}|^2$，同理 $|\boldsymbol{a}-\boldsymbol{b}|^2=|\boldsymbol{a}|^2+|\boldsymbol{b}|^2$，故选(C).

评 注

遇到 $|\boldsymbol{a}\pm\boldsymbol{b}|$ 时，考生应先考虑其平方，再进行具体计算.

2. (A).

由 $|\boldsymbol{a}|=1$，$|\boldsymbol{b}|=4$，$\boldsymbol{a}\cdot\boldsymbol{b}=-2\sqrt{3}$ 知 $\cos\theta=-\dfrac{\sqrt{3}}{2}$，则 $|\boldsymbol{a}\times\boldsymbol{b}|=|\boldsymbol{a}||\boldsymbol{b}|\sin\theta=4\cdot\dfrac{1}{2}=2$，应选(A).

3. (A).

直线 l 的方向向量为 $\boldsymbol{s}=(1,-2,1)$，平面的法向量为 $\boldsymbol{n}=(1,1,-2)$.

直线与平面的夹角 ψ 满足 $\sin\psi=|\cos(\widehat{\boldsymbol{s},\boldsymbol{n}})|=\dfrac{|\boldsymbol{s}\cdot\boldsymbol{n}|}{|\boldsymbol{s}||\boldsymbol{n}|}=\dfrac{|-3|}{\sqrt{6}\cdot\sqrt{6}}=\dfrac{1}{2}$，所以 $\psi=\dfrac{\pi}{6}$，选(A).

4. (B).

解法一 两直线相交表示三个向量 $\boldsymbol{s}_1,\boldsymbol{s}_2,\overrightarrow{M_1M_2}$ 共面，其中 $\boldsymbol{s}_1=(1,1,1)$，$\boldsymbol{s}_2=(1,2,\lambda)$，$\overrightarrow{M_1M_2}=(2,-2,1)$，所以 $\begin{vmatrix}1&1&1\\1&2&\lambda\\2&-2&1\end{vmatrix}=0$，则 $-1+4(\lambda-1)=0$，$\lambda=\dfrac{5}{4}$，选(B).

解法二 先计算 $\boldsymbol{s}_1\times\overrightarrow{M_1M_2}=\begin{vmatrix}\boldsymbol{i}&\boldsymbol{j}&\boldsymbol{k}\\1&1&1\\2&-2&1\end{vmatrix}=3\boldsymbol{i}+\boldsymbol{j}-4\boldsymbol{k}$，再计算 $(\boldsymbol{s}_1\times\overrightarrow{M_1M_2})\cdot\boldsymbol{s}_2=3+2-4\lambda=5-4\lambda=0$，所以 $\lambda=\dfrac{5}{4}$.

二、填空题

1. $\dfrac{\pi}{6}$.

$\boldsymbol{a}\cdot\boldsymbol{b}=|\boldsymbol{a}||\boldsymbol{b}|\cos\theta$，$|\boldsymbol{a}\times\boldsymbol{b}|=|\boldsymbol{a}||\boldsymbol{b}|\sin\theta$，所以 $\tan\theta=\dfrac{|\boldsymbol{a}\times\boldsymbol{b}|}{\boldsymbol{a}\cdot\boldsymbol{b}}=\dfrac{\sqrt{3}}{3}$，所以 $\theta=\dfrac{\pi}{6}$.

2. $\sqrt{2}$.

点(2,1,0)到平面 $3x+4y+5z=0$ 的距离为 $d=\frac{|6+4+0|}{\sqrt{3^2+4^2+5^2}}=\sqrt{2}$.

3. $\sqrt{6}$.

$\boldsymbol{s}=(3,1,2)$,设 $M_0(-5,-4,1)$,则 $\boldsymbol{s}\times\overrightarrow{MM_0}=\begin{vmatrix}\boldsymbol{i}&\boldsymbol{j}&\boldsymbol{k}\\3&1&2\\-7&-3&-2\end{vmatrix}=4\boldsymbol{i}-8\boldsymbol{j}-2\boldsymbol{k}$,则点到直线的距离为 $d=\frac{|\overrightarrow{MM_0}\times\boldsymbol{s}|}{|\boldsymbol{s}|}=\frac{\sqrt{4^2+(-8)^2+(-2)^2}}{\sqrt{3^2+1^2+2^2}}=\frac{\sqrt{84}}{\sqrt{14}}=\sqrt{6}$.

4. $15x+y+50z-167=0$.

设点 $M_1(8,-3,1)$,$M_2(4,7,2)$,则 $\overrightarrow{M_1M_2}=(-4,10,1)$,所求平面方程的法向量为 $\boldsymbol{n}=\overrightarrow{M_1M_2}\times\boldsymbol{n}_1=\begin{vmatrix}\boldsymbol{i}&\boldsymbol{j}&\boldsymbol{k}\\-4&10&1\\3&5&-1\end{vmatrix}=-15\boldsymbol{i}-\boldsymbol{j}-50\boldsymbol{k}$,所求平面方程为

$-15(x-8)-(y+3)-50(z-1)=0$,即 $15x+y+50z-167=0$.

三、解答题

1. 解:$\boldsymbol{a}\cdot\boldsymbol{b}=-10$,$\boldsymbol{a}\times\boldsymbol{b}=\begin{vmatrix}\boldsymbol{i}&\boldsymbol{j}&\boldsymbol{k}\\1&2&-3\\-2&-1&2\end{vmatrix}=\boldsymbol{i}+4\boldsymbol{j}+3\boldsymbol{k}$.

2. 解:两直线相交 $\Rightarrow\boldsymbol{s}_1$、$\boldsymbol{s}_2$、$\overrightarrow{M_1M_2}$ 共面 $\Rightarrow[\boldsymbol{s}_1,\boldsymbol{s}_2,\overrightarrow{M_1M_2}]=0$.

已知 $\boldsymbol{s}_1=(\lambda,5,-3)$,$\boldsymbol{s}_2=(3,-4,7)$,$\overrightarrow{M_1M_2}=(-4,13,-17)$,而

$\begin{vmatrix}\lambda&5&-3\\3&-4&7\\-4&13&-17\end{vmatrix}=-23\lambda+5\cdot23-3\cdot23=0\Rightarrow\lambda=2$,

$\boldsymbol{n}=\boldsymbol{s}_2\times\overrightarrow{M_1M_2}=\begin{vmatrix}\boldsymbol{i}&\boldsymbol{j}&\boldsymbol{k}\\3&-4&7\\-4&13&-17\end{vmatrix}=-23\boldsymbol{i}+23\boldsymbol{j}+23\boldsymbol{k}$,

这两条直线所确定的平面方程为 $-23(x-1)+23(y+4)+23(z-3)=0$,即 $x-y-z-2=0$.

3. 解:过点(1,2,1)与 $l_1:\frac{x}{2}=y=-z$ 相交 $\Rightarrow\boldsymbol{n}_1=\overrightarrow{M_1M_2}\times\boldsymbol{s}_1=\begin{vmatrix}\boldsymbol{i}&\boldsymbol{j}&\boldsymbol{k}\\1&2&1\\2&1&-1\end{vmatrix}=-3\boldsymbol{i}+3\boldsymbol{j}-3\boldsymbol{k}$.

平面 π_1:$-3(x-1)+3(y-2)-3(z-1)=0$,即 $x-y+z=0$.

过点(1,2,1)且垂直于直线 $l_2:\frac{x-1}{3}=\frac{y}{2}=\frac{z+1}{1}$ 的平面方程为 π_2:$3(x-1)+2(y-2)+(z-1)=0$,即 $3x+2y+z-8=0$,故所求直线方程为 $\begin{cases}x-y+z=0,\\3x+2y+z-8=0.\end{cases}$

4. 解:过点 $A(1,0,0)$,$B(0,1,1)$ 两点的直线 L 的方程为 $\frac{x-1}{-1}=\frac{y}{1}=\frac{z}{1}$,其参数式方程为 $\begin{cases}x=1-t,\\y=t,\\z=t.\end{cases}$ 直线 L 绕 z 轴旋转一周,得 $\begin{cases}x^2+y^2=(1-t)^2+t^2,\\z=t,\end{cases}$ 消去参数 t 得到曲面 Σ 的方程为 $x^2+y^2=2z^2-2z+1$,即 $x^2+y^2-2z^2+2z=1$.

第五章　多元函数微分学

本章概要

复习导语

多元函数微分学的基础是一元函数微分学,考生学习这一部分内容时,一方面可以回顾一元函数微分学的相关概念与计算,另一方面要了解掌握多元函数与一元函数的不同点:在一元函数中,导数与微分是等价的,可导、可微都能够推出函数连续;在多元函数中,全微分存在能够推出偏导数存在且函数连续,而偏导数存在与函数连续之间没有关系,偏导函数连续才能够得到全微分存在. 全微分是这一部分的重点、难点,相关概念在考研中经常出现,以往考生在考研中这部分得分较低,希望考生重视. 偏导数的计算重点是多元复合函数的偏导数及隐函数的偏导数,重点要掌握计算方法,相对的难点是二阶偏导数. 偏导数的应用 —— 极值计算,是考研的常考题型,在考研中占 15 分左右,是个重点但不是难点,考生应该完全掌握这部分知识.

知识结构图

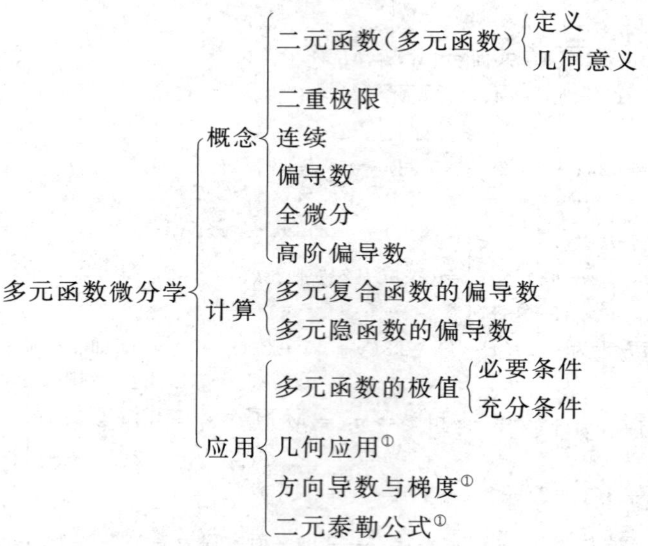

复习目标

1. 理解(数学二、三要求了解) 多元函数的概念,理解(数学二、三要求了解) 二元函数的几何意义.

2. 了解二元函数的极限与连续的概念以及有界闭区域上连续函数的性质.

3. 理解(数学二、三要求了解) 多元函数的偏导数和全微分的概念,会求全微分.

4. 掌握(数学二、三要求会求) 多元复合函数一阶、二阶偏导数的求法.

5. 了解隐函数存在定理①②,会求多元隐函数的偏导数.

6. 理解(数学二、三要求了解) 多元函数极值和条件极值的概念,掌握多元函数极值存在的必要条件,了解二元函数极值存在的充分条件,会求二元函数的极值,会用拉格朗日乘数法求条件极值,会求简单多元函数的最大值和最小值,并会解决一些简单的应用问题.

7. 了解全微分存在的必要条件和充分条件,了解全微分形式的不变性①.

8. 理解方向导数与梯度的概念，并掌握其计算方法[①].

9. 了解空间曲线的切线和法平面及曲面的切平面和法线的概念，会求它们的方程[①].

10. 了解二元函数的二阶泰勒公式[①].

考查要点详解

第一节　多元函数的概念

一、多元函数的定义

定义 5.1.1　设 D 是平面上的一个点集，如果对于每一个点 $M(x,y)\in D$，按照对应法则 f 有唯一确定的值 z 与之对应，则称 f 为二元函数，D 为 f 的定义域. 通常用 $z=f(x,y)$ 表示 f 在点 (x,y) 的取值.

为了便于讨论，二元函数 f 表示为 $z=f(x,y)$，x,y 称为自变量，z 称为因变量. 数集 $Z=\{z\mid z=f(x,y),(x,y)\in D\}$ 称为 f 的值域.

类似地，可以定义三元函数 $u=f(x,y,z)$ 与 n 元函数 $u=f(x_1,x_2,\cdots,x_n)$.

与一元函数相似，二元函数的两个要素仍是定义域和对应法则.

【例 5.1.1】　求函数 $z=\sqrt{x-\sqrt{y}}$ 的定义域.

【解】　$\begin{cases}x-\sqrt{y}\geqslant 0,\\ y\geqslant 0,\end{cases}$ 定义域为 $\{(x,y)\mid y\geqslant 0,x\geqslant 0,x^2\geqslant y\}$.

评注

二元函数的定义域表示法不唯一.

注意：x,y 都是自变量.

【例 5.1.2】　设 $f\left(x+y,\dfrac{y}{x}\right)=x^2-y^2$，求 $f(x,y)$，$f(x-y,xy)$.

【解】　设 $x+y=u,\dfrac{y}{x}=v$，则 $x=\dfrac{u}{1+v},y=\dfrac{uv}{1+v}$.

$f(u,v)=\left(\dfrac{u}{1+v}\right)^2-\left(\dfrac{uv}{1+v}\right)^2=\dfrac{u^2(1-v)}{1+v}$，从而

$$f(x,y)=\frac{x^2(1-y)}{1+y},\quad f(x-y,xy)=\frac{(x-y)^2(1-xy)}{1+xy}.$$

评注

与一元函数类似，二元函数也具有变量无关性.

二、二元函数的几何意义

空间曲面的方程.

三、二元函数的极限

定义 5.1.2　设函数 $f(x,y)$ 在区域 D 内有定义，$M_0(x_0,y_0)$ 为 D 的内点或边界点. 如果对于任意给定的正数 ε，总存在正数 δ，使得对于满足不等式 $0<|M_0M|=\sqrt{(x-x_0)^2+(y-y_0)^2}<\delta$ 的一切点 $M(x,y)\in D$，都有 $|f(x,y)-A|<\varepsilon$ 成立，则称常数 A 为函数 $f(x,y)$ 当 $x\to x_0,y\to y_0$ 时的极限，记作 $\lim\limits_{\substack{x\to x_0\\ y\to y_0}}f(x,y)=A$ 或 $\lim\limits_{(x,y)\to(x_0,y_0)}f(x,y)=A$.

二元函数的极限称为二重极限.

【例 5.1.3】 设 $f(x,y)=\dfrac{xy}{\sqrt{x^2+y^2}}$,证明$\lim\limits_{\substack{x\to0\\y\to0}}f(x,y)=0$.

【证明】 因为$\left|\dfrac{xy}{\sqrt{x^2+y^2}}-0\right|\leqslant\dfrac{\frac{1}{2}(x^2+y^2)}{\sqrt{x^2+y^2}}=\dfrac{1}{2}\sqrt{x^2+y^2}<\varepsilon$,所以$\forall\varepsilon>0$,取$\delta=2\varepsilon$,当$0<\sqrt{x^2+y^2}<\delta$时$\left|\dfrac{xy}{\sqrt{x^2+y^2}}-0\right|<\varepsilon$,即$\lim\limits_{\substack{x\to0\\y\to0}}f(x,y)=0$.

评注

考研不要求用定义证明二重极限的存在性,只是偶尔在选择题中用到二重极限的概念.

注意:二重极限存在要求$M(x,y)$以任意方式趋于$M_0(x_0,y_0)$时,函数都无限接近于A.因此,如果$M(x,y)$以两种不同的方式趋于$M_0(x_0,y_0)$时极限值不同,那么二重极限一定不存在.

【例 5.1.4】 设 $f(x,y)=\dfrac{\sqrt{|xy|}}{\sqrt{x^2+y^2}}$,问$(x,y)\to(0,0)$时$f(x,y)$的极限是否存在?

【解】 选取路径$y=kx$,当$x\to0$时,$y\to0$,此时$f(x,kx)=\dfrac{\sqrt{|x\cdot kx|}}{\sqrt{x^2+(kx)^2}}=\dfrac{\sqrt{|k|}}{\sqrt{1+k^2}}$,显然,取值与$k$有关,当$k$取不同数值时,极限也不同.

因此,当$(x,y)\to(0,0)$时,$f(x,y)$的极限不存在.

评注

考生需要掌握选取不同的路径说明极限不存在的方法.

【例 5.1.5】 设 $f(x,y)=\dfrac{xy^2}{x^2+y^4}$,问$(x,y)\to(0,0)$时$f(x,y)$的极限是否存在?

【解】 选取路径$x=ky^2$,当$y\to0$时,$x\to0$,此时$f(ky^2,y)=\dfrac{ky^2\cdot y^2}{(ky^2)^2+y^4}=\dfrac{k}{k^2+1}$,显然,取值与$k$有关,当$k$取不同数值时,极限也不同,因此,当$(x,y)\to(0,0)$时,$f(x,y)$的极限不存在.

评注

例 5.1.4 及例 5.1.5 给出了选取不同的路径的常用方法.

考生应该积累、掌握常用的极限不存在的例题.

四、二元函数的连续性

定义 5.1.3 若$\lim\limits_{\substack{x\to x_0\\y\to y_0}}f(x,y)=f(x_0,y_0)$,则称二元函数$f(x,y)$在点$(x_0,y_0)$处连续.

评注

与一元函数的连续性相似,二元函数的连续性也有一些相应的性质,如闭区域上的最值定理和介值定理.

定理 5.1.1(最值定理) 闭区域上的连续函数必能取得最大值、最小值至少各一次.

定理 5.1.2(介值定理) 闭区域上的连续函数必能取得介于最大值、最小值之间的任何值至少一次.

由于考研基本不要求证明二重极限存在,所以对于二元函数的连续性,考生以掌握概念为主即可.

【例 5.1.6】 求下列二重极限:

(1) $\lim\limits_{\substack{x\to 0\\ y\to 0}} \dfrac{\sqrt{1+x^2+y^2}-1}{x^2+y^2}$；(2) $\lim\limits_{\substack{x\to 0\\ y\to 0}} \dfrac{\ln(1-2xy)}{xy}$；(3) $\lim\limits_{\substack{x\to 1\\ y\to 2}} \dfrac{xy}{x+y}$.

【解】 (1) 利用等价无穷小代换公式：当 $x\to 0$ 时，$\sqrt{1+x}-1\sim \dfrac{1}{2}x$，可得

$$\lim_{\substack{x\to 0\\ y\to 0}} \frac{\sqrt{1+x^2+y^2}-1}{x^2+y^2}=\lim_{\substack{x\to 0\\ y\to 0}} \frac{\frac{1}{2}(x^2+y^2)}{x^2+y^2}=\frac{1}{2}.$$

(2) 利用等价无穷小代换公式：当 $x\to 0$ 时，$\ln(1+x)\sim x$，可得

$$\lim_{\substack{x\to 0\\ y\to 0}} \frac{\ln(1-2xy)}{xy}=\lim_{\substack{x\to 0\\ y\to 0}} \frac{-2xy}{xy}=-2.$$

(3) 利用连续函数的定义可得 $\lim\limits_{\substack{x\to 1\\ y\to 2}} \dfrac{xy}{x+y}=\dfrac{2}{3}$.

评注

计算二重极限，主要利用一元函数的求极限的方法和二元函数的连续性.

第二节　偏导数与全微分

一、全增量与偏增量

定义 5.2.1　二元函数 $z=f(x,y)$ 当自变量 x,y 在 x_0,y_0 处分别有增量 $\Delta x,\Delta y$ 时，相应的函数增量称为全增量，记作 Δz，即 $\Delta z=f(x_0+\Delta x,y_0+\Delta y)-f(x_0,y_0)$.

当自变量 x 在 x_0 处有增量 Δx 而自变量 y 在 y_0 处没有增量时，相应的函数增量称为偏增量，记作 $\Delta_x z$，即 $\Delta_x z=f(x_0+\Delta x,y_0)-f(x_0,y_0)$.

同理，可定义偏增量 $\Delta_y z=f(x_0,y_0+\Delta y)-f(x_0,y_0)$.

二、偏导数的定义与计算法

定义 5.2.2　设函数 $z=f(x,y)$ 在点 (x_0,y_0) 的某个邻域内有定义，如果极限 $\lim\limits_{\Delta x\to 0}\dfrac{\Delta_x z}{\Delta x}=\lim\limits_{\Delta x\to 0}\dfrac{f(x_0+\Delta x,y_0)-f(x_0,y_0)}{\Delta x}$ 存在，则称此极限为函数 $z=f(x,y)$ 在点 (x_0,y_0) 处对 x 的偏导数，记作 $\left.\dfrac{\partial z}{\partial x}\right|_{(x_0,y_0)}$，即 $\left.\dfrac{\partial z}{\partial x}\right|_{(x_0,y_0)}=\lim\limits_{\Delta x\to 0}\dfrac{f(x_0+\Delta x,y_0)-f(x_0,y_0)}{\Delta x}$.

偏导数也可记作 $\left.\dfrac{\partial f}{\partial x}\right|_{(x_0,y_0)}$，$z'_x|_{(x_0,y_0)}$，$f'_x(x_0,y_0)$ 或 $z_x|_{(x_0,y_0)}$，$f_x(x_0,y_0)$.

类似地，定义 $\left.\dfrac{\partial z}{\partial y}\right|_{(x_0,y_0)}=\lim\limits_{\Delta y\to 0}\dfrac{\Delta_y z}{\Delta y}=\lim\limits_{\Delta y\to 0}\dfrac{f(x_0,y_0+\Delta y)-f(x_0,y_0)}{\Delta y}$.

在任意点 (x,y) 处的偏导数记作 $\dfrac{\partial z}{\partial x}$，$\dfrac{\partial f}{\partial x}$，$z'_x$，$f'_x(x,y)$ 或 z_x，$f_x(x,y)$ 及 $\dfrac{\partial z}{\partial y}$，$\dfrac{\partial f}{\partial y}$，$z'_y$，$f'_y(x,y)$ 或 z_y，$f_y(x,y)$.

评注

本书统一使用 $\dfrac{\partial z}{\partial x}$，$z'_x$，$f'_x(x,y)$ 表示函数对 x 求偏导数.

由定义可知，求偏导数 $\dfrac{\partial z}{\partial x}$ 时，只需把 y 看作常数对 x 求导即可；求 $\dfrac{\partial z}{\partial y}$ 时，把 x 看作常数对 y 求导即可.

【例 5.2.1】 设 $z=x^y$,求 $\frac{\partial z}{\partial x},\frac{\partial z}{\partial y},\frac{\partial z}{\partial x}\bigg|_{(e,2)},\frac{\partial z}{\partial y}\bigg|_{(e,2)}$.

【解】 $\frac{\partial z}{\partial x}=y\cdot x^{y-1}$, $\frac{\partial z}{\partial y}=x^y\ln x$, $\frac{\partial z}{\partial x}\bigg|_{(e,2)}=2e$, $\frac{\partial z}{\partial y}\bigg|_{(e,2)}=e^2\ln e=e^2$.

【例 5.2.2】 设 $f(x,y)=x^2+(y-1)\arcsin\sqrt{\frac{x}{y}}$,求 $f'_x(1,1)$.

【解】 $f'_x(1,1)=\frac{d}{dx}f(x,1)\bigg|_{x=1}=2x\big|_{x=1}=2$.

评 注

考生要注意掌握例 5.2.2 的解法,在某点处的偏导数不需要求偏导函数.

【例 5.2.3】 设 $z=e^{-\left(\frac{1}{x}+\frac{1}{y}\right)}$,证明 $x^2\frac{\partial z}{\partial x}+y^2\frac{\partial z}{\partial y}=2z$.

【证明】 $\frac{\partial z}{\partial x}=e^{-\left(\frac{1}{x}+\frac{1}{y}\right)}\cdot\frac{1}{x^2}$, $\frac{\partial z}{\partial y}=e^{-\left(\frac{1}{x}+\frac{1}{y}\right)}\cdot\frac{1}{y^2}$,则 $x^2\frac{\partial z}{\partial x}+y^2\frac{\partial z}{\partial y}=2e^{-\left(\frac{1}{x}+\frac{1}{y}\right)}=2z$,证毕.

评 注

偏导数的证明题主要是计算性证明,即通过计算来进行验证.

【例 5.2.4】 已知 $PV=RT$(R 为常数),证明 $\frac{\partial P}{\partial T}\cdot\frac{\partial T}{\partial V}\cdot\frac{\partial V}{\partial P}=-1$.

【证明】 $P=\frac{RT}{V}$, $\frac{\partial P}{\partial T}=\frac{R}{V}$, $T=\frac{PV}{R}$, $\frac{\partial T}{\partial V}=\frac{P}{R}$, $V=\frac{RT}{P}$, $\frac{\partial V}{\partial P}=-\frac{RT}{P^2}$,所以

$\frac{\partial P}{\partial T}\cdot\frac{\partial T}{\partial V}\cdot\frac{\partial V}{\partial P}=\frac{R}{V}\cdot\frac{P}{R}\left(-\frac{RT}{P^2}\right)=-\frac{RT}{PV}=-1$.

评 注

在一元函数部分,导数是微商,即 $y'=\frac{dy}{dx}$ 可看作是 dy 与 dx 的商;而多元函数不同,偏导数 $\frac{\partial z}{\partial x}$ 是一个整体,不可分割,单独的 ∂z 是无意义的,这由例 5.2.4 可知.

【例 5.2.5】 设 $f(x,y)=e^{\sqrt{x^2+y^4}}$,则( ).

(A) $f'_x(0,0)$, $f'_y(0,0)$ 都存在. (B) $f'_x(0,0)$ 不存在, $f'_y(0,0)$ 存在.

(C) $f'_x(0,0)$ 存在, $f'_y(0,0)$ 不存在. (D) $f'_x(0,0)$, $f'_y(0,0)$ 都不存在.

【答案】 (B).

【解】 $f'_x(0,0)=\lim\limits_{x\to 0}\frac{f(x,0)-f(0,0)}{x}=\lim\limits_{x\to 0}\frac{e^{|x|}-1}{x}$ 不存在,

$f'_y(0,0)=\lim\limits_{y\to 0}\frac{f(0,y)-f(0,0)}{y}=\lim\limits_{y\to 0}\frac{e^{y^2}-1}{y}=0$,选(B).

评 注

用定义求偏导数时,重点是求一元函数的极限.

三、偏导数与连续的关系

先通过例题来了解连续与偏导数的关系.

【例 5.2.6】 设 $f(x,y)=\begin{cases}\frac{xy}{x^2+y^2}, & (x,y)\neq(0,0),\\ 0, & (x,y)=(0,0).\end{cases}$ 讨论 $f(x,y)$ 在(0,0)处的连续性,偏导数

是否存在?

【解】　取 $y=kx$, $f(x,kx)=\dfrac{kx^2}{(1+k^2)x^2}=\dfrac{k}{1+k^2}$. 当 $(x,y)\to(0,0)$ 时, $f(x,y)$ 的极限不存在,当然在 $(0,0)$ 处不连续. 但

$$f'_x(0,0)=\lim_{\Delta x\to 0}\frac{f(0+\Delta x,0)-f(0,0)}{\Delta x}=0,$$

$$f'_y(0,0)=\lim_{\Delta y\to 0}\frac{f(0,0+\Delta y)-f(0,0)}{\Delta y}=0,$$

所以 $f(x,y)$ 在 $(0,0)$ 处偏导数存在,但不连续.

【例 5.2.7】　设 $f(x,y)=|x|+|y|$,讨论 $f(x,y)$ 在 $(0,0)$ 处的连续性,偏导数是否存在?

【解】　由一元函数知识及偏导数的定义可得,函数在点 $(0,0)$ 处连续,但在点 $(0,0)$ 处偏导数不存在.

评注

对于一元函数,可导一定连续;对于二元函数,连续与偏导数是否存在没有关系.

四、全微分

定义 5.2.3　如果函数 $z=f(x,y)$ 在点 (x,y) 的全增量 $\Delta z=f(x+\Delta x,y+\Delta y)-f(x,y)$ 可表示为 $\Delta z=A\Delta x+B\Delta y+o(\rho)$,其中 A,B 与 $\Delta x,\Delta y$ 无关, $\rho=\sqrt{(\Delta x)^2+(\Delta y)^2}$,则称 $z=f(x,y)$ 在 (x,y) 处微分存在或称为可微分,而把 $A\Delta x+B\Delta y$ 称为 $z=f(x,y)$ 在 (x,y) 处的全微分,记作 $\mathrm{d}z$,即 $\mathrm{d}z=A\Delta x+B\Delta y$.

评注

与一元函数的微分定义类似,二元函数全微分的定义很重要,是考研中经常涉及的内容,也是考生常犯错误的考点.

定理 5.2.1　如果函数 $z=f(x,y)$ 在点 (x,y) 可微分,则该函数在点 (x,y) 处的偏导数 $\dfrac{\partial z}{\partial x},\dfrac{\partial z}{\partial y}$ 必定存在,且函数 $z=f(x,y)$ 在点 (x,y) 的全微分为 $\mathrm{d}z=\dfrac{\partial z}{\partial x}\Delta x+\dfrac{\partial z}{\partial y}\Delta y$.

【证明】　设函数 $z=f(x,y)$ 在点 (x,y) 可微分,则 $\Delta z=A\Delta x+B\Delta y+o(\rho)$, $\rho=\sqrt{(\Delta x)^2+(\Delta y)^2}$.

当 $\Delta y=0$ 时, $\Delta_x z=A\Delta x+o(|\Delta x|)$, $\dfrac{\partial z}{\partial x}=\lim\limits_{\Delta x\to 0}\dfrac{\Delta_x z}{\Delta x}=\lim\limits_{\Delta x\to 0}\dfrac{A\Delta x+o(|\Delta x|)}{\Delta x}=A$ 存在,同理 $\dfrac{\partial z}{\partial y}=B$,所以 $\mathrm{d}z=A\Delta x+B\Delta y=\dfrac{\partial z}{\partial x}\Delta x+\dfrac{\partial z}{\partial y}\Delta y$.

记 $\Delta x=\mathrm{d}x$, $\Delta y=\mathrm{d}y$,全微分在形式上可记作 $\mathrm{d}z=\dfrac{\partial z}{\partial x}\Delta x+\dfrac{\partial z}{\partial y}\Delta y=\dfrac{\partial z}{\partial x}\mathrm{d}x+\dfrac{\partial z}{\partial y}\mathrm{d}y$.

全微分与连续及偏导数的关系

全微分存在 $\Rightarrow$ 函数连续;　　全微分存在 $\Rightarrow$ 偏导数存在.

【例 5.2.8】　设函数 $z=\arctan\dfrac{y}{x}$,求全微分 $\mathrm{d}z$, $\mathrm{d}z|_{(1,1)}$.

【解】　$\dfrac{\partial z}{\partial x}=\dfrac{1}{1+\left(\dfrac{y}{x}\right)^2}\cdot\left(-\dfrac{y}{x^2}\right)=-\dfrac{y}{x^2+y^2}$, $\dfrac{\partial z}{\partial y}=\dfrac{1}{1+\left(\dfrac{y}{x}\right)^2}\cdot\dfrac{1}{x}=\dfrac{x}{x^2+y^2}$,故

$$\mathrm{d}z=\frac{-y}{x^2+y^2}\mathrm{d}x+\frac{x}{x^2+y^2}\mathrm{d}y,\quad \mathrm{d}z|_{(1,1)}=-\frac{1}{2}\mathrm{d}x+\frac{1}{2}\mathrm{d}y.$$

评注

计算全微分主要是计算偏导数,考生要注意不能缺少 dx,dy.

【例 5.2.9】(2010[②]) 已知一个长方形的长 l 以 2 cm/s 的速率增加,宽 w 以 3 cm/s 的速率增加,则当 $l=12$ cm,$w=5$ cm 时,它的对角线增加的速率为________.

【答案】 3 cm/s.

【解】 对角线 $s=\sqrt{l^2+w^2}$,$ds=\frac{\partial s}{\partial l}dl+\frac{\partial s}{\partial w}dw$. $\frac{\partial s}{\partial l}=\frac{l}{\sqrt{l^2+w^2}}$,$\frac{\partial s}{\partial w}=\frac{w}{\sqrt{l^2+w^2}}$. 由题意知 $dl=2$,$dw=3$,当 $l=12$ cm,$w=5$ cm 时,$\sqrt{l^2+w^2}=13$,所以 $ds=\frac{12}{13}\cdot 2+\frac{5}{13}\cdot 3=3$,即它的对角线增加的速率为 3 cm/s.

定理 5.2.2 如果函数 $z=f(x,y)$ 的偏导数 $\frac{\partial z}{\partial x},\frac{\partial z}{\partial y}$ 在点 (x,y) 连续,则函数在该点的微分存在.

可微的判定:

1. $f'_x(x_0,y_0)$ 与 $f'_y(x_0,y_0)$ 是否都存在?

2. $\lim\limits_{\substack{\Delta x\to 0\\ \Delta y\to 0}}\frac{\Delta z-[f'_x(x_0,y_0)\Delta x+f'_y(x_0,y_0)\Delta y]}{\sqrt{(\Delta x)^2+(\Delta y)^2}}$ 是否为零?

【例 5.2.10】 证明:$f(x,y)=\sqrt{|xy|}$ 在 $(0,0)$ 点处连续,$f'_x(0,0)$,$f'_y(0,0)$ 存在,但在 $(0,0)$ 点处不可微.

【证明】 由于 $\sqrt{|xy|}\leqslant\sqrt{\frac{x^2+y^2}{2}}$,所以 $f(x,y)$ 在 $(0,0)$ 点处连续,而

$$f'_x(0,0)=\lim_{x\to 0}\frac{f(x,0)-f(0,0)}{x}=0,\quad f'_y(0,0)=\lim_{y\to 0}\frac{f(0,y)-f(0,0)}{y}=0$$

存在,又 $\frac{\Delta z-f'_x(0,0)\Delta x-f'_y(0,0)\Delta y}{\rho}=\frac{\sqrt{|\Delta x\Delta y|}}{\sqrt{(\Delta x)^2+(\Delta y)^2}}$,与例 5.2.6 类似,当 $(\Delta x,\Delta y)\to(0,0)$ 时极限不存在,所以 $f(x,y)$ 在 $(0,0)$ 点处不可微.

评注

考研一般不要求证明二元函数连续,希望考生将例 5.2.10 作为典型的反例记住,加深对于相关概念的理解.

【例 5.2.11】 设 $f(x,y)=\begin{cases}\frac{\sqrt{|xy|}}{x^2+y^2}\sin(x^2+y^2), & (x,y)\neq(0,0),\\ 0, & (x,y)=(0,0),\end{cases}$ 则( ).

(A) 函数在 $(0,0)$ 点连续但偏导数不存在.

(B) 函数在 $(0,0)$ 点偏导数存在但不连续.

(C) 函数在 $(0,0)$ 点连续且偏导数存在但全微分不存在.

(D) 函数在 $(0,0)$ 点全微分存在.

【答案】 (C).

【解】 注意到 $\lim\limits_{\substack{x\to 0\\ y\to 0}}\frac{\sin(x^2+y^2)}{x^2+y^2}=1$,所以利用例 5.2.10 的结论,应该选择(C).

【例 5.2.12】 证明函数 $f(x,y)=\begin{cases}(x^2+y^2)\sin\frac{1}{x^2+y^2}, & (x,y)\neq(0,0),\\ 0, & (x,y)=(0,0)\end{cases}$ 在 $(0,0)$ 点连续,偏导数存在,全微分存在,但在 $(0,0)$ 点 $f'_x(x,y)$,$f'_y(x,y)$ 不连续.

【证明】　$\left|(x^2+y^2)\sin\dfrac{1}{x^2+y^2}\right|\leqslant x^2+y^2$，所以函数 $f(x,y)$ 在 $(0,0)$ 点处连续.

$f'_x(0,0)=\lim\limits_{x\to 0}\dfrac{f(x,0)-f(0,0)}{x}=\lim\limits_{x\to 0}x\sin\dfrac{1}{x^2}=0$，同理 $f'_y(0,0)=0$.

$$\lim_{\substack{\Delta x\to 0\\ \Delta y\to 0}}\frac{\Delta z-f'_x(0,0)\Delta x-f'_y(0,0)\Delta y}{\rho}=\lim_{\substack{\Delta x\to 0\\ \Delta y\to 0}}\frac{[(\Delta x)^2+(\Delta y)^2]\sin\dfrac{1}{(\Delta x)^2+(\Delta y)^2}}{\sqrt{(\Delta x)^2+(\Delta y)^2}}=0,$$

所以函数 $f(x,y)$ 在 $(0,0)$ 点处全微分存在，而当 $(x,y)\neq(0,0)$ 时，$f'_x(x,y)=2x\sin\dfrac{1}{x^2+y^2}+(x^2+y^2)\cos\dfrac{1}{x^2+y^2}\cdot\left[-\dfrac{2x}{(x^2+y^2)^2}\right]$，当 $(x,y)\to(0,0)$ 时，$f'_x(x,y)$ 极限不存在，所以偏导数 $f'_x(x,y)$ 不连续，同理，当 $(x,y)\to(0,0)$ 时，偏导数 $f'_y(x,y)$ 不连续.

评 注

希望考生将例 5.2.12 作为反例记住，明确全微分存在的必要条件和充分条件. 希望考生回顾本书第二章"重要公式结论与方法技巧"第 9 条.

【例 5.2.13】(2012[③])　设连续函数 $z=f(x,y)$ 满足 $\lim\limits_{\substack{x\to 0\\ y\to 1}}\dfrac{f(x,y)-2x+y-2}{\sqrt{x^2+(y-1)^2}}=0$，则 $\mathrm{d}z\big|_{(0,1)}=$ ______.

【答案】　$2\mathrm{d}x-\mathrm{d}y$.

【解】　全微分存在，即 $\Delta z-[f'_x(x_0,y_0)\Delta x+f'_y(x_0,y_0)\Delta y]=o(\rho)$，所以

$$f(x,y)-f(0,1)-f'_x(0,1)(x-0)-f'_y(0,1)(y-1)=o(\sqrt{x^2+(y-1)^2}),$$

由 $\lim\limits_{\substack{x\to 0\\ y\to 1}}\dfrac{f(x,y)-2x+y-2}{\sqrt{x^2+(y-1)^2}}=0$，对应可得 $f'_x(0,1)=2$，$f'_y(0,1)=-1$，则 $\mathrm{d}z\big|_{(0,1)}=2\mathrm{d}x-\mathrm{d}y$.

评 注

考试时大部分考生都不会解此题，主要是概念不清楚造成的.

【例 5.2.14】(2012[①])　设函数 $f(x,y)$ 在 $(0,0)$ 处连续，则下列命题正确的是(　　).

(A) 若极限 $\lim\limits_{\substack{x\to 0\\ y\to 0}}\dfrac{f(x,y)}{|x|+|y|}$ 存在，则 $f(x,y)$ 在 $(0,0)$ 处可微.

(B) 若极限 $\lim\limits_{\substack{x\to 0\\ y\to 0}}\dfrac{f(x,y)}{x^2+y^2}$ 存在，则 $f(x,y)$ 在 $(0,0)$ 处可微.

(C) 若 $f(x,y)$ 在 $(0,0)$ 处可微，则极限 $\lim\limits_{\substack{x\to 0\\ y\to 0}}\dfrac{f(x,y)}{|x|+|y|}$ 存在.

(D) 若 $f(x,y)$ 在 $(0,0)$ 处可微，则极限 $\lim\limits_{\substack{x\to 0\\ y\to 0}}\dfrac{f(x,y)}{x^2+y^2}$ 存在.

【答案】　(B).

分析：此题比较难，大部分考生找不到正确答案，主要问题是不会找出正确答案，又举不出反例.

【解】　先考虑正确答案：由极限 $\lim\limits_{\substack{x\to 0\\ y\to 0}}\dfrac{f(x,y)}{x^2+y^2}$ 存在 $\Rightarrow\lim\limits_{x\to 0}\dfrac{f(x,0)}{x^2}$ 存在，则

$$f(0,0)=\lim_{\substack{x\to 0\\ y\to 0}}f(x,y)=0,\quad f'_x(0,0)=\lim_{x\to 0}\frac{f(x,0)-f(0,0)}{x}=0,$$

同理 $f'_y(0,0)=0$，$\lim\limits_{\substack{x\to 0\\ y\to 0}}\dfrac{\Delta z-f'_x(0,0)x-f'_y(0,0)y}{\sqrt{x^2+y^2}}=\lim\limits_{\substack{x\to 0\\ y\to 0}}\dfrac{f(x,y)}{x^2+y^2}\cdot\sqrt{x^2+y^2}=0$，所以 $f(x,y)$ 在 $(0,0)$ 处可微，故选(B).

评 注

正确答案比较难得到,选择题常考虑取反例排除错误答案.

(A) 选项:取反例 $f(x,y)=|x|+|y|$,在(0,0)偏导数不存在,所以不可微.

(C) 选项:由 $f(x,y)$ 在(0,0)处可微,并不能够得到 $f(0,0)=0$,取反例 $f(x,y)=\mathrm{e}^{xy}$ 即可.

(D) 选项:同(C)一样,取反例 $f(x,y)=\mathrm{e}^{xy}$.

【例 5.2.15】(2017②) 设 $f(x,y)$ 具有一阶偏导数,且对任意的 (x,y),都有 $\frac{\partial f(x,y)}{\partial x}>0$,$\frac{\partial f(x,y)}{\partial y}<0$,则( ).

(A) $f(0,0)>f(1,1)$. (B) $f(0,0)<f(1,1)$.

(C) $f(0,1)>f(1,0)$. (D) $f(0,1)<f(1,0)$.

【答案】(D).

【解】因为 $\frac{\partial f(x,y)}{\partial x}>0$,所以 $f(x,y)$ 关于 x 单调增,$\frac{\partial f(x,y)}{\partial y}<0$,所以 $f(x,y)$ 关于 y 单调减,所以 $f(0,1)<f(1,1)<f(1,0)$,故选(D).

五、高阶偏导数

设函数 $z=f(x,y)$ 在区域 D 内具有偏导数 $\frac{\partial z}{\partial x}=f'_x(x,y)$,$\frac{\partial z}{\partial y}=f'_y(x,y)$,把偏导数的偏导数称为二阶偏导数,二阶偏导数有四个:

$$\frac{\partial^2 z}{\partial x^2}=\frac{\partial}{\partial x}\left(\frac{\partial z}{\partial x}\right)=f''_{xx}(x,y),\quad \frac{\partial^2 z}{\partial y^2}=\frac{\partial}{\partial y}\left(\frac{\partial z}{\partial y}\right)=f''_{yy}(x,y),$$

$$\frac{\partial^2 z}{\partial x\partial y}=\frac{\partial}{\partial y}\left(\frac{\partial z}{\partial x}\right)=f''_{xy}(x,y),\quad \frac{\partial^2 z}{\partial y\partial x}=\frac{\partial}{\partial x}\left(\frac{\partial z}{\partial y}\right)=f''_{yx}(x,y),$$

其中 $\frac{\partial^2 z}{\partial x\partial y}$,$\frac{\partial^2 z}{\partial y\partial x}$ 称为混合偏导数,当它们在 D 内连续时,$\frac{\partial^2 z}{\partial x\partial y}=\frac{\partial^2 z}{\partial y\partial x}$.

二阶及二阶以上的偏导数称为高阶偏导数.

【例 5.2.16】 设 $z=\ln\sqrt{x^2+y^2}$,证明 $\frac{\partial^2 z}{\partial x^2}+\frac{\partial^2 z}{\partial y^2}=0$.

【证明】 $z=\ln\sqrt{x^2+y^2}=\frac{1}{2}\ln(x^2+y^2)$,$\frac{\partial z}{\partial x}=\frac{x}{x^2+y^2}$,$\frac{\partial^2 z}{\partial x^2}=\frac{x^2+y^2-2x^2}{(x^2+y^2)^2}=\frac{y^2-x^2}{(x^2+y^2)^2}$,同理可得 $\frac{\partial^2 z}{\partial y^2}=\frac{x^2-y^2}{(x^2+y^2)^2}$,所以 $\frac{\partial^2 z}{\partial x^2}+\frac{\partial^2 z}{\partial y^2}=0$,证毕.

评 注

关于多元函数偏导数的证明题通常是计算性证明.

【例 5.2.17】 设 $(1+ax\sin y+3x^2y^2)\mathrm{d}x+(bx^3y-x^2\cos y)\mathrm{d}y$ 为函数 $u(x,y)$ 的全微分,则( )

(A) $a=-2,b=2$ (B) $a=2,b=-2$

(C) $a=1,b=-1$ (D) $a=-1,b=1$

【解】 由已知,$\mathrm{d}u(x,y)=(1+ax\sin y+3x^2y^2)\mathrm{d}x+(bx^3y-x^2\cos y)\mathrm{d}y$,

则 $\frac{\partial u}{\partial x}=1+ax\sin y+3x^2y^2$,$\frac{\partial u}{\partial y}=bx^3y-x^2\cos y$,

$$\frac{\partial^2 u}{\partial x\partial y}=ax\cos y+6x^2y,\ \frac{\partial^2 u}{\partial y\partial x}=3bx^2y-2x\cos y,$$

由 $\frac{\partial^2 u}{\partial x\partial y}=\frac{\partial^2 u}{\partial y\partial x}$,得 $ax\cos y+6x^2y=3bx^2y-2x\cos y$,

故 $a=-2, b=2$.(A) 正确.

第三节　多元复合函数与隐函数的偏导数

一、多元复合函数的偏导数

1. $z=f(u,v), u=\varphi(x,y), v=\psi(x,y)$,复合函数 $z=f[\varphi(x,y),\psi(x,y)]$.

定理 5.3.1　设:(1) $u=\varphi(x,y), v=\psi(x,y)$ 在点 (x,y) 处偏导数存在;

(2) $z=f(u,v)$ 在对应点 (u,v) 处有连续偏导数,则复合函数 $z=f[\varphi(x,y),\psi(x,y)]$ 在点 (x,y) 处对 x 及对 y 的偏导数存在,且

$$\frac{\partial z}{\partial x}=\frac{\partial z}{\partial u}\cdot\frac{\partial u}{\partial x}+\frac{\partial z}{\partial v}\cdot\frac{\partial v}{\partial x},\quad \frac{\partial z}{\partial y}=\frac{\partial z}{\partial u}\cdot\frac{\partial u}{\partial y}+\frac{\partial z}{\partial v}\cdot\frac{\partial v}{\partial y}.$$

【证明】　$z=f(u,v)$ 有连续偏导数,所以可微,且 $\Delta z=\frac{\partial z}{\partial u}\cdot\Delta u+\frac{\partial z}{\partial v}\cdot\Delta v+\alpha_1\Delta u+\alpha_2\Delta v$,其中 $\lim\limits_{\substack{\Delta u\to 0\\ \Delta v\to 0}}\alpha_1=\lim\limits_{\substack{\Delta u\to 0\\ \Delta v\to 0}}\alpha_2=0$.

当 $\Delta y=0$ 时,$\Delta u=\Delta u_x, \Delta v=\Delta v_x$,当 $\Delta x\to 0$ 时,

$$\frac{\partial z}{\partial x}=\lim_{\Delta x\to 0}\frac{\Delta z_x}{\Delta x}=\lim_{\Delta x\to 0}\frac{1}{\Delta x}\left(\frac{\partial z}{\partial u}\cdot\Delta u_x+\frac{\partial z}{\partial v}\cdot\Delta v_x+\alpha_1\Delta u_x+\alpha_2\Delta v_x\right)$$

$$=\lim_{\Delta x\to 0}\left(\frac{\partial z}{\partial u}\cdot\frac{\Delta u_x}{\Delta x}+\frac{\partial z}{\partial v}\cdot\frac{\Delta v_x}{\Delta x}+\alpha_1\cdot\frac{\Delta u_x}{\Delta x}+\alpha_2\cdot\frac{\Delta v_x}{\Delta x}\right)=\frac{\partial z}{\partial u}\cdot\frac{\partial u}{\partial x}+\frac{\partial z}{\partial v}\cdot\frac{\partial v}{\partial x},$$

同理可得 $\frac{\partial z}{\partial y}=\frac{\partial z}{\partial u}\cdot\frac{\partial u}{\partial y}+\frac{\partial z}{\partial v}\cdot\frac{\partial v}{\partial y}$. 证毕.

评注

多元复合函数的偏导数是计算的重点,考生一定要掌握其结构.

【例 5.3.1】　设 $z=(x^2+y^2)^{xy}$,求 $\frac{\partial z}{\partial x},\frac{\partial z}{\partial y}$.

【解】　**解法一**　$z=(x^2+y^2)^{xy}=e^{xy\ln(x^2+y^2)}$,则

$$\frac{\partial z}{\partial x}=e^{xy\ln(x^2+y^2)}\cdot\left[y\ln(x^2+y^2)+xy\cdot\frac{2x}{x^2+y^2}\right],$$

$$\frac{\partial z}{\partial y}=e^{xy\ln(x^2+y^2)}\cdot\left[x\ln(x^2+y^2)+xy\cdot\frac{2y}{x^2+y^2}\right].$$

解法二　设 $u=x^2+y^2, v=xy$,则 $z=u^v$.

$$\frac{\partial z}{\partial x}=\frac{\partial z}{\partial u}\cdot\frac{\partial u}{\partial x}+\frac{\partial z}{\partial v}\cdot\frac{\partial v}{\partial x}=vu^{v-1}\cdot 2x+u^v\ln u\cdot y,$$

$$\frac{\partial z}{\partial y}=\frac{\partial z}{\partial u}\cdot\frac{\partial u}{\partial y}+\frac{\partial z}{\partial v}\cdot\frac{\partial v}{\partial y}=vu^{v-1}\cdot 2y+u^v\ln u\cdot x,$$

其中 $u=x^2+y^2, v=xy$.

评注

对于具体函数,考生可以用直接求导数的方法求其偏导数.

【例 5.3.2】　设 $z=f(x^2-y^2, e^{xy})$,其中二元函数 f 具有连续偏导数,求 $\frac{\partial z}{\partial x},\frac{\partial z}{\partial y}$.

【解】　**解法一**　设 $u=x^2-y^2, v=e^{xy}$,则 $z=f(u,v)$.

$$\frac{\partial z}{\partial x}=\frac{\partial z}{\partial u}\cdot\frac{\partial u}{\partial x}+\frac{\partial z}{\partial v}\cdot\frac{\partial v}{\partial x}=\frac{\partial f}{\partial u}\cdot 2x+\frac{\partial f}{\partial v}\cdot e^{xy}\cdot y,\quad \frac{\partial z}{\partial y}=\frac{\partial f}{\partial u}\cdot(-2y)+\frac{\partial f}{\partial v}\cdot e^{xy}\cdot x.$$

解法二 $\frac{\partial z}{\partial x}=f_1'\cdot 2x+f_2'\cdot e^{xy}\cdot y,\quad \frac{\partial z}{\partial y}=f_1'\cdot(-2y)+f_2'\cdot e^{xy}\cdot x.$

评 注

对于抽象函数,考生只能用多元复合函数的偏导数计算方法.

例 5.3.2 的解法二是标准解法,考生可不必把中间变量表示出来.

2.设 $z=f(u,v)$,而 $u=u(x),v=v(x)$,复合函数 $z=f[u(x),v(x)]$,则

$$\frac{dz}{dx}=\frac{\partial z}{\partial u}\cdot u'(x)+\frac{\partial z}{\partial v}\cdot v'(x).$$

3.设 $z=f(u),u=u(x,y)$,复合函数 $z=f[u(x,y)]$,则

$$\frac{\partial z}{\partial x}=f'(u)\cdot\frac{\partial u}{\partial x},\quad \frac{\partial z}{\partial y}=f'(u)\cdot\frac{\partial u}{\partial y}.$$

4.设 $u=f(x,y,z)$,而 $z=g(x,y)$,复合函数 $u=f[x,y,g(x,y)]$,则

$$\frac{\partial u}{\partial x}=\frac{\partial f}{\partial x}\cdot 1+\frac{\partial f}{\partial y}\cdot 0+\frac{\partial f}{\partial z}\cdot\frac{\partial g}{\partial x},\quad \frac{\partial u}{\partial y}=\frac{\partial f}{\partial x}\cdot 0+\frac{\partial f}{\partial y}\cdot 1+\frac{\partial f}{\partial z}\cdot\frac{\partial g}{\partial y}.$$

5.设 $z=f(y_1,y_2,\cdots,y_m)$,而 $y_j=g_j(x_1,x_2,\cdots,x_n)$,复合函数 $z=f[g_1(x_1,\cdots,x_n),\cdots,g_m(x_1,\cdots,x_n)]$,则

$$\frac{\partial z}{\partial x_i}=\frac{\partial f}{\partial y_1}\cdot\frac{\partial g_1}{\partial x_i}+\cdots+\frac{\partial f}{\partial y_m}\cdot\frac{\partial g_m}{\partial x_i}(i=1,2,\cdots,n).$$

评 注

多元复合函数的偏导数的计算方法又称为“链导法”.

【例 5.3.3】 设函数 f,g 可微,且 $z=f\left(xy,\frac{y}{x}\right)+g\left(\frac{x}{y}\right)$,计算 $x\frac{\partial z}{\partial x}+y\frac{\partial z}{\partial y}$.

【解】 $\frac{\partial z}{\partial x}=f_1'\cdot y+f_2'\cdot\left(-\frac{y}{x^2}\right)+g'\cdot\frac{1}{y},\quad \frac{\partial z}{\partial y}=f_1'\cdot x+f_2'\cdot\frac{1}{x}+g'\cdot\left(-\frac{x}{y^2}\right)$,

所以 $x\frac{\partial z}{\partial x}+y\frac{\partial z}{\partial y}=2xyf_1'$.

评 注

常见错误:错误使用 g_x',g_y' 的形式.

注意:g 只含有一个中间变量,只能求导数 g'.

【例 5.3.4】 设 $f(x,y)$ 可微,且 $f(x,x^2)=x^3-x^4$,$f_x'(x,x^2)=x^2$,求 $f_y'(x,x^2)$.

【解】 由 $f(x,x^2)=x^3-x^4$,两边对 x 求导得 $f_x'(x,x^2)+f_y'(x,x^2)\cdot 2x=3x^2-4x^3$,而 $f_x'(x,x^2)=x^2$,所以 $f_y'(x,x^2)=x-2x^2$.

【例 5.3.5】 设 $f(x,y)$ 在点(1,1)处可微,且 $f(1,1)=1$,$f_x'(1,1)=2$,$f_y'(1,1)=3$,$\varphi(x)=f[x,f(x,x)]$,求 $\left.\frac{d}{dx}\varphi(x)\right|_{x=1}$.

【解】 $\frac{d}{dx}\varphi(x)=f_1'[x,f(x,x)]+f_2'[x,f(x,x)]\cdot[f_1'(x,x)+f_2'(x,x)]$. 由于 $f(1,1)=1$,所以

$\left.\frac{d}{dx}\varphi(x)\right|_{x=1}=f_1'(1,1)+f_2'(1,1)\cdot[f_1'(1,1)+f_2'(1,1)]=17.$

评 注

当中间变量比较复杂容易混淆时,考生要注意不能省略中间变量.例 5.3.5 的解法体现了区分第一个、第二个中间变量的方法.

【例 5.3.6】　设 $u=f\left(\frac{x}{y},\frac{y}{z},xyz\right)$，求 $\mathrm{d}u$.

【解】　$\mathrm{d}u=\frac{\partial u}{\partial x}\mathrm{d}x+\frac{\partial u}{\partial y}\mathrm{d}y+\frac{\partial u}{\partial z}\mathrm{d}z$

$$=\left(f_1'\cdot\frac{1}{y}+f_2'\cdot 0+f_3'\cdot yz\right)\mathrm{d}x+\left[f_1'\cdot\left(-\frac{x}{y^2}\right)+f_2'\cdot\frac{1}{z}+f_3'\cdot xz\right]\mathrm{d}y$$

$$+\left[f_1'\cdot 0+f_2'\cdot\left(-\frac{y}{z^2}\right)+f_3'\cdot xy\right]\mathrm{d}z.$$

二、复合函数的高阶偏导数

设 $z=f(u,v)$，$u=\varphi(x,y)$，$v=\psi(x,y)$，求 $\frac{\partial^2 z}{\partial x^2},\frac{\partial^2 z}{\partial x\partial y},\frac{\partial^2 z}{\partial y^2}$.

$$\frac{\partial z}{\partial x}=\frac{\partial z}{\partial u}\cdot\frac{\partial u}{\partial x}+\frac{\partial z}{\partial v}\cdot\frac{\partial v}{\partial x}=f_u'\cdot\varphi_x'+f_v'\cdot\psi_x',$$

$$\frac{\partial^2 z}{\partial x^2}=f_u'\cdot\varphi_{xx}''+\varphi_x'(f_{uu}''\cdot\varphi_x'+f_{uv}''\cdot\psi_x')+f_v'\cdot\psi_{xx}''+\psi_x'(f_{vu}''\cdot\varphi_x'+f_{vv}''\cdot\psi_x'),$$

$$\frac{\partial^2 z}{\partial x\partial y}=f_u'\cdot\varphi_{xy}''+\varphi_x'(f_{uu}''\cdot\varphi_y'+f_{uv}''\cdot\psi_y')+f_v'\cdot\psi_{xy}''+\psi_x'(f_{vu}''\cdot\varphi_y'+f_{vv}''\cdot\psi_y'),$$

$$\frac{\partial z}{\partial y}=\frac{\partial z}{\partial u}\cdot\frac{\partial u}{\partial y}+\frac{\partial z}{\partial v}\cdot\frac{\partial v}{\partial y}=f_u'\cdot\varphi_y'+f_v'\cdot\psi_y',$$

$$\frac{\partial^2 z}{\partial y^2}=f_u'\cdot\varphi_{yy}''+\varphi_y'(f_{uu}''\cdot\varphi_y'+f_{uv}''\cdot\psi_y')+f_v'\cdot\psi_{yy}''+\psi_y'(f_{vu}''\cdot\varphi_y'+f_{vv}''\cdot\psi_y').$$

【例 5.3.7】　设 $z=f\left(xy,\frac{x}{y}\right)$，$f(x,y)$ 具有二阶连续偏导数，求 $\frac{\partial z}{\partial x},\frac{\partial z}{\partial y},\frac{\partial^2 z}{\partial x\partial y}$.

【解】　$\frac{\partial z}{\partial x}=f_1'\cdot y+f_2'\cdot\frac{1}{y}$，　$\frac{\partial z}{\partial y}=f_1'\cdot x+f_2'\cdot\left(-\frac{x}{y^2}\right)$，

$$\frac{\partial^2 z}{\partial x\partial y}=f_1'+y\left[f_{11}''\cdot x+f_{12}''\cdot\left(-\frac{x}{y^2}\right)\right]-\frac{1}{y^2}f_2'+\frac{1}{y}\left[f_{21}''\cdot x+f_{22}''\cdot\left(-\frac{x}{y^2}\right)\right].$$

评 注

本题是求多元复合函数的二阶偏导数的典型例题.

【例 5.3.8】(2017①②)　设函数 $f(u,v)$ 具有 2 阶连续偏导数，$y=f(\mathrm{e}^x,\cos x)$，求 $\left.\frac{\mathrm{d}y}{\mathrm{d}x}\right|_{x=0}$，$\left.\frac{\mathrm{d}^2 y}{\mathrm{d}x^2}\right|_{x=0}$.

【解】　$\frac{\mathrm{d}y}{\mathrm{d}x}=f_1'\cdot\mathrm{e}^x+f_2'\cdot(-\sin x)$；

$$\frac{\mathrm{d}^2 y}{\mathrm{d}x^2}=\mathrm{e}^x f_1'+\mathrm{e}^x[f_{11}''\cdot\mathrm{e}^x+f_{12}''\cdot(-\sin x)]-\cos x\cdot f_2'-\sin x[f_{21}''\cdot\mathrm{e}^x+f_{22}''\cdot(-\sin x)],$$

所以 $\left.\frac{\mathrm{d}y}{\mathrm{d}x}\right|_{x=0}=f_1'(1,1)$；$\left.\frac{\mathrm{d}^2 y}{\mathrm{d}x^2}\right|_{x=0}=f_1'(1,1)+f_{11}''(1,1)-f_2'(1,1)$.

【例 5.3.9】　设 $z=x\varphi(x+y)+y\psi(x+y)$，证明 $\frac{\partial^2 z}{\partial x^2}-2\frac{\partial^2 z}{\partial x\partial y}+\frac{\partial^2 z}{\partial y^2}=0$.

【证明】　$\frac{\partial z}{\partial x}=\varphi+x\varphi'+y\psi'$，　$\frac{\partial z}{\partial y}=x\varphi'+\psi+y\psi'$，

$\frac{\partial^2 z}{\partial x^2}=\varphi'+\varphi'+x\varphi''+y\psi''$，　$\frac{\partial^2 z}{\partial x\partial y}=\varphi'+x\varphi''+\psi'+y\psi''$，　$\frac{\partial^2 z}{\partial y^2}=x\varphi''+\psi'+\psi'+y\psi''$，

所以$\frac{\partial^2 z}{\partial x^2}-2\frac{\partial^2 z}{\partial x\partial y}+\frac{\partial^2 z}{\partial y^2}=0$.

评 注

注意此题中 φ,ψ 都只有一个中间变量.

常见错误:错误使用 $\varphi'_x,\psi'_x,\varphi'_y,\psi'_y$ 的形式.

【例 5.3.10】(2011[①]) 设函数 $z=f[xy,yg(x)]$,其中函数 f 具有二阶连续偏导数,函数 $g(x)$ 可导且在 $x=1$ 处取得极值 $g(1)=1$,求$\left.\frac{\partial^2 z}{\partial x\partial y}\right|_{(1,1)}$.

【解】 $\frac{\partial z}{\partial x}=f'_1\cdot y+f'_2\cdot yg'(x)$,

$\frac{\partial^2 z}{\partial x\partial y}=f'_1+y\cdot[f''_{11}\cdot x+f''_{12}\cdot g(x)]+f'_2\cdot g'(x)+yg'(x)\cdot[f''_{21}\cdot x+f''_{22}\cdot g(x)]$,

由于函数 $g(x)$ 可导且在 $x=1$ 处取得极值,所以 $g'(1)=0$,故

$$\left.\frac{\partial^2 z}{\partial x\partial y}\right|_{(1,1)}=f'_1(1,1)+f''_{11}(1,1)+f''_{12}(1,1).$$

三、隐函数的偏导数

定理 5.3.2 设函数 $F(x,y)$ 在点 $P(x_0,y_0)$ 的某个邻域内具有连续的偏导数,且 $F(x_0,y_0)=0$,$F'_y(x_0,y_0)\neq 0$,则方程 $F(x,y)=0$ 在点(x_0,y_0)的某一邻域内能唯一确定一个单值连续且具有连续偏导数的函数 $y=f(x)$,它满足条件 $y_0=f(x_0)$,且$\frac{\mathrm{d}y}{\mathrm{d}x}=-\frac{F'_x}{F'_y}$.

【证明】 推导导数计算公式:把 $y=y(x)$ 代入方程得 $F[x,y(x)]\equiv 0$,由多元复合函数求导法则知 $F'_x\cdot 1+F'_y\cdot y'(x)=0$,所以 $y'(x)=-\frac{F'_x}{F'_y}$.

定理 5.3.3 设函数 $F(x,y,z)$ 在点 $P(x_0,y_0,z_0)$ 的某个邻域内具有连续的偏导数,且 $F(x_0,y_0,z_0)=0$,$F'_z(x_0,y_0,z_0)\neq 0$,则方程 $F(x,y,z)=0$ 在点(x_0,y_0,z_0)的某一邻域内能唯一确定一个单值连续且具有连续偏导数的函数 $z=f(x,y)$,它满足条件 $z_0=f(x_0,y_0)$,且

$$\frac{\partial z}{\partial x}=-\frac{F'_x}{F'_z},\qquad \frac{\partial z}{\partial y}=-\frac{F'_y}{F'_z}.$$

评 注

偏导数计算方法与定理 5.3.2 类似.

注意:偏导数计算公式中都是对中间变量求偏导数,即求 F'_x 时把 y,z 看作常数,求 F'_z 时把 x,y 看作常数.

【例 5.3.11】 设 $\ln\sqrt{x^2+y^2}=\arctan\frac{y}{x}$,求$\frac{\mathrm{d}y}{\mathrm{d}x}$.

【解】 **解法一** 用一元隐函数的求导方法,此处略.

解法二 设 $F(x,y)=\ln\sqrt{x^2+y^2}-\arctan\frac{y}{x}=\frac{1}{2}\ln(x^2+y^2)-\arctan\frac{y}{x}$,则

$$\frac{\mathrm{d}y}{\mathrm{d}x}=-\frac{F'_x}{F'_y}=-\frac{\frac{2x}{2(x^2+y^2)}-\frac{1}{1+\left(\frac{y}{x}\right)^2}\left(-\frac{y}{x^2}\right)}{\frac{2y}{2(x^2+y^2)}-\frac{1}{1+\left(\frac{y}{x}\right)^2}\cdot\frac{1}{x}}=-\frac{x+y}{y-x}.$$

评注

求隐函数的偏导数通常用公式计算会更加方便些. 考生需注意的是对中间变量求偏导数,即求 F'_x 时把 y 看作常数,求 F'_y 时把 x 看作常数.

【例 5.3.12】(2018[②])　设函数 $z=z(x,y)$ 由方程 $\ln z+e^{z-1}=xy$ 确定,则 $\left.\frac{\partial z}{\partial x}\right|_{(2,\frac{1}{2})}=$ ________.

【解】　将 $x=2,y=\frac{1}{2}$ 代入 $\ln z+e^{z-1}=xy$,得 $z=1$.

方程 $\ln z+e^{z-1}=xy$ 两边对 x 求偏导,得

$$\frac{1}{z}\cdot\frac{\partial z}{\partial x}+e^{z-1}\cdot\frac{\partial z}{\partial x}=y,$$

整理得 $\left.\frac{\partial z}{\partial x}\right|_{(2,\frac{1}{2})}=\frac{1}{4}$.

【例 5.3.13】　设 $z=z(x,y)$ 是由方程 $f(cx-az,cy-bz)=0$ 所确定的隐函数,证明 $a\frac{\partial z}{\partial x}+b\frac{\partial z}{\partial y}=c$.

【证明】　设 $F(x,y,z)=f(cx-az,cy-bz)$,则

$$\frac{\partial z}{\partial x}=-\frac{F'_x}{F'_z}=-\frac{f'_1\cdot c+f'_2\cdot 0}{f'_1\cdot(-a)+f'_2\cdot(-b)},\quad \frac{\partial z}{\partial y}=-\frac{F'_y}{F'_z}=-\frac{f'_1\cdot 0+f'_2\cdot c}{f'_1\cdot(-a)+f'_2\cdot(-b)},$$

所以 $a\frac{\partial z}{\partial x}+b\frac{\partial z}{\partial y}=-\frac{a\cdot f'_1\cdot c+b\cdot f'_2\cdot c}{f'_1\cdot(-a)+f'_2\cdot(-b)}=c$.

【例 5.3.14】(2025[②])　设函数 $z=z(x,y)$ 由 $z+\ln z-\int_y^x e^{-t^2}\,dt=0$ 确定,则 $\frac{\partial z}{\partial x}+\frac{\partial z}{\partial y}=$ (　　).

(A) $\frac{z}{z+1}(e^{-x^2}-e^{-y^2})$.　　(B) $\frac{z}{z+1}(e^{-x^2}+e^{-y^2})$.

(C) $-\frac{z}{z+1}(e^{-x^2}-e^{-y^2})$.　　(D) $-\frac{z}{z+1}(e^{-x^2}+e^{-y^2})$.

【答案】　(A).

【解】　令 $F(x,y,z)=z+\ln z-\int_y^x e^{-t^2}\,dt$, $F'_x=-e^{-x^2}$, $F'_y=e^{-y^2}$, $F'_z=\frac{z+1}{z}$,

则 $\frac{\partial z}{\partial x}+\frac{\partial z}{\partial y}=-\frac{F'_x}{F'_z}-\frac{F'_y}{F'_z}=\frac{z}{z+1}(e^{-x^2}-e^{-y^2})$,故选(A).

定理 5.3.4　设 F,G 具有连续偏导数,由方程组 $\begin{cases}F(x,y,u,v)=0,\\G(x,y,u,v)=0\end{cases}$ 可以唯一确定隐函数 $u=u(x,y),v=v(x,y)$,且

$$\frac{\partial u}{\partial x}=-\frac{1}{J}\frac{\partial(F,G)}{\partial(x,v)},\quad \frac{\partial u}{\partial y}=-\frac{1}{J}\frac{\partial(F,G)}{\partial(y,v)},\quad \frac{\partial v}{\partial x}=-\frac{1}{J}\frac{\partial(F,G)}{\partial(u,x)},\quad \frac{\partial v}{\partial y}=-\frac{1}{J}\frac{\partial(F,G)}{\partial(u,y)},$$

其中 J 为雅可比行列式, $J=\frac{\partial(F,G)}{\partial(u,v)}=\begin{vmatrix}F'_u & F'_v\\G'_u & G'_v\end{vmatrix}\neq 0$.

【证明】　推导偏导数计算公式 $\begin{cases}F[x,y,u(x,y),v(x,y)]\equiv 0,\\G[x,y,u(x,y),v(x,y)]\equiv 0,\end{cases}$ 分别对 x,y 求偏导数,得

$$\begin{cases}F'_x\cdot 1+F'_y\cdot 0+F'_u\cdot\frac{\partial u}{\partial x}+F'_v\cdot\frac{\partial v}{\partial x}=0,\\G'_x\cdot 1+G'_y\cdot 0+G'_u\cdot\frac{\partial u}{\partial x}+G'_v\cdot\frac{\partial v}{\partial x}=0,\end{cases}$$

解上述方程组即可得到结论.

定理 5.3.5 设 F,G 具有连续偏导数,方程组 $\begin{cases}F(x,y,z)=0,\\G(x,y,z)=0\end{cases}$ 可以确定隐函数 $y=y(x)$,$z=z(x)$,且

$$\frac{\mathrm{d}y}{\mathrm{d}x}=-\frac{1}{J}\frac{\partial(F,G)}{\partial(x,z)},\quad \frac{\mathrm{d}z}{\mathrm{d}x}=-\frac{1}{J}\frac{\partial(F,G)}{\partial(y,x)},$$

其中 $J=\dfrac{\partial(F,G)}{\partial(y,z)}\neq 0$.

评注

方程组的情况只对数学一考生有考试要求.也可以方程两边直接对 x,y 求导,解方程组得到偏导数.

【例 5.3.15】 设 $y=f(x,t)$,而 t 是由方程 $F(x,y,t)=0$ 所确定的隐函数 $t=t(x,y)$,求 $\dfrac{\mathrm{d}y}{\mathrm{d}x}$.

分析:如果把问题看作是方程组的情况,可直接处理.

【解】 **解法一** $\begin{cases}F(x,y,t)=0,\\G(x,y,t)=y-f(x,t)=0,\end{cases}$ 则

$$\frac{\mathrm{d}y}{\mathrm{d}x}=-\frac{\dfrac{\partial(F,G)}{\partial(x,t)}}{\dfrac{\partial(F,G)}{\partial(y,t)}}=-\frac{\begin{vmatrix}F'_x & F'_t\\ G'_x & G'_t\end{vmatrix}}{\begin{vmatrix}F'_y & F'_t\\ G'_y & G'_t\end{vmatrix}}=-\frac{\begin{vmatrix}F'_x & F'_t\\ -f'_x & -f'_t\end{vmatrix}}{\begin{vmatrix}F'_y & F'_t\\ 1 & -f'_t\end{vmatrix}}$$

$$=-\frac{-F'_x\cdot f'_t+F'_t\cdot f'_x}{-F'_y\cdot f'_t-F'_t}=\frac{-F'_x\cdot f'_t+F'_t\cdot f'_x}{F'_y\cdot f'_t+F'_t}.$$

解法二 在方程 $y=f(x,t)$,$F(x,y,t)=0$ 两边分别对 x 求导,得

$$\begin{cases}\dfrac{\mathrm{d}y}{\mathrm{d}x}=f'_x+f'_t\cdot\dfrac{\mathrm{d}t}{\mathrm{d}x},\\[2ex] F'_x+F'_y\cdot\dfrac{\mathrm{d}y}{\mathrm{d}x}+F'_t\cdot\dfrac{\mathrm{d}t}{\mathrm{d}x}=0,\end{cases}$$

解方程组得 $\dfrac{\mathrm{d}y}{\mathrm{d}x}=\dfrac{-F'_x\cdot f'_t+F'_t\cdot f'_x}{F'_y\cdot f'_t+F'_t}$.

评注

此题如果直接求导数很容易犯错误.

常见错误:误认为 $\dfrac{\mathrm{d}y}{\mathrm{d}x}=f'_x+f'_t\cdot\dfrac{\partial t}{\partial x}$.

正确方法应为:$\dfrac{\mathrm{d}y}{\mathrm{d}x}=f'_x+f'_t\cdot\dfrac{\mathrm{d}t}{\mathrm{d}x}$,而 $\dfrac{\mathrm{d}t}{\mathrm{d}x}=\dfrac{\partial t}{\partial x}+\dfrac{\partial t}{\partial y}\cdot\dfrac{\mathrm{d}y}{\mathrm{d}x}$,其中 $\dfrac{\partial t}{\partial x}=-\dfrac{F'_x}{F'_t}$,$\dfrac{\partial t}{\partial y}=-\dfrac{F'_y}{F'_t}$.

四、隐函数的高阶偏导数

设由方程 $F(x,y,z)=0$ 所确定的隐函数为 $z=z(x,y)$,$\dfrac{\partial z}{\partial x}=-\dfrac{F'_x}{F'_z}$,$\dfrac{\partial z}{\partial y}=-\dfrac{F'_y}{F'_z}$,则

$$\frac{\partial^2 z}{\partial x^2}=-\frac{\dfrac{\partial(F'_x)}{\partial x}\cdot F'_z-F'_x\cdot\dfrac{\partial(F'_z)}{\partial x}}{(F'_z)^2}$$

$$=-\frac{F'_z\left(F''_{xx}\cdot 1+F''_{xz}\cdot\dfrac{\partial z}{\partial x}\right)-F'_x\left(F''_{zx}\cdot 1+F''_{zz}\cdot\dfrac{\partial z}{\partial x}\right)}{(F'_z)^2},$$

$$\frac{\partial^2 z}{\partial x\partial y}=-\frac{\frac{\partial(F_x')}{\partial y}\cdot F_z'-F_x'\cdot\frac{\partial(F_z')}{\partial y}}{(F_z')^2}$$

$$=-\frac{F_z'\left(F_{xy}''\cdot 1+F_{xz}''\cdot\frac{\partial z}{\partial y}\right)-F_x'\left(F_{zy}''\cdot 1+F_{zz}''\cdot\frac{\partial z}{\partial y}\right)}{(F_z')^2},$$

$$\frac{\partial^2 z}{\partial y^2}=-\frac{\frac{\partial(F_y')}{\partial y}\cdot F_z'-F_y'\cdot\frac{\partial(F_z')}{\partial y}}{(F_z')^2}$$

$$=-\frac{F_z'\left(F_{yy}''\cdot 1+F_{yz}''\cdot\frac{\partial z}{\partial y}\right)-F_y'\left(F_{zy}''\cdot 1+F_{zz}''\cdot\frac{\partial z}{\partial y}\right)}{(F_z')^2}.$$

评注

隐函数的二阶偏导数是一个难点，考生应重点掌握计算方法.

$F_x'(x,y,z),F_y'(x,y,z),F_z'(x,y,z)$ 是 x,y,z 的函数，仍然是 x,y 的复合函数.

常见错误：误认为 $\frac{\partial(F_x')}{\partial x}=F_{xx}'',\frac{\partial(F_z')}{\partial x}=F_{zx}''$.

【例 5.3.16】　设 $z=z(x,y)$ 是由方程 $z^3-xz^2+yz=1$ 所确定的隐函数，且 $z(0,0)=1$，求 $z_x'(0,0),z_y'(0,0),z_{xy}''(0,0)$.

【解】　方程 $z^3-xz^2+yz=1$ 两边对 x 求偏导数，z 是 x,y 的函数，得

$$3z^2\cdot\frac{\partial z}{\partial x}-z^2-2xz\cdot\frac{\partial z}{\partial x}+y\frac{\partial z}{\partial x}=0.\tag{5-3-1}$$

由 $x=0,y=0,z(0,0)=1$，代入式(5-3-1)得 $z_x'(0,0)=\frac{1}{3}$.

方程 $z^3-xz^2+yz=1$ 两边对 y 求偏导数，得

$$3z^2\cdot\frac{\partial z}{\partial y}-2xz\cdot\frac{\partial z}{\partial y}+z+y\frac{\partial z}{\partial y}=0,\tag{5-3-2}$$

由 $x=0,y=0,z(0,0)=1$，代入式(5-3-2)得 $z_y'(0,0)=-\frac{1}{3}$.

式(5-3-1)再对 y 求偏导数得

$$6z\cdot\frac{\partial z}{\partial y}\cdot\frac{\partial z}{\partial x}+3z^2\frac{\partial^2 z}{\partial x\partial y}-2z\cdot\frac{\partial z}{\partial y}-2x\cdot\frac{\partial z}{\partial y}\cdot\frac{\partial z}{\partial x}-2xz\frac{\partial^2 z}{\partial x\partial y}+\frac{\partial z}{\partial x}+y\frac{\partial^2 z}{\partial x\partial y}=0,$$

由 $x=0,y=0,z(0,0)=1,z_x'(0,0)=\frac{1}{3},z_y'(0,0)=-\frac{1}{3}$ 代入得 $z_{xy}''(0,0)=-\frac{1}{9}$.

评注

隐函数的二阶偏导数计算量比较大，考生遇到此类题时，应该掌握方法并仔细计算每个过程，避免计算错误.

第四节　多元函数微分学的应用

一、多元函数的极值

定义 5.4.1　设函数 $z=f(x,y)$ 在点 $M_0(x_0,y_0)$ 的某个邻域内有定义，如果 $\forall(x,y)\in\mathring{U}(M_0)$，有 $f(x,y)<f(x_0,y_0)$，则称函数在 (x_0,y_0) 处有极大值 $f(x_0,y_0)$，点 (x_0,y_0) 称为极大值点.

如果 $\forall(x,y)\in\mathring{U}(M_0)$，有 $f(x,y)>f(x_0,y_0)$，则称函数在 (x_0,y_0) 处有极小值 $f(x_0,y_0)$，点 $(x_0,$

y_0)称为极小值点.

极大值、极小值统称为极值，极大值点、极小值点统称为极值点.

1. 函数 $z = f(x,y)$ 取得极值的必要条件

定理 5.4.1 设函数 $z = f(x,y)$ 在点(x_0,y_0)处具有偏导数，且在该点取得极值，则函数在该点的偏导数必为零，即 $f'_x(x_0,y_0) = 0, f'_y(x_0,y_0) = 0$.

评注

把 y 固定在 y_0 处，即转化为一元函数的极值问题.

2. 函数 $z = f(x,y)$ 取得极值的充分条件

定理 5.4.2 设函数 $z = f(x,y)$ 在点(x_0,y_0)的某个邻域内连续，且有一阶及二阶连续偏导数，又 $f'_x(x_0,y_0) = 0, f'_y(x_0,y_0) = 0$，记 $f''_{xx}(x_0,y_0) = A, f''_{xy}(x_0,y_0) = B, f''_{yy}(x_0,y_0) = C$，则函数 $z = f(x,y)$ 在点(x_0,y_0)处取得极值的条件如下：

1) 当 $B^2 - AC < 0$ 时，函数具有极值.

当 $A < 0$ 时，$f(x_0,y_0)$ 为极大值；　当 $A > 0$ 时，$f(x_0,y_0)$ 为极小值.

2) 当 $B^2 - AC > 0$ 时，函数无极值.

3) 当 $B^2 - AC = 0$ 时，无法判定函数的极值.

【例 5.4.1】 求函数 $f(x,y) = x^3 - y^3 + 3x^2 + 3y^2 - 9x$ 的极值.

【解】 $f'_x(x,y) = 3x^2 + 6x - 9, f'_y(x,y) = -3y^2 + 6y$.

由 $\begin{cases} f'_x(x,y) = 0, \\ f'_y(x,y) = 0 \end{cases} \Rightarrow \begin{cases} 3(x-1)(x+3) = 0, \\ -3y(y-2) = 0, \end{cases}$ 得到驻点 $M_1(1,0), M_2(1,2), M_3(-3,0), M_4(-3,2)$.

$f''_{xx}(x,y) = 6x + 6,\quad f''_{xy}(x,y) = 0,\quad f''_{yy}(x,y) = -6y + 6$.

在点 $M_1(1,0)$ 处，$A = 12, B = 0, C = 6, B^2 - AC = -72 < 0$ 且 $A > 0$，故 $f(1,0) = -5$ 为极小值；

在点 $M_2(1,2)$ 处，$A = 12, B = 0, C = -6, B^2 - AC = 72 > 0$，故 $f(1,2)$ 不是极值；

在点 $M_3(-3,0)$ 处，$A = -12, B = 0, C = 6, B^2 - AC = 72 > 0$，故 $f(-3,0)$ 不是极值；

在点 $M_4(-3,2)$ 处，$A = -12, B = 0, C = -6, B^2 - AC = -72 < 0$ 且 $A < 0$，故 $f(-3,2) = 31$ 为极大值.

【例 5.4.2】(2012①②) 求函数 $f(x,y) = xe^{-\frac{1}{2}(x^2+y^2)}$ 的极值.

【解】 $f'_x(x,y) = (1-x^2)e^{-\frac{1}{2}(x^2+y^2)},\quad f'_y(x,y) = -xye^{-\frac{1}{2}(x^2+y^2)}$.

令 $\begin{cases} f'_x(x,y) = 0, \\ f'_y(x,y) = 0, \end{cases}$ 得到驻点$(1,0)$和$(-1,0)$，而

$f''_{xx}(x,y) = -2xe^{-\frac{1}{2}(x^2+y^2)} - x(1-x^2)e^{-\frac{1}{2}(x^2+y^2)} = x(x^2-3)e^{-\frac{1}{2}(x^2+y^2)}$,

$f''_{xy}(x,y) = -y(1-x^2)e^{-\frac{1}{2}(x^2+y^2)}$,

$f''_{yy}(x,y) = x(y^2-1)e^{-\frac{1}{2}(x^2+y^2)}$.

在驻点$(1,0)$处，$A = -2e^{-\frac{1}{2}}, B = 0, C = -e^{-\frac{1}{2}}, B^2 - AC < 0$ 且 $A < 0$，所以 $f(1,0) = e^{-\frac{1}{2}}$ 是 $f(x,y)$ 的极大值.

在驻点$(-1,0)$处，$A = 2e^{-\frac{1}{2}}, B = 0, C = e^{-\frac{1}{2}}, B^2 - AC < 0$ 且 $A > 0$，所以 $f(-1,0) = -e^{-\frac{1}{2}}$ 是 $f(x,y)$ 的极小值.

【例 5.4.3】(2011③) 已知函数 $f(u,v)$ 具有二阶连续偏导数，$f(1,1) = 2$ 是 $f(u,v)$ 的极值，$z = f[x+y, f(x,y)]$，求 $\left.\frac{\partial^2 z}{\partial x \partial y}\right|_{(1,1)}$.

【解】 $z = f[x+y, f(x,y)]$,

$$\frac{\partial z}{\partial x}=f_1'[x+y,f(x,y)]\cdot 1+f_2'[x+y,f(x,y)]\cdot f_1'(x,y),$$

$$\begin{aligned}\frac{\partial^2 z}{\partial x\partial y}=&f_{11}''[x+y,f(x,y)]\cdot 1+f_{12}''[x+y,f(x,y)]\cdot f_2'(x,y)\\&+f_1'(x,y)\cdot\{f_{21}''[x+y,f(x,y)]\cdot 1+f_{22}''[x+y,f(x,y)]\cdot f_2'(x,y)\}\\&+f_2'[x+y,f(x,y)]\cdot f_{12}''(x,y).\end{aligned}$$

由题意知 $f(1,1)=2,f_1'(1,1)=0,f_2'(1,1)=0$,所以

$$\left.\frac{\partial^2 z}{\partial x\partial y}\right|_{(1,1)}=f_{11}''(2,2)+f_2'(2,2)\cdot f_{12}''(1,1).$$

评 注

由于中间变量的形式不同,考生需要把每个中间变量都写出来.

二、条件极值、拉格朗日乘数法及最大值、最小值问题

1.求函数 $z=f(x,y)$ 在条件 $g(x,y)=0$ 下的极值

作拉格朗日函数 $L(x,y,\lambda)=f(x,y)+\lambda g(x,y)$,函数 $L(x,y,\lambda)$ 的极值所满足的必要条件是

$$L_x'=0,\ L_y'=0,\ L_\lambda'=0,\ 即\begin{cases}f_x'+\lambda g_x'=0,\\f_y'+\lambda g_y'=0,\\g(x,y)=0.\end{cases}$$

【例 5.4.4】 在椭圆 $x^2+4y^2=4$ 上求一点,使其到直线 $2x+3y-6=0$ 的距离最短.

【解】 在椭圆上任取一点 (x,y),则点到直线的距离为 $d=\dfrac{|2x+3y-6|}{\sqrt{13}}$,作拉格朗日函数 $L(x,y,\lambda)=(2x+3y-6)^2+\lambda(x^2+4y^2-4)$,则

$$L_x'=2(2x+3y-6)\cdot 2+2\lambda x,\quad L_y'=2(2x+3y-6)\cdot 3+8\lambda y.$$

解方程组$\begin{cases}2(2x+3y-6)\cdot 2+2\lambda x=0,\\2(2x+3y-6)\cdot 3+8\lambda y=0,\\x^2+4y^2=4\end{cases}$得 $x=\pm\dfrac{8}{5},y=\pm\dfrac{3}{5}$,所以最短距离为 $d_{\min}=\dfrac{1}{\sqrt{13}}=\dfrac{\sqrt{13}}{13}$.

2.求函数 $u=f(x,y,z)$ 在条件 $g(x,y,z)=0$ 下的极值

作拉格朗日函数 $L(x,y,z,\lambda)=f(x,y,z)+\lambda g(x,y,z)$,函数 $L(x,y,z,\lambda)$ 的极值所满足的必要条件是

$$L_x'=0,\ L_y'=0,\ L_z'=0,\ L_\lambda'=0,即\begin{cases}f_x'+\lambda g_x'=0,\\f_y'+\lambda g_y'=0,\\f_z'+\lambda g_z'=0,\\g(x,y,z)=0.\end{cases}$$

【例 5.4.5】(2010[③]) 求函数 $u=xy+2yz$ 在约束条件 $x^2+y^2+z^2=10$ 下的最大值和最小值.

【解】 作拉格朗日函数 $L(x,y,z,\lambda)=xy+2yz+\lambda(x^2+y^2+z^2-10)$.

$$令\begin{cases}L_x'=y+2\lambda x=0, & ①\\L_y'=x+2z+2\lambda y=0, & ②\\L_z'=2y+2\lambda z=0, & ③\\L_\lambda'=x^2+y^2+z^2-10=0, & ④\end{cases}$$

由①,③得 $z=2x$,代入②,结合①得到 $y^2=5x^2$,全部代入④得 $A(1,\sqrt{5},2)$, $B(1,-\sqrt{5},2)$,$C(-1,$

$\sqrt{5},-2)$， $D(-1,-\sqrt{5},-2)$.

注意：当 $\lambda=0$ 时也有一组解 $y=0,x=-2z,z^2=2$，即 $E(-2\sqrt{2},0,\sqrt{2})$，$F(2\sqrt{2},0,-\sqrt{2})$，比较各点处的函数值得

$u_{\max}(A)=u_{\max}(D)=5\sqrt{5}$， $u_{\min}(C)=u_{\min}(B)=-5\sqrt{5}$， $u(E)=u(F)=0$.

3. 求函数 $u=f(x,y,z)$ 在条件 $g_1(x,y,z)=0,g_2(x,y,z)=0$ 下的极值

作拉格朗日函数 $L(x,y,z,\lambda,\mu)=f(x,y,z)+\lambda g_1(x,y,z)+\mu g_2(x,y,z)$.

函数 $L(x,y,z,\lambda,\mu)$ 的极值所满足的必要条件是

$$\begin{cases} L'_x=f'_x+\lambda\dfrac{\partial g_1}{\partial x}+\mu\dfrac{\partial g_2}{\partial x}=0, \\ L'_y=f'_y+\lambda\dfrac{\partial g_1}{\partial y}+\mu\dfrac{\partial g_2}{\partial y}=0, \\ L'_z=f'_z+\lambda\dfrac{\partial g_1}{\partial z}+\mu\dfrac{\partial g_2}{\partial z}=0, \\ L'_\lambda=g_1=0, \\ L'_\mu=g_2=0. \end{cases}$$

【例 5.4.6】(2008②)　求函数 $u=x^2+y^2+z^2$ 在条件 $z=x^2+y^2$ 和 $x+y+z=4$ 下的最大值与最小值.

【解】　作拉格朗日函数

$L(x,y,z,\lambda,\mu)=x^2+y^2+z^2+\lambda(x^2+y^2-z)+\mu(x+y+z-4)$.

令

$$\begin{cases} L'_x=2x+2\lambda x+\mu=0, & ① \\ L'_y=2y+2\lambda y+\mu=0, & ② \\ L'_z=2z-\lambda+\mu=0, & ③ \\ L'_\lambda=x^2+y^2-z=0, & ④ \\ L'_\mu=x+y+z-4=0. & ⑤ \end{cases}$$

由 ①② 得 $x=y$，代入 ⑤ 得 $z=4-2x$，全部代入 ④ 得 $x=1$ 或 $x=-2$，所以驻点为 $(1,1,2)$ 和 $(-2,-2,8)$，最大值为 $u_{\max}(-2,-2,8)=72$，最小值为 $u_{\min}(1,1,2)=6$.

三、连续函数在有界闭区域上求最值

设 $f(x,y)$ 在有界闭区域 D 上连续，则一定有最大值和最小值.

1. 先求出 $f(x,y)$ 在 D 内的驻点 (x_0,y_0)，并求出其函数值 $f(x_0,y_0)$；

2. 求出 $f(x,y)$ 在 D 的边界线 $L:\varphi(x,y)=0$ 上的最大值 M 和最小值 m，属于条件极值；

3. 比较以上值的大小.

【例 5.4.7】　求函数 $z=x^2y(4-x-y)$ 在直线 $x+y=6$，x 轴和 y 轴所围成的区域 D 上的最大值和最小值.

【解】　在区域 D 内，函数 z 分别对 x,y 求偏导数，则有

$$\begin{cases} \dfrac{\partial z}{\partial x}=2xy(4-x-y)-x^2y=xy(8-3x-2y)=0, \\ \dfrac{\partial z}{\partial y}=x^2(4-x-y)-x^2y=x^2(4-x-2y)=0, \end{cases}$$

即 $\begin{cases} 3x+2y=8, \\ x+2y=4, \end{cases}$ 由此可解得 $z(x,y)$ 在 D 内的唯一驻点为 $(2,1)$，且 $z(2,1)=4$.

在 D 的边界，$y=0,0\leqslant x\leqslant 6$ 或 $x=0,0\leqslant y\leqslant 6$ 上，$z(x,y)=0$.

在边界 $x+y=6(0\leqslant x\leqslant 6)$ 上，$z(x,y)=2(x^3-6x^2)(0\leqslant x\leqslant 6)$.

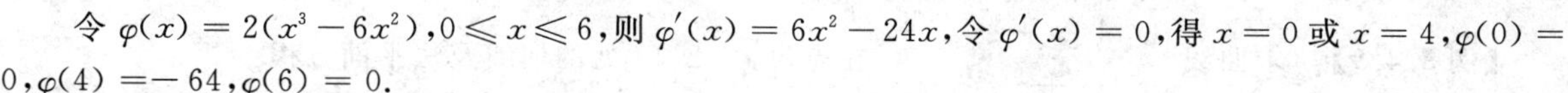

令 $\varphi(x)=2(x^3-6x^2)$，$0\leqslant x\leqslant 6$，则 $\varphi'(x)=6x^2-24x$，令 $\varphi'(x)=0$，得 $x=0$ 或 $x=4$，$\varphi(0)=0$，$\varphi(4)=-64$，$\varphi(6)=0$.

则 $z(x,y)$ 在边界 $x+y=6(0\leqslant x\leqslant 6)$ 上的最大值为 0，最小值为 -64. 由此可知 $z(x,y)$ 在区域 D 上最大值为 4，最小值为 -64.

四、偏导数的几何应用[①]

1. 空间曲线的切线与法平面

(1) 设空间曲线 Γ 的参数方程为 $\begin{cases}x=x(t),\\ y=y(t),\\ z=z(t),\end{cases}$ 其中函数 $x(t)$，$y(t)$，$z(t)$ 均可导. 求曲线在 $t=t_0$ 处的切线方程.

当 $t=t_0$ 时，对应的点为 $M_0(x_0,y_0,z_0)$，当 $t=t_0+\Delta t$ 时，对应的点为 $M_1(x_0+\Delta x,y_0+\Delta y,z_0+\Delta z)$，割线 M_0M_1 的方程为 $\dfrac{x-x_0}{\Delta x}=\dfrac{y-y_0}{\Delta y}=\dfrac{z-z_0}{\Delta z}$. 分母同除以 Δt，并且令 $\Delta t\to 0$，此时 $M_1\to M_0$，得曲线在 M_0 处的切线方程为

$$\frac{x-x_0}{x'(t_0)}=\frac{y-y_0}{y'(t_0)}=\frac{z-z_0}{z'(t_0)}.$$

曲线切线的方向向量(简称切向量)为 $\boldsymbol{s}=(x'(t_0),y'(t_0),z'(t_0))$.

过点 M_0 且垂直于切线的平面称为曲线在点 M_0 的法平面，法平面的方程为

$$x'(t_0)(x-x_0)+y'(t_0)(y-y_0)+z'(t_0)(z-z_0)=0.$$

(2) 设空间曲线 Γ 的参数方程为 $\begin{cases}y=y(x),\\ z=z(x),\end{cases}$ 则

切线方程为 $\dfrac{x-x_0}{1}=\dfrac{y-y_0}{y'(x_0)}=\dfrac{z-z_0}{z'(x_0)}$.

法平面方程为 $x-x_0+y'(x_0)(y-y_0)+z'(x_0)(z-z_0)=0$.

(3) 设空间曲线 Γ 的一般方程为 $\begin{cases}F(x,y,z)=0,\\ G(x,y,z)=0,\end{cases}$ 则

切线方程为 $\dfrac{x-x_0}{\begin{vmatrix}F'_y & F'_z\\ G'_y & G'_z\end{vmatrix}_{M_0}}=\dfrac{y-y_0}{\begin{vmatrix}F'_z & F'_x\\ G'_z & G'_x\end{vmatrix}_{M_0}}=\dfrac{z-z_0}{\begin{vmatrix}F'_x & F'_y\\ G'_x & G'_y\end{vmatrix}_{M_0}}$.

法平面方程为

$$\begin{vmatrix}F'_y & F'_z\\ G'_y & G'_z\end{vmatrix}_{M_0}(x-x_0)+\begin{vmatrix}F'_z & F'_x\\ G'_z & G'_x\end{vmatrix}_{M_0}(y-y_0)+\begin{vmatrix}F'_x & F'_y\\ G'_x & G'_y\end{vmatrix}_{M_0}(z-z_0)=0.$$

【例 5.4.8】 求曲线 $x=t-\sin t$，$y=1-\cos t$，$z=4\sin\dfrac{t}{2}$ 在点 $\left(\dfrac{\pi}{2}-1,1,2\sqrt{2}\right)$ 处的切线及法平面方程.

【解】 点 $\left(\dfrac{\pi}{2}-1,1,2\sqrt{2}\right)$ 对应于 $t=\dfrac{\pi}{2}$，而 $\dfrac{\mathrm{d}x}{\mathrm{d}t}=1-\cos t$，$\dfrac{\mathrm{d}y}{\mathrm{d}t}=\sin t$，$\dfrac{\mathrm{d}z}{\mathrm{d}t}=2\cos\dfrac{t}{2}$. 当 $t=\dfrac{\pi}{2}$ 时，切向量为 $(1,1,\sqrt{2})$，所以

切线方程为 $\dfrac{x-\frac{\pi}{2}+1}{1}=\dfrac{y-1}{1}=\dfrac{z-2\sqrt{2}}{\sqrt{2}}$；

法平面方程为 $x-\dfrac{\pi}{2}+1+y-1+\sqrt{2}(z-2\sqrt{2})=0$ 或 $x+y+\sqrt{2}z-\dfrac{\pi}{2}-4=0$.

【例 5.4.9】 求曲线$\begin{cases}x^2+y^2+z^2=6,\\x+y+z=0\end{cases}$在点$(1,-2,1)$处的切线及法平面方程.

【解】 设$\begin{cases}F(x,y,z)=x^2+y^2+z^2-6=0,\\G(x,y,z)=x+y+z=0,\end{cases}$则$F'_x=2x,F'_y=2y,F'_z=2z,G'_x=G'_y=G'_z=1$.

在点$(1,-2,1)$处,

$$\begin{vmatrix}F'_y & F'_z\\G'_y & G'_z\end{vmatrix}=\begin{vmatrix}-4 & 2\\1 & 1\end{vmatrix}=-6,\quad\begin{vmatrix}F'_z & F'_x\\G'_z & G'_x\end{vmatrix}=\begin{vmatrix}2 & 2\\1 & 1\end{vmatrix}=0,\quad\begin{vmatrix}F'_x & F'_y\\G'_x & G'_y\end{vmatrix}=\begin{vmatrix}2 & -4\\1 & 1\end{vmatrix}=6,$$

所以切线方程为$\dfrac{x-1}{-6}=\dfrac{y+2}{0}=\dfrac{z-1}{6}$或$\dfrac{x-1}{-1}=\dfrac{y+2}{0}=\dfrac{z-1}{1}$,

法平面方程为$-(x-1)+(z-1)=0$或$x-z=0$.

2. 空间曲面的切平面与法线

(1) 设曲面Σ的方程为$F(x,y,z)=0$,$M_0(x_0,y_0,z_0)$为曲面Σ上的一点,并设$F(x,y,z)$在M_0点处具有连续偏导数且不同时为零.过M_0点在曲面Σ上任取一条曲线Γ,假设Γ的方程为$\begin{cases}x=x(t),\\y=y(t),\\z=z(t),\end{cases}$当$t=t_0$时对应于点$M_0$且$x'(t_0),y'(t_0),z'(t_0)$不全为零,曲线$\Gamma$在$M_0$处的切线的方向向量为$\boldsymbol{s}=(x'(t_0),y'(t_0),z'(t_0))$,由于$\Gamma$在$\Sigma$上,所以$F(x(t),y(t),z(t))\equiv 0$,在$t=t_0$处求导得

$$F'_x(x_0,y_0,z_0)\cdot x'(t_0)+F'_y(x_0,y_0,z_0)\cdot y'(t_0)+F'_z(x_0,y_0,z_0)\cdot z'(t_0)=0.$$

设$\boldsymbol{n}=(F'_x(x_0,y_0,z_0),F'_y(x_0,y_0,z_0),F'_z(x_0,y_0,z_0))$,故$\boldsymbol{n}\cdot\boldsymbol{s}=0$,即$\boldsymbol{n}\perp\boldsymbol{s}$,因此,曲面$\Sigma$上过$M_0$的任一条曲线的切线均在同一平面上,这个平面称为曲面Σ在M_0点处的切平面.

切平面方程为

$$F'_x(x_0,y_0,z_0)(x-x_0)+F'_y(x_0,y_0,z_0)(y-y_0)+F'_z(x_0,y_0,z_0)(z-z_0)=0.$$

过M_0垂直于切平面的直线称为曲面在M_0点的法线,其方程为

$$\frac{x-x_0}{F'_x(x_0,y_0,z_0)}=\frac{y-y_0}{F'_y(x_0,y_0,z_0)}=\frac{z-z_0}{F'_z(x_0,y_0,z_0)}.$$

(2) 设曲面Σ的方程为$z=f(x,y)$,令$F(x,y,z)=f(x,y)-z$,在$M_0(x_0,y_0,z_0)$处的切平面方程为

$$f'_x(x_0,y_0)(x-x_0)+f'_y(x_0,y_0)(y-y_0)=z-z_0.$$

法线方程为$\dfrac{x-x_0}{f'_x(x_0,y_0)}=\dfrac{y-y_0}{f'_y(x_0,y_0)}=\dfrac{z-z_0}{-1}$.

【例 5.4.10】 曲面$z=x^2(1-\sin y)+y^2(1-\sin x)$在点$(1,0,1)$处的切平面方程为________.

【答案】 $2x-y-z=1$.

【解】 $\dfrac{\partial z}{\partial x}=2x(1-\sin y)-y^2\cos x,\dfrac{\partial z}{\partial y}=-x^2\cos y+2y(1-\sin x)$,

$\left.\dfrac{\partial z}{\partial x}\right|_{(1,0,1)}=2,\left.\dfrac{\partial z}{\partial y}\right|_{(1,0,1)}=-1$,所以切平面方程为:

$$2(x-1)-(y-0)=z-1\text{ 或 }2x-y-z=1.$$

【例 5.4.11】 求曲面$x^2+2y^2+z^2=1$上平行于平面$x-2y+z=1$的切平面方程.

【解】 设切点为(x_0,y_0,z_0),则切平面方程为

$2x_0(x-x_0)+4y_0(y-y_0)+2z_0(z-z_0)=0$或$x_0x+2y_0y+z_0z-1=0$,

平行于平面$x-2y+z=1$,则$\dfrac{x_0}{1}=\dfrac{2y_0}{-2}=\dfrac{z_0}{1}=t,t=\pm\dfrac{1}{2}$,所求平面方程为$x-2y+z-2=0$或$-x+2y-z-2=0$.

五、方向导数与梯度①

定义 5.4.2　设函数 $z=f(x,y)$ 在点 $P_0(x_0,y_0)$ 的邻域内有定义，$\vec{l}$ 为非零向量，其方向余弦为 $\cos\alpha,\cos\beta$，若极限 $\lim\limits_{t\to 0}\dfrac{f(x_0+t\cos\alpha,y_0+t\cos\beta)-f(x_0,y_0)}{t}$ 存在，则称此极限值为函数 $z=f(x,y)$ 在点 $P_0(x_0,y_0)$ 处沿方向 $\vec{l}$ 的方向导数，记作：$\left.\dfrac{\partial z}{\partial l}\right|_{(x_0,y_0)}$，即

$$\left.\frac{\partial z}{\partial l}\right|_{(x_0,y_0)}=\lim_{t\to 0}\frac{f(x_0+t\cos\alpha,y_0+t\cos\beta)-f(x_0,y_0)}{t}.$$

定理 5.4.3　如果函数 $z=f(x,y)$ 在点 $P(x,y)$ 是可微分的，那么函数在该点沿任意方向 l 的方向导数都存在，且有 $\dfrac{\partial f}{\partial l}=\dfrac{\partial f}{\partial x}\cos\alpha+\dfrac{\partial f}{\partial y}\cos\beta$，其中 $\cos\alpha,\cos\beta$ 为方向 l 的方向余弦.

对于三元函数 $u=f(x,y,z)$ 来说，沿 l 方向的方向导数为

$$\frac{\partial f}{\partial l}=\frac{\partial f}{\partial x}\cos\alpha+\frac{\partial f}{\partial y}\cos\beta+\frac{\partial f}{\partial z}\cos\gamma,$$

其中 $\cos\alpha,\cos\beta,\cos\gamma$ 为方向 l 的方向余弦.

【例 5.4.12】　求函数 $u=x^2e^{yz}$ 在点(1,1,1)处，沿点(1,1,1)到点(5,−2,13)方向的方向导数.

【解】　$\boldsymbol{l}=(4,-3,12)$，$|\boldsymbol{l}|=13$，$\boldsymbol{l}^0=\left(\dfrac{4}{13},-\dfrac{3}{13},\dfrac{12}{13}\right)$.

$\dfrac{\partial u}{\partial x}=2xe^{yz}$，$\dfrac{\partial u}{\partial y}=x^2e^{yz}\cdot z$，$\dfrac{\partial u}{\partial z}=x^2e^{yz}\cdot y$，在点(1,1,1)处的方向导数

$$\left.\frac{\partial u}{\partial l}\right|_{(1,1,1)}=\left.\frac{\partial u}{\partial x}\right|_{(1,1,1)}\cdot\cos\alpha+\left.\frac{\partial u}{\partial y}\right|_{(1,1,1)}\cdot\cos\beta+\left.\frac{\partial u}{\partial z}\right|_{(1,1,1)}\cdot\cos\gamma$$

$$=2e\cdot\frac{4}{13}+e\cdot\left(-\frac{3}{13}\right)+e\cdot\frac{12}{13}=\frac{17}{13}e.$$

定义 5.4.3　设函数 $z=f(x,y)$ 在平面区域 D 内具有一阶连续偏导数，对于每一点 $P(x,y)\in D$，如果存在一个向量，其方向为函数 $f(x,y)$ 在点 P 处的方向导数取得最大时的方向，其模等于 $f(x,y)$ 在点 P 处方向导数的最大值，则称该向量为函数 $f(x,y)$ 在点 P 处的梯度，记作 $\mathbf{grad}\,f(x,y)$ 或 $\nabla f(x,y)$.

梯度是一个向量，在数值和方向上均体现了最大的方向导数.

定理 5.4.4　设函数 $z=f(x,y)$ 在点 $P(x,y)$ 处可微分，那么它在点 P 处的梯度存在，且 $\mathbf{grad}\,f(x,y)=\dfrac{\partial f}{\partial x}\boldsymbol{i}+\dfrac{\partial f}{\partial y}\boldsymbol{j}$.

对于三元函数 $u=f(x,y,z)$，同理可得 $\mathbf{grad}\,u=\dfrac{\partial u}{\partial x}\boldsymbol{i}+\dfrac{\partial u}{\partial y}\boldsymbol{j}+\dfrac{\partial u}{\partial z}\boldsymbol{k}$.

【例 5.4.13】　函数 $u=\ln(x^2+y^2+z^2)$ 在点 $M(1,2,-2)$ 处的梯度 $\left.\mathbf{grad}u\right|_M=$ ________.

【解】　因为 $\dfrac{\partial u}{\partial x}=\dfrac{2x}{x^2+y^2+z^2}$，$\dfrac{\partial u}{\partial y}=\dfrac{2y}{x^2+y^2+z^2}$，$\dfrac{\partial u}{\partial z}=\dfrac{2z}{x^2+y^2+z^2}$，所以 $\left.\dfrac{\partial u}{\partial x}\right|_{(1,2,-2)}=\dfrac{2}{9}$，$\left.\dfrac{\partial u}{\partial y}\right|_{(1,2,-2)}=\dfrac{4}{9}$，$\left.\dfrac{\partial u}{\partial z}\right|_{(1,2,-2)}=-\dfrac{4}{9}$.

所以所求的梯度为 $\left\{\dfrac{2}{9},\dfrac{4}{9},-\dfrac{4}{9}\right\}$.

【例 5.4.14】　设 $u=x^2-4yz+z^3$，问在 $M(1,-2,1)$ 处函数 u 沿什么方向的方向导数达到最大？并且求此最大值.

分析：梯度方向即为方向导数取得最大的方向.

【解】　$\dfrac{\partial u}{\partial x}=2x$，$\dfrac{\partial u}{\partial y}=-4z$，$\dfrac{\partial u}{\partial z}=-4y+3z^2$，在点 $M(1,-2,1)$ 处梯度 $\mathbf{grad}\,u|_{(1,-2,1)}=(2,-4,11)$，

即为方向导数取得最大的方向，方向导数的最大值为$\left|\mathbf{grad}\, u\right|\Big|_{(1,-2,1)}=\sqrt{141}$.

六、二元函数的泰勒公式[①]

设函数$z=f(x,y)$在点(x_0,y_0)的某一邻域内连续且有$n+1$阶连续偏导数，$(x_0+\Delta x,y_0+\Delta y)$为该邻域内任一点，则有

$$f(x_0+\Delta x,y_0+\Delta y)=\sum_{k=0}^{n}\frac{1}{k!}\left(\Delta x\frac{\partial}{\partial x}+\Delta y\frac{\partial}{\partial y}\right)^k f(x_0,y_0)+R_n,$$

其中$R_n=\dfrac{1}{(n+1)!}\left(\Delta x\dfrac{\partial}{\partial x}+\Delta y\dfrac{\partial}{\partial y}\right)^{n+1}f(x_0+\theta\Delta x,y_0+\theta\Delta y)(0<\theta<1)$.

而$\left(\Delta x\dfrac{\partial}{\partial x}+\Delta y\dfrac{\partial}{\partial y}\right)f(x_0,y_0)=\left(\Delta x\dfrac{\partial f}{\partial x}+\Delta y\dfrac{\partial f}{\partial y}\right)\Bigg|_{(x_0,y_0)}$,

其中$\left(\Delta x\dfrac{\partial}{\partial x}+\Delta y\dfrac{\partial}{\partial y}\right)^2 f=(\Delta x)^2\dfrac{\partial^2 f}{\partial x^2}+2\Delta x\Delta y\dfrac{\partial^2 f}{\partial x\partial y}+(\Delta y)^2\dfrac{\partial^2 f}{\partial y^2}$,依此类推.

重要公式结论与方法技巧

1. 偏导数的定义：$\dfrac{\partial z}{\partial x}\Bigg|_{(x_0,y_0)}=\lim\limits_{\Delta x\to 0}\dfrac{f(x_0+\Delta x,y_0)-f(x_0,y_0)}{\Delta x}$,

$$\frac{\partial z}{\partial y}\Bigg|_{(x_0,y_0)}=\lim_{\Delta y\to 0}\frac{f(x_0,y_0+\Delta y)-f(x_0,y_0)}{\Delta y}.$$

2. 全微分的计算：$\mathrm{d}z=\dfrac{\partial z}{\partial x}\mathrm{d}x+\dfrac{\partial z}{\partial y}\mathrm{d}y$.

3. 函数连续、偏导数与全微分的关系：

$$\text{偏导数连续}\Rightarrow\text{全微分存在}\begin{cases}\Rightarrow\text{函数连续}\\ \Rightarrow\text{偏导数存在}\end{cases}$$

4. 复合函数$z=f[\varphi(x,y),\psi(x,y)]$的偏导数计算公式，其中$u=\varphi(x,y),v=\psi(x,y)$

$$\frac{\partial z}{\partial x}=\frac{\partial z}{\partial u}\cdot\frac{\partial u}{\partial x}+\frac{\partial z}{\partial v}\cdot\frac{\partial v}{\partial x},\quad \frac{\partial z}{\partial y}=\frac{\partial z}{\partial u}\cdot\frac{\partial u}{\partial y}+\frac{\partial z}{\partial v}\cdot\frac{\partial v}{\partial y}.$$

5. 设$z=f(y_1,y_2,\cdots,y_m)$，而$y_j=g_j(x_1,x_2,\cdots,x_n)$，则复合函数$z=f[g_1(x_1,\cdots,x_n),\cdots,g_m(x_1,\cdots,x_n)]$关于变量$x_i$的偏导数

$$\frac{\partial z}{\partial x_i}=\frac{\partial f}{\partial y_1}\cdot\frac{\partial g_1}{\partial x_i}+\cdots+\frac{\partial f}{\partial y_m}\cdot\frac{\partial g_m}{\partial x_i}(i=1,2,\cdots,n).$$

6. 隐函数的导数：$F(x,y)=0\Rightarrow y=y(x)$，则$\dfrac{\mathrm{d}y}{\mathrm{d}x}=-\dfrac{F'_x}{F'_y}$.

7. 隐函数的偏导数：$F(x,y,z)=0\Rightarrow z=z(x,y)$，则$\dfrac{\partial z}{\partial x}=-\dfrac{F'_x}{F'_z},\ \dfrac{\partial z}{\partial y}=-\dfrac{F'_y}{F'_z}$.

8. 隐函数的偏导数：方程组$\begin{cases}F(x,y,z)=0,\\ G(x,y,z)=0\end{cases}\Rightarrow\begin{cases}y=y(x),\\ z=z(x),\end{cases}$

$$\frac{\mathrm{d}y}{\mathrm{d}x}=-\frac{1}{J}\frac{\partial(F,G)}{\partial(x,z)},\quad \frac{\mathrm{d}z}{\mathrm{d}x}=-\frac{1}{J}\frac{\partial(F,G)}{\partial(y,x)}\left(\text{其中 }J=\frac{\partial(F,G)}{\partial(y,z)}\neq 0\right).$$

常见误区警示

1. $\dfrac{\partial}{\partial x}f[\varphi(x,y)]=f'[\varphi(x,y)]\cdot\varphi'_x(x,y)$.

注意：中间变量只有一个.

常见错误：$\dfrac{\partial}{\partial x}f[\varphi(x,y)]=f'_x[\varphi(x,y)]\cdot\varphi'_x(x,y)$，详见例 5.3.3 及例 5.3.9.

2. 对于隐函数 $F(x,y,z)=0$，$F'_x(x,y,z)$，$F'_z(x,y,z)$ 是 x,y,z 的函数，仍然是 x,y 的复合函数.

$$\frac{\partial F'_x}{\partial x}=F''_{xx}\cdot 1+F''_{xz}\cdot\frac{\partial z}{\partial x},\quad \frac{\partial F'_z}{\partial x}=F''_{zx}\cdot 1+F''_{zz}\cdot\frac{\partial z}{\partial x}.$$

常见错误：误认为 $\frac{\partial F'_x}{\partial x}=F''_{xx}$，$\frac{\partial F'_z}{\partial x}=F''_{zx}$.

本章同步练习

一、单项选择题

1. 设 $f(x,y)=\begin{cases}\dfrac{x^2y}{x^4+y^2}, & (x,y)\neq(0,0),\\ 0, & (x,y)=(0,0),\end{cases}$ 则 $f(x,y)$ 在 $(0,0)$ 点处（　　）.

(A) 连续但偏导数不存在.　　(B) 不连续但偏导数存在.

(C) 连续且偏导数存在，但不可微.　　(D) 全微分存在.

2. 设 $z=x^y$，则 $\mathrm{d}z=$（　　）.

(A) $x^y\left(\ln x\mathrm{d}x+\frac{y}{x}\mathrm{d}y\right)$.　　(B) $x^y\left(\frac{y}{x}\mathrm{d}x+\ln x\mathrm{d}y\right)$.

(C) $x^y\left(\frac{\ln x}{x}\mathrm{d}x+y\mathrm{d}y\right)$.　　(D) $x^y\left(y\mathrm{d}x+\frac{\ln x}{x}\mathrm{d}y\right)$.

3. (2013[2])　设 $z=\frac{y}{x}f(xy)$，其中函数 f 可微，则 $\frac{x}{y}\cdot\frac{\partial z}{\partial x}+\frac{\partial z}{\partial y}=$（　　）.

(A) $2yf'(xy)$.　　(B) $-2yf''(xy)$.　　(C) $\frac{2}{x}f(xy)$.　　(D) $-\frac{2}{x}f(xy)$.

4. (2013[1])　曲面 $x^2+\cos(xy)+yz+x=0$ 在点 $(0,1,-1)$ 处的切平面方程为（　　）.

(A) $x-y+z=-2$.　　(B) $x+y=z=0$.　　(C) $x-2y+z=-3$.　　(D) $x-y-z=0$.

5. 函数 $z=x^3+y^3-3x^2-3y^2$ 的极小值点为（　　）.

(A) $(0,0)$.　　(B) $(0,2)$.　　(C) $(2,2)$.　　(D) $(2,0)$.

6. (2011[1])　设函数 $f(x)$ 具有二阶连续导数，且 $f(x)>0$，$f'(0)=0$，则函数 $z=f(x)\ln f(y)$ 在点 $(0,0)$ 处取得极小值的一个充分条件是（　　）.

(A) $f(0)>1,f''(0)>0$.　　(B) $f(0)>1,f''(0)<0$.

(C) $f(0)<1,f''(0)>0$.　　(D) $f(0)<1,f''(0)<0$.

7. (2008[1])　函数 $f(x,y)=\arctan\frac{x}{y}$ 在点 $(0,1)$ 处的梯度为（　　）.

(A) $\boldsymbol{i}$.　　(B) $-\boldsymbol{i}$.　　(C) $\boldsymbol{j}$.　　(D) $-\boldsymbol{j}$.

二、填空题

1. 设 $f(x,y)$ 可微，且 $f(x,3x)=x^4$，$f'_y(1,3)=\frac{2}{3}$，则 $f'_x(1,3)=$ ________.

2. 设 $F(x,y,z)=0$ 满足隐函数存在定理的条件，则 $\frac{\partial x}{\partial y}\cdot\frac{\partial y}{\partial z}\cdot\frac{\partial z}{\partial x}=$ ________.

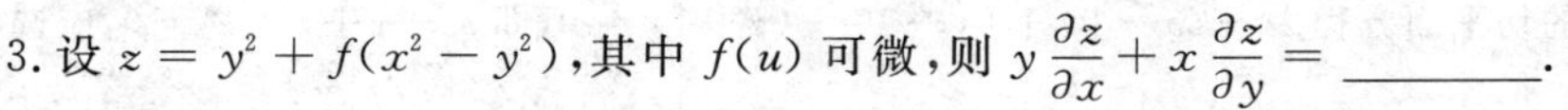

3. 设 $z=y^2+f(x^2-y^2)$，其中 $f(u)$ 可微，则 $y\frac{\partial z}{\partial x}+x\frac{\partial z}{\partial y}=$ ________.

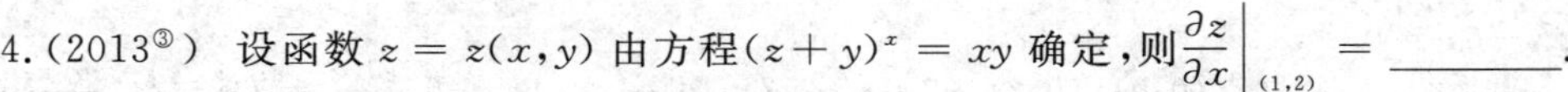

4. (2013[3])　设函数 $z=z(x,y)$ 由方程 $(z+y)^x=xy$ 确定，则 $\left.\frac{\partial z}{\partial x}\right|_{(1,2)}=$ ________.

5. 球面 $x^2+y^2+z^2=14$ 在点 $(1,2,3)$ 处的切平面方程为________.

6. 曲面 $z=y+\ln\frac{x}{z}$ 在点 $M_0(1,1,1)$ 处的法线方程为________.

7. (2012[①]) $\mathbf{grad}\left(xy+\frac{z}{y}\right)\bigg|_{(2,1,1)}=$________.

8. 设函数 $z=x^2-xy+y^2$ 在点(1,1)沿方向$\boldsymbol{\alpha}$的方向导数取得最大值，且 $|\boldsymbol{\alpha}|=1$，则$\boldsymbol{\alpha}=$________.

三、解答题

1. 已知 $z=f(x^2+y,xy^2)$，其中 f 具有二阶连续偏导数，求$\frac{\partial^2 z}{\partial x\partial y}$.

2. 设函数 $f(x,y)$ 具有一阶连续偏导数，且 $f(1,1)=1$，$f_x'(1,1)=a$，$f_y'(1,1)=b$，又设$\varphi(x)=f[x,f(x,x)]$，求 $\varphi'(1)$.

3. 设函数 $u=x^2+y^2+z$，而 $z=z(x,y)$ 是由方程 $x^3+y^3+z^3+3z=0$ 所确定并满足$z(1,-1)=0$的隐函数，求$\frac{\partial u}{\partial x}\bigg|_{(1,-1)}$.

4. 设 $z=z(x,y)$ 是由方程 $2x^2+2y^2+z^2+8yz-z+8=0$ 确定的函数，且 $z(0,-2)=1$，求$\frac{\partial z}{\partial x}\bigg|_{(0,-2)}$，$\frac{\partial^2 z}{\partial x^2}\bigg|_{(0,-2)}$.

5. (2009[①③]) 求二元函数 $f(x,y)=x^2(2+y^2)+y\ln y$ 的极值.

6. (2013[②]) 求曲线 $x^3-xy+y^3=1(x\geqslant 0,y\geqslant 0)$ 上的点到坐标原点的最长距离与最短距离.

本章同步练习答案解析

一、单项选择题

1. (B).

选取路径 $y=kx^2$，则 $\lim\limits_{\substack{x\to 0\\ y=kx^2}}\frac{x^2y}{x^4+y^2}=\frac{k}{1+k^2}$ 与k有关，所以极限不存在，函数在(0,0)点处不连续，只能选(B).

$f_x'(0,0)=\lim\limits_{x\to 0}\frac{f(x,0)-f(0,0)}{x}=0$，$f_y'(0,0)=\lim\limits_{y\to 0}\frac{f(0,y)-f(0,0)}{y}=0$，函数在(0,0)点处的偏导数存在.

2. (B).

$z=x^y$，则 $\mathrm{d}z=\frac{\partial z}{\partial x}\mathrm{d}x+\frac{\partial z}{\partial y}\mathrm{d}y=x^y\left(\frac{y}{x}\mathrm{d}x+\ln x\mathrm{d}y\right)$，选(B).

3. (A).

$z=\frac{y}{x}f(xy)$，$\frac{\partial z}{\partial x}=-\frac{y}{x^2}f(xy)+\frac{y}{x}f'(xy)\cdot y$，$\frac{\partial z}{\partial y}=\frac{1}{x}f(xy)+\frac{y}{x}f'(xy)\cdot x$，所以

$\frac{x}{y}\cdot\frac{\partial z}{\partial x}+\frac{\partial z}{\partial y}=-\frac{1}{x}f(xy)+yf'(xy)+\frac{1}{x}f(xy)+yf'(xy)=2yf'(xy)$，选(A).

4. (A).

曲面 $x^2+\cos(xy)+yz+x=0$ 在点$(0,1,-1)$处的切平面的法向量为 $\boldsymbol{n}=\left(\frac{\partial z}{\partial x},\frac{\partial z}{\partial y},-1\right)$，设 $F(x,y,z)=x^2+\cos(xy)+yz+x$，而

$$\frac{\partial z}{\partial x}=-\frac{F_x'}{F_z'}=-\frac{2x-y\sin(xy)+1}{y},\ \frac{\partial z}{\partial x}\bigg|_{(0,1,-1)}=-1,\ \frac{\partial z}{\partial y}=-\frac{F_y'}{F_z'}=-\frac{-x\sin(xy)+z}{y},\ \frac{\partial z}{\partial y}\bigg|_{(0,1,-1)}=1.$$

所以曲面在点$(0,1,-1)$处的切平面方程为 $-(x-0)+(y-1)-(z+1)=0$，即 $x-y+z+2=0$，应选(A).

5. (C).

由$\begin{cases}\frac{\partial z}{\partial x}=3x^2-6x=0,\\ \frac{\partial z}{\partial y}=3y^2-6y=0\end{cases}$ 得驻点(0,0)，(0,2)，(2,0)，(2,2). 而$\frac{\partial^2 z}{\partial x^2}=6x-6$，$\frac{\partial^2 z}{\partial y^2}=6y-6$，$\frac{\partial^2 z}{\partial x\partial y}=0$，

在(2,2)处，$B^2-AC=-36<0$ 且 $A=6>0$，所以选(C).

6.(A).

$$\begin{cases}\dfrac{\partial z}{\partial x}=f'(x)\ln f(y)=0,\\ \dfrac{\partial z}{\partial y}=f(x)\cdot\dfrac{1}{f(y)}\cdot f'(y)=0\end{cases}$$ 在(0,0)处有 $\dfrac{\partial z}{\partial x}=\dfrac{\partial z}{\partial y}=0$，$\dfrac{\partial^2 z}{\partial x^2}=f''(x)\ln f(y)$，$\dfrac{\partial^2 z}{\partial x\partial y}=f'(x)\cdot\dfrac{1}{f(y)}f'(y)$，

$\dfrac{\partial^2 z}{\partial y^2}=f(x)\cdot\dfrac{f''(y)\cdot f(y)-[f'(y)]^2}{f^2(y)}$. 在(0,0)处，$A=f''(0)\ln f(0)$，$B=0$，$C=f''(0)$，函数要在点(0,0)处取得极小值，必须有 $B^2-AC=-[f''(0)]^2\ln f(0)<0$ 且 $A>0$，故选(A).

7.(A).

$$z=\arctan\frac{x}{y},\ \frac{\partial z}{\partial x}=\frac{1}{1+\left(\dfrac{x}{y}\right)^2}\cdot\frac{1}{y}=\frac{y}{x^2+y^2},\ \left.\frac{\partial z}{\partial x}\right|_{(0,1)}=1,$$

$$\frac{\partial z}{\partial y}=\frac{1}{1+\left(\dfrac{x}{y}\right)^2}\cdot\left(-\frac{x}{y^2}\right)=-\frac{x}{x^2+y^2},\ \left.\frac{\partial z}{\partial y}\right|_{(0,1)}=0,$$

因此，$f(xy)$ 在点(0,1)处的梯度为 $\boldsymbol{i}$，选(A).

二、填空题

1. 2.

由 $f(x,3x)=x^4$ 得 $f'_x(x,3x)\cdot1+f'_y(x,3x)\cdot3=4x^3$，而 $f'_y(1,3)=\dfrac{2}{3}$，所以 $f'_x(1,3)=2$.

2. -1.

如果 $F(x,y,z)=0$ 满足隐函数存在定理的条件，则 $\dfrac{\partial x}{\partial y}=-\dfrac{F'_y}{F'_x}$，$\dfrac{\partial y}{\partial z}=-\dfrac{F'_z}{F'_y}$，$\dfrac{\partial z}{\partial x}=-\dfrac{F'_x}{F'_z}$，故 $\dfrac{\partial x}{\partial y}\cdot\dfrac{\partial y}{\partial z}\cdot\dfrac{\partial z}{\partial x}=-1$.

3. $2xy$.

$\dfrac{\partial z}{\partial x}=f'\cdot2x$，$\dfrac{\partial z}{\partial y}=2y+f'\cdot(-2y)$，所以 $y\dfrac{\partial z}{\partial x}+x\dfrac{\partial z}{\partial y}=2xy$.

4. $2-2\ln2$.

已知方程 $(z+y)^x=xy$，当 $x=1,y=2$ 时，$z=0$.

已知 $F(x,y,z)=(z+y)^x-xy$，则 $\dfrac{\partial z}{\partial x}=-\dfrac{F'_x}{F'_z}=-\dfrac{(z+y)^x\ln(z+y)-y}{x(z+y)^{x-1}}$，所以 $\left.\dfrac{\partial z}{\partial x}\right|_{(1,2)}=-2\ln2+2$.

5. $x+2y+3z-14=0$.

设 $F(x,y,z)=x^2+y^2+z^2-14$，则

$$F'_x(1,2,3)=2,F'_y(1,2,3)=4,F'_z(1,2,3)=6.$$

在点(1,2,3)处的切平面方程为：

$$2(x-1)+4(y-2)+6(z-3)=0\ \text{或}\ x+2y+3z-14=0.$$

6. $\dfrac{x-1}{-1}=\dfrac{y-1}{-1}=\dfrac{z-1}{2}$.

设 $F(x,y,z)=z-y-\ln\dfrac{x}{z}$，则曲面的切平面的法向量为 $\boldsymbol{n}=(F'_x,F'_y,F'_z)=\left(-\dfrac{1}{x},-1,1+\dfrac{1}{z}\right)$，$\boldsymbol{n}|_{(1,1,1)}=(-1,-1,2)$，法线方程为 $\dfrac{x-1}{-1}=\dfrac{y-1}{-1}=\dfrac{z-1}{2}$.

7. (1,1,1) 或 $\boldsymbol{i}+\boldsymbol{j}+\boldsymbol{k}$.

设 $u=xy+\dfrac{z}{y}$，则 $\dfrac{\partial u}{\partial x}=y$，$\dfrac{\partial u}{\partial y}=x-\dfrac{z}{y^2}$，$\dfrac{\partial u}{\partial z}=\dfrac{1}{y}$. 在点(2,1,1)处，$\dfrac{\partial u}{\partial x}=1$，$\dfrac{\partial u}{\partial y}=1$，$\dfrac{\partial u}{\partial z}=1$，所以 $\mathbf{grad}\left(xy+\dfrac{z}{y}\right)\Big|_{(2,1,1)}=(1,1,1)$.

8. $\boldsymbol{\alpha}=\left(\dfrac{1}{\sqrt2},\dfrac{1}{\sqrt2}\right)$.

$\mathbf{grad}z=(2x-y,-x+2y)$,$\mathbf{grad}z\Big|_{(1,1)}=(1,1)$,方向导数取得最大值即为梯度的模,所以$\boldsymbol{\alpha}=\left(\frac{1}{\sqrt{2}},\frac{1}{\sqrt{2}}\right)$.

三、解答题

1. 解:$\frac{\partial z}{\partial x}=f_1'\cdot 2x+f_2'\cdot y^2$,

$\frac{\partial^2 z}{\partial x\partial y}=2x(f_{11}''\cdot 1+f_{12}''\cdot 2xy)+f_2'\cdot 2y+y^2\cdot(f_{21}''\cdot 1+f_{22}''\cdot 2xy)$.

2. 解:$\varphi'(x)=f_1'[x,f(x,x)]\cdot 1+f_2'[x,f(x,x)]\cdot[f_1'(x,x)+f_2'(x,x)]$,所以

$\varphi'(1)=f_1'(1,1)+f_2'(1,1)\cdot[f_1'(1,1)+f_2'(1,1)]=a+b(a+b)$.

3. 解:设 $F(x,y,z)=x^3+y^3+z^3+3z$,则$\frac{\partial z}{\partial x}=-\frac{F_x'}{F_z'}=-\frac{x^2}{z^2+1}$,所以$\frac{\partial u}{\partial x}=2x+\frac{\partial z}{\partial x}=2x-\frac{x^2}{z^2+1}$,由 $z(1,-1)=0$ 知$\frac{\partial u}{\partial x}\Big|_{(1,-1)}=1$.

4. 解:方程 $2x^2+2y^2+z^2+8yz-z+8=0$ 两边对 x 求偏导数,得

$$4x+2z\cdot\frac{\partial z}{\partial x}+8y\cdot\frac{\partial z}{\partial x}-\frac{\partial z}{\partial x}=0\Rightarrow\frac{\partial z}{\partial x}\Big|_{(0,-2)}=0,$$

两边再对 x 求偏导数,得

$$4+2\left(\frac{\partial z}{\partial x}\right)^2+2z\frac{\partial^2 z}{\partial x^2}+(8y-1)\cdot\frac{\partial^2 z}{\partial x^2}=0\Rightarrow\frac{\partial^2 z}{\partial x^2}\Big|_{(0,-2)}=\frac{4}{15}.$$

5. 解:$f_x'(x,y)=2x(2+y^2)$,$f_y'(x,y)=2x^2y+\ln y+1$.

令$\begin{cases}f_x'(x,y)=0,\\f_y'(x,y)=0,\end{cases}$得唯一驻点$\left(0,\frac{1}{\mathrm{e}}\right)$.又 $f_{xx}''(x,y)=2(2+y^2)$,$f_{xy}''(x,y)=4xy$,$f_{yy}''(x,y)=2x^2+\frac{1}{y}$,在驻点$\left(0,\frac{1}{\mathrm{e}}\right)$处,$A=2\left(2+\frac{1}{\mathrm{e}^2}\right)$,$B=0$,$C=\mathrm{e}$,所以 $B^2-AC<0$ 且 $A>0$,故 $f\left(0,\frac{1}{\mathrm{e}}\right)=-\frac{1}{\mathrm{e}}$ 为极小值.

6. 解:设(x,y)为曲线上的点,到原点的距离为 $d=\sqrt{x^2+y^2}$,
作拉格朗日函数 $L(x,y,\lambda)=x^2+y^2+\lambda(x^3-xy+y^3-1)$.

$$令\begin{cases}\frac{\partial L}{\partial x}=2x+\lambda(3x^2-y)=0, & ①\\ \frac{\partial L}{\partial y}=2y+\lambda(-x+3y^2)=0, & ②\\ \frac{\partial L}{\partial \lambda}=x^3-xy+y^3-1=0, & ③\end{cases}$$

当 $x>0,y>0$ 时,由①,②得$\frac{x}{y}=\frac{3x^2-y}{-x+3y^2}$,即$-x^2+3xy^2=3x^2y-y^2$ 或 $3xy(y-x)=(x+y)(x-y)$.当 $x>0,y>0$ 时,得 $x=y$,代入③得到 $2x^3-x^2-1=0$,显然$x=1$是一个根,$2x^3-x^2-1=(x-1)(2x^2+x+1)$,所以$(1,1)$是唯一的驻点,此时 $d=\sqrt{2}$,在端点或边界 $x=0$ 或$y=0$处,相应的点为$(0,1)$或$(1,0)$,此时距离 $d=1$,因此,最长距离为$\sqrt{2}$,最短距离为 1.

第六章　多元函数积分学

名师解码

本章概要

复习导语

多元函数的积分学，对于数学二、三的考生，主要掌握二重积分的概念与计算．二重积分对于数学二、三的考生非常重要，在考研中大约占10%的分值．二重积分题型丰富，主要包括：化二重积分为二次积分，交换积分次序，计算二重积分，计算二次积分及二重积分证明等．利用直角坐标或极坐标计算二重积分的基本要求是画出积分区域图，做好这一步是良好的开始、成功的一半．

对于数学一的考生，二重积分也很重要，一方面，考研经常直接考查二重积分；另一方面，二重积分是多元积分学的基础，三重积分、曲线积分、曲面积分等计算主要依赖二重积分．三重积分重点掌握计算，包括三种坐标下的计算、柱线法和截面法，相对的难点是三重积分的对称性和轮换性．对于数学一的考生，这部分的重点是曲线积分及曲面积分，格林公式及高斯公式，曲线积分与路径无关的等价条件等．在基础阶段，考生学习这部分内容可能会比较困难，通常是基础不够扎实造成的．建议考生在基础阶段先了解基本内容，了解常用计算和公式的应用范围，待基础提高后再重点突破．

知识结构图

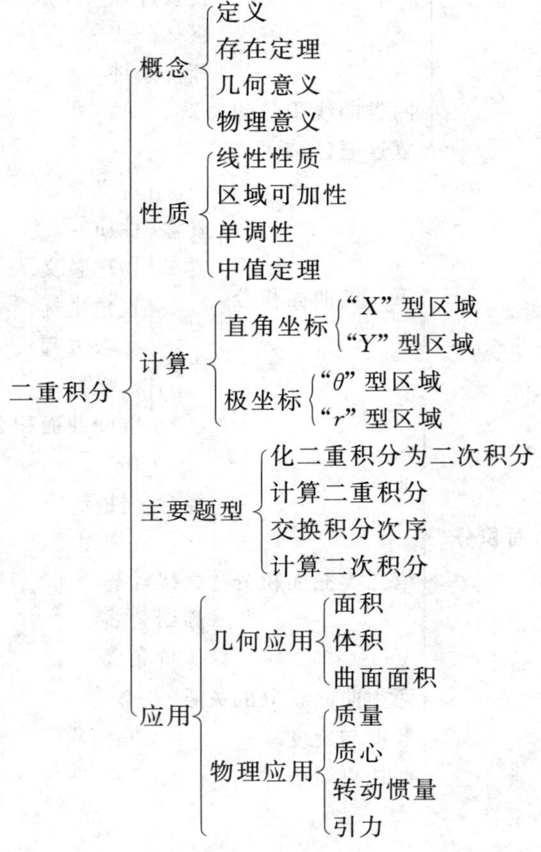

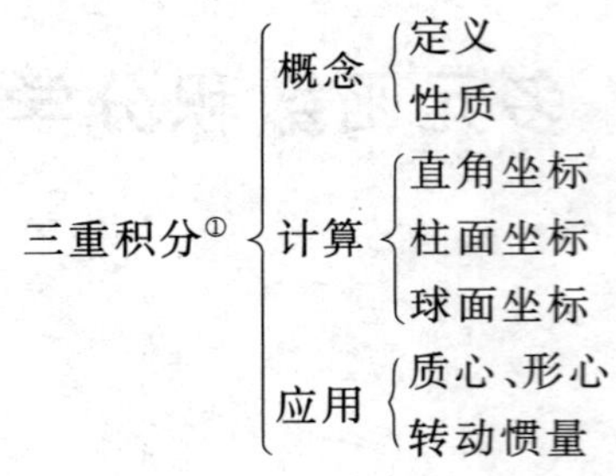
三重积分①
概念
定义
性质
计算
直角坐标
柱面坐标
球面坐标
应用
质心、形心
转动惯量

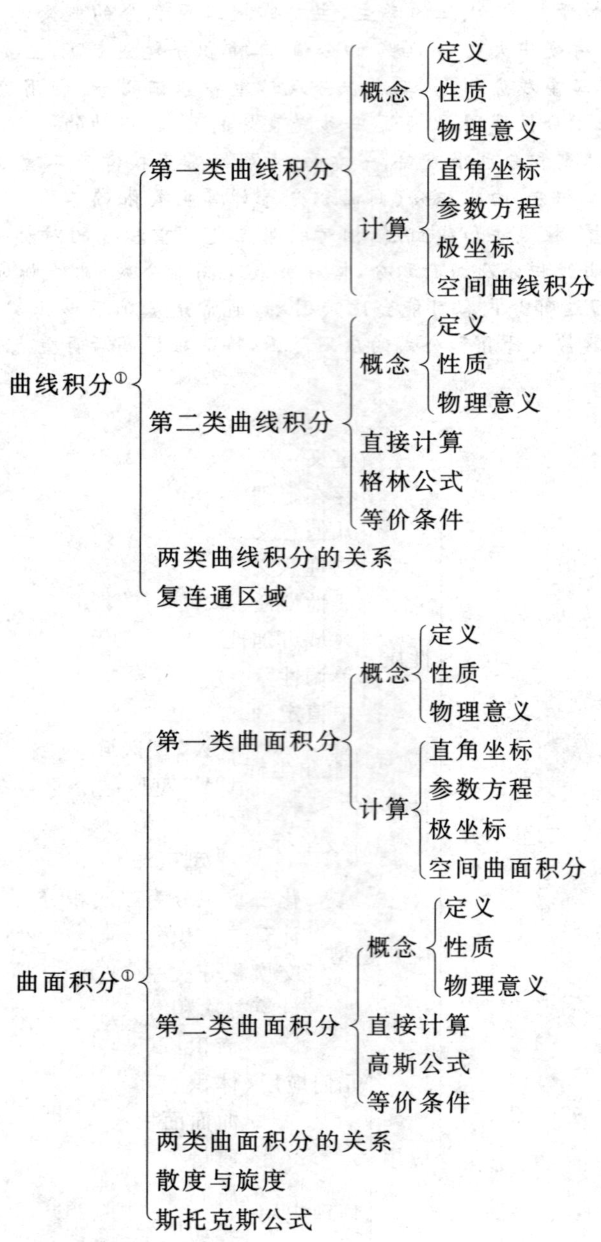
曲线积分①
第一类曲线积分
概念
定义
性质
物理意义
计算
直角坐标
参数方程
极坐标
空间曲线积分
第二类曲线积分
概念
定义
性质
物理意义
直接计算
格林公式
等价条件
两类曲线积分的关系
复连通区域
曲面积分①
第一类曲面积分
概念
定义
性质
物理意义
计算
直角坐标
参数方程
极坐标
空间曲面积分
第二类曲面积分
概念
定义
性质
物理意义
直接计算
高斯公式
等价条件
两类曲面积分的关系
散度与旋度
斯托克斯公式

复习目标

1. 了解二重积分的概念与基本性质，掌握二重积分的计算方法(直角坐标、极坐标)[②③].

2. 了解无界区域上较简单的反常二重积分并会计算[③].

仅数学一要求

3. 理解二重积分、三重积分的概念，了解重积分的性质，了解二重积分的中值定理.

4. 掌握二重积分的计算方法(直角坐标、极坐标)，会计算三重积分(直角坐标、柱面坐标、球面坐标).

5. 理解两类曲线积分的概念，了解两类曲线积分的性质及两类曲线积分的关系.

6. 掌握计算两类曲线积分的方法.

7. 掌握格林公式并会运用平面曲线积分与路径无关的条件，会求二元函数全微分的原函数.

8. 了解两类曲面积分的概念、性质及两类曲面积分的关系，掌握计算两类曲面积分的方法，掌握用高斯公式计算曲面积分的方法，并会用斯托克斯公式计算曲线积分.

9. 了解散度与旋度的概念，并会计算.

10. 会用重积分、曲线积分及曲面积分求一些几何量与物理量(平面图形的面积、体积、曲面面积、弧长、质量、质心、形心、转动惯量、引力、功及流量等).

考查要点详解

第一节　二重积分

一、二重积分的概念

1. 二重积分的定义

定义 6.1.1　设 $f(x,y)$ 是有界闭区域 D 上的有界函数，将 D 任意分成 n 个小闭区域 $\Delta\sigma_1,\Delta\sigma_2,\cdots,\Delta\sigma_n$，其中 $\Delta\sigma_i$ 既表示第 i 个小闭区域，也表示它的面积. 在每个小区域 $\Delta\sigma_i$ 中任取一点 (ξ_i,η_i)，作和式 $\sum\limits_{i=1}^{n}f(\xi_i,\eta_i)\Delta\sigma_i$. 如果当 $\lambda=\max\{d_i\}\to 0$(其中 d_i 表示小闭区域 $\Delta\sigma_i(i=1,2,\cdots)$ 的直径，即区域内的最远距离)时，$\lim\limits_{\lambda\to 0}\sum\limits_{i=1}^{n}f(\xi_i,\eta_i)\Delta\sigma_i$ 存在，则称此极限值为函数 $f(x,y)$ 在 D 上的二重积分，即

$$\iint\limits_{D}f(x,y)\mathrm{d}\sigma=\lim_{\lambda\to 0}\sum_{i=1}^{n}f(\xi_i,\eta_i)\Delta\sigma_i.$$

2. 二重积分存在定理：如果函数在闭区域上连续，则二重积分存在.

3. 二重积分的性质

(1) $\iint\limits_{D}kf(x,y)\mathrm{d}\sigma=k\iint\limits_{D}f(x,y)\mathrm{d}\sigma$.

(2) $\iint\limits_{D}[f(x,y)\pm g(x,y)]\mathrm{d}\sigma=\iint\limits_{D}f(x,y)\mathrm{d}\sigma\pm\iint\limits_{D}g(x,y)\mathrm{d}\sigma$.

(3) $\iint\limits_{D_1+D_2}f(x,y)\mathrm{d}\sigma=\iint\limits_{D_1}f(x,y)\mathrm{d}\sigma+\iint\limits_{D_2}f(x,y)\mathrm{d}\sigma$.

(4) 设 $\forall(x,y)\in D$，有 $f(x,y)<g(x,y)$，则 $\iint\limits_{D}f(x,y)\mathrm{d}\sigma<\iint\limits_{D}g(x,y)\mathrm{d}\sigma$.

(5) 设 $m\leqslant f(x,y)\leqslant M$，则 $m\sigma\leqslant\iint\limits_{D}f(x,y)\mathrm{d}\sigma\leqslant M\sigma$，其中 σ 表示 D 的面积.

(6)(**二重积分的中值定理**)

设函数 $f(x,y)$ 在闭区域 D 上连续，σ 是 D 的面积，则 $\exists(\xi,\eta)\in D$，使得 $\iint\limits_D f(x,y)\mathrm{d}\sigma = f(\xi,\eta)\cdot\sigma$.

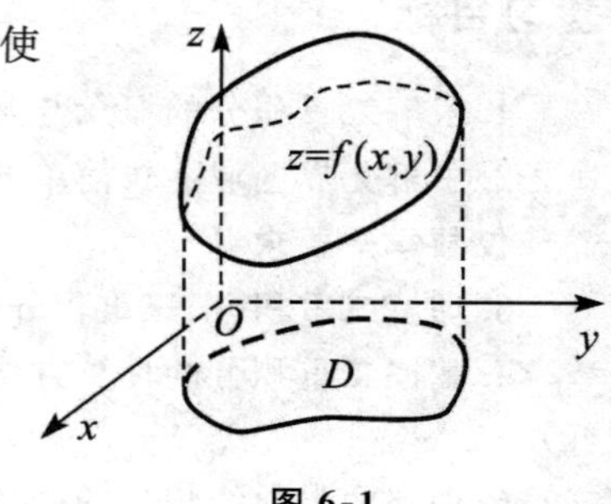

图 6-1

4. 二重积分的几何意义：曲顶柱体的体积(如图 6-1 所示).

$$V=\iint\limits_D f(x,y)\mathrm{d}\sigma.$$

5. 二重积分的物理意义：平面薄片的质量.

二、二重积分的计算

计算二重积分的基本要求是先画出积分区域图!

1. 利用直角坐标计算二重积分

在直角坐标下，积分元素 $\mathrm{d}\sigma=\mathrm{d}x\mathrm{d}y$.

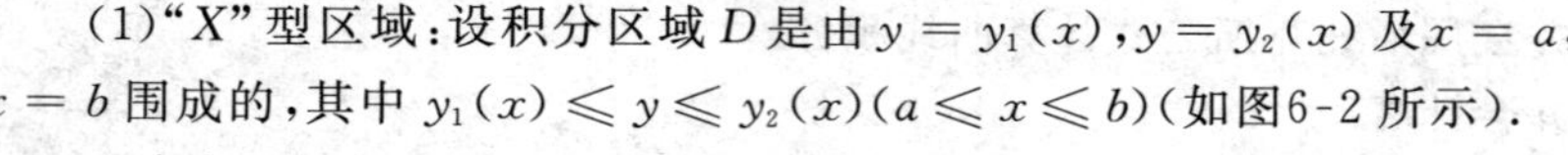

(1)“X”型区域：设积分区域 D 是由 $y=y_1(x)$，$y=y_2(x)$ 及 $x=a$，$x=b$ 围成的，其中 $y_1(x)\leqslant y\leqslant y_2(x)(a\leqslant x\leqslant b)$(如图6-2 所示).

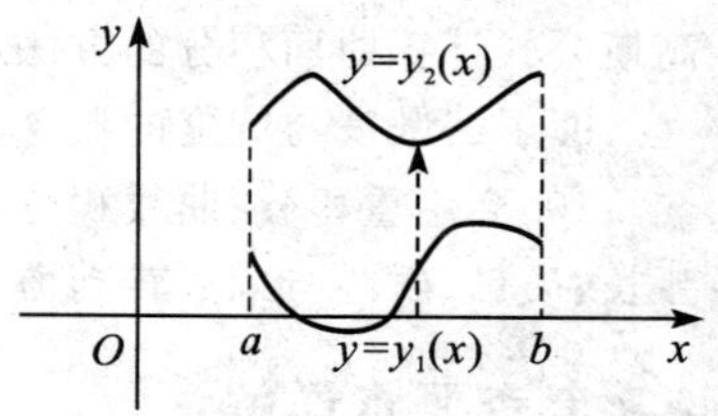

图 6-2

基本方法：

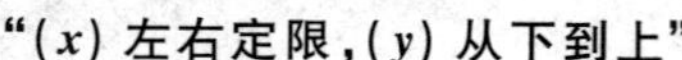

“(x) 左右定限，(y) 从下到上”

$$\iint\limits_D f(x,y)\mathrm{d}\sigma=\int_a^b\mathrm{d}x\int_{y_1(x)}^{y_2(x)}f(x,y)\mathrm{d}y.$$

(2)“Y”型区域：设积分区域 D 是由 $x=x_1(y)$，$x=x_2(y)$ 及 $y=c$，$y=d$ 围成的，其中 $x_1(y)\leqslant x\leqslant x_2(y)(c\leqslant y\leqslant d)$(如图 6-3 所示).

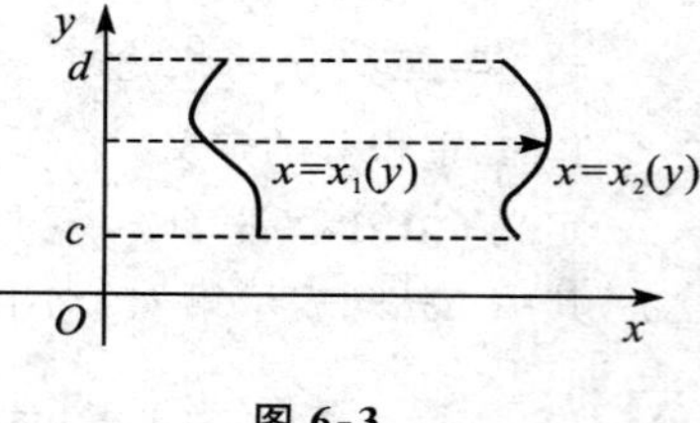

图 6-3

基本方法：

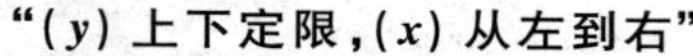

“(y) 上下定限，(x) 从左到右”

$$\iint\limits_D f(x,y)\mathrm{d}\sigma=\int_c^d\mathrm{d}y\int_{x_1(y)}^{x_2(y)}f(x,y)\mathrm{d}x.$$

【例 6.1.1】 将二重积分 $\iint\limits_D f(x,y)\mathrm{d}\sigma$ 化为二次积分，其中区域 D 是：

(1) 由 $y=x$，$x=2$，$y=1$ 所围成的区域；

(2) 由 $y=x$，$y=2x$，$x=1$ 所围成的区域.

【解】 先画积分区域图，如图 6-4、图 6-5 所示.

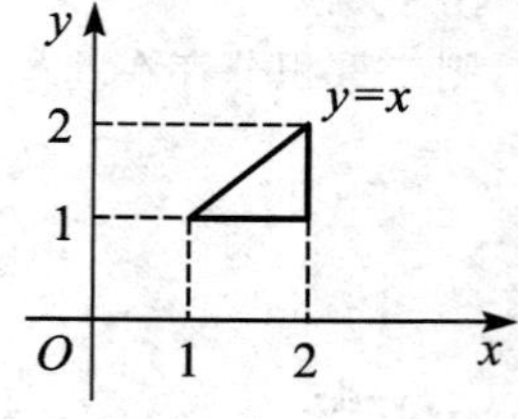

图 6-4

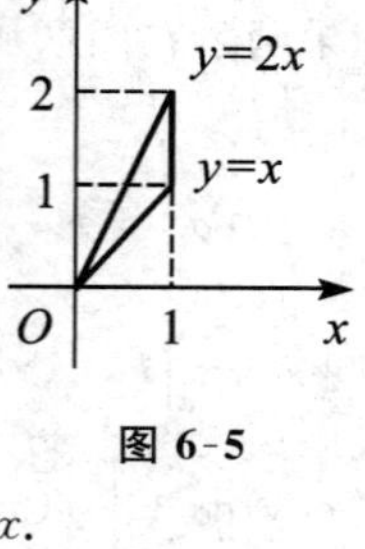

图 6-5

(1) $\iint\limits_D f(x,y)\mathrm{d}\sigma=\int_1^2\mathrm{d}x\int_1^x f(x,y)\mathrm{d}y=\int_1^2\mathrm{d}y\int_y^2 f(x,y)\mathrm{d}x.$

(2) $\iint\limits_D f(x,y)\mathrm{d}\sigma=\int_0^1\mathrm{d}x\int_x^{2x}f(x,y)\mathrm{d}y=\int_0^1\mathrm{d}y\int_{\frac{y}{2}}^{y}f(x,y)\mathrm{d}x+\int_1^2\mathrm{d}y\int_{\frac{y}{2}}^{1}f(x,y)\mathrm{d}x.$

评 注

例 6.1.1(2) 如果选择“Y”型区域，将分为两部分计算积分.

【例 6.1.2】　计算二重积分$\iint\limits_D y\sqrt{1+x^2-y^2}\mathrm{d}\sigma$,其中区域$D$是由$y=x$,$x=-1$,$y=1$所围成的区域.

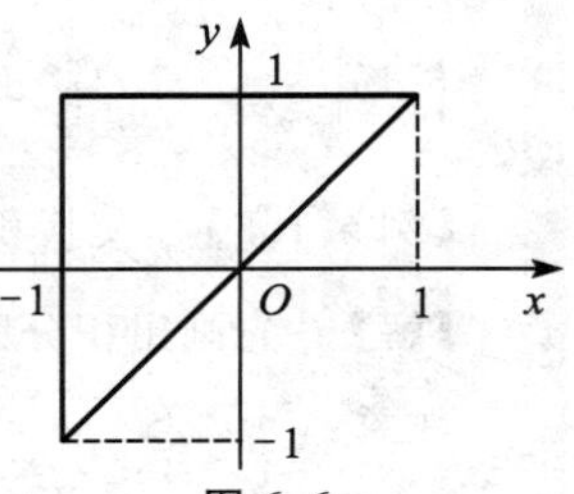

图 6-6

分析:计算二重积分需画出积分区域图,再结合被积函数选择"X","Y"型区域,即先考虑被积函数再考虑积分区域.此题应该先对变量y积分,选择"X"型区域.

【解】　如图 6-6 所示,

$$\iint\limits_D y\sqrt{1+x^2-y^2}\mathrm{d}\sigma=\int_{-1}^{1}\mathrm{d}x\int_{x}^{1}y\sqrt{1+x^2-y^2}\mathrm{d}y=\int_{-1}^{1}\left(-\frac{1}{2}\right)\cdot\frac{2}{3}\cdot\left[(1+x^2-y^2)^{\frac{3}{2}}\right]_x^1\mathrm{d}x$$

$$=\left(-\frac{1}{3}\right)\int_{-1}^{1}(|x|^3-1)\mathrm{d}x=\frac{1}{2}.$$

评 注

如果选择"Y"型区域,计算要复杂很多,考生可自行练习比较.

注意:$(x^2)^{\frac{3}{2}}=|x|^3$.

常见错误:误认为$(x^2)^{\frac{3}{2}}=x^3$.

如果考虑二重积分对称性,添加曲线$y=-x$,$-1\leqslant x\leqslant 0$,可使问题简单些,见本书例6.1.17.

【例 6.1.3】　计算二重积分$\iint\limits_D xy\mathrm{d}\sigma$,其中区域$D$是由$y^2=x$,$y=x-2$所围成的区域.

【解】　**解法一**　先求得交点$(1,-1)$,$(4,2)$.如图 6-7 所示,选择"Y"型区域,

$$\iint\limits_D xy\mathrm{d}\sigma=\int_{-1}^{2}y\mathrm{d}y\int_{y^2}^{y+2}x\mathrm{d}x=\frac{1}{2}\int_{-1}^{2}y[(y+2)^2-y^4]\mathrm{d}y=\frac{45}{8}.$$

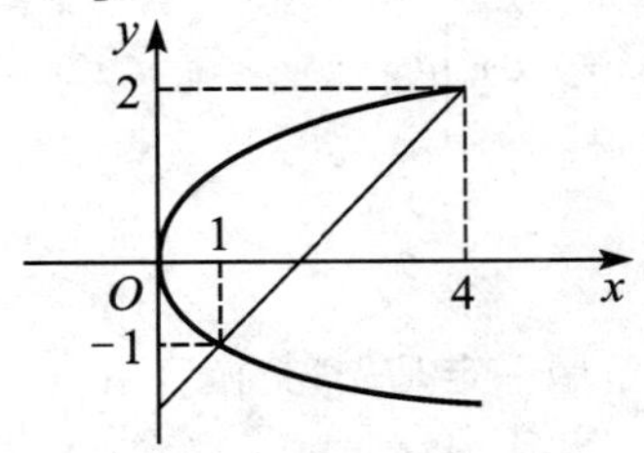

图 6-7

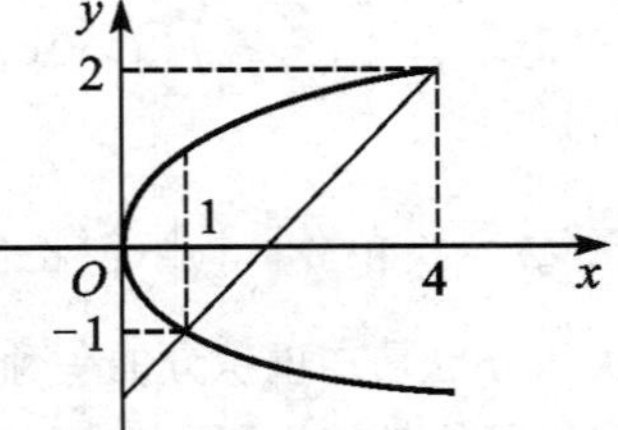

图 6-8

解法二　先求得交点$(1,-1)$,$(4,2)$.选择"X"型区域,如图 6-8 所示.需要分两部分计算积分.

$$\iint\limits_D xy\mathrm{d}\sigma=\int_0^1 x\mathrm{d}x\int_{-\sqrt{x}}^{\sqrt{x}}y\mathrm{d}y+\int_1^4 x\mathrm{d}x\int_{x-2}^{\sqrt{x}}y\mathrm{d}y=\frac{1}{2}\int_1^4 x[x-(x-2)^2]\mathrm{d}x=\frac{45}{8}.$$

评 注

解法二中第一个积分是奇函数在对称区间上的积分,其值为零.

【例 6.1.4】　交换积分$\int_0^1\mathrm{d}y\int_{-\sqrt{1-y^2}}^{1-y}f(x,y)\mathrm{d}x$的积分次序.

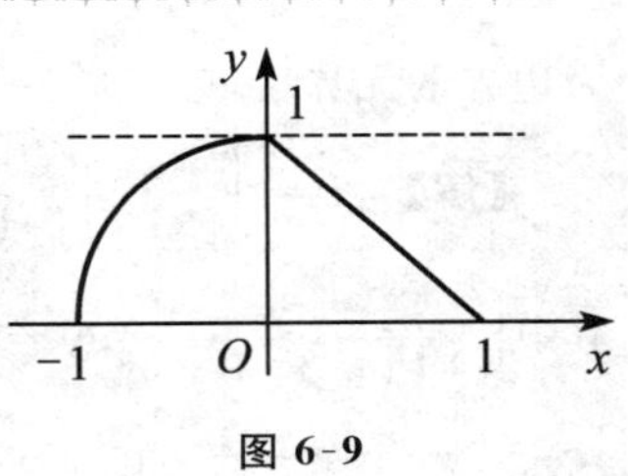

图 6-9

分析:交换积分次序是二重积分的一个常见题型,其关键点是通过二次积分先画出积分区域图,再交换积分次序."Y"型区域先确定关于y的带状区域,画出$x=1-y$及$x=-\sqrt{1-y^2}$在相应带状区域内的图形,再交换积分次序.

【解】　如图 6-9 所示,

$$\int_0^1 dy\int_{-\sqrt{1-y^2}}^{1-y} f(x,y)dx = \int_{-1}^0 dx\int_0^{\sqrt{1-x^2}} f(x,y)dy + \int_0^1 dx\int_0^{1-x} f(x,y)dy.$$

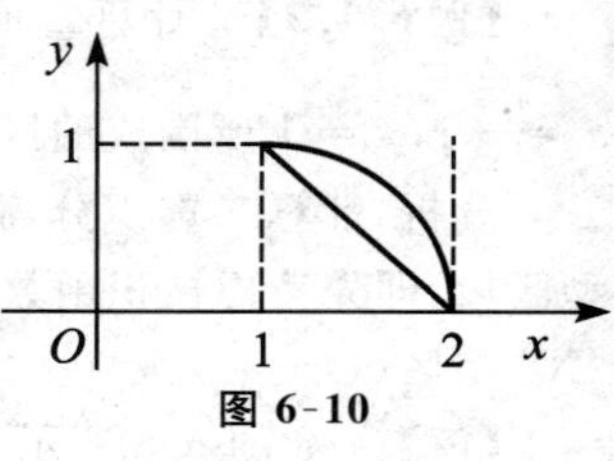

图 6-10

【例 6.1.5】 交换积分$\int_1^2 dx\int_{2-x}^{\sqrt{2x-x^2}} f(x,y)dy$的积分次序.

【解】 先画出积分区域图,如图 6-10 所示,确定 x 的带状区域.

注意:$y=\sqrt{2x-x^2}\Rightarrow(x-1)^2+y^2=1,x=1\pm\sqrt{1-y^2}$,右半圆取正号,所以$\int_1^2 dx\int_{2-x}^{\sqrt{2x-x^2}} f(x,y)dy=\int_0^1 dy\int_{2-y}^{1+\sqrt{1-y^2}} f(x,y)dx$.

评 注

考生要注意端点处的函数值及反函数的形式.

【例 6.1.6】(2025①②) 设函数 $f(x,y)$ 连续,则$\int_{-2}^2 dx\int_{4-x^2}^4 f(x,y)dy=$( ).

(A)$\int_0^4\left[\int_{-2}^{-\sqrt{4-y}} f(x,y)dx+\int_{\sqrt{4-y}}^2 f(x,y)dx\right]dy$.

(B)$\int_0^4\left[\int_{-2}^{\sqrt{4-y}} f(x,y)dx+\int_{\sqrt{4-y}}^2 f(x,y)dx\right]dy$.

(C)$\int_0^4\left[\int_{-2}^{-\sqrt{4-y}} f(x,y)dx+\int_2^{\sqrt{4-y}} f(x,y)dx\right]dy$.

(D)$2\int_0^4 dy\left[\int_{\sqrt{4-y}}^2 f(x,y)dx\right]$.

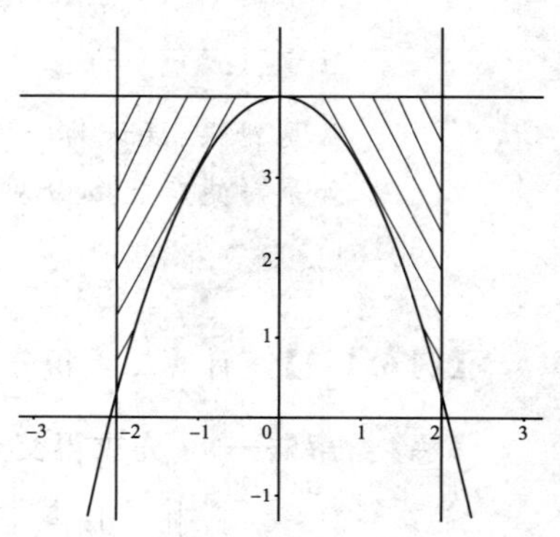

图 6-11

【答案】 (A).

【解】 积分区域的图形 6-11

积分区域为 D:$-2\leqslant x\leqslant 2,4-x^2\leqslant y\leqslant 4$,故交换积分次序得

$$\int_{-2}^2 dx\int_{4-x^2}^4 f(x,y)dy=\int_0^4\left[\int_{-2}^{-\sqrt{4-y}} f(x,y)dx+\int_{\sqrt{4-y}}^2 f(x,y)dx\right]dy$$

故选(A).

【例 6.1.7】 计算二次积分$\int_0^1 dy\int_{\sqrt{y}}^1 e^{\frac{y}{x}}dx$.

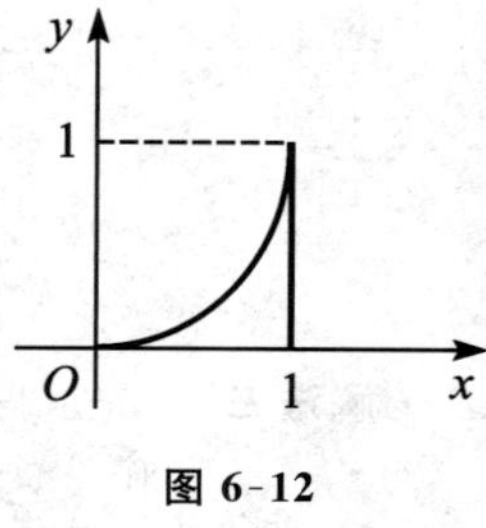

图 6-12

分析:计算二次积分也是二重积分的一种常见题型.解题一定是先"交换",主要是交换积分次序,也可能是交换积分坐标形式.

【解】 先画出积分区域图,如图 6-12 所示,

$$\int_0^1 dy\int_{\sqrt{y}}^1 e^{\frac{y}{x}}dx=\int_0^1 dx\int_0^{x^2} e^{\frac{y}{x}}dy=\int_0^1\left[x\cdot e^{\frac{y}{x}}\right]_0^{x^2}dx$$

$$=\int_0^1(xe^x-x)dx=\left[xe^x-e^x-\frac{1}{2}x^2\right]_0^1=\frac{1}{2}.$$

【例 6.1.8】(2017③) 计算积分$\iint\limits_D \frac{y^3}{(1+x^2+y^4)^2}dxdy$,其中 D 是第一象限中以曲线 $y=\sqrt{x}$ 与 x 轴为边界的无界区域.

【解】 $I=\int_0^{+\infty}dx\int_0^{\sqrt{x}}\frac{y^3}{(1+x^2+y^4)^2}dy$.

其中$\int_0^{\sqrt{x}}\frac{y^3}{(1+x^2+y^4)^2}dy=\frac{1}{4}\int_0^{\sqrt{x}}\frac{d(1+x^2+y^4)}{(1+x^2+y^4)^2}=-\frac{1}{4}\frac{1}{1+x^2+y^4}\Big|_0^{\sqrt{x}}=-\frac{1}{4}\left(\frac{1}{1+2x^2}-\frac{1}{1+x^2}\right)$,

则 $I=-\frac{1}{4}\int_0^{+\infty}\left(\frac{1}{1+2x^2}-\frac{1}{1+x^2}\right)dx=-\frac{1}{4}\left(\frac{1}{\sqrt{2}}\arctan\sqrt{2}x-\arctan x\right)\Big|_0^{+\infty}=\frac{2-\sqrt{2}}{16}\pi$.

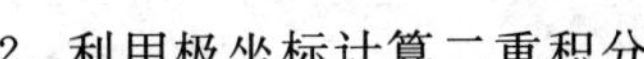

2. 利用极坐标计算二重积分

在极坐标下，积分元素为 $\mathrm{d}\sigma = r\mathrm{d}r\mathrm{d}\theta$.

注意：在极坐标下计算二重积分时，积分元素应该捆绑在一起，即 $\mathrm{d}\sigma = (r\mathrm{d}r)\cdot \mathrm{d}\theta$.

"θ"型区域：设积分区域 D 是由极坐标曲线 $r = r_1(\theta)$，$r = r_2(\theta)$，射线 $\theta = \alpha$，$\theta = \beta$ 所围成的，其中 $r_1(\theta) \leqslant r \leqslant r_2(\theta)(\alpha \leqslant \theta \leqslant \beta)$，其中 $r_1(\theta)$，$r_2(\theta)$ 在 $[\alpha,\beta]$ 上连续（如图 6-13 所示）.

基本方法：

"(θ) 射线定限，(r) 从里到外"

则极坐标下二重积分可化为二次积分

$$\iint\limits_D f(x,y)\mathrm{d}\sigma = \iint\limits_D f(r\cos\theta, r\sin\theta)r\mathrm{d}r\mathrm{d}\theta = \int_\alpha^\beta \mathrm{d}\theta\int_{r_1(\theta)}^{r_2(\theta)} f(r\cos\theta, r\sin\theta)r\mathrm{d}r.$$

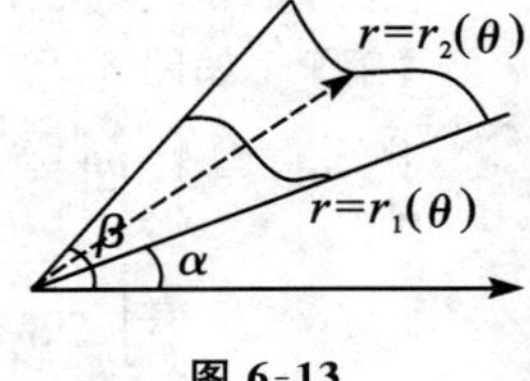

图 6-13

【例 6.1.9】　计算二重积分 $\iint\limits_D \mathrm{e}^{-x^2-y^2}\mathrm{d}\sigma$，其中区域 D 是圆域 $x^2+y^2 \leqslant a^2$.

【解】　利用极坐标计算. $\iint\limits_D \mathrm{e}^{-x^2-y^2}\mathrm{d}\sigma = \int_0^{2\pi}\mathrm{d}\theta\int_0^a \mathrm{e}^{-r^2}\cdot r\mathrm{d}r = 2\pi\cdot\left[\left(-\frac{1}{2}\right)\mathrm{e}^{-r^2}\right]_0^a = \pi(1-\mathrm{e}^{-a^2})$.

> **评 注**
>
> 一般地，遇到积分区域是圆的情况，考生应该选择极坐标计算.

【例 6.1.10】　计算二重积分 $\iint\limits_D \sqrt{R^2-x^2-y^2}\mathrm{d}\sigma$，其中区域 D 由 $x^2+y^2 \leqslant Rx$ 确定.

【解】　如图 6-14 所示，

$$\iint\limits_D \sqrt{R^2-x^2-y^2}\mathrm{d}\sigma = \int_{-\frac{\pi}{2}}^{\frac{\pi}{2}}\mathrm{d}\theta\int_0^{R\cos\theta}\sqrt{R^2-r^2}\cdot r\mathrm{d}r$$

$$= \int_{-\frac{\pi}{2}}^{\frac{\pi}{2}}\left(-\frac{1}{2}\right)\cdot\left[\frac{2}{3}(R^2-r^2)^{\frac{3}{2}}\right]_0^{R\cos\theta}\mathrm{d}\theta$$

$$= -\frac{1}{3}\int_{-\frac{\pi}{2}}^{\frac{\pi}{2}} R^3(|\sin^3\theta|-1)\mathrm{d}\theta$$

$$= -\frac{2}{3}R^3\int_0^{\frac{\pi}{2}}(\sin^3\theta-1)\mathrm{d}\theta = -\frac{2}{3}R^3\left(\frac{2}{3}-\frac{\pi}{2}\right) = \frac{3\pi-4}{9}R^3.$$

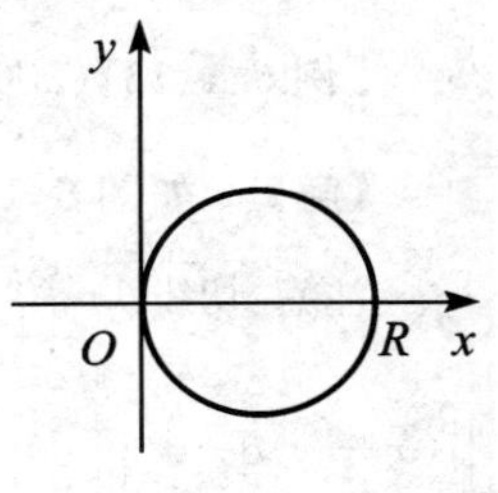

图 6-14

> **评 注**
>
> 此题解题过程中利用了定积分的部分结论，如偶函数在对称区间上的积分及常用定积分公式 $\int_0^{\frac{\pi}{2}}\sin^3\theta\mathrm{d}\theta = \frac{2}{3}$.
>
> 常见错误：误认为 $(R^2-R^2\cos^2\theta)^{\frac{3}{2}} = R^3\sin^3\theta$.

【例 6.1.11】(2011[②])　设平面区域 D 由直线 $y = x$，圆 $x^2+y^2 = 2y$ 及 y 轴所围成，

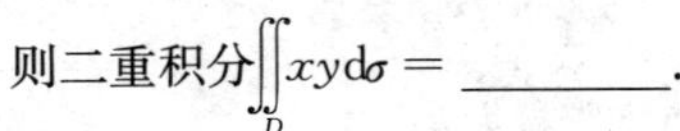

则二重积分 $\iint\limits_D xy\mathrm{d}\sigma =$ ________.

【答案】　$\frac{7}{12}$.

【解】　如图 6-15 所示，利用极坐标计算

$$\iint\limits_D xy\mathrm{d}\sigma = \int_{\frac{\pi}{4}}^{\frac{\pi}{2}}\mathrm{d}\theta\int_0^{2\sin\theta} r\cos\theta\cdot r\sin\theta\cdot r\mathrm{d}r = \frac{1}{4}\int_{\frac{\pi}{4}}^{\frac{\pi}{2}}\cos\theta\sin\theta(2\sin\theta)^4\mathrm{d}\theta$$

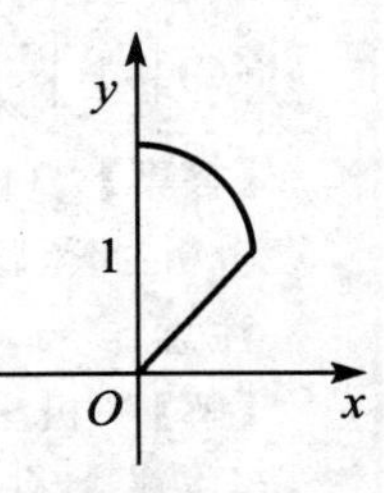

图 6-15

$$= 4 \cdot \frac{1}{6}\sin^6\theta\Big|_{\frac{\pi}{4}}^{\frac{\pi}{2}} = \frac{7}{12}.$$

【例 6.1.12】(2012[②]) 计算二重积分$\iint\limits_D xy\mathrm{d}\sigma$,其中区域 D 由曲线 $r = 1 + \cos\theta\,(0 \leqslant \theta \leqslant \pi)$ 与极轴所围成.

【解】 如图 6-16 所示,

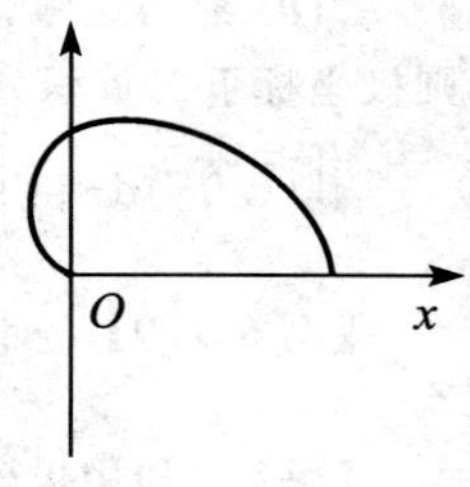

图 6-16

$$\iint\limits_D xy\mathrm{d}\sigma = \int_0^{\pi}\mathrm{d}\theta\int_0^{1+\cos\theta} r\cos\theta \cdot r\sin\theta \cdot r\mathrm{d}r$$

$$= \frac{1}{4}\int_0^{\pi}\cos\theta\sin\theta(1+\cos\theta)^4\mathrm{d}\theta$$

$$= -\frac{1}{4}\int_0^{\pi}[(1+\cos\theta)-1](1+\cos\theta)^4\mathrm{d}(1+\cos\theta)$$

$$= -\frac{1}{4}\left[\frac{1}{6}(1+\cos\theta)^6 - \frac{1}{5}(1+\cos\theta)^5\right]_0^{\pi}$$

$$= -\frac{1}{4}\left(-\frac{2^6}{6} + \frac{2^5}{5}\right) = \frac{16}{15}.$$

评 注

此题计算积分时可以直接换元(令 $1+\cos\theta = t$).

【例 6.1.13】(2009[②③]) 计算二重积分$\iint\limits_D (x-y)\mathrm{d}\sigma$,其中 $D = \{(x,y) \mid (x-1)^2 + (y-1)^2 \leqslant 2, y \geqslant x\}$.

【解】 如图 6-17 所示,利用极坐标计算.

注意:切线 $\theta = \frac{3\pi}{4}$. $(x-1)^2 + (y-1)^2 = 2$ 的极坐标方程为 $r = 2(\cos\theta + \sin\theta)$.

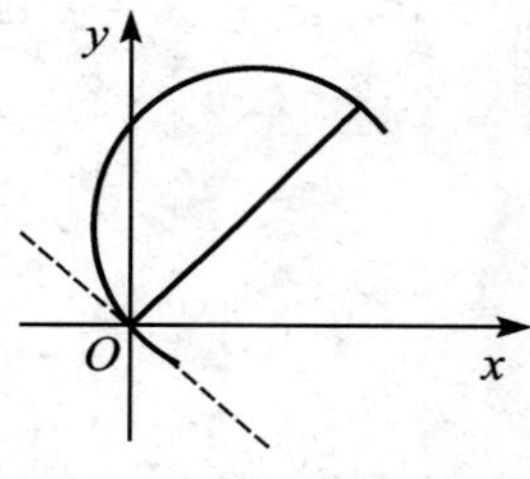

图 6-17

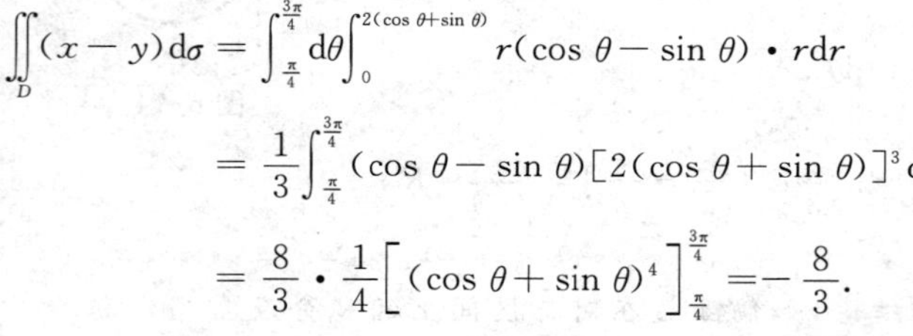

$$\iint\limits_D (x-y)\mathrm{d}\sigma = \int_{\frac{\pi}{4}}^{\frac{3\pi}{4}}\mathrm{d}\theta\int_0^{2(\cos\theta+\sin\theta)} r(\cos\theta - \sin\theta) \cdot r\mathrm{d}r$$

$$= \frac{1}{3}\int_{\frac{\pi}{4}}^{\frac{3\pi}{4}}(\cos\theta - \sin\theta)[2(\cos\theta+\sin\theta)]^3\mathrm{d}\theta$$

$$= \frac{8}{3} \cdot \frac{1}{4}\left[(\cos\theta + \sin\theta)^4\right]_{\frac{\pi}{4}}^{\frac{3\pi}{4}} = -\frac{8}{3}.$$

【例 6.1.14】 设函数 $f(t)$ 连续,则二次积分$\int_0^{\frac{\pi}{2}}\mathrm{d}\theta\int_{2\cos\theta}^2 f(r^2)r\mathrm{d}r = ($ $)$.

(A) $\int_0^2\mathrm{d}x\int_{\sqrt{2x-x^2}}^{\sqrt{4-x^2}}\sqrt{x^2+y^2}f(x^2+y^2)\mathrm{d}y$. (B) $\int_0^2\mathrm{d}x\int_{\sqrt{2x-x^2}}^{\sqrt{4-x^2}}f(x^2+y^2)\mathrm{d}y$.

(C) $\int_0^2\mathrm{d}y\int_{1+\sqrt{1-y^2}}^{\sqrt{4-y^2}}\sqrt{x^2+y^2}f(x^2+y^2)\mathrm{d}x$. (D) $\int_0^2\mathrm{d}y\int_{1+\sqrt{1-y^2}}^{\sqrt{4-y^2}}f(x^2+y^2)\mathrm{d}x$.

【答案】 (B).

分析:此题显然是交换积分坐标的题目,先画出积分区域图(如图 6-18 所示).

注意:$r = 2\cos\theta \Leftrightarrow x^2 + y^2 = 2x$.

【解】 极坐标化为直角坐标时需要注意 $r\mathrm{d}r\mathrm{d}\theta = \mathrm{d}\sigma = \mathrm{d}x\mathrm{d}y$,故选(B).

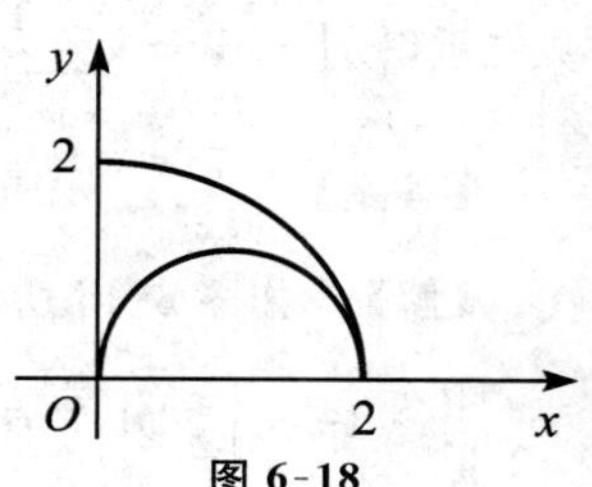

图 6-18

评 注

如果选择"Y"型区域,将分成三个区域计算.

【例 6.1.15】(2010[②])　计算二重积分$\iint\limits_D r^2\sin\theta\sqrt{1-r^2\cos 2\theta}\,\mathrm{d}r\mathrm{d}\theta$,其中区域$D=\left\{(r,\theta)\,\middle|\,0\leqslant r\leqslant\sec\theta,0\leqslant\theta\leqslant\frac{\pi}{4}\right\}$.

分析:直接计算比较复杂,考虑交换积分坐标,化为直角坐标.

【解】　积分区域$D=\left\{(r,\theta)\,\middle|\,0\leqslant r\leqslant\sec\theta,0\leqslant\theta\leqslant\frac{\pi}{4}\right\}$,在直角坐标下即为$D=\{(x,y)\mid 0\leqslant y\leqslant x,0\leqslant x\leqslant 1\}$(如图 6-19 所示).

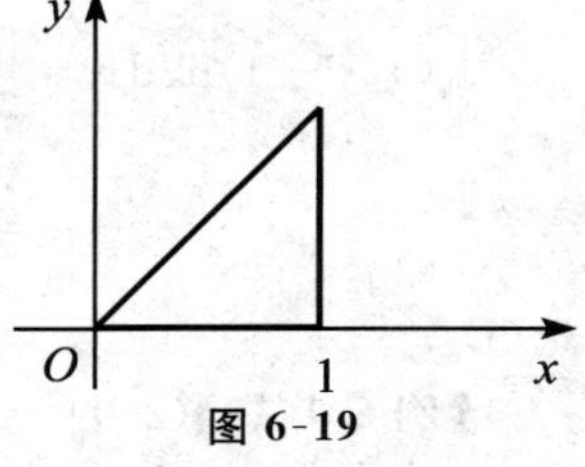

图 6-19

注意:$r\mathrm{d}r\mathrm{d}\theta=\mathrm{d}x\mathrm{d}y$.

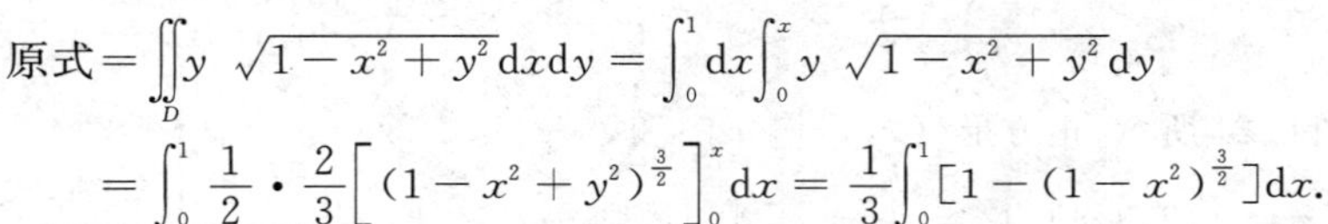

$$\text{原式}=\iint\limits_D y\sqrt{1-x^2+y^2}\,\mathrm{d}x\mathrm{d}y=\int_0^1\mathrm{d}x\int_0^x y\sqrt{1-x^2+y^2}\,\mathrm{d}y$$

$$=\int_0^1\frac{1}{2}\cdot\frac{2}{3}\left[(1-x^2+y^2)^{\frac{3}{2}}\right]_0^x\mathrm{d}x=\frac{1}{3}\int_0^1\left[1-(1-x^2)^{\frac{3}{2}}\right]\mathrm{d}x.$$

令$x=\sin t$,则

$$\int_0^1(1-x^2)^{\frac{3}{2}}\mathrm{d}x=\int_0^{\frac{\pi}{2}}\cos^3 t\cdot\cos t\mathrm{d}t=\frac{3}{4}\cdot\frac{1}{2}\cdot\frac{\pi}{2}=\frac{3\pi}{16},\text{所以原式}=\frac{1}{3}-\frac{\pi}{16}.$$

三、二重积分的对称性

1. 若积分区域D关于y轴对称,且$f(x,y)$为关于x的奇函数,即满足$f(-x,y)=-f(x,y)$,则$\iint\limits_D f(x,y)\mathrm{d}x\mathrm{d}y=0$.

2. 若积分区域D关于x轴对称,且$f(x,y)$为关于y的奇函数,即满足$f(x,-y)=-f(x,y)$,则$\iint\limits_D f(x,y)\mathrm{d}x\mathrm{d}y=0$;

3. 若积分区域D关于y轴或x轴对称,且$f(x,y)$为关于x或y的偶函数,则$\iint\limits_D f(x,y)\mathrm{d}x\mathrm{d}y=2\iint\limits_{D_1}f(x,y)\mathrm{d}x\mathrm{d}y$,其中区域$D_1$为区域$D$的一半.

评注

二重积分的对称性是相对的难点,很重要,希望考生引起重视.

【例 6.1.16】　设$f(x)$是连续的奇函数,$g(x)$是连续的偶函数,区域$D=\{(x,y)\mid 0\leqslant x\leqslant 1,-\sqrt{x}\leqslant y\leqslant\sqrt{x}\}$,则以下结论正确的是(　　).

(A)$\iint\limits_D f(y)g(x)\mathrm{d}x\mathrm{d}y=0$.　　(B)$\iint\limits_D f(x)g(y)\mathrm{d}x\mathrm{d}y=0$.

(C)$\iint\limits_D[f(x)+g(y)]\mathrm{d}x\mathrm{d}y=0$.　　(D)$\iint\limits_D[f(y)+g(x)]\mathrm{d}x\mathrm{d}y=0$.

【答案】　(A).

【解】　由于积分区域D关于x轴对称,且$f(y)$为奇函数,故选(A).

【例 6.1.17】(2012[②])　设区域D由曲线$y=\sin x,x=\pm\frac{\pi}{2},y=1$围成,则$\iint\limits_D(x^5y-1)\mathrm{d}x\mathrm{d}y=$(　　).

(A)π.　　(B)2.

(C)-2.　　(D)$-\pi$.

【答案】 (D).

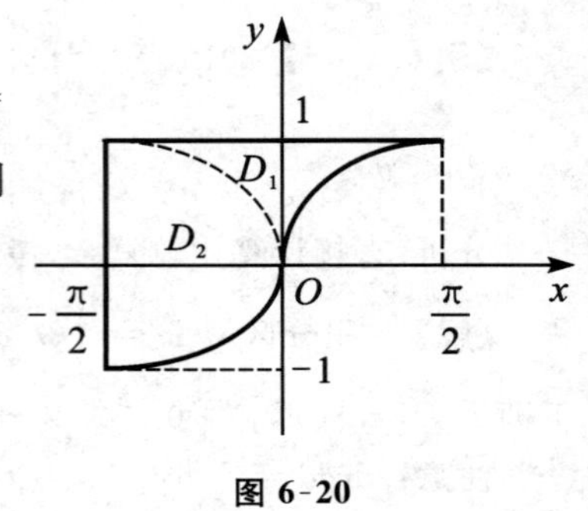

图 6-20

【解】 如图 6-20 所示，先画出积分区域图，添加一条曲线 $y=-\sin x\left(-\frac{\pi}{2}\leqslant x\leqslant 0\right)$，则积分区域 D 可分为两部分：D_1，D_2，且分别关于 y 轴、x 轴对称，由对称性

$$\iint_D (x^5y-1)\mathrm{d}x\mathrm{d}y=\iint_D -1\mathrm{d}x\mathrm{d}y=-\int_{-\frac{\pi}{2}}^{\frac{\pi}{2}}\mathrm{d}x\int_{\sin x}^{1}\mathrm{d}y$$
$$=-\int_{-\frac{\pi}{2}}^{\frac{\pi}{2}}(1-\sin x)\mathrm{d}x=-\pi,$$

选(D).

【例 6.1.18】(2009①) 如图 6-21 所示，正方形 $\{(x,y)\mid |x|\leqslant 1,|y|\leqslant 1\}$ 被其对角线划分为四个区域 $D_k(k=1,2,3,4)$，$I_k=\iint_{D_k} y\cos x\mathrm{d}x\mathrm{d}y$，则 $\max\limits_{1\leqslant k\leqslant 4}\{I_k\}=($ $)$.

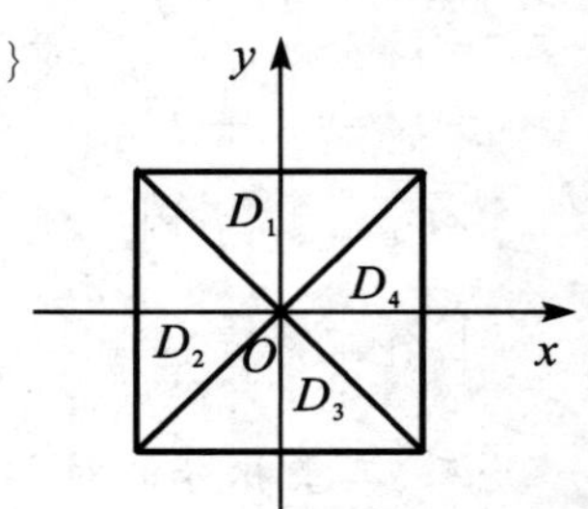

图 6-21

(A) I_1. (B) I_2.

(C) I_3. (D) I_4.

【答案】 (A).

【解】 D_1，D_3 关于 y 轴对称，D_2，D_4 关于 x 轴对称，由二重积分对称性知 $I_2=\iint_{D_2} y\cos x\mathrm{d}x\mathrm{d}y=0$，$I_4=0$，而在 D_1 上 $y\geqslant 0$，所以 I_1 最大，应选(A).

【例 6.1.19】(2010③) 计算二重积分 $\iint_D (x+y)^3\mathrm{d}x\mathrm{d}y$，其中 D 是由曲线 $x=\sqrt{1+y^2}$ 与直线 $x+\sqrt{2}y=0$ 及 $x-\sqrt{2}y=0$ 围成的区域.

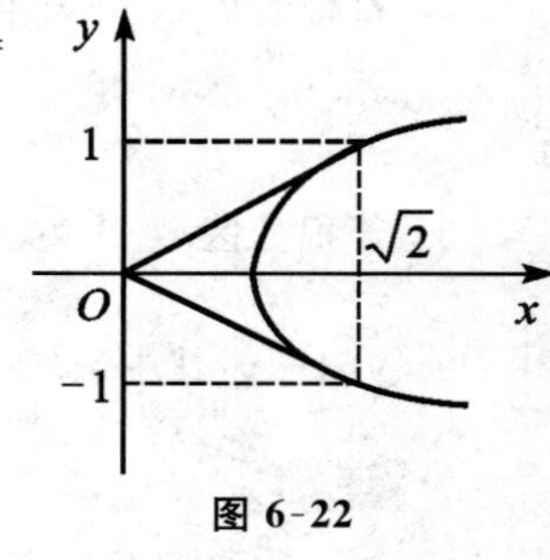

图 6-22

【解】 先求得交点 $(\sqrt{2},1)$，$(\sqrt{2},-1)$. 如图 6-22 所示，由对称性知

$$\iint_D (x+y)^3\mathrm{d}x\mathrm{d}y=2\int_0^1\mathrm{d}y\int_{\sqrt{2}y}^{\sqrt{1+y^2}}(x^3+3xy^2)\mathrm{d}x$$
$$=2\int_0^1\left[\frac{1}{4}x^4+\frac{3}{2}x^2y^2\right]_{\sqrt{2}y}^{\sqrt{1+y^2}}\mathrm{d}y$$
$$=\int_0^1\left[\frac{1}{2}(1+2y^2-3y^4)+3(y^2-y^4)\right]\mathrm{d}y=\frac{14}{15}.$$

评 注

二重积分对于数学二、三的考生非常重要，几乎是一定会考的内容；对于数学一的考生也很重要，是三重积分及曲线积分、曲面积分的基础.

第二节 三重积分①

一、三重积分的概念

1. 三重积分的定义

定义 6.2.1 设 $f(x,y,z)$ 是空间有界闭区域 Ω 上的有界函数，将 Ω 任意分成 n 个小闭空间域 Δv_1，Δv_2，…，Δv_n，其中 Δv_i 既表示第 i 个小闭空间域，也表示它的体积. 在每个小区域 Δv_i 中任取一点 (ξ_i,η_i,ζ_i)，作和式 $\sum\limits_{i=1}^{n}f(\xi_i,\eta_i,\zeta_i)\Delta v_i$，如果当 $\lambda=\max\{d_i\}\to 0$(其中 d_i 表示小闭空间域 $\Delta v_i(i=1,2,\cdots)$ 的直径，即空间域内的最远距离)时，$\lim\limits_{\lambda\to 0}\sum\limits_{i=1}^{n}f(\xi_i,\eta_i,\zeta_i)\Delta v_i$ 存在，则称此极限值为函数 $f(x,y,z)$ 在 Ω 上的三

重积分，即$\iiint\limits_{\Omega} f(x,y,z)\mathrm{d}v = \lim\limits_{\lambda\to 0}\sum\limits_{i=1}^{n} f(\xi_i,\eta_i,\zeta_i)\Delta v_i$.

2. 三重积分的性质类似于二重积分，请考生参照本章第一节相关内容.

特别地，$\iiint\limits_{\Omega}\mathrm{d}v = V$（$\Omega$ 的体积）.

二、三重积分的计算

1. 利用直角坐标计算三重积分

方法一　先计算定积分再计算二重积分（**柱线法**）

设平行于 z 轴且穿过区域 Ω 内部的直线与 Ω 的边界曲面 Σ 相交不多于两点，如图 6-23 所示，把区域 Ω 投影到 xOy 面上，得到一个平面区域 D_{xy}，以 D_{xy} 的边界曲线为准线作母线平行于 z 轴的柱面. 此柱面与曲面 Σ 的交线把 Σ 分成上下两部分，则

$$\iiint\limits_{\Omega} f(x,y,z)\mathrm{d}v = \iint\limits_{D_{xy}}\mathrm{d}\sigma\int_{z_1(x,y)}^{z_2(x,y)} f(x,y,z)\mathrm{d}z.$$

图 6-23

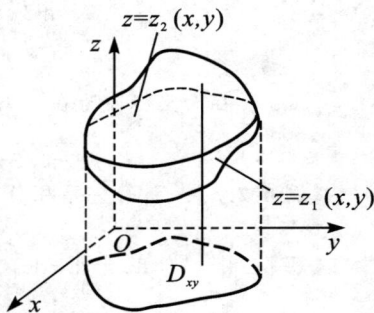

如果区域 D_{xy} 由 $y_1(x)\leqslant y\leqslant y_2(x)$，$a\leqslant x\leqslant b$ 确定，则

$$\iiint\limits_{\Omega} f(x,y,z)\mathrm{d}v = \int_a^b\mathrm{d}x\int_{y_1(x)}^{y_2(x)}\mathrm{d}y\int_{z_1(x,y)}^{z_2(x,y)} f(x,y,z)\mathrm{d}z.$$

如果区域 D_{xy} 由 $x_1(y)\leqslant x\leqslant x_2(y)$，$c\leqslant y\leqslant d$ 确定，则

$$\iiint\limits_{\Omega} f(x,y,z)\mathrm{d}v = \int_c^d\mathrm{d}y\int_{x_1(y)}^{x_2(y)}\mathrm{d}x\int_{z_1(x,y)}^{z_2(x,y)} f(x,y,z)\mathrm{d}z.$$

方法二　先计算二重积分再计算定积分（**截面法**）

如图 6-24 所示，

$$\iiint\limits_{\Omega} f(x,y,z)\mathrm{d}v = \int_c^d\mathrm{d}z\iint\limits_{D_z} f(x,y,z)\mathrm{d}\sigma.$$

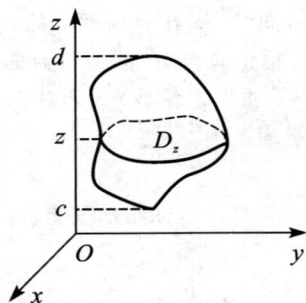

图 6-24

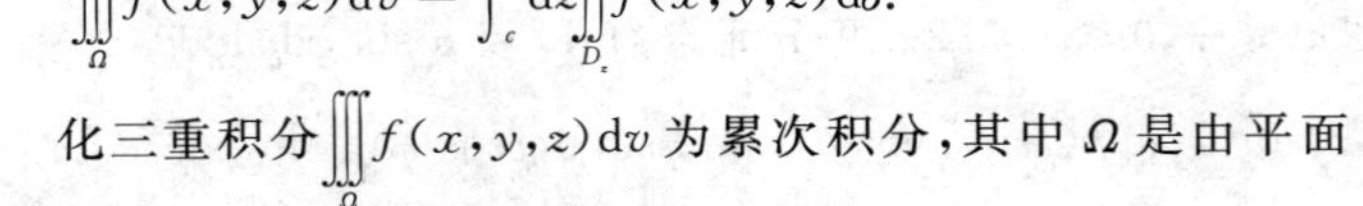

【例 6.2.1】　化三重积分$\iiint\limits_{\Omega} f(x,y,z)\mathrm{d}v$ 为累次积分，其中 Ω 是由平面 $x+2y+3z=1$ 及 $x=0$，$y=0$，$z=0$ 所围成的区域.

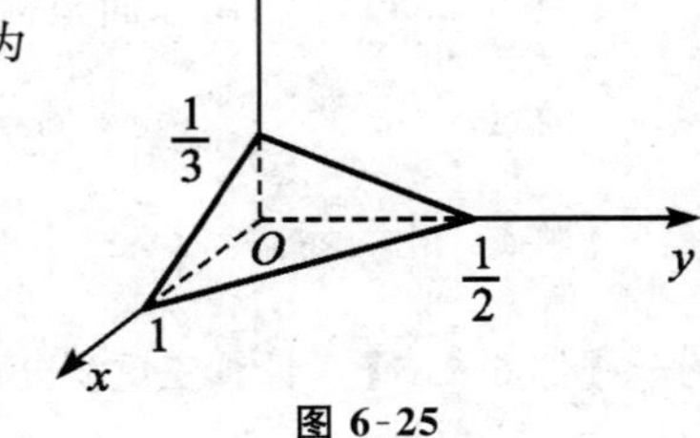

图 6-25

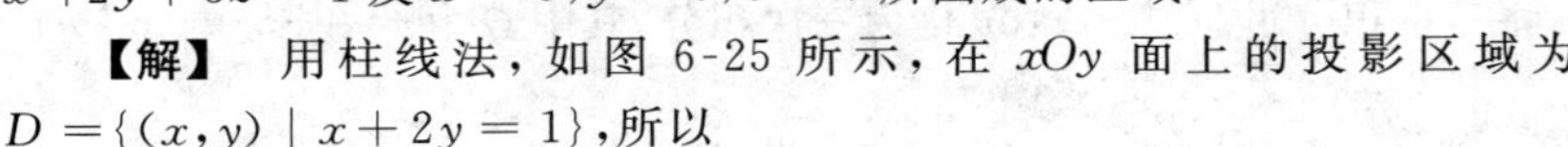

【解】　用柱线法，如图 6-25 所示，在 xOy 面上的投影区域为 $D=\{(x,y)\mid x+2y=1\}$，所以

$$\begin{aligned}\iiint\limits_{\Omega} f(x,y,z)\mathrm{d}v &= \iint\limits_{D}\mathrm{d}x\mathrm{d}y\int_0^{\frac{1}{3}(1-x-2y)} f(x,y,z)\mathrm{d}z\\ &= \int_0^1\mathrm{d}x\int_0^{\frac{1}{2}(1-x)}\mathrm{d}y\int_0^{\frac{1}{3}(1-x-2y)} f(x,y,z)\mathrm{d}z.\end{aligned}$$

【例 6.2.2】　设 $\Omega=\{(x,y,z)\mid x^2+y^2\leqslant z\leqslant 1\}$，则$\iiint\limits_{\Omega} z\mathrm{d}v=$ ________.

【解】与 z 轴垂直的截面区域 $D(z)$（$D(z)=\{(x,y)\mid x^2+y^2\leqslant z\}$）的面积为 πz.

则$\iiint\limits_{\Omega} z\mathrm{d}v = \int_0^1 z\mathrm{d}z\iint\limits_{D(z)}\mathrm{d}x\mathrm{d}y = \int_0^1 z\pi z\mathrm{d}z = \dfrac{\pi}{3}$.

2. 利用柱面坐标计算三重积分

设 $M(x,y,z)$ 为空间内一点，并设点 M 在 xOy 面上的投影 P 的极坐标为 (r,θ)，那么有序数组 (r,θ,z) 称为点 M 的柱面坐标.

规定 $0\leqslant r<+\infty$，$0\leqslant\theta\leqslant 2\pi$，$-\infty<z<+\infty$.

$r=c$（常数）表示圆柱面；$\theta=c$（常数）表示半平面.

直角坐标与柱面坐标的关系：$\begin{cases} x = r\cos\theta, \\ y = r\sin\theta, \\ z = z. \end{cases}$

在柱面坐标下，积分元素 $\mathrm{d}v = r\mathrm{d}r\mathrm{d}\theta\mathrm{d}z$.

$$\iiint\limits_{\Omega} f(x,y,z)\mathrm{d}v = \iiint\limits_{\Omega} f(r\cos\theta, r\sin\theta, z) r\mathrm{d}r\mathrm{d}\theta\mathrm{d}z.$$

评 注

柱面坐标即为在 xOy 面上运用极坐标.

【例 6.2.3】 计算三重积分 $\iiint\limits_{\Omega} z\mathrm{e}^{x^2+y^2}\mathrm{d}v$，其中 Ω 是由曲面 $z = \sqrt{x^2+y^2}$ 及 $z = h$ 所围成.

【解】 $\iiint\limits_{\Omega} z\mathrm{e}^{x^2+y^2}\mathrm{d}v = \int_0^h z\mathrm{d}z\int_0^{2\pi}\mathrm{d}\theta\int_0^z \mathrm{e}^{r^2}\cdot r\mathrm{d}r = 2\pi\int_0^h z\cdot\frac{1}{2}(\mathrm{e}^{z^2}-1)\mathrm{d}z = \frac{\pi}{2}(\mathrm{e}^{h^2}-h^2-1).$

3. 利用球面坐标计算三重积分

设 $M(x,y,z)$ 为空间内一点，如图 6-26 所示，设点 M 到原点的距离为 ρ，向量 $\overrightarrow{OM}$ 在 xOy 面上的投影向量为 $\overrightarrow{OP}$，记 z 轴正向与 $\overrightarrow{OM}$ 的夹角为 φ，记 x 轴正向与 $\overrightarrow{OP}$ 的夹角为 θ，那么有序数组 (ρ,φ,θ) 称为点 M 的球面坐标.

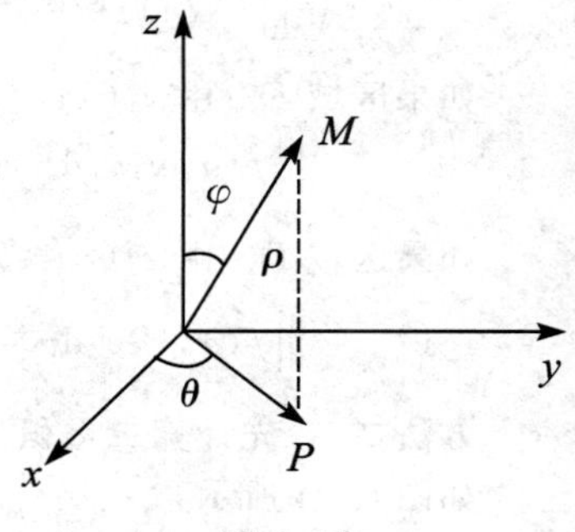

图 6-26

$\rho = c$(常数) 表示球面；$\varphi = c$(常数) 表示圆锥面；$\theta = c$(常数) 表示半平面.

直角坐标与球面坐标的关系：$\begin{cases} x = \rho\sin\varphi\cos\theta, \\ y = \rho\sin\varphi\sin\theta, \\ z = \rho\cos\varphi. \end{cases}$

规定 $0 \leqslant \rho < +\infty, 0 \leqslant \varphi \leqslant \pi, 0 \leqslant \theta \leqslant 2\pi$. 积分元素为 $\mathrm{d}v = \rho^2\sin\varphi\mathrm{d}\rho\mathrm{d}\varphi\mathrm{d}\theta$.

$$\iiint\limits_{\Omega} f(x,y,z)\mathrm{d}v = \iiint\limits_{\Omega} f(\rho\sin\varphi\cos\theta, \rho\sin\varphi\sin\theta, \rho\cos\varphi)\rho^2\sin\varphi\mathrm{d}\rho\mathrm{d}\theta\mathrm{d}\varphi.$$

【例 6.2.4】 利用球面坐标将三重积分 $\iiint\limits_{\Omega} f(x,y,z)\mathrm{d}v$ 化为三次积分，其中 Ω 由 $x^2+y^2+(z-a)^2 \leqslant a^2$ 确定.

【解】 $\iiint\limits_{\Omega} f(x,y,z)\mathrm{d}v = \int_0^{2\pi}\mathrm{d}\theta\int_0^{\frac{\pi}{2}}\sin\varphi\mathrm{d}\varphi\int_0^{2a\cos\varphi} f(\rho\sin\varphi\cos\theta, \rho\sin\varphi\sin\theta, \rho\cos\varphi)\rho^2\mathrm{d}\rho.$

【例 6.2.5】 计算三重积分 $\iiint\limits_{\Omega}\sqrt{x^2+y^2+z^2}\mathrm{d}v$，其中 Ω 由 $x^2+y^2 \leqslant z^2, x^2+y^2+z^2 \leqslant R^2, z \geqslant 0$ 确定.

【解】 $\iiint\limits_{\Omega}\sqrt{x^2+y^2+z^2}\mathrm{d}v = \int_0^{2\pi}\mathrm{d}\theta\int_0^{\frac{\pi}{4}}\sin\varphi\mathrm{d}\varphi\int_0^R \rho\cdot\rho^2\mathrm{d}\rho = \frac{\pi R^4}{2}\left(1-\frac{\sqrt{2}}{2}\right).$

三、三重积分的对称性与轮换性

1. 三重积分的对称性

(1) 若积分区域 Ω 关于 yOz 面对称，且 $f(x,y,z)$ 为关于 x 的奇函数，即满足 $f(-x,y,z) = -f(x,y,z)$，则 $\iiint\limits_{\Omega} f(x,y,z)\mathrm{d}v = 0$.

(2) 若积分区域 Ω 关于 xOz 面对称，且 $f(x,y,z)$ 为关于 y 的奇函数，即满足 $f(x,-y,z) = -f(x,y,z)$，则 $\iiint\limits_{\Omega} f(x,y,z)\mathrm{d}v = 0$.

(3) 若积分区域 Ω 关于 xOy 面对称，且 $f(x,y,z)$ 为关于 z 的奇函数，即满足 $f(x,y,-z) =$

$-f(x,y,z)$，则$\iiint\limits_{\Omega} f(x,y,z)\mathrm{d}v = 0$.

2.三重积分的轮换性

如果变量改变时，三重积分的结果不发生改变，说明此三重积分具有轮换性.

下面通过例题进一步说明三重积分的轮换性.

【例 6.2.6】 计算三重积分$\iiint\limits_{\Omega} z^2\mathrm{d}v$，其中$\Omega$由$x^2+y^2+z^2\leqslant R^2$确定.

【解】 **解法一** 利用轮换性可知$\iiint\limits_{\Omega} z^2\mathrm{d}v=\iiint\limits_{\Omega} x^2\mathrm{d}v=\iiint\limits_{\Omega} y^2\mathrm{d}v$，则

$$
\begin{aligned}
\text{原式} &= \frac{1}{3}\iiint\limits_{\Omega}(x^2+y^2+z^2)\mathrm{d}v=\frac{1}{3}\int_0^{2\pi}\mathrm{d}\theta\int_0^{\pi}\sin\varphi\mathrm{d}\varphi\int_0^R\rho^2\cdot\rho^2\mathrm{d}\rho \\
&= \frac{1}{3}\cdot 2\pi\cdot 2\cdot\frac{1}{5}R^5=\frac{4}{15}\pi R^5.
\end{aligned}
$$

解法二 用截面法，$D_z=\{(x,y)\mid x^2+y^2\leqslant R^2-z^2\}$，则

$$
\iiint\limits_{\Omega} z^2\mathrm{d}v=\int_{-R}^{R}z^2\mathrm{d}z\iint\limits_{D_z}\mathrm{d}\sigma=\int_{-R}^{R}z^2\cdot\pi(R^2-z^2)\mathrm{d}z=\frac{2}{3}\pi R^5-\frac{2}{5}\pi R^5=\frac{4}{15}\pi R^5.
$$

【例 6.2.7】(2015[①]) 设Ω是由平面$x+y+z=1$与三个坐标平面所围成的空间区域，则$\iiint\limits_{\Omega}(x+2y+3z)\mathrm{d}x\mathrm{d}y\mathrm{d}z=$________.

【解】 由轮换对称性，得

$$
\iiint\limits_{\Omega}(x+2y+3z)\mathrm{d}x\mathrm{d}y\mathrm{d}z=6\iiint\limits_{\Omega}z\mathrm{d}x\mathrm{d}y\mathrm{d}z=6\int_0^1 z\mathrm{d}z\iint\limits_{D_z}\mathrm{d}x\mathrm{d}y,
$$

其中D_z为平面$z=z$截空间区域Ω所得的截面，其面积为$\frac{1}{2}(1-z)^2$.所以

$$
\begin{aligned}
\iiint\limits_{\Omega}(x+2y+3z)\mathrm{d}x\mathrm{d}y\mathrm{d}z &= 6\iiint\limits_{\Omega}z\mathrm{d}x\mathrm{d}y\mathrm{d}z=6\int_0^1 z\cdot\frac{1}{2}(1-z)^2\mathrm{d}z \\
&= 3\int_0^1(z^3-2z^2+z)\mathrm{d}z=\frac{1}{4}.
\end{aligned}
$$

第三节　重积分的应用[①]

一、几何应用

1. 立体的体积

【例 6.3.1】 计算由曲面$z=x^2+y^2$和$x^2+y^2+(z-1)^2=1$所围公共部分的立体体积.

【解】 先求曲面$z=x^2+y^2$和$x^2+y^2+(z-1)^2=1$的交线$\begin{cases}x^2+y^2=1,\\ z=1,\end{cases}$在$xOy$上的投影区域为$D=\{(x,y)\mid x^2+y^2\leqslant 1\}$，则

$$
V=\iint\limits_D[1+\sqrt{1-x^2-y^2}-(x^2+y^2)]\mathrm{d}x\mathrm{d}y=\int_0^{2\pi}\mathrm{d}\theta\int_0^1(1+\sqrt{1-r^2}-r^2)\cdot r\mathrm{d}r=\frac{7}{6}\pi.
$$

评注

通常用二重积分计算立体体积.

【例 6.3.2】 计算$x^2+y^2+z^2\leqslant 2z$和$x^2+y^2\leqslant\frac{3}{2}z$公共部分的立体体积.

分析:所求立体的体积是旋转抛物面的上方,在大半个球的内部,如果用二重积分计算比较困难,应利用三重积分的截面法来计算.

【解】 先求曲面 $x^2+y^2+z^2=2z$ 和 $x^2+y^2=\frac{3}{2}z$ 的交线 $\begin{cases}x^2+y^2=\frac{3}{4},\\ z=\frac{1}{2}.\end{cases}$

用截面法.

$D_{z_1}=\left\{(x,y)\,\middle|\,x^2+y^2\leqslant\frac{3z}{2},0\leqslant z\leqslant\frac{1}{2}\right\}$,

$D_{z_2}=\left\{(x,y)\,\middle|\,x^2+y^2\leqslant 2z-z^2,\frac{1}{2}\leqslant z\leqslant 2\right\}$,

$$V=\int_0^{\frac{1}{2}}\mathrm{d}z\iint_{D_{z_1}}\mathrm{d}\sigma+\int_{\frac{1}{2}}^{2}\mathrm{d}z\iint_{D_{z_2}}\mathrm{d}\sigma=\int_0^{\frac{1}{2}}\pi\cdot\frac{3z}{2}\mathrm{d}z+\int_{\frac{1}{2}}^{2}\pi\cdot(2z-z^2)\mathrm{d}z=\frac{3\pi}{16}+\frac{9\pi}{8}=\frac{21}{16}\pi.$$

2. 曲面的面积

设空间曲面Σ的方程为 $z=f(x,y)$,它在 xOy 面上的投影区域为 D_{xy},假设曲面Σ与平行于 z 轴的直线的交点不多于一点. 在曲面上取一小块含点 M 的曲面 ΔS,设 ΔS 在 xOy 面上的投影区域为 ΔD(面积为 $\mathrm{d}\sigma$),用含 M 点的小块切平面 $\mathrm{d}S$ 作为 ΔS 的面积的近似值,即 $\mathrm{d}S\approx\Delta S$,曲面在 M 点的切平面的法向量为 $\boldsymbol{n}=(f'_x(x,y),f'_y(x,y),-1)$,单位法向量为

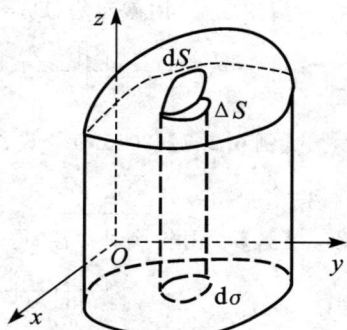

$$(\cos\alpha,\cos\beta,\cos\gamma)=\frac{1}{\sqrt{1+f'^2_x+f'^2_y}}(f'_x(x,y),f'_y(x,y),-1),$$

则 $\mathrm{d}\sigma=|\cos\gamma|\mathrm{d}S$ 或 $\mathrm{d}S=\frac{1}{|\cos\gamma|}\mathrm{d}\sigma=\sqrt{1+f'^2_x+f'^2_y}\mathrm{d}\sigma$,$\mathrm{d}S$ 称为曲面Σ的面积元素. 于是曲面Σ的面积为

图 6-27

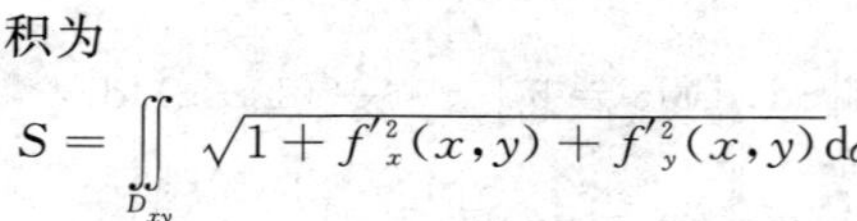

$$S=\iint_{D_{xy}}\sqrt{1+f'^2_x(x,y)+f'^2_y(x,y)}\mathrm{d}\sigma.$$

如果曲面方程为 $x=g(y,z)$,则 $S=\iint_{D_{yz}}\sqrt{1+g'^2_y(y,z)+g'^2_z(y,z)}\mathrm{d}\sigma.$

如果曲面方程为 $y=h(x,z)$,则 $S=\iint_{D_{zx}}\sqrt{1+h'^2_x(x,z)+h'^2_z(x,z)}\mathrm{d}\sigma.$

【例 6.3.3】 计算锥面 $z^2=x^2+y^2$ 被柱面 $z^2=2y$ 所截下的曲面面积.

【解】 曲面的截面在 xOy 面上的投影区域 D_{xy} 由 $x^2+y^2\leqslant 2y$ 确定,$z=\sqrt{x^2+y^2}$,$\frac{\partial z}{\partial x}=\frac{x}{\sqrt{x^2+y^2}}$,$\frac{\partial z}{\partial y}=\frac{y}{\sqrt{x^2+y^2}}$,$\mathrm{d}S=\sqrt{1+z'^2_x+z'^2_y}\mathrm{d}x\mathrm{d}y=\sqrt{2}\mathrm{d}x\mathrm{d}y$,所求曲面面积为 $S=\iint_D\mathrm{d}S=\iint_D\sqrt{2}\mathrm{d}x\mathrm{d}y=\sqrt{2}\pi$.

【例 6.3.4】 设 xOy 面上的曲线 $y=f(x)$,$a\leqslant x\leqslant b$,且 $f(x)\geqslant 0$. 将这段曲线绕 x 轴旋转,求旋转曲面的面积.

【解】 **解法一** 绕 x 轴旋转的旋转曲面方程为 $y^2+z^2=f^2(x)$,在 xOy 面上的投影区域为 $D=\{(x,y)\mid -f(x)\leqslant y\leqslant f(x),a\leqslant x\leqslant b\}$. 由于对称,只需先计算一半的面积然后乘以 2,

$$z=\sqrt{f^2(x)-y^2},\quad \frac{\partial z}{\partial x}=\frac{f(x)\cdot f'(x)}{\sqrt{f^2(x)-y^2}},\quad \frac{\partial z}{\partial y}=-\frac{y}{\sqrt{f^2(x)-y^2}},$$

$$\mathrm{d}S=\sqrt{1+z_x'^2+z_y'^2}\,\mathrm{d}x\mathrm{d}y=\frac{f(x)\sqrt{1+f'^2(x)}}{\sqrt{f^2(x)-y^2}}\mathrm{d}x\mathrm{d}y,$$

所以旋转曲面的面积为

$$S=2\iint_D\frac{f(x)\sqrt{1+f'^2(x)}}{\sqrt{f^2(x)-y^2}}\mathrm{d}x\mathrm{d}y=2\int_a^b f(x)\sqrt{1+f'^2(x)}\,\mathrm{d}x\int_{-f(x)}^{f(x)}\frac{1}{\sqrt{f^2(x)-y^2}}\mathrm{d}y$$

$$=2\int_a^b f(x)\sqrt{1+f'^2(x)}\left[\arcsin\frac{y}{f(x)}\right]_{-f(x)}^{f(x)}\mathrm{d}x=2\pi\int_a^b f(x)\sqrt{1+f'^2(x)}\,\mathrm{d}x.$$

解法二　利用定积分的元素法,旋转曲面的表面积为 $S=\int_a^b 2\pi f(x)\mathrm{d}s=2\pi\int_a^b f(x)\cdot\sqrt{1+f'^2(x)}\mathrm{d}x$,其中 $\mathrm{d}s=\sqrt{1+f'^2(x)}\mathrm{d}x$ 为弧微分.

【例 6.3.5】　计算球面 $x^2+y^2+z^2=a^2$ 与柱面 $x^2+y^2=ax$ 相交立体的表面积($a>0$).

【解】　如图 6-28 所示,需要分为两部分计算.先计算球面部分的面积,由对称性,先计算一半再乘以 2 即可.在 xOy 面上的投影区域为 $D=\{(x,y)\mid x^2+y^2=ax\}$,

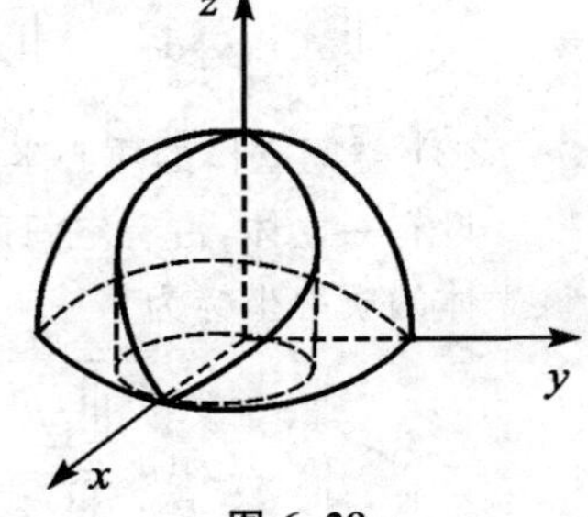

图 6-28

球面方程为 $z=\sqrt{a^2-x^2-y^2}$,

$$\frac{\partial z}{\partial x}=-\frac{x}{\sqrt{a^2-x^2-y^2}},$$

$$\frac{\partial z}{\partial y}=-\frac{y}{\sqrt{a^2-x^2-y^2}},\quad \mathrm{d}S=\frac{a}{\sqrt{a^2-x^2-y^2}}\mathrm{d}x\mathrm{d}y,$$

$$S_1=2\iint_D\frac{a}{\sqrt{a^2-x^2-y^2}}\mathrm{d}x\mathrm{d}y=2a\int_{-\frac{\pi}{2}}^{\frac{\pi}{2}}\mathrm{d}\theta\int_0^{a\cos\theta}\frac{1}{\sqrt{a^2-r^2}}\cdot r\mathrm{d}r$$

$$=2a\int_{-\frac{\pi}{2}}^{\frac{\pi}{2}}\left(-\sqrt{a^2-r^2}\right)\Big|_0^{a\cos\theta}\mathrm{d}\theta=2a\int_{-\frac{\pi}{2}}^{\frac{\pi}{2}}(a-a\mid\sin\theta\mid)\mathrm{d}\theta=4a^2\left(\frac{\pi}{2}-1\right).$$

再计算柱面部分的面积:由对称性,先计算面积的 $\frac{1}{4}$ 再乘以 4 即可.在 xOz 面上的投影区域为 $D=\{(x,z)\mid ax+z^2\leqslant a^2,0\leqslant x\leqslant a,0\leqslant z\leqslant a\}$,柱面方程为 $y=\sqrt{ax-x^2}$,

$$\frac{\partial y}{\partial x}=\frac{a-2x}{2\sqrt{ax-x^2}},\quad \frac{\partial y}{\partial z}=0,\quad \mathrm{d}S=\frac{a}{2\sqrt{ax-x^2}}\mathrm{d}x\mathrm{d}z,$$

$$S_2=4\iint_D\frac{a}{2\sqrt{ax-x^2}}\mathrm{d}x\mathrm{d}z=2a\int_0^a\frac{1}{\sqrt{ax-x^2}}\mathrm{d}x\int_0^{\sqrt{a^2-ax}}\mathrm{d}z=2a\int_0^a\frac{\sqrt{a}}{\sqrt{x}}\mathrm{d}x=4a^2.$$

所以,所求表面积为 $S=S_1+S_2=4a^2\left(\frac{\pi}{2}-1\right)+4a^2=2\pi a^2$.

评 注

此题的关键是要搞清楚柱面部分在 xOz 面上的投影区域.

二、物理应用

1.形心(质心)坐标

(1)平面薄片的质心坐标

设有一平面薄片,占有 xOy 面上的闭区域 D,在点 (x,y) 处的面密度为 $\rho(x,y)$,假定 $\rho(x,y)$ 在 D 上连续,则该平面薄片的质心的坐标为

$$\bar{x}=\frac{M_y}{M}=\frac{\iint\limits_D x\rho(x,y)\mathrm{d}\sigma}{\iint\limits_D \rho(x,y)\mathrm{d}\sigma},\quad \bar{y}=\frac{M_x}{M}=\frac{\iint\limits_D y\rho(x,y)\mathrm{d}\sigma}{\iint\limits_D \rho(x,y)\mathrm{d}\sigma}.$$

【例 6.3.6】 设平面薄片所占的闭区域 D 由抛物线 $y=x^2$ 及直线 $y=x$ 所围成,它在点(x,y)处的面密度 $\rho(x,y)=x^2y$,求该薄片的质心.

【解】 薄片的重心坐标为

$$\bar{x}=\frac{\iint\limits_D x\rho(x,y)\mathrm{d}\sigma}{\iint\limits_D \rho(x,y)\mathrm{d}\sigma}=\frac{\iint\limits_D x^3y\mathrm{d}\sigma}{\iint\limits_D x^2y\mathrm{d}\sigma}=\frac{\int_0^1 x^3\mathrm{d}x\int_{x^2}^x y\mathrm{d}y}{\int_0^1 x^2\mathrm{d}x\int_{x^2}^x y\mathrm{d}y}=\frac{\frac{1}{2}\int_0^1 x^3(x^2-x^4)\mathrm{d}x}{\frac{1}{2}\int_0^1 x^2(x^2-x^4)\mathrm{d}x}=\frac{35}{48},$$

$$\bar{y}=\frac{\iint\limits_D y\rho(x,y)\mathrm{d}\sigma}{\iint\limits_D \rho(x,y)\mathrm{d}\sigma}=\frac{\iint\limits_D x^2y^2\mathrm{d}\sigma}{\iint\limits_D x^2y\mathrm{d}\sigma}=\frac{\int_0^1 x^2\mathrm{d}x\int_{x^2}^x y^2\mathrm{d}y}{\int_0^1 x^2\mathrm{d}x\int_{x^2}^x y\mathrm{d}y}=\frac{\frac{1}{3}\int_0^1 x^2(x^3-x^6)\mathrm{d}x}{\frac{1}{2}\int_0^1 x^2(x^2-x^4)\mathrm{d}x}=\frac{35}{54}.$$

(2) 空间立体的质心坐标[①]

设有一立体,占有空间区域 Ω,在点(x,y,z)处的体密度为 $\rho(x,y,z)$,假定 $\rho(x,y,z)$ 在 Ω 上连续,则该立体的质心坐标为

$$\bar{x}=\frac{\iiint\limits_\Omega x\rho(x,y,z)\mathrm{d}v}{\iiint\limits_\Omega \rho(x,y,z)\mathrm{d}v},\quad \bar{y}=\frac{\iiint\limits_\Omega y\rho(x,y,z)\mathrm{d}v}{\iiint\limits_\Omega \rho(x,y,z)\mathrm{d}v},\quad \bar{z}=\frac{\iiint\limits_\Omega z\rho(x,y,z)\mathrm{d}v}{\iiint\limits_\Omega \rho(x,y,z)\mathrm{d}v}.$$

【例 6.3.7】(2013[①]) 设直线 L 过 $A(1,0,0)$,$B(0,1,1)$ 两点,将 L 绕 z 轴旋转一周得到曲面 Σ,Σ 与平面 $z=0$,$z=2$ 所围成的立体为 Ω.

(1) 求曲面 Σ 的方程;

(2) 求 Ω 的形心坐标.

【解】 (1) 过 $A(1,0,0)$,$B(0,1,1)$ 两点的直线 L 的方程为 $\frac{x-1}{-1}=\frac{y}{1}=\frac{z}{1}$,化为参数方程:$\begin{cases}x=1-t,\\ y=t,\\ z=t\end{cases}$ (t 为参数),设(x,y,z)是旋转曲面 Σ 上任一点,则 $x^2+y^2=(1-t)^2+t^2$,$z=t$,所以曲面 Σ 的方程为

$$x^2+y^2=2z^2-2z+1 \text{ 或 } x^2+y^2-2z^2+2z=1.$$

(2) 设 Ω 的形心坐标为 $(\bar{x},\bar{y},\bar{z})$,由对称性得 $\bar{x}=\bar{y}=0$,先由截面法计算三重积分. $D_z=\{(x,y)\mid x^2+y^2\leqslant 2z^2-2z+1\}$,

$$\iiint\limits_\Omega \mathrm{d}v=\int_0^2\mathrm{d}z\iint\limits_{D_z}\mathrm{d}x\mathrm{d}y=\pi\int_0^2(2z^2-2z+1)\mathrm{d}z=\frac{10}{3}\pi,$$

$$\iiint\limits_\Omega z\mathrm{d}v=\int_0^2 z\mathrm{d}z\iint\limits_{D_z}\mathrm{d}x\mathrm{d}y=\pi\int_0^2 z(2z^2-2z+1)\mathrm{d}z=\frac{14}{3}\pi,$$

所以 $\bar{z}=\frac{\iiint\limits_\Omega z\mathrm{d}v}{\iiint\limits_\Omega \mathrm{d}v}=\frac{7}{5}$,所以 Ω 的形心坐标为 $\left(0,0,\frac{7}{5}\right)$.

评 注

此题用截面法计算三重积分. 注意:显然 $\bar{x}=\bar{y}=0$.

2. 转动惯量

(1) 平面薄片的转动惯量

设有一平面薄片,占有 xOy 面上的闭区域 D,在点 (x,y) 处的面密度为 $\rho(x,y)$,假定 $\rho(x,y)$ 在 D 上连续,则该平面薄片对于 x 轴的转动惯量 I_x、对于 y 轴的转动惯量 I_y 和对于坐标原点的转动惯量 I_o 分别为

$$I_x=\iint_D y^2\rho(x,y)\mathrm{d}\sigma,\quad I_y=\iint_D x^2\rho(x,y)\mathrm{d}\sigma,\quad I_o=\iint_D (x^2+y^2)\rho(x,y)\mathrm{d}\sigma.$$

(2) 空间立体的转动惯量

设有一立体,占有空间区域 Ω,在点 (x,y,z) 处的体密度为 $\rho(x,y,z)$,假定 $\rho(x,y,z)$ 在 Ω 上连续,则该立体对于 x 轴的转动惯量 I_x、对于 y 轴的转动惯量 I_y、对于 z 轴的转动惯量 I_z 和对于坐标原点的转动惯量 I_o 分别为

$$I_x=\iiint_\Omega (y^2+z^2)\rho(x,y,z)\mathrm{d}v,\quad I_y=\iiint_\Omega (x^2+z^2)\rho(x,y,z)\mathrm{d}v,$$

$$I_z=\iiint_\Omega (x^2+y^2)\rho(x,y,z)\mathrm{d}v,\quad I_o=\iiint_\Omega (x^2+y^2+z^2)\rho(x,y,z)\mathrm{d}v.$$

【例 6.3.8】 求由曲面 $2z=x^2+y^2$ 和平面 $z=1,z=2$ 所围成的均匀物体(密度 ρ 为常数)对于 z 轴的转动惯量.

【解】 $I_z=\iiint_\Omega (x^2+y^2)\rho(x,y,z)\mathrm{d}v=\rho\int_1^2\mathrm{d}z\iint_{D_z}(x^2+y^2)\mathrm{d}x\mathrm{d}y$

$$=\rho\int_1^2\mathrm{d}z\int_0^{2\pi}\mathrm{d}\theta\int_0^{\sqrt{2z}}r^2\cdot r\mathrm{d}r=2\pi\rho\int_1^2 z^2\mathrm{d}z=\frac{14}{3}\pi\rho.$$

评 注

此题用截面法计算三重积分.

3. 引力*

由物理学的万有引力定律,如果质量分别为 m_1,m_2 的两个质点之间的距离为 r,则这两个质点间的引力大小为 $F=k\cdot\frac{m_1m_2}{r^2}$,其中 k 为万有引力系数,引力的方向为两质点连线的方向.

第四节　曲线积分①

一、第一类曲线积分——对弧长的曲线积分

1. 定义

定义 6.4.1 设 c 为 xOy 面上的一条光滑曲线弧,函数 $f(x,y)$ 是定义在 c 上的有界函数. 用 c 上任取的点 $M_1,M_2,\cdots,M_{n-1}$ 把 c 分成 n 小段,设第 i 小段的长度为 Δs_i,在第 i 小段上任取一点 $(\xi_i,\eta_i)(i=1,2,\cdots,n)$,如果当各小段的长度的最大值 $\lambda=\max\{\Delta s_i\}\to 0$ 时和式 $\sum_{i=1}^n f(\xi_i,\eta_i)\Delta s_i$ 的极限存在,则称此极限值为函数 $f(x,y)$ 在曲线弧 c 上对弧长的曲线积分,记作 $\int_c f(x,y)\mathrm{d}s$,即

$$\int_c f(x,y)\mathrm{d}s=\lim_{\lambda\to 0}\sum_{i=1}^n f(\xi_i,\eta_i)\Delta s_i,$$

其中 $f(x,y)$ 称为被积函数,c 称为积分弧段,$\mathrm{d}s$ 称为弧微分,对弧长的曲线积分又称为第一类曲线积分.

当函数 $f(x,y)$ 在光滑曲线弧 c 上连续时,曲线积分$\int_c f(x,y)\mathrm{d}s$ 存在.

一般地,总是假设 $f(x,y)$ 在 c 上连续. 特别地,$\int_c \mathrm{d}s = s$(曲线 c 的弧长).

2. 性质

(1)$\int_c kf(x,y)\mathrm{d}s = k\int_c f(x,y)\mathrm{d}s$;

(2)$\int_c [f(x,y)+g(x,y)]\mathrm{d}s = \int_c f(x,y)\mathrm{d}s + \int_c g(x,y)\mathrm{d}s$;

(3)$\int_{c_1+c_2} f(x,y)\mathrm{d}s = \int_{c_1} f(x,y)\mathrm{d}s + \int_{c_2} f(x,y)\mathrm{d}s$.

3. 计算方法

(1) 设函数 $f(x,y)$ 在曲线弧 c 上有定义且连续,曲线的参数方程为$\begin{cases} x=\varphi(t), \\ y=\psi(t), \end{cases}$ $\alpha\leqslant t\leqslant\beta$,其中 $\varphi(t),\psi(t)$ 具有连续导数且 $\varphi'^2(t)+\psi'^2(t)\neq 0$,由于 $\mathrm{d}s=\sqrt{\varphi'^2(t)+\psi'^2(t)}\mathrm{d}t$,故

$$\int_c f(x,y)\mathrm{d}s = \int_\alpha^\beta f[\varphi(t),\psi(t)]\sqrt{\varphi'^2(t)+\psi'^2(t)}\mathrm{d}t.$$

(2) 设曲线弧 c 由方程 $y=y(x)(a\leqslant x\leqslant b)$ 确定,则

$$\int_c f(x,y)\mathrm{d}s = \int_a^b f[x,y(x)]\sqrt{1+y'^2(x)}\mathrm{d}x.$$

(3) 设曲线 c 由极坐标方程 $r=r(\theta)(\alpha\leqslant\theta\leqslant\beta)$ 确定,则

$$\int_c f(x,y)\mathrm{d}s = \int_\alpha^\beta f[r(\theta)\cos\theta, r(\theta)\sin\theta]\sqrt{r^2(\theta)+r'^2(\theta)}\mathrm{d}\theta.$$

(4) 设空间曲线 Γ 的方程为$\begin{cases} x=x(t), \\ y=y(t), \\ z=z(t), \end{cases}$ $\alpha\leqslant t\leqslant\beta$,类似地有

$$\int_\Gamma f(x,y,z)\mathrm{d}s = \int_\alpha^\beta f[x(t),y(t),z(t)]\sqrt{x'^2(t)+y'^2(t)+z'^2(t)}\mathrm{d}t.$$

【例 6.4.1】 计算曲线积分$\int_c x\mathrm{d}s$,其中 c 是:

(1) $y=x^2$ 上 OB 的一段弧,其中点 B 的坐标为(1,1);

(2) 连接 OB 的直线段;

(3) 折线段 OAB,其中点 A 的坐标为(1,0).

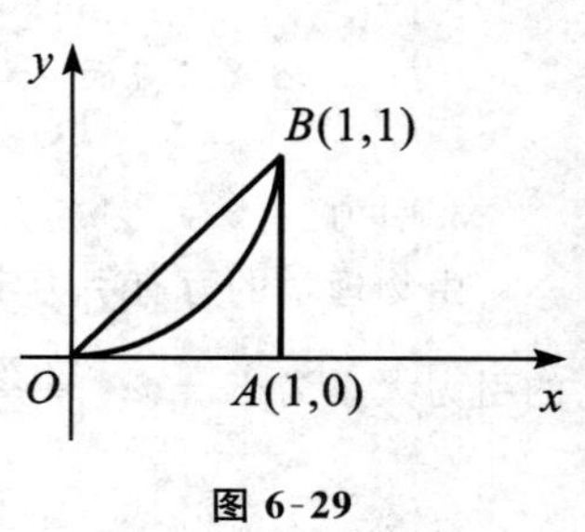

图 6-29

【解】 如图 6-29 所示.

(1)$\int_c x\mathrm{d}s = \int_0^1 x\sqrt{1+4x^2}\mathrm{d}x = \frac{1}{8}\cdot\frac{2}{3}\left[(1+4x^2)^{\frac{3}{2}}\right]_0^1$

$= \frac{1}{12}(5\sqrt{5}-1)$.

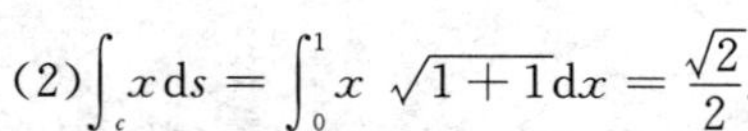

(2)$\int_c x\mathrm{d}s = \int_0^1 x\sqrt{1+1}\mathrm{d}x = \frac{\sqrt{2}}{2}$.

(3)$\int_c x\mathrm{d}s = \int_{OA} x\mathrm{d}s + \int_{AB} x\mathrm{d}s = \int_0^1 x\mathrm{d}x + \int_0^1 1\mathrm{d}y = \frac{1}{2}+1=\frac{3}{2}$.

【例 6.4.2】 计算曲线积分$\int_c y^2\mathrm{d}s$,其中 c 为摆线$\begin{cases} x=a(t-\sin t), \\ y=a(1-\cos t) \end{cases}$ 的一拱($0\leqslant t\leqslant 2\pi$).

【解】 $\mathrm{d}s = \sqrt{x'^2(t)+y'^2(t)}\mathrm{d}t = a\sqrt{(1-\cos t)^2+\sin^2 t}\mathrm{d}t = 2a\left|\sin\frac{t}{2}\right|\mathrm{d}t$,故

$\int_c y^2\mathrm{d}s = \int_0^{2\pi} a^2(1-\cos t)^2 2a\left|\sin\frac{t}{2}\right|\mathrm{d}t$

$$\xlongequal{u=\frac{t}{2}} 16a^3\int_0^{\pi}\sin^5 u\mathrm{d}u = 32a^3\int_0^{\frac{\pi}{2}}\sin^5 u\mathrm{d}u = 32a^3\cdot\frac{4}{5}\cdot\frac{2}{3} = \frac{256}{15}a^3.$$

【例 6.4.3】 计算曲线积分$\int_{\Gamma}(x^2+y^2+z^2)\mathrm{d}s$,其中$\Gamma$为螺旋线$x=a\cos t, y=a\sin t, z=bt$上相应于$t$从0到$2\pi$的一段弧.

【解】 $\int_{\Gamma}(x^2+y^2+z^2)\mathrm{d}s=\int_0^{2\pi}(a^2+b^2t^2)\sqrt{a^2+b^2}\mathrm{d}t=\sqrt{a^2+b^2}\left(2\pi a^2+\frac{8\pi^3b^2}{3}\right).$

【例 6.4.4】 计算曲线积分$\oint_c \mathrm{e}^{\sqrt{x^2+y^2}}\mathrm{d}s$,其中$c$为圆周$x^2+y^2=a^2$,直线$y=x$及$x$轴在第一象限内所围成的区域的整个边界.

【解】 设点A,B(如图 6-30 所示),则

$$\oint_c \mathrm{e}^{\sqrt{x^2+y^2}}\mathrm{d}s=\int_{OA}\mathrm{e}^{\sqrt{x^2+y^2}}\mathrm{d}s+\int_{\widehat{AB}}\mathrm{e}^{\sqrt{x^2+y^2}}\mathrm{d}s+\int_{OB}\mathrm{e}^{\sqrt{x^2+y^2}}\mathrm{d}s$$

$$=\int_0^a\mathrm{e}^x\mathrm{d}x+\int_0^{\frac{\pi}{4}}\mathrm{e}^a\cdot a\mathrm{d}t+\int_0^{\frac{\sqrt{2}}{2}a}\mathrm{e}^{\sqrt{2}x}\cdot\sqrt{2}\mathrm{d}x$$

$$=\mathrm{e}^a-1+\frac{\pi}{4}a\mathrm{e}^a+\mathrm{e}^a-1=\left(\frac{\pi}{4}a+2\right)\mathrm{e}^a-2.$$

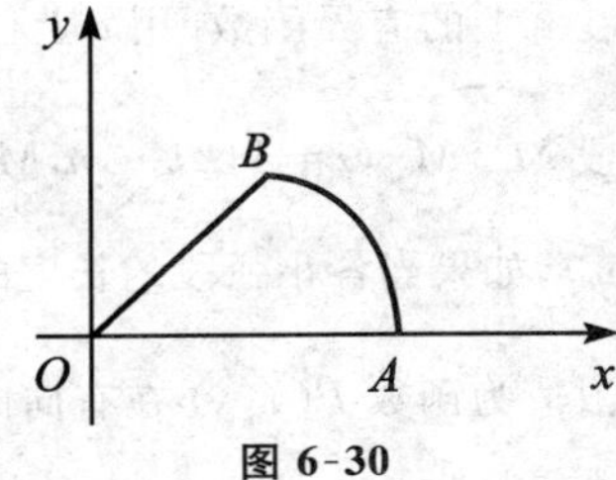

图 6-30

【例 6.4.5】 计算$\int_c y(x-z)\mathrm{d}s$,其中c是椭球面$\frac{x^2}{4}+\frac{y^2}{2}+\frac{z^2}{4}=1$与平面$x+z=2$的交线在第一卦限中点$(2,0,0)$与$(1,1,1)$的一段.

【解】 曲面$\frac{x^2}{4}+\frac{y^2}{2}+\frac{z^2}{4}=1$与平面$x+z=2$的交线为$\begin{cases}z=2-x,\\ \frac{x^2}{4}+\frac{y^2}{2}+\frac{z^2}{4}=1\end{cases}\Rightarrow x^2+y^2=2x$. 令$x=1+\cos t$,则$y=\sin t, z=1-\cos t, \mathrm{d}s=\sqrt{x'^2(t)+y'^2(t)+z'^2(t)}\mathrm{d}t=\sqrt{1+\sin^2 t}\mathrm{d}t$,所以

$$\int_c y(x-z)\mathrm{d}s=\int_0^{\frac{\pi}{2}}\sin t\cdot 2\cos t\cdot\sqrt{1+\sin^2 t}\mathrm{d}t=\left[\frac{2}{3}(1+\sin^2 t)^{\frac{3}{2}}\right]_0^{\frac{\pi}{2}}=\frac{2}{3}(2\sqrt{2}-1).$$

4. 第一类曲线积分的对称性与轮换性

(1) 若积分曲线c关于y轴对称,且$f(x,y)$为关于x的奇函数,即满足$f(-x,y)=-f(x,y)$,则$\int_c f(x,y)\mathrm{d}s=0$.

(2) 若积分曲线c关于x轴对称,且$f(x,y)$为关于y的奇函数,即满足$f(x,-y)=-f(x,y)$,则$\int_c f(x,y)\mathrm{d}s=0$.

(3) 轮换对称性:若积分曲线L关于$y=x$对称,则

$$\int_L f(x,y)\mathrm{d}s=\int_L f(y,x)\mathrm{d}s=\frac{1}{2}\int_L[f(x,y)+f(y,x)]\mathrm{d}s.$$

【例 6.4.6】 设c为椭圆$\frac{x^2}{4}+\frac{y^2}{3}=1$,其周长为$a$,则$\oint_c(2xy+3x^2+4y^2)\mathrm{d}s=$________.

【答案】 $12a$.

【解】 由对称性知$\oint_c 2xy\mathrm{d}s=0$,而在曲线c上$3x^2+4y^2=12$,则

$$\oint_c(2xy+3x^2+4y^2)\mathrm{d}s=\oint_c 12\mathrm{d}s=12a.$$

【例 6.4.7】 设c为圆周$x^2+y^2=a^2$,则$\oint_c(2xy+3x^2+4y^2)\mathrm{d}s=$________.

【答案】 $7\pi a^3$.

【解】 由对称性知$\oint_c 2xy\mathrm{d}s=0$,由轮换性知$\oint_c x^2\mathrm{d}s=\oint_c y^2\mathrm{d}s$,

$$\oint_c(2xy+3x^2+4y^2)\mathrm{d}s=\oint_c 7x^2\mathrm{d}s=\frac{7}{2}\oint_c(x^2+y^2)\mathrm{d}s,$$

而在曲线 c 上 $x^2+y^2=a^2$,所以原式 $=\frac{7}{2}\oint_c a^2\mathrm{d}s=7\pi a^3$.

二、第二类曲线积分 —— 对坐标的曲线积分

1. 定义

定义 6.4.2 设 c 为 xOy 面上从点 A 到点 B 的一条有向光滑曲线弧,函数 $P(x,y)$,$Q(x,y)$ 是定义在 c 上的有界函数.用 c 上任取的点 $M_1(x_1,y_1)$,$M_2(x_2,y_2)$,…,$M_{n-1}(x_{n-1},y_{n-1})$ 把 c 分成 n 个有向小弧段 $\overset{\frown}{M_{i-1}M_i}$ $(i=1,2,\cdots,n,M_0=A,M_n=B)$.设 $\Delta x_i=x_i-x_{i-1}$,$\Delta y_i=y_i-y_{i-1}$,在 $\overset{\frown}{M_{i-1}M_i}$ 上任取一点(ξ_i,η_i),如果当各小弧段的长度的最大值 $\lambda=\max\{\Delta s_i\}\to 0$ 时,和式$\sum\limits_{i=1}^{n}P(\xi_i,\eta_i)\Delta x_i$ 的极限存在,那么称此极限值为函数 $P(x,y)$ 在有向曲线弧 c 上对坐标 x 的曲线积分,记作$\int_c P(x,y)\mathrm{d}x$,即

$$\int_c P(x,y)\mathrm{d}x=\lim_{\lambda\to 0}\sum_{i=1}^{n}P(\xi_i,\eta_i)\Delta x_i.$$

类似地,如果极限$\lim\limits_{\lambda\to 0}\sum\limits_{i=1}^{n}Q(\xi_i,\eta_i)\Delta y_i$ 存在,那么称此极限值为函数 $Q(x,y)$ 在有向曲线弧 c 上对坐标 y 的曲线积分,记作$\int_c Q(x,y)\mathrm{d}y$,即$\int_c Q(x,y)\mathrm{d}y=\lim\limits_{\lambda\to 0}\sum\limits_{i=1}^{n}Q(\xi_i,\eta_i)\Delta y_i$.对坐标 x 和对坐标 y 的曲线积分均称为第二类曲线积分.

在实际应用中,经常出现$\int_c P(x,y)\mathrm{d}x+\int_c Q(x,y)\mathrm{d}y$ 的形式,为了方便,常记作$\int_c P(x,y)\mathrm{d}x+Q(x,y)\mathrm{d}y$.

第二类曲线积分除具有与第一类曲线积分相似的性质外,还有一个特殊的性质:设 c 为有向曲线弧,$-c$ 表示与 c 方向相反的同一条曲线弧,则

$$\int_{-c}P(x,y)\mathrm{d}x+Q(x,y)\mathrm{d}y=-\int_c P(x,y)\mathrm{d}x+Q(x,y)\mathrm{d}y.$$

2. 计算方法

设有向曲线弧 c 的参数方程为$\begin{cases}x=\varphi(t),\\ y=\psi(t),\end{cases}$ $\alpha\leqslant t\leqslant\beta$,其中 $\varphi(t)$,$\psi(t)$ 具有连续导数且 $\varphi'^2(t)+\psi'^2(t)\neq 0$,则

$$\int_c P(x,y)\mathrm{d}x+Q(x,y)\mathrm{d}y=\int_\alpha^\beta\{P[\varphi(t),\psi(t)]\varphi'(t)+Q[\varphi(t),\psi(t)]\psi'(t)\}\mathrm{d}t.$$

【例 6.4.8】 计算曲线积分$\int_c 2xy\mathrm{d}x+x^2\mathrm{d}y$,其中 c 是:

(1) 沿 $y=x^2$ 上从 O 到 B 的一段弧,其中点 B 的坐标为$(1,1)$;

(2) 沿直线从 O 到 B 的一段弧;

(3) 沿折线段 OAB 的一段弧,其中点 A 的坐标为$(1,0)$.

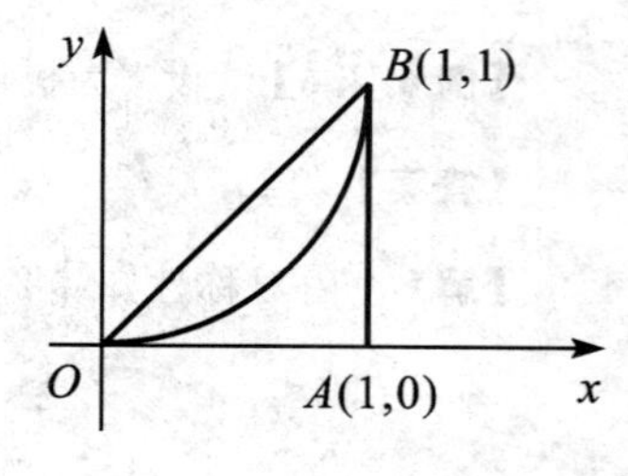

图 6-31

【解】 如图 6-31 所示.

(1)$\int_c 2xy\mathrm{d}x+x^2\mathrm{d}y=\int_0^1(2x\cdot x^2+x^2\cdot 2x)\mathrm{d}x=1.$

(2) $\int_c 2xy\mathrm{d}x + x^2\mathrm{d}y = \int_0^1 (2x\cdot x + x^2\cdot 1)\mathrm{d}x = 1.$

(3) $\int_c 2xy\mathrm{d}x + x^2\mathrm{d}y = \int_{OA} 2xy\mathrm{d}x + x^2\mathrm{d}y + \int_{AB} 2xy\mathrm{d}x + x^2\mathrm{d}y$

$$= \int_0^1 (0\cdot \mathrm{d}x + x^2\cdot 0) + \int_0^1 (2\cdot 1\cdot y\cdot 0 + 1^2\cdot \mathrm{d}y)$$

$$= 1.$$

【例 6.4.9】(2010[①])　已知曲线 L 的方程为 $y = 1 - |x|$ $(x\in[-1,1])$，起点为 $(-1,0)$，终点为 $(1,0)$，则曲线积分 $\int_L xy\mathrm{d}x + x^2\mathrm{d}y =$ ________.

【答案】　0.

【解】　如图 6-32 所示.

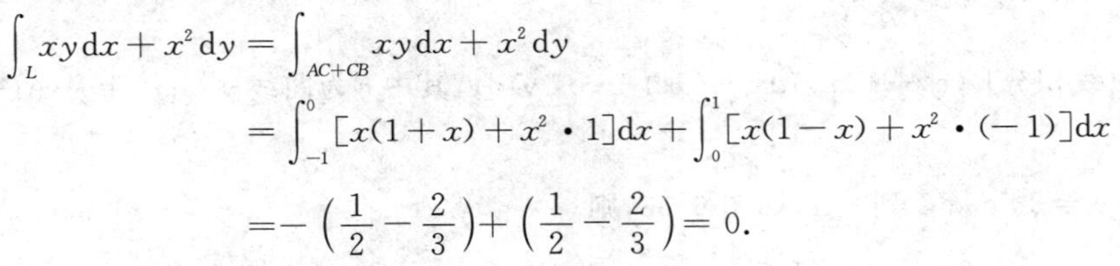

$$\int_L xy\mathrm{d}x + x^2\mathrm{d}y = \int_{AC+CB} xy\mathrm{d}x + x^2\mathrm{d}y$$

$$= \int_{-1}^0 [x(1+x) + x^2\cdot 1]\mathrm{d}x + \int_0^1 [x(1-x) + x^2\cdot(-1)]\mathrm{d}x$$

$$= -\left(\frac{1}{2} - \frac{2}{3}\right) + \left(\frac{1}{2} - \frac{2}{3}\right) = 0.$$

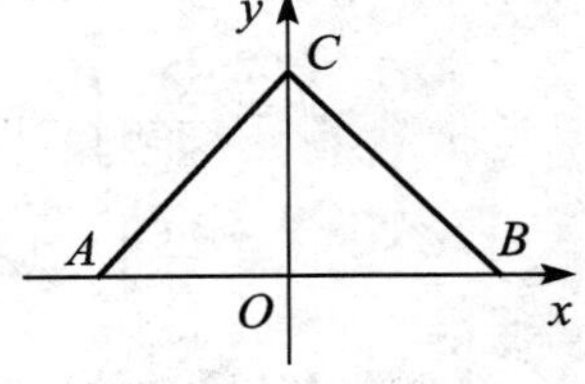

图 6-32

3. 两类曲线积分之间的联系

两类曲线积分之间存在如下联系：

$$\int_c P\mathrm{d}x + Q\mathrm{d}y = \int_c (P\cos\alpha + Q\cos\beta)\mathrm{d}s,$$

其中 $\cos\alpha = \frac{\mathrm{d}x}{\mathrm{d}s}, \cos\beta = \frac{\mathrm{d}y}{\mathrm{d}s}$ 为有向曲线弧 c 在点 (x,y) 处的切线向量的方向余弦.

设 $\boldsymbol{s}$ 为曲线弧 c 正向的切线方向，则 $\mathrm{d}x = \cos(\boldsymbol{s},x)\mathrm{d}s = \cos\alpha\mathrm{d}s, \mathrm{d}y = \cos(\boldsymbol{s},y)\mathrm{d}s = \cos\beta\mathrm{d}s$.

两类空间曲线积分之间存在如下联系：

$$\int_\Gamma P\mathrm{d}x + Q\mathrm{d}y + R\mathrm{d}z = \int_\Gamma (P\cos\alpha + Q\cos\beta + R\cos\gamma)\mathrm{d}s,$$

其中 $\cos\alpha, \cos\beta, \cos\gamma$ 为有向曲线弧 Γ 上点 (x,y,z) 的切线向量的方向余弦.

三、格林公式

1. 格林公式

定理 6.4.1　设闭区域 D 由分段光滑的曲线 c 围成，函数 $P(x,y), Q(x,y)$ 在 D 上具有一阶连续偏导数，则有

$$\iint_D \left(\frac{\partial Q}{\partial x} - \frac{\partial P}{\partial y}\right)\mathrm{d}x\mathrm{d}y = \oint_c P\mathrm{d}x + Q\mathrm{d}y, \tag{6-4-1}$$

其中 c 是 D 的取正向的整个边界，式(6-4-1)又称为格林公式. 正向是指：沿着该方向走时，区域内部总在左侧.

在式(6-4-1)中，取 $P = -y, Q = x$，则 $\oint_c -y\mathrm{d}x + x\mathrm{d}y = 2\iint_D \mathrm{d}x\mathrm{d}y$，因此 $s = \frac{1}{2}\oint_c x\mathrm{d}y - y\mathrm{d}x$(其中 s 为区域 D 的面积).

格林公式经常反过来使用，即 $\oint_c P\mathrm{d}x + Q\mathrm{d}y = \iint_D \left(\frac{\partial Q}{\partial x} - \frac{\partial P}{\partial y}\right)\mathrm{d}x\mathrm{d}y$.

> **评注**
> 格林公式要求曲线 c 封闭且取正向.

【例 6.4.10】 计算曲线积分$\oint_c -x^2y\mathrm{d}x+xy^2\mathrm{d}y$,其中 c 是圆 $x^2+y^2=a^2$ 的正向.

【解】 $\oint_c -x^2y\mathrm{d}x+xy^2\mathrm{d}y=\iint\limits_D[y^2-(-x^2)]\mathrm{d}x\mathrm{d}y=\int_0^{2\pi}\mathrm{d}\theta\int_0^a r^2\cdot r\mathrm{d}r=\frac{1}{2}\pi a^4.$

【例 6.4.11】 求星形线 $x=a\cos^3 t, y=a\sin^3 t$ 所围的面积.

【解】

$$
\begin{aligned}
s&=\frac{1}{2}\oint_c x\mathrm{d}y-y\mathrm{d}x\\
&=\frac{1}{2}\int_0^{2\pi}[a\cos^3 t\cdot 3a\sin^2 t\cdot\cos t-a\sin^3 t\cdot 3a\cos^2 t\cdot(-\sin t)]\mathrm{d}t\\
&=\frac{3}{2}a^2\int_0^{2\pi}\sin^2 t\cdot\cos^2 t\mathrm{d}t=\frac{3}{2}a^2\int_0^{2\pi}\frac{1}{4}\sin^2 2t\mathrm{d}t\\
&=\frac{3a^2}{16}\int_0^{2\pi}(1-\cos 4t)\mathrm{d}t=\frac{3\pi}{8}a^2.
\end{aligned}
$$

【例 6.4.12】 计算曲线积分$\int_c(\mathrm{e}^y-12xy)\mathrm{d}x+(x\mathrm{e}^y-\cos y)\mathrm{d}y$,其中 c 为曲线 $y=x^2$ 上从 $A(-1,1)$ 到 $B(1,1)$ 的一段.

【解】 添加直线 $l_{BA}:y=1, x$ 从 1 到 -1,如图 6-33,则

$$
\begin{aligned}
&\int_c(\mathrm{e}^y-12xy)\mathrm{d}x+(x\mathrm{e}^y-\cos y)\mathrm{d}y+\int_{l_{BA}}(\mathrm{e}^y-12xy)\mathrm{d}x+(x\mathrm{e}^y-\cos y)\mathrm{d}y\\
=&\oint_{c+l_{BA}}(\mathrm{e}^y-12xy)\mathrm{d}x+(x\mathrm{e}^y-\cos y)\mathrm{d}y\\
=&\iint\limits_D[\mathrm{e}^y-(\mathrm{e}^y-12x)]\mathrm{d}x\mathrm{d}y=0,
\end{aligned}
$$

$$
\begin{aligned}
&\int_c(\mathrm{e}^y-12xy)\mathrm{d}x+(x\mathrm{e}^y-\cos y)\mathrm{d}y\\
=&-\int_{l_{BA}}(\mathrm{e}^y-12xy)\mathrm{d}x+(x\mathrm{e}^y-\cos y)\mathrm{d}y\\
=&\int_{l_{AB}}(\mathrm{e}^y-12xy)\mathrm{d}x+(x\mathrm{e}^y-\cos y)\mathrm{d}y\\
=&\int_{-1}^{1}(\mathrm{e}-12x\cdot 1)\mathrm{d}x=2\mathrm{e}.
\end{aligned}
$$

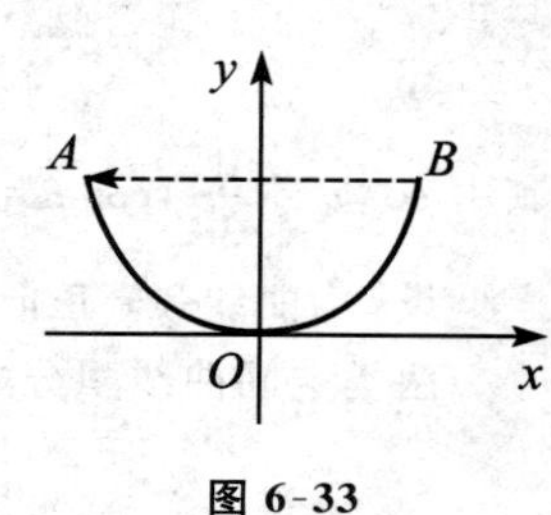

图 6-33

评 注

当曲线不封闭时,添加直线使得曲线封闭,然后考虑正向利用格林公式.

注意:此题解法中利用了二重积分、定积分的对称性.

【例 6.4.13】 计算曲线积分$\int_c \mathrm{e}^{-y^2}\mathrm{d}x+2x(1-y\mathrm{e}^{-y^2})\mathrm{d}y$,其中 c 是沿直线 $y=x$ 从 O 到 $A(1,1)$ 的一段.

【解】 如图 6-34 所示,添加直线 $l_{AB}:y=1, x$ 从 1 到 0 及直线 $l_{BO}:x=0, y$ 从1 到 0.

$$
\begin{aligned}
&\int_c \mathrm{e}^{-y^2}\mathrm{d}x+2x(1-y\mathrm{e}^{-y^2})\mathrm{d}y+\int_{l_{AB}}+\int_{l_{BO}}=\oint_{c+l_{AB}+l_{BO}}\\
=&\iint\limits_D[2(1-y\mathrm{e}^{-y^2})-(-2y)\mathrm{e}^{-y^2}]\mathrm{d}x\mathrm{d}y=1,
\end{aligned}
$$

$$
\int_c \mathrm{e}^{-y^2}\mathrm{d}x+2x(1-y\mathrm{e}^{-y^2})\mathrm{d}y=1-\int_{l_{AB}}-\int_{l_{BO}}
$$

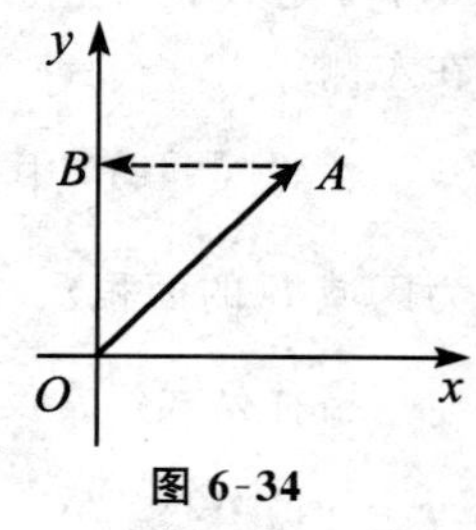

图 6-34

$= 1 + \int_{l_{BA}} + \int_{l_{OB}} = 1 + \int_0^1 e^{-1} dx + \int_0^1 0 dy = 1 + e^{-1}$.

【例 6.4.14】 计算 $\oint_c -\dfrac{y}{4x^2+y^2}dx + \dfrac{x}{4x^2+y^2}dy$，其中 c 为圆周 $x^2+y^2=a^2$ 的正向.

【解】 $P = -\dfrac{y}{4x^2+y^2}$，$Q = \dfrac{x}{4x^2+y^2}$，$\dfrac{\partial P}{\partial y} = \dfrac{\partial Q}{\partial x}$，$(x,y) \neq (0,0)$，很显然在 $(0,0)$ 点无定义，故不能用格林公式，考虑用"挖洞法".

设 $l: 4x^2+y^2=\varepsilon^2$，取逆时针方向，且 ε 很小，则

$$I = \oint_{C+l^-} -\frac{y}{4x^2+y^2}dx + \frac{x}{4x^2+y^2}dy - \oint_{l^-} -\frac{y}{4x^2+y^2}dx + \frac{x}{4x^2+y^2}dy$$

$$= \iint_D \left(\frac{\partial Q}{\partial x} - \frac{\partial P}{\partial y}\right)d\sigma + \oint_l -\frac{y}{4x^2+y^2}dx + \frac{x}{4x^2+y^2}dy$$

$$= \frac{1}{\varepsilon^2}\oint_l -ydx + xdy = \frac{1}{\varepsilon^2}\iint_{D_1} 2dxdy = \frac{2}{\varepsilon^2}\pi\varepsilon\frac{\varepsilon}{2} = \pi,$$

其中 $D_1: 4x^2+y^2 \leqslant \varepsilon^2$.

【例 6.4.15】（2012①） 已知 L 是第一象限中从点 $(0,0)$ 沿圆周 $x^2+y^2=2x$ 到点 $(2,0)$，再沿圆周 $x^2+y^2=4$ 到点 $(0,2)$ 的曲线段，计算曲线积分 $\int_L 3x^2ydx + (x^3+x-2y)dy$.

【解】 如图 6-35 所示，添加直线 $l_{BO}: x=0$，y 从 2 到 0，则

$$\int_L 3x^2ydx + (x^3+x-2y)dy + \int_{l_{BO}} = \oint_{L+l_{BO}} 3x^2ydx + (x^3+x-2y)dy$$

$$= \iint_D (3x^2+1-3x^2)dxdy$$

$$= \frac{1}{4}\cdot 4\pi - \frac{1}{2}\pi = \frac{\pi}{2},$$

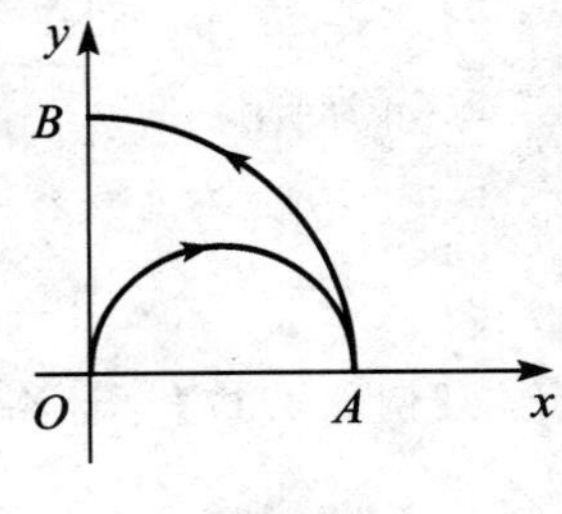

图 6-35

$$\int_L 3x^2ydx + (x^3+x-2y)dy = \frac{\pi}{2} - \int_{l_{BO}} 3x^2ydx + (x^3+x-2y)dy$$

$$= \frac{\pi}{2} + \int_2^0 2ydy = \frac{\pi}{2} - 4.$$

2. 曲线积分与路径无关的条件

(1) 曲线积分与路径无关

定义 6.4.3 设 G 是一个单连通域（即区域 G 内任意一条封闭曲线所围成的区域都落在 G 内），函数 $P(x,y)$，$Q(x,y)$ 在区域 G 内具有一阶连续偏导数. 如果对于 G 内任意两点 A，B 及从 A 到 B 的任意两条有向曲线 c_1 和 c_2，等式 $\int_{c_1} Pdx + Qdy = \int_{c_2} Pdx + Qdy$ 恒成立，则称曲线积分 $\int_c Pdx + Qdy$ 在 G 内与路径无关.

定理 6.4.2 设 G 是一个单连通域，在 G 内曲线积分 $\int_c Pdx + Qdy$ 与路径无关的等价条件是在 G 内沿任一闭曲线的曲线积分的值为零.

【证明】 $\int_{c_1} Pdx + Qdy = \int_{c_2} Pdx + Qdy \Leftrightarrow \oint_{c_1+(-c_2)} Pdx + Qdy = 0$.

定理 6.4.3 设区域 G 是一个单连通域，函数 $P(x,y)$，$Q(x,y)$ 在 G 内具有一阶连续偏导数，那么曲线积分 $\int_c Pdx + Qdy$ 在 G 内与路径无关的充要条件是等式 $\dfrac{\partial P}{\partial y} = \dfrac{\partial Q}{\partial x}$ 在 G 内恒成立.

【证明】 先证必要性. $\dfrac{\partial P}{\partial y} = \dfrac{\partial Q}{\partial x}$，由格林公式得 $\oint_c Pdx + Qdy = \iint_D \left(\dfrac{\partial Q}{\partial x} - \dfrac{\partial P}{\partial y}\right)dxdy = 0$.

再证充分性.用反证法:设 $\exists M_0 \in G$,使得 $\left(\frac{\partial Q}{\partial x}-\frac{\partial P}{\partial y}\right)\Big|_{M_0} \neq 0$,不妨设 $\left(\frac{\partial Q}{\partial x}-\frac{\partial P}{\partial y}\right)\Big|_{M_0} > 0$,由于 $\frac{\partial Q}{\partial x}$,$\frac{\partial P}{\partial y}$ 连续,由保号性知,存在包含点 M_0 的某个邻域 K,使得 $\left(\frac{\partial Q}{\partial x}-\frac{\partial P}{\partial y}\right)\Big|_{K} > 0$,设 K 的边界曲线为 c_1,则 $\oint_{c_1} P\mathrm{d}x+Q\mathrm{d}y=\iint\limits_{K}\left(\frac{\partial Q}{\partial x}-\frac{\partial P}{\partial y}\right)\mathrm{d}x\mathrm{d}y>0$.由定理 6.4.2 知,$\int_{c_1} P\mathrm{d}x+Q\mathrm{d}y$ 与路径无关$\Leftrightarrow \oint_{c_1} P\mathrm{d}x+Q\mathrm{d}y=0$,矛盾,证毕.

【例 6.4.16】 证明曲线积分 $\int_c (x^4+4xy^3)\mathrm{d}x+(6x^2y^2-5y^4)\mathrm{d}y$ 与路径无关,并求积分 $\int_{(-2,-1)}^{(2,0)}(x^4+4xy^3)\mathrm{d}x+(6x^2y^2-5y^4)\mathrm{d}y$ 的值.

分析:要证明曲线积分与路径无关,只需证明 $\frac{\partial P}{\partial y}=\frac{\partial Q}{\partial x}$.

【解】 $\frac{\partial P}{\partial y}=\frac{\partial}{\partial y}(x^4+4xy^3)=12xy^2$,$\frac{\partial Q}{\partial x}=\frac{\partial}{\partial x}(6x^2y^2-5y^4)=12xy^2$,$\frac{\partial P}{\partial y}=\frac{\partial Q}{\partial x}$,所以曲线积分与路径无关.选取折线 $l_1: x=-2$,y 从 -1 到 0;$l_2: y=0$,x 从 -2 到 2,则

$$\begin{aligned}&\int_{(-2,-1)}^{(2,0)}(x^4+4xy^3)\mathrm{d}x+(6x^2y^2-5y^4)\mathrm{d}y\\=&\int_{l_1}+\int_{l_2}=\int_{-1}^{0}(24y^2-5y^4)\mathrm{d}y+\int_{-2}^{2}x^4\mathrm{d}x=7+\frac{64}{5}=\frac{99}{5}.\end{aligned}$$

评 注

只有与路径无关的曲线积分才能用 $\int_{(-2,-1)}^{(2,0)}P\mathrm{d}x+Q\mathrm{d}y$ 的形式表示.

【例 6.4.17】 计算 $\int_c (2xy+3\sin x)\mathrm{d}x+(x^2-ye^y)\mathrm{d}y$,其中 c 为摆线 $\begin{cases}x=t-\sin t,\\ y=1-\cos t\end{cases}$ 从 $O(0,0)$ 到 $A(\pi,2)$ 的一段.

【解】 $\frac{\partial Q}{\partial x}=2x=\frac{\partial P}{\partial y}$,所以曲线积分与路径无关,选取折线 $l_1: y=0$,x 从 0 到 π;$l_2: x=\pi$,y 从 0 到 2,则

$$\begin{aligned}\int_c (2xy+3\sin x)\mathrm{d}x+(x^2-ye^y)\mathrm{d}y&=\int_{l_1}+\int_{l_2}=\int_0^{\pi}3\sin x\mathrm{d}x+\int_0^2(\pi^2-ye^y)\mathrm{d}y\\&=6+2\pi^2-(e^2+1)=2\pi^2-e^2+5.\end{aligned}$$

(2) 全微分求积

定理 6.4.4 设区域 G 是一个单连通域,函数 $P(x,y)$,$Q(x,y)$ 在 G 内具有一阶连续偏导数,那么 $P(x,y)\mathrm{d}x+Q(x,y)\mathrm{d}y$ 在 G 内为某个函数 $u(x,y)$ 的全微分的充分必要条件是等式 $\frac{\partial P}{\partial y}=\frac{\partial Q}{\partial x}$ 在 G 内恒成立.

【证明】 先证必要性.如果 $P(x,y)\mathrm{d}x+Q(x,y)\mathrm{d}y$ 在 G 内为某个函数 $u(x,y)$ 的全微分,则 $P(x,y)\mathrm{d}x+Q(x,y)\mathrm{d}y=\mathrm{d}u=\frac{\partial u}{\partial x}\mathrm{d}x+\frac{\partial u}{\partial y}\mathrm{d}y$,即 $P=\frac{\partial u}{\partial x}$,$Q=\frac{\partial u}{\partial y}$,$\frac{\partial P}{\partial y}=\frac{\partial^2 u}{\partial x\partial y}$,$\frac{\partial Q}{\partial x}=\frac{\partial^2 u}{\partial y\partial x}$.当 $\frac{\partial P}{\partial y}$,$\frac{\partial Q}{\partial x}$ 连续,即 $\frac{\partial^2 u}{\partial x\partial y}$,$\frac{\partial^2 u}{\partial y\partial x}$ 连续时有 $\frac{\partial^2 u}{\partial y\partial x}=\frac{\partial^2 u}{\partial x\partial y}$,故 $\frac{\partial Q}{\partial x}=\frac{\partial P}{\partial y}$.

再证充分性.当 $\frac{\partial Q}{\partial x}=\frac{\partial P}{\partial y}$ 时,曲线积分 $\int_c P\mathrm{d}x+Q\mathrm{d}y$ 与路径无关,作函数

$$u(x,y)=\int_c P\mathrm{d}x+Q\mathrm{d}y=\int_{(x_0,y_0)}^{(x,y)}P(x,y)\mathrm{d}x+Q(x,y)\mathrm{d}y.$$

选取 $l_1: x=x_0, y$ 从 y_0 到 y；$l_2: y=y, x$ 从 x_0 到 x，则

$$u(x,y)=\int_{l_1}+\int_{l_2}=\int_{y_0}^{y}Q(x_0,y)\mathrm{d}y+\int_{x_0}^{x}P(x,y)\mathrm{d}x,$$

则 $\dfrac{\partial u}{\partial x}=P(x,y)$.

选取 $l_3: y=y_0, x$ 从 x_0 到 x；$l_4: x=x, y$ 从 y_0 到 y，则

$$u(x,y)=\int_{l_3}+\int_{l_4}=\int_{x_0}^{x}P(x,y_0)\mathrm{d}x+\int_{y_0}^{y}Q(x,y)\mathrm{d}y,$$

则 $\dfrac{\partial u}{\partial y}=Q(x,y)$，即 $P\mathrm{d}x+Q\mathrm{d}y=\mathrm{d}u$.

【例 6.4.18】 验证 $(3x^2\sin y+x)\mathrm{d}x+(x^3\cos y-2y)\mathrm{d}y$ 是某个函数的全微分，并求出这样一个函数.

【解】 **解法一** $P=3x^2\sin y+x, Q=x^3\cos y-2y, \dfrac{\partial Q}{\partial x}=3x^2\cos y=\dfrac{\partial P}{\partial y}$，

所以 $P\mathrm{d}x+Q\mathrm{d}y=\mathrm{d}u$，

$$\begin{aligned}u(x,y)&=\int_{(0,0)}^{(x,y)}(3x^2\sin y+x)\mathrm{d}x+(x^3\cos y-2y)\mathrm{d}y\\&=\int_0^x x\mathrm{d}x+\int_0^y(x^3\cos y-2y)\mathrm{d}y\\&=\frac{1}{2}x^2+x^3\sin y-y^2.\end{aligned}$$

解法二 $P=3x^2\sin y+x, Q=x^3\cos y-2y, \dfrac{\partial Q}{\partial x}=3x^2\cos y=\dfrac{\partial P}{\partial y}$，所以 $P\mathrm{d}x+Q\mathrm{d}y=\mathrm{d}u$.

由于 $P=\dfrac{\partial u}{\partial x}$，所以

$$u(x,y)=\int P(x,y)\mathrm{d}x+C_1(y)=\int(3x^2\sin y+x)\mathrm{d}x+C_1(y)=x^3\sin y+\frac{1}{2}x^2+C_1(y).$$

又由于 $Q=\dfrac{\partial u}{\partial y}$，所以

$$u(x,y)=\int Q(x,y)\mathrm{d}y+C_2(x)=\int(x^3\cos y-2y)\mathrm{d}y+C_2(x)=x^3\sin y-y^2+C_2(x),$$

比较得到 $C_1(y)=-y^2$ 或 $C_2(x)=\dfrac{1}{2}x^2$，故 $u(x,y)=x^3\sin y+\dfrac{1}{2}x^2-y^2$.

评 注

此题的解法二提供了简单快捷的方法，可分别计算只含 x 的项、只含 y 的项及同时含有 x,y 的项.

【例 6.4.19】 验证 $\left(2x-\dfrac{y^2}{x^2}\cos\dfrac{y}{x}\right)\mathrm{d}x+\left(\cos y+\sin\dfrac{y}{x}+\dfrac{y}{x}\cos\dfrac{y}{x}\right)\mathrm{d}y$ 是某个函数的全微分，并求出这样一个函数.

【解】 $P=2x-\dfrac{y^2}{x^2}\cos\dfrac{y}{x}, Q=\cos y+\sin\dfrac{y}{x}+\dfrac{y}{x}\cos\dfrac{y}{x}$，

$$\frac{\partial P}{\partial y}=-\frac{2y}{x^2}\cos\frac{y}{x}-\frac{y^2}{x^2}\left(-\sin\frac{y}{x}\right)\cdot\frac{1}{x},$$

$$\begin{aligned}\frac{\partial Q}{\partial x}&=\cos\frac{y}{x}\cdot\left(-\frac{y}{x^2}\right)+\left(-\frac{y}{x^2}\right)\cos\frac{y}{x}+\frac{y}{x}\left(-\sin\frac{y}{x}\right)\left(-\frac{y}{x^2}\right)\\&=-\frac{2y}{x^2}\cos\frac{y}{x}+\frac{y^2}{x^3}\sin\frac{y}{x}=\frac{\partial P}{\partial y},\end{aligned}$$

所以 $P\mathrm{d}x+Q\mathrm{d}y=\mathrm{d}u$.

$$C_1(y)=\int\cos y\mathrm{d}y=\sin y,\quad C_2(x)=\int 2x\mathrm{d}x=x^2,$$

而同时含有 x,y 的项可计算 $\int\left(-\frac{y^2}{x^2}\cos\frac{y}{x}\right)\mathrm{d}x$ 或 $\int\left(\sin\frac{y}{x}+\frac{y}{x}\cos\frac{y}{x}\right)\mathrm{d}y$,选择前者,$\int\left(-\frac{y^2}{x^2}\cos\frac{y}{x}\right)\mathrm{d}x$ $=y\int\cos\frac{y}{x}\mathrm{d}\left(\frac{y}{x}\right)=y\sin\frac{y}{x}$,所以 $u(x,y)=y\sin\frac{y}{x}+\sin y+x^2$.

3. 第二类曲线积分的计算流程图(图 6-36)

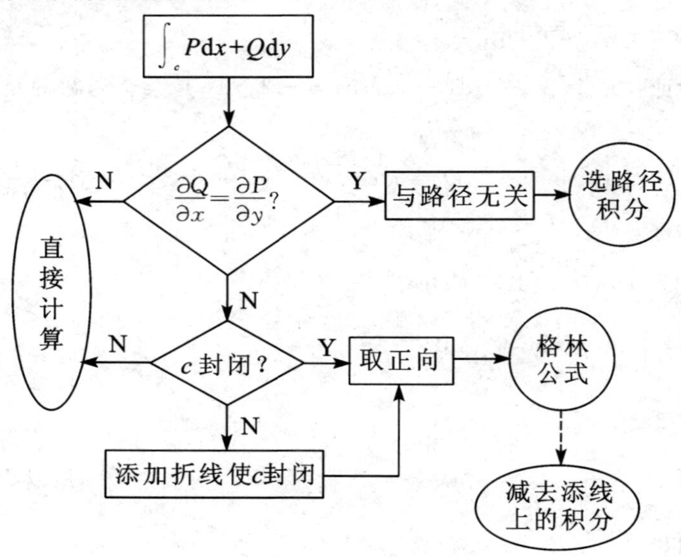

图 6-36

【例 6.4.20】(2025[①]) 已知有向曲线 L 是沿抛物线 $y=1-x^2$ 从点 $(1,0)$ 到 $(-1,0)$ 的段,则曲线积分 $\int_L(y+\cos x)\mathrm{d}x+(2x+\cos y)\mathrm{d}y=$ ________.

【答案】 $\frac{4}{3}-2\sin 1$.

【解】 设 $l_1:y=0,x:-1\to 1$,由格林公式可得

$$\begin{aligned}\text{原式}&=\oint_{L+l_1}(y+\cos x)\mathrm{d}x+(2x+\cos y)\mathrm{d}y-\int_{l_1}(y+\cos x)\mathrm{d}x+(2x+\cos y)\mathrm{d}y\\&=\iint_D(2-1)\mathrm{d}x\mathrm{d}y-\int_{-1}^{1}\cos x\mathrm{d}x\\&=\frac{4}{3}-2\sin 1.\end{aligned}$$

【例 6.4.21】 设函数 $P(x,y)$ 在 xOy 面上具有一阶连续偏导数,曲线积分 $\int_c P(x,y)\mathrm{d}x+2xy\mathrm{d}y$ 与路径无关,又对任意实数 t 恒有 $\int_{(0,0)}^{(t,1)}P(x,y)\mathrm{d}x+2xy\mathrm{d}y=\int_{(0,0)}^{(1,t)}P(x,y)\mathrm{d}x+2xy\mathrm{d}y$,求函数 $P(x,y)$.

【解】 由于曲线积分 $\int_c P(x,y)\mathrm{d}x+2xy\mathrm{d}y$ 与路径无关,所以 $\frac{\partial P}{\partial y}=\frac{\partial Q}{\partial x}=2y$,故 $P(x,y)=y^2+C(x)$. 而

$$\int_{(0,0)}^{(t,1)}P(x,y)\mathrm{d}x+2xy\mathrm{d}y=\int_0^t C(x)\mathrm{d}x+\int_0^1 2ty\mathrm{d}y=\int_0^t C(x)\mathrm{d}x+t,$$

$$\int_{(0,0)}^{(1,t)}P(x,y)\mathrm{d}x+2xy\mathrm{d}y=\int_0^1 C(x)\mathrm{d}x+\int_0^t 2y\mathrm{d}y=\int_0^1 C(x)\mathrm{d}x+t^2,$$

由$\int_{(0,0)}^{(t,1)} P(x,y)\mathrm{d}x + 2xy\mathrm{d}y = \int_{(0,0)}^{(1,t)} P(x,y)\mathrm{d}x + 2xy\mathrm{d}y$，得

$$\int_0^t C(x)\mathrm{d}x + t = \int_0^1 C(x)\mathrm{d}x + t^2,$$

求导得 $C(t)+1=2t$，所以 $C(x)=2x-1$，$P(x,y)=y^2+2x-1$.

第五节　曲面积分①

一、第一类曲面积分——对面积的曲面积分

1. 定义

定义 6.5.1　设曲面 Σ 是光滑的，函数 $f(x,y,z)$ 在 Σ 上有界. 把 Σ 任意分成 n 小块 $\Delta s_1,\Delta s_2,\cdots,\Delta s_n$（$\Delta s_i$ 既表示第 i 小块，又表示第 i 小块的面积），设 (ξ_i,η_i,ζ_i) 是 Δs_i 上任取的一点，如果当各小块曲面的直径的最大值 $\lambda\to 0$ 时，和式 $\sum\limits_{i=1}^{n} f(\xi_i,\eta_i,\zeta_i)\Delta s_i$ 的极限存在，则称此极限值为函数 $f(x,y,z)$ 在曲面 Σ 上对面积的曲面积分，记作 $\iint\limits_{\Sigma} f(x,y,z)\mathrm{d}S$，即

$$\iint\limits_{\Sigma} f(x,y,z)\mathrm{d}S = \lim_{\lambda\to 0}\sum_{i=1}^{n} f(\xi_i,\eta_i,\zeta_i)\Delta s_i.$$

对面积的曲面积分又称为第一类曲面积分.

2. 计算方法

(1) 设曲面 Σ 的方程由 $z=z(x,y)$ 确定，Σ 在 xOy 面上的投影区域为 D_{xy}，函数 $z=z(x,y)$ 在 D_{xy} 上具有连续的偏导数，被积函数 $f(x,y,z)$ 在 Σ 上连续，曲面的面积元素为 $\mathrm{d}S=\sqrt{1+\left(\frac{\partial z}{\partial x}\right)^2+\left(\frac{\partial z}{\partial y}\right)^2}\mathrm{d}x\mathrm{d}y$，所以

$$\iint\limits_{\Sigma} f(x,y,z)\mathrm{d}S = \iint\limits_{D_{xy}} f[x,y,z(x,y)]\sqrt{1+\left(\frac{\partial z}{\partial x}\right)^2+\left(\frac{\partial z}{\partial y}\right)^2}\mathrm{d}x\mathrm{d}y.$$

(2) 设曲面 Σ 的方程由 $x=x(y,z)$ 确定，Σ 在 yOz 面上的投影区域为 D_{yz}，函数 $x=x(y,z)$ 在 D_{yz} 上具有连续的偏导数，被积函数 $f(x,y,z)$ 在 Σ 上连续，则

$$\iint\limits_{\Sigma} f(x,y,z)\mathrm{d}S = \iint\limits_{D_{yz}} f[x(y,z),y,z]\sqrt{1+\left(\frac{\partial x}{\partial y}\right)^2+\left(\frac{\partial x}{\partial z}\right)^2}\mathrm{d}y\mathrm{d}z.$$

(3) 设曲面 Σ 的方程由 $y=y(x,z)$ 确定，Σ 在 xOz 面上的投影区域为 D_{xz}，函数 $y=y(x,z)$ 在 D_{xz} 上具有连续的偏导数，被积函数 $f(x,y,z)$ 在 Σ 上连续，则

$$\iint\limits_{\Sigma} f(x,y,z)\mathrm{d}S = \iint\limits_{D_{xz}} f[x,y(x,z),z]\sqrt{1+\left(\frac{\partial y}{\partial x}\right)^2+\left(\frac{\partial y}{\partial z}\right)^2}\mathrm{d}x\mathrm{d}z.$$

【例 6.5.1】　计算曲面积分 $\iint\limits_{\Sigma}\frac{\mathrm{d}S}{z}$，其中 Σ 是球面 $x^2+y^2+z^2=a^2$ 被平面 $z=h(0<h<a)$ 截出的顶部.

【解】　$x^2+y^2+z^2=a^2$，$z=h$ 在 xOy 面上的投影区域 D 由 $x^2+y^2\leqslant a^2-h^2$ 确定，

$$z=\sqrt{a^2-x^2-y^2},\quad \frac{\partial z}{\partial x}=-\frac{x}{\sqrt{a^2-x^2-y^2}},\quad \frac{\partial z}{\partial y}=-\frac{y}{\sqrt{a^2-x^2-y^2}},$$

$$\mathrm{d}S=\sqrt{1+\left(\frac{\partial z}{\partial x}\right)^2+\left(\frac{\partial z}{\partial y}\right)^2}\mathrm{d}x\mathrm{d}y=\frac{a}{\sqrt{a^2-x^2-y^2}}\mathrm{d}x\mathrm{d}y,$$

$$\iint\limits_{\Sigma}\frac{1}{z}\mathrm{d}S=\iint\limits_{D}\frac{1}{\sqrt{a^2-x^2-y^2}}\cdot\frac{a}{\sqrt{a^2-x^2-y^2}}\mathrm{d}x\mathrm{d}y=\iint\limits_{D}\frac{a}{a^2-x^2-y^2}\mathrm{d}x\mathrm{d}y$$

$$=a\int_0^{2\pi}\mathrm{d}\theta\int_0^{\sqrt{a^2-h^2}}\frac{1}{a^2-r^2}\cdot r\mathrm{d}r=2\pi a\ln\frac{a}{h}.$$

【例 6.5.2】 计算曲面积分$\oiint\limits_{\Sigma}\sqrt{x^2+y^2}\mathrm{d}S$,其中$\Sigma$为圆锥面$z=\sqrt{x^2+y^2}$及平面$z=1$所围立体的整个边界.

【解】 将封闭曲面分为两部分:$\Sigma_1:z=1,\mathrm{d}S=\mathrm{d}x\mathrm{d}y$,在$xOy$面上的投影区域$D_1$由$x^2+y^2\leqslant 1$确定;$\Sigma_2:z=\sqrt{x^2+y^2},\dfrac{\partial z}{\partial x}=\dfrac{x}{\sqrt{x^2+y^2}},\dfrac{\partial z}{\partial y}=\dfrac{y}{\sqrt{x^2+y^2}},\mathrm{d}S=\sqrt{2}\mathrm{d}x\mathrm{d}y$,在$xOy$面上的投影区域$D_2$由$x^2+y^2\leqslant 1$确定,所以

$$\begin{aligned}\oiint\limits_{\Sigma}\sqrt{x^2+y^2}\mathrm{d}S&=\iint\limits_{\Sigma_1}\sqrt{x^2+y^2}\mathrm{d}S+\iint\limits_{\Sigma_2}\sqrt{x^2+y^2}\mathrm{d}S\\&=\iint\limits_{D_1}\sqrt{x^2+y^2}\mathrm{d}x\mathrm{d}y+\iint\limits_{D_2}\sqrt{x^2+y^2}\cdot\sqrt{2}\mathrm{d}x\mathrm{d}y\\&=(1+\sqrt{2})\int_0^{2\pi}\mathrm{d}\theta\int_0^1 r\cdot r\mathrm{d}r=\frac{2(1+\sqrt{2})}{3}\pi.\end{aligned}$$

【例 6.5.3】 计算曲面积分$\iint\limits_{\Sigma}(xy+yz+xz)\mathrm{d}S$,其中$\Sigma$是圆锥面$z=\sqrt{x^2+y^2}$被柱面$x^2+y^2=2ax$所截的部分.

【解】 $z=\sqrt{x^2+y^2},\dfrac{\partial z}{\partial x}=\dfrac{x}{\sqrt{x^2+y^2}},\dfrac{\partial z}{\partial y}=\dfrac{y}{\sqrt{x^2+y^2}},\mathrm{d}S=\sqrt{2}\mathrm{d}x\mathrm{d}y$,$\Sigma$在$xOy$面上的投影区域$D$由$x^2+y^2\leqslant 2ax$确定.

$$\begin{aligned}\iint\limits_{\Sigma}(xy+yz+xz)\mathrm{d}S&=\iint\limits_{D}[xy+(y+x)\sqrt{x^2+y^2}]\sqrt{2}\mathrm{d}x\mathrm{d}y\\&=\sqrt{2}\int_{-\frac{\pi}{2}}^{\frac{\pi}{2}}\mathrm{d}\theta\int_0^{2a\cos\theta}[r^2\cos\theta\sin\theta+r^2(\cos\theta+\sin\theta)]\cdot r\mathrm{d}r\\&=\sqrt{2}\int_{-\frac{\pi}{2}}^{\frac{\pi}{2}}[\cos\theta\sin\theta+(\cos\theta+\sin\theta)]4a^4\cos^4\theta\mathrm{d}\theta\\&=8\sqrt{2}a^4\int_0^{\frac{\pi}{2}}\cos^5\theta\mathrm{d}\theta=8\sqrt{2}a^4\cdot\frac{4}{5}\cdot\frac{2}{3}=\frac{64}{15}\sqrt{2}a^4.\end{aligned}$$

【例 6.5.4】(2012[①]) 设$\Sigma=\{(x,y,z)\mid x+y+z=1,x\geqslant 0,y\geqslant 0,z\geqslant 0\}$,则$\iint\limits_{\Sigma}y^2\mathrm{d}S=$ ________.

【答案】 $\dfrac{\sqrt{3}}{12}$.

【解】 $z=1-x-y,\dfrac{\partial z}{\partial x}=-1,\dfrac{\partial z}{\partial y}=-1,\mathrm{d}S=\sqrt{3}\mathrm{d}x\mathrm{d}y$,$\Sigma$在$xOy$面上的投影区域$D$由$x+y\leqslant 1$,$x\geqslant 0,y\geqslant 0$确定.

$$\iint\limits_{\Sigma}y^2\mathrm{d}S=\iint\limits_{D}y^2\cdot\sqrt{3}\mathrm{d}x\mathrm{d}y=\sqrt{3}\int_0^1 y^2\mathrm{d}y\int_0^{1-y}\mathrm{d}x=\sqrt{3}\int_0^1 y^2(1-y)\mathrm{d}y=\sqrt{3}\left(\frac{1}{3}-\frac{1}{4}\right)=\frac{\sqrt{3}}{12}.$$

3. 第一类曲面积分的对称性和轮换性

第一类曲面积分与第一类曲线积分类似,也有对称性和轮换性:

(1) 若积分曲面Σ关于yOz面对称,且$f(x,y,z)$为关于x的奇函数,即满足$f(-x,y,z)=-f(x,y,z)$,则$\iint\limits_{\Sigma}f(x,y,z)\mathrm{d}S=0$.

(2) 若积分曲面Σ关于xOz面对称,且$f(x,y,z)$为关于y的奇函数,即满足$f(x,-y,z)=$

$-f(x,y,z)$，则$\iint\limits_{\Sigma}f(x,y,z)\mathrm{d}S=0$.

(3) 若积分曲面 Σ 关于 xOy 面对称，且 $f(x,y,z)$ 为关于 z 的奇函数，即满足 $f(x,y,-z)=-f(x,y,z)$，则$\iint\limits_{\Sigma}f(x,y,z)\mathrm{d}S=0$.

(4) 如果积分曲面 Σ 中 x 换成 y，y 换成 z，z 换成 x，Σ 表达式不变，则

$$\iint\limits_{\Sigma}f(x,y,z)\mathrm{d}S=\iint\limits_{\Sigma}f(y,z,x)\mathrm{d}S=\iint\limits_{\Sigma}f(z,y,x)\mathrm{d}S.$$

特别的：$\iint\limits_{\Sigma}x^2\mathrm{d}S=\iint\limits_{\Sigma}y^2\mathrm{d}S=\iint\limits_{\Sigma}z^2\mathrm{d}S=\dfrac{1}{3}\iint\limits_{\Sigma}(x^2+y^2+z^2)\mathrm{d}S$.

【例 6.5.5】　设 $\Sigma:x^2+y^2+z^2=a^2(z\geqslant0)$，$\Sigma_1$ 为 Σ 在第一卦限中的部分，则有(　　).

(A)$\iint\limits_{\Sigma}x\mathrm{d}S=4\iint\limits_{\Sigma_1}x\mathrm{d}S$.　　(B)$\iint\limits_{\Sigma}y\mathrm{d}S=4\iint\limits_{\Sigma_1}x\mathrm{d}S$.

(C)$\iint\limits_{\Sigma}z\mathrm{d}S=4\iint\limits_{\Sigma_1}x\mathrm{d}S$.　　(D)$\iint\limits_{\Sigma}xyz\mathrm{d}S=4\iint\limits_{\Sigma_1}xyz\mathrm{d}S$.

【答案】　(C).

【解】　由曲面积分的对称性可知$\iint\limits_{\Sigma}x\mathrm{d}S=\iint\limits_{\Sigma}y\mathrm{d}S=\iint\limits_{\Sigma}xyz\mathrm{d}S=0$，而在 Σ_1 上的对应曲面积分均不为零，所以只能选(C).

注意：在 Σ_1 上，由轮换性可知$\iint\limits_{\Sigma_1}x\mathrm{d}S=\iint\limits_{\Sigma_1}y\mathrm{d}S=\iint\limits_{\Sigma_1}z\mathrm{d}S$.

【例 6.5.6】　设 $\Sigma:x^2+y^2+z^2=a^2$，则$\oiint\limits_{\Sigma}z^2\mathrm{d}S=$ ________.

【答案】　$\dfrac{4}{3}\pi a^4$.

【解】　由轮换性知

$$\oiint\limits_{\Sigma}z^2\mathrm{d}S=\oiint\limits_{\Sigma}x^2\mathrm{d}S=\oiint\limits_{\Sigma}y^2\mathrm{d}S=\frac{1}{3}\oiint\limits_{\Sigma}(x^2+y^2+z^2)\mathrm{d}S=\frac{a^2}{3}\oiint\limits_{\Sigma}\mathrm{d}S=\frac{a^2}{3}S_{\Sigma}=\frac{a^2}{3}\cdot4\pi\cdot a^2=\frac{4}{3}\pi a^4.$$

【例 6.5.7】(2017[①])　设薄片型物体 S 是圆锥面 $z=\sqrt{x^2+y^2}$ 被柱面 $z^2=2x$ 割下的有限部分，其上任一点的密度为 $\mu(x,y,z)=9\sqrt{x^2+y^2+z^2}$. 记圆锥面与柱面的交线为 C.

(Ⅰ) 求 C 在 xOy 平面上的投影曲线的方程；

(Ⅱ) 求 S 的质量 M.

【解】　(Ⅰ) 联立锥面方程和柱面方程，得$\begin{cases}z=\sqrt{x^2+y^2},\\z^2=2x.\end{cases}$

消去 z，得 $x^2+y^2=2x$，

即交线 C 在 xOy 平面投影的方程为$\begin{cases}x^2+y^2=2x,\\z=0.\end{cases}$

(Ⅱ) 由质量的求解公式，得

$$\begin{aligned}M&=\iint\limits_{\Sigma}\mu(x,y,z)\mathrm{d}S=\iint\limits_{\Sigma}9\sqrt{x^2+y^2+z^2}\mathrm{d}S\\&=\iint\limits_{D_{xy}}9\sqrt{2(x^2+y^2)}\left[1+\left(\frac{2x}{2\sqrt{x^2+y^2}}\right)^2+\left(\frac{2y}{2\sqrt{x^2+y^2}}\right)^2\right]^{\frac{1}{2}}\mathrm{d}x\mathrm{d}y\\&=18\iint\limits_{D_{xy}}\sqrt{x^2+y^2}\mathrm{d}x\mathrm{d}y=36\iint\limits_{D_1}\sqrt{x^2+y^2}\mathrm{d}x\mathrm{d}y\end{aligned}$$
(D_1 为 D_{xy} 在第一象限的部分)

$$= 36\iint_{D_1} r \cdot r\mathrm{d}r\mathrm{d}\theta = 36\int_0^{\frac{\pi}{2}}\left(\int_0^{2\cos\theta} r^2\mathrm{d}r\right)\mathrm{d}\theta$$

$$= 36\int_0^{\frac{\pi}{2}}\frac{8}{3}\cos^3\theta\mathrm{d}\theta = 12\times 8\int_0^{\frac{\pi}{2}}\cos^3\theta\mathrm{d}\theta$$

$$= 12\times 8\times\frac{2}{3} = 64.$$

二、第二类曲面积分——对坐标的曲面积分

1.定义

定义 6.5.2 设 Σ 是有向的光滑曲面,$R(x,y,z)$ 是 Σ 上的有界函数.把 Σ 任意分成 n 小块 $\Delta s_1,\Delta s_2,\cdots,\Delta s_n$($\Delta s_i$ 既表示第 i 小块,又表示第 i 小块的面积),设(ξ_i,η_i,ζ_i)是 Δs_i 上任取的一点,Δs_i 在 xOy 面上的投影为$(\Delta s_i)_{xy}$,如果当各小块曲面的直径的最大值 $\lambda\to 0$ 时,和式 $\sum\limits_{i=1}^{n}R(\xi_i,\eta_i,\zeta_i)(\Delta s_i)_{xy}$ 的极限总存在,则称此极限值为函数 $R(x,y,z)$ 在有向曲面 Σ 上对坐标 x,y 的曲面积分,记作 $\iint\limits_{\Sigma}R(x,y,z)\mathrm{d}x\mathrm{d}y$,即

$$\iint_{\Sigma}R(x,y,z)\mathrm{d}x\mathrm{d}y = \lim_{\lambda\to 0}\sum_{i=1}^{n}R(\xi_i,\eta_i,\zeta_i)(\Delta s_i)_{xy}.$$

同理,可以定义函数 $P(x,y,z)$ 对坐标 y,z 的曲面积分

$$\iint_{\Sigma}P(x,y,z)\mathrm{d}y\mathrm{d}z = \lim_{\lambda\to 0}\sum_{i=1}^{n}P(\xi_i,\eta_i,\zeta_i)(\Delta s_i)_{yz}$$

及函数 $Q(x,y,z)$ 对坐标 x,z 的曲面积分

$$\iint_{\Sigma}Q(x,y,z)\mathrm{d}x\mathrm{d}z = \lim_{\lambda\to 0}\sum_{i=1}^{n}Q(\xi_i,\eta_i,\zeta_i)(\Delta s_i)_{xz}.$$

对坐标的曲面积分统称为第二类曲面积分.

在实际应用中,经常出现 $\iint\limits_{\Sigma}P\mathrm{d}y\mathrm{d}z+\iint\limits_{\Sigma}Q\mathrm{d}z\mathrm{d}x+\iint\limits_{\Sigma}R\mathrm{d}x\mathrm{d}y$ 的形式,为了方便,常记作 $\iint\limits_{\Sigma}P\mathrm{d}y\mathrm{d}z+Q\mathrm{d}z\mathrm{d}x+R\mathrm{d}x\mathrm{d}y$.

设 Σ 是有向曲面,如果用 Σ^- 表示与 Σ 取相反侧的同一曲面,则对坐标的曲面积分有特殊性质

$$\iint_{\Sigma^-}P\mathrm{d}y\mathrm{d}z+Q\mathrm{d}z\mathrm{d}x+R\mathrm{d}x\mathrm{d}y = -\iint_{\Sigma}P\mathrm{d}y\mathrm{d}z+Q\mathrm{d}z\mathrm{d}x+R\mathrm{d}x\mathrm{d}y.$$

评注

高等数学中只讨论单侧曲面(即指定了侧的曲面),称为有向曲面(或定侧曲面).

2.计算方法(图 6-37)

(1) 设积分曲面 Σ 由方程 $z=z(x,y)$ 确定,Σ 取上侧,即 $\cos\gamma>0$,Σ 在 xOy 面上的投影区域为 D_{xy},函数 $z=z(x,y)$ 在 D_{xy} 上有一阶连续偏导数,被积函数 $R(x,y,z)$ 在 Σ 上连续,由定义知$(\Delta s_i)_{xy}=(\Delta\sigma_i)_{xy}$,则 $\iint\limits_{\Sigma}R(x,y,z)\mathrm{d}x\mathrm{d}y = \iint\limits_{D_{xy}}R[x,y,z(x,y)]\mathrm{d}x\mathrm{d}y$.

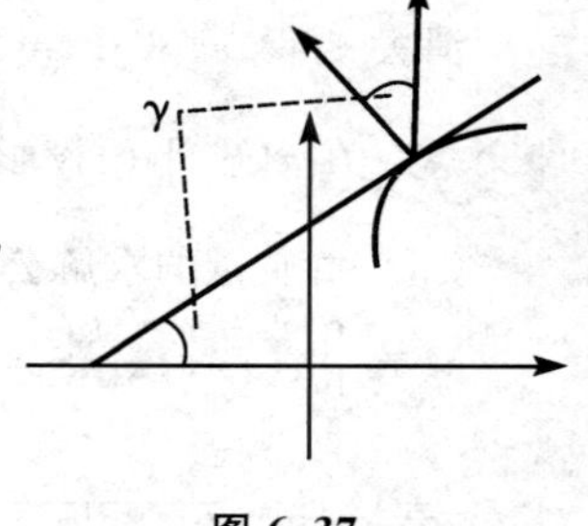

图 6-37

如果曲面 Σ 取下侧,即 $\cos\gamma<0$,此时$(\Delta s_i)_{xy}=-(\Delta\sigma_i)_{xy}$,

则 $\iint\limits_{\Sigma}R(x,y,z)\mathrm{d}x\mathrm{d}y = -\iint\limits_{D_{xy}}R[x,y,z(x,y)]\mathrm{d}x\mathrm{d}y$.

(2) 如果曲面 Σ 的方程由 $x=x(y,z)$ 确定，Σ 在 yOz 面上的投影区域为 D_{yz}，则有 $\iint\limits_{\Sigma}P(x,y,z)\mathrm{d}y\mathrm{d}z$ $=(\pm)\iint\limits_{D_{yz}}P[x(y,z),y,z]\mathrm{d}y\mathrm{d}z$. 当积分曲面取 Σ 的前侧（即 $\cos\alpha>0$）时取正号，反之取负号.

(3) 如果曲面 Σ 的方程由 $y=y(x,z)$ 确定，Σ 在 zOx 面上的投影区域为 D_{zx}，则有 $\iint\limits_{\Sigma}Q(x,y,z)\mathrm{d}z\mathrm{d}x=(\pm)\iint\limits_{D_{zx}}Q[x,y(x,z),z]\mathrm{d}z\mathrm{d}x$. 当积分曲面取 Σ 的右侧（即 $\cos\beta>0$）时取正号，反之取负号.

【例 6.5.8】 计算曲面积分 $\iint\limits_{\Sigma}xyz\mathrm{d}x\mathrm{d}y$，其中 Σ 为球面 $x^2+y^2+z^2=1$ 在 $x\geqslant0,y\geqslant0$ 部分的外侧.

【解】 把曲面 Σ 分为上下两部分：$\Sigma_1:z=\sqrt{1-x^2-y^2}$，取上侧；$\Sigma_2:z=-\sqrt{1-x^2-y^2}$，取下侧. Σ_1 与 Σ_2 在 xOy 面上的投影区域均为 $D=\{(x,y)\mid x^2+y^2\leqslant1,x\geqslant0,y\geqslant0\}$，所以

$$\begin{aligned}\iint\limits_{\Sigma}xyz\mathrm{d}x\mathrm{d}y&=\iint\limits_{\Sigma_1}xyz\mathrm{d}x\mathrm{d}y+\iint\limits_{\Sigma_2}xyz\mathrm{d}x\mathrm{d}y\\&=\iint\limits_{D}xy\sqrt{1-x^2-y^2}\mathrm{d}x\mathrm{d}y+(-1)\iint\limits_{D}xy(-\sqrt{1-x^2-y^2})\mathrm{d}x\mathrm{d}y\\&=2\int_0^{\frac{\pi}{2}}\mathrm{d}\theta\int_0^1r^2\cos\theta\sin\theta\cdot\sqrt{1-r^2}\cdot r\mathrm{d}r=2\int_0^{\frac{\pi}{2}}\cos\theta\sin\theta\mathrm{d}\theta\int_0^1r^3\cdot\sqrt{1-r^2}\mathrm{d}r,\end{aligned}$$

而 $2\int_0^{\frac{\pi}{2}}\cos\theta\sin\theta\mathrm{d}\theta=1$，令 $r=\sin t$，则

$$\int_0^1r^3\cdot\sqrt{1-r^2}\mathrm{d}r=\int_0^{\frac{\pi}{2}}\sin^3t\cdot\cos^2t\mathrm{d}t=\frac{2}{3}-\frac{4}{5}\cdot\frac{2}{3}=\frac{2}{15},$$

所以原式 $=\frac{2}{15}$. 或令 $1-r^2=t$，则

$$\int_0^1r^3\cdot\sqrt{1-r^2}\mathrm{d}r=\frac{1}{2}\int_0^1r^2\cdot\sqrt{1-r^2}\mathrm{d}(r^2)=\frac{1}{2}\int_0^1(\sqrt{t}-\sqrt{t^3})\mathrm{d}t=\frac{2}{15},$$

所以原式 $=\frac{2}{15}$.

【例 6.5.9】 计算曲面积分 $\oiint\limits_{\Sigma}xy\mathrm{d}y\mathrm{d}z+yz\mathrm{d}z\mathrm{d}x+xz\mathrm{d}x\mathrm{d}y$，其中 Σ 为 $x=0,y=0,z=0$ 及 $x+y+z=1$ 所围成的立体表面的外侧.

【解】 把曲面 Σ 分为四部分：$\Sigma_1:x=0,\Sigma_2:y=0,\Sigma_3:z=0$ 及 $\Sigma_4:x+y+z=1$. 记 $D_{xy}=\{(x,y)\mid x+y\leqslant1,x\geqslant0,y\geqslant0\}$，则

$$\oiint\limits_{\Sigma}xy\mathrm{d}y\mathrm{d}z+yz\mathrm{d}z\mathrm{d}x+xz\mathrm{d}x\mathrm{d}y=\iint\limits_{\Sigma_1}+\iint\limits_{\Sigma_2}+\iint\limits_{\Sigma_3}+\iint\limits_{\Sigma_4}.$$

而

$$\iint\limits_{\Sigma_1}=\iint\limits_{\Sigma_2}=\iint\limits_{\Sigma_3}=0,$$

$$\iint\limits_{\Sigma_4}xz\mathrm{d}x\mathrm{d}y=\iint\limits_{D_{xy}}x(1-x-y)\mathrm{d}x\mathrm{d}y=\int_0^1x\mathrm{d}x\int_0^{1-x}(1-x-y)\mathrm{d}y=\int_0^1x\cdot\frac{1}{2}(1-x)^2\mathrm{d}x=\frac{1}{24},$$

同理 $\iint\limits_{\Sigma_4}xy\mathrm{d}y\mathrm{d}z=\iint\limits_{\Sigma_4}yz\mathrm{d}z\mathrm{d}x=\frac{1}{24}$，所以原式 $=\frac{1}{8}$.

【例 6.5.10】 计算曲面积分 $\oiint\limits_{\Sigma}\frac{\mathrm{e}^z}{\sqrt{x^2+y^2}}\mathrm{d}x\mathrm{d}y$，其中 Σ 为锥面 $z=\sqrt{x^2+y^2}$ 及平面 $z=1,z=2$ 所围成的立体表面的外侧.

【解】 把曲面Σ分为三部分:$\Sigma_1: z=1$,D_1 由 $x^2+y^2\leqslant 1$ 确定,取下侧;$\Sigma_2: z=2$,D_2 由 $x^2+y^2\leqslant 4$ 确定,取上侧;$\Sigma_3: z=\sqrt{x^2+y^2}$,$D_3$ 由 $1\leqslant x^2+y^2\leqslant 4$ 确定,取下侧.

$$\begin{aligned}\oiint_{\Sigma}\frac{e^z}{\sqrt{x^2+y^2}}dxdy&=\iint_{\Sigma_1}+\iint_{\Sigma_2}+\iint_{\Sigma_3}\\&=-\iint_{D_1}\frac{e}{\sqrt{x^2+y^2}}dxdy+\iint_{D_2}\frac{e^2}{\sqrt{x^2+y^2}}dxdy-\iint_{D_3}\frac{e^z}{\sqrt{x^2+y^2}}dxdy\\&=-e\int_0^{2\pi}d\theta\int_0^1\frac{1}{r}\cdot rdr+e^2\int_0^{2\pi}d\theta\int_0^2\frac{1}{r}\cdot rdr-\int_0^{2\pi}d\theta\int_1^2\frac{e^r}{r}\cdot rdr\\&=-2\pi e+4\pi e^2-2\pi(e^2-e)=2\pi e^2.\end{aligned}$$

3. 两类曲面积分之间的联系

$$\iint_{\Sigma}Pdydz+Qdzdx+Rdxdy=\iint_{\Sigma}(P\cos\alpha+Q\cos\beta+R\cos\gamma)dS,$$

其中 $\cos\alpha,\cos\beta,\cos\gamma$ 分别为有向曲面Σ在点(x,y,z)处的法向量的方向余弦.

4. 转换投影法

若曲面方程为 $\Sigma: z=z(x,y),(x,y)\in D_{xy}$ 单值函数,取上侧,则曲面上任意一点的法向量 $\vec{n}=\{-z'_x,-z'_y,1\}$,则根据两类曲面积分之间的关系可得

$$\iint_{\Sigma}Pdydz+Qdzdx+Rdxdy=\iint_{D_{xy}}[P(-z'_x)+Q(-z'_y)+R]_{z=z(x,y)}dxdy.$$

如果曲面取下侧,则前面加个负号.

三、高斯公式

1. 高斯公式

定理 6.5.1 设空间闭区域Ω是由分片光滑的闭曲面Σ围成的,函数 $P(x,y,z)$,$Q(x,y,z)$,$R(x,y,z)$ 在Ω上具有一阶连续偏导数,则有

$$\iiint_{\Omega}\left(\frac{\partial P}{\partial x}+\frac{\partial Q}{\partial y}+\frac{\partial R}{\partial z}\right)dv=\oiint_{\Sigma}Pdydz+Qdzdx+Rdxdy,\tag{6-5-1}$$

其中曲面积分取闭曲面Σ的外侧,式(6-5-1)称为高斯公式.

由两类曲面积分的联系,高斯公式又可以写作

$$\iiint_{\Omega}\left(\frac{\partial P}{\partial x}+\frac{\partial Q}{\partial y}+\frac{\partial R}{\partial z}\right)dv=\oiint_{\Sigma}(P\cos\alpha+Q\cos\beta+R\cos\gamma)dS,$$

其中 $\cos\alpha,\cos\beta,\cos\gamma$ 是Σ在点(x,y,z)处的法向量的方向余弦.

评 注

高斯公式要求曲面封闭且取外侧.

【例 6.5.11】 计算曲面积分 $I=\oiint_{\Sigma}(y-z)xdydz+(x-y)dxdy$,其中$\Sigma$为柱面 $x^2+y^2=1$ 及平面 $z=0,z=3$ 所围成的空间闭区域Ω的整个边界曲面的外侧.

【解】 由高斯公式

$$\begin{aligned}I&=\oiint_{\Sigma}(y-z)xdydz+(x-y)dxdy=\iiint_{\Omega}(y-z)dv=-\iiint_{\Omega}zdv\\&=-\int_0^3zdz\iint_{D_z}dxdy=-\int_0^3z\cdot\pi\cdot1^2dz=-\frac{9}{2}\pi.\end{aligned}$$

评 注

此题的解题过程利用了三重积分的对称性及计算三重积分的截面法.

【例 6.5.12】　计算 $I=\iint\limits_{\Sigma}(x^2-yz)\mathrm{d}y\mathrm{d}z+(y^2-zx)\mathrm{d}z\mathrm{d}x+2(z+1)\mathrm{d}x\mathrm{d}y$，其中 Σ 为 $z=1-\sqrt{x^2+y^2}(z\geqslant 0)$ 的上侧.

【解】　解法一　直接计算 $I=I_1+I_2+I_3$，其中

$$I_1=\iint\limits_{\Sigma}(x^2-yz)\mathrm{d}y\mathrm{d}z,\quad I_2=\iint\limits_{\Sigma}(y^2-zx)\mathrm{d}z\mathrm{d}x,\quad I_3=\iint\limits_{\Sigma}2(z+1)\mathrm{d}x\mathrm{d}y.$$

在 yOz 面及 zOx 面投影时都需要分为两部分，分别设为 $\Sigma_1:x=\sqrt{(1-z)^2-y^2}$，$\Sigma_2:x=-\sqrt{(1-z)^2-y^2}$，$\Sigma_3:y=\sqrt{(1-z)^2-x^2}$ 和 $\Sigma_4:y=-\sqrt{(1-z)^2-x^2}$，注意曲面侧的变化.

$$\begin{aligned}I_1&=\iint\limits_{\Sigma}(x^2-yz)\mathrm{d}y\mathrm{d}z=\iint\limits_{\Sigma_1}(x^2-yz)\mathrm{d}y\mathrm{d}z+\iint\limits_{\Sigma_2}(x^2-yz)\mathrm{d}y\mathrm{d}z\\&=+\iint\limits_{D_{yz}}[(1-z)^2-y^2-yz]\mathrm{d}y\mathrm{d}z-\iint\limits_{D_{yz}}[(1-z)^2-y^2-yz]\mathrm{d}y\mathrm{d}z=0,\end{aligned}$$

$$\begin{aligned}I_2&=\iint\limits_{\Sigma}(y^2-zx)\mathrm{d}z\mathrm{d}x=\iint\limits_{\Sigma_3}(y^2-zx)\mathrm{d}z\mathrm{d}x+\iint\limits_{\Sigma_4}(y^2-zx)\mathrm{d}z\mathrm{d}x\\&=+\iint\limits_{D_{zx}}[(1-z)^2-x^2-zx]\mathrm{d}x\mathrm{d}z-\iint\limits_{D_{zx}}[(1-z)^2-x^2-zx]\mathrm{d}x\mathrm{d}z=0,\end{aligned}$$

$$I_3=\iint\limits_{\Sigma}2(z+1)\mathrm{d}x\mathrm{d}y=2\iint\limits_{D}(2-\sqrt{x^2+y^2})\mathrm{d}x\mathrm{d}y=2\int_0^{2\pi}\mathrm{d}\theta\int_0^1(2-r)\cdot r\mathrm{d}r=\frac{8}{3}\pi,$$

所以 $I=\dfrac{8}{3}\pi$.

解法二　如图 6-38 所示，添加平面 $\Sigma_1:z=0$，取下侧，由高斯公式得

$$I+I_1=\iint\limits_{\Sigma}+\iint\limits_{\Sigma_1}=\oiint\limits_{\Sigma+\Sigma_1}=\iiint\limits_{\Omega}(2x+2y+2)\mathrm{d}v=2\iiint\limits_{\Omega}\mathrm{d}v=\frac{2}{3}\pi,$$

$$\begin{aligned}I&=\iint\limits_{\Sigma}(x^2-yz)\mathrm{d}y\mathrm{d}z+(y^2-zx)\mathrm{d}z\mathrm{d}x+2(z+1)\mathrm{d}x\mathrm{d}y=\frac{2}{3}\pi-\iint\limits_{\Sigma_1}\\&=\frac{2}{3}\pi+\iint\limits_{x^2+y^2\leqslant 1}2\mathrm{d}x\mathrm{d}y=\frac{8}{3}\pi.\end{aligned}$$

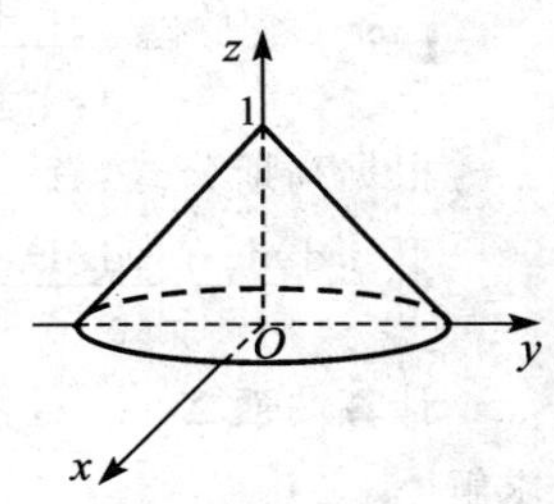

图 6-38

【例 6.5.13】(2008[①])　设曲面 Σ 是 $z=\sqrt{4-x^2-y^2}$ 的上侧，则 $\iint\limits_{\Sigma}xy\mathrm{d}y\mathrm{d}z+x\mathrm{d}z\mathrm{d}x+x^2\mathrm{d}x\mathrm{d}y=$ ________.

【答案】　4π.

【解】　添加平面 $\Sigma_1:z=0$，取下侧，由高斯公式得 $I+I_1=\iint\limits_{\Sigma}+\iint\limits_{\Sigma_1}=\oiint\limits_{\Sigma+\Sigma_1}=\iiint\limits_{\Omega}y\mathrm{d}v=0$，所以

$$I=-I_1=\iint\limits_{x^2+y^2\leqslant 4}x^2\mathrm{d}x\mathrm{d}y=\frac{1}{2}\iint\limits_{x^2+y^2\leqslant 4}(x^2+y^2)\mathrm{d}x\mathrm{d}y=\frac{1}{2}\int_0^{2\pi}\mathrm{d}\theta\int_0^2 r^2\cdot r\mathrm{d}r=4\pi.$$

评注

此题的解题过程中利用了积分的对称性、轮换性.

【例 6.5.14】　计算 $I=\iint\limits_{\Sigma}-y\mathrm{d}z\mathrm{d}x+(z+1)\mathrm{d}x\mathrm{d}y$，其中 Σ 是圆柱面 $x^2+y^2=4$ 被平面 $x+z=2$ 和 $z=0$ 所截部分的外侧.

【解】　解法一　直接计算 $I=I_1+I_2=\iint\limits_{\Sigma}-y\mathrm{d}z\mathrm{d}x+\iint\limits_{\Sigma}(z+1)\mathrm{d}x\mathrm{d}y.$

把曲面Σ分为$\Sigma_1: y=\sqrt{4-x^2}$,取右侧;$\Sigma_2: y=-\sqrt{4-x^2}$,取左侧. Σ_1,Σ_2在xOz面上的投影区域D_1由$x+z\leqslant 2,-2\leqslant x\leqslant 2$确定. 所以

$$
\begin{aligned}
I_1&=\iint_{\Sigma_1}-y\mathrm{d}z\mathrm{d}x+\iint_{\Sigma_2}-y\mathrm{d}z\mathrm{d}x=\iint_{D_1}(-\sqrt{4-x^2})\mathrm{d}z\mathrm{d}x+(-1)\iint_{D_1}\sqrt{4-x^2}\mathrm{d}z\mathrm{d}x\\
&=-2\iint_{D_1}\sqrt{4-x^2}\mathrm{d}z\mathrm{d}x=-2\int_{-2}^{2}\sqrt{4-x^2}\mathrm{d}x\int_0^{2-x}\mathrm{d}z=-2\int_{-2}^{2}(2-x)\sqrt{4-x^2}\mathrm{d}x\\
&=-8\int_0^2\sqrt{4-x^2}\mathrm{d}x=-8\cdot\frac{1}{4}\pi\cdot 4=-8\pi,
\end{aligned}
$$

而$I_2=\iint_{\Sigma}(z+1)\mathrm{d}x\mathrm{d}y=0$,所以$I=-8\pi$.

解法二 添加平面$\Sigma_1: z=0$,取下侧;平面$\Sigma_2: x+z=2$,取上侧,由高斯公式得

$$
\iint_{\Sigma}-y\mathrm{d}z\mathrm{d}x+(z+1)\mathrm{d}x\mathrm{d}y+\iint_{\Sigma_1}+\iint_{\Sigma_2}=\oiint_{\Sigma+\Sigma_1+\Sigma_2}=\iiint_{\Omega}(-1+1)\mathrm{d}v=0,
$$

所以

$$
I=\iint_{\Sigma}-y\mathrm{d}z\mathrm{d}x+(z+1)\mathrm{d}x\mathrm{d}y=-\iint_{\Sigma_1}-\iint_{\Sigma_2}=\iint_{x^2+y^2\leqslant 4}\mathrm{d}x\mathrm{d}y-\iint_{x^2+y^2\leqslant 4}(3-x)\mathrm{d}x\mathrm{d}y=-2\iint_{x^2+y^2\leqslant 4}\mathrm{d}x\mathrm{d}y=-8\pi.
$$

【例 6.5.15】(2009[①]) 计算曲面积分$I=\oiint_{\Sigma}\frac{x\mathrm{d}y\mathrm{d}z+y\mathrm{d}z\mathrm{d}x+z\mathrm{d}x\mathrm{d}y}{(x^2+y^2+z^2)^{\frac{3}{2}}}$,其中$\Sigma$是曲面$2x^2+2y^2+z^2=4$的外侧.

【解】 $\frac{\partial P}{\partial x}=\frac{y^2+z^2-2x^2}{(x^2+y^2+z^2)^{\frac{5}{2}}},\frac{\partial Q}{\partial y}=\frac{x^2+z^2-2y^2}{(x^2+y^2+z^2)^{\frac{5}{2}}},\frac{\partial R}{\partial z}=\frac{x^2+y^2-2z^2}{(x^2+y^2+z^2)^{\frac{5}{2}}}$.

根据高斯公式,有

$$
\oiint_{\Sigma-\Sigma_1}\frac{x\mathrm{d}y\mathrm{d}z+y\mathrm{d}z\mathrm{d}x+z\mathrm{d}x\mathrm{d}y}{(x^2+y^2+z^2)^{\frac{3}{2}}}=\iiint_{\Omega}\left(\frac{\partial P}{\partial x}+\frac{\partial Q}{\partial y}+\frac{\partial R}{\partial z}\right)\mathrm{d}x\mathrm{d}y\mathrm{d}z=\iiint_{\Omega}0\mathrm{d}x\mathrm{d}y\mathrm{d}z=0.
$$

计算曲面$\Sigma_1:\{(x,y,z)\mid x^2+y^2+z^2=\varepsilon^2\}$上的积分,先代后算,将奇点去掉,然后再利用高斯公式求解.

$$
\begin{aligned}
\oiint_{\Sigma_1}\frac{x\mathrm{d}y\mathrm{d}z+y\mathrm{d}z\mathrm{d}x+z\mathrm{d}x\mathrm{d}y}{(x^2+y^2+z^2)^{\frac{3}{2}}}&=\frac{1}{\varepsilon^3}\oiint_{\Sigma_1}x\mathrm{d}y\mathrm{d}z+y\mathrm{d}z\mathrm{d}x+z\mathrm{d}x\mathrm{d}y\\
&=\frac{1}{\varepsilon^3}\iiint_{x^2+y^2+z^2\leqslant\varepsilon^2}3\mathrm{d}x\mathrm{d}y\mathrm{d}z=\frac{3}{\varepsilon^3}\cdot\frac{4}{3}\pi\varepsilon^3=4\pi,
\end{aligned}
$$

所以$I=\oiint_{\Sigma-\Sigma_1}\frac{x\mathrm{d}y\mathrm{d}z+y\mathrm{d}z\mathrm{d}x+z\mathrm{d}x\mathrm{d}y}{(x^2+y^2+z^2)^{\frac{3}{2}}}+\oiint_{\Sigma_1}\frac{x\mathrm{d}y\mathrm{d}z+y\mathrm{d}z\mathrm{d}x+z\mathrm{d}x\mathrm{d}y}{(x^2+y^2+z^2)^{\frac{3}{2}}}=4\pi$.

2. 通量与散度

(1) 通量

定义 6.5.3 设一向量场由$\boldsymbol{A}=P(x,y,z)\boldsymbol{i}+Q(x,y,z)\boldsymbol{j}+R(x,y,z)\boldsymbol{k}$确定,其中$P,Q,R$具有一阶连续偏导数,$\Sigma$为场内的一张有向曲面,$\boldsymbol{n}$是$\Sigma$在点$(x,y,z)$处的单位法向量,即$\boldsymbol{n}=(\cos\alpha,\cos\beta,\cos\gamma)$,则曲面积分

$$
\Phi=\iint_{\Sigma}\boldsymbol{A}\cdot\boldsymbol{n}\mathrm{d}S=\iint_{\Sigma}(P\cos\alpha+Q\cos\beta+R\cos\gamma)\mathrm{d}S=\iint_{\Sigma}P\mathrm{d}y\mathrm{d}z+Q\mathrm{d}z\mathrm{d}x+R\mathrm{d}x\mathrm{d}y,
$$

称为向量场$\boldsymbol{A}$通过曲面Σ指定侧的通量(或流量).

当$\Phi>0$时,表示有流体流向曲面的正侧;当$\Phi<0$时,表示有流体流向曲面的负侧;当$\Phi=0$时,表示流向曲面正侧的流量等于流向曲面负侧的流量.

当 Σ 为封闭曲面时，$\Phi = \oiint_{\Sigma} \boldsymbol{A} \cdot \boldsymbol{n} \mathrm{d}S$ 表示流体流出闭曲面的流量.

如果 $\Phi > 0$，称场在 Σ 内有正源(泉)；如果 $\Phi < 0$，称场在 Σ 内有负源(洞).

(2) 散度

定义 6.5.4　设有向量场$\boldsymbol{A}$，在场中 M 点处任意作一个包含 M 在内的封闭曲面 Σ，用 Ω 表示 Σ 所围成的空间区域，Δv 表示 Ω 的体积，$\Delta\Phi$ 表示从其内部穿出 Σ 的通量，如果极限 $\lim\limits_{\Omega\to M}\dfrac{\Delta\Phi}{\Delta v} = \lim\limits_{\Omega\to M}\dfrac{\oiint_{\Sigma}\boldsymbol{A}\cdot\boldsymbol{n}\mathrm{d}S}{\Delta v}$ 存在，则称此极限值为向量场$\boldsymbol{A}$ 在点 M 处的散度，记作 $\operatorname{div}\boldsymbol{A}$ 或 $\operatorname{div}\boldsymbol{A}(M)$.

散度计算公式：设$\boldsymbol{A} = P(x,y,z)\,\boldsymbol{i} + Q(x,y,z)\,\boldsymbol{j} + R(x,y,z)\,\boldsymbol{k}$，则 $\operatorname{div}\boldsymbol{A} = \dfrac{\partial P}{\partial x} + \dfrac{\partial Q}{\partial y} + \dfrac{\partial R}{\partial z}$.

如果记 $A_n = \boldsymbol{A}\cdot\boldsymbol{n} = P\cos\alpha + Q\cos\beta + R\cos\gamma$，则高斯公式可表示为 $\iiint\limits_{\Omega}\operatorname{div}\boldsymbol{A}\mathrm{d}v = \oiint_{\Sigma} A_n\mathrm{d}S$，其中 $\cos\alpha$，$\cos\beta$，$\cos\gamma$ 为 Σ 的外侧法向量的方向余弦.

【例 6.5.16】　设$\boldsymbol{A} = (xy, yz, -y^2)$，则$\operatorname{div}\boldsymbol{A}\big|_{(1,-1,2)} =$ ________.

【答案】　1.

【解】　$\operatorname{div}\boldsymbol{A} = y + z$，则$\operatorname{div}\boldsymbol{A}\big|_{(1,-1,2)} = 1$.

四、斯托克斯(Stokes) 公式

1. 斯托克斯公式

定理 6.5.2　设 Σ 是分片光滑的有向曲面，Γ 为 Σ 的分段光滑的有向边界曲线，Γ 的正向与 Σ 的侧符合右手法则. 函数 $P(x,y,z)$，$Q(x,y,z)$，$R(x,y,z)$ 在包含曲面 Σ 在内的一个空间区域内具有一阶连续偏导数，那么有

$$\iint\limits_{\Sigma}\left(\frac{\partial R}{\partial y} - \frac{\partial Q}{\partial z}\right)\mathrm{d}y\mathrm{d}z + \left(\frac{\partial P}{\partial z} - \frac{\partial R}{\partial x}\right)\mathrm{d}z\mathrm{d}x + \left(\frac{\partial Q}{\partial x} - \frac{\partial P}{\partial y}\right)\mathrm{d}x\mathrm{d}y = \oint_{\Gamma} P\mathrm{d}x + Q\mathrm{d}y + R\mathrm{d}z,$$

上式即为斯托克斯公式.

为了便于记忆，上式常用行列式表示为

$$\oint_{\Gamma} P\mathrm{d}x + Q\mathrm{d}y + R\mathrm{d}z = \iint\limits_{\Sigma}\begin{vmatrix} \mathrm{d}y\mathrm{d}z & \mathrm{d}z\mathrm{d}x & \mathrm{d}x\mathrm{d}y \\ \dfrac{\partial}{\partial x} & \dfrac{\partial}{\partial y} & \dfrac{\partial}{\partial z} \\ P & Q & R \end{vmatrix}.$$

斯托克斯公式也可化为第一类曲面积分

$$\oint_{\Gamma} P\mathrm{d}x + Q\mathrm{d}y + R\mathrm{d}z = \iint\limits_{\Sigma}\begin{vmatrix} \cos\alpha & \cos\beta & \cos\gamma \\ \dfrac{\partial}{\partial x} & \dfrac{\partial}{\partial y} & \dfrac{\partial}{\partial z} \\ P & Q & R \end{vmatrix}\mathrm{d}S,$$

其中$(\cos\alpha, \cos\beta, \cos\gamma)$ 是曲面任意一点处指定侧的单位法向量.

【例 6.5.17】　计算曲线积分 $I = \oint_{\Gamma} z\mathrm{d}x + x\mathrm{d}y + y\mathrm{d}z$，其中曲线 Γ 为平面 $x + y + z = 1$ 被三个坐标面所截成的三角形的整个边界，它的正向与这个三角形上侧的法向量之间符合右手法则.

【解】　**解法一**　由斯托克斯公式得

$$\oint_{\Gamma} z\mathrm{d}x + x\mathrm{d}y + y\mathrm{d}z = \iint\limits_{\Sigma}\begin{vmatrix} \mathrm{d}y\mathrm{d}z & \mathrm{d}z\mathrm{d}x & \mathrm{d}x\mathrm{d}y \\ \dfrac{\partial}{\partial x} & \dfrac{\partial}{\partial y} & \dfrac{\partial}{\partial z} \\ z & x & y \end{vmatrix} = \iint\limits_{\Sigma}\mathrm{d}y\mathrm{d}z + \mathrm{d}z\mathrm{d}x + \mathrm{d}x\mathrm{d}y,$$

$\iint\limits_{\Sigma}\mathrm{d}y\mathrm{d}z=\iint\limits_{D_{yz}}\mathrm{d}y\mathrm{d}z=\frac{1}{2}$,同理$\iint\limits_{\Sigma}\mathrm{d}z\mathrm{d}x=\iint\limits_{\Sigma}\mathrm{d}x\mathrm{d}y=\frac{1}{2}$,所以原式 $=\frac{3}{2}$.

解法二 曲面$\Sigma:x+y+z=1$任意一点处指定侧的单位法向量$\boldsymbol{n}=(1,1,1)$,$(\cos\alpha,\cos\beta,\cos\gamma)=\frac{1}{\sqrt{3}}(1,1,1)$,

$$\oint_{\Gamma}z\mathrm{d}x+x\mathrm{d}y+y\mathrm{d}z=\iint\limits_{\Sigma}\begin{vmatrix}\cos\alpha & \cos\beta & \cos\gamma\\ \frac{\partial}{\partial x} & \frac{\partial}{\partial y} & \frac{\partial}{\partial z}\\ z & x & y\end{vmatrix}\mathrm{d}S=\frac{1}{\sqrt{3}}\iint\limits_{\Sigma}3\mathrm{d}S$$

$$=\sqrt{3}\iint\limits_{\Sigma}\mathrm{d}S=\sqrt{3}\cdot\frac{\sqrt{3}}{2}=\frac{3}{2}.$$

2. 旋度

定义 6.5.5 设有向量场$\boldsymbol{A}=P(x,y,z)\boldsymbol{i}+Q(x.y.z)\boldsymbol{j}+R(x,y,z)\boldsymbol{k}$,函数$P(x,y,z)$,$Q(x,y,z)$,$R(x,y,z)$具有一阶连续偏导数,在坐标轴上的投影为$\frac{\partial R}{\partial y}-\frac{\partial Q}{\partial z},\frac{\partial P}{\partial z}-\frac{\partial R}{\partial x},\frac{\partial Q}{\partial x}-\frac{\partial P}{\partial y}$的向量称为向量场$\boldsymbol{A}$的旋度,记作 $\mathbf{rot}\,\boldsymbol{A}$,即

$$\mathbf{rot}\,\boldsymbol{A}=\left(\frac{\partial R}{\partial y}-\frac{\partial Q}{\partial z}\right)\boldsymbol{i}+\left(\frac{\partial P}{\partial z}-\frac{\partial R}{\partial x}\right)\boldsymbol{j}+\left(\frac{\partial Q}{\partial x}-\frac{\partial P}{\partial y}\right)\boldsymbol{k}$$

$$=\begin{vmatrix}\boldsymbol{i} & \boldsymbol{j} & \boldsymbol{k}\\ \frac{\partial}{\partial x} & \frac{\partial}{\partial y} & \frac{\partial}{\partial z}\\ P & Q & R\end{vmatrix}.$$

斯托克斯公式可写成向量形式

$$\iint\limits_{\Sigma}\mathbf{rot}\,\boldsymbol{A}\cdot\boldsymbol{n}\mathrm{d}S=\oint_{\Gamma}\boldsymbol{A}\cdot\boldsymbol{t}\mathrm{d}s,$$

其中$\boldsymbol{n}=(\cos\alpha,\cos\beta,\cos\gamma)$,$\boldsymbol{t}=\left(\frac{\mathrm{d}x}{\mathrm{d}s},\frac{\mathrm{d}y}{\mathrm{d}s},\frac{\mathrm{d}z}{\mathrm{d}s}\right)$.

【例 6.5.18】 设$\boldsymbol{A}=(xy,yz,-y^2)$,则$\mathbf{rot}\,\boldsymbol{A}\big|_{(1,-1,2)}=$ ________.

【答案】 $3\boldsymbol{i}-\boldsymbol{k}$.

【解】 $\mathbf{rot}\,\boldsymbol{A}=\begin{vmatrix}\boldsymbol{i} & \boldsymbol{j} & \boldsymbol{k}\\ \frac{\partial}{\partial x} & \frac{\partial}{\partial y} & \frac{\partial}{\partial z}\\ xy & yz & -y^2\end{vmatrix}=(-2y-y)\boldsymbol{i}-x\boldsymbol{k}$,所以$\mathbf{rot}\,\boldsymbol{A}\big|_{(1,-1,2)}=3\boldsymbol{i}-\boldsymbol{k}$.

重要公式结论与方法技巧

1. 二重积分的对称性

若积分区域D关于y轴对称,且$f(x,y)$为关于x的奇函数,即满足$f(-x,y)=-f(x,y)$,则$\iint\limits_{D}f(x,y)\mathrm{d}x\mathrm{d}y=0$;

若积分区域D关于x轴对称,且$f(x,y)$为关于y的奇函数,即满足$f(x,-y)=-f(x,y)$,则$\iint\limits_{D}f(x,y)\mathrm{d}x\mathrm{d}y=0$;

若积分区域D关于y轴或x轴对称,且$f(x,y)$为关于x或y的偶函数,则$\iint\limits_{D}f(x,y)\mathrm{d}x\mathrm{d}y=2\iint\limits_{D_1}f(x,$

$y)\mathrm{d}x\mathrm{d}y$,其中区域 D_1 为区域 D 的一半.

2.三重积分的对称性

若积分区域 Ω 关于 yOz 面对称,且 $f(x,y,z)$ 为关于 x 的奇函数,即满足 $f(-x,y,z)=-f(x,y,z)$,则 $\iiint\limits_{\Omega}f(x,y,z)\mathrm{d}v=0$;

若积分区域 Ω 关于 xOz 面对称,且 $f(x,y,z)$ 为关于 y 的奇函数,即满足 $f(x,-y,z)=-f(x,y,z)$,则 $\iiint\limits_{\Omega}f(x,y,z)\mathrm{d}v=0$;

若积分区域 Ω 关于 xOy 面对称,且 $f(x,y,z)$ 为关于 z 的奇函数,即满足 $f(x,y,-z)=-f(x,y,z)$,则 $\iiint\limits_{\Omega}f(x,y,z)\mathrm{d}v=0$.

3.旋转曲面的表面积为 $S=\int_a^b 2\pi f(x)\mathrm{d}s=2\pi\int_a^b f(x)\cdot\sqrt{1+f'^2(x)}\mathrm{d}x$.

4.曲面 $\Sigma: z=f(x,y)$ 的面积为 $S=\iint\limits_{D_{xy}}\sqrt{1+f'^2_x(x,y)+f'^2_y(x,y)}\mathrm{d}\sigma$.

5.格林公式:$\iint\limits_{D}\left(\frac{\partial Q}{\partial x}-\frac{\partial P}{\partial y}\right)\mathrm{d}x\mathrm{d}y=\oint_c P\mathrm{d}x+Q\mathrm{d}y$.

6.高斯公式:$\iiint\limits_{\Omega}\left(\frac{\partial P}{\partial x}+\frac{\partial Q}{\partial y}+\frac{\partial R}{\partial z}\right)\mathrm{d}v=\oiint\limits_{\Sigma}P\mathrm{d}y\mathrm{d}z+Q\mathrm{d}z\mathrm{d}x+R\mathrm{d}x\mathrm{d}y$.

7.斯托克斯公式

$$\iint\limits_{\Sigma}\left(\frac{\partial R}{\partial y}-\frac{\partial Q}{\partial z}\right)\mathrm{d}y\mathrm{d}z+\left(\frac{\partial P}{\partial z}-\frac{\partial R}{\partial x}\right)\mathrm{d}z\mathrm{d}x+\left(\frac{\partial Q}{\partial x}-\frac{\partial P}{\partial y}\right)\mathrm{d}x\mathrm{d}y=\oint_{\Gamma}P\mathrm{d}x+Q\mathrm{d}y+R\mathrm{d}z.$$

8.“X”型区域的二重积分计算方法

“(x) 左右定限,(y) 从下到上”(图 6-39)

$$\iint\limits_{D}f(x,y)\mathrm{d}\sigma=\int_a^b\mathrm{d}x\int_{y_1(x)}^{y_2(x)}f(x,y)\mathrm{d}y.$$

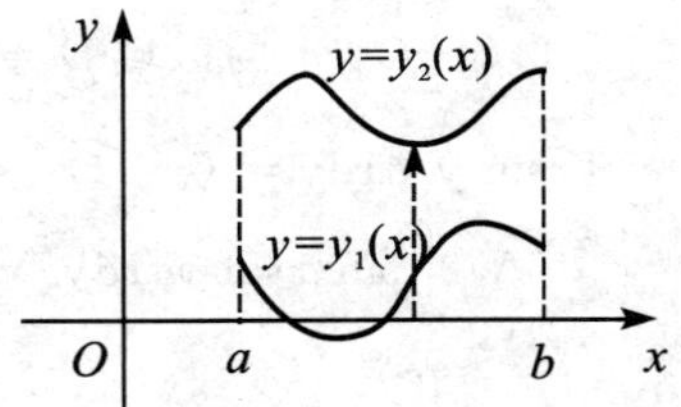

图 6-39

9.“Y”型区域的二重积分计算方法

“(y) 上下定限,(x) 从左到右”(图 6-40)

$$\iint\limits_{D}f(x,y)\mathrm{d}\sigma=\int_c^d\mathrm{d}y\int_{x_1(y)}^{x_2(y)}f(x,y)\mathrm{d}x.$$

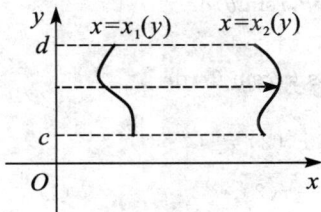

10.“θ”型区域的二重积分计算方法

“(θ) 射线定限,(r) 从里到外”(图 6-41)

极坐标下二重积分可化为二次积分

$$\iint\limits_{D}f(x,y)\mathrm{d}\sigma=\iint\limits_{D}f(r\cos\theta,r\sin\theta)r\mathrm{d}r\mathrm{d}\theta=\int_\alpha^\beta\mathrm{d}\theta\int_{r_1(\theta)}^{r_2(\theta)}f(r\cos\theta,r\sin\theta)r\mathrm{d}r.$$

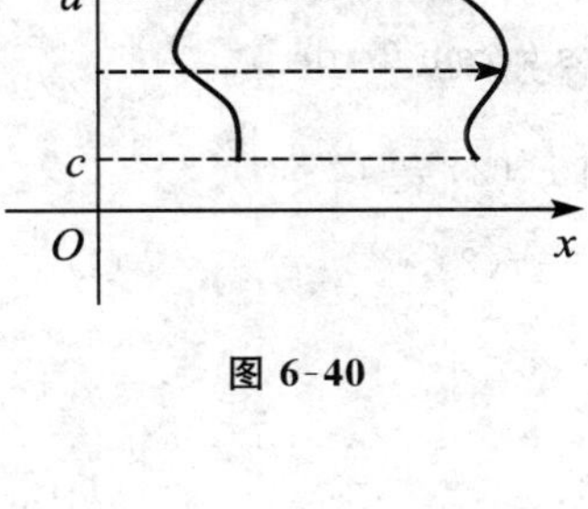

图 6-40

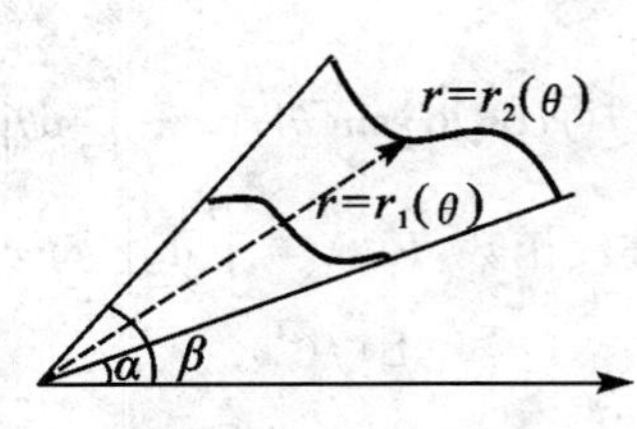

图 6-41

常见误区警示

1. $(x^2)^{\frac{3}{2}} = |x|^3$.

常见错误:误认为$(x^2)^{\frac{3}{2}} = x^3$.详见例 6.1.2.

2. $(R^2 - R^2\cos^2\theta)^{\frac{3}{2}} = R^3|\sin^3\theta|$.

常见错误:误认为$(R^2 - R^2\cos^2\theta)^{\frac{3}{2}} = R^3\sin^3\theta$.详见例 6.1.10.

3. 在计算第一类曲线积分时,$\mathrm{d}s$ 必须是正的,而计算第二类曲线积分需要考虑始点与终点,是有向曲线.

4. 在计算第一类曲面积分时,$\mathrm{d}S$ 必须是正的,而计算第二类曲面积分需要考虑曲面的侧,是有向曲面.

5. 第一类曲线积分、第一类曲面积分具有对称性与轮换性,而第二类曲线积分、第二类曲面积分没有对称性与轮换性.

本章同步练习

一、单项选择题

1. (2013[②③]) 设 D_k 是圆域 $D=\{(x,y)\mid x^2+y^2\leqslant 1\}$ 在第 k 象限的部分,记 $I_k=\iint\limits_{D_k}(y-x)\mathrm{d}x\mathrm{d}y$ $(k=1,2,3,4)$,则(　　).

(A) $I_1>0$.　　(B) $I_2>0$.　　(C) $I_3>0$.　　(D) $I_4>0$.

2. 设 xOy 上的区域 $D=\{(x,y)\mid x^2+y^2\leqslant 1, y\geqslant x\}$,$D_1$ 是 D 在第一象限的部分,则$\iint\limits_{D}(xy^3+\sin^2 x\sin y)\mathrm{d}x\mathrm{d}y=$(　　).

(A) $2\iint\limits_{D_1}\sin^2 x\sin y\mathrm{d}x\mathrm{d}y$.　　(B) $2\iint\limits_{D_1}xy^3\mathrm{d}x\mathrm{d}y$.

(C) $4\iint\limits_{D_1}(xy^3+\sin^2 x\sin y)\mathrm{d}x\mathrm{d}y$.　　(D) 0.

3. (2014[①]) 设 $f(x,y)$ 是连续函数,则$\int_0^1\mathrm{d}y\int_{-\sqrt{1-y^2}}^{1-y}f(x,y)\mathrm{d}x=$(　　).

(A) $\int_0^1\mathrm{d}x\int_0^{x-1}f(x,y)\mathrm{d}y+\int_{-1}^0\mathrm{d}x\int_0^{\sqrt{1-x^2}}f(x,y)\mathrm{d}y$.

(B) $\int_0^1\mathrm{d}x\int_0^{1-x}f(x,y)\mathrm{d}y+\int_{-1}^0\mathrm{d}x\int_{-\sqrt{1-x^2}}^0 f(x,y)\mathrm{d}y$.

(C) $\int_0^{\frac{\pi}{2}}\mathrm{d}\theta\int_0^{\frac{1}{\cos\theta+\sin\theta}}f(r\cos\theta,r\sin\theta)\mathrm{d}r+\int_{\frac{\pi}{2}}^{\pi}\mathrm{d}\theta\int_0^1 f(r\cos\theta,r\sin\theta)\mathrm{d}r$.

(D) $\int_0^{\frac{\pi}{2}}\mathrm{d}\theta\int_0^{\frac{1}{\cos\theta+\sin\theta}}f(r\cos\theta,r\sin\theta)r\mathrm{d}r+\int_{\frac{\pi}{2}}^{\pi}\mathrm{d}\theta\int_0^1 f(r\cos\theta,r\sin\theta)r\mathrm{d}r$.

4. 设 $f(x)$ 为连续函数,$F(t)=\int_1^t\mathrm{d}y\int_y^t f(x)\mathrm{d}x$,则 $F'(2)=$(　　).

(A) $2f(2)$.　　(B) $f(2)$.　　(C) $-f(2)$.　　(D) 0.

5. 极限$\lim\limits_{t\to 0^+}\frac{1}{t^2}\iint\limits_{x^2+y^2\leqslant t^2}\mathrm{e}^{x^2+y^2}\cos(x+y)\mathrm{d}x\mathrm{d}y=$(　　).

(A) 0.　　(B) $\frac{1}{\pi}$.　　(C) 1.　　(D) π.

6. 设 $\Omega: x^2+y^2+z^2 \leqslant R^2$，则 $\iiint\limits_{\Omega} \sqrt{x^2+y^2+z^2}\,dv =$ (　　).

(A) πR^4.　　(B) $\frac{4}{3}\pi R^4$.　　(C) $\frac{2}{3}\pi R^4$.　　(D) $2\pi R^4$.

7. 设 $S: x^2+y^2+z^2=a^2(z \geqslant 0)$，$S_1$ 为 S 在第一卦限中的部分，则有(　　).

(A) $\iint\limits_{S} x\,dS = 4\iint\limits_{S_1} x\,dS$.　　(B) $\iint\limits_{S} y\,dS = 4\iint\limits_{S_1} x\,dS$.

(C) $\iint\limits_{S} z\,dS = 4\iint\limits_{S_1} x\,dS$.　　(D) $\iint\limits_{S} xyz\,dS = 4\iint\limits_{S_1} xyz\,dS$.

8. 设 Σ 为曲面 $x^2+y^2+(z-1)^2=1(z \geqslant 1)$ 的上侧，则曲面积分 $I = \iint\limits_{\Sigma} 2xy\,dydz - y^2\,dzdx - z\,dxdy =$ (　　).

(A) $-\frac{5\pi}{3}$.　　(B) $-\frac{2\pi}{3}$.　　(C) $-\frac{\pi}{3}$.　　(D) $\frac{\pi}{3}$.

二、填空题

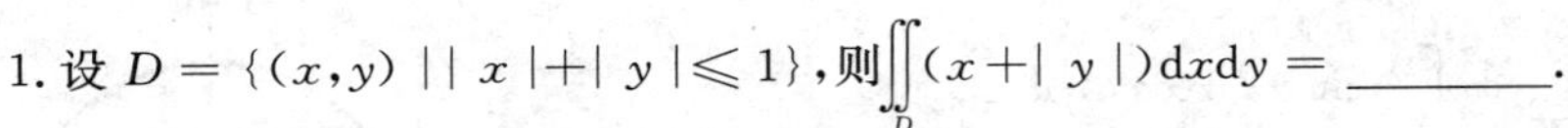

1. 设 $D=\{(x,y) \mid |x|+|y| \leqslant 1\}$，则 $\iint\limits_{D}(x+|y|)\,dxdy =$ ________.

2. (2011[①]) 设函数 $F(x,y)=\int_0^{xy} \frac{\sin t}{1+t^2}dt$，则 $\left.\frac{\partial^2 F}{\partial x^2}\right|_{\substack{x=0\\y=2}} =$ ________.

3. 二次积分 $\int_0^1 dx\int_0^{x^2} f(x,y)\,dy + \int_1^2 dx\int_0^{2-x} f(x,y)\,dy$ 的另一个积分次序为________.

4. (2008[③]) 设 $D=\{(x,y) \mid x^2+y^2 \leqslant 1\}$，则 $\iint\limits_{D}(x^2-y)\,dxdy =$ ________.

5. 设 $f(x)=\int_x^1 e^{\frac{x}{y}}dy$，则 $\int_0^1 f(x)\,dx =$ ________.

6. 二次积分 $\int_0^1 dx\int_0^1 |x-y|\,dy =$ ________.

7. (2014[③]) 二次积分 $\int_0^1 dy\int_y^1 \left(\frac{e^{x^2}}{x}-e^{y^2}\right)dx =$ ________.

8. 设 $\Omega=\{(x,y,z) \mid x^2+y^2+z^2 \leqslant R^2\}$，则 $\iiint\limits_{\Omega}[(4x-3y)^2-25z^2]\,dv =$ ________.

9. 设 $f(x)$ 是连续函数，$F(t)=\iiint\limits_{x^2+y^2+z^2 \leqslant t^2} f(x^2+y^2+z^2)\,dv$，则 $F'(t) =$ ________.

10. 设 $\Sigma: z=x^2+y^2, 1 \leqslant z \leqslant 4$，则 $\iint\limits_{\Sigma} \frac{1}{\sqrt{1+4z}}dS =$ ________.

11. 设 $\mathbf{A}=(yz,-2xz,3xy)$，则 $\operatorname{div}(\mathbf{rot\,A}) =$ ________.

三、解答题

1. (2013[②③]) 设平面区域 D 由直线 $x=3y$，$y=3x$ 及 $x+y=8$ 围成，计算 $\iint\limits_{D} x^2\,dxdy$.

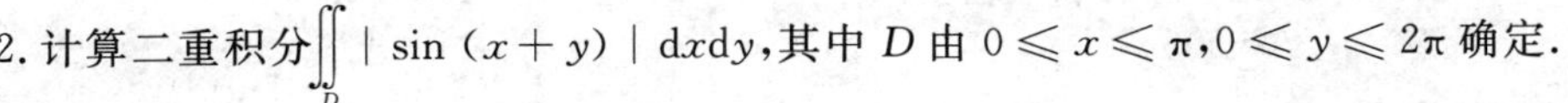

2. 计算二重积分 $\iint\limits_{D} |\sin(x+y)|\,dxdy$，其中 D 由 $0 \leqslant x \leqslant \pi, 0 \leqslant y \leqslant 2\pi$ 确定.

3. (2014[②③]) 设平面区域 $D=\{(x,y) \mid 1 \leqslant x^2+y^2 \leqslant 4, x \geqslant 0, y \geqslant 0\}$，计算 $\iint\limits_{D} \frac{x\sin(\pi\sqrt{x^2+y^2})}{x+y}dxdy$.

4. 计算曲线积分$\int_c \sqrt{x^2+y^2}\,ds$,其中 c 为曲线 $x^2+y^2+2y=0$.

5. 计算$\int_C \frac{(1-y)dy-xdx}{[x^2+(1-y)^2]^{\frac{3}{2}}}$,其中 C 为上半圆周 $y=\sqrt{x-x^2}$,方向从(1,0)到(0,0).

6. 计算 $I=\iint_{\Sigma}(1+x)y^2dydz+(y+z^2)dzdx+(1+z)x^2dxdy$,其中 Σ 是曲面 $z+1=x^2+y^2(-1\leqslant z\leqslant 0)$,取上侧.

7. (2014[①]) 设 Σ 为曲面 $z=x^2+y^2(z\leqslant 1)$ 的上侧,计算曲面积分$\iint_{\Sigma}(x-1)^3dydz+(y-1)^3dzdx+(z-1)dxdy$.

本章同步练习答案解析

一、单项选择题

1. (B).

方法一:

$$I_k=\iint_{D_k}(y-x)dxdy=\int_{\frac{(k-1)\pi}{2}}^{\frac{k\pi}{2}}d\theta\int_0^1(r\sin\theta-r\cos\theta)rdr$$

$$=\frac{1}{3}\int_{\frac{(k-1)\pi}{2}}^{\frac{k\pi}{2}}(\sin\theta-\cos\theta)d\theta=-\frac{1}{3}(\cos\theta+\sin\theta)\Big|_{\frac{(k-1)\pi}{2}}^{\frac{k\pi}{2}},$$

代入得 $I_2=\frac{2}{3}>0$,故选(B).

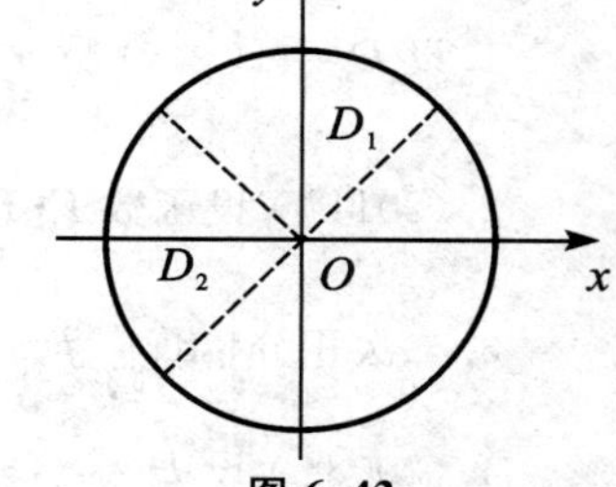

图 6-42

方法二:

因为第二象限中 $y>0,x<0$,始终 $y>x$,即 $y-x>0$,所以 $I_2>0$,故选(B).

2. (A).

如图 6-42 所示,添加一条直线 $y=-x$,则积分区域分为两部分 D_1,D_2,分别关于 y 轴、x 轴对称,由对称性知选(A).

> **评注**
> 二重积分的对称性、轮换性是常见考点,考生要给予重视.

3. (D).

积分区域图见例 6.1.4 图 6-9,直角坐标形式(A)、(B)均错,考虑极坐标,选择(D).

4. (B).

$F(t)=\int_1^t dy\int_y^t f(x)dx=\int_1^t f(x)dx\int_1^x dy=\int_1^t(x-1)f(x)dx$,

$F'(t)=(t-1)f(t),F'(2)=f(2)$,应选(B).

5. (D)

由于二重积分积不出,利用二重积分中值定理

$$\iint_{x^2+y^2\leqslant t^2}e^{x^2+y^2}\cos(x+y)dxdy=e^{\xi^2+\eta^2}\cos(\xi+\eta)\iint_{x^2+y^2\leqslant t^2}dxdy=\pi t^2e^{\xi^2+\eta^2}\cos(\xi+\eta),\text{其中 }\xi^2+\eta^2\leqslant t^2,$$

所以$\lim\limits_{t\to 0^+}\frac{1}{t^2}\iint_{x^2+y^2\leqslant t^2}e^{x^2+y^2}\cos(x+y)dxdy=\pi$,选(D).

6. (A).

$$\iiint_{\Omega}\sqrt{x^2+y^2+z^2}dv=\int_0^{2\pi}d\theta\int_0^{\pi}\sin\varphi d\varphi\int_0^R\rho\cdot\rho^2d\rho=2\pi\cdot 2\cdot\frac{1}{4}R^4=\pi R^4,\text{选(A)}.$$

7. (C)

由第一类曲面积分的对称性知$\iint\limits_S x\mathrm{d}S=\iint\limits_S y\mathrm{d}S=\iint\limits_S xyz\mathrm{d}S=0$，由轮换性知$\iint\limits_S z\mathrm{d}S=4\iint\limits_{S_1} z\mathrm{d}S=4\iint\limits_{S_1} x\mathrm{d}S$，所以只能选(C).

8. (A).

设 $\Sigma_1: z=1$ 取下侧，由高斯公式得：

$$I=\oiint\limits_{\Sigma+\Sigma_1}-\iint\limits_{\Sigma_1}=\iiint\limits_{\Omega}(2y-2y-1)\mathrm{d}v+\iint\limits_{x^2+y^2\leqslant 1}(-1)\mathrm{d}x\mathrm{d}y=-\frac{2\pi}{3}-\pi=-\frac{5\pi}{3}.$$

选(A).

二、填空题

1. $\frac{2}{3}$.

设 D_1 是 D 在第一象限内的部分，由对称性知$\iint\limits_D x\mathrm{d}x\mathrm{d}y=0$，则

原式 $=\iint\limits_D |y|\mathrm{d}x\mathrm{d}y=4\iint\limits_{D_1} y\mathrm{d}x\mathrm{d}y=4\int_0^1\mathrm{d}x\int_0^{1-x}y\mathrm{d}y=2\int_0^1(1-x)^2\mathrm{d}x=\frac{2}{3}$.

2. 4.

$\frac{\partial F}{\partial x}=\frac{\sin(xy)}{1+(xy)^2}\cdot y$，$\frac{\partial^2 F}{\partial x^2}=y\cdot\frac{\cos(xy)\cdot y\cdot[1+(xy)^2]-\sin(xy)\cdot 2xy\cdot y}{[1+(xy)^2]^2}$，所以$\left.\frac{\partial^2 F}{\partial x^2}\right|_{\substack{y=2\\x=0}}=4$.

3. $\int_0^1\mathrm{d}y\int_{\sqrt{y}}^{2-y}f(x,y)\mathrm{d}x$.

如图 6-43 所示，$\int_0^1\mathrm{d}x\int_0^{x^2}f(x,y)\mathrm{d}y+\int_1^2\mathrm{d}x\int_0^{2-x}f(x,y)\mathrm{d}y=\int_0^1\mathrm{d}y\int_{\sqrt{y}}^{2-y}f(x,y)\mathrm{d}x$.

图 6-43

4. $\frac{\pi}{4}$.

由对称性知$\iint\limits_D y\mathrm{d}x\mathrm{d}y=0$，由轮换性知$\iint\limits_D x^2\mathrm{d}x\mathrm{d}y=\iint\limits_D y^2\mathrm{d}x\mathrm{d}y$，所以

原式 $=\frac{1}{2}\iint\limits_D(x^2+y^2)\mathrm{d}x\mathrm{d}y=\frac{1}{2}\int_0^{2\pi}\mathrm{d}\theta\int_0^1 r^2\cdot r\mathrm{d}r=\frac{\pi}{4}$.

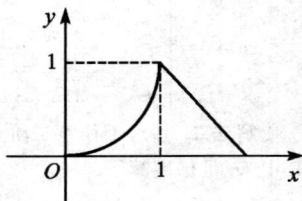

5. $\frac{1}{2}(\mathrm{e}-1)$.

$\int_0^1 f(x)\mathrm{d}x=\int_0^1\mathrm{d}x\int_x^1\mathrm{e}^{\frac{x}{y}}\mathrm{d}y$ 是二次积分，考虑交换积分次序

$\int_0^1\mathrm{d}x\int_x^1\mathrm{e}^{\frac{x}{y}}\mathrm{d}y=\int_0^1\mathrm{d}y\int_0^y\mathrm{e}^{\frac{x}{y}}\mathrm{d}x=\int_0^1\left[y\mathrm{e}^{\frac{x}{y}}\right]_0^y\mathrm{d}y=\int_0^1 y(\mathrm{e}-1)\mathrm{d}y=\frac{1}{2}(\mathrm{e}-1)$.

6. $\frac{1}{3}$.

$\int_0^1\mathrm{d}x\int_0^1|x-y|\mathrm{d}y=\int_0^1\mathrm{d}x\left[\int_0^x(x-y)\mathrm{d}y+\int_x^1(y-x)\mathrm{d}y\right]=\int_0^1[\frac{1}{2}x^2+\frac{1}{2}(1-x)^2]\mathrm{d}x=\frac{1}{3}$.

7. $\frac{1}{2}(\mathrm{e}-1)$.

先画出积分区域图，如图 6-44，

$\int_0^1\mathrm{d}y\int_y^1\left(\frac{\mathrm{e}^{x^2}}{x}-\mathrm{e}^{y^2}\right)\mathrm{d}x=-\int_0^1\mathrm{d}y\int_y^1\mathrm{e}^{y^2}\mathrm{d}x+\int_0^1\mathrm{d}y\int_y^1\frac{\mathrm{e}^{x^2}}{x}\mathrm{d}x$，

而$\int_0^1\mathrm{d}y\int_y^1\mathrm{e}^{y^2}\mathrm{d}x=\int_0^1(1-y)\mathrm{e}^{y^2}\mathrm{d}y=\int_0^1\mathrm{e}^{y^2}\mathrm{d}y-\frac{1}{2}\mathrm{e}^{y^2}\Big|_0^1=\int_0^1\mathrm{e}^{y^2}\mathrm{d}y-\frac{1}{2}(\mathrm{e}-1)$，

交换积分次序可得：$\int_0^1\mathrm{d}y\int_y^1\frac{\mathrm{e}^{x^2}}{x}\mathrm{d}x=\int_0^1\mathrm{d}x\int_0^x\frac{\mathrm{e}^{x^2}}{x}\mathrm{d}y=\int_0^1\mathrm{e}^{x^2}\mathrm{d}x$.

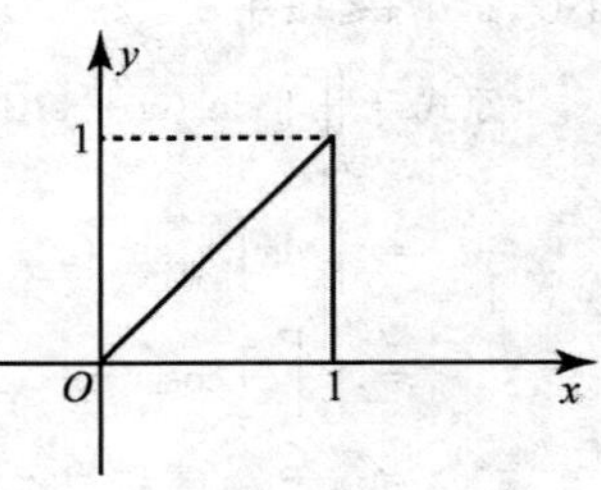

图 6-44

故原式 $=\frac{1}{2}(e-1)$.

评 注

$\int_0^1 e^{y^2}dy=\int_0^1 e^{x^2}dx$ 是积不出的,但可消去.

8. 0.

$$\iiint\limits_{\Omega}[(4x-3y)^2-25z^2]dv=\iiint\limits_{\Omega}[16x^2-24xy+9y^2-25z^2]dv,$$

由三重积分对称性得:$\iiint\limits_{\Omega}x^2dv=\iiint\limits_{\Omega}y^2dv=\iiint\limits_{\Omega}z^2dv,\iiint\limits_{\Omega}xydv=0$,

故原式 $=0$.

9. $4\pi t^2f(t^2)$.

$F(t)=\iiint\limits_{x^2+y^2+z^2\leqslant t^2}f(x^2+y^2+z^2)dv=\int_0^{2\pi}d\theta\int_0^{\pi}\sin\varphi d\varphi\int_0^t f(\rho^2)\cdot\rho^2d\rho=4\pi\int_0^t f(\rho^2)\cdot\rho^2d\rho$,所以 $F'(t)=4\pi t^2f(t^2)$.

10. 3π.

由于 $dS=\sqrt{1+4x^2+4y^2}dxdy$,故 $\iint\limits_{\Sigma}\frac{1}{\sqrt{1+4z}}dS=\iint\limits_{1\leqslant x^2+y^2\leqslant 4}dxdy=3\pi$.

11. 0.

解法一

$$\mathbf{rot}\boldsymbol{A}=\begin{vmatrix}\boldsymbol{i}&\boldsymbol{j}&\boldsymbol{k}\\ \frac{\partial}{\partial x}&\frac{\partial}{\partial y}&\frac{\partial}{\partial z}\\ yz&-2xz&3xy\end{vmatrix}=5x\boldsymbol{i}-2y\boldsymbol{j}-3z\boldsymbol{k},\mathrm{div}(\mathbf{rot}\boldsymbol{A})=0.$$

解法二 对于任意二阶连续可微的函数$\boldsymbol{A}$,$\mathrm{div}(\mathbf{rot}\,\boldsymbol{A})=\mathrm{div}(\nabla\times\boldsymbol{A})=\nabla\cdot(\nabla\times\boldsymbol{A})=0$,其中 ∇ 是梯度算子.

三、解答题

1. 解:如图 6-45 所示,

$$\begin{aligned}\iint\limits_{D}x^2dxdy&=\int_0^2dx\int_{\frac{1}{3}x}^{3x}x^2dy+\int_2^6dx\int_{\frac{1}{3}x}^{8-x}x^2dy\\&=\frac{8}{3}\int_0^2x^3dx+\int_2^6\left(8x^2-\frac{4}{3}x^3\right)dx\\&=\left[\frac{2}{3}x^4\right]_0^2+\left[\frac{8}{3}x^3-\frac{1}{3}x^4\right]_2^6\\&=\frac{416}{3}.\end{aligned}$$

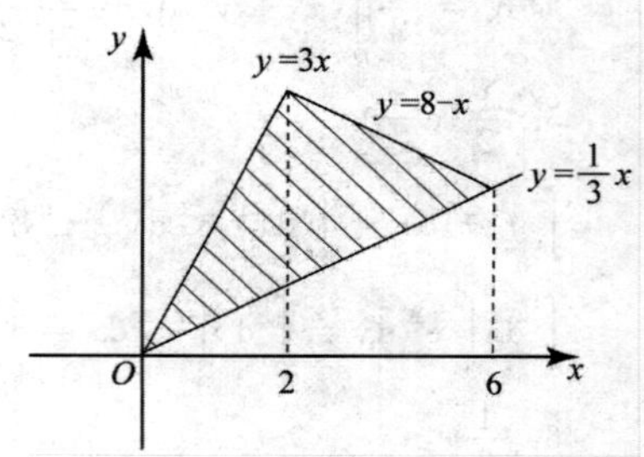

图 6-45

2. 解:如图 6-46 所示,先将积分区域 D 分为三部分:$D_1=\{(x,y)\mid 0\leqslant x+y\leqslant\pi\}$,$D_2=\{(x,y)\mid\pi\leqslant x+y\leqslant 2\pi\}$,$D_3=\{(x,y)\mid 2\pi\leqslant x+y\leqslant 3\pi,0\leqslant x\leqslant\pi,\pi\leqslant y\leqslant 2\pi\}$,则

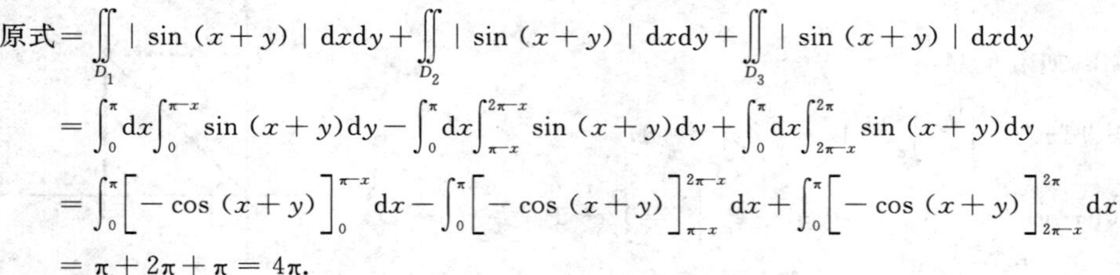

$$\begin{aligned}原式&=\iint\limits_{D_1}|\sin(x+y)|dxdy+\iint\limits_{D_2}|\sin(x+y)|dxdy+\iint\limits_{D_3}|\sin(x+y)|dxdy\\&=\int_0^{\pi}dx\int_0^{\pi-x}\sin(x+y)dy-\int_0^{\pi}dx\int_{\pi-x}^{2\pi-x}\sin(x+y)dy+\int_0^{\pi}dx\int_{2\pi-x}^{2\pi}\sin(x+y)dy\\&=\int_0^{\pi}\Big[-\cos(x+y)\Big]_0^{\pi-x}dx-\int_0^{\pi}\Big[-\cos(x+y)\Big]_{\pi-x}^{2\pi-x}dx+\int_0^{\pi}\Big[-\cos(x+y)\Big]_{2\pi-x}^{2\pi}dx\\&=\pi+2\pi+\pi=4\pi.\end{aligned}$$

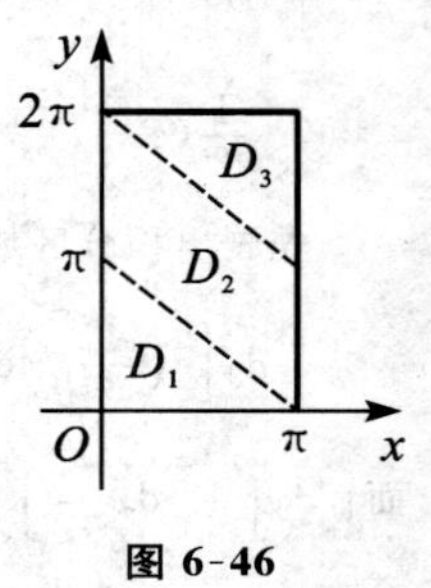

图 6-46

3. 解:利用极坐标计算.

$$\iint_D \frac{x\sin(\pi\sqrt{x^2+y^2})}{x+y}\mathrm{d}x\mathrm{d}y=\int_0^{\frac{\pi}{2}}\frac{\cos\theta}{\cos\theta+\sin\theta}\mathrm{d}\theta\int_1^2 r\sin\pi r\mathrm{d}r,$$

而$\int_1^2 r\sin\pi r\mathrm{d}r=-\frac{1}{\pi}\int_1^2 r\mathrm{d}\cos\pi r=-\frac{1}{\pi}\left(r\cos\pi r-\frac{1}{\pi}\sin\pi r\right)\Big|_1^2=-\frac{3}{\pi}$，

$\int_0^{\frac{\pi}{2}}\frac{\cos\theta}{\cos\theta+\sin\theta}\mathrm{d}\theta=\frac{\pi}{4}$，见例 3.2.18，故原式$=-\frac{3}{4}$.

4. 解：将 $c:x^2+(y+1)^2=1$ 化为参数方程$\begin{cases}x=\cos t,\\ y=-1+\sin t,\end{cases}$则

$$\begin{aligned}\int_c\sqrt{x^2+y^2}\mathrm{d}s&=\int_0^{2\pi}\sqrt{\cos^2 t+(-1+\sin t)^2}\sqrt{(-\sin t)^2+(\cos t)^2}\mathrm{d}t\\&=\int_0^{2\pi}\sqrt{2-2\sin t}\mathrm{d}t=\sqrt{2}\int_0^{2\pi}\sqrt{1-\sin t}\mathrm{d}t=\sqrt{2}\int_0^{2\pi}\left|\sin\frac{t}{2}-\cos\frac{t}{2}\right|\mathrm{d}t\\&=\sqrt{2}\left[\int_0^{\frac{\pi}{2}}\left(\cos\frac{t}{2}-\sin\frac{t}{2}\right)\mathrm{d}t+\int_{\frac{\pi}{2}}^{2\pi}\left(\sin\frac{t}{2}-\cos\frac{t}{2}\right)\mathrm{d}t\right]=8.\end{aligned}$$

5. 解：**解法一**

$$P=\frac{-x}{[x^2+(1-y)^2]^{\frac{3}{2}}},\quad \frac{\partial P}{\partial y}=-\frac{3}{2}\cdot\frac{2x(1-y)}{[x^2+(1-y)^2]^{\frac{5}{2}}}=-\frac{3x(1-y)}{[x^2+(1-y)^2]^{\frac{5}{2}}},$$

$$Q=\frac{1-y}{[x^2+(1-y)^2]^{\frac{3}{2}}},\quad \frac{\partial Q}{\partial x}=-\frac{3}{2}\cdot\frac{2x(1-y)}{[x^2+(1-y)^2]^{\frac{5}{2}}}=\frac{\partial P}{\partial y},$$

所以曲线积分与路径无关.

原式$=\int_C=\int_{(1,0)}^{(0,0)}=\int_1^0\frac{-x}{(x^2+1)^{\frac{3}{2}}}\mathrm{d}x=\frac{1}{\sqrt{x^2+1}}\Big|_1^0=1-\frac{\sqrt{2}}{2}$.

解法二　利用参数方程直接计算.

设 $C:x=\frac{1}{2}+\frac{1}{2}\cos t,y=\frac{1}{2}\sin t,t:0\to\pi$.

原式$=\frac{1}{2}\int_0^{\pi}\frac{\frac{1}{2}\sin t+\cos t}{(\frac{3}{2}+\frac{1}{2}\cos t-\sin t)^{\frac{3}{2}}}\mathrm{d}t=\left(\frac{3}{2}+\frac{1}{2}\cos t-\sin t\right)^{-\frac{1}{2}}\Big|_0^{\pi}=1-\frac{\sqrt{2}}{2}$.

6. 解：补充平面 $\Sigma_1:z=0(x^2+y^2\leqslant 1)$，取下侧，则 $\Sigma+\Sigma_1$ 是封闭曲面，注意是内侧，所以

$I=\iint_{\Sigma}=\oiint_{\Sigma+\Sigma_1}-\iint_{\Sigma_1}$.

其中$\oiint_{\Sigma+\Sigma_1}=-\iiint_{\Omega}(x^2+y^2+1)\mathrm{d}v=-\iint_{x^2+y^2\leqslant 1}(x^2+y^2+1)\mathrm{d}x\mathrm{d}y\int_{x^2+y^2-1}^{0}\mathrm{d}z$

$=\iint_{x^2+y^2\leqslant 1}(x^2+y^2+1)(x^2+y^2-1)\mathrm{d}x\mathrm{d}y=\int_0^{2\pi}\mathrm{d}\theta\int_0^1(r^4-1)\cdot r\mathrm{d}r=-\frac{2\pi}{3}$，

而$\iint_{\Sigma_1}=-\iint_{x^2+y^2\leqslant 1}x^2\mathrm{d}x\mathrm{d}y=-\frac{1}{2}\iint_{x^2+y^2\leqslant 1}(x^2+y^2)\mathrm{d}x\mathrm{d}y=-\frac{\pi}{4}$，所以原式$=-\frac{2\pi}{3}-\left(-\frac{\pi}{4}\right)=-\frac{5}{12}\pi$.

7. 解：设 $\Sigma_1:z=1$ 取下侧，由高斯公式得：

$$\oiint_{\Sigma+\Sigma_1}(x-1)^3\mathrm{d}y\mathrm{d}z+(y-1)^3\mathrm{d}z\mathrm{d}x+(z-1)\mathrm{d}x\mathrm{d}y=-\iiint_{\Omega}[3(x-1)^2+3(y-1)^2+1]\mathrm{d}v.$$

由于$\iint_{\Sigma_1}(x-1)^3\mathrm{d}y\mathrm{d}z+(y-1)^3\mathrm{d}z\mathrm{d}x+(z-1)\mathrm{d}x\mathrm{d}y=0$，

由对称性知：$\iiint_{\Omega}x\mathrm{d}v=\iiint_{\Omega}y\mathrm{d}v=0$，所以

原式$=-\iiint_{\Omega}(3x^2+3y^2+7)\mathrm{d}v=-\int_0^{2\pi}\mathrm{d}\theta\int_0^1 r(3r^2+7)\mathrm{d}r\int_{r^2}^1\mathrm{d}z$

$=-2\pi\int_0^1 r(3r^2+7)(1-r^2)\mathrm{d}r=-4\pi$.

第七章　无穷级数[①③]

名师解码

本章概要

复习导语

无穷级数是高等数学的又一个难点,级数收敛的定义需要用到数列极限的知识,而数列的极限是高等数学的难点.本书介绍了判别常数项级数敛散性的基本流程,通常先用比值法、根值法判定正项级数的敛散性,如果无法判定,则需要用比较法来判定,主要利用比较判别法的极限形式,常与 p 级数进行比较,有时可转化为讨论无穷小的问题.考生在基础阶段掌握上述方法即可,不需要为这部分内容花费太多时间,这部分虽然是难点,但通常并不是重点.级数部分的重点是函数项级数中的幂级数,幂级数的展开及求和,考生复习这部分内容时,既要掌握方法,更要熟悉并记住常用公式、常用方法,并且要进行大量练习.傅里叶级数只对数学一有考查要求,通常要求考生掌握傅里叶系数的计算公式,重点掌握和函数、正弦级数、余弦级数的展开.

知识结构图

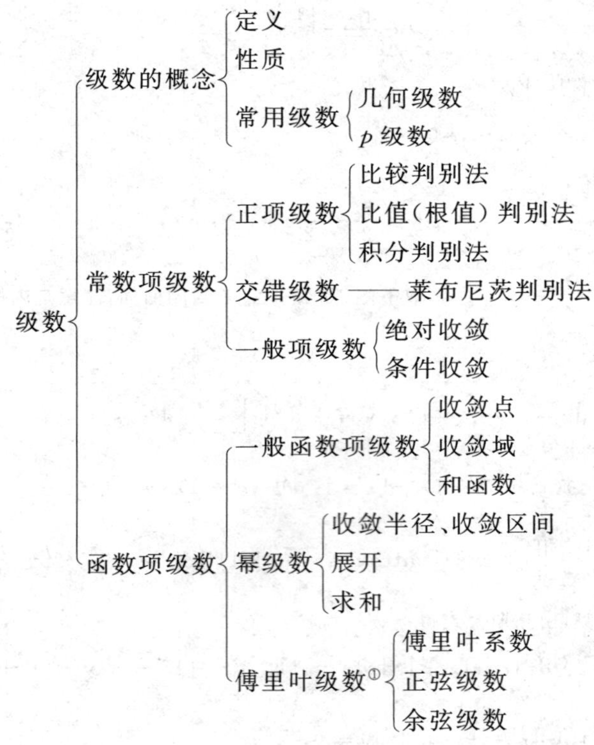

复习目标

数学一

1. 理解常数项级数收敛、发散以及收敛级数的和的概念,掌握级数的基本性质及收敛的必要条件.
2. 掌握几何级数与 p 级数的收敛与发散的条件.
3. 掌握正项级数收敛性的比较判别法和比值判别法,会用根值判别法.

4. 掌握交错级数的莱布尼茨判别法.

5. 了解任意项级数绝对收敛与条件收敛的概念以及绝对收敛与收敛的关系.

6. 了解函数项级数的收敛域及和函数的概念.

7. 理解幂级数收敛半径的概念,并掌握幂级数的收敛半径、收敛区间及收敛域的求法.

8. 了解幂级数在其收敛区间内的基本性质(和函数的连续性、逐项求导和逐项积分),会求一些幂级数在收敛区间内的和函数,并会由此求出某些数项级数的和.

9. 了解函数展开为泰勒级数的充分必要条件.

10. 掌握 $e^x, \sin x, \cos x, \ln(1+x)$ 及 $(1+x)^\alpha$ 的麦克劳林(Maclaurin)展开式,会用它们将一些简单函数间接展开为幂级数.

11. 了解傅里叶级数的概念和狄利克雷收敛定理,会将定义在 $[-l,l]$ 上的函数展开为傅里叶级数,会将定义在 $[0,l]$ 上的函数展开为正弦级数与余弦级数,会写出傅里叶级数的和函数的表达式.

数学三

1. 了解级数的收敛与发散、收敛级数的和的概念.

2. 了解级数的基本性质及级数收敛的必要条件,掌握几何级数及 p 级数的收敛与发散的条件,掌握正项级数收敛性的比较判别法和比值判别法.

3. 了解任意项级数绝对收敛与条件收敛的概念以及绝对收敛与收敛的关系,了解交错级数的莱布尼茨判别法.

4. 会求幂级数的收敛半径、收敛区间及收敛域.

5. 了解幂级数在其收敛区间内的基本性质(和函数的连续性、逐项求导和逐项积分),会求简单幂级数在其收敛区间内的和函数.

6. 了解 $e^x, \sin x, \cos x, \ln(1+x)$ 及 $(1+x)^\alpha$ 的麦克劳林(Maclaurin)展开式.

考查要点详解

第一节　无穷级数的概念及其基本性质

一、无穷级数的概念

定义 7.1.1　设一个数列 $u_1, u_2, \cdots, u_n, \cdots$,则和式 $\sum\limits_{n=1}^{\infty} u_n = u_1 + u_2 + \cdots + u_n + \cdots$ 称为无穷级数,简称级数. u_n 称为级数的通项或一般项, $s_n = \sum\limits_{k=1}^{n} u_k = u_1 + u_2 + \cdots + u_n$ 称为级数的前 n 项部分和,简称部分和.

定义 7.1.2　当 $n \to +\infty$ 时,若极限 $\lim\limits_{n\to\infty} s_n = \lim\limits_{n\to\infty} \sum\limits_{k=1}^{n} u_k = s$ 存在,则称级数 $\sum\limits_{n=1}^{\infty} u_n$ 收敛, s 称为级数的和,记作 $s = \sum\limits_{n=1}^{\infty} u_n$. 若极限 $\lim\limits_{n\to\infty} s_n$ 不存在,则称级数 $\sum\limits_{n=1}^{\infty} u_n$ 发散. 当级数 $\sum\limits_{n=1}^{\infty} u_n$ 收敛于 s 时, $r_n = \sum\limits_{k=n+1}^{\infty} u_k = s - s_n$ 称为级数 $\sum\limits_{n=1}^{\infty} u_n$ 的余和,显然 $\lim\limits_{n\to\infty} r_n = 0$.

【例 7.1.1】　讨论级数 $\sum\limits_{n=1}^{\infty} \dfrac{1}{n(n+1)}$ 的敛散性.

【解】　$s_n = \sum\limits_{k=1}^{n} \dfrac{1}{k(k+1)} = \sum\limits_{k=1}^{n} \left(\dfrac{1}{k} - \dfrac{1}{k+1}\right) = 1 - \dfrac{1}{n+1}$, $\lim\limits_{n\to\infty} s_n = 1$,所以级数收敛.

【例 7.1.2】　讨论几何级数 $\sum\limits_{n=1}^{\infty} aq^{n-1}\ (a \neq 0)$ 的敛散性.

【解】 $s_n=\sum_{k=1}^{n}aq^{k-1}=\frac{a(1-q^n)}{1-q}(|q|\neq 1)$.

当 $|q|<1$ 时, $|q^n|\to 0(n\to\infty)$;当 $|q|>1$ 时, $|q^n|\to\infty(n\to\infty)$;

当 $q=1$ 时, $s_n=na$,由于 $a\neq 0$,所以当 $n\to\infty$ 时, $s_n\to\infty$;

当 $q=-1$ 时, $s_n=a[1-1+1-1+\cdots+(-1)^{n-1}]=\begin{cases}0, & n\text{ 为偶数},\\ a, & n\text{ 为奇数},\end{cases}$

由于 $a\neq 0$,当 $n\to\infty$ 时, s_n 的极限不存在.

所以,当 $|q|<1$ 时,级数收敛;当 $|q|\geqslant 1$ 时,级数发散.

评注

常用结论 1 $\sum_{n=1}^{\infty}aq^{n-1}(a\neq 0)\begin{cases}\text{收敛}, & \text{当 } |q|<1 \text{ 时},\\ \text{发散}, & \text{当 } |q|\geqslant 1 \text{ 时}.\end{cases}$

二、无穷级数的基本性质

性质 7.1.1 级数的每一项乘上同一个不为零的常数后,与原级数有相同的敛散性.

【略证】 极限 $\lim_{n\to\infty}\sum_{k=1}^{n}u_k$ 存在 $\Leftrightarrow$ 极限 $\lim_{n\to\infty}\sum_{k=1}^{n}cu_k(c\neq 0)$ 存在.

性质 7.1.2 设两个级数 $\sum_{n=1}^{\infty}u_n$, $\sum_{n=1}^{\infty}v_n$ 均收敛,那么级数 $\sum_{n=1}^{\infty}(u_n+v_n)$ 也收敛,且 $\sum_{n=1}^{\infty}(u_n+v_n)=\sum_{n=1}^{\infty}u_n+\sum_{n=1}^{\infty}v_n$.

【略证】 极限 $\lim_{n\to\infty}\sum_{k=1}^{n}u_k$, $\lim_{n\to\infty}\sum_{k=1}^{n}v_k$ 存在 $\Rightarrow$ 极限 $\lim_{n\to\infty}\sum_{k=1}^{n}(u_k+v_k)$ 存在,且 $\lim_{n\to\infty}\sum_{k=1}^{n}(u_k+v_k)=\lim_{n\to\infty}\left(\sum_{k=1}^{n}u_k+\sum_{k=1}^{n}v_k\right)$.

性质 7.1.3 在级数的前面添加、去掉或改变有限项,不改变级数的敛散性.

评注

在级数的前面添加、去掉或改变有限项,对于部分和 s_n 的极限是否存在没有影响,只是当极限存在时可能改变极限值而已.

性质 7.1.4 收敛级数加括号后所组成的新级数仍收敛,反之不然.

评注

级数 $\sum_{n=1}^{\infty}(-1)^{n-1}$ 发散,而 $(1-1)+(1-1)+\cdots+(1-1)+\cdots$ 收敛.

推论 7.1.1 如果加括号后所组成的新级数发散,则原级数一定发散.

性质 7.1.5(级数收敛的必要条件) 如果级数 $\sum_{n=1}^{\infty}u_n$ 收敛,则 $\lim_{n\to\infty}u_n=0$.

【证明】 级数 $\sum_{n=1}^{\infty}u_n$ 收敛 $\Rightarrow\lim_{n\to\infty}s_n=s\Rightarrow\lim_{n\to\infty}u_n=\lim_{n\to\infty}(s_n-s_{n-1})=0$.

推论 7.1.2 如果 $\lim_{n\to\infty}u_n\neq 0$,则 $\sum_{n=1}^{\infty}u_n$ 一定发散.

评注

$\lim_{n\to\infty}u_n=0$ 是级数 $\sum_{n=1}^{\infty}u_n$ 收敛的必要条件而非充分条件.

常见错误:由 $\frac{1}{n}\to 0$,误认为级数 $\sum_{n=1}^{\infty}\frac{1}{n}$ 收敛.

【例 7.1.3】　判断下列级数的敛散性：

(1) $\sum\limits_{n=1}^{\infty}\left(\frac{n}{n+1}\right)^n$；　(2) $\sum\limits_{n=1}^{\infty}\frac{n^{n+\frac{1}{n}}}{\left(n+\frac{1}{n}\right)^n}$.

【解】　(1) $\lim\limits_{n\to\infty}u_n=\lim\limits_{n\to\infty}\left(\frac{n}{n+1}\right)^n=\lim\limits_{n\to\infty}\frac{1}{\left(1+\frac{1}{n}\right)^n}=\frac{1}{\mathrm{e}}\neq 0$，所以级数发散.

(2) $\lim\limits_{n\to\infty}u_n=\lim\limits_{n\to\infty}\frac{n^{n+\frac{1}{n}}}{\left(n+\frac{1}{n}\right)^n}=\lim\limits_{n\to\infty}\frac{n^{\frac{1}{n}}}{\left(1+\frac{1}{n^2}\right)^n}=\frac{1}{\mathrm{e}^0}=1\neq 0$，所以级数发散.

评注

利用常用结论（$\mathrm{e}<a<b$ 时，$a^b>b^a$），立即可得 $n^{n+\frac{1}{n}}>\left(n+\frac{1}{n}\right)^n$，$u_n>1$ 当 $n\to\infty$ 时不以 0 为极限，级数发散.

第二节　正项级数及其敛散性的判别法

一、正项级数

当 a_n 为常数时，$\sum\limits_{n=1}^{\infty}a_n$ 称为常数项级数. 如果 $a_n\geqslant 0(n=1,2,\cdots)$，则级数 $\sum\limits_{n=1}^{\infty}a_n$ 称为正项级数.

定理 7.2.1　正项级数 $\sum\limits_{n=1}^{\infty}a_n$ 收敛的充分必要条件是其部分和数列 $\{s_n\}$ 有界.

【略证】　显然，正项级数的部分和数列 $\{s_n\}$ 是单调增加的.

二、正项级数的比较判别法

定理 7.2.2　设 $\sum\limits_{n=1}^{\infty}a_n$ 和 $\sum\limits_{n=1}^{\infty}b_n$ 是两个正项级数，且 $a_n\leqslant b_n(n=1,2,\cdots)$，则：

(1) 当 $\sum\limits_{n=1}^{\infty}b_n$ 收敛时，$\sum\limits_{n=1}^{\infty}a_n$ 也收敛；　(2) 当 $\sum\limits_{n=1}^{\infty}a_n$ 发散时，$\sum\limits_{n=1}^{\infty}b_n$ 也发散.

评注

“大”的级数收敛时，“小”的级数也收敛；而“小”的级数发散时，“大”的级数也发散. 利用部分和数列的极限易证，此处略.

结合级数的基本性质，定理 7.2.2 的条件“$a_n\leqslant b_n$”可以改为 $a_n\leqslant cb_n(c>0,n=k,k+1,\cdots)$，结论不变.

【例 7.2.1】　判断下列级数的敛散性：

(1) $\sum\limits_{n=1}^{\infty}\frac{1}{2n-1}$；　(2) $\sum\limits_{n=1}^{\infty}\frac{1}{n^2}$.

【解】　(1) 由于 $\frac{1}{2n-1}>\frac{1}{2n}$，而 $\sum\limits_{n=1}^{\infty}\frac{1}{2n}=\frac{1}{2}\sum\limits_{n=1}^{\infty}\frac{1}{n}$ 发散，所以 $\sum\limits_{n=1}^{\infty}\frac{1}{2n-1}$ 发散.

(2) 由于 $\frac{1}{(n+1)^2}<\frac{1}{n(n+1)}$，而 $\sum\limits_{n=1}^{\infty}\frac{1}{n(n+1)}$ 收敛（见例 7.1.1），所以 $\sum\limits_{n=1}^{\infty}\frac{1}{(n+1)^2}$ 收敛，由性质 7.1.3 知 $\sum\limits_{n=1}^{\infty}\frac{1}{n^2}$ 收敛.

【例 7.2.2】　讨论 p 级数 $\sum\limits_{n=1}^{\infty}\frac{1}{n^p}=1+\frac{1}{2^p}+\frac{1}{3^p}+\cdots+\frac{1}{n^p}+\cdots$ 的敛散性.

【解】 当 $p\leqslant 1$ 时，$\frac{1}{n^p}\geqslant\frac{1}{n}$，由 $\sum_{n=1}^{\infty}\frac{1}{n}$ 发散可得 $\sum_{n=1}^{\infty}\frac{1}{n^p}$ 发散；

当 $p>1$ 时，当 $n\leqslant x<n+1$ 时，$\frac{1}{(n+1)^p}<\frac{1}{x^p}$，所以

$$\frac{1}{(n+1)^p}<\int_n^{n+1}\frac{1}{x^p}\mathrm{d}x=\frac{1}{1-p}x^{1-p}\Big|_n^{n+1}=\frac{1}{p-1}\left[\frac{1}{n^{p-1}}-\frac{1}{(n+1)^{p-1}}\right].$$

$$\begin{aligned}s_n&=1+\frac{1}{2^p}+\frac{1}{3^p}+\cdots+\frac{1}{n^p}\\&<1+\frac{1}{p-1}\left(1-\frac{1}{2^{p-1}}\right)+\frac{1}{p-1}\left(\frac{1}{2^{p-1}}-\frac{1}{3^{p-1}}\right)+\cdots+\frac{1}{p-1}\left[\frac{1}{(n-1)^{p-1}}-\frac{1}{n^{p-1}}\right]\\&=1+\frac{1}{p-1}\left(1-\frac{1}{n^{p-1}}\right)<1+\frac{1}{p-1},\end{aligned}$$

显然 $\{s_n\}$ 单调增加，所以 $\sum_{n=1}^{\infty}\frac{1}{n^p}$ 收敛.

评注

常用结论 2 $\sum_{n=1}^{\infty}\frac{1}{n^p}\begin{cases}\text{收敛}, & \text{当 } p>1 \text{ 时},\\ \text{发散}, & \text{当 } p\leqslant 1 \text{ 时}.\end{cases}$

定理 7.2.3(比较判别法的极限形式) 设 $\sum_{n=1}^{\infty}a_n$ 和 $\sum_{n=1}^{\infty}b_n$ 是两个正项级数，如果 $\lim_{n\to\infty}\frac{b_n}{a_n}=l$，则

当 $0<l<+\infty$ 时，级数 $\sum_{n=1}^{\infty}b_n$，$\sum_{n=1}^{\infty}a_n$ 敛散性相同；

当 $l=0$ 时，如果 $\sum_{n=1}^{\infty}a_n$ 收敛，则 $\sum_{n=1}^{\infty}b_n$ 也收敛；

当 $l=+\infty$ 时，如果 $\sum_{n=1}^{\infty}a_n$ 发散，则 $\sum_{n=1}^{\infty}b_n$ 也发散.

评注

上述结论利用 $\sum_{n=1}^{\infty}a_n$ 的敛散性来判别 $\sum_{n=1}^{\infty}b_n$ 的敛散性，其中 $\sum_{n=1}^{\infty}a_n$ 常取 p 级数.

【例 7.2.3】 判断下列级数的敛散性：

(1) $\sum_{n=1}^{\infty}\sin\frac{1}{n}$； (2) $\sum_{n=1}^{\infty}\frac{1}{n\sqrt[n]{n}}$.

【解】 (1) $\lim_{n\to\infty}\frac{\sin\frac{1}{n}}{\frac{1}{n}}=1$，所以 $\sum_{n=1}^{\infty}\sin\frac{1}{n}$ 发散.

(2) $\lim_{n\to\infty}\frac{\frac{1}{n\sqrt[n]{n}}}{\frac{1}{n}}=\lim_{n\to\infty}\frac{1}{\sqrt[n]{n}}=1$，所以 $\sum_{n=1}^{\infty}\frac{1}{n\sqrt[n]{n}}$ 发散.

【例 7.2.4】 讨论级数 $\sum_{n=1}^{\infty}a^{\ln\frac{1}{n}}(a>0)$ 的敛散性.

【解】 $a^{\ln\frac{1}{n}}=a^{-\ln n}=(\mathrm{e}^{\ln a})^{-\ln n}=n^{-\ln a}=\frac{1}{n^{\ln a}}$，所以当 $\ln a>1$，即 $a>\mathrm{e}$ 时原级数收敛.

评注

考生应记住常用结论 $a^{\ln b}=b^{\ln a}(a>0,b>0)$.

【例 7.2.5】　设正项级数 $\sum\limits_{n=1}^{\infty} a_n$ 收敛，证明级数 $\sum\limits_{n=1}^{\infty} a_n^2$ 也收敛.

【证明】　由正项级数 $\sum\limits_{n=1}^{\infty} a_n$ 收敛知 $\lim\limits_{n\to\infty} a_n = 0$，$\exists N > 0$，当 $n > N$ 时，$a_n < 1$，所以 $a_n^2 \leqslant a_n$，由比较判别法知级数 $\sum\limits_{n=N}^{\infty} a_n^2$ 收敛，因此级数 $\sum\limits_{n=1}^{\infty} a_n^2$ 也收敛.

【例 7.2.6】　证明级数 $\sum\limits_{n=1}^{\infty}\left(\sqrt{\dfrac{1}{n}}-\sqrt{\ln\dfrac{n+1}{n}}\right)$ 收敛.

【证明】　$\sqrt{\dfrac{1}{n}}-\sqrt{\ln\dfrac{n+1}{n}}=\dfrac{\dfrac{1}{n}-\ln\dfrac{n+1}{n}}{\sqrt{\dfrac{1}{n}}+\sqrt{\ln\dfrac{n+1}{n}}}$，记 $\dfrac{1}{n}=x$，由于 $\lim\limits_{x\to 0^+}\dfrac{\sqrt{x}+\sqrt{\ln(1+x)}}{\sqrt{x}}=2$，所以 $x\to 0^+$ 时，$\sqrt{x}+\sqrt{\ln(1+x)}\sim 2\sqrt{x}$，又由无穷小替换知 $x-\ln(1+x)\sim\dfrac{1}{2}x^2$，所以 $x\to 0^+$ 时，$\sqrt{x}-\sqrt{\ln(1+x)}\sim\dfrac{1}{4}x^{\frac{3}{2}}$，即 $\lim\limits_{n\to\infty}\dfrac{\sqrt{\dfrac{1}{n}}-\sqrt{\ln\dfrac{n+1}{n}}}{\dfrac{1}{n^{\frac{3}{2}}}}=\dfrac{1}{4}$，$\sum\limits_{n=1}^{\infty}\dfrac{1}{n^{\frac{3}{2}}}$ 收敛 $\Rightarrow\sum\limits_{n=1}^{\infty}\left(\sqrt{\dfrac{1}{n}}-\sqrt{\ln\dfrac{n+1}{n}}\right)$ 收敛.

评注

比较判别法是正项级数收敛性的所有判别法中最困难的，考生在基础阶段以掌握基本方法为主. 在本例中，利用无穷小替换，可将正项级数的敛散性问题转化为考生比较熟悉的函数无穷小的阶数问题，希望考生了解、掌握这种方法.

【例 7.2.7】(2014[①])　设数列 $\{a_n\}$，$\{b_n\}$ 满足 $0 < a_n < \dfrac{\pi}{2}$，$0 < b_n < \dfrac{\pi}{2}$，$\cos a_n - a_n = \cos b_n$，且级数 $\sum\limits_{n=1}^{+\infty} b_n$ 收敛.

(1) 证明：$\lim\limits_{n\to\infty} a_n = 0$；

(2) 证明：级数 $\sum\limits_{n=1}^{+\infty}\dfrac{a_n}{b_n}$ 收敛.

【证明】　(1) 由于 $a_n = \cos a_n - \cos b_n$，$0 < a_n < \dfrac{\pi}{2}$，$0 < b_n < \dfrac{\pi}{2}$，所以 $0 < a_n < b_n$，又级数 $\sum\limits_{n=1}^{+\infty} b_n$ 收敛，所以 $\lim\limits_{n\to\infty} b_n = 0$，由夹逼准则知 $\lim\limits_{n\to\infty} a_n = 0$；

(2) 由 $\lim\limits_{n\to\infty}\dfrac{a_n}{b_n^2}=\lim\limits_{n\to\infty}\dfrac{1-\cos b_n}{b_n^2}\cdot\dfrac{a_n}{1-\cos b_n}=\dfrac{1}{2}\lim\limits_{n\to\infty}\dfrac{a_n}{a_n+1-\cos a_n}=\dfrac{1}{2}$，且级数 $\sum\limits_{n=1}^{+\infty} b_n$ 收敛，所以级数 $\sum\limits_{n=1}^{+\infty}\dfrac{a_n}{b_n}$ 收敛.

评注

$1-\cos a_n$ 是 a_n 的高阶无穷小可去掉.

三、正项级数的比值判别法

定理 7.2.4　设 $\sum\limits_{n=1}^{\infty} a_n$ 是正项级数，如果 $\lim\limits_{n\to\infty}\dfrac{a_{n+1}}{a_n}=l$，则

当 $l<1$ 时,级数收敛;

当 $l>1$ 时,级数发散;

当 $l=1$ 时,级数的敛散性不确定.

【证明】 当 $l<1$ 时,$\exists\varepsilon_0>0$,使得 $q=l+\varepsilon_0<1$.

由于 $\lim\limits_{n\to\infty}\dfrac{a_{n+1}}{a_n}=l$,由极限定义知:$\exists N$,当 $n>N$ 时,$\dfrac{a_{n+1}}{a_n}<l+\varepsilon_0$,则

$$a_{n+1}<qa_n\Rightarrow a_{n+1}<qa_n<q^2a_{n-1}<\cdots<q^{n-N}a_{N+1},$$

而 $\sum\limits_{n=1}^{\infty}q^{n-N}(0<q<1)$ 收敛,所以 $\sum\limits_{n=1}^{\infty}a_n$ 收敛.

同理可证另外两种情况下结论成立.

【例 7.2.8】 判断下列级数的敛散性:

(1) $\sum\limits_{n=1}^{\infty}\dfrac{2n}{3^n}$; (2) $\sum\limits_{n=1}^{\infty}\dfrac{2^n+3}{3^n-2}$; (3) $\sum\limits_{n=1}^{\infty}\dfrac{3^n\cdot n!}{n^n}$.

【解】 (1) 令 $a_n=\dfrac{2n}{3^n}$, $\lim\limits_{n\to\infty}\dfrac{a_{n+1}}{a_n}=\lim\limits_{n\to\infty}\dfrac{2(n+1)\cdot 3^n}{2n\cdot 3^{n+1}}=\dfrac{1}{3}<1$, $\sum\limits_{n=1}^{\infty}\dfrac{2n}{3^n}$ 收敛.

(2) 令 $a_n=\dfrac{2^n+3}{3^n-2}$, $\lim\limits_{n\to\infty}\dfrac{a_{n+1}}{a_n}=\lim\limits_{n\to\infty}\dfrac{(3^n-2)\cdot(2^{n+1}+3)}{(2^n+3)\cdot(3^{n+1}-2)}=\dfrac{2}{3}<1$, $\sum\limits_{n=1}^{\infty}\dfrac{2^n+3}{3^n-2}$ 收敛.

(3) 令 $a_n=\dfrac{3^n\cdot n!}{n^n}$, $\lim\limits_{n\to\infty}\dfrac{a_{n+1}}{a_n}=\lim\limits_{n\to\infty}\dfrac{n^n\cdot 3^{n+1}(n+1)!}{3^n\cdot n!(n+1)^{n+1}}=3\lim\limits_{n\to\infty}\dfrac{1}{\left(1+\dfrac{1}{n}\right)^n}=\dfrac{3}{\mathrm{e}}>1$, $\sum\limits_{n=1}^{\infty}\dfrac{3^n\cdot n!}{n^n}$ 发散.

四、正项级数的根值判别法

定理 7.2.5 设 $\sum\limits_{n=1}^{\infty}a_n$ 是正项级数,如果 $\lim\limits_{n\to\infty}\sqrt[n]{a_n}=l$,则

当 $l<1$ 时,级数收敛;

当 $l>1$ 时,级数发散;

当 $l=1$ 时,级数的敛散性不确定.

【例 7.2.9】 判断下列级数的敛散性:

(1) $\sum\limits_{n=1}^{\infty}\dfrac{2n}{3^n}$; (2) $\sum\limits_{n=1}^{\infty}\dfrac{2^n}{3^{\ln n}}$; (3) $\sum\limits_{n=2}^{\infty}\dfrac{n^{\ln n}}{(\ln n)^n}$.

【解】 (1) 令 $a_n=\dfrac{2n}{3^n}$, $\lim\limits_{n\to\infty}\sqrt[n]{a_n}=\lim\limits_{n\to\infty}\dfrac{\sqrt[n]{2n}}{3}=\dfrac{1}{3}<1$, $\sum\limits_{n=1}^{\infty}\dfrac{2n}{3^n}$ 收敛.

(2) 令 $a_n=\dfrac{2^n}{3^{\ln n}}$, $\lim\limits_{n\to\infty}\sqrt[n]{a_n}=\lim\limits_{n\to\infty}\dfrac{2}{3^{\frac{\ln n}{n}}}=2>1$, $\sum\limits_{n=1}^{\infty}\dfrac{2^n}{3^{\ln n}}$ 发散.

(3) 令 $a_n=\dfrac{n^{\ln n}}{(\ln n)^n}$, $\lim\limits_{n\to\infty}\sqrt[n]{a_n}=\lim\limits_{n\to\infty}\dfrac{n^{\frac{\ln n}{n}}}{\ln n}=\lim\limits_{n\to\infty}\dfrac{\mathrm{e}^{\frac{\ln^2 n}{n}}}{\ln n}=0<1$, $\sum\limits_{n=2}^{\infty}\dfrac{n^{\ln n}}{(\ln n)^n}$ 收敛.

评注

此题(3)中的“∞^0”型未定式,不能直接得到 $n^{\frac{\ln n}{n}}\to 1$.

五、积分判别法

若存在一个定义$[1,+\infty)$上的单调递减的非负函数 $f(x)$,使得 $u_n=f(n)(n=1,2,\cdots)$,则 $\sum\limits_{n=1}^{\infty}u_n$ 收

敛的充要条件是反常$\int_{1}^{+\infty} f(x)\mathrm{d}x$积分收敛.

【例 7.2.10】 设有级数 ① $\sum\limits_{n=1}^{\infty}(n+1)^2\sin\frac{\pi}{2^n}$；② $\sum\limits_{n=1}^{\infty}\frac{1}{(n+1)\ln^2(n+1)}$，则(　　)

(A)① 收敛，② 发散　　(B)① 发散，② 收敛

(C)①② 都收敛　　(D)①② 都发散

【答案】 (C)

【解】 对于 ①，当 $n\to\infty$ 时，$\sin\frac{\pi}{2^n}\sim\frac{\pi}{2^n}$，设通项为 $u_n=(n+1)^2\cdot\frac{\pi}{2^n}$，于是由比值判别法知，$\lim\limits_{n\to\infty}\frac{u_{n+1}}{u_n}=\lim\limits_{n\to\infty}\frac{(n+2)^2\cdot\frac{\pi}{2^{n+1}}}{(n+1)^2\cdot\frac{\pi}{2^n}}=\frac{1}{2}<1$，所以 ① 收敛.

对于 ②，设通项为 $u_n=\frac{1}{(n+1)\ln^2(n+1)}$，显然 $u_n>0$，且单调减少，

而$\int_{1}^{+\infty}\frac{1}{(x+1)\ln^2(x+1)}\mathrm{d}x=\int_{1}^{+\infty}\frac{\mathrm{d}\ln(x+1)}{\ln^2(x+1)}=-\frac{1}{\ln(x+1)}\Big|_{1}^{+\infty}=\frac{1}{\ln 2}$，

即该反常积分收敛，故由积分判别法知，② 收敛.

第三节　任意项级数

一、交错级数的收敛性判别法

定义 7.3.1 如果级数的各项是正负相间的，如 $u_1-u_2+u_3-\cdots+(-1)^{n-1}u_n+\cdots$，其中 $u_n>0(n=1,2,3,\cdots)$，则称之为交错级数.

定理 7.3.1(莱布尼茨判别法) 若交错级数 $\sum\limits_{n=1}^{\infty}(-1)^{n-1}u_n$(其中 $u_n>0$) 满足条件：(1)$u_{n+1}\leqslant u_n(n=1,2,3,\cdots)$；(2) $\lim\limits_{n\to\infty}u_n=0$，则级数 $\sum\limits_{n=1}^{\infty}(-1)^{n-1}u_n$ 收敛，且其和 $s\leqslant u_1$，其余和的绝对值小于等于 u_{n+1}，即 $|r_n|\leqslant u_{n+1}$.

评 注

关于莱布尼茨判别法，考生要记住三个条件：

(1)$u_n>0$；　(2)$u_{n+1}\leqslant u_n$；　(3) $\lim\limits_{n\to\infty}u_n=0$.

【例 7.3.1】 判断下列级数的敛散性：

(1) $\sum\limits_{n=1}^{\infty}\frac{(-1)^{n-1}}{n}$；　(2) $\sum\limits_{n=1}^{\infty}(-1)^{n-1}\sin\frac{1}{\sqrt{n}}$；　(3) $\sum\limits_{n=1}^{\infty}(-1)^n\ln\left(1-\frac{1}{n+1}\right)$.

分析：关于交错级数的敛散性，关键在于检查是否满足莱布尼茨判别法的三个条件.

注意：莱布尼茨判别法的三个条件是充分条件，如果满足条件则级数收敛，如果不满足条件需要用其他方法判定，不能够直接判定级数发散.

【解】 (1) 令 $u_n=\frac{1}{n}$，则 $u_n>0,u_{n+1}\leqslant u_n,\lim\limits_{n\to\infty}u_n=0$，所以 $\sum\limits_{n=1}^{\infty}\frac{(-1)^{n-1}}{n}$ 收敛.

(2) 令 $u_n=\sin\frac{1}{\sqrt{n}}$，有 $u_n>0,u_{n+1}\leqslant u_n,\lim\limits_{n\to\infty}u_n=0$，所以 $\sum\limits_{n=1}^{\infty}(-1)^{n-1}\sin\frac{1}{\sqrt{n}}$ 收敛.

(3) 注意到 $\ln\left(1-\frac{1}{n+1}\right)<0$,所以取 $u_n=-\ln\left(1-\frac{1}{n+1}\right)=\ln\left(1+\frac{1}{n}\right)$,则 $u_n>0, u_{n+1}\leqslant u_n, \lim\limits_{n\to\infty}u_n=0$, $\sum\limits_{n=1}^{\infty}(-1)^n\ln\left(1-\frac{1}{n+1}\right)$ 收敛.

二、绝对收敛与条件收敛

定义 7.3.2 若级数 $\sum\limits_{n=1}^{\infty}|u_n|$ 收敛,则称级数 $\sum\limits_{n=1}^{\infty}u_n$ 绝对收敛;若级数 $\sum\limits_{n=1}^{\infty}|u_n|$ 发散,而级数 $\sum\limits_{n=1}^{\infty}u_n$ 收敛,则称级数 $\sum\limits_{n=1}^{\infty}u_n$ 条件收敛.

定理 7.3.2 若级数 $\sum\limits_{n=1}^{\infty}u_n$ 绝对收敛,则级数 $\sum\limits_{n=1}^{\infty}u_n$ 收敛.

【例 7.3.2】 讨论级数 $\sum\limits_{n=1}^{\infty}(-1)^{n-1}\frac{1}{n^p}(p>0)$ 的敛散性.

【解】 当 $p>1$ 时,由于 $\sum\limits_{n=1}^{\infty}\frac{1}{n^p}$ 收敛,所以 $\sum\limits_{n=1}^{\infty}(-1)^{n-1}\frac{1}{n^p}$ 绝对收敛;而当 $0<p\leqslant 1$ 时,由于 $\sum\limits_{n=1}^{\infty}\frac{1}{n^p}$ 发散,而 $u_n=\frac{1}{n^p}$ 满足莱布尼茨条件,所以 $\sum\limits_{n=1}^{\infty}(-1)^{n-1}\frac{1}{n^p}$ 条件收敛.

评注

常用结论 3 $\sum\limits_{n=1}^{\infty}(-1)^{n-1}\frac{1}{n^p}(p>0)\begin{cases}\text{条件收敛,} & \text{当 } 0<p\leqslant 1 \text{ 时,}\\ \text{绝对收敛,} & \text{当 } p>1 \text{ 时.}\end{cases}$

【例 7.3.3】 讨论下列级数的敛散性.如果收敛,是绝对收敛还是条件收敛?

(1) $\sum\limits_{n=1}^{\infty}\frac{(-1)^{n-1}}{3^n}\sin\frac{\pi}{n}$; (2) $\sum\limits_{n=1}^{\infty}(-1)^{n-1}\frac{\ln n}{n}$; (3) $\sum\limits_{n=2}^{\infty}\sin\left(n\pi+\frac{1}{\ln n}\right)$.

【解】 (1) 由于 $\left|\frac{(-1)^{n-1}}{3^n}\sin\frac{\pi}{n}\right|\leqslant\frac{1}{3^n}$,而 $\sum\limits_{n=1}^{\infty}\frac{1}{3^n}$ 收敛,所以 $\sum\limits_{n=1}^{\infty}\frac{(-1)^{n-1}}{3^n}\sin\frac{\pi}{n}$ 绝对收敛.

(2) 由于 $\sum\limits_{n=1}^{\infty}\frac{\ln n}{n}$ 发散,令 $u_n=\frac{\ln n}{n}$,满足 $u_n>0, u_n\to 0(n\to\infty)$, u_n 单调减少$\left(\text{设 } f(x)=\frac{\ln x}{x}\text{,当 } x>\mathrm{e} \text{ 时,} f'(x)=\frac{1-\ln x}{x^2}<0\right)$,所以 $\sum\limits_{n=1}^{\infty}(-1)^{n-1}\frac{\ln n}{n}$ 条件收敛.

(3) 注意到 $\sin\left(n\pi+\frac{1}{\ln n}\right)=(-1)^n\sin\frac{1}{\ln n}$,令 $u_n=\sin\frac{1}{\ln n}\sim\frac{1}{\ln n}$, $\sum\limits_{n=2}^{\infty}\sin\frac{1}{\ln n}$ 发散,而 $u_n>0, u_n\to 0(n\to\infty)$, u_n 单调减少,所以 $\sum\limits_{n=2}^{\infty}\sin\left(n\pi+\frac{1}{\ln n}\right)$ 条件收敛.

【例 7.3.4】(2012③) 已知级数 $\sum\limits_{n=1}^{\infty}(-1)^n\sqrt{n}\sin\frac{1}{n^\alpha}$ 绝对收敛,级数 $\sum\limits_{n=1}^{\infty}\frac{(-1)^n}{n^{2-\alpha}}$ 条件收敛,则( ).

(A) $0<\alpha\leqslant\frac{1}{2}$. (B) $\frac{1}{2}<\alpha\leqslant 1$. (C) $1<\alpha\leqslant\frac{3}{2}$. (D) $\frac{3}{2}<\alpha<2$.

【答案】 (D).

【解】 由于 $\sum\limits_{n=1}^{\infty}(-1)^n\sqrt{n}\sin\frac{1}{n^\alpha}$ 绝对收敛,即正项级数 $\sum\limits_{n=1}^{\infty}\sqrt{n}\sin\frac{1}{n^\alpha}$ 收敛,由比较判别法的极限形式知 $\sum\limits_{n=1}^{\infty}\frac{1}{n^{\alpha-\frac{1}{2}}}$ 收敛,则有 $\alpha-\frac{1}{2}>1$,即 $\alpha>\frac{3}{2}$.

由 $\sum_{n=1}^{\infty}\frac{(-1)^n}{n^{2-\alpha}}$ 条件收敛，则有 $0<2-\alpha\leqslant 1$，即 $1\leqslant\alpha<2$.

综上可得，$\frac{3}{2}<\alpha<2$，所以选项(D) 正确.

【例 7.3.5】(2011[③])　设 $\{u_n\}$ 是数列，则下列命题正确的是(　　).

(A) 若 $\sum_{n=1}^{\infty}u_n$ 收敛，则 $\sum_{n=1}^{\infty}(u_{2n-1}+u_{2n})$ 收敛.　　(B) 若 $\sum_{n=1}^{\infty}(u_{2n-1}+u_{2n})$ 收敛，则 $\sum_{n=1}^{\infty}u_n$ 收敛.

(C) 若 $\sum_{n=1}^{\infty}u_n$ 收敛，则 $\sum_{n=1}^{\infty}(u_{2n-1}-u_{2n})$ 收敛.　　(D) 若 $\sum_{n=1}^{\infty}(u_{2n-1}-u_{2n})$ 收敛，则 $\sum_{n=1}^{\infty}u_n$ 收敛.

分析：在考研中，这类试题往往使考生不知所措，造成选择错误. 遇到一般项级数时，常用的判别法都不能用，应该用级数收敛的定义来讨论，也可用特例法排除错误选项.

【答案】 (A).

【解】　若 $\sum_{n=1}^{\infty}u_n$ 收敛，由级数收敛定义知 $\lim\limits_{n\to\infty}s_n$ 存在，设 $\sum_{n=1}^{\infty}(u_{2n-1}+u_{2n})$ 的部分和为 σ_n，则 $\sigma_n=s_{2n}$，$\lim\limits_{n\to\infty}\sigma_n=\lim\limits_{n\to\infty}s_n$，所以应该选(A).

排除(B)，可取反例 $u_n=(-1)^n$；排除(D)，可取反例 $u_n=1$；排除(C)，可取反例 $u_n=\frac{(-1)^n}{n}$，$\sum_{n=1}^{\infty}u_n$ 收敛，而 $u_{2n-1}-u_{2n}=\frac{-1}{2n-1}-\frac{1}{2n}=-\frac{4n-1}{2n(2n-1)}$，由比较判别法易得 $\sum_{n=1}^{\infty}\frac{4n-1}{2n(2n-1)}$ 发散.

常数项级数敛散性判别流程图(图 7-1).

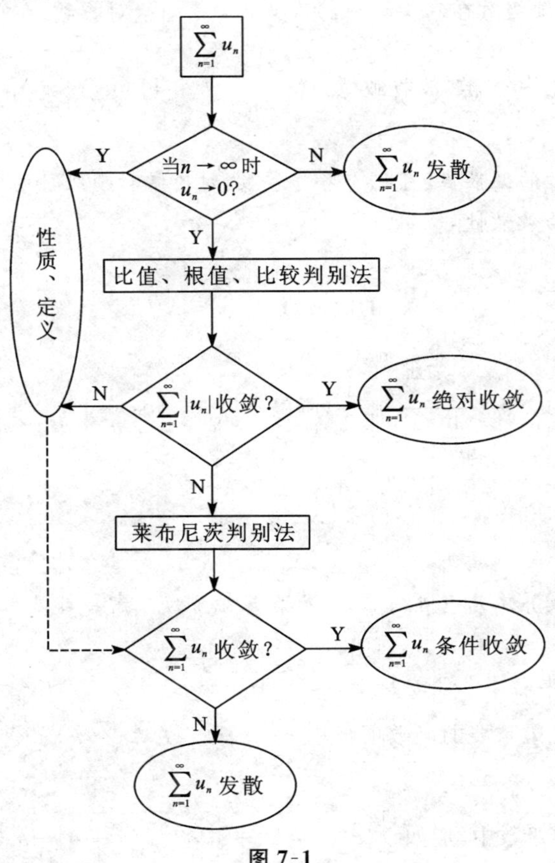

图 7-1

评注

其中相对的难点是级数收敛的定义、正项级数的比较判别法.

第四节　函数项级数

一、函数项级数

定义 7.4.1　设 $u_n(x)(n=1,2,\cdots)$ 是定义在数集 X 上的函数,则 $\sum\limits_{n=1}^{\infty}u_n(x)=u_1(x)+u_2(x)+\cdots+u_n(x)+\cdots$ 称为函数项级数,其中 $u_n(x)$ 称为通项,$s_n(x)=u_1(x)+u_2(x)+\cdots+u_n(x)$ 称为部分和.

定义 7.4.2　若级数 $\sum\limits_{n=1}^{\infty}u_n(x_0)$ 收敛,则称 x_0 为函数项级数 $\sum\limits_{n=1}^{\infty}u_n(x)$ 的收敛点,$\sum\limits_{n=1}^{\infty}u_n(x)$ 收敛点的全体称为收敛域,若级数 $\sum\limits_{n=1}^{\infty}u_n(x_1)$ 发散,则称 x_1 为函数项级数 $\sum\limits_{n=1}^{\infty}u_n(x)$ 的发散点.在收敛域内的任意一点 x 处,$\sum\limits_{n=1}^{\infty}u_n(x)$ 收敛于和 $s(x)$,即 $s(x)=\sum\limits_{n=1}^{\infty}u_n(x)$,则 $s(x)$ 称为 $\sum\limits_{n=1}^{\infty}u_n(x)$ 的和函数.

【例 7.4.1】　求级数 $\sum\limits_{n=1}^{\infty}\dfrac{1}{n}\left(\dfrac{x-1}{2x+1}\right)^n$ 的收敛域.

【解】　设 $u_n(x)=\dfrac{1}{n}\left(\dfrac{x-1}{2x+1}\right)^n$,由比值法知 $\lim\limits_{n\to\infty}\left|\dfrac{u_{n+1}(x)}{u_n(x)}\right|=\left|\dfrac{x-1}{2x+1}\right|$,所以当 $\left|\dfrac{x-1}{2x+1}\right|<1$ 时,函数项级数绝对收敛,即函数项级数在 $(-\infty,-2)$,$(0,+\infty)$ 内绝对收敛.在端点 $x=0$ 处,$\sum\limits_{n=1}^{\infty}\dfrac{1}{n}(-1)^n$ 收敛,在端点 $x=-2$ 处 $\sum\limits_{n=1}^{\infty}\dfrac{1}{n}$ 发散,故收敛域为 $(-\infty,-2)\cup[0,+\infty)$.

评注

判定函数项级数的敛散性,可把 x 看作常数,讨论常数项级数的敛散性,求收敛域时,必须讨论区间端点处的敛散性.

【例 7.4.2】　求级数 $\sum\limits_{n=1}^{\infty}\left(1-\cos\dfrac{1}{n^x}\right)$ 的收敛域.

【解】　由比较判别法,$\lim\limits_{n\to\infty}\dfrac{1-\cos\dfrac{1}{n^x}}{\dfrac{1}{n^{2x}}}=\dfrac{1}{2}$,所以 $\sum\limits_{n=1}^{\infty}\left(1-\cos\dfrac{1}{n^x}\right)$ 与 $\sum\limits_{n=1}^{\infty}\dfrac{1}{n^{2x}}$ 敛散性相同,故其收敛域为 $\left(\dfrac{1}{2},+\infty\right)$.

评注

一般函数项级数并不是重点内容,考生在基础阶段了解一些基本方法即可.

二、幂级数及其收敛半径

下面讨论形式最简单且最重要的函数项级数 —— 幂级数.

1. 定义

定义 7.4.3　在函数项级数中,形如 $\sum\limits_{n=0}^{\infty}a_nx^n=a_0+a_1x+a_2x^2+\cdots+a_nx^n+\cdots$ 的级数称为幂级数,

$a_n(n=0,1,2,\cdots)$ 称为幂级数的系数.

幂级数的一般形式为

$$\sum_{n=0}^{\infty}a_n(x-x_0)^n=a_0+a_1(x-x_0)+a_2(x-x_0)^2+\cdots+a_n(x-x_0)^n+\cdots.$$

2. 基本定理

定理 7.4.1(阿贝尔定理)

(1) 若幂级数 $\sum_{n=0}^{\infty}a_nx^n$ 在 $x=x_0(x_0\neq 0)$ 处收敛,那么当 $|x|<|x_0|$ 时, $\sum_{n=0}^{\infty}a_nx^n$ 绝对收敛;

(2) 若幂级数 $\sum_{n=0}^{\infty}a_nx^n$ 在 $x=x_1$ 处发散,那么当 $|x|>|x_1|$ 时, $\sum_{n=0}^{\infty}a_nx^n$ 发散.

评注

阿贝尔定理是讨论幂级数问题的理论基础,此处证明略去.

3. 收敛半径与收敛区间

定义 7.4.4　如果存在一个正数 R 满足:当 $|x|<R$ 时, $\sum_{n=0}^{\infty}a_nx^n$ 绝对收敛;当 $|x|>R$ 时, $\sum_{n=0}^{\infty}a_nx^n$ 发散;在 $x=\pm R$ 处幂级数可能收敛也可能发散,则称 R 为幂级数的收敛半径,而 $(-R,R)$ 称为幂级数的收敛区间.

$R=0$ 表示幂级数在 $x=0$ 之外的点均发散, $R=+\infty$ 表示幂级数在 $(-\infty,+\infty)$ 内均绝对收敛.

评注

幂级数 $\sum_{n=0}^{\infty}a_nx^n$ 只在 $x=\pm R$ 处有可能条件收敛.

定理 7.4.2　已知幂级数 $\sum_{n=0}^{\infty}a_nx^n$,如果 $\lim\limits_{n\to\infty}\left|\frac{a_{n+1}}{a_n}\right|=\rho$,则:

(1) 当 $0<\rho<+\infty$ 时, $R=\frac{1}{\rho}$;

(2) 当 $\rho=+\infty$ 时, $R=0$;

(3) 当 $\rho=0$ 时, $R=+\infty$.

如果 $\lim\limits_{n\to\infty}\sqrt[n]{|a_n|}=\rho$,则有类似的结论.

【例 7.4.3】　求级数 $\sum_{n=1}^{\infty}\frac{(x-1)^n}{2^n\cdot n}$ 的收敛半径与收敛区间.

【解】　设 $y=x-1$,则级数化为 $\sum_{n=1}^{\infty}\frac{y^n}{2^n\cdot n}$, $\rho=\lim\limits_{n\to\infty}\left|\frac{a_{n+1}}{a_n}\right|=\lim\limits_{n\to\infty}\frac{2^n\cdot n}{2^{n+1}\cdot(n+1)}=\frac{1}{2}$,所以收敛半径为 $R=\frac{1}{\rho}=2$,由 $|x-1|<2$ 得收敛区间为 $(-1,3)$.

评注

遇到非标准形式的幂级数,可先作变量代换化为标准形讨论.

【例 7.4.4】　求级数 $\sum_{n=0}^{\infty}\frac{(2n)!}{(n!)^2}x^{2n}$ 的收敛半径与收敛区间.

【解】　设 $y=x^2$,则级数化为 $\sum_{n=0}^{\infty}\frac{(2n)!}{(n!)^2}y^n$,

$$\rho=\lim_{n\to\infty}\left|\frac{a_{n+1}}{a_n}\right|=\lim_{n\to\infty}\frac{(n!)^2(2n+2)!}{(2n)![(n+1)!]^2}=\lim_{n\to\infty}\frac{(2n+1)(2n+2)}{(n+1)^2}=4,\ R=\frac{1}{\rho}=\frac{1}{4},\ |x^2|<\frac{1}{4},$$

所以收敛半径为$\frac{1}{2}$,收敛区间为$\left(-\frac{1}{2},\frac{1}{2}\right)$.

评注

同例 7.4.3.

【例 7.4.5】 求级数$\sum_{n=1}^{\infty}\left(1+\frac{1}{n}\right)^{n^2}x^n$的收敛半径与收敛区间.

【解】 $\rho=\lim_{n\to\infty}\sqrt[n]{|a_n|}=\lim_{n\to\infty}\left(1+\frac{1}{n}\right)^n=\mathrm{e}$,所以收敛半径为$R=\frac{1}{\rho}=\frac{1}{\mathrm{e}}$,收敛区间为$\left(-\frac{1}{\mathrm{e}},\frac{1}{\mathrm{e}}\right)$.

【例 7.4.6】 求级数$\sum_{n=1}^{+\infty}\frac{x^{n^2}}{2^n}$的收敛域.

【解】 用根值法.

$$\lim_{n\to+\infty}\sqrt[n]{|u_n(x)|}=\lim_{n\to+\infty}\frac{|x|^n}{2}=\begin{cases}0, & |x|<1,\\ \frac{1}{2}, & |x|=1,\\ +\infty, & |x|>1.\end{cases}$$

所以级数$\sum_{n=1}^{+\infty}\frac{x^{n^2}}{2^n}$的收敛域为$[-1,1]$.

评注

非标准的幂级数直接作为常数项级数来讨论.

【例 7.4.7】 若$\sum_{n=0}^{\infty}a_n(x+1)^n$在$x=2$处条件收敛,则此级数的收敛半径为$R=$________.

【答案】 3.

【解】 若$\sum_{n=0}^{\infty}a_n(x+1)^n$在$x=2$处条件收敛,则$\sum_{n=0}^{\infty}a_n\cdot 3^n$条件收敛,而幂级数$\sum_{n=0}^{\infty}a_nx^n$只在$x=\pm R$处可能条件收敛,所以$R=3$.

4. 幂级数的性质

性质 7.4.1 设幂级数$\sum_{n=0}^{\infty}a_nx^n$,$\sum_{n=0}^{\infty}b_nx^n$的收敛半径分别为$R_1$,$R_2$($R_1\neq R_2$),则幂级数$\sum_{n=0}^{\infty}(a_n+b_n)x^n$的收敛半径$R=\min\{R_1,R_2\}$.

性质 7.4.2 设幂级数$\sum_{n=0}^{\infty}a_nx^n$的收敛半径为$R$,收敛区间为$(-R,R)$,在$(-R,R)$内的和函数为$s(x)$,则和函数$s(x)$在$(-R,R)$内连续、可微、可积,且有逐项求导公式

$$s'(x)=\sum_{n=0}^{\infty}(a_nx^n)'=\sum_{n=1}^{\infty}na_nx^{n-1}, \tag{7-4-1}$$

和逐项积分公式

$$\int_0^x s(t)\mathrm{d}t=\sum_{n=0}^{\infty}\int_0^x a_nt^n\mathrm{d}t=\sum_{n=0}^{\infty}\frac{a_n}{n+1}x^{n+1}, \tag{7-4-2}$$

且逐项求导或逐项积分后所得的幂级数的收敛半径仍为R.

如果逐项求导或逐项积分后的幂级数在$x=R$(或$x=-R$)处收敛,那么等式(7-4-1)、(7-4-2)在$x=R$(或$x=-R$)处仍成立.

性质 7.4.3　幂级数 $\sum_{n=1}^{\infty} a_n x^n$ 的和函数 $S(x)$ 在收敛域内连续.

【例 7.4.8】　设幂级数 $\sum_{n=0}^{\infty} a_n x^n$ 的收敛半径为 $R=3$,求幂级数 $\sum_{n=0}^{\infty} n a_n (x-1)^{n-1}$ 的收敛区间.

【解】　幂级数 $\sum_{n=0}^{\infty} a_n x^n$ 的收敛半径为 $R=3$,则幂级数 $\sum_{n=0}^{\infty} a_n (x-1)^n$ 的收敛半径也为 R,$\sum_{n=1}^{\infty} n a_n x^{n-1}$ 的收敛半径也为 R,即平移、逐项求导及逐项积分后幂级数的收敛半径不变.所以 $\sum_{n=0}^{\infty} n a_n (x-1)^{n-1}$ 的收敛半径为 $R=3$,收敛区间为$(-2,4)$.

5. 幂级数求和的常用公式

基本公式:$\sum_{n=0}^{\infty} x^n = 1+x+x^2+\cdots+x^n+\cdots = \dfrac{1}{1-x}\quad(-1<x<1)$.　(7-4-3)

变化形式:$\sum_{n=0}^{\infty} (-x)^n = 1-x+x^2-\cdots+(-1)^n x^n+\cdots = \dfrac{1}{1+x}\quad(-1<x<1)$.　(7-4-4)

逐项求导得 $\sum_{n=1}^{\infty} n x^{n-1} = 1+2x+3x^2+\cdots+n x^{n-1}+\cdots = \dfrac{1}{(1-x)^2}\quad(-1<x<1)$.　(7-4-5)

逐项积分得 $\sum_{n=1}^{\infty} \dfrac{1}{n} x^n = x+\dfrac{1}{2}x^2+\dfrac{1}{3}x^3+\cdots+\dfrac{1}{n}x^n+\cdots = -\ln(1-x)\quad(-1\leqslant x<1)$.　(7-4-6)

【例 7.4.9】　求幂级数 $\sum_{n=0}^{\infty} \dfrac{(-1)^n}{2n+1} x^{2n+1}$ 的收敛域及和函数.

分析:对于非标准形的级数,有两种方法可用于求其收敛域.

【解】　**解法一**　设 $u_n(x) = \dfrac{(-1)^n}{2n+1} x^{2n+1}$,则 $\lim\limits_{n\to\infty}\left|\dfrac{u_{n+1}(x)}{u_n(x)}\right| = x^2$.当 $x^2<1$ 即 $|x|<1$ 时,级数 $\sum_{n=0}^{\infty} \dfrac{(-1)^n}{2n+1} x^{2n+1}$ 绝对收敛,而在 $x=\pm 1$ 处,$\sum_{n=0}^{\infty} \dfrac{(-1)^n}{2n+1}$ 收敛,所以收敛域为$[-1,1]$.

解法二　$u'_n(x) = \sum_{n=0}^{\infty} (-1)^n x^{2n}$,设 $y=x^2$,则级数化为 $\sum_{n=0}^{\infty} (-1)^n y^n$,$\rho = \lim\limits_{n\to\infty}\left|\dfrac{a_{n+1}}{a_n}\right| = 1$,则 $R=1$.当 $|y|<1$ 即 $|x^2|<1$ 时级数绝对收敛.由性质 7.4.2 知原幂级数的收敛半径 $R=1$,而在 $x=\pm 1$ 处,$\sum_{n=0}^{\infty} \dfrac{(-1)^n}{2n+1}$ 收敛,所以收敛域为$[-1,1]$.

求和函数 $s(x)$:设 $s(x) = \sum_{n=0}^{\infty} \dfrac{(-1)^n}{2n+1} x^{2n+1}$,则 $s'(x) = \sum_{n=0}^{\infty} (-1)^n x^{2n} = \dfrac{1}{1+x^2}$,所以 $s(x) = \arctan x + C$,而 $s(0)=0 \Rightarrow C=0$,故 $s(x) = \arctan x$.

评注

先逐项求导再逐项积分时,必须考虑常数的取值!

【例 7.4.10】(2012[①])　求幂级数 $\sum_{n=0}^{\infty} \dfrac{4n^2+4n+3}{2n+1} x^{2n}$ 的收敛域及和函数.

【解】　由于 $\lim\limits_{n\to\infty}\left|\dfrac{a_{n+1}}{a_n}\right| = \lim\limits_{n\to\infty} \dfrac{2n+1}{4n^2+4n+3}\cdot\dfrac{4(n+1)^2+4(n+1)+3}{2n+3} = 1$,所以 $R=1$,在 $x=\pm 1$ 处级数发散,故收敛域为$(-1,1)$.

而 $\sum_{n=0}^{\infty} \dfrac{4n^2+4n+3}{2n+1} x^{2n} = \sum_{n=0}^{\infty}\left(2n+1+\dfrac{2}{2n+1}\right)x^{2n} = \sum_{n=0}^{\infty}(2n+1)x^{2n} + \sum_{n=0}^{\infty}\dfrac{2}{2n+1}x^{2n}$,设

$s_1(x)=\sum\limits_{n=0}^{\infty}(2n+1)x^{2n}$，$\int s_1(x)\mathrm{d}x=\sum\limits_{n=0}^{\infty}x^{2n+1}=x\cdot\dfrac{1}{1-x^2}$，所以

$$s_1(x)=\left(\frac{x}{1-x^2}\right)'=\frac{1+x^2}{(1-x^2)^2}.$$

设 $s_2(x)=\sum\limits_{n=0}^{\infty}\dfrac{2}{2n+1}x^{2n}=\dfrac{2}{x}\sum\limits_{n=0}^{\infty}\dfrac{1}{2n+1}x^{2n+1}=\dfrac{2}{x}s_3(x)(0<|x|<1)$，$s_3'(x)=\sum\limits_{n=0}^{\infty}x^{2n}=\dfrac{1}{1-x^2}$，积分得 $s_3(x)=\dfrac{1}{2}\ln\dfrac{1+x}{1-x}+C$，$s_3(0)=0\Rightarrow C=0$，所以和函数

$$s(x)=\frac{1+x^2}{(1-x^2)^2}+\frac{1}{x}\ln\frac{1+x}{1-x}(0<|x|<1),\ s(0)=3.$$

【例 7.4.11】 求级数 $\sum\limits_{n=1}^{\infty}\dfrac{2n-1}{2^n}$ 的和.

【解】 **解法一** 设 $s(x)=\sum\limits_{n=1}^{\infty}(2n-1)x^n=2x\sum\limits_{n=1}^{\infty}nx^{n-1}-\sum\limits_{n=1}^{\infty}x^n$，利用常用公式(7-4-3)、(7-4-5)得

$$s(x)=\frac{2x}{(1-x)^2}-\left(\frac{1}{1-x}-1\right),$$

所以 $\sum\limits_{n=1}^{\infty}\dfrac{2n-1}{2^n}=s\left(\dfrac{1}{2}\right)=3.$

解法二 设 $s_1(x)=\sum\limits_{n=1}^{\infty}(2n-1)x^{2n-2}$，则 $\int s_1(x)\mathrm{d}x=\sum\limits_{n=1}^{\infty}x^{2n-1}=x\sum\limits_{n=1}^{\infty}(x^2)^{n-1}=\dfrac{x}{1-x^2}$，所以 $s_1(x)=\left(\dfrac{x}{1-x^2}\right)'=\dfrac{1+x^2}{(1-x^2)^2}$，$\sum\limits_{n=1}^{\infty}(2n-1)x^{2n}=x^2s_1(x)$，令 $x=\sqrt{\dfrac{1}{2}}$ 得 $\sum\limits_{n=1}^{\infty}\dfrac{2n-1}{2^n}=\dfrac{1}{2}s_1\left(\dfrac{1}{2}\right)=3.$

评 注

先逐项积分再逐项求导时，函数表达式保持不变，不需要考虑常数.

如果熟悉公式的话，考生可直接拆项利用公式计算，如解法三所示.

解法三 $\sum\limits_{n=1}^{\infty}\dfrac{2n-1}{2^n}=\sum\limits_{n=1}^{\infty}n\left(\dfrac{1}{2}\right)^{n-1}-\sum\limits_{n=1}^{\infty}\dfrac{1}{2^n}=\dfrac{1}{\left(1-\dfrac{1}{2}\right)^2}-\left(\dfrac{1}{1-\dfrac{1}{2}}-1\right)=3.$

6. 函数展开成幂级数

(1) 泰勒级数

先回顾泰勒公式：

设函数 $f(x)$ 在点 x_0 的某个邻域内有 $n+1$ 阶导数，则

$$f(x)=f(x_0)+f'(x_0)(x-x_0)+\frac{f''(x_0)}{2!}(x-x_0)^2+\cdots+\frac{f^{(n)}(x_0)}{n!}(x-x_0)^n+R_n(x),$$

余项 $R_n(x)=\dfrac{f^{(n+1)}(\xi)}{(n+1)!}(x-x_0)^{n+1}$（$\xi$ 介于 x_0 与 x 之间）称为拉格朗日型余项.

设 $f(x)$ 的任意阶导数存在，且可表示为

$$f(x)=a_0+a_1x+a_2x^2+\cdots+a_nx^n+\cdots,\quad f(0)=a_0,$$

$$f'(x)=a_1+2a_2x+3a_3x^2+\cdots+na_nx^{n-1}+\cdots,\quad f'(0)=a_1,$$

$$\cdots$$

$$f^{(n)}(x)=n!a_n+(n+1)\cdot n\cdot(n-1)\cdot\cdots\cdot 2a_{n+1}x+\cdots,\ f^{(n)}(0)=n!a_n,$$

$$\cdots$$

所以 $a_n=\dfrac{f^{(n)}(0)}{n!}(n=0,1,2,\cdots)$.

评注

上式表明,如果函数能够展开为幂级数,则展开式是唯一的.

定义 7.4.5　如果函数 $f(x)$ 在点 $x=0$ 处具有任意阶导数,把级数 $\sum\limits_{n=0}^{\infty}\dfrac{f^{(n)}(0)}{n!}x^n$ 称为函数 $f(x)$ 在点 $x=0$ 处的泰勒级数或麦克劳林级数.

定义 7.4.6　把级数 $\sum\limits_{n=0}^{\infty}\dfrac{f^{(n)}(x_0)}{n!}(x-x_0)^n$ 称为函数 $f(x)$ 在点 $x=x_0$ 处的泰勒级数.

定理 7.4.3　如果函数 $f(x)$ 在点 $x=x_0$ 的某个邻域内具有任意阶导数,级数 $\sum\limits_{n=0}^{\infty}\dfrac{f^{(n)}(x_0)}{n!}(x-x_0)^n$ 在该邻域内收敛于 $f(x)$ 的充要条件是 $f(x)$ 的泰勒公式中余项 $R_n(x)$ 满足 $\lim\limits_{n\to\infty}R_n(x)=0$.

【略证】　$f(x)$ 的泰勒公式可表示为 $f(x)=s_n(x)+R_n(x)$,其中 $s_n(x)=\sum\limits_{k=0}^{n}\dfrac{f^{(k)}(x_0)}{k!}(x-x_0)^k$,$\lim\limits_{n\to\infty}s_n(x)=f(x)\Leftrightarrow\lim\limits_{n\to\infty}R_n(x)=0$.

(2) 函数的幂级数展开式:

一些常用初等函数的麦克劳林展开式:

1) $e^x=\sum\limits_{n=0}^{\infty}\dfrac{x^n}{n!}=1+x+\dfrac{1}{2!}x^2+\cdots+\dfrac{1}{n!}x^n+\cdots\quad(-\infty<x<+\infty)$.

2) $\sin x=\sum\limits_{n=0}^{\infty}\dfrac{(-1)^n}{(2n+1)!}x^{2n+1}=x-\dfrac{1}{3!}x^3+\dfrac{1}{5!}x^5-\cdots+\dfrac{(-1)^n}{(2n+1)!}x^{2n+1}+\cdots\quad(-\infty<x<+\infty)$.

3) $\cos x=\sum\limits_{n=0}^{\infty}\dfrac{(-1)^n}{(2n)!}x^{2n}=1-\dfrac{1}{2!}x^2+\dfrac{1}{4!}x^4-\cdots+\dfrac{(-1)^n}{(2n)!}x^{2n}+\cdots\quad(-\infty<x<+\infty)$.

4) $\dfrac{1}{1-x}=\sum\limits_{n=0}^{\infty}x^n=1+x+x^2+\cdots+x^n+\cdots\quad(-1<x<1)$.

5) $\dfrac{1}{1+x}=\sum\limits_{n=0}^{\infty}(-1)^nx^n=1-x+x^2-\cdots+(-1)^nx^n+\cdots\quad(-1<x<1)$.

6) $\ln(1+x)=\sum\limits_{n=0}^{\infty}(-1)^n\dfrac{x^{n+1}}{n+1}=x-\dfrac{1}{2}x^2+\dfrac{1}{3}x^3-\cdots+\dfrac{(-1)^n}{n+1}x^{n+1}+\cdots\quad(-1<x\leqslant1)$.

7) $(1+x)^\alpha=1+\sum\limits_{n=1}^{\infty}\dfrac{\alpha(\alpha-1)\cdot\cdots\cdot(\alpha-n+1)}{n!}x^n\quad(-1<x<1)$.

评注

希望考生记住上述双向公式,从左到右是展开公式,从右到左是求和公式,通常是展开容易、求和难.

【例 7.4.12】　设 $f(x)=\sum\limits_{n=0}^{\infty}\dfrac{(-1)^n}{(n!)^2}(x-1)^n$,则 $\sum\limits_{n=0}^{\infty}f^{(n)}(1)=$ ________.

【答案】　e^{-1}.

【解】　由于函数的泰勒级数展开式唯一,所以 $f(x)=\sum\limits_{n=0}^{\infty}\dfrac{f^{(n)}(1)}{n!}(x-1)^n$,对照比较得 $\dfrac{f^{(n)}(1)}{n!}=\dfrac{(-1)^n}{(n!)^2}$,即 $f^{(n)}(1)=\dfrac{(-1)^n}{n!}$,则 $\sum\limits_{n=0}^{\infty}f^{(n)}(1)=\sum\limits_{n=0}^{\infty}\dfrac{(-1)^n}{n!}=e^{-1}$.

评注

例 7.4.12 的最后一步利用了 e^x 的展开式.

【例 7.4.13】 将函数 $f(x)=\arctan x$ 展开为 x 的幂级数.

【解】 $f'(x)=\dfrac{1}{1+x^2}=1-x^2+x^4-\cdots+(-1)^n x^{2n}+\cdots$,

$$f(x)=x-\frac{1}{3}x^3+\frac{1}{5}x^5-\cdots+(-1)^{n-1}\frac{1}{2n-1}x^{2n-1}+\cdots,x\in[-1,1].$$

评 注

例 7.4.13 可作为常用公式直接使用.

由于泰勒级数展开式是唯一的,所以求幂级数展开式的主要方法是利用公式、间接展开.

【例 7.4.14】 将函数 $f(x)=\dfrac{1}{x^2-x-6}$ 展开为 $x-1$ 的幂级数.

【解】 $f(x)=\dfrac{1}{x^2-x-6}=\dfrac{1}{(x-3)(x+2)}=\dfrac{1}{5}\cdot\dfrac{1}{x-3}-\dfrac{1}{5}\cdot\dfrac{1}{x+2}$,

$$\frac{1}{x-3}=\frac{1}{-2+(x-1)}=-\frac{1}{2}\cdot\frac{1}{1-\frac{1}{2}(x-1)}=-\frac{1}{2}\sum_{n=0}^{\infty}\frac{1}{2^n}(x-1)^n,$$

$$\frac{1}{x+2}=\frac{1}{3+(x-1)}=\frac{1}{3}\cdot\frac{1}{1+\frac{1}{3}(x-1)}=\frac{1}{3}\sum_{n=0}^{\infty}\frac{(-1)^n}{3^n}(x-1)^n,$$

所以 $f(x)=-\dfrac{1}{10}\sum\limits_{n=0}^{\infty}\dfrac{1}{2^n}(x-1)^n-\dfrac{1}{15}\sum\limits_{n=0}^{\infty}\dfrac{(-1)^n}{3^n}(x-1)^n=\sum\limits_{n=0}^{\infty}\left[-\dfrac{1}{10}\cdot\dfrac{1}{2^n}-\dfrac{1}{15}\cdot\dfrac{(-1)^n}{3^n}\right](x-1)^n$,其中 $-1<x<3$.

评 注

例 7.4.14 的解题过程中利用了常用麦克劳林展开式 4) 和 5).

【例 7.4.15】 将函数 $f(x)=\sin x$ 展开为 $x-\dfrac{\pi}{4}$ 的幂级数.

【解】 $f(x)=\sin x=\sin\left[\dfrac{\pi}{4}+\left(x-\dfrac{\pi}{4}\right)\right]=\dfrac{\sqrt{2}}{2}\cos\left(x-\dfrac{\pi}{4}\right)+\dfrac{\sqrt{2}}{2}\sin\left(x-\dfrac{\pi}{4}\right)$

$$=\frac{\sqrt{2}}{2}\left[1-\frac{1}{2!}\left(x-\frac{\pi}{4}\right)^2+\frac{1}{4!}\left(x-\frac{\pi}{4}\right)^4-\cdots\right]$$

$$+\frac{\sqrt{2}}{2}\left[\left(x-\frac{\pi}{4}\right)-\frac{1}{3!}\left(x-\frac{\pi}{4}\right)^3+\frac{1}{5!}\left(x-\frac{\pi}{4}\right)^5-\cdots\right]$$

$$=\frac{\sqrt{2}}{2}\left[1+\left(x-\frac{\pi}{4}\right)-\frac{1}{2!}\left(x-\frac{\pi}{4}\right)^2-\frac{1}{3!}\left(x-\frac{\pi}{4}\right)^3+\frac{1}{4!}\left(x-\frac{\pi}{4}\right)^4+\cdots\right].$$

评 注

在解题过程中,如果展开式已经明显呈现规律性,考生可以不写出通项形式.

【例 7.4.16】 将函数 $f(x)=\ln(2+x-3x^2)$ 展开为 x 的幂级数.

【解】 $f'(x)=\dfrac{1-6x}{2+x-3x^2}=\dfrac{1-6x}{(x-1)(-3x-2)}=\dfrac{1}{x-1}+\dfrac{3}{3x+2}$,

$$\frac{1}{1-x}=\sum_{n=0}^{\infty}x^n,\quad \frac{3}{3x+2}=\frac{3}{2}\cdot\frac{1}{1+\frac{3}{2}x}=\frac{3}{2}\sum_{n=0}^{\infty}(-1)^n\left(\frac{3}{2}\right)^n x^n,$$

所以 $f'(x)=\sum\limits_{n=0}^{\infty}\left[-1+(-1)^n\left(\dfrac{3}{2}\right)^{n+1}\right]x^n$,由于 $f(0)=\ln 2$,

故　$f(x)=\sum\limits_{n=0}^{\infty}\frac{1}{n+1}\left[-1+(-1)^n\left(\frac{3}{2}\right)^{n+1}\right]x^{n+1}+\ln 2$,

或　$f(x)=\sum\limits_{n=1}^{\infty}\frac{1}{n}\left[-1+(-1)^{n-1}\cdot\left(\frac{3}{2}\right)^{n}\right]x^{n}+\ln 2\left(-\frac{2}{3}<x\leqslant\frac{2}{3}\right)$.

评 注

先求导后积分必须考虑常数!

【例 7.4.17】　求幂级数 $\sum\limits_{n=0}^{\infty}\frac{2n+1}{n!}x^{2n}$ 的和函数 $s(x)$.

【解】　设 $s(x)=\sum\limits_{n=0}^{\infty}\frac{2n+1}{n!}x^{2n}$,则

$$\int s(x)\mathrm{d}x=\sum_{n=0}^{\infty}\frac{1}{n!}x^{2n+1}=x\sum_{n=0}^{\infty}\frac{1}{n!}(x^2)^n=x\mathrm{e}^{x^2},$$

所以 $s(x)=(1+2x^2)\mathrm{e}^{x^2}$.

三、傅里叶级数①

1. 傅里叶系数与傅里叶级数

$f(x)$ 为以 2π 为周期的周期函数,且在一个周期内可积. 则

$$f(x)=\frac{a_0}{2}+\sum_{n=1}^{\infty}(a_n\cos nx+b_n\sin nx),$$

其中
$$\begin{cases}a_n=\dfrac{1}{\pi}\displaystyle\int_{-\pi}^{\pi}f(x)\cos nx\,\mathrm{d}x\quad(n=0,1,2,\cdots),\\ b_n=\dfrac{1}{\pi}\displaystyle\int_{-\pi}^{\pi}f(x)\sin nx\,\mathrm{d}x\quad(n=1,2,\cdots),\end{cases}\tag{7-4-7}$$

a_n,b_n 称为函数 $f(x)$ 的傅里叶系数,式(7-4-7)为傅里叶系数计算公式.

定义 7.4.7　设 $f(x)$ 是一个周期为 2π 的函数,由傅里叶系数 a_0,a_n,b_n 作出的级数 $\frac{a_0}{2}+\sum\limits_{n=1}^{\infty}(a_n\cos nx+b_n\sin nx)$ 称为 $f(x)$ 的傅里叶级数.

2. 收敛定理(狄利克雷充分条件)

定理 7.4.4　设 $f(x)$ 是以 2π 为周期的函数,如果它满足条件(狄利克雷充分条件):在一个周期内连续或只有有限个第一类间断点,并且至多只有有限个极值点,那么 $f(x)$ 的傅里叶级数收敛,且

(1) 当 x 是 $f(x)$ 的连续点时,级数收敛于 $f(x)$;

(2) 当 x 是 $f(x)$ 的间断点时,级数收敛于 $\frac{f(x-0)+f(x+0)}{2}$,其中 $f(x-0)$,$f(x+0)$ 分别是 $f(x)$ 在点 x 处的左极限与右极限.

【例 7.4.18】　已知函数 $f(x)=\begin{cases}x, & -\pi\leqslant x<0,\\ 1-x, & 0\leqslant x<\pi,\end{cases}$ 且 $f(x+2\pi)=f(x)$,写出 $f(x)$ 的傅里叶级数的和函数 $s(x)$,并求 $s(0)$,$s(\pi)$.

【解】　$s(x)=\begin{cases}x, & -\pi<x<0,\\ 1-x, & 0<x<\pi,\end{cases}$ $s(0)=\frac{1}{2}[f(0^-)+f(0^+)]=\frac{1}{2}(0+1)=\frac{1}{2}$,且 $s(x+2\pi)=s(x)$,$s(-\pi)=s(\pi)$,故

$$s(\pi)=\frac{1}{2}[f(\pi^-)+f(\pi^+)]=\frac{1}{2}[f(\pi^-)+f(-\pi^+)]=\frac{1}{2}[1-\pi+(-\pi)]=\frac{1}{2}(1-2\pi).$$

【例 7.4.19】 设 $f(x)=\begin{cases}x, & -\pi \leqslant x<0,\\ 0, & 0 \leqslant x<\pi,\end{cases}$ 且 $f(x+2\pi)=f(x)$，将函数 $f(x)$ 展开成傅里叶级数.

【解】 $a_0=\frac{1}{\pi}\int_{-\pi}^{\pi} f(x)\mathrm{d}x=\frac{1}{\pi}\int_{-\pi}^{0} x\mathrm{d}x=-\frac{\pi}{2}$,

$$a_n=\frac{1}{\pi}\int_{-\pi}^{\pi} f(x)\cos nx\mathrm{d}x=\frac{1}{\pi}\int_{-\pi}^{0} x\cos nx\mathrm{d}x=\frac{1}{n\pi}\int_{-\pi}^{0} x\mathrm{d}\sin nx$$

$$=-\frac{1}{n\pi}\int_{-\pi}^{0}\sin nx\mathrm{d}x=\left[\frac{1}{n^2\pi}\cos nx\right]_{-\pi}^{0}=\frac{1}{n^2\pi}(1-\cos n\pi)=\frac{1}{n^2\pi}[1-(-1)^n](n=1,2,\cdots),$$

$$b_n=\frac{1}{\pi}\int_{-\pi}^{\pi} f(x)\sin nx\mathrm{d}x=\frac{1}{\pi}\int_{-\pi}^{0} x\sin nx\mathrm{d}x=-\frac{1}{n\pi}\int_{-\pi}^{0} x\mathrm{d}\cos nx$$

$$=\left[-\frac{1}{n\pi}x\cos nx\right]_{-\pi}^{0}+\frac{1}{n\pi}\int_{-\pi}^{0}\cos nx\mathrm{d}x=\frac{1}{n\pi}(-\pi)\cos n\pi=\frac{(-1)^{n-1}}{n}(n=1,2,\cdots),$$

所以 $f(x)$ 的傅里叶级数为

$$\frac{a_0}{2}+\sum_{n=1}^{\infty}(a_n\cos nx+b_n\sin nx)=-\frac{\pi}{4}+\sum_{n=1}^{\infty}\left\{\frac{1}{n^2\pi}[1-(-1)^n]\cos nx+\frac{(-1)^{n-1}}{n}\sin nx\right\}.$$

【例 7.4.20】 设 $f(x)=x^2, x\in[-\pi,\pi]$ 且 $f(x+2\pi)=f(x)$，将函数 $f(x)$ 展开成傅里叶级数，并由此证明 $\sum_{n=1}^{\infty}\frac{1}{n^2}=\frac{\pi^2}{6}$.

【解】 $a_0=\frac{1}{\pi}\int_{-\pi}^{\pi} f(x)\mathrm{d}x=\frac{1}{\pi}\int_{-\pi}^{\pi} x^2\mathrm{d}x=\frac{2\pi^2}{3}$,

$$a_n=\frac{1}{\pi}\int_{-\pi}^{\pi} f(x)\cos nx\mathrm{d}x=\frac{2}{\pi}\int_{0}^{\pi} x^2\cos nx\mathrm{d}x=\frac{2}{n\pi}\int_{0}^{\pi} x^2\mathrm{d}\sin nx$$

$$=-\frac{2}{n\pi}\int_{0}^{\pi} 2x\sin nx\mathrm{d}x=\frac{4}{n^2\pi}\int_{0}^{\pi} x\mathrm{d}\cos nx=\frac{4}{n^2\pi}\Big[x\cos nx\Big]_{0}^{\pi}-\frac{4}{n^2\pi}\int_{0}^{\pi}\cos nx\mathrm{d}x$$

$$=\frac{4}{n^2}\cos n\pi=\frac{4(-1)^n}{n^2}(n=1,2,\cdots),$$

而 $b_n=\frac{1}{\pi}\int_{-\pi}^{\pi} x^2\sin nx\mathrm{d}x=0(n=1,2,\cdots)$,

所以 $f(x)$ 的傅里叶级数为

$$\frac{a_0}{2}+\sum_{n=1}^{\infty}(a_n\cos nx+b_n\sin nx)=\frac{\pi^2}{3}+\sum_{n=1}^{\infty}\frac{4(-1)^n}{n^2}\cos nx,$$

所以 $\frac{\pi^2}{3}+4\sum_{n=1}^{\infty}\frac{(-1)^n}{n^2}\cos nx=x^2(-\pi\leqslant x\leqslant\pi)$. 令 $x=\pi$，则 $\frac{\pi^2}{3}+4\sum_{n=1}^{\infty}\frac{1}{n^2}=\pi^2$，故 $\sum_{n=1}^{\infty}\frac{1}{n^2}=\frac{\pi^2}{6}$.

3. 正弦级数与余弦级数

设 $f(x)$ 是周期为 2π 的函数，在一个周期上可积，则

(1) 当 $f(x)$ 为奇函数时，$a_n=0(n=0,1,2,\cdots)$，$b_n=\frac{2}{\pi}\int_{0}^{\pi} f(x)\sin nx\mathrm{d}x(n=1,2,\cdots)$，此时级数 $\sum_{n=1}^{\infty}b_n\sin nx$ 称为正弦级数.

(2) 当 $f(x)$ 为偶函数时，$b_n=0(n=1,2,\cdots)$，$a_n=\frac{2}{\pi}\int_{0}^{\pi} f(x)\cos nx\mathrm{d}x(n=0,1,2,\cdots)$，此时级数 $\frac{a_0}{2}+\sum_{n=1}^{\infty}a_n\cos nx$ 称为余弦级数.

评 注

设函数 $f(x)$ 定义在$[0,\pi]$上,可作奇延拓

$$F(x)=\begin{cases}f(x), & x\in(0,\pi),\\ -f(-x), & x\in(-\pi,0),\\ 0, & x=0,x=\pm\pi,\end{cases}$$ 使函数 $F(x)$ 为$[-\pi,\pi]$上的奇函数;

也可作偶延拓

$$G(x)=\begin{cases}f(x), & x\in[0,\pi],\\ f(-x), & x\in[-\pi,0],\end{cases}$$ 使函数 $G(x)$ 为$[-\pi,\pi]$上的偶函数.

【例 7.4.21】 设 $f(x)=x^2,0<x<\pi$,又设 $s(x)$ 是 $f(x)$ 在$(0,\pi)$内以 2π 为周期的正弦级数展开式的和函数,当 $x\in(\pi,2\pi)$ 时,$s(x)=$______.

【答案】 $-(2\pi-x)^2$.

【解】 当 $x\in(\pi,2\pi)$ 时,$s(x)=s(x-2\pi)$,此时,$x-2\pi\in(-\pi,0)$,由于是正弦级数展开式,函数作奇延拓,所以 $s(x)=s(x-2\pi)=-s(2\pi-x)=-(2\pi-x)^2$.

【例 7.4.22】(2008[①]) 将函数 $f(x)=1-x^2(0\leqslant x\leqslant\pi)$ 展开成余弦级数,并求级数 $\sum_{n=1}^{\infty}\frac{(-1)^{n-1}}{n^2}$ 的和.

【解】 $b_n=\frac{1}{\pi}\int_{-\pi}^{\pi}(1-x^2)\sin nx\,\mathrm{d}x=0(n=1,2,\cdots)$,

$$a_0=\frac{1}{\pi}\int_{-\pi}^{\pi}f(x)\mathrm{d}x=\frac{2}{\pi}\int_0^{\pi}(1-x^2)\mathrm{d}x=2-\frac{2\pi^2}{3},$$

$$\begin{aligned}a_n&=\frac{1}{\pi}\int_{-\pi}^{\pi}f(x)\cos nx\,\mathrm{d}x=\frac{2}{\pi}\int_0^{\pi}(1-x^2)\cos nx\,\mathrm{d}x=\frac{2}{n\pi}\int_0^{\pi}(1-x^2)\mathrm{d}\sin nx\\&=\frac{2}{n\pi}\int_0^{\pi}2x\sin nx\,\mathrm{d}x=-\frac{4}{n^2\pi}\int_0^{\pi}x\mathrm{d}\cos nx=-\frac{4}{n^2\pi}\Big[x\cos nx\Big]_0^{\pi}+\frac{4}{n^2\pi}\int_0^{\pi}\cos nx\,\mathrm{d}x\\&=-\frac{4}{n^2}\cos n\pi=\frac{4(-1)^{n+1}}{n^2}(n=1,2,\cdots),\end{aligned}$$

所以 $f(x)=\frac{a_0}{2}+\sum_{n=1}^{\infty}a_n\cos nx=1-\frac{\pi^2}{3}+4\sum_{n=1}^{\infty}\frac{(-1)^{n+1}}{n^2}\cos nx(0\leqslant x\leqslant\pi)$.

令 $x=0$,得 $1=f(0)=1-\frac{\pi^2}{3}+4\sum_{n=1}^{\infty}\frac{(-1)^{n+1}}{n^2}$,故 $\sum_{n=1}^{\infty}\frac{(-1)^{n-1}}{n^2}=\frac{\pi^2}{12}$.

4. 周期为 $2l$ 的函数的傅里叶级数展开式

定理 7.4.5 设 $f(x)$ 是以 $2l$ 为周期的函数,如果它满足收敛定理的条件(狄利克雷充分条件),那么 $f(x)$ 的傅里叶级数展开式为 $f(x)=\frac{a_0}{2}+\sum_{n=1}^{\infty}\left(a_n\cos\frac{n\pi x}{l}+b_n\sin\frac{n\pi x}{l}\right)$,其中系数 a_n,b_n 为

$$\begin{cases}a_n=\frac{1}{l}\int_{-l}^{l}f(x)\cos\frac{n\pi x}{l}\mathrm{d}x \quad (n=0,1,2,\cdots),\\ b_n=\frac{1}{l}\int_{-l}^{l}f(x)\sin\frac{n\pi x}{l}\mathrm{d}x \quad (n=1,2,\cdots).\end{cases}$$

(1) 当 $f(x)$ 是周期为 $2l$ 的奇函数时,$a_n=0(n=0,1,2,\cdots)$,

$$b_n=\frac{2}{l}\int_0^{l}f(x)\sin\frac{n\pi x}{l}\mathrm{d}x\ (n=1,2,\cdots),$$

此时正弦级数为 $\sum_{n=1}^{\infty}b_n\sin\frac{n\pi x}{l}$.

(2) 当 $f(x)$ 是周期为 $2l$ 的偶函数时，$b_n=0(n=1,2,\cdots)$，

$$a_n=\frac{2}{l}\int_0^l f(x)\cos\frac{n\pi x}{l}\mathrm{d}x\ (n=0,1,2,\cdots),$$

此时余弦级数为$\frac{a_0}{2}+\sum\limits_{n=1}^{\infty}a_n\cos\frac{n\pi x}{l}$.

【例 7.4.23】 设 $f(x)=\begin{cases}x, & -1\leqslant x<0,\\ 1, & 0\leqslant x<1,\end{cases}$ 且 $f(x+2)=f(x)$，将函数 $f(x)$ 展开成傅里叶级数.

【解】 $l=1,T=2l=2,a_0=\int_{-1}^{1}f(x)\mathrm{d}x=\int_{-1}^{0}x\mathrm{d}x+\int_0^1 1\mathrm{d}x=\frac{1}{2}$，

$$\begin{aligned}a_n&=\int_{-1}^{1}f(x)\cos n\pi x\mathrm{d}x=\int_{-1}^{0}x\cos n\pi x\mathrm{d}x+\int_0^1\cos n\pi x\mathrm{d}x\\&=\frac{1}{n\pi}\int_{-1}^{0}x\mathrm{d}\sin n\pi x+\left[\frac{1}{n\pi}\sin n\pi x\right]_0^1=\frac{1}{n\pi}\Big[x\sin n\pi x\Big]_{-1}^{0}-\frac{1}{n\pi}\int_{-1}^{0}\sin n\pi x\mathrm{d}x\\&=\left[\frac{1}{n^2\pi^2}\cos n\pi x\right]_{-1}^{0}=\frac{1}{n^2\pi^2}[1-(-1)^n],\end{aligned}$$

$$\begin{aligned}b_n&=\int_{-1}^{1}f(x)\sin n\pi x\mathrm{d}x=\int_{-1}^{0}x\sin n\pi x\mathrm{d}x+\int_0^1\sin n\pi x\mathrm{d}x\\&=-\frac{1}{n\pi}\int_{-1}^{0}x\mathrm{d}\cos n\pi x-\left[\frac{1}{n\pi}\cos n\pi x\right]_0^1\\&=-\left[\frac{1}{n\pi}x\cos n\pi x\right]_{-1}^{0}+\frac{1}{n\pi}\int_{-1}^{0}\cos n\pi x\mathrm{d}x-\frac{1}{n\pi}[(-1)^n-1]=\frac{1}{n\pi}[1-2(-1)^n],\end{aligned}$$

所以 $f(x)$ 的傅里叶级数为

$$\frac{a_0}{2}+\sum_{n=1}^{\infty}\left(a_n\cos\frac{n\pi x}{l}+b_n\sin\frac{n\pi x}{l}\right)=\frac{1}{4}+\sum_{n=1}^{\infty}\left\{\frac{1}{n^2\pi^2}[1-(-1)^n]\cos n\pi x+\frac{1}{n\pi}[1-2(-1)^n]\sin n\pi x\right\}.$$

5. 定义在有限区间上的函数的傅里叶级数展开式

(1) 定义在$(-l,l)$ 区间上的函数的傅里叶级数展开式

先将函数延拓为周期为 $2l$ 的周期函数，然后展开为傅里叶级数，最后限制展开区间为$(-l,l)$.

(2) 定义在$(0,l)$ 区间上的函数的傅里叶级数展开式

先将函数延拓到区间$(-l,l)$，再延拓为周期为 $2l$ 的周期函数，然后展开为傅里叶级数，最后限制展开区间为$(0,l)$.

其中，将函数延拓到区间$(-l,l)$ 的常用方法是作奇延拓展开为正弦级数，或作偶延拓展开为余弦级数.

【例 7.4.24】 将函数 $f(x)=\begin{cases}-1, & 0<x<1,\\ 1, & 1\leqslant x\leqslant 2\end{cases}$ 展开为正弦级数和余弦级数.

【解】 先将函数展开为正弦级数.

将函数作奇延拓，再作周期延拓，$l=2,T=2l=4,a_n=0(n=0,1,2,\cdots)$，

$$\begin{aligned}b_n&=\frac{2}{l}\int_0^l f(x)\sin\frac{n\pi x}{l}\mathrm{d}x=\int_0^1\left(-\sin\frac{n\pi x}{2}\right)\mathrm{d}x+\int_1^2\sin\frac{n\pi x}{2}\mathrm{d}x\\&=\left[\frac{2}{n\pi}\cos\frac{n\pi x}{2}\right]_0^1-\left[\frac{2}{n\pi}\cos\frac{n\pi x}{2}\right]_1^2=\frac{2}{n\pi}\left[2\cos\frac{n\pi}{2}-1-(-1)^n\right],\end{aligned}$$

$f(x)$ 的正弦级数展开式为

$$\sum_{n=1}^{\infty}\frac{2}{n\pi}\left[2\cos\frac{n\pi}{2}-1-(-1)^n\right]\sin\frac{n\pi x}{2}=s(x)=\begin{cases}-1, & 0<x<1,\\ 1, & 1<x<2,\\ 0, & x=0,1,2.\end{cases}$$

再将函数展开为余弦级数.

将函数作偶延拓,再作周期延拓,$l=2, T=2l=4, b_n=0(n=1,2,\cdots)$,

$$a_0=\frac{2}{l}\int_0^l f(x)\mathrm{d}x=\int_0^1(-1)\mathrm{d}x+\int_1^2 1\mathrm{d}x=0,$$

$$\begin{aligned}a_n&=\frac{2}{l}\int_0^l f(x)\cos\frac{n\pi x}{l}\mathrm{d}x=\int_0^1\left(-\cos\frac{n\pi x}{2}\right)\mathrm{d}x+\int_1^2\cos\frac{n\pi x}{2}\mathrm{d}x\\&=\left[-\frac{2}{n\pi}\sin\frac{n\pi x}{2}\right]_0^1+\left[\frac{2}{n\pi}\sin\frac{n\pi x}{2}\right]_1^2=-\frac{4}{n\pi}\sin\frac{n\pi}{2},\end{aligned}$$

$f(x)$ 的余弦级数展开式为 $\sum\limits_{n=1}^{\infty}\left(-\frac{4}{n\pi}\sin\frac{n\pi}{2}\cos\frac{n\pi x}{2}\right)=s(x)=\begin{cases}-1, & 0\leqslant x<1,\\1, & 1<x\leqslant 2,\\0, & x=1.\end{cases}$

重要公式结论与方法技巧

1. 常用结论 1:$\sum\limits_{n=1}^{\infty}aq^{n-1}(a\neq 0)\begin{cases}\text{收敛}, & \text{当}|q|<1\text{时},\\\text{发散}, & \text{当}|q|\geqslant 1\text{时}.\end{cases}$

2. 常用结论 2:$\sum\limits_{n=1}^{\infty}\frac{1}{n^p}\begin{cases}\text{收敛}, & \text{当}\ p>1\ \text{时},\\\text{发散}, & \text{当}\ p\leqslant 1\ \text{时}.\end{cases}$

3. 常用结论 3:$\sum\limits_{n=1}^{\infty}(-1)^{n-1}\frac{1}{n^p}(p>0)\begin{cases}\text{条件收敛}, & \text{当}\ 0<p\leqslant 1\ \text{时},\\\text{绝对收敛}, & \text{当}\ p>1\ \text{时}.\end{cases}$

4. $\sum\limits_{n=0}^{\infty}x^n=1+x+x^2+\cdots+x^n+\cdots=\frac{1}{1-x}\quad(-1<x<1)$.

5. $\sum\limits_{n=0}^{\infty}(-x)^n=1-x+x^2-\cdots+(-1)^n x^n+\cdots=\frac{1}{1+x}\quad(-1<x<1)$.

6. $\sum\limits_{n=1}^{\infty}nx^{n-1}=1+2x+3x^2+\cdots+nx^{n-1}+\cdots=\frac{1}{(1-x)^2}\quad(-1<x<1)$.

7. $\sum\limits_{n=1}^{\infty}\frac{1}{n}x^n=x+\frac{1}{2}x^2+\frac{1}{3}x^3+\cdots+\frac{1}{n}x^n+\cdots=-\ln(1-x)\quad(-1\leqslant x<1)$.

8. $\mathrm{e}^x=\sum\limits_{n=0}^{\infty}\frac{x^n}{n!}=1+x+\frac{1}{2!}x^2+\cdots+\frac{1}{n!}x^n+\cdots\quad(-\infty<x<+\infty)$.

9. $\sin x=\sum\limits_{n=0}^{\infty}\frac{(-1)^n}{(2n+1)!}x^{2n+1}=x-\frac{1}{3!}x^3+\frac{1}{5!}x^5-\cdots+\frac{(-1)^n}{(2n+1)!}x^{2n+1}+\cdots\quad(-\infty<x<+\infty)$.

10. $\cos x=\sum\limits_{n=0}^{\infty}\frac{(-1)^n}{(2n)!}x^{2n}=1-\frac{1}{2!}x^2+\frac{1}{4!}x^4-\cdots+\frac{(-1)^n}{(2n)!}x^{2n}+\cdots\quad(-\infty<x<+\infty)$.

11. $(1+x)^\alpha=1+\sum\limits_{n=1}^{\infty}\frac{\alpha(\alpha-1)\cdot\cdots\cdot(\alpha-n+1)}{n!}x^n\quad(-1<x<1)$.

12. $\arctan x=x-\frac{1}{3}x^3+\frac{1}{5}x^5-\cdots+(-1)^n\cdot\frac{1}{2n+1}x^{2n+1}+\cdots\quad(-1\leqslant x\leqslant 1)$.

13. 先逐项积分再逐项求导,函数表达式保持不变;而如果先逐项求导再逐项积分,需考虑常数的取值!

常见误区警示

1. 级数 $\sum\limits_{n=1}^{\infty}\frac{1}{n}$ 发散.

常见错误:由$\frac{1}{n}\to 0$,误认为级数$\sum\limits_{n=1}^{\infty}\frac{1}{n}$收敛.

2. 当$\lim\limits_{n\to\infty}\frac{a_{n+1}}{a_n}=r<1$时,正项级数$\sum\limits_{n=1}^{\infty}a_n$收敛,反之不成立.

常见错误:由正项级数$\sum\limits_{n=1}^{\infty}a_n$收敛,误认为$\lim\limits_{n\to\infty}\frac{a_{n+1}}{a_n}=r<1$.

3. 常见错误:由$a_n\leqslant b_n$且$\sum\limits_{n=1}^{\infty}b_n$收敛得到$\sum\limits_{n=1}^{\infty}a_n$收敛.

错误原因:主要是没有考虑a_n,b_n可能不是正数列.

4. 常见错误:先逐项求导再逐项积分时,没有考虑常数的取值.

本章同步练习

一、单项选择题

1. (2009[①]) 设有两个数列$\{a_n\},\{b_n\}$,若$\lim\limits_{n\to\infty}a_n=0$,则( ).

(A) 当$\sum\limits_{n=1}^{\infty}b_n$收敛时,$\sum\limits_{n=1}^{\infty}a_nb_n$收敛.

(B) 当$\sum\limits_{n=1}^{\infty}b_n$发散时,$\sum\limits_{n=1}^{\infty}a_nb_n$发散.

(C) 当$\sum\limits_{n=1}^{\infty}|b_n|$收敛时,$\sum\limits_{n=1}^{\infty}a_n^2b_n^2$收敛.

(D) 当$\sum\limits_{n=1}^{\infty}|b_n|$发散时,$\sum\limits_{n=1}^{\infty}a_n^2b_n^2$发散.

2. 设无穷级数$\sum\limits_{n=1}^{+\infty}a_n$和$\sum\limits_{n=1}^{+\infty}b_n$,则( ).

(A) 当$\lim\limits_{n\to\infty}a_nb_n=0$时,$\sum\limits_{n=1}^{+\infty}a_n$和$\sum\limits_{n=1}^{+\infty}b_n$中至少有一个收敛.

(B) 当$\lim\limits_{n\to\infty}a_nb_n=1$时,$\sum\limits_{n=1}^{+\infty}a_n$和$\sum\limits_{n=1}^{+\infty}b_n$中至少有一个发散.

(C) 当$\lim\limits_{n\to\infty}\frac{a_n}{b_n}=0$时,$\sum\limits_{n=1}^{+\infty}b_n$收敛$\Rightarrow\sum\limits_{n=1}^{+\infty}a_n$收敛.

(D) 当$\lim\limits_{n\to\infty}\frac{a_n}{b_n}=\infty$时,$\sum\limits_{n=1}^{+\infty}b_n$发散$\Rightarrow\sum\limits_{n=1}^{+\infty}a_n$发散.

3. (2013[③]) 设$\{a_n\}$为正项数列,则下列选项正确的是( ).

(A) 若$a_n>a_{n+1}$,则$\sum\limits_{n=1}^{\infty}(-1)^{n-1}a_n$收敛.

(B) 当$\sum\limits_{n=1}^{\infty}(-1)^{n-1}a_n$收敛时,$a_n>a_{n+1}$.

(C) 若$\sum\limits_{n=1}^{\infty}a_n$收敛,则存在常数$p>1$使得$\lim\limits_{n\to\infty}n^pa_n$存在.

(D) 若存在常数$p>1$,使得$\lim\limits_{n\to\infty}n^pa_n$存在,则$\sum\limits_{n=1}^{\infty}a_n$收敛.

4. 设$a_n=\frac{(-1)^n}{\sqrt{n}}$,则下列级数中绝对收敛的是( ).

(A) $\sum_{n=1}^{\infty}(-1)^n a_n$.　　(B) $\sum_{n=1}^{\infty}a_n a_{n+1}$.　　(C) $\sum_{n=1}^{\infty}(a_{n+1}-a_n)$.　　(D) $\sum_{n=1}^{\infty}(a_{n+1}+a_n)$.

5. 设级数 $\sum_{n=1}^{+\infty}a_n$ 条件收敛，则下列级数中，一定绝对收敛的级数是(　　).

(A) $\sum_{n=1}^{+\infty}a_n^2$.　　(B) $\sum_{n=2}^{+\infty}\frac{a_n}{n}$.

(C) $\sum_{n=3}^{+\infty}\frac{a_n}{n\ln n}$.　　(D) $\sum_{n=1}^{+\infty}a_n\left(\frac{1}{\sqrt{n}}-\sin\frac{1}{\sqrt{n}}\right)$.

6. 若 $\sum_{n=0}^{\infty}a_n(x+1)^n$ 在 $x=1$ 处条件收敛，则级数 $\sum_{n=0}^{\infty}a_n$(　　).

(A) 绝对收敛.　　(B) 条件收敛.　　(C) 发散.　　(D) 敛散性不确定.

7. 幂级数 $\sum_{n=2}^{\infty}\frac{1}{n-1}x^n$ 在收敛域$[-1,1)$上的和函数 $s(x)=$(　　).

(A) $\ln(1-x)$.　　(B) $-\ln(1-x)$.

(C) $-\frac{1}{x}\ln(1-x)$.　　(D) $-x\ln(1-x)$.

8. (2013①)　设 $f(x)=\left|x-\frac{1}{2}\right|$，$b_n=2\int_0^1 f(x)\sin n\pi x\mathrm{d}x(n=1,2,\cdots)$，令 $s(x)=\sum_{n=1}^{\infty}b_n\sin n\pi x$，则 $s\left(-\frac{9}{4}\right)=$(　　).

(A) $\frac{3}{4}$.　　(B) $\frac{1}{4}$.　　(C) $-\frac{1}{4}$.　　(D) $-\frac{3}{4}$.

二、填空题

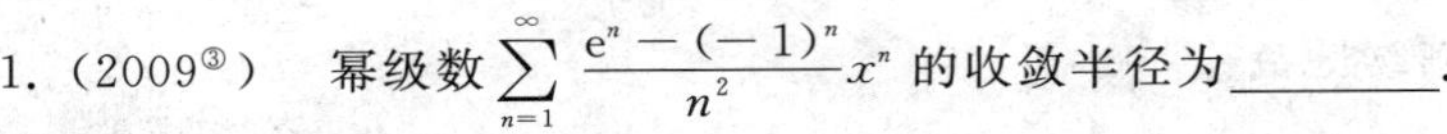

1. (2009③)　幂级数 $\sum_{n=1}^{\infty}\frac{\mathrm{e}^n-(-1)^n}{n^2}x^n$ 的收敛半径为________.

2. 级数 $\sum_{n=1}^{\infty}\frac{3^n+(-2)^n}{n}(x-1)^n$ 的收敛半径是________.

3. 若幂级数 $\sum_{n=1}^{\infty}a_n(x+1)^n$ 在 $x=-3$ 处条件收敛，则幂级数 $\sum_{n=1}^{\infty}(n+1)a_{n+1}x^n$ 的收敛半径 $R=$________.

4. 级数 $\sum_{n=1}^{\infty}\frac{2^n}{\sqrt{n}}(x+1)^n$ 的收敛域是________.

5. 函数 $f(x)=\frac{1}{1+x}$ 在 $x=1$ 处的幂级数展开式是________.

6. 函数 $\frac{1}{(2+x)^2}$ 关于 x 的幂级数展开式为________.

7. 设 $f(x)=\begin{cases}-x-\pi, & -\pi<x<0,\\ x+\frac{\pi}{2}, & 0\leqslant x\leqslant\pi\end{cases}$ 是以 2π 为周期的周期函数，则 $f(x)$ 的傅里叶级数在 $x=\pi$ 处收敛于________.

三、解答题

1. 求级数 $\sum_{n=0}^{+\infty}\frac{(-1)^{n-1}\cdot 3^n}{2n+1}\left(\frac{2-x^2}{2+x^2}\right)^n$ 的收敛域.

2. 求幂级数 $\sum\limits_{n=1}^{\infty}\frac{(-1)^{n-1}}{2n-1}x^{2n}$ 的收敛域及和函数.

3. 求幂级数 $\sum\limits_{n=1}^{\infty}\frac{3^n\cdot n}{n+1}x^{n+1}$ 的收敛域及和函数.

4. (2014③)求幂级数 $\sum\limits_{n=0}^{+\infty}(n+1)(n+3)x^n$ 的收敛域及和函数.

5. 求级数 $\sum\limits_{n=0}^{\infty}(-1)^n\frac{n^2+2n}{2^n(n+1)}$ 的和.

6. 将函数 $f(x)=\frac{x}{x^2-2x-3}$ 展开为 $x-2$ 的幂级数.

7. 将函数 $f(x)=\arctan\frac{2+x}{2-x}$ 展开为 x 的幂级数.

8. 设函数 $f(x)$ 在 $x=0$ 的邻域内具有二阶连续导数,且 $\lim\limits_{x\to 0}\frac{f(x)}{x}=0$,$f''(x)>0$,证明:级数 $\sum\limits_{n=1}^{+\infty}(-1)^{n-1}f\left(\frac{1}{\sqrt{n}}\right)$ 收敛.

本章同步练习答案解析

一、单项选择题

1. (C).

当 $\sum\limits_{n=1}^{\infty}|b_n|$ 收敛时,$\sum\limits_{n=1}^{\infty}b_n^2$ 一定收敛(见例 7.2.5).而 $\lim\limits_{n\to\infty}a_n=0\Rightarrow\lim\limits_{n\to\infty}a_n^2=0$,所以 $\exists N$,当 $n>N$ 时,$|a_n^2|<1$,故 $a_n^2b_n^2<b_n^2$,由比较判别法知 $\sum\limits_{n=1}^{\infty}a_n^2b_n^2$ 收敛,所以(C)正确.

注意:数列 $\{a_n\}$,$\{b_n\}$ 不一定是正项级数,故

排除选项(A)可取反例:$\sum\limits_{n=1}^{\infty}b_n=\sum\limits_{n=1}^{\infty}\frac{(-1)^{n-1}}{\sqrt{n}}$ 收敛,$a_n=\frac{(-1)^{n-1}}{\sqrt{n}}\to 0(n\to\infty)$,而 $\sum\limits_{n=1}^{\infty}\frac{1}{n}$ 发散;

排除选项(B)可取反例:$\sum\limits_{n=1}^{\infty}b_n=\sum\limits_{n=1}^{\infty}\frac{1}{n}$ 发散,$a_n=\frac{1}{n}\to 0(n\to\infty)$,而 $\sum\limits_{n=1}^{\infty}\frac{1}{n^2}$ 收敛;

排除选项(D)可取反例:$\sum\limits_{n=1}^{\infty}|b_n|=\sum\limits_{n=1}^{\infty}\frac{1}{\sqrt{n}}$ 发散,$a_n=\frac{1}{\sqrt{n}}\to 0(n\to\infty)$,而 $\sum\limits_{n=1}^{\infty}\frac{1}{n^2}$ 收敛.

评注

本题直接找反例就能够得到正确答案.

2. (B).

由于级数 $\sum\limits_{n=1}^{+\infty}a_n$ 和 $\sum\limits_{n=1}^{+\infty}b_n$ 不一定是正项级数,所以排除选项(C),(D);

选项(A)可取反例 $\sum\limits_{n=1}^{+\infty}a_n=\sum\limits_{n=1}^{+\infty}b_n=\sum\limits_{n=1}^{+\infty}\frac{1}{n}$,都发散.

3. (D).

若存在常数 $p>1$,使得 $\lim\limits_{n\to\infty}n^pa_n$ 存在,即 $\lim\limits_{n\to\infty}\frac{a_n}{\frac{1}{n^p}}$ 存在,由比较判别法得 $\sum\limits_{n=1}^{\infty}\frac{1}{n^p}(p>1)$ 收敛 $\Rightarrow\sum\limits_{n=1}^{\infty}a_n$ 收敛,应选(D).

排除(A)可取反例 $a_n=1+\frac{1}{n}$;排除(B)可取反例 $a_n=\frac{1}{n^2}\sin n$;排除(C)可取反例:级数 $\sum\limits_{n=2}^{\infty}\frac{1}{n\ln^2 n}$ 收敛,但对

于任意常数 $p>1$，$\lim\limits_{n\to\infty} n^p a_n$ 不存在.

评注

此题直接寻找正确答案更容易，因为取反例验证(C)错误可能有困难.

4.(D).

$\sum\limits_{n=1}^{\infty}|(-1)^n a_n|=\sum\limits_{n=1}^{\infty}\frac{1}{\sqrt{n}}$ 发散，(A)是错误的；

$\sum\limits_{n=1}^{\infty}|a_n a_{n+1}|=\sum\limits_{n=1}^{\infty}\frac{1}{\sqrt{n(n+1)}}$ 发散，(B)是错误的；

$\sum\limits_{n=1}^{\infty}|a_{n+1}-a_n|=\sum\limits_{n=1}^{\infty}\left|\frac{(-1)^{n+1}}{\sqrt{n+1}}-\frac{(-1)^n}{\sqrt{n}}\right|=\sum\limits_{n=1}^{\infty}\left(\frac{1}{\sqrt{n+1}}+\frac{1}{\sqrt{n}}\right)=\sum\limits_{n=1}^{\infty}\frac{\sqrt{n}+\sqrt{n+1}}{\sqrt{n(n+1)}}$ 发散，(C)是错误的；只能选(D).

$$\begin{aligned}\sum_{n=1}^{\infty}|a_{n+1}+a_n|&=\sum_{n=1}^{\infty}\left|\left[\frac{(-1)^{n+1}}{\sqrt{n+1}}+\frac{(-1)^n}{\sqrt{n}}\right]\right|=\sum_{n=1}^{\infty}\left(\frac{1}{\sqrt{n}}-\frac{1}{\sqrt{n+1}}\right)\\&=\sum_{n=1}^{\infty}\frac{\sqrt{n+1}-\sqrt{n}}{\sqrt{n(n+1)}}=\sum_{n=1}^{\infty}\frac{1}{\sqrt{n(n+1)}(\sqrt{n+1}+\sqrt{n})}\end{aligned}$$

收敛.

5.(D).

选项(A)可取反例 $\sum\limits_{n=1}^{+\infty}a_n=\sum\limits_{n=1}^{+\infty}\frac{(-1)^n}{\sqrt{n}}$，(B)可取反例 $\sum\limits_{n=2}^{+\infty}a_n=\sum\limits_{n=2}^{+\infty}\frac{(-1)^n}{\ln n}$，级数 $\sum\limits_{n=2}^{+\infty}\left|\frac{a_n}{n}\right|=\sum\limits_{n=2}^{+\infty}\frac{1}{n\ln n}$ 发散，(C)可取反例 $\sum\limits_{n=3}^{+\infty}a_n=\sum\limits_{n=3}^{+\infty}\frac{(-1)^n}{\ln(\ln n)}$，级数 $\sum\limits_{n=3}^{+\infty}\left|\frac{a_n}{n}\right|=\sum\limits_{n=3}^{+\infty}\frac{1}{n\ln(\ln n)}$ 发散，故选(D).

注意：$\frac{1}{\sqrt{n}}-\sin\frac{1}{\sqrt{n}}\sim\frac{1}{6}\left(\frac{1}{\sqrt{n}}\right)^3$，$|a_n|<M$.

6.(A).

若 $\sum\limits_{n=0}^{\infty}a_n(x+1)^n$ 在 $x=1$ 处条件收敛，则幂级数 $\sum\limits_{n=0}^{\infty}a_n x^n$ 的收敛半径为 $R=2$，所以 $|x|=1<R$ 时，$\sum\limits_{n=0}^{\infty}a_n$ 绝对收敛，选(A).

7.(D).

$\sum\limits_{n=2}^{\infty}\frac{1}{n-1}x^n=\sum\limits_{n=1}^{\infty}\frac{1}{n}x^{n+1}=x\sum\limits_{n=1}^{\infty}\frac{1}{n}x^n=x[-\ln(1-x)]$，应选(D).

8.(C).

显然 $l=1,T=2l=2$，是正弦级数，作奇延拓，$s\left(-\frac{9}{4}\right)=s\left(-\frac{1}{4}\right)=-s\left(\frac{1}{4}\right)=-\left|\frac{1}{4}-\frac{1}{2}\right|=-\frac{1}{4}$，应选(C).

二、填空题

1.$R=\frac{1}{\mathrm{e}}$.

$$\rho=\lim_{n\to\infty}\left|\frac{a_{n+1}}{a_n}\right|=\lim_{n\to\infty}\frac{\dfrac{\mathrm{e}^{n+1}-(-1)^{n+1}}{(n+1)^2}}{\dfrac{\mathrm{e}^n-(-1)^n}{n^2}}=\mathrm{e}\text{，所以 }R=\frac{1}{\rho}=\frac{1}{\mathrm{e}}.$$

2. $\frac{1}{3}$.

设 $y=x-1$，则级数化为 $\sum\limits_{n=1}^{\infty}\frac{3^n+(-2)^n}{n}y^n$，$\rho=\lim\limits_{n\to+\infty}\frac{|a_{n+1}|}{|a_n|}=\lim\limits_{n\to+\infty}\frac{[3^{n+1}+(-2)^{n+1}]\cdot n}{[3^n+(-2)^n]\cdot(n+1)}=3$，

所以收敛半径为 $R=\frac{1}{\rho}=\frac{1}{3}$.

3. 2.

幂级数 $\sum\limits_{n=1}^{\infty}a_n(x+1)^n$ 在 $x=-3$ 处条件收敛，即 $\sum\limits_{n=1}^{\infty}a_n(-2)^n$ 条件收敛，所以幂级数 $\sum\limits_{n=1}^{\infty}a_nx^n$ 的收敛半径为 $R=2$，而 $\sum\limits_{n=1}^{\infty}(n+1)a_{n+1}x^n=\left(\sum\limits_{n=1}^{\infty}a_{n+1}x^{n+1}\right)'$，逐项求导后收敛半径不变，所以 $R=2$.

4. $\left[-\frac{3}{2},-\frac{1}{2}\right)$.

级数 $\sum\limits_{n=1}^{\infty}\frac{(-1)^n}{\sqrt{n}}$ 收敛，而级数 $\sum\limits_{n=1}^{\infty}\frac{1}{\sqrt{n}}$ 发散.

5. $\sum\limits_{n=0}^{+\infty}\frac{(-1)^n}{2^{n+1}}(x-1)^n$.

$\frac{1}{1+x}=\frac{1}{2+(x-1)}=\frac{1}{2}\cdot\frac{1}{1+\frac{1}{2}(x-1)}=\frac{1}{2}\sum\limits_{n=0}^{+\infty}(-1)^n\frac{1}{2^n}(x-1)^n$.

6. $-\frac{1}{2}\sum\limits_{n=0}^{\infty}\frac{(-1)^{n+1}\cdot(n+1)}{2^{n+1}}x^n$.

$\frac{1}{2+x}=\frac{1}{2}\cdot\frac{1}{1+\frac{x}{2}}=\frac{1}{2}\sum\limits_{n=0}^{\infty}(-1)^n\left(\frac{x}{2}\right)^n$，而 $\frac{1}{(2+x)^2}=-\left(\frac{1}{2+x}\right)'$，所以

$\frac{1}{(2+x)^2}=-\frac{1}{2}\sum\limits_{n=1}^{\infty}(-1)^n n\cdot\left(\frac{x}{2}\right)^{n-1}\cdot\frac{1}{2}=-\frac{1}{2}\sum\limits_{n=1}^{\infty}\frac{(-1)^n\cdot n}{2^n}x^{n-1}$ 或 $-\frac{1}{2}\sum\limits_{n=0}^{\infty}\frac{(-1)^{n+1}\cdot(n+1)}{2^{n+1}}x^n$.

7. $\frac{3}{4}\pi$.

函数 $f(x)$ 的傅里叶级数在 $x=\pi$ 处收敛于 $\frac{f(-\pi+0)+f(\pi-0)}{2}=\frac{0+\frac{3\pi}{2}}{2}=\frac{3\pi}{4}$.

三、解答题

1. 解：$\lim\limits_{n\to+\infty}\frac{|u_{n+1}(x)|}{|u_n(x)|}=3\cdot\left|\frac{2-x^2}{2+x^2}\right|$.

当 $3\cdot\left|\frac{2-x^2}{2+x^2}\right|<1$ 时，级数(绝对)收敛，当 $3\cdot\left|\frac{2-x^2}{2+x^2}\right|>1$ 时，$u_n(x)\not\to 0$，级数发散.

当 $\frac{2-x^2}{2+x^2}=\frac{1}{3}$，$x=\pm1$ 时，级数 $\sum\limits_{n=0}^{+\infty}\frac{(-1)^{n-1}}{2n+1}$ 收敛；

当 $\frac{2-x^2}{2+x^2}=-\frac{1}{3}$，$x=\pm2$ 时，级数 $\sum\limits_{n=0}^{+\infty}\frac{(-1)^{2n-1}}{2n+1}$ 发散.

所以级数 $\sum\limits_{n=0}^{+\infty}\frac{(-1)^{n-1}\cdot3^n}{2n+1}\left(\frac{2-x^2}{2+x^2}\right)^n$ 的收敛域为：$(-2,-1]\cup[1,2)$.

2. 解：令 $y=x^2$，$\rho=\lim\limits_{n\to\infty}\left|\frac{a_{n+1}}{a_n}\right|=1$，所以 $R=\frac{1}{\rho}=1$，而 $\sum\limits_{n=1}^{\infty}\frac{(-1)^{n-1}}{2n-1}$ 收敛，故收敛域为 $[-1,1]$.

设和函数 $s(x)=\sum\limits_{n=1}^{\infty}\frac{(-1)^{n-1}}{2n-1}x^{2n}=x\sum\limits_{n=1}^{\infty}\frac{(-1)^{n-1}}{2n-1}x^{2n-1}=xs_1(x)$，则

$s'_1(x)=\sum\limits_{n=1}^{\infty}(-1)^{n-1}x^{2n-2}=\sum\limits_{n=1}^{\infty}(-x^2)^{n-1}=\frac{1}{1+x^2}$，所以 $s_1(x)=\arctan x+C$，由于 $s_1(0)=0$，故 $C=0$，$s(x)=x\arctan x$.

3. 解：$\rho=\lim\limits_{n\to\infty}\left|\frac{a_{n+1}}{a_n}\right|=\lim\limits_{n\to\infty}\frac{\frac{3^{n+1}\cdot(n+1)}{n+2}}{\frac{3^n\cdot n}{n+1}}=3$，$R=\frac{1}{\rho}=\frac{1}{3}$.

由于在 $x=\pm\frac{1}{3}$ 处，$\sum_{n=1}^{\infty}\frac{3^n\cdot n}{n+1}\left(\pm\frac{1}{3}\right)^{n+1}=\frac{1}{3}\sum_{n=1}^{\infty}\frac{n}{n+1}(\pm 1)^{n+1}$ 发散，所以收敛域为 $\left(-\frac{1}{3},\frac{1}{3}\right)$.

设 $s(x)=\sum_{n=1}^{\infty}\frac{3^n\cdot n}{n+1}x^{n+1}$，则

$$s(x)=\sum_{n=1}^{\infty}3^n\cdot x^{n+1}-\sum_{n=1}^{\infty}\frac{3^n}{n+1}x^{n+1}=x\sum_{n=1}^{\infty}(3x)^n-\frac{1}{3}\sum_{n=1}^{\infty}\frac{1}{n+1}(3x)^{n+1}$$

$$=x\left(\frac{1}{1-3x}-1\right)-\frac{1}{3}[-\ln(1-3x)-3x]=\frac{3x^2}{1-3x}+\frac{1}{3}\ln(1-3x)+x,\ |x|<\frac{1}{3}.$$

评注

直接应用公式 $\sum_{n=0}^{\infty}x^n=\frac{1}{1-x}$，$\sum_{n=1}^{\infty}\frac{1}{n}x^n=-\ln(1-x)$.

4. 解：$\rho=\lim_{n\to+\infty}\frac{|a_{n+1}|}{|a_n|}=\lim_{n\to+\infty}\frac{(n+2)(n+4)}{(n+1)(n+3)}=1, R=\frac{1}{\rho}=1$，

所以幂级数 $\sum_{n=0}^{+\infty}(n+1)(n+3)x^n$ 的收敛域 $(-1,1)$.

设 $s(x)=\sum_{n=0}^{+\infty}(n+1)(n+3)x^n$，则 $\int_0^x s(x)\mathrm{d}x=\sum_{n=0}^{+\infty}(n+3)x^{n+1}=\frac{1}{x}\sum_{n=0}^{+\infty}(n+3)x^{n+2}$.

设 $s_1(x)=\sum_{n=0}^{+\infty}(n+3)x^{n+2}$，则 $\int_0^x s_1(x)\mathrm{d}x=\sum_{n=0}^{+\infty}x^{n+3}=\frac{x^3}{1-x}$，

所以 $s_1(x)=\left(\frac{x^3}{1-x}\right)'=\frac{3x^2-2x^3}{(1-x)^2}$，$s(x)=\left[\frac{s_1(x)}{x}\right]'=\left[\frac{3x-2x^2}{(1-x)^2}\right]'=\frac{3-x}{(1-x)^3}$.

评注

先积分后求导收敛半径保持不变.

5. 解：设 $s(x)=\sum_{n=0}^{\infty}\frac{n^2+2n}{n+1}x^n=\sum_{n=0}^{\infty}(n+1)x^n-\sum_{n=0}^{\infty}\frac{1}{n+1}x^n=s_1(x)-\frac{1}{x}s_2(x)$，$\int s_1(x)\mathrm{d}x=\sum_{n=0}^{\infty}x^{n+1}=\frac{x}{1-x}$，

所以 $s_1(x)=\left(\frac{x}{1-x}\right)'=\frac{1}{(1-x)^2}$；而 $s'_2(x)=\sum_{n=0}^{\infty}x^n=\frac{1}{1-x}$，所以 $s_2(x)=-\ln(1-x)+C$，$s_2(0)=0$，故 $C=0$，

所以 $s(x)=\frac{1}{(1-x)^2}+\frac{1}{x}\ln(1-x)$，级数的和为 $\sum_{n=0}^{\infty}(-1)^n\frac{n^2+2n}{2^n(n+1)}=s\left(-\frac{1}{2}\right)=\frac{4}{9}-2\ln\frac{3}{2}$.

评注

直接应用公式 $\sum_{n=0}^{\infty}x^n=\frac{1}{1-x}$，$\sum_{n=1}^{\infty}\frac{1}{n}x^n=-\ln(1-x)$ 更方便.

6. 解：$f(x)=\frac{x}{x^2-2x-3}=\frac{x}{(x-3)(x+1)}=\frac{3}{4}\cdot\frac{1}{x-3}+\frac{1}{4}\cdot\frac{1}{x+1}$，而

$$\frac{1}{x-3}=\frac{1}{-1+(x-2)}=-\frac{1}{1-(x-2)}=-\sum_{n=0}^{\infty}(x-2)^n,$$

$$\frac{1}{x+1}=\frac{1}{3+(x-2)}=\frac{1}{3}\cdot\frac{1}{1+\frac{1}{3}(x-2)}=\frac{1}{3}\sum_{n=0}^{\infty}(-1)^n\frac{1}{3^n}(x-2)^n,$$

所以 $f(x)=-\frac{3}{4}\sum_{n=0}^{\infty}(x-2)^n+\frac{1}{12}\sum_{n=0}^{\infty}(-1)^n\frac{1}{3^n}(x-2)^n=\sum_{n=0}^{\infty}\left[-\frac{3}{4}+(-1)^n\cdot\frac{1}{12}\cdot\frac{1}{3^n}\right](x-2)^n$，且展开域为 $|x-2|<1$.

7. 解：$f'(x)=\dfrac{1}{1+\left(\dfrac{2+x}{2-x}\right)^2}\cdot\dfrac{4}{(2-x)^2}=\dfrac{2}{4+x^2}$，而

$$\frac{2}{4+x^2}=\frac{1}{2}\cdot\frac{1}{1+\frac{x^2}{4}}=\frac{1}{2}\sum_{n=0}^{\infty}(-1)^n\left(\frac{x^2}{4}\right)^n=\sum_{n=0}^{\infty}\frac{1}{2}\cdot(-1)^n\cdot\frac{1}{4^n}\cdot x^{2n},$$

所以 $f(x)=\int f'(x)\mathrm{d}x+C=\sum\limits_{n=0}^{\infty}\dfrac{1}{2(2n+1)}\cdot(-1)^n\cdot\dfrac{1}{4^n}\cdot x^{2n+1}+C$，由于 $f(0)=\arctan 1=\dfrac{\pi}{4}$，故 $C=\dfrac{\pi}{4}$，

$f(x)=\sum\limits_{n=0}^{\infty}\dfrac{1}{2(2n+1)}\cdot(-1)^n\cdot\dfrac{1}{4^n}\cdot x^{2n+1}+\dfrac{\pi}{4}$，展开域为$[-2,2)$.

8. 证明：由 $\lim\limits_{x\to 0}\dfrac{f(x)}{x}=0$ 得 $f(0)=0$，$f'(0)=0$ 见本书例 2.1.5 的评注，又 $f''(x)>0$，所以当 $x>0$ 时，$f'(x)>f'(0)=0$，$f(x)>f(0)=0$，故函数 $f(x)$ 是单调增加的，且 $\lim\limits_{x\to 0}f(x)=0$，故 $u_n=f(\dfrac{1}{\sqrt{n}})>0$ 单调减少且趋于零，所以级数 $\sum\limits_{n=1}^{+\infty}(-1)^{n-1}f(\dfrac{1}{\sqrt{n}})$ 收敛，证毕.

第八章　常微分方程

名师解码

本章概要

复习导语

微分方程是高等数学中相对独立的一章，本科教学通常把这一章放在一元函数微积分学之后(即上册部分). 微分方程是高等数学中比较简单的章节，其基础主要是一元函数微积分学. 微分方程的内容主要包括微分方程的概念、一阶线性微分方程、高阶可降阶微分方程[①②]、线性微分方程解的结构、二阶常系数线性微分方程、高阶常系数线性微分方程、欧拉方程[①]、差分方程[③]等.

在考研中，微分方程又可以被认为是比较难的一章. 在高等数学中，与导数、变化率相关的各种问题都可以转化为微分方程问题，微分方程的难点是如何正确建立微分方程，这要求考生全面了解高等数学，具有比较扎实的基础. 在基础阶段，考生应该先把概念理解到位，通过大量练习掌握基本计算(包括一阶线性微分方程的计算、二阶常系数线性微分方程的计算)，待基础提高后再考虑综合应用问题. 本书对相关内容、方法都进行了比较详细的归纳、总结，相信考生学习后会对微分方程这一章形成完整的认识.

知识结构图

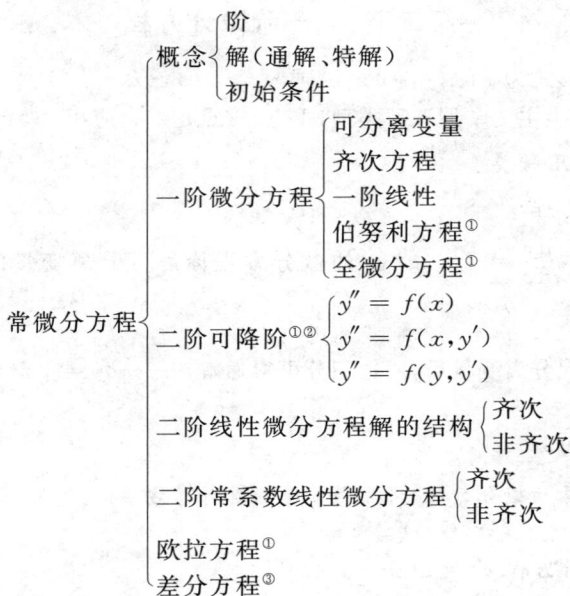

- 常微分方程
  - 概念
    - 阶
    - 解(通解、特解)
    - 初始条件
  - 一阶微分方程
    - 可分离变量
    - 齐次方程
    - 一阶线性
    - 伯努利方程[①]
    - 全微分方程[①]
  - 二阶可降阶[①②]
    - $y''=f(x)$
    - $y''=f(x,y')$
    - $y''=f(y,y')$
  - 二阶线性微分方程解的结构
    - 齐次
    - 非齐次
  - 二阶常系数线性微分方程
    - 齐次
    - 非齐次
  - 欧拉方程[①]
  - 差分方程[③]

复习目标

1. 了解微分方程及其阶、解、通解、初始条件和特解等概念.
2. 掌握变量可分离的微分方程及一阶线性微分方程的解法，会解齐次微分方程.
3. 会解伯努利方程和全微分方程，会用简单的变量代换解某些微分方程[①].
4. 会用降阶法解下列形式的微分方程[①②]：

$$y^{(n)}=f(x),\ y''=f(x,y')\text{ 和 }y''=f(y,y').$$

5. 理解线性微分方程解的性质及解的结构.
6. 掌握二阶常系数齐次线性微分方程的解法.

7.会解某些高于二阶的常系数齐次线性微分方程.

8.会解自由项为多项式、指数函数、正弦函数、余弦函数的二阶常系数非齐次线性微分方程(数学一、二要求会解自由项为多项式、指数函数、正弦函数、余弦函数的和与积的二阶常系数非齐次线性微分方程).

9.会解欧拉方程[1].

10.会用微分方程解决一些简单的应用问题(数学三要求经济应用).

11.了解差分与差分方程及其通解与特解等概念[3].

12.了解一阶常系数线性差分方程的求解方法[3].

考查要点详解

第一节　微分方程的基本概念

定义 8.1.1　含有自变量、未知函数及未知函数的各阶导数的方程 $F(x,y,y',y'',\cdots,y^{(n)})=0$ 称为微分方程.其中导数的最高阶数 n 称为微分方程的阶,满足微分方程的函数称为微分方程的解,含有任意常数且任意常数的个数等于微分方程的阶数的解称为微分方程的通解,确定了通解中的任意常数的解称为微分方程的特解,确定任意常数的条件称为微分方程的初始条件.

定义 8.1.2　如果微分方程中函数及函数的各阶导数都是一次的,则称微分方程为线性微分方程.

第二节　一阶微分方程

一阶微分方程的一般形式为 $F(x,y,y')=0$ 或 $y'=f(x,y)$.

对于一阶微分方程,考生主要掌握五种类型,重点、难点是综合应用.

一、一阶微分方程的几种类型

1.可分离变量的微分方程

定义 8.2.1　具有形式 $\dfrac{\mathrm{d}y}{\mathrm{d}x}=f(x)g(y)$ 的微分方程称为可分离变量的微分方程,变化形式为 $P(x)Q(y)\mathrm{d}x+R(x)S(y)\mathrm{d}y=0$.

可分离变量的微分方程分离变量后,两边积分可得通解 $\int\dfrac{1}{g(y)}\mathrm{d}y=\int f(x)\mathrm{d}x+C$,即 $G(y)=F(x)+C$.

评 注

对于可分离变量的微分方程,考生主要掌握其计算方法.

【例 8.2.1】　求解微分方程 $y'=(1+y^2)x^2$.

【解】　分离变量得 $\dfrac{\mathrm{d}y}{1+y^2}=x^2\mathrm{d}x$,两边积分 $\int\dfrac{\mathrm{d}y}{1+y^2}=\int x^2\mathrm{d}x$,得到微分方程的通解为 $\arctan y=\dfrac{1}{3}x^3+C$.

评 注

微分方程的通解一般不要求解出 y 的表达式.

【例 8.2.2】　求微分方程 $y\mathrm{d}x+(2x^2-x)\mathrm{d}y=0$ 满足条件 $y\Big|_{x=1}=2$ 的特解.

【解】　分离变量 $\dfrac{\mathrm{d}y}{y}=-\dfrac{1}{2x^2-x}\mathrm{d}x$,两边积分 $\int\dfrac{\mathrm{d}y}{y}=\int\left(\dfrac{1}{x}-\dfrac{2}{2x-1}\right)\mathrm{d}x$,得到微分方程的通解为

$\ln|y| = \ln|x| - \ln|2x-1| + \ln|C|$ 或 $y = \dfrac{Cx}{2x-1}$. 由于 $y|_{x=1} = 2$,所以 $C = 2$,满足条件的特解为 $y = \dfrac{2x}{2x-1}$.

评注

考生要注意此题解题过程中任意常数的变化.

2. 齐次微分方程

定义 8.2.2　形如$\dfrac{dy}{dx} = \varphi\left(\dfrac{y}{x}\right)$的微分方程称为齐次微分方程,简称齐次方程.

令 $u = \dfrac{y}{x}$,则 $y = xu$ 且$\dfrac{dy}{dx} = u + x\dfrac{du}{dx}$,则齐次方程可以化为可分离变量的微分方程 $x\dfrac{du}{dx} = \varphi(u) - u$或$\dfrac{du}{\varphi(u)-u} = \dfrac{dx}{x}$,两边积分可得$\displaystyle\int\frac{du}{\varphi(u)-u} = \int\frac{dx}{x}$,设积分后得 $\Phi(u) = \ln|x| + C$,则通解为 $\Phi\left(\dfrac{y}{x}\right) = \ln|x| + C$.

评注

对于齐次微分方程,考生主要掌握其计算方法.

【例 8.2.3】　求解微分方程 $xy' = y + xe^{\frac{y}{x}}$.

【解】　整理得 $y' = \dfrac{y}{x} + e^{\frac{y}{x}}$,是一个齐次方程.

令 $u = \dfrac{y}{x}$,则 $y = u \cdot x, y' = u + x \cdot \dfrac{du}{dx}$,所以 $u + x \cdot \dfrac{du}{dx} = u + e^u, \dfrac{du}{e^u} = \dfrac{dx}{x}, \displaystyle\int e^{-u}du = \int\frac{dx}{x}$,则 $-e^{-u} = \ln|x| + C$,通解为 $-e^{-\frac{y}{x}} = \ln|x| + C$.

【例 8.2.4】　(2014[①]) 微分方程 $xy' + y(\ln x - \ln y) = 0$ 满足条件 $y(1) = e^3$ 的解为 $y =$ ________.

【答案】　$y = xe^{2x+1}$.

【解】　微分方程化为 $y' = \dfrac{y}{x}\ln\dfrac{y}{x}$ 是齐次方程.

令 $u = \dfrac{y}{x}, y = ux, y' = u + x\dfrac{du}{dx}$,则 $u + x\dfrac{du}{dx} = u\ln u$,分离变量后两边积分得:$\displaystyle\int\frac{du}{u(\ln u - 1)} = \int\frac{dx}{x}$,$\ln|\ln u - 1| = \ln|x| + \ln|C| \Rightarrow u = e^{Cx+1}$,通解为:$y = xe^{Cx+1}$,又由条件 $y(1) = e^3$ 得 $C = 2$,故所求的解为 $y = xe^{2x+1}$.

3. 一阶线性微分方程

定义 8.2.3　形如 $y' + p(x)y = q(x)$ 的方程称为一阶线性微分方程.

当 $q(x) = 0$ 时,微分方程 $y' + p(x)y = 0$ 称为齐次线性微分方程. 此时微分方程是可分离变量的,变形得$\dfrac{dy}{y} = -p(x)dx$,两边积分得齐次线性微分方程的通解为 $y = Ce^{-\int p(x)dx}$.

当 $q(x) \neq 0$ 时,微分方程 $y' + p(x)y = q(x)$ 又称为非齐次线性微分方程.

下面介绍求解非齐次线性微分方程的常数变易法:

设 $y = C(x)e^{-\int p(x)dx}$ 是 $y' + p(x)y = q(x)$ 的解,则

$$y' = C'(x)e^{-\int p(x)dx} + C(x)e^{-\int p(x)dx} \cdot [-p(x)],$$

代入方程得 $C'(x)e^{-\int p(x)dx} = q(x)$,即 $C'(x) = q(x)e^{\int p(x)dx}$,所以 $C(x) = \displaystyle\int q(x)e^{\int p(x)dx}dx + C$,故 $y' + p(x)y$

$=q(x)$ 的通解为 $y=\mathrm{e}^{-\int p(x)\mathrm{d}x}\left[\int q(x)\mathrm{e}^{\int p(x)\mathrm{d}x}\mathrm{d}x+C\right]$.

评 注

对于一阶线性微分方程,希望考生了解常数变易法、熟记通解公式.一阶线性微分方程通解公式应注意下列两点:标准化、一个 C.

注意:标准化比较好理解,一个 C 是指在通解公式中遇到的不定积分不需要再加任意常数了.

【例 8.2.5】 求解微分方程 $y'+\frac{1}{x}y=\frac{\sin x}{x}$.

【解】 标准的一阶线性微分方程

$$p(x)=\frac{1}{x},\quad q(x)=\frac{\sin x}{x},\quad \int p(x)\mathrm{d}x=\int\frac{1}{x}\mathrm{d}x=\ln x,$$

微分方程的通解为

$$\begin{aligned}y&=\mathrm{e}^{-\int p(x)\mathrm{d}x}\left[\int q(x)\mathrm{e}^{\int p(x)\mathrm{d}x}\mathrm{d}x+C\right]=\mathrm{e}^{-\ln x}\left(\int\frac{\sin x}{x}\cdot\mathrm{e}^{\ln x}\mathrm{d}x+C\right)\\&=\frac{1}{x}(-\cos x+C).\end{aligned}$$

评 注

积分 $\int p(x)\mathrm{d}x=\int\frac{1}{x}\mathrm{d}x=\ln x$ 不需要添加常数 C.在求微分方程的通解过程中,遇到积分 $\int\frac{1}{x}\mathrm{d}x=\ln x$ 一般不考虑绝对值.

【例 8.2.6】 求解微分方程 $x\ln x\mathrm{d}y+(y-\ln x)\mathrm{d}x=0$.

【解】 先标准化 $\frac{\mathrm{d}y}{\mathrm{d}x}+\frac{1}{x\ln x}\cdot y=\frac{1}{x}$,$p(x)=\frac{1}{x\ln x}$,$q(x)=\frac{1}{x}$,$\int p(x)\mathrm{d}x=\int\frac{1}{x\ln x}\mathrm{d}x=\ln(\ln x)$,微分方程的通解为

$$\begin{aligned}y&=\mathrm{e}^{-\int p(x)\mathrm{d}x}\left[\int q(x)\mathrm{e}^{\int p(x)\mathrm{d}x}\mathrm{d}x+C\right]=\mathrm{e}^{-\ln(\ln x)}\left(\int\frac{1}{x}\cdot\mathrm{e}^{\ln(\ln x)}\mathrm{d}x+C\right)\\&=\frac{1}{\ln x}\left(\int\frac{1}{x}\cdot\ln x\mathrm{d}x+C\right)=\frac{1}{\ln x}\left(\frac{1}{2}\ln^2x+C\right).\end{aligned}$$

【例 8.2.7】(2025[③]) 分方程 $xy'-y+x^2\mathrm{e}^x=0$ 满足条件 $y(1)=-\mathrm{e}$ 的解为 $y=$________.

【答案】 $y=-x\mathrm{e}^x$.

【解】 由一阶微分方程的公式可得 $y=\mathrm{e}^{\int\frac{1}{x}\mathrm{d}x}\left[\int -x\mathrm{e}^x\cdot\mathrm{e}^{\int-\frac{1}{x}\mathrm{d}x}\mathrm{d}x+C\right]=-x\mathrm{e}^x+Cx$,由已知条件可得,当 $x=1$ 时,$y=-\mathrm{e}$ 可得 $C=0$,即 $y=-x\mathrm{e}^x$.

【例 8.2.8】 求微分方程 $xy'+y=\sin x$ 满足条件 $y(\pi)=1$ 的特解.

【解】 先标准化 $\frac{\mathrm{d}y}{\mathrm{d}x}+\frac{1}{x}\cdot y=\frac{\sin x}{x}$,$p(x)=\frac{1}{x}$,$q(x)=\frac{\sin x}{x}$,微分方程的通解为

$$\begin{aligned}y&=\mathrm{e}^{-\int p(x)\mathrm{d}x}\left(\int q(x)\mathrm{e}^{\int p(x)\mathrm{d}x}\mathrm{d}x+C\right)=\mathrm{e}^{-\ln x}\left(\int\frac{\sin x}{x}\cdot\mathrm{e}^{\ln x}\mathrm{d}x+C\right)\\&=\frac{1}{x}\left(\int\sin x\mathrm{d}x+C\right)=\frac{1}{x}(-\cos x+C),\end{aligned}$$

而 $y(\pi)=1$,所以 $C=\pi-1$,所以满足条件的特解为 $y=\frac{1}{x}(-\cos x+\pi-1)$.

4.伯努利方程[①]

定义 8.2.4　形如 $y'+p(x)y=q(x)y^{\lambda}(\lambda\neq 0,1)$ 的方程称为伯努利方程.

作变量代换 $z=y^{1-\lambda}$，则 $\frac{\mathrm{d}z}{\mathrm{d}x}=(1-\lambda)y^{-\lambda}\cdot y'$，原方程两边乘以 $(1-\lambda)y^{-\lambda}$，伯努利方程可化为一阶线性微分方程 $\frac{\mathrm{d}z}{\mathrm{d}x}+(1-\lambda)p(x)z=(1-\lambda)q(x)$.

评注

对于伯努利方程，考生可掌握方法也可记住公式，关键是记住 $(1-\lambda)$.

【例 8.2.9】　求解微分方程 $xy^3\mathrm{d}y+(y^4-x^2)\mathrm{d}x=0$.

【解】　先标准化 $\frac{\mathrm{d}y}{\mathrm{d}x}+\frac{1}{x}\cdot y=x\cdot y^{-3}$，这是一个伯努利方程，$\lambda=-3,1-\lambda=4$，令 $z=y^4$，则原方程化为

$$\frac{\mathrm{d}z}{\mathrm{d}x}+\frac{4}{x}z=4x,\quad z=\mathrm{e}^{-\int\frac{4}{x}\mathrm{d}x}\left(\int 4x\cdot\mathrm{e}^{\int\frac{4}{x}\mathrm{d}x}\mathrm{d}x+C\right)=\frac{1}{x^4}\left(\frac{2}{3}x^6+C\right),$$

原方程通解为 $y^4=\frac{1}{x^4}\left(\frac{2}{3}x^6+C\right)$.

5. 全微分方程[①]

定义 8.2.5　如果微分方程 $P(x,y)\mathrm{d}x+Q(x,y)\mathrm{d}y=0$ 满足 $\frac{\partial P}{\partial y}=\frac{\partial Q}{\partial x}$，则称之为全微分方程.

注意：微分方程 $P(x,y)\mathrm{d}x+Q(x,y)\mathrm{d}y=0$ 是全微分方程，即存在函数 $u(x,y)$ 使得 $P(x,y)\mathrm{d}x+Q(x,y)\mathrm{d}y=\mathrm{d}u(x,y)$，此时微分方程的通解为 $u(x,y)=C$.

【例 8.2.10】　求解微分方程

$$\left(\sin\frac{y}{x}-\frac{y}{x}\cos\frac{y}{x}+3x^2\right)\mathrm{d}x+\left(\cos\frac{y}{x}+\frac{1}{1+y^2}\right)\mathrm{d}y=0.$$

【解】　$P=\sin\frac{y}{x}-\frac{y}{x}\cos\frac{y}{x}+3x^2,\quad Q=\cos\frac{y}{x}+\frac{1}{1+y^2}$,

$$\frac{\partial P}{\partial y}=\frac{1}{x}\cos\frac{y}{x}-\frac{1}{x}\cos\frac{y}{x}+\frac{y}{x^2}\sin\frac{y}{x},\quad \frac{\partial Q}{\partial x}=-\sin\frac{y}{x}\cdot\left(-\frac{y}{x^2}\right)=\frac{\partial P}{\partial y},$$

所以 $P\mathrm{d}x+Q\mathrm{d}y=0$ 是全微分方程，

$$u(x,y)=\int Q\mathrm{d}y=\int\left(\cos\frac{y}{x}+\frac{1}{1+y^2}\right)\mathrm{d}y=x\sin\frac{y}{x}+\arctan y+C_1(x).$$

又 $u(x,y)=\int P\mathrm{d}x=\int\left(\sin\frac{y}{x}-\frac{y}{x}\cos\frac{y}{x}+3x^2\right)\mathrm{d}x=x\sin\frac{y}{x}+x^3+C_2(y)$，所以 $C_1(x)=x^3$，$C_2(y)=\arctan y$，$u(x,y)=x\sin\frac{y}{x}+x^3+\arctan y$，所以微分方程的通解为 $x\sin\frac{y}{x}+x^3+\arctan y=C$.

评注

关于全微分求积的方法，请考生参照本书例 6.4.18、例 6.4.19 及其评注.

二、综合应用

微分方程的综合应用是个难点，困难之处不在微分方程，而是高等数学的其他知识的应用，考生应该逐步分析化解问题.

【例 8.2.11】　求解微分方程 $\frac{\mathrm{d}y}{\mathrm{d}x}=\frac{2y}{6x-y^2}$.

【解】　微分方程 $\frac{\mathrm{d}y}{\mathrm{d}x}=\frac{2y}{6x-y^2}$ 直接看不是常见类型，考虑变化 $\frac{\mathrm{d}x}{\mathrm{d}y}$，原方程化为 $\frac{\mathrm{d}x}{\mathrm{d}y}=\frac{6x-y^2}{2y}$，整理

得一阶线性微分方程$\frac{dx}{dy}-\frac{3}{y}x=-\frac{1}{2}y$,原微分方程的通解为

$$x=e^{-\int-\frac{3}{y}dy}\left[\int\left(-\frac{1}{2}y\right)e^{\int-\frac{3}{y}dy}dy+C\right]=e^{3\ln y}\left[\left(-\frac{1}{2}\right)\int ye^{-3\ln y}dy+C\right]=y^3\left(\frac{1}{2y}+C\right).$$

【例 8.2.12】 已知 $f(x)$ 连续且满足条件 $f(x)=\int_0^{2x}f\left(\frac{t}{2}\right)dt+e^{2x}$,求 $f(x)$.

分析:遇到变上限函数,一般应先求导.

【解】 $f'(x)=2f(x)+2e^{2x}$,则 $f'(x)-2f(x)=2e^{2x}$ 是一阶线性微分方程,$f(x)=e^{-\int-2dx}\left(\int 2e^{2x}\cdot e^{\int-2dx}dx+C\right)=e^{2x}(2x+C)$,注意隐含初始条件 $f(0)=1$,所以 $C=1$,故 $f(x)=e^{2x}(2x+1)$.

评注

考生首先需掌握变上限函数的求导方法,注意连续函数的变上限函数一定是可导的,在综合题中要挖掘隐含的初始条件.

【例 8.2.13】(2009[③]) 设曲线 $y=f(x)$,其中 $f(x)$ 是可导函数,且 $f(x)>0$. 已知曲线$y=f(x)$ 与直线 $y=0$,$x=1$ 及 $x=t(t>1)$ 所围成的曲边梯形绕 x 轴旋转一周所得的立体体积值是该曲边梯形面积值的 πt 倍,求该曲线的方程.

分析:在考研真题的解答题中,微分方程往往以综合题的形式出现,解题关键是先建立正确的微分方程.本题融合考查了曲边梯形的面积、旋转体的体积、变上限函数及其导数等考点.

【解】 曲边梯形的面积为 $S=\int_1^t f(x)dx$,旋转体的体积为 $V=\pi\int_1^t f^2(x)dx$. 由题意知 $V=\pi tS$,即 $\pi\int_1^t f^2(x)dx=\pi t\int_1^t f(x)dx$,求导得 $f^2(t)=\int_1^t f(x)dx+tf(t)$,当 $t=1$ 时,$f(1)=1$ 或 $f(1)=0$(舍去),再求导得

$$2f(t)f'(t)=f(t)+f(t)+tf'(t),\quad f'(t)=\frac{2f(t)}{2f(t)-t},$$

此即为一阶微分方程.

解法一 记 $f(t)=y$,则$\frac{dy}{dt}=\frac{2y}{2y-t}=\frac{2\frac{y}{t}}{2\frac{y}{t}-1}$是齐次方程,设 $u=\frac{y}{t}$,$\frac{dy}{dt}=u+t\frac{du}{dt}$,所以 $u+t\frac{du}{dt}=\frac{2u}{2u-1}$,化为可分离变量方程 $t\frac{du}{dt}=\frac{2u}{2u-1}-u=\frac{3u-2u^2}{2u-1}$,$\int\frac{2u-1}{u(3-2u)}du=\int\frac{1}{t}dt+\ln|C|$,而$\frac{2u-1}{u(3-2u)}=-\frac{1}{3}\cdot\frac{1}{u}+\frac{4}{3}\cdot\frac{1}{3-2u}$,所以 $-\frac{1}{3}\ln|u|-\frac{2}{3}\ln|3-2u|=\ln Ct$ 或$\frac{1}{\sqrt[3]{u\cdot(3-2u)^2}}=Ct$.

当 $t=1$ 时,$y=f(1)=1$,$u=1\Rightarrow C=1$,故 $u\cdot(3-2u)^2=\frac{1}{t^3}$,$u=\frac{y}{t}$ 代入得到$y(3t-2y)^2=1\Rightarrow t=\frac{1}{3}\left(2y+\frac{1}{\sqrt{y}}\right)(y>0)$,故所求曲线为 $x=\frac{1}{3}\left(2y+\frac{1}{\sqrt{y}}\right)$.

解法二 微分方程 $f'(t)=\frac{2f(t)}{2f(t)-t}$,记 $f(t)=y$,即$\frac{dy}{dt}=\frac{2y}{2y-t}$,可考虑$\frac{dt}{dy}$,此时$\frac{dt}{dy}=1-\frac{1}{2y}t$ 或$\frac{dt}{dy}+\frac{1}{2y}t=1$ 为一阶线性微分方程,通解为

$$t=e^{-\int\frac{1}{2y}dy}\left(\int e^{\int\frac{1}{2y}dy}dy+C\right)=y^{-\frac{1}{2}}\left(\int\sqrt{y}dy+C\right)=y^{-\frac{1}{2}}\left(\frac{2}{3}y^{\frac{3}{2}}+C\right).$$

当 $t=1$ 时，$y=1$，得 $C=\frac{1}{3}$，所以 $t=\frac{2}{3}y+\frac{1}{3\sqrt{y}}$，故所求曲线为 $x=\frac{2}{3}y+\frac{1}{3\sqrt{y}}$.

评注

考生应该通过大量练习掌握求解一阶微分方程的各类方法.

【例 8.2.14】(2011[③]) 设函数 $f(x)$ 在区间 $[0,1]$ 上具有连续导数，$f(0)=1$，且满足 $\iint\limits_{D_t} f'(x+y)\mathrm{d}x\mathrm{d}y=\iint\limits_{D_t} f(t)\mathrm{d}x\mathrm{d}y$，其中 $D_t=\{(x,y)\mid 0\leqslant y\leqslant t-x, 0\leqslant x\leqslant t\}(0<t\leqslant 1)$，求 $f(x)$ 的表达式.

分析：本题综合考查了二重积分、变上限函数及其导数等概念.

【解】 如图 8-1 所示，

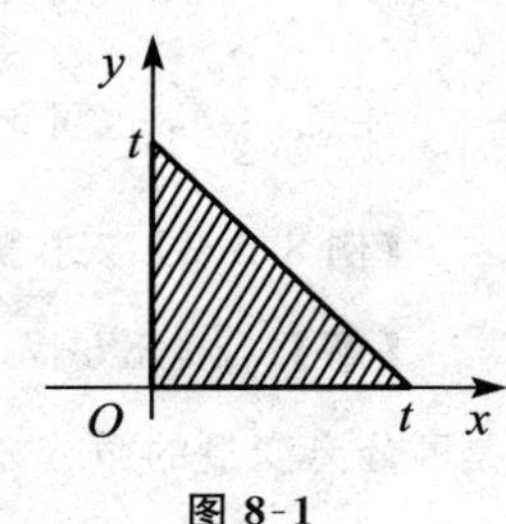

图 8-1

$$\begin{aligned}\iint\limits_{D_t} f'(x+y)\mathrm{d}x\mathrm{d}y &= \int_0^t \mathrm{d}x\int_0^{t-x} f'(x+y)\mathrm{d}y \\ &= \int_0^t \Big[f(x+y)\Big]_0^{t-x}\mathrm{d}x \\ &= \int_0^t [f(t)-f(x)]\mathrm{d}x \\ &= tf(t)-\int_0^t f(x)\mathrm{d}x,\end{aligned}$$

而

$$\iint\limits_{D_t} f(t)\mathrm{d}x\mathrm{d}y=f(t)\cdot S_{D_t}=\frac{t^2}{2}f(t).$$

由题意知 $tf(t)-\int_0^t f(x)\mathrm{d}x=\frac{t^2}{2}f(t)$，求导得 $f(t)+tf'(t)-f(t)=tf(t)+\frac{t^2}{2}f'(t)$，即 $f'(t)=\frac{2f(t)}{2-t}$，是可分离变量的微分方程，

$$\int\frac{1}{f(t)}\mathrm{d}f(t)=\int\frac{2}{2-t}\mathrm{d}t+\ln|C|,\quad \ln|f(t)|=-2\ln|2-t|+\ln|C|,$$

所以 $f(t)=\frac{C}{(2-t)^2}$，由 $f(0)=1$ 得 $C=4$，故所求曲线方程为 $f(x)=\frac{4}{(2-x)^2}(0\leqslant x\leqslant 1)$.

第三节　某些可降阶的高阶微分方程[①②]

二阶微分方程的一般形式为 $F(x,y,y',y'')=0$ 或 $y''=f(x,y,y')$.

一、二阶微分方程 $y''=f(x,y,y')$ 的几种特殊类型

1. $y''=f(x)$ 型

对 $y''=f(x)$ 积分两次即可，

$$y'=\int f(x)\mathrm{d}x+C_1,\quad y=\int\left[\int f(x)\mathrm{d}x\right]\mathrm{d}x+C_1x+C_2.$$

【例 8.3.1】 求微分方程 $y''=\mathrm{e}^x-6x$ 满足初始条件 $y\Big|_{x=0}=3, y'\Big|_{x=0}=2$ 的特解.

【解】 $y''=\mathrm{e}^x-6x, y'=\mathrm{e}^x-3x^2+C_1, y=\mathrm{e}^x-x^3+C_1x+C_2$，由 $y\Big|_{x=0}=3, y'\Big|_{x=0}=2$ 得 $C_1=1, C_2=2$，所以满足条件的特解为 $y=\mathrm{e}^x-x^3+x+2$.

2. $y''=f(x,y')$ 型

这类微分方程的特点是不显含 y. 令 $y'=p$，则 $y''=\frac{\mathrm{d}p}{\mathrm{d}x}$，则二阶微分方程可降阶为关于变量 x,p 的

一阶微分方程$\frac{dp}{dx}=f(x,p)$,设其通解为$p=\varphi(x,C_1)$,则$y'=p=\varphi(x,C_1)$,再积分一次可得通解$y=\int\varphi(x,C_1)dx+C_2$.

【例 8.3.2】 求解微分方程$y''-\frac{y'}{x}=xe^x$.

【解】 令$y'=p$,则$y''=p'$,原方程化为$p'-\frac{1}{x}p=xe^x$,

$$p=e^{-\int-\frac{1}{x}dx}\left(\int xe^x e^{\int-\frac{1}{x}dx}dx+C_1\right)=x\left(\int e^x dx+C_1\right)=x(e^x+C_1),$$

所以$y=\int pdx=\int(xe^x+C_1x)dx+C_2=(x-1)e^x+\frac{1}{2}C_1x^2+C_2$.

注意:$\frac{1}{2}C_1$也可记作C_1.

【例 8.3.3】 求微分方程$(1+x^2)y''=2xy'$满足初始条件$y\Big|_{x=0}=1,y'\Big|_{x=0}=3$的特解.

【解】 微分方程$(1+x^2)y''=2xy'$不显含y,设$y'=p$,则$y''=p'$,微分方程化为$(1+x^2)p'=2xp$,是可分离变量的微分方程,$\int\frac{1}{p}dp=\int\frac{2x}{1+x^2}dx$,即$\ln|p|=\ln|1+x^2|+\ln|C_1|$,或$p=C_1(1+x^2)$.

代入初始条件$y\Big|_{x=0}=1,y'\Big|_{x=0}=3$,得$C_1=3$,所以$y'=3(1+x^2)$,所以$y=3x+x^3+C_2$,由$y\Big|_{x=0}=1$得$C_2=1$,故所求的特解为

$$y=3x+x^3+1.$$

【例 8.3.4】 求微分方程$xy''=y'\ln\frac{y'}{x}$的通解.

【解】 微分方程$xy''=y'\ln\frac{y'}{x}$不显含y,设$y'=p$,则$y''=p'$,微分方程化为$xp'=p\ln\frac{p}{x}$,是齐次方程,设$u=\frac{p}{x}$,则$p=u\cdot x,p'=u+x\frac{du}{dx}$,所以$u+x\frac{du}{dx}=u\ln u$,是可分离变量的方程,$\int\frac{1}{u(\ln u-1)}du=\int\frac{1}{x}dx+\ln|C_1|$,所以$\ln|\ln u-1|=\ln|x|+\ln|C_1|$,即

$$\ln u=C_1x+1,\quad u=e^{C_1x+1},\quad y'=p=u\cdot x=xe^{C_1x+1},$$

故原方程的通解为

$$y=\int xe^{C_1x+1}dx+C_2=\frac{e}{C_1}\int xde^{C_1x}+C_2=\frac{e}{C_1}\left(xe^{C_1x}-\frac{1}{C_1}e^{C_1x}\right)+C_2\quad(C_1\neq0).$$

评注

题目中的任意常数(如C_1、C_2)经过运算后不能够再接受调整.

3. $y''=f(y,y')$型

这类微分方程的特点是不显含x.令$y'=p$,则$y''=\frac{dp}{dx}=\frac{dp}{dy}\cdot\frac{dy}{dx}=p\frac{dp}{dy}$,二阶微分方程可降阶为关于变量$y,p$的一阶微分方程$p\frac{dp}{dy}=f(y,p)$,设其通解为$p=\psi(y,C_1)$,则$y'=\psi(y,C_1)$,所以

$$\int\frac{dy}{\psi(y,C_1)}=\int dx+C_2=x+C_2.$$

评注

常见错误:由$y'=p$误认为$y''=p'$,从而将微分方程化为$p'=f(y,p)$.

应注意这不是一阶微分方程,因为p'是p对于变量x求导数.

【例 8.3.5】　求微分方程 $yy''-2y'^2=0$ 的通解.

【解】　微分方程 $yy''-2y'^2=0$ 不显含 x,设 $y'=p$,则 $y''=p\dfrac{dp}{dy}$,原方程化为 $yp\dfrac{dp}{dy}-2p^2=0$,是可分离变量的方程.

当 $p=0$ 时,$y=C$;

当 $p\neq 0$ 时,$\int\dfrac{1}{p}dp=\int\dfrac{2}{y}dy+\ln|C_1|$,则 $\ln|p|=2\ln|y|+\ln|C_1|$ 或 $p=C_1y^2$,即 $y'=C_1y^2$,又是可分离变量的方程,$\int\dfrac{1}{y^2}dy=C_1x+C_2$,原方程的通解为 $-\dfrac{1}{y}=C_1x+C_2$.

【例 8.3.6】　求微分方程 $yy''+(y')^2+1=0$ 满足初始条件 $y\Big|_{x=0}=1,y'\Big|_{x=0}=-\sqrt{3}$ 的特解.

【解】　**解法一**　微分方程 $yy''+(y')^2+1=0$ 不显含 x,设 $y'=p$,则 $y''=p\dfrac{dp}{dy}$,原方程可化为 $yp\dfrac{dp}{dy}+p^2+1=0$,是可分离变量的方程,$\int\dfrac{p}{1+p^2}dp=-\int\dfrac{1}{y}dy+\dfrac{1}{2}\ln|C_1|$,所以 $\dfrac{1}{2}\ln(1+p^2)=-\ln|y|+\dfrac{1}{2}\ln|C_1|$,所以 $p^2=\dfrac{C_1}{y^2}-1$,$p=\pm\dfrac{\sqrt{C_1-y^2}}{y}$,由初始条件 $y\Big|_{x=0}=1,y'\Big|_{x=0}=-\sqrt{3}$ 得 $C_1=4$,$y'=p=-\dfrac{\sqrt{4-y^2}}{y}$,所以 $\int\dfrac{-y}{\sqrt{4-y^2}}dy=x+C_2$,即 $\sqrt{4-y^2}=x+C_2$.由初始条件 $y|_{x=0}=1$ 得 $C_2=\sqrt{3}$,所以原方程的特解为 $\sqrt{4-y^2}=x+\sqrt{3}$.

解法二　注意到 $yy''+(y')^2=(y\cdot y')'$,则微分方程 $yy''+(y')^2+1=0$ 即为 $(y\cdot y')'=-1$,所以 $y\cdot y'=-x+C_1$,由初始条件 $y|_{x=0}=1,y'|_{x=0}=-\sqrt{3}$ 得 $C_1=-\sqrt{3}$,所以 $y\cdot y'=-x-\sqrt{3}$,又 $y\cdot y'=\left(\dfrac{y^2}{2}\right)'$,故 $\dfrac{y^2}{2}=-\dfrac{x^2}{2}-\sqrt{3}x+C_2$,由初始条件 $y|_{x=0}=1$ 得 $C_2=\dfrac{1}{2}$,所以原方程的特解为

$$\frac{y^2}{2}=-\frac{x^2}{2}-\sqrt{3}x+\frac{1}{2}.$$

评 注

本题的解法二是一些特殊题目的简单处理方法,需要考生注意观察、不断积累.求解二阶可降阶微分方程的关键是掌握基本类型,重点是求解一阶微分方程.

二、高阶可降阶的几种特殊类型

1. $y^{(n)}=f(x)$ 型

对于 $y^{(n)}=f(x)$ 积分 n 次即可

$$y=\underbrace{\int\cdots\int}_{n}f(x)\underbrace{dx\cdots dx}_{n}+C_1x^{n-1}+C_2x^{n-2}+\cdots+C_n.$$

2. $y^{(n)}=f(x,y^{(n-1)})$ 型

令 $y^{(n-1)}=p$,则 $y^{(n)}=p'$,微分方程可降阶为关于变量 x,p 的一阶微分方程 $p'=f(x,p)$,设其通解为 $p=\varphi(x,C_1)$,则 $y^{(n-1)}=p=\varphi(x,C_1)$,再积分 $n-1$ 次即可得通解.

三、综合应用

考查二阶可降阶微分方程的综合应用题在考研中经常出现,往往是解答题,需要考生全面掌握高等数学的各个基本点.此类题目通常不难,但以往考生经常得分不高.考生首先要克服恐惧心理,要有信心能够解决问题,遇到此类题目把条件逐个展开并加以应用.

【例 8.3.7】(2011[②]) 设函数 $y(x)$ 具有二阶导数,且曲线 $l: y=y(x)$ 与直线 $y=x$ 相切于原点,记 α 为曲线 l 在点 (x,y) 处切线的倾角,若 $\frac{\mathrm{d}\alpha}{\mathrm{d}x}=\frac{\mathrm{d}y}{\mathrm{d}x}$,求 $y(x)$ 的表达式.

【解】 由于 $y'=\tan\alpha$,即 $\alpha=\arctan y'$,所以 $\frac{\mathrm{d}\alpha}{\mathrm{d}x}=\frac{y''}{1+(y')^2}$,由题意知 $\frac{y''}{1+(y')^2}=y'$,即 $y''=y'[1+(y')^2]$,是不含 y 的二阶可降阶微分方程,设 $y'=p$,则 $y''=p'$,所以 $p'=p(1+p^2)$,是可分离变量的方程,

$$\int\frac{1}{p(1+p^2)}\mathrm{d}p=\int\mathrm{d}x+\ln|C|,$$

即 $\ln\frac{p^2}{1+p^2}=2x+\ln|C|$,$\frac{p^2}{1+p^2}=C_1\mathrm{e}^{2x}$,$p^2=\frac{C_1\mathrm{e}^{2x}}{1-C_1\mathrm{e}^{2x}}$.

又由曲线 $y=y(x)$ 与直线 $y=x$ 相切于原点,得 $y(0)=0, y'(0)=1$,即 $x=0$ 时,$p=1>0$,所以 $C_1=\frac{1}{2}$,$y'=p=\sqrt{\frac{\frac{1}{2}\mathrm{e}^{2x}}{1-\frac{1}{2}\mathrm{e}^{2x}}}=\frac{\mathrm{e}^x}{\sqrt{2-\mathrm{e}^{2x}}}$,故 $y=\int\frac{\mathrm{e}^x}{\sqrt{2-\mathrm{e}^{2x}}}\mathrm{d}x=\arcsin\frac{\mathrm{e}^x}{\sqrt{2}}+C_2$,由 $y(0)=0$ 得 $C_2=-\frac{\pi}{4}$,所以 $y=\arcsin\frac{\mathrm{e}^x}{\sqrt{2}}-\frac{\pi}{4}$.

评注

二阶可降价的微分方程既不显含 x 又不显含 y 时,通常考虑不显含 y 的形式,此题解题过程中利用了积分公式 $\int\frac{1}{\sqrt{a^2-x^2}}\mathrm{d}x=\arcsin\frac{x}{a}+C$.

【例 8.3.8】(2010[②]) 设函数 $y=f(x)$ 由参数方程 $\begin{cases}x=2t+t^2,\\ y=\psi(t)\end{cases}(t>-1)$ 所确定,其中 $\psi(t)$ 具有二阶导数,且 $\psi(1)=\frac{5}{2}$,$\psi'(1)=6$,已知 $\frac{\mathrm{d}^2y}{\mathrm{d}x^2}=\frac{3}{4(1+t)}$,求函数 $\psi(t)$.

分析:此题需要先计算参数方程确定的函数的二阶导数,然后由已知条件得到二阶可降阶的微分方程.

【解】 由于 $\frac{\mathrm{d}y}{\mathrm{d}x}=\frac{\mathrm{d}y/\mathrm{d}t}{\mathrm{d}x/\mathrm{d}t}=\frac{\psi'(t)}{2+2t}$,$\frac{\mathrm{d}^2y}{\mathrm{d}x^2}=\frac{(2+2t)\psi''(t)-2\psi'(t)}{(2+2t)^3}=\frac{(1+t)\psi''(t)-\psi'(t)}{4(1+t)^3}$,由题意知 $\frac{(1+t)\psi''(t)-\psi'(t)}{4(1+t)^3}=\frac{3}{4(1+t)}$,即 $(1+t)\psi''(t)-\psi'(t)=3(1+t)^2$ 或 $\psi''(t)-\frac{1}{1+t}\psi'(t)=3(1+t)$,此即为二阶可降阶的微分方程.设 $\psi'(t)=p$,则 $\psi''(t)=p'$,所以 $p'-\frac{1}{1+t}p=3(1+t)$ 是一阶线性方程,所以 $p=\mathrm{e}^{-\int-\frac{1}{1+t}\mathrm{d}t}\left[\int 3(1+t)\mathrm{e}^{\int-\frac{1}{1+t}\mathrm{d}t}\mathrm{d}t+C_1\right]=(1+t)(3t+C_1)$.

由 $\psi'(1)=6$,即 $t=1$ 时 $p=6$ 得 $C_1=0$,所以 $\psi'(t)=p=3t(1+t)$,再积分得 $\psi(t)=\frac{3}{2}t^2+t^3+C_2$,由 $\psi(1)=\frac{5}{2}$ 得 $C_2=0$,所以 $\psi(t)=\frac{3}{2}t^2+t^3(t>-1)$.

第四节 线性微分方程的解的结构

一、二阶齐次线性微分方程解的结构

定义 8.4.1 形如 $y''+p(x)y'+q(x)y=0$ 的微分方程称为二阶齐次线性微分方程.

定理 8.4.1　设 y_1,y_2 均为齐次线性微分方程 $y''+p(x)y'+q(x)y=0$ 的解，则 $Y=c_1y_1+c_2y_2$ 也为微分方程 $y''+p(x)y'+q(x)y=0$ 的解，其中 c_1,c_2 为任意常数.

评注

这说明齐次线性微分方程具有解的叠加性.

定义 8.4.2　如果两个函数 $y_1(x),y_2(x)$ 之比为一个常数 k，即 $\frac{y_1(x)}{y_2(x)}=k$，则称 $y_1(x)$ 和 $y_2(x)$ 线性相关，反之称这两个函数线性无关.

定理 8.4.2　设 y_1,y_2 为微分方程 $y''+p(x)y'+q(x)y=0$ 的两个线性无关的解，则 $Y=c_1y_1+c_2y_2$ 为微分方程 $y''+p(x)y'+q(x)y=0$ 的通解，其中 c_1,c_2 为任意常数.

评注

定理 8.4.1 和定理 8.4.2 很容易证明，考生可自行完成.

【例 8.4.1】　求微分方程 $y''+y=0$ 的通解.

【解】　由于 $(\sin x)''=-\sin x$，$(\cos x)''=-\cos x$，且 $\sin x$ 与 $\cos x$ 线性无关，所以微分方程 $y''+y=0$ 的通解为 $y=c_1\sin x+c_2\cos x$（c_1,c_2 为任意常数）.

评注

本章第五节将介绍此类方程的具体解法，此处只是对解的结构进行简单说明.

二、二阶非齐次线性微分方程解的结构

定义 8.4.3　形如 $y''+p(x)y'+q(x)y=f(x)$ 的微分方程称为二阶非齐次线性微分方程.

定理 8.4.3　设 y_1^*,y_2^* 都是非齐次线性微分方程 $y''+p(x)y'+q(x)y=f(x)$ 的特解，则 $y=y_2^*-y_1^*$ 是对应齐次微分方程 $y''+p(x)y'+q(x)y=0$ 的一个解.

定理 8.4.4　设 y^* 为非齐次线性微分方程 $y''+p(x)y'+q(x)y=f(x)$ 的一个特解，而 $Y=c_1y_1+c_2y_2$ 为对应齐次线性微分方程 $y''+p(x)y'+q(x)y=0$ 的通解，则 $y=Y+y^*$ 是非齐次微分方程的通解.

定理 8.4.5　设 y_1^*,y_2^* 分别是非齐次线性微分方程 $y''+p(x)y'+q(x)y=f_1(x)$ 和 $y''+p(x)y'+q(x)y=f_2(x)$ 的特解，则 $y=y_1^*+y_2^*$ 是非齐次微分方程 $y''+p(x)y'+q(x)y=f_1(x)+f_2(x)$ 的一个特解.

【例 8.4.2】　设 $y_1^*=xe^x+2e^{-x}$，$y_2^*=xe^x+e^{2x}$，$y_3^*=xe^x+e^{2x}-e^{-x}$ 是微分方程 $y''+p(x)y'+q(x)y=f(x)$ 的三个特解，求此微分方程的通解.

【解】　由解的结构定理 8.4.3 及 8.4.5 知 $y_1=y_2^*-y_3^*=e^{-x}$ 是对应齐次微分方程的一个解，$y^*=y_1^*-2y_1=xe^x$ 是非齐次微分方程的一个特解，$y_2=y_2^*-y^*=e^{2x}$ 也是对应齐次微分方程的一个解，且与 y_1 线性无关，所以非齐次线性微分方程的通解为

$$y=C_1y_1+C_2y_2+y^*=C_1e^{-x}+C_2e^{2x}+xe^x.$$

【例 8.4.3】（2013②）　已知 $y_1^*=e^{3x}-xe^{2x}$，$y_2^*=e^x-xe^{2x}$，$y_3^*=-xe^{2x}$ 是某个二阶常系数非齐次线性微分方程的三个解，则该微分方程满足条件 $y\Big|_{x=0}=0,y'\Big|_{x=0}=1$ 的解为 $y=$ ______.

【答案】　$-e^x+e^{3x}-xe^{2x}$.

【解】　由解的结构定理 8.4.3 及 8.4.5 知 $y_1=y_2^*-y_3^*=e^x$，$y_2=y_1^*-y_3^*=e^{3x}$ 是对应齐次微分方程的两个解且线性无关，所以非齐次线性微分方程的通解为

$$y=C_1y_1+C_2y_2+y_3^*=C_1e^x+C_2e^{3x}-xe^{2x}.$$

方程满足条件 $y\Big|_{x=0}=0, y'\Big|_{x=0}=1$,所以 $C_1+C_2=0, C_1+3C_2-1=1, C_1=-1, C_2=1$,故满足条件的解为 $y=-\mathrm{e}^{x}+\mathrm{e}^{3x}-x\mathrm{e}^{2x}$.

第五节　常系数线性微分方程

一、常系数齐次线性微分方程

1. 二阶常系数齐次线性微分方程

定义 8.5.1　当 p,q 为常数时,微分方程

$$y''+py'+qy=0 \tag{8-5-1}$$

称为二阶常系数齐次线性微分方程.

分析:首先考虑什么函数的导数是该函数的常数倍?

设 $y=\mathrm{e}^{rx}$ 是微分方程 $y''+py'+qy=0$ 的解,则 $y'=r\mathrm{e}^{rx}$, $y''=r^2\mathrm{e}^{rx}$,代入微分方程得 $r^2\mathrm{e}^{rx}+pr\mathrm{e}^{rx}+q\mathrm{e}^{rx}=0$,由于 $\mathrm{e}^{rx}\neq 0$,所以 $r^2+pr+q=0$.

2. 特征方程

定义 8.5.2　方程

$$r^2+pr+q=0 \tag{8-5-2}$$

称为微分方程 $y''+py'+qy=0$ 的特征方程,特征方程的根 r_1,r_2 称为特征根.

3. 二阶常系数齐次线性微分方程的通解与特征方程的根的关系

(1) 当特征方程 $r^2+pr+q=0$ 有两个相异的实根 $r_1\neq r_2$ 时,$y_1=\mathrm{e}^{r_1x}, y_2=\mathrm{e}^{r_2x}$ 显然是微分方程 $y''+py'+qy=0$ 的两个线性无关的解,则微分方程的通解为 $y=c_1\mathrm{e}^{r_1x}+c_2\mathrm{e}^{r_2x}$.

(2) 当特征方程 $r^2+pr+q=0$ 有两个相同的实根 $r_1=r_2$ 时,$2r_1=r_1+r_2=-p$,e^{r_1x},e^{r_2x} 是微分方程 $y''+py'+qy=0$ 的线性相关的解,设 $y_1=\mathrm{e}^{r_1x}$,由刘维尔公式得 $y_2=y_1\int\frac{1}{y_1^2}\mathrm{e}^{-\int p\mathrm{d}x}\mathrm{d}x=\mathrm{e}^{r_1x}\int\frac{\mathrm{e}^{-px}}{\mathrm{e}^{2r_1x}}\mathrm{d}x=\mathrm{e}^{r_1x}\cdot x$,所以微分方程的通解为 $y=(C_1+C_2x)\mathrm{e}^{r_1x}$.

(3) 当特征方程 $r^2+pr+q=0$ 有一对共轭复根 $\alpha\pm\beta\mathrm{i}$ 时,虽然 $\overline{y}_1=\mathrm{e}^{(\alpha+\beta\mathrm{i})x}$,$\overline{y}_2=\mathrm{e}^{(\alpha-\beta\mathrm{i})x}$ 是微分方程 $y''+py'+qy=0$ 的两个线性无关的解,由于一般在实数范围内讨论问题,此处引入欧拉公式 $\mathrm{e}^{\mathrm{i}x}=\cos x+\mathrm{i}\sin x$(利用函数 $\mathrm{e}^{\mathrm{i}x}$,$\sin x$,$\cos x$ 的幂级数展开式,比较其实部和虚部可得结论),则 $\overline{y}_1=\mathrm{e}^{(\alpha+\beta\mathrm{i})x}=\mathrm{e}^{\alpha x}(\cos\beta x+\mathrm{i}\sin\beta x)$,$\overline{y}_2=\mathrm{e}^{(\alpha-\beta\mathrm{i})x}=\mathrm{e}^{\alpha x}(\cos\beta x-\mathrm{i}\sin\beta x)$,由齐次线性微分方程解的结构知 $y_1=\frac{1}{2}(\overline{y}_1+\overline{y}_2)=\mathrm{e}^{\alpha x}\cdot\cos\beta x$,$y_2=\frac{1}{2\mathrm{i}}(\overline{y}_1-\overline{y}_2)=\mathrm{e}^{\alpha x}\cdot\sin\beta x$ 是微分方程 $y''+py'+qy=0$ 的两个线性无关的解,所以微分方程的通解为 $y=\mathrm{e}^{\alpha x}(C_1\cos\beta x+C_2\sin\beta x)$.

上述关系见表 8-1.

表 8-1

特征方程 $r^2+pr+q=0$ 的根	微分方程 $y''+py'+qy=0$ 的通解
相异的实根 $r_1\neq r_2$	$y=C_1\mathrm{e}^{r_1x}+C_2\mathrm{e}^{r_2x}$
相同的实根 $r_1=r_2$	$y=(C_1+C_2x)\mathrm{e}^{r_1x}$
共轭复根 $\alpha\pm\beta\mathrm{i}$	$y=\mathrm{e}^{\alpha x}(C_1\cos\beta x+C_2\sin\beta x)$

【例 8.5.1】　求下列微分方程的通解:

(1) $y''-y'-6y=0$;　　(2) $y''+4y'=0$;

(3) $y''+6y'+9y=0$;　　(4) $y''+2y'+2y=0$.

【解】　(1) 特征方程为 $r^2-r-6=0$,特征根为 $r_1=3, r_2=-2$,所以 $y''-y'-6y=0$ 的通解为 $y=C_1\mathrm{e}^{3x}+C_2\mathrm{e}^{-2x}$.

(2) 特征方程为 $r^2+4r=0$，特征根为 $r_1=0, r_2=-4$，所以 $y''+4y'=0$ 的通解为 $y=C_1+C_2\mathrm{e}^{-4x}$.

(3) 特征方程为 $r^2+6r+9=0$，特征根为 $r_1=r_2=-3$，所以 $y''+6y'+9y=0$ 的通解为 $y=(C_1+C_2x)\mathrm{e}^{-3x}$.

(4) 特征方程为 $r^2+2r+2=0$，特征根为 $r_{1,2}=-1\pm\mathrm{i}$，所以 $y''+2y'+2y=0$ 的通解为 $y=\mathrm{e}^{-x}(C_1\cos x+C_2\sin x)$.

【例 8.5.2】 $y''+2y'+ay=0$ 的所有通解 $y(x)$ 满足 $\lim\limits_{x\to+\infty}y(x)=0$，则常数 a 满足(　　).

(A) $a>0$.　　(B) $a<0$.　　(C) $a\geqslant 0$.　　(D) $a\leqslant 0$.

【答案】 (A).

【解】 特征方程为 $r^2+2r+a=0$.

如果 $a=0$，则特征根为 $r_1=0, r_2=-2$，$y''+2y'=0$ 的通解 $y=C_1+C_2\mathrm{e}^{-2x}$ 不满足 $\lim\limits_{x\to+\infty}y(x)=0$，所以排除(C)、(D)；当 $a<0$ 时，特征根为 $r_1=-1-\sqrt{1-a}<0$，而 $r_2=-1+\sqrt{1-a}>0$，$y_2=\mathrm{e}^{r_2x}$ 不满足 $\lim\limits_{x\to+\infty}y_2(x)=0$，所以排除(B).

事实上，当 $0<a\leqslant 1$ 时，特征根为 $r_1=-1-\sqrt{1-a}<0$，$r_2=-1+\sqrt{1-a}<0$，微分方程的通解 $y=C_1\mathrm{e}^{r_1x}+C_2\mathrm{e}^{r_2x}$ 满足 $\lim\limits_{x\to+\infty}y(x)=0$；当 $a>1$ 时，特征根为 $r_{1,2}=-1\pm\sqrt{a-1}\mathrm{i}$，微分方程的通解 $y=\mathrm{e}^{-x}(C_1\cos\sqrt{a-1}x+C_2\sin\sqrt{a-1}x)$ 满足 $\lim\limits_{x\to+\infty}y(x)=0$，所以应选(A).

评 注

由于是选择题，可以用特殊值判断，如取 $a=0$ 可以排除(C)，(D)，取 $a=1$ 可直接得到答案(A).

4. n 阶常系数齐次线性微分方程 $y^{(n)}+p_1y^{(n-1)}+\cdots+p_ny=0$，其中 $p_1,p_2,\cdots,p_n$ 为常数相应的特征方程为 $r^n+p_1r^{n-1}+\cdots+p_{n-1}r+p_n=0$，对应关系见表 8-2.

表 8-2

特征方程的根	微分方程通解中对应的项
单实根 r	$C\mathrm{e}^{rx}$
k 重实根 r	$(C_1+C_2x+\cdots+C_kx^{k-1})\mathrm{e}^{rx}$
一对单复根	$\mathrm{e}^{\alpha x}(C_1\cos\beta x+C_2\sin\beta x)$

【例 8.5.3】(2010②)　三阶常系数线性齐次微分方程 $y'''-2y''+y'-2y=0$ 的通解为________.

【答案】 $y=C_1\mathrm{e}^{2x}+C_2\cos x+C_3\sin x$.

【解】 特征方程为 $r^3-2r^2+r-2=0$，即 $(r-2)(r^2+1)=0$，特征根为 $r_1=2, r_{2,3}=\pm\mathrm{i}$，所以 $y'''-2y''+y'-2y=0$ 的通解为 $y=C_1\mathrm{e}^{2x}+C_2\cos x+C_3\sin x$.

【例 8.5.4】 以 $y=C_1\mathrm{e}^{x}+C_2\cos 2x+C_3\sin 2x$ 为通解的微分方程为________.

【答案】 $y'''-y''+4y'-4y=0$.

【解】 由解的形式 $y=C_1\mathrm{e}^{x}+C_2\cos 2x+C_3\sin 2x$ 知特征方程的根为 $r_1=1, r_{2,3}=\pm 2\mathrm{i}$，所以特征方程为 $(r-1)(r^2+4)=0$，即 $r^3-r^2+4r-4=0$，所以微分方程为 $y'''-y''+4y'-4y=0$.

评 注

考生可通过比较例 8.5.3 和例 8.5.4 了解掌握齐次线性微分方程解的结构.

二、二阶常系数非齐次线性微分方程

定义 8.5.3 微分方程

$$y''+py'+qy=f(x) \tag{8-5-3}$$

称为二阶常系数非齐次线性微分方程，其中 p,q 为常数.

由二阶非齐次线性微分方程解的结构及二阶常系数齐次线性微分方程的通解的计算方法可知，主要问题是如何求二阶常系数非齐次线性微分方程的一个特解，考研大纲只要求对特定的 $f(x)$ 利用待定系数法求特解.

1. $f(x)=\mathrm{e}^{\lambda x}P_n(x)$

其中 $P_n(x)=a_0x^n+a_1x^{n-1}+\cdots+a_{n-1}x+a_n$，$\lambda, a_k(0\leqslant k\leqslant n)$ 为实数.

微分方程 $y''+py'+qy=\mathrm{e}^{\lambda x}P_n(x)$ 的特解形式为

$$y^*=x^k\mathrm{e}^{\lambda x}Q_n(x),$$

其中 $k=\begin{cases}0, & \text{当}\lambda\text{不是特征方程} r^2+pr+q=0 \text{的根时},\\ 1, & \text{当}\lambda\text{是特征方程} r^2+pr+q=0 \text{的单根时},\\ 2, & \text{当}\lambda\text{是特征方程} r^2+pr+q=0 \text{的重根时},\end{cases}$ $Q_n(x)=b_0x^n+b_1x^{n-1}+\cdots+b_{n-1}x+b_n$，$b_k(0\leqslant k\leqslant n)$ 为待定系数.

注意：可细分为 $\lambda=0$ 及 $\lambda\neq 0$ 两种情况.

2. $f(x)=\mathrm{e}^{\alpha x}[P_n(x)\cos\beta x+Q_m(x)\sin\beta x]$

微分方程 $y''+py'+qy=\mathrm{e}^{\alpha x}[P_n(x)\cos\beta x+Q_m(x)\sin\beta x]$ 的特解形式为

$$y^*=x^k\mathrm{e}^{\alpha x}[R_l(x)\cos\beta x+S_l(x)\sin\beta x],$$

其中 $l=\max\{n,m\}$，$k=\begin{cases}0, & \text{当}\alpha\pm\beta\mathrm{i}\text{不是特征方程} r^2+pr+q=0 \text{的根时},\\ 1, & \text{当}\alpha\pm\beta\mathrm{i}\text{是特征方程} r^2+pr+q=0 \text{的根时}.\end{cases}$

常见的是 $f(x)=\mathrm{e}^{\alpha x}(A\cos\beta x+B\sin\beta x)$

微分方程 $y''+py'+qy=\mathrm{e}^{\alpha x}(A\cos\beta x+B\sin\beta x)$ 的特解形式为

$$y^*=x^k\mathrm{e}^{\alpha x}(a\cos\beta x+b\sin\beta x),$$

其中 $k=\begin{cases}0, & \text{当}\alpha\pm\beta\mathrm{i}\text{不是特征方程} r^2+pr+q=0 \text{的根时},\\ 1, & \text{当}\alpha\pm\beta\mathrm{i}\text{是特征方程} r^2+pr+q=0 \text{的根时}.\end{cases}$

【例 8.5.5】 写出下列微分方程的特解形式：

(1) $y''+y'-6y=3x^2+1$；　　(2) $y''+y'-6y=x\mathrm{e}^{2x}$；

(3) $y''+4y'+4y=(x+1)\mathrm{e}^{-2x}$；　　(4) $y''+y'-6y=x\mathrm{e}^{-3x}+x^2\mathrm{e}^x$；

(5) $y''+2y'+2y=2\sin 2x$；　　(6) $y''+2y'+2y=x\mathrm{e}^{-x}\cos x$.

【解】 (1) 特征方程 $r^2+r-6=0$ 的根为 $r_1=2, r_2=-3$，$P_2(x)=3x^2+1$，$\lambda=0$ 不是特征方程的根，微分方程的特解形式为 $y^*=Q_2(x)=ax^2+bx+c$.

(2) 特征方程 $r^2+r-6=0$ 的根为 $r_1=2, r_2=-3$，$P_1(x)=x$，$\lambda=2$ 是特征方程的单根，微分方程的特解形式为 $y^*=x\mathrm{e}^{2x}Q_1(x)=(ax^2+bx)\mathrm{e}^{2x}$.

(3) 特征方程 $r^2+4r+4=0$ 的根为 $r_1=r_2=-2$，$P_1(x)=x+1$，$\lambda=-2$ 是特征方程的重根，微分方程的特解形式为 $y^*=x^2\mathrm{e}^{-2x}Q_1(x)=(ax^3+bx^2)\mathrm{e}^{-2x}$.

(4) 特征方程 $r^2+r-6=0$ 的根为 $r_1=2, r_2=-3$，由线性微分方程解的结构定理 8.4.5 知，需分别求 $y''+y'-6y=x\mathrm{e}^{-3x}$ 及 $y''+y'-6y=x^2\mathrm{e}^x$ 的特解 y_1^*, y_2^*.

1) $P_1(x)=x$，$\lambda=-3$ 是特征方程的单根，所以

$$y_1^*=xQ_1(x)\mathrm{e}^{-3x}=(a_1x^2+b_1x)\mathrm{e}^{-3x};$$

2) $P_2(x)=x^2$，$\lambda=1$ 不是特征方程的根，所以

$$y_2^*=Q_2(x)\mathrm{e}^x=(a_2x^2+b_2x+c_2)\mathrm{e}^x,$$

故微分方程的特解形式为 $y^*=y_1^*+y_2^*=(a_1x^2+b_1x)\mathrm{e}^{-3x}+(a_2x^2+b_2x+c_2)\mathrm{e}^x$.

(5) 特征方程 $r^2+2r+2=0$ 的根为 $r_{1,2}=-1\pm\mathrm{i}$，$2\mathrm{i}$ 不是特征方程的根，微分方程的特解形式为

$$y^*=a\cos 2x+b\sin 2x.$$

评注

特解形式不能够只设为 $a\cos 2x$ 或 $b\sin 2x$.

(6) 特征方程 $r^2+2r+2=0$ 的根为 $r_{1,2}=-1\pm i$，$\alpha=-1$，$\beta=1$，$-1\pm i$ 是特征方程的根，微分方程的特解形式为

$$y^*=xe^{-x}[(ax+b)\cos x+(cx+d)\sin x].$$

【例 8.5.6】 求微分方程 $y''-2y'+y=3xe^x$ 的一个特解.

【解】 特征方程 $r^2-2r+1=0$ 的根为 $r_1=r_2=1$，$\lambda=1$ 是重根，微分方程的特解形式为 $y^*=x^2(ax+b)e^x=(ax^3+bx^2)e^x$，则

$$(y^*)'=[ax^3+(3a+b)x^2+2bx]e^x,\quad (y^*)''=[ax^3+(6a+b)x^2+(6a+4b)x+2b]e^x,$$

代入微分方程 $y''-2y'+y=3xe^x$ 得

$$[ax^3+(6a+b)x^2+(6a+4b)x+2b]e^x-2[ax^3+(3a+b)x^2+2bx]e^x+(ax^3+bx^2)e^x=3xe^x,$$

整理得 $6ax+2b=3x$，所以 $a=\dfrac{1}{2}$，$b=0$，即微分方程的特解为 $y^*=x^2(ax+b)e^x=\dfrac{1}{2}x^3e^x$.

评注

考生如果将微分方程的特解形式写正确的话，一定能求出相应的待定系数值；如果发现解不出待定系数，应先检查特解形式是否正确.

【例 8.5.7】(2010①) 求微分方程 $y''-3y'+2y=2xe^x$ 的通解.

【解】 特征方程 $r^2-3r+2=0$ 的根为 $r_1=1$，$r_2=2$，齐次微分方程 $y''-3y'+2y=0$ 的通解为 $Y=C_1e^x+C_2e^{2x}$，$\lambda=1$ 是单根.

设微分方程的特解形式为 $y^*=x(ax+b)e^x=(ax^2+bx)e^x$，则

$$(y^*)'=[ax^2+(2a+b)x+b]e^x,\quad (y^*)''=[ax^2+(4a+b)x+(2a+2b)]e^x,$$

代入微分方程 $y''-3y'+2y=2xe^x$ 得

$$[ax^2+(4a+b)x+(2a+2b)]e^x-3[ax^2+(2a+b)x+b]e^x+2(ax^2+bx)e^x=2xe^x,$$

整理得 $-2ax+2a-b=2x$，所以 $a=-1$，$b=-2$，即微分方程的特解为 $y^*=x(-x-2)e^x=-(x^2+2x)e^x$，微分方程的通解为 $y=Y+y^*=C_1e^x+C_2e^{2x}-(x^2+2x)e^x$.

【例 8.5.8】 求微分方程 $y''+y=4\cos x+2\sin x$ 的通解.

【解】 特征方程 $r^2+1=0$ 的根为 $r_{1,2}=\pm i$，齐次微分方程 $y''+y=0$ 的通解为 $Y=C_1\cos x+C_2\sin x$，$\alpha=0$，$\beta=1$ 是单根.

设微分方程的特解形式为 $y^*=x(a\cos x+b\sin x)$，则

$$(y^*)'=(a+bx)\cos x+(b-ax)\sin x,\quad (y^*)''=(2b-ax)\cos x-(2a+bx)\sin x,$$

代入微分方程 $y''+y=4\cos x+2\sin x$ 得

$$(2b-ax)\cos x-(2a+bx)\sin x+x(a\cos x+b\sin x)=4\cos x+2\sin x,$$

整理得 $2b=4$，$-2a=2$，所以 $a=-1$，$b=2$，即微分方程的特解为 $y^*=x(-\cos x+2\sin x)$，微分方程的通解为 $y=Y+y^*=C_1\cos x+C_2\sin x+x(-\cos x+2\sin x)$.

三、综合应用

【例 8.5.9】(2009①) 若二阶常系数线性齐次微分方程 $y''+ay'+by=0$ 的通解为 $y=(C_1+C_2x)e^x$，则非齐次方程 $y''+ay'+by=x$ 满足条件 $y(0)=2$，$y'(0)=0$ 的解为 $y=$________.

【答案】 $-xe^x+x+2$.

【解】 $y''+ay'+by=0$ 的通解为 $y=(C_1+C_2x)e^x$ 的形式. $r=1$ 是特征方程的重根，所以特征方程为 $r^2-2r+1=0$，故 $a=-2$，$b=1$，微分方程 $y''-2y'+y=x$ 的特解为 $y^*=x+2$，通解为 $y=(C_1$

$+C_2x)e^x+(x+2)$. 由满足条件 $y(0)=2,y'(0)=0$ 知 $C_1=0,C_2=-1$,故微分方程满足条件的特解为

$$y=-xe^x+x+2.$$

【例 8.5.10】 设 $f(x)$ 二阶可导,且满足 $f(x)=\sin 2x+\int_0^x tf(x-t)\mathrm{d}t$,求 $f(x)$.

【解】 先处理变上限积分 $\int_0^x tf(x-t)\mathrm{d}t$:设 $u=x-t$,则

$$\int_0^x tf(x-t)\mathrm{d}t=\int_x^0(x-u)f(u)(-\mathrm{d}u)=x\int_0^x f(u)\mathrm{d}u-\int_0^x uf(u)\mathrm{d}u,$$

所以 $f(x)=\sin 2x+x\int_0^x f(u)\mathrm{d}u-\int_0^x uf(u)\mathrm{d}u$,求导得 $f'(x)=2\cos 2x+\int_0^x f(u)\mathrm{d}u+xf(x)-xf(x)$,再求导得 $f''(x)=-4\sin 2x+f(x)$,记 $y=f(x)$,则 $y''-y=-4\sin 2x$.

注意:隐含初始条件 $f(0)=0,f'(0)=2$,齐次线性微分方程 $y''-y=0$ 的通解为 $y=C_1e^x+C_2e^{-x}$,非齐次线性微分方程的特解形式为 $y^*=a\cos 2x+b\sin 2x$,代入方程得到 $-5a\cos 2x-5b\sin 2x=-4\sin 2x$,所以 $a=0,b=\frac{4}{5}$,故特解为 $y^*=\frac{4}{5}\sin 2x$,所以微分方程 $y''-y=-4\sin 2x$ 的通解为 $y=C_1e^x+C_2e^{-x}+\frac{4}{5}\sin 2x$,由 $f(0)=0,f'(0)=2$ 得 $C_1=\frac{1}{5},C_2=-\frac{1}{5}$,故 $f(x)=\frac{1}{5}e^x-\frac{1}{5}e^{-x}+\frac{4}{5}\sin 2x$.

四、欧拉方程①

二阶欧拉方程的形式为 $x^2\frac{\mathrm{d}^2y}{\mathrm{d}x^2}+a_1x\frac{\mathrm{d}y}{\mathrm{d}x}+a_2y=f(x)(x>0)$,其中 a_1,a_2 是实数.

设 $x=e^t$,则 $y'=\frac{\mathrm{d}y}{\mathrm{d}x}=\frac{\mathrm{d}y}{\mathrm{d}t}\cdot\frac{\mathrm{d}t}{\mathrm{d}x}=\frac{1}{x}\cdot\frac{\mathrm{d}y}{\mathrm{d}t}$,因此

$$x\frac{\mathrm{d}y}{\mathrm{d}x}=\frac{\mathrm{d}y}{\mathrm{d}t},\quad y''=\frac{\mathrm{d}^2y}{\mathrm{d}x^2}=-\frac{1}{x^2}\cdot\frac{\mathrm{d}y}{\mathrm{d}t}+\frac{1}{x}\cdot\frac{\mathrm{d}^2y}{\mathrm{d}t^2}\cdot\frac{\mathrm{d}t}{\mathrm{d}x}=-\frac{1}{x^2}\cdot\frac{\mathrm{d}y}{\mathrm{d}t}+\frac{1}{x^2}\cdot\frac{\mathrm{d}^2y}{\mathrm{d}t^2},$$

所以 $x^2\frac{\mathrm{d}^2y}{\mathrm{d}x^2}=\frac{\mathrm{d}^2y}{\mathrm{d}t^2}-\frac{\mathrm{d}y}{\mathrm{d}t}$,二阶欧拉方程可化为 $\frac{\mathrm{d}^2y}{\mathrm{d}t^2}+(a_1-1)\frac{\mathrm{d}y}{\mathrm{d}t}+a_2y=f(e^t)$,是二阶常系数线性微分方程.

也可引入微分算子:$\mathrm{D}=\frac{\mathrm{d}}{\mathrm{d}t}$,则 $\frac{\mathrm{d}y}{\mathrm{d}t}=\mathrm{D}y,\frac{\mathrm{d}^2y}{\mathrm{d}t^2}=\mathrm{D}^2y$,则有 $x\frac{\mathrm{d}y}{\mathrm{d}x}=\frac{\mathrm{d}y}{\mathrm{d}t}=\mathrm{D}y,x^2\frac{\mathrm{d}^2y}{\mathrm{d}x^2}=\frac{\mathrm{d}^2y}{\mathrm{d}t^2}-\frac{\mathrm{d}y}{\mathrm{d}t}=\mathrm{D}(\mathrm{D}-1)y$. 因此二阶欧拉方程可记为

$$[\mathrm{D}(\mathrm{D}-1)+a_1\mathrm{D}+a_2]y=f(e^t),$$

特征方程为 $r(r-1)+a_1r+a_2=0$.

【例 8.5.11】 求微分方程 $x^2y''-xy'+y=0$ 的通解.

【解】 设 $x=e^t$,则 $x^2y''-xy'+y=0$ 可化为 $\frac{\mathrm{d}^2y}{\mathrm{d}t^2}-2\frac{\mathrm{d}y}{\mathrm{d}t}+y=0$,特征方程为 $r^2-2r+1=0,r_1=r_2=1$,微分方程的通解为 $y=(C_1+C_2t)e^t$,原微分方程的通解为 $y=(C_1+C_2\ln x)x$.

【例 8.5.12】 求微分方程 $x^2y''+xy'-y=3x^2$ 的通解.

【解】 设 $x=e^t$,则 $x^2y''+xy'-y=3x^2$ 可化为 $\frac{\mathrm{d}^2y}{\mathrm{d}t^2}-y=3e^{2t}$,特征方程为 $r^2-1=0,r_1=1,r_2=-1$,对应齐次微分方程的通解为 $Y=C_1e^t+C_2e^{-t}$. 设非齐次微分方程的特解形式为 $y^*=ae^{2t}$,则 $(y^*)''-y^*=3ae^{2t}$,所以 $a=1$,通解为 $y=Y+y^*$,故原微分方程的通解为 $y=C_1x+C_2\frac{1}{x}+x^2$.

对于三阶欧拉方程 $x^3\dfrac{d^3y}{dx^3}+a_1x^2\dfrac{d^2y}{dx^2}+a_2x\dfrac{dy}{dx}+a_3y=f(x)$，其中 a_1,a_2,a_3 是实数，设 $x=e^t$，则有

$$x\frac{dy}{dx}=\frac{dy}{dt}=Dy,\quad x^2\frac{d^2y}{dx^2}=D(D-1)y,\quad x^3\frac{d^3y}{dx^3}=D(D-1)(D-2)y,$$

欧拉方程可化为

$$[D(D-1)(D-2)+a_1D(D-1)+a_2D+a_3]y=f(e^t).$$

【例 8.5.13】 求微分方程 $x^3y'''+3x^2y''-2xy'+2y=0$ 的通解.

【解】 设 $x=e^t$，则微分方程可化为

$$[D(D-1)(D-2)+3D(D-1)-2D+2]y=0,$$

特征方程为 $r(r-1)(r-2)+3r(r-1)-2r+2=0$，即 $(r-1)^2(r+2)=0$，$r_{1,2}=1$，$r_3=-2$，微分方程的通解为

$$y=(C_1+C_2t)e^t+C_3e^{-2t}=C_1x+C_2x\ln x+C_3x^{-2}.$$

评注

对于高阶的欧拉方程也有相应的解法，但由于考生数学基础（求解高阶代数方程）的原因，高阶欧拉方程一般不作考试要求.

第六节　差分方程[③]

一、概念

定义 8.6.1 设函数 $y=f(t)$，自变量 t 依次取遍非负整数时，相应的函数值为 $f(0),f(1),f(2),\cdots,f(t),f(t+1),\cdots$，简记为 $y_0,y_1,y_2,\cdots,y_t,y_{t+1},\cdots$，当自变量从 t 变到 $t+1$ 时，相应函数的改变量 $y_{t+1}-y_t$ 称为函数在点 t 的一阶差分，记作 Δy_t，即 $\Delta y_t=y_{t+1}-y_t(t=0,1,2,\cdots)$.

定义 8.6.2 当自变量从 t 变到 $t+1$ 时，一阶差分的差分称为二阶差分，记作 Δ^2y_t，即 $\Delta^2y_t=\Delta y_{t+1}-\Delta y_t=y_{t+2}-2y_{t+1}+y_t$，二阶差分的差分称为三阶差分，记作 Δ^3y_t. 类似可定义 n 阶差分 Δ^ny_t.

定义 8.6.3 含有自变量、函数及函数的各阶差分的方程称为差分方程.

差分方程中，函数最大下标与最小下标的差称为差分方程的阶，如 $y_{t+3}-4y_{t+2}+3y_{t+1}-2=0$ 是二阶差分方程.

满足差分方程的函数称为差分方程的解，若差分方程的解含有相互独立的任意常数的个数与差分方程的阶数相同，则该解称为差分方程的通解，确定了任意常数的解称为特解，而确定任意常数的条件称为初始条件.

二、一阶常系数线性差分方程

齐次差分方程：$y_{t+1}+ay_t=0$，　(8-6-1)

非齐次差分方程：$y_{t+1}+ay_t=f(t)$，　(8-6-2)

其中 $t=0,1,2,\cdots,a\neq0$ 为常数.

三、解的结构定理

如果 y_t 是方程(8-6-1)的一个非零特解，则 cy_t 是方程(8-6-1)的通解，取 $y_0=1$，可得 $y_t=(-a)^t$，则(8-6-1)的通解为 $c(-a)^t$.

如果 y_t^* 是方程(8-6-2)的一个特解，则方程(8-6-2)的通解为 $c(-a)^t+y_t^*$.

设 $f(t)=P_n(t)b^t$,则 $y_{t+1}+ay_t=f(t)$ 的特解形式为

$$y_t^*=\begin{cases}Q_n(t)b^t, & 当\ a+b\neq 0\ 时,\\ tQ_n(t)b^t, & 当\ a+b=0\ 时.\end{cases}$$

【例 8.6.1】 差分方程 $2y_{t+1}+10y_t=5t$ 的通解是________.

【答案】 $y_t=C(-5)^t+\dfrac{5}{12}t-\dfrac{5}{72}$.

【解】 齐次差分方程 $2y_{t+1}+10y_t=0$ 的通解为 $C(-5)^t$,由于 $b=1,a=5,a+b\neq 0$,所以设 $y_t^*=At+B$,代入差分方程 $2y_{t+1}+10y_t=5t$ 得 $2[A(t+1)+B]+10(At+B)=5t$,所以$12A=5,2A+12B=0$,故 $A=\dfrac{5}{12},B=-\dfrac{5}{72}$,差分方程 $2y_{t+1}+10y_t=5t$ 的通解为

$$y_t=C(-5)^t+\frac{5}{12}t-\frac{5}{72}.$$

【例 8.6.2】 (2017③)差分方程 $y_{t+1}-2y_t=2^t$ 的通解为 $y_t=$ ________.

【解】 对应的齐次差分方程的通解为$\widetilde{y_t}=C\cdot 2^t$,设原方程特解为 $y_t^*=At2^t$,代入原方程解得 $A=\dfrac{1}{2}$,所以特解为 $y_t^*=\dfrac{1}{2}t\cdot 2^t=t\cdot 2^{t-1}$,所以原方程通解为 $y_t=C\cdot 2^t+t\cdot 2^{t-1}$.

重要公式结论与方法技巧

1. $y'+p(x)y=q(x)$ 的通解:$y=\mathrm{e}^{-\int p(x)\mathrm{d}x}\left[\int q(x)\mathrm{e}^{\int p(x)\mathrm{d}x}\mathrm{d}x+C\right]$.

2. 设 y_1^*,y_2^* 都是非齐次线性微分方程 $y''+p(x)y'+q(x)y=f(x)$ 的特解,则 $y=y_2^*-y_1^*$ 是对应齐次微分方程 $y''+p(x)y'+q(x)y=0$ 的一个解.

3. 常系数线性微分方程与特征方程的关系见表 8-3.

表 8-3

特征方程 $r^2+pr+q=0$ 的根	微分方程 $y''+py'+qy=0$ 的通解
相异的实根 $r_1\neq r_2$	$y=C_1\mathrm{e}^{r_1x}+C_2\mathrm{e}^{r_2x}$
相同的实根 $r_1=r_2$	$y=(C_1+C_2x)\mathrm{e}^{r_1x}$
共轭复根 $\alpha\pm\beta\,\mathrm{i}$	$y=\mathrm{e}^{\alpha x}(C_1\cos\beta x+C_2\sin\beta x)$

对于高阶常系数线性微分方程有表 8-4 所示关系.

表 8-4

特征方程的根	微分方程通解中对应的项
单实根 r	$C\mathrm{e}^{rx}$
k 重实根 r	$(C_1+C_2x+\cdots+C_kx^{k-1})\mathrm{e}^{rx}$
二重复根 $\alpha\pm\beta\,\mathrm{i}$	$\mathrm{e}^{\alpha x}[(C_1+C_2x)\cos\beta x+(C_3+C_4x)\sin\beta x]$

4. 微分方程 $y''+py'+qy=\mathrm{e}^{\lambda x}P_n(x)$ 的特解形式为

$$y^*=x^k\mathrm{e}^{\lambda x}Q_n(x),其中\begin{cases}k=0, & 当\ \lambda\ 不是特征方程\ r^2+pr+q=0\ 的根时,\\ k=1, & 当\ \lambda\ 是特征方程\ r^2+pr+q=0\ 的单根时,\\ k=2, & 当\ \lambda\ 是特征方程\ r^2+pr+q=0\ 的重根时,\end{cases}$$

$Q_n(x)=b_0x^n+b_1x^{n-1}+\cdots+b_{n-1}x+b_n,b_k(0\leqslant k\leqslant n)$ 为待定系数.

5. 微分方程 $y''+py'+qy=\mathrm{e}^{\alpha x}[P_n(x)\cos\beta x+Q_m(x)\sin\beta x]$ 的特解形式为

$$y^{*}=x^{k}e^{\alpha x}[R_{l}(x)\cos\beta x+S_{l}(x)\sin\beta x],$$

其中 $l=\max\{n,m\},k=\begin{cases}0, & \text{当 } \alpha\pm\beta\,\mathrm{i} \text{ 不是特征方程 } r^{2}+pr+q=0 \text{ 的根时,}\\ 1, & \text{当 } \alpha\pm\beta\,\mathrm{i} \text{ 是特征方程 } r^{2}+pr+q=0 \text{ 的根时.}\end{cases}$

6. 欧拉方程(二阶情形): $x^{2}\dfrac{d^{2}y}{dx^{2}}+a_{1}x\dfrac{dy}{dx}+a_{2}y=f(x)$,其中 a_1,a_2 是实数.

设 $x=e^{t}$,则欧拉方程可化为 $\dfrac{d^{2}y}{dt^{2}}+(a_{1}-1)\dfrac{dy}{dt}+a_{2}y=f(e^{t})$.

7. 差分方程 $y_{t+1}+ay_{t}=0$ 的通解为 $y_{t}=C(-a)^{t}$.

8. 差分方程 $y_{t+1}+ay_{t}=P_{n}(t)b^{t}$ 的特解形式为

$$y_{t}^{*}=\begin{cases}Q_{n}(t)b^{t}, & \text{当 } a+b\neq 0 \text{ 时;}\\ tQ_{n}(t)b^{t}, & \text{当 } a+b=0 \text{ 时.}\end{cases}$$

9. 一阶微分方程的求解步骤

依次判定所求解的微分方程是否为可分离变量、齐次方程、一阶线性微分方程(数学一还要求判定是否为伯努利方程、全微分方程),如果不是上述类型则考虑第一种变化(即把 x 看作自变量,把 y 看作因变量)重新判定类型,要求数学一的考生会运用适当的变量代换解微分方程.

10. 二阶常系数线性微分方程的常见题型

(1) 求齐次微分方程的通解

(2) 求非齐次微分方程的特解形式(一般是选择题)

(3) 求非齐次微分方程的特解

(4) 求非齐次微分方程的通解

(5) 求满足条件的齐次微分方程的通解

(6) 求满足条件的非齐次微分方程的特解

评注

注意上述各题型之间的关系见图 8-2.

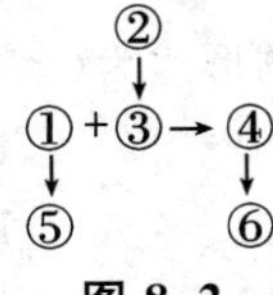

图 8-2

常见误区警示

1. 对于微分方程 $y''=f(y,y')$,设 $y'=p$,则 $y''=p\cdot p'$,微分方程可化为 $p\cdot p'=f(y,p)$.

常见错误:误认为 $y''=p'$,将微分方程化为 $p'=f(y,p)$. 注意这不是一阶微分方程,因为 p' 是 p 对 x 求导数.

2. 对于微分方程 $y''+ay'+by=A\sin\beta x$,特解形式为: $y^{*}=a\cos\beta x+b\sin\beta x$(当 $\pm\beta\,\mathrm{i}$ 不是特征方程的根时).

常见错误:误认为特解形式是 $y^{*}=a\sin\beta x$ 或 $y^{*}=a\cos\beta x$.

本章同步练习

一、单项选择题

1. 微分方程$(2x-y)\mathrm{d}x+(2y-x)\mathrm{d}y=0$的通解是(　　).

(A)$x^2+y^2=C$.　　(B)$x^2-y^2=C$.

(C)$x^2+xy+y^2=C$.　　(D)$x^2-xy+y^2=C$.

2. 已知$y=\dfrac{x}{\ln x}$是微分方程$y'=\dfrac{y}{x}+\varphi\left(\dfrac{y}{x}\right)$的解,则$\varphi\left(\dfrac{y}{x}\right)=$(　　).

(A)$-\dfrac{y^2}{x^2}$.　　(B)$-\dfrac{x^2}{y^2}$.　　(C)$\dfrac{y^2}{x^2}$.　　(D)$\dfrac{x^2}{y^2}$.

3. 微分方程$xy'=y+x^3$的通解是$y=$(　　).

(A)$\dfrac{x^3}{4}+\dfrac{C}{x}$.　　(B)$\dfrac{x^3}{2}+Cx$.　　(C)$\dfrac{x^3}{3}+C$.　　(D)$\dfrac{x^3}{4}+Cx$.

4. 设函数$y(x)$满足微分方程$\cos^2 x\cdot y'+y=\tan x$,且当$x=\dfrac{\pi}{4}$时,$y=0$,则当$x=0$时,$y=$(　　).

(A)$-\dfrac{\pi}{4}$.　　(B)$\dfrac{\pi}{4}$.　　(C)-1.　　(D)1.

5. 设函数$y_1(x),y_2(x)$是线性微分方程$y'+p(x)y=q(x)$的两个特解,若存在常数λ,μ使$\lambda y_1+\mu y_2$是该微分方程的解,$\lambda y_1-\mu y_2$是该方程对应的齐次微分方程的解,则(　　).

(A)$\lambda=\dfrac{1}{2},\mu=\dfrac{1}{2}$.　　(B)$\lambda=-\dfrac{1}{2},\mu=-\dfrac{1}{2}$.

(C)$\lambda=\dfrac{2}{3},\mu=\dfrac{1}{3}$.　　(D)$\lambda=\dfrac{2}{3},\mu=\dfrac{2}{3}$.

6. 微分方程$y''-2y'=xe^{2x}$的特解y^*的形式为(　　).

(A)$y^*=axe^{2x}$.　　(B)$y^*=ax^2e^{2x}$.

(C)$y^*=(ax+b)e^{2x}$.　　(D)$y^*=x(ax+b)e^{2x}$.

7. 设函数$y_1(x),y_2(x),y_3(x)$是线性微分方程$y''+ay'+by=f(x)$的三个解,则对于任意常数C_1,C_2,微分方程的通解为(　　).

(A)$y=C_1y_1(x)+C_2y_2(x)+y_3(x)$.

(B)$y=C_1y_1(x)+C_2y_2(x)+(1-C_1-C_2)y_3(x)$.

(C)$y=C_1y_1(x)+C_2y_2(x)+(C_1+C_2)y_3(x)$.

(D)$y=C_1y_1(x)+C_2y_2(x)-(C_1+C_2)y_3(x)$.

8. 微分方程$y''-2y'+5y=e^x\sin x\cos x$的特解形式$y^*=$(　　).

(A)$xe^x(a\sin x\cos x+b\cos 2x)$.　　(B)$e^x(a\sin x\cos x+b\cos 2x)$.

(C)$axe^x\sin x\cos x$.　　(D)$ae^x\sin x\cos x$.

(其中a,b为任意常数)

9. 已知$y_1=e^{-x},y_2=2xe^{-x},y_3=3e^x$是三阶常系数齐次线性微分方程的解,则该微分方程是(　　).

(A)$y'''-y''-y'+y=0$.　　(B)$y'''+y''-y'-y=0$.

(C)$y'''-6y''+11y'-6y=0$.　　(D)$y'''-2y''-y'+2y=0$.

二、填空题

1. 微分方程 $y'\sin x = y\ln y$ 满足条件 $y\left(\frac{\pi}{2}\right) = \mathrm{e}$ 的特解是________.

2. 微分方程 $xy' + y - \mathrm{e}^x = 0$ 满足条件 $y(1) = \mathrm{e}$ 的特解为 $y =$ ________.

3. 微分方程 $y' - 3y = \mathrm{e}^x\sqrt{y}$ 的通解是________.

4. 微分方程 $yy' + xy^2 = 5x$ 的通解为 $y =$ ________.

5. 微分方程 $(2xy + \mathrm{e}^x\sin y)\mathrm{d}x + (x^2 + \mathrm{e}^x\cos y)\mathrm{d}y = 0$ 的通解是________.

6. (2013③) 微分方程 $y'' - y' + \frac{1}{4}y = 0$ 的通解为 $y =$ ________.

7. 微分方程 $y'' - 2y' + 2y = \mathrm{e}^x$ 的通解是________.

三、解答题

1. (2014②) 已知函数 $y = y(x)$ 是满足微分方程 $x^2 + y^2y' = 1 - y'$ 且 $y(2) = 0$ 的解，求 $y(x)$ 的极大值与极小值.

2. 求微分方程 $xy' = y + x\tan\frac{y}{x}$ 满足条件 $y(2) = \pi$ 的特解.

3. (2013农) 设函数 $f(x)$ 对于任意的 x, y 恒有 $f(x+y) = \mathrm{e}^y f(x) + \mathrm{e}^x f(y)$，且 $f'(0) = \mathrm{e}$，求 $f(x)$.

4. 设 $f^2(x) = 2\int_0^x f(t)\sqrt{1 + f'^2(t)}\,\mathrm{d}t - 2x$，求 $f(x)$.

5. 求微分方程 $y'' + 2y' + 2y = 4\mathrm{e}^x\sin x$ 的通解.

6. 求微分方程 $y'' + 2y' - 3y = \mathrm{e}^x + x$ 的通解.

7. 设 $f(x) = \cos 3x + \int_0^x (x - t)f(t)\,\mathrm{d}t$，求 $f(x)$.

8. (2009②) 设非负函数 $y = f(x)(x \geqslant 0)$ 满足微分方程 $xy'' - y' + 2 = 0$，当曲线 $y = f(x)$ 过原点时，其与直线 $x = 1$ 及 $y = 0$ 围成的平面区域 D 的面积为 2，求 D 绕 y 轴旋转所得旋转体的体积.

9. (2012②③) 已知函数 $f(x)$ 满足方程 $f''(x) + f'(x) - 2f(x) = 0$ 及 $f''(x) + f(x) = 2\mathrm{e}^x$.

(1) 求 $f(x)$ 的表达式；

(2) 求曲线 $y = f(x^2)\int_0^x f(-t^2)\,\mathrm{d}t$ 的拐点.

本章同步练习答案解析

一、单项选择题

1. (D).

解法一　微分方程 $(2x - y)\mathrm{d}x + (2y - x)\mathrm{d}y = 0$ 改写为 $2(x\mathrm{d}x + y\mathrm{d}y) - (y\mathrm{d}x + x\mathrm{d}y) = 0$，是全微分方程，即 $\mathrm{d}(x^2 + y^2 - xy) = 0$，通解为 $x^2 + y^2 - xy = C$，应选(D).

解法二　$\frac{\mathrm{d}y}{\mathrm{d}x} = \frac{2x - y}{x - 2y} = \frac{2 - \frac{y}{x}}{1 - \frac{2y}{x}}$ 是齐次方程，计算比较复杂，此处略.

2. (A).

$y = \frac{x}{\ln x}$ 是微分方程 $y' = \frac{y}{x} + \varphi\left(\frac{y}{x}\right)$ 的解，代入微分方程得 $\frac{\ln x - 1}{\ln^2 x} = \frac{1}{\ln x} + \varphi\left(\frac{1}{\ln x}\right)$，所以 $\varphi\left(\frac{1}{\ln x}\right) = -\frac{1}{\ln^2 x}$，$\varphi(u) = -u^2$，故 $\varphi\left(\frac{y}{x}\right) = -\frac{y^2}{x^2}$，应选(A).

3.(B).

微分方程是一阶线性微分方程,标准化 $y'-\dfrac{y}{x}=x^2$,通解为:$y=e^{-\int-\frac{1}{x}dx}\left(\int x^2e^{\int-\frac{1}{x}dx}dx+C\right)=x\left(\dfrac{x^2}{2}+C\right)=\dfrac{x^3}{2}+Cx$,应选(B).

4.(C).

微分方程 $\cos^2x\cdot y'+y=\tan x$ 的标准形式为 $y'+\sec^2x\cdot y=\sec^2x\cdot\tan x$,通解为

$$\begin{aligned}y&=e^{-\int\sec^2x dx}\left(\int\sec^2x\cdot\tan x\cdot e^{\int\sec^2x dx}dx+C\right)\\&=e^{-\tan x}\left(\int\sec^2x\cdot\tan x\cdot e^{\tan x}dx+C\right)=e^{-\tan x}\left(\int\tan x\cdot e^{\tan x}d\tan x+C\right)\\&=e^{-\tan x}[(\tan x-1)\cdot e^{\tan x}+C]=\tan x-1+Ce^{-\tan x}.\end{aligned}$$

当 $x=\dfrac{\pi}{4}$ 时,$y=0$,所以 $C=0$,故当 $x=0$ 时,$y=-1$,选(C).

5.(A).

若 $\lambda y_1+\mu y_2$ 是 $y'+p(x)y=q(x)$ 的解,则 $\lambda+\mu=1$,而 $\lambda y_1-\mu y_2$ 是 $y'+p(x)y=0$ 的解,则 $\lambda-\mu=0$,所以 $\lambda=\dfrac{1}{2}$,$\mu=\dfrac{1}{2}$,选(A).

6.(D).

微分方程 $y''-2y'=xe^{2x}$ 的特征方程为 $r^2-2r=0$,所以 $\lambda=2$ 是特征方程的单根,所以特解 y^* 的形式为 $y^*=x(ax+b)e^{2x}$,应选(D).

7.(B).

由线性微分方程 $y''+ay'+by=f(x)$ 的解的结构知 $y_1(x)-y_3(x)$,$y_2(x)-y_3(x)$ 是对应齐次方程的解,微分方程的通解为 $C_1[y_1(x)-y_3(x)]+C_2[y_2(x)-y_3(x)]+y_3(x)$,应选(B).

8.(A).

微分方程的特征方程是 $r^2-2r+5=0$,$r_{1,2}=1\pm2i$,而 $e^x\sin x\cos x=\dfrac{1}{2}e^x\sin 2x$,$1\pm2i$ 是特征根,应选(A).

9.(B).

由题意知微分方程的特征根是 $r_{1,2}=-1$,$r_3=1$,对应的特征方程是 $(r+1)^2(r-1)=0$,$r^3+r^2-r-1=0$,对应的微分方程应选(B).

二、填空题

1. $y=e^{\csc x-\cot x}$.

微分方程是可分离变量的,分离变量两边积分得:

$$\frac{dy}{y\ln y}=\frac{dx}{\sin x},\ln|\ln y|=\ln|\csc x-\cot x|+\ln|C|.$$

所以 $\ln y=C(\csc x-\cot x)$,由条件 $y\left(\dfrac{\pi}{2}\right)=e$ 得 $C=1$,故所求的解为 $y=e^{\csc x-\cot x}$.

2. $y=\dfrac{1}{x}e^x$.

微分方程 $xy'+y-e^x=0$ 标准化得 $y'+\dfrac{1}{x}y=\dfrac{1}{x}e^x$,通解为 $y=e^{-\int\frac{1}{x}dx}\left(\int\dfrac{1}{x}e^x\cdot e^{\int\frac{1}{x}dx}dx+C\right)=e^{-\ln x}\left(\int\dfrac{1}{x}e^x\cdot e^{\ln x}dx+C\right)=\dfrac{1}{x}(e^x+C)$,$y(1)=e$,故 $C=0$,特解为 $y=\dfrac{1}{x}e^x$.

3. $\sqrt{y}=e^{\frac{3x}{2}}(-e^{-\frac{x}{2}}+C)$.

微分方程 $y'-3y=e^x\sqrt{y}$,$\lambda=\dfrac{1}{2}$ 是伯努利方程.

令 $z=y^{1-\lambda}=\sqrt{y}$,微分方程可化为 $\dfrac{dz}{dx}-\dfrac{3}{2}z=\dfrac{1}{2}e^x$.

通解为 $\sqrt{y}=z=\mathrm{e}^{-\int -\frac{3}{2}\mathrm{d}x}\left(\int \frac{1}{2}\mathrm{e}^{x}\mathrm{e}^{\int -\frac{3}{2}\mathrm{d}x}\mathrm{d}x+C\right)=\mathrm{e}^{\frac{3x}{2}}(-\mathrm{e}^{-\frac{x}{2}}+C)$.

4\. $y^2=\mathrm{e}^{-x^2}(5\mathrm{e}^{x^2}+C)$.

令 $z=y^2$,微分方程 $yy'+xy^2=5x$ 可化为 $z'+2xz=10x$,通解为 $y^2=z=\mathrm{e}^{-\int 2x\mathrm{d}x}\left(\int 10x\mathrm{e}^{\int 2x\mathrm{d}x}\mathrm{d}x+C\right)=\mathrm{e}^{-x^2}(5\mathrm{e}^{x^2}+C)$.

5\. $x^2y+\mathrm{e}^x\sin y=C$.

由于 $P(x,y)=2xy+\mathrm{e}^x\sin y,\dfrac{\partial P}{\partial y}=2x+\mathrm{e}^x\cos y$,

$Q(x,y)=x^2+\mathrm{e}^x\cos y,\dfrac{\partial Q}{\partial x}=2x+\mathrm{e}^x\cos y=\dfrac{\partial P}{\partial y}$.

微分方程是全微分方程,由全微分求积可得:$u(x,y)=x^2y+\mathrm{e}^x\sin y$,通解为:$x^2y+\mathrm{e}^x\sin y=C$.

6\. $y=(C_1x+C_2)\mathrm{e}^{\frac{1}{2}x}$.

特征方程为 $r^2-r+\dfrac{1}{4}=0\Rightarrow\left(r-\dfrac{1}{2}\right)^2=0,r_1=r_2=\dfrac{1}{2}$,微分方程 $y''-y'+\dfrac{1}{4}y=0$ 的通解为 $y=(C_1x+C_2)\mathrm{e}^{\frac{1}{2}x}$.

7\. $y=\mathrm{e}^x(C_1\cos x+C_2\sin x)+\mathrm{e}^x$.

特征方程是 $r^2-2r+2=0,r_{1,2}=1\pm\mathrm{i}$,对应齐次微分方程的通解为 $Y=\mathrm{e}^x(C_1\cos x+C_2\sin x)$,由于 $\lambda=1$ 不是特征根,设非齐次微分方程的特解形式为 $y^*=a\mathrm{e}^x$,则 $(y^*)'=a\mathrm{e}^x,(y^*)''=a\mathrm{e}^x$,代入微分方程解得:$a=1$,所以 $y^*=\mathrm{e}^x$,原微分方程的通解为:$y=Y+y^*=\mathrm{e}^x(C_1\cos x+C_2\sin x)+\mathrm{e}^x$.

三、解答题

1\. 解:微分方程 $x^2+y^2y'=1-y'$ 整理得 $(1+y^2)y'=1-x^2$,是可分离变量微分方程,通解为:$y+\dfrac{1}{3}y^3=x-\dfrac{1}{3}x^3+C$.

由条件 $y(2)=0$ 得 $C=\dfrac{2}{3}$,故所求的解为 $x^3+y^3-3x+3y-2=0$.

又 $y'=\dfrac{1-x^2}{1+y^2}$,由 $y'=0$ 得 $x=\pm1$,当 $x<-1$ 时,$y'<0$;当 $-1<x<1$ 时,$y'>0$;当 $x>1$ 时,$y'<0$;因此,$x=-1$ 为极小值点,$x=1$ 为极大值点,所以极小值为 $y(-1)=0$,极大值为 $y(1)=1$.

评 注

$x=1$ 时方程 $y^3+3y-4=0,(y-1)(y^2+y+4)=0$ 的解是 $y=1$.

2\. 解:整理得:$y'=\dfrac{y}{x}+\tan\dfrac{y}{x}$ 是齐次方程,令 $u=\dfrac{y}{x}$,则 $y=u\cdot x,y'=u+x\cdot\dfrac{\mathrm{d}u}{\mathrm{d}x}$,所以 $u+x\cdot\dfrac{\mathrm{d}u}{\mathrm{d}x}=u+\tan u,\dfrac{\mathrm{d}u}{\tan u}=\dfrac{\mathrm{d}x}{x},\int\cot u\mathrm{d}u=\int\dfrac{\mathrm{d}x}{x},\ln|\sin u|=\ln|x|+\ln|C|$,或 $\sin\dfrac{y}{x}=Cx$,由于 $y(2)=\pi$,所以 $C=\dfrac{1}{2}$,特解为:$\sin\dfrac{y}{x}=\dfrac{1}{2}x$.

3\. 解:由 $f(x+y)=\mathrm{e}^yf(x)+\mathrm{e}^xf(y)$ 得 $f(0)=0$,而

$$f'(x)=\lim_{\Delta x\to0}\frac{f(x+\Delta x)-f(x)}{\Delta x}=\lim_{\Delta x\to0}\frac{\mathrm{e}^{\Delta x}f(x)+\mathrm{e}^xf(\Delta x)-f(x)}{\Delta x}$$

$$=\lim_{\Delta x\to0}\frac{(\mathrm{e}^{\Delta x}-1)f(x)+\mathrm{e}^x[f(\Delta x)-f(0)]}{\Delta x}=f(x)+\mathrm{e}^xf'(0)=f(x)+\mathrm{e}^{x+1},$$

即 $f'(x)-f(x)=\mathrm{e}^{x+1}$,所以 $f(x)=\mathrm{e}^{-\int-\mathrm{d}x}\left(\int\mathrm{e}^{x+1}\cdot\mathrm{e}^{\int-\mathrm{d}x}\mathrm{d}x+C\right)=\mathrm{e}^x(\mathrm{e}x+C),f(0)=0\Rightarrow C=0$,故 $f(x)=x\mathrm{e}^{x+1}$.

4\. 解:由 $f^2(x)=2\int_0^x f(t)\sqrt{1+f'^2(t)}\mathrm{d}t-2x$ 得 $f(0)=0$,求导得 $2f(x)f'(x)=2f(x)\sqrt{1+f'^2(x)}-2$,所以

$$[f(x)f'(x)+1]^2 = f^2(x)[1+f'^2(x)],\quad f'(x)=\frac{f^2(x)-1}{2f(x)}.$$

记 $f(x)=y$,则$\dfrac{2y\mathrm{d}y}{y^2-1}=\mathrm{d}x$,$\ln|y^2-1|=x+\ln C$,所以 $f^2(x)=Ce^x+1$,$f(0)=0\Rightarrow C=-1$,故 $f^2(x)=1-e^x$.

5. 解:特征方程是 $r^2+2r+2=0$,$r_{1,2}=-1\pm i$,对应齐次微分方程的通解为 $Y=e^{-x}(C_1\cos x+C_2\sin x)$,由于 $1\pm i$ 不是特征根,设非齐次微分方程的特解形式为 $y^*=e^x(a\cos x+b\sin x)$,则

$$(y^*)'=e^x[(a+b)\cos x+(b-a)\sin x],(y^*)''=e^x(2b\cos x-2a\sin x),$$

代入微分方程解得:$a=-\dfrac{1}{2}$,$b=\dfrac{1}{2}$,所以 $y^*=\dfrac{1}{2}e^x(\sin x-\cos x)$.

原微分方程的通解为:$y=Y+y^*=e^{-x}(C_1\cos x+C_2\sin x)+\dfrac{1}{2}e^x(\sin x-\cos x)$.

6. 解:特征方程是 $r^2+2r-3=0$,$r_1=-3$,$r_2=1$,对应齐次微分方程的通解为 $Y=C_1e^{-3x}+C_2e^x$,设非齐次微分方程的特解形式为 $y^*=y_1^*+y_2^*=axe^x+bx+c$,则$(y^*)'=a(x+1)e^x+b$,$(y^*)''=a(x+2)e^x$,代入微分方程解得:$a=\dfrac{1}{4}$,$b=-\dfrac{1}{3}$,$c=-\dfrac{2}{9}$,所以 $y^*=\dfrac{1}{4}xe^x-\dfrac{1}{3}(x+\dfrac{2}{3})$.

原微分方程的通解为:$y=Y+y^*=C_1e^{-3x}+C_2e^x+\dfrac{1}{4}xe^x-\dfrac{1}{3}\left(x+\dfrac{2}{3}\right)$.

7. 解:$f(x)=\cos 3x+\int_0^x(x-t)f(t)\mathrm{d}t=\cos 3x+x\int_0^x f(t)\mathrm{d}t-\int_0^x t\cdot f(t)\mathrm{d}t$,$f(0)=1$,求导得

$$f'(x)=-3\sin 3x+\int_0^x f(t)\mathrm{d}t+xf(x)-xf(x)=-3\sin 3x+\int_0^x f(t)\mathrm{d}t,$$

$f'(0)=0$,再求导得 $f''(x)=-9\cos 3x+f(x)$,记 $f(x)=y$,即 $y''-y=-9\cos 3x$,特征方程为 $r^2-1=0\Rightarrow r_1=1$,$r_2=-1$,对应齐次方程的通解为 $Y=C_1e^x+C_2e^{-x}$.

设特解形式为 $y^*=a\cos 3x+b\sin 3x$,则$(y^*)'=-3a\sin 3x+3b\cos 3x$,$(y^*)''=-9a\cos 3x-9b\sin 3x$,代入微分方程得 $-10a\cos 3x-10b\sin 3x=-9\cos 3x$,故 $a=\dfrac{9}{10}$,$b=0$,所以 $y^*=\dfrac{9}{10}\cos 3x$,$f(x)=C_1e^x+C_2e^{-x}+\dfrac{9}{10}\cos 3x$,由 $f(0)=1$,$f'(0)=0$ 得 $C_1=C_2=\dfrac{1}{20}$,故 $f(x)=\dfrac{1}{20}e^x+\dfrac{1}{20}e^{-x}+\dfrac{9}{10}\cos 3x$.

8. 解:设 $y'=p$ 则 $y''=p'$,当 $x>0$ 时,微分方程 $xy''-y'+2=0$ 可化为 $p'-\dfrac{1}{x}p=-\dfrac{2}{x}$,解得

$$y'=p=e^{-\int -\frac{1}{x}\mathrm{d}x}\left(\int-\frac{2}{x}\cdot e^{\int-\frac{1}{x}\mathrm{d}x}\mathrm{d}x+C_1\right)=x\left(\frac{2}{x}+C_1\right)=2+C_1x,$$

所以 $y=2x+\dfrac{1}{2}C_1x^2+C_2$,由于曲线 $y=f(x)$ 过原点,所以 $f(0)=0$,$C_2=0$,$y=2x+\dfrac{1}{2}C_1x^2$. 由题意 $2=\int_0^1\left(2x+\dfrac{1}{2}C_1x^2\right)\mathrm{d}x=1+\dfrac{1}{6}C_1\Rightarrow C_1=6$,故 $y=2x+3x^2$.

D 绕 y 轴旋转所得旋转体的体积为

$$V=2\pi\int_0^1 xy(x)\mathrm{d}x=2\pi\int_0^1(2x^2+3x^3)\mathrm{d}x=2\pi\left(\frac{2}{3}+\frac{3}{4}\right)=\frac{17}{6}\pi.$$

9. 解:(1) 由 $f''(x)+f'(x)-2f(x)=0$ 及 $f''(x)+f(x)=2e^x$ 得 $f'(x)-3f(x)=-2e^x$,所以

$$f(x)=e^{-\int-3\mathrm{d}x}\left(\int-2e^x\cdot e^{\int-3\mathrm{d}x}\mathrm{d}x+C\right)=e^{3x}(e^{-2x}+C)=e^x+Ce^{3x},$$

代入 $f''(x)+f(x)=2e^x$ 得 $C=0$,所以 $f(x)=e^x$.

(2) $y=f(x^2)\int_0^x f(-t^2)\mathrm{d}t=e^{x^2}\int_0^x e^{-t^2}\mathrm{d}t$,

$$y'=2xe^{x^2}\int_0^x e^{-t^2}\mathrm{d}t+e^{x^2}\cdot e^{-x^2}=2xe^{x^2}\int_0^x e^{-t^2}\mathrm{d}t+1,$$

$$y''=2e^{x^2}\int_0^x e^{-t^2}\mathrm{d}t+4x^2e^{x^2}\int_0^x e^{-t^2}\mathrm{d}t+2xe^{x^2}\cdot e^{-x^2}=(2+4x^2)e^{x^2}\int_0^x e^{-t^2}\mathrm{d}t+2x,$$

当 $x<0$ 时,$y''<0$;当 $x>0$ 时,$y''>0$;$y''(0)=0$,所以曲线的拐点为$(0,0)$.